Elementary Linear Algebra

Applications Version

12th Edition

HOWARD ANTON
Professor Emeritus, Drexel University

CHRIS RORRES
Professor Emeritus, Drexel University

ANTON KAUL
Professor, California Polytechnic State University

WILEY

ASIA EDITION

APPLICATIONS VERSION

ELEMENTARY LINEAR ALGEBRA

알기 쉬운 선형대수 제12판

HOWARD ANTON • CHRIS RORRES • ANTON KAUL

김태균 · 문은호 · 박미경 · 이호재 · 이희정 · 정정주 · 한광희 옮김 • 윤복식 감수

WILEY

한빛아카데미 Hanbit Academy, Inc.

번역진

김태균	광운대학교	수학과	(4장 1절~5절)
문은호	명지대학교	방목기초교육대학	(2~3장)
박미경	백석문화대학교	스마트미디어학부	(4장 6절~9절)
이호재	인하대학교	전자공학과	(7~8장)
이희정	강남대학교	소프트웨어전공	(1장)
정정주	한양대학교	전기생체공학부	(5~6장)
한광희	한국산업기술대학교	지식융합학부	(9장)

감수

윤복식	홍익대학교	기초과학과	(전체감수)

알기 쉬운 선형대수 12판

초판발행 2021년 2월 25일
3쇄발행 2025년 7월 18일

지은이 Howard Anton · Chris Rorres · Anton Kaul / **펴낸이** 전태호
펴낸곳 한빛아카데미㈜ / **주소** 서울시 서대문구 연희로2길 62 한빛아카데미㈜ 2층
전화 02-336-7112 / **팩스** 02-336-7199
등록 2013년 1월 14일 제2017-000063호 / **ISBN** 979-11-90017-11-4 93410

총괄 김은정 / **제작** 박성우, 김정우 / **진행** 김은정
영업 김호철, 김태진, 김성삼, 이정훈, 임현기, 이성훈, 김주성, 심지연

이 책에 대한 의견이나 오탈자 및 잘못된 내용은 출판사 홈페이지나 아래 이메일로 알려주십시오.
파본은 구매처에서 교환하실 수 있습니다. 책값은 뒤표지에 표시되어 있습니다.
홈페이지 www.hanbit.co.kr / 이메일 question@hanbit.co.kr

역자 서문

선형대수의 역사는 길다. 1750년의 연립일차방정식을 풀기 위한 크라머의 규칙이 모체가 되고 1800년경의 가우스 소거법을 거쳐 1850년 무렵에 케일리와 실베스터에 의해 행렬이론이 세워진 후, 20세기 들어 대학 수학과정의 기본과목으로 정립되었다고 볼 수 있다. 가장 단순한 선형(1차)시스템을 다루는 대수학이라는 특성 때문에 선형대수는 자연스럽게 추상대수나 함수해석학과 같은 고등수학의 출발점이 된다. 또한 선형시스템이 거의 모든 과학, 공학의 모델링에서 출현하기 때문에 선형대수는 과학, 공학에 직접 응용된다. 더욱이 선형대수의 주인공들인 행렬이나 선형변환은 컴퓨터를 이용한 각종 수치계산과 응용이론 개발에 직결되는 특성이 있기 때문에 현대적 조류에 부합된다. 이런 이유로 오늘날 선형대수는 수학 전공자뿐만 아니라 이공계의 모든 전공, 더 나아가서는 경영, 경제, 사회과학의 진지한 분석자들의 필수 교과로 점점 인기를 더해 가고 있다.

이 책은 2019년에 출판된 H. Anton, C. Rorres, A. Kaul의 *Elementary Linear Algebra* 12판의 번역서이다. 판수에서도 알 수 있듯이 원서는 오랫동안 사용되어 온 세계적으로 인기 있는 선형대수 교재로, 국내에서도 번역서가 출판되어 표준적인 교재로 사용되고 있다. 이 인기의 비결은 선형대수의 주요 기본개념은 물론 최신 기법과 응용까지 망라하여 소개하면서도 대학 초년생들에게 맞도록 친절하고 체계적인 설명을 일관되게 유지하는 교재로서의 장점 때문인 것 같다. 지난 2015년의 11판이 각 장의 연습문제들을 추가하고 계산도구를 이용한 프로젝트용 연습문제들을 강화하는 소폭의 개정이었던데 비해 이번 12판에는 비교적 많은 개정이 이루어졌다. 무엇보다 1장에 선형변환의 기본 내용을 옮겨 넣어 과정의 초반부터 핵심 주제를 다룬 것이 두드러지고, 연습문제 뒤에 증명 문제, 참/거짓 문제, 계산도구 문제를 구분하여 체계화한 것이 눈에 띈다. 또한 역사노트를 추가하여 선형대수의 주요 개념이나 기법을 개발한 수학자들을 소개한 것도 흥미롭다. 얼굴인식의 응용 예를 비롯한 많은 새로운 예제와 연습문제가 추가된 것도 빠뜨릴 수 없다. 저자 서문에 게시된 인터넷 사이트에 올려놓은 많은 전산자료도 갱신되었다.

12판의 번역은 11판의 번역진이 그대로 동참하여 정확하고 친절한 번역이 되도록 노력하였다. 전문용어는 통용되는 기존의 표준용어를 사용하는 것을 원칙으로 하되 통일이 안 되었거나 부적절한 경우에는 적합한 용어를 새로 도입하기도 하였다. 용어 중에는 학생들의 개념 이해를 돕기 위해 의도적으로 혼용한 경우도 있다. 예를 들어 연립일차방정식, 선형계, 선형시스템, 선형방정식계를 억지로 하나의 용어로 통일하려고 하지 않았다. 나름대로 철저한 교정과 감수의 과정을 거쳤지만 제한된 시간에 쫓겨 미처 바로잡지 못한 오타가 있을 수 있다. 오자나 오류가 발견되면 즉시 (주)한빛아카데미로 연락해 주기 바란다. 감사함으로 받고 지적에 따라 교정하여 더 좋은 번역서가 되도록 노력할 것을 약속드린다.

2021년 신축벽두에 臥牛山頂에서
역자 대표 윤복식

저자 서문

이 책은 자랑스럽게도 교재 및 학술 저자 협회(Text & Academic Authors Association)로부터 우수교재상을 받았다. 이 책의 높은 질은 교육적 경험을 글로 쓰고 공유하는 데 시간을 할애한 많은 교수들 덕택이다. 그분들 모두에게 감사드린다.

알기 쉬운 선형대수(*Elementary Linear Algebra*) 12판의 새로운 점은 현대적인 디자인, 많은 새로운 연습문제들, 얼굴인식 수학에 대한 새로운 응용 추가, 그리고 많은 교육 현장에서 경험에 의해 제안된 체재의 변경을 들 수 있다. 그러나 첫 번째 학부 과정에 적합한 선형대수를 소개한다는 이 책의 기본 철학은 변하지 않았다. 이 책의 목표는 선형대수의 기본내용을 교육적 효과를 높이면서 가능한 한 명확하게 제시하는 것이다. 미적분학이 선수과목은 아니지만 미적분학을 배운 학생들을 위한 선택적인 내용들도 포함되어 있다. 미적분학이 필요한 내용에는 "미적분학 필요"라는 명확한 표시가 있으므로 필요에 따라 연속성 훼손 없이 그 부분을 건너뛸 수 있다. 이 교재를 사용하는 데 별다른 계산도구는 필요 없다. 하지만 MATLAB, Mathematica, Maple, 또는 선형대수 기능이 있는 소프트웨어를 사용하고자 하는 사람들을 위해 "계산도구 연습문제"가 따로 수록되어 있다. 보조 데이터 파일들은 다음 두 웹사이트에 제공되어 있다.

www.howardanton.com
www.wiley.com/college/anton

이 판에서 바뀐 내용의 요약

다양한 검토 의견을 반영하여 교재의 많은 부분이 수정되었는데, 주된 변화는 다음과 같다.

- **새로운 응용 절**—얼굴인식의 수학에 관한 절이 10장에 추가되었다(번역판에서는 10장이 빠짐).
- **초반부에 다루어지는 선형변환**—이전 판에서는 뒤에서 다루던 선형변환의 일부 내용이 이 주제를 보다 완전하게 처음부터 소개하기 위해 1장으로 옮겨졌다. 구체적으로, 이전 판의 4.10절과 4.11절의 일부 내용이 추출되어 새로운 1.9절로 구성되고 나머지는 8.6절로 옮겨졌다.
- **생성집합에 할애된 4.3절**—이전 판의 4.2절은 부분공간과 생성집합을 모두 다루었다. 현장 경험에서 너무 많은 개념이 한꺼번에 도입되고 있다고 지적되어, 속도를 늦추기 위해 생성집합의 내용을 분리하여 새로운 4.3절을 만들었다.
- **새로운 예제**—연습문제를 보조하기 위해 필요한 경우 새로운 예제들이 추가되었다.
- **새로운 연습문제**—선형변환을 확대시켜 초기에 도입한 것에 특별히 주의하여 새로운 연습문제들이 추가되었다.

특장점

- **개념들 사이의 관계**—교육적 관점에서 우리의 주목표는 학생들에게 선형대수가 단순히 고립된 정의와 기법들의 모임이 아니라 개념들이 상호연관되는 결합적인 과목이라는 사실을 전달하는 것이다. 이를 위해 우리가 채택한 한 가지 방법은 "동등한 명제들"이라고 명명된 점점 확대되는 정리를 사용하는 것이다. 이것은 방정식계, 행렬, 행렬식, 벡터, 선형변환, 고유값 사이의 관계를 계속적으로 다시 돌아보게 만든다. 어떻게 이런 교육적 기술이 사용되는지 알아보려면 정리 1.5.3, 1.6.4, 2.3.8, 4.9.8, 5.1.5, 6.4.5, 8.2.4를 보라.
- **추상으로의 매끄러운 전이**—유클리드공간에서 일반 벡터공간으로 옮아가면서 많은 학생들이 어려움을 느끼기 때문에, 이 추상화의 목적을 설명하고 낯익은 기하 개념으로부터 유추하게 하여 추상적인 개념을 "시각화하도록" 돕는 데 상당한 노력을 기울였다.
- **수학적 정밀성**—학생들의 수준에 맞추되 되도록 수학적으로 정밀해지도록 노력하였다. 그러나 수학적 정밀성은 학습을 필요로 한다고 판단되어, 증명은 초보자에 맞도록 조심스럽게 다듬어졌다.
- **다양한 독자에 맞춤**—이 교재는 수학 전공자는 물론 공학, 컴퓨터과학, 생물학, 물리학, 경영학, 경제학을 전공하는 학생들의 필요에 맞도록 고안되었다.
- **역사 노트**—학생들에게 수학의 역사에 대한 감을 주고, 실제 사람들이 자신들이 배우는 수학의 정리와 방정식을 만들었다는 사실을 전달하기 위하여, 당면 주제를 역사적인 관점에서 바라보는 많은 "역사 노트"들을 포함시켰다.

연습문제에 관해

- **등급화된 연습문제**—각 연습문제는 내용의 단순한 반복훈련으로 시작하여 보다 심도 깊은 문제로 나아간다. 연습문제 뒤에 세 종류의 문제들이 뒤따르는데 첫 번째는 증명 문제, 두 번째는 참/거짓 문제, 세 번째는 계산도구가 필요한 문제이다. 이 구분은 강의자의 숙제 문제 선택 작업이 쉬워지도록 고안되었다.
- **증명 문제**—선형대수 과목에 따라 증명을 강조하는 정도가 매우 다양하기 때문에 증명 관련 문제들을 쉽게 식별할 수 있도록 모아 놓았다. 부록 A는 학생들에게 정리의 증명에 대한 몇 가지 지침을 제공한다.
- **참/거짓 문제**—개념적 이해와 논리적 추론을 점검하기 위해 고안되었다. 순전한 추측을 피하기 위해 학생들은 어떤 방식으로든 자신의 답을 설명하도록 요청받는다.
- **계산도구 문제**—계산도구를 필요로 하는 연습문제도 따로 모아 놓았다. 학생들이 자료를 입력하는 수고를 덜어 주기 위해 적절한 데이터 파일이 이 교재에 동반되는 웹사이트에 게시되어 있다.
- **보충문제**—각 장은 전체 절을 포괄하는 복습문제로 마무리된다.

학생을 위한 보충자료

- **자체테스트 복습**—이 개정판에는 *Linear Algebra Flash Review*라고 하는 흥미로운 새 보충자료가 있다. 이것은 학생들이 이 책에 있는 거의 모든 기본개념에 대한 숙달 정도를 스스로 점검할 수 있는 SQ3R 학습방법에 근거한 자체학습 테스트 시스템이다. 이는 WileyPlus에 통합되어 있고 iPad용 무료 앱으로도 제공되는데 이 앱은 Apple Store에서

  Anton Linear Algebra FlashCard Review

  를 검색하여 얻을 수 있다.
- **학생용 해답집**—이 보충자료는 대부분의 홀수 연습문제에 대한 상세한 해답을 제공한다.
- **Maple 데이터 파일**—계산도구 문제에 대한 메이플 형식의 데이터 파일이 이 책과 함께 제공되는 웹사이트에 게시되어 있다.
- **Mathematica 데이터 파일**—계산도구 문제에 대한 매스매티카 형식의 데이터 파일이 이 책과 함께 제공되는 웹사이트에 게시되어 있다.
- **MATLAB 데이터 파일**—계산도구 문제에 대한 매트랩 형식의 데이터 파일이 이 책과 함께 제공되는 웹사이트에 게시되어 있다.
- **CSV 데이터 파일**—계산도구 문제에 대한 CSV 형식의 데이터 파일이 이 책과 함께 제공되는 웹사이트에 게시되어 있다.
- **증명 읽기와 증명하기**—정리를 증명하는 다양한 전략을 제시하는 Case Western Reserve University의 Weatherhead 경영학부의 Daniel Solow 교수가 제작한 비디오 시리즈가 WileyPLUS 및 앞서 언급한 웹사이트를 통해 제공된다. 이 책의 특정 증명에 적합한 비디오를 찾기 위한 안내문도 제공되어 있다.
- **MATLAB 선형대수 매뉴얼과 실험 프로젝트**—이 보충자료에는 West Texas A&M University의 Dan Seth 교수가 작성한 일련의 실험 프로젝트가 포함되어 있다. 이것은 학생들이 MATLAB을 사용하여 주요 선형대수 개념을 배울 수 있도록 설계되어 있는데 이 책 12판을 채택한 학교 학생들에게 PDF 형식으로 무료로 제공된다.
- **데이터 파일**—MATLAB 선형대수 매뉴얼과 실험 프로젝트 보충자료에 필요한 데이터 파일
- **MATLAB 파일을 열고 사용하는 방법**—이 책과 함께 제공되는 매트랩 파일을 다운로드하고, 열고, 사용하는 방법을 지도하는 문서

강의자를 위한 보충자료

- **강의자용 해답집**—이 보조자료는 이 책의 거의 모든 연습문제에 대한 완전한 해답을 제공한다.
- **파워포인트 자료**—이 책의 주요 정의, 예제, 그림, 정리를 담은 파워포인트 슬라이드가 제공된다. 이것은 학생들을 위한 복습자료 또는 필기대체용으로 배포될 수 있다.

- **테스트 은행**—테스트 문제와 시험 샘플들이 PDF 또는 LaTeX 형태로 제공된다.
- **이미지 갤러리**—강의자가 직접 자신의 파워포인트 슬라이드를 만드는 데 사용할 수 있는 책의 그림들의 디지털 저장소
- **WileyPLUS**—교육과 학습에 효과적인 온라인 환경인 WileyPLUS는 학습에서 어림짐작을 제거하고 무엇을 어떻게 해야 하는지 또 제대로 수행했는지에 대한 명확한 지침을 제공하여 학생의 자신감을 높인다. 이것의 목적은 학습동기를 부여하고 자기주도성을 촉진시켜 강의자가 학습 성취도에 보다 큰 기여를 할 수 있도록 하는 것이다.
- **WileyPLUS 질문 색인**—이 문서는 현재의 WileyPLUS 과정의 모든 질문을 나열하고 이름, 연관된 학습목표, 질문 유형, 질문별 난이도를 제공한다. 또한 가능하면 이전 판의 WileyPLUS 질문과 현재의 WileyPLUS 질문 간의 상관관계도 보여 주어 강의자가 편리하게 질문의 변화를 보고 이전 학기 숙제로부터 질문을 재사용할 수 있게 한다.

강의자를 위한 안내

선형대수 과목은 취급 내용과 철학에 따라 매우 다양하지만 대부분 40강의 정도로 구성된 강좌와 30강의 정도로 구성된 강좌의 두 가지 범주로 나뉜다. 그에 따라 강의 개요를 구성할 때 출발점으로 삼을 수 있도록 다음과 같은 길고 짧은 두 가지 견본을 만들었다. 물론 이것은 견본일 뿐이고 개별적인 관심과 요건에 따라 얼마든지 조정할 수 있다. 이 두 견본 과정 모두 응용은 포함하지 않고 있으므로 강의를 구성할 때 이 점을 염두에 두기 바란다.

	긴 견본	짧은 견본
1장: 연립일차방정식과 행렬	8강의	6강의
2장: 행렬식	3강의	3강의
3장: 유클리드 벡터공간	4강의	3강의
4장: 일반 벡터공간	8강의	7강의
5장: 고유값과 고유벡터	3강의	3강의
6장: 내적공간	3강의	2강의
7장: 대각화와 이차형식	4강의	3강의
8장: 일반선형변환	4강의	2강의
9장: 수치적 방법	2강의	1강의
10장: 선형대수의 응용(번역판에서 제외됨)	시간이 허용할 때	
합계:	**39강의**	**30강의**

Reviewers

The following people reviewed the plans for this edition, critiqued much of the content, and provided insightful pedagogical advice:

Charles Ekene Chika, *University of Texas at Dallas*
Marian Hukle, *University of Kansas*
Bin Jiang, *Portland State University*
Mike Panahi, *El Centro College*
Christopher Rasmussen, *Wesleyan University*
Nathan Reff, *The College at Brockport: SUNY*
Mark Smith, *Miami University*
Rebecca Swanson, *Colorado School of Mines*
R. Scott Williams, *University of Central Oklahoma*
Pablo Zafra, *Kean University*

Special Contributions

Our deep appreciation is due to a number of people who have contributed to this edition in many ways:

Prof. Mark Smith, who critiqued the FlashCard program and suggested valuable improvements to the text exposition.

Prof. Derek Hein, whose keen eye helped us to correct some subtle inaccuracies.

Susan Raley, who coordinated the production process and whose attention to detail made a very complex project run smoothly.

Prof. Roger Lipsett, whose mathematical expertise and detailed review of the manuscript has contributed greatly to its accuracy.

The Wiley Team, Laurie Rosatone, Terri Ward, Melissa Whelan, Tom Kulesa, Kimberly Eskin, Crystal Franks, Laura Abrams, Billy Ray, and Tom Nery each of whom contributed their experience, skill, and expertise to the project.

HOWARD ANTON
CHRIS RORRES
ANTON KAUL

차례

CHAPTER 1

연립일차방정식과 행렬

Systems of Linear Equations and Matrices

챕터 목차

서론

과학, 비즈니스, 그리고 수학에서 정보는 종종 행과 열로 이루어진 직사각형 배열의 "행렬"로 정리된다. 행렬은 물리적 관찰에서 얻어지는 수치적 자료를 표로 표현하지만 동시에 다양한 수학적 내용에서도 사용된다. 예를 들어, 이 장에서 아래와 같은 연립방정식

$$5x + y = 3$$
$$2x - y = 4$$

를 푸는 데 필요한 모든 정보가 다음 행렬로 요약된다.

$$\begin{bmatrix} 5 & 1 & 3 \\ 2 & -1 & 4 \end{bmatrix}$$

연립방정식의 해는 이 행렬에 적당한 연산을 수행하여 얻어진다. 이 사실은 특별히 연립방정식의 해를 구하는 컴퓨터 프로그램 개발에서 중요하다. 왜냐하면 컴퓨터는 수치정보의 배열을 다루는 데 적절하기 때문이다. 그러나 행렬은 단지 연립방정식을 푸는 기호적

도구만은 아니다. 그 자체가 수학적 대상이 되고 많은 실제적 응용에 활용되는 풍부하고 중요한 이론을 가지고 있다. 행렬과 그에 관련된 주제를 공부하는 것은 수학의 한 분야를 이루며 이를 "선형대수"라고 부른다. 이 장에서 행렬에 대한 공부를 시작해 보자.

1.1 연립일차방정식의 소개

연립일차방정식과 그것의 해는 1장에서 공부할 중심 주제 중의 하나이다. 첫 번째 절에서는 기본적인 용어를 소개하고 연립방정식의 해를 구하는 방법에 대해서 공부할 것이다.

일차방정식

2차원에서 xy좌표계에서의 직선은 다음 형태의 방정식으로 나타낼 수 있다.

$$ax + by = c \quad (a, b\text{는 둘 다 0은 아니다.})$$

3차원에서 xyz좌표계에서의 평면은 다음 형태의 방정식으로 나타낼 수 있다.

$$ax + by + cz = d \quad (a, b, c\text{는 모두 다 0은 아니다.})$$

이것들이 "일차방정식"의 예이다. 첫 번째는 변수 x, y의 방정식이고 두 번째는 변수 x, y, z의 방정식이다. 일반적으로 n개의 변수 $x_1, x_2, \cdots, x_n$의 ***일차방정식***(linear equation)은 다음과 같이 표현될 수 있다.

$$a_1x_1 + a_2x_2 + \cdots + a_nx_n = b \tag{1}$$

여기서 $a_1, a_2, \cdots, a_n$은 상수이고 모든 a가 0은 아니다. 특별히 $n = 2$, 또는 $n = 3$일 때 아래첨자 없이 변수들을 사용하고 다음과 같이 쓴다.

$$a_1x + a_2y = b \ (a_1, a_2\text{는 둘 다 0은 아니다.}) \tag{2}$$

$$a_1x + a_2y + a_3z = b \ (a_1, a_2, a_3\text{은 셋 다 0은 아니다.}) \tag{3}$$

$b = 0$일 때 방정식 (1)은 다음 형태를 갖는다.

$$a_1x_1 + a_2x_2 + \cdots + a_nx_n = 0 \tag{4}$$

이를 변수 $x_1, x_2, \cdots, x_n$의 ***동차 일차방정식***(homogeneous linear equation)이라고 한다.

예제 1 | 일차방정식

일차방정식은 변수들의 곱이나 제곱근을 포함하지 않는다. 모든 변수는 일차 곱으로만 나타나고, 삼각함수, 로그함수, 지수함수 등은 나타나지 않는다. 다음은 일차방정식이다.

$$x + 3y = 7 \qquad x_1 - 2x_2 - 3x_3 + x_4 = 0$$
$$\tfrac{1}{2}x - y + 3z = -1 \qquad x_1 + x_2 + \cdots + x_n = 1$$

다음은 일차방정식이 아니다.

$$x + 3y^2 = 4 \qquad 3x + 2y - xy = 5$$
$$\sin x + y = 0 \qquad \sqrt{x_1} + 2x_2 + x_3 = 1$$

일차방정식들의 유한집합을 ***연립일차방정식***(system of linear equation) 또는 간단히 ***선형계***(linear system)라고 하고 변수들을 ***미지수***(unknown)라고 한다. 예를 들어 미지수 x, y를 갖는 연립일차방정식은 (5)와 같고, 미지수 x_1, x_2, x_3을 갖는 연립일차방정식은 (6)과 같다.

$$\begin{aligned} 5x+y&=3 \\ 2x-y&=4 \end{aligned} \qquad \begin{aligned} 4x_1-x_2+3x_3&=-1 \\ 3x_1+x_2+9x_3&=-4 \end{aligned} \tag{5-6}$$

n개의 변수 $x_1, x_2, \cdots, x_n$에 대한 m개의 일차방정식으로 이루어진 일반적인 연립방정식의 형태는 다음과 같다.

$$\begin{matrix} a_{11}x_1 & + a_{12}x_2 & + \cdots & + a_{1n}x_n & = b_1 \\ a_{21}x_1 & + a_{22}x_2 & + \cdots & + a_{2n}x_n & = b_2 \\ \vdots & \vdots & & \vdots & \vdots \\ a_{m1}x_1 & + a_{m2}x_2 & + \cdots & + a_{mn}x_n & = b_m \end{matrix} \tag{7}$$

미지수의 계수 a_{ij}에 있는 두 개의 아래첨자는 그것의 위치를 나타낸다. 첫 번째는 그 계수가 있는 방정식의 위치를 나타내고 두 번째는 그 방정식의 몇 번째 미지수인지를 나타낸다. 그러므로 a_{12}는 첫 번째 방정식의 두 번째 미지수의 계수를 뜻한다.

n개의 변수 $x_1, x_2, \cdots, x_n$에 대한 연립일차방정식의 ***해***는 n개의 수 $s_1, s_2, \cdots, s_n$으로 나타내며 이를 x_i에 대입하면 $x_1 = s_1, x_2 = s_2, \cdots, x_n = s_n$이 되어 각 방정식이 참이 되게 한다. 예를 들어 연립방정식 (5)는 해 $x = 1$, $y = -2$를 갖고 연립방정식 (6)은 해 $x_1 = 1$, $x_2 = 2$, $x_3 = -1$을 갖는다. 이들을 더 간결하게 변수들의 이름은 생략하고 (1, −2), (1, 2, −1)로 쓰기도 한다. 이 표현으로부터 해들을 기하적으로 이차원과 삼차원의 한 점으로 해석할 수 있다. 일반적으로 n개의 미지수를 갖는 연립일차방정식의 해 $x_1 = s_1, x_2 = s_2, \cdots, x_n = s_n$은 $(s_1, s_2, \cdots, s_n)$으로 쓰고 이를 ***n중 순서쌍***(ordered n-tuple)이라고 부른다. 이 기호는 모든 변수가 각 방정식에서 같은 순서를 갖는다는 것을 의미한다. 만약 $n = 2$이면 ***순서쌍***(ordered pair), $n = 3$이면 ***삼중 순서쌍***(ordered triple)이라고 한다.

2개 또는 3개의 미지수를 갖는 연립일차방정식

2개의 미지수를 갖는 연립일차방정식은 직선들의 교점과 관계있다. 예를 들어, 다음 연립일차방정식을 xy-평면 위의 두 직선의 그래프로 생각해 보자.

$$\begin{aligned} a_1x + b_1y &= c_1 \\ a_2x + b_2y &= c_2 \end{aligned}$$

가 연립방정식의 해 (x, y)는 두 직선의 교점이고 따라서 다음 세 경우가 있을 수 있다(**그림 1.1.1**).

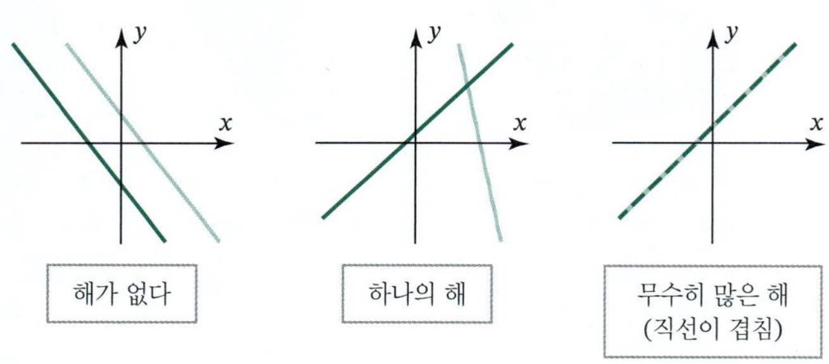

그림 1.1.1

1. 서로 다른 두 직선이 평행하다, 이 경우 교점이 없으므로 해도 없다.
2. 두 직선이 한 점에서만 만난다, 이 경우 정확히 한 개의 해를 갖는다.
3. 두 직선이 겹친다. 이 경우 무수히 많은 교점이 있다. 따라서 무수히 많은 해를 갖는다.

일반적으로 적어도 하나 이상의 해를 가질 때 연립방정식이 ***일치한다***(consistent)고 하고 해가 없을 때에는 이 연립방정식이 ***불일치한다***(inconsistent)고 한다. 그러므로 2개의 미지수를 갖는 두 개의 일차방정식으로 이루어진 *일치하는* 연립방정식은 하나의 해를 갖거나 무수히 많은 해를 갖는다—다른 가능성은 없다. 세 개의 미지수를 갖는 세 개의 방정식(각 방정식의 그래프는 평면을 나타낸다)으로 이루어진 연립일차방정식의 경우도 같다.

$$
\begin{aligned}
a_1x + b_1y + c_1z &= d_1 \\
a_2x + b_2y + c_2z &= d_2 \\
a_3x + b_3y + c_3z &= d_3
\end{aligned}
$$

이 연립방정식의 해는, 만약 존재한다면, 세 평면이 만나는 점과 같다. 마찬가지로 세 가지 가능성이 있다—해가 없다, 하나의 해, 무수히 많은 해(**그림 1.1.2**).

나중에, 두 개의 미지수를 갖는 두 개의 방정식에 대한 연립일차방정식과 세 개의 미지수의 세 개의 방정식에 대한 연립일차방정식의 해에 관한 우리의 관찰이 모든 연립방정식에 대해서도 성립한다는 것을 증명할 것이다. 즉,

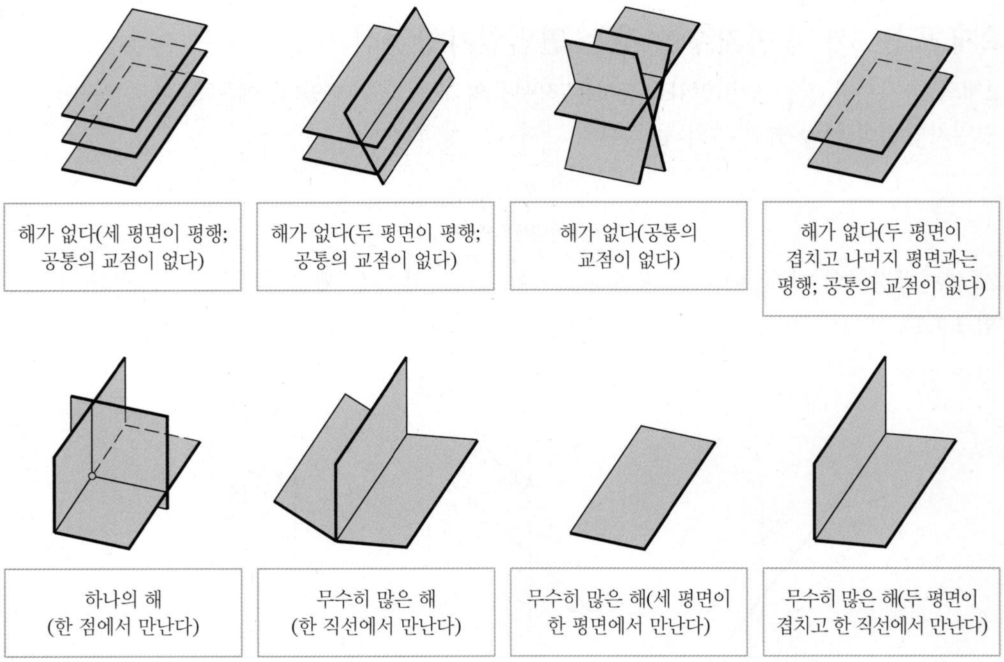

그림 1.1.2

모든 연립일차방정식은 해가 없거나 유일 해를 갖거나 무수히 많은 해를 갖는다. 그 외의 다른 가능성은 없다.

예제 2 | 유일 해를 갖는 연립일차방정식

다음 연립일차방정식을 풀어라.

$$\begin{aligned} x - y &= 1 \\ 2x + y &= 6 \end{aligned}$$

풀이 x를 소거하기 위하여 첫 번째 방정식에 -2배 하여 두 번째 방정식에 더한다. 이것을 간단히 하면,

$$\begin{aligned} x - y &= 1 \\ 3y &= 4 \end{aligned}$$

그러므로 $y = \frac{4}{3}$이다. 이 값을 첫 번째 방정식에 대입하면 $x = 1 + y = \frac{7}{3}$이 된다. 그러므로 이 연립방정식은 유일 해

$$x = \tfrac{7}{3}, \quad y = \tfrac{4}{3}$$

를 갖는다. 기하적으로 이것은 연립방정식에 있는 방정식을 갖는 두 직선이 한 점 $\left(\frac{7}{3}, \frac{4}{3}\right)$에서 만난다는 것이다. 직선들을 그려서 확인해 보기 바란다.

예제 3 | 해가 없는 연립일차방정식

다음 연립일차방정식을 풀어라.

$$\begin{aligned} x + y &= 4 \\ 3x + 3y &= 6 \end{aligned}$$

풀이 x를 소거하기 위하여 첫 번째 방정식에 -3배 하여 두 번째 방정식에 더한다. 이것을 간단히 하면,

$$\begin{aligned} x + y &= 4 \\ 0 &= -6 \end{aligned}$$

두 번째 방정식은 모순이다. 그러므로 주어진 연립방정식은 해가 없다. 기하적으로 이것은 연립방정식에 있는 두 방정식의 직선은 서로 다르지만 평행하다는 것을 뜻한다. 이 두 직선을 그려서 이들이 기울기가 같고 단지 y절편이 다르다는 것을 확인해 보기 바란다.

예제 4 | 무수히 많은 해를 갖는 연립일차방정식

다음 연립일차방정식을 풀어라.

$$4x - 2y = 1$$
$$16x - 8y = 4$$

풀이 x를 소거하기 위하여 첫 번째 방정식에 −4배 하여 두 번째 방정식에 더한다. 이것을 간단히 하면,

$$4x - 2y = 1$$
$$0 = 0$$

두 번째 방정식은 x와 y에 대해서 아무 제한 조건이 없기 때문에 생략해도 된다. 그러므로 이 연립방정식의 해는 다음의 하나의 방정식을 만족하는 x와 y가 된다.

$$4x - 2y = 1 \tag{8}$$

기하적으로 이것은 연립방정식에 있는 두 방정식의 직선들이 일치한다는 것을 뜻한다. 이 해집합을 표시하는 방법은 x를 y의 형태로 $x = \frac{1}{4} + \frac{1}{2}y$와 같이 표시한 후에, 임의의 수 t[***매개변수***(parameter)]를 y에 할당한다. 이것을 다음과 같이 두 개의 방정식으로 표현한다. [이를 ***매개변수 방정식***(parametric equation)이라고 부른다.]

$$x = \frac{1}{4} + \frac{1}{2}t, \quad y = t$$

매개변수에 숫자를 대입하면 이 연립방정식의 숫자 해를 얻을 수 있다. 예를 들어, $t = 0$이면 $\left(\frac{1}{4}, 0\right)$, $t = 1$이면 $\left(\frac{3}{4}, 1\right)$, $t = -1$이면 $\left(-\frac{1}{4}, -1\right)$을 얻는다. 주어진 방정식들에 이 값들을 대입하여 이들이 해가 되는지를 확인할 수 있다.

예제 4에서 식 (8)의 해는 y를 x의 형태로 표현하여 $x = t$를 매개변수로 하여 매개변수 방정식 형태로 구할 수 있다. 이때 생긴 매개변수 방정식은 다르게 보이지만 같은 해집합을 정의한다.

예제 5 | 무수히 많은 해를 갖는 연립일차방정식

다음 연립일차방정식을 풀어라.

$$\begin{aligned} x - y + 2z &= 5 \\ 2x - 2y + 4z &= 10 \\ 3x - 3y + 6z &= 15 \end{aligned}$$

풀이 이 연립방정식은 눈으로 보아서도 풀 수 있다. 왜냐하면 두 번째와 세 번째 방정식이 첫 번째의 2배, 3배인 것을 알 수 있기 때문이다. 기하적으로 이것은 세 평면이 일치함을 의미하고,

$$x - y + 2z = 5 \tag{9}$$

를 만족하는 x, y, z 들은 자동적으로 세 방정식을 만족하게 된다. 그러므로 해를 찾기 위해서는 식 (9)의 해를 찾으면 된다. 식 (9)의 해를 찾기 위해서는 x를 y, z의 형태로 표시하고 임의의 수 r, s를 y, z에 대입하면 된다. 세 개의 매개변수 방정식

$$x = 5 + r - 2s, \qquad y = r, \qquad z = s$$

로 해를 표현할 수 있다. 매개변수 r, s에 숫자를 대입하면 구체적인 해를 얻을 수 있다. 예를 들어 $r = 1, s = 0$이면 $(6, 1, 0)$이 해이다.

첨가행렬과 행에 관한 기본 연산

연립방정식에서 방정식과 미지수의 수가 증가할수록 해를 찾는 데 포함되는 대수적 복합성도 증가한다. 요구되는 계산을 간단한 표기법과 표준화된 과정을 통하여 좀 더 다루기 편하게 할 수가 있다. 예를 들어 연립일차방정식에 있는 +, x, = 들의 위치를 마음속으로 따라가면 다음의 연립방정식

$$\begin{array}{ccccc} a_{11}x_1 & + a_{12}x_2 & + \cdots + & a_{1n}x_n & = b_1 \\ a_{21}x_1 & + a_{22}x_2 & + \cdots + & a_{2n}x_n & = b_2 \\ \vdots & \vdots & & \vdots & \vdots \\ a_{m1}x_1 & + a_{m2}x_2 & + \cdots + & a_{mn}x_n & = b_m \end{array}$$

을 숫자들의 직사각형 배열로 다음과 같이 쓸 수 있다.

$$\begin{bmatrix} a_{11} & a_{12} & \cdots & a_{1n} & b_1 \\ a_{21} & a_{22} & \cdots & a_{2n} & b_2 \\ \vdots & \vdots & & \vdots & \vdots \\ a_{m1} & a_{m2} & \cdots & a_{mn} & b_m \end{bmatrix}$$

> 서론에서 언급했듯이 "행렬"은 수학에서 숫자들의 직사각형 배열이란 의미로 사용된다. 뒤의 절에서 행렬의 상세한 내용을 공부하겠지만 지금은 단지 연립일차방정식의 첨가행렬로서 다룰 것이다.

이를 ***첨가행렬***(augmented matrix)이라고 한다. 예를 들어 다음 연립일차방정식의 첨가행렬은

$$\begin{aligned} x_1 + \ \ x_2 + 2x_3 &= 9 \\ 2x_1 + 4x_2 - 3x_3 &= 1 \\ 3x_1 + 6x_2 - 5x_3 &= 0 \end{aligned} \quad \Rightarrow \quad \begin{bmatrix} 1 & 1 & 2 & 9 \\ 2 & 4 & -3 & 1 \\ 3 & 6 & -5 & 0 \end{bmatrix}$$

이다.

역사 노트

보허(Maxime Bôcher, 1867–1918)

첨가행렬은 B.C.200년에서 B.C.100년 사이에 *구장산술*(*Nine Chapters of Mathematical Art*)이라는 중국 문서에서 처음 사용된 것으로 알려져 있다. 오늘날과 다르게 계수들이 행이 아니라 열로 정리되었고, 놀랍게도 열에 관한 일련의 연산을 실행하여 연립방정식을 풀었다. 첨가행렬이라는 용어는 미국 수학자 맥심 보허가 1907년 발간한 *고급 대수의 소개*(*Introduction to Higher Algebra*)라는 책에서 실질적으로 처음 사용되었다. 보허는 우수한 수학 연구자였을 뿐만 아니라 라틴어, 화학, 철학, 동물학, 지리, 기상학, 미술, 음악 등에도 뛰어났다. 또한 뛰어난 수학교육자이기도 했는데 그의 기초 교과서들은 매우 평판이 좋았고 현재까지도 수요가 있다.

[Image: HUP Bocher, Maxime (1), olvwork650836]

연립일차방정식의 해를 구하기 위한 기본적인 방법은 해집합은 변하지 않도록 하면서 연립방정식에 대수적 연산을 하는 것이다. 이 연립방정식이 일치하는지, 만약 그렇다면 해는 무엇인지를 확인할 수 있을 때까지 연속적인 연산을 통하여 연립방정식이 더 간단해지도록 한다. 전형적으로 대수적 연산은 다음과 같다.

1. 0이 아닌 상수를 방정식에 곱하기
2. 두 방정식을 바꾸기
3. 한 방정식의 상수배를 다른 방정식에 더하기

첨가행렬의 행들(수평선)은 연계된 연립방정식에서 방정식들을 표현하기 때문에, 이 세 연산은 첨가행렬에서의 행에 관한 다음 연산으로 생각할 수 있다.

1. 0이 아닌 상수를 한 행에 곱하기
2. 두 행을 바꾸기
3. 한 행에 상수배를 다른 행에 더하기

이들을 ***기본 행연산***(elementary row operation)이라고 한다.

다음 예제는 세 개의 미지수를 갖는 연립일차방정식을 풀기 위해서 첨가행렬과 기본 행연산이 어떻게 사용되는지를 보여 준다. 연립방정식을 풀기 위한 체계적인 과정은 다음 절에서 다룰 것이므로 각 과정이 어떻게 이루어졌는지를 걱정할 필요 없다. 여기서는 단지 연산을 이해하면 된다.

예제 6 | 기본 행연산

연립일차방정식을 푸는데 왼쪽에서는 방정식에 관한 연산을 하고 오른쪽에서는 첨가행렬의 기본 행연산을 하여 해를 구한다.

$$\begin{aligned} x + y + 2z &= 9 \\ 2x + 4y - 3z &= 1 \\ 3x + 6y - 5z &= 0 \end{aligned} \qquad \begin{bmatrix} 1 & 1 & 2 & 9 \\ 2 & 4 & -3 & 1 \\ 3 & 6 & -5 & 0 \end{bmatrix}$$

첫 방정식에 −2배 하여 두 번째 방정식에 더한다.

첫 행에 −2배 하여 2행에 더한다.

$$\begin{aligned} x + y + 2z &= 9 \\ 2y - 7z &= -17 \\ 3x + 6y - 5z &= 0 \end{aligned} \qquad \begin{bmatrix} 1 & 1 & 2 & 9 \\ 0 & 2 & -7 & -17 \\ 3 & 6 & -5 & 0 \end{bmatrix}$$

첫 방정식에 −3배 하여 셋째 방정식에 더한다.

첫 행에 −3배 하여 3행에 더한다.

$$\begin{aligned} x + y + 2z &= 9 \\ 2y - 7z &= -17 \\ 3y - 11z &= -27 \end{aligned} \qquad \begin{bmatrix} 1 & 1 & 2 & 9 \\ 0 & 2 & -7 & -17 \\ 0 & 3 & -11 & -27 \end{bmatrix}$$

둘째 방정식에 $\frac{1}{2}$배 한다.	2행에 $\frac{1}{2}$배 한다.
$$\begin{aligned} x + y + 2z &= 9 \\ y - \tfrac{7}{2}z &= -\tfrac{17}{2} \\ 3y - 11z &= -27 \end{aligned}$$	$$\begin{bmatrix} 1 & 1 & 2 & 9 \\ 0 & 1 & -\frac{7}{2} & -\frac{17}{2} \\ 0 & 3 & -11 & -27 \end{bmatrix}$$
둘째 방정식에 −3배 하여 셋째 방정식에 더한다.	2행에 −3배 하여 3행에 더한다.
$$\begin{aligned} x + y + 2z &= 9 \\ y - \tfrac{7}{2}z &= -\tfrac{17}{2} \\ -\tfrac{1}{2}z &= -\tfrac{3}{2} \end{aligned}$$	$$\begin{bmatrix} 1 & 1 & 2 & 9 \\ 0 & 1 & -\frac{7}{2} & -\frac{17}{2} \\ 0 & 0 & -\frac{1}{2} & -\frac{3}{2} \end{bmatrix}$$
셋째 방정식에 −2배 한다.	3행에 −2배 한다.
$$\begin{aligned} x + y + 2z &= 9 \\ y - \tfrac{7}{2}z &= -\tfrac{17}{2} \\ z &= 3 \end{aligned}$$	$$\begin{bmatrix} 1 & 1 & 2 & 9 \\ 0 & 1 & -\frac{7}{2} & -\frac{17}{2} \\ 0 & 0 & 1 & 3 \end{bmatrix}$$
둘째 방정식에 −1배 하여 첫째 방정식에 더한다.	2행에 −1배 하여 1행에 더한다.
$$\begin{aligned} x \quad + \tfrac{11}{2}z &= \tfrac{35}{2} \\ y - \tfrac{7}{2}z &= -\tfrac{17}{2} \\ z &= 3 \end{aligned}$$	$$\begin{bmatrix} 1 & 0 & \frac{11}{2} & \frac{35}{2} \\ 0 & 1 & -\frac{7}{2} & -\frac{17}{2} \\ 0 & 0 & 1 & 3 \end{bmatrix}$$
셋째 방정식에 $-\frac{11}{2}$배 하여 첫째 방정식에 더하고 셋째 방정식에 $\frac{7}{2}$배 하여 둘째 방정식에 더한다.	3행에 $-\frac{11}{2}$배 하여 1행에 더하고 3행에 $\frac{7}{2}$배 하여 2행에 더한다.
$$\begin{aligned} x \qquad &= 1 \\ y \quad &= 2 \\ z &= 3 \end{aligned}$$	$$\begin{bmatrix} 1 & 0 & 0 & 1 \\ 0 & 1 & 0 & 2 \\ 0 & 0 & 1 & 3 \end{bmatrix}$$
$x = 1, y = 2, z = 3$이 해이다.	

예제 6의 해는 삼중 순서쌍 (1, 2, 3)으로도 표현할 수 있다. 이때 순서쌍의 순서는 변수 x, y, z의 순서를 뜻한다.

연습문제 1.1

1. 다음 방정식이 x_1, x_2, x_3에 대해서 일차인지를 결정하라.

   a. $x_1 + 5x_2 - \sqrt{2}x_3 = 1$　　b. $x_1 + 3x_2 + x_1x_3 = 2$

   c. $x_1 = -7x_2 + 3x_3$　　d. $x_1^{-2} + x_2 + 8x_3 = 5$

   e. $x_1^{3/5} - 2x_2 + x_3 = 4$　　f. $\pi x_1 - \sqrt{2}x_2 = 7^{1/3}$

2. 다음 방정식이 x, y에 일차방정식이 되는지를 판단하라.

   a. $2^{1/3}x + \sqrt{3}y = 1$　　b. $2x^{1/3} + 3\sqrt{y} = 1$

   c. $\cos\left(\frac{\pi}{7}\right)x - 4y = \log 3$　　d. $\frac{\pi}{7}\cos x - 4y = 0$

   e. $xy = 1$　　f. $y + 7 = x$

3. (7)의 형식을 사용하여 다음 조건의 일반적인 연립일차방정식을 써라.

   a. 두 개의 미지수를 갖는 두 개의 방정식

   b. 세 개의 미지수를 갖는 세 개의 방정식

   c. 네 개의 미지수를 갖는 두 개의 방정식

4. 연습문제 3에 있는 연립일차방정식에 대해서 그것의 첨가행렬을 써라.

(5-6) 주어진 첨가행렬을 보고 미지수 $x_1, x_2, x_3, \cdots$의 연립일차방정식을 써라.

5. **a.** $\begin{bmatrix} 2 & 0 & 0 \\ 3 & -4 & 0 \\ 0 & 1 & 1 \end{bmatrix}$ **b.** $\begin{bmatrix} 3 & 0 & -2 & 5 \\ 7 & 1 & 4 & -3 \\ 0 & -2 & 1 & 7 \end{bmatrix}$

6. **a.** $\begin{bmatrix} 0 & 3 & -1 & -1 & -1 \\ 5 & 2 & 0 & -3 & -6 \end{bmatrix}$

b. $\begin{bmatrix} 3 & 0 & 1 & -4 & 3 \\ -4 & 0 & 4 & 1 & -3 \\ -1 & 3 & 0 & -2 & -9 \\ 0 & 0 & 0 & -1 & -2 \end{bmatrix}$

(7-8) 다음 연립일차방정식을 첨가행렬로 표시하라.

7. **a.** $\begin{aligned} -2x_1 &= 6 \\ 3x_1 &= 8 \\ 9x_1 &= -3 \end{aligned}$ **b.** $\begin{aligned} 6x_1 - x_2 + 3x_3 &= 4 \\ 5x_2 - x_3 &= 1 \end{aligned}$

c. $\begin{aligned} 2x_2 - 3x_4 + x_5 &= 0 \\ -3x_1 - x_2 + x_3 &= -1 \\ 6x_1 + 2x_2 - x_3 + 2x_4 - 3x_5 &= 6 \end{aligned}$

8. **a.** $\begin{aligned} 3x_1 - 2x_2 &= -1 \\ 4x_1 + 5x_2 &= 3 \\ 7x_1 + 3x_2 &= 2 \end{aligned}$ **b.** $\begin{aligned} 2x_1 + 2x_3 &= 1 \\ 3x_1 - x_2 + 4x_3 &= 7 \\ 6x_1 + x_2 - x_3 &= 0 \end{aligned}$

c. $\begin{aligned} x_1 &= 1 \\ x_2 &= 2 \\ x_3 &= 3 \end{aligned}$

9. 주어진 삼중 순서쌍이 다음 연립일차방정식의 해인지를 판단하라.

$$\begin{aligned} 2x_1 - 4x_2 - x_3 &= 1 \\ x_1 - 3x_2 + x_3 &= 1 \\ 3x_1 - 5x_2 - 3x_3 &= 1 \end{aligned}$$

a. $(3, 1, 1)$ **b.** $(3, -1, 1)$ **c.** $(13, 5, 2)$

d. $\left(\frac{13}{2}, \frac{5}{2}, 2\right)$ **e.** $(17, 7, 5)$

10. 주어진 삼중 순서쌍이 다음 연립일차방정식의 해인지를 판단하라.

$$\begin{aligned} x + 2y - 2z &= 3 \\ 3x - y + z &= 1 \\ -x + 5y - 5z &= 5 \end{aligned}$$

a. $\left(\frac{5}{7}, \frac{8}{7}, 1\right)$ **b.** $\left(\frac{5}{7}, \frac{8}{7}, 0\right)$ **c.** $(5, 8, 1)$

d. $\left(\frac{5}{7}, \frac{10}{7}, \frac{2}{7}\right)$ **e.** $\left(\frac{5}{7}, \frac{22}{7}, 2\right)$

11. 다음 연립일차방정식의 해를 구하라. 각 방정식이 나타내는 직선들이 만나지 않는지, 한 점에서 만나는지, 무수히 많은 점에서 만나는지를 판단하라. 한 점에서 만난다면 그것의 좌표를 말하고, 무수히 많은 점에서 만난다면 매개변수를 이용하여 나타내라.

a. $\begin{aligned} 3x - 2y &= 4 \\ 6x - 4y &= 9 \end{aligned}$ **b.** $\begin{aligned} 2x - 4y &= 1 \\ 4x - 8y &= 2 \end{aligned}$ **c.** $\begin{aligned} x - 2y &= 0 \\ x - 4y &= 8 \end{aligned}$

12. 다음 연립일차방정식에서 어떤 a와 b에 대해서 해가 없거나, 유일 해를 갖거나, 무수히 많은 해를 갖는지 판단하라.

$$\begin{aligned} 2x - 3y &= a \\ 4x - 6y &= b \end{aligned}$$

(13-14) 매개방정식을 사용하여 다음 연립일차방정식의 해를 나타내라.

13. **a.** $7x - 5y = 3$

b. $3x_1 - 5x_2 + 4x_3 = 7$

c. $-8x_1 + 2x_2 - 5x_3 + 6x_4 = 1$

d. $3v - 8w + 2x - y + 4z = 0$

14. **a.** $x + 10y = 2$

b. $x_1 + 3x_2 - 12x_3 = 3$

c. $4x_1 + 2x_2 + 3x_3 + x_4 = 20$

d. $v + w + x - 5y + 7z = 0$

(15-16) 다음 연립일차방정식들은 무수히 많은 해를 갖는다. 매개방정식을 이용하여 해집합을 나타내라.

15. **a.** $\begin{aligned} 2x - 3y &= 1 \\ 6x - 9y &= 3 \end{aligned}$

b. $\begin{aligned} x_1 + 3x_2 - x_3 &= -4 \\ 3x_1 + 9x_2 - 3x_3 &= -12 \\ -x_1 - 3x_2 + x_3 &= 4 \end{aligned}$

16. **a.** $\begin{aligned} 6x_1 + 2x_2 &= -8 \\ 3x_1 + x_2 &= -4 \end{aligned}$ **b.** $\begin{aligned} 2x - y + 2z &= -4 \\ 6x - 3y + 6z &= -12 \\ -4x + 2y - 4z &= 8 \end{aligned}$

(17-18) 주어진 첨가행렬의 맨 왼쪽 윗부분이 1이 되도록 하는 기본 행연산을 찾아라. 이때 첫 번째 행에는 어떤 분수도 생겨서는 안 된다.

17. **a.** $\begin{bmatrix} -3 & -1 & 2 & 4 \\ 2 & -3 & 3 & 2 \\ 0 & 2 & -3 & 1 \end{bmatrix}$ **b.** $\begin{bmatrix} 0 & -1 & -5 & 0 \\ 2 & -9 & 3 & 2 \\ 1 & 4 & -3 & 3 \end{bmatrix}$

18. **a.** $\begin{bmatrix} 2 & 4 & -6 & 8 \\ 7 & 1 & 4 & 3 \\ -5 & 4 & 2 & 7 \end{bmatrix}$ **b.** $\begin{bmatrix} 7 & -4 & -2 & 2 \\ 3 & -1 & 8 & 1 \\ -6 & 3 & -1 & 4 \end{bmatrix}$

(19-20) 다음 첨가행렬에 대응하는 연립일차방정식이 일치하기 위한 모든 k값을 구하라.

19. a. $\begin{bmatrix} 1 & k & -4 \\ 4 & 8 & 2 \end{bmatrix}$ **b.** $\begin{bmatrix} 1 & k & -1 \\ 4 & 8 & -4 \end{bmatrix}$

20. a. $\begin{bmatrix} 3 & -4 & k \\ -6 & 8 & 5 \end{bmatrix}$ **b.** $\begin{bmatrix} k & 1 & -2 \\ 4 & -1 & 2 \end{bmatrix}$

21. 아래 그림에서 보이는 곡선 $y = ax^2 + bx + c$는 세 점 (x_1, y_1), (x_2, y_2), (x_3, y_3)을 지난다. 계수 a, b, c는 아래의 첨가행렬을 갖는 연립일차방정식의 해임을 보여라.

$$\begin{bmatrix} x_1^2 & x_1 & 1 & y_1 \\ x_2^2 & x_2 & 1 & y_2 \\ x_3^2 & x_3 & 1 & y_3 \end{bmatrix}$$

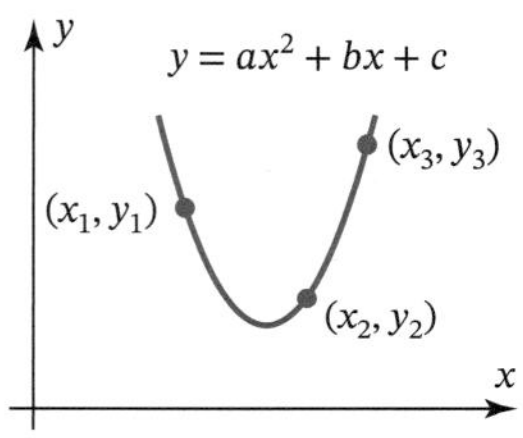

그림 Ex-21

22. 세 가지의 기본 행연산들이 연립일차방정식의 해에 아무 영향도 미치지 못하는 이유를 설명하라.

23. 다음 일차방정식 $x_1 + kx_2 = c$와 $x_1 + lx_2 = d$가 같은 해집합을 갖는다면 두 방정식은 같다는 것을 보여라(즉, $k = l$, $c = d$).

24. 다음 연립일차방정식

$$\begin{aligned} ax + by &= k \\ cx + dy &= l \\ ex + fy &= m \end{aligned}$$

에서 각 직선들의 위치가 다음 조건에서 어떠한지를 설명하라.

a. 연립일차방정식이 해를 갖지 않는다.

b. 연립일차방정식이 유일 해를 갖는다.

c. 연립일차방정식이 무수히 많은 해를 갖는다.

25. 다이어트를 위해서 식사 때 지방 7, 단백질 9, 탄수화물 16을 섭취해야 한다고 가정하고 각 개인은 다음 세 종류의 음식을 선택할 수 있다고 가정하자.

음식 1: 지방 2, 단백질 2, 탄수화물 4
음식 2: 지방 3, 단백질 1, 탄수화물 2
음식 3: 지방 1, 단백질 3, 탄수화물 5
(각각 온스당 함유량)

x, y, z를 각 음식 1, 2, 3의 양(온스)이라고 할 때 다이어트를 하는 사람은 각각 세 종류의 음식을 얼마큼씩 먹어야 요구사항을 만족할 수 있을지를 구하기 위한 연립방정식을 써라.

26. 세 점 (1, 1), (2, 4), (−1, 1)을 지나는 포물선 $y = ax^2 + bx + c$의 a, b, c를 구하기 위한 연립일차방정식을 써라. 이 연립방정식이 얼마나 많은 해를 가질 것이라고 예상하는지와 그 이유를 설명하라.

27. 세 실수가 있다. 세 수의 합이 12이고, 첫 번째 숫자의 두 배에 두 번째 숫자, 그리고 세 번째 숫자의 두 배를 합한 것이 5이며, 세 번째 숫자는 첫 번째보다 1 크다. 위의 세 조건을 만족하는 연립일차방정식을 구하라.

참-거짓 문제

TF. **(a)-(h)**가 참인지 거짓인지를 밝히고 그 이유를 설명하라.

a. 모두 동차인 일차방정식들로 된 연립방정식은 항상 해를 갖는다.

b. 첨가행렬에 0을 곱하는 것도 기본 행연산이라고 할 수 있다.

c. 연립일차방정식

$$\begin{aligned} x - \ \ y &= 3 \\ 2x - 2y &= k \end{aligned}$$

는 k값에 관계없이 유일 해를 가질 수 없다.

d. 2개 이상의 미지수를 갖는 하나의 일차방정식은 항상 무수히 많은 해를 갖는다.

e. 연립일차방정식에서 방정식의 개수가 미지수의 개수보다 많으면 이 연립방정식은 불일치하여야 한다.

f. 일치하는 연립일차방정식에 있는 각 방정식에 상수 c를 곱하면 새 연립방정식의 모든 해는 원래 연립방정식의 해에 c배 하여 얻을 수 있다.

g. 기본 행연산은 첨가행렬의 하나의 행을 다른 행에서 빼는 뺄셈을 허용한다.

h. 다음의 첨가행렬을 갖는 연립일차방정식은 일치한다.

$$\begin{bmatrix} 2 & -1 & 4 \\ 0 & 0 & -1 \end{bmatrix}$$

계산도구 문제

T1. 연습문제 2, 3, 4의 선형계를 풀어서 여러분의 기술적 도구가 세 형태의 연립방정식을 어떻게 푸는지를 살펴보라.

T2. 연습문제 21의 결과를 이용하여 세 점 (−1, 1, 4), (0, 0, 8), (1, 1, 7)을 지나는 곡선 $y = ax^2 + bx + c$의 a, b, c 값을 구하라.

1.2 가우스 소거법

이 절에서는 연립일차방정식의 해를 구하는 체계적인 과정을 알아보려고 한다. 이 과정의 기본 개념은 눈으로 봐서도 해가 무엇인지를 알 수 있을 때까지 첨가행렬의 행들을 연산을 통하여 간단히 하려는 것이다.

연립방정식을 풀 때의 고려사항

연립일차방정식을 푸는 방법을 생각할 때 컴퓨터로만 풀 수 있는 큰 연립방정식과 손으로도 풀 수 있는 작은 연립방정식을 구분하는 것이 중요하다. 예를 들어 수천 혹은 수만 개의 미지수를 갖는 연립방정식으로 표현되는 많은 응용문제들이 있다. 이런 연립방정식들은 메모리 용량이나, 반올림오차, 해를 구하는 시간 등등 특별히 취급해야 할 기법들을 필요로 한다. 그러한 기법들은 ***수치해석***(numerical analysis) 분야에서 연구되고 있고 여기서는 간단히 언급하기만 할 것이다. 그렇지만 큰 연립방정식에 사용되는 거의 모든 방법들은 이 절에서 소개되는 개념들에 근거한 것이다.

사다리꼴

1.1절의 예제 6에서 미지수 x, y, z에 대한 연립일차방정식에 대하여 첨가행렬을

$$\begin{bmatrix} 1 & 0 & 0 & 1 \\ 0 & 1 & 0 & 2 \\ 0 & 0 & 1 & 3 \end{bmatrix}$$

이 되도록 간단히 하여 해 $x = 1$, $y = 2$, $z = 3$을 얻었다. 이 행렬은 ***기약 행사다리꼴***(reduced row echelon form)의 예이다. 이러한 형태의 행렬은 다음 성질을 가져야 한다.

1. 영이 아닌 원소를 갖는 행에서 맨 처음 나오는 영이 아닌 수는 1이어야 한다. 이것을 ***선도 1***(leading 1)이라고 부른다.
2. 모든 원소가 영인 행이 있다면 그 행은 행렬의 맨 밑으로 내려가야 한다.
3. 영이 아닌 원소를 갖는 연속된 두 행은 밑에 있는 행의 선도 1이 위에 있는 행의 선도 1보다 오른쪽에 있어야 한다.
4. 선도 1이 있는 열의 나머지 원소들은 모두 영이어야 한다.

처음 세 성질을 만족하는 행렬을 ***행사다리꼴***(echelon form)이라고 한다. (그러므로 기약 행사다리꼴은 반드시 행사다리꼴이나 그 역은 성립하지 않는다.)

예제 1 | 행사다리꼴과 기약 행사다리꼴

다음 행렬들은 기약 행사다리꼴이다.

$$\begin{bmatrix} 1 & 0 & 0 & 4 \\ 0 & 1 & 0 & 7 \\ 0 & 0 & 1 & -1 \end{bmatrix}, \quad \begin{bmatrix} 1 & 0 & 0 \\ 0 & 1 & 0 \\ 0 & 0 & 1 \end{bmatrix}, \quad \begin{bmatrix} 0 & 1 & -2 & 0 & 1 \\ 0 & 0 & 0 & 1 & 3 \\ 0 & 0 & 0 & 0 & 0 \\ 0 & 0 & 0 & 0 & 0 \end{bmatrix}, \quad \begin{bmatrix} 0 & 0 \\ 0 & 0 \end{bmatrix}$$

다음 행렬들은 행사다리꼴이나 기약 행사다리꼴은 아니다.

$$\begin{bmatrix} 1 & 4 & -3 & 7 \\ 0 & 1 & 6 & 2 \\ 0 & 0 & 1 & 5 \end{bmatrix}, \quad \begin{bmatrix} 1 & 1 & 0 \\ 0 & 1 & 0 \\ 0 & 0 & 0 \end{bmatrix}, \quad \begin{bmatrix} 0 & 1 & 2 & 6 & 0 \\ 0 & 0 & 1 & -1 & 0 \\ 0 & 0 & 0 & 0 & 1 \end{bmatrix}$$

예제 2 | 행사다리꼴과 기약 행사다리꼴에 대한 더 많은 예들

예제 1에서 보았듯이, 행사다리꼴은 행의 선도 1이 있는 열의 아래 원소들이 0이고, 기약 행사다리꼴은 행의 선도 1이 있는 열의 *위*, 아래 모든 원소가 0이다. *를 표시한 부분은 임의의 실수를 뜻하고, 아래 형태의 행렬들은 모두 행사다리꼴이다.

$$\begin{bmatrix} 1 & * & * & * \\ 0 & 1 & * & * \\ 0 & 0 & 1 & * \\ 0 & 0 & 0 & 1 \end{bmatrix}, \quad \begin{bmatrix} 1 & * & * & * \\ 0 & 1 & * & * \\ 0 & 0 & 1 & * \\ 0 & 0 & 0 & 0 \end{bmatrix}, \quad \begin{bmatrix} 1 & * & * & * \\ 0 & 1 & * & * \\ 0 & 0 & 0 & 0 \\ 0 & 0 & 0 & 0 \end{bmatrix}, \quad \begin{bmatrix} 0 & 1 & * & * & * & * & * & * & * & * \\ 0 & 0 & 0 & 1 & * & * & * & * & * & * \\ 0 & 0 & 0 & 0 & 1 & * & * & * & * & * \\ 0 & 0 & 0 & 0 & 0 & 1 & * & * & * & * \\ 0 & 0 & 0 & 0 & 0 & 0 & 0 & 0 & 1 & * \end{bmatrix}$$

아래 형태의 행렬들은 모두 기약 행사다리꼴이다.

$$\begin{bmatrix} 1 & 0 & 0 & 0 \\ 0 & 1 & 0 & 0 \\ 0 & 0 & 1 & 0 \\ 0 & 0 & 0 & 1 \end{bmatrix}, \quad \begin{bmatrix} 1 & 0 & 0 & * \\ 0 & 1 & 0 & * \\ 0 & 0 & 1 & * \\ 0 & 0 & 0 & 0 \end{bmatrix}, \quad \begin{bmatrix} 1 & 0 & * & * \\ 0 & 1 & * & * \\ 0 & 0 & 0 & 0 \\ 0 & 0 & 0 & 0 \end{bmatrix}, \quad \begin{bmatrix} 0 & 1 & * & 0 & 0 & 0 & * & * & 0 & * \\ 0 & 0 & 0 & 1 & 0 & 0 & * & * & 0 & * \\ 0 & 0 & 0 & 0 & 1 & 0 & * & * & 0 & * \\ 0 & 0 & 0 & 0 & 0 & 1 & * & * & 0 & * \\ 0 & 0 & 0 & 0 & 0 & 0 & 0 & 0 & 1 & * \end{bmatrix}$$

만약 기본 행연산을 통하여 연립일차방정식의 첨가행렬을 *기약* 행사다리꼴로 나타낼 수 있다면 해집합은 직접 혹은 매개변수 형태의 일차방정식으로 변환하여 쉽게 얻을 수 있다. 몇 가지 예를 들어 보자.

예제 3 | 유일 해

미지수 x_1, x_2, x_3, x_4에 대한 연립방정식의 첨가행렬이 기본 행연산을 통하여 다음과 같이 간단히 되었다고 가정하자.

$$\begin{bmatrix} 1 & 0 & 0 & 0 & 3 \\ 0 & 1 & 0 & 0 & -1 \\ 0 & 0 & 1 & 0 & 0 \\ 0 & 0 & 0 & 1 & 5 \end{bmatrix}$$

이 행렬은 기약 행사다리꼴이다. 따라서

$$\begin{aligned} x_1 \qquad\qquad\qquad &= 3 \\ x_2 \qquad\qquad &= -1 \\ x_3 \qquad &= 0 \\ x_4 &= 5 \end{aligned}$$

그러므로 유일 해 $x_1 = 3, x_2 = -1, x_3 = 0, x_4 = 5$를 갖는다. 동시에 사중 순서쌍 (3, −1, 0, 5)로 나타낼 수도 있다.

예제 4 | 미지수 세 개를 갖는 연립방정식

미지수 x, y, z에 대한 연립방정식의 첨가행렬이 기본 행연산을 통하여 아래와 같은 기약 행사다리꼴이 되었다고 가정하자. 각각의 해를 구하라.

$$(a)\ \begin{bmatrix} 1 & 0 & 0 & 0 \\ 0 & 1 & 2 & 0 \\ 0 & 0 & 0 & 1 \end{bmatrix} \qquad (b)\ \begin{bmatrix} 1 & 0 & 3 & -1 \\ 0 & 1 & -4 & 2 \\ 0 & 0 & 0 & 0 \end{bmatrix} \qquad (c)\ \begin{bmatrix} 1 & -5 & 1 & 4 \\ 0 & 0 & 0 & 0 \\ 0 & 0 & 0 & 0 \end{bmatrix}$$

풀이 (*a*) 첨가행렬의 마지막 행이 나타내는 방정식은

$$0x + 0y + 0z = 1$$

이다. 이 방정식은 어떠한 x, y, z에 대해서도 성립하지 않는다. 따라서 이 연립방정식은 불일치한다.

풀이 (*b*) 첨가행렬의 마지막 행이 나타내는 방정식은

$$0x + 0y + 0z = 0$$

이다. 이 방정식은 x, y, z에 대해서 어떠한 제한도 없기 때문에 생략할 수 있다. 그러므로 첨가행렬에 대응되는 연립방정식은 아래와 같다.

$$\begin{aligned} x \qquad + 3z &= -1 \\ y - 4z &= \ \ 2 \end{aligned}$$

x와 y는 첨가행렬에서 선도 1에 대응되므로 이를 ***선도변수***(leading variable)라 하고, 나머지 변수들은 ***자유변수***(free variable)라 한다. 선도변수를 자유변수로 표현하면

$$\begin{aligned} x &= -1 - 3z \\ y &= 2 + 4z \end{aligned}$$

이다. 이 방정식으로부터 자유변수 z를 매개변수로 취급하여 임의의 값 t로 설정하여 x와 y를 구할 수 있다. 그러므로 해집합은 매개변수 방정식으로 나타낼 수 있다.

$$x = -1 - 3t, \quad y = 2 + 4t, \quad z = t$$

이 방정식에 t 대신에 다양한 값을 넣으면 방정식의 다양한 해를 얻게 된다. 예를 들어 $t = 0$이면 해

$$x = -1, \quad y = 2, \quad z = 0$$

을 얻고, $t = 1$이면 다음 해를 얻는다.

$$x = -4, \quad y = 6, \quad z = 1$$

풀이 (*c*) (*b*)에서 보았듯이 원소가 모두 0인 행에 대응하는 방정식은 생략할 수 있다. 따라서 첨가행렬에 대응하는 연립방정식은 하나의 방정식으로 이루어진다.

$$x - 5y + z = 4 \tag{1}$$

이것으로부터 해집합은 3차원 공간상의 평면임을 알 수 있다. 비록 식 (1)이 해집합으로서 올바른 표현이기는 하지만 더 많은 응용에서 매개변수 형태의 해집합으로 표현하는 것을 선호한다. 식 (1)에서 선도변수 x를 자유변수 y, z로 풀어서 다음 식을 얻는다.

$$x = 4 + 5y - z$$

이 방정식으로부터 자유변수에 임의의 값을 주어, 예를 들어 $y = s$, $z = t$와 같이 x값을 정한다. 이 해집합은 매개변수식으로 다음과 같이 표현할 수 있다.

$$x = 4 + 5s - t, \quad y = s, \quad z = t \tag{2}$$

보통 일반해에서 매개변수들로 $r, s, t, \cdots$를 사용하지만, 미지수들의 이름과 상충되지 않는 어느 문자도 가능하다. 세 개보다 더 많은 미지수들이 있으면 보통 첨자를 사용하는 것이 편리하다. 예를 들면, $t_1, t_2, t_3, \cdots$.

연립일차방정식의 해집합을 식 (2)처럼 매개변수 표현하는 것에 대해 다음과 같은 용어를 사용한다.

정의 1

연립일차방정식이 무수히 많은 해를 가질 때, 매개변수에 숫자를 넣어 해를 얻을 수 있는 매개변수 방정식들의 집합을 그 연립방정식의 ***일반해***(general solution)라고 한다.

예를 들어 식 (2)는 예제 4(c)의 일반해이다.

소거법

연립일차방정식의 해를 구할 때 그것의 첨가행렬로부터 기약 행사다리꼴을 찾으면 쉽게 해를 구할 수 있음을 보았다. 이제 임의의 행렬을 기약 행사다리꼴로 만들기 위한 소거법(elimination)을 단계별로 살펴보자. 각 단계별로 언급하는 것은 각 행렬이 기약 행사다리꼴로 만들어져 가는 과정을 보이기 위함이다.

$$\begin{bmatrix} 0 & 0 & -2 & 0 & 7 & 12 \\ 2 & 4 & -10 & 6 & 12 & 28 \\ 2 & 4 & -5 & 6 & -5 & -1 \end{bmatrix}$$

단계 1. 영이 아닌 원소가 있는 가장 왼쪽의 열에 위치한다.

$$\begin{bmatrix} 0 & 0 & -2 & 0 & 7 & 12 \\ 2 & 4 & -10 & 6 & 12 & 28 \\ 2 & 4 & -5 & 6 & -5 & -1 \end{bmatrix}$$

↑ 가장 왼쪽의 영이 아닌 열

단계 2. 필요하다면, 단계 1에서 찾은 열의 가장 위의 수가 영이 아니도록 첫째 행과 다른 행을 바꾼다.

$$\begin{bmatrix} 2 & 4 & -10 & 6 & 12 & 28 \\ 0 & 0 & -2 & 0 & 7 & 12 \\ 2 & 4 & -5 & 6 & -5 & -1 \end{bmatrix}$$

← 앞 행렬의 1행과 2행을 바꾼다.

단계 3. 단계 1에서 찾은 열의 가장 위의 수가 a이면 $1/a$을 곱하여 1로 바꾼다.

$$\begin{bmatrix} 1 & 2 & -5 & 3 & 6 & 14 \\ 0 & 0 & -2 & 0 & 7 & 12 \\ 2 & 4 & -5 & 6 & -5 & -1 \end{bmatrix}$$

← 앞 행렬의 1행에 $\frac{1}{2}$을 곱한다.

단계 4. 1행에 적당한 수를 곱하여 아래 행들에 더하여 선도 1의 아래 원소들이 모두 영이 되도록 한다.

$$\begin{bmatrix} 1 & 2 & -5 & 3 & 6 & 14 \\ 0 & 0 & -2 & 0 & 7 & 12 \\ 0 & 0 & 5 & 0 & -17 & -29 \end{bmatrix}$$ ← 앞 행렬의 1행에 −2배 하여 3행에 더한다.

단계 5. 행렬의 1행은 두고 나머지 부분행렬에 대해서 다시 단계 1부터 진행하여 기약 행사다리꼴 행렬이 될 때까지 반복한다.

$$\begin{bmatrix} 1 & 2 & -5 & 3 & 6 & 14 \\ 0 & 0 & -2 & 0 & 7 & 12 \\ 0 & 0 & 5 & 0 & -17 & -29 \end{bmatrix}$$

↑ **나머지 부분행렬의 영이 아닌 가장 왼쪽 열**

$$\begin{bmatrix} 1 & 2 & -5 & 3 & 6 & 14 \\ 0 & 0 & 1 & 0 & -\frac{7}{2} & -6 \\ 0 & 0 & 5 & 0 & -17 & -29 \end{bmatrix}$$ ← 부분행렬의 1행에 $-\frac{1}{2}$을 곱하여 1을 만든다.

$$\begin{bmatrix} 1 & 2 & -5 & 3 & 6 & 14 \\ 0 & 0 & 1 & 0 & -\frac{7}{2} & -6 \\ 0 & 0 & 0 & 0 & \frac{1}{2} & 1 \end{bmatrix}$$ ← 부분행렬의 1행에 −5배 하여 부분행렬의 2행에 더하여 선도 1 밑의 원소를 영으로 만든다.

$$\begin{bmatrix} 1 & 2 & -5 & 3 & 6 & 14 \\ 0 & 0 & 1 & 0 & -\frac{7}{2} & -6 \\ 0 & 0 & 0 & 0 & \frac{1}{2} & 1 \end{bmatrix}$$ ← 부분행렬의 1행은 마쳤고 다시 단계 1로 간다.

↑ **새 부분행렬의 영이 아닌 가장 왼쪽 열**

$$\begin{bmatrix} 1 & 2 & -5 & 3 & 6 & 14 \\ 0 & 0 & 1 & 0 & -\frac{7}{2} & -6 \\ 0 & 0 & 0 & 0 & 1 & 2 \end{bmatrix}$$ ← 새 부분행렬의 1행에 2를 곱하여 선도 1이 되도록 한다.

전체 행렬이 행사다리꼴 행렬이 되었다. 기약 행사다리꼴 행렬이 되기 위해서 다음 단계를 추가하여야 한다.

단계 6. 마지막 영이 아닌 행부터 시작하여 위로 올라간다. 선도 1의 위를 영으로 만들기 위하여 적당한 수를 곱하여 위의 행에 더한다.

$$\begin{bmatrix} 1 & 2 & -5 & 3 & 6 & 14 \\ 0 & 0 & 1 & 0 & 0 & 1 \\ 0 & 0 & 0 & 0 & 1 & 2 \end{bmatrix}$$ ← 앞 행렬의 3행에 $\frac{7}{2}$을 곱하여 2행에 더한다.

$$\begin{bmatrix} 1 & 2 & -5 & 3 & 0 & 2 \\ 0 & 0 & 1 & 0 & 0 & 1 \\ 0 & 0 & 0 & 0 & 1 & 2 \end{bmatrix}$$ ← 3행에 −6배 하여 1행에 더한다.

$$\begin{bmatrix} 1 & 2 & 0 & 3 & 0 & 7 \\ 0 & 0 & 1 & 0 & 0 & 1 \\ 0 & 0 & 0 & 0 & 1 & 2 \end{bmatrix}$$ ← 2행에 5배 하여 1행에 더한다.

마지막 행렬이 기약 행사다리꼴 행렬이다.

여기서 소개한 과정을 ***가우스-요르단 소거법***(Gauss-Jordan elimination)이라고 한다. 이 과정은 두 부분으로 구성되어 있는데, 선도 1 아랫부분을 모두 0으로 하는 것을 ***전진단계***(forward phase), 선도 1 윗부분을 모두 0으로 하는 것을 ***후진단계***(backward phase)라고 한다. 만약 전진단계만 하면 행사다리꼴이 만들어지고 이를 ***가우스 소거법***(Gaussian elimination)이라고 한다. 예를 들어 앞의 과정에서 행사다리꼴은 단계 5에서 얻을 수 있다.

역사 노트

가우스(Carl Friedrich Gauss, 1777–1855)

요르단(Wilhelm Jordan, 1842–1899)

가우스 소거법은 훨씬 일찍부터 알려졌지만, 위대한 독일의 수학자 가우스가 소행성 케레스의 궤도 계산에 그것을 사용하기 전까지는 제대로 인식되지 못하였다. 이야기의 전말은 다음과 같다. 1801년 1월 1일, 시실리의 천문학자 피아지(Giuseppe Piazzi, 1746–1826)는 "떠도는 위성"이라고 생각되는 희미한 물체를 하늘에서 발견하였다. 그는 이것을 케레스라고 불렀는데, 몇몇 제한된 위치에서만 관찰을 할 수 있었고, 그것이 태양에 가까워졌을 때는 찾을 수가 없었다. 가우스가 제한된 자료로 궤도를 계산하는 문제와 우리가 가우스 소거법이라고 부르는 과정을 떠맡았다. 1년 후, 가우스가 예측했던 거의 정확한 위치인 별자리 처녀자리에 케레스가 다시 나타났을 때 가우스의 작업은 센세이션을 일으켰다. 이 방법은 나중에 독일의 엔지니어 요르단이 1888년 발표한 그의 측지학(지구의 모양들을 측정하는 과학) 논문집 *Handbuch der Vermessungskunde*를 통하여 대중화되었다.

[Images: Photo Inc/Photo Researchers/Getty Images (Gauss); https://en.wikipedia.org/wiki/Andrey_Markov#/media/File:Andrei_Markov.jpg. Public domain. (Jordan)]

예제 5 | 가우스-요르단 소거법

가우스-요르단 소거법으로 다음을 풀어라.

$$\begin{aligned} x_1 + 3x_2 - 2x_3 \qquad\quad + 2x_5 \qquad\quad &= 0 \\ 2x_1 + 6x_2 - 5x_3 - 2x_4 + 4x_5 - 3x_6 &= -1 \\ 5x_3 + 10x_4 \qquad\quad + 15x_6 &= 5 \\ 2x_1 + 6x_2 \qquad\quad + 8x_4 + 4x_5 + 18x_6 &= 6 \end{aligned}$$

풀이 이 연립방정식의 첨가행렬은 다음과 같다.

$$\begin{bmatrix} 1 & 3 & -2 & 0 & 2 & 0 & 0 \\ 2 & 6 & -5 & -2 & 4 & -3 & -1 \\ 0 & 0 & 5 & 10 & 0 & 15 & 5 \\ 2 & 6 & 0 & 8 & 4 & 18 & 6 \end{bmatrix}$$

1행에 −2배 하여 2행과 4행에 더한다.

$$\begin{bmatrix} 1 & 3 & -2 & 0 & 2 & 0 & 0 \\ 0 & 0 & -1 & -2 & 0 & -3 & -1 \\ 0 & 0 & 5 & 10 & 0 & 15 & 5 \\ 0 & 0 & 4 & 8 & 0 & 18 & 6 \end{bmatrix}$$

2행에 −1을 곱하고 새로운 2행에 −5배 하여 3행에 더하고 다시 2행에 −4배 하여 4행에 더한다.

$$\begin{bmatrix} 1 & 3 & -2 & 0 & 2 & 0 & 0 \\ 0 & 0 & 1 & 2 & 0 & 3 & 1 \\ 0 & 0 & 0 & 0 & 0 & 0 & 0 \\ 0 & 0 & 0 & 0 & 0 & 6 & 2 \end{bmatrix}$$

3행과 4행을 바꾸고 바꾼 3행에 $\frac{1}{6}$을 곱하면 행사다리꼴이 된다.

$$\begin{bmatrix} 1 & 3 & -2 & 0 & 2 & 0 & 0 \\ 0 & 0 & 1 & 2 & 0 & 3 & 1 \\ 0 & 0 & 0 & 0 & 0 & 1 & \frac{1}{3} \\ 0 & 0 & 0 & 0 & 0 & 0 & 0 \end{bmatrix}$$

선도 1 밑의 모든 값이 0이므로 전진단계를 끝낸 것이다.

3행에 −3배 하여 2행에 더하고 새로 생긴 행렬의 2행에 2배 하여 1행에 더하면 기약 행사다리꼴이 생긴다.

$$\begin{bmatrix} 1 & 3 & 0 & 4 & 2 & 0 & 0 \\ 0 & 0 & 1 & 2 & 0 & 0 & 0 \\ 0 & 0 & 0 & 0 & 0 & 1 & \frac{1}{3} \\ 0 & 0 & 0 & 0 & 0 & 0 & 0 \end{bmatrix}$$

선도 1 위의 모든 값이 0이므로 후진단계를 끝낸 것이다.

이와 연계된 방정식은 다음과 같다.

$$\begin{aligned} x_1 + 3x_2 \quad + 4x_4 + 2x_5 \quad &= 0 \\ x_3 + 2x_4 \quad &= 0 \\ x_6 &= \tfrac{1}{3} \end{aligned} \qquad (3)$$

식 (3)에서 연립방정식을 세울 때 모든 원소가 0인 행에 대응되는 방정식들은 무시하였다. 왜 이것이 정당한가?

선도변수에 대해서 풀면 다음을 얻는다.

$$\begin{aligned} x_1 &= -3x_2 - 4x_4 - 2x_5 \\ x_3 &= -2x_4 \\ x_6 &= \tfrac{1}{3} \end{aligned}$$

마지막으로 자유변수 x_2, x_4, x_5에 대하여 임의의 값 r, s, t를 대입하면 연립방정식의 일반해를 얻는다.

$$x_1 = -3r - 4s - 2t, \quad x_2 = r, \quad x_3 = -2s, \quad x_4 = s, \quad x_5 = t, \quad x_6 = \tfrac{1}{3}$$

동차 연립일차방정식

상수항이 모두 0이면 이를 ***동차***(homogeneous) 연립일차방정식이라고 한다. 즉, 다음과 같은 형태를 갖는다.

$$\begin{aligned} a_{11}x_1 &+ a_{12}x_2 + \cdots + a_{1n}x_n = 0 \\ a_{21}x_1 &+ a_{22}x_2 + \cdots + a_{2n}x_n = 0 \\ &\vdots \\ a_{m1}x_1 &+ a_{m2}x_2 + \cdots + a_{mn}x_n = 0 \end{aligned}$$

모든 동차 연립일차방정식은 일치한다. 왜냐하면 모든 연립방정식이 $x_1 = 0, x_2 = 0, \cdots, x_n = 0$을 해로 갖기 때문이다. 이 해를 ***자명해***(trivial solution)라고 한다. 만약 다른 해가 있다면 이를 ***비자명해***(nontrivial solution)라고 한다.

동차 연립일차방정식은 늘 자명해를 갖기 때문에, 해에 대하여서는 다음 두 가지 가능성밖에 없다.

- 자명해만 있다.
- 자명해 외에 무수히 많은 해가 있다.

미지수가 2개이고 방정식이 2개인 동차 연립일차방정식의 경우는

$$a_1x + b_1y = 0 \quad (a_1, b_1 \text{ 모두 다 0은 아니다.})$$
$$a_2x + b_2y = 0 \quad (a_2, b_2 \text{ 모두 다 0은 아니다.})$$

두 방정식의 그래프는 원점을 지나는 직선들이고 자명해는 두 직선의 교점이 원점인 경우이다(**그림 1.2.1**).

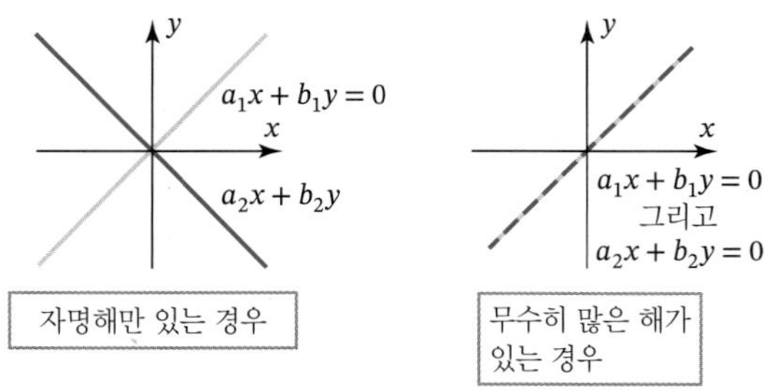

그림 1.2.1

동차 연립방정식이 항상 비자명해를 갖는 경우가 있는데 이는 방정식보다 미지수의 개수가 더 많은 경우이다. 왜 그런지를 보기 위해서 미지수가 6개이고 방정식이 4개인 다음 경우를 살펴보자.

예제 6 | 동차 연립일차방정식

가우스-요르단 소거법을 사용하여 다음 동차 연립일차방정식을 풀어라.

$$\begin{aligned} x_1 + 3x_2 - 2x_3 \qquad\quad + 2x_5 \qquad\quad &= 0 \\ 2x_1 + 6x_2 - 5x_3 - 2x_4 + 4x_5 - 3x_6 &= 0 \\ 5x_3 + 10x_4 \qquad\quad + 15x_6 &= 0 \\ 2x_1 + 6x_2 \qquad\quad + 8x_4 + 4x_5 + 18x_6 &= 0 \end{aligned} \tag{4}$$

풀이 먼저 미지수의 계수들이 예제 5의 것들과 똑같음을 알 수 있다. 단지 오른쪽의 상수항

만이 다르다. 주어진 동차 연립방정식의 첨가행렬은 다음과 같다.

$$\begin{bmatrix} 1 & 3 & -2 & 0 & 2 & 0 & 0 \\ 2 & 6 & -5 & -2 & 4 & -3 & 0 \\ 0 & 0 & 5 & 10 & 0 & 15 & 0 \\ 2 & 6 & 0 & 8 & 4 & 18 & 0 \end{bmatrix} \tag{5}$$

이는 예제 5의 첨가행렬과 마지막 열이 0인 것을 제외하고는 같다. 그러므로 이 행렬의 기약 행사다리꼴은 마지막 열을 제외하고는 예제 5의 것과 같다. 그러나 0으로 된 열은 행에 관한 기본 행렬에 의해서는 변하지 않으므로 식 (5)의 기약 행사다리꼴은 다음과 같다.

$$\begin{bmatrix} 1 & 3 & 0 & 4 & 2 & 0 & 0 \\ 0 & 0 & 1 & 2 & 0 & 0 & 0 \\ 0 & 0 & 0 & 0 & 0 & 1 & 0 \\ 0 & 0 & 0 & 0 & 0 & 0 & 0 \end{bmatrix} \tag{6}$$

연관된 방정식은 다음과 같다.

$$\begin{aligned} x_1 + 3x_2 \qquad + 4x_4 + 2x_5 \qquad &= 0 \\ x_3 + 2x_4 \qquad &= 0 \\ x_6 &= 0 \end{aligned}$$

그러므로 선도변수에 대해서 풀면 다음을 얻는다.

$$\begin{aligned} x_1 &= -3x_2 - 4x_4 - 2x_5 \\ x_3 &= -2x_4 \\ x_6 &= 0 \end{aligned} \tag{7}$$

만약 자유변수 x_2, x_4 그리고 x_5에 임의의 값 r, s, t를 대입하면 해집합은 다음처럼 나타낼 수 있다.

$$x_1 = -3r - 4s - 2t, \quad x_2 = r, \quad x_3 = -2s, \quad x_4 = s, \quad x_5 = t, \quad x_6 = 0$$

$r = s = t = 0$일 때 자명해를 얻을 수 있다.

동차 연립일차방정식에서의 자유변수

예제 6은 동차 연립일차방정식을 푸는 데 중요한 두 가지를 보여 준다.

1. 기본 행연산은 행렬의 0으로 된 열을 변화시키지 않는다. 그래서 동차 연립방정식의 첨가행렬의 기약 행사다리꼴은 마지막 열이 모두 0으로 이루어진다. 기약 행사다리꼴로부터의 연립방정식이 동차임을 뜻하고 이것이 원래의 방정식과 같음을 알 수 있다.

2. 식 (6)의 첨가행렬로부터 연립방정식을 찾을 때 0으로 이루어진 행은 무시해도 좋다. 왜냐하면 이 행이 나타내는

$$0x_1 + 0x_2 + 0x_3 + 0x_4 + 0x_5 + 0x_6 = 0$$

은 미지수들에 어떠한 제한도 주지 않기 때문이다. 그러므로 동차 연립방정식의 첨가행렬이 0으로만 이루어진 행을 갖는지 혹은 갖지 않는지에 따라 연립방정식의 방정식의 개수가 처음과 같거나 적어지거나 할 것이다.

일반적으로 n개의 미지수를 갖는 동차 연립일차방정식을 살펴보자. 첨가행렬의 기약 행사다리꼴이 r개의 0이 아닌 행을 갖는다고 가정하면, 0이 아닌 행은 선도 1을 가지고 이는 선도변수와 연결되므로 r개의 선도변수와 $n - r$개의 자유변수를 갖게 된다. 즉, 다음과 같은 형태가 된다.

$$\begin{aligned} x_{k_1} \qquad\qquad & + \textstyle\sum(\ ) = 0 \\ x_{k_2} \qquad & + \textstyle\sum(\ ) = 0 \\ \ddots \qquad & \qquad \vdots \\ x_{k_r} & + \textstyle\sum(\ ) = 0 \end{aligned} \tag{8}$$

여기서 기호 $\sum(\ )$는 자유변수들을 포함한 합을 의미한다(만약 존재한다면). [예를 들어 식 (7)을 보라.] 요약하면, 다음의 결과를 얻는다.

정리 1.2.1

동차 연립방정식에 관한 자유변수 정리

만약 동차 연립일차방정식이 n개의 미지수를 갖고, 그것의 첨가행렬의 기약 행사다리꼴이 r개의 0이 아닌 행을 갖는다면 이 연립방정식은 $n - r$개의 자유변수를 갖는다.

정리 1.2.1은 방정식보다 미지수의 개수가 더 많은 동차 연립일차방정식에 대하여 중요한 사실을 알려 준다. 구체적으로, 만약 동차 연립일차방정식이 m개의 방정식과 n개의 미지수를 갖고, $m < n$이면, 항상 $r < n$이다(왜 그럴까?). 이것이 바로 최소한 1개의 자유변수가 존재하고 따라서 무수히 많은 해가 있음을 보여 준다. 그래서 다음 결과를 갖게 된다.

정리 1.2.2

방정식보다 미지수가 더 많은 동차 연립일차방정식은 무수히 많은 해를 갖는다.

> 정리 1.2.2는 단지 동차 연립방정식에만 적용된다. 방정식보다 미지수의 개수가 더 많은 *비동차* 연립방정식의 경우는 일치하지 않을 수도 있다. 그러나 만약 방정식보다 미지수의 개수가 더 많은 비동차 연립방정식이 일치한다면 그것도 무수히 많은 해를 갖는다.

소급해 보면, 예제 6에서 4개의 방정식과 6개의 미지수를 갖는 동차 연립방정식이므로 무수히 많은 해를 갖는다는 것을 예견할 수 있었다.

가우스 소거법과 역대입법

교재에 있는 대부분의 경우들처럼 손으로 풀 수 있는 작은 연립방정식들의 경우는 기약 행사다리꼴을 찾는 가우스-요르단 소거법을 사용하는 것이 좋다. 그러나 컴퓨터로 해를 찾아야 하는 큰 연립방정식들의 경우는 일반적으로 가우스-요르단 소거법으로 행사다리꼴을 만든 후 ***역대입법***(back-substitution)이라고 불리는 과정을 이용하여 완결하는 것이 낫다. 다음 예제가 이 과정을 보여 준다.

예제 7 | 역대입법을 이용하여 예제 5 풀기

예제 5의 연산과정에서 첨가행렬의 행사다리꼴은 다음과 같다.

$$\begin{bmatrix} 1 & 3 & -2 & 0 & 2 & 0 & 0 \\ 0 & 0 & 1 & 2 & 0 & 3 & 1 \\ 0 & 0 & 0 & 0 & 0 & 1 & \frac{1}{3} \\ 0 & 0 & 0 & 0 & 0 & 0 & 0 \end{bmatrix}$$

연관된 방정식을 보면 다음과 같다.

$$\begin{aligned} x_1 + 3x_2 - 2x_3 \qquad + 2x_5 \qquad &= 0 \\ x_3 + 2x_4 \qquad + 3x_6 &= 1 \\ x_6 &= \tfrac{1}{3} \end{aligned}$$

그리고 다음과 같이 진행한다.

단계 1. 선도변수에 대하여 방정식을 푼다.

$$\begin{aligned} x_1 &= -3x_2 + 2x_3 - 2x_5 \\ x_3 &= 1 - 2x_4 - 3x_6 \\ x_6 &= \tfrac{1}{3} \end{aligned}$$

단계 2. 밑의 방정식부터 시작하여, 연속적으로 각 방정식을 위의 방정식에 대입하여 위로 올라간다.

$x_6 = \frac{1}{3}$을 두 번째 방정식에 대입하여 다음을 얻는다.

$$\begin{aligned} x_1 &= -3x_2 + 2x_3 - 2x_5 \\ x_3 &= -2x_4 \\ x_6 &= \tfrac{1}{3} \end{aligned}$$

$x_3 = -2x_4$를 첫 번째 방정식에 대입하여 다음을 얻는다.

$$\begin{aligned} x_1 &= -3x_2 - 4x_4 - 2x_5 \\ x_3 &= -2x_4 \\ x_6 &= \tfrac{1}{3} \end{aligned}$$

단계 3. (만약 존재한다면) 자유변수에 임의의 값을 대입한다.

만약 x_2, x_4, x_5에 임의의 값 r, s, t를 대입한다면 일반해는 다음과 같다.

$$x_1 = -3r - 4s - 2t, \quad x_2 = r, \quad x_3 = -2s, \quad x_4 = s, \quad x_5 = t, \quad x_6 = \tfrac{1}{3}$$

이것은 예제 5에서 얻은 해와 같다.

예제 8 | 해의 존재와 유일 해

아래 행렬들을 미지수가 x_1, x_2, x_3, x_4인 연립방정식의 첨가행렬들이라고 생각하자. 이 행렬들은 모두 기약 행사다리꼴이 아니라 행사다리꼴들이다. 연관된 연립방적식들에 관한 해의 존재 여부와 유일 해를 갖는지 알아보라.

$$(a)\begin{bmatrix}1&-3&7&2&5\\0&1&2&-4&1\\0&0&1&6&9\\0&0&0&0&1\end{bmatrix}\qquad(b)\begin{bmatrix}1&-3&7&2&5\\0&1&2&-4&1\\0&0&1&6&9\\0&0&0&0&0\end{bmatrix}$$

$$(c)\begin{bmatrix}1&-3&7&2&5\\0&1&2&-4&1\\0&0&1&6&9\\0&0&0&1&0\end{bmatrix}$$

풀이 (a) 마지막 행을 나타내는 방정식은

$$0x_1 + 0x_2 + 0x_3 + 0x_4 = 1$$

이므로 이 연립방정식은 불일치한다.

풀이 (b) 마지막 행을 나타내는 방정식은

$$0x_1 + 0x_2 + 0x_3 + 0x_4 = 0$$

이므로 해집합에 아무런 영향을 주지 않는다. 나머지 세 방정식에서 세 변수 x_1, x_2, x_3은 선도 1에 대응되므로 이들이 선도변수가 된다. 변수 x_4는 자유변수가 된다. 약간의 연산으로 선도변수들을 자유변수로 표현할 수 있고 자유변수는 임의의 값을 가질 수 있다. 그러므로 무수히 많은 해를 갖는다.

풀이 (c) 마지막 행은

$$x_4 = 0$$

에 대응되므로 x_4의 값은 정해진다. 만약 세 번째 방정식에 이 값을 대입하면

$$x_3 + 6x_4 = 9$$

이므로 $x_3 = 9$를 얻는다. 이 과정을 계속해서 두 번째 방정식에 x_3와 x_4의 값을 대입하면 x_2에 대한 유일 해를 알 수 있다. 마지막으로 x_4, x_3, x_2의 값을 첫 번째 방정식에 대입하면 x_1의 값을 얻을 수 있다. 그러므로 이 연립방정식은 유일 해를 갖는다.

사다리꼴에 관한 몇 가지 사실들

증명을 하지는 않지만 우리가 알아야 할 중요한 행사다리꼴과 기약 행사다리꼴에 대한 세 가지 사실이 있다.

1. 모든 행렬은 유일한 기약 행사다리꼴이 있다. 즉, 가우스-요르단 소거법을 사용하든 다른 기본 행연산을 이용하든 관계없이 마지막에는 같은 기약 행사다리꼴을 갖게 된다.*
2. 행사다리꼴은 유일하지 않다. 즉, 기본 행연산의 순서가 다르면 다른 행사다리꼴이 나온다.
3. 행사다리꼴이 유일하지는 않지만 행렬 A의 모든 행사다리꼴은 같은 수의 모든 원소가 0인 행을 갖고 항상 선도 1도 같은 위치에 나타난다. 이곳을 행렬 A의 ***축 위치***

* 이 결과의 증명은 토마스 예스터(Thomas Yuster)가 쓴 논문 "The Reduced Row Echelon Form of a Matrix Is Unique: A Simple Proof", *Mathematics Magazine*, Vol.57, No. 2, 1984, pp. 93-94에서 찾아볼 수 있다.

(pivot position)라고 하고 중심점이 있는 열을 A의 ***축 열***(pivot column)이라고 한다. 그리고 선도 1을 포함하는 행들은 ***축 행***(pivot row)이라고 한다. A의 축 위치에 있는 0이 아닌 원소들을 A의 ***축***(pivot)이라고 한다.

예제 9 | 축 위치와 축 열

이 절의 앞부분(정의 1 바로 다음)에서 행렬 A의 행사다리꼴을 아래와 같이 얻었다.

$$A = \begin{bmatrix} 0 & 0 & -2 & 0 & 7 & 12 \\ 2 & 4 & -10 & 6 & 12 & 28 \\ 2 & 4 & -5 & 6 & -5 & -1 \end{bmatrix} \rightarrow \begin{bmatrix} 1 & 2 & -5 & 3 & 6 & 14 \\ 0 & 0 & 1 & 0 & -\frac{7}{2} & -6 \\ 0 & 0 & 0 & 0 & 1 & 2 \end{bmatrix}$$

선도 1이 나타난 곳은 (1행, 1열), (2행, 3열), (3행, 5열)이다. 이들이 축 위치이다. 축 열은 열 1, 3, 5이다. 그리고 축 행은 1, 2, 3행이다. A의 축들은 축 위치에 있는 0이 아닌 원소들로, 아래 도표에서 음영처리된 사각형으로 표시되어 있다.

$$A = \begin{bmatrix} 0 & 0 & -2 & 0 & 7 & 12 \\ 2 & 4 & \boxed{-10} & 6 & 12 & 28 \\ \boxed{2} & 4 & -5 & 6 & \boxed{-5} & -1 \end{bmatrix}$$

(↑ 1, 3, 5열) 축 열

A가 선형계의 첨가행렬일 때 축 열은 선도변수를 알려 준다. 예를 들어 예제 5에서 축 열은 1, 3, 6열이고 선도변수는 x_1, x_3, x_6이다.

반올림오차와 불안정성

가끔 수학이론과 실제적 구현 실행에는 큰 간격이 있다. 가우스-요르단 소거법과 가우스 소거법이 좋은 예이다. 문제는 일반적으로 컴퓨터가 수들을 반올림하는 방식으로 근사값을 취하여 ***반올림***(roundoff) 오차가 생기는 것이다. 그래서 사전에 주의를 하지 않으면 연속적인 계산이 답을 더 이상 쓸모없게 될 때까지 악화시킬 수 있다. 이러한 현상이 일어나는 알고리즘을 ***불안정***(unstable)하다고 말한다. 이런 반올림과 불안정성을 줄이기 위한 다양한 기법들이 있다. 예를 들면, 큰 연립방정식에서는 가우스-요르단 소거법이 가우스 소거법보다 약 50% 이상 더 많은 연산을 해야 하므로 대부분의 컴퓨터는 가우스 소거법을 사용한다. 이러한 문제들은 9장에서 다룰 것이다.

연습문제 1.2

(1-2) 다음 행렬들이 행사다리꼴인지, 기약 행사다리꼴인지, 둘 다인지, 아니면 둘 다 아닌지를 판단하라.

1. **a.** $\begin{bmatrix} 1 & 0 & 0 \\ 0 & 1 & 0 \\ 0 & 0 & 1 \end{bmatrix}$ **b.** $\begin{bmatrix} 1 & 0 & 0 \\ 0 & 1 & 0 \\ 0 & 0 & 0 \end{bmatrix}$ **c.** $\begin{bmatrix} 0 & 1 & 0 \\ 0 & 0 & 1 \\ 0 & 0 & 0 \end{bmatrix}$

d. $\begin{bmatrix} 1 & 0 & 3 & 1 \\ 0 & 1 & 2 & 4 \end{bmatrix}$ **e.** $\begin{bmatrix} 1 & 2 & 0 & 3 & 0 \\ 0 & 0 & 1 & 1 & 0 \\ 0 & 0 & 0 & 0 & 1 \\ 0 & 0 & 0 & 0 & 0 \end{bmatrix}$

f. $\begin{bmatrix} 0 & 0 \\ 0 & 0 \\ 0 & 0 \end{bmatrix}$ **g.** $\begin{bmatrix} 1 & -7 & 5 & 5 \\ 0 & 1 & 3 & 2 \end{bmatrix}$

2. **a.** $\begin{bmatrix} 1 & 2 & 0 \\ 0 & 1 & 0 \\ 0 & 0 & 0 \end{bmatrix}$ **b.** $\begin{bmatrix} 1 & 0 & 0 \\ 0 & 1 & 0 \\ 0 & 2 & 0 \end{bmatrix}$ **c.** $\begin{bmatrix} 1 & 3 & 4 \\ 0 & 0 & 1 \\ 0 & 0 & 0 \end{bmatrix}$

d. $\begin{bmatrix} 1 & 5 & -3 \\ 0 & 1 & 1 \\ 0 & 0 & 0 \end{bmatrix}$ **e.** $\begin{bmatrix} 1 & 2 & 3 \\ 0 & 0 & 0 \\ 0 & 0 & 1 \end{bmatrix}$

f. $\begin{bmatrix} 1 & 2 & 3 & 4 & 5 \\ 1 & 0 & 7 & 1 & 3 \\ 0 & 0 & 0 & 0 & 1 \\ 0 & 0 & 0 & 0 & 0 \end{bmatrix}$ **g.** $\begin{bmatrix} 1 & -2 & 0 & 1 \\ 0 & 0 & 1 & -2 \end{bmatrix}$

(3-4) 연립일차방정식의 첨가행렬이 행연산을 통하여 다음과 같은 행사다리꼴이 되었다고 가정하자. 축 행과 열을 찾고 해를 구하라.

3. **a.** $\begin{bmatrix} 1 & -3 & 4 & 7 \\ 0 & 1 & 2 & 2 \\ 0 & 0 & 1 & 5 \end{bmatrix}$

b. $\begin{bmatrix} 1 & 0 & 8 & -5 & 6 \\ 0 & 1 & 4 & -9 & 3 \\ 0 & 0 & 1 & 1 & 2 \end{bmatrix}$

c. $\begin{bmatrix} 1 & 7 & -2 & 0 & -8 & -3 \\ 0 & 0 & 1 & 1 & 6 & 5 \\ 0 & 0 & 0 & 1 & 3 & 9 \\ 0 & 0 & 0 & 0 & 0 & 0 \end{bmatrix}$

d. $\begin{bmatrix} 1 & -3 & 7 & 1 \\ 0 & 1 & 4 & 0 \\ 0 & 0 & 0 & 1 \end{bmatrix}$

4. **a.** $\begin{bmatrix} 1 & 0 & 0 & -3 \\ 0 & 1 & 0 & 0 \\ 0 & 0 & 1 & 7 \end{bmatrix}$

b. $\begin{bmatrix} 1 & 0 & 0 & -7 & 8 \\ 0 & 1 & 0 & 3 & 2 \\ 0 & 0 & 1 & 1 & -5 \end{bmatrix}$

c. $\begin{bmatrix} 1 & -6 & 0 & 0 & 3 & -2 \\ 0 & 0 & 1 & 0 & 4 & 7 \\ 0 & 0 & 0 & 1 & 5 & 8 \\ 0 & 0 & 0 & 0 & 0 & 0 \end{bmatrix}$

d. $\begin{bmatrix} 1 & -3 & 0 & 0 \\ 0 & 0 & 1 & 0 \\ 0 & 0 & 0 & 1 \end{bmatrix}$

(5-8) 가우스 소거법을 사용하여 다음 연립일차방정식의 해를 구하라.

5. $\begin{aligned} x_1 + x_2 + 2x_3 &= 8 \\ -x_1 - 2x_2 + 3x_3 &= 1 \\ 3x_1 - 7x_2 + 4x_3 &= 10 \end{aligned}$

6. $\begin{aligned} 2x_1 + 2x_2 + 2x_3 &= 0 \\ -2x_1 + 5x_2 + 2x_3 &= 1 \\ 8x_1 + x_2 + 4x_3 &= -1 \end{aligned}$

7. $\begin{aligned} x - y + 2z - w &= -1 \\ 2x + y - 2z - 2w &= -2 \\ -x + 2y - 4z + w &= 1 \\ 3x \qquad\qquad - 3w &= -3 \end{aligned}$

8. $\begin{aligned} -2b + 3c &= 1 \\ 3a + 6b - 3c &= -2 \\ 6a + 6b + 3c &= 5 \end{aligned}$

(9-12) 가우스-요르단 소거법을 사용하여 다음 연립일차방정식의 해를 구하라.

9. 연습문제 5 **10.** 연습문제 6

11. 연습문제 7 **12.** 연습문제 8

(13-14) 다음 동차 연립일차방정식이 비자명해를 갖는지 (종이와 연필 없이) 눈으로만 보고 판단하라.

13. $\begin{aligned} 2x_1 - 3x_2 + 4x_3 - x_4 &= 0 \\ 7x_1 + x_2 - 8x_3 + 9x_4 &= 0 \\ 2x_1 + 8x_2 + x_3 - x_4 &= 0 \end{aligned}$

14. $\begin{aligned} x_1 + 3x_2 - x_3 &= 0 \\ x_2 - 8x_3 &= 0 \\ 4x_3 &= 0 \end{aligned}$

(15-22) 어떤 방법으로든 다음 연립방정식을 풀어라.

15. $\begin{aligned} 2x_1 + x_2 + 3x_3 &= 0 \\ x_1 + 2x_2 \qquad &= 0 \\ x_2 + x_3 &= 0 \end{aligned}$

16. $\begin{aligned} 2x - y - 3z &= 0 \\ -x + 2y - 3z &= 0 \\ x + y + 4z &= 0 \end{aligned}$

17. $\begin{aligned} 3x_1 + x_2 + x_3 + x_4 &= 0 \\ 5x_1 - x_2 + x_3 - x_4 &= 0 \end{aligned}$

18. $\begin{aligned} v + 3w - 2x &= 0 \\ 2u + v - 4w + 3x &= 0 \\ 2u + 3v + 2w - x &= 0 \\ -4u - 3v + 5w - 4x &= 0 \end{aligned}$

19. $\begin{aligned} 2x + 2y + 4z &= 0 \\ w \qquad - y - 3z &= 0 \\ 2w + 3x + y + z &= 0 \\ -2w + x + 3y - 2z &= 0 \end{aligned}$

20. $\begin{aligned} x_1 + 3x_2 \qquad + x_4 &= 0 \\ x_1 + 4x_2 + 2x_3 \qquad &= 0 \\ -2x_2 - 2x_3 - x_4 &= 0 \\ 2x_1 - 4x_2 + x_3 + x_4 &= 0 \\ x_1 - 2x_2 - x_3 + x_4 &= 0 \end{aligned}$

21. $$\begin{aligned} 2I_1 - I_2 + 3I_3 + 4I_4 &= 9 \\ I_1 \qquad - 2I_3 + 7I_4 &= 11 \\ 3I_1 - 3I_2 + I_3 + 5I_4 &= 8 \\ 2I_1 + I_2 + 4I_3 + 4I_4 &= 10 \end{aligned}$$

22. $$\begin{aligned} Z_3 + Z_4 + Z_5 &= 0 \\ -Z_1 - Z_2 + 2Z_3 - 3Z_4 + Z_5 &= 0 \\ Z_1 + Z_2 - 2Z_3 \qquad - Z_5 &= 0 \\ 2Z_1 + 2Z_2 - Z_3 \qquad + Z_5 &= 0 \end{aligned}$$

*(23-24) 연립일차방정식의 첨가행렬이 다음과 같이 주어졌다. * 는 구체적이지 않은 실수이다. 일치하는지, 만약 일치한다면 유일 해를 갖는지를 보여라. 정보가 부족하면 "판단불능"이라고 답하라.*

23. a. $\begin{bmatrix} 1 & * & * & * \\ 0 & 1 & * & * \\ 0 & 0 & 1 & * \end{bmatrix}$ **b.** $\begin{bmatrix} 1 & * & * & * \\ 0 & 1 & * & * \\ 0 & 0 & 0 & 0 \end{bmatrix}$

c. $\begin{bmatrix} 1 & * & * & * \\ 0 & 1 & * & * \\ 0 & 0 & 0 & 1 \end{bmatrix}$ **d.** $\begin{bmatrix} 1 & * & * & * \\ 0 & 0 & * & 0 \\ 0 & 0 & 1 & * \end{bmatrix}$

24. a. $\begin{bmatrix} 1 & * & * & * \\ 0 & 1 & * & * \\ 0 & 0 & 1 & 1 \end{bmatrix}$ **b.** $\begin{bmatrix} 1 & 0 & 0 & * \\ * & 1 & 0 & * \\ * & * & 1 & * \end{bmatrix}$

c. $\begin{bmatrix} 1 & 0 & 0 & 0 \\ 1 & 0 & 0 & 1 \\ 1 & * & * & * \end{bmatrix}$ **d.** $\begin{bmatrix} 1 & * & * & * \\ 1 & 0 & 0 & 1 \\ 1 & 0 & 0 & 1 \end{bmatrix}$

(25-26) 다음 연립방정식이 해를 가지지 않을 때, 유일 해를 가질 때, 또 무수히 많은 해를 가질 때 각각의 a값을 구하라.

25. $$\begin{aligned} x + 2y - 3z &= 4 \\ 3x - y + 5z &= 2 \\ 4x + y + (a^2 - 14)z &= a + 2 \end{aligned}$$

26. $$\begin{aligned} x + 2y + z &= 2 \\ 2x - 2y + 3z &= 1 \\ x + 2y - (a^2 - 3)z &= a \end{aligned}$$

(27-28) 다음 연립일차방정식이 일치하기 위해서는 a, b, c는 어떤 조건을 만족해야 하는가?

27. $$\begin{aligned} x + 3y - z &= a \\ x + y + 2z &= b \\ 2y - 3z &= c \end{aligned}$$

28. $$\begin{aligned} x + 3y + z &= a \\ -x - 2y + z &= b \\ 3x + 7y - z &= c \end{aligned}$$

(29-30) a, b, c가 상수일 때 다음 연립방정식을 풀어라.

29. $$\begin{aligned} 2x + y &= a \\ 3x + 6y &= b \end{aligned}$$

30. $$\begin{aligned} x_1 + x_2 + x_3 &= a \\ 2x_1 \qquad + 2x_3 &= b \\ 3x_2 + 3x_3 &= c \end{aligned}$$

31. 다음 행렬의 서로 다른 행사다리꼴을 구하라.

$$\begin{bmatrix} 1 & 3 \\ 2 & 7 \end{bmatrix}$$

이것이 행렬은 여러 개의 행사다리꼴을 가질 수 있음을 보여준다.

32. 다음 행렬을 중간단계에 분수를 보이지 말고 기약 행사다리꼴로 만들어라.

$$\begin{bmatrix} 2 & 1 & 3 \\ 0 & -2 & -29 \\ 3 & 4 & 5 \end{bmatrix}$$

33. 다음 일차가 아닌 연립방정식이 $0 \le \alpha \le 2\pi$, $0 \le \beta \le 2\pi$, $0 \le \gamma \le 2\pi$ 구간에서 18개의 해를 가짐을 보여라.

$$\begin{aligned} \sin\alpha + 2\cos\beta + 3\tan\gamma &= 0 \\ 2\sin\alpha + 5\cos\beta + 3\tan\gamma &= 0 \\ -\sin\alpha - 5\cos\beta + 5\tan\gamma &= 0 \end{aligned}$$

[*힌트*: $x = \sin\alpha$, $y = \cos\beta$, $z = \tan\gamma$를 대입하여 시작하라.]

34. 다음 미지의 각이 α, β, γ인 일차가 아닌 연립방정식을 풀어라. 이때 각들은 $0 \le \alpha \le 2\pi$, $0 \le \beta \le 2\pi$, $0 \le \gamma \le 2\pi$의 조건을 만족한다.

$$\begin{aligned} 2\sin\alpha - \cos\beta + 3\tan\gamma &= 3 \\ 4\sin\alpha + 2\cos\beta - 2\tan\gamma &= 2 \\ 6\sin\alpha - 3\cos\beta + \tan\gamma &= 9 \end{aligned}$$

35. 미지수가 x, y, z인 일차가 아닌 연립방정식을 풀어라.

$$\begin{aligned} x^2 + y^2 + z^2 &= 6 \\ x^2 - y^2 + 2z^2 &= 2 \\ 2x^2 + y^2 - z^2 &= 3 \end{aligned}$$

[*힌트*: $X = x^2$, $Y = y^2$, $Z = z^2$이라고 하고 시작하라.]

36. x, y, z에 대한 다음 연립방정식을 풀어라.

$$\begin{aligned} \frac{1}{x} + \frac{2}{y} - \frac{4}{z} &= 1 \\ \frac{2}{x} + \frac{3}{y} + \frac{8}{z} &= 0 \\ -\frac{1}{x} + \frac{9}{y} + \frac{10}{z} &= 5 \end{aligned}$$

37. 다음 그림에 있는 곡선의 방정식 $y = ax^3 + bx^2 + cx + d$에서 계수 a, b, c, d를 구하라.

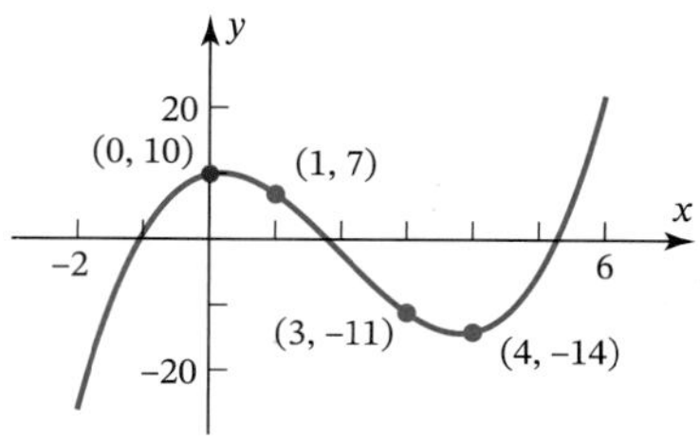

그림 Ex-37

38. 다음 그림에 있는 곡선의 방정식 $ax^2 + ay^2 + bx + cy + d = 0$에서 계수 a, b, c, d를 구하라.

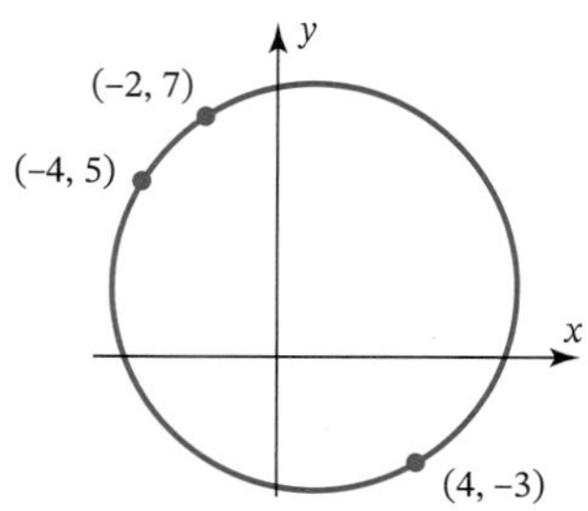

그림 Ex-38

39. 연립방정식

$$\begin{aligned} a_1x + b_1y + c_1z &= 0 \\ a_2x - b_2y + c_2z &= 0 \\ a_3x + b_3y - c_3z &= 0 \end{aligned}$$

이 자명해밖에 없다면, 다음 연립방정식의 해는 어떻다고 말할 수 있는가?

$$\begin{aligned} a_1x + b_1y + c_1z &= 3 \\ a_2x - b_2y + c_2z &= 7 \\ a_3x + b_3y - c_3z &= 11 \end{aligned}$$

40. a. 만약 A가 3×5 행렬이면, 그것의 기약 행사다리꼴에 나타날 수 있는 선도 1의 개수는 최대 몇인가?

b. 만약 B가 3×6 행렬이면, B의 첨가행렬로 나타내진 연립일차방정식의 일반해의 매개변수의 개수는 최대 얼마인가?

c. 만약 C가 5×3 행렬이면, C의 행사다리꼴에 나타날 수 있는 모든 원소가 0인 행은 최소 몇인가?

41. 다음 행렬들의 모든 가능한 기약 행사다리꼴에 대해서 말하라.

a. $\begin{bmatrix} a & b & c \\ d & e & f \\ g & h & i \end{bmatrix}$ **b.** $\begin{bmatrix} a & b & c & d \\ e & f & g & h \\ i & j & k & l \\ m & n & p & q \end{bmatrix}$

42. 다음 연립일차방정식

$$\begin{aligned} ax + by &= 0 \\ cx + dy &= 0 \\ ex + fy &= 0 \end{aligned}$$

을 보자. 자명해만 가질 때와 비자명해를 가질 때의 직선 $ax + by = 0$, $cx + dy = 0$, $ex + fy = 0$ 들의 상대적인 위치를 말하라.

증명 문제

43. a. 만약 $ad - bc \neq 0$이면 행렬 $\begin{bmatrix} a & b \\ c & d \end{bmatrix}$의 기약 행사다리꼴이 $\begin{bmatrix} 1 & 0 \\ 0 & 1 \end{bmatrix}$임을 증명하라.

b. (a)의 결과를 이용하여 $ad - bc \neq 0$일 때 연립일차방정식

$$\begin{aligned} ax + by &= k \\ cx + dy &= l \end{aligned}$$

이 정확히 한 개의 해를 갖는다는 것을 증명하라.

참-거짓 문제

TF. (a)-(i)가 참인지 거짓인지를 밝히고 그 이유를 설명하라.

a. 만약 행렬이 기약 행사다리꼴이면 이것은 또한 행사다리꼴이다.

b. 행사다리꼴인 행렬에 기본 행연산을 하면 그것은 다시 행사다리꼴이 된다.

c. 모든 행렬은 유일한 행사다리꼴을 갖는다.

d. n개의 미지수를 갖는 동차 연립일차방정식의 첨가행렬의 기약 행사다리꼴이 r개의 선도 1을 가지면 자유변수는 $n - r$개이다.

e. 행사다리꼴 행렬의 모든 선도 1들은 다른 열들에 나타난다.

f. 행사다리꼴 행렬의 모든 열들이 선도 1을 가지면 선도 1이 아닌 모든 원소는 0이다.

g. 만약 n개의 미지수와 n개의 방정식을 갖는 동차 연립일차방정식이 n개의 선도 1을 포함하는 기약 행사다리꼴의 첨가행렬을 갖는다면 이 연립방정식은 자명해만을 갖는다.

h. 연립방정식에 대한 첨가행렬의 기약 행사다리꼴이 모든 원소가 0인 행을 갖는다면 이 연립방정식은 무수히 많은 해를 갖는다.

i. 만약 연립방정식이 방정식보다 미지수의 개수가 더 많으면 그것은 무수히 많은 해를 갖는다.

계산도구 문제

T1. 다음 연립일차방정식의 첨가행렬의 기약 행사다리꼴을 찾아라.

$$\begin{aligned} 6x_1 + x_2 \phantom{{}+3x_3} + 4x_4 &= -3 \\ -9x_1 + 2x_2 + 3x_3 - 8x_4 &= 1 \\ 7x_1 \phantom{{}+2x_2} - 4x_3 + 5x_4 &= 2 \end{aligned}$$

위의 결과를 보고 이 연립방정식이 일치하는지를 판단하고, 만약 그렇다면 해를 구하라.

T2. 다음 방정식의 등식이 성립할 수 있도록 상수 A, B, C, D를 구하라.

$$\frac{3x^3 + 4x^2 - 6x}{(x^2 + 2x + 2)(x^2 - 1)} = \frac{Ax + B}{x^2 + 2x + 2} + \frac{C}{x - 1} + \frac{D}{x + 1}$$

[*힌트*: 오른편의 공통분모를 찾고 양쪽의 분자에 있는 x의 다양한 차수에 대한 대응되는 계수들을 같게 하라. 미적분학을 공부한 학생들은 이것이 부분분수(partial fraction) 문제와 같다는 것을 알게 될 것이다.]

1.3 행렬과 행렬 연산

실수들의 직사각형 배열은 연립방정식의 첨가행렬 외에 다른 내용을 나타내기도 한다. 이 절에서는 행렬들의 덧셈, 뺄셈, 곱셈을 정의하면서 행렬 자체에 관해서 공부해 보려고 한다.

행렬의 표기법과 용어

1.2절에서 숫자들의 직사각형 배열을 이용하여 이를 *첨가행렬*이라고 부르고 연립일차방정식을 간단히 하였다. 그러나 숫자들의 직사각형 배열은 다른 내용들도 표현할 수 있다. 예를 들면, 다음 3행, 7열의 직사각형 배열은 학생들이 1주일 동안 세 과목을 몇 시간씩 공부했는지를 나타낸다.

	월	화	수	목	금	토	일
수학	2	3	2	4	1	4	2
역사	0	3	1	4	3	2	2
언어학	4	1	3	1	0	0	2

여기서 제목들을 지우면 다음과 같이 3행 7열의 숫자들로 이루어진 직사각형 배열이 나온다. 이를 "행렬"이라고 부른다.

$$\begin{bmatrix} 2 & 3 & 2 & 4 & 1 & 4 & 2 \\ 0 & 3 & 1 & 4 & 3 & 2 & 2 \\ 4 & 1 & 3 & 1 & 0 & 0 & 2 \end{bmatrix}$$

좀 더 일반적으로 말하면 다음과 같이 정의할 수 있다.

정의 1

행렬(matrix)은 숫자들의 직사각형 배열이다. 배열 안에 있는 숫자들을 행렬의 ***원소***(entry) 또는 성분이라고 한다.

예제 1 | 행렬의 예

다음은 행렬의 예이다.

$$\begin{bmatrix} 1 & 2 \\ 3 & 0 \\ -1 & 4 \end{bmatrix}, \quad [2 \quad 1 \quad 0 \quad -3], \quad \begin{bmatrix} e & \pi & -\sqrt{2} \\ 0 & \frac{1}{2} & 1 \\ 0 & 0 & 0 \end{bmatrix}, \quad \begin{bmatrix} 1 \\ 3 \end{bmatrix}, \quad [4]$$

행렬의 ***크기***는 행들(수평선들)의 숫자와 열들(수직선들)의 숫자로 표현한다. 예를 들어, 예제 1의 첫 번째 행렬은 3행과 2열을 갖고 있다. 그래서 이를 3 곱하기 2로 말하고 3 × 2라고 쓴다. 크기를 표현하는 데 있어서 첫 번째 숫자가 항상 행의 개수를 말하고 두 번째 숫자가 열의 개수를 뜻한다. 예제 1의 나머지 행렬들의 크기는 순서대로 1 × 4, 3 × 3, 2 × 1, 1 × 1이다.

종종 1 × 1 행렬은 행렬 표시인 대괄호를 생략하는데 이때는 그냥 숫자인지 행렬인지 구분하기가 어렵다. 예를 들어 4는 넷을 의미하는지 [4]를 의미하는지 알 수가 없다. 그렇지만 이러한 경우는 거의 일어나지 않는데 왜냐하면 보통은 문맥으로 무엇을 말하는지 알 수 있기 때문이다.

예제 1의 두 번째 행렬처럼 단지 한 행으로만 된 행렬을 ***행벡터***(row vector)[또는 ***행행렬***(row matrix)]라고 하고, 네 번째처럼 한 열로만 되어 있는 행렬을 ***열벡터***(column vector)[또는 ***열행렬***(column matrix)]라고 한다. 다섯 번째는 행벡터이기도 하고 열벡터이기도 하다.

대문자는 행렬을 나타내고 소문자는 숫자를 뜻한다. 그래서 다음과 같이 쓴다.

$$A = \begin{bmatrix} 2 & 1 & 7 \\ 3 & 4 & 2 \end{bmatrix} \quad \text{또는} \quad C = \begin{bmatrix} a & b & c \\ d & e & f \end{bmatrix}$$

행렬을 이야기할 때 보통 숫자를 ***스칼라***(scalar)라고 말하는데, 특별한 언급이 없는 한 스칼라는 *실수*를 뜻한다. 복소수 스칼라에 대해서는 나중에 알아보기로 한다.

i행과 j열에 있는 원소는 a_{ij}로 표시한다. 일반적으로 3 × 4 행렬은 다음과 같이 나타낸다.

$$A = \begin{bmatrix} a_{11} & a_{12} & a_{13} & a_{14} \\ a_{21} & a_{22} & a_{23} & a_{24} \\ a_{31} & a_{32} & a_{33} & a_{34} \end{bmatrix}$$

그리고 일반적인 $m \times n$ 행렬은 다음과 같이 나타낸다.

$$A = \begin{bmatrix} a_{11} & a_{12} & \cdots & a_{1n} \\ a_{21} & a_{22} & \cdots & a_{2n} \\ \vdots & \vdots & & \vdots \\ a_{m1} & a_{m2} & \cdots & a_{mn} \end{bmatrix} \tag{1}$$

간단한 표현이 필요할 때는 다음과 같이 나타낸다.

$$A = [a_{ij}]_{m\times n} \quad \text{또는} \quad A = [a_{ij}]$$

처음 표시는 크기를 아는 것이 중요한 때 쓰이고, 두 번째는 크기가 강조될 필요가 없을 때 사용된다. 보통 행렬을 표시하는 문자와 그것의 원소를 표현하는 문자를 일치시키는데, 예를 들어 행렬 B의 i행과 j열에 있는 원소는 b_{ij}로 표현하고, 행렬 C의 원소들은 c_{ij}로 표시한다.

행렬 A의 i행과 j열에 있는 원소는 $(A)_{ij}$로 표현하기도 한다. 그러므로 위의 행렬 (1)

에서

$$(A)_{ij} = a_{ij}$$

이고 행렬

$$A = \begin{bmatrix} 2 & -3 \\ 7 & 0 \end{bmatrix}$$

에서 $(A)_{11} = 2$, $(A)_{12} = -3$, $(A)_{21} = 7$, $(A)_{22} = 0$이다.

행벡터와 열벡터는 매우 중요하며 보통 대문자보다는 굵은 소문자로 쓴다. 그런 행렬들은 두 개의 첨자 표시가 필요 없다. 일반적으로 $1 \times n$ 행벡터 $\mathbf{a}$와 $m \times 1$ 열벡터 $\mathbf{b}$는 다음과 같이 쓴다.

$$\mathbf{a} = [a_1 \quad a_2 \quad \cdots \quad a_n] \quad \text{그리고} \quad \mathbf{b} = \begin{bmatrix} b_1 \\ b_2 \\ \vdots \\ b_m \end{bmatrix}$$

n행과 n열의 행렬 A는 ***크기 n의 정방행렬***(square matrix of order n)이라고 하고, (2)에 있는 원소 $a_{11}, a_{22}, \cdots, a_{nn}$은 A의 ***주대각선***(main diagonal)상에 있다고 한다.

$$\begin{bmatrix} a_{11} & a_{12} & \cdots & a_{1n} \\ a_{21} & a_{22} & \cdots & a_{2n} \\ \vdots & \vdots & & \vdots \\ a_{n1} & a_{n2} & \cdots & a_{nn} \end{bmatrix} \tag{2}$$

행렬의 연산

지금까지 연립일차방정식의 해를 구하는 일을 간단히 하기 위해서 행렬을 사용하였다. 그러나 다른 응용을 위해서 행렬의 연산, 즉 쓸모 있는 방식으로 행렬을 더하고, 빼고, 곱하는 것이 요구된다. 이 절의 나머지 부분은 이러한 연산에 대해서 공부하려고 한다.

정의 2

두 행렬의 크기가 같고 서로 대응되는 원소가 같으면 두 행렬이 ***같다***고 한다.

예제 2 | 행렬이 같음

다음 행렬들을 보자.

$$A = \begin{bmatrix} 2 & 1 \\ 3 & x \end{bmatrix}, \quad B = \begin{bmatrix} 2 & 1 \\ 3 & 5 \end{bmatrix}, \quad C = \begin{bmatrix} 2 & 1 & 0 \\ 3 & 4 & 0 \end{bmatrix}$$

만약 $x = 5$이면 $A = B$이다. 그러나 x에 대해서 다른 값을 대입하면 A와 B의 모든 대응되는 값이 같지 않으므로 두 행렬은 같지 않다. A와 C가 같게 되는 x의 값은 없다. 왜냐하면 A와 C는 크기가 다르기 때문이다.

정의 3

행렬 A와 B의 크기가 같으면 ***합*** $A + B$는 B의 원소에 대응되는 A의 원소를 더하여 얻을 수 있고 ***차*** $A - B$는 A의 원소에서 대응되는 B의 원소를 빼서 얻을 수 있다. 다른 크기의 행렬들은 더하거나 뺄 수 없다.

행렬로 표시하면, $A = [a_{ij}]$와 $B = [b_{ij}]$가 크기가 같을 때

$$(A + B)_{ij} = (A)_{ij} + (B)_{ij} = a_{ij} + b_{ij} \text{ 이고 } \quad (A - B)_{ij} = (A)_{ij} - (B)_{ij} = a_{ij} - b_{ij}$$

같은 크기의 두 행렬 $A = [a_{ij}]$와 $B = [b_{ij}]$가 같다는 것은 모든 i와 j에 대해서 $(A_{ij}) = (B_{ij})$ 또는 $a_{ij} = b_{ij}$로 표시할 수 있다.

예제 3 | 덧셈과 뺄셈

다음 행렬들을 보자.

$$A = \begin{bmatrix} 2 & 1 & 0 & 3 \\ -1 & 0 & 2 & 4 \\ 4 & -2 & 7 & 0 \end{bmatrix}, \quad B = \begin{bmatrix} -4 & 3 & 5 & 1 \\ 2 & 2 & 0 & -1 \\ 3 & 2 & -4 & 5 \end{bmatrix}, \quad C = \begin{bmatrix} 1 & 1 \\ 2 & 2 \end{bmatrix}$$

$$A + B = \begin{bmatrix} -2 & 4 & 5 & 4 \\ 1 & 2 & 2 & 3 \\ 7 & 0 & 3 & 5 \end{bmatrix} \quad \text{그리고} \quad A - B = \begin{bmatrix} 6 & -2 & -5 & 2 \\ -3 & -2 & 2 & 5 \\ 1 & -4 & 11 & -5 \end{bmatrix}$$

이때 $A + C$, $B + C$, $A - C$, $B - C$는 정의되지 않는다.

정의 4

A를 임의의 행렬 그리고 c를 임의의 스칼라라고 하면 ***곱*** cA는 행렬 A의 모든 원소에 스칼라 c를 곱하여 얻어진다. 행렬 cA를 A의 ***스칼라곱***이라고 한다.

행렬로 표시하면, $A = [a_{ij}]$일 때

$$(cA)_{ij} = c(A)_{ij} = ca_{ij}$$

예제 4 | 스칼라곱

다음 행렬들로부터

$$A=\begin{bmatrix}2&3&4\\1&3&1\end{bmatrix},\quad B=\begin{bmatrix}0&2&7\\-1&3&-5\end{bmatrix},\quad C=\begin{bmatrix}9&-6&3\\3&0&12\end{bmatrix}$$

다음을 얻는다.

$$2A=\begin{bmatrix}4&6&8\\2&6&2\end{bmatrix},\quad (-1)B=\begin{bmatrix}0&-2&-7\\1&-3&5\end{bmatrix},\quad \tfrac{1}{3}C=\begin{bmatrix}3&-2&1\\1&0&4\end{bmatrix}$$

$(-1)B$는 $-B$를 뜻한다.

행렬에 스칼라를 곱하는 것은 알아보았지만 행렬과 행렬의 곱은 아직 정의하지 못하였다. 행렬들을 더할 때는 대응되는 원소들을 더하고 뺄셈을 할 때도 대응되는 원소들의 뺄셈을 하였기 때문에 두 행렬의 곱셈도 대응되는 원소들의 곱을 하는 것이 자연스러워 보인다. 그러나 많은 경우에 그와 같은 정의는 유용하지 못하였다. 수학자들은 경험상 다음과 같이 행렬의 곱을 정의하는 것이 유용하다는 것을 알게 되었는데 그 동기는 이 장 말미에서 알게 될 것이다.

정의 5

A가 $m \times r$ 행렬이고 B가 $r \times n$ 행렬이면 ***곱*** AB는 $m \times n$ 행렬이고 그것의 원소는 다음과 같이 결정된다: AB의 i행과 j열에 있는 원소는 행렬 A의 i행과 행렬 B의 j열에 있는 대응되는 원소들의 곱을 더해서 얻어진다.

예제 5 | 행렬들의 곱셈

다음 행렬들을 보자.

$$A=\begin{bmatrix}1&2&4\\2&6&0\end{bmatrix},\quad B=\begin{bmatrix}4&1&4&3\\0&-1&3&1\\2&7&5&2\end{bmatrix}$$

A는 2×3 행렬이고 B는 3×4 행렬이므로 곱 AB는 2×4 행렬이다. 예를 들어, AB의 2행 3열의 원소는 A의 2행과 B의 3열로부터 구할 수 있다. 아래 예시된 것처럼, 대응되는 원소들을 곱하고 이들을 더한다.

$$\begin{bmatrix}1&2&4\\2&6&0\end{bmatrix}\begin{bmatrix}4&1&4&3\\0&-1&3&1\\2&7&5&2\end{bmatrix}=\begin{bmatrix}\square&\square&\square&\square\\\square&\square&26&\square\end{bmatrix}$$

$$(2\cdot 4)+(6\cdot 3)+(0\cdot 5)=26$$

AB의 1행 4열의 원소는 다음과 같이 계산한다.

$$\begin{bmatrix} 1 & 2 & 4 \\ 2 & 6 & 0 \end{bmatrix} \begin{bmatrix} 4 & 1 & 4 & 3 \\ 0 & -1 & 3 & 1 \\ 2 & 7 & 5 & 2 \end{bmatrix} = \begin{bmatrix} \square & \square & \square & 13 \\ \square & \square & \square & \square \end{bmatrix}$$

$$\boxed{(1 \cdot 3) + (2 \cdot 1) + (4 \cdot 2) = 13}$$

나머지 원소들도 다음과 같이 계산하여 얻는다.

$$\begin{aligned} (1 \cdot 4) + (2 \cdot 0) + (4 \cdot 2) &= 12 \\ (1 \cdot 1) - (2 \cdot 1) + (4 \cdot 7) &= 27 \\ (1 \cdot 4) + (2 \cdot 3) + (4 \cdot 5) &= 30 \\ (2 \cdot 4) + (6 \cdot 0) + (0 \cdot 2) &= 8 \\ (2 \cdot 1) - (6 \cdot 1) + (0 \cdot 7) &= -4 \\ (2 \cdot 3) + (6 \cdot 1) + (0 \cdot 2) &= 12 \end{aligned} \qquad AB = \begin{bmatrix} 12 & 27 & 30 & 13 \\ 8 & -4 & 26 & 12 \end{bmatrix}$$

행렬의 곱셈은 먼저 A의 열의 개수와 B의 행의 개수가 같아야만 가능하다. 만약 이러한 조건이 갖춰지지 않으면 곱은 정의될 수 없다. 두 행렬의 곱셈이 가능한지를 판단하는 쉬운 방법은 첫 번째 행렬의 크기를 쓰고 그것의 오른쪽에 두 번째 행렬의 크기를 쓴다. 이때 (3)에서처럼, 안의 두 숫자가 같으면 행렬의 곱셈이 가능하다. 그리고 밖의 숫자들이 바로 곱셈행렬의 크기가 된다.

$$\begin{array}{ccccc} A & & B & & AB \\ m \times r & & r \times n & = & m \times n \end{array} \tag{3}$$

안

밖

예제 6 | 곱셈이 정의되는지를 결정하기

행렬 A, B, C가 각각 다음과 같은 크기를 갖는다고 하자.

$$\begin{array}{ccc} A & B & C \\ 3 \times 4 & 4 \times 7 & 7 \times 3 \end{array}$$

(3)에 의해서 AB는 정의되고 크기는 3×7이다. BC는 정의되고 4×3 행렬이다. CA는 정의되고 7×4 행렬이다. 그러나 AC, CB, BA는 모두 정의되지 않는다.

일반적으로 $A = [a_{ij}]$가 $m \times r$ 행렬이고 $B = [b_{ij}]$가 $r \times n$ 행렬이면 다음 식 (4)

$$AB = \begin{bmatrix} a_{11} & a_{12} & \cdots & a_{1r} \\ a_{21} & a_{22} & \cdots & a_{2r} \\ \vdots & \vdots & & \vdots \\ a_{i1} & a_{i2} & \cdots & a_{ir} \\ \vdots & \vdots & & \vdots \\ a_{m1} & a_{m2} & \cdots & a_{mr} \end{bmatrix} \begin{bmatrix} b_{11} & b_{12} & \cdots & b_{1j} & \cdots & b_{1n} \\ b_{21} & b_{22} & \cdots & b_{2j} & \cdots & b_{2n} \\ \vdots & \vdots & & \vdots & & \vdots \\ b_{r1} & b_{r2} & \cdots & b_{rj} & \cdots & b_{rn} \end{bmatrix} \tag{4}$$

의 음영부분으로부터, 곱의 i행 j열의 원소 $(AB)_{ij}$는 다음과 같이 얻어진다.

$$\boxed{(AB)_{ij} = a_{i1}b_{1j} + a_{i2}b_{2j} + a_{i3}b_{3j} + \cdots + a_{ir}b_{rj}} \tag{5}$$

공식 (5)는 행렬 곱셈의 ***행-열 규칙***(row-column rule)이라고 불린다.

분할된 행렬

행렬은 선택된 행과 열 사이에 수평선과 수직선을 넣어서 더 작은 행렬로 ***분할***될 수 있다. 예를 들어 다음은 3×4 행렬 A를 분할한 세 가지 형태—첫 번째는 A를 ***부분행렬***들 $A_{11}, A_{12}, A_{21}, A_{22}$로 분할하였고, 두 번째는 행벡터 $\mathbf{r}_1, \mathbf{r}_2, \mathbf{r}_3$로 분할하였으며, 세 번째는 열벡터 $\mathbf{c}_1, \mathbf{c}_2, \mathbf{c}_3, \mathbf{c}_4$로 분할하였다—를 나타낸다.

$$A = \left[\begin{array}{ccc|c} a_{11} & a_{12} & a_{13} & a_{14} \\ a_{21} & a_{22} & a_{23} & a_{24} \\ \hline a_{31} & a_{32} & a_{33} & a_{34} \end{array}\right] = \begin{bmatrix} A_{11} & A_{12} \\ A_{21} & A_{22} \end{bmatrix}$$

$$A = \left[\begin{array}{cccc} a_{11} & a_{12} & a_{13} & a_{14} \\ \hline a_{21} & a_{22} & a_{23} & a_{24} \\ \hline a_{31} & a_{32} & a_{33} & a_{34} \end{array}\right] = \begin{bmatrix} \mathbf{r}_1 \\ \mathbf{r}_2 \\ \mathbf{r}_3 \end{bmatrix}$$

$$A = \left[\begin{array}{c|c|c|c} a_{11} & a_{12} & a_{13} & a_{14} \\ a_{21} & a_{22} & a_{23} & a_{24} \\ a_{31} & a_{32} & a_{33} & a_{34} \end{array}\right] = [\mathbf{c}_1 \quad \mathbf{c}_2 \quad \mathbf{c}_3 \quad \mathbf{c}_4]$$

열벡터와 행벡터에 의한 행렬 곱셈

분할은 많은 곳에 사용되는데 이 중 하나는 행렬의 곱 AB의 특정한 행이나 열을 전체를 다 계산하지 않고 찾아내는 것이다. 특히 다음 공식(증명은 연습문제로 남긴다)은 AB의 각 열벡터들은 B를 열벡터로 분할해 곱하여 얻을 수 있고 AB의 각 행벡터는 A를 행벡터로 분할해 곱하여 얻을 수 있음을 보여 준다.

$$\boxed{AB = A[\mathbf{b}_1 \quad \mathbf{b}_2 \quad \cdots \quad \mathbf{b}_n] = [A\mathbf{b}_1 \quad A\mathbf{b}_2 \quad \cdots \quad A\mathbf{b}_n]} \tag{6}$$

(AB는 열별로 계산되었다.)

$$\boxed{AB = \begin{bmatrix} \mathbf{a}_1 \\ \mathbf{a}_2 \\ \vdots \\ \mathbf{a}_m \end{bmatrix} B = \begin{bmatrix} \mathbf{a}_1 B \\ \mathbf{a}_2 B \\ \vdots \\ \mathbf{a}_m B \end{bmatrix}} \tag{7}$$

(AB는 행별로 계산되었다.)

즉,

$$\boxed{AB\text{의 } j\text{번째 열} = A[B\text{의 } j\text{번째 열벡터}]} \tag{8}$$

$$\boxed{AB\text{의 } i\text{번째 행} = [A\text{의 } i\text{번째 행벡터}]B} \tag{9}$$

역사 노트

아이젠슈타인(Gotthold Eisenstein, 1823–1852)

행렬의 곱셈에 대한 개념은 독일 수학자 아이젠슈타인에 의해서 도입되었는데 1844년경 선형계에서 대체 과정을 간단히 하기 위한 아이디어로 사용되었다. 이 아이디어는 케일리(Arthur Cayley)가 1858년에 발표한 논문 *Memoir on the Theory of Matrices*에서 확장되었고 정형화되었다. 아이젠슈타인은 그를 뉴턴과 아르키메데스와 같은 급으로 평가해 준 가우스의 제자였지만, 일생 동안 나쁜 건강에 시달리다가 재능을 실현시키지 못하고 30세에 생을 마쳤다.

[Image: University of St Andrews/Wikipedia]

예제 7 | 예제 5의 다른 풀이

행렬 A와 B는 예제 5에 있는 것과 같다고 하자. (8)로부터 AB의 두 번째 열벡터는 다음과 같이 얻어진다.

$$\begin{bmatrix} 1 & 2 & 4 \\ 2 & 6 & 0 \end{bmatrix}\begin{bmatrix} 1 \\ -1 \\ 7 \end{bmatrix} = \begin{bmatrix} 27 \\ -4 \end{bmatrix}$$

B의 2열 　 AB의 2열

그리고 (9)로부터 AB의 첫 번째 행벡터는 다음과 같이 얻어진다.

$$[1 \quad 2 \quad 4]\begin{bmatrix} 4 & 1 & 4 & 3 \\ 0 & -1 & 3 & 1 \\ 2 & 7 & 5 & 2 \end{bmatrix} = [12 \quad 27 \quad 30 \quad 13]$$

A의 1행 　 AB의 1행

선형결합으로의 행렬 곱셈

아래 정의는 행렬곱에 대한 또 다른 방법을 제공한다.

정의 6

만약 $A_1, A_2, \cdots, A_r$이 같은 크기의 행렬이고 $c_1, c_2, \cdots, c_r$이 스칼라이면

$$c_1A_1 + c_2A_2 + \cdots + c_rA_r$$

은 ***계수***(coefficient)가 $c_1, c_2, \cdots, c_r$인, $A_1, A_2, \cdots, A_r$의 ***선형결합***(linear combination) 또는 일차결합이라고 한다.

어떻게 행렬의 곱셈이 선형결합으로 나타나는지 알아보기 위해서 A를 $m \times n$ 행렬이라고 하고 $\mathbf{x}$를 $n \times 1$ 열벡터라고 하자.

$$A = \begin{bmatrix} a_{11} & a_{12} & \cdots & a_{1n} \\ a_{21} & a_{22} & \cdots & a_{2n} \\ \vdots & \vdots & & \vdots \\ a_{m1} & a_{m2} & \cdots & a_{mn} \end{bmatrix}, \qquad \mathbf{x} = \begin{bmatrix} x_1 \\ x_2 \\ \vdots \\ x_n \end{bmatrix}$$

그러면, 다음과 같이 된다.

$$A\mathbf{x} = \begin{bmatrix} a_{11}x_1 + a_{12}x_2 + \cdots + a_{1n}x_n \\ a_{21}x_1 + a_{22}x_2 + \cdots + a_{2n}x_n \\ \vdots \\ a_{m1}x_1 + a_{m2}x_2 + \cdots + a_{mn}x_n \end{bmatrix} = x_1 \begin{bmatrix} a_{11} \\ a_{21} \\ \vdots \\ a_{m1} \end{bmatrix} + x_2 \begin{bmatrix} a_{12} \\ a_{22} \\ \vdots \\ a_{m2} \end{bmatrix} + \cdots + x_n \begin{bmatrix} a_{1n} \\ a_{2n} \\ \vdots \\ a_{mn} \end{bmatrix} \tag{10}$$

이것이 다음 정리를 증명한다.

정리 1.3.1

만약 A가 $m \times n$ 행렬이고 $\mathbf{x}$가 $n \times 1$ 열벡터이면 곱 $A\mathbf{x}$는 계수가 $\mathbf{x}$의 원소들인, A의 열벡터들의 선형결합으로 표현된다.

예제 8 | 선형결합으로의 행렬곱

다음 행렬의 곱

$$\begin{bmatrix} -1 & 3 & 2 \\ 1 & 2 & -3 \\ 2 & 1 & -2 \end{bmatrix} \begin{bmatrix} 2 \\ -1 \\ 3 \end{bmatrix} = \begin{bmatrix} 1 \\ -9 \\ -3 \end{bmatrix}$$

은 열벡터의 다음과 같은 선형결합으로 표현될 수 있다.

$$2\begin{bmatrix} -1 \\ 1 \\ 2 \end{bmatrix} - 1\begin{bmatrix} 3 \\ 2 \\ 1 \end{bmatrix} + 3\begin{bmatrix} 2 \\ -3 \\ -2 \end{bmatrix} = \begin{bmatrix} 1 \\ -9 \\ -3 \end{bmatrix}$$

예제 9 | 선형결합으로 표현된 행렬 AB의 열들

예제 5에서 AB는 다음과 같았다.

$$AB = \begin{bmatrix} 1 & 2 & 4 \\ 2 & 6 & 0 \end{bmatrix} \begin{bmatrix} 4 & 1 & 4 & 3 \\ 0 & -1 & 3 & 1 \\ 2 & 7 & 5 & 2 \end{bmatrix} = \begin{bmatrix} 12 & 27 & 30 & 13 \\ 8 & -4 & 26 & 12 \end{bmatrix}$$

식 (6)과 정리 1.3.1로부터 행렬 AB의 j번째 열은 계수가 B의 j번째 열에 있는 원소들인, A의 열벡터들의 선형결합으로 나타낼 수 있다.

$$\begin{bmatrix} 12 \\ 8 \end{bmatrix} = 4\begin{bmatrix} 1 \\ 2 \end{bmatrix} + 0\begin{bmatrix} 2 \\ 6 \end{bmatrix} + 2\begin{bmatrix} 4 \\ 0 \end{bmatrix}$$

$$\begin{bmatrix} 27 \\ -4 \end{bmatrix} = \begin{bmatrix} 1 \\ 2 \end{bmatrix} - \begin{bmatrix} 2 \\ 6 \end{bmatrix} + 7\begin{bmatrix} 4 \\ 0 \end{bmatrix}$$

$$\begin{bmatrix} 30 \\ 26 \end{bmatrix} = 4\begin{bmatrix} 1 \\ 2 \end{bmatrix} + 3\begin{bmatrix} 2 \\ 6 \end{bmatrix} + 5\begin{bmatrix} 4 \\ 0 \end{bmatrix}$$

$$\begin{bmatrix} 13 \\ 12 \end{bmatrix} = 3\begin{bmatrix} 1 \\ 2 \end{bmatrix} + \begin{bmatrix} 2 \\ 6 \end{bmatrix} + 2\begin{bmatrix} 4 \\ 0 \end{bmatrix}$$

열-행 전개

분할은 행렬의 곱을 또 다른 방법으로 이해하게 한다. 구체적으로 $m \times r$ 행렬 A가 r 열벡터, $\mathbf{c}_1, \mathbf{c}_2, \cdots, \mathbf{c}_r$(각각 $m \times 1$)로 분할되고 $r \times n$ 행렬 B가 r 행벡터 $\mathbf{r}_1, \mathbf{r}_2, \cdots, \mathbf{r}_r$(각각 $1 \times n$)로 분할된다고 하자. 합 $\mathbf{c}_1\mathbf{r}_1 + \mathbf{c}_2\mathbf{r}_2 + \cdots + \mathbf{c}_r\mathbf{r}_r$에 있는 각 항들은 크기가 $m \times n$이고 따라서 그 합도 $m \times n$이다. 이 합의 i행 j열 원소는 식 (5)의 우변의 표현으로 주어짐을 보임으로써(증명은 연습문제로 남긴다) 다음이 얻어진다.

$$\boxed{AB = \mathbf{c}_1\mathbf{r}_1 + \mathbf{c}_2\mathbf{r}_2 + \cdots + \mathbf{c}_r\mathbf{r}_r} \tag{11}$$

(11)을 AB의 ***열-행 전개***(column-row expansion)라고 한다.

예제 10 | 열-행 전개

다음 행렬곱의 열-행 전개를 구하라.

$$AB = \begin{bmatrix} 1 & 3 \\ 2 & -1 \end{bmatrix}\begin{bmatrix} 2 & 0 & 4 \\ -3 & 5 & 1 \end{bmatrix} \tag{12}$$

풀이 A의 열벡터와 B의 행벡터는 다음과 같다.

$$\mathbf{c}_1 = \begin{bmatrix} 1 \\ 2 \end{bmatrix}, \quad \mathbf{c}_2 = \begin{bmatrix} 3 \\ -1 \end{bmatrix}; \quad \mathbf{r}_1 = [2 \quad 0 \quad 4], \quad \mathbf{r}_2 = [-3 \quad 5 \quad 1]$$

그러므로 AB의 열-행 전개는

$$\begin{aligned} AB &= \begin{bmatrix} 1 \\ 2 \end{bmatrix}[2 \quad 0 \quad 4] + \begin{bmatrix} 3 \\ -1 \end{bmatrix}[-3 \quad 5 \quad 1] \\ &= \begin{bmatrix} 2 & 0 & 4 \\ 4 & 0 & 8 \end{bmatrix} + \begin{bmatrix} -9 & 15 & 3 \\ 3 & -5 & -1 \end{bmatrix} \end{aligned} \tag{13}$$

(12)와 (13)이 다음의 같은 결과를 주는 것은 각자 확인해 보기 바란다.

$$AB = \begin{bmatrix} -7 & 15 & 7 \\ 7 & -5 & 7 \end{bmatrix}$$

행렬곱의 요약

모두 정리해 보면 행렬을 곱하는 데 다섯 가지 방법이 있는데 각각 그들만의 쓸모가 있다.

1. 개별 원소(정의 5)
2. 행-열 방법(공식 (5))
3. 개별 열(공식 (6))
4. 개별 행(공식 (7))
5. 열-행 전개(공식 (11))

연립일차방정식의 행렬 모양

행렬의 곱셈은 연립방정식에서 매우 중요하다. n개의 미지수와 m개의 방정식으로 이루어진 연립일차방정식을 살펴보자.

$$\begin{array}{ccccccc} a_{11}x_1 & + & a_{12}x_2 & + \cdots + & a_{1n}x_n & = & b_1 \\ a_{21}x_1 & + & a_{22}x_2 & + \cdots + & a_{2n}x_n & = & b_2 \\ \vdots & & \vdots & & \vdots & & \vdots \\ a_{m1}x_1 & + & a_{m2}x_2 & + \cdots + & a_{mn}x_n & = & b_m \end{array}$$

두 행렬이 같다는 것은 그들의 대응되는 원소들이 같다는 것이므로 이 m개의 방정식을 하나의 행렬방정식으로 나타낼 수 있다.

$$\begin{bmatrix} a_{11}x_1 + a_{12}x_2 + \cdots + a_{1n}x_n \\ a_{21}x_1 + a_{22}x_2 + \cdots + a_{2n}x_n \\ \vdots \\ a_{m1}x_1 + a_{m2}x_2 + \cdots + a_{mn}x_n \end{bmatrix} = \begin{bmatrix} b_1 \\ b_2 \\ \vdots \\ b_m \end{bmatrix}$$

왼쪽의 $m \times 1$ 행렬은 다음의 곱셈으로 나타낼 수 있다.

$$\begin{bmatrix} a_{11} & a_{12} & \cdots & a_{1n} \\ a_{21} & a_{22} & \cdots & a_{2n} \\ \vdots & \vdots & & \vdots \\ a_{m1} & a_{m2} & \cdots & a_{mn} \end{bmatrix} \begin{bmatrix} x_1 \\ x_2 \\ \vdots \\ x_n \end{bmatrix} = \begin{bmatrix} b_1 \\ b_2 \\ \vdots \\ b_m \end{bmatrix}$$

이들을 A, $\mathbf{x}$, $\mathbf{b}$로 나타내면 다음과 같이 표현할 수 있다.

$$\boxed{A\mathbf{x} = \mathbf{b}}$$

여기서 행렬 A를 ***계수행렬***(coefficient matrix)이라고 부른다. 이 연립방정식에서의 첨가행렬은 A에 $\mathbf{b}$를 마지막 열로 첨가하여 얻어진다. 즉 첨가행렬은 다음과 같다.

> $[A \mid \mathbf{b}]$에 있는 수직선은 눈으로 보기에 쉽게 A와 $\mathbf{b}$를 구분하는 선이다. 아무런 수학적 의미가 없다.

$$[A \mid \mathbf{b}] = \left[\begin{array}{cccc|c} a_{11} & a_{12} & \cdots & a_{1n} & b_1 \\ a_{21} & a_{22} & \cdots & a_{2n} & b_2 \\ \vdots & \vdots & & \vdots & \vdots \\ a_{m1} & a_{m2} & \cdots & a_{mn} & b_m \end{array}\right]$$

전치행렬

실수 연산과 아무런 유사점이 없는 두 가지 행렬의 연산을 정의하면서 이 절을 마치고자 한다.

정의 7

A가 $m \times n$ 행렬이면 A^T로 표시되는 ***A*의 전치행렬**(transpose of A)은 $n \times m$ 행렬이고 A의 행과 열을 바꾼 행렬이다. 즉, A^T의 첫 열은 A의 첫 행이고 A^T의 두 번째 열은 A의 두 번째 행 등이다.

예제 11 | 전치행렬들

다음은 행렬과 그것의 전치행렬의 예이다.

$$A = \begin{bmatrix} a_{11} & a_{12} & a_{13} & a_{14} \\ a_{21} & a_{22} & a_{23} & a_{24} \\ a_{31} & a_{32} & a_{33} & a_{34} \end{bmatrix}, \quad B = \begin{bmatrix} 2 & 3 \\ 1 & 4 \\ 5 & 6 \end{bmatrix}, \quad C = [1 \quad 3 \quad 5], \quad D = [4]$$

$$A^T = \begin{bmatrix} a_{11} & a_{21} & a_{31} \\ a_{12} & a_{22} & a_{32} \\ a_{13} & a_{23} & a_{33} \\ a_{14} & a_{24} & a_{34} \end{bmatrix}, \quad B^T = \begin{bmatrix} 2 & 1 & 5 \\ 3 & 4 & 6 \end{bmatrix}, \quad C^T = \begin{bmatrix} 1 \\ 3 \\ 5 \end{bmatrix}, \quad D^T = [4]$$

A^T의 열들은 A의 행들이고 A^T의 행들은 A의 열들이다. 그리고 A^T의 i행, j열의 원소는 A의 j행, i열의 원소이다. 즉,

$$\boxed{(A^T)_{ij} = (A)_{ji}} \tag{14}$$

아래첨자가 역순이 되었음을 주목하라.

A가 정방행렬인 경우 A의 전치행렬은 주대각선을 중심으로 대칭 위치에 있는 원소들을 교환하여 얻을 수 있다. (15)에서 A^T는 주대각선에 대해서 A를 반사시켜 얻어지는 것을 볼 수 있다.

$$A = \begin{bmatrix} 1 & -2 & 4 \\ 3 & 7 & 0 \\ -5 & 8 & 6 \end{bmatrix} \to \begin{bmatrix} 1 & -2 & 4 \\ 3 & 7 & 0 \\ -5 & 8 & 6 \end{bmatrix} \to A^T = \begin{bmatrix} 1 & 3 & -5 \\ -2 & 7 & 8 \\ 4 & 0 & 6 \end{bmatrix} \tag{15}$$

주대각선에 대해
대칭 위치에 있는
원소들을 교환

행렬의 대각합

정의 8

만약 A가 정방행렬이면 ***A*의 대각합**(trace of A)은 $\text{tr}(A)$로 표시되고 A의 주대각선상에 있는 원소들의 합으로 정의된다. 만약 A가 정방행렬이 아니면 A의 대각합은 정의되지 않는다.

역사 노트

실베스터(James Sylvester, 1814–1897)

케일리(Arthur Cayley, 1821–1895)

행렬(matrix)이라는 용어는 영국인 수학자 실베스터에 의해서 처음으로 사용되었다. 1850년에 그는 행렬을 "항들의 직사각형 배열"이라고 정의하였다. 실베스터는 행렬에 관한 작업을 영국인 동료인 수학자 겸 법률가 케일리와 교류하였는데 케일리는 행렬의 일부 기본 연산들을 1858년 발표한 그의 책 *Memoir on the Theory of Matrices*에서 소개하였다. 흥미로운 점은 실베스터가 대학 학위가 없었다는 사실인데 이는 유대인인 실베스터가 영국 국교에 대한 서약을 거절했기 때문이다. 그는 미국 버지니아대학의 학과장으로 임명되었으나 수업시간에 신문을 보고 있는 학생을 지팡이로 때린 후 사직하였다. 학생을 죽였다고 생각한 실베스터는 탈 수 있는 첫 배를 타고 영국으로 도망갔다. 다행히 학생은 졸도했을 뿐 죽은 것은 아니었다.

[Images: © Bettmann/CORBIS (Sylvester); Wikipedia Commons (Cayley)]

예제 12 | 대각합

다음 행렬들의 대각합은 다음과 같다.

$$A = \begin{bmatrix} a_{11} & a_{12} & a_{13} \\ a_{21} & a_{22} & a_{23} \\ a_{31} & a_{32} & a_{33} \end{bmatrix}, \quad B = \begin{bmatrix} -1 & 2 & 7 & 0 \\ 3 & 5 & -8 & 4 \\ 1 & 2 & 7 & -3 \\ 4 & -2 & 1 & 0 \end{bmatrix}$$

$\boxed{\mathrm{tr}(A) = a_{11} + a_{22} + a_{33}}$ $\boxed{\mathrm{tr}(B) = -1 + 5 + 7 + 0 = 11}$

연습문제에서 전치행렬과 대각합에 관한 문제들을 풀어 보기로 하자.

연습문제 1.3

(1-2) 행렬 A, B, C, D, E의 크기가 다음과 같다고 하자.

A	B	C	D	E
(4×5)	(4×5)	(5×2)	(4×2)	(5×4)

주어진 행렬의 곱셈이 가능한지를 알아보라. 만약 가능하다면 곱 행렬의 크기를 말하라.

1. **a.** BA **b.** AB^T **c.** $AC + D$
d. $E(AC)$ **e.** $A - 3E^T$ **f.** $E(5B + A)$

2. **a.** CD^T **b.** DC **c.** $BC - 3D$
d. $D^T(BE)$ **e.** $B^TD + ED$ **f.** $BA^T + D$

(3-6) 다음 행렬들을 사용하여 가능하다면 주어진 연산을 계산하라.

$$A = \begin{bmatrix} 3 & 0 \\ -1 & 2 \\ 1 & 1 \end{bmatrix}, \quad B = \begin{bmatrix} 4 & -1 \\ 0 & 2 \end{bmatrix}, \quad C = \begin{bmatrix} 1 & 4 & 2 \\ 3 & 1 & 5 \end{bmatrix},$$

$$D = \begin{bmatrix} 1 & 5 & 2 \\ -1 & 0 & 1 \\ 3 & 2 & 4 \end{bmatrix}, \quad E = \begin{bmatrix} 6 & 1 & 3 \\ -1 & 1 & 2 \\ 4 & 1 & 3 \end{bmatrix}$$

3. **a.** $D + E$ **b.** $D - E$ **c.** $5A$
d. $-7C$ **e.** $2B - C$ **f.** $4E - 2D$
g. $-3(D + 2E)$ **h.** $A - A$ **i.** $\mathrm{tr}(D)$
j. $\mathrm{tr}(D - 3E)$ **k.** $4\mathrm{tr}(7B)$ **l.** $\mathrm{tr}(A)$

4. **a.** $2A^T + C$ **b.** $D^T - E^T$ **c.** $(D - E)^T$
d. $B^T + 5C^T$ **e.** $\frac{1}{2}C^T - \frac{1}{4}A$ **f.** $B - B^T$
g. $2E^T - 3D^T$ **h.** $(2E^T - 3D^T)^T$ **i.** $(CD)E$
j. $C(BA)$ **k.** $\mathrm{tr}(DE^T)$ **l.** $\mathrm{tr}(BC)$

5. **a.** AB **b.** BA **c.** $(3E)D$
d. $(AB)C$ **e.** $A(BC)$ **f.** CC^T
g. $(DA)^T$ **h.** $(C^TB)A^T$ **i.** $\mathrm{tr}(DD^T)$
j. $\mathrm{tr}(4E^T - D)$ **k.** $\mathrm{tr}(C^TA^T + 2E^T)$ **l.** $\mathrm{tr}((EC^T)^TA)$

6. **a.** $(2D^T - E)A$ **b.** $(4B)C + 2B$
c. $(-AC)^T + 5D^T$ **d.** $(BA^T - 2C)^T$
e. $B^T(CC^T - A^TA)$ **f.** $D^TE^T - (ED)^T$

(7-8) 행렬 $A = \begin{bmatrix} 3 & -2 & 7 \\ 6 & 5 & 4 \\ 0 & 4 & 9 \end{bmatrix}$, $B = \begin{bmatrix} 6 & -2 & 4 \\ 0 & 1 & 3 \\ 7 & 7 & 5 \end{bmatrix}$일 때 행 방법과 열 방법을 적절히 사용하여 다음을 구하라.

7. **a.** AB의 첫 번째 행 **b.** AB의 세 번째 행
c. AB의 두 번째 열 **d.** BA의 첫 번째 열
e. AA의 세 번째 행 **f.** AA의 세 번째 열

8. **a.** AB의 첫 번째 열 **b.** BB의 세 번째 열
c. BB의 두 번째 행 **d.** AA의 첫 번째 열
e. AB의 세 번째 열 **f.** BA의 첫 번째 행

*(9-10) 연습문제 **7-8**번의 행렬 A, B를 사용하여*

9. **a.** AA의 각 열을 A의 열벡터들의 선형결합으로 표시하라.
b. BB의 각 열을 B의 열벡터들의 선형결합으로 표시하라.

10. **a.** AB의 각 열을 A의 열벡터들의 선형결합으로 표시하라.
b. BA의 각 열을 B의 열벡터들의 선형결합으로 표시하라.

(11-12) 주어진 연립일차방정식을 하나의 행렬방정식 $A\mathbf{x} = \mathbf{b}$로 나타내는 $A, \mathbf{x}, \mathbf{b}$를 구하고 행렬방정식을 써라.

11. **a.**
$$\begin{aligned} 2x_1 - 3x_2 + 5x_3 &= 7 \\ 9x_1 - x_2 + x_3 &= -1 \\ x_1 + 5x_2 + 4x_3 &= 0 \end{aligned}$$

b.
$$\begin{aligned} 4x_1 \qquad - 3x_3 + x_4 &= 1 \\ 5x_1 + x_2 \qquad - 8x_4 &= 3 \\ 2x_1 - 5x_2 + 9x_3 - x_4 &= 0 \\ 3x_2 - x_3 + 7x_4 &= 2 \end{aligned}$$

12. **a.**
$$\begin{aligned} x_1 - 2x_2 + 3x_3 &= -3 \\ 2x_1 + x_2 \qquad &= 0 \\ - 3x_2 + 4x_3 &= 1 \\ x_1 \qquad + x_3 &= 5 \end{aligned}$$

b.
$$\begin{aligned} 3x_1 + 3x_2 + 3x_3 &= -3 \\ -x_1 - 5x_2 - 2x_3 &= 3 \\ - 4x_2 + x_3 &= 0 \end{aligned}$$

(13-14) 다음 행렬방정식을 연립일차방정식으로 나타내라.

13. a. $\begin{bmatrix} 5 & 6 & -7 \\ -1 & -2 & 3 \\ 0 & 4 & -1 \end{bmatrix}\begin{bmatrix} x_1 \\ x_2 \\ x_3 \end{bmatrix} = \begin{bmatrix} 2 \\ 0 \\ 3 \end{bmatrix}$

b. $\begin{bmatrix} 1 & 1 & 1 \\ 2 & 3 & 0 \\ 5 & -3 & -6 \end{bmatrix}\begin{bmatrix} x \\ y \\ z \end{bmatrix} = \begin{bmatrix} 2 \\ 2 \\ -9 \end{bmatrix}$

14. a. $\begin{bmatrix} 3 & -1 & 2 \\ 4 & 3 & 7 \\ -2 & 1 & 5 \end{bmatrix}\begin{bmatrix} x_1 \\ x_2 \\ x_3 \end{bmatrix} = \begin{bmatrix} 2 \\ -1 \\ 4 \end{bmatrix}$

b. $\begin{bmatrix} 3 & -2 & 0 & 1 \\ 5 & 0 & 2 & -2 \\ 3 & 1 & 4 & 7 \\ -2 & 5 & 1 & 6 \end{bmatrix}\begin{bmatrix} w \\ x \\ y \\ z \end{bmatrix} = \begin{bmatrix} 0 \\ 0 \\ 0 \\ 0 \end{bmatrix}$

(15-16) 다음 방정식을 만족하는 k를 구하라.

15. $\begin{bmatrix} k & 1 & 1 \end{bmatrix}\begin{bmatrix} 1 & 1 & 0 \\ 1 & 0 & 2 \\ 0 & 2 & -3 \end{bmatrix}\begin{bmatrix} k \\ 1 \\ 1 \end{bmatrix} = 0$

16. $\begin{bmatrix} 2 & 2 & k \end{bmatrix}\begin{bmatrix} 1 & 2 & 0 \\ 2 & 0 & 3 \\ 0 & 3 & 1 \end{bmatrix}\begin{bmatrix} 2 \\ 2 \\ k \end{bmatrix} = 0$

(17-20) 열-행 전개를 사용하여 AB의 곱을 행렬곱의 합으로 나타내라.

17. $A = \begin{bmatrix} 4 & -3 \\ 2 & -1 \end{bmatrix}, \quad B = \begin{bmatrix} 0 & 1 & 2 \\ -2 & 3 & 1 \end{bmatrix}$

18. $A = \begin{bmatrix} 0 & -2 \\ 4 & -3 \end{bmatrix}, \quad B = \begin{bmatrix} 1 & 4 & 1 \\ -3 & 0 & 2 \end{bmatrix}$

19. $A = \begin{bmatrix} 1 & 2 & 3 \\ 4 & 5 & 6 \end{bmatrix}, \quad B = \begin{bmatrix} 1 & 2 \\ 3 & 4 \\ 5 & 6 \end{bmatrix}$

20. $A = \begin{bmatrix} 0 & 4 & 2 \\ 1 & -2 & 5 \end{bmatrix}, \quad B = \begin{bmatrix} 2 & -1 \\ 4 & 0 \\ 1 & -1 \end{bmatrix}$

21. 1.2절의 예제 5의 선형계에서 일반해를 숫자로만 이루어진 열벡터들의 선형결합으로 나타내라. [*제안*: 일반해를 하나의 열벡터로 표시한 후 매개변수가 최대 하나가 들어가는 열벡터들의 선형결합으로 표시한 다음에 매개변수를 분리해 낸다.]

22. 1.2절의 예제 6도 연습문제 21과 같이 나타내라.

(23-24) 다음 행렬방정식의 a, b, c, d를 구하라.

23. $\begin{bmatrix} a & 3 \\ -1 & a+b \end{bmatrix} = \begin{bmatrix} 4 & d-2c \\ d+2c & -2 \end{bmatrix}$

24. $\begin{bmatrix} a-b & b+a \\ 3d+c & 2d-c \end{bmatrix} = \begin{bmatrix} 8 & 1 \\ 7 & 6 \end{bmatrix}$

25. a. 행렬 A가 원소가 모두 0인 행이 있고 행렬 B는 임의의 행렬일 때 곱 AB가 정의된다면 행렬 AB도 원소가 모두 0인 행이 존재함을 보여라.

b. 원소가 모두 0인 열에 관해서도 유사한 결과를 찾아라.

26. 다음 각 조건을 만족하는 6×6 행렬 $[a_{ij}]$를 구하라. 0이 아닌 원소에 대해서 구체적인 숫자가 아니라 문자를 사용하여 가능한 한 일반적인 답을 구하라.

a. $a_{ij} = 0 \quad \text{if} \quad i \neq j$ **b.** $a_{ij} = 0 \quad \text{if} \quad i > j$

c. $a_{ij} = 0 \quad \text{if} \quad i < j$ **d.** $a_{ij} = 0 \quad \text{if} \quad |i-j| > 1$

(27-28) 모든 x, y, z에 대해서 다음 조건을 만족하는 3 × 3 행렬 A는 몇 개나 있는가?

27. $A\begin{bmatrix} x \\ y \\ z \end{bmatrix} = \begin{bmatrix} x+y \\ x-y \\ 0 \end{bmatrix}$ **28.** $A\begin{bmatrix} x \\ y \\ z \end{bmatrix} = \begin{bmatrix} xy \\ 0 \\ 0 \end{bmatrix}$

29. 만약 행렬 B가 $BB = A$를 만족하면 행렬 B는 행렬 A의 ***제곱근***(square root)이라고 한다.

a. $A = \begin{bmatrix} 2 & 2 \\ 2 & 2 \end{bmatrix}$의 두 개의 제곱근을 구하라.

b. $A = \begin{bmatrix} 5 & 0 \\ 0 & 9 \end{bmatrix}$의 서로 다른 제곱근은 몇 개인가?

c. 모든 2×2 행렬들은 적어도 하나의 제곱근을 갖는가? 그 그 이유를 말하라.

30. 0 행렬은 모든 원소가 0인 2×2 행렬이라고 하자.

a. $A \neq 0$이고 $AA = 0$인 2×2 행렬이 존재하는가? 그 이유를 말하라.

b. $A \neq 0$이고 $AA = A$인 2×2 행렬이 존재하는가? 그 이유를 말하라.

31. 공식 (5)를 사용하여 공식 (11)을 완성하여 다음을 증명하라.

$$(AB)_{ij} = (\mathbf{c}_1\mathbf{r}_1 + \mathbf{c}_2\mathbf{r}_2 + \cdots + \mathbf{c}_r\mathbf{r}_r)_{ij}$$

32. 다음 조건을 만족하는 4×4 행렬 $A = [a_{ij}]$를 구하라.

a. $a_{ij} = i + j$ **b.** $a_{ij} = i^{j-1}$

c. $a_{ij} = \begin{cases} 1 & \text{if} \quad |i-j| > 1 \\ -1 & \text{if} \quad |i-j| \le 1 \end{cases}$

33. 1개의 구매 비용이 타입 I은 1달러, 타입 II는 2달러, 타입 III은 3달러라고 가정하고, 아래 표는 처음 넉 달 동안 구매한 각 타입의 수량을 나타낸 것이라고 하자.

표 Ex-33

	타입 I	타입 II	타입 III
1월	3	4	3
2월	5	6	0
3월	2	9	4
4월	1	1	7

다음 행렬곱은 어떤 정보를 나타내는가?

$$\begin{bmatrix} 3 & 4 & 3 \\ 5 & 6 & 0 \\ 2 & 9 & 4 \\ 1 & 1 & 7 \end{bmatrix} \begin{bmatrix} 1 \\ 2 \\ 3 \end{bmatrix}$$

34. 다음 표는 옷가게에서 5월과 6월에 팔린 옷의 기록이다. M은 5월 판매의 4×3 행렬을 나타내고 J는 6월 판매의 4×3 행렬을 나타낸다고 하자.

a. 행렬 $M + J$는 무엇을 나타내는가?

b. 행렬 $M - J$는 무엇을 나타내는가?

c. $M\mathbf{x}$가 5월에 팔린 셔츠, 진, 양복, 비옷의 개수를 나타낸다고 할 때 열벡터 $\mathbf{x}$를 구하라.

d. $\mathbf{y}M$이 5월에 팔린 대, 중, 소 옷의 개수가 되도록 하는 행벡터 $\mathbf{y}$를 구하라.

e. (c)와 (d)에서 구한 벡터 $\mathbf{x}$, $\mathbf{y}$를 이용한 $\mathbf{y}M\mathbf{x}$는 무엇을 나타내는가?

표 Ex-34

5월 판매량

	소	중	대
셔츠	45	60	75
진	30	30	40
양복	12	65	45
비옷	15	40	35

6월 판매량

	소	중	대
셔츠	30	33	40
진	21	23	25
양복	9	12	11
비옷	8	10	9

증명 문제

35. 다음을 증명하라.

A와 B가 $n \times n$ 행렬이면 $\text{tr}(A + B) = \text{tr}(A) + \text{tr}(B)$이다.

36. 다음을 증명하라.

a. AB와 BA가 모두 정의되면 AB와 BA는 정방행렬이다.

b. A는 $m \times n$ 행렬이고 $A(BA)$가 정의되면 B는 $n \times m$ 행렬이다.

참-거짓 문제

TF. (a)-(o)가 참인지 거짓인지를 밝히고 그 이유를 설명하라.

a. 행렬 $\begin{bmatrix} 1 & 2 & 3 \\ 4 & 5 & 6 \end{bmatrix}$은 주대각선이 없다.

b. $m \times n$ 행렬은 m개의 열과 n개의 행으로 이루어진다.

c. 만약 A와 B가 2×2 행렬이면 $AB = BA$이다.

d. 행렬곱 AB의 i번째 행은 행렬 A에 행렬 B의 i번째 행벡터를 곱하여 계산될 수 있다.

e. 모든 행렬 A에 대해서 $(A^T)^T = A$이다.

f. A와 B가 같은 크기의 정방행렬이면 $\text{tr}(AB) = \text{tr}(A)\text{tr}(B)$이다.

g. A와 B가 같은 크기의 정방행렬이면 $(AB)^T = A^TB^T$이다.

h. 모든 행렬 A에 대해서 $\text{tr}(A^T) = \text{tr}(A)$이다.

i. A는 6×4 행렬이고 B는 B^TA^T가 2×6 행렬이 되는 $m \times n$ 행렬이면 $m = 4$, $n = 2$이다.

j. A가 $n \times n$ 행렬이고 c가 스칼라이면 $\text{tr}(cA) = c\,\text{tr}(A)$이다.

k. 행렬 A, B, C가 $A - C = B - C$를 만족하는 같은 크기의 행렬이라면 $A = B$이다.

l. 행렬 A, B, C는 크기가 같은 정방행렬이고 $AC = BC$이면 $A = B$이다.

m. $AB + BA$가 정의되면 A와 B는 같은 크기의 정방행렬이다.

n. B가 0으로만 이루어진 열을 갖고 있고 AB도 정의된다면 AB도 0으로만 이루어진 열을 갖는다.

o. B가 0으로만 이루어진 열을 갖고 있고 BA도 정의된다면 BA도 0으로만 이루어진 열을 갖는다.

계산도구 문제

T1. a. 예제 5에 있는 행렬들의 곱 AB를 계산하고 교재의 답과 비교하라.

b. 행렬 A의 열벡터들을 꺼내고 행렬 B의 행벡터들을 꺼내서 열-행 전개 방식으로 행렬의 곱 AB를 계산하라.

T2. 구매 비용이 타입 I 제품은 각 1.35달러, 타입 II 제품은 각 2.15달러, 타입 III 제품은 각 3.95달러이다. 다음 표는 넉 달 동안의 각 제품들의 구매량을 나타낸다. 매달 구매 비용을 구해 주는 행렬곱을 찾아라. 그리고 그 곱을 계산하라.

	타입 I	타입 II	타입 III
1월	3.1	4.2	3.5
2월	5.1	6.8	0
3월	2.2	9.5	4.0
4월	1.0	1.0	7.4

1.4 역행렬; 행렬의 대수적 성질

이 절에서는 행렬의 연산에 관한 대수적 성질들을 알아보려고 한다. 대부분의 실수 연산의 기본 성질들이 행렬에서도 성립하지만 일부는 그렇지 않다는 것도 알게 될 것이다.

행렬의 덧셈과 스칼라 곱셈에 관한 성질

다음 정리는 행렬 연산의 기본적인 대수적 성질을 보여 준다.

정리 1.4.1

행렬 연산의 성질들

행렬들이 아래 연산들이 실행될 수 있는 크기를 갖고 있다고 가정한다.

(a) $A + B = B + A$ **[덧셈에 대한 교환법칙]**

(b) $A + (B + C) = (A + B) + C$ **[덧셈에 대한 결합법칙]**

(c) $A(BC) = (AB)C$ **[곱셈에 대한 결합법칙]**

(d) $A(B + C) = AB + AC$ **[왼쪽 배분법칙]**

(e) $(B + C)A = BA + CA$ **[오른쪽 배분법칙]**

(f) $A(B - C) = AB - AC$

(g) $(B - C)A = BA - CA$

(h) $a(B + C) = aB + aC$

(i) $a(B - C) = aB - aC$

(j) $(a + b)C = aC + bC$

(k) $(a - b)C = aC - bC$

(l) $a(bC) = (ab)C$

(m) $a(BC) = (aB)C = B(aC)$

이 정리를 증명하기 위해서는 왼쪽 행렬과 오른쪽 행렬의 크기가 같고 서로 대응되는 원소가 같음을 보여야 한다. 대부분의 증명이 거의 같은 방식으로 가능하므로 여기서는 한 예로 (d)를 증명할 것이다. 곱셈에 대한 결합법칙은 나머지 것들보다 다소 복잡해서 연습문제에서 개괄한다.

증명 (d) $A(B+C)$와 $AB+AC$의 크기가 같고 서로 대응하는 원소들이 같음을 보여야 한다. $A(B+C)$가 형성되기 위해서는 B와 C의 크기가 같아야 하고($m \times n$이라 하자), A는 m개의 열을 가져야 하므로 A의 크기는 $r \times m$이 된다. 따라서 $A(B+C)$는 $r \times n$ 행렬이다. 또한, $AB+AC$도 $r \times n$ 행렬이다. 그러므로 $A(B+C)$와 $AB+AC$의 크기가 같다.

$A=[a_{ij}]$, $B=[b_{ij}]$, $C=[c_{ij}]$라 하자. $A(B+C)$와 $AB+AC$의 서로 대응되는 원소가 같음을 보여야 한다. 즉, 모든 i와 j에 대해서

$$[A(B+C)]_{ij} = [AB+AC]_{ij}$$

이다. 그러나 행렬의 덧셈과 곱셈의 정의에 의해서 다음을 얻는다.

$$\begin{aligned}\big(A(B+C)\big)_{ij} &= a_{i1}(b_{1j}+c_{1j}) + a_{i2}(b_{2j}+c_{2j}) + \cdots + a_{im}(b_{mj}+c_{mj}) \\ &= (a_{i1}b_{1j}+a_{i2}b_{2j}+\cdots+a_{im}b_{mj}) + (a_{i1}c_{1j}+a_{i2}c_{2j}+\cdots+a_{im}c_{mj}) \\ &= (AB)_{ij} + (AC)_{ij} = (AB+AC)_{ij} \quad \blacksquare\end{aligned}$$

크기가 같은 두 행렬이 같다는 것을 증명하기 위해서는 세 가지 기초적인 방법이 있는데 첫 번째는 대응하는 모든 원소가 같음을 보이는 것이고, 두 번째는 대응하는 행들이 같다는 것을 보이는 것, 그리고 마지막으로 대응하는 열들이 같다는 것을 보이는 것이다.

참고 행렬의 덧셈과 곱셈이 두 개의 행렬 간에 정의되었다 할지라도 결합법칙 (b), (c)는 $A+B+C$, ABC처럼 괄호 없이 세 개 행렬의 합, 곱으로 나타낼 수 있다. 이는 괄호가 어디에 들어가든지 결합법칙이 같은 결과를 초래하기 때문이다. 일반적으로, *행렬들의 합 또는 곱이 주어지면 결과에 아무런 영향을 주지 않고 여러 개의 괄호를 삽입하거나 삭제할 수 있다.*

예제 1 | 행렬 곱셈에서의 결합법칙

행렬 곱셈에 대한 결합법칙의 예로 다음 행렬들을 살펴보자.

$$A=\begin{bmatrix}1 & 2\\ 3 & 4\\ 0 & 1\end{bmatrix},\quad B=\begin{bmatrix}4 & 3\\ 2 & 1\end{bmatrix},\quad C=\begin{bmatrix}1 & 0\\ 2 & 3\end{bmatrix}$$

그러면,

$$AB=\begin{bmatrix}1 & 2\\ 3 & 4\\ 0 & 1\end{bmatrix}\begin{bmatrix}4 & 3\\ 2 & 1\end{bmatrix}=\begin{bmatrix}8 & 5\\ 20 & 13\\ 2 & 1\end{bmatrix},\quad BC=\begin{bmatrix}4 & 3\\ 2 & 1\end{bmatrix}\begin{bmatrix}1 & 0\\ 2 & 3\end{bmatrix}=\begin{bmatrix}10 & 9\\ 4 & 3\end{bmatrix}$$

그러므로

$$(AB)C=\begin{bmatrix}8 & 5\\ 20 & 13\\ 2 & 1\end{bmatrix}\begin{bmatrix}1 & 0\\ 2 & 3\end{bmatrix}=\begin{bmatrix}18 & 15\\ 46 & 39\\ 4 & 3\end{bmatrix},$$

$$A(BC) = \begin{bmatrix} 1 & 2 \\ 3 & 4 \\ 0 & 1 \end{bmatrix} \begin{bmatrix} 10 & 9 \\ 4 & 3 \end{bmatrix} = \begin{bmatrix} 18 & 15 \\ 46 & 39 \\ 4 & 3 \end{bmatrix}$$

그래서 정리 1.4.1(*c*)에서 말하듯이 $(AB)C = A(BC)$.

행렬 곱셈의 성질

정리 1.4.1을 보고 실수에서의 계산에 대한 모든 법칙이 행렬에도 성립할 것이라고 믿어서는 안 된다. 예를 들어, 실수에서는 항상 $ab = ba$이다. 즉, *곱셈에 대한 교환법칙*이 성립한다. 그러나 행렬에서는 AB와 BA는 같지 않은 다음 세 가지 경우가 있을 수 있다.

1. AB는 정의되나 BA는 정의되지 않을 수 있다(예를 들어, A는 2×3, B는 3×4).
2. AB와 BA는 정의되나 크기가 서로 다르다(예를 들어, A는 2×3, B는 3×2).
3. AB와 BA가 모두 정의되고 크기도 같지만 두 행렬이 서로 다르다(다음 예제에서 볼 수 있다).

예제 2 | 행렬 곱셈에서는 순서가 중요하다

다음 행렬들

$$A = \begin{bmatrix} -1 & 0 \\ 2 & 3 \end{bmatrix}, \quad B = \begin{bmatrix} 1 & 2 \\ 3 & 0 \end{bmatrix}$$

을 곱하면

$$AB = \begin{bmatrix} -1 & -2 \\ 11 & 4 \end{bmatrix}, \quad BA = \begin{bmatrix} 3 & 6 \\ -3 & 0 \end{bmatrix}$$

그러므로 $AB \neq BA$.

이 예제에서 보여 주듯이 $AB = BA$는 일반적으로 참이 *아니다.* 이때 행렬의 곱셈은 ***가환이 아니다***(not commutative)고 말한다. 그러나 같게 되는 경우가 없다는 것은 아니고 일반적으로 같지 않다는 뜻이다. 특별히 같게 되는 경우는 A와 B가 ***교환된다***(commute)고 말한다.

영행렬

모든 원소가 0인 행렬을 ***영행렬***(zero matrix)이라고 한다. 다음은 몇 가지 예이다.

$$\begin{bmatrix} 0 & 0 \\ 0 & 0 \end{bmatrix}, \quad \begin{bmatrix} 0 & 0 & 0 \\ 0 & 0 & 0 \\ 0 & 0 & 0 \end{bmatrix}, \quad \begin{bmatrix} 0 & 0 & 0 & 0 \\ 0 & 0 & 0 & 0 \end{bmatrix}, \quad \begin{bmatrix} 0 \\ 0 \\ 0 \\ 0 \end{bmatrix}, \quad [0]$$

영행렬을 *0*로 표시하고 크기는 구체적으로 표현하지 않아도 되지만 만약 필요하면 $m \times$

n 영행렬을 $0_{m \times n}$로 표시한다.

같은 크기의 행렬 A와 0에 대해서

$$A + 0 = 0 + A = A$$

이다. 그러므로 행렬에서의 0의 역할은 실수에서 0이 $a + 0 = 0 + a = a$의 역할을 하는 것과 같다.

다음 정리는 영행렬의 기본적인 성질을 나열한 것이다. 결과들은 분명하기 때문에 형식적인 증명은 생략하기로 한다.

정리 1.4.2

영행렬의 성질

c는 스칼라이고 행렬들은 연산들을 실행할 수 있는 크기를 갖는다고 하자.

(a) $A + 0 = 0 + A = A$

(b) $A - 0 = A$

(c) $A - A = A + (-A) = 0$

(d) $0A = 0$

(e) $cA = 0$이면 $c = 0$ 또는 $A = 0$이다.

실수에서 성립하는 교환법칙이 행렬에서는 성립하지 않는다는 것을 알기 때문에 다른 성질도 성립하지 않을 수 있다고 예측할 수 있다. 예를 들어 실수에서 성립하는 다음 두 가지 성질들을 살펴보자.

- 만약 $ab = ac$이고 $a \neq 0$이면 $b = c$이다. **[소거법칙]**
- 만약 $ab = 0$이면 $a = 0$이거나 $b = 0$이다.

다음 두 예제는 이와 같은 법칙들이 일반적으로 행렬에서는 성립하지 않는다는 것을 보여 준다.

예제 3 | 소거법칙의 실패

행렬

$$A = \begin{bmatrix} 0 & 1 \\ 0 & 2 \end{bmatrix}, \quad B = \begin{bmatrix} 1 & 1 \\ 3 & 4 \end{bmatrix}, \quad C = \begin{bmatrix} 2 & 5 \\ 3 & 4 \end{bmatrix}$$

에서

$$AB = AC = \begin{bmatrix} 3 & 4 \\ 6 & 8 \end{bmatrix}$$

이다. $A \neq 0$이지만 $AB = AC$에서 A를 소거하면 B와 C는 같지 않다. 그러므로 일반적으로 행렬에서는 소거법칙이 성립하지 않는다. (그러나 특별한 경우에는 성립하기도 한다.)

예제 4 | 영행렬이 아닌 두 행렬의 곱이 영행렬인 경우

행렬 $A = \begin{bmatrix} 0 & 1 \\ 0 & 2 \end{bmatrix}$와 행렬 $B = \begin{bmatrix} 3 & 7 \\ 0 & 0 \end{bmatrix}$은 $AB = 0$이지만 $A \neq 0$이고 $B \neq 0$이다.

단위행렬

주대각선상의 원소들은 1이고 나머지 원소들은 모두 0이면 이러한 행렬을 ***단위행렬***(unit matrix) 또는 ***항등행렬***(identity matrix)이라고 한다. 예를 들면 다음과 같다.

$$[1], \quad \begin{bmatrix} 1 & 0 \\ 0 & 1 \end{bmatrix}, \quad \begin{bmatrix} 1 & 0 & 0 \\ 0 & 1 & 0 \\ 0 & 0 & 1 \end{bmatrix}, \quad \begin{bmatrix} 1 & 0 & 0 & 0 \\ 0 & 1 & 0 & 0 \\ 0 & 0 & 1 & 0 \\ 0 & 0 & 0 & 1 \end{bmatrix}$$

단위행렬은 I로 표시한다. 크기를 강조해야 할 때는 $n \times n$ 단위행렬을 I_n으로 표시한다.

행렬 연산에서 단위행렬의 역할을 설명하기 위해서 2×3 행렬 A의 양쪽에 단위행렬을 곱하여 결과를 살펴보자. 오른쪽에 3×3 단위행렬을 곱하면 다음과 같고

$$AI_3 = \begin{bmatrix} a_{11} & a_{12} & a_{13} \\ a_{21} & a_{22} & a_{23} \end{bmatrix} \begin{bmatrix} 1 & 0 & 0 \\ 0 & 1 & 0 \\ 0 & 0 & 1 \end{bmatrix} = \begin{bmatrix} a_{11} & a_{12} & a_{13} \\ a_{21} & a_{22} & a_{23} \end{bmatrix} = A$$

왼쪽에 2×2 단위행렬을 곱하면 다음과 같다.

$$I_2 A = \begin{bmatrix} 1 & 0 \\ 0 & 1 \end{bmatrix} \begin{bmatrix} a_{11} & a_{12} & a_{13} \\ a_{21} & a_{22} & a_{23} \end{bmatrix} = \begin{bmatrix} a_{11} & a_{12} & a_{13} \\ a_{21} & a_{22} & a_{23} \end{bmatrix} = A$$

일반적으로, 만약 A가 $m \times n$ 행렬이면

$$AI_n = A, \qquad I_m A = A$$

그러므로 단위행렬은 실수에서 1이 곱셈에 대한 $a \cdot 1 = 1 \cdot a = a$의 역할을 하듯이 행렬 곱셈에서 같은 역할을 한다.

다음 정리는 단위행렬은 *정방*행렬의 기약 행사다리꼴과 연관됨을 보여 준다.

정리 1.4.3

만약 R이 $n \times n$ 행렬 A의 기약 행사다리꼴이면 R은 0으로만 된 행을 갖거나 아니면 행렬 I_n이다.

증명 A의 기약 행사다리꼴이 다음과 같다고 하자.

$$R = \begin{bmatrix} r_{11} & r_{12} & \cdots & r_{1n} \\ r_{21} & r_{22} & \cdots & r_{2n} \\ \vdots & \vdots & & \vdots \\ r_{n1} & r_{n2} & \cdots & r_{nn} \end{bmatrix}$$

이 행렬의 마지막 행은 모든 원소가 0이거나 아니거나 할 것이다. 만약 0이 아닌 원소가 있다면 행렬은 0으로만 이루어진 행이 없다. 그러므로 n개의 행이 모두 선도 1을 갖는다. 선도 1은 순서대로 오른쪽으로 내려가기 때문에 이러한 1들은 주대각선상에 있게 된다. 이러한 선도 1이 나타나는 열의 나머지 원소들은 모두 0이기 때문에 R은 I_n이어야 한다. 즉, R은 0으로만 이루어진 행을 갖거나 I_n이다. ■

역행렬

실수에서 0이 아닌 모든 실수는 $a \cdot a^{-1} = a^{-1} \cdot a = 1$의 성질을 만족하는 역수 $a^{-1}(= 1/a)$를 갖는다. 실수 a^{-1}은 가끔 a의 *곱셈에 대한 역원*이라고 한다. 우리의 다음 목표는 행렬 연산에서 이와 유사한 결과를 얻고자 하는 것이다. 이를 위하여 다음을 정의한다.

정의 1

만약 A가 정방행렬이고 같은 크기의 B가 $AB = BA = I$를 만족한다면 A는 ***가역***(invertible) 또는 ***정칙***(nonsingular)이라고 하고 B는 A의 ***역행렬***(inverse matrix)이라고 한다. 만약 그와 같은 행렬 B가 존재하지 않으면 A는 ***특이행렬***(singular matrix)이라고 한다.

$AB = BA = I$는 A와 B를 바꾸어도 변화가 없다. 따라서 A가 가역이고 B가 A의 역행렬이면 B도 가역이고 A는 B의 역행렬이다. 즉, $AB = BA = I$이면 A와 B는 *서로 역행렬*이다.

예제 5 | 역행렬

$$A = \begin{bmatrix} 2 & -5 \\ -1 & 3 \end{bmatrix}, B = \begin{bmatrix} 3 & 5 \\ 1 & 2 \end{bmatrix}$$

일 때

$$AB = \begin{bmatrix} 2 & -5 \\ -1 & 3 \end{bmatrix}\begin{bmatrix} 3 & 5 \\ 1 & 2 \end{bmatrix} = \begin{bmatrix} 1 & 0 \\ 0 & 1 \end{bmatrix} = I$$

$$BA = \begin{bmatrix} 3 & 5 \\ 1 & 2 \end{bmatrix}\begin{bmatrix} 2 & -5 \\ -1 & 3 \end{bmatrix} = \begin{bmatrix} 1 & 0 \\ 0 & 1 \end{bmatrix} = I$$

그러므로 A와 B는 가역이고 서로가 서로에게 역행렬이 된다.

예제 6 | 특이행렬

일반적으로 한 행이나 한 열이 모두 0인 행렬은 특이행렬이다. 왜 그런지를 알아보기 위해 다음 행렬을 살펴보자.

$$A = \begin{bmatrix} 1 & 4 & 0 \\ 2 & 5 & 0 \\ 3 & 6 & 0 \end{bmatrix}$$

A가 특이행렬임을 보이기 위해서

$$AB = BA = I$$

를 만족하는 어떠한 3×3 행렬 B도 존재하지 않음을 보여야 한다. 이를 위해서 $\mathbf{c}_1$, $\mathbf{c}_2$, $\mathbf{0}$를 A의 열벡터들이라고 하자. 임의의 3×3 행렬 B에 대해서

$$BA = B[\mathbf{c}_1 \quad \mathbf{c}_2 \quad \mathbf{0}] = [B\mathbf{c}_1 \quad B\mathbf{c}_2 \quad \mathbf{0}] \qquad \textbf{[1.3절의 공식 (6)]}$$

으로 표현된다. 0으로 된 열이 있다는 것은 $BA \neq I$임을 보이는 것이므로 A는 가역이 아니다.

예제 6에서처럼 한 행이나 한 열로 이루어진 영행렬을 굵은 활자체 $\mathbf{0}$으로 나타낼 것이다.

역행렬의 성질

역행렬은 하나 이상인지를 알아보자. 다음 정리는 *역행렬은 정확히 한 개뿐*임을 보여 준다.

정리 1.4.4

B와 C가 모두 A의 역행렬이면 $B = C$이다.

증명 B는 A의 역행렬이므로 $BA = I$이다. 양쪽의 오른쪽에 C를 곱하면 $(BA)C = IC = C$. 또한 $(BA)C = B(AC) = BI = B$이므로 $C = B$가 된다. ■

이 중요한 결과로부터 우리는 "하나의(a)" 역행렬이 아니라 "유일한(the)" 역행렬이라고 말할 수 있다. A가 가역이면 그것의 역행렬은 A^{-1}로 표시한다. 그러므로

$$\boxed{AA^{-1} = I, \qquad A^{-1}A = I} \tag{1}$$

주의 A^{-1}을 $1/A$로 해석해서는 안 된다. 왜냐하면 행렬에서 나눗셈은 정의되지 않기 때문이다.

행렬에서 A의 역행렬은 실수에서의 $aa^{-1} = 1$, $a^{-1}a = 1$을 만족하는 역수 a^{-1}과 똑같은 역할을 한다.

다음 절에서 임의의 크기를 갖는 행렬의 역행렬을 구하는 방법을 공부할 것이다. 지금은 구체적으로 2×2 행렬이 어떤 조건에서 가역이며 또 그러한 행렬의 역행렬은 어떻게 구하는지 간단한 공식을 소개하려고 한다.

정리 1.4.5

행렬 $A = \begin{bmatrix} a & b \\ c & d \end{bmatrix}$가 가역일 필요충분조건은 $ad - bc \neq 0$이다. 이때 역행렬은

$$A^{-1} = \frac{1}{ad - bc}\begin{bmatrix} d & -b \\ -c & a \end{bmatrix}\text{이다.} \qquad (2)$$

> 정리 1.4.5에 있는 $ad - bc$는 2×2 행렬 A의 ***행렬식***(determinant)이다. 이 행렬식은
>
> $\det(A) = ad - bc$
>
> 또는
>
> $\begin{vmatrix} a & b \\ c & d \end{vmatrix} = ad - bc$
>
> 로 표시된다.

나중에 이 정리의 일반적인 형태를 공부할 것이기 때문에 증명은 생략한다. 지금은 단지 공식 (2)가 올바른지 $AA^{-1} = A^{-1}A = I$를 보임으로써 확인하면 된다.

참고 **그림 1.4.1**은 2×2 행렬 A의 행렬식은 주대각선상의 원소의 곱에서 주대각선 밖의 원소들의 곱을 뺀 것임을 보여 준다.

그림 1.4.1

역사 노트

정리 1.4.5에 있는 A^{-1}의 공식(더 일반적인 형태)은 1858년 케일리의 *Memoir on the Theory of Matrices*에 처음 등장했다. 케일리가 발견했던 더 일반적인 결과는 나중에 공부할 것이다.

예제 7 | 2×2 행렬의 역행렬 구하기

다음 행렬들이 가역인지를 판별하고, 만약 가역이라면 그 역행렬을 구하라.

(*a*) $A = \begin{bmatrix} 6 & 1 \\ 5 & 2 \end{bmatrix}$ (*b*) $A = \begin{bmatrix} -1 & 2 \\ 3 & -6 \end{bmatrix}$

풀이 (*a*) A의 행렬식은 $\det(A) = (6)(2) - (1)(5) = 7$, 즉 0이 아니다. 그러므로 A는 가역이고 그것의 역행렬은 다음과 같다.

$$A^{-1} = \frac{1}{7}\begin{bmatrix} 2 & -1 \\ -5 & 6 \end{bmatrix} = \begin{bmatrix} \frac{2}{7} & -\frac{1}{7} \\ -\frac{5}{7} & \frac{6}{7} \end{bmatrix}$$

$AA^{-1} = A^{-1}A = I$가 성립함을 확인하라.

풀이 (*b*) $\det(A) = (-1)(-6) - (2)(3) = 0$이므로 이 행렬은 가역이 아니다.

예제 8 | 역행렬로 연립일차방정식의 해 구하기

많은 응용에서 미지수 x, y에 대한 연립방정식의 해를 u, v의 항으로 구하는 문제가 나타난다.

$$\begin{aligned} u &= ax + by \\ v &= cx + dy \end{aligned}$$

해를 구하는 한 방법은 미지수 x, y에 대한 연립일차방정식의 해를 가우스-요르단 소거법을

이용하여 구하는 것이다. 그러나 미지수의 계수가 *숫자*가 아니라 *문자*이기 때문에 이 과정은 다소 현명하지 못하다. 다른 방법은, 두 방정식을 하나의 행렬 방정식으로 놓고

$$\begin{bmatrix} u \\ v \end{bmatrix} = \begin{bmatrix} ax + by \\ cx + dy \end{bmatrix}$$

이를 다시

$$\begin{bmatrix} u \\ v \end{bmatrix} = \begin{bmatrix} a & b \\ c & d \end{bmatrix} \begin{bmatrix} x \\ y \end{bmatrix}$$

로 쓴다. 만약 2×2 행렬이 가역이면(즉, $ad - bc \neq 0$), 역행렬을 왼쪽에 곱하여 다음과 같이 쓸 수 있다.

$$\begin{bmatrix} a & b \\ c & d \end{bmatrix}^{-1} \begin{bmatrix} u \\ v \end{bmatrix} = \begin{bmatrix} a & b \\ c & d \end{bmatrix}^{-1} \begin{bmatrix} a & b \\ c & d \end{bmatrix} \begin{bmatrix} x \\ y \end{bmatrix}$$

간단히 하면,

$$\begin{bmatrix} a & b \\ c & d \end{bmatrix}^{-1} \begin{bmatrix} u \\ v \end{bmatrix} = \begin{bmatrix} x \\ y \end{bmatrix}$$

정리 1.4.5를 이용하여 이 방정식은 다음과 같이 쓸 수 있다.

$$\frac{1}{ad - bc} \begin{bmatrix} d & -b \\ -c & a \end{bmatrix} \begin{bmatrix} u \\ v \end{bmatrix} = \begin{bmatrix} x \\ y \end{bmatrix}$$

이것으로부터 우리는 다음 해를 얻는다.

$$x = \frac{du - bv}{ad - bc}, \quad y = \frac{av - cu}{ad - bc}$$

다음 정리는 행렬곱의 역에 대한 것이다.

정리 1.4.6

만약 행렬 A와 B가 같은 크기의 가역행렬이면 AB는 가역이고 $(AB)^{-1} = B^{-1}A^{-1}$이다.

증명

$$(AB)(B^{-1}A^{-1}) = (B^{-1}A^{-1})(AB) = I$$

임을 보여야 한다. 그런데

$$(AB)(B^{-1}A^{-1}) = A(BB^{-1})A^{-1} = AIA^{-1} = AA^{-1} = I$$

이다. 비슷한 방법으로, $(B^{-1}A^{-1})(AB) = I$이다. ■

증명하지는 않겠지만, 이 결과는 세 개 또는 더 많은 행렬의 곱에도 적용될 수 있다.

어떠한 가역행렬들의 곱도 가역이며 그 곱의 역행렬은 각각의 역행렬을 역순으로 곱하여 얻을 수 있다.

예제 9 | 곱의 역행렬

행렬

$$A = \begin{bmatrix} 1 & 2 \\ 1 & 3 \end{bmatrix} \text{와} \quad B = \begin{bmatrix} 3 & 2 \\ 2 & 2 \end{bmatrix}$$

에 대해서 다음을 얻을 수 있다. 이에 대한 확인은 독자들에게 남긴다.

$$AB = \begin{bmatrix} 7 & 6 \\ 9 & 8 \end{bmatrix}, \quad (AB)^{-1} = \begin{bmatrix} 4 & -3 \\ -\frac{9}{2} & \frac{7}{2} \end{bmatrix}$$

$$A^{-1} = \begin{bmatrix} 3 & -2 \\ -1 & 1 \end{bmatrix}, \quad B^{-1} = \begin{bmatrix} 1 & -1 \\ -1 & \frac{3}{2} \end{bmatrix}, \quad B^{-1}A^{-1} = \begin{bmatrix} 1 & -1 \\ -1 & \frac{3}{2} \end{bmatrix}\begin{bmatrix} 3 & -2 \\ -1 & 1 \end{bmatrix} = \begin{bmatrix} 4 & -3 \\ -\frac{9}{2} & \frac{7}{2} \end{bmatrix}$$

따라서 정리 1.4.6에서 말했듯이 $(AB)^{-1} = B^{-1}A^{-1}$임을 알 수 있다.

행렬의 곱이 특이행렬이면 그중의 하나는 특이행렬이다. 왜 그러한가?

행렬의 거듭제곱

만약 A가 *정방*행렬이면 A의 음이 아닌 정수에 대한 거듭제곱은 다음과 같이 정의한다.

$$A^0 = I, \quad \text{그리고} \quad A^n = AA \cdots A \quad [n\text{개의 곱}]$$

그리고 A가 가역이면 A의 음의 정수에 대한 거듭제곱도 다음과 같이 정의한다.

$$A^{-n} = (A^{-1})^n = A^{-1}A^{-1} \cdots A^{-1} \quad [n\text{개의 곱}]$$

실수와 마찬가지로 정의되므로 음이 아닌 지수에 대한 법칙들도 성립한다. 예를 들면 다음과 같다.

$$A^rA^s = A^{r+s} \quad \text{그리고} \quad (A^r)^s = A^{rs}$$

또한, 음의 지수에 대해서 다음 성질을 얻는다.

정리 1.4.7

행렬 A가 가역이고 n이 음이 아닌 정수라 하자.

(*a*) A^{-1}도 가역이고 $(A^{-1})^{-1} = A$.

(*b*) A^n도 가역이고 $(A^n)^{-1} = A^{-n} = (A^{-1})^n$.

(*c*) 임의의 0이 아닌 스칼라에 대해서 kA도 가역이고 $(kA)^{-1} = k^{-1}A^{-1}$.

(*c*)를 증명하고, (*a*)와 (*b*)는 연습문제로 남긴다.

증명 (c) 정리 1.4.1의 성질 (*m*)과 (*l*)에 의해

$$(kA)(k^{-1}A^{-1}) = k^{-1}(kA)A^{-1} = (k^{-1}k)AA^{-1} = (1)I = I$$

비슷한 방법으로, $(k^{-1}A^{-1})(kA) = I$. 그러므로 kA도 가역이고 $(kA)^{-1} = k^{-1}A^{-1}$. ■

예제 10 | 지수의 성질

A와 A^{-1}는 예제 9의 행렬이라고 하자. 즉,

$$A = \begin{bmatrix} 1 & 2 \\ 1 & 3 \end{bmatrix}, \quad A^{-1} = \begin{bmatrix} 3 & -2 \\ -1 & 1 \end{bmatrix}$$

그러면

$$A^{-3} = (A^{-1})^3 = \begin{bmatrix} 3 & -2 \\ -1 & 1 \end{bmatrix}\begin{bmatrix} 3 & -2 \\ -1 & 1 \end{bmatrix}\begin{bmatrix} 3 & -2 \\ -1 & 1 \end{bmatrix} = \begin{bmatrix} 41 & -30 \\ -15 & 11 \end{bmatrix}$$

또한

$$A^3 = \begin{bmatrix} 1 & 2 \\ 1 & 3 \end{bmatrix}\begin{bmatrix} 1 & 2 \\ 1 & 3 \end{bmatrix}\begin{bmatrix} 1 & 2 \\ 1 & 3 \end{bmatrix} = \begin{bmatrix} 11 & 30 \\ 15 & 41 \end{bmatrix}$$

그래서 정리 1.4.7(b)에서 말했듯이

$$(A^3)^{-1} = \frac{1}{(11)(41) - (30)(15)}\begin{bmatrix} 41 & -30 \\ -15 & 11 \end{bmatrix} = \begin{bmatrix} 41 & -30 \\ -15 & 11 \end{bmatrix} = (A^{-1})^3$$

예제 11 | 행렬 합의 제곱

실수에서 곱셈에 대한 교환법칙은 다음과 같다.

$$(a + b)^2 = a^2 + ab + ba + b^2 = a^2 + ab + ab + b^2 = a^2 + 2ab + b^2$$

그러나 행렬 계산에서는 곱셈에 대해서 교환법칙이 성립하지 않지만 다음과 같이 쓸 수는 있다.

$$(A + B)^2 = A^2 + AB + BA + B^2$$

A와 B가 *교환*일 때($AB = BA$)에만 $(A + B)^2 = A^2 + 2AB + B^2$로 쓸 수 있다.

행렬다항식

만약 A가 $n \times n$ 정방행렬이고, $p(x) = a_0 + a_1x + a_2x^2 + \cdots + a_mx^m$이 임의의 다항식이면 $n \times n$ 행렬 $p(A)$를 다음과 같이 정의한다.

$$p(A) = a_0I + a_1A + a_2A^2 + \cdots + a_mA^m \tag{3}$$

여기서 I는 $n \times n$ 단위행렬이다. 즉, $p(A)$는 행렬 A를 다항식의 x 대신에 대입하고 a_0에는 a_0I를 대입하여 얻을 수 있다. (3)을 ***A에 대한 행렬다항식***(matrix polynomial in A)이라고 한다.

예제 12 | 행렬다항식

$p(x) = x^2 - 2x - 5$와 $A = \begin{bmatrix} -1 & 2 \\ 1 & 3 \end{bmatrix}$에 대한 $p(A)$를 구하라.

풀이

$$
\begin{aligned}
p(A) &= A^2 - 2A - 5I \\
&= \begin{bmatrix} -1 & 2 \\ 1 & 3 \end{bmatrix}^2 - 2\begin{bmatrix} -1 & 2 \\ 1 & 3 \end{bmatrix} - 5\begin{bmatrix} 1 & 0 \\ 0 & 1 \end{bmatrix} \\
&= \begin{bmatrix} 3 & 4 \\ 2 & 11 \end{bmatrix} - \begin{bmatrix} -2 & 4 \\ 2 & 6 \end{bmatrix} - \begin{bmatrix} 5 & 0 \\ 0 & 5 \end{bmatrix} = \begin{bmatrix} 0 & 0 \\ 0 & 0 \end{bmatrix}
\end{aligned}
$$

간단히 말하면, $p(A) = 0$.

참고 정방행렬의 거듭제곱은 교환법칙이 성립한다. 왜냐하면 $A^rA^s = A^{r+s} = A^{s+r} = A^sA^r$이기 때문이다. A의 행렬다항식은 A의 거듭제곱으로부터 만들어지므로 A의 어떠한 두 행렬방정식도 교환이 성립한다. 즉, 임의의 다항식 p_1, p_2에 대해서

$$p_1(A)p_2(A) = p_2(A)p_1(A) \tag{4}$$

전치행렬의 성질

다음 정리는 전치행렬의 주요 성질들을 나열한 것이다.

정리 1.4.8

다음에서 행렬들의 크기는 주어진 연산을 실행할 수 있도록 주어져 있다고 하자.

(a) $(A^T)^T = A$

(b) $(A + B)^T = A^T + B^T$

(c) $(A - B)^T = A^T - B^T$

(d) $(kA)^T = kA^T$

(e) $(AB)^T = B^TA^T$

전치행렬은 그것의 행과 열을 바꾸어서 얻을 수 있기 때문에 (*a*)-(*d*)의 결과는 어려움 없이 알 수 있다. 예를 들어, (*a*)가 말하는 것은 행과 열을 두 번 바꾸면 행렬의 변화가 없다는 것이다. (*b*)는 두 행렬을 더해서 행과 열을 바꾸면 더하기 전에 행과 열을 바꾸어도 같은 결과를 얻는다는 뜻이며, 형식적인 증명은 생략한다. (*e*)는 다소 명확하지 않지만 간략성을 위하여 증명은 생략한다. 이 결과는 세 개 또는 여러 개의 경우로 다음과 같이 확장할 수 있다.

임의의 행렬들의 곱의 전치는 전치행렬들의 곱을 역순으로 쓴 것이다.

다음 정리는 역행렬과 전치행렬의 역행렬과의 관계를 이야기하고 있다.

정리 1.4.9

A가 가역이면 A^T도 가역이고 $(A^T)^{-1} = (A^{-1})^T$이다.

증명

$$A^T(A^{-1})^T = (A^{-1})^T A^T = I$$

를 보이면 역관계와 공식을 동시에 얻을 수 있다. 정리 1.4.8의 (*e*)와 $I^T = I$로부터 다음을 얻는다.

$$A^T(A^{-1})^T = (A^{-1}A)^T = I^T = I$$
$$(A^{-1})^T A^T = (AA^{-1})^T = I^T = I$$

그러므로 증명이 끝난다. ■

예제 13 | 전치행렬의 역행렬

일반적인 2 × 2 가역행렬과 그것의 전치행렬을 생각해 보자.

$$A = \begin{bmatrix} a & b \\ c & d \end{bmatrix}, \quad A^T = \begin{bmatrix} a & c \\ b & d \end{bmatrix}$$

A는 가역이기 때문에 그것의 행렬식 $ad - bc$는 0이 아니다. 그런데 A^T의 행렬식도 $ad - bc$이기 때문에(확인하라), A^T도 가역이다. 정리 1.4.5로부터

$$(A^T)^{-1} = \begin{bmatrix} \dfrac{d}{ad - bc} & -\dfrac{c}{ad - bc} \\ -\dfrac{b}{ad - bc} & \dfrac{a}{ad - bc} \end{bmatrix}$$

이것은 A^{-1}의 전치행렬과 같다(확인하라). 즉, 정리 1.4.9에서 말했듯이 다음과 같다.

$$(A^T)^{-1} = (A^{-1})^T$$

연습문제 1.4

(1-2) 다음 행렬과 스칼라가 정리 1.4.1의 성질을 만족하는지 살펴보라.

$$A = \begin{bmatrix} 3 & -1 \\ 2 & 4 \end{bmatrix}, \quad B = \begin{bmatrix} 0 & 2 \\ 1 & -4 \end{bmatrix},$$

$$C = \begin{bmatrix} 4 & 1 \\ -3 & -2 \end{bmatrix}, \quad a = 4, \quad b = -7$$

1. **a.** 행렬 덧셈에 대한 결합법칙

b. 행렬곱에 대한 결합법칙

c. 왼쪽에 대한 배분법칙

d. $(a + b)C = aC + bC$

2. **a.** $a(BC) = (aB)C = B(aC)$

b. $A(B - C) = AB - AC$

c. $(B + C)A = BA + CA$

d. $a(bC) = (ab)C$

(3-4) *연습문제 1의 행렬들과 스칼라를 이용하여 다음을 확인하라.*

3. **a.** $(A^T)^T = A$ **b.** $(AB)^T = B^TA^T$

4. **a.** $(A + B)^T = A^T + B^T$ **b.** $(aC)^T = aC^T$

(5-8) *정리 1.4.5를 이용하여 다음 행렬의 역행렬을 구하라.*

5. $A = \begin{bmatrix} 2 & -3 \\ 4 & 4 \end{bmatrix}$ **6.** $B = \begin{bmatrix} 3 & 1 \\ 5 & 2 \end{bmatrix}$

7. $C = \begin{bmatrix} 2 & 0 \\ 0 & 3 \end{bmatrix}$ **8.** $D = \begin{bmatrix} 6 & 4 \\ -2 & -1 \end{bmatrix}$

9. 다음 행렬의 역행렬을 구하라.

$$\begin{bmatrix} \frac{1}{2}(e^x + e^{-x}) & \frac{1}{2}(e^x - e^{-x}) \\ \frac{1}{2}(e^x - e^{-x}) & \frac{1}{2}(e^x + e^{-x}) \end{bmatrix}$$

10. 다음 행렬의 역행렬을 구하라.

$$\begin{bmatrix} \cos\theta & \sin\theta \\ -\sin\theta & \cos\theta \end{bmatrix}$$

(11-14) *연습문제 5-8에 있는 행렬을 이용하여 다음 등식이 참임을 검증하라.*

11. $(A^T)^{-1} = (A^{-1})^T$ **12.** $(A^{-1})^{-1} = A$

13. $(ABC)^{-1} = C^{-1}B^{-1}A^{-1}$ **14.** $(ABC)^T = C^TB^TA^T$

(15-18) *주어진 정보로부터 A를 찾아라.*

15. $(7A)^{-1} = \begin{bmatrix} -3 & 7 \\ 1 & -2 \end{bmatrix}$ **16.** $(5A^T)^{-1} = \begin{bmatrix} -3 & -1 \\ 5 & 2 \end{bmatrix}$

17. $(I + 2A)^{-1} = \begin{bmatrix} -1 & 2 \\ 4 & 5 \end{bmatrix}$ **18.** $A^{-1} = \begin{bmatrix} 2 & -1 \\ 3 & 5 \end{bmatrix}$

(19-20) *주어진 A를 이용하여 다음을 계산하라.*

a. A^3 **b.** A^{-3} **c.** $A^2 - 2A + I$

19. $A = \begin{bmatrix} 3 & 1 \\ 2 & 1 \end{bmatrix}$ **20.** $A = \begin{bmatrix} 2 & 0 \\ 4 & 1 \end{bmatrix}$

(21-22) *주어진 행렬 A와 다음 다항식을 이용하여 p(A)를 구하라.*

a. $p(x) = x - 2$

b. $p(x) = 2x^2 - x + 1$

c. $p(x) = x^3 - 2x + 1$

21. $A = \begin{bmatrix} 3 & 1 \\ 2 & 1 \end{bmatrix}$ **22.** $A = \begin{bmatrix} 2 & 0 \\ 4 & 1 \end{bmatrix}$

(23-24) $A = \begin{bmatrix} a & b \\ c & d \end{bmatrix}$, $B = \begin{bmatrix} 0 & 1 \\ 0 & 0 \end{bmatrix}$, $C = \begin{bmatrix} 0 & 0 \\ 1 & 0 \end{bmatrix}$

23. A와 B가 가환인 모든 a, b, c, d 값을 구하라.

24. A와 C가 가환인 모든 a, b, c, d 값을 구하라.

(25-28) *예제 8의 방법을 사용하여 다음 연립일차방정식의 유일해를 구하라.*

25. $\begin{aligned} 3x_1 - 2x_2 &= -1 \\ 4x_1 + 5x_2 &= 3 \end{aligned}$ **26.** $\begin{aligned} -x_1 + 5x_2 &= 4 \\ -x_1 - 3x_2 &= 1 \end{aligned}$

27. $\begin{aligned} 6x_1 + x_2 &= 0 \\ 4x_1 - 3x_2 &= -2 \end{aligned}$ **28.** $\begin{aligned} 2x_1 - 2x_2 &= 4 \\ x_1 + 4x_2 &= 4 \end{aligned}$

다항식 $p(x)$가 더 낮은 차수의 곱으로 $p(x) = p_1(x)p_2(x)$와 같이 인수분해될 때 A가 정방행렬이라면 $p(A) = p_1(A)p_2(A)$임을 증명할 수 있다.

(29-30) *다음과 같이 주어진 행렬 A와 다항식에 대해 위 사실을 검증하라.*

$$p(x) = x^2 - 9, \quad p_1(x) = x + 3, \quad p_2(x) = x - 3$$

29. 연습문제 21에 주어진 A

30. 임의의 정방행렬 A

31. **a.** $(A + B)(A - B) \neq A^2 - B^2$을 만족하는 2×2 행렬 2개를 구하라.

b. $(A + B)(A - B)$를 전개하라.

c. $(A + B)(A - B) = A^2 - B^2$을 만족하는 A와 B의 조건은?

32. 실수에서는 $a^2 = 1$을 만족하는 해는 정확히 두 개가 있다. $A^2 = I_3$을 만족하는 최소 8개의 해를 구하라. [힌트: 주대각선 밖의 원소들이 모두 0인 해들을 찾아라.]

33. **a.** 정방행렬 A가 $A^2 + 2A + I = 0$을 만족하면 A는 가역임을 보여라. 그 역행렬은 무엇인가?

b. 다항식 $p(x)$의 상수항이 0이 아니고 정방행렬 A가 $p(A) = 0$을 만족한다면 A는 가역임을 보여라.

34. A가 가역이 아니면서 A^3이 단위행렬이 될 수 있는가? 설명하라.

35. 0으로만 이루어진 행이나 열을 갖는 행렬은 역행렬을 갖는가? 설명하라.

36. 두 행이 같거나 두 열이 같은 행렬은 역행렬을 갖는가? 설명하라.

(37-38) *행렬 A가 가역인지 판단하라. 만약 가역이면 역행렬을*

구하라. [힌트: $AX = I$에서 양쪽의 대응되는 원소를 같다고 설정하면서 X를 구하라.]

37. $A = \begin{bmatrix} 1 & 0 & 1 \\ 1 & 1 & 0 \\ 0 & 1 & 1 \end{bmatrix}$ **38.** $A = \begin{bmatrix} 1 & 1 & 1 \\ 1 & 0 & 0 \\ 0 & 1 & 1 \end{bmatrix}$

(39-40) 행렬 A, B, C, D가 가역이라고 할 때 다음을 간단히 하라.

39. $(AB)^{-1}(AC^{-1})(D^{-1}C^{-1})^{-1}D^{-1}$

40. $(AC^{-1})^{-1}(AC^{-1})(AC^{-1})^{-1}AD^{-1}$

41. R이 $1 \times n$ 행렬이고 C가 $n \times 1$ 행렬일 때 $RC = \text{tr}(CR)$임을 보여라.

42. 정방행렬 A와 n이 양수일 때 $(A^n)^T = (A^T)^n$인가? 그 이유를 말하라.

43. a. A가 가역이고 $AB = AC$이면 $B = C$임을 보여라.

b. (a)와 예제 3이 서로 모순되지 않는 이유를 설명하라.

44. A가 가역이고 k가 임의의 0이 아닌 스칼라일 때 임의의 정수 n에 대하여 $(kA)^n = k^nA^n$임을 보여라.

45. a. A, B, $A + B$가 같은 크기의 가역행렬들이면 $A(A^{-1} + B^{-1})B(A + B)^{-1} = I$임을 보여라.

b. (a)의 결과는 행렬 $A^{-1} + B^{-1}$에 대해서 무엇을 말하는가?

46. 정방행렬 A가 $A^2 = A$를 만족하면 이를 ***거듭제곱 동일*** (idempotent) 행렬이라 한다.

a. A가 거듭제곱 동일이면 $I - A$도 거듭제곱 동일임을 보여라.

b. A가 거듭제곱 동일이면 $2A - I$는 가역이고 그것의 역행렬은 자기 자신임을 보여라.

47. A가 임의의 양수 k에 대해서 $A^k = 0$을 만족하는 정방행렬이면 행렬 $I - A$는 가역이고 $(I - A)^{-1} = I + A + A^2 + \cdots + A^{k-1}$임을 보여라.

48. 행렬 $A = \begin{bmatrix} a & b \\ c & d \end{bmatrix}$가 방정식 $A^2 - (a + d)A + (ad - bc)I = 0$을 만족하는 것을 보여라.

49. 모든 $n \times n$ 행렬이 가역일 때 행렬 D를 구하라.

$$C^TB^{-1}A^2BAC^{-1}DA^{-2}B^TC^{-2} = C^T$$

50. 모든 $n \times n$ 행렬이 가역일 때 행렬 D를 구하라.

$$ABC^TDBA^TC = AB^T$$

증명 문제

(51-58) 다음 결과들을 증명하라.

51. 정리 1.4.1(a) **52.** 정리 1.4.1(b)

53. 정리 1.4.1(f) **54.** 정리 1.4.1(c)

55. 정리 1.4.2(c) **56.** 정리 1.4.2(b)

57. 정리 1.4.8(d) **58.** 정리 1.4.8(e)

참-거짓 문제

TF. **(a)-(k)**가 참인지 거짓인지를 밝히고 그 이유를 설명하라.

a. $n \times n$ 두 행렬 A와 B가 서로가 서로의 역행렬이 되기 위한 필요충분조건은 $AB = BA = 0$이다.

b. 같은 크기의 정방행렬 A와 B에 대해서 $(A + B)^2 = A^2 + 2AB + B^2$이다.

c. 같은 크기의 정방행렬 A와 B에 대해서 $A^2 - B^2 = (A - B)(A + B)$이다.

d. A와 B가 크기가 같은 가역행렬일 때 AB도 가역이고 $(AB)^{-1} = A^{-1}B^{-1}$이다.

e. AB가 정의되는 행렬 A와 B에 대해서 $(AB)^T = A^TB^T$이다.

f. $A = \begin{bmatrix} a & b \\ c & d \end{bmatrix}$가 가역이기 위한 필요충분조건은 $ad - bc \neq 0$이다.

g. A와 B가 크기가 같고 k가 상수이면 $(kA + B)^T = kA^T + B^T$이다.

h. A가 가역이면 A^T도 가역이다.

i. $p(x) = a_0 + a_1x + a_2x^2 + \cdots + a_mx^m$이고 I가 단위행렬이면 $p(I) = a_0 + a_1 + a_2 + \cdots + a_m$이다.

j. 0으로만 이루어진 행 또는 열이 있는 행렬은 가역일 수가 없다.

k. 크기가 같은 가역행렬들의 합은 가역임에 틀림없다.

계산도구 문제

T1. A가 행렬

$$A = \begin{bmatrix} 0 & \frac{1}{2} & \frac{1}{3} \\ \frac{1}{4} & 0 & \frac{1}{5} \\ \frac{1}{6} & \frac{1}{7} & 0 \end{bmatrix}$$

이라 하자. k가 무한히 증가할 때$(k \to \infty)$ A^k의 결과를 살펴보라.

T2. 계산도구를 활용하여 양의 정수 n에 대해서 A^n의 형태에 대

해 추측해 보라.

a. $A = \begin{bmatrix} a & 1 \\ 0 & a \end{bmatrix}$ **b.** $A = \begin{bmatrix} \cos\theta & \sin\theta \\ -\sin\theta & \cos\theta \end{bmatrix}$

T3. 0, 1, 1, 2, 3, 5, 8, 13, 21, 34, 55, 89, 144, ⋯는 ***피보나치 수열***(Fibonacci sequence)이다. 보통은 F_0, F_1, F_2, F_3, ⋯, F_n, ⋯으로 표시한다. $F_0 = 0$, $F_1 = 1$이고 각 항은 직전 두 항의 합으로 나타낸다. 즉, $F_n = F_{n-1} + F_{n-2}$. 만약 $Q = \begin{bmatrix} F_2 & F_1 \\ F_1 & F_0 \end{bmatrix} = \begin{bmatrix} 1 & 1 \\ 1 & 0 \end{bmatrix}$이면 $Q^n = \begin{bmatrix} F_{n+1} & F_n \\ F_n & F_0 \end{bmatrix}$임을 확인하라.

1.5 기본행렬과 A^{-1} 구하기

이 절에서는 역행렬을 찾는 방법을 소개하고 가역행렬의 기본적인 성질을 살펴본다.

기본행렬

1.1절에서 행렬 A에 대한 세 가지 기본 행연산을 정의하였다.

1. 한 행에 0이 아닌 상수 c 곱하기
2. 두 행을 바꾸기
3. 상수 c를 한 행에 곱한 후 다른 행에 더하기

행렬 A에 위의 기본 행연산을 하여 얻어진 행렬을 B라 하면, 역으로 B에 다시 다음의 연관된 연산을 하여 A를 얻을 수 있다.

1. 같은 행에 $1/c$ 곱하기
2. 같은 두 행을 서로 바꾸기
3. B가 A의 r_1행을 c배 하여 r_2행에 더하여 얻어진 행렬이라면 r_1행을 $-c$배 하여 r_2행에 더하기

A에 기본 행연산들을 연속적으로 하여 얻어진 행렬이 B라면 기본 행연산들을 다시 연속적으로 하여 B로부터 A를 회복할 수 있다. 다시 말하면 다음과 같은 정의를 내릴 수 있다.

정의 1

행렬 A와 B가 서로 기본 행연산을 통하여 얻을 수 있으면 이 두 행렬은 ***행동등***(row equivalent)이라고 한다.

이제 행렬의 곱셈이 어떻게 기본 행연산을 수행하는 데 사용될 수 있는지를 알아보자.

정의 2

단위행렬에 기본 행연산을 한 번만 수행하여 얻은 행렬 E를 ***기본행렬***(elementary matrix)이라고 한다.

예제 1 | 기본행렬과 행연산

아래 행렬들은 네 가지 기본행렬과 그것에 대응되는 행연산을 보여 주고 있다.

$$\begin{bmatrix} 1 & 0 \\ 0 & -3 \end{bmatrix} \qquad \begin{bmatrix} 1 & 0 & 0 & 0 \\ 0 & 0 & 0 & 1 \\ 0 & 0 & 1 & 0 \\ 0 & 1 & 0 & 0 \end{bmatrix} \qquad \begin{bmatrix} 1 & 0 & 3 \\ 0 & 1 & 0 \\ 0 & 0 & 1 \end{bmatrix} \qquad \begin{bmatrix} 1 & 0 & 0 \\ 0 & 1 & 0 \\ 0 & 0 & 1 \end{bmatrix}$$

↑ I_2의 2행에 −3을 곱하기 ↑ I_4의 2행과 4행을 바꾸기 ↑ I_3의 3행에 3배 하여 1행에 더하기 ↑ I_3의 1행에 1을 곱하기

다음 정리는 행렬 A에 기본행렬 E를 *왼쪽*에 곱했을 때 그 결과는 행렬 A에 기본 행연산을 수행한 것과 같음을 보여 주며, 그 증명은 연습문제로 남긴다.

정리 1.5.1은 행렬의 새로운 결과를 개발하는 데 유용한 도구이지만 실제 문제에 있어서는 직접 행에 관한 연산을 수행하는 것이 더 좋다.

정리 1.5.1

행렬의 곱셈에 의한 행연산
기본행렬 E를 단위행렬 I_m에 기본 행연산을 한 번 실행하여 얻은 행렬이라고 하고 A를 $m \times n$ 행렬이라고 하면, EA는 A에 같은 기본 행연산을 한 것과 같다.

예제 2 | 기본행렬 이용하기

행렬 $A = \begin{bmatrix} 1 & 0 & 2 & 3 \\ 2 & -1 & 3 & 6 \\ 1 & 4 & 4 & 0 \end{bmatrix}$와 I_3의 1행에 3을 곱하여 3행에 더하는 기본행렬 $E = \begin{bmatrix} 1 & 0 & 0 \\ 0 & 1 & 0 \\ 3 & 0 & 1 \end{bmatrix}$를 살펴보자. EA는 $EA = \begin{bmatrix} 1 & 0 & 2 & 3 \\ 2 & -1 & 3 & 6 \\ 4 & 4 & 10 & 9 \end{bmatrix}$이며 이는 정확히 행렬 A의 1행에 3을 곱하여 3행에 더하는 것과 같다.

이 절 처음에 언급했듯이, E가 단위행렬 I에 기본 행연산을 수행하여 얻어진 행렬이라면, 또 다른 기본 행연산을 E에 적용하여 다시 단위행렬 I를 얻을 수 있다. **표 1**은 이러한 연산들을 나열한 것이다. 표 오른쪽에 있는 연산들은 왼쪽의 연산들에 대해서 ***역연산***(inverse operation)이라고 한다.

표 1

E를 만드는 I에 대한 기본연산	I로 되돌리는 E에 대한 행연산
행 i에 $c \neq 0$를 곱하기	행 i에 $1/c$을 곱하기
행 i와 행 j 바꾸기	행 i와 행 j 바꾸기
행 i에 c를 곱하여 행 j에 더하기	행 i에 $-c$를 곱하여 행 j에 더하기

예제 3 | 행연산과 역연산

다음은 2 × 2 단위행렬에 기본 행연산을 하여 기본행렬 E를 얻고, E는 다시 역연산을 하여 단위행렬로 바뀌는 과정을 보여 준다.

$$\begin{bmatrix}1 & 0\\0 & 1\end{bmatrix} \longrightarrow \begin{bmatrix}1 & 0\\0 & 7\end{bmatrix} \longrightarrow \begin{bmatrix}1 & 0\\0 & 1\end{bmatrix}$$

2행에 7을 곱한다. 2행에 $\frac{1}{7}$을 곱한다.

$$\begin{bmatrix}1 & 0\\0 & 1\end{bmatrix} \longrightarrow \begin{bmatrix}0 & 1\\1 & 0\end{bmatrix} \longrightarrow \begin{bmatrix}1 & 0\\0 & 1\end{bmatrix}$$

1행과 2행을 바꾼다. 1행과 2행을 바꾼다.

$$\begin{bmatrix}1 & 0\\0 & 1\end{bmatrix} \longrightarrow \begin{bmatrix}1 & 5\\0 & 1\end{bmatrix} \longrightarrow \begin{bmatrix}1 & 0\\0 & 1\end{bmatrix}$$

2행에 5배 하여 1행에 더한다. 2행에 −5배 하여 1행에 더한다.

다음 정리는 기본행렬의 역행렬에 대한 중요한 결과이다. 나중에 나오는 많은 결과들에 대한 기초가 될 것이다.

정리 1.5.2

모든 기본행렬은 가역이고 그 역행렬도 가역이다.

증명 E를 기본행렬이라고 하면 E는 단위행렬 I에 기본 행연산을 하여 얻어진다. E_0를 단위행렬 I에 기본 행연산의 역연산을 하여 얻은 행렬이라고 하자. 정리 1.5.1을 적용하고 역연산들은 서로의 결과를 없앤다는 사실을 이용하여 다음과 같은 결과를 얻는다.

$$E_0E = I \quad \text{또한} \quad EE_0 = I$$

즉, 기본행렬 E_0는 E의 역행렬이다. ■

동등 정리

이 책에서 진행하고 있는 목표 중의 하나는 선형대수에서 다양해 보이는 개념들이 어떻게 연관되어 있는지를 알아보는 것이다. 행렬의 역, 동차 연립일차방정식, 기약 행사다리꼴, 그리고 기본행렬 등에서 얻어진 결과들이 어떻게 연결되었는지에 관한 다음 정리가 그러한 방향의 첫 단계이다. 새로운 주제를 공부해 가면서 새로운 명제들이 이 정리에 첨가될 것이다.

정리 1.5.3

동등한 명제들

A가 $n \times n$ 행렬이면, 다음 명제들은 동등하다, 즉 모두 참이거나 거짓이다.

(*a*) A는 가역이다.

(*b*) $A\mathbf{x} = \mathbf{0}$은 자명해만을 갖는다.

(*c*) A의 기약 행사다리꼴은 I_n이다.

(*d*) A는 기본행렬들의 곱으로 나타낼 수 있다.

정리 1.5.3의 증명의 논리를 다음과 같이 쓰면 좀 더 분명하게 할 수 있다.

$$(a) \Rightarrow (b) \Rightarrow (c) \Rightarrow (d) \Rightarrow (a)$$

이것은 하나의 명제의 참은 나머지 모든 것의 참을, 하나의 명제의 거짓은 나머지 모든 명제의 거짓을 의미함을 시각적으로 분명하게 보여 준다.

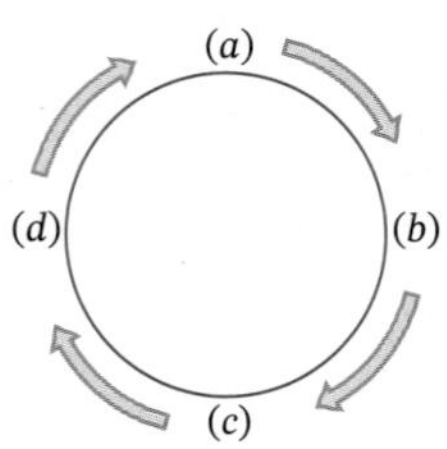

증명 $(a) \Rightarrow (b) \Rightarrow (c) \Rightarrow (d) \Rightarrow (a)$임을 보임으로써 동등함을 증명한다.

(*a*) ⇒ (*b*) A가 가역이고 $\mathbf{x}_0$를 $A\mathbf{x} = \mathbf{0}$의 임의의 해라고 하자. 이 등식에 A^{-1}을 양변에 곱한다.

$$(A^{-1}A)\mathbf{x}_0 = A^{-1}\mathbf{0}$$

이로부터 $\mathbf{x}_0 = \mathbf{0}$. 그러므로 $A\mathbf{x} = \mathbf{0}$는 자명해만을 갖는다.

(*b*) ⇒ (*c*) $A\mathbf{x} = \mathbf{0}$가 다음 연립일차방정식의 행렬 형이라고 하자.

$$\begin{array}{ccccccc} a_{11}x_1 & + & a_{12}x_2 & + \cdots + & a_{1n}x_n & = & 0 \\ a_{21}x_1 & + & a_{22}x_2 & + \cdots + & a_{2n}x_n & = & 0 \\ \vdots & & \vdots & & \vdots & & \vdots \\ a_{n1}x_1 & + & a_{n2}x_2 & + \cdots + & a_{nn}x_n & = & 0 \end{array} \tag{1}$$

이 연립방정식은 자명해만을 갖는다고 하자. 만약 가우스-요르단 소거법을 사용하여 해를 구하면 첨가행렬의 기약 행사다리꼴과 연관된 연립방정식은 다음과 같다.

$$\begin{array}{llll} x_1 & & & = 0 \\ & x_2 & & = 0 \\ & & \ddots & \\ & & & x_n = 0 \end{array} \tag{2}$$

그리고 식 (1)의 첨가행렬

$$\begin{bmatrix} a_{11} & a_{12} & \cdots & a_{1n} & 0 \\ a_{21} & a_{22} & \cdots & a_{2n} & 0 \\ \vdots & \vdots & & \vdots & \vdots \\ a_{n1} & a_{n2} & \cdots & a_{nn} & 0 \end{bmatrix}$$

을 기본 행연산을 거듭하면 식 (2)의 첨가행렬에 대한 기약 행사다리꼴을 다음과 같이 얻는다.

$$\begin{bmatrix} 1 & 0 & 0 & \cdots & 0 & 0 \\ 0 & 1 & 0 & \cdots & 0 & 0 \\ 0 & 0 & 1 & \cdots & 0 & 0 \\ \vdots & \vdots & \vdots & & \vdots & \vdots \\ 0 & 0 & 0 & \cdots & 1 & 0 \end{bmatrix}$$

마지막 열(모두 0으로 이루어진 열)을 지우면 A의 기약 행사다리꼴은 I_n이 됨을 알 수 있다.

(c) ⇒ (d) A의 기약 행사다리꼴이 I_n이라 하자. 즉, A는 기본 행연산을 계속하여 기약 행사다리꼴로 I_n을 얻는다. 정리 1.5.1에 의해서 이러한 연산들은 적절한 기본행렬들을 왼쪽에 곱하여 이루어질 수 있다. 그러므로 다음 식을 만족하는 기본행렬들 $E_1, E_2, \cdots, E_k$를 찾을 수 있다.

$$E_k \cdots E_2 E_1 A = I_n \tag{3}$$

정리 1.5.2에 의해서 $E_1, E_2, \cdots, E_k$는 가역이다. 식 (3)의 양변에 연속적으로 $E_k^{-1}, \cdots, E_2^{-1}, E_1^{-1}$을 곱하여 다음을 얻는다.

$$A = E_1^{-1} E_2^{-1} \cdots E_k^{-1} I_n = E_1^{-1} E_2^{-1} \cdots E_k^{-1} \tag{4}$$

정리 1.5.2에 의해서 A는 기본행렬들의 곱으로 표시된다.

(d) ⇒ (a) A가 기본행렬들의 곱으로 표시된다면 정리 1.4.6과 1.5.2에 의해서 A는 가역행렬들의 곱이고 그러므로 가역이다. ■

역행렬을 구하는 방법

정리 1.5.3의 첫 번째 활용으로, 주어진 행렬이 가역인지 여부를 말해 주고 만약 가역이면 그것의 역행렬은 찾아 주는 방법을 소개하려고 한다. 이 알고리즘을 끌어내기 위해서 일단 A는 $n \times n$ 가역행렬이라고 하자. 방정식 (3)에서 A가 I_n이 될 때까지 일련의 행연산들을 기본행렬들을 이용하여 수행한다. 양변의 오른쪽에 A^{-1}를 곱하면

$$A^{-1} = E_k \cdots E_2 E_1 I_n$$

이 된다. 이것은 *A가 I_n으로 만들기 위해 수행한 행연산들이 똑같이 I_n에서 A^{-1}가 되는 데 사용됨*을 말하고 있다. 그러므로 다음 결과를 얻는다.

> **역행렬 알고리즘** 가역행렬 A의 역을 구하기 위해서는 A가 I_n이 되기까지의 일련의 행연산들을 찾는다. 그 후 똑같은 과정을 I_n에 적용하면 A^{-1}가 된다.

이 과정을 수행하는 간단한 예가 다음 예제이다.

예제 4 | 행연산을 이용한 A^{-1} 구하기

$A = \begin{bmatrix} 1 & 2 & 3 \\ 2 & 5 & 3 \\ 1 & 0 & 8 \end{bmatrix}$의 역행렬을 구하라.

풀이 행렬 A에 행연산을 하여 단위행렬을 얻고 동시에 I에 이를 적용하여 A^{-1}를 얻고자 한다. 이를 위하여 행렬 A의 오른쪽에 단위행렬을 첨가하여 다음과 같은 분할행렬을 만든다.

$$[A \mid I]$$

이 행렬의 왼쪽이 단위행렬이 될 때까지 행연산을 한다. 이러한 연산이 오른쪽을 A^{-1}로 변화시키고, 마지막 행렬 모양은 다음과 같다.

$$[I \mid A^{-1}]$$

계산은 다음과 같다.

$$\left[\begin{array}{ccc|ccc} 1 & 2 & 3 & 1 & 0 & 0 \\ 2 & 5 & 3 & 0 & 1 & 0 \\ 1 & 0 & 8 & 0 & 0 & 1 \end{array}\right]$$

$$\left[\begin{array}{ccc|ccc} 1 & 2 & 3 & 1 & 0 & 0 \\ 0 & 1 & -3 & -2 & 1 & 0 \\ 0 & -2 & 5 & -1 & 0 & 1 \end{array}\right]$$ ← 1행에 −2배 하여 2행에 더하고 1행에 −1배 하여 3행에 더한다.

$$\left[\begin{array}{ccc|ccc} 1 & 2 & 3 & 1 & 0 & 0 \\ 0 & 1 & -3 & -2 & 1 & 0 \\ 0 & 0 & -1 & -5 & 2 & 1 \end{array}\right]$$ ← 2행에 2배 하여 3행에 더한다.

$$\left[\begin{array}{ccc|ccc} 1 & 2 & 3 & 1 & 0 & 0 \\ 0 & 1 & -3 & -2 & 1 & 0 \\ 0 & 0 & 1 & 5 & -2 & -1 \end{array}\right]$$ ← 3행에 −1배 한다.

$$\left[\begin{array}{ccc|ccc} 1 & 2 & 0 & -14 & 6 & 3 \\ 0 & 1 & 0 & 13 & -5 & -3 \\ 0 & 0 & 1 & 5 & -2 & -1 \end{array}\right]$$ ← 3행에 3배 하여 2행에 더하고 3행에 −3배 하여 1행에 더한다.

$$\left[\begin{array}{ccc|ccc} 1 & 0 & 0 & -40 & 16 & 9 \\ 0 & 1 & 0 & 13 & -5 & -3 \\ 0 & 0 & 1 & 5 & -2 & -1 \end{array}\right]$$ ← 2행에 −2배 하여 1행에 더한다.

그러므로 $A^{-1} = \begin{bmatrix} -40 & 16 & 9 \\ 13 & -5 & -3 \\ 5 & -2 & -1 \end{bmatrix}$

종종 $n \times n$ 행렬 A가 가역인지를 미리 알 수 없을 때가 있다. 그러나 만약 가역이 아니라면 정리 1.5.3의 (*a*)와 (*c*)에 의해서 행연산으로는 A를 I_n으로 변화시킬 수 없다. 역

행렬 알고리즘을 수행하는 단계에서 분할행렬의 *왼쪽*이 0으로만 이루어진 행이 나타나면 계산을 멈추고 A가 가역이 아니라고 결론짓는다.

예제 5 | 가역이 아님을 보이기

$A = \begin{bmatrix} 1 & 6 & 4 \\ 2 & 4 & -1 \\ -1 & 2 & 5 \end{bmatrix}$를 살펴보자.

예제 4의 과정을 실행하면,

$$\left[\begin{array}{ccc|ccc} 1 & 6 & 4 & 1 & 0 & 0 \\ 2 & 4 & -1 & 0 & 1 & 0 \\ -1 & 2 & 5 & 0 & 0 & 1 \end{array}\right]$$

$$\left[\begin{array}{ccc|ccc} 1 & 6 & 4 & 1 & 0 & 0 \\ 0 & -8 & -9 & -2 & 1 & 0 \\ 0 & 8 & 9 & 1 & 0 & 1 \end{array}\right]$$ ← 1행에 −2배 하여 2행에 더하고 1행을 3행에 더한다.

$$\left[\begin{array}{ccc|ccc} 1 & 6 & 4 & 1 & 0 & 0 \\ 0 & -8 & -9 & -2 & 1 & 0 \\ 0 & 0 & 0 & -1 & 1 & 1 \end{array}\right]$$ ← 2행을 3행에 더한다.

왼쪽에 0으로만 이루어진 행이 있으므로 A는 가역이 아니다.

예제 6 | 동차 연립일차방정식 분석

정리 1.5.3을 이용하여 다음 주어진 동차 연립일차방정식이 비자명해를 갖는지를 알아보라.

(*a*)
$$\begin{aligned} x_1 + 2x_2 + 3x_3 &= 0 \\ 2x_1 + 5x_2 + 3x_3 &= 0 \\ x_1 \qquad\quad + 8x_3 &= 0 \end{aligned}$$

(*b*)
$$\begin{aligned} x_1 + 6x_2 + 4x_3 &= 0 \\ 2x_1 + 4x_2 - x_3 &= 0 \\ -x_1 + 2x_2 + 5x_3 &= 0 \end{aligned}$$

풀이 정리 1.5.3의 (*a*)와 (*b*)에 의해서 동차 연립일차방정식이 자명해를 갖기 위한 필요충분조건은 계수행렬이 가역인 것이다. 예제 4, 5에서 연립방정식 (*a*)의 계수행렬은 가역이고 (*b*)의 계수행렬은 가역이 아니다. 그러므로 연립방정식 (*a*)는 자명해만을 갖고 연립방정식 (*b*)는 비자명해를 갖는다.

연습문제 1.5

(1-2) 다음 행렬이 기본행렬인지를 말하라.

1. a. $\begin{bmatrix} 1 & 0 \\ -5 & 1 \end{bmatrix}$ **b.** $\begin{bmatrix} -5 & 1 \\ 1 & 0 \end{bmatrix}$ **c.** $\begin{bmatrix} 1 & 1 & 0 \\ 0 & 0 & 1 \\ 0 & 0 & 0 \end{bmatrix}$ **d.** $\begin{bmatrix} 2 & 0 & 0 & 2 \\ 0 & 1 & 0 & 0 \\ 0 & 0 & 1 & 0 \\ 0 & 0 & 0 & 1 \end{bmatrix}$

2. a. $\begin{bmatrix} 1 & 0 \\ 0 & \sqrt{3} \end{bmatrix}$ b. $\begin{bmatrix} 0 & 0 & 1 \\ 0 & 1 & 0 \\ 1 & 0 & 0 \end{bmatrix}$

c. $\begin{bmatrix} 1 & 0 & 0 \\ 0 & 1 & 9 \\ 0 & 0 & 1 \end{bmatrix}$ d. $\begin{bmatrix} -1 & 0 & 0 \\ 0 & 0 & 1 \\ 0 & 1 & 0 \end{bmatrix}$

(3-4) 주어진 기본행렬을 단위행렬로 다시 돌아가게 하는 행연산과 그와 연관된 기본행렬을 찾아라.

3. a. $\begin{bmatrix} 1 & -3 \\ 0 & 1 \end{bmatrix}$ b. $\begin{bmatrix} -7 & 0 & 0 \\ 0 & 1 & 0 \\ 0 & 0 & 1 \end{bmatrix}$

c. $\begin{bmatrix} 1 & 0 & 0 \\ 0 & 1 & 0 \\ -5 & 0 & 1 \end{bmatrix}$ d. $\begin{bmatrix} 0 & 0 & 1 & 0 \\ 0 & 1 & 0 & 0 \\ 1 & 0 & 0 & 0 \\ 0 & 0 & 0 & 1 \end{bmatrix}$

4. a. $\begin{bmatrix} 1 & 0 \\ -3 & 1 \end{bmatrix}$ b. $\begin{bmatrix} 1 & 0 & 0 \\ 0 & 1 & 0 \\ 0 & 0 & 3 \end{bmatrix}$

c. $\begin{bmatrix} 0 & 0 & 0 & 1 \\ 0 & 1 & 0 & 0 \\ 0 & 0 & 1 & 0 \\ 1 & 0 & 0 & 0 \end{bmatrix}$ d. $\begin{bmatrix} 1 & 0 & -\frac{1}{7} & 0 \\ 0 & 1 & 0 & 0 \\ 0 & 0 & 1 & 0 \\ 0 & 0 & 0 & 1 \end{bmatrix}$

(5-6) 주어진 기본행렬 E와 행렬 A에 대해 E와 연관된 행연산을 말하고 곱 EA가 A에 행연산을 적용한 것과 같음을 검증하라.

5. a. $E = \begin{bmatrix} 0 & 1 \\ 1 & 0 \end{bmatrix}, \quad A = \begin{bmatrix} -1 & -2 & 5 & -1 \\ 3 & -6 & -6 & -6 \end{bmatrix}$

b. $E = \begin{bmatrix} 1 & 0 & 0 \\ 0 & 1 & 0 \\ 0 & -3 & 1 \end{bmatrix}, \quad A = \begin{bmatrix} 2 & -1 & 0 & -4 & -4 \\ 1 & -3 & -1 & 5 & 3 \\ 2 & 0 & 1 & 3 & -1 \end{bmatrix}$

c. $E = \begin{bmatrix} 1 & 0 & 4 \\ 0 & 1 & 0 \\ 0 & 0 & 1 \end{bmatrix}, \quad A = \begin{bmatrix} 1 & 4 \\ 2 & 5 \\ 3 & 6 \end{bmatrix}$

6. a. $E = \begin{bmatrix} -6 & 0 \\ 0 & 1 \end{bmatrix}, \quad A = \begin{bmatrix} -1 & -2 & 5 & -1 \\ 3 & -6 & -6 & -6 \end{bmatrix}$

b. $E = \begin{bmatrix} 1 & 0 & 0 \\ -4 & 1 & 0 \\ 0 & 0 & 1 \end{bmatrix}, \quad A = \begin{bmatrix} 2 & -1 & 0 & -4 & -4 \\ 1 & -3 & -1 & 5 & 3 \\ 2 & 0 & 1 & 3 & -1 \end{bmatrix}$

c. $E = \begin{bmatrix} 1 & 0 & 0 \\ 0 & 5 & 0 \\ 0 & 0 & 1 \end{bmatrix}, \quad A = \begin{bmatrix} 1 & 4 \\ 2 & 5 \\ 3 & 6 \end{bmatrix}$

(7-8) 주어진 행렬들을 사용하여 각 방정식을 만족하는 기본행렬 E를 구하라.

$$A = \begin{bmatrix} 3 & 4 & 1 \\ 2 & -7 & -1 \\ 8 & 1 & 5 \end{bmatrix}, \quad B = \begin{bmatrix} 8 & 1 & 5 \\ 2 & -7 & -1 \\ 3 & 4 & 1 \end{bmatrix}$$

$$C = \begin{bmatrix} 3 & 4 & 1 \\ 2 & -7 & -1 \\ 2 & -7 & 3 \end{bmatrix}, \quad D = \begin{bmatrix} 8 & 1 & 5 \\ -6 & 21 & 3 \\ 3 & 4 & 1 \end{bmatrix}$$

$$F = \begin{bmatrix} 8 & 1 & 5 \\ 8 & 1 & 1 \\ 3 & 4 & 1 \end{bmatrix}$$

7. a. $EA = B$ b. $EB = A$

c. $EA = C$ d. $EC = A$

8. a. $EB = D$ b. $ED = B$

c. $EB = F$ d. $EF = B$

(9-10) 먼저 정리 1.4.5를 사용하고 그리고 역행렬 알고리즘을 사용하여 각 행렬의 역행렬을 구하라(만약 역행렬이 존재한다면).

9. a. $A = \begin{bmatrix} 1 & 4 \\ 2 & 7 \end{bmatrix}$ b. $A = \begin{bmatrix} 2 & -4 \\ -4 & 8 \end{bmatrix}$

10. a. $A = \begin{bmatrix} 1 & -5 \\ 3 & -16 \end{bmatrix}$ b. $A = \begin{bmatrix} 6 & 4 \\ -3 & -2 \end{bmatrix}$

(11-12) 역행렬 알고리즘을 사용하여 주어진 행렬의 역행렬을 구하라(만약 역행렬이 존재한다면).

11. a. $A = \begin{bmatrix} 1 & 2 & 3 \\ 2 & 5 & 3 \\ 1 & 0 & 8 \end{bmatrix}$ b. $A = \begin{bmatrix} -1 & 3 & -4 \\ 2 & 4 & 1 \\ -4 & 2 & -9 \end{bmatrix}$

12. a. $A = \begin{bmatrix} \frac{1}{5} & \frac{1}{5} & -\frac{2}{5} \\ \frac{1}{5} & \frac{1}{5} & \frac{1}{10} \\ \frac{1}{5} & -\frac{4}{5} & \frac{1}{10} \end{bmatrix}$ b. $A = \begin{bmatrix} \frac{1}{5} & \frac{1}{5} & -\frac{2}{5} \\ \frac{2}{5} & -\frac{3}{5} & -\frac{3}{10} \\ \frac{1}{5} & -\frac{4}{5} & \frac{1}{10} \end{bmatrix}$

(13-18) 역행렬 알고리즘을 사용하여 주어진 행렬의 역행렬을 구하라(만약 역행렬이 존재한다면).

13. $\begin{bmatrix} 1 & 0 & 1 \\ 0 & 1 & 1 \\ 1 & 1 & 0 \end{bmatrix}$ 14. $\begin{bmatrix} \sqrt{2} & 3\sqrt{2} & 0 \\ -4\sqrt{2} & \sqrt{2} & 0 \\ 0 & 0 & 1 \end{bmatrix}$

15. $\begin{bmatrix} 2 & 6 & 6 \\ 2 & 7 & 6 \\ 2 & 7 & 7 \end{bmatrix}$ 16. $\begin{bmatrix} 1 & 0 & 0 & 0 \\ 1 & 3 & 0 & 0 \\ 1 & 3 & 5 & 0 \\ 1 & 3 & 5 & 7 \end{bmatrix}$

17. $\begin{bmatrix} 2 & -4 & 0 & 0 \\ 1 & 2 & 12 & 0 \\ 0 & 0 & 2 & 0 \\ 0 & -1 & -4 & -5 \end{bmatrix}$ **18.** $\begin{bmatrix} 0 & 0 & 2 & 0 \\ 1 & 0 & 0 & 1 \\ 0 & -1 & 3 & 0 \\ 2 & 1 & 5 & -3 \end{bmatrix}$

(19-20) k_1, k_2, k_3, k_4는 모두 0이 아닐 때 다음 4×4 행렬의 역행렬을 구하라.

19. a. $\begin{bmatrix} k_1 & 0 & 0 & 0 \\ 0 & k_2 & 0 & 0 \\ 0 & 0 & k_3 & 0 \\ 0 & 0 & 0 & k_4 \end{bmatrix}$ **b.** $\begin{bmatrix} k & 1 & 0 & 0 \\ 0 & 1 & 0 & 0 \\ 0 & 0 & k & 1 \\ 0 & 0 & 0 & 1 \end{bmatrix}$

20. a. $\begin{bmatrix} 0 & 0 & 0 & k_1 \\ 0 & 0 & k_2 & 0 \\ 0 & k_3 & 0 & 0 \\ k_4 & 0 & 0 & 0 \end{bmatrix}$ **b.** $\begin{bmatrix} k & 0 & 0 & 0 \\ 1 & k & 0 & 0 \\ 0 & 1 & k & 0 \\ 0 & 0 & 1 & k \end{bmatrix}$

(21-22) 다음 행렬이 가역이 되는 모든 c를 구하라.

21. $\begin{bmatrix} c & c & c \\ 1 & c & c \\ 1 & 1 & c \end{bmatrix}$ **22.** $\begin{bmatrix} c & 1 & 0 \\ 1 & c & 1 \\ 0 & 1 & c \end{bmatrix}$

(23-26) 다음 행렬과 그 행렬의 역행렬을 기본행렬들의 곱으로 표현하라.

23. $\begin{bmatrix} -3 & 1 \\ 2 & 2 \end{bmatrix}$ **24.** $\begin{bmatrix} 1 & 0 \\ -5 & 2 \end{bmatrix}$

25. $\begin{bmatrix} 1 & 0 & -2 \\ 0 & 4 & 3 \\ 0 & 0 & 1 \end{bmatrix}$ **26.** $\begin{bmatrix} 1 & 1 & 0 \\ 1 & 1 & 1 \\ 0 & 1 & 1 \end{bmatrix}$

(27-28) A로부터 B를 얻기 위해 수행한 기본 행연산들을 찾아서 주어진 행렬 A와 B가 행동등임을 보여라. 또 그 결과를 이용하여 $CA = B$가 되는 행렬 C를 구하라.

27. $A = \begin{bmatrix} 1 & 2 & 3 \\ 1 & 4 & 1 \\ 2 & 1 & 9 \end{bmatrix}, \quad B = \begin{bmatrix} 1 & 0 & 5 \\ 0 & 2 & -2 \\ 1 & 1 & 4 \end{bmatrix}$

28. $A = \begin{bmatrix} 2 & 1 & 0 \\ -1 & 1 & 0 \\ 3 & 0 & -1 \end{bmatrix}, \quad B = \begin{bmatrix} 6 & 9 & 4 \\ -5 & -1 & 0 \\ -1 & -2 & -1 \end{bmatrix}$

29. 행렬 $A = \begin{bmatrix} 1 & 0 & 0 \\ 0 & 1 & 0 \\ a & b & c \end{bmatrix}$가 기본행렬이면 3행에 있는 원소들 중에 최소한 한 개는 0임을 보여라.

30. 행렬 $A = \begin{bmatrix} 0 & a & 0 & 0 & 0 \\ b & 0 & c & 0 & 0 \\ 0 & d & 0 & e & 0 \\ 0 & 0 & f & 0 & g \\ 0 & 0 & 0 & h & 0 \end{bmatrix}$은 어떠한 원소의 값에 대해서도 가역이 아님을 보여라.

증명 문제

31. 행렬 A와 B가 $m \times n$ 행렬일 때 A와 B가 행동등일 필요충분조건은 A와 B가 같은 기약 행사다리꼴을 갖는 것이다.

32. A가 가역이고 B는 A와 행동등이면 B도 가역이다.

33. B가 A에 기본 행연산을 수행하여 얻어진 행렬이라면 B에 적용하여 A로 되돌아가는 기본 행연산들이 있음을 보여라.

참-거짓 문제

TF. **(a)-(g)**가 참인지 거짓인지를 밝히고 그 이유를 설명하라.

a. 같은 크기의 두 기본행렬의 곱은 기본행렬이다.

b. 모든 기본행렬은 가역이다.

c. A와 B가 행동등이고 B와 C가 행동등이면 A와 C도 행동등이다.

d. 가역이 아닌 $n \times n$ 행렬 A에 대해서 연립일차방정식 $A\mathbf{x} = \mathbf{0}$은 무수히 많은 해를 갖는다.

e. $n \times n$ 행렬 A가 가역이 아니면 A의 두 행을 바꾸어서 만들어진 행렬도 가역이 아니다.

f. A가 가역이고 A의 1행의 곱을 2행에 더하면 그 행렬도 가역이다.

g. 가역행렬 A를 기본행렬의 곱으로 표현한 것은 유일하다.

계산도구 문제

T1. 분할행렬 $\begin{bmatrix} A & B \\ C & D \end{bmatrix}$가 가역이면 그 역행렬은

$$\begin{bmatrix} A^{-1} + A^{-1}B(D - CA^{-1}B)^{-1}CA^{-1} & -A^{-1}B(D - CA^{-1}B)^{-1} \\ -(D - CA^{-1}B)^{-1}CA^{-1} & (D - CA^{-1}B)^{-1} \end{bmatrix}$$

이다. 단, 공식의 모든 역행렬이 존재한다고 가정한다. 이 결과를 이용하여 다음 행렬의 역행렬을 구하라.

$$\begin{bmatrix} 1 & 2 & 1 & 0 \\ 0 & -1 & 0 & 1 \\ 0 & 0 & 2 & 0 \\ 0 & 0 & 3 & 3 \end{bmatrix}$$

1.6 연립일차방정식과 역행렬에 관한 여러 가지 결과

이 절에서는 역행렬이 연립일차방정식을 푸는 데 어떻게 사용되는지를 알아보고 역행렬에 관한 더 많은 결과들을 살펴본다.

연립일차방정식의 해의 개수

1.1절에서 모든 연립일차방정식은 해가 없거나 정확히 하나의 해를 갖거나 무수히 많은 해를 갖는다는 것을 (그림 1.1.1과 1.1.2를 통해서) 보았다. 여기서는 이 결과를 증명하려고 한다.

정리 1.6.1

연립일차방정식은 해가 없거나 하나의 해를 갖거나 무수히 많은 해를 갖는다. 다른 가능성은 없다.

증명 만약 $A\mathbf{x} = \mathbf{b}$가 연립일차방정식이면 정확히 다음 중의 하나가 참이다—(a) 해가 없다, (b) 정확히 하나의 해를 갖는다, (c) 하나 이상의 해를 갖는다. 그러므로 (c) 무수히 많은 해를 갖는다는 것을 보이면 증명이 완성된다.

$A\mathbf{x} = \mathbf{b}$가 하나 이상의 해를 갖는다고 하자. $\mathbf{x}_1$, $\mathbf{x}_2$는 서로 다른 해이고 $\mathbf{x}_0 = \mathbf{x}_1 - \mathbf{x}_2$라고 하자. $\mathbf{x}_1$, $\mathbf{x}_2$는 서로 다르므로 $\mathbf{x}_0$은 0이 아니다.

$$A\mathbf{x}_0 = A(\mathbf{x}_1 - \mathbf{x}_2) = A\mathbf{x}_1 - A\mathbf{x}_2 = \mathbf{b} - \mathbf{b} = \mathbf{0}$$

k를 임의의 스칼라라고 하면

$$\begin{aligned} A(\mathbf{x}_1 + k\mathbf{x}_0) &= A\mathbf{x}_1 + A(k\mathbf{x}_0) = A\mathbf{x}_1 + k(A\mathbf{x}_0) \\ &= \mathbf{b} + k\mathbf{0} = \mathbf{b} + \mathbf{0} = \mathbf{b} \end{aligned}$$

이것은 $\mathbf{x}_1 + k\mathbf{x}_0$이 $A\mathbf{x} = \mathbf{b}$의 해임을 말한다. $\mathbf{x}_0$은 0이 아니고 k는 무수히 많은 선택을 할 수 있으므로 $A\mathbf{x} = \mathbf{b}$는 무수히 많은 해를 갖는다. ■

행렬의 역을 이용하여 연립일차방정식 풀기

지금까지 연립방정식을 풀기 위해서 두 가지 방법—가우스-요르단 소거법과 가우스 소거법—을 공부하였다. 다음 정리는 미지수가 n개이고 방정식이 n개인 연립방정식의 계수행렬이 가역일 때 그것의 해를 구하는 구체적인 *공식*을 알려 주는 정리이다.

정리 1.6.2

A가 $n \times n$이고 가역인 행렬이면 모든 $n \times 1$ 행렬 $\mathbf{b}$에 대해서 연립일차방정식 $A\mathbf{x} = \mathbf{b}$는 유일 해 $\mathbf{x} = A^{-1}\mathbf{b}$를 갖는다.

증명 $A(A^{-1}\mathbf{b}) = \mathbf{b}$이므로 $\mathbf{x} = A^{-1}\mathbf{b}$는 $A\mathbf{x} = \mathbf{b}$의 해이다. 이것이 유일 해임을 보이기 위하여 임의의 해를 $\mathbf{x}_0$라 하자. 이 $\mathbf{x}_0$도 $A^{-1}\mathbf{b}$임을 보여야 한다.

$\mathbf{x}_0$가 $A\mathbf{x} = \mathbf{b}$의 해라면 $A\mathbf{x}_0 = \mathbf{b}$이다. 양변에 A^{-1}을 곱하면 $\mathbf{x}_0 = A^{-1}\mathbf{b}$를 얻는다. ■

예제 1 | A^{-1}을 이용하여 연립일차방정식 풀기

다음 연립일차방정식을 살펴보자.

$$\begin{aligned} x_1 + 2x_2 + 3x_3 &= 5 \\ 2x_1 + 5x_2 + 3x_3 &= 3 \\ x_1 \qquad\quad + 8x_3 &= 17 \end{aligned}$$

이것의 행렬 형태는 $A\mathbf{x} = \mathbf{b}$로 쓸 수 있다.

$$A = \begin{bmatrix} 1 & 2 & 3 \\ 2 & 5 & 3 \\ 1 & 0 & 8 \end{bmatrix}, \quad \mathbf{x} = \begin{bmatrix} x_1 \\ x_2 \\ x_3 \end{bmatrix}, \quad \mathbf{b} = \begin{bmatrix} 5 \\ 3 \\ 17 \end{bmatrix}$$

앞 절의 예제 4에서 A는 가역이고 다음을 알았다.

$$A^{-1} = \begin{bmatrix} -40 & 16 & 9 \\ 13 & -5 & -3 \\ 5 & -2 & -1 \end{bmatrix}$$

정리 1.6.2에 의하면 이 연립방정식의 해는

$$\mathbf{x} = A^{-1}\mathbf{b} = \begin{bmatrix} -40 & 16 & 9 \\ 13 & -5 & -3 \\ 5 & -2 & -1 \end{bmatrix}\begin{bmatrix} 5 \\ 3 \\ 17 \end{bmatrix} = \begin{bmatrix} 1 \\ -1 \\ 2 \end{bmatrix}$$

또는 $x_1 = 1, x_2 = -1, x_3 = 2$이다.

예제 1의 방법은 미지수의 개수만큼 방정식이 있고 그 계수행렬이 가역일 때만 적용된다는 것을 잊어서는 안 된다.

계수행렬을 공통으로 갖는 연립일차방정식들

종종 다음과 같은 일련의 연립일차방정식들을 만나게 된다.

$$A\mathbf{x} = \mathbf{b}_1, \quad A\mathbf{x} = \mathbf{b}_2, \quad A\mathbf{x} = \mathbf{b}_3, \ldots, \quad A\mathbf{x} = \mathbf{b}_k$$

각각은 같은 정방 계수 행렬 A를 갖는다. 만약 A가 가역이면 해들은

$$\mathbf{x}_1 = A^{-1}\mathbf{b}_1, \quad \mathbf{x}_2 = A^{-1}\mathbf{b}_2, \quad \mathbf{x}_3 = A^{-1}\mathbf{b}_3, \ldots, \quad \mathbf{x}_k = A^{-1}\mathbf{b}_k$$

이 되어 한 번의 역행렬 구하기와 k번의 행렬 곱셈으로 얻을 수 있다. 이것을 효율적으로 하기 위해서 다음과 같은 분할행렬을 만든다.

$$[A \mid \mathbf{b}_1 \mid \mathbf{b}_2 \mid \cdots \mid \mathbf{b}_k] \tag{1}$$

즉, 계수행렬 A에 k개의 행렬들 $\mathbf{b}_1, \mathbf{b}_2, \cdots, \mathbf{b}_k$을 첨가한다. 그리고 (1)을 가우스-요르단 소거법을 이용하여 기약 행사다리꼴이 되도록 한다. 이것이 k개의 연립방정식을 한 번에 푸는 방법이다. 이 방법은 A가 가역이 아닐 때 사용할 수 있다는 이점이 있다.

예제 2 | 두 연립일차방정식을 한꺼번에 풀기

다음 연립일차방정식을 풀어라.

(a) $\begin{aligned} x_1 + 2x_2 + 3x_3 &= 4 \\ 2x_1 + 5x_2 + 3x_3 &= 5 \\ x_1 \qquad\quad + 8x_3 &= 9 \end{aligned}$ (b) $\begin{aligned} x_1 + 2x_2 + 3x_3 &= 1 \\ 2x_1 + 5x_2 + 3x_3 &= 6 \\ x_1 \qquad\quad + 8x_3 &= -6 \end{aligned}$

풀이 두 연립일차방정식은 같은 계수행렬을 갖는다. 이 계수행렬의 오른쪽에 연립방정식들의 상수 열들을 첨가하면 다음을 얻는다.

$$\left[\begin{array}{ccc|c|c} 1 & 2 & 3 & 4 & 1 \\ 2 & 5 & 3 & 5 & 6 \\ 1 & 0 & 8 & 9 & -6 \end{array}\right]$$

이것의 기약 행사다리꼴을 구하면 다음을 얻는다(확인하라).

$$\left[\begin{array}{ccc|c|c} 1 & 0 & 0 & 1 & 2 \\ 0 & 1 & 0 & 0 & 1 \\ 0 & 0 & 1 & 1 & -1 \end{array}\right]$$

마지막 두 열들로부터 연립방정식의 해 (a) $x_1 = 1, x_2 = 0, x_3 = 1$, (b) $x_1 = 2, x_2 = 1, x_3 = -1$을 얻는다.

역행렬의 성질

지금까지 $n \times n$ 행렬 A가 가역임을 보이기 위해서는

$$AB = I, \quad BA = I$$

를 만족하는 $n \times n$ 행렬 B를 찾는 것이 필수적이었다. 다음 정리는 둘 중 하나의 조건을 만족하는 행렬 $n \times n$ 행렬 B를 찾으면 나머지는 자동적으로 성립한다는 것을 보여 준다.

정리 1.6.3

A를 정방행렬이라고 하자.

(a) 만약 정방행렬 B가 $BA = I$를 만족하면 $B = A^{-1}$이다.

(b) 만약 정방행렬 B가 $AB = I$를 만족하면 $B = A^{-1}$이다.

(a)를 증명하고, (b)는 연습문제로 남긴다.

증명 (a) $BA = I$라 하자. A는 가역이라는 것을 보인다면 $BA = I$의 양쪽에 A^{-1}를 곱하여 다음을 얻음으로써 완성할 수 있다.

$$BAA^{-1} = IA^{-1} \quad \rightarrow \quad BI = IA^{-1} \quad \rightarrow \quad B = A^{-1}$$

A는 가역이라는 것을 보이기 위해서 연립방정식 $A\mathbf{x} = \mathbf{0}$이 자명해밖에 없다는 것을 보이면 충분하다(정리 1.5.3 참조). $\mathbf{x}_0$를 이 연립방정식의 임의의 해라고 하자. $A\mathbf{x}_0 = \mathbf{0}$의 양

변에 B를 곱하면 $BA\mathbf{x}_0 = B\mathbf{0}$ 또는 $I\mathbf{x}_0 = \mathbf{0}$ 또는 $\mathbf{x}_0 = \mathbf{0}$을 얻는다. 그러므로 연립일차방정식 $A\mathbf{x} = \mathbf{0}$은 자명해밖에 없다. ■

동등 정리

정리 1.5.3에 있는 네 개의 명제에 두 개를 더 첨가할 수 있다.

정리 1.6.4

동등한 명제들

A가 $n \times n$ 행렬이면, 다음 명제들은 동등하다. 즉 모두 참이거나 거짓이다.

(*a*) A는 가역이다.

(*b*) $A\mathbf{x} = \mathbf{0}$은 자명해만을 갖는다.

(*c*) A의 기약 행사다리꼴은 I_n이다.

(*d*) A는 기본행렬들의 곱으로 나타낼 수 있다.

(*e*) $A\mathbf{x} = \mathbf{b}$는 모든 $n \times 1$ 행렬 $\mathbf{b}$에 대해서 일치한다.

(*f*) $A\mathbf{x} = \mathbf{b}$는 모든 $n \times 1$ 행렬 $\mathbf{b}$에 대해서 유일 해를 갖는다.

증명 정리 1.5.3에서 (*a*), (*b*), (*c*), (*d*)는 동등함을 증명하였으므로 (*a*) ⇒ (*f*) ⇒ (*e*) ⇒ (*a*)임을 증명하면 충분하다.

(*a*) ⇒ (*f*) 이것은 이미 정리 1.6.2에서 증명하였다.

(*f*) ⇒ (*e*) 이것은 거의 자명하다. 왜냐하면, $A\mathbf{x} = \mathbf{b}$가 모든 $n \times 1$ 행렬 $\mathbf{b}$에 대해서 유일 해를 갖는다면 $A\mathbf{x} = \mathbf{b}$는 모든 $n \times 1$ 행렬 $\mathbf{b}$에 대해서 일치하기 때문이다.

(*e*) ⇒ (*a*) 만약 모든 $n \times 1$ 행렬 $\mathbf{b}$에 대해서 $A\mathbf{x} = \mathbf{b}$가 일치한다면 특별히 다음에 대해서도 일치한다.

$$A\mathbf{x} = \begin{bmatrix} 1 \\ 0 \\ 0 \\ \vdots \\ 0 \end{bmatrix}, \quad A\mathbf{x} = \begin{bmatrix} 0 \\ 1 \\ 0 \\ \vdots \\ 0 \end{bmatrix}, \ldots, \quad A\mathbf{x} = \begin{bmatrix} 0 \\ 0 \\ 0 \\ \vdots \\ 1 \end{bmatrix}$$

$\mathbf{x}_1, \mathbf{x}_2, \cdots, \mathbf{x}_n$을 각각의 대응되는 연립방정식의 해라고 하고 이들을 열로 구성하는 $n \times n$ 행렬 C는 다음 형태가 된다.

$$C = [\mathbf{x}_1 \mid \mathbf{x}_2 \mid \cdots \mid \mathbf{x}_n]$$

1.3절에서 보았듯이 곱 AC의 열들은 다음과 같다.

$$A\mathbf{x}_1, A\mathbf{x}_2, \ldots, A\mathbf{x}_n$$

[1.3절의 공식 (8)을 보라.] 그러므로

(*e*)와 (*f*)가 동등하다는 것으로부터 모든 $n \times 1$ 행렬 $\mathbf{b}$에 대해서 $A\mathbf{x} = \mathbf{b}$가 *최소한 한 개*의 해를 갖는다면 모든 $n \times 1$ 행렬 $\mathbf{b}$에 대해서 $A\mathbf{x} = \mathbf{b}$가 *정확히 한 개*의 해를 갖는다는 것을 알 수 있다.

$$AC = [A\mathbf{x}_1 \mid A\mathbf{x}_2 \mid \cdots \mid A\mathbf{x}_n] = \begin{bmatrix} 1 & 0 & \cdots & 0 \\ 0 & 1 & \cdots & 0 \\ 0 & 0 & \cdots & 0 \\ \vdots & \vdots & & \vdots \\ 0 & 0 & \cdots & 1 \end{bmatrix} = I$$

정리 1.6.3의 (*b*)에 의해서 $C = A^{-1}$이다. 즉, A는 가역이다. ■

앞에서 가역행렬들의 곱은 가역이 된다는 것을 알았다. 반대로 다음 정리는 정방행렬의 곱이 가역이라면 그 곱의 인수들도 가역이어야 한다는 것을 보여 준다.

정리 1.6.5

A와 B를 같은 크기의 정방행렬이라고 하자. 만약 AB가 가역이면 A와 B도 가역이다.

증명 동차 연립일차방정식 $B\mathbf{x} = \mathbf{0}$이 자명해만을 갖는다는 것을 보임으로써 B가 가역이라는 것을 증명하려 한다. 만약 $\mathbf{x}_0$가 이 방정식의 해이면

$$(AB)\mathbf{x}_0 = A(B\mathbf{x}_0) = A\mathbf{0} = \mathbf{0}$$

따라서 정리 1.6.4의 (*a*)와 (*b*)를 AB에 적용하면 $\mathbf{x}_0 = \mathbf{0}$이다. 즉 $B\mathbf{x} = \mathbf{0}$도 자명해만을 갖고 그러므로 B는 가역이다. 이제 A를 다음과 같이 두 가역행렬의 곱으로 나타내어 A도 가역임을 보일 수 있다.

$$A = A(BB^{-1}) = (AB)B^{-1} \quad ■$$

이 과목에서 아래의 근본적인 문제는 종종 다양한 의미로 등장한다.

근본적인 문제 A가 주어진 $m \times n$ 행렬이면 $A\mathbf{x} = \mathbf{b}$가 일치하는 모든 $m \times 1$ 행렬 $\mathbf{b}$를 찾아라.

A가 가역이면 정리 1.6.2에서 모든 $m \times 1$ 행렬 $\mathbf{b}$에 대해 연립일차방정식 $A\mathbf{x} = \mathbf{b}$는 유일 해 $\mathbf{x} = A^{-1}\mathbf{b}$를 갖는다고 했다. A가 정방행렬이 아니거나 A가 가역이 아닌 정방행렬이면 정리 1.6.2는 적용할 수가 없다. 이러한 경우 행렬 $\mathbf{b}$는 보통 $A\mathbf{x} = \mathbf{b}$가 일치하기 위한 특별한 조건을 만족하여야만 한다. 다음 예제는 1.2절의 방법이 어떻게 그러한 조건을 결정할 수 있는지를 보여 준다.

예제 3 | 소거법에 의한 일치성 결정하기

다음 연립방정식이 일치하기 위해서는 b_1, b_2, b_3가 어떤 조건을 만족하여야 하는가?

$$\begin{aligned} x_1 + x_2 + 2x_3 &= b_1 \\ x_1 \qquad + x_3 &= b_2 \\ 2x_1 + x_2 + 3x_3 &= b_3 \end{aligned}$$

풀이 첨가행렬은 다음과 같다.

$$\begin{bmatrix} 1 & 1 & 2 & b_1 \\ 1 & 0 & 1 & b_2 \\ 2 & 1 & 3 & b_3 \end{bmatrix}$$

이것의 기약 행사다리꼴은 다음과 같다.

$$\begin{bmatrix} 1 & 1 & 2 & b_1 \\ 0 & -1 & -1 & b_2 - b_1 \\ 0 & -1 & -1 & b_3 - 2b_1 \end{bmatrix}$$ ← 1행에 −1배 하여 2행에 더하고 1행에 −2배 하여 3행에 더한다.

$$\begin{bmatrix} 1 & 1 & 2 & b_1 \\ 0 & 1 & 1 & b_1 - b_2 \\ 0 & -1 & -1 & b_3 - 2b_1 \end{bmatrix}$$ ← 2행에 −1배 한다.

$$\begin{bmatrix} 1 & 1 & 2 & b_1 \\ 0 & 1 & 1 & b_1 - b_2 \\ 0 & 0 & 0 & b_3 - b_2 - b_1 \end{bmatrix}$$ ← 2행을 3행에 더한다.

이 행렬의 3행으로부터 이 연립방정식이 해를 갖기 위한 필요충분조건은

$$b_3 - b_2 - b_1 = 0 \quad \text{또는} \quad b_3 = b_2 + b_1$$

이라는 것을 알 수 있다. 다른 방식으로 이 조건을 나타내면 $A\mathbf{x} = \mathbf{b}$가 일치하기 위한 필요충분조건은 행렬 $\mathbf{b}$가 다음과 같은 것이다.

$$\mathbf{b} = \begin{bmatrix} b_1 \\ b_2 \\ b_1 + b_2 \end{bmatrix}$$

이때 b_1, b_2는 임의의 수이다.

예제 4 | 소거법에 의한 일치성 판정

다음 연립방정식이 일치하기 위해서는 b_1, b_2, b_3가 어떤 조건을 만족하여야 하는가?

$$\begin{aligned} x_1 + 2x_2 + 3x_3 &= b_1 \\ 2x_1 + 5x_2 + 3x_3 &= b_2 \\ x_1 \qquad + 8x_3 &= b_3 \end{aligned}$$

풀이 첨가행렬은 다음과 같다.

$$\begin{bmatrix} 1 & 2 & 3 & b_1 \\ 2 & 5 & 3 & b_2 \\ 1 & 0 & 8 & b_3 \end{bmatrix}$$

이를 기약 행사다리꼴로 바꾸면 다음과 같다(확인하라).

예제 4의 결과는 우리에게 이 연립방정식의 계수 행렬에 관하여 무엇을 말하고 있는가?

$$\begin{bmatrix} 1 & 0 & 0 & -40b_1 + 16b_2 + 9b_3 \\ 0 & 1 & 0 & 13b_1 - 5b_2 - 3b_3 \\ 0 & 0 & 1 & 5b_1 - 2b_2 - b_3 \end{bmatrix} \quad (2)$$

이 경우는 b_1, b_2, b_3에 대해서 어떠한 제한 조건이 없고 모든 값 b_1, b_2, b_3에 대해서 다음의 유일 해를 갖는다.

$$x_1 = -40b_1 + 16b_2 + 9b_3, \quad x_2 = 13b_1 - 5b_2 - 3b_3, \quad x_3 = 5b_1 - 2b_2 - b_3 \quad (3)$$

연습문제 1.6

(1-8) 계수행렬과 정리 1.6.2를 사용하여 연립방정식을 풀어라.

1. $\begin{aligned} x_1 + x_2 &= 2 \\ 5x_1 + 6x_2 &= 9 \end{aligned}$

2. $\begin{aligned} 4x_1 - 3x_2 &= -3 \\ 2x_1 - 5x_2 &= 9 \end{aligned}$

3. $\begin{aligned} x_1 + 3x_2 + x_3 &= 4 \\ 2x_1 + 2x_2 + x_3 &= -1 \\ 2x_1 + 3x_2 + x_3 &= 3 \end{aligned}$

4. $\begin{aligned} 5x_1 + 3x_2 + 2x_3 &= 4 \\ 3x_1 + 3x_2 + 2x_3 &= 2 \\ x_2 + x_3 &= 5 \end{aligned}$

5. $\begin{aligned} x + y + z &= 5 \\ x + y - 4z &= 10 \\ -4x + y + z &= 0 \end{aligned}$

6. $\begin{aligned} - x - 2y - 3z &= 0 \\ w + x + 4y + 4z &= 7 \\ w + 3x + 7y + 9z &= 4 \\ -w - 2x - 4y - 6z &= 6 \end{aligned}$

7. $\begin{aligned} 3x_1 + 5x_2 &= b_1 \\ x_1 + 2x_2 &= b_2 \end{aligned}$

8. $\begin{aligned} x_1 + 2x_2 + 3x_3 &= b_1 \\ 2x_1 + 5x_2 + 5x_3 &= b_2 \\ 3x_1 + 5x_2 + 8x_3 &= b_3 \end{aligned}$

(9-12) 다음 연립일차방정식을 풀어라. 주어진 b값들을 이용하여 첨가행렬을 만들어 기약 행사다리꼴이 되도록 하여 해를 구하라.

9. $\begin{aligned} x_1 - 5x_2 &= b_1 \\ 3x_1 + 2x_2 &= b_2 \end{aligned}$

   i. $b_1 = 1, \quad b_2 = 4,$ ii. $b_1 = -2, \quad b_2 = 5$

10. $\begin{aligned} -x_1 + 4x_2 + x_3 &= b_1 \\ x_1 + 9x_2 - 2x_3 &= b_2 \\ 6x_1 + 4x_2 - 8x_3 &= b_3 \end{aligned}$

    i. $b_1 = 0, \quad b_2 = 1, \quad b_3 = 0$

    ii. $b_1 = -3, \quad b_2 = 4, \quad b_3 = -5$

11. $\begin{aligned} 4x_1 - 7x_2 &= b_1 \\ x_1 + 2x_2 &= b_2 \end{aligned}$

    i. $b_1 = 0, \quad b_2 = 1$ ii. $b_1 = -4, \quad b_2 = 6$

    iii. $b_1 = -1, \quad b_2 = 3$ iv. $b_1 = -5, \quad b_2 = 1$

12. $\begin{aligned} x_1 + 3x_2 + 5x_3 &= b_1 \\ -x_1 - 2x_2 \quad\quad &= b_2 \\ 2x_1 + 5x_2 + 4x_3 &= b_3 \end{aligned}$

    i. $b_1 = 1, \quad b_2 = 0, \quad b_3 = -1$

    ii. $b_1 = 0, \quad b_2 = 1, \quad b_3 = 1$

    iii. $b_1 = -1, \quad b_2 = -1, \quad b_3 = 0$

(13-17) 다음 연립방정식이 일치하기 위한 b_i들의 조건을 결정하라.

13. $\begin{aligned} x_1 + 3x_2 &= b_1 \\ -2x_1 + x_2 &= b_2 \end{aligned}$

14. $\begin{aligned} 6x_1 - 4x_2 &= b_1 \\ 3x_1 - 2x_2 &= b_2 \end{aligned}$

15. $\begin{aligned} x_1 - 2x_2 + 5x_3 &= b_1 \\ 4x_1 - 5x_2 + 8x_3 &= b_2 \\ -3x_1 + 3x_2 - 3x_3 &= b_3 \end{aligned}$

16. $\begin{aligned} x_1 - 2x_2 - x_3 &= b_1 \\ -4x_1 + 5x_2 + 2x_3 &= b_2 \\ -4x_1 + 7x_2 + 4x_3 &= b_3 \end{aligned}$

17. $\begin{aligned} x_1 - x_2 + 3x_3 + 2x_4 &= b_1 \\ -2x_1 + x_2 + 5x_3 + x_4 &= b_2 \\ -3x_1 + 2x_2 + 2x_3 - x_4 &= b_3 \\ 4x_1 - 3x_2 + x_3 + 3x_4 &= b_4 \end{aligned}$

18. $A = \begin{bmatrix} 2 & 1 & 2 \\ 2 & 2 & -2 \\ 3 & 1 & 1 \end{bmatrix}, \quad \mathbf{x} = \begin{bmatrix} x_1 \\ x_2 \\ x_3 \end{bmatrix}$라 하자.

    a. $A\mathbf{x} = \mathbf{x}$를 $(A - I)\mathbf{x} = \mathbf{0}$으로 나타낼 수 있음을 보이고 이를 이용하여 $A\mathbf{x} = \mathbf{x}$를 만족하는 해 $\mathbf{x}$를 구하라.

    b. $A\mathbf{x} = 4\mathbf{x}$를 풀어라.

(19-20) X에 대한 다음 행렬방정식을 풀어라.

19. $\begin{bmatrix} 1 & -1 & 1 \\ 2 & 3 & 0 \\ 0 & 2 & -1 \end{bmatrix} X = \begin{bmatrix} 2 & -1 & 5 & 7 & 8 \\ 4 & 0 & -3 & 0 & 1 \\ 3 & 5 & -7 & 2 & 1 \end{bmatrix}$

20. $\begin{bmatrix} -2 & 0 & 1 \\ 0 & -1 & -1 \\ 1 & 1 & -4 \end{bmatrix} X = \begin{bmatrix} 4 & 3 & 2 & 1 \\ 6 & 7 & 8 & 9 \\ 1 & 3 & 7 & 9 \end{bmatrix}$

증명 문제

21. $A\mathbf{x} = \mathbf{0}$이 미지수가 n개이고 방정식의 개수도 n이며 자명해만을 갖는 동차 연립일차방정식이라고 하자. k가 양수일 때 $A^k\mathbf{x} = \mathbf{0}$도 자명해만 가짐을 보여라.

22. $A\mathbf{x} = \mathbf{0}$은 미지수가 n개이고 방정식의 개수도 n인 동차 연립일차방정식이고 Q는 $n \times n$ 가역행렬이라고 하자. $A\mathbf{x} = \mathbf{0}$이 자명해만을 갖기 위한 필요충분조건은 $(QA)\mathbf{x} = \mathbf{0}$이 자명해만을 갖는 것임을 보여라.

23. $A\mathbf{x} = \mathbf{b}$가 일치하는 연립일차방정식이고 $\mathbf{x}_1$을 하나의 해라고 하자. 이 연립방정식의 모든 해 $\mathbf{x}$는 $\mathbf{x}_0$가 $A\mathbf{x} = \mathbf{0}$를 만족하는 해일 때 $\mathbf{x} = \mathbf{x}_1 + \mathbf{x}_0$의 형태임을 보여라. 또한 이러한 형태의 모든 행렬이 해가 됨을 보여라.

24. 정리 1.6.3의 (*a*)를 이용하여 (*b*)를 증명하라.

참-거짓 문제

TF. (a)-(g)가 참인지 거짓인지를 밝히고 그 이유를 설명하라.

a. 연립일차방정식이 정확하게 2개의 해를 갖는 것은 불가능하다.

b. A가 정방행렬이고 연립방정식 $A\mathbf{x} = \mathbf{b}$가 유일 해를 갖는다면 연립방정식 $A\mathbf{x} = \mathbf{c}$도 유일 해를 갖는다.

c. A와 B가 $AB = I_n$을 만족하는 $n \times n$가 역행렬이면, $BA = I_n$이다.

d. A와 B가 행동등이면 연립일차방정식 $A\mathbf{x} = \mathbf{0}$와 $B\mathbf{x} = \mathbf{0}$도 같은 해를 갖는다.

e. A가 $n \times n$ 행렬이고 S가 $n \times n$ 가역행렬이면 $\mathbf{x}$가 $(S^{-1}AS)\mathbf{x} = \mathbf{b}$의 해일 때 $S\mathbf{x}$는 연립방정식 $A\mathbf{y} = S\mathbf{b}$의 해이다.

f. A가 $n \times n$ 행렬이라 하자. 연립방정식 $A\mathbf{x} = 4\mathbf{x}$가 유일 해를 갖기 위한 필요충분조건은 $A - 4I$가 가역인 것이다.

g. A와 B가 $n \times n$ 행렬이라 하자. A 또는 B(혹은 둘 다)가 가역이 아니면 AB도 가역이 아니다.

계산도구 문제

T1. 인쇄 매체나 컴퓨터 모니터, TV 화면에서의 색깔은 이른바 "색채 모델"을 사용하여 구현된다. 예를 들어, RGB 모델에서는 색상이 빨강(R), 녹색(G), 파랑(B)의 혼합비율에 의해 만들어지고, YIQ 모델(보통 TV 방송에서 사용됨)에서는 발광의 백분율(Y)에 색차인자의 백분율(I)과 색차인자(Q)를 혼합하여 만들어진다. RGB 모델에서 YIQ 모델로의 변환은 다음 행렬방정식에 의해 수행된다.

$$\begin{bmatrix} \text{Y} \\ \text{I} \\ \text{Q} \end{bmatrix} = \begin{bmatrix} .299 & .587 & .114 \\ .596 & -.275 & -.321 \\ .212 & -.523 & .311 \end{bmatrix} \begin{bmatrix} \text{R} \\ \text{G} \\ \text{B} \end{bmatrix}$$

YIQ 모델에서 RGB 모델로 변환하기 위해서는 어떤 행렬을 사용하여야 하는가?

T2. $A = \begin{bmatrix} 1 & -2 & 2 \\ 4 & 5 & 1 \\ 0 & 3 & -1 \end{bmatrix}$, $B_1 = \begin{bmatrix} 0 \\ 1 \\ 7 \end{bmatrix}$, $B_2 = \begin{bmatrix} 11 \\ 5 \\ 3 \end{bmatrix}$, $B_3 = \begin{bmatrix} 1 \\ -4 \\ 2 \end{bmatrix}$ 라 하자.

연립일차방정식 $A\mathbf{x} = B_1$, $A\mathbf{x} = B_2$, $A\mathbf{x} = B_3$을 예제 2의 방법을 사용하여 풀어라.

1.7 대각행렬, 삼각행렬, 대칭행렬

이 절에서는 다양한 형태의 행렬에 대해서 알아본다. 이런 행렬들은 아주 다양한 곳에서 활용되며 우리의 후속 작업에서도 중요한 역할을 할 것이다.

대각행렬

주대각선 이외의 모든 원소들이 0인 정방행렬을 ***대각행렬***(diagonal matrix)이라고 한다. 예를 들어 보자.

$$\begin{bmatrix} 2 & 0 \\ 0 & -5 \end{bmatrix}, \quad \begin{bmatrix} 1 & 0 & 0 \\ 0 & 1 & 0 \\ 0 & 0 & 1 \end{bmatrix}, \quad \begin{bmatrix} 6 & 0 & 0 & 0 \\ 0 & -4 & 0 & 0 \\ 0 & 0 & 0 & 0 \\ 0 & 0 & 0 & 8 \end{bmatrix}, \quad \begin{bmatrix} 0 & 0 \\ 0 & 0 \end{bmatrix}$$

일반적인 $n \times n$ 대각행렬은 다음과 같이 나타낸다.

$$D = \begin{bmatrix} d_1 & 0 & \cdots & 0 \\ 0 & d_2 & \cdots & 0 \\ \vdots & \vdots & & \vdots \\ 0 & 0 & \cdots & d_n \end{bmatrix} \tag{1}$$

대각행렬이 가역이기 위한 필요충분조건은 주대각선상의 원소들이 모두 0이 아닌 것이다. 이 경우 (1)의 역행렬은 (2)와 같다.

$$D^{-1} = \begin{bmatrix} 1/d_1 & 0 & \cdots & 0 \\ 0 & 1/d_2 & \cdots & 0 \\ \vdots & \vdots & & \vdots \\ 0 & 0 & \cdots & 1/d_n \end{bmatrix} \tag{2}$$

$DD^{-1} = D^{-1}D = I_m$를 확인해 보라.

대각행렬의 거듭제곱은 계산하기 쉽다. D가 (1)의 대각행렬이고 k가 양의 정수일 때

$$D^k = \begin{bmatrix} d_1^k & 0 & \cdots & 0 \\ 0 & d_2^k & \cdots & 0 \\ \vdots & \vdots & & \vdots \\ 0 & 0 & \cdots & d_n^k \end{bmatrix} \tag{3}$$

이다. 각각 검증해 보라.

예제 1 | 대각행렬의 역과 거듭제곱

$A = \begin{bmatrix} 1 & 0 & 0 \\ 0 & -3 & 0 \\ 0 & 0 & 2 \end{bmatrix}$일 때

$$A^{-1} = \begin{bmatrix} 1 & 0 & 0 \\ 0 & -\frac{1}{3} & 0 \\ 0 & 0 & \frac{1}{2} \end{bmatrix}, \quad A^5 = \begin{bmatrix} 1 & 0 & 0 \\ 0 & -243 & 0 \\ 0 & 0 & 32 \end{bmatrix}, \quad A^{-5} = \begin{bmatrix} 1 & 0 & 0 \\ 0 & -\frac{1}{243} & 0 \\ 0 & 0 & \frac{1}{32} \end{bmatrix}$$

대각행렬이 포함된 행렬의 곱은 계산하기 매우 쉽다. 예를 들어,

$$\begin{bmatrix} d_1 & 0 & 0 \\ 0 & d_2 & 0 \\ 0 & 0 & d_3 \end{bmatrix} \begin{bmatrix} a_{11} & a_{12} & a_{13} & a_{14} \\ a_{21} & a_{22} & a_{23} & a_{24} \\ a_{31} & a_{32} & a_{33} & a_{34} \end{bmatrix} = \begin{bmatrix} d_1a_{11} & d_1a_{12} & d_1a_{13} & d_1a_{14} \\ d_2a_{21} & d_2a_{22} & d_2a_{23} & d_2a_{24} \\ d_3a_{31} & d_3a_{32} & d_3a_{33} & d_3a_{34} \end{bmatrix}$$

$$\begin{bmatrix} a_{11} & a_{12} & a_{13} \\ a_{21} & a_{22} & a_{23} \\ a_{31} & a_{32} & a_{33} \\ a_{41} & a_{42} & a_{43} \end{bmatrix} \begin{bmatrix} d_1 & 0 & 0 \\ 0 & d_2 & 0 \\ 0 & 0 & d_3 \end{bmatrix} = \begin{bmatrix} d_1a_{11} & d_2a_{12} & d_3a_{13} \\ d_1a_{21} & d_2a_{22} & d_3a_{23} \\ d_1a_{31} & d_2a_{32} & d_3a_{33} \\ d_1a_{41} & d_2a_{42} & d_3a_{43} \end{bmatrix}$$

말로 하자면, 행렬 A의 왼쪽에 대각행렬 D를 곱하면 A의 행에 순차적으로 D의 원소들이 곱해지고, 행렬 A의 오른쪽에 대각행렬 D를 곱하면 A의 열에 순차적으로 D의 원소들이 곱해진다.

삼각행렬

주대각선 위쪽의 모든 원소가 0인 정방행렬을 ***하삼각행렬***(lower triangular matrix)이라고 하고 주대각선 아래의 모든 원소가 0인 정방행렬을 ***상삼각행렬***(upper triangular matrix)이라고 한다. 상삼각행렬이나 하삼각행렬은 모두 ***삼각행렬***(triangular matrix)로 불린다.

예제 2 | 상삼각행렬과 하삼각행렬

$$\begin{bmatrix} a_{11} & a_{12} & a_{13} & a_{14} \\ 0 & a_{22} & a_{23} & a_{24} \\ 0 & 0 & a_{33} & a_{34} \\ 0 & 0 & 0 & a_{44} \end{bmatrix} \qquad \begin{bmatrix} a_{11} & 0 & 0 & 0 \\ a_{21} & a_{22} & 0 & 0 \\ a_{31} & a_{32} & a_{33} & 0 \\ a_{41} & a_{42} & a_{43} & a_{44} \end{bmatrix}$$

일반적인 4×4 상삼각행렬 일반적인 4×4 하삼각행렬

참고 대각행렬은 상삼각행렬이며 동시에 하삼각행렬이다. 왜냐하면 주대각선 아래와 위쪽의 모든 원소가 0이기 때문이다. 또한 행사다리꼴의 *정방행렬*은 상삼각행렬인데 이는 주대각선 아래의 모든 원소가 0이기 때문이다.

삼각행렬들의 성질

예제 2는 공식적인 증명 없이 언급할 삼각행렬에 대한 다음 네 가지 성질을 보여 준다.

- 정방행렬 $A = [a_{ij}]$가 상삼각행렬이기 위한 필요충분조건은 주대각선의 왼쪽에 있는 모든 원소는 0이다. 즉, 만약 $i > j$일 때 $a_{ij} = 0$(**그림 1.7.1**).
- 정방행렬 $A = [a_{ij}]$가 하삼각행렬이기 위한 필요충분조건은 주대각선의 오른쪽에 있는 모든 원소는 0이다. 즉, 만약 $i < j$일 때 $a_{ij} = 0$(**그림 1.7.1**).
- 정방행렬 $A = [a_{ij}]$가 상삼각행렬이기 위한 필요충분조건은 모든 i에 대해서 i행은 최소한 $i - 1$개의 0으로 시작한다.
- 정방행렬 $A = [a_{ij}]$가 하삼각행렬이기 위한 필요충분조건은 모든 j에 대해서 j열은 최소한 $j - 1$개의 0으로 시작한다.

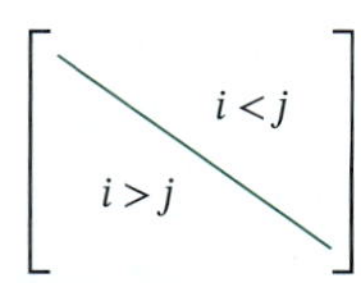

그림 1.7.1

다음 정리는 삼각행렬의 기본 성질을 나열한 것이다.

정리 1.7.1

(*a*) 하삼각행렬의 전치는 상삼각행렬이고 상삼각행렬의 전치는 하삼각행렬이다.

(*b*) 하삼각행렬의 곱은 하삼각행렬이고 상삼각행렬의 곱은 상삼각행렬이다.

(c) 삼각행렬이 가역이기 위한 필요충분조건은 그것의 주대각선상의 원소가 모두 0이 아닌 것이다.
(d) 가역인 하삼각행렬의 역행렬은 하삼각행렬이고 가역인 상삼각행렬의 역행렬은 상삼각행렬이다.

(a)는 정방행렬의 전치행렬은 주대각선을 중심으로 대칭이라는 사실로부터 자명하다. 여기서 (b)를 증명하고, (c)와 (d)는 좀 더 효율적인 증명 도구를 갖고 있는 다음 장으로 미루겠다.

***증명* (b)** 하삼각행렬에 대한 결과를 증명할 것이다. 상삼각행렬에 대한 증명은 비슷하다. $A = [a_{ij}]$와 $B = [b_{ij}]$를 $n \times n$ 하삼각행렬이라고 하고 $C = [c_{ij}]$를 $C = AB$라 하자. $i < j$일 때 $c_{ij} = 0$임을 보이므로 C가 하삼각행렬임을 증명하려고 한다. 그런데 행렬 곱셈의 정의로부터,

$$c_{ij} = a_{i1}b_{1j} + a_{i2}b_{2j} + \cdots + a_{in}b_{nj}$$

이고 $i < j$라 가정하면 이 식은 다음처럼 묶을 수 있다.

$$c_{ij} = \underbrace{a_{i1}b_{1j} + a_{i2}b_{2j} + \cdots + a_{i(j-1)}b_{(j-1)j}}_{\substack{b\text{의 행의 첨자가} \\ b\text{의 열의 첨자보다 작은 항들}}} + \underbrace{a_{ij}b_{jj} + \cdots + a_{in}b_{nj}}_{\substack{a\text{의 행의 첨자가} \\ a\text{의 열의 첨자보다 작은 항들}}}$$

B는 하삼각행렬이므로 첫 번째 묶음에 있는 b의 모든 원소는 0이고 A는 하삼각행렬이므로 두 번째 묶음에 있는 a의 모든 원소는 0이다. 그러므로 우리가 원하는 $c_{ij} = 0$임을 알 수 있다. ■

참고 이 예제에서 AB와 BA의 주대각선상의 원소들이 같고, A와 B의 주대각선상의 대응 원소들의 곱이 된다는 것을 알 수 있다. 또한, A^{-1}의 대각선상의 원소는 A의 대각선상의 원소의 역이라는 것을 알 수 있다. 연습문제에서 임의의 상삼각행렬이나 하삼각행렬을 곱하거나 역행렬을 구했을 때 이러한 일이 일어나는 것을 증명해 볼 것이다.

예제 3 | 삼각행렬의 연산

상삼각행렬 $A = \begin{bmatrix} 1 & 3 & -1 \\ 0 & 2 & 4 \\ 0 & 0 & 5 \end{bmatrix}$, $B = \begin{bmatrix} 3 & -2 & 2 \\ 0 & 0 & -1 \\ 0 & 0 & 1 \end{bmatrix}$를 살펴보자.

정리 1.7.1의 (c)에 의해서 행렬 A는 가역이고 B는 가역이 아니다. 또한, 정리는 A^{-1}, AB, BA가 상삼각행렬임을 알려 준다. 다음 계산을 통해 이 사실을 확인하는 것은 독자에게 맡긴다.

$$A^{-1} = \begin{bmatrix} 1 & -\frac{3}{2} & \frac{7}{5} \\ 0 & \frac{1}{2} & -\frac{2}{5} \\ 0 & 0 & \frac{1}{5} \end{bmatrix}, \quad AB = \begin{bmatrix} 3 & -2 & -2 \\ 0 & 0 & 2 \\ 0 & 0 & 5 \end{bmatrix}, \quad BA = \begin{bmatrix} 3 & 5 & -1 \\ 0 & 0 & -5 \\ 0 & 0 & 5 \end{bmatrix}$$

대칭행렬

정의 1

정방행렬 A가 $A = A^T$일 때 ***대칭행렬***(symmetric matrix)이라고 한다.

눈으로 보아도 대칭행렬인지는 쉽게 알 수 있다. 주대각선상의 원소에는 아무 제약이 없지만 주대각선을 중심으로 대칭되는 원소들은 같아야 한다. 아래 그림은 예제 4의 두 번째 행렬을 이용한 그림이다.

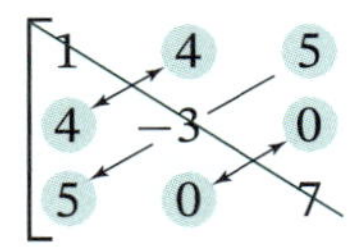

예제 4 | 대칭행렬

다음 행렬들은 대칭이다. 왜냐하면 각 행렬은 자신의 전치행렬과 같기 때문이다(확인하라).

$$\begin{bmatrix} 7 & -3 \\ -3 & 5 \end{bmatrix}, \quad \begin{bmatrix} 1 & 4 & 5 \\ 4 & -3 & 0 \\ 5 & 0 & 7 \end{bmatrix}, \quad \begin{bmatrix} d_1 & 0 & 0 & 0 \\ 0 & d_2 & 0 & 0 \\ 0 & 0 & d_3 & 0 \\ 0 & 0 & 0 & d_4 \end{bmatrix}$$

참고 1.3절의 식 (14)에 의해서 정방행렬 $A = [a_{ij}]$가 대칭행렬이기 위한 필요충분조건은 모든 i와 j에 대해서 다음이 성립하는 것이다.

$$\boxed{(A)_{ij} = (A)_{ji}} \tag{4}$$

다음 정리는 대칭행렬의 주요한 대수적 성질을 나열하고 있다. 증명은 정리 1.4.8로부터 직접 보일 수 있으므로 생략한다.

정리 1.7.2

A와 B가 크기가 같은 대칭행렬이고 k는 임의의 스칼라이면,

(*a*) A^T는 대칭행렬이다.

(*b*) $A + B$와 $A - B$는 대칭행렬이다.

(*c*) kA는 대칭행렬이다.

일반적으로 대칭행렬의 곱은 대칭행렬이 아니다. 왜 그런지 살펴보기 위해서 A와 B를 크기가 같은 대칭행렬이라고 하자. 그러면 정리 1.4.8의 (*e*)와 A와 B의 대칭성에 의해서

$$(AB)^T = B^TA^T = BA$$

를 얻는다. 즉, $(AB)^T = AB$이기 위한 필요충분조건은 A와 B가 가환인 것이다. 요약하면, 다음과 같은 결과를 얻는다.

정리 1.7.3

두 대칭행렬의 곱이 대칭행렬이기 위한 필요충분조건은 두 행렬이 가환인 것이다.

예제 5 | 대칭행렬의 곱

첫 번째 방정식은 대칭행렬들의 곱이 대칭행렬이 되지 않는다는 것을 보여 주고, 두 번째는 대칭행렬들의 곱이 대칭행렬이 되는 것을 보여 준다. 따라서 첫 번째에 있는 두 행렬은 교환이 되지 않고, 두 번째에 있는 두 행렬은 교환이 가능하다는 것을 알 수 있다. 이것에 대한 확인은 독자에게 남긴다.

$$\begin{bmatrix} 1 & 2 \\ 2 & 3 \end{bmatrix}\begin{bmatrix} -4 & 1 \\ 1 & 0 \end{bmatrix} = \begin{bmatrix} -2 & 1 \\ -5 & 2 \end{bmatrix}$$

$$\begin{bmatrix} 1 & 2 \\ 2 & 3 \end{bmatrix}\begin{bmatrix} -4 & 3 \\ 3 & -1 \end{bmatrix} = \begin{bmatrix} 2 & 1 \\ 1 & 3 \end{bmatrix}$$

대칭행렬의 가역성

일반적으로 대칭행렬이 가역일 필요는 없다. 예를 들어 주대각선상에 0이 있는 대각행렬은 대칭행렬이지만 가역은 아니다. 그러나 다음 정리에서는 대칭행렬이 가역이면 그것의 역행렬도 대칭임을 보여 준다.

정리 1.7.4

A가 가역인 대칭행렬이면 A^{-1}도 대칭행렬이다.

증명 A가 가역이고 대칭행렬이라고 하자. 정리 1.4.9와 $A = A^T$로부터

$$(A^{-1})^T = (A^T)^{-1} = A^{-1},$$

즉, A^{-1}은 대칭행렬이다. ■

이 책의 뒷부분에서 AA^T와 A^TA가 가역이기 위한 A에 대한 일반적인 조건을 얻게 될 것이다. 그러나 A가 *정방행렬*이라는 특별한 조건에서는 다음의 결과를 얻는다.

정리 1.7.5

A가 가역행렬이면 AA^T와 A^TA도 가역이다.

증명 A가 가역행렬이기 때문에 정리 1.4.9에 의해서 A^T도 가역이다. 그러므로 가역인 두 행렬의 곱은 가역이므로 AA^T와 A^TA도 가역이다. ■

곱 AA^T와 A^TA는 대칭이다

AA^T와 A^TA 형태의 행렬곱은 다양하게 활용된다. 만약 A가 $m \times n$ 행렬이면 A^T는 $n \times m$ 행렬이다. 따라서 곱 AA^T와 A^TA는 둘 다 정방행렬이다—AA^T는 $m \times m$ 행렬이고 A^TA는 $n \times n$ 행렬. 이 곱들은 항상 대칭인데 그 이유는

$$(AA^T)^T = (A^T)^TA^T = AA^T \text{이고} \quad (A^TA)^T = A^T(A^T)^T = A^TA$$

이기 때문이다.

예제 6 | 행렬과 그것의 전치행렬의 곱은 대칭행렬이다

A는 2×3 행렬이라 하자.

$$A = \begin{bmatrix} 1 & -2 & 4 \\ 3 & 0 & -5 \end{bmatrix}$$

그러면,

$$A^TA = \begin{bmatrix} 1 & 3 \\ -2 & 0 \\ 4 & -5 \end{bmatrix}\begin{bmatrix} 1 & -2 & 4 \\ 3 & 0 & -5 \end{bmatrix} = \begin{bmatrix} 10 & -2 & -11 \\ -2 & 4 & -8 \\ -11 & -8 & 41 \end{bmatrix}$$

$$AA^T = \begin{bmatrix} 1 & -2 & 4 \\ 3 & 0 & -5 \end{bmatrix}\begin{bmatrix} 1 & 3 \\ -2 & 0 \\ 4 & -5 \end{bmatrix} = \begin{bmatrix} 21 & -17 \\ -17 & 34 \end{bmatrix}$$

우리가 예견했듯이 A^TA와 AA^T는 대칭행렬이다.

연습문제 1.7

(1-2) 다음 행렬들이 상삼각행렬, 하삼각행렬, 혹은 대각행렬인지를 분류하라. 행렬을 보기만 해서 가역인지를 판단하라. 대각행렬은 상삼각행렬이기도 하고 하삼각행렬이기도 하기 때문에 답이 둘 이상일 수 있다.

1. a. $\begin{bmatrix} 2 & 1 \\ 0 & 3 \end{bmatrix}$ **b.** $\begin{bmatrix} 0 & 0 \\ 4 & 0 \end{bmatrix}$

c. $\begin{bmatrix} -1 & 0 & 0 \\ 0 & 2 & 0 \\ 0 & 0 & \frac{1}{5} \end{bmatrix}$ **d.** $\begin{bmatrix} 3 & -2 & 7 \\ 0 & 0 & 3 \\ 0 & 0 & 8 \end{bmatrix}$

2. a. $\begin{bmatrix} 4 & 0 \\ 1 & 7 \end{bmatrix}$ **b.** $\begin{bmatrix} 0 & -3 \\ 0 & 0 \end{bmatrix}$

c. $\begin{bmatrix} 4 & 0 & 0 \\ 0 & \frac{3}{5} & 0 \\ 0 & 0 & -2 \end{bmatrix}$ **d.** $\begin{bmatrix} 3 & 0 & 0 \\ 3 & 1 & 0 \\ 7 & 0 & 0 \end{bmatrix}$

(3-6) 직관으로 다음의 곱을 구하라.

3. $\begin{bmatrix} 3 & 0 & 0 \\ 0 & -1 & 0 \\ 0 & 0 & 2 \end{bmatrix}\begin{bmatrix} 2 & 1 \\ -4 & 1 \\ 2 & 5 \end{bmatrix}$

4. $\begin{bmatrix} 1 & 2 & -5 \\ -3 & -1 & 0 \end{bmatrix}\begin{bmatrix} -4 & 0 & 0 \\ 0 & 3 & 0 \\ 0 & 0 & 2 \end{bmatrix}$

5. $\begin{bmatrix} 5 & 0 & 0 \\ 0 & 2 & 0 \\ 0 & 0 & -3 \end{bmatrix}\begin{bmatrix} -3 & 2 & 0 & 4 & -4 \\ 1 & -5 & 3 & 0 & 3 \\ -6 & 2 & 2 & 2 & 2 \end{bmatrix}$

6. $\begin{bmatrix} 2 & 0 & 0 \\ 0 & -1 & 0 \\ 0 & 0 & 4 \end{bmatrix}\begin{bmatrix} 4 & -1 & 3 \\ 1 & 2 & 0 \\ -5 & 1 & -2 \end{bmatrix}\begin{bmatrix} -3 & 0 & 0 \\ 0 & 5 & 0 \\ 0 & 0 & 2 \end{bmatrix}$

(7-10) *직관으로 A^2, A^{-2}, A^{-k}를 구하라(k는 임의의 정수).*

7. $A = \begin{bmatrix} 1 & 0 \\ 0 & -2 \end{bmatrix}$

8. $A = \begin{bmatrix} -6 & 0 & 0 \\ 0 & 3 & 0 \\ 0 & 0 & 5 \end{bmatrix}$

9. $A = \begin{bmatrix} \frac{1}{2} & 0 & 0 \\ 0 & \frac{1}{3} & 0 \\ 0 & 0 & \frac{1}{4} \end{bmatrix}$

10. $A = \begin{bmatrix} -2 & 0 & 0 & 0 \\ 0 & -4 & 0 & 0 \\ 0 & 0 & -3 & 0 \\ 0 & 0 & 0 & 2 \end{bmatrix}$

(11-12) *직관으로 다음 행렬의 곱을 하라.*

11. $\begin{bmatrix} 1 & 0 & 0 \\ 0 & 0 & 0 \\ 0 & 0 & 3 \end{bmatrix}\begin{bmatrix} 2 & 0 & 0 \\ 0 & 5 & 0 \\ 0 & 0 & 0 \end{bmatrix}\begin{bmatrix} 0 & 0 & 0 \\ 0 & 2 & 0 \\ 0 & 0 & 1 \end{bmatrix}$

12. $\begin{bmatrix} -1 & 0 & 0 \\ 0 & 2 & 0 \\ 0 & 0 & 4 \end{bmatrix}\begin{bmatrix} 3 & 0 & 0 \\ 0 & 5 & 0 \\ 0 & 0 & 7 \end{bmatrix}\begin{bmatrix} 5 & 0 & 0 \\ 0 & -2 & 0 \\ 0 & 0 & 3 \end{bmatrix}$

(13-14) *다음을 계산하라.*

13. $\begin{bmatrix} 1 & 0 \\ 0 & -1 \end{bmatrix}^{39}$

14. $\begin{bmatrix} 1 & 0 \\ 0 & -1 \end{bmatrix}^{1000}$

(15-16) *이 절에서 공부한 내용을 이용하여 직관으로 대각행렬을 행렬에 곱하라.*

15. a. $\begin{bmatrix} a & 0 & 0 \\ 0 & b & 0 \\ 0 & 0 & c \end{bmatrix}\begin{bmatrix} u & v \\ w & x \\ y & z \end{bmatrix}$ **b.** $\begin{bmatrix} r & s & t \\ u & v & w \\ x & y & z \end{bmatrix}\begin{bmatrix} a & 0 & 0 \\ 0 & b & 0 \\ 0 & 0 & c \end{bmatrix}$

16. a. $\begin{bmatrix} u & v \\ w & x \\ y & z \end{bmatrix}\begin{bmatrix} a & 0 \\ 0 & b \end{bmatrix}$ **b.** $\begin{bmatrix} a & 0 & 0 \\ 0 & b & 0 \\ 0 & 0 & c \end{bmatrix}\begin{bmatrix} r & s & t \\ u & v & w \\ x & y & z \end{bmatrix}$

(17-18) *× 위치에 적당한 숫자를 넣어서 대칭행렬이 되도록 하라.*

17. a. $\begin{bmatrix} 2 & -1 \\ \times & 3 \end{bmatrix}$ **b.** $\begin{bmatrix} 1 & \times & \times & \times \\ 3 & 1 & \times & \times \\ 7 & -8 & 0 & \times \\ 2 & -3 & 9 & 0 \end{bmatrix}$

18. a. $\begin{bmatrix} 0 & \times \\ 3 & 0 \end{bmatrix}$ **b.** $\begin{bmatrix} 1 & 7 & -3 & 2 \\ \times & 4 & 5 & -7 \\ \times & \times & 1 & -6 \\ \times & \times & \times & 3 \end{bmatrix}$

(19-22) *직관으로 다음의 행렬이 가역인지를 판단하라.*

19. $\begin{bmatrix} 0 & 6 & -1 \\ 0 & 7 & -4 \\ 0 & 0 & -2 \end{bmatrix}$

20. $\begin{bmatrix} -1 & 2 & 4 \\ 0 & 3 & 0 \\ 0 & 0 & 5 \end{bmatrix}$

21. $\begin{bmatrix} 1 & 0 & 0 & 0 \\ 2 & -5 & 0 & 0 \\ 4 & -3 & 4 & 0 \\ 1 & -2 & 1 & 3 \end{bmatrix}$

22. $\begin{bmatrix} 2 & 0 & 0 & 0 \\ -3 & -1 & 0 & 0 \\ -4 & -6 & 0 & 0 \\ 0 & 3 & 8 & -5 \end{bmatrix}$

(23-24) *직관으로 AB의 대각원소를 찾아라.*

23. $A = \begin{bmatrix} 3 & 2 & 6 \\ 0 & 1 & -2 \\ 0 & 0 & -1 \end{bmatrix}, \quad B = \begin{bmatrix} -1 & 2 & 7 \\ 0 & 5 & 3 \\ 0 & 0 & 6 \end{bmatrix}$

24. $A = \begin{bmatrix} 4 & 0 & 0 \\ -2 & 0 & 0 \\ -3 & 0 & 7 \end{bmatrix}, \quad B = \begin{bmatrix} 6 & 0 & 0 \\ 1 & 5 & 0 \\ 3 & 2 & 6 \end{bmatrix}$

(25-26) *A가 대칭행렬이기 위한 모든 상수값을 구하라.*

25. $A = \begin{bmatrix} 4 & -3 \\ a+5 & -1 \end{bmatrix}$

26. $A = \begin{bmatrix} 2 & a-2b+2c & 2a+b+c \\ 3 & 5 & a+c \\ 0 & -2 & 7 \end{bmatrix}$

(27-28) *A가 가역이기 위한 모든 x값을 구하라.*

27. $A = \begin{bmatrix} x-1 & x^2 & x^4 \\ 0 & x+2 & x^3 \\ 0 & 0 & x-4 \end{bmatrix}$

28. $A = \begin{bmatrix} x-\frac{1}{2} & 0 & 0 \\ x & x-\frac{1}{3} & 0 \\ x^2 & x^3 & x+\frac{1}{4} \end{bmatrix}$

29. 행렬 A가 가역이고 상삼각행렬이거나 하삼각행렬이면 A^{-1}의 대각원소에 대해서는 어떻게 말하겠는가?

30. 행렬 A가 $n \times n$ 행렬이고 B는 $n \times m$ 행렬이면 다음 행렬 곱은 대칭행렬임을 보여라.

$$B^TB, \quad BB^T, \quad B^TAB$$

(31-32) 주어진 조건을 만족하는 행렬 A를 구하라.

31. $A^5 = \begin{bmatrix} 1 & 0 & 0 \\ 0 & -1 & 0 \\ 0 & 0 & -1 \end{bmatrix}$ **32.** $A^{-2} = \begin{bmatrix} 9 & 0 & 0 \\ 0 & 4 & 0 \\ 0 & 0 & 1 \end{bmatrix}$

33. 행렬 AB에 대한 정리 1.7.1(b)와 행렬 A에 대한 정리 1.7.1(d)를 확인하라.

$$A = \begin{bmatrix} -1 & 2 & 5 \\ 0 & 1 & 3 \\ 0 & 0 & -4 \end{bmatrix}, \quad B = \begin{bmatrix} 2 & -8 & 0 \\ 0 & 2 & 1 \\ 0 & 0 & 3 \end{bmatrix}$$

34. 행렬 A는 $n \times n$ 대칭행렬이라고 하자.

a. A^2도 대칭행렬임을 보여라.

b. $2A^2 - 3A + I$도 대칭행렬임을 보여라.

35. 행렬 A에 대해서 정리 1.7.4를 확인하라.

a. $A = \begin{bmatrix} 2 & -1 \\ -1 & 3 \end{bmatrix}$ **b.** $A = \begin{bmatrix} 1 & -2 & 3 \\ -2 & 1 & -7 \\ 3 & -7 & 4 \end{bmatrix}$

36. $A^2 - 3A - 4I = 0$을 만족하는 모든 3×3 대각행렬 A를 찾아라.

37. $A = [a_{ij}]$는 $n \times n$ 행렬이라고 하자. A가 대칭행렬인지를 판단하라.

a. $a_{ij} = i^2 + j^2$ **b.** $a_{ij} = i^2 - j^2$

c. $a_{ij} = 2i + 2j$ **d.** $a_{ij} = 2i^2 + 2j^3$

38. 연습문제 37을 통한 경험에 비추어 $A = [a_{ij}]$가 대칭행렬인지를 판단하기 위하여 a_{ij}에 대한 공식에 적용할 수 있는 일반적인 테스트를 고안해 보라.

39. 다음을 만족하는 상삼각행렬을 구하라.

$$A^3 = \begin{bmatrix} 1 & 30 \\ 0 & -8 \end{bmatrix}$$

40. $n \times n$ 행렬 A가 하삼각행렬 L과 상삼각행렬 U의 곱으로 $A = LU$와 같이 표현되면, 연립일차방정식 $A\mathbf{x} = \mathbf{b}$도 $LU\mathbf{x} = \mathbf{b}$로 표현할 수 있고 다음 두 단계로 해를 구할 수 있다.

단계 1. $U\mathbf{x} = \mathbf{y}$로 하면 $LU\mathbf{x} = \mathbf{b}$는 $L\mathbf{y} = \mathbf{b}$로 표현할 수 있다. 이 방정식을 푼다.

단계 2. $\mathbf{x}$에 대해서 $U\mathbf{x} = \mathbf{y}$를 푼다.

위의 두 단계를 이용하여 다음 연립방정식들의 해를 구하라.

a. $\begin{bmatrix} 1 & 0 & 0 \\ -2 & 3 & 0 \\ 2 & 4 & 1 \end{bmatrix} \begin{bmatrix} 2 & -1 & 3 \\ 0 & 1 & 2 \\ 0 & 0 & 4 \end{bmatrix} \begin{bmatrix} x_1 \\ x_2 \\ x_3 \end{bmatrix} = \begin{bmatrix} 1 \\ -2 \\ 0 \end{bmatrix}$

b. $\begin{bmatrix} 2 & 0 & 0 \\ 4 & 1 & 0 \\ -3 & -2 & 3 \end{bmatrix} \begin{bmatrix} 3 & -5 & 2 \\ 0 & 4 & 1 \\ 0 & 0 & 2 \end{bmatrix} \begin{bmatrix} x_1 \\ x_2 \\ x_3 \end{bmatrix} = \begin{bmatrix} 4 \\ -5 \\ 2 \end{bmatrix}$

(41-45) $A^T = A$인 정방행렬을 대칭행렬이라고 하듯이 $A^T = -A$인 정방행렬 A를 ***반대칭행렬****(skew-symmetric matrix)이라고 한다.* ***41-45****는 이러한 형태의 행렬에 관한 문제이다.*

41. 행렬 A가 반대칭행렬이 되도록 빈 부분(× 표시)을 채워라.

a. $A = \begin{bmatrix} \times & \times & 4 \\ 0 & \times & \times \\ \times & -1 & \times \end{bmatrix}$ **b.** $A = \begin{bmatrix} \times & 0 & \times \\ \times & \times & -4 \\ 8 & \times & \times \end{bmatrix}$

42. A가 반대칭행렬이 되도록 a, b, c, d의 값을 찾아라.

$$A = \begin{bmatrix} 0 & 2a - 3b + c & 3a - 5b + 5c \\ -2 & 0 & 5a - 8b + 6c \\ -3 & -5 & d \end{bmatrix}$$

43. 이 책에서 대칭행렬들의 곱이 대칭행렬이기 위한 필요충분조건은 행렬의 곱셈에 대한 교환법칙이 성립해야 한다는 것임을 보았다. 교환법칙이 성립하는 반대칭행렬들의 곱은 반대칭행렬이 되는가? 이를 설명하라.

증명 문제

44. 모든 정방행렬 A는 대칭행렬과 반대칭행렬의 합으로 나타낼 수 있음을 증명하라. [*힌트*: $A = \frac{1}{2}(A + A^T) + \frac{1}{2}(A - A^T)$를 참고하라.]

45. 반대칭행렬에 관한 다음을 증명하라.

a. A가 가역인 반대칭행렬이면 A^{-1}도 반대칭행렬이다.

b. A와 B가 반대칭행렬이면 A^T, $A + B$, $A - B$, kA(임의의 스칼라 k)도 모두 반대칭행렬이다.

46. 행렬 A와 B가 둘 다 상삼각행렬이거나 하삼각행렬이면 AB나 BA 모두 대각원소들이 A와 B의 대각원소들의 곱임을 증명하라.

47. 다음을 증명하라: $A^TA = A$이면 A는 대칭행렬이고 $A = A^2$이다.

참-거짓 문제

TF. (a)-(m)이 참인지 거짓인지를 밝히고 그 이유를 설명하라.

a. 대각행렬의 전치행렬은 대각행렬이다.

b. 상삼각행렬의 전치행렬은 상삼각행렬이다.

c. 상삼각행렬과 하삼각행렬의 합은 대각행렬이다.

d. 대칭행렬의 모든 원소들은 주대각선상의 원소들과 그 위

쪽에 있는 원소들에 의해서 결정된다.

e. 상삼각행렬의 모든 원소들은 주대각선상의 원소들과 그 위쪽에 있는 원소들에 의해서 결정된다.

f. 가역인 하삼각행렬의 역행렬은 상삼각행렬이다.

g. 대각행렬이 가역이기 위한 필요충분조건은 그것의 대각선상의 원소들이 모두 양수인 것이다.

h. 대각행렬과 하삼각행렬의 합은 하삼각행렬이다.

i. 대칭행렬이면서 동시에 상삼각행렬인 행렬은 대각행렬이다.

j. $A + B$가 대칭행렬인 $n \times n$ 행렬 A와 B는 대칭행렬이다.

k. $A + B$가 상삼각행렬인 $n \times n$ 행렬 A와 B는 상삼각행렬이다.

l. A^2가 대칭행렬이면 A도 대칭행렬이다.

m. $k \neq 0$인 임의의 상수에 대해서 kA가 대칭행렬이면 A도 대칭행렬이다.

계산도구 문제

T1. 1.5절의 연습문제 T1에서 언급한 공식으로 시작해서 "블록 대각" 행렬

$$\begin{bmatrix} D_1 & 0 \\ 0 & D_2 \end{bmatrix}$$

의 역행렬을 구하는 공식을 제안하라. 이때 D_1, D_2는 가역이다. 그 결과를 활용하여 다음 행렬의 역행렬을 구하라.

$$M = \begin{bmatrix} 1.24 & 2.37 & 0 & 0 \\ 3.08 & -1.01 & 0 & 0 \\ 0 & 0 & 2.76 & 4.92 \\ 0 & 0 & 3.23 & 5.54 \end{bmatrix}$$

1.8 선형변환의 소개

지금까지는 행렬을 간단히 숫자들의 직사각형 배열로 취급했고 기본적으로 그것의 대수적 성질에 대해서만 공부했다. 이 절에서는 행렬을 완전히 다른 측면에서 살펴볼 것이다. 여기서는 행렬이 행렬곱을 통하여 한 벡터를 다른 벡터로 변환 또는 사상하는 데 어떻게 사용되는지를 알아본다. 이는 앞으로 이어지는 내용의 기초가 될 것이다.

1.1절에서 "n중 순서쌍"을 실수 n개의 수열로 정의하였고 n개의 미지수를 갖는 연립일차방정식의 해

$$x_1 = s_1, \quad x_2 = s_2, \ldots, \quad x_n = s_n$$

는 n중 순서쌍

$$(s_1, s_2, \cdots, s_n) \tag{1}$$

으로 나타낼 수 있다. 또한, $n = 2$이면 순서쌍, $n = 3$이면 삼중 순서쌍이라고 했다. 두 개의 n중 순서쌍이 같다는 것은 같은 순서에 있는 원소들이 같다는 것을 뜻한다. 그러므로, (1, 2)와 (2, 1)은 다른 순서쌍이다.

> "벡터"라는 용어는 수학, 물리학, 공학에서 다양한 방식으로 사용된다. 벡터를 n중 순서쌍으로 보는 관점은 3장에서 보다 상세하게 논한다. 거기서 이 개념이 보다 친숙한 벡터의 개념과 어떻게 관련되는지도 설명될 것이다.

실수들의 n중 순서쌍들의 집합을 R^n이라고 한다. R^n의 원소들을 ***벡터***(vector)라고 하고, **a**, **b**, **v**, **w**, **x**처럼 굵은 문자로 나타낸다. 편의에 따라 n중 순서쌍을 열벡터로 나타낼 수도 있다. 예를 들면 (1) 대신 행렬

$$\begin{bmatrix} s_1 \\ s_2 \\ \vdots \\ s_n \end{bmatrix} \tag{2}$$

을 사용할 수 있다. (1)을 ***쉼표 구분형***(comma-delimited form)이라 하고 (2)는 ***열벡터형***(column-vector form)이라고 한다. 각 $i = 1, 2, \cdots, n$에 대해서 $\mathbf{e}_i$를 i번째의 원소는 1이고 나머지는 0인 R^n의 벡터라고 하자. 이들 벡터의 열벡터형은 다음과 같다.

$$\mathbf{e}_1 = \begin{bmatrix} 1 \\ 0 \\ 0 \\ \vdots \\ 0 \end{bmatrix}, \quad \mathbf{e}_2 = \begin{bmatrix} 0 \\ 1 \\ 0 \\ \vdots \\ 0 \end{bmatrix}, \ldots, \quad \mathbf{e}_n = \begin{bmatrix} 0 \\ 0 \\ 0 \\ \vdots \\ 1 \end{bmatrix}$$

$\mathbf{e}_1, \mathbf{e}_2, \cdots, \mathbf{e}_n$을 R^n의 ***표준기저벡터***(standard basis vectors)라고 한다. 예를 들어

$$\mathbf{e}_1 = \begin{bmatrix} 1 \\ 0 \\ 0 \end{bmatrix}, \quad \mathbf{e}_2 = \begin{bmatrix} 0 \\ 1 \\ 0 \end{bmatrix}, \quad \mathbf{e}_3 = \begin{bmatrix} 0 \\ 0 \\ 1 \end{bmatrix}$$

는 R^3의 표준기저벡터들이다.

R^n에서 $\mathbf{e}_1, \mathbf{e}_2, \cdots, \mathbf{e}_n$를 "기저벡터"라고 하는 이유는 R^n에 있는 모든 다른 벡터들이 이들의 선형결합으로 유일하게 표현할 수 있기 때문이다. 예를 들어

$$\mathbf{x} = \begin{bmatrix} x_1 \\ x_2 \\ \vdots \\ x_n \end{bmatrix}$$

은 다음과 같이 나타낼 수 있다.

$$\mathbf{x} = x_1\mathbf{e}_1 + x_2\mathbf{e}_2 + \cdots + x_n\mathbf{e}_n$$

함수와 변환

함수(function)란 집합 A에 있는 각 원소를 집합 B의 단 하나의 원소에 대응시키는 규칙이라는 것을 상기하자. f가 원소 a를 원소 b에 대응시킬 때

$$b = f(a)$$

로 표기하고 b를 f에 의한 a의 ***상***(image), 또는 a에서 f의 ***값***(value)이라 한다. 집합 A를 f의 ***정의역***(domain)이라고 하고 집합 B를 f의 ***공역***(codomain)이라 한다(**그림 1.8.1**). 정의역에 있는 원소들의 모든 상으로 구성된 공역의 부분집합을 f의 ***치역***(range)이라고 한다.

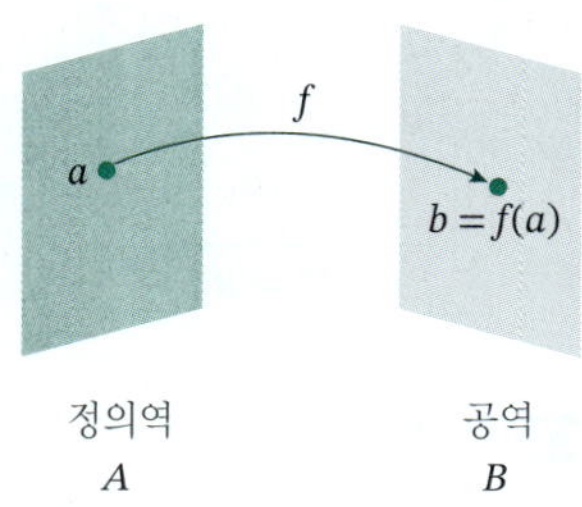

그림 1.8.1

많은 경우에 함수의 정의역과 공역은 실수집합이지만 여기서의 함수는 정의역을 R^n, 공역을 R^m으로 갖는다. 이 함수를 나타내기 위해 보통 대문자 이탤릭체 T를 사용한다.

정의 1

T가 정의역이 R^n이고 공역이 R^m인 함수일 때, T를 R^n에서 R^m으로의 ***변환***(transformation)이라고 한다. 또한 T는 R^n을 R^m으로 ***사상***(map)한다고 하며, 다음과 같이 표기한다.

$$T : R^n \to R^m$$

$n = m$인 특수한 경우에 변환을 R^n에서의 ***연산자***(operator)라고 한다.

행렬변환

이 절에서는 연립일차방정식에서 발생하는 R^n에서 R^m으로의 변환에 관하여 다룬다. 특별히 연립일차방정식

$$\begin{aligned} w_1 &= a_{11}x_1 + a_{12}x_2 + \cdots + a_{1n}x_n \\ w_2 &= a_{21}x_1 + a_{22}x_2 + \cdots + a_{2n}x_n \\ &\ \ \vdots \qquad \vdots \qquad\quad \vdots \qquad\qquad\quad \vdots \\ w_m &= a_{m1}x_1 + a_{m2}x_2 + \cdots + a_{mn}x_n \end{aligned} \tag{3}$$

은

$$\begin{bmatrix} w_1 \\ w_2 \\ \vdots \\ w_m \end{bmatrix} = \begin{bmatrix} a_{11} & a_{12} & \cdots & a_{1n} \\ a_{21} & a_{22} & \cdots & a_{2n} \\ \vdots & \vdots & & \vdots \\ a_{m1} & a_{m2} & \cdots & a_{mn} \end{bmatrix} \begin{bmatrix} x_1 \\ x_2 \\ \vdots \\ x_n \end{bmatrix} \tag{4}$$

와 같이 행렬기호로 표기할 수도 있고 또한 다음과 같이 더 간단하게 표기할 수도 있다.

$$\mathbf{w} = A\mathbf{x} \tag{5}$$

지금까지는 (5)를 (3)을 간단하게 쓰는 방법으로만 보았다. 이 식을 보는 또 하나의 방식은 R^n에 있는 벡터 $\mathbf{x}$를 $\mathbf{x}$의 왼쪽에 A를 곱하여 R^m에 속하는 $\mathbf{w}$벡터로 변환하는 것으로 보는 것이다. 이것을 ***행렬변환***(matrix transformation)[또는 $n = m$일 때 ***행렬 연산자***(matrix operator)]이라고 하고

$$T_A : R^n \to R^m$$

으로 표기한다(**그림 1.8.2**). 이 표기는 정의역과 공역을 명확히 하는 것이 중요한 경우에 유용하다. T_A의 아래첨자는 변환이 R^n에 속한 벡터에 행렬 A를 곱하는 것이라는 것을 강조하기 위해서 사용된다. 정의역과 공역을 구체적으로 언급할 필요가 없을 때는 (5)를 다음과 같이

$$\mathbf{w} = T_A(\mathbf{x}) \tag{6}$$

으로 나타낸다. 변환 T_A를 ***A에 의한 곱***이라고 한다. 가끔 (6)을 도식화하여

$$\mathbf{x} \xrightarrow{T_A} \mathbf{w} \tag{7}$$

로 표현하는 것이 편리할 때가 있는데 이를 "T_A가 $\mathbf{x}$를 $\mathbf{w}$로 사상한다"라고 읽는다.

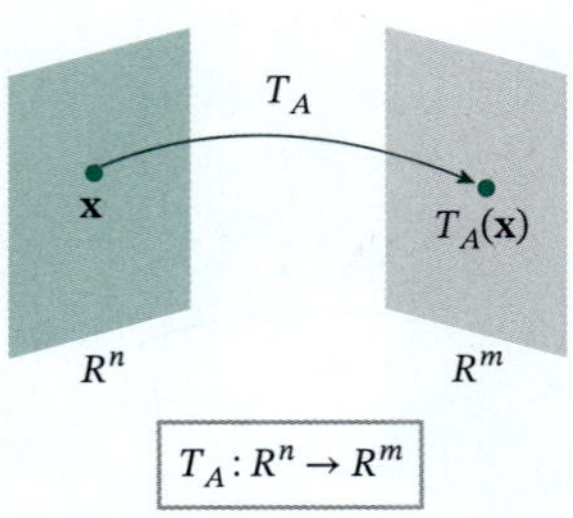

그림 1.8.2

예제 1 | R^4에서 R^3으로의 행렬변환

방정식

$$\begin{aligned} w_1 &= 2x_1 - 3x_2 + x_3 - 5x_4 \\ w_2 &= 4x_1 + x_2 - 2x_3 + x_4 \\ w_3 &= 5x_1 - x_2 + 4x_3 \end{aligned} \tag{8}$$

로 정의되는 R^4에서 R^3으로의 변환은 행렬 형태

$$\begin{bmatrix} w_1 \\ w_2 \\ w_3 \end{bmatrix} = \begin{bmatrix} 2 & -3 & 1 & -5 \\ 4 & 1 & -2 & 1 \\ 5 & -1 & 4 & 0 \end{bmatrix} \begin{bmatrix} x_1 \\ x_2 \\ x_3 \\ x_4 \end{bmatrix}$$

로 나타낼 수 있고 이로부터 이 변환은 다음 행렬 A에 의한 곱으로 해석될 수 있다.

$$A = \begin{bmatrix} 2 & -3 & 1 & -5 \\ 4 & 1 & -2 & 1 \\ 5 & -1 & 4 & 0 \end{bmatrix} \tag{9}$$

R^4의 임의의 벡터

$$\mathbf{x} = \begin{bmatrix} x_1 \\ x_2 \\ x_3 \\ x_4 \end{bmatrix}$$

의 변환 T_A에 의한 상을 방정식 (8)에서 직접 계산하여 구할 수도 있지만 (9)의 행렬을 사용하여 구하는 것이 더 편리하다. 예를 들어

$$\mathbf{x} = \begin{bmatrix} 1 \\ -3 \\ 0 \\ 2 \end{bmatrix}$$

일 때 (9)로부터 다음과 같이 계산된다.

$$T_A(\mathbf{x}) = A\mathbf{x} = \begin{bmatrix} 2 & -3 & 1 & -5 \\ 4 & 1 & -2 & 1 \\ 5 & -1 & 4 & 0 \end{bmatrix} \begin{bmatrix} 1 \\ -3 \\ 0 \\ 2 \end{bmatrix} = \begin{bmatrix} 1 \\ 3 \\ 8 \end{bmatrix}$$

예제 2 | 영변환

0을 $m \times n$ 0행렬이라고 하면

$$T_0(\mathbf{x}) = 0\mathbf{x} = \mathbf{0}$$

이다. 즉, 영을 곱하는 것은 R^n에 있는 모든 벡터를 R^m에 있는 영벡터로 사상하는 것이다. 이때 T_0을 R^n에서 R^m으로의 ***영변환***(zero transformation)이라고 한다.

예제 3 | 단위 연산자

I를 $n \times n$ 단위행렬이라고 하면

$$T_I(\mathbf{x}) = I\mathbf{x} = \mathbf{x}$$

이다. 즉, I에 의한 곱은 R^n에 있는 모든 벡터를 자기 자신으로 사상한다. 이때 T_I를 R^n에서의 ***단위 연산자***(identity operator)라고 한다.

행렬변환의 성질

다음 정리는 행렬 곱셈의 성질로부터 온 행렬변환의 네 가지 기본 성질을 기술한 것이다.

정리 1.8.1

모든 행렬 A에 대해서 행렬변환 $T_A : R^n \to R^m$은 모든 벡터 $\mathbf{u}$와 $\mathbf{v}$, 그리고 스칼라 k에 대해 다음과 같은 성질을 갖는다.

(a) $T_A(\mathbf{0}) = \mathbf{0}$

(b) $T_A(k\mathbf{u}) = kT_A(\mathbf{u})$ **[동질성]**

(c) $T_A(\mathbf{u} + \mathbf{v}) = T_A(\mathbf{u}) + T_A(\mathbf{v})$ **[합의 성질]**

(d) $T_A(\mathbf{u} - \mathbf{v}) = T_A(\mathbf{u}) - T_A(\mathbf{v})$

증명 위의 네 가지 성질은 정리 1.4.1에 있는 행렬의 대수적 성질을 변환의 관점에서 다시 서술한 것이다.

$$A\mathbf{0} = \mathbf{0}, \quad A(k\mathbf{u}) = k(A\mathbf{u}), \quad A(\mathbf{u}+\mathbf{v}) = A\mathbf{u} + A\mathbf{v}, \quad A(\mathbf{u}-\mathbf{v}) = A\mathbf{u} - A\mathbf{v} \quad ■$$

정리 1.8.1의 (b)와 (c)로부터 행렬변환은 R^n에 있는 벡터들의 선형결합을 R^m에 있는 대응하는 벡터들의 선형결합으로 사상한다. 즉,

$$\boxed{T_A(k_1\mathbf{u}_1 + k_2\mathbf{u}_2 + \cdots + k_r\mathbf{u}_r) = k_1T_A(\mathbf{u}_1) + k_2T_A(\mathbf{u}_2) + \cdots + k_rT_A(\mathbf{u}_r)} \quad (10)$$

행렬변환만이 변환인 것은 아니다. 예를 들어

$$\begin{aligned} w_1 &= x_1^2 + x_2^2 \\ w_2 &= x_1x_2 \end{aligned} \quad (11)$$

이면 다음을 만족하는 a, b, c, d는 없다.

$$\begin{bmatrix} w_1 \\ w_2 \end{bmatrix} = \begin{bmatrix} a & b \\ c & d \end{bmatrix} \begin{bmatrix} x_1 \\ x_2 \end{bmatrix} = \begin{bmatrix} x_1^2 + x_2^2 \\ x_1x_2 \end{bmatrix}$$

그러므로 (11)의 방정식은 R^2에서 R^2으로의 행렬변환이 될 수 없다.

이것은 다음 두 질문으로 이끈다.

질문 1. $T : R^n \to R^m$이 행렬변환인지 판단할 수 있는 대수적 성질이 있는가?

질문 2. 만약 $T : R^n \to R^m$이 행렬변환이라면 $T = T_A$가 되는 행렬 A는 어떻게 찾을 수 있는가?

다음 정리와 그것의 증명이 위의 질문에 대한 답을 준다.

정리 1.8.2

$T : R^n \to R^m$이 행렬변환이기 위한 필요충분조건은 R^n에 있는 모든 벡터 $\mathbf{u}$와 $\mathbf{v}$, 임의의 스칼라 k에 대해서 다음 관계가 만족되는 것이다.
(i) $T(\mathbf{u}+\mathbf{v}) = T(\mathbf{u}) + T(\mathbf{v})$ **[합의 성질]**
(ii) $T(k\mathbf{u}) = kT(\mathbf{u})$ **[동질성]**

증명 만약 T가 행렬변환이라면 (i)과 (ii)의 성질은 정리 1.8.1의 (*c*)와 (*d*)로부터 얻을 수 있다.

반대로 성질 (i)과 (ii)가 성립한다고 하면 R^n에 있는 모든 벡터 $\mathbf{x}$에 대해서

$$T(\mathbf{x}) = A\mathbf{x}$$

를 만족하는 $m \times n$ 행렬 A가 존재함을 보여야 한다. 공식 (10)은 T_A의 합의 성질과 동질성만을 사용해서 나온 것이다. T도 그러한 성질을 가졌다고 가정하기 때문에 모든 스칼라 $k_1, k_2, \cdots, k_r$과 R^n에 있는 모든 벡터 $\mathbf{u}_1, \mathbf{u}_2, \cdots, \mathbf{u}_r$에 대해서 다음이 성립한다.

$$T(k_1\mathbf{u}_1 + k_2\mathbf{u}_2 + \cdots + k_r\mathbf{u}_r) = k_1T(\mathbf{u}_1) + k_2T(\mathbf{u}_2) + \cdots + k_rT(\mathbf{u}_r) \tag{12}$$

이제 A를 다음과 같은 행렬이라고 하자.

$$A = [T(\mathbf{e}_1) \mid T(\mathbf{e}_2) \mid \cdots \mid T(\mathbf{e}_n)] \tag{13}$$

여기서 $\mathbf{e}_1, \mathbf{e}_2, \cdots, \mathbf{e}_n$는 R^n의 표준기저벡터이다. 정리 1.3.1에 의해서 $A\mathbf{x}$는 계수가 $\mathbf{x}$의 원소 $x_1, x_2, \cdots, x_n$인, A의 열벡터들의 선형결합이다. 즉,

$$A\mathbf{x} = x_1T(\mathbf{e}_1) + x_2T(\mathbf{e}_2) + \cdots + x_nT(\mathbf{e}_n)$$

공식 (10)을 이용하여 이것을 다음과 같이 다시 쓸 수 있다.

$$A\mathbf{x} = T(x_1\mathbf{e}_1 + x_2\mathbf{e}_2 + \cdots + x_n\mathbf{e}_n) = T(\mathbf{x})$$

여기서 증명이 완료된다. ■

정리 1.8.2에 있는 두 성질을 ***선형성 조건***(linearity condition)이라고 하며 이 조건을 만족하는 변환을 ***선형변환***(linear transformation)이라고 한다. 이 용어를 사용하여 정리 1.8.2를 다음과 같이 다시 쓸 수 있다.

정리 1.8.3

R^n에서 R^m으로 가는 모든 선형변환은 행렬변환이다. 역으로 R^n에서 R^m으로 가는 모든 행렬변환은 선형변환이다.

한마디로 이 정리는 R^n에서 R^m으로 가는 모든 선형변환과 행렬변환은 동의어라고 말하고 있다.

n중 순서쌍과 m중 순서쌍이 벡터인지 점인지에 따라 기하적 효과는 행렬변환 $T_A : R^n \to R^m$의 R^n에 있는 각 벡터가(점이) R^m에 있는 벡터로(점으로) 사상된다는 것이다 (**그림 1.8.3**).

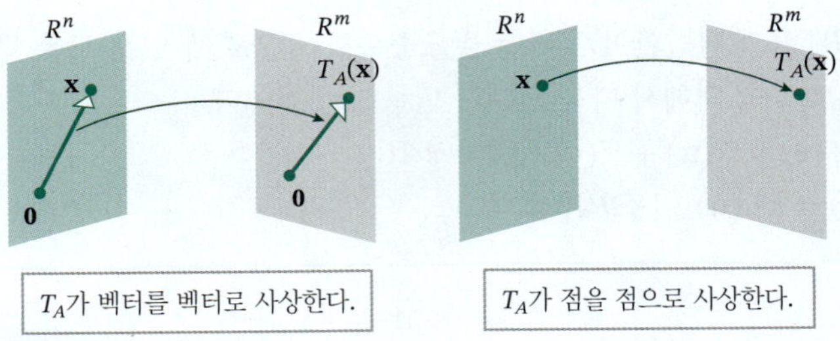

그림 1.8.3

다음 정리는 만약 R^n에서 R^m으로 가는 두 행렬변환이 R^n의 모든 점에 대해서 같은 상을 갖는다면 행렬 자체가 같다는 것을 보여 준다.

정리 1.8.4

$T_A : R^n \to R^m$과 $T_B : R^n \to R^m$이 행렬변환이고 모든 R^n에 있는 $\mathbf{x}$에 대해서 $T_A(\mathbf{x}) = T_B(\mathbf{x})$이면 $A = B$이다.

증명 R^n에 있는 각 벡터에 대해서 $T_A(\mathbf{x}) = T_B(\mathbf{x})$인 것은 R^n에 있는 모든 벡터 $\mathbf{x}$에 대해서

$$A\mathbf{x} = B\mathbf{x}$$

인 것과 같다. 이것은 참이다. 특별히 $\mathbf{x}$가 R^n에 있는 표준기저벡터 $\mathbf{e}_1, \mathbf{e}_2, \cdots, \mathbf{e}_n$이면

$$A\mathbf{e}_j = B\mathbf{e}_j \quad (j = 1, 2, \ldots, n) \tag{14}$$

이다. $\mathbf{e}_j$의 모든 원소는 0이고 j번째만 1이므로 정리 1.3.1로부터 $A\mathbf{e}_j$는 A의 j번째 열이고 $B\mathbf{e}_j$는 B의 j번째 열이다. 그러므로 (14)는 A와 B의 대응되는 열이 모두 같음을 의미하고 따라서 $A = B$이다. ■

정리 1.8.4는 중요한데 그 이유는 $m \times n$ 행렬과 R^n에서 R^m으로 가는 행렬변환 사이에 *일대일 대응관계*가 있다는 것을 말해 주기 때문이다. 다시 말해 $m \times n$ 행렬 A는 정확하게 하나의 행렬변환을 생성하고 모든 R^n에서 R^m으로 가는 행렬변환은 정확하게 하나의 $m \times n$ 행렬을 생성한다. 이 행렬을 변환에 대한 ***표준행렬***(standard matrix)이라고 부른다.

표준행렬을 구하는 절차

정리 1.8.2를 증명하는 과정에서 공식 (13)이 보여 주듯이 R^n에 있는 $\mathbf{e}_1, \mathbf{e}_2, \cdots, \mathbf{e}_n$이 표준기저벡터이면(열 형태) 선형변환 $T: R^n \to R^m$의 표준행렬은 다음과 같다.

$$\boxed{A = [T(\mathbf{e}_1) \mid T(\mathbf{e}_2) \mid \cdots \mid T(\mathbf{e}_n)]} \tag{15}$$

이 공식은 R^n에서 R^m으로 가는 선형변환의 핵심적인 성질을 드러낸다. 즉, 이 변환은 R^n

의 표준기저벡터에 적용하면 완전히 결정된다. 이런 변환에 대한 표준행렬을 구하기 위하여 다음 절차를 따른다.

행렬변환에 대한 표준행렬 구하기

단계 1. R^n의 표준기저벡터 $\mathbf{e}_1, \mathbf{e}_2, \cdots, \mathbf{e}_n$의 상을 구한다.

단계 2. 단계 1에서 얻은 상을 연속되는 열로 갖는 행렬을 구한다. 이 행렬이 변환에 대한 표준행렬이다.

예제 4 | 표준행렬 구하기

선형변환 $T : R^2 \to R^3$가 다음과 같이 주어질 때 표준행렬 A를 구하라.

$$T\left(\begin{bmatrix} x_1 \\ x_2 \end{bmatrix}\right) = \begin{bmatrix} 2x_1 + x_2 \\ x_1 - 3x_2 \\ -x_1 + x_2 \end{bmatrix} \tag{16}$$

풀이 다음은 독자가 확인하기 바란다.

$$T(\mathbf{e}_1) = T\left(\begin{bmatrix} 1 \\ 0 \end{bmatrix}\right) = \begin{bmatrix} 2 \\ 1 \\ -1 \end{bmatrix}, \quad T(\mathbf{e}_2) = T\left(\begin{bmatrix} 0 \\ 1 \end{bmatrix}\right) = \begin{bmatrix} 1 \\ -3 \\ 1 \end{bmatrix}$$

따라서 식 (15)와 (16)으로부터 다음과 같은 표준행렬을 얻는다.

$$A = [T(\mathbf{e}_1) \mid T(\mathbf{e}_2)] = \begin{bmatrix} 2 & 1 \\ 1 & -3 \\ -1 & 1 \end{bmatrix}$$

다음을 확인할 수 있다.

$$A\begin{bmatrix} x_1 \\ x_2 \end{bmatrix} = \begin{bmatrix} 2 & 1 \\ 1 & -3 \\ -1 & 1 \end{bmatrix}\begin{bmatrix} x_1 \\ x_2 \end{bmatrix} = \begin{bmatrix} 2x_1 + x_2 \\ x_1 - 3x_2 \\ -x_1 + x_2 \end{bmatrix}$$

이것이 A를 곱하는 것이 변환 T와 같은 결과를 줌을 보여 준다.

예제 5 | 표준행렬 계산

예제 4에 있는 선형변환에 대해서 행렬 A를 사용하여 다음의 값을 구하라.

$$T\left(\begin{bmatrix} 1 \\ 4 \end{bmatrix}\right)$$

풀이 변환은 A를 곱하는 것과 같으므로

$$T\left(\begin{bmatrix} 1 \\ 4 \end{bmatrix}\right) = \begin{bmatrix} 2 & 1 \\ 1 & -3 \\ -1 & 1 \end{bmatrix}\begin{bmatrix} 1 \\ 4 \end{bmatrix} = \begin{bmatrix} 6 \\ -11 \\ 3 \end{bmatrix}$$

예제 5의 결과를 (13)의 변수에 수치를 대입하여 구할 수도 있지만, 컴퓨터 계산을 해야 하는 대규모 문제에는 행렬곱 방법이 선호된다.

쉼표 구분형으로 주어진 변환 문제에는, 문제를 열-벡터 형태로 다시 쓴 후 앞에 예시된 방법을 사용하는 것이 좋다.

예제 6 | 표준행렬 구하기

변환 $T(x_1, x_2) = (3x_1 + x_2, 2x_1 - 4x_2)$를 열-벡터 형태로 나타내고 그것의 표준행렬을 구하라.

풀이

$$T\left(\begin{bmatrix} x_1 \\ x_2 \end{bmatrix}\right) = \begin{bmatrix} 3x_1 + x_2 \\ 2x_1 - 4x_2 \end{bmatrix} = \begin{bmatrix} 3 & 1 \\ 2 & -4 \end{bmatrix}\begin{bmatrix} x_1 \\ x_2 \end{bmatrix}$$

그러므로 표준행렬은 $\begin{bmatrix} 3 & 1 \\ 2 & -4 \end{bmatrix}$이다.

예제 7 |

선형변환 $T : R^2 \to R^2$가 다음과 같이 주어졌을 때 표준행렬 A를 구하라.

$$T\left(\begin{bmatrix} -1 \\ 1 \end{bmatrix}\right) = \begin{bmatrix} -5 \\ 5 \end{bmatrix},\quad T\left(\begin{bmatrix} 2 \\ -1 \end{bmatrix}\right) = \begin{bmatrix} 7 \\ -6 \end{bmatrix} \tag{17}$$

풀이 우리의 목표는 표준기저벡터의 상을 구해서 공식 (15)를 이용하여 표준행렬을 찾는 것이다. 다음 $\begin{bmatrix} -1 \\ 1 \end{bmatrix}$과 $\begin{bmatrix} 2 \\ -1 \end{bmatrix}$ 벡터들을 표준기저벡터의 선형결합 형태로 다시 쓴다. 이는 벡터 방정식

$$\begin{bmatrix} 1 \\ 0 \end{bmatrix} = c_1\begin{bmatrix} -1 \\ 1 \end{bmatrix} + c_2\begin{bmatrix} 2 \\ -1 \end{bmatrix},\qquad \begin{bmatrix} 0 \\ 1 \end{bmatrix} = k_1\begin{bmatrix} -1 \\ 1 \end{bmatrix} + k_2\begin{bmatrix} 2 \\ -1 \end{bmatrix} \tag{18}$$

로 이어지며, 위 식은 다시 아래와 같이 쓸 수 있다.

$$\begin{bmatrix} -1 & 2 \\ 1 & -1 \end{bmatrix}\begin{bmatrix} c_1 \\ c_2 \end{bmatrix} = \begin{bmatrix} 1 \\ 0 \end{bmatrix},\qquad \begin{bmatrix} -1 & 2 \\ 1 & -1 \end{bmatrix}\begin{bmatrix} k_1 \\ k_2 \end{bmatrix} = \begin{bmatrix} 0 \\ 1 \end{bmatrix}$$

이 연립방정식은 같은 계수행렬을 갖고 있기 때문에 1.6절의 예제 2의 방법을 사용하여 동시에 해를 구할 수 있다. $c_1 = 1$, $c_2 = 1$, $k_1 = 2$, $k_2 = 1$임은 독자가 확인하기 바란다. (18)에 위의 값을 대입하고 T의 선형성을 사용하여 다음을 얻을 수 있다.

$$T\left(\begin{bmatrix} 1 \\ 0 \end{bmatrix}\right) = T\left(\begin{bmatrix} -1 \\ 1 \end{bmatrix}\right) + T\left(\begin{bmatrix} 2 \\ -1 \end{bmatrix}\right) = \begin{bmatrix} -5 \\ 5 \end{bmatrix} + \begin{bmatrix} 7 \\ -6 \end{bmatrix} = \begin{bmatrix} 2 \\ -1 \end{bmatrix}$$

$$T\left(\begin{bmatrix} 0 \\ 1 \end{bmatrix}\right) = 2T\left(\begin{bmatrix} -1 \\ 1 \end{bmatrix}\right) + T\left(\begin{bmatrix} 2 \\ -1 \end{bmatrix}\right) = \begin{bmatrix} -10 \\ 10 \end{bmatrix} + \begin{bmatrix} 7 \\ -6 \end{bmatrix} = \begin{bmatrix} -3 \\ 4 \end{bmatrix}$$

이제 공식 (15)로부터 T의 표준행렬을 얻을 수 있다.

$$A = \begin{bmatrix} 2 & -3 \\ -1 & 4 \end{bmatrix}$$

(17)을 입증하기 위해서 A에 대한 곱셈을 하여 결과를 확인할 수 있다.

참고 이 절은 선형변환을 배우는 첫 단계일 뿐만 아니라 이 교재의 중요한 주제 중의 하나이다. 이 주제에 대해서는 4장에서 좀 더 심도 있게 다룰 예정인데 거기서 보다 많은 배경지식과 더 풍부한 예들이 제공될 것이다.

벡터공간 R^2와 R^3에서 변환하는 많은 방법이 있지만 행렬변환으로 나타낼 수 있는 가장 중요한 몇 가지를 살펴볼 것이다. 예를 들어, 원점 중심의 회전, 원점을 지나는 직선이나 평면에 대한 반사, 원점을 지나는 직선이나 평면에 대한 사영 등은 2×2 또는 3×3 행렬 연산자로 표현될 수 있다.

반사 연산자

R^2와 R^3에서 가장 기본적인 행렬 연산자 중의 하나는 각 점을 원점을 지나는 고정된 직선 또는 평면에 대해 대칭인 상(symmetric image)으로 사상하는 연산자이다. 이를 ***반사 연산자***(reflection operator)라고 한다. **표 1**은 R^2의 좌표축과 직선 $y = x$에 대한 반사의 표준행렬을 나타내고, **표 2**는 R^3의 좌표평면에 대한 반사의 표준행렬로 나타낸 것이다. 각 경우에 표준행렬은 표준기저벡터의 상을 찾은 후 그 상을 열로 바꾸고 이 열벡터들을 연속적으로 배열하여 구한다.

사영 연산자

R^2와 R^3에서 각 점을 원점을 지나는 고정된 직선 또는 평면에 대해 정사영하여 사상하는 연산자를 ***사영 연산자***(projection operator) 또는 ***정사영 연산자***(orthogonal projection operator)라고 한다. **표 3**은 R^2의 좌표축으로의 정사영의 표준행렬을 나타내고, **표 4**는 R^3의 좌표평면으로의 정사영의 표준행렬을 나타낸다.

표 1

연산자	예시	$\mathbf{e}_1$, $\mathbf{e}_2$의 상	표준행렬
x축에 대한 반사 $T(x, y) = (x, -y)$	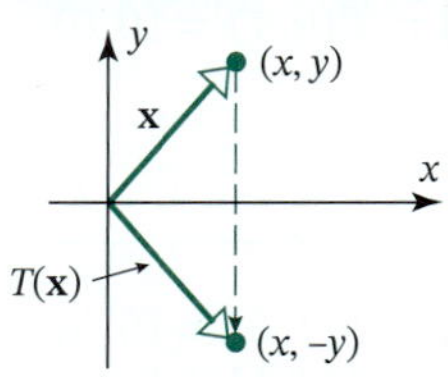	$T(\mathbf{e}_1) = T(1, 0) = (1, 0)$ $T(\mathbf{e}_2) = T(0, 1) = (0, -1)$	$\begin{bmatrix} 1 & 0 \\ 0 & -1 \end{bmatrix}$
y축에 대한 반사 $T(x, y) = (-x, y)$	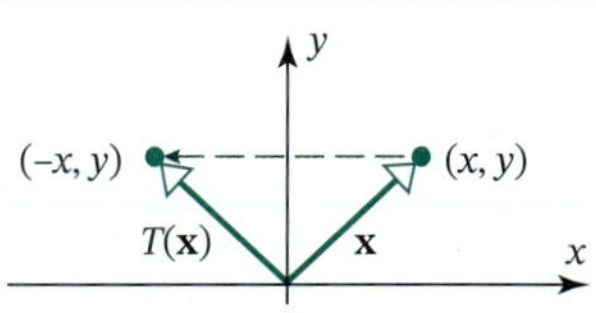	$T(\mathbf{e}_1) = T(1, 0) = (-1, 0)$ $T(\mathbf{e}_2) = T(0, 1) = (0, 1)$	$\begin{bmatrix} -1 & 0 \\ 0 & 1 \end{bmatrix}$
직선 $y = x$에 대한 반사 $T(x, y) = (y, x)$	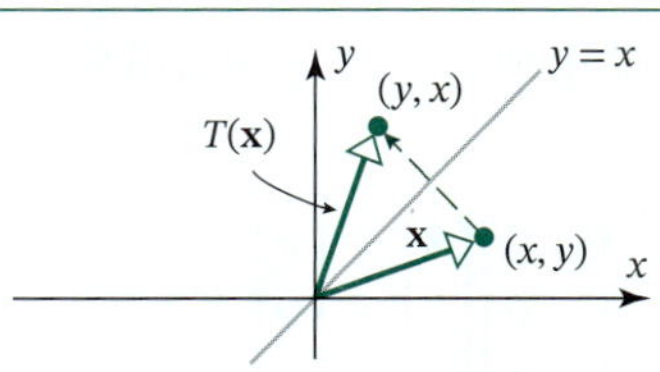	$T(\mathbf{e}_1) = T(1, 0) = (0, 1)$ $T(\mathbf{e}_2) = T(0, 1) = (1, 0)$	$\begin{bmatrix} 0 & 1 \\ 1 & 0 \end{bmatrix}$

표 2

연산자	예시	$\mathbf{e}_1$, $\mathbf{e}_2$, $\mathbf{e}_3$의 상	표준행렬
xy-평면에 대한 반사 $T(x,y,z)=(x,y,-z)$	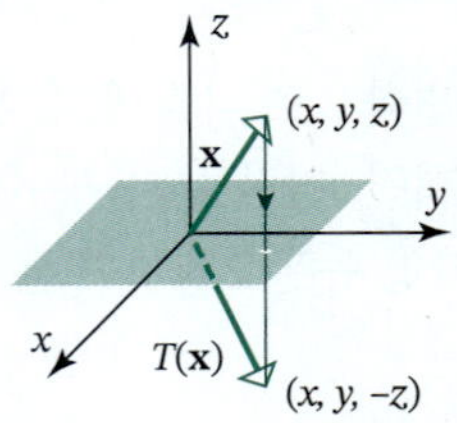	$T(\mathbf{e}_1)=T(1,0,0)=(1,0,0)$ $T(\mathbf{e}_2)=T(0,1,0)=(0,1,0)$ $T(\mathbf{e}_3)=T(0,0,1)=(0,0,-1)$	$\begin{bmatrix}1&0&0\\0&1&0\\0&0&-1\end{bmatrix}$
xz-평면에 대한 반사 $T(x,y,z)=(x,-y,z)$	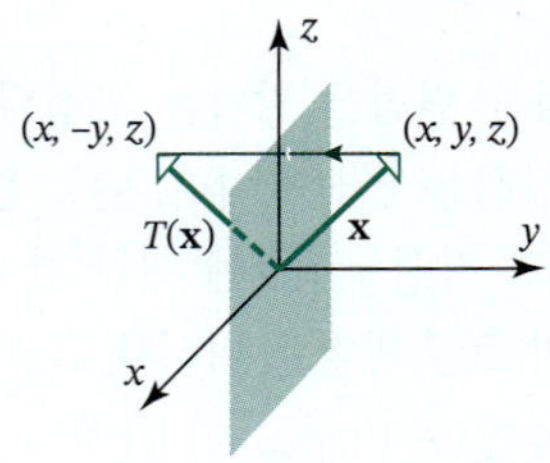	$T(\mathbf{e}_1)=T(1,0,0)=(1,0,0)$ $T(\mathbf{e}_2)=T(0,1,0)=(0,-1,0)$ $T(\mathbf{e}_3)=T(0,0,1)=(0,0,1)$	$\begin{bmatrix}1&0&0\\0&-1&0\\0&0&1\end{bmatrix}$
yz-평면에 대한 반사 $T(x,y,z)=(-x,y,z)$	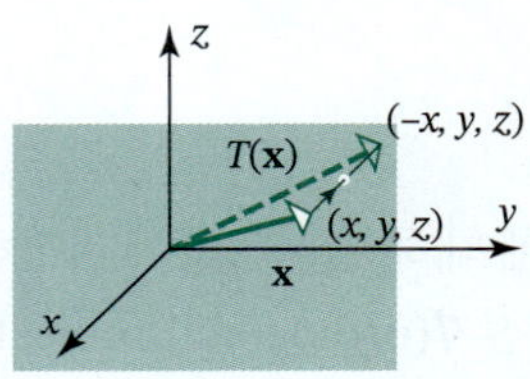	$T(\mathbf{e}_1)=T(1,0,0)=(-1,0,0)$ $T(\mathbf{e}_2)=T(0,1,0)=(0,1,0)$ $T(\mathbf{e}_3)=T(0,0,1)=(0,0,1)$	$\begin{bmatrix}-1&0&0\\0&1&0\\0&0&1\end{bmatrix}$

표 3

연산자	예시	$\mathbf{e}_1$, $\mathbf{e}_2$의 상	표준행렬
x축으로 정사영 $T(x,y)=(x,0)$	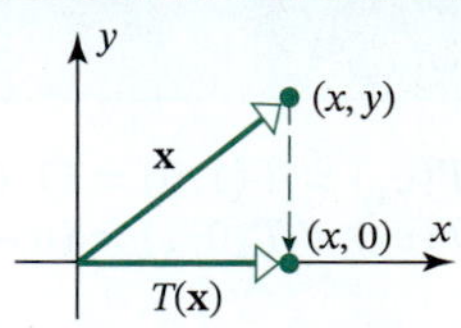	$T(\mathbf{e}_1)=T(1,0)=(1,0)$ $T(\mathbf{e}_2)=T(0,1)=(0,0)$	$\begin{bmatrix}1&0\\0&0\end{bmatrix}$
y축으로 정사영 $T(x,y)=(0,y)$	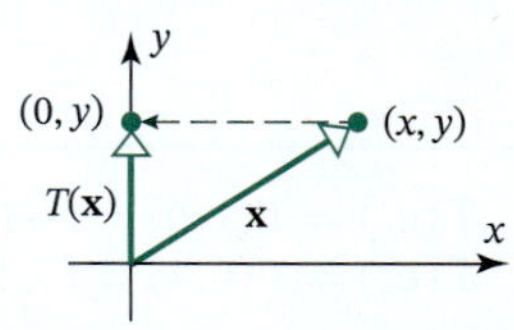	$T(\mathbf{e}_1)=T(1,0)=(0,0)$ $T(\mathbf{e}_2)=T(0,1)=(0,1)$	$\begin{bmatrix}0&0\\0&1\end{bmatrix}$

이 표들에 있는 반사, 정사영에 대한 행렬 곱셈은 기하적으로 너무나 명백해서 따로 계산할 필요가 없다. 예를 들어

$$\begin{bmatrix}1&0&0\\0&0&0\\0&0&1\end{bmatrix}\begin{bmatrix}x\\y\\z\end{bmatrix}=\begin{bmatrix}x\\0\\z\end{bmatrix}$$

표 4

연산자	예시	$\mathbf{e}_1, \mathbf{e}_2, \mathbf{e}_3$의 상	표준행렬
xy-평면에 정사영 $T(x, y, z) = (x, y, 0)$	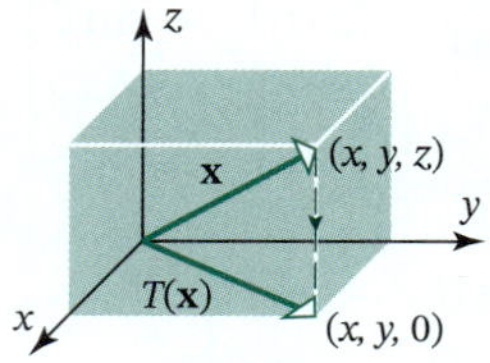	$T(\mathbf{e}_1) = T(1,0,0) = (1,0,0)$ $T(\mathbf{e}_2) = T(0,1,0) = (0,1,0)$ $T(\mathbf{e}_3) = T(0,0,1) = (0,0,0)$	$\begin{bmatrix} 1 & 0 & 0 \\ 0 & 1 & 0 \\ 0 & 0 & 0 \end{bmatrix}$
xz-평면에 정사영 $T(x, y, z) = (x, 0, z)$	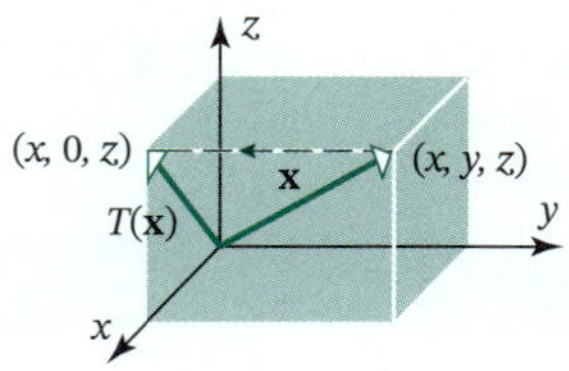	$T(\mathbf{e}_1) = T(1,0,0) = (1,0,0)$ $T(\mathbf{e}_2) = T(0,1,0) = (0,0,0)$ $T(\mathbf{e}_3) = T(0,0,1) = (0,0,1)$	$\begin{bmatrix} 1 & 0 & 0 \\ 0 & 0 & 0 \\ 0 & 0 & 1 \end{bmatrix}$
yz-평면에 정사영 $T(x, y, z) = (0, y, z)$	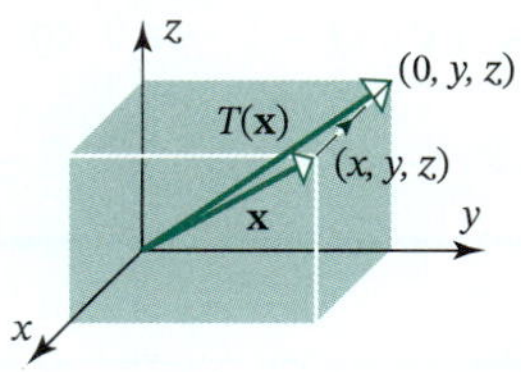	$T(\mathbf{e}_1) = T(1,0,0) = (0,0,0)$ $T(\mathbf{e}_2) = T(0,1,0) = (0,1,0)$ $T(\mathbf{e}_3) = T(0,0,1) = (0,0,1)$	$\begin{bmatrix} 0 & 0 & 0 \\ 0 & 1 & 0 \\ 0 & 0 & 1 \end{bmatrix}$

은 (x, y, z)이 xz-평면에 정사영하여 $(x, 0, z)$이 되는 것을 보여 준다. 그 결과는 표 4에서 분명하게 알 수 있다. 그러나 다음 절 이후에서 좀 더 복잡한 행렬변환을 공부하다 보면 그 결과가 분명하지 않아 행렬 곱셈이 필수적이게 된다.

회전 연산자

R^2에서 원점을 중심으로 하는 원의 호를 따라 점들이 이동하는 행렬 연산자를 ***회전 연산자***(rotation operator)라고 한다. 점들을 원점을 중심으로 각도 θ만큼 *반시계방향*으로 이동시키는 회전 연산자 $T : R^2 \to R^2$에 대한 표준행렬을 구하는 방법을 알아보자. **그림 1.8.4**는 R^2에 있는 임의의 벡터 $\mathbf{x}$가 회전에 의해 그것의 상 $T(\mathbf{x})$가 되는 모습을 보여 주고 있다. **그림 1.8.5**에서는 표준기저벡터 $\mathbf{e}_1$과 $\mathbf{e}_2$가 각도 θ만큼 회전했을 때의 상이

평면에서 반시계방향의 각이 양이고 시계방향의 각이 음이다. 각도 $-\theta$인 시계방향 회전의 회전행렬은 (19)에서 θ를 $-\theta$로 대체하여 구할 수 있다. 즉, 다음과 같다.

$$R_{-\theta} = \begin{bmatrix} \cos\theta & \sin\theta \\ -\sin\theta & \cos\theta \end{bmatrix}$$

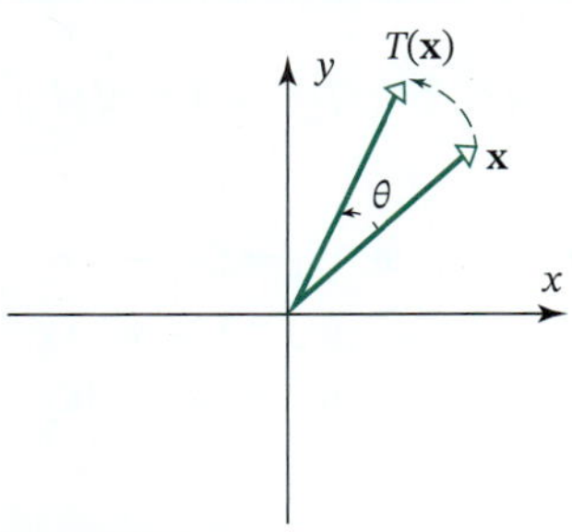

그림 1.8.4

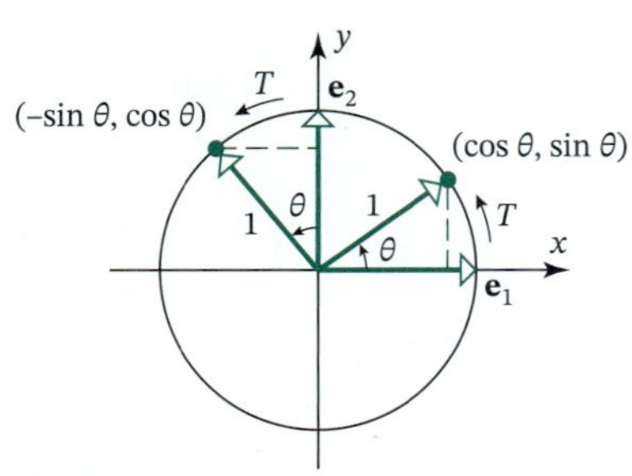

그림 1.8.5

$$T(\mathbf{e}_1) = T(1,0) = (\cos\theta, \sin\theta), \quad T(\mathbf{e}_2) = T(0,1) = (-\sin\theta, \cos\theta)$$

임을 보여 준다. 공식 (15)로부터 표준행렬은 다음과 같다.

$$A = [T(\mathbf{e}_1) \mid T(\mathbf{e}_2)] = \begin{bmatrix} \cos\theta & -\sin\theta \\ \sin\theta & \cos\theta \end{bmatrix}$$

일반적인 사용을 위하여 다음과 같이 표기할 것이다.

$$R_\theta = \begin{bmatrix} \cos\theta & -\sin\theta \\ \sin\theta & \cos\theta \end{bmatrix} \tag{19}$$

이것을 R^2에서의 ***회전행렬***(rotation matrix)이라고 한다. **표 5**는 이것을 요약한 것이다.

표 5

연산자	예시	$\mathbf{e}_1, \mathbf{e}_2$의 상	표준행렬
원점을 중심으로 반시계방향으로 각도 θ만큼 회전	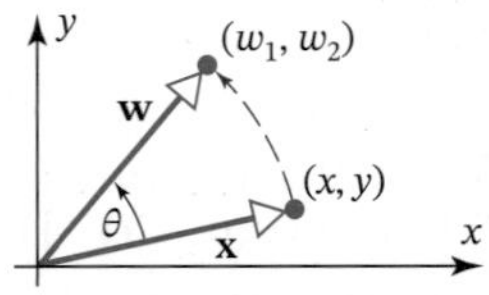	$T(\mathbf{e}_1) = T(1,0) = (\cos\theta, \sin\theta)$ $T(\mathbf{e}_2) = T(0,1) = (-\sin\theta, \cos\theta)$	$\begin{bmatrix} \cos\theta & -\sin\theta \\ \sin\theta & \cos\theta \end{bmatrix}$

예제 8 | 회전행렬

원점을 중심으로 $\pi/6$ 라디안(= 30°)만큼 회전한 $\mathbf{x} = (1, 1)$의 상을 구하라.

풀이 $\theta = \pi/6$을 공식 (19)에 대입하면

$$R_{\pi/6}\mathbf{x} = \begin{bmatrix} \frac{\sqrt{3}}{2} & -\frac{1}{2} \\ \frac{1}{2} & \frac{\sqrt{3}}{2} \end{bmatrix} \begin{bmatrix} 1 \\ 1 \end{bmatrix} = \begin{bmatrix} \frac{\sqrt{3}-1}{2} \\ \frac{1+\sqrt{3}}{2} \end{bmatrix} \approx \begin{bmatrix} 0.37 \\ 1.37 \end{bmatrix}$$

또는 쉼표 구분 표기로 나타내면 $R_{\pi/6}(1, 1) \approx (0.37, 1.37)$.

R^3에서의 회전은 R^2의 회전보다 상당히 복잡해서 이 책의 뒷부분에서 살펴볼 것이다.

연습문제 1.8

(1-2) 변환 $T_A(\mathbf{x}) = A\mathbf{x}$의 정의역과 공역을 구하라.

1. **a.** 크기 3×2의 행렬 A **b.** 크기 2×3의 행렬 A
c. 크기 3×3의 행렬 A **d.** 크기 1×6의 행렬 A

2. **a.** 크기 4×5의 행렬 A **b.** 크기 5×4의 행렬 A
c. 크기 4×4의 행렬 A **d.** 크기 3×1의 행렬 A

(3-4) 다음 방정식에 의해서 결정되는 변환의 정의역과 공역을 구하라.

3. **a.** $w_1 = 4x_1 + 5x_2$
$w_2 = x_1 - 8x_2$

b. $w_1 = 5x_1 - 7x_2$
$w_2 = 6x_1 + x_2$
$w_3 = 2x_1 + 3x_2$

4. **a.** $w_1 = x_1 - 4x_2 + 8x_3$
$w_2 = -x_1 + 4x_2 + 2x_3$
$w_3 = -3x_1 + 2x_2 - 5x_3$
b. $w_1 = 2x_1 + 7x_2 - 4x_3$
$w_2 = 4x_1 - 3x_2 + 2x_3$

(5-6) 행렬곱에 의해서 생성된 변환의 정의역과 공역을 구하라.

5. **a.** $\begin{bmatrix} 3 & 1 & 2 \\ 6 & 7 & 1 \end{bmatrix}\begin{bmatrix} x_1 \\ x_2 \\ x_3 \end{bmatrix}$ **b.** $\begin{bmatrix} 2 & -1 \\ 4 & 3 \\ 2 & -5 \end{bmatrix}\begin{bmatrix} x_1 \\ x_2 \end{bmatrix}$

6. **a.** $\begin{bmatrix} 6 & 3 \\ -1 & 7 \end{bmatrix}\begin{bmatrix} x_1 \\ x_2 \end{bmatrix}$ **b.** $\begin{bmatrix} 2 & 1 & -6 \\ 3 & 7 & -4 \\ 1 & 0 & 3 \end{bmatrix}\begin{bmatrix} x_1 \\ x_2 \\ x_3 \end{bmatrix}$

(7-8) 다음 공식에 의해 정의된 변환의 정의역과 공역을 구하라.

7. **a.** $T(x_1, x_2) = (2x_1 - x_2, x_1 + x_2)$
b. $T(x_1, x_2, x_3) = (4x_1 + x_2, x_1 + x_2)$

8. **a.** $T(x_1, x_2, x_3, x_4) = (x_1, x_2)$
b. $T(x_1, x_2, x_3) = (x_1, x_2 - x_3, x_2)$

(9-10) 다음 공식에 의해 정의된 변환의 정의역과 공역을 구하라.

9. $T\left(\begin{bmatrix} x_1 \\ x_2 \end{bmatrix}\right) = \begin{bmatrix} 4x_1 \\ x_1 - x_2 \\ 3x_2 \end{bmatrix}$ **10.** $T\left(\begin{bmatrix} x_1 \\ x_2 \\ x_3 \end{bmatrix}\right) = \begin{bmatrix} x_1 \\ x_2 \\ x_1 - x_3 \\ 0 \end{bmatrix}$

(11-12) 다음 방정식에 의해서 결정되는 변환의 표준행렬을 구하라.

11. **a.** $w_1 = 2x_1 - 3x_2 + x_3$
$w_2 = 3x_1 + 5x_2 - x_3$
b. $w_1 = 7x_1 + 2x_2 - 8x_3$
$w_2 = -x_2 + 5x_3$
$w_3 = 4x_1 + 7x_2 - x_3$

12. **a.** $w_1 = -x_1 + x_2$
$w_2 = 3x_1 - 2x_2$
$w_3 = 5x_1 - 7x_2$
b. $w_1 = x_1$
$w_2 = x_1 + x_2$
$w_3 = x_1 + x_2 + x_3$
$w_4 = x_1 + x_2 + x_3 + x_4$

13. 다음 공식에 의해서 결정되는 변환 T의 표준행렬을 구하라.
a. $T(x_1, x_2) = (x_2, -x_1, x_1 + 3x_2, x_1 - x_2)$
b. $T(x_1, x_2, x_3, x_4) = (7x_1 + 2x_2 - x_3 + x_4, x_2 + x_3, -x_1)$
c. $T(x_1, x_2, x_3) = (0, 0, 0, 0, 0)$
d. $T(x_1, x_2, x_3, x_4) = (x_4, x_1, x_3, x_2, x_1 - x_3)$

14. 다음 공식에 의해서 결정되는 연산자 T의 표준행렬을 구하라.
a. $T(x_1, x_2) = (2x_1 - x_2, x_1 + x_2)$
b. $T(x_1, x_2) = (x_1, x_2)$
c. $T(x_1, x_2, x_3) = (x_1 + 2x_2 + x_3, x_1 + 5x_2, x_3)$
d. $T(x_1, x_2, x_3) = (4x_1, 7x_2, -8x_3)$

15. 연산자 $T : R^3 \to R^3$가 다음과 같이 정의되었을 때 표준행렬을 구하라. $T(-1, 2, 4)$를 방정식에 직접 대입하여, 또한 행렬 곱셈을 하여 구하라.

$$w_1 = 3x_1 + 5x_2 - x_3$$
$$w_2 = 4x_1 - x_2 + x_3$$
$$w_3 = 3x_1 + 2x_2 - x_3$$

16. 연산자 $T : R^4 \to R^2$가 다음과 같이 정의되었을 때 표준행렬을 구하라. $T(1, -1, 2, 4)$를 방정식에 직접 대입하여, 또한 행렬 곱셈을 하여 구하라.

$$w_1 = 2x_1 + 3x_2 - 5x_3 - x_4$$
$$w_2 = x_1 - 5x_2 + 2x_3 - 3x_4$$

(17-18) 변환의 표준행렬을 구하고 그것을 사용하여 $T(\mathbf{x})$를 구하라. T에 직접 대입하여 얻은 결과가 같은지 확인하라.

17. **a.** $T(x_1, x_2) = (-x_1 + x_2, x_2)$; $\mathbf{x} = (-1, 4)$
b. $T(x_1, x_2, x_3) = (2x_1 - x_2 + x_3, x_2 + x_3, 0)$;
$\mathbf{x} = (2, 1, -3)$

18. **a.** $T(x_1, x_2) = (2x_1 - x_2, x_1 + x_2)$; $\mathbf{x} = (-2, 2)$
b. $T(x_1, x_2, x_3) = (x_1, x_2 - x_3, x_2)$; $\mathbf{x} = (1, 0, 5)$

(19-20) $T_A(\mathbf{x})$를 구하고 그 값을 행렬 형태로 나타내라.

19. **a.** $A = \begin{bmatrix} 1 & 2 \\ 3 & 4 \end{bmatrix}$; $\mathbf{x} = \begin{bmatrix} 3 \\ -2 \end{bmatrix}$
b. $A = \begin{bmatrix} -1 & 2 & 0 \\ 3 & 1 & 5 \end{bmatrix}$; $\mathbf{x} = \begin{bmatrix} -1 \\ 1 \\ 3 \end{bmatrix}$

20. **a.** $A = \begin{bmatrix} -2 & 1 & 4 \\ 3 & 5 & 7 \\ 6 & 0 & -1 \end{bmatrix}$; $\mathbf{x} = \begin{bmatrix} x_1 \\ x_2 \\ x_3 \end{bmatrix}$
b. $A = \begin{bmatrix} -1 & 1 \\ 2 & 4 \\ 7 & 8 \end{bmatrix}$; $\mathbf{x} = \begin{bmatrix} x_1 \\ x_2 \end{bmatrix}$

(21-22) 정리 1.8.2를 사용하여 T가 행렬변환임을 보여라.

21. **a.** $T(x, y) = (2x + y, x - y)$
b. $T(x_1, x_2, x_3) = (x_1, x_3, x_1 + x_2)$

22. **a.** $T(x, y, z) = (x + y, y + z, x)$
b. $T(x_1, x_2) = (x_2, x_1)$

(23-24) 정리 1.8.2를 사용하여 T가 행렬변환이 아님을 보여라.

23. **a.** $T(x, y) = (x^2, y)$
b. $T(x, y, z) = (x, y, xz)$

24. **a.** $T(x, y) = (x, y + 1)$
b. $T(x_1, x_2, x_3) = (x_1, x_2, \sqrt{x_3})$

25. 함수 $f(x) = mx + b$는 보통 "선형함수"라고 한다. 왜냐하면 $y = mx + b$의 그래프가 직선이기 때문이다. f는 R에서 행렬변환인가?

26. $T(x, y) = (0, 0)$은 R^2에서 행렬 연산자이지만 $T(x, y) = (1, 1)$은 행렬 연산자가 아님을 보여라.

(27-28) 선형변환 $T : R^3 \to R^3$의 R^3에서 표준기저벡터의 상이 다음과 같을 때 표준행렬을 구하고 $T(\mathbf{x})$를 구하라.

27. $T(\mathbf{e}_1) = \begin{bmatrix} 1 \\ 3 \\ 0 \end{bmatrix}, \ T(\mathbf{e}_2) = \begin{bmatrix} 0 \\ 0 \\ 1 \end{bmatrix}, \ T(\mathbf{e}_3) = \begin{bmatrix} 4 \\ -3 \\ -1 \end{bmatrix}; \quad \mathbf{x} = \begin{bmatrix} 2 \\ 1 \\ 0 \end{bmatrix}$

28. $T(\mathbf{e}_1) = \begin{bmatrix} 2 \\ 1 \\ 3 \end{bmatrix}, \ T(\mathbf{e}_2) = \begin{bmatrix} -3 \\ -1 \\ 0 \end{bmatrix}, \ T(\mathbf{e}_3) = \begin{bmatrix} 1 \\ 0 \\ 2 \end{bmatrix}; \quad \mathbf{x} = \begin{bmatrix} 3 \\ 2 \\ 1 \end{bmatrix}$

29. 행렬 곱셈을 사용하여 $(-1, 2)$의 다음에 대한 반사를 구하라.
a. x축 **b.** y축 **c.** 직선 $y = x$

30. 행렬 곱셈을 사용하여 (a, b)의 다음에 대한 반사를 구하라.
a. x축 **b.** y축 **c.** 직선 $y = x$

31. 행렬 곱셈을 사용하여 $(2, -5, 3)$의 다음에 대한 반사를 구하라.
a. xy-평면 **b.** xz-평면 **c.** yz-평면

32. 행렬 곱셈을 사용하여 (a, b, c)의 다음에 대한 반사를 구하라.
a. xy-평면 **b.** xz-평면 **c.** yz-평면

33. 행렬 곱셈을 사용하여 $(2, -5)$의 다음에 대한 정사영을 구하라.
a. x축 **b.** y축

34. 행렬 곱셈을 사용하여 (a, b)의 다음에 대한 정사영을 구하라.
a. x축 **b.** y축

35. 행렬 곱셈을 사용하여 $(-2, 1, 3)$의 다음에 대한 정사영을 구하라.
a. xy-평면 **b.** xz-평면 **c.** yz-평면

36. 행렬 곱셈을 사용하여 (a, b, c)의 다음에 대한 정사영을 구하라.
a. xy-평면 **b.** xz-평면 **c.** yz-평면

37. 행렬 곱셈을 사용하여 벡터 $(3, -4)$를 다음 각도만큼 원점을 중심으로 회전했을 때의 상을 구하라.
a. $\theta = 30°$ **b.** $\theta = -60°$
c. $\theta = 45°$ **d.** $\theta = 90°$

38. 행렬 곱셈을 사용하여 영이 아닌 벡터 $\mathbf{v} = (v_1, v_2)$가 원점을 중심으로 다음과 같이 회전했을 때의 상을 구하라.
a. 양의 각 α **b.** 음의 각 $-\alpha$

39. 선형 연산자 $T : R^2 \to R^2$의 R^2에서 표준기저벡터의 상이 $T(\mathbf{e}_1) = (a, b)$, $T(\mathbf{e}_2) = (c, d)$일 때 $T(1, 1)$을 구하라.

40. $T_A : R^2 \to R^2$를 $A = \begin{bmatrix} a & b \\ c & d \end{bmatrix}$에 의한 행렬곱이라고 하고 $\mathbf{e}_1$, $\mathbf{e}_2$를 R^2의 표준기저벡터라 할 때 직관으로 다음을 구하라.
a. $T_A(k\mathbf{e}_1)$ **b.** $T_A(k\mathbf{e}_1 + l\mathbf{e}_2)$

41. $T_A : R^3 \to R^3$를 $A = \begin{bmatrix} -1 & 3 & 0 \\ 2 & 1 & 2 \\ 4 & 5 & -3 \end{bmatrix}$에 의한 행렬곱이라고 하고 $\mathbf{e}_1$, $\mathbf{e}_2$, $\mathbf{e}_3$를 R^3의 표준기저벡터라 할 때 직관으로 다음을 구하라.
a. $T_A(\mathbf{e}_1)$, $T_A(\mathbf{e}_2)$, $T_A(\mathbf{e}_3)$
b. $T_A(\mathbf{e}_1 + \mathbf{e}_2 + \mathbf{e}_3)$ **c.** $T_A(7\mathbf{e}_3)$

42. 표 4에 있는 각 정사영 연산자에 대한 표준행렬을 사용하여 $T(1, 2, 3)$을 구하고 기하적으로 그 결과가 옳은지를 확인하라.

43. 표 2에 있는 각 반사 연산자에 대한 표준행렬을 사용하여 $T(1, 2, 3)$을 구하고 기하적으로 그 결과가 옳은지를 확인하라.

44. A에 의한 곱셈이 xy-평면에 있는 벡터 $\mathbf{x}$를 각 θ만큼 회전하는 것이라면 A^T를 $\mathbf{x}$에 곱하는 것은 어떠한 결과를 초래할까? 그 이유를 설명하라.

45. 선형변환 $T : R^2 \to R^2$가 다음과 같을 때 표준행렬 A를 구하라.

$$T\left(\begin{bmatrix} 1 \\ 1 \end{bmatrix}\right) = \begin{bmatrix} 1 \\ -2 \end{bmatrix}, \ T\left(\begin{bmatrix} 2 \\ 3 \end{bmatrix}\right) = \begin{bmatrix} -2 \\ 5 \end{bmatrix}$$

46. 선형변환 $T : R^3 \rightarrow R^3$가 다음과 같을 때 표준행렬 A를 구하라.

$$T\left(\begin{bmatrix}1\\0\\2\end{bmatrix}\right)=\begin{bmatrix}2\\-3\\10\end{bmatrix},\ T\left(\begin{bmatrix}1\\1\\1\end{bmatrix}\right)=\begin{bmatrix}1\\3\\8\end{bmatrix},\ T\left(\begin{bmatrix}-3\\-1\\2\end{bmatrix}\right)=\begin{bmatrix}-5\\-11\\7\end{bmatrix}$$

47. $\mathbf{x}_0$를 R^2상의 열벡터라고 하자. $T : R^2 \rightarrow R^2$는 $T(\mathbf{x}) = \mathbf{x}_0 + R_\theta\mathbf{x}$를 만족하는 변환이라고 하자. R_θ는 R^2에서 원점을 중심으로 θ만큼 회전하는 표준행렬을 나타낸다. 이 변환의 기하적 묘사를 하라. 이것은 행렬변환인가? 설명하라.

48. 다음 각 그림에서 그려진 연산자에 대한 표준행렬을 찾아라.

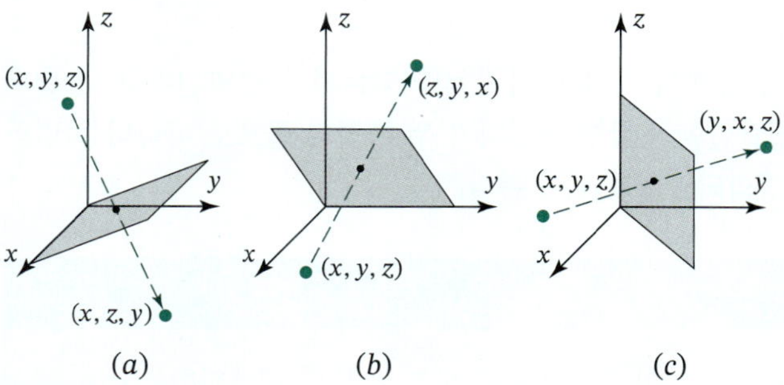

그림 Ex-48

49. 벡터 $\mathbf{x}$에 행렬 $A = \begin{bmatrix}\cos^2\theta - \sin^2\theta & -2\sin\theta\cos\theta \\ 2\sin\theta\cos\theta & \cos^2\theta - \sin^2\theta\end{bmatrix}$를 곱했을 때의 기하적 효과를 묘사하라.

증명 문제

50. a. $T : R^n \rightarrow R^m$이 행렬변환이면 $T(\mathbf{0}) = \mathbf{0}$, 즉 T가 R^n에 있는 영벡터를 R^m에 있는 영벡터로 사상함을 증명하라.

b. 이것의 역은 사실이 아니다. $T : R^n \rightarrow R^m$이 $T(\mathbf{0}) = \mathbf{0}$이면서 행렬변환이 아닌 예를 찾아라.

참-거짓 문제

TF. (a)-(g)가 참인지 거짓인지를 밝히고 그 이유를 설명하라.

a. A가 2×3 행렬일 때 변환 T_A의 정의역은 R^2이다.

b. A가 $m \times n$ 행렬일 때 변환 T_A의 공역은 R^n이다.

c. R^n에 있는 어떤 벡터 $\mathbf{x}$에 대해 $T(2\mathbf{x}) = 4T(\mathbf{x})$를 만족하는 선형변환 $T : R^n \rightarrow R^m$은 최소한 하나는 있다.

d. 행렬변환이 아닌 R^n에서 R^m으로 가는 선형변환이 있다.

e. $T_A : R^n \rightarrow R^n$이고 R^n에 있는 모든 벡터 $\mathbf{x}$에 대해서 $T_A(\mathbf{x}) = \mathbf{0}$이면 A는 $n \times n$ 영행렬이다.

f. R^n에 있는 모든 벡터 $\mathbf{x}$에 대해서 $T(-\mathbf{x}) = -T(\mathbf{x})$를 만족하는 $T : R^n \rightarrow R^m$인 행렬변환은 유일하다.

g. $\mathbf{b}$는 R^n에 있는 영이 아니 벡터이면 $T(\mathbf{x}) = \mathbf{x} + \mathbf{b}$는 R^n 상의 행렬 연산자이다.

1.9 행렬변환의 합성

이 절에서는 행렬변환에서 행렬곱과 행렬의 역이 어떤 의미를 갖는지에 대해 논하고 그것을 평면에서의 회전, 반사, 사영과 같은 익숙한 기하 연산을 통해 보여 줄 것이다. 합성에 관한 논의의 부산물로 행렬 곱셈이 왜 그렇게 특이하게 정의되었는지가 설명될 것이다.

행렬변환의 합성

간단히 말해서 행렬변환의 "합성"은 하나의 벡터에 행렬변환을 하고 그 상에 또 다른 행렬변환을 하는 과정을 말한다. 예를 들어, T_A는 R^n에서 R^k로 가는 행렬변환이고 T_B는 R^k에서 R^m으로 가는 행렬변환이라고 하자. 벡터 $\mathbf{x}$가 R^n에 있을 때 T_A는 이 벡터를 R^k에 있는 $T_A(\mathbf{x})$로 보내고 T_B는 이것을 R^m에 있는 $T_B(T_A(\mathbf{x}))$로 사상한다. 이 과정은 R^n에서 R^m으로 직접 가는 변환을 생성하게 되고 이를 ***T_A와 T_B의 합성***이라고 하며

$$T_B \circ T_A$$

로 표기하고 "T_B 서클 T_A"로 읽는다. **그림 1.9.1**에 나타냈듯이 변환 T_A를 먼저 실행한다. 즉,

$$\boxed{(T_B \circ T_A)(\mathbf{x}) = T_B(T_A(\mathbf{x}))} \tag{1}$$

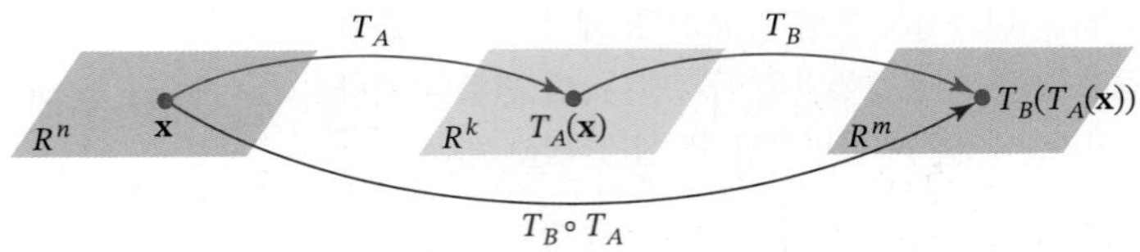

그림 1.9.1

이 절의 도입부에서 행렬의 곱셈이 왜 특이하게 정의되는지가 설명된다고 하였다. 다음 정리는 행렬 곱셈이, 두 행렬변환의 합성의 결과가 두 행렬의 곱으로 나타나는 변환의 결과와 정확히 같아지도록 정의되었음을 보여 준다.

정리 1.9.1

만약 $T_A : R^n \to R^k$와 $T_B : R^k \to R^m$이 행렬변환이면 $T_B \circ T_A$도 행렬변환이고

$$T_B \circ T_A = T_{BA} \tag{2}$$

이다.

증명 먼저 $T_B \circ T_A$가 선형변환임을 보이고 이것이 정리 1.8.3에 의해서 행렬변환임을 보이자. 이 변환의 표준행렬이 BA임을 보이면 증명이 완결된다.

$T_B \circ T_A$가 선형이라는 것을 증명하려면 정리 1.8.2에 있는 합의 성질과 동질성을 보여 주어야 한다. 이를 위해 R^n에 있는 두 벡터 $\mathbf{x}$와 $\mathbf{y}$에 대해서 다음을 관찰하자.

$$\begin{aligned}(T_B \circ T_A)(\mathbf{x}+\mathbf{y}) &= T_B(T_A(\mathbf{x}+\mathbf{y}))\\ &= T_B(T_A(\mathbf{x}) + T_A(\mathbf{y})) && \text{[왜냐하면 } T_A\text{는선형]}\\ &= T_B(T_A(\mathbf{x})) + T_B(T_A(\mathbf{y})) && \text{[왜냐하면 } T_B\text{는선형]}\\ &= (T_B \circ T_A)(\mathbf{x}) + (T_B \circ T_A)(\mathbf{y})\end{aligned}$$

이것이 합의 성질을 증명한다. 또한

$$\begin{aligned}(T_B \circ T_A)(k\mathbf{x}) &= T_B(T_A(k\mathbf{x}))\\ &= T_B(kT_A(\mathbf{x})) && \text{[왜냐하면 } T_A\text{는선형]}\\ &= kT_B(T_A(\mathbf{x})) && \text{[왜냐하면 } T_B\text{는선형]}\\ &= k(T_B \circ T_A)(\mathbf{x})\end{aligned}$$

에서 동질성이 증명되고 따라서 $T_B \circ T_A$가 행렬변환이다. 그러므로

$$T_B \circ T_A = T_C \tag{3}$$

를 만족하는 $m \times n$ 행렬 C가 존재한다. 방정식 (3)을 만족하는 적절한 행렬 C를 찾기 위

해서 다음을 보라.

$$T_C(\mathbf{x}) = (T_B \circ T_A)(\mathbf{x}) = T_B(T_A(\mathbf{x})) = T_B(A\mathbf{x}) = B(A\mathbf{x}) = (BA)\mathbf{x} = T_{BA}(\mathbf{x})$$

정리 1.8.4로부터 $C = BA$임을 알 수 있다. ■

예제 1 | 합성에 대한 표준행렬

$T_1 : R^3 \to R^2$과 $T_2 : R^2 \to R^3$를 다음과 같은 선형변환이라고 하자.

$$T_1(x, y, z) = (x + 2y, x + 2z - y), \quad T_2(x, y) = (3x + y, x, x - 2y)$$

$T_2 \circ T_1$과 $T_1 \circ T_2$의 표준행렬을 구하라.

풀이 R^3의 표준기저벡터를 $\mathbf{e}_1 = (1, 0, 0)$, $\mathbf{e}_2 = (0, 1, 0)$, $\mathbf{e}_3 = (0, 0, 1)$라 하자.

$$T_1(\mathbf{e}_1) = (1, 1), \quad T_1(\mathbf{e}_2) = (2, -1), \quad T_1(\mathbf{e}_3) = (0, 2)$$

그러므로

$$A = \begin{bmatrix} 1 & 2 & 0 \\ 1 & -1 & 2 \end{bmatrix}$$

가 T_1의 표준행렬이다. 비슷하게 R^2의 표준기저벡터는 $\mathbf{e}_1 = (1, 0)$, $\mathbf{e}_2 = (0, 1)$이므로

$$T_2(\mathbf{e}_1) = (3, 1, 1), \quad T_2(\mathbf{e}_2) = (1, 0, 2)$$

이다. 그러므로

$$B = \begin{bmatrix} 3 & 1 \\ 1 & 0 \\ 1 & -2 \end{bmatrix}$$

는 T_2의 표준행렬이다. 방정식 (3)에 적용하여 $T_2 \circ T_1$의 표준행렬을 구하면

$$BA = \begin{bmatrix} 3 & 1 \\ 1 & 0 \\ 1 & -2 \end{bmatrix} \begin{bmatrix} 1 & 2 & 0 \\ 1 & -1 & 2 \end{bmatrix} = \begin{bmatrix} 4 & 5 & 2 \\ 1 & 2 & 0 \\ -1 & 4 & -4 \end{bmatrix}$$

이고 $T_1 \circ T_2$의 표준행렬은

$$AB = \begin{bmatrix} 1 & 2 & 0 \\ 1 & -1 & 2 \end{bmatrix} \begin{bmatrix} 3 & 1 \\ 1 & 0 \\ 1 & -2 \end{bmatrix} = \begin{bmatrix} 5 & 1 \\ 4 & -3 \end{bmatrix}$$

이다.

행렬변환의 교환

$AB = BA$가 일반적으로 참이 *아니기* 때문에 $T_{AB} = T_{BA}$도 일반적으로 참이 *아니다*. 그래서 일반적으로는

$$T_A \circ T_B \neq T_B \circ T_A$$

이다. 그래서 *행렬변환의 합성은 교환이 성립하지 않는다*. 등식이 성립하는 특별한 경우는 T_A와 T_B가 ***교환된다***(commute)고 말한다. 예를 들어 예제 1의 선형변환들은 $AB \neq BA$이기 때문에 교환되지 않는다.

예제 2 | 합성은 교환되지 않는다

$T_A : R^2 \to R^2$는 직선 $y = x$에 대한 반사변환이라고 하고 $T_B : R^2 \to R^2$는 y축에 대한 정사영 변환이라고 하자. **그림 1.9.2**는 기하적으로 벡터 $\mathbf{x}$에 대해서 $T_A \circ T_B$와 $T_B \circ T_A$는 다르다는 것을 보여 준다. T_A와 T_B에 대한 표준행렬이 교환되지 않는다는 것을 보여 줌으로써 같은 결론을 얻을 수 있다. 즉,

$$AB = \begin{bmatrix} 0 & 1 \\ 1 & 0 \end{bmatrix}\begin{bmatrix} 0 & 0 \\ 0 & 1 \end{bmatrix} = \begin{bmatrix} 0 & 1 \\ 0 & 0 \end{bmatrix}$$

$$BA = \begin{bmatrix} 0 & 0 \\ 0 & 1 \end{bmatrix}\begin{bmatrix} 0 & 1 \\ 1 & 0 \end{bmatrix} = \begin{bmatrix} 0 & 0 \\ 1 & 0 \end{bmatrix}$$

따라서 $AB \neq BA$이다.

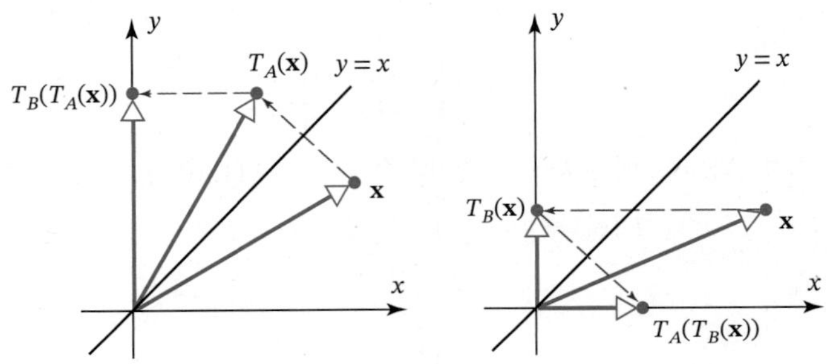

$T_B \circ T_A$ $T_A \circ T_B$

그림 1.9.2

예제 3 | 회전의 합성은 교환될 수 있다

기하학적으로 원점을 중심으로 각도 θ_1만큼 회전한 후에 각도 θ_2만큼 회전한 결과는 먼저 각도 θ_2만큼 회전한 후에 각도 θ_1만큼 회전한 결과와 같다. 왜냐하면 두 경우 다 주어진 벡터를 총 $\theta = \theta_1 + \theta_2 = \theta_2 + \theta_1$만큼 회전했기 때문이다. 이는 각각 원점에 대해서 θ_1, θ_2만큼 회전한 행렬변환 $T_{A_1} : R^2 \to R^2$와 $T_{A_2} : R^2 \to R^2$가 교환될 수 있음을 암시한다. 즉,

$$T_{A_1} \circ T_{A_2} = T_{A_2} \circ T_{A_1}$$

동등하게

$$T_{A_1 A_2} = T_{A_2 A_1}$$

이것을 입증하기 위해서 $A_1 A_2 = A_2 A_1$만 보이면 된다. 그러나 1.8절의 표 5로부터 우리는 다음을 알 수 있다.

$$A_1 = \begin{bmatrix} \cos\theta_1 & -\sin\theta_1 \\ \sin\theta_1 & \cos\theta_1 \end{bmatrix}, \quad A_2 = \begin{bmatrix} \cos\theta_2 & -\sin\theta_2 \\ \sin\theta_2 & \cos\theta_2 \end{bmatrix}$$

이제 (간단한 삼각함수 등식의 도움을 받아)

$$A_1A_2 = \begin{bmatrix} \cos\theta_1 & -\sin\theta_1 \\ \sin\theta_1 & \cos\theta_1 \end{bmatrix}\begin{bmatrix} \cos\theta_2 & -\sin\theta_2 \\ \sin\theta_2 & \cos\theta_2 \end{bmatrix}$$

$$= \begin{bmatrix} \cos\theta_1\cos\theta_2 - \sin\theta_1\sin\theta_2 & -(\cos\theta_1\sin\theta_2 + \sin\theta_1\cos\theta_2) \\ \sin\theta_1\cos\theta_2 + \cos\theta_1\sin\theta_2 & -\sin\theta_1\sin\theta_2 + \cos\theta_1\cos\theta_2 \end{bmatrix}$$

$$= \begin{bmatrix} \cos(\theta_1+\theta_2) & -\sin(\theta_1+\theta_2) \\ \sin(\theta_1+\theta_2) & \cos(\theta_1+\theta_2) \end{bmatrix} = \begin{bmatrix} \cos(\theta_2+\theta_1) & -\sin(\theta_2+\theta_1) \\ \sin(\theta_2+\theta_1) & \cos(\theta_2+\theta_1) \end{bmatrix}$$

$$= A_2A_1$$

R^2상에서 원점에 대해 θ 만큼 회전한다는 기호 R_θ를 사용하면 예제 3에 있는 계산은 다음을 보여준다.

$$R_{\theta_1}R_{\theta_2} = R_{\theta_1+\theta_2}$$

예제 4 | 두 반사의 합성

$T_1 : R^2 \to R^2$을 y축에 대한 반사라고 하고 $T_2 : R^2 \to R^2$을 x축에 대한 반사라고 하자. 이때 $T_1 \circ T_2$와 $T_2 \circ T_1$은 같고 두 변환 모두 모든 벡터 $\mathbf{x} = (x, y)$를 그것의 음의 형태 $-\mathbf{x} = (-x, -y)$로 사상한다. (다음 계산과 그림 1.9.3에 의해서 확인할 수 있다.)

$$(T_1 \circ T_2)(x, y) = T_1(x, -y) = (-x, -y)$$
$$(T_2 \circ T_1)(x, y) = T_2(-x, y) = (-x, -y)$$

$T_1 \circ T_2$와 $T_2 \circ T_1$이 같다는 것은 T_1과 T_2의 표준행렬이 교환된다는 것을 보여서도 확인할 수 있다. 이것을 위해 A_1과 A_2를 각각의 변환에 대한 표준행렬이라고 하자. 1.8절의 표 1로부터 다음을 얻는다.

$$A_1A_2 = \begin{bmatrix} -1 & 0 \\ 0 & 1 \end{bmatrix}\begin{bmatrix} 1 & 0 \\ 0 & -1 \end{bmatrix} = \begin{bmatrix} -1 & 0 \\ 0 & -1 \end{bmatrix}$$
$$A_2A_1 = \begin{bmatrix} 1 & 0 \\ 0 & -1 \end{bmatrix}\begin{bmatrix} -1 & 0 \\ 0 & 1 \end{bmatrix} = \begin{bmatrix} -1 & 0 \\ 0 & -1 \end{bmatrix}$$

그림 1.9.3에서 예제 4의 합성 $T_1T_2(\mathbf{x}) = T_2T_1(\mathbf{x})$는 벡터 $\mathbf{x}$를 π만큼 회전했을 때의 순효과와 같아져서 원점을 중심으로 반사한 벡터 $-\mathbf{x}$가 됨을 볼 수 있다. 이를 ***원점에 대한 반사***라고 한다.

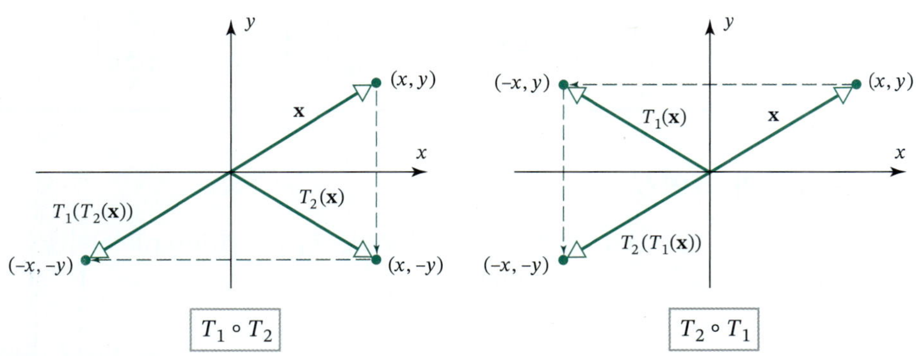

그림 1.9.3

정의역과 치역이 적절하게 갖추어지면 유한번의 연속된 행렬변환의 합성도 정의될 수 있다. 예를 들어 공식 (3)을 세 개의 인자로 확장하기 위해서 다음 행렬변환을 살펴보자.

$$T_A : R^n \to R^k, \quad T_B : R^k \to R^l, T_C : R^l \to R^m$$

합성 $(T_C \circ T_B \circ T_A) : R^n \to R^m$은

$$(T_C \circ T_B \circ T_A)(\mathbf{x}) = T_C(T_B(T_A(\mathbf{x})))$$

로 정의된다. 이 행렬변환의 표준행렬은 CBA이고 다음과 같다.

$$\boxed{T_C \circ T_B \circ T_A = T_{CBA}} \tag{4}$$

예제 5 | 세 행렬변환의 합성

벡터 $\mathbf{x} = \begin{bmatrix} x \\ y \end{bmatrix}$를 먼저 원점을 중심으로 $\pi/6$ 회전하고 직선 $y = x$에 대하여 반사한 후에 y축으로 정사영한 상의 벡터를 구하라.

풀이 A, B, C를 각각 회전, 반사, 정사영의 표준행렬이라고 하자. 1.8절의 표 1, 3, 5로부터 이 행렬들은 다음과 같다.

$$A = \begin{bmatrix} \cos(\pi/6) & -\sin(\pi/6) \\ \sin(\pi/6) & \cos(\pi/6) \end{bmatrix}, \quad B = \begin{bmatrix} 0 & 1 \\ 1 & 0 \end{bmatrix}, \quad C = \begin{bmatrix} 0 & 0 \\ 0 & 1 \end{bmatrix}$$

연속적으로 수행된 이 세 변환은

$$T_C \circ T_B \circ T_A = T_{CBA}$$

이고 이것의 표준행렬은 다음과 같다.

$$\begin{aligned} CBA &= \begin{bmatrix} 0 & 0 \\ 0 & 1 \end{bmatrix}\begin{bmatrix} 0 & 1 \\ 1 & 0 \end{bmatrix}\begin{bmatrix} \cos(\pi/6) & -\sin(\pi/6) \\ \sin(\pi/6) & \cos(\pi/6) \end{bmatrix} \\ &= \begin{bmatrix} 0 & 0 \\ 1 & 0 \end{bmatrix}\begin{bmatrix} \cos(\pi/6) & -\sin(\pi/6) \\ \sin(\pi/6) & \cos(\pi/6) \end{bmatrix} \\ &= \begin{bmatrix} 0 & 0 \\ \cos(\pi/6) & -\sin(\pi/6) \end{bmatrix} \end{aligned}$$

따라서 $\mathbf{x}$의 상은 열벡터로 다음과 같다.

$$\begin{bmatrix} 0 & 0 \\ \cos(\pi/6) & -\sin(\pi/6) \end{bmatrix}\begin{bmatrix} x \\ y \end{bmatrix} = \begin{bmatrix} 0 & 0 \\ \sqrt{3}/2 & -1/2 \end{bmatrix}\begin{bmatrix} x \\ y \end{bmatrix} = \begin{bmatrix} 0 \\ (\sqrt{3}/2)x - (1/2)y \end{bmatrix}$$

행렬 연산자의 가역성

$T_A : R^n \to R^n$이 표준행렬 A가 가역인 행렬 연산자이면 T_A를 ***가역***(invertible)이라고 하고 T_A의 **역**(inverse)을 다음과 같이 정의한다.

$$\boxed{T_A^{-1} = T_{A^{-1}}} \tag{5}$$

다시 말해 A*에 의한 곱의 역은* A*의 역에 의한 곱과 같다*. 그래서 T_A^{-1}의 표준행렬은 A^{-1}이다. 이로부터 다음의 결과를 얻는다.

$$T_A^{-1} \circ T_A = T_{A^{-1}} \circ T_A = T_{A^{-1}A} = T_I$$

R^n에 있는 어떠한 벡터 $\mathbf{x}$에 대해

$$(T_A \circ T_A^{-1})(\mathbf{x}) = T_I(\mathbf{x}) = I\mathbf{x} = \mathbf{x}$$

이고 마찬가지로 $(T_A \circ T_A^{-1})(\mathbf{x}) = \mathbf{x}$이다. 그러므로 T_A와 T_A^{-1}가 어느 순서로 합성되든 서로 지워지는 결과를 초래한다(**그림 1.9.4**).

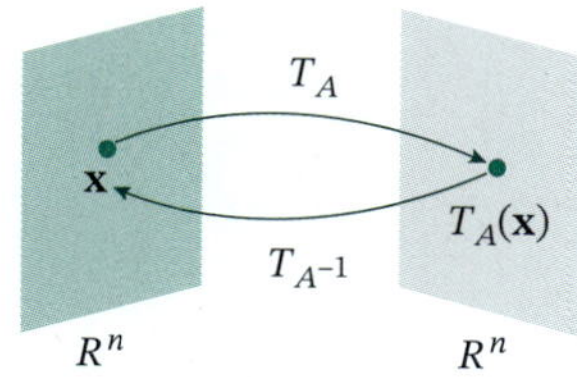

그림 1.9.4

예제 6 | 회전 연산자의 역

$T : R^2 \to R^2$는 R^2에 있는 각 벡터를 θ만큼 회전하는 연산자라고 하자. 이 T의 표준행렬은

$$R_\theta = \begin{bmatrix} \cos\theta & -\sin\theta \\ \sin\theta & \cos\theta \end{bmatrix}$$

이다. 기하적으로 T의 효과를 풀기 위해서 R^2에 있는 각 벡터를 $-\theta$만큼 회전해야만 한다. 그러나 이것은 정확히 T^{-1}이 하는 작용과 같고 (5)와 정리 1.4.5로부터 이 변환의 표준행렬은 다음과 같다.

$$R_\theta^{-1} = \begin{bmatrix} \cos\theta & \sin\theta \\ -\sin\theta & \cos\theta \end{bmatrix} = \begin{bmatrix} \cos(-\theta) & -\sin(-\theta) \\ \sin(-\theta) & \cos(-\theta) \end{bmatrix} = R_{-\theta}$$

예제 7 | 선형방정식의 역변환

다음 방정식에 의해서 정의된 연산자 $T : R^2 \to R^2$를 보자.

$$\begin{aligned} w_1 &= 2x_1 + x_2 \\ w_2 &= 3x_1 + 4x_2 \end{aligned}$$

$T^{-1}(w_1, w_2)$를 구하라.

풀이 이 방정식의 행렬은

$$\begin{bmatrix} w_1 \\ w_2 \end{bmatrix} = \begin{bmatrix} 2 & 1 \\ 3 & 4 \end{bmatrix}\begin{bmatrix} x_1 \\ x_2 \end{bmatrix}$$

이다. 그러므로 T의 표준행렬은

$$A = \begin{bmatrix} 2 & 1 \\ 3 & 4 \end{bmatrix}$$

이다. 이 행렬은 가역이고, T^{-1}의 표준행렬은

$$A^{-1} = \begin{bmatrix} \frac{4}{5} & -\frac{1}{5} \\ -\frac{3}{5} & \frac{2}{5} \end{bmatrix}$$

이다. 그러므로

$$A^{-1}\begin{bmatrix} w_1 \\ w_2 \end{bmatrix} = \begin{bmatrix} \frac{4}{5} & -\frac{1}{5} \\ -\frac{3}{5} & \frac{2}{5} \end{bmatrix}\begin{bmatrix} w_1 \\ w_2 \end{bmatrix} = \begin{bmatrix} \frac{4}{5}w_1 - \frac{1}{5}w_2 \\ -\frac{3}{5}w_1 + \frac{2}{5}w_2 \end{bmatrix}$$

이고 다음 결과를 얻는다.

$$T^{-1}(w_1, w_2) = \left(\tfrac{4}{5}w_1 - \tfrac{1}{5}w_2, -\tfrac{3}{5}w_1 + \tfrac{2}{5}w_2\right)$$

모든 행렬이 가역은 아니기 때문에 행렬변환도 그렇다는 사실은 놀랄 만한 일이 아니다. 간단한 예로, 벡터 $\mathbf{x}$를 x축이나 y축에 정사영하는 변환 $T : R^2 \to R^2$를 살펴보자. 1.8절의 표 3에서 이 변환들이 가역이 아니고 그래서 어느 경우에도 방정식 (5)를 만족하는 가역행렬 A가 존재하지 않는다는 것을 알 수 있다.

연습문제 1.9

(1-4) 연산자 T_1과 T_2가 교환이 되는지, 즉 $T_1 \circ T_2 = T_2 \circ T_1$인지를 판단하라.

1. **a.** $T_1 : R^2 \to R^2$는 직선 $y = x$에 대해서 반사
$T_2 : R^2 \to R^2$는 x축에 정사영
b. $T_1 : R^2 \to R^2$는 x축에 대해서 반사
$T_2 : R^2 \to R^2$는 직선 $y = x$에 반사

2. **a.** $T_1 : R^2 \to R^2$는 x축에 정사영
$T_2 : R^2 \to R^2$는 y축에 대해서 정사영
b. $T_1 : R^2 \to R^2$는 원점을 중심으로 각 $\pi/4$만큼 회전
$T_2 : R^2 \to R^2$는 y축에 대해서 반사

3. $T_1 : R^3 \to R^3$는 xy-평면에 대해 반사
$T_2 : R^3 \to R^3$는 yz-평면상에 정사영

4. $T_1 : R^3 \to R^3$는 xy-평면에 대해 반사
$T_2 : R^3 \to R^3$는 $T(x, y, z) = (2x, 3y, z)$를 만족하는 변환

(5-6) T_A와 T_B가 표준행렬이 다음과 같이 주어진 연산자라고 하자. $T_B \circ T_A$와 $T_A \circ T_B$의 표준행렬을 구하라.

5. $A = \begin{bmatrix} 1 & -2 \\ 4 & 1 \end{bmatrix}, \quad B = \begin{bmatrix} 2 & -3 \\ 5 & 0 \end{bmatrix}$

6. $A = \begin{bmatrix} 6 & 3 & -1 \\ 2 & 0 & 1 \\ 4 & -3 & 6 \end{bmatrix}, \quad B = \begin{bmatrix} 4 & 0 & 4 \\ -1 & 5 & 2 \\ 2 & -3 & 8 \end{bmatrix}$

7. R^2상의 다음 합성에 관한 표준행렬을 구하라.

a. 90° 회전 후에 직선 $y = x$에 대해서 반사
b. y축에 대해서 정사영 후에 원점을 중심으로 45° 회전
c. x축에 대해서 반사 후에 원점을 중심으로 60° 회전

8. R^2상의 다음 합성에 관한 표준행렬을 구하라.

a. 원점을 중심으로 60° 회전 후에 x축에 정사영 그리고 직선 $y = x$에 반사
b. x축에 정사영 후에 원점을 중심으로 45° 회전 그리고 y축에 대해서 반사
c. 원점을 중심으로 15° 회전 후에 원점을 중심으로 105° 회전 그리고 60° 회전

9. R^3상의 다음 합성에 관한 표준행렬을 구하라.

a. yz-평면에 대해서 반사 후에 xz-평면상에 정사영
b. xy-평면에 대해서 반사 후에 xy-평면상에 정사영
c. xy-평면상에 정사영 후에 yz-평면에 대해서 반사

10. R^3상의 다음 합성에 관한 표준행렬을 구하라.

a. xy-평면에 대해서 반사 후에 xz-평면상에 정사영 그리고 각 벡터 $\mathbf{x}$를 $-\mathbf{x}$로 보내는 변환
b. xy-평면에 대해서 반사 후에 xz-평면에 대해서 반사 그리고 yz-평면에 정사영
c. yz-평면에 정사영 후에 각 벡터 $\mathbf{x}$를 $2\mathbf{x}$로 보내는 변환 그리고 xy-평면에 대해서 반사

11. $T_1(x_1, x_2) = (x_1 + x_2, x_1 - x_2)$,
$T_2(x_1, x_2) = (3x_1, 2x_1 + 4x_2)$일 때

a. T_1과 T_2의 표준행렬을 구하라.
b. $T_1 \circ T_2$와 $T_2 \circ T_1$의 표준행렬을 구하라.
c. (b)에서 구한 행렬을 이용하여 $T_1(T_2(x_1, x_2))$와 $T_2(T_1(x_1, x_2))$을 구하라.

12. $T_1(x_1, x_2, x_3) = (4x_1, -2x_1 + x_2, -x_1 - 3x_2)$,
$T_2(x_1, x_2, x_3) = (x_1 + 2x_2, -x_3, 4x_1 - x_3)$일 때

a. T_1과 T_2의 표준행렬을 구하라.
b. $T_1 \circ T_2$와 $T_2 \circ T_1$의 표준행렬을 구하라.
c. (b)에서 구한 행렬을 이용하여 $T_1(T_2(x_1, x_2, x_3))$와 $T_2(T_1(x_1, x_2, x_3))$을 구하라.

13. $T_1(x_1, x_2) = (x_1 - x_2, 2x_2 - x_1, 3x_1)$,
$T_2(x_1, x_2, x_3) = (4x_2, x_1 + 2x_2)$일 때

a. T_1과 T_2의 표준행렬을 구하라.
b. $T_1 \circ T_2$와 $T_2 \circ T_1$의 표준행렬을 구하라.
c. (b)에서 구한 행렬을 이용하여 $T_1(T_2(x_1, x_2, x_3))$와

$T_2(T_1(x_1, x_2))$을 구하라.

14. $T_1(x_1, x_2, x_3, x_4) = (x_1 + 2x_2 + 3x_3, x_2 - x_4)$, $T_2(x_1, x_2) = (-x_1, 0, x_1 + x_2, 3x_2)$일 때

a. T_1과 T_2의 표준행렬을 구하라.

b. $T_1 \circ T_2$와 $T_2 \circ T_1$의 표준행렬을 구하라.

c. (b)에서 구한 행렬을 이용하여 $T_1(T_2(x_1, x_2))$와 $T_2(T_1(x_1, x_2, x_3, x_4))$을 구하라.

15. $T_1 : R^2 \to R^4 \quad T_1(x, y) = (y, x, x + y, x - y)$
$T_2 : R^4 \to R^3 \quad T_2(x, y, z, w) = (x + w, y + w, z + w)$

a. T_1과 T_2의 표준행렬을 구하라.

b. $T_2 \circ T_1$의 표준행렬을 구하라.

c. $T_1 \circ T_2$가 정의되지 못하는 이유를 말하라.

d. (b)에서 구한 행렬을 이용하여 $(T_2 \circ T_1)(x, y)$를 구하라.

16. $T_1 : R^2 \to R^3 \quad T_1(x, y) = (x + 2y, 0, 2x + y)$
$T_2 : R^3 \to R^4 \quad T_2(x, y, z) = (3z, x - y, 3z, y - x)$

a. T_1과 T_2의 표준행렬을 구하라.

b. $T_2 \circ T_1$의 표준행렬을 구하라.

c. $T_1 \circ T_2$가 정의되지 못하는 이유를 말하라.

d. (b)에서 구한 행렬을 이용하여 $(T_2 \circ T_1)(x, y)$를 구하라.

(17-18) *다음 방정식을 행렬 형태로 바꾼 후 정리 1.5.3(c)를 사용하여 연산자가 가역인지를 판단하라.*

17. a. $\begin{aligned} w_1 &= 8x_1 + 4x_2 \\ w_2 &= 2x_1 + x_2 \end{aligned}$ **b.** $\begin{aligned} w_1 &= -x_1 + 3x_2 + 2x_3 \\ w_2 &= 2x_1 + 4x_3 \\ w_3 &= x_1 + 3x_2 + 6x_3 \end{aligned}$

18. a. $\begin{aligned} w_1 &= 2x_1 - 3x_2 \\ w_2 &= 5x_1 + x_2 \end{aligned}$ **b.** $\begin{aligned} w_1 &= x_1 + 2x_2 + 3x_3 \\ w_2 &= 2x_1 + 5x_2 + 3x_3 \\ w_3 &= x_1 + 8x_3 \end{aligned}$

19. 방정식에 의해서 정의된 연산자 $T : R^2 \to R^2$가 가역인지를 판단하라. 만약 그렇다면 역 연산자의 표준행렬을 구하고 $T^{-1}(w_1, w_2)$을 구하라.

a. $\begin{aligned} w_1 &= x_1 + 2x_2 \\ w_2 &= -x_1 + x_2 \end{aligned}$ **b.** $\begin{aligned} w_1 &= 4x_1 - 6x_2 \\ w_2 &= -2x_1 + 3x_2 \end{aligned}$

20. 방정식에 의해서 정의된 연산자 $T : R^3 \to R^3$가 가역인지를 판단하라. 만약 그렇다면 역 연산자의 표준행렬을 구하고 $T^{-1}(w_1, w_2, w_3)$을 구하라.

a. $\begin{aligned} w_1 &= x_1 - 2x_2 + 2x_3 \\ w_2 &= 2x_1 + x_2 + x_3 \\ w_3 &= x_1 + x_2 \end{aligned}$ **b.** $\begin{aligned} w_1 &= x_1 - 3x_2 + 4x_3 \\ w_2 &= -x_1 + x_2 + x_3 \\ w_3 &= -2x_2 + 5x_3 \end{aligned}$

(21-22) *행렬 연산자가 가역인지를 판단하라. 만약 그렇다면 역변환에 대해서 말로 설명하라.*

21. a. R^2상에서 x축에 대해서 반사

b. R^2상에서 원점을 중심으로 60° 회전

c. R^2상에서 x축에 정사영

22. a. 직선 $y = x$에 반사

b. y축상에 정사영

c. 원점에 대한 반사

(23-24) *T_A가 가역인지를 판단하라. 만약 그렇다면 $T_A^{-1}(\mathbf{x})$를 구하라.*

23. a. $A = \begin{bmatrix} 1 & 2 \\ 1 & 1 \end{bmatrix}$; $\mathbf{x} = \begin{bmatrix} 1 \\ 2 \end{bmatrix}$ **b.** $A = \begin{bmatrix} 1 & 1 \\ 1 & 1 \end{bmatrix}$; $\mathbf{x} = \begin{bmatrix} 1 \\ 2 \end{bmatrix}$

24. a. $A = \begin{bmatrix} 1 & 2 & 0 \\ 1 & 1 & 1 \\ 2 & 3 & 1 \end{bmatrix}$; $\mathbf{x} = \begin{bmatrix} 1 \\ 2 \\ 3 \end{bmatrix}$

b. $A = \begin{bmatrix} 1 & 1 & 0 \\ 0 & 1 & 1 \\ 1 & 0 & 1 \end{bmatrix}$; $\mathbf{x} = \begin{bmatrix} 1 \\ 2 \\ 3 \end{bmatrix}$

25. $T_A : R^2 \to R^2$는 $A = \begin{bmatrix} 0 & -1 \\ -1 & 0 \end{bmatrix}$에 의한 곱이라고 하자.

a. 이 변환을 R^2상에 있는 벡터 $\mathbf{x}$에 적용했을 때의 기하적 효과는 무엇인가?

b. R^2상의 두 선형 연산자의 합성으로 T_A를 나타내라.

26. $T_A : R^2 \to R^2$는 $A = \begin{bmatrix} \cos^2\theta - \sin^2\theta & -2\sin\theta\cos\theta \\ 2\sin\theta\cos\theta & \cos^2\theta - \sin^2\theta \end{bmatrix}$에 의한 곱이라고 하자.

a. 이 변환을 R^2상에 있는 벡터 $\mathbf{x}$에 적용했을 때의 기하적 효과는 무엇인가?

b. R^2상의 두 선형 연산자의 합성으로 T_A를 나타내라.

증명 문제

27. 행렬변환 T_A와 T_B가 교환이 되기 위한 필요충분조건은 행렬 A와 B가 교환이 되는 것이다.

28. T_A와 T_B를 R^n상의 행렬 연산자라고 하자. $T_A \circ T_B$가 가역이기 위한 필요충분조건은 T_A와 T_B가 가역인 것이다.

29. R^n상의 행렬 연산자 T_A가 가역이기 위한 필요충분조건은 R^n상의 각 벡터 $\mathbf{b}$에 대해서 $T_A(\mathbf{x}) = \mathbf{b}$를 만족하는 R^n상의 유일한 벡터 $\mathbf{x}$가 존재하는 것이다.

참-거짓 문제

TF. (a)-(g)가 참인지 거짓인지를 밝히고 그 이유를 설명하라.

a. T_A와 T_B가 R^n상의 행렬 연산자라면 R^n상의 모든 벡터 $\mathbf{x}$

에 대해서 $T_A(T_B(\mathbf{x})) = T_B(T_A(\mathbf{x}))$이다.

b. T_A와 T_B가 R^n상의 행렬 연산자이고 $\mathbf{x}$가 R^n상의 벡터라면 $T_B \circ T_A(\mathbf{x}) = BA\mathbf{x}$.

c. R^2상의 원점을 중심으로 회전하는 두 연산자의 합성은 원점을 중심으로 회전하는 또 다른 연산자이다.

d. R^2상의 두 반사 연산자의 합성은 또 다른 반사 연산자이다.

e. R^2상의 직선 $y = x$에 대한 반사 연산자의 역은 직선 $y = x$에 대한 반사 연산자이다.

f. R^2상의 원점을 중심으로 90° 회전하는 연산자의 역은 원점을 중심으로 90° 회전하는 연산자이다.

g. R^2상의 원점에 대한 반사 연산자의 역은 원점에 대한 반사 연산자이다.

계산도구 문제

T1. a. R^2상에서 원점을 중심으로 47° 반시계방향으로 회전하고 y축에 대해서 반사한 후에 원점을 중심으로 33° 반시계방향으로 회전하는 연산자의 표준행렬을 구하라.

b. (a)의 연산자에 대해서 점 (1, 1)의 상을 구하라.

1.10 연립일차방정식의 응용

이 절에서는 연립방정식의 간단한 응용을 보여 주려 한다. 이는 연립일차방정식이 활용될 수 있는 다양한 실제 문제들 중 작은 예일 뿐이다.

네트워크 분석

*네트워크*에 대한 개념은 많은 응용에서 나타난다. 대략적으로 말하면, ***네트워크***(network)란 뭔가 "흐르는" ***가지***(branch)들의 집합이라고 할 수 있다. 가지란, 예를 들면 전기가 흐르는 전선, 물이나 기름이 흐르는 파이프, 교통 흐름을 나타내는 도로, 돈의 흐름을 보여 주는 경제적 연결 등일 수 있다.

대부분의 네트워크에서 가지들은 ***노드***(node) 또는 ***교차점***(junction point)이라고 부르는 점에서 만나는데 이곳에서 흐름이 나누어진다. 예를 들면, 전기 네트워크에서 노드는 3개 혹은 더 많은 전선이 만나는 곳이고, 교통 네트워크에서 노드는 길의 교차점이 발생하는 곳이며, 금융 네트워크에서는 들어온 돈을 개인이나 기관에게 나누어 주는 은행 같은 곳이 노드이다.

네트워크의 연구에서는 일반적으로 매체가 가지를 통해서 흐르는 양의 측도가 있다. 예를 들면, 전기의 흐름률은 종종 암페어로 나타내고, 물이나 기름은 분당 갤런, 교통량은 시간당 자동차 수, 유럽 화폐의 통화량은 하루당 몇 백만 유로와 같이 나타낸다. 여기서는 각 노드에서 흐름이 보존되는 네트워크로 제한하는데 이는 각 *노드에서 들어오는 흐름률은 나가는 흐름률과 같다는 것을 의미한다*. 이것이 유량 매체가 각 노드에서 만들어지지 않고 네트워크 내에서 자유로운 이동을 방해받지 않음을 보장한다.

네트워크 분석에서 공통의 문제는 모든 가지에서의 흐름률을 찾기 위하여 알려진 특정한 가지에서의 흐름률을 사용하는 것이다. 예를 하나 보자.

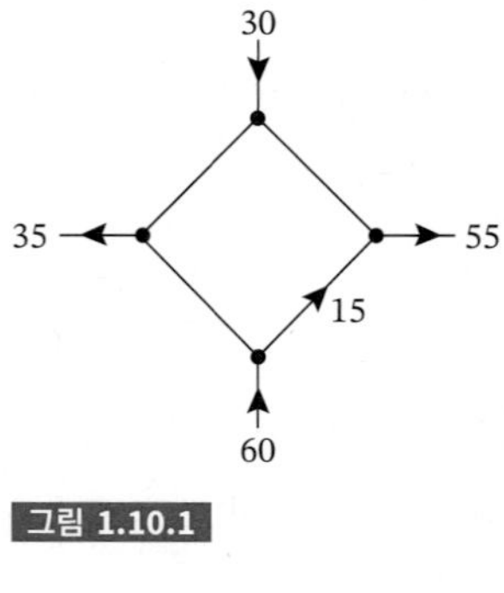

그림 1.10.1

예제 1 | 연립일차방정식을 이용한 네트워크 분석

그림 1.10.1은 특정한 가지에서의 흐름률과 흐름의 방향이 알려진 4개의 노드로 구성된 네

트워크를 보여 주고 있다. 나머지 가지에서의 흐름률과 흐름의 방향을 찾아라.

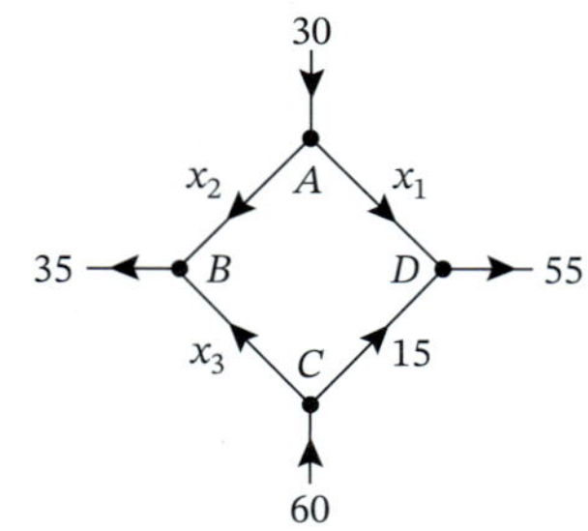

그림 1.10.2

풀이 **그림 1.10.2**에 나타난 대로 미지의 흐름률 x_1, x_2, x_3에 임의의 방향을 정해 주었다. 방향이 틀렸는지에 대해 신경 쓸 필요는 없다. 왜냐하면 잘못된 방향은 미지수를 구할 때 흐름률에 마이너스 값을 주면 되기 때문이다.

노드 A에서 유량의 보존이

$$x_1 + x_2 = 30$$

을 준다. 비슷하게 다른 노드에서 다음과 같은 식을 얻는다.

$$\begin{aligned} x_2 + x_3 &= 35 \quad (\text{노드 } B) \\ x_3 + 15 &= 60 \quad (\text{노드 } C) \\ x_1 + 15 &= 55 \quad (\text{노드 } D) \end{aligned}$$

이 네 가지 조건이 다음 연립일차방정식을 만든다.

$$\begin{aligned} x_1 + x_2 \qquad &= 30 \\ x_2 + x_3 &= 35 \\ x_3 &= 45 \\ x_1 \qquad\qquad &= 40 \end{aligned}$$

여기서 알려지지 않았던 흐름률을 구할 수 있다. 연립방정식이 충분히 간단한 경우에는 직관적으로 해를 구할 수 있다(아래부터 위로 올라가는 방식으로). 다음의 해가 올바른지를 확인하는 것은 독자에게 맡기겠다.

$$x_1 = 40, \quad x_2 = -10, \quad x_3 = 45$$

x_2가 음수인 것은 그림 1.10.2의 흐름에 대한 방향이 틀렸다는 것을 말한다. 즉, 그 가지의 흐름은 노드 A로 들어간다.

예제 2 | 교통 패턴의 설계

그림 1.10.3*a*의 네트워크는 펜실베이니아주 필라델피아 내에 자유의 종이 설치될 새 공원 주위의 교통 흐름에 관해 제안된 계획을 보여 주고 있다. 이 계획은 5번가 북쪽 출구에 자동화된 신호체계가 있도록 요구하고 있다. 그림은 복합건물 주위의 거리를 오갈 거라고 예상되는 시간당 자동차의 평균 대수를 보여 준다. 모든 거리는 일방통행이다.

(*a*) 복합건물 안쪽으로 들어오는 시간당 평균 자동차 수와 복합건물 밖으로 나가는 시간당 자동차 수가 같도록 하기 위해서는 신호등은 시간당 몇 대의 자동차를 통과시켜야 하는가?

(*b*) 신호등은 복합건물을 들어오는 자동차 수와 나가는 자동차 수가 같아지도록 맞춰졌다고 가정하자. 복합건물 주위의 거리에는 시간당 평균 몇 대의 자동차가 지난다고 할 수 있는가?

풀이 (*a*) **그림 1.10.3*b***에서 볼 수 있듯이, x를 신호등이 통과시켜야 하는 시간당 자동차 수라고 하면, 복합건물을 들어오고 나가는 시간당 총 자동차 수는 다음과 같다.

들어오는 자동차 수: $500 + 400 + 600 + 200 = 1700$
나가는 자동차수: $x + 700 + 400$

들어오고 나가는 자동차 수는 같기 때문에 신호등은 시간당 $x = 600$대의 자동차를 통과시켜야만 한다.

풀이 (*b*) 교통 혼잡을 막기 위해서 각 교차점에서 들어오는 자동차 수와 나가는 자동차 수가 같아야만 한다. 이를 위해서는 다음 조건들이 만족되어야 한다.

교차점	들어오는 자동차 수		나가는 자동차 수
A	$400 + 600$	$=$	$x_1 + x_2$
B	$x_2 + x_3$	$=$	$400 + x$
C	$500 + 200$	$=$	$x_3 + x_4$
D	$x_1 + x_4$	$=$	700

그러므로 (a)에서 얻은 $x = 600$을 이용하여 다음 연립일차방정식을 얻는다.

$$\begin{aligned} x_1 + x_2 \qquad\qquad &= 1000 \\ x_2 + x_3 \qquad &= 1000 \\ x_3 + x_4 &= 700 \\ x_1 \qquad\qquad + x_4 &= 700 \end{aligned}$$

이 연립방정식은 무수히 많은 해를 가지며 다음 매개변수 방정식으로 나타낼 수 있다.

$$x_1 = 700 - t, \quad x_2 = 300 + t, \quad x_3 = 700 - t, \quad x_4 = t \tag{1}$$

그러나 여기서 매개변수 t는 완전히 임의의 수는 아니다. 왜냐하면 고려되어야만 하는 실제적인 제한들이 있기 때문이다. 예를 들면, 평균 흐름률은 음수여서는 안 되는데 이는 모든 길이 일방통행이고 음의 흐름률은 잘못된 방향의 흐름을 뜻하기 때문이다. 이것이 식 (1)에서 t는 $0 \le t \le 700$을 만족하는 실수가 되고, 거리에 있는 평균 흐름률이 다음 범위에 있음을 나타낸다.

$$0 \le x_1 \le 700, \quad 300 \le x_2 \le 1000, \quad 0 \le x_3 \le 700, \quad 0 \le x_4 \le 700$$

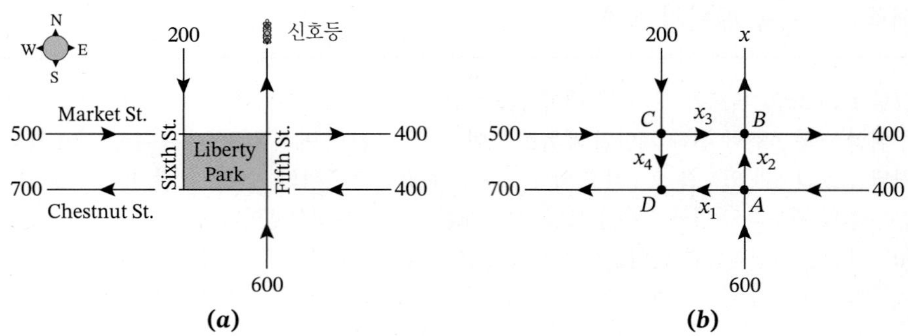

그림 1.10.3

전기회로

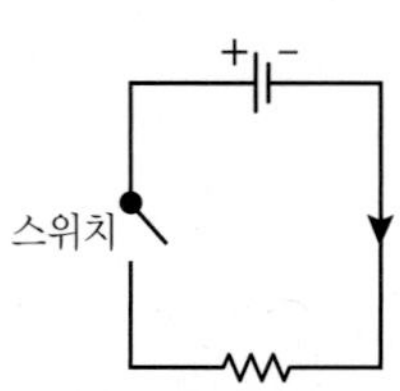

그림 1.10.4

다음은 네트워크 분석이 어떻게 배터리와 저항기들로 구성된 전기회로를 분석하는 데 사용될 수 있는지를 보여 주려고 한다. ***배터리***는 전기에너지의 근원이고, 전구와 같은 ***저항기***는 전기에너지를 쓰는 원소이다. **그림 1.10.4**는 하나의 배터리(기호 ─|├─로 나타냄)와 저항기(기호 ─ʌʌʌ─로 나타냄) 그리고 스위치로 구성된 전기회로의 개략적 모양을 보여

준다. 배터리는 ***양극***(+)과 ***음극***(−)을 갖는다. 스위치가 닫히면 전기 흐름이 배터리의 양극으로부터 저항기를 통과하여 음극으로 돌아간다고 간주된다(그림의 화살표 방향으로).

전기 흐름은 전선을 통한 전자의 흐름인데 이는 파이프를 통한 물의 흐름과 비슷하게 행동한다. 배터리는 전자의 흐름률을 증가시키는 "전압"을 생성하는 펌프와 같이 행동하고, 저항기는 전자의 흐름률을 줄이는 파이프에 있는 마찰과 같이 행동한다. 전압에 대한 기술적 용어는 ***전위***(electrical potential)이다. 보통 이것은 ***볼트***(volt, V)로 측정된다. 저항기가 전위를 소모하는 정도를 그것의 ***저항***(resistance)이라고 하며 ***옴***(ohm, Ω)이라는 단위로 측정된다. 전선에 있는 전자의 흐름률을 ***전류***(current)라고 하며 측정 단위는 ***암페어***(ampere, amp, A)이다. 저항기의 정확한 효과는 다음 법칙에 의해서 주어진다.

> **옴의 법칙** I 암페어의 흐름이 저항 R 옴의 저항기를 통과하면 전류와 저항의 곱만큼의 전압강하 E 볼트가 생긴다. 즉,
>
> $$E = IR$$

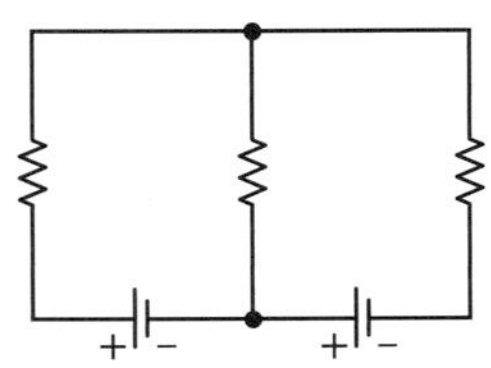

그림 1.10.5

일반적인 전기 네트워크는 여러 개의 배터리와 저항기들이 전선들의 연결로 배치되어 있다. 회로에서 세 개 또는 더 많은 전선들이 연결되어 있는 한 점을 ***노드*** 혹은 ***교차점***이라고 한다. ***가지***는 두 노드를 연결하는 전선이고 ***닫힌 루프***(closed loop)는 시작과 끝이 같은 노드인 연결된 가지들의 연속을 말한다. 예를 들면 **그림 1.10.5**의 전기회로는 2개의 노드와 3개의 닫힌 루프—2개의 안쪽 루프와 1개의 바깥 루프—로 되어 있다. 전기회로를 통해 전류가 흐를 때 전류는 전위의 상승과 하강을 겪게 된다. 이를 "***전압이 오른다***", "***전압이 내린다***"라고 말한다. 각 노드와 닫힌 루프를 따라 흐르는 전류는 다음의 두 가지 기본적인 법칙을 따른다.

> **키르히호프의 전류법칙** 임의의 노드로 들어오는 전류의 합은 노드 밖으로 나가는 전류의 합과 같다.

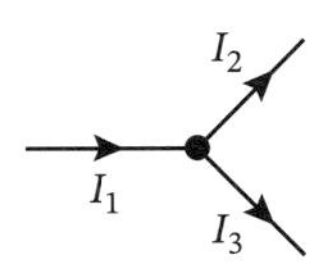

그림 1.10.6

> **키르히호프의 전압법칙** 임의의 닫힌 루프를 따라 돌 때 전압의 상승의 합은 전압의 하강의 합과 같다.

키르히호프의 전류법칙은 일반적인 네트워크에서 언급한 각 노드에서의 흐름의 보존에 관한 기본 법칙을 다시 말한 것이다. 그러므로 예를 들어 **그림 1.10.6**에 있는 위의 노드의 전류는 방정식 $I_1 = I_2 + I_3$을 만족한다.

여러 개의 루프와 배터리로 구성된 회로에서는 보통 전류가 어느 방향으로 흐르는지를 미리 알 수가 없다. 그래서 회로를 분석할 때의 보통의 과정은 전류가 가지를 통과하는 방향을 *임의로* 정한 후에 수학적 계산을 하여 방향 설정이 옳았는지를 확인한다. 전류 흐름의 방향을 정하는 것과 더불어 키르히호프의 전압법칙은 각 닫힌 루프의 횡단의 방향을 요구한다. 임의로 선택하지만 일관성을 위하여 *시계방향*으로 정한다(**그림 1.10.7**).

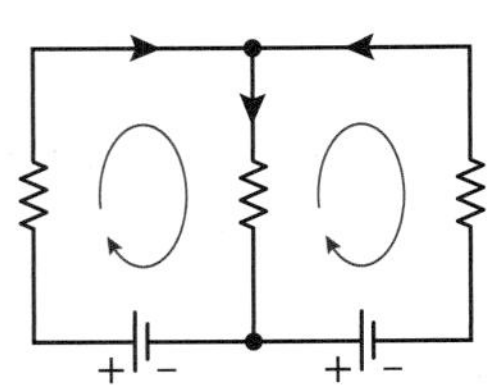

시계방향의 닫힌 루프. 가지의 전류의 방향은 임의로 정한다.

그림 1.10.7

그래서 다음과 같은 규칙을 만든다.

- 전압의 하강은 저항기를 통과하는 전류에 할당된 방향과 루프에 할당된 방향이 같은 저항기에서 발생하고, 전압의 상승은 저항기를 통과하는 전류에 할당된 방향과 루프에 할당된 방향이 다른 저항기에서 발생한다.
- 전압의 상승은 루프에 할당된 방향이 배터리의 −에서 +로 가는 배터리에서 발생하고 전압의 하강은 루프에 할당된 방향이 배터리의 +에서 −로 가는 배터리에서 발생한다.

전류를 계산할 때 이와 같은 규칙을 따르면 방향이 올바르게 정해진 전류들은 양의 값을 가지고, 잘못 정해진 방향이 있는 전류들은 음의 값을 가질 것이다.

역사 노트

독일인 물리학자 키르히호프는 가우스의 제자였다. 1854년 발표한 키르히호프의 법칙들에 관한 그의 작업은 전기회로에서 전류, 전압, 저항 등의 계산에 중요한 진보를 가져왔다. 키르히호프는 중증장애가 있어서 대부분의 생애를 목발과 휠체어에 의지해 보냈다.

[Image: Courtesy of Library of Congress]

키르히호프
(Gustav Kirchhoff, 1824–1887)

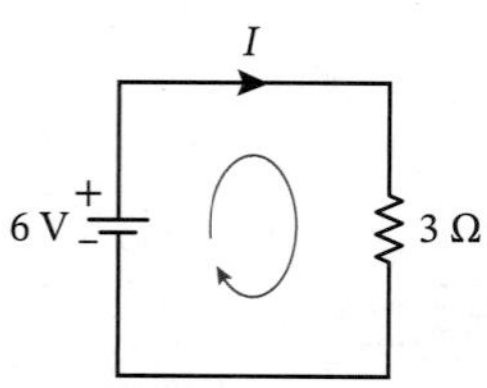

그림 1.10.8

예제 3 | 1개의 닫힌 루프 회로

그림 1.10.8에 있는 회로의 전류 I를 구하라.

풀이 저항기를 통과하는 전류에 정해진 방향과 루프의 방향이 같기 때문에 저항기에서는 전압의 하강이 있다. 옴의 법칙에 의하여 이 전압의 하강은 $E = IR = 3I$이다. 또한 이 루프의 방향은 배터리의 −에서 +이므로 배터리에서 6볼트의 전압 상승이 있다. 그러므로 키르히호프의 전압법칙에 의해서 $3I = 6$이다. 그러므로 $I = 2$ A. I는 양의 수이므로 전류 흐름의 방향은 올바르다.

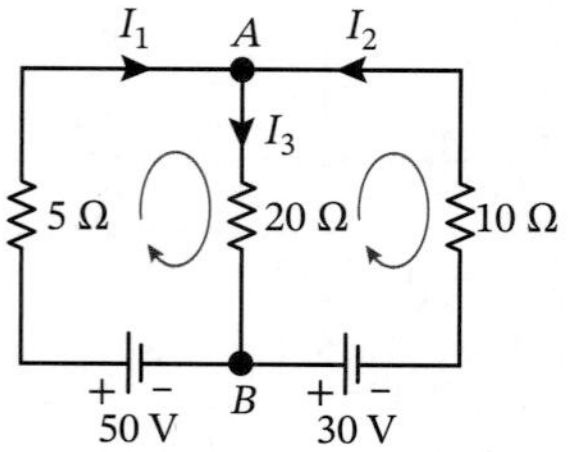

그림 1.10.9

예제 4 | 3개의 닫힌 루프를 갖는 회로

그림 1.10.9에 있는 회로의 전류 I_1, I_2, I_3를 구하라.

풀이 전류에 대한 방향을 정한 후에 키르히호프의 전류법칙에 의해서 각 노드는 하나의 방정식을 갖는다.

노드	**전류 유입**		**전류 방출**
A	$I_1 + I_2$	$=$	I_3
B	I_3	$=$	$I_1 + I_2$

그러나 이 방정식들은 같다. 왜냐하면 둘 다 다음을 나타내기 때문이다.

$$I_1 + I_2 - I_3 = 0 \tag{2}$$

전류에 대한 유일한 값을 찾기 위해서 2개보다 많은 방정식이 필요한데, 키르히호프의 전압법칙으로부터 새 방정식을 얻을 수 있다. 회로의 모양에서 알 수 있듯이 3개의 닫힌 루프는 50 V 배터리를 포함하는 왼쪽 내부 루프, 30 V 배터리를 포함하고 있는 오른쪽 내부 루프, 두 배터리를 포함하는 바깥 루프로 되어 있다. 그러므로 키르히호프의 전압법칙은 실제로 세 개의 방정식을 제공한다. 루프를 시계방향으로 횡단할 때 이 루프들의 전압 상승과 하강은 다음과 같다.

	전압 상승	**전압 하강**
왼쪽 내부 루프	50	$5I_1 + 20I_3$
오른쪽 내부 루프	$30 + 10I_2 + 20I_3$	0
바깥 루프	$30 + 50 + 10I_2$	$5I_1$

이 조건들은 다음과 같이 다시 쓸 수 있다.

$$\begin{aligned} 5I_1 \qquad\quad + 20I_3 &= 50 \\ 10I_2 + 20I_3 &= -30 \\ 5I_1 - 10I_2 \qquad\quad &= 80 \end{aligned} \tag{3}$$

그러나 마지막 방정식은 처음 두 방정식의 차이므로 불필요하다. 그래서 (2)와 (3)에 있는 처음 두 방정식을 결합하면 다음과 같은 세 개의 미지수 전류에 대한 세 개의 방정식으로 이루어진 연립일차방정식을 얻게 된다.

$$\begin{aligned} I_1 + I_2 - I_3 &= 0 \\ 5I_1 \qquad + 20I_3 &= 50 \\ 10I_2 + 20I_3 &= -30 \end{aligned}$$

이것의 해를 구하면 $I_1 = 6$, $I_2 = -5$, $I_3 = 1$이 된다. I_2가 음수라는 것은 이 전류의 방향이 **그림 1.10.9**에 나타난 방향의 반대라는 것을 뜻한다.

화학방정식의 균형 맞추기

화학 합성물은 그들의 분자의 원자 구성을 묘사하는 ***화학공식***(chemical formula)으로 나타낸다. 예를 들면, 물은 2개의 수소 원자와 하나의 산소 원자로 구성되어 있고 그것의 화학공식은 H_2O이다. 그리고 안정 산소는 2개의 산소 원자로 구성되어 있다. 그것의 화학공식은 O_2이다.

화학 합성물이 올바른 조건 아래 혼합되면 그 분자들의 원자들은 새 합성물을 형성하기 위해 재배치된다. 예를 들면, 메탄이 탈 때 메탄(CH_4)과 안정 산소(O_2)는 이산화탄소(CO_2)와 물(H_2O)을 형성하도록 반응한다. 이것을 ***화학방정식***(chemical equation)으로 다음과 같이 나타낸다.

$$CH_4 + O_2 \longrightarrow CO_2 + H_2O \tag{4}$$

화살표 왼쪽의 분자들을 ***반응물질***(reactants)이라고 하고 오른쪽의 분자들을 ***생성물***(products)이라고 한다. 이 방정식에서 +는 분자들을 분리한다는 뜻이며 수학적 연산을 나타내지 않는다. 한편, 이 방정식이 모든 것을 알려 주지는 않는데 그 이유는 (반응물질이 남지 않는) ***완전한 반응***(complete reaction)을 위한 분자들의 비율을 설명하지는 못하기 때문이다. 예를 들면, (4)의 오른쪽은 이산화탄소 한 분자와 물 한 분자를 생성하기 위해서 각각의 탄소에 대해서 3개의 산소가 필요하다. 그러나 (4)의 왼쪽은 메탄 한 분자와 산소 한 분자에는 각 탄소에 대해서 2개의 산소만 있다. 그러므로 반응물질 측면에서 메탄 대 공기의 비율은 완벽한 반응과 일대일일수가 없다.

화학방정식이 ***균형을 이룬다***는 것은 반응에 있는 각각의 원자에 대해서 화살표 양쪽에 같은 숫자의 원자가 나타난 것을 뜻한다. 예를 들면 방정식 (4)의 균형 잡힌 식은 다음과 같다.

$$CH_4 + 2O_2 \longrightarrow CO_2 + 2H_2O \tag{5}$$

이것은 하나의 메탄 분자가 2개의 산소 분자와 합쳐졌을 때 하나의 이산화탄소 분자와 2개의 물 분자가 만들어진다는 것이다. 이론적으로 이 방정식에 임의의 양의 정수를 곱할 수 있다. 예를 들면, 2를 양변에 곱하면 균형 잡힌 화학방정식을 다음과 같이 얻는다.

$$2CH_4 + 4O_2 \longrightarrow 2CO_2 + 4H_2O$$

그러나 표준 방식은 방정식을 균형 잡히게 하는 가장 작은 양의 정수를 사용한다.

방정식 (4)는 시행착오를 통해 얻을 수 있는 충분히 간단한 것이다. 그러나 조금 복잡한 화학방정식에 대해서는 체계적인 방법이 필요하다. 이를 위한 다양한 방법들이 있는데 여기서는 연립일차방정식을 이용한 방법을 소개하려고 한다. 방법을 소개하기 위해서 방정식 (4)를 다시 살펴보자. 이 방정식이 균형 잡히게 하기 위해서는 다음 조건을 만족하는 양의 정수 x_1, x_2, x_3, x_4를 찾아야 한다.

$$x_1\,(CH_4) + x_2\,(O_2) \longrightarrow x_3\,(CO_2) + x_4\,(H_2O) \tag{6}$$

이 방정식에 있는 각각의 원자들에 대해서 왼쪽의 원자의 개수는 오른쪽의 원자의 개수와 같아야 한다. 이것을 표로 나타내면 다음과 같다.

	왼쪽		오른쪽
탄소	x_1	=	x_3
수소	$4x_1$	=	$2x_4$
산소	$2x_2$	=	$2x_3 + x_4$

이로부터 동차 연립일차방정식을 얻는다.

$$\begin{aligned} x_1 \qquad\quad - x_3 \qquad &= 0 \\ 4x_1 \qquad\qquad\quad - 2x_4 &= 0 \\ 2x_2 - 2x_3 - x_4 &= 0 \end{aligned}$$

이것의 첨가행렬은 다음과 같다.

$$\begin{bmatrix} 1 & 0 & -1 & 0 & 0 \\ 4 & 0 & 0 & -2 & 0 \\ 0 & 2 & -2 & -1 & 0 \end{bmatrix}$$

이 행렬의 기약 행사다리꼴이 아래와 같음은 독자가 확인하기 바란다.

$$\begin{bmatrix} 1 & 0 & 0 & -\frac{1}{2} & 0 \\ 0 & 1 & 0 & -1 & 0 \\ 0 & 0 & 1 & -\frac{1}{2} & 0 \end{bmatrix}$$

연립방정식의 일반해는 $x_1 = t/2$, $x_2 = t$, $x_3 = t/2$, $x_4 = t$이다. 이때 t는 임의의 수이다. 미지수들에 대한 가장 작은 양의 정수는 $t = 2$이며 $x_1 = 1$, $x_2 = 2$, $x_3 = 1$, $x_4 = 2$일 때 이 방정식은 균형을 이룬다. 방정식 (6)에 이 값들을 대입하면 방정식 (5)가 나오므로 이전의 결과와 같다는 것을 알 수 있다.

예제 5 | 연립일차방정식을 이용한 화학방정식의 균형 맞추기

다음 화학방정식의 균형을 맞춰라.

$$\begin{array}{ccccccc} HCl & + & Na_3PO_4 & \longrightarrow & H_3PO_4 & + & NaCl \\ \text{[염산]} & + & \text{[인산나트륨]} & \longrightarrow & \text{[인산]} & + & \text{[염화나트륨]} \end{array}$$

풀이 x_1, x_2, x_3, x_4를 다음 방정식이 균형을 이루게 하는 양의 정수라 하자.

$$x_1\,(HCl) + x_2\,(Na_3PO_4) \longrightarrow x_3\,(H_3PO_4) + x_4\,(NaCl) \tag{7}$$

양쪽에 있는 각 원자의 개수가 같다고 하면 다음의 방정식을 얻는다.

$$\begin{array}{ll} 1x_1 = 3x_3 & \textbf{수소(H)} \\ 1x_1 = 1x_4 & \textbf{염소(Cl)} \\ 3x_2 = 1x_4 & \textbf{나트륨(Na)} \\ 1x_2 = 1x_3 & \textbf{인(P)} \\ 4x_2 = 4x_3 & \textbf{산소(O)} \end{array}$$

이를 연립일차방정식으로 표현하면 다음과 같다.

$$\begin{aligned} x_1 \qquad - 3x_3 \qquad &= 0 \\ x_1 \qquad\qquad\qquad - x_4 &= 0 \\ 3x_2 \qquad\quad - x_4 &= 0 \\ x_2 - x_3 \qquad &= 0 \\ 4x_2 - 4x_3 \qquad &= 0 \end{aligned}$$

이것의 첨가행렬의 기약 행사다리꼴을 구하면 다음과 같다. 확인은 독자에게 남긴다.

$$\begin{bmatrix} 1 & 0 & 0 & -1 & 0 \\ 0 & 1 & 0 & -\frac{1}{3} & 0 \\ 0 & 0 & 1 & -\frac{1}{3} & 0 \\ 0 & 0 & 0 & 0 & 0 \\ 0 & 0 & 0 & 0 & 0 \end{bmatrix}$$

따라서 연립방정식의 일반해는

$$x_1 = t, \quad x_2 = t/3, \quad x_3 = t/3, \quad x_4 = t$$

이다. 이때 t는 임의의 수이다. 방정식을 균형 잡히게 하는 가장 작은 정수는 $t = 3$이므로 $x_1 = 3$, $x_2 = 1$, $x_3 = 1$, $x_4 = 3$이다. (7)에 이 값들을 대입하면 균형 잡힌 다음 방정식을 얻는다.

$$3HCl + Na_3PO_4 \longrightarrow H_3PO_4 + 3NaCl$$

다항식 보간법

여러 가지 응용에서 중요한 문제는 평면 위의 특정한 점들을 통과하는 그래프의 다항식을 찾는 것으로, 이러한 식을 점들에 대한 ***보간 다항식***(interpolating polynomial)이라고 말한다. 가장 간단한 예는 xy-평면 위의 서로 다른 두 점 (x_1, y_1), (x_2, y_2)을 지나는 일차방정식을 찾는 것이다(**그림 1.10.10**).

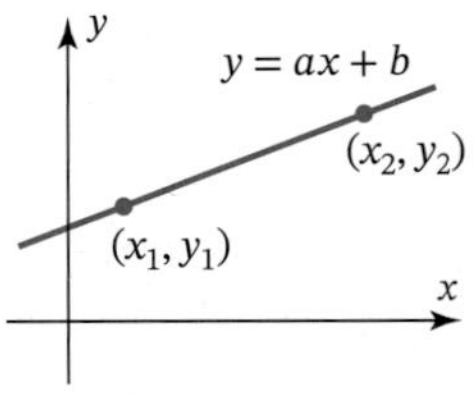

그림 1.10.10

$$p(x) = ax + b \tag{8}$$

독자들은 해석기하학에서 두 점을 지나는 직선의 방정식을 찾기 위한 기하적 분석의 여러 방법을 이미 배웠을 것이다. 여기서는 일반적인 다항식 보간법에 적용할 수 있는 연립일차방정식에 기반을 둔 방법을 소개하려고 한다.

(8)의 그래프는 직선 $y = ax + b$이고, 점 (x_1, y_1), (x_2, y_2)은 이 직선을 통과하기 때문에 $y_1 = ax_1 + b$과 $y_2 = ax_2 + b$를 만족한다. 그러므로 미지수 a, b는 다음 연립방정식을 풀어서 구할 수 있다.

$$\begin{aligned} ax_1 + b &= y_1 \\ ax_2 + b &= y_2 \end{aligned}$$

이 방정식을 풀기 위해서는 대단한 방법이 필요하지 않다. a는 b를 소거하기 위하여 방정식들을 빼면 얻을 수 있고, b를 얻기 위해서는 a를 둘 중의 아무 방정식에 대입하여 얻을 수 있다. a와 b를 얻는 계산은 독자에게 맡기고 이를 표현하면 다음과 같다.

$$a = \frac{y_2 - y_1}{x_2 - x_1}, \quad b = \frac{y_1x_2 - y_2x_1}{x_2 - x_1} \tag{9}$$

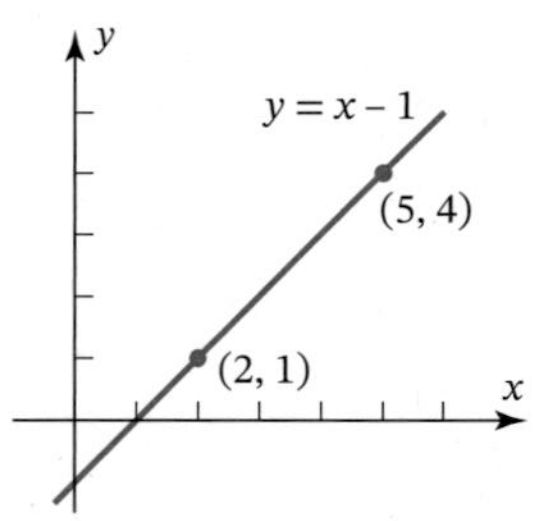

그림 1.10.11

단, $x_1 \neq x_2$. 그러므로 예를 들어 점 (2, 1)과 점 (5, 4)를 지나는 직선의 방정식 $y = ax + b$은 $(x_1, y_1) = (2, 1)$, $(x_2, y_2) = (5, 4)$를 이용하여 식 (9)에 대입하면

$$a = \frac{4-1}{5-2} = 1, \quad b = \frac{(1)(5)-(4)(2)}{5-2} = -1$$

을 얻는다. 따라서 $y = x - 1$이다(**그림 1.10.11**).

이제 n개의 점을 지나는 그래프의 다항식을 구하는 좀 더 일반적인 방법을 알아보자.

$$(x_1, y_1), \quad (x_2, y_2), \quad (x_3, y_3), \cdots, \quad (x_n, y_n) \tag{10}$$

만족시켜야 할 n개의 조건이 있기 때문에 직감적으로 다음 형태의 다항식을 고려하게 된다.

$$p(x) = a_0 + a_1x + a_2x^2 + \cdots + a_{n-1}x^{n-1} \tag{11}$$

왜냐하면 이러한 형태의 다항식이 n개의 조건을 만족시키기 위한 n개의 계수를 갖기 때문이다. 그러나 우리는 점들이 직선상에 있는 경우나 차수가 $n - 1$보다 작은 다항식이 되는 다른 형태를 갖는 경우도 허용하기를 원한다. 그러므로 a_{n-1}이나 (11)에 있는 다른 계수들도 0이 될 수 있다.

다음 정리는 다항식 보간법에 관한 기본적인 결과이다. (증명은 하지 않을 것이다.)

정리 1.10.1

다항식 보간법

xy-평면에 있는 임의의 서로 다른 n개의 점이 주어지면 이 점들을 통과하는 차수가 $n-1$보다 작거나 같은 다항식이 유일하게 존재한다.

(10)에 있는 점들을 통과하는 보간 다항식 (11)을 어떻게 찾는지에 대해서 살펴보자. 이 다항식의 그래프는 다음 방정식의 그래프이다.

$$y = a_0 + a_1x + a_2x^2 + \cdots + a_{n-1}x^{n-1} \tag{12}$$

이 점들의 좌표는 다음을 만족한다.

$$\begin{array}{ccccccccc} a_0 + a_1x_1 & + & a_2x_1^2 & + \cdots + & a_{n-1}x_1^{n-1} & = & y_1 \\ a_0 + a_1x_2 & + & a_2x_2^2 & + \cdots + & a_{n-1}x_2^{n-1} & = & y_2 \\ \vdots \quad\ \vdots & & \vdots & & \vdots & & \vdots \\ a_0 + a_1x_n & + & a_2x_n^2 & + \cdots + & a_{n-1}x_n^{n-1} & = & y_n \end{array} \tag{13}$$

이 방정식들에서 x들과 y들은 알려진 값이므로 이는 미지수 $a_0, a_1, \cdots, a_{n-1}$에 대한 연립일차방정식이 된다. 이것의 첨가행렬은 다음과 같고

$$\begin{bmatrix} 1 & x_1 & x_1^2 & \cdots & x_1^{n-1} & y_1 \\ 1 & x_2 & x_2^2 & \cdots & x_2^{n-1} & y_2 \\ \vdots & \vdots & \vdots & & \vdots & \vdots \\ 1 & x_n & x_n^2 & \cdots & x_n^{n-1} & y_n \end{bmatrix} \tag{14}$$

따라서 보간 다항식은 이 행렬의 기약 행사다리꼴을 구하여 찾을 수 있다(가우스-요르단 소거법).

예제 6 | **가우스-요르단 소거법을 이용한 다항식 보간법**

다음 점들을 지나는 삼차다항식을 구하라.

$$(1, 3), \quad (2, -2), \quad (3, -5), \quad (4, 0)$$

풀이 4개의 점이 있으므로 차수가 3인 다항식을 이용하게 된다. 이를 다음과 같이 표시하자.

$$p(x) = a_0 + a_1x + a_2x^2 + a_3x^3$$

주어진 점들을 x와 y 좌표로 표시하면

$$x_1 = 1, \quad x_2 = 2, \quad x_3 = 3, \quad x_4 = 4, \qquad y_1 = 3, \quad y_2 = -2, \quad y_3 = -5, \quad y_4 = 0$$

식 (14)로부터 미지수 a_0, a_1, a_2, a_3에 대한 연립일차방정식의 첨가행렬은 다음과 같다.

$$\begin{bmatrix} 1 & x_1 & x_1^2 & x_1^3 & y_1 \\ 1 & x_2 & x_2^2 & x_2^3 & y_2 \\ 1 & x_3 & x_3^2 & x_3^3 & y_3 \\ 1 & x_4 & x_4^2 & x_4^3 & y_4 \end{bmatrix} = \begin{bmatrix} 1 & 1 & 1 & 1 & 3 \\ 1 & 2 & 4 & 8 & -2 \\ 1 & 3 & 9 & 27 & -5 \\ 1 & 4 & 16 & 64 & 0 \end{bmatrix}$$

이 행렬의 기약 행사다리꼴은 다음과 같은데 이는 독자가 확인하기 바란다.

$$\begin{bmatrix} 1 & 0 & 0 & 0 & 4 \\ 0 & 1 & 0 & 0 & 3 \\ 0 & 0 & 1 & 0 & -5 \\ 0 & 0 & 0 & 1 & 1 \end{bmatrix}$$

그러므로 $a_0 = 4$, $a_1 = 3$, $a_2 = -5$, $a_3 = 1$. 즉, 보간 다항식은

$$p(x) = 4 + 3x - 5x^2 + x^3$$

이다. 이 다항식의 그래프와 주어진 점들은 **그림 1.10.12**에서 볼 수 있다.

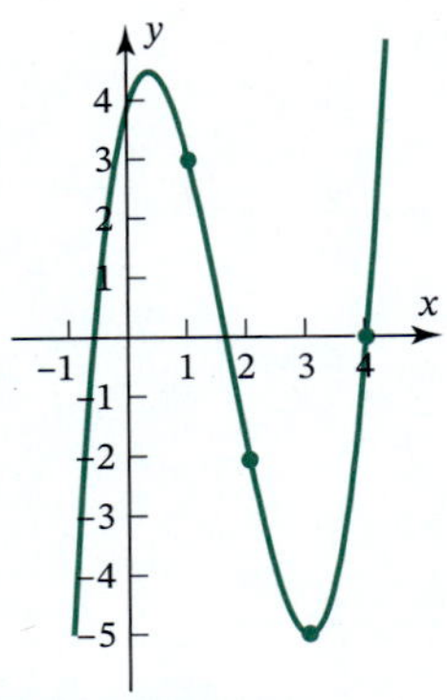

그림 1.10.12

참고 주어진 점들의 수가 매우 큰 경우에 적합한 보간 다항식을 찾는 데 더 효율적인 방법은 나중에 소개할 것이다.

미적분학 필요

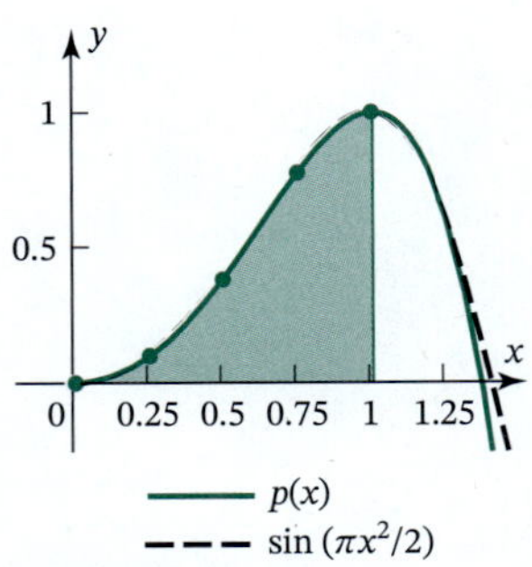

그림 1.10.13

예제 7 | 근사 적분

적분

$$\int_0^1 \sin\left(\frac{\pi x^2}{2}\right) dx$$

을 직접 구하는 방법은 없다. 왜냐하면 기본적인 함수들로 피적분함수의 역도함수를 표현하는 방법이 없기 때문이다. 이 적분은 심슨의 규칙, 또는 이와 비슷한 방법에 의하여 근사값을 구할 수 있지만, 또 다른 접근은 피적분함수를 보간 다항식으로 근사하여 이것을 적분하는 것이다. 예를 들면, 구간 $[0, 1]$을 4등분하는 다섯 개의 점을 살펴보자(**그림 1.10.13**).

$$x_0 = 0, \quad x_1 = 0.25, \quad x_2 = 0.5, \quad x_3 = 0.75, \quad x_4 = 1$$

이 점들에서의 $f(x) = \sin\left(\frac{\pi x^2}{2}\right)$값은 대략 $f(0) = 0$, $f(0.25) = 0.098017$, $f(0.5) = 0.382683$, $f(0.75) = 0.77301$, $f(1) = 1$이다. 보간 다항식은

$$p(x) = 0.098796x + 0.762356x^2 + 2.14429x^3 - 2.00544x^4 \tag{15}$$

이고

$$\int_0^1 p(x)\, dx \approx 0.438501 \tag{16}$$

이다. 그림 1.10.13에서 볼 수 있듯이 f와 p의 그래프는 구간 $[0, 1]$에서 매우 가깝게 일치한다. 그러므로 근사치는 매우 적절하다.

연습문제 1.10

1. 아래 그림은 특정한 가지들에 흐르는 흐름률과 방향이 알려진 네트워크를 보여 주고 있다. 나머지 가지들의 흐름률과 방향을 찾아라.

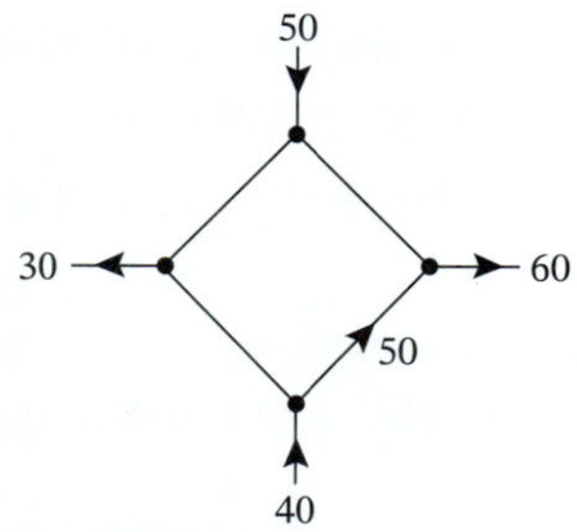

그림 Ex-1

2. 다음 그림은 정유공장의 파이프라인에 들어오고 나가는 탄화수소의 흐름률을 보여 준다.

a. 알려지지 않은 흐름률을 찾는 연립일차방정식을 세워라.

b. 이 연립일차방정식의 해를 구하라.

c. $x_4 = 50$, $x_6 = 0$일 때 흐름률과 흐름의 방향을 구하라.

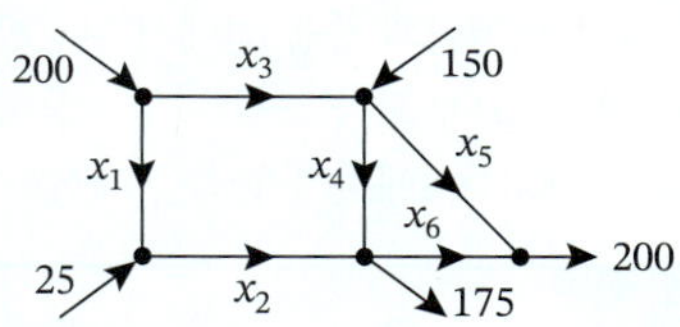

그림 Ex-2

3. 다음 그림은 표시된 방향으로 차들이 지나는 일방통행 거리로 된 네트워크를 보여 준다. 거리를 지나는 교통량은 시간당 평균 자동차 수로 측정된다.

a. 미지의 교통량에 대한 연립일차방정식을 세워라.

b. 이 연립일차방정식의 해를 구하라.

c. 길 A에서 길 B까지의 교통량이 공사로 줄어들어야만 한다면 모든 길의 교통 흐름이 잘 유지되도록 요구되는 최소량은 얼마인가?

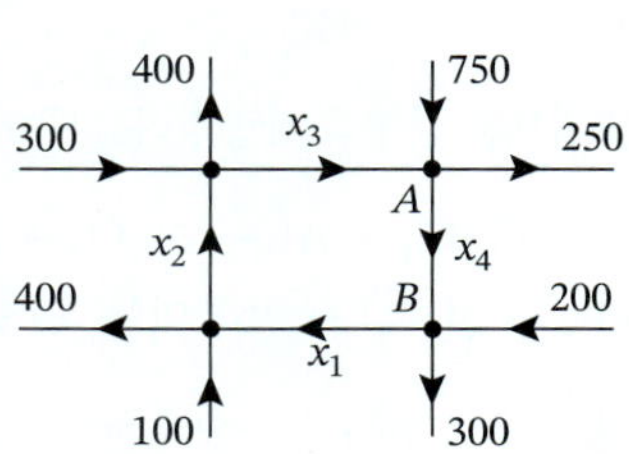

그림 Ex-3

4. 다음 그림은 표시된 방향으로 차들이 지나는 일방통행 거리들로 된 네트워크를 보여 준다. 거리를 지나는 교통량은 시간당 평균 자동차 수로 측정된다.

a. 미지의 교통량에 대한 연립일차방정식을 세워라.

b. 이 연립일차방정식의 해를 구하라.

c. 공사를 위하여 길 A에서 길 B까지는 막고 나머지 길은 교통 흐름이 잘 유지되도록 할 수 있는가? 이유를 설명하라.

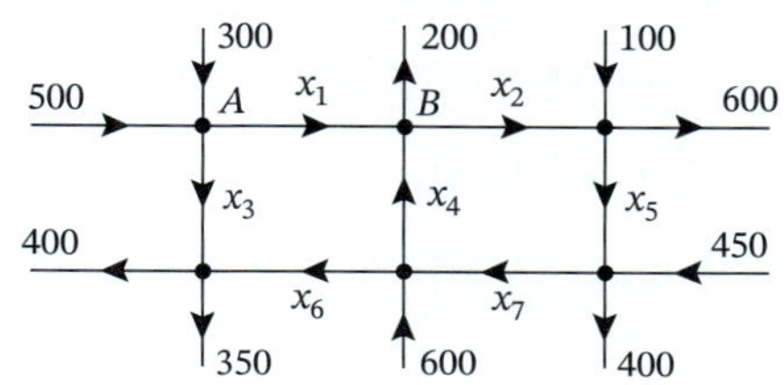

그림 Ex-4

(5-8) 주어진 전기회로에서 알려지지 않은 전류를 구하라.

5.

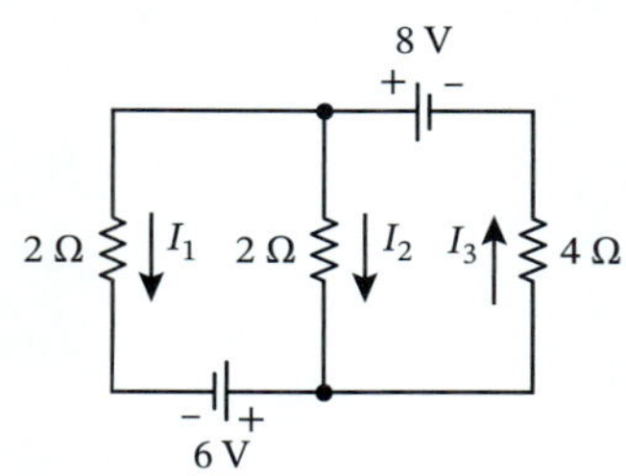

6.

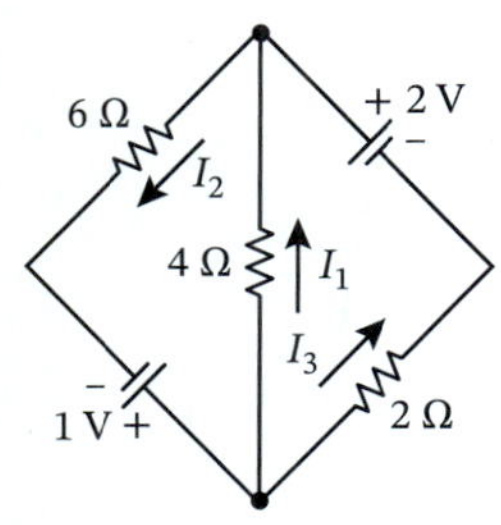

7.

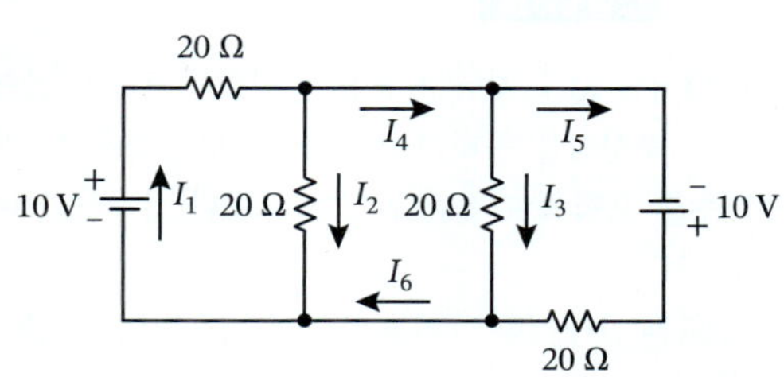

8.

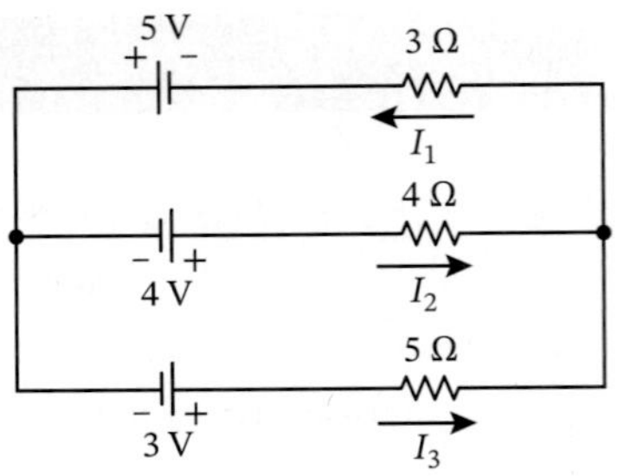

(9-12) 주어진 화학반응에 대하여 균형 방정식을 구하라.

9. $C_3H_8 + O_2 \rightarrow CO_2 + H_2O$ [프로판 연소]

10. $C_6H_{12}O_6 \rightarrow CO_2 + C_2H_5OH$ [설탕의 발효]

11. $CH_3COF + H_2O \rightarrow CH_3COOH + HF$

12. $CO_2 + H_2O \rightarrow C_6H_{12}O_6 + O_2$ [광합성]

13. 점 (1, 1), (2, 2), (3, 5)를 지나는 그래프의 이차다항식을 구하라.

14. 점 (0, 0), (−1, 1), (1, 1)을 지나는 그래프의 이차다항식을 구하라.

15. 점 (−1, −1), (0, 1), (1, 3), (4, −1)을 지나는 그래프의 삼차다항식을 구하라.

16. 다음 그림은 삼차다항식의 그래프를 보여 준다. 다항식을 구하라.

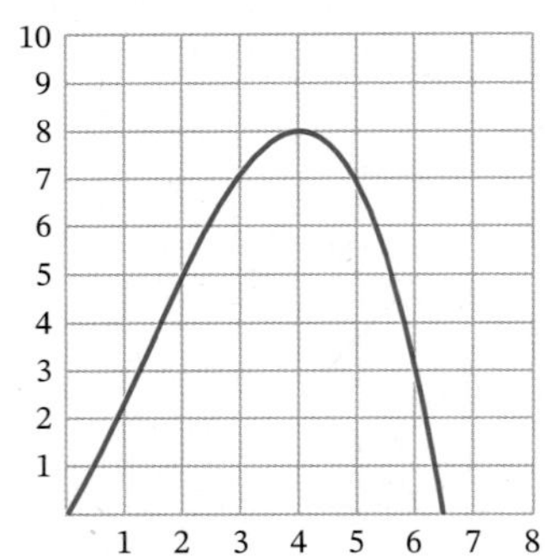

그림 Ex-16

17. a. 점 (0, 1), (1, 2)를 지나는 모든 이차다항식들의 집합을 나타내는 방정식을 구하라. [*힌트*: 이 방정식은 한 개의 매개변수를 포함하여 집합에 있는 다양한 곡선들을 나타낸다.]

b. 손으로 또는 그래프를 그리는 도구를 이용하여 이 집합에 있는 네 개의 곡선을 그려라.

18. 이 절에서는 연립일차방정식에 관한 단지 두세 개의 응용을 살펴보았다. 인터넷의 검색 도구를 사용하여 실제 생활에서 연립일차방정식에 관한 더 많은 응용을 찾아보라. 독자에게 흥미를 주는 한 가지를 선택하여 그것에 관하여 적어 보라.

참-거짓 문제

TF. **(a)-(e)**가 참인지 거짓인지를 밝히고 그 이유를 설명하라.

a. 어떤 네트워크에서도 노드 밖으로 나오는 흐름의 합은 노드 안으로 들어가는 흐름의 합과 같다.

b. 전류가 저항기를 통과할 때, 회로에는 전압의 상승이 있다.

c. 키르히호프의 전류법칙이란 노드로 흘러 들어가는 전류의 합은 노드에서 나가는 전류의 합과 같다는 것을 말한다.

d. 균형을 이룬 화학방정식이란 방정식의 양변에 있는 원자의 총수가 같은 방정식을 말한다.

e. xy-평면에 n개의 점이 주어지면 이 점들을 지나는 그래프의 $n-1$보다 작거나 같은 차수의 다항식이 유일하게 존재한다.

계산도구 문제

T1. 다음 표는 군사비행단의 풍동 안에서 다양한 풍속에 따른 양력을 보여 주고 있다. 오차 보간 다항식을 구하고 그것을 이용하여 풍속 2000 ft/s에서의 양력을 계산하라.

풍속 (100 ft/s)	1	2	4	8	16	32
양력 (100 lb)	0	3.12	15.86	33.7	81.5	123.0

T2. (***미적분학 필요***) 예제 7의 방법을 사용하여 다음을 근사하라.

$$\int_0^1 e^{x^2}\,dx$$

적분 구간을 다섯 등분 하고 보간 다항식을 사용하라. 구한 답과 기술적 도구의 수치적 적분 능력을 사용하여 얻은 것과 비교해 보라.

T3. 예제 5의 방법으로 균형 화학방정식을 구하라.

$$Fe_2O_3 + Al \rightarrow Al_2O_3 + Fe$$
(Fe = 철, Al = 알루미늄, O = 산소)

T4. 다음 회로에 흐르는 전류를 구하라.

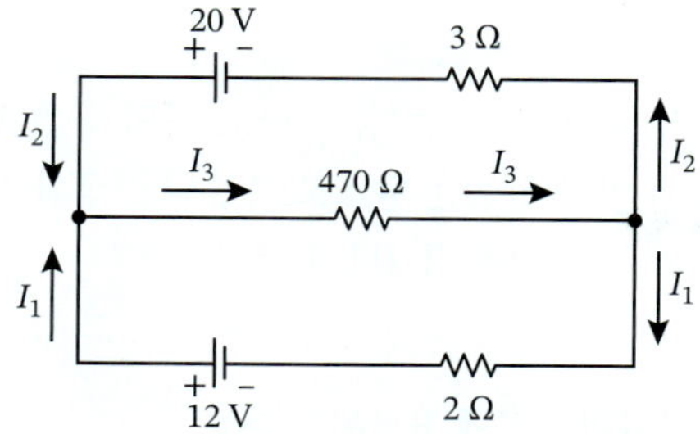

1.11 레온티예프 투입-산출 모델

1973년 경제학자 웨슬리 레온티예프는 경제의 여러 부문 간의 관계에 대한 연구에 행렬 방법을 사용하는 경제 모델로 노벨상을 받았다. 이 절에서는 레온티예프가 개발한 몇 가지 개념에 대하여 공부할 것이다.

경제에서의 투입과 산출

경제를 분석하는 데는 이를 ***부문***(sector)들로 나누어 이 부문들이 어떻게 서로 작용하는지를 연구하는 방법이 있다. 예를 들어, 간단한 경제는 세 부문—제조업, 농업, 공익사업(utilities)—으로 나눌 수 있다. 전형적으로 한 부문은 특정한 ***산출***(output)을 생산하는데 다른 부문과 자신으로부터의 ***투입***(input)을 요구한다. 예를 들어, 농업 부문은 산출로 밀을 생산하는데 제조 부문으로부터 농기구, 공익 부문의 전력, 자신의 부문으로부터 생산자들을 먹일 수 있는 음식 등의 투입을 필요로 한다. 그러므로 우리는 경제란 각 부문에서 왕래하는 투입-산출의 네트워크로 생각할 수 있으며, 그러한 흐름의 연구를 ***투입-산출 분석***(input-output analysis)이라고 한다. 투입과 산출은 보통 돈 단위로 측정한다(예를 들어, 달러, 또는 백만 달러). 그러나 다른 측정 단위도 가능하다.

실제 경제에서의 부문들 간의 흐름은 항상 명백하지는 않다. 예를 들어, 세계 이차대전에서 미국은 5만 대의 비행기를 만들기 위해서 많은 새 알루미늄 제조공장을 건설해야 했다. 이것은 예상 밖의 많은 양의 특정한 구리 전기 원소를 필요로 했고 이것이 순차적으로 구리의 부족을 야기했다. 이 문제는 구리 대용품으로 포트 녹스로부터 빌려 온 은을 사용하여 점진적으로 해결되었다. 현대 투입-산출 분석은 십중팔구 구리의 부족을 예상했을 것이다.

경제의 많은 부문은 산출을 생산하지만, 스스로는 아무것도 생산하지 못하고 산출을 소비하기만 하는 부문들도 존재한다(예를 들면, 소비자 시장). 산출을 생산하지 않는 부문을 ***열린 부문***(open sector)이라고 한다. 열린 부문이 없는 경제를 ***닫힌 경제***(closed economy), 하나 혹은 그 이상의 열린 부문이 있는 경제를 ***열린 경제***(open economy)라고 한다(**그림 1.11.1**). 이 절에서는 하나의 열린 부문이 있는 경제에 관심을 두고 생산 부문들이 자신들을 유지하고 열린 부문의 요구를 만족시키는 데 필요한 산출 수준을 결정하는 것이 우리의 궁극적인 목적이다.

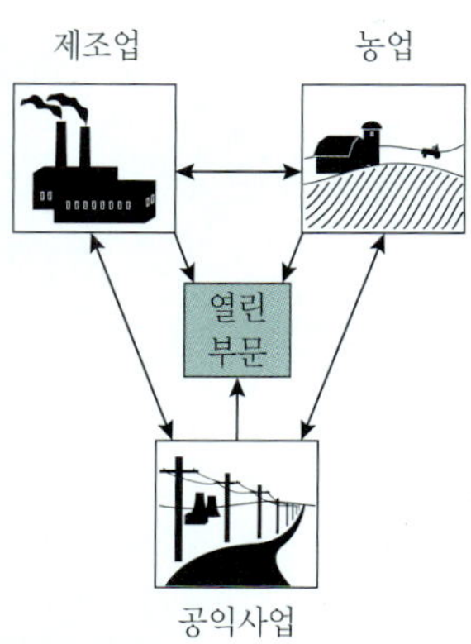

그림 1.11.1

열린 경제의 레온티예프 모델

하나의 열린 부문과 3개의 산출 생산 부문[제조업, 농업, 그리고 공익사업(유틸리티사업)]으로 구성된 열린 경제를 살펴보자. 투입과 산출은 달러로 측정되고 생산 부문이 1달러 가치의 산출을 생산하기 위해서 요구하는 투입은 **표 1**에 따른다.

표 1

		1달러 산출에 요구되는 투입		
		제조업	**농업**	**공익사업**
제공자	**제조업**	\$ 0.50	\$ 0.10	\$ 0.10
	농업	\$ 0.20	\$ 0.50	\$ 0.30
	공익사업	\$ 0.10	\$ 0.30	\$ 0.40

보통, 제목을 없애고 다음과 같은 행렬로 표시한다.

$$C = \begin{bmatrix} 0.5 & 0.1 & 0.1 \\ 0.2 & 0.5 & 0.3 \\ 0.1 & 0.3 & 0.4 \end{bmatrix} \tag{1}$$

이를 경제에 대한 ***소비행렬***(consumption matrix)[가끔 ***테크놀로지 행렬***(technology matrix)]이라고 한다. C에 있는 열벡터

$$\mathbf{c}_1 = \begin{bmatrix} 0.5 \\ 0.2 \\ 0.1 \end{bmatrix}, \quad \mathbf{c}_2 = \begin{bmatrix} 0.1 \\ 0.5 \\ 0.3 \end{bmatrix}, \quad \mathbf{c}_3 = \begin{bmatrix} 0.1 \\ 0.3 \\ 0.4 \end{bmatrix}$$

는 \$1.00 가치의 제품을 생산하는 데 필요한 제조업, 농업, 공익사업 등의 투입을 열거한 것이다. 이것들을 부문들의 ***소비벡터***(consumption vector)라고 한다. 예를 들어, $\mathbf{c}_1$은 \$1.00 가치의 제품을 생산하는데 제조업 부문은 \$0.50의 제조업 산출이 필요하고, \$0.20의 농업 산출이 필요하고, 그리고 \$0.10의 공익사업의 산출이 필요하다는 것을 나타낸다.

> 소비행렬에서 행에 있는 원소들의 합의 경제적 의미는 무엇인가?

이제 열린 부문은 경제가 그들에게 달러가치의 제조된 상품, 농업 생산물, 그리고 유틸리티를 공급해 주기 원한다고 가정하자.

제조된 상품의 d_1 달러
농업 산출의 d_2 달러
유틸리티의 d_3 달러

이러한 숫자들을 원소로 갖는 열벡터 **d**는 ***외부수요벡터***(outside demand vector)라고 한다. 산출 생산 부문들은 그들 자신의 산출도 소비하기 때문에 그들의 산출에 대한 달러 가치는 그들 자신의 요구와 바깥의 요구를 모두 포함하여야 한다. 이를 위해서 요구되는 달러가치는 다음과 같다고 가정하자.

제조된 상품의 x_1 달러
농업 산출의 x_2 달러
유틸리티의 x_3 달러

역사 노트

레온티에프 (Wassily Leontief, 1906–1999)

러시아 태생 바실리 레온티에프가 자유시장 경제를 분석하기 위한 현대적 방법의 개척으로 1973년 노벨상을 수상했다는 것은 다소 역설적이다. 레온티에프는 15살에 레닌그라드대학에 들어간 조숙한 학생이었다. 소비에트 체제 하에서 지적 제한을 받은 그는 반공산주의 활동으로 감옥에 가기도 하였다. 그 후 베를린대학으로 가서 1928년 박사학위를 받았다. 1931년에 미국으로 와서 하버드대학과 뉴욕대학에서 교수 생활을 하였다.

[Image: © Bettmann/CORBIS]

이러한 숫자들을 원소로 갖는 열벡터 $\mathbf{x}$를 경제의 ***생산벡터***(production vector)라 한다. 소비행렬 (1)을 갖는 경제에서 세 개의 생산 부문에 의해서 소모되는 생산벡터 $\mathbf{x}$의 부분은 다음과 같다.

$$x_1\begin{bmatrix}0.5\\0.2\\0.1\end{bmatrix} + x_2\begin{bmatrix}0.1\\0.5\\0.3\end{bmatrix} + x_3\begin{bmatrix}0.1\\0.3\\0.4\end{bmatrix} = \begin{bmatrix}0.5 & 0.1 & 0.1\\0.2 & 0.5 & 0.3\\0.1 & 0.3 & 0.4\end{bmatrix}\begin{bmatrix}x_1\\x_2\\x_3\end{bmatrix} = C\mathbf{x}$$

제조업에 의해서 소비되는 양 | 농업에 의해서 소비되는 양 | 유틸리티에 의해서 소비되는 양

벡터 $C\mathbf{x}$는 경제에서 ***중간수요벡터***(intermediate demand vector)라고 한다. 중간수요가 생겼을 때 외부수요를 만족시키기 위해서 남겨지는 생산의 부분은 $\mathbf{x} - C\mathbf{x}$이다. 그러므로 외부수요벡터가 $\mathbf{d}$이면 $\mathbf{x}$는 다음 방정식을 만족하여야 한다.

$$\mathbf{x} - C\mathbf{x} = \mathbf{d}$$

총생산 − 중간수요 = 외부수요

아래와 같이 다시 쓸 수 있다.

$$(I - C)\mathbf{x} = \mathbf{d} \tag{2}$$

행렬 $I - C$를 ***레온티에프 행렬***이라고 하고 (2)를 ***레온티에프 방정식***이라고 한다.

예제 1 | 외부수요 만족시키기

표 1에서 묘사한 경제를 살펴보자. 열린 경제가 \$7900의 제조업 상품, \$3950의 농업 산출물, 그리고 \$1975의 유틸리티 수요를 갖는다고 하자.

(*a*) 이 경제는 이 수요를 충족할 수 있는가?

(*b*) 만약 그렇다면, 정확하게 충족시키는 생산벡터 $\mathbf{x}$를 구하라.

풀이 소비행렬, 생산벡터, 외부수요벡터는 다음과 같다.

$$C = \begin{bmatrix} 0.5 & 0.1 & 0.1 \\ 0.2 & 0.5 & 0.3 \\ 0.1 & 0.3 & 0.4 \end{bmatrix}, \quad \mathbf{x} = \begin{bmatrix} x_1 \\ x_2 \\ x_3 \end{bmatrix}, \quad \mathbf{d} = \begin{bmatrix} 7900 \\ 3950 \\ 1975 \end{bmatrix} \tag{3}$$

외부수요를 충족시키기 위해서 벡터 $\mathbf{x}$는 레온티예프 방정식 (2)를 만족시켜야 한다. 그래서 연립일차방정식을 푸는 문제가 된다.

$$\underset{I-C}{\begin{bmatrix} 0.5 & -0.1 & -0.1 \\ -0.2 & 0.5 & -0.3 \\ -0.1 & -0.3 & 0.6 \end{bmatrix}} \underset{\mathbf{x}}{\begin{bmatrix} x_1 \\ x_2 \\ x_3 \end{bmatrix}} = \underset{\mathbf{d}}{\begin{bmatrix} 7900 \\ 3950 \\ 1975 \end{bmatrix}} \tag{4}$$

이 연립방정식의 기약 행사다리꼴이 다음과 같음은 독자가 확인하기 바란다.

$$\left[\begin{array}{ccc|c} 1 & 0 & 0 & 27{,}500 \\ 0 & 1 & 0 & 33{,}750 \\ 0 & 0 & 1 & 24{,}750 \end{array}\right]$$

이것은 (4)가 일치한다는 것과, 경제가 열린 부문의 수요인 \$27,500의 제조된 상품, \$33,750의 농업 산출물, \$24,750의 유틸리티를 정확히 만족시키는 것을 보여 준다.

생산적인 열린 경제

바로 전 논의에서 세 개의 산출-생산 부문이 있는 열린 경제에 대해 살펴보았다. 같은 개념을 n개의 산출-생산 부문이 있는 열린 경제에 적용해 보자. 이 경우, 소비행렬, 생산벡터, 외부수요벡터는 다음 형태가 된다.

$$C = \begin{bmatrix} c_{11} & c_{12} & \cdots & c_{1n} \\ c_{21} & c_{22} & \cdots & c_{2n} \\ \vdots & \vdots & & \vdots \\ c_{n1} & c_{n2} & \cdots & c_{nn} \end{bmatrix}, \quad \mathbf{x} = \begin{bmatrix} x_1 \\ x_2 \\ \vdots \\ x_n \end{bmatrix}, \quad \mathbf{d} = \begin{bmatrix} d_1 \\ d_2 \\ \vdots \\ d_n \end{bmatrix}$$

모든 원소는 음수가 아니다.

c_{ij} = 한 단위의 산출을 생산하기 위해서 j부문에 의해서 요구되는 i부문의 산출의 화폐가치

x_i = i부문의 산출의 화폐가치

d_i = 열린 부문의 수요를 충족하기 위해서 요구되는 i부문의 산출의 화폐가치

참고 C의 j열벡터는 j부문이 화폐 한 단위의 산출을 생산하기 위해서 다른 부문에 요구하는 화폐가치를 포함하고, C의 i행벡터는 화폐 한 단위의 산출을 생산하기 위해서 각 부문이 i부문에 요구하는 화폐가치를 포함한다.

위의 예제에서 논의했듯이 외부 부문의 수요 $\mathbf{d}$를 충족하는 생산벡터 $\mathbf{x}$는 레온티예프 방정식

$$(I - C)\mathbf{x} = \mathbf{d}$$

를 만족하여야 한다. 만약 행렬 $I - C$가 가역이면 이 방정식은 모든 수요벡터 $\mathbf{d}$에 대해

서 유일 해를 갖는다.

$$\mathbf{x} = (I - C)^{-1}\mathbf{d} \tag{5}$$

그러나 $\mathbf{x}$가 유효한 생산벡터가 되기 위해서는 음수가 아닌 원소들을 가져야 한다. 그래서 경제에서 중요한 문제는 레온티예프 방정식이 음수가 아닌 원소를 갖는 해를 갖기 위한 조건을 결정하는 것이다.

(5)로부터 $I - C$가 가역이고 $(I - C)^{-1}$가 음수가 아닌 원소를 갖는다면, 모든 수요벡터 $\mathbf{d}$에 대해서 대응되는 $\mathbf{x}$ 또한 음이 아닌 원소들을 갖고, 그러므로 경제에 유효한 생산벡터가 될 것이다. $(I - C)^{-1}$가 음수가 아닌 원소를 갖는 경제를 ***생산적***(productive)이라고 한다. 그러한 경제는 바람직하다. 왜냐하면, 수요가 항상 생산의 특정 수준까지 충족될 수 있기 때문이다. 다음 정리는 열린 경제가 생산적이기 위한 조건을 제시한다. (이에 대한 증명은 많은 경제학 책에서 찾을 수 있다.)

정리 1.11.1

C가 열린 경제의 소비행렬이고 모든 열의 합이 1보다 적으면 행렬 $I - C$는 가역이고 $(I - C)^{-1}$의 원소들은 음수가 아니며 경제는 생산적이다.

참고 C의 j열벡터 합은 j부문이 \$1의 산출을 생산하기 위해서 요구하는 투입의 총 달러가치를 나타내고, 그래서 j열벡터의 합이 1보다 적으면 j부문은 \$1의 산출물을 생산하기 위해서 \$1보다 적은 투입을 요구한다. 이 경우 우리는 j부문은 ***수익성이 있다***(profitable)고 말한다. 그래서 정리 1.11.1은 열린 경제의 모든 산출-생산 부문이 수익성이 있으면 경제는 생산적이라고 말하고 있다. C의 모든 행 합이 1보다 적으면 열린 경제가 생산적임을 연습문제에서 보게 될 것이다(연습문제 11). 그래서 열린 경제는 C의 모든 열 합이나 모든 행 합이 1보다 작으면 생산적이다.

예제 2 | 부문들이 모두 수익성 있는 열린 경제

(1)의 소비행렬 C의 열 합은 1보다 작고 그래서 $(I - C)^{-1}$가 존재하며 음수가 아닌 원소들을 갖는다. 이것을 확인하기 위하여 계산기를 사용하고 예제 1의 방정식 (4)를 풀기 위하여 이 역행렬을 사용하라.

풀이 다음은 독자 스스로 확인해 보기 바란다.

$$(I - C)^{-1} \approx \begin{bmatrix} 2.65823 & 1.13924 & 1.01266 \\ 1.89873 & 3.67089 & 2.15190 \\ 1.39241 & 2.02532 & 2.91139 \end{bmatrix}$$

이 행렬은 음수가 아닌 원소들을 갖고

$$\mathbf{x} = (I - C)^{-1}\mathbf{d} \approx \begin{bmatrix} 2.65823 & 1.13924 & 1.01266 \\ 1.89873 & 3.67089 & 2.15190 \\ 1.39241 & 2.02532 & 2.91139 \end{bmatrix} \begin{bmatrix} 7900 \\ 3950 \\ 1975 \end{bmatrix} \approx \begin{bmatrix} 27{,}500 \\ 33{,}750 \\ 24{,}750 \end{bmatrix}$$

이것은 예제 1의 해와 일치한다.

연습문제 1.11

1. 자동차 수리공(M)과 차체수리소(B)는 서로의 서비스를 이용한다. M은 \$1.00의 사업을 위하여 \$0.50의 자신의 서비스와 \$0.25의 B의 서비스를 이용한다. B는 \$1.00의 사업을 위하여 \$0.10의 자신의 서비스와 \$0.25의 M의 서비스를 이용한다.

a. 이 경제에 대한 소비행렬을 찾아라.

b. M과 B는 소비자에게 \$7000의 수리작업과 \$14,000의 차체작업을 공급하기 위해서 각각 얼마를 생산해야만 하는가?

2. 간단한 경제가 음식(F)과 집(H)을 생산한다. \$1.00의 음식을 생산하는 데 \$0.30의 음식과 \$0.10의 집을 필요로 하고, \$1.00의 집을 생산하는 데 \$0.20의 음식과 \$0.60의 집을 필요로 한다.

a. 이 경제에 대한 소비행렬을 찾아라.

b. 소비자에게 \$130,000의 음식과 \$130,000의 집을 공급하기 위해서 경제는 음식과 집의 얼마의 달러가치를 생산해야만 하는가?

3. \$1.00 산출에 요구되는 투입에 관한 아래 표에 표시된 열린 경제를 살펴보자.

a. 이 경제에 대한 소비행렬을 찾아라.

b. 열린 부문이 \$1930의 집, \$3860의 음식, \$5790의 유틸리티의 수요를 갖는다고 하자. 행사다리꼴을 이용하여 정확하게 이 수요를 충족하는 생산벡터를 찾아라.

표 Ex-3

		1달러 산출에 요구되는 투입		
		집	**음식**	**유틸리티**
제공자	**집**	\$ 0.10	\$ 0.60	\$ 0.40
	음식	\$ 0.30	\$ 0.20	\$ 0.30
	유틸리티	\$ 0.40	\$ 0.10	\$ 0.20

4. 웹디자인, 소프트웨어, 그리고 네트워킹 서비스를 생산하는 회사가 있다. 아래 표는 \$1.00의 산출에 필요한 투입이 달러로 표시된 것이다. 이 회사를 이 표에서 나타내는 열린 경제로 보자.

a. 이 경제에 대한 소비행렬을 찾아라.

b. 소비자(열린 부문)는 \$5400의 웹디자인, \$2700의 소프트웨어, 그리고 \$900의 네트워킹 서비스의 수요가 있다고 하자. 행사다리꼴을 이용하여 정확하게 이 수요를 충족시키는 생산벡터를 찾아라.

표 Ex-4

		1달러 산출에 요구되는 투입		
		웹디자인	**소프트웨어**	**네트워킹**
제공자	**웹디자인**	\$ 0.40	\$ 0.20	\$ 0.45
	소프트웨어	\$ 0.30	\$ 0.35	\$ 0.30
	네트워킹	\$ 0.15	\$ 0.10	\$ 0.20

(5-6) 역행렬을 사용하여 소비행렬 C에 대한 수요 $\mathbf{d}$를 충족시키는 생산벡터 $\mathbf{x}$를 구하라.

5. $C = \begin{bmatrix} 0.1 & 0.3 \\ 0.5 & 0.4 \end{bmatrix}$; $\mathbf{d} = \begin{bmatrix} 50 \\ 60 \end{bmatrix}$

6. $C = \begin{bmatrix} 0.3 & 0.1 \\ 0.3 & 0.7 \end{bmatrix}$; $\mathbf{d} = \begin{bmatrix} 22 \\ 14 \end{bmatrix}$

7. 소비행렬이 아래와 같은 열린 경제를 살펴보자.

$$C = \begin{bmatrix} \frac{1}{2} & 0 \\ 0 & 1 \end{bmatrix}$$

a. 경제가 첫 번째 부문의 수요 $d_1 = 2$, 두 번째 부문의 수요 $d_2 = 0$를 충족할 수는 있지만 첫 번째 부문의 수요 $d_1 = 2$, 두 번째 부문의 수요 $d_2 = 1$는 충족시킬 수는 없음을 보여라.

b. (a)의 결과의 수학적, 경제학적 설명을 시도하라.

8. 소비행렬이 아래와 같은 열린 경제를 살펴보자.

$$C = \begin{bmatrix} \frac{1}{2} & \frac{1}{4} & \frac{1}{4} \\ \frac{1}{2} & \frac{1}{8} & \frac{1}{4} \\ \frac{1}{2} & \frac{1}{4} & \frac{1}{8} \end{bmatrix}$$

열린 부문이 각 산출-생산 부문으로부터 같은 달러가치를 요구한다면 어떤 산출-생산 부문이 이 수요를 충족시키기 위해서 가장 큰 달러가치를 생산하여야 하는가?

9. 소비행렬이 아래와 같은 열린 경제를 살펴보자.

$$C = \begin{bmatrix} c_{11} & c_{12} \\ c_{21} & 0 \end{bmatrix}$$

만약 $c_{21}c_{12} < 1 - c_{11}$이면 모든 수요벡터 $\mathbf{d}$에 대해서 레온티

예프 방정식 $\mathbf{x} - C\mathbf{x} = \mathbf{d}$이 유일 해를 가짐을 보여라.

증명 문제

10. a. 열의 합이 1보다 작은 소비행렬을 갖는 열린 경제를 살펴보자. $\mathbf{x}$는 외부수요 $\mathbf{d}$를 만족시키는 생산벡터라 하자. 즉, $\mathbf{x} = (I - C)^{-1}\mathbf{d}$. $\mathbf{d}_j$를 $\mathbf{d}$의 j번째 원소를 1만큼 증가시키고 나머지 원소는 그대로 둔 수요벡터라 하자. 이 수요를 충족시키는 생산벡터 $\mathbf{x}_j$는

$$\mathbf{x}_j = \mathbf{x} + (I - C)^{-1}\text{의 } j\text{번째열}$$

임을 증명하라.

b. $(I - C)^{-1}$의 j번째 열벡터의 경제적 의미는 무엇인가? [*힌트*: $\mathbf{x}_j - \mathbf{x}$를 살펴보라.]

11. 다음을 증명하라: C가 음이 아닌 원소들로 이루어지고 행의 합이 1보다 작은 $n \times n$ 행렬이면 $I - C$는 가역이고 음이 아닌 원소들만 갖는다. [*힌트*: 임의의 가역행렬 A에 대해서 $(A^T)^{-1} = (A^{-1})^T$이다.]

참-거짓 문제

TF. (a)-(e)가 참인지 거짓인지를 밝히고 그 이유를 설명하라.

a. 산출을 생산하는 경제의 부문들은 열린 부문이라고 한다.

b. 닫힌 경제는 열린 부문이 없는 경제이다.

c. 소비행렬의 행들은 경제의 한 부문의 산출을 나타낸다.

d. 소비행렬의 열의 합들이 모두 1보다 작으면 레온티예프 행렬은 가역이다.

e. 레온티예프 방정식은 경제의 외부수요벡터에 대한 생산벡터와 관계된다.

계산도구 문제

T1. 다음 표는 세 부문으로 구성된 열린 경제로, 표 안의 원소들은 1달러의 산출을 위해서 필요한 투입물의 달러가치를 나타낸다. 일주일 동안의 외부수요는 석탄 \$50,000, 전기 \$75,000, 제조업 \$1,250,000이다. 이 경제가 수요를 충족시킬 수 있는지를 결정하라.

1달러 산출에 요구되는 투입

제공자		전기	석탄	제조업
	전기	\$ 0.1	\$ 0.25	\$ 0.2
	석탄	\$ 0.3	\$ 0.4	\$ 0.5
	제조업	\$ 0.1	\$ 0.15	\$ 0.1

1장 보충문제

(1-4) 주어진 행렬들은 연립일차방정식의 첨가행렬을 나타낸다. 관계된 연립일차방정식을 구하고 가우스 소거법을 사용하여 연립방정식의 해를 구하라. 필요하다면 자유 매개변수를 이용하라.

1. $\begin{bmatrix} 3 & -1 & 0 & 4 & 1 \\ 2 & 0 & 3 & 3 & -1 \end{bmatrix}$ **2.** $\begin{bmatrix} 1 & 4 & -1 \\ -2 & -8 & 2 \\ 3 & 12 & -3 \\ 0 & 0 & 0 \end{bmatrix}$

3. $\begin{bmatrix} 2 & -4 & 1 & 6 \\ -4 & 0 & 3 & -1 \\ 0 & 1 & -1 & 3 \end{bmatrix}$ **4.** $\begin{bmatrix} 3 & 1 & -2 \\ -9 & -3 & 6 \\ 6 & 2 & 1 \end{bmatrix}$

5. 가우스-요르단 소거법을 이용하여 x'과 y'을 x와 y로 표시하라.

$$x = \tfrac{3}{5}x' - \tfrac{4}{5}y'$$
$$y = \tfrac{4}{5}x' + \tfrac{3}{5}y'$$

6. 가우스-요르단 소거법을 이용하여 x'과 y'을 x와 y로 표시하라.

$$x = x'\cos\theta - y'\sin\theta$$
$$y = x'\sin\theta + y'\cos\theta$$

7. 다음을 만족하는 양의 정수를 찾아라.

$$\begin{aligned} x + y + z &= 9 \\ x + 5y + 10z &= 44 \end{aligned}$$

8. 페니와 니클 그리고 다임이 들어 있는 상자에 총 83센트로 13개의 동전이 있다. 각 형태의 동전이 몇 개씩 들어 있는가?

9. 다음을 연립일차방정식의 첨가행렬이라고 하자.

$$\begin{bmatrix} a & 0 & b & 2 \\ a & a & 4 & 4 \\ 0 & a & 2 & b \end{bmatrix}$$

어떤 a와 b에 대해서 이 방정식이 다음이 성립하는가?

a. 유일 해를 갖는다.

b. 하나의 매개변수로 이루어진 해를 갖는다.

c. 두 개의 매개변수로 이루어진 해를 갖는다.

d. 해가 없다.

10. 어떤 a의 값에 대해서 다음 연립방정식이 해를 갖지 않는지, 하나의 해를 갖는지, 무수히 많은 해를 갖는지를 밝혀라.

$$\begin{aligned} x_1 + x_2 + x_3 &= 4 \\ x_3 &= 2 \\ (a^2-4)x_3 &= a-2 \end{aligned}$$

11. 주어진 행렬에서 $AKB = C$를 만족하는 행렬 K를 찾아라.

$$A = \begin{bmatrix} 1 & 4 \\ -2 & 3 \\ 1 & -2 \end{bmatrix}, \quad B = \begin{bmatrix} 2 & 0 & 0 \\ 0 & 1 & -1 \end{bmatrix},$$

$$C = \begin{bmatrix} 8 & 6 & -6 \\ 6 & -1 & 1 \\ -4 & 0 & 0 \end{bmatrix}$$

12. 다음 연립일차방정식이 해 $x = 1, y = -1, z = 2$를 갖기 위해서 계수 a, b, c는 어떤 수여야 하는가?

$$\begin{aligned} ax + by - 3z &= -3 \\ -2x - by + cz &= -1 \\ ax + 3y - cz &= -3 \end{aligned}$$

13. X에 대한 행렬방정식을 풀어라.

a. $X\begin{bmatrix} -1 & 0 & 1 \\ 1 & 1 & 0 \\ 3 & 1 & -1 \end{bmatrix} = \begin{bmatrix} 1 & 2 & 0 \\ -3 & 1 & 5 \end{bmatrix}$

b. $X\begin{bmatrix} 1 & -1 & 2 \\ 3 & 0 & 1 \end{bmatrix} = \begin{bmatrix} -5 & -1 & 0 \\ 6 & -3 & 7 \end{bmatrix}$

c. $\begin{bmatrix} 3 & 1 \\ -1 & 2 \end{bmatrix}X - X\begin{bmatrix} 1 & 4 \\ 2 & 0 \end{bmatrix} = \begin{bmatrix} 2 & -2 \\ 5 & 4 \end{bmatrix}$

14. A가 정방행렬이라고 하자.

a. 만약 $A^4 = 0$이면 $(I - A)^{-1} = I + A + A^2 + A^3$임을 보여라.

b. 만약 $A^{n+1} = 0$이면 $(I - A)^{-1} = I + A + A^2 + \cdots + A^n$임을 보여라.

15. 다항식 $p(x) = ax^2 + bx + c$의 그래프가 점 $(1, 2), (-1, 6), (2, 3)$을 지날 때 a, b, c의 값을 구하라.

16. ***(미적분학 필요)*** 다항식 $p(x) = ax^2 + bx + c$의 그래프가 점 $(-1, 0)$을 지나고 점 $(2, -9)$에서 수평의 접선을 가질 때 a, b, c의 값을 구하라.

17. J_n을 원소가 모두 1인 $n \times n$ 행렬이라고 하자. 만약 $n > 1$이면

$$(I - J_n)^{-1} = I - \frac{1}{n-1}J_n$$

임을 보여라.

18. 정방행렬 A가 $A^3 + 4A^2 - 2A + 7I = 0$을 만족하면 A^T도 이 방정식을 만족함을 보여라.

19. 다음을 증명하라: 만약 B가 가역이면 $AB^{-1} = B^{-1}A$이기 위한 필요충분조건은 $AB = BA$이다.

20. 다음을 증명하라: A가 가역이면 $A + B$와 $I + BA^{-1}$는 둘 다 가역이거나 둘 다 가역이 아니다.

21. 다음을 증명하라: A가 $m \times n$ 행렬이고 B가 $n \times 1$ 행렬이고 각 원소들이 $1/n$일 때

$$AB = \begin{bmatrix} \bar{r}_1 \\ \bar{r}_2 \\ \vdots \\ \bar{r}_m \end{bmatrix}$$

임을 보여라. 이때 $\bar{r}_i$는 A의 i행에 있는 원소들의 평균이다.

22. ***(미적분학 필요)*** 원소들이 x에 대해서 미분 가능한 함수일 때 행렬

$$C = \begin{bmatrix} c_{11}(x) & c_{12}(x) & \cdots & c_{1n}(x) \\ c_{21}(x) & c_{22}(x) & \cdots & c_{2n}(x) \\ \vdots & \vdots & & \vdots \\ c_{m1}(x) & c_{m2}(x) & \cdots & c_{mn}(x) \end{bmatrix}$$

의 도함수를 다음과 같이 정의한다.

$$\frac{dC}{dx} = \begin{bmatrix} c'_{11}(x) & c'_{12}(x) & \cdots & c'_{1n}(x) \\ c'_{21}(x) & c'_{22}(x) & \cdots & c'_{2n}(x) \\ \vdots & \vdots & & \vdots \\ c'_{m1}(x) & c'_{m2}(x) & \cdots & c'_{mn}(x) \end{bmatrix}$$

행렬 A와 B에 있는 원소들이 x에 대해서 미분 가능한 함수이고 이 행렬들이 주어진 연산들을 실행할 수 있는 크기를 갖는다면 다음이 성립함을 보여라.

a. $\dfrac{d}{dx}(kA) = k\dfrac{dA}{dx}$

b. $\dfrac{d}{dx}(A + B) = \dfrac{dA}{dx} + \dfrac{dB}{dx}$

c. $\dfrac{d}{dx}(AB) = \dfrac{dA}{dx}B + A\dfrac{dB}{dx}$

23. **(미적분학 필요)** 연습문제 22의 (c)를 이용하여

$$\frac{dA^{-1}}{dx} = -A^{-1}\frac{dA}{dx}A^{-1}$$

임을 보여라. 이 공식을 얻기 위해 필요한 모든 가정들을 말하라.

24. 언급된 역함수가 존재한다고 가정할 때 다음 등식이 성립함을 증명하라.

a. $(C^{-1} + D^{-1})^{-1} = C(C + D)^{-1}D$

b. $(I + CD)^{-1}C = C(I + DC)^{-1}$

c. $(C + DD^T)^{-1}D = C^{-1}D(I + D^TC^{-1}D)^{-1}$

분할행렬은 마치 행렬 형태의 원소가 숫자인 것처럼 취급하여 행-열 규칙에 의해서 곱셈을 할 수 있다. 물론 모든 행렬의 크기가 필요한 연산을 수행할 수 있어야만 한다. 예를 들어 A는 2 × 2 행렬로 분할되고 B는 2 × 1 행렬로 분할되었다고 하자. 그러면,

$$AB = \begin{bmatrix} A_{11} & A_{12} \\ A_{21} & A_{22} \end{bmatrix}\begin{bmatrix} B_1 \\ B_2 \end{bmatrix} = \begin{bmatrix} A_{11}B_1 + A_{12}B_2 \\ A_{21}B_1 + A_{22}B_2 \end{bmatrix} \qquad (*)$$

이 된다. 물론 이때 AB, 두 개의 합, 네 개의 곱이 수행될 수 있어야 한다.

25. 행렬 A와 B가 다음과 같이 분할되었다고 하자.

$$A = \left[\begin{array}{ccc|cc} 1 & 0 & 2 & 1 & 4 \\ 4 & 1 & 0 & 3 & -1 \\ \hline 0 & -3 & 4 & 2 & -2 \end{array}\right] = \begin{bmatrix} A_{11} & A_{12} \\ A_{21} & A_{22} \end{bmatrix}$$

$$B = \left[\begin{array}{cc} 3 & 0 \\ 2 & 1 \\ 4 & -1 \\ \hline 0 & 3 \\ 2 & 5 \end{array}\right] = \begin{bmatrix} B_1 \\ B_2 \end{bmatrix}$$

a. 공식 (*)를 사용하여 곱셈 AB를 구할 수 있도록 모든 행렬의 크기가 적절함을 확인하라.

b. 공식 (*)를 사용하여 얻어진 결과와 보통의 행렬 곱셈을 통하여 구한 결과가 같은지를 확인하라.

26. 가역행렬 A가

$$A = \begin{bmatrix} A_{11} & A_{12} \\ A_{21} & A_{22} \end{bmatrix}$$

로 분할되었을 때

$$A^{-1} = \begin{bmatrix} B_{11} & B_{12} \\ B_{21} & B_{22} \end{bmatrix},$$

$$B_{11} = (A_{11} - A_{12}A_{22}^{-1}A_{21})^{-1}, \qquad B_{12} = -B_{11}A_{12}A_{22}^{-1}$$
$$B_{21} = -A_{22}^{-1}A_{21}B_{11}, \qquad B_{22} = (A_{22} - A_{21}A_{11}^{-1}A_{12})^{-1}$$

임을 보여라. 이 공식에 있는 모든 역행렬은 존재한다고 가정하라.

27. 연습문제 26에 있는 행렬 A_{21}이 0인 특별한 경우에는

$$A = \begin{bmatrix} A_{11} & A_{12} \\ 0 & A_{22} \end{bmatrix}$$

이 된다. 행렬 A를 ***블록 상삼각행렬***(block upper triangular matrix)이라고 부른다. 연습문제 26의 결과를 사용하여

$$A^{-1} = \begin{bmatrix} A_{11}^{-1} & -A_{11}^{-1}A_{12}A_{22}^{-1} \\ 0 & A_{22}^{-1} \end{bmatrix}$$

임을 보여라.

28. 계수행렬의 각 행에 축 위치를 갖는 선형방정식은 일치한다. 그 이유를 설명하라.

29. 미지수가 다섯 개이고 방정식이 세 개인 선형방정식에서 축열이 세 개이면 일치하는지 불일치하는지를 설명하라.

CHAPTER 2

행렬식

Determinants

챕터 목차

서론

이 장에서는 "행렬식" 또는 좀 더 정확히 말해서 "행렬식 함수"를 공부한다. $f(x) = x^2$와 같이 실수를 실변수 x에 대응시키는 실함수와는 달리 행렬식 함수는 실수 $f(A)$를 행렬변수 A에 대응시킨다. 처음에는 행렬식이 연립일차방정식을 푸는 과정에서 사용되었지만, 실제 응용에서는 더 이상 그런 목적으로 사용되지 않는다. 행렬식은 2변수 또는 3변수로 이루어진 매우 작은 연립일차방정식을 푸는 데 유용하게 사용될 수 있지만, 우리의 주요 관심사는 행렬식이 선형대수의 다양한 개념과 연결되어 있고 행렬의 역행렬을 구하기 위한 유용한 공식을 제공하고 있다는 사실에 있다.

2.1 여인수 전개에 의한 행렬식

이 절에서 우리는 "행렬식"의 개념을 정의한다. 지금까지는 역행렬을 구하는 계산과정만을 공부했지만, 행렬식을 이용하여 가역행렬의 역행렬을 구하는 구체적인 공식을 만든다. 결국 이것은 일부 연립일차방정식의 해를 구하기 위한 공식을 제공하게 된다.

정리 1.4.5에 의하면, 2×2 행렬

$$A = \begin{bmatrix} a & b \\ c & d \end{bmatrix}$$

가 가역이기 위한 필요충분조건은 $ad - bc \neq 0$이고, 식 $ad - bc$는 행렬 A의 ***행렬식***(determinant)이라 부른다. 또한 이 행렬식을

$$\det(A) = ad - bc \quad \text{또는} \quad \begin{vmatrix} a & b \\ c & d \end{vmatrix} = ad - bc \tag{1}$$

로 나타내고, A의 역(inverse)은 행렬식을 이용하여

> **주의** A는 행렬이지만 $\det(A)$는 수(number)라는 사실을 명심해야 한다.

$$A^{-1} = \frac{1}{\det(A)}\begin{bmatrix} d & -b \\ -c & a \end{bmatrix} \tag{2}$$

로 나타낼 수 있다.

소행렬식과 여인수

이 장의 주요 목표 중 하나는 *모든 차수*의 정방행렬에 적용되는 식 (2)와 유사한 공식을 얻는 것이다. 이를 위해 행렬이나 행렬식을 쓸 때 아래첨자가 붙은 원소를 사용하는 것이 편리하다. 그러므로 2×2 행렬을

$$A = \begin{bmatrix} a_{11} & a_{12} \\ a_{21} & a_{22} \end{bmatrix}$$

로 나타내면 식 (1)에 있는 두 방정식은

$$\det(A) = \begin{vmatrix} a_{11} & a_{12} \\ a_{21} & a_{22} \end{vmatrix} = a_{11}a_{22} - a_{12}a_{21} \tag{3}$$

의 형태를 갖는다. 행렬에 이름을 붙이기 어려운 경우에는 이 공식을

$$\det\begin{bmatrix} a_{11} & a_{12} \\ a_{21} & a_{22} \end{bmatrix} = a_{11}a_{22} - a_{12}a_{21} \tag{4}$$

로 표현할 수 있다.

고차 정방행렬의 행렬식을 정의하는 방법은 다양하지만 이 교재에서는 "귀납적 정의"를 사용할 것이다. 귀납적 정의는 주어진 차수의 정방행렬의 행렬식을 다음 낮은 차수의 정방행렬들의 행렬식으로 정의하는 것을 말한다. 귀납적 과정을 시작하기 위해 1×1 행렬 $[a_{11}]$의 행렬식을

$$\det[a_{11}] = a_{11} \tag{5}$$

으로 정의하면 식 (4)는

$$\det\begin{bmatrix} a_{11} & a_{12} \\ a_{21} & a_{22} \end{bmatrix} = \det[a_{11}]\det[a_{22}] - \det[a_{12}]\det[a_{21}]$$

으로 나타낼 수 있다.

이제 시작점을 설정했기 때문에 3×3 행렬의 행렬식은 2×2 행렬의 행렬식에 의해 정의할 수 있고, 4×4 행렬의 행렬식은 3×3 행렬의 행렬식에 의해, 등등, 정의할 수 있다. 다음과 같은 용어와 기호는 이 귀납적 과정을 보다 효율적으로 만드는 데 도움이 될 것이다.

정의 1

A가 정방행렬일 때 ***원소 a_{ij}의 소행렬식***(minor of entry a_{ij})은 기호 M_{ij}로 나타내고 행렬 A의 i번째 행과 j번째 열을 제거하여 만든 부분행렬의 행렬식으로 정의된다. 수 $(-1)^{i+j}M_{ij}$를 기호 C_{ij}로 나타내고 ***원소 a_{ij}의 여인수***(cofactor of entry a_{ij})라 부른다.

역사 노트

*행렬식*이라는 용어는 1801년 독일 수학자 가우스에 의해 처음 도입되어 특정 함수의 성질을 결정하는 데 사용되었다. 흥미롭게도 *행렬*(matrix)이라는 용어는 *womb*라는 라틴어에서 파생되었는데 이는 행렬이 행렬식을 담는 그릇으로 파악되었기 때문이다.

예제 1 | 소행렬식과 여인수 구하기

$$A = \begin{bmatrix} 3 & 1 & -4 \\ 2 & 5 & 6 \\ 1 & 4 & 8 \end{bmatrix}$$

라 하자. 원소 a_{11}의 소행렬식은

$$M_{11} = \begin{vmatrix} 3 & 1 & -4 \\ 2 & 5 & 6 \\ 1 & 4 & 8 \end{vmatrix} = \begin{vmatrix} 5 & 6 \\ 4 & 8 \end{vmatrix} = 16$$

이고, 원소 a_{11}의 여인수는

$$C_{11} = (-1)^{1+1}M_{11} = M_{11} = 16$$

이다. 마찬가지로 원소 a_{32}의 소행렬식은

$$M_{32} = \begin{vmatrix} 3 & 1 & -4 \\ 2 & 5 & 6 \\ 1 & 4 & 8 \end{vmatrix} = \begin{vmatrix} 3 & -4 \\ 2 & 6 \end{vmatrix} = 26$$

이고, 원소 a_{32}의 여인수는

$$C_{32} = (-1)^{3+2}M_{32} = -M_{32} = -26$$

이다.

주의 소행렬식과 여인수를 나타낼 때, 그들이 비록 행렬이 아닌 수(number)이지만 표준 표기법에 의해 대문자로 표기한다.

참고 소행렬식 M_{ij}와 이에 대응하는 여인수 C_{ij}는 서로 같거나 부호가 반대이다. 부호 $(-1)^{i+j}$는 $+1$ 또는 -1로서 다음의 "바둑판(checkerboard)" 배열의 부호와 같다.

$$\begin{bmatrix} + & - & + & - & + & \cdots \\ - & + & - & + & - & \cdots \\ + & - & + & - & + & \cdots \\ - & + & - & + & - & \cdots \\ \vdots & \vdots & \vdots & \vdots & \vdots & \end{bmatrix}$$

예를 들어,

$$C_{11} = M_{11}, \quad C_{21} = -M_{21}, \quad C_{22} = M_{22}$$

등등이다. 그러므로 C_{ij}을 구하기 위해서 $(-1)^{i+j}$를 계산할 필요 없이, 소행렬식 M_{ij}를 구한 후 바둑판 배열에 의해 부호를 결정하면 된다.

예제 2 | 2×2 행렬의 여인수 전개

2×2 행렬 $A = [a_{ij}]$의 바둑판 배열은

$$\begin{bmatrix} + & - \\ - & + \end{bmatrix}$$

이므로

$$C_{11} = M_{11} = a_{22} \qquad C_{12} = -M_{12} = -a_{21}$$
$$C_{21} = -M_{21} = -a_{12} \qquad C_{22} = M_{22} = a_{11}$$

이다. det(A)가 여인수를 이용하여 다음과 같은 네 가지 방법으로 나타낼 수 있다는 것을 보이는 것은 식 (3)을 사용하면 된다.

$$\begin{aligned} \det(A) &= \begin{vmatrix} a_{11} & a_{12} \\ a_{21} & a_{22} \end{vmatrix} \\ &= a_{11}C_{11} + a_{12}C_{12} \\ &= a_{21}C_{21} + a_{22}C_{22} \\ &= a_{11}C_{11} + a_{21}C_{21} \\ &= a_{12}C_{12} + a_{22}C_{22} \end{aligned} \tag{6}$$

마지막 네 가지 방정식 각각은 det(A)의 *여인수 전개*(cofactor expansion)라고 한다. 각 여인수 전개에서 사용된 원소와 여인수들은 모두 같은 행 또는 같은 열로부터 온다. 예를 들어, 첫 번째 방정식의 모든 원소와 여인수들은 모두 A의 첫 번째 행으로부터, 두 번째 방정식의 모든 원소와 여인수는 모두 A의 두 번째 행으로부터, 세 번째 방정식은 A의 첫 번째 열, 그리고 네 번째 방정식은 A의 두 번째 열로부터 온 것이다.

역사 노트

소행렬식(minor)이라는 용어는 영국 수학자 실베스터가 1850년에 출간한 논문의 다음과 같은 서술에서 유래하였다. "정사각형의 줄과 열을 하나씩 제거하면 처음 정사각형보다 폭과 깊이가 하나씩 작은 정사각형을 얻게 된다. 그리고 줄과 열을 가능한 다양한 방법으로 제거해 보면, n개 줄과 n개 열로 구성된 처음의 정사각형으로부터 n^2개의 작은 정사각형을 얻게 된다. 이때 각각의 작은 정사각형을 주 행렬식 또는 완전 행렬식에 대한 '첫 번째 소행렬식'이라는 용어로 표현할 것이다."

일반 행렬식의 정의

식 (6)은 증명 없이 서술할 다음 정리의 특수한 경우이다.

정리 2.1.1

A가 $n \times n$ 행렬이면, A의 어떤 행 또는 열을 선택하는가에 상관없이, 선택된 행 또는 열에 있는 각 원소와 대응하는 여인수의 곱을 모두 더하여 얻은 수는 항상 같다.

이 결과는 다음의 정의를 만든다.

정의 2

A가 $n \times n$ 행렬이면, A의 임의의 행 또는 열에 있는 각 원소와 대응하는 여인수의 곱을 모두 합하여 얻은 수를 ***A*의 행렬식**(determinant of A)이라 하고, 합 자체는 ***A*의 여인수 전개**(cofactor expansions of A)라고 부른다. 즉,

$$\det(A) = a_{1j}C_{1j} + a_{2j}C_{2j} + \cdots + a_{nj}C_{nj} \tag{7}$$

[제j열에 의한 여인수 전개]

그리고

$$\det(A) = a_{i1}C_{i1} + a_{i2}C_{i2} + \cdots + a_{in}C_{in} \tag{8}$$

[제i행에 의한 여인수 전개]

예제 3 | 제1행에 의한 여인수 전개

제1행에 의한 여인수 전개를 이용하여, 행렬

$$A = \begin{bmatrix} 3 & 1 & 0 \\ -2 & -4 & 3 \\ 5 & 4 & -2 \end{bmatrix}$$

의 행렬식을 구하라.

풀이

$$\det(A) = \begin{vmatrix} 3 & 1 & 0 \\ -2 & -4 & 3 \\ 5 & 4 & -2 \end{vmatrix} = 3\begin{vmatrix} -4 & 3 \\ 4 & -2 \end{vmatrix} - 1\begin{vmatrix} -2 & 3 \\ 5 & -2 \end{vmatrix} + 0\begin{vmatrix} -2 & -4 \\ 5 & 4 \end{vmatrix}$$

$$= 3(-4) - (1)(-11) + 0 = -1$$

역사 노트

도지슨(Charles Lutwidge Dodgson, 1832–1898)

여인수 전개가 더 낮은 차수의 행렬식을 이용하여 행렬의 행렬식을 구하는 유일한 방법은 아니다. 잘 알려지지는 않았지만 *이상한 나라의 앨리스*와 *거울 나라의 앨리스*의 작가였던 영국 수학자 찰스 도지슨[루이스 캐럴(Lewis Carroll)의 본명]이 *응축*(condensation)이라 불리는 방법을 발명한 것을 예로 들 수 있다. 이 잊혀진 방법은 컴퓨터의 병렬처리에 적합하기 때문에 최근에 되살아났다.

[Image: Oscar G. Rejlander/Time & Life Pictures/Getty Images]

예제 4 | 제1열에 의한 여인수 전개

A가 예제 3의 행렬일 때 제1열에 의한 여인수 전개를 이용하여 행렬식 det(A)를 구하라.

풀이

$$\det(A) = \begin{vmatrix} 3 & 1 & 0 \\ -2 & -4 & 3 \\ 5 & 4 & -2 \end{vmatrix} = 3\begin{vmatrix} -4 & 3 \\ 4 & -2 \end{vmatrix} - (-2)\begin{vmatrix} 1 & 0 \\ 4 & -2 \end{vmatrix} + 5\begin{vmatrix} 1 & 0 \\ -4 & 3 \end{vmatrix}$$

$$= 3(-4) - (-2)(-2) + 5(3) = -1$$

이것은 예제 3에서 얻은 결과와 같음을 알 수 있다.

예제 4에서는 세 개의 여인수를 계산해야만 했던 반면, 예제 3에서는 세 번째 여인수에 0이 곱해지기 때문에 두 개의 여인수만 필요했다. 일반적으로 여인수 전개를 위한 최선의 전략은 영(0)을 가장 많이 포함하고 있는 행 또는 열을 따라 전개하는 것이다.

예제 5 | 행 또는 열의 현명한 선택

A가 4×4 행렬

$$A = \begin{bmatrix} 1 & 0 & 0 & -1 \\ 3 & 1 & 2 & 2 \\ 1 & 0 & -2 & 1 \\ 2 & 0 & 0 & 1 \end{bmatrix}$$

일 때 det(A)를 구하기 위한 가장 쉬운 방법은 영(0)을 가장 많이 포함하고 있는 제2열에 의한 여인수 전개를 사용하는 것이다.

$$\det(A) = 1 \cdot \begin{vmatrix} 1 & 0 & -1 \\ 1 & -2 & 1 \\ 2 & 0 & 1 \end{vmatrix}$$

3×3 행렬식을 위해서, 가장 많은 영(0)을 포함하고 있는 제2열에 의한 여인수 전개를 사용하는 것이 가장 쉬운 방법이다.

$$\det(A) = (1)(-2)\begin{vmatrix} 1 & -1 \\ 2 & 1 \end{vmatrix}$$

$$= -2(1+2)$$

$$= -6$$

예제 6 | 하삼각행렬의 행렬식

다음 계산은 4×4 하삼각행렬의 행렬식은 주대각선상의 원소들의 곱이라는 것을 보여 준다. 계산의 각 부분은 제1행에 의한 여인수 전개를 사용한다.

$$\begin{vmatrix} a_{11} & 0 & 0 & 0 \\ a_{21} & a_{22} & 0 & 0 \\ a_{31} & a_{32} & a_{33} & 0 \\ a_{41} & a_{42} & a_{43} & a_{44} \end{vmatrix} = a_{11}\begin{vmatrix} a_{22} & 0 & 0 \\ a_{32} & a_{33} & 0 \\ a_{42} & a_{43} & a_{44} \end{vmatrix}$$

$$= a_{11}a_{22}\begin{vmatrix} a_{33} & 0 \\ a_{43} & a_{44} \end{vmatrix}$$

$$= a_{11}a_{22}a_{33}|a_{44}| = a_{11}a_{22}a_{33}a_{44}$$

예제 6에서 사용한 방법은 다음과 같은 일반적인 결과를 증명하는 데 쉽게 이용될 수 있다.

> **정리 2.1.2**
>
> A가 $n \times n$ 삼각행렬(상삼각, 하삼각, 또는 대각)이면 $\det(A)$는 행렬의 주대각선상의 원소들의 곱이다. 즉, $\det(A) = a_{11}a_{22} \cdots a_{nn}$.

2×2, 3×3 행렬의 행렬식을 계산하는 유용한 기법

2×2, 3×3 행렬의 행렬식은 **그림 2.1.1**에서 제안하는 패턴을 이용하면 매우 효과적으로 계산할 수 있다.

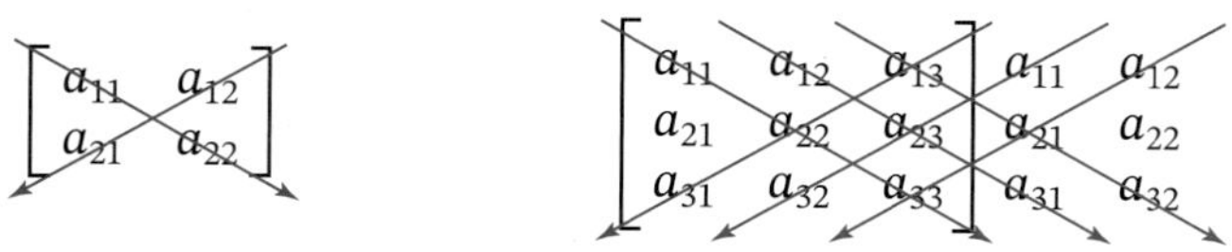

그림 2.1.1

2×2 행렬의 경우, 행렬식은 오른쪽 화살표 방향에 있는 원소들의 곱에서 왼쪽 화살표 방향에 있는 원소들의 곱을 뺀 차로 구할 수 있다. 3×3 행렬의 경우, 그림에서 보듯이 제1열과 제2열을 복사하여 붙인 후, 오른쪽 화살표 방향에 있는 원소들의 곱들은 더하고 왼쪽 화살표 방향에 있는 원소들의 곱들은 빼서 얻은 값으로 구한다. 이러한 절차를 거쳐 계산한 결과는 아래의 제1행에 의한 여인수 전개로 얻어진 결과와 같음을 알 수 있다.

$$\begin{vmatrix} a_{11} & a_{12} \\ a_{21} & a_{22} \end{vmatrix} = a_{11}a_{22} - a_{12}a_{21}$$

$$\begin{aligned}\begin{vmatrix} a_{11} & a_{12} & a_{13} \\ a_{21} & a_{22} & a_{23} \\ a_{31} & a_{32} & a_{33} \end{vmatrix} &= a_{11}\begin{vmatrix} a_{22} & a_{23} \\ a_{32} & a_{33} \end{vmatrix} - a_{12}\begin{vmatrix} a_{21} & a_{23} \\ a_{31} & a_{33} \end{vmatrix} + a_{13}\begin{vmatrix} a_{21} & a_{22} \\ a_{31} & a_{32} \end{vmatrix} \\ &= a_{11}(a_{22}a_{33} - a_{23}a_{32}) - a_{12}(a_{21}a_{33} - a_{23}a_{31}) + a_{13}(a_{21}a_{32} - a_{22}a_{31}) \\ &= a_{11}a_{22}a_{33} + a_{12}a_{23}a_{31} + a_{13}a_{21}a_{32} - a_{13}a_{22}a_{31} - a_{12}a_{21}a_{33} - a_{11}a_{23}a_{32}\end{aligned}$$

> **주의** 화살표 기법은 2×2, 3×3 행렬의 행렬식을 구할 때만 사용할 수 있고, 4×4 이상의 행렬의 행렬식에 대해서는 사용할 수 없다.

예제 7 | 2×2, 3×3 행렬의 행렬식을 계산하는 기법

$$\begin{vmatrix} 3 & 1 \\ 4 & -2 \end{vmatrix} = \begin{vmatrix} 3 & 1 \\ 4 & -2 \end{vmatrix} = (3)(-2) - (1)(4) = -10$$

$$\begin{vmatrix} 1 & 2 & 3 \\ -4 & 5 & 6 \\ 7 & -8 & 9 \end{vmatrix} = \begin{vmatrix} 1 & 2 & 3 \\ -4 & 5 & 6 \\ 7 & -8 & 9 \end{vmatrix} \begin{matrix} 1 & 2 \\ -4 & 5 \\ 7 & -8 \end{matrix}$$

$$= [45 + 84 + 96] - [105 - 48 - 72] = 240$$

연습문제 2.1

(1-2) 행렬 A의 소행렬식과 여인수를 모두 구하라.

1. $A = \begin{bmatrix} 1 & -2 & 3 \\ 6 & 7 & -1 \\ -3 & 1 & 4 \end{bmatrix}$

2. $A = \begin{bmatrix} 1 & 1 & 2 \\ 3 & 3 & 6 \\ 0 & 1 & 4 \end{bmatrix}$

3. 행렬

$$A = \begin{bmatrix} 4 & -1 & 1 & 6 \\ 0 & 0 & -3 & 3 \\ 4 & 1 & 0 & 14 \\ 4 & 1 & 3 & 2 \end{bmatrix}$$

일 때, 다음을 구하라.

a. M_{13}, C_{13} **b.** M_{23}, C_{23}

c. M_{22}, C_{22} **d.** M_{21}, C_{21}

4. 행렬

$$A = \begin{bmatrix} 2 & 3 & -1 & 1 \\ -3 & 2 & 0 & 3 \\ 3 & -2 & 1 & 0 \\ 3 & -2 & 1 & 4 \end{bmatrix}$$

일 때, 다음을 구하라.

a. M_{32}, C_{32} **b.** M_{44}, C_{44}

c. M_{41}, C_{41} **d.** M_{24}, C_{24}

(5-8) 주어진 행렬의 행렬식을 구하라. 만일 행렬이 가역이면 공식 (2)를 사용하여 역행렬을 구하라.

5. $\begin{bmatrix} 3 & 5 \\ -2 & 4 \end{bmatrix}$ **6.** $\begin{bmatrix} 4 & 1 \\ 8 & 2 \end{bmatrix}$

7. $\begin{bmatrix} -5 & 7 \\ -7 & -2 \end{bmatrix}$ **8.** $\begin{bmatrix} \sqrt{2} & \sqrt{6} \\ 4 & \sqrt{3} \end{bmatrix}$

(9-14) 그림 2.1.1의 화살표 기법을 사용하여 행렬식을 구하라.

9. $\begin{vmatrix} a-3 & 5 \\ -3 & a-2 \end{vmatrix}$ **10.** $\begin{vmatrix} -2 & 7 & 6 \\ 5 & 1 & -2 \\ 3 & 8 & 4 \end{vmatrix}$

11. $\begin{vmatrix} -2 & 1 & 4 \\ 3 & 5 & -7 \\ 1 & 6 & 2 \end{vmatrix}$ **12.** $\begin{vmatrix} -1 & 1 & 2 \\ 3 & 0 & -5 \\ 1 & 7 & 2 \end{vmatrix}$

13. $\begin{vmatrix} 3 & 0 & 0 \\ 2 & -1 & 5 \\ 1 & 9 & -4 \end{vmatrix}$ **14.** $\begin{vmatrix} c & -4 & 3 \\ 2 & 1 & c^2 \\ 4 & c-1 & 2 \end{vmatrix}$

(15-18) $\det(A) = 0$인 λ값을 모두 구하라.

15. $A = \begin{bmatrix} \lambda-2 & 1 \\ -5 & \lambda+4 \end{bmatrix}$ **16.** $A = \begin{bmatrix} \lambda-4 & 0 & 0 \\ 0 & \lambda & 2 \\ 0 & 3 & \lambda-1 \end{bmatrix}$

17. $A = \begin{bmatrix} \lambda-1 & 0 \\ 2 & \lambda+1 \end{bmatrix}$ **18.** $A = \begin{bmatrix} \lambda-4 & 4 & 0 \\ -1 & \lambda & 0 \\ 0 & 0 & \lambda-5 \end{bmatrix}$

19. 다음 행 또는 열에 의한 여인수 전개를 이용하여 연습문제 13에 있는 행렬식을 구하라.

a. 제1행 **b.** 제1열

c. 제2행 **d.** 제2열

e. 제3행 **f.** 제3열

20. 다음 행 또는 열에 의한 여인수 전개를 이용하여 연습문제 12에 있는 행렬식을 구하라.

a. 제1행 **b.** 제1열

c. 제2행 **d.** 제2열

e. 제3행 **f.** 제3열

(21-26) 선택한 행 또는 열에 의한 여인수 전개를 이용하여 $\det(A)$를 구하라.

21. $A = \begin{bmatrix} -3 & 0 & 7 \\ 2 & 5 & 1 \\ -1 & 0 & 5 \end{bmatrix}$ **22.** $A = \begin{bmatrix} 3 & 3 & 1 \\ 1 & 0 & -4 \\ 1 & -3 & 5 \end{bmatrix}$

23. $A = \begin{bmatrix} 1 & k & k^2 \\ 1 & k & k^2 \\ 1 & k & k^2 \end{bmatrix}$ **24.** $A = \begin{bmatrix} k+1 & k-1 & 7 \\ 2 & k-3 & 4 \\ 5 & k+1 & k \end{bmatrix}$

25. $A = \begin{bmatrix} 3 & 3 & 0 & 5 \\ 2 & 2 & 0 & -2 \\ 4 & 1 & -3 & 0 \\ 2 & 10 & 3 & 2 \end{bmatrix}$

26. $A = \begin{bmatrix} 4 & 0 & 0 & 1 & 0 \\ 3 & 3 & 3 & -1 & 0 \\ 1 & 2 & 4 & 2 & 3 \\ 9 & 4 & 6 & 2 & 3 \\ 2 & 2 & 4 & 2 & 3 \end{bmatrix}$

(27-32) 계산 없이, 주어진 행렬의 행렬식을 구하라.

27. $\begin{bmatrix} 1 & 0 & 0 \\ 0 & -1 & 0 \\ 0 & 0 & 1 \end{bmatrix}$ **28.** $\begin{bmatrix} 2 & 0 & 0 \\ 0 & 2 & 0 \\ 0 & 0 & 2 \end{bmatrix}$

29. $\begin{bmatrix} 0 & 0 & 0 & 0 \\ 1 & 2 & 0 & 0 \\ 0 & 4 & 3 & 0 \\ 1 & 2 & 3 & 8 \end{bmatrix}$ **30.** $\begin{bmatrix} 1 & 1 & 1 & 1 \\ 0 & 2 & 2 & 2 \\ 0 & 0 & 3 & 3 \\ 0 & 0 & 0 & 4 \end{bmatrix}$

31. $\begin{bmatrix} 1 & 2 & 7 & -3 \\ 0 & 1 & -4 & 1 \\ 0 & 0 & 2 & 7 \\ 0 & 0 & 0 & 3 \end{bmatrix}$ **32.** $\begin{bmatrix} -3 & 0 & 0 & 0 \\ 1 & 2 & 0 & 0 \\ 40 & 10 & -1 & 0 \\ 100 & 200 & -23 & 3 \end{bmatrix}$

33. 각 행렬식의 값은 θ와 무관함을 보여라.

a. $\begin{vmatrix} \sin\theta & \cos\theta \\ -\cos\theta & \sin\theta \end{vmatrix}$

b. $\begin{vmatrix} \sin\theta & \cos\theta & 0 \\ -\cos\theta & \sin\theta & 0 \\ \sin\theta - \cos\theta & \sin\theta + \cos\theta & 1 \end{vmatrix}$

34. 행렬

$$A = \begin{bmatrix} a & b \\ 0 & c \end{bmatrix} \text{와} \quad B = \begin{bmatrix} d & e \\ 0 & f \end{bmatrix}$$

가 교환 가능하기 위한 필요충분조건은

$$\begin{vmatrix} b & a - c \\ e & d - f \end{vmatrix} = 0$$

임을 보여라.

35. 계산 없이, 다음 행렬식들은 어떤 관계에 있는가?

$$d_1 = \begin{vmatrix} a & b & c \\ d & 1 & f \\ g & 0 & 1 \end{vmatrix} \text{과} \quad d_2 = \begin{vmatrix} a + \lambda & b & c \\ d & 1 & f \\ g & 0 & 1 \end{vmatrix}$$

36. 모든 2×2 행렬 A에 대해,

$$\det(A) = \frac{1}{2} \begin{vmatrix} \operatorname{tr}(A) & 1 \\ \operatorname{tr}(A^2) & \operatorname{tr}(A) \end{vmatrix}$$

임을 보여라.

37. 모든 원소가 1인 $n \times n$ 행렬의 행렬식에 대해 설명하라.

38. 3×3 행렬의 행렬식이 영(0)이 아닐 때, 행렬의 원소 0의 최대 개수는? 이유를 설명하라.

39. 정수 원소를 갖는 행렬의 행렬식은 왜 정수여야 하는지 설명하라.

증명 문제

40. (x_1, y_1), (x_2, y_2), (x_3, y_3)가 동일 직선상의 점이기 위한 필요충분조건은

$$\begin{vmatrix} x_1 & y_1 & 1 \\ x_2 & y_2 & 1 \\ x_3 & y_3 & 1 \end{vmatrix} = 0$$

임을 증명하라.

41. 서로 다른 두 점 (a_1, b_1), (a_2, b_2)를 지나는 직선의 방정식은

$$\begin{vmatrix} x & y & 1 \\ a_1 & b_1 & 1 \\ a_2 & b_2 & 1 \end{vmatrix} = 0$$

로 쓸 수 있음을 증명하라.

42. A는 상삼각행렬이고 B_{ij}는 A에서 제i행과 제j열을 제거하여 얻은 행렬일 때, $i < j$이면 B_{ij}은 상삼각행렬임을 증명하라.

43. 각 행(또는 각 열)의 원소들이 1로 시작하는 행렬은 프랑스의 의사이자 수학자 겸 음악가인 방데르몽드(Alexandre-Théeophile Vandermonde, 1735–1796)를 기념하기 위해 ***방데르몽드 행렬***이라고 부른다. 다음에 두 개의 예가 있다.

$$V = \begin{bmatrix} 1 & 1 & 1 \\ a & b & c \\ a^2 & b^2 & c^2 \end{bmatrix} \text{과} \quad V = \begin{bmatrix} 1 & a & a^2 & a^3 \\ 1 & b & b^2 & b^3 \\ 1 & c & c^2 & c^3 \\ 1 & d & d^2 & d^3 \end{bmatrix}$$

방데르몽드 행렬은 다항식 보간[식 (14)와 1.10절의 예제 6 참조]과 같은 다양한 응용분야에서 활용된다. 여인수 전개를 사용하여

$$\begin{vmatrix} 1 & x_1 & x_1^2 \\ 1 & x_2 & x_2^2 \\ 1 & x_3 & x_3^2 \end{vmatrix} = (x_2 - x_1)(x_3 - x_1)(x_3 - x_2)$$

을 증명하라.

참-거짓 문제

TF. **(a)-(j)**가 참인지 거짓인지를 밝히고 그 이유를 설명하라.

a. 2×2 행렬 $\begin{bmatrix} a & b \\ c & d \end{bmatrix}$의 행렬식은 $ad + bc$이다.

b. 같은 행렬식을 갖는 두 정방행렬은 크기가 같다.

c. $i + j$가 짝수이면 소행렬식 M_{ij}은 여인수 C_{ij}와 같다.

d. A가 3×3 행렬이면 모든 i, j에 대해 $C_{ij} = C_{ji}$이다.

e. 행렬 A의 여인수 전개에 의해 얻어진 수는 전개에서 선

택된 행 또는 열에 대해 무관하다.

f. A가 소행렬식이 모두 0인 행렬이면, $\det(A) = 0$이다.

g. 하삼각행렬의 행렬식은 주대각선상의 원소들의 합이다.

h. 모든 정방행렬 A와 모든 스칼라 c에 대해,

$$\det(cA) = c\det(A)$$

은 참이다.

i. 모든 정방행렬 A, B에 대해,

$$\det(A + B) = \det(A) + \det(B)$$

은 참이다.

j. 모든 2×2 행렬 A에 대해,

$$\det(A^2) = (\det(A))^2$$

은 참이다.

계산도구 문제

T1. a. 계산도구의 행렬식 기능을 사용하여, 행렬

$$A = \begin{bmatrix} 4.2 & -1.3 & 1.1 & 6.0 \\ 0.0 & 0.0 & -3.2 & 3.4 \\ 4.5 & 1.3 & 0.0 & 14.8 \\ 4.7 & 1.0 & 3.4 & 2.3 \end{bmatrix}$$

의 행렬식을 구하라.

b. (a)의 결과와 A의 제2행에 의한 여인수 전개에 의해 구한 결과를 비교하라.

T2. A_n은 주대각선의 원소가 모두 2, 주대각선 바로 위와 아래에 있는 대각선의 원소가 1, 그리고 나머지 원소가 모두 0인 $n \times n$ 행렬이라 하자. n과 $\det(A_n)$ 사이의 관계에 대해 추측해 보아라.

2.2 행 축소에 의한 행렬식 계산

이 절에서는 주어진 행렬을 행사다리꼴로 축소하여 행렬식을 계산하는 방법에 대해서 알아본다. 일반적으로 이 방법은 여인수 전개보다 계산량이 적기 때문에 크기가 큰 행렬에 더욱 효율적이다.

기본 정리

다음 기본 정리는 임의의 크기의 정방행렬의 행렬식을 계산하기 위한 효율적인 절차를 제시한다.

정리 2.2.1

정방행렬 A가 영행 또는 영열을 가지면, $\det(A) = 0$이다.

증명 A의 행렬식은 임의의 행 또는 열에 의한 여인수 전개에 의해 구할 수 있기 때문에, 여기서 영행 또는 영열을 사용할 수 있다. 그러므로 $C_1, C_2, \cdots, C_n$가 행 또는 열에 의한 행렬 A의 여인수이면, 2.1절의 식 (7) 또는 (8)에 의해

$$\det(A) = 0 \cdot C_1 + 0 \cdot C_2 + \cdots + 0 \cdot C_n = 0$$

이다. ■

다음 정리는 행렬의 행렬식과 그의 전치행렬의 행렬식이 연관되어 있음을 말해준다.

정리 2.2.2

정방행렬 A에 대하여, $\det(A) = \det(A^T)$이다.

> 행렬을 전치하는 것은 행렬의 행은 열로, 열은 행으로 바꾸는 것이기 때문에, 행렬식의 행에 관한 거의 모든 정리는 열에 대해서도 성립한다.

증명 행렬을 전치시키는 것은 행은 열로, 열은 행으로 바꾸는 것이므로, 임의의 행에 의한 A의 여인수 전개는 대응하는 열에 의한 A^T의 여인수 전개와 같다. 그러므로 A와 A^T는 같은 행렬식을 갖는다. ■

기본 행연산

다음 정리는 정방행렬에 대한 기본 행연산이 행렬식 값에 어떤 영향을 미치는가를 보여 준다. 정식 증명 대신, 3×3 행렬에 적용하는 아이디어를 설명하는 표를 제공한다. (**표 1**을 보라.)

정리 2.2.3

A를 $n \times n$ 행렬이라 하자.

(a) B가 A의 한 행 또는 한 열에 스칼라 k를 곱해서 얻어진 행렬이면 $\det(B) = k\det(A)$이다.

(b) B가 A의 두 행 또는 두 열을 교환해서 얻어진 행렬이면 $\det(B) = -\det(A)$이다.

(c) B가 A의 한 행(또는 열)에 스칼라 k를 곱한 후 다른 행(또는 열)에 더해서 얻어진 행렬이면 $\det(B) = \det(A)$이다.

표 1

관계	연산
$\begin{vmatrix} ka_{11} & ka_{12} & ka_{13} \\ a_{21} & a_{22} & a_{23} \\ a_{31} & a_{32} & a_{33} \end{vmatrix} = k\begin{vmatrix} a_{11} & a_{12} & a_{13} \\ a_{21} & a_{22} & a_{23} \\ a_{31} & a_{32} & a_{33} \end{vmatrix}$ $\det(B) = k\det(A)$	행렬 B는 행렬 A의 제1행에 k를 곱한 것이다.
$\begin{vmatrix} a_{21} & a_{22} & a_{23} \\ a_{11} & a_{12} & a_{13} \\ a_{31} & a_{32} & a_{33} \end{vmatrix} = -\begin{vmatrix} a_{11} & a_{12} & a_{13} \\ a_{21} & a_{22} & a_{23} \\ a_{31} & a_{32} & a_{33} \end{vmatrix}$ $\det(B) = -\det(A)$	행렬 B는 행렬 A의 제1행과 제2행을 교환한 것이다.
$\begin{vmatrix} a_{11}+ka_{21} & a_{12}+ka_{22} & a_{13}+ka_{23} \\ a_{21} & a_{22} & a_{23} \\ a_{31} & a_{32} & a_{33} \end{vmatrix} = \begin{vmatrix} a_{11} & a_{12} & a_{13} \\ a_{21} & a_{22} & a_{23} \\ a_{31} & a_{32} & a_{33} \end{vmatrix}$ $\det(B) = \det(A)$	행렬 B는 행렬 A의 제2행에 스칼라 k를 곱한 후 제1행에 더한 것이다.

> 표 1의 첫 번째 등식은 행렬식의 임의의 행(열)의 공통인수를 행렬식 기호 밖으로 가져올 수 있다는 것을 보여 준다. 이것은 정리 2.2.3의 (a)에 대해 생각하는 약간 다른 방법이다.

표 1의 첫 번째 방정식을 증명하고 나머지 두 방정식은 독자에게 남긴다. 방정식의 양변에 있는 두 행렬식은 단지 제1행만이 다르기 때문에, 제1행에 대해 같은 여인수 C_{11}, C_{12}, C_{13}을 갖는다. 그러므로 좌변의 제1행에 의한 여인수 전개는 다음과 같다.

$$\begin{aligned}\begin{vmatrix} ka_{11} & ka_{12} & ka_{13} \\ a_{21} & a_{22} & a_{23} \\ a_{31} & a_{32} & a_{33} \end{vmatrix} &= ka_{11}C_{11} + ka_{12}C_{12} + ka_{13}C_{13} \\ &= k(a_{11}C_{11} + a_{12}C_{12} + a_{13}C_{13}) \\ &= k\begin{vmatrix} a_{11} & a_{12} & a_{13} \\ a_{21} & a_{22} & a_{23} \\ a_{31} & a_{32} & a_{33} \end{vmatrix}\end{aligned}$$

기본행렬

$A = I_n$은 $n \times n$ 항등행렬, E(B 대신)는 I_n에 기본 행연산을 시행해서 얻어진 기본행렬(elementary matrix)로 놓고 정리 2.2.3의 특별한 경우를 생각해 본다. 이 특별한 경우 정리 2.2.3은 다음 결과를 내포한다.

정리 2.2.4

E를 $n \times n$ 기본행렬이라 하자.

(a) E가 I_n의 한 행에 영이 아닌 스칼라 k를 곱해서 얻어진 기본행렬이면 $\det(E) = k$이다.

(b) E가 I_n의 두 행을 교환하여 얻어진 기본행렬이면 $\det(E) = -1$이다.

(c) E가 I_n의 한 행의 배수를 다른 행에 더하여 얻어진 기본행렬이면 $\det(E) = 1$이다.

예제 1 | 기본행렬의 행렬식

기본행렬의 행렬식은 영(0)일 수 없다는 것을 관찰하라.

다음 기본행렬의 행렬식은 정리 2.2.4를 이용하여 곧바로 구할 수 있다.

$$\begin{vmatrix} 1 & 0 & 0 & 0 \\ 0 & 3 & 0 & 0 \\ 0 & 0 & 1 & 0 \\ 0 & 0 & 0 & 1 \end{vmatrix} = 3, \quad \begin{vmatrix} 0 & 0 & 0 & 1 \\ 0 & 1 & 0 & 0 \\ 0 & 0 & 1 & 0 \\ 1 & 0 & 0 & 0 \end{vmatrix} = -1, \quad \begin{vmatrix} 1 & 0 & 0 & 7 \\ 0 & 1 & 0 & 0 \\ 0 & 0 & 1 & 0 \\ 0 & 0 & 0 & 1 \end{vmatrix} = 1$$

I_4의 제2행에 3을 곱했다. **I_4의 제1행과 제4행을 교환했다.** **I_4의 제4행의 7배를 제1행에 더했다.**

비례하는 행 또는 열을 가진 행렬

정방행렬 A가 두 비례하는 행을 가지면, 그중 한 행에 적당한 상수를 곱하여 다른 행에 더하여 영행을 만들 수 있고, 마찬가지로 열에 대해서도 같은 일을 할 수 있다. 그러나 한 행 또는 열의 배수를 다른 행 또는 열에 더해도 행렬식이 바뀌지 않으므로, 정리 2.2.1로부터 $\det(A) = 0$을 얻는다. 이것이 다음 정리를 증명한다.

정리 2.2.5

A가 두 비례하는 행 또는 열을 갖는 정방행렬이면 $\det(A) = 0$이다.

예제 2 | 비례하는 행 또는 열

다음 행렬들은 두 비례하는 행 또는 열을 갖는다. 그러므로 각 행렬의 행렬식은 0이다.

$$\begin{bmatrix} -1 & 4 \\ -2 & 8 \end{bmatrix}, \quad \begin{bmatrix} 1 & -2 & 7 \\ -4 & 8 & 5 \\ 2 & -4 & 3 \end{bmatrix}, \quad \begin{bmatrix} 3 & -1 & 4 & -5 \\ 6 & -2 & 5 & 2 \\ 5 & 8 & 1 & 4 \\ -9 & 3 & -12 & 15 \end{bmatrix}$$

행 축소에 의한 행렬식 계산

이제 여인수 전개보다 상당히 적은 계산으로 행렬식을 계산하는 방법에 대해 알아보자. 이 방법에 대한 아이디어는 주어진 행렬을 기본 행연산을 이용하여 상삼각행렬로 축소한 다음, 상삼각행렬의 행렬식을 계산(쉬운 계산)하여 처음 행렬의 행렬식과 연관시키면 된다. 다음은 그 예이다.

예제 3 | 행 축소를 이용한 행렬식 계산

행렬

$$A = \begin{bmatrix} 0 & 1 & 5 \\ 3 & -6 & 9 \\ 2 & 6 & 1 \end{bmatrix}$$

에 대하여 $\det(A)$를 구하라.

풀이 A를 (상삼각행렬인) 행사다리꼴로 축소한 후 정리 2.1.2를 적용할 것이다.

$$\det(A) = \begin{vmatrix} 0 & 1 & 5 \\ 3 & -6 & 9 \\ 2 & 6 & 1 \end{vmatrix} = -\begin{vmatrix} 3 & -6 & 9 \\ 0 & 1 & 5 \\ 2 & 6 & 1 \end{vmatrix}$$ ← A의 제1행과 제2행을 교환했다.

$$= -3\begin{vmatrix} 1 & -2 & 3 \\ 0 & 1 & 5 \\ 2 & 6 & 1 \end{vmatrix}$$ ← 제1행의 공통인수 3을 행렬식 기호 밖으로 끌어냈다.

오늘날 가장 빠른 컴퓨터조차도 크기가 25 × 25인 행렬식을 여인수 전개를 이용하여 계산하는 데 걸리는 시간은 수백 년이다. 따라서 행 축소를 기반으로 한 방법이 크기가 큰 행렬식 계산에 자주 사용된다. 그러나 이 교재에 있는 것과 같이 크기가 작은 행렬식을 계산할 때는 여인수 전개도 적합한 방법이다.

$$= -3\begin{vmatrix} 1 & -2 & 3 \\ 0 & 1 & 5 \\ 0 & 10 & -5 \end{vmatrix}$$ ← 제1행의 −2배를 제3행에 더했다.

$$= -3\begin{vmatrix} 1 & -2 & 3 \\ 0 & 1 & 5 \\ 0 & 0 & -55 \end{vmatrix}$$ ← 제2행의 −10배를 제3행에 더했다.

$$= (-3)(-55)\begin{vmatrix} 1 & -2 & 3 \\ 0 & 1 & 5 \\ 0 & 0 & 1 \end{vmatrix}$$ ← 마지막 행으로부터 공통인수 −55를 행렬식 기호 밖으로 끌어냈다.

$$= (-3)(-55)(1) = 165$$

예제 4 | 열연산을 이용한 행렬식 계산

행렬

$$A = \begin{bmatrix} 1 & 0 & 0 & 3 \\ 2 & 7 & 0 & 6 \\ 0 & 6 & 3 & 0 \\ 7 & 3 & 1 & -5 \end{bmatrix}$$

의 행렬식을 계산하라.

예제 4는 계산을 간단히 하기 위해서 항상 열연산을 주시하는 것이 현명하다는 것을 보여 준다.

풀이 이 행렬식은 위와 같이 기본 행연산을 이용하여 A를 행사다리꼴로 축소하여 구할 수 있다. 그렇지만 제1열의 −3배를 제4열에 더하는 한 단계 작업을 통해서 A를 하삼각행렬로 바꿀 수 있다.

$$\det(A) = \det\begin{bmatrix} 1 & 0 & 0 & 0 \\ 2 & 7 & 0 & 0 \\ 0 & 6 & 3 & 0 \\ 7 & 3 & 1 & -26 \end{bmatrix} = (1)(7)(3)(-26) = -546$$

때로는 여인수 전개와 행 또는 열 연산을 혼합하여 사용하는 것이 행렬식을 계산하는 효율적인 방법이다. 다음 예가 이것을 잘 설명해 준다.

예제 5 | 행연산과 여인수 전개

$$A = \begin{bmatrix} 3 & 5 & -2 & 6 \\ 1 & 2 & -1 & 1 \\ 2 & 4 & 1 & 5 \\ 3 & 7 & 5 & 3 \end{bmatrix}$$

일 때, $\det(A)$를 구하라.

풀이 제2행의 적당한 배수를 나머지 행들에 더하면 다음을 얻을 수 있다.

$$\det(A) = \begin{vmatrix} 0 & -1 & 1 & 3 \\ 1 & 2 & -1 & 1 \\ 0 & 0 & 3 & 3 \\ 0 & 1 & 8 & 0 \end{vmatrix}$$

$$= -\begin{vmatrix} -1 & 1 & 3 \\ 0 & 3 & 3 \\ 1 & 8 & 0 \end{vmatrix} \quad \longleftarrow \text{제1열에 의한 여인수 전개}$$

$$= -\begin{vmatrix} -1 & 1 & 3 \\ 0 & 3 & 3 \\ 0 & 9 & 3 \end{vmatrix} \quad \longleftarrow \text{제1행을 제3행에 더했다.}$$

$$= -(-1)\begin{vmatrix} 3 & 3 \\ 9 & 3 \end{vmatrix} \quad \longleftarrow \text{제1열에 의한 여인수 전개}$$

$$= -18$$

연습문제 2.2

(1-4) $\det(A) = \det(A^T)$*임을 검증하라.*

1. $A = \begin{bmatrix} -2 & 3 \\ 1 & 4 \end{bmatrix}$ **2.** $A = \begin{bmatrix} -6 & 1 \\ 2 & -2 \end{bmatrix}$

3. $A = \begin{bmatrix} 2 & -1 & 3 \\ 1 & 2 & 4 \\ 5 & -3 & 6 \end{bmatrix}$ **4.** $A = \begin{bmatrix} 4 & 2 & -1 \\ 0 & 2 & -3 \\ -1 & 1 & 5 \end{bmatrix}$

(5-8) *계산 없이, 주어진 기본행렬의 행렬식을 구하라.*

5. $\begin{bmatrix} 1 & 0 & 0 & 0 \\ 0 & 1 & 0 & 0 \\ 0 & 0 & -5 & 0 \\ 0 & 0 & 0 & 1 \end{bmatrix}$ **6.** $\begin{bmatrix} 1 & 0 & 0 \\ 0 & 1 & 0 \\ -5 & 0 & 1 \end{bmatrix}$

7. $\begin{bmatrix} 1 & 0 & 0 & 0 \\ 0 & 0 & 1 & 0 \\ 0 & 1 & 0 & 0 \\ 0 & 0 & 0 & 1 \end{bmatrix}$ **8.** $\begin{bmatrix} 1 & 0 & 0 & 0 \\ 0 & -\frac{1}{3} & 0 & 0 \\ 0 & 0 & 1 & 0 \\ 0 & 0 & 0 & 1 \end{bmatrix}$

(9-14) *행렬을 행사다리꼴로 축소한 후 행연산과 여인수 전개를 혼합 사용하여 행렬식을 구하라.*

9. $\begin{bmatrix} 3 & -6 & 9 \\ -2 & 7 & -2 \\ 0 & 1 & 5 \end{bmatrix}$ **10.** $\begin{bmatrix} 3 & 6 & -9 \\ 0 & 0 & -2 \\ -2 & 1 & 5 \end{bmatrix}$

11. $\begin{bmatrix} 2 & 1 & 3 & 1 \\ 1 & 0 & 1 & 1 \\ 0 & 2 & 1 & 0 \\ 0 & 1 & 2 & 3 \end{bmatrix}$ **12.** $\begin{bmatrix} 1 & -3 & 0 \\ -2 & 4 & 1 \\ 5 & -2 & 2 \end{bmatrix}$

13. $\begin{bmatrix} 1 & 3 & 1 & 5 & 3 \\ -2 & -7 & 0 & -4 & 2 \\ 0 & 0 & 1 & 0 & 1 \\ 0 & 0 & 2 & 1 & 1 \\ 0 & 0 & 0 & 1 & 1 \end{bmatrix}$

14. $\begin{bmatrix} 1 & -2 & 3 & 1 \\ 5 & -9 & 6 & 3 \\ -1 & 2 & -6 & -2 \\ 2 & 8 & 6 & 1 \end{bmatrix}$

(15-22) $\begin{vmatrix} a & b & c \\ d & e & f \\ g & h & i \end{vmatrix} = -6$*일 때 주어진 행렬식을 구하라.*

15. $\begin{vmatrix} d & e & f \\ g & h & i \\ a & b & c \end{vmatrix}$ **16.** $\begin{vmatrix} g & h & i \\ d & e & f \\ a & b & c \end{vmatrix}$

17. $\begin{vmatrix} 3a & 3b & 3c \\ -d & -e & -f \\ 4g & 4h & 4i \end{vmatrix}$ **18.** $\begin{vmatrix} a+d & b+e & c+f \\ -d & -e & -f \\ g & h & i \end{vmatrix}$

19. $\begin{vmatrix} a+g & b+h & c+i \\ d & e & f \\ g & h & i \end{vmatrix}$ **20.** $\begin{vmatrix} a & b & c \\ 2d & 2e & 2f \\ g+3a & h+3b & i+3c \end{vmatrix}$

21. $\begin{vmatrix} -3a & -3b & -3c \\ d & e & f \\ g-4d & h-4e & i-4f \end{vmatrix}$ **22.** $\begin{vmatrix} a & b & c \\ d & e & f \\ 2a & 2b & 2c \end{vmatrix}$

23. 행 축소를 사용하여

$$\begin{vmatrix} 1 & 1 & 1 \\ a & b & c \\ a^2 & b^2 & c^2 \end{vmatrix} = (b-a)(c-a)(c-b)$$

임을 보여라.

24. 다음의 식 (a)와 (b)가 성립함을 보이고, 이들 결과가 특별한 경우가 되는 일반적인 결과에 대해 추측해 보아라.

a. $\det\begin{bmatrix} 0 & 0 & a_{13} \\ 0 & a_{22} & a_{23} \\ a_{31} & a_{32} & a_{33} \end{bmatrix} = -a_{13}a_{22}a_{31}$

b. $\det\begin{bmatrix} 0 & 0 & 0 & a_{14} \\ 0 & 0 & a_{23} & a_{24} \\ 0 & a_{32} & a_{33} & a_{34} \\ a_{41} & a_{42} & a_{43} & a_{44} \end{bmatrix} = a_{14}a_{23}a_{32}a_{41}$

(25-28) *행렬식을 직접 계산하지 말고 항등식이 성립함을 확인하라.*

25. $\begin{vmatrix} a_1 & b_1 & a_1+b_1+c_1 \\ a_2 & b_2 & a_2+b_2+c_2 \\ a_3 & b_3 & a_3+b_3+c_3 \end{vmatrix} = \begin{vmatrix} a_1 & b_1 & c_1 \\ a_2 & b_2 & c_2 \\ a_3 & b_3 & c_3 \end{vmatrix}$

26. $\begin{vmatrix} a_1+b_1t & a_2+b_2t & a_3+b_3t \\ a_1t+b_1 & a_2t+b_2 & a_3t+b_3 \\ c_1 & c_2 & c_3 \end{vmatrix} = (1-t^2)\begin{vmatrix} a_1 & a_2 & a_3 \\ b_1 & b_2 & b_3 \\ c_1 & c_2 & c_3 \end{vmatrix}$

27. $\begin{vmatrix} a_1+b_1 & a_1-b_1 & c_1 \\ a_2+b_2 & a_2-b_2 & c_2 \\ a_3+b_3 & a_3-b_3 & c_3 \end{vmatrix} = -2\begin{vmatrix} a_1 & b_1 & c_1 \\ a_2 & b_2 & c_2 \\ a_3 & b_3 & c_3 \end{vmatrix}$

28. $\begin{vmatrix} a_1 & b_1+ta_1 & c_1+rb_1+sa_1 \\ a_2 & b_2+ta_2 & c_2+rb_2+sa_2 \\ a_3 & b_3+ta_3 & c_3+rb_3+sa_3 \end{vmatrix} = \begin{vmatrix} a_1 & a_2 & a_3 \\ b_1 & b_2 & b_3 \\ c_1 & c_2 & c_3 \end{vmatrix}$

(29-30) *행렬식을 직접 계산하지 말고* $\det(A) = 0$*임을 보여라.*

29. $A = \begin{bmatrix} -2 & 8 & 1 & 4 \\ 3 & 2 & 5 & 1 \\ 1 & 10 & 6 & 5 \\ 4 & -6 & 4 & -3 \end{bmatrix}$

30. $A = \begin{bmatrix} -4 & 1 & 1 & 1 & 1 \\ 1 & -4 & 1 & 1 & 1 \\ 1 & 1 & -4 & 1 & 1 \\ 1 & 1 & 1 & -4 & 1 \\ 1 & 1 & 1 & 1 & -4 \end{bmatrix}$

A, B가 정방행렬일 때, 정방행렬 M이 $M = \begin{bmatrix} A & 0 \\ C & B \end{bmatrix}$ *또는* $M = \begin{bmatrix} A & C \\ 0 & B \end{bmatrix}$*와 같은* ***블록 삼각형태****(block triangular form)로 분할되어지면* $\det(M) = \det(A)\det(B)$*임을 증명할 수 있다. 이 결과를 이용하여 연습문제* ***31, 32****에 있는 행렬의 행렬식을 계산하라.*

31. $M = \left[\begin{array}{ccc|ccc} 1 & 2 & 0 & 8 & 6 & -9 \\ 2 & 5 & 0 & 4 & 7 & 5 \\ -1 & 3 & 2 & 6 & 9 & -2 \\ \hline 0 & 0 & 0 & 3 & 0 & 0 \\ 0 & 0 & 0 & 2 & 1 & 0 \\ 0 & 0 & 0 & -3 & 8 & -4 \end{array}\right]$

32. $M = \left[\begin{array}{ccc|cc} 1 & 2 & 0 & 0 & 0 \\ 0 & 1 & 2 & 0 & 0 \\ 0 & 0 & 1 & 0 & 0 \\ \hline 0 & 0 & 0 & 1 & 2 \\ 2 & 0 & 0 & 0 & 1 \end{array}\right]$

33. A는 $n \times n$ 행렬이고 B는 A의 행들을 역순(inverse order)으로 쓴 행렬일 때, $\det(A)$와 $\det(B)$의 관계를 설명하는 정리에 대해 말하라.

34. 다음 행렬의 행렬식을 구하라.

$$\begin{bmatrix} a & b & b & b \\ b & a & b & b \\ b & b & a & b \\ b & b & b & a \end{bmatrix}$$

참-거짓 문제

TF. (a)-(f)가 참인지 거짓인지를 밝히고 그 이유를 설명하라.

a. A가 4×4 행렬이고 B가 A의 처음 두 행을 교환하여 얻은 행렬이면 $\det(B) = \det(A)$이다.

b. A가 3×3 행렬이고 B가 A의 제1열에 4를, 제3열에 3/4을 곱해서 얻은 행렬이면 $\det(B) = 3\det(A)$이다.

c. A가 3×3 행렬이고 B가 A의 제1행에 5를 곱한 후 제2열행과 제3행에 각각 더하여 얻은 행렬이면 $\det(B) = 25\det(A)$이다.

d. A가 $n \times n$ 행렬이고 B가 A의 각 행에 각 행의 수를 곱하여 얻은 행렬이면

$$\det(B) = \frac{n(n+1)}{2}\det(A)$$

이다.

e. A가 두 열이 같은 정방행렬이면 $\det(A) = 0$이다.

f. 6×6 행렬 A의 제2행벡터와 제4행벡터의 합이 제6행벡터와 같으면 $\det(A) = 0$이다.

계산도구 문제

T1. 행렬 A를 기약 행사다리꼴로 행축소하여 행렬식을 구한 후 2.1절 연습문제 T1에서 구한 결과와 비교하라.

$$A = \begin{bmatrix} 4.2 & -1.3 & 1.1 & 6.0 \\ 0.0 & 0.0 & -3.2 & 3.4 \\ 4.5 & 1.3 & 0.0 & 14.8 \\ 4.7 & 1.0 & 3.4 & 2.3 \end{bmatrix}$$

2.3 행렬식의 성질; 크라머의 규칙

이 절에서는 행렬식의 기본 성질들에 대해 공부하고, 이를 이용하여 가역행렬의 역행렬을 구하는 공식과 연립일차방정식의 해를 구하는 공식을 유도하고자 한다.

행렬식의 기본 성질

A, B는 $n \times n$ 행렬, k가 임의의 스칼라일 때, 행렬식 $\det(A)$, $\det(B)$, 그리고 $\det(kA)$, $\det(A+B)$, $\det(AB)$ 사이의 관계에 대하여 생각해 보자.

행렬의 임의의 행의 공통인수는 행렬식 기호 밖으로 빠져나올 수 있고 kA의 n개 행 모두가 공통인수 k를 갖고 있기 때문에,

$$\boxed{\det(kA) = k^n \det(A)} \tag{1}$$

이다. 예를 들어,

$$\begin{vmatrix} ka_{11} & ka_{12} & ka_{13} \\ ka_{21} & ka_{22} & ka_{23} \\ ka_{31} & ka_{32} & ka_{33} \end{vmatrix} = k^3 \begin{vmatrix} a_{11} & a_{12} & a_{13} \\ a_{21} & a_{22} & a_{23} \\ a_{31} & a_{32} & a_{33} \end{vmatrix}$$

불행하게도 행렬식 $\det(A)$, $\det(B)$, 그리고 $\det(A+B)$ 사이에는 아무런 관계가 없다. 특히 $\det(A+B)$는 $\det(A)+\det(B)$와 *같지 않다*. 다음의 예가 이를 보여 준다.

예제 1 | $\det(A+B) \neq \det(A) + \det(B)$

행렬

$$A = \begin{bmatrix} 1 & 2 \\ 2 & 5 \end{bmatrix}, \quad B = \begin{bmatrix} 3 & 1 \\ 1 & 3 \end{bmatrix}, \quad A+B = \begin{bmatrix} 4 & 3 \\ 3 & 8 \end{bmatrix}$$

을 생각해 보자.

$\det(A) = 1$, $\det(B) = 8$ 그리고 $\det(A+B) = 23$이므로,

$$\det(A+B) \neq \det(A) + \det(B)$$

이다.

앞의 예에도 불구하고, 행렬들이 한 행(열)만 제외하고 같은 행렬들의 행렬식의 합에 관한 유용한 관계가 있다. 예를 들어, 제2행만 다른 다음의 두 행렬을 생각해 보자.

$$A = \begin{bmatrix} a_{11} & a_{12} \\ a_{21} & a_{22} \end{bmatrix}, \qquad B = \begin{bmatrix} a_{11} & a_{12} \\ b_{21} & b_{22} \end{bmatrix}$$

A와 B의 행렬식을 계산하면,

$$\begin{aligned} \det(A) + \det(B) &= (a_{11}a_{22} - a_{12}a_{21}) + (a_{11}b_{22} - a_{12}b_{21}) \\ &= a_{11}(a_{22} + b_{22}) - a_{12}(a_{21} + b_{21}) \\ &= \det \begin{bmatrix} a_{11} & a_{12} \\ a_{21} + b_{21} & a_{22} + b_{22} \end{bmatrix} \end{aligned}$$

이므로,

$$\det \begin{bmatrix} a_{11} & a_{12} \\ a_{21} & a_{22} \end{bmatrix} + \det \begin{bmatrix} a_{11} & a_{12} \\ b_{21} & b_{22} \end{bmatrix} = \det \begin{bmatrix} a_{11} & a_{12} \\ a_{21} + b_{21} & a_{22} + b_{22} \end{bmatrix}$$

이다. 이것은 다음의 일반적인 결과의 특수한 경우이다.

정리 2.3.1

A, B, C가 제r행 한 행만이 다른 $n \times n$ 행렬이라고 하자. C의 제r행은 A와 B의 제 r행의 대응하는 원소들을 더하여 얻어진 것이라 가정하면,

$$\det(C) = \det(A) + \det(B)$$

이다. 같은 결과는 열에 대해서도 성립한다.

예제 2 | 행렬식들의 합

행렬식을 계산하여 다음 등식이 성립함을 확인하는 것은 독자에게 남긴다.

$$\det \begin{bmatrix} 1 & 7 & 5 \\ 2 & 0 & 3 \\ 1+0 & 4+1 & 7+(-1) \end{bmatrix} = \det \begin{bmatrix} 1 & 7 & 5 \\ 2 & 0 & 3 \\ 1 & 4 & 7 \end{bmatrix} + \det \begin{bmatrix} 1 & 7 & 5 \\ 2 & 0 & 3 \\ 0 & 1 & -1 \end{bmatrix}$$

행렬곱의 행렬식

행렬식과 행렬 곱셈의 복잡한 공식을 생각할 때, 그들 사이에 어떤 단순한 관계가 성립한다고 보이지 않는다. 그러므로 다음 결과의 단순함이 우리를 매우 놀라게 한다. A, B가 같은 크기의 정방행렬이면,

$$\det(AB) = \det(A)\det(B) \tag{2}$$

이다. 이 정리의 증명은 매우 복잡하므로 먼저 몇 가지 예비 결과를 증명해야 한다. A가 기본행렬인 특수한 경우부터 (2)의 증명을 시작한다. 이 특수한 경우는 단지 (2)의 예비 결과이기 때문에 이것을 보조정리로 둔다.

보조정리 2.3.2

B가 $n \times n$ 행렬, E가 $n \times n$ 기본행렬이면, $\det(EB) = \det(E)\det(B)$이다.

증명 기본행렬 E를 만드는 데 사용하는 행연산과 연관하여 세 가지 경우를 생각할 것이다.

경우 1 E가 I_n의 한 행에 k를 곱하여 얻어진 기본행렬이면, 정리 1.5.1에 의해 EB는 B의 대응하는 행에 k를 곱하여 얻어진 행렬이다. 그러므로 정리 2.2.3(a)로부터

$$\det(EB) = k\det(B)$$

이다. 그러나 정리 2.2.4(a)에 의해 $\det(E) = k$이므로

$$\det(EB) = \det(E)\det(B)$$

이다.

경우 2와 3 E가 I_n의 두 행을 교환하여 얻은 경우 또는 한 행의 상수배를 다른 행에 더하여 얻은 경우의 증명은 경우 1과 같은 형태로 증명할 수 있으므로 연습문제로 남긴다. ■

참고 보조정리 2.3.2를 반복 적용하면, B가 $n \times n$ 행렬이고 $E_1, E_2, \cdots, E_r$이 $n \times n$ 기본행렬일 때,

$$\det(E_1E_2\cdots E_rB) = \det(E_1)\det(E_2)\cdots\det(E_r)\det(B) \tag{3}$$

이다.

가역성에 대한 행렬식 검증

다음 정리는 행렬이 가역인지를 결정하는 중요한 검증 조건을 제공한다. 또한 공식 (2)를 얻는 데 한발 더 다가간다.

정리 2.3.3

정방행렬 A가 가역이기 위한 필요충분조건은 $\det(A) \neq 0$이다.

증명 R을 A의 기약 행사다리꼴이라 하자. 예비단계로, $\det(A)$와 $\det(R)$이 둘 다 영(0)이거나 또는 둘 다 영이 아님을 보인다. $E_1, E_2, \cdots, E_r$을 A로부터 R을 만들 때 사용한 기본 행연산에 대응하는 기본행렬이라 하면,

$$R = E_r\cdots E_2E_1A$$

이고, 식 (3)에 의해

$$\det(R) = \det(E_r) \cdots \det(E_2)\det(E_1)\det(A) \tag{4}$$

이다. 정리 2.2.4로부터 기본행렬의 행렬식은 영(0)이 아니므로 식 (4)의 $\det(R)$과 $\det(A)$는 둘 다 영(0)이거나 또는 둘 다 영이 아니라는 것을 알 수 있는데 이는 증명의 중요 부분의 한 단계이다. 만일 A가 가역이면, 정리 1.6.4에 의해 $R = I$이므로 $\det(R) = 1(\neq 0)$이다. 다시 말해 이것은 우리가 보이고자 했던 $\det(A) \neq 0$임을 말해 준다.

정리 2.3.3과 2.2.5에 의하면, 두 비례하는 행 또는 열을 가진 정방행렬은 가역이 아니다.

역으로, $\det(A) \neq 0$이면 $\det(R) \neq 0$이므로 R은 영행을 가질 수 없다. 그러므로 정리 1.4.3으로부터 $R = I$이고, 정리 1.6.4에 의해 A는 가역이 된다. ■

예제 3 | 가역성에 대한 행렬식 검증

행렬

$$A = \begin{bmatrix} 1 & 2 & 3 \\ 1 & 0 & 1 \\ 2 & 4 & 6 \end{bmatrix}$$

의 제1행과 제3행이 비례하므로 $\det(A) = 0$이다. 따라서 A는 가역이 아니다.

이제 행렬의 곱에 관한 주요 결과를 증명할 준비가 되었다.

정리 2.3.4

A, B가 같은 크기의 정방행렬이면, $\det(AB) = \det(A)\det(B)$이다.

증명 A가 가역인 경우와 아닌 경우로 나누어 증명해 보자. 행렬 A가 가역이 아니면, 정리 1.6.5에 의해 곱 AB도 가역이 아니다. 그러므로 정리 2.3.3으로부터 $\det(AB) = 0$, $\det(A) = 0$이므로, $\det(AB) = \det(A)\det(B)$이다.

A가 가역이면, 정리 1.6.4에 의해 행렬 A는 기본행렬들의 곱으로 쓰여진다, 즉,

$$A = E_1E_2 \cdots E_r \tag{5}$$

이므로,

$$AB = E_1E_2 \cdots E_rB$$

이다. 식 (3)을 이 방정식에 적용하면,

$$\det(AB) = \det(E_1)\det(E_2) \cdots \det(E_r)\det(B)$$

이고, 다시 식 (3)을 적용하면,

$$\det(AB) = \det(E_1E_2 \cdots E_r)\det(B)$$

이므로 식 (5)로부터 $\det(AB) = \det(A)\det(B)$이라 쓸 수 있다. ■

예제 4 | $\det(AB) = \det(A)\det(B)$의 검증

행렬

$$A = \begin{bmatrix} 3 & 1 \\ 2 & 1 \end{bmatrix}, \quad B = \begin{bmatrix} -1 & 3 \\ 5 & 8 \end{bmatrix}, \quad AB = \begin{bmatrix} 2 & 17 \\ 3 & 14 \end{bmatrix}$$

을 생각해 보자.

$$\det(A) = 1,\ \det(B) = -23,\ \det(AB) = -23$$

임을 보이는 것은 독자에게 남긴다. 그러므로 정리 2.3.4가 보장하듯이,

$$\det(AB) = \det(A)\det(B)$$

이다.

다음 정리는 가역행렬의 행렬식과 그의 역행렬의 행렬식 사이의 관계를 잘 설명해 준다.

정리 2.3.5

A가 가역행렬이면,

$$\det(A^{-1}) = \frac{1}{\det(A)}$$

증명 $A^{-1}A = I$이므로 $\det(A^{-1}A) = \det(I)$이다. 따라서 $\det(A^{-1})\det(A) = 1$이다. $\det(A) \neq 0$이기 때문에 양변을 $\det(A)$로 나누면 증명이 완성된다. ■

역사 노트

위대한 프랑스 수학자 오귀스탱 코시는 1815년에 최초로 체계적이고 현대적인 행렬식을 제시한 기념비적인 논문을 출판하였다. 그 논문에서 정리 2.3.4는 처음으로 완전히 일반화되어 서술되고 증명되었다. 정리의 특수한 경우들은 더 일찍 서술되거나 증명되었지만, 마지막 큰 도약을 한 것은 코시였다.

[Image: © Bettmann/CORBIS]

코시
(Augustin Cauchy, 1789–1857)

딸림행렬

여인수 전개에서는 행렬의 한 행 또는 열의 각 원소에 그들의 여인수를 곱하여 얻은 곱들의 합으로 det(A)를 구한다. 그것은 임의의 행의 원소들에 *다른* 행의 대응하는 여인수들을 곱하면 곱들의 합은 항상 영(0)이 되는 것을 말해 준다. (이 결과는 또한 열에 대해서도 성립된다.) 일반적인 증명은 생략하지만, 다음 예제는 이 사실을 보여 준다.

예제 5 | 다른 행에 있는 원소와 여인수들

$$A = \begin{bmatrix} 3 & 2 & -1 \\ 1 & 6 & 3 \\ 2 & -4 & 0 \end{bmatrix}$$

라 하자. A의 여인수들이

$$\begin{array}{lll} C_{11} = 12 & C_{12} = 6 & C_{13} = -16 \\ C_{21} = \ \ 4 & C_{22} = 2 & C_{23} = 16 \\ C_{31} = 12 & C_{32} = -10 & C_{33} = 16 \end{array}$$

임을 검증하는 것은 독자에게 남긴다. 따라서, 예를 들어 제1행에 의한 det(A)의 여인수 전개는

$$\det(A) = 3C_{11} + 2C_{12} + (-1)C_{13} = 36 + 12 + 16 = 64$$

이고, 제1열에 의한 det(A)의 여인수 전개는

$$\det(A) = 3C_{11} + C_{21} + 2C_{31} = 36 + 4 + 24 = 64$$

이다. 그러나 제1행의 원소에 *제2행*의 대응하는 여인수를 곱하여 얻은 곱들의 합은

$$3C_{21} + 2C_{22} + (-1)C_{23} = 12 + 4 - 16 = 0$$

이다. 또한

$$3C_{12} + 1C_{22} + 2C_{32} = 18 + 2 - 20 = 0$$

이기 때문에, 제1열의 원소에 *제2열*의 대응하는 여인수를 곱하여 얻은 곱들의 합도 0이다.

정의 1

A가 $n \times n$ 행렬이고 C_{ij}가 a_{ij}의 여인수이면, 행렬

$$\begin{bmatrix} C_{11} & C_{12} & \cdots & C_{1n} \\ C_{21} & C_{22} & \cdots & C_{2n} \\ \vdots & \vdots & & \vdots \\ C_{n1} & C_{n2} & \cdots & C_{nn} \end{bmatrix}$$

을 ***A*의 여인수 행렬**(matrix of cofactors from A)이라 한다. 또한 이 행렬의 전치행렬을 ***A*의 딸림행렬**(adjoint matrix of A)이라 하고 adj(A)로 나타낸다.

역사 노트

미국 수학자 딕슨은 1902년에 출판한 연구논문에서 여인수 행렬의 전치행렬에 "*딸림*(adjoint)"이라는 용어를 처음 사용하였다.

[Image: Courtesy of the American Mathematical Society (www.ams.org)]

딕슨
(Leonard Eugene Dickson, 1874–1954)

예제 6 | 3 × 3 행렬의 딸림행렬

$$A = \begin{bmatrix} 3 & 2 & -1 \\ 1 & 6 & 3 \\ 2 & -4 & 0 \end{bmatrix}$$

라 하자. 예제 5에서 구한 것처럼 A의 여인수들은

$$\begin{array}{lll} C_{11} = 12 & C_{12} = 6 & C_{13} = -16 \\ C_{21} = 4 & C_{22} = 2 & C_{23} = 16 \\ C_{31} = 12 & C_{32} = -10 & C_{33} = 16 \end{array}$$

이므로, 여인수 행렬은

$$\begin{bmatrix} 12 & 6 & -16 \\ 4 & 2 & 16 \\ 12 & -10 & 16 \end{bmatrix}$$

이고 A의 딸림행렬은

$$\text{adj}(A) = \begin{bmatrix} 12 & 4 & 12 \\ 6 & 2 & -10 \\ -16 & 16 & 16 \end{bmatrix}$$

이다.

정리 1.4.5에서 2 × 2 가역행렬의 역행렬을 구하는 공식을 소개하였다. 다음 정리는 그 결과를 $n \times n$ 가역행렬로 확장한다.

정리 2.3.6

딸림행렬을 이용한 역행렬 구하기

A가 가역행렬이면,

$$A^{-1} = \frac{1}{\det(A)}\text{adj}(A) \tag{6}$$

증명 먼저 $A\,\text{adj}(A) = \det(A)\,I$임을 보인다. 이를 위해 곱

$$A\,\text{adj}(A) = \begin{bmatrix} a_{11} & a_{12} & \cdots & a_{1n} \\ a_{21} & a_{22} & \cdots & a_{2n} \\ \vdots & \vdots & & \vdots \\ a_{i1} & a_{i2} & \cdots & a_{in} \\ \vdots & \vdots & & \vdots \\ a_{n1} & a_{n2} & \cdots & a_{nn} \end{bmatrix} \begin{bmatrix} C_{11} & C_{21} & \cdots & C_{j1} & \cdots & C_{n1} \\ C_{12} & C_{22} & \cdots & C_{j2} & \cdots & C_{n2} \\ \vdots & \vdots & & \vdots & & \vdots \\ C_{1n} & C_{2n} & \cdots & C_{jn} & \cdots & C_{nn} \end{bmatrix}$$

을 생각해 보자. 곱 $A\,\text{adj}(A)$의 제i행과 제j열에 있는 원소는

$$a_{i1}C_{j1} + a_{i2}C_{j2} + \cdots + a_{in}C_{jn} \tag{7}$$

이다(위의 음영 참조).

만일 $i = j$이면, 식 (7)은 A의 제i행에 의한 여인수 전개에 의해 얻은 $\det(A)$와 같고 (정리 2.1.1), $i \neq j$이면 a들과 여인수들은 다른 행으로부터 구한 것이므로 식 (7)의 값은 0이다(예제 5에서 보듯이). 그러므로

$$A\,\text{adj}(A) = \begin{bmatrix} \det(A) & 0 & \cdots & 0 \\ 0 & \det(A) & \cdots & 0 \\ \vdots & \vdots & & \vdots \\ 0 & 0 & \cdots & \det(A) \end{bmatrix} = \det(A)I \tag{8}$$

이다. A가 가역이면 $\det(A) \neq 0$이므로 방정식 (8)은

$$\frac{1}{\det(A)}[A\,\text{adj}(A)] = I \quad \text{또는} \quad A\left[\frac{1}{\det(A)}\text{adj}(A)\right] = I$$

으로 쓸 수 있다. 양변의 왼쪽에 A^{-1}을 곱하면,

$$A^{-1} = \frac{1}{\det(A)}\text{adj}(A)$$

이다. ■

예제 7 | 딸림행렬을 이용하여 역행렬 구하기

식 (6)을 이용하여 예제 6의 행렬 A의 역을 구하라.

풀이 예제 5에서 $\det(A) = 64$임을 보였다. 따라서

$$A^{-1} = \frac{1}{\det(A)}\text{adj}(A) = \frac{1}{64}\begin{bmatrix} 12 & 4 & 12 \\ 6 & 2 & -10 \\ -16 & 16 & 16 \end{bmatrix} = \begin{bmatrix} \frac{12}{64} & \frac{4}{64} & \frac{12}{64} \\ \frac{6}{64} & \frac{2}{64} & -\frac{10}{64} \\ -\frac{16}{64} & \frac{16}{64} & \frac{16}{64} \end{bmatrix}$$

크라머의 규칙

다음 정리는 계수행렬 A가 $n \times n$ 가역행렬[또는 동등하게, $\det(A) \neq 0$]인 연립일차방정

식 $A\mathbf{x} = \mathbf{b}$의 해를 구하기 위한 ***크라머의 규칙***(Cramer's rule)을 유도하기 위해 가역인 행렬의 역행렬을 구하는 공식을 이용한다.

정리 2.3.7

크라머의 규칙

$A\mathbf{x} = \mathbf{b}$가 n개의 미지수와 n개의 일차방정식으로 이루어진 연립일차방정식이고 $\det(A) \neq 0$이면 연립방정식은 유일한 해를 갖는다. 해는

$$x_1 = \frac{\det(A_1)}{\det(A)}, \quad x_2 = \frac{\det(A_2)}{\det(A)}, \ldots, \quad x_n = \frac{\det(A_n)}{\det(A)}$$

이다. 여기서 A_j는 A의 제j열의 원소들을 행렬

$$\mathbf{b} = \begin{bmatrix} b_1 \\ b_2 \\ \vdots \\ b_n \end{bmatrix}$$

의 원소들로 대체해서 얻은 행렬이다.

증명 $\det(A) \neq 0$이면 A는 가역이고, 정리 1.6.2에 의해 $\mathbf{x} = A^{-1}\mathbf{b}$은 $A\mathbf{x} = \mathbf{b}$의 유일 해이다. 그러므로 정리 2.3.6에 의해,

$$\mathbf{x} = A^{-1}\mathbf{b} = \frac{1}{\det(A)}\operatorname{adj}(A)\mathbf{b} = \frac{1}{\det(A)}\begin{bmatrix} C_{11} & C_{21} & \cdots & C_{n1} \\ C_{12} & C_{22} & \cdots & C_{n2} \\ \vdots & \vdots & & \vdots \\ C_{1n} & C_{2n} & \cdots & C_{nn} \end{bmatrix}\begin{bmatrix} b_1 \\ b_2 \\ \vdots \\ b_n \end{bmatrix}$$

이다. 우변에 있는 행렬들을 곱하면

$$\mathbf{x} = \frac{1}{\det(A)}\begin{bmatrix} b_1C_{11} + b_2C_{21} + \cdots + b_nC_{n1} \\ b_1C_{12} + b_2C_{22} + \cdots + b_nC_{n2} \\ \vdots \quad\quad \vdots \quad\quad\quad \vdots \\ b_1C_{1n} + b_2C_{2n} + \cdots + b_nC_{nn} \end{bmatrix}$$

이므로 $\mathbf{x}$의 제j행의 원소는

$$x_j = \frac{b_1C_{1j} + b_2C_{2j} + \cdots + b_nC_{nj}}{\det(A)} \tag{9}$$

이다.

$$A_j = \begin{bmatrix} a_{11} & a_{12} & \cdots & a_{1j-1} & b_1 & a_{1j+1} & \cdots & a_{1n} \\ a_{21} & a_{22} & \cdots & a_{2j-1} & b_2 & a_{2j+1} & \cdots & a_{2n} \\ \vdots & \vdots & & \vdots & \vdots & \vdots & & \vdots \\ a_{n1} & a_{n2} & \cdots & a_{nj-1} & b_n & a_{nj+1} & \cdots & a_{nn} \end{bmatrix}$$

라 하자. A_j는 A와 단지 제j열만이 다르기 때문에 A_j의 원소 $b_1, b_2, \cdots, b_n$의 여인수들과 A의 제j열의 대응하는 원소의 여인수들은 같다. 그러므로 $\det(A)$의 제j열에 의한 여인수

전개는

$$\det(A_j) = b_1C_{1j} + b_2C_{2j} + \cdots + b_nC_{nj}$$

이다. 식 (9)에 이 결과를 대입하면

$$x_j = \frac{\det(A_j)}{\det(A)}$$

을 얻는다. ■

역사 노트

크라머 규칙의 변형들은 1750년에 출판된 이 스위스 수학자의 논문에서 언급되기 이전부터 상당히 잘 알려져 있었다. 이 방법을 대중화한 것은 크라머의 뛰어난 표기법 때문이라는 이유에서 수학자들이 그의 이름을 붙이게 되었다.

[Image: Science Source/Photo Researchers]

크라머
(Gabriel Cramer, 1704–1752)

예제 8 | 크라머의 규칙을 이용한 연립방정식의 해 구하기

크라머의 규칙을 이용하여 다음 연립일차방정식의 해를 구하라.

$$\begin{aligned} x_1 + \quad\quad + 2x_3 &= 6 \\ -3x_1 + 4x_2 + 6x_3 &= 30 \\ -x_1 - 2x_2 + 3x_3 &= 8 \end{aligned}$$

풀이

$$A = \begin{bmatrix} 1 & 0 & 2 \\ -3 & 4 & 6 \\ -1 & -2 & 3 \end{bmatrix}, \quad A_1 = \begin{bmatrix} 6 & 0 & 2 \\ 30 & 4 & 6 \\ 8 & -2 & 3 \end{bmatrix},$$

$$A_2 = \begin{bmatrix} 1 & 6 & 2 \\ -3 & 30 & 6 \\ -1 & 8 & 3 \end{bmatrix}, \quad A_3 = \begin{bmatrix} 1 & 0 & 6 \\ -3 & 4 & 30 \\ -1 & -2 & 8 \end{bmatrix}$$

그러므로

$$x_1 = \frac{\det(A_1)}{\det(A)} = \frac{-40}{44} = \frac{-10}{11}, \quad x_2 = \frac{\det(A_2)}{\det(A)} = \frac{72}{44} = \frac{18}{11},$$

$$x_3 = \frac{\det(A_3)}{\det(A)} = \frac{152}{44} = \frac{38}{11}$$

이다.

$n > 3$일 때, n개 방정식과 n개 미지수로 이루어진 선형계의 해를 구하기 위해서는 크라머의 규칙보다 가우스-요르단 소거법을 이용하는 것이 효율적이다. 크라머의 규칙은 실제적으로 선형계를 풀지 않고 해의 성질을 알아보는 데 주로 이용된다.

동등 정리

정리 1.6.4에서 행렬 A의 가역성과 동등인 다섯 가지의 결과를 이야기하였다. 지금까지 연구한 모든 주요 논제와 관련된 결과와 정리 2.3.3을 결합하여 얻은 다음 정리로 이 절을 마친다.

정리 2.3.8

동등한 명제들

$n \times n$ 행렬 A에 대하여 다음 명제들은 동등하다.

(*a*) A는 가역이다.

(*b*) $A\mathbf{x} = \mathbf{0}$은 자명한 해만을 갖는다.

(*c*) A의 기약 행사다리꼴은 I_n이다.

(*d*) A는 기본행렬들의 곱으로 쓰여질 수 있다.

(*e*) 모든 $n \times 1$ 행렬 $\mathbf{b}$에 대하여 $A\mathbf{x} = \mathbf{b}$는 해를 갖는다.

(*f*) 모든 $n \times 1$ 행렬 $\mathbf{b}$에 대하여 $A\mathbf{x} = \mathbf{b}$의 해는 오직 하나이다.

(*g*) $\det(A) \neq 0$.

선택사항: 우리는 지금 정리 1.7.1에서 증명 없이 서술했던 다음 두 가지 결과를 증명하기 위한 모든 도구를 가지고 있다.

- **정리 1.7.1(*c*)** 삼각행렬이 가역이기 위한 필요충분조건은 주대각선 위의 모든 원소가 영(0)이 아닌 것이다.
- **정리 1.7.1(*d*)** 가역인 하삼각행렬의 역은 하삼각이고, 가역인 상삼각행렬의 역은 상삼각이다.

정리 1.7.1(c)의 증명 $A = [a_{ij}]$을 주대각선의 원소가

$$a_{11}, a_{22}, \ldots, a_{nn}$$

인 삼각행렬이라 하자. 정리 2.1.2에 의하면 행렬 A가 가역이기 위한 필요충분조건은

$$\det(A) = a_{11}a_{22}\cdots a_{nn}$$

가 영이 아닌 것으로, 주대각선의 원소가 모두 영이 아닐 때 이것은 참이다.

정리 1.7.1(d)의 증명 상삼각행렬에 대해 증명하고 하삼각행렬의 경우는 독자에게 남긴다. A를 가역인 상삼각행렬이라 하자.

$$A^{-1} = \frac{1}{\det(A)}\operatorname{adj}(A)$$

이기 때문에, $\operatorname{adj}(A)$가 상삼각 또는 동등하게, 여인수 행렬이 하삼각임을 보임으로써 A^{-1}이 상삼각임을 증명할 수 있다. 증명을 위해 $i < j$인(즉, 주대각선 위에 있는) 여인수 C_{ij}가 영(0)인 것을 보인다.

$$C_{ij} = (-1)^{i+j} M_{ij}$$

이기 때문에, $i < j$인(즉, 주대각선 위에 있는) 각 소행렬식 M_{ij}가 영(0)임을 보이는 것으로 충분하다. 이를 위해 B_{ij}를 A의 제i행과 제j열을 제거하여

$$M_{ij} = \det(B_{ij}) \tag{10}$$

인 행렬이라 하자. $i < j$라는 가정으로부터 B_{ij}는 상삼각이다(그림 1.7.1 참조). A가 상삼각이면, 제$(i+1)$행은 적어도 i개의 영(0)을 갖는다. 그러나 B_{ij}의 제i행은 A로부터 제j열이 제거된 A의 제$(i+1)$행이다. $i < j$이기 때문에, 처음 i개의 영(0)은 A의 제j열을 제거해도 없어지지 않는다. 따라서 B_{ij}의 제i행은 적어도 i개의 영(0)을 갖게 되므로 제i행의 주대각선 원소는 영(0)이 된다. 정리 2.1.2로부터 $\det(B_{ij}) = 0$이고 식 (10)에 의해 $M_{ij} = 0$이다. ■

연습문제 2.3

(1-4) $\det(kA) = k^n \det(A)$*가 성립함을 검증하라.*

1. $A = \begin{bmatrix} -1 & 2 \\ 3 & 4 \end{bmatrix}$; $k = 2$ **2.** $A = \begin{bmatrix} 2 & 2 \\ 5 & -2 \end{bmatrix}$; $k = -4$

3. $A = \begin{bmatrix} 2 & -1 & 3 \\ 3 & 2 & 1 \\ 1 & 4 & 5 \end{bmatrix}$; $k = -2$

4. $A = \begin{bmatrix} 1 & 1 & 1 \\ 0 & 2 & 3 \\ 0 & 1 & -2 \end{bmatrix}$; $k = 3$

(5-6) $\det(AB) = \det(BA)$*임을 검증하고, 등식* $\det(A + B) = \det(A) + \det(B)$*이 성립하는지 판정하라.*

5. $A = \begin{bmatrix} 2 & 1 & 0 \\ 3 & 4 & 0 \\ 0 & 0 & 2 \end{bmatrix}$, $B = \begin{bmatrix} 1 & -1 & 3 \\ 7 & 1 & 2 \\ 5 & 0 & 1 \end{bmatrix}$

6. $A = \begin{bmatrix} -1 & 8 & 2 \\ 1 & 0 & -1 \\ -2 & 2 & 2 \end{bmatrix}$, $B = \begin{bmatrix} 2 & -1 & -4 \\ 1 & 1 & 3 \\ 0 & 3 & -1 \end{bmatrix}$

(7-14) 행렬식을 사용하여 주어진 행렬이 가역인지 판정하라.

7. $A = \begin{bmatrix} 2 & 5 & 5 \\ -1 & -1 & 0 \\ 2 & 4 & 3 \end{bmatrix}$ **8.** $A = \begin{bmatrix} 2 & 0 & 3 \\ 0 & 3 & 2 \\ -2 & 0 & -4 \end{bmatrix}$

9. $A = \begin{bmatrix} 2 & -3 & 5 \\ 0 & 1 & -3 \\ 0 & 0 & 2 \end{bmatrix}$ **10.** $A = \begin{bmatrix} -3 & 0 & 1 \\ 5 & 0 & 6 \\ 8 & 0 & 3 \end{bmatrix}$

11. $A = \begin{bmatrix} 4 & 2 & 8 \\ -2 & 1 & -4 \\ 3 & 1 & 6 \end{bmatrix}$ **12.** $A = \begin{bmatrix} 1 & 0 & -1 \\ 9 & -1 & 4 \\ 8 & 9 & -1 \end{bmatrix}$

13. $A = \begin{bmatrix} 2 & 0 & 0 \\ 8 & 1 & 0 \\ -5 & 3 & 6 \end{bmatrix}$ **14.** $A = \begin{bmatrix} \sqrt{2} & -\sqrt{7} & 0 \\ 3\sqrt{2} & -3\sqrt{7} & 0 \\ 5 & -9 & 0 \end{bmatrix}$

(15-18) 행렬 A가 가역이기 위한 k값을 구하라.

15. $A = \begin{bmatrix} k-3 & -2 \\ -2 & k-2 \end{bmatrix}$ **16.** $A = \begin{bmatrix} k & 2 \\ 2 & k \end{bmatrix}$

17. $A = \begin{bmatrix} 1 & 2 & 4 \\ 3 & 1 & 6 \\ k & 3 & 2 \end{bmatrix}$ **18.** $A = \begin{bmatrix} 1 & 2 & 0 \\ k & 1 & k \\ 0 & 2 & 1 \end{bmatrix}$

(19-23) 행렬이 가역인지 판정하고, 가역이면 딸림행렬 방법을 이용하여 역을 구하라.

19. $A = \begin{bmatrix} 2 & 5 & 5 \\ -1 & -1 & 0 \\ 2 & 4 & 3 \end{bmatrix}$ **20.** $A = \begin{bmatrix} 2 & 0 & 3 \\ 0 & 3 & 2 \\ -2 & 0 & -4 \end{bmatrix}$

21. $A = \begin{bmatrix} 2 & -3 & 5 \\ 0 & 1 & -3 \\ 0 & 0 & 2 \end{bmatrix}$ **22.** $A = \begin{bmatrix} 2 & 0 & 0 \\ 8 & 1 & 0 \\ -5 & 3 & 6 \end{bmatrix}$

23. $A = \begin{bmatrix} 1 & 3 & 1 & 1 \\ 2 & 5 & 2 & 2 \\ 1 & 3 & 8 & 9 \\ 1 & 3 & 2 & 2 \end{bmatrix}$

(24-29) 크라머의 규칙을 사용하여 연립일차방정식의 해를 구하라.

24. $7x_1 - 2x_2 = 3$
$3x_1 + x_2 = 5$

25. $4x + 5y = 2$
$11x + y + 2z = 3$
$x + 5y + 2z = 1$

26. $x - 4y + z = 6$
$4x - y + 2z = -1$
$2x + 2y - 3z = -20$

27. $x_1 - 3x_2 + x_3 = 4$
$2x_1 - x_2 = -2$
$4x_1 - 3x_3 = 0$

28. $-x_1 - 4x_2 + 2x_3 + x_4 = -32$
$2x_1 - x_2 + 7x_3 + 9x_4 = 14$
$-x_1 + x_2 + 3x_3 + x_4 = 11$
$x_1 - 2x_2 + x_3 - 4x_4 = -4$

29. $3x_1 - x_2 + x_3 = 4$
$-x_1 + 7x_2 - 2x_3 = 1$
$2x_1 + 6x_2 - x_3 = 5$

30. 행렬

$$A = \begin{bmatrix} \cos\theta & \sin\theta & 0 \\ -\sin\theta & \cos\theta & 0 \\ 0 & 0 & 1 \end{bmatrix}$$

이 모든 θ값에 대해 가역임을 보이고, 정리 2.3.6을 사용하여 A^{-1}을 구하라.

31. 크라머의 규칙을 사용하여 다음 연립일차방정식을 미지수 x, z, w에 대해 풀지 말고 y에 대해서만 풀어라.

$$\begin{aligned} 4x + y + z + w &= 6 \\ 3x + 7y - z + w &= 1 \\ 7x + 3y - 5z + 8w &= -3 \\ x + y + z + 2w &= 3 \end{aligned}$$

32. $A\mathbf{x} = \mathbf{b}$를 연습문제 31의 선형계라 하자.

a. 크라머의 규칙을 사용하여 풀어라.

b. 가우스-요르단 소거법을 이용하여 풀어라.

c. 어떤 방법이 계산을 덜 하게 하는가?

33.
$$A = \begin{bmatrix} a & b & c \\ d & e & f \\ g & h & i \end{bmatrix}$$

이라 하자. $\det(A) = -7$일 때 다음을 구하라.

a. $\det(3A)$ **b.** $\det(A^{-1})$ **c.** $\det(2A^{-1})$

d. $\det((2A)^{-1})$ **e.** $\det\begin{bmatrix} a & g & d \\ b & h & e \\ c & i & f \end{bmatrix}$

34. A가 $\det(A) = -2$인 4×4 행렬일 때 다음 행렬식을 구하라.

a. $\det(-A)$ **b.** $\det(A^{-1})$

c. $\det(2A^T)$ **d.** $\det(A^3)$

35. A가 $\det(A) = 7$인 3×3 행렬일 때 다음 행렬식을 구하라.

a. $\det(3A)$ **b.** $\det(A^{-1})$

c. $\det(2A^{-1})$ **d.** $\det((2A)^{-1})$

증명 문제

36. 정방행렬 A가 가역이기 위한 필요충분조건은 A^TA가 가역인 것임을 증명하라.

37. A가 정방행렬이면 $\det(A^TA) = \det(AA^T)$임을 증명하라.

38. $A\mathbf{x} = \mathbf{b}$가 정수 계수와 정수 상수를 가진 n개 일차방정식과 n개 미지수의 선형계라 하자. $\det(A) = 1$이면, 해 $\mathbf{x}$의 원소는 정수임을 증명하라.

39. $\det(A) = 1$이고 A의 모든 원소가 정수이면 A^{-1}의 모든 원소도 정수임을 증명하라.

참-거짓 문제

TF. (a)-(l)이 참인지 거짓인지를 밝히고 그 이유를 설명하라.

a. A가 3×3 행렬이면, $\det(2A) = 2\det(A)$이다.

b. A, B가 같은 크기의 정방행렬로서 $\det(A) = \det(B)$이면, $\det(A + B) = 2\det(A)$이다.

c. A, B가 같은 크기의 정방행렬이고 A가 가역이면, $\det(A^{-1}BA) = \det(B)$이다.

d. 정방행렬 A가 가역이기 위한 필요충분조건은 $\det(A) = 0$이다.

e. A의 여인수 행렬은 정확히 $[\text{adj}(A)]^T$이다.

f. 모든 $n \times n$ 행렬 A에 대해, $A \cdot \text{adj}(A) = (\det(A))I_n$이다.

g. A가 정방행렬이고 선형계 $A\mathbf{x} = \mathbf{0}$이 해 $\mathbf{x}$를 여러 개 가지면, $\det(A) = 0$이다.

h. A가 $n \times n$ 행렬이고 선형계 $A\mathbf{x} = \mathbf{b}$가 해를 갖지 않는 $n \times 1$ 행렬 $\mathbf{b}$가 존재하면, A의 기약 행사다리꼴은 I_n일 수 없다.

i. E가 기본행렬이면, $E\mathbf{x} = \mathbf{0}$은 자명해만을 갖는다.

j. A가 가역행렬이면, 선형계 $A\mathbf{x} = \mathbf{0}$이 자명해만을 갖기 위한 필요충분조건은 선형계 $A^{-1}\mathbf{x} = \mathbf{0}$이 자명해만을 갖는 것이다.

k. A가 가역이면 $\text{adj}(A)$ 또한 가역이다.

l. A가 영행을 가지면 $\text{adj}(A)$도 영행을 갖는다.

계산도구 문제

T1. $\epsilon > 0$일 때 행렬

$$A = \begin{bmatrix} 1 & 1 \\ 1 & 1+\epsilon \end{bmatrix}$$

을 생각하자. $\det(A) = \epsilon \neq 0$이므로 정리 2.3.8에 의해 A는 가역이다. $\det(A) = 0$이 될 때까지 ϵ을 영이 아닌 여러 작은 값으로 변형시키면서 $\det(A)$을 계산하면 A가 가역이 아니라는 잘못된 결론에 도달하게 된다. 이런 결과의 원인에 대해 토론하라.

T2. 연습문제 37에서 A가 정방행렬이면 $\det(A^TA) = \det(AA^T)$이다. 실험을 통해, A가 정방행렬이 아닐 때도 이것이 참인지 여부를 확인하라.

T3. 프랑스 수학자 아다마르(Jacques Hadamard, 1865–1963)는 $n \times n$ 행렬 A의 각 원소가 $|a_{ij}| \leq M$을 만족하면,

$$|\det(A)| \leq \sqrt{n^n}\, M^n$$

임을 증명하였다(***아다마르의 부등식***). 이 결과를 이용하여 다음의 행렬 A에 대해 $\det(A)$의 가능한 값의 범위를 구하고, 계산도구를 사용하여 $\det(A)$의 값이 이 범위 내에 있음을 보여라.

$$A = \begin{bmatrix} 0.3 & -2.4 & -1.7 & 2.5 \\ 0.2 & -0.3 & -1.2 & 1.4 \\ 2.5 & 2.3 & 0.0 & 1.8 \\ 1.7 & 1.0 & -2.1 & 2.3 \end{bmatrix}$$

2장 보충문제

(1-8) (a) 여인수 전개와 (b) 행렬의 원소를 영(0)으로 만들기 위한 기본 행연산을 사용하여 주어진 행렬의 행렬식을 구하라.

1. $\begin{bmatrix} -4 & 2 \\ 3 & 3 \end{bmatrix}$ **2.** $\begin{bmatrix} 7 & -1 \\ -2 & -6 \end{bmatrix}$

3. $\begin{bmatrix} -1 & 5 & 2 \\ 0 & 2 & -1 \\ -3 & 1 & 1 \end{bmatrix}$ **4.** $\begin{bmatrix} -1 & -2 & -3 \\ -4 & -5 & -6 \\ -7 & -8 & -9 \end{bmatrix}$

5. $\begin{bmatrix} 3 & 0 & -1 \\ 1 & 1 & 1 \\ 0 & 4 & 2 \end{bmatrix}$ **6.** $\begin{bmatrix} -5 & 1 & 4 \\ 3 & 0 & 2 \\ 1 & -2 & 2 \end{bmatrix}$

7. $\begin{bmatrix} 3 & 6 & 0 & 1 \\ -2 & 3 & 1 & 4 \\ 1 & 0 & -1 & 1 \\ -9 & 2 & -2 & 2 \end{bmatrix}$ **8.** $\begin{bmatrix} -1 & -2 & -3 & -4 \\ 4 & 3 & 2 & 1 \\ 1 & 2 & 3 & 4 \\ -4 & -3 & -2 & -1 \end{bmatrix}$

9. 화살표 기법(2.1절 예제 7 참조)을 사용하여 연습문제 3-6의 행렬식을 구하라.

10. a. 행렬식을 구할 때, 여인수 전개를 이용하면 쉽지만 기본 행연산을 이용하면 어려운 4×4 행렬을 만들어라.

b. 행렬식을 구할 때, 기본 행연산을 이용하면 쉽지만 여인수 전개를 이용하면 어려운 4×4 행렬을 만들어라.

11. 행렬식을 이용하여 연습문제 1-4의 행렬이 가역인지 판정하라.

12. 행렬식을 이용하여 연습문제 5-8의 행렬이 가역인지 판정하라.

(13-15) 어떤 방법을 이용하든지 주어진 행렬식을 구하라.

13. $\begin{vmatrix} 5 & b-3 \\ b-2 & -3 \end{vmatrix}$ **14.** $\begin{vmatrix} 3 & -4 & a \\ a^2 & 1 & 2 \\ 2 & a-1 & 4 \end{vmatrix}$

15. $\begin{vmatrix} 0 & 0 & 0 & 0 & -3 \\ 0 & 0 & 0 & -4 & 0 \\ 0 & 0 & -1 & 0 & 0 \\ 0 & 2 & 0 & 0 & 0 \\ 5 & 0 & 0 & 0 & 0 \end{vmatrix}$

16. x를 구하라.

$$\begin{vmatrix} x & -1 \\ 3 & 1-x \end{vmatrix} = \begin{vmatrix} 1 & 0 & -3 \\ 2 & x & -6 \\ 1 & 3 & x-5 \end{vmatrix}$$

(17-24) 역행렬이 존재하면, 딸림행렬 방법(정리 2.3.6)을 이용하여 다음 행렬의 역을 구하라.

17. 연습문제 1의 행렬 **18.** 연습문제 2의 행렬

19. 연습문제 3의 행렬 **20.** 연습문제 4의 행렬

21. 연습문제 5의 행렬 **22.** 연습문제 6의 행렬

23. 연습문제 7의 행렬 **24.** 연습문제 8의 행렬

25. 크라머의 규칙을 사용하여 x', y'을 x, y에 대해 풀어라.

$$x = \tfrac{3}{5}x' - \tfrac{4}{5}y'$$
$$y = \tfrac{4}{5}x' + \tfrac{3}{5}y'$$

26. 크라머의 규칙을 사용하여 x', y'을 x, y에 대해 풀어라.

$$x = x'\cos\theta - y'\sin\theta$$
$$y = x'\sin\theta + y'\cos\theta$$

27. 계수행렬의 행렬식을 구하여, 다음의 선형계가 비자명해를 갖기 위한 필요충분조건은 $\alpha = \beta$임을 보여라.

$$\begin{aligned} x + \quad y + \alpha z &= 0 \\ x + \quad y + \beta z &= 0 \\ \alpha x + \beta y + \quad z &= 0 \end{aligned}$$

28. A가 1 또는 0을 원소로 하는 3×3 행렬일 때, $\det(A)$의 가능한 가장 큰 값은 무엇인가?

29. a. 다음 그림의 삼각형에서, 삼각함수를 이용하여

$$\begin{aligned} b\cos\gamma + c\cos\beta &= a \\ c\cos\alpha + a\cos\gamma &= b \\ a\cos\beta + b\cos\alpha &= c \end{aligned}$$

임을 보이고, 크라머의 규칙을 적용하여

$$\cos\alpha = \frac{b^2 + c^2 - a^2}{2bc}$$

임을 보여라.

b. 크라머의 규칙을 사용하여 $\cos\beta$, $\cos\gamma$에 대한 유사한 공식을 구하라.

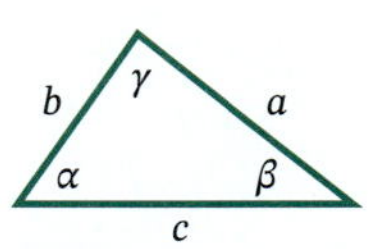

그림 Ex-29

30. 행렬식을 사용하여, 모든 실수값 λ에 대해

$$\begin{aligned} x - 2y &= \lambda x \\ x - \quad y &= \lambda y \end{aligned}$$

의 유일 해는 $x = 0$, $y = 0$임을 보여라.

31. 다음을 증명하라: A가 가역이면, $\operatorname{adj}(A)$도 가역이고

$$[\operatorname{adj}(A)]^{-1} = \frac{1}{\det(A)}A = \operatorname{adj}(A^{-1})$$

이다.

32. 다음을 증명하라: A가 $n \times n$ 행렬이면,

$$\det[\operatorname{adj}(A)] = [\det(A)]^{n-1}$$

이다.

33. 다음을 증명하라: $n \times n$ 행렬 A의 각 행의 원소들의 합이 영(0)이면 A의 행렬식도 영(0)이다. [*힌트*: $\mathbf{x}$가 모든 원소가 1인 $n \times 1$ 행렬일 때, 곱 $A\mathbf{x}$을 생각하자.]

34. a. 다음 그림에서 삼각형 ABC의 넓이는

$$\text{area } ABC = \text{area } ADEC + \text{area } CEFB - \text{area } ADFB$$

으로 나타낼 수 있다. 이것과 사다리꼴의 넓이는 $\frac{1}{2}$(높이)(평행인 두 변의 합)으로 구한다는 사실을 이용하여,

$$\text{area } ABC = \frac{1}{2}\begin{vmatrix} x_1 & y_1 & 1 \\ x_2 & y_2 & 1 \\ x_3 & y_3 & 1 \end{vmatrix}$$

임을 보여라. [*참고*: 이 공식을 유도할 때 꼭짓점들은 삼각형이 반시계방향으로 (x_1, y_1), (x_2, y_2), (x_3, y_3) 순으로 이름 붙였다. 시계방향으로 진행하면 위의 행렬식은 넓이의 음의 값이 된다.]

b. (a)의 결과를 이용하여 꼭짓점이 (3, 3), (4, 0), (−2, −1)인 삼각형의 넓이를 구하라.

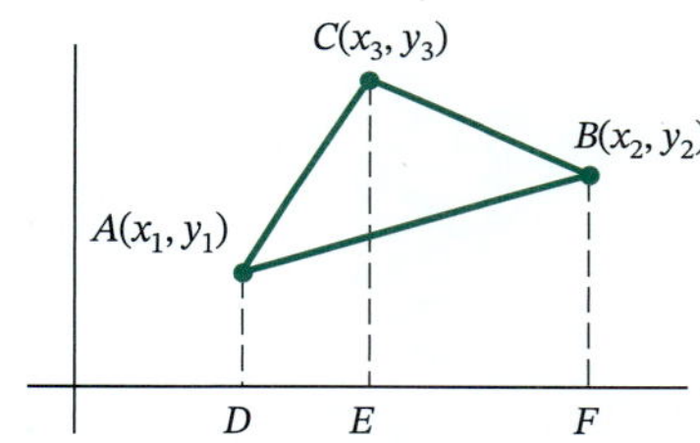

그림 Ex-34

35. 행렬식의 직접 계산 없이

21375, 38798, 34162, 40223, 79154

가 모두 19로 나누어진다는 사실을 이용하여

$$\begin{vmatrix} 2 & 1 & 3 & 7 & 5 \\ 3 & 8 & 7 & 9 & 8 \\ 3 & 4 & 1 & 6 & 2 \\ 4 & 0 & 2 & 2 & 3 \\ 7 & 9 & 1 & 5 & 4 \end{vmatrix}$$

도 19로 나누어진다는 것을 보여라.

36. 행렬식의 직접 계산 없이

$$\begin{vmatrix} \sin\alpha & \cos\alpha & \sin(\alpha+\delta) \\ \sin\beta & \cos\beta & \sin(\beta+\delta) \\ \sin\gamma & \cos\gamma & \sin(\gamma+\delta) \end{vmatrix} = 0$$

임을 보여라.

37. $T : R^2 \to R$가 $(a, b, c, d) \xrightarrow{T} \det\begin{bmatrix} a & b \\ c & d \end{bmatrix}$일 때 T는 선형변환인가? 답의 근거를 설명하라.

CHAPTER 3

유클리드 벡터공간

Euclidean Vector Spaces

챕터 목차

서론

공학자와 물리학자는 두 가지 형태의 물리량을 구분한다. 즉, 수치값만으로 표현되는 양인 ***스칼라***(scalar)와 완전한 물리적 기술을 위해 수(number)와 방향(direction)을 필요로 하는 양인 ***벡터***(vector)를 구분한다. 예를 들어 온도, 길이, 그리고 속력은 온도 20°C, 길이 5 cm, 또는 속력 75 km/h와 같이, 수를 이용하여 "얼마만큼"인가를 충분히 나타낼 수 있기 때문에 스칼라이다. 반면, 속도(velocity)와 힘(force)은 "얼마만큼"을 말해 주는 수와 "어느 방향"인가를 말해 주는 방향을 요구하기 때문에 벡터이다. 북동쪽 45° 방향으로 10 knot 속도로 움직이는 배 또는 수직으로 작용하는 힘 100 lb이 그 예이다. 이 책에서 공부할 스칼라와 벡터의 기호는 물리학과 공학에서 유래한 것이지만, 우리의 주 관심사는 그것들을 사용하여 어떤 수학적 구조를 만들고, 그 구조를 유전학, 컴퓨터과학, 경제학, 통신공학, 그리고 환경과학과 같은 다양한 분야에 적용하는 데 있다.

3.1 2차원, 3차원 그리고 *n*차원 공간에서의 벡터

선형대수는 주로 "행렬"과 "벡터"라는 두 가지 형태의 수학적 대상을 연구하는 학문이다. 제 1장에서는 행렬의 기본성질들에 대해 공부했다. 그리고 n개의 실수 성분을 가진 순서쌍으로 정의되는 벡터를 소개했고, 그런 순서쌍들의 집합을 기호 R^n으로 나타내었다. 이 절에서는 2차원, 3차원 벡터의 기본성질을 복습하고, 이런 성질들을 R^n상의 벡터로 확장할 것이다.

기하적 벡터

공학자와 물리학자들은 ***2차원*** 공간 또는 ***3차원*** 공간에서의 벡터를 화살표로 표시한다. 화살표가 향하는 방향은 벡터의 ***방향***을, 화살표의 길이는 벡터의 ***크기***를 나타낸다. 수학

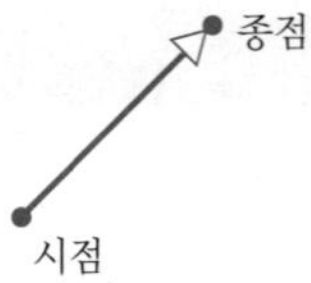

그림 3.1.1

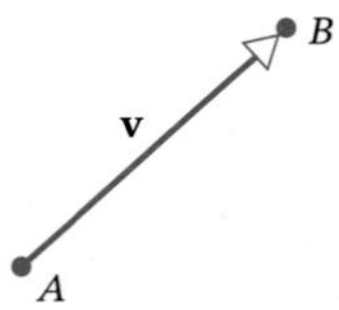

$\mathbf{v} = \overrightarrow{AB}$

그림 3.1.2

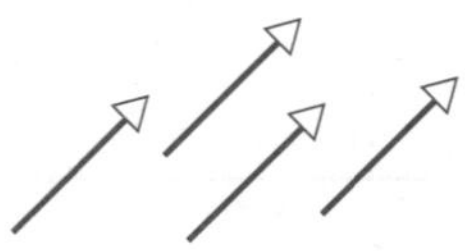

동등한 벡터들

그림 3.1.3

자들은 이와 같은 벡터를 ***기하적 벡터***(geometric vector)라 부른다. 화살표의 꼬리는 벡터의 ***시점***(initial point), 끝은 벡터의 ***종점***(terminal point)이라 부른다(**그림 3.1.1**).

이 책에서는 벡터를 **a**, **b**, **v**, **w**, **x**와 같은 볼드체로 표시하고 스칼라는 a, k, v, w, x와 같이 이탤릭체로 표시할 것이다. **그림 3.1.2**에서 보듯이 **v**가 시점을 A, 종점을 B로 하는 벡터이면

$$\mathbf{v} = \overrightarrow{AB}$$

라고 쓴다. **그림 3.1.3**에서와 같이 같은 크기와 방향을 갖는 벡터들은 ***동등***(equivalent)하다고 한다. 벡터는 단지 크기와 방향에 의해서 결정되기 때문에, 동등한 벡터들은 방향이 다를지라도 평행하면 같은 벡터로 간주한다. 동등한 벡터들은 ***같다***(equal)라고도 하며,

$$\mathbf{v} = \mathbf{w}$$

라고 쓴다. 시점과 종점이 같은 벡터의 크기는 0으로, 이것을 ***영벡터***(zero vector)라고 하고 **0**으로 표시한다. 영벡터는 주어진 방향이 없기 때문에 문제에 따라 편리하게 방향을 정하여 사용할 수 있다.

벡터 덧셈

물리법칙에 기초한 중요한 벡터의 대수적 연산들이 있다.

> **벡터 덧셈을 위한 평행사변형 규칙**
>
> **v**, **w**가 같은 점을 시점으로 하는 2차원 또는 3차원 벡터이면, 두 벡터는 평행사변형의 이웃하는 두 변이 된다. 이때 두 벡터의 ***합*** **v** + **w**는 **v**, **w**의 공통시점을 시점으로, 평행사변형의 마주보는 꼭짓점을 종점으로 하는 화살표로 표시된다(**그림 3.1.4*a***).

두 벡터의 합을 구하는 또 다른 방법은 다음과 같다.

> **벡터 덧셈을 위한 삼각형 규칙**
>
> **v**, **w**가 **w**의 시점이 **v**의 종점인 2차원 또는 3차원 벡터이면, 두 벡터의 ***합*** **v** + **w**는 **v**의 시점을 시점으로, **w**의 종점을 종점으로 하는 화살표로 표시된다(**그림 3.1.4*b***).

그림 3.1.4*c*에서 보듯이 삼각형 규칙을 이용하여 구한 ***합*** **v** + **w**와 **w** + **v**는

$$\boxed{\mathbf{v} + \mathbf{w} = \mathbf{w} + \mathbf{v}} \tag{1}$$

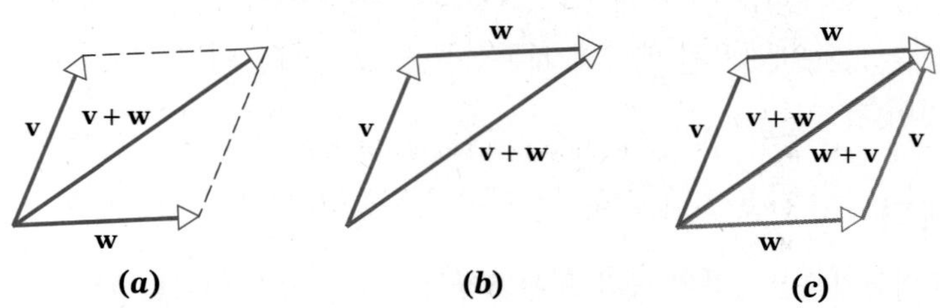

그림 3.1.4

가 성립하고, 삼각형 규칙에 의해 얻어진 합은 평행사변형 규칙에 의해 얻어진 합과 같음을 알 수 있다.

벡터의 덧셈은 점들의 평행이동 과정으로 생각할 수도 있다.

평행이동 관점에서의 벡터 덧셈

$\mathbf{v}$, $\mathbf{w}$ 그리고 $\mathbf{v}+\mathbf{w}$가 같은 점을 시점으로 하는 위치벡터이면, $\mathbf{v}+\mathbf{w}$의 종점은 다음과 같은 두 가지 측면에서 생각할 수 있다.

1. $\mathbf{v}+\mathbf{w}$의 종점은 $\mathbf{v}$의 종점이 $\mathbf{w}$의 길이만큼 $\mathbf{w}$의 방향으로 평행이동한 점이다(**그림 3.1.5*a***).
2. $\mathbf{v}+\mathbf{w}$의 종점은 $\mathbf{w}$의 종점이 $\mathbf{v}$의 길이만큼 $\mathbf{v}$의 방향으로 평행이동한 점이다(**그림 3.1.5*b***).

따라서 합 $\mathbf{v}+\mathbf{w}$은 ***$\mathbf{w}$에 의한 $\mathbf{v}$의 평행이동*** 또는 ***$\mathbf{v}$에 의한 $\mathbf{w}$의 평행이동***이라 할 수 있다.

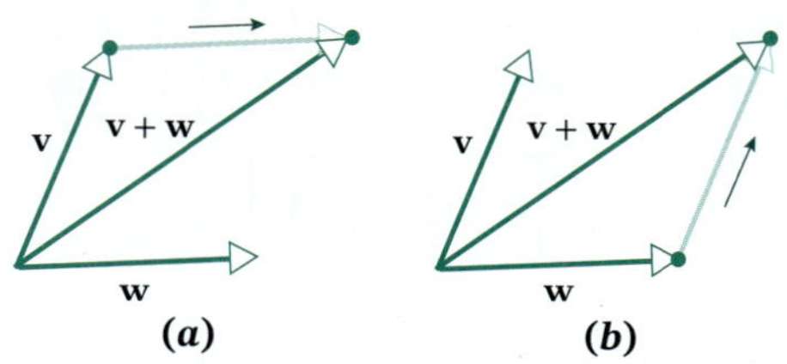

그림 3.1.5

벡터의 뺄셈

일반 연산에서 뺄셈은 덧셈을 이용하여 $a - b = a + (-b)$으로 쓸 수 있다. 벡터 연산에서도 이와 비슷한 성질이 성립한다.

벡터 뺄셈

벡터 $\mathbf{v}$의 **음**(negative)은 $\mathbf{v}$와 크기가 같고 방향이 반대인 벡터로서 $-\mathbf{v}$로 표시된다(**그림 3.1.6*a***). $\mathbf{w}$로부터 $\mathbf{v}$의 ***차***(difference)는 합

$$\mathbf{w} - \mathbf{v} = \mathbf{w} + (-\mathbf{v}) \qquad (2)$$

으로 정의되며, $\mathbf{w} - \mathbf{v}$로 표현된다.

$\mathbf{w}$로부터 $\mathbf{v}$의 *차* $\mathbf{w} - \mathbf{v}$는 **그림 3.1.6*b***에서 보듯이 평행사변형 규칙에 의해 기하적으로 표현하거나 또는 좀 더 직접적인 방법으로 $\mathbf{v}$와 $\mathbf{w}$의 시점이 같을 때, $\mathbf{v}$의 종점에서 $\mathbf{w}$의 종점으로 향하는 벡터를 그리면 된다(**그림 3.1.6*c***).

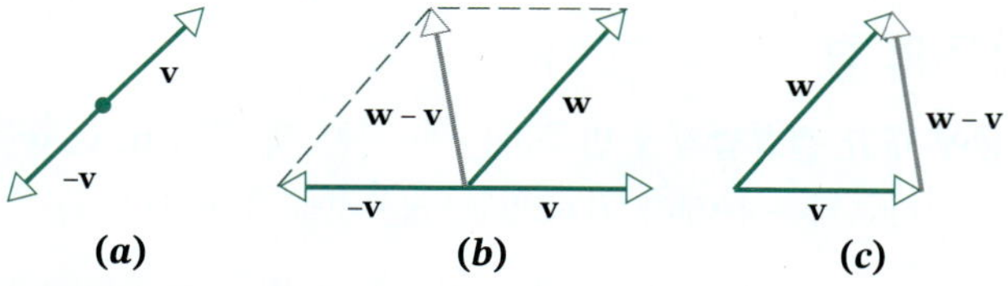

그림 3.1.6

스칼라 곱셈

때로는 벡터의 길이를 바꾸거나 또는 벡터의 길이와 방향을 바꿀 필요가 있다. 이것은 벡터에 ***스칼라***를 곱하는 형태의 곱셈에 의해 이루어진다. 예로, 곱 2**v**는 **v**와 같은 방향이면서 길이가 2배인 벡터를 나타내고, 곱 −2**v**는 **v**와 방향이 반대이면서 길이가 2배인 벡터를 나타낸다. 다음은 이것을 일반화한 결과이다.

> **스칼라 곱셈**
>
> **v**가 영이 아닌 2차원 또는 3차원 벡터이고 k가 영이 아닌 스칼라이면, ***스칼라곱*** k**v**는 길이가 **v**의 $|k|$배이고, k가 양수이면 **v**와 같은 방향, k가 음수이면 **v**와 반대 방향인 벡터로 정의된다. $k = 0$ 또는 $\mathbf{v} = \mathbf{0}$이면, $k\mathbf{v}$를 **0**으로 정의한다.

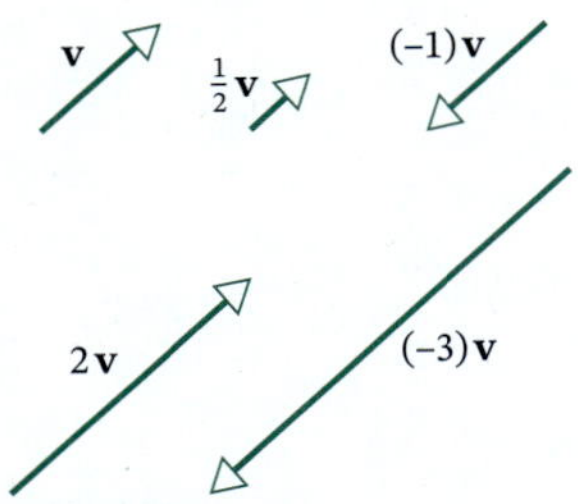

그림 3.1.7

그림 3.1.7은 벡터 **v**와 **v**의 스칼라곱 사이의 기하적 관계를 보여 준다. 특히 (−1)**v**는 **v**와 길이는 같지만 방향이 반대인 벡터인 것을 알 수 있다. 그러므로

$$\boxed{(-1)\mathbf{v} = -\mathbf{v}} \tag{3}$$

평행벡터와 동일 직선상에 있는 벡터

v와 **w**를 같은 시점을 갖는 2차원 또는 3차원 벡터라 하자. 만일 벡터 중 하나가 다른 벡터의 스칼라 배수라면 벡터들은 같은 직선상에 놓이므로 그들은 *동일 직선상에 있다*(collinear)라고 한다(**그림 3.1.8*a***). 그러나 **그림 3.1.8*b***에서 보듯이 벡터 중 하나를 평행이동하면 벡터들은 *평행*(parallel)하고 더 이상 동일 직선상에 놓이지 않는다. 이것은 벡터를 평행이동하여도 벡터는 변하지 않기 때문인데, 이것은 언어적인 문제점을 야기한다. 이러한 문제를 해결하는 유일한 방법은 *벡터에서는 "평행"과 "동일 직선상"이라는 용어가 같은 것을 의미한다*는 사실에 동의하는 것이다. 벡터 **0**의 방향은 명확히 정의되지 않았지만 모든 벡터에 평행한 것으로 간주한다.

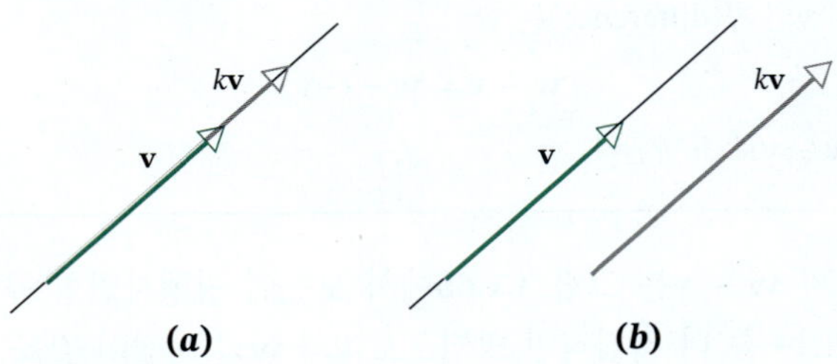

그림 3.1.8

셋 이상 벡터들의 합

벡터 덧셈은 ***덧셈에 대한 결합법칙***을 만족하는데, 이는 세 벡터 **u**, **v**, **w**를 더할 때 어느 두 벡터를 처음에 더하는가는 문제가 되지 않는다는 것을 의미한다. 즉,

$$\mathbf{u} + (\mathbf{v} + \mathbf{w}) = (\mathbf{u} + \mathbf{v}) + \mathbf{w}$$

이 같은 성질로부터 식 $\mathbf{u} + \mathbf{v} + \mathbf{w}$는 어떤 벡터들을 묶어 더하는가와 상관없이 같은 결

과를 얻는 것을 알 수 있다.

u + **v** + **w**를 만드는 간단한 방법은 "종점에 시점을 잇대어" 연속적으로 벡터들을 나열하고 **u**의 시점으로부터 **w**의 종점을 잇는 벡터를 그리는 것이다(**그림 3.1.9*a***). 종점에 시점을 잇대는 방법은 네 개 이상의 벡터들에도 적용된다(**그림 3.1.9*b***). 또한 종점에 시점을 잇대는 방법은 *공통시점*(common initial point)을 갖는 세 벡터 **u**, **v**, **w**의 합 **u** + **v** + **w**는 세 벡터가 인접하는 세 변을 이루는 평행육면체의 대각선이라는 것을 보여준다(**그림 3.1.9*c***).

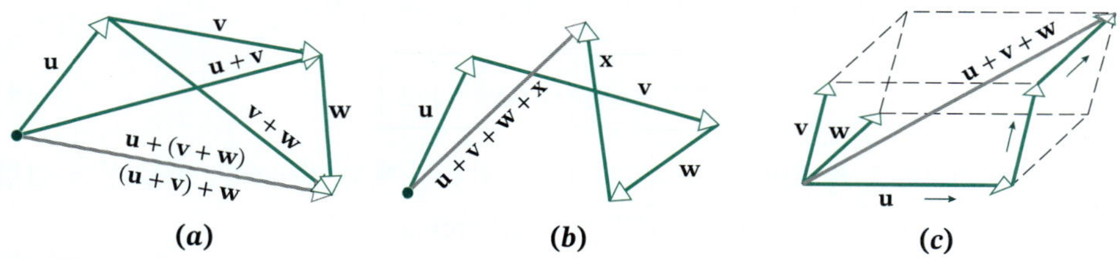

그림 3.1.9

좌표계에서의 벡터

지금까지 우리는 좌표계와 무관하게 벡터를 이야기했다. 그러나 좌표계에서의 벡터 계산이 훨씬 더 간단한 것을 볼 수 있을 것이다.

벡터 **v**가 직교좌표계의 원점을 시점으로 하는 2차원 또는 3차원 벡터라면, 벡터는 자신의 종점에 의해 결정된다(**그림 3.1.10**). 이 종점의 좌표를 좌표계와 연관된 **v**의 ***성분***(component)이라 부른다. 성분이 (v_1, v_2)인 2차원 벡터 **v**는 $\mathbf{v} = (v_1, v_2)$, 성분이 (v_1, v_2, v_3)인 3차원 벡터 **v**는 $\mathbf{v} = (v_1, v_2, v_3)$로 나타낸다.

> 영벡터는 2차원 벡터공간에서는 $\mathbf{0} = (0, 0)$, 3차원 벡터공간에서는 $\mathbf{0} = (0, 0, 0)$으로 나타낸다.

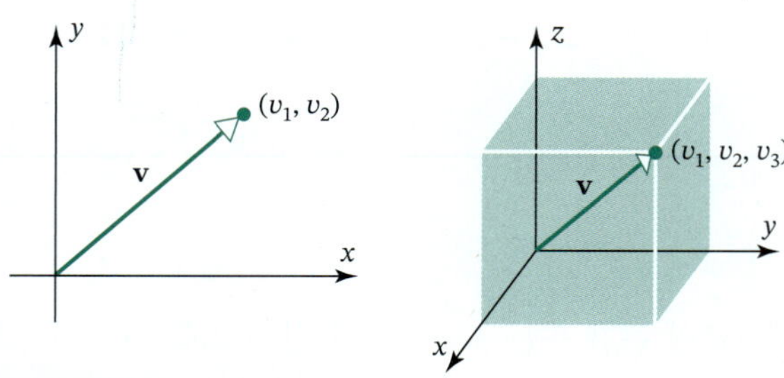

그림 3.1.10

두 개의 2차원 또는 3차원 벡터가 동등하기 위한 필요충분조건이 그들이 원점을 시점으로 한다면 그들의 종점이 같아야 한다는 것임은 기하적으로 입증된다. 대수적으로 두 벡터가 동등하기 위한 필요충분조건은 그들의 대응하는 성분들이 같다는 것이다. 그러므로 예를 들어 3차원 벡터

$$\mathbf{v} = (v_1, v_2, v_3)\text{와} \quad \mathbf{w} = (w_1, w_2, w_3)$$

가 동등하기 위한 필요충분조건은

$$v_1 = w_1, \quad v_2 = w_2, \quad v_3 = w_3$$

이다.

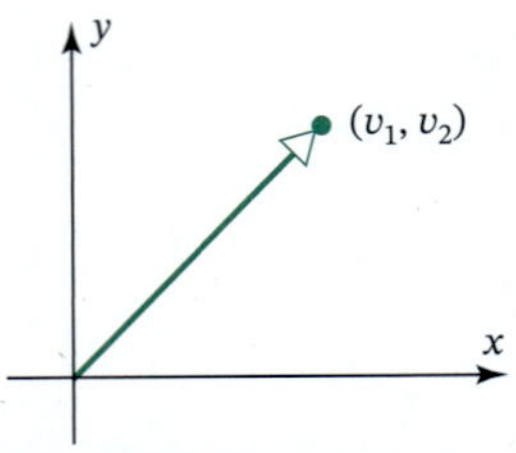

그림 3.1.11 순서쌍 (v_1, v_2)는 점 또는 벡터로 나타낼 수 있다.

참고 순서쌍(v_1, v_2)는 v_1, v_2를 *성분*으로 하는 벡터 또는 v_1, v_2를 *좌표*로 하는 점을 나타낸다. (세 개의 성분으로 이루어진 순서쌍의 경우도 마찬가지이다.) 둘 다 타당한 기하적 해석이므로 무엇을 선택하는가는 우리가 강조하고자 하는 기하적 관점에 의존한다 (**그림 3.1.11**).

시점이 원점이 아닌 벡터

때로는 시점이 원점이 아닌 벡터를 생각할 필요가 있다. $\overrightarrow{P_1P_2}$가 시점이 $P_1(x_1, y_1)$, 종점이 $P_2(x_2, y_2)$인 벡터라면, 이 벡터의 성분은 다음과 같이 주어진다.

$$\boxed{\overrightarrow{P_1P_2} = (x_2 - x_1, y_2 - y_1)} \tag{4}$$

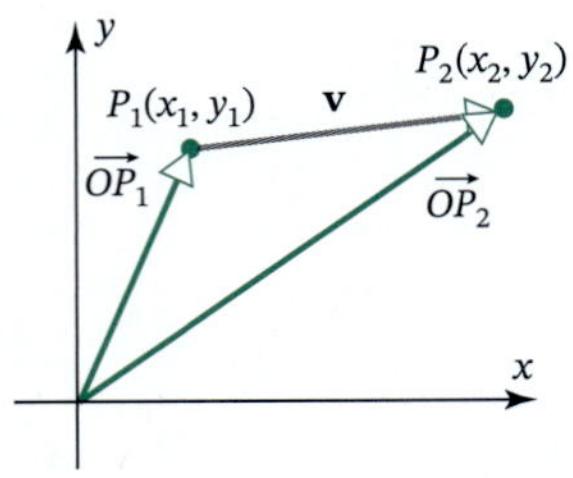

$\mathbf{v} = \overrightarrow{P_1P_2} = \overrightarrow{OP_2} - \overrightarrow{OP_1}$

그림 3.1.12

즉, $\overrightarrow{P_1P_2}$의 성분들은 종점의 좌표로부터 시점의 좌표를 빼서 얻어진다. 예를 들어 **그림 3.1.12**에서 벡터 $\overrightarrow{P_1P_2}$는 벡터 $\overrightarrow{OP_2}$와 $\overrightarrow{OP_1}$의 차(difference)이므로,

$$\overrightarrow{P_1P_2} = \overrightarrow{OP_2} - \overrightarrow{OP_1} = (x_2, y_2) - (x_1, y_1) = (x_2 - x_1, y_2 - y_1)$$

마찬가지로 시점이 $P_1(x_1, y_1, z_1)$이고 종점이 $P_2(x_2, y_2, z_2)$인 3차원벡터의 성분은 다음과 같이 주어진다.

$$\boxed{\overrightarrow{P_1P_2} = (x_2 - x_1, y_2 - y_1, z_2 - z_1)} \tag{5}$$

예제 1 | 벡터 성분 찾기

시점이 $P_1(2, -1, 4)$이고 종점이 $P_2(7, 5, -8)$인 벡터 $\mathbf{v} = \overrightarrow{P_1P_2}$의 성분은

$$\mathbf{v} = (7 - 2, 5 - (-1), (-8) - 4) = (5, 6, -12)$$

이다.

n-공간

18세기와 19세기에 2차원 공간 또는 3차원 공간 상의 점을 나타내기 위해 실수의 이중 순서쌍 또는 삼중 순서쌍을 이용한다는 생각이 잘 알려져 있었다. 20세기 초 수학자들과 물리학자들은 수학과 물리학에서 "고차원" 공간을 사용하기 시작했다. 오늘날 비전문인조차 아인슈타인이 일반 상대성 이론을 정립하는 데 이용했던 시간을 네 번째 차원으로 하는 4차원의 세계에 익숙하다. 오늘날 끈 이론(string theory) 분야에서 일하는 물리학자들은 근본적인 자연의 힘이 어떻게 작용하는가를 설명하는 통일장 이론(unified theory)에서 보통 11차원 공간을 사용한다.

이런 아이디어를 좀 더 탐구하기 위하여 약간의 용어와 기호를 공부하기로 한다. 실수집합은 기하적으로 직선으로 표시된다. 이것을 ***실직선***(real line)이라 하고, R 또는 R^1으로 나타낸다. 위첨자 1은 직선이 일차원이라는 것을 의미한다. 실수로 이루어진 모든 ***이중 순서쌍***(2-tuples) 집합과 모든 ***삼중 순서쌍***(3-tuples) 집합은 각각 R^2, R^3으로 나타낸다. 위첨자는 이중 순서쌍은 2차원 평면상의 점, 삼중 순서쌍은 3차원 공간상의 점에

대응한다는 것을 표시한다. 다음 정리는 이러한 사실을 확장한 것이다.

정의 1

n이 양의 정수일 때 ***n*****중 순서쌍**은 n개의 실수로 이루어진 $(v_1, v_2, \ldots, v_n)$이다. 모든 n중 순서쌍들의 집합을 ***n*****-공간**이라 하고 R^n으로 나타낸다.

참고 n중 순서쌍 $(v_1, v_2, \ldots, v_n)$의 성분들은 *일반화된 점*의 좌표 또는 *일반화된 벡터*의 성분으로서 생각할 수 있는데, 어떻게 생각하든 n중 순서쌍의 대수적 성질에 있어서 수학적으로 아무런 차이가 없다.

다음은 n중 순서쌍의 전형적인 응용들이다.

- **실험 데이터**—과학자는 실험을 하고 실험을 할 때마다 n개의 수치 측정값을 갖는다. 각 실험의 결과는 $y_1, y_2, \ldots, y_n$이 측정값일 때 벡터 $\mathbf{y} = (y_1, y_2, \ldots, y_n)$으로 나타낼 수 있다.
- **보관 및 창고 관리**—어느 트럭회사는 트럭을 수리하고 보관할 15개의 차고를 가지고 있다. 임의의 시점에서 각 차고의 운행할 트럭의 분포는 15중 순서쌍 $\mathbf{x} = (x_1, x_2, \ldots, x_{15})$으로 나타낼 수 있다. 이때 x_1은 첫 번째 차고에 있는 트럭의 수, x_2는 두 번째 차고에 있는 트럭의 수 등을 나타낸다.
- **전기회로**—어떤 신호처리 칩은 4개의 전압을 입력하고 3개의 전압을 출력하도록 고안되어 있다. 입력전압은 R^4의 벡터로, 출력전압은 R^3의 벡터로 생각할 수 있으므로 칩은 R^4의 입력벡터 $\mathbf{v} = (v_1, v_2, v_3, v_4)$를 R^3의 출력벡터 $\mathbf{w} = (w_1, w_2, w_3)$으로 변환하는 장치로 보여질 수 있다.
- **그래픽 이미지**—컬러 이미지가 컴퓨터 스크린에 만들어지는 방법 중 하나는 각 픽셀에 ***색깔***(hue), ***포화도***(saturation), ***선명도***(brightness)를 표시하는 세 개의 수를 주는 것이다. 그러므로 완전한 컬러 이미지는 x, y는 픽셀의 화면 좌표이고 h, s, b가 픽셀의 색깔, 포화도, 선명도를 나타낼 때, (x, y, h, s, b) 형태의 5중 순서쌍들의 집합으로 생각할 수 있다.
- **경제학**—경제 분석의 한 방법은 경제를 여러 개의 부문(제조, 서비스, 유틸리티 등)으로 나누어 각 부문의 산출을 달러가치로 측정하는 것이다. 그러므로 10개 부문을 가진 경제에서 $s_1, s_2, \ldots, s_{10}$을 각 부문의 산출물 개수라 하면, 전체 경제의 경제적 산출은 10중 순서쌍 $\mathbf{s} = (s_1, s_2, \ldots, s_{10})$으로 나타낼 수 있다.
- **역학시스템**—6개의 입자가 하나의 좌표선을 따라 움직인다고 가정하자. 시각 t에서 각 입자의 좌표가 $x_1, x_2, \ldots, x_6$이고 속도가 $v_1, v_2, \ldots, v_6$라고 하면, 이와 같은 정보는 R^{13}에서 벡터

  $$\mathbf{v} = (x_1, x_2, x_3, x_4, x_5, x_6, v_1, v_2, v_3, v_4, v_5, v_6, t)$$

  로 나타낼 수 있다. 벡터 $\mathbf{v}$는 시각 t에서 입자계의 ***상태***(state)라 부른다.

역사 노트

아인슈타인
(Albert Einstein, 1879–1955)

독일에서 태어난 물리학자 알버트 아인슈타인은 1935년 미국으로 이민 가서 프린스턴대학교에 정착했다. 아인슈타인은 30년 동안 중력과 전자기파 사이의 근본적인 연결고리를 확립할 수 있는 *통일장 이론*(unified field theory)을 만들어내는 데 힘썼으나 실패하였다. 최근 물리학자들은 *끈 이론*(string theory)으로 알려진 구조틀을 사용하여 이 문제에 많은 진전을 이루었다. 이 이론에서 우주의 가장 작은 불가분의 구성요소는 분자가 아니라 진동하는 끈처럼 거동하는 루프이다. 아인슈타인의 시공간 우주가 4차원인 반면 끈(string)은 현재 연구의 초점이 되는 11차원 세계에 존재한다.

[Image:©Bettmann/CORBIS]

R^n에서의 벡터 연산

우리의 다음 목표는 R^n에서의 벡터들에 대한 유용한 연산들을 정의하는 것이다. 이러한 연산들은 모두 R^2와 R^3의 벡터 연산을 자연스럽게 확장한 것이다. R^n의 벡터 $\mathbf{v}$는

$$\mathbf{v} = (v_1, v_2, \ldots, v_n)$$

으로 나타내고, $\mathbf{0} = (0, 0, \ldots, 0)$을 ***영벡터***(zero vector)라고 부를 것이다.

R^2와 R^3의 두 벡터가 동등하기 위한 필요충분조건은 대응하는 성분들이 같은 것이라는 사실은 이미 알고 있다. 그러므로 다음의 정의를 얻는다.

정의 2

R^n의 벡터 $\mathbf{v} = (v_1, v_2, \ldots, v_n)$, $\mathbf{w} = (w_1, w_2, \ldots, w_n)$에 대하여

$$v_1 = w_1, \quad v_2 = w_2, \ldots, \quad v_n = w_n$$

이면 $\mathbf{v}$와 $\mathbf{w}$가 ***같다***(또는 ***동등하다***)고 하고 $\mathbf{v} = \mathbf{w}$로 쓴다.

예제 2 | 벡터의 동등

벡터

$$\mathbf{v} = (a, b, c, d)\text{와} \quad \mathbf{w} = (1, -4, 2, 7)$$

가 같기 위한 필요충분조건은 $a = 1$, $b = -4$, $c = 2$, $d = 7$이다.

다음 목표는 R^n에서 벡터의 덧셈, 뺄셈, 그리고 스칼라 곱셈을 정의하는 것이다. 이를 위해 성분을 이용하여 R^2의 벡터들을 어떻게 연산했는지 생각해 볼 것이다. **그림**

3.1.13을 보면 $\mathbf{v} = (v_1, v_2)$와 $\mathbf{w} = (w_1, w_2)$에 대하여

$$\mathbf{v} + \mathbf{w} = (v_1 + w_1, v_2 + w_2) \tag{6}$$

$$k\mathbf{v} = (kv_1, kv_2) \tag{7}$$

임을 추론할 수 있다. 특히 (7)로부터

$$-\mathbf{v} = (-1)\mathbf{v} = (-v_1, -v_2) \tag{8}$$

이므로

$$\mathbf{w} - \mathbf{v} = \mathbf{w} + (-1)\mathbf{v} = (w_1 - v_1, w_2 - v_2) \tag{9}$$

이다.

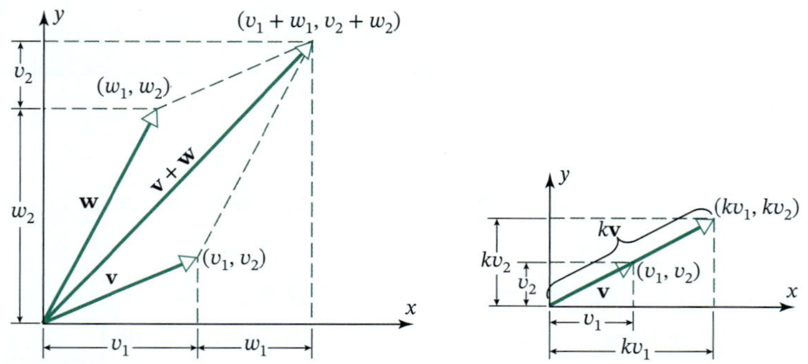

그림 3.1.13

식 (6)-(9)로부터 다음의 정의를 얻는다.

정의 3

$\mathbf{v} = (v_1, v_2, \ldots, v_n)$, $\mathbf{w} = (w_1, w_2, \ldots, w_n)$이 R^n의 벡터이고 k가 임의의 스칼라이면 다음과 같이 정의한다.

$$\mathbf{v} + \mathbf{w} = (v_1 + w_1, v_2 + w_2, \ldots, v_n + w_n) \tag{10}$$

$$k\mathbf{v} = (kv_1, kv_2, \ldots, kv_n) \tag{11}$$

$$-\mathbf{v} = (-v_1, -v_2, \ldots, -v_n) \tag{12}$$

$$\mathbf{w} - \mathbf{v} = \mathbf{w} + (-\mathbf{v}) = (w_1 - v_1, w_2 - v_2, \ldots, w_n - v_n) \tag{13}$$

벡터들의 덧셈(또는 뺄셈)은 그들의 대응하는 성분들을 더하는(또는 빼는) 것이고 벡터의 스칼라곱은 각 성분에 스칼라를 곱하는 것이다.

예제 3 | 성분을 이용한 대수 연산

$\mathbf{v} = (1, -3, 2)$, $\mathbf{w} = (4, 2, 1)$ 이면

$$\mathbf{v} + \mathbf{w} = (5, -1, 3), \qquad 2\mathbf{v} = (2, -6, 4)$$
$$-\mathbf{w} = (-4, -2, -1), \qquad \mathbf{v} - \mathbf{w} = \mathbf{v} + (-\mathbf{w}) = (-3, -5, 1)$$

이다.

다음 정리는 가장 중요한 벡터 연산의 성질들을 요약한 것이다.

정리 3.1.1

R^n의 벡터 $\mathbf{u}, \mathbf{v}, \mathbf{w}$와 스칼라 k, m에 대하여 다음의 성질들이 성립한다.

(*a*) $\mathbf{u}+\mathbf{v}=\mathbf{v}+\mathbf{u}$

(*b*) $(\mathbf{u}+\mathbf{v})+\mathbf{w}=\mathbf{u}+(\mathbf{v}+\mathbf{w})$

(*c*) $\mathbf{u}+\mathbf{0}=\mathbf{0}+\mathbf{u}=\mathbf{u}$

(*d*) $\mathbf{u}+(-\mathbf{u})=\mathbf{0}$

(*e*) $k(\mathbf{u}+\mathbf{v})=k\mathbf{u}+k\mathbf{v}$

(*f*) $(k+m)\mathbf{u}=k\mathbf{u}+m\mathbf{u}$

(*g*) $k(m\mathbf{u})=(km)\mathbf{u}$

(*h*) $1\mathbf{u}=\mathbf{u}$

(*b*)만을 증명하고 나머지는 독자에게 남긴다.

***증명* (*b*)** $\mathbf{u}=(u_1, u_2, \ldots, u_n)$, $\mathbf{v}=(v_1, v_2, \ldots, v_n)$, $\mathbf{w}=(w_1, w_2, \ldots, w_n)$이라 하자. 그러면

$$\begin{aligned}
(\mathbf{u}+\mathbf{v})+\mathbf{w} &= ((u_1, u_2, \ldots, u_n)+(v_1, v_2, \ldots, v_n))+(w_1, w_2, \ldots, w_n) \\
&= (u_1+v_1, u_2+v_2, \ldots, u_n+v_n)+(w_1, w_2, \ldots, w_n) && \text{[벡터 덧셈]} \\
&= ((u_1+v_1)+w_1, (u_2+v_2)+w_2, \ldots, (u_n+v_n)+w_n) && \text{[벡터 덧셈]} \\
&= (u_1+(v_1+w_1), u_2+(v_2+w_2), \ldots, u_n+(v_n+w_n)) && \text{[재그룹]} \\
&= (u_1, u_2, \ldots, u_n)+(v_1+w_1, v_2+w_2, \ldots, v_n+w_n) && \text{[벡터 덧셈]} \\
&= \mathbf{u}+(\mathbf{v}+\mathbf{w}) \quad ■
\end{aligned}$$

다음 R^n의 벡터에 대한 보조성질들은 성분을 이용하여 벡터를 표현하면 쉽게 얻을 수 있다.

정리 3.1.2

$\mathbf{v}$가 R^n의 벡터이고 k가 스칼라이면,

(*a*) $0\mathbf{v}=\mathbf{0}$

(*b*) $k\mathbf{0}=\mathbf{0}$

(*c*) $(-1)\mathbf{v}=-\mathbf{v}$

성분 없이 계산하기

정리 3.1.1과 정리 3.1.2의 강력한 결과 중 하나는 성분을 이용하여 벡터를 표현하지 않고도 벡터 계산을 가능하게 한다는 것이다. 예를 들어 $\mathbf{x}, \mathbf{a}, \mathbf{b}$가 R^n의 벡터일 때 벡터 $\mathbf{x}$의 성분을 사용하지 않고 벡터방정식 $\mathbf{x}+\mathbf{a}=\mathbf{b}$의 해를 구한다고 하면 다음과 같은 과정에 의해 해를 구할 수 있다.

$$\mathbf{x}+\mathbf{a}=\mathbf{b} \qquad \text{[주어진 방정식]}$$

$$(\mathbf{x}+\mathbf{a})+(-\mathbf{a})=\mathbf{b}+(-\mathbf{a}) \qquad \text{[양변에 } -\mathbf{a}\text{를 더한다]}$$

$$\mathbf{x}+(\mathbf{a}+(-\mathbf{a}))=\mathbf{b}-\mathbf{a} \qquad \text{[정리 3.1.1의 (b)]}$$

$$\mathbf{x}+\mathbf{0}=\mathbf{b}-\mathbf{a} \qquad \text{[정리 3.1.1의 (d)]}$$

$$\mathbf{x}=\mathbf{b}-\mathbf{a} \qquad \text{[정리 3.1.1의 (c)]}$$

이 방법은 R^n의 벡터를 성분을 갖고 계산하는 것에 비해 분명히 길고 복잡하지만, 교재 후반부에서 만나게 되는 좀 더 일반화된 종류의 벡터를 다룰 때 중요한 역할을 하게 된다.

선형결합

덧셈, 뺄셈, 그리고 스칼라 곱셈은 주로 새로운 벡터를 만들 때 혼합해서 사용된다. 예를 들어 $\mathbf{v}_1, \mathbf{v}_2, \mathbf{v}_3$이 R^n의 벡터일 때, 벡터

$$\mathbf{u}=2\mathbf{v}_1+3\mathbf{v}_2+\mathbf{v}_3, \quad \mathbf{w}=7\mathbf{v}_1-6\mathbf{v}_2+8\mathbf{v}_3$$

은 이런 방법으로 만들어진 것들이다. 일반적으로 다음 정의를 얻는다.

정의 4

R^n의 벡터 $\mathbf{w}$가 임의의 스칼라 $k_1, k_2, \ldots, k_r$에 대하여

$$\mathbf{w}=k_1\mathbf{v}_1+k_2\mathbf{v}_2+\cdots+k_r\mathbf{v}_r \tag{14}$$

의 형태로 쓰여지면 $\mathbf{w}$를 $\mathbf{v}_1, \mathbf{v}_2, \ldots, \mathbf{v}_r$의 ***선형결합***(linear combination) 또는 일차결합이라 한다. 이때 스칼라들을 선형결합의 ***계수***(coefficient)라 부른다. $r=1$인 경우 식 (14)는 $\mathbf{w}=k_1\mathbf{v}_1$이 되므로 한 벡터의 선형결합은 단지 그 벡터의 스칼라 배수임을 알 수 있다.

벡터의 선형결합에 대한 정의는 행렬의 선형결합에 대한 정의와 동일하다 (1.3절 정의 6).

벡터의 또 다른 기호

지금까지 우리는 R^n의 벡터를

$$\mathbf{v}=(v_1, v_2, \ldots, v_n) \tag{15}$$

의 기호로 쓰고 ***쉼표 구분형***(comma-delimited form)이라 부른다. 그러나 R^n의 벡터는 n개의 성분이 특별한 순서에 의해 나열된 것이기 때문에, 성분들을 올바른 순서로 나열하는 것이 벡터를 표현하는 바른 방법이다. 예를 들어 식 (15)에 있는 벡터는 ***행행렬***(row-matrix) 형태라 부르는

$$\mathbf{v}=[v_1, v_2, \ldots, v_n] \tag{16}$$

의 형태로 또는 ***열행렬***(column-matrix) 형태라 부르는

$$\mathbf{v}=\begin{bmatrix} v_1 \\ v_2 \\ \vdots \\ v_n \end{bmatrix} \tag{17}$$

의 형태로도 쓸 수 있다. 기호는 주로 편리한 대로 선택되지만, 때로는 문제의 성격에 맞

게 기호가 결정되기도 한다. 기호 (15), (16), (17) 모두 이 교재의 여러 곳에서 사용될 것이다.

색채에 대한 선형결합의 응용

컴퓨터 모니터의 색채는 일반적으로 **RGB *색채 모형***(color model)을 기반으로 한다. 이 시스템에서 색채는 원색인 적색(R), 녹색(G), 청색(B)을 비율에 따라 합해서 만든다. 이같이 하는 한 가지 방법은 원색들을 3차원 벡터

$$\mathbf{r} = (1, 0, 0) \text{ (순 적색)}$$
$$\mathbf{g} = (0, 1, 0) \text{ (순 녹색)}$$
$$\mathbf{b} = (0, 0, 1) \text{ (순 청색)}$$

로 놓고, 0과 1 사이의 계수를 이용하여 $\mathbf{r}$, $\mathbf{g}$, $\mathbf{b}$의 선형결합으로 모든 다른 색채를 만들어 낸다. 이때 계수는 각 원색의 혼합 비율을 나타낸다. 모든 색채 벡터들의 집합을 **RGB *공간*** 또는 **RGB *색채 정육면체***(그림 3.1.14)라 부른다. 그러므로 이 정육면체에 있는 색채 벡터 $\mathbf{c}$는 $0 \le k_i \le 1$일 때,

$$\begin{aligned}\mathbf{c} &= k_1\mathbf{r} + k_2\mathbf{g} + k_3\mathbf{b} \\ &= k_1(1, 0, 0) + k_2(0, 1, 0) + k_3(0, 0, 1) \\ &= (k_1, k_2, k_3)\end{aligned}$$

형태의 선형결합으로 표현할 수 있다. 그림에서 표시한 것처럼 정육면체의 모서리들은 흑색, 백색, 자홍색(magenta), 청록색(cyan), 황색과 함께 순 원색들을 나타낸다. 흑색에서 백색을 잇는 대각선에 놓여 있는 벡터들은 희미한 회색에 대응된다.

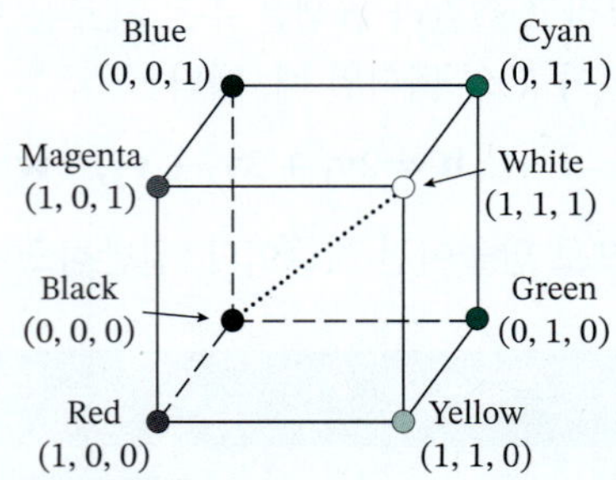

그림 3.1.14

연습문제 3.1

(1-2) 벡터의 성분을 구하라.

1. a.

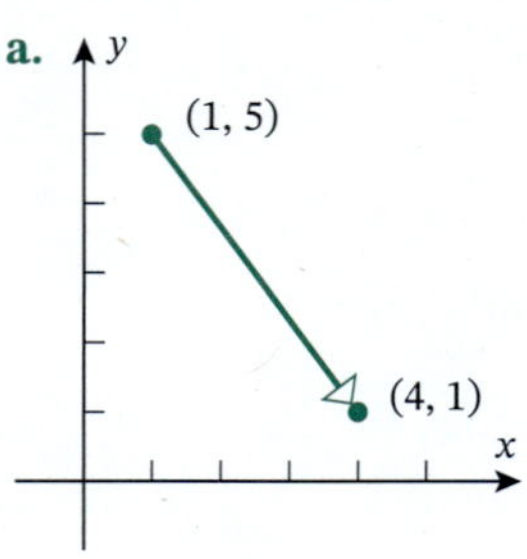

b.

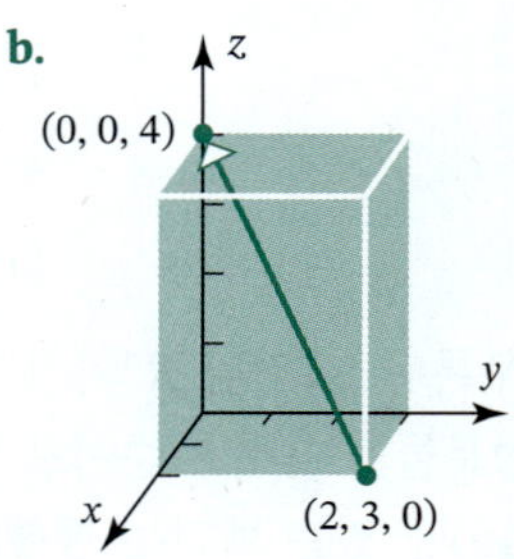

2. a.

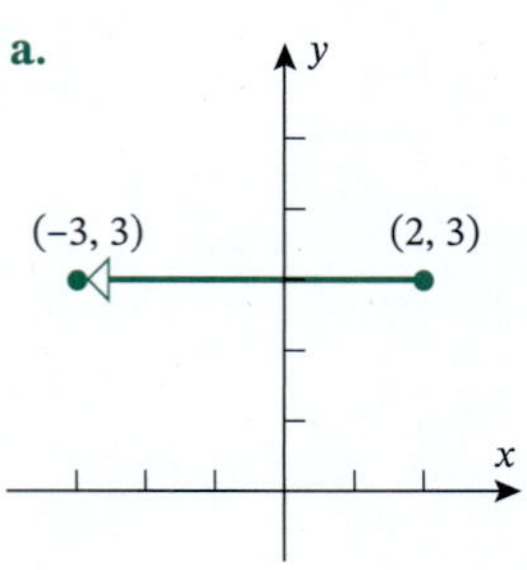

b.

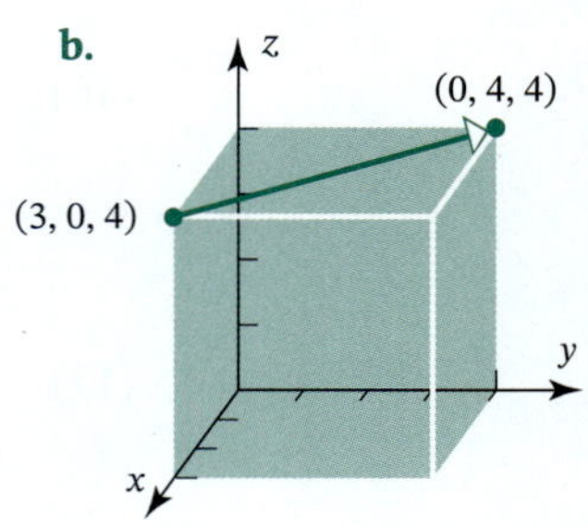

(3-4) 벡터 $\overrightarrow{P_1P_2}$의 성분을 구하라.

3. **a.** $P_1(3, 5)$, $P_2(2, 8)$ **b.** $P_1(5, -2, 1)$, $P_2(2, 4, 2)$

4. **a.** $P_1(-6, 2)$, $P_2(-4, -1)$ **b.** $P_1(0, 0, 0)$, $P_2(-1, 6, 1)$

5. **a.** $\mathbf{u} = (1, 2)$와 동등하고 시점이 $A(1, 1)$인 벡터의 종점을 구하라.

b. $\mathbf{u} = (1, 1, 3)$와 동등하고 종점이 $B = (-1, -1, 2)$인 벡터의 시점을 구하라.

6. **a.** $\mathbf{u} = (1, 2)$와 동등하고 종점이 $B(2, 0)$인 벡터의 시점을 구하라.

b. $\mathbf{u} = (1, 1, 3)$와 동등하고 시점이 $A(0, 2, 0)$인 벡터의 종점을 구하라.

7. 다음 조건을 만족하는 종점이 $Q(3, 0, -5)$인 영이 아닌 벡터 $\mathbf{u} = \overrightarrow{PQ}$의 시점 P를 구하라.

a. $\mathbf{u}$는 $\mathbf{v} = (4, -2, -1)$와 같은 방향이다.

b. $\mathbf{u}$는 $\mathbf{v} = (4, -2, -1)$와 반대 방향이다.

8. 다음 조건을 만족하는 시점이 $P(-1, 3, -5)$인 영이 아닌 벡터 $\mathbf{u} = \overrightarrow{PQ}$의 종점 Q를 구하라.

a. $\mathbf{u}$는 $\mathbf{v} = (6, 7, -3)$와 같은 방향이다.

b. $\mathbf{u}$는 $\mathbf{v} = (6, 7, -3)$와 반대 방향이다.

9. $\mathbf{u} = (4, -1)$, $\mathbf{v} = (0, 5)$, $\mathbf{w} = (-3, -3)$일 때 다음 벡터의 성분을 구하라.

a. $\mathbf{u} + \mathbf{w}$ **b.** $\mathbf{v} - 3\mathbf{u}$

c. $2(\mathbf{u} - 5\mathbf{w})$ **d.** $3\mathbf{v} - 2(\mathbf{u} + 2\mathbf{w})$

10. $\mathbf{u} = (-3, 1, 2)$, $\mathbf{v} = (4, 0, -8)$, $\mathbf{w} = (6, -1, -4)$일 때 다음 벡터의 성분을 구하라.

a. $\mathbf{v} - \mathbf{w}$ **b.** $6\mathbf{u} + 2\mathbf{v}$

c. $-3(\mathbf{v} - 8\mathbf{w})$ **d.** $(2\mathbf{u} - 7\mathbf{w}) - (8\mathbf{v} + \mathbf{u})$

11. $\mathbf{u} = (-3, 2, 1, 0)$, $\mathbf{v} = (4, 7, -3, 2)$, $\mathbf{w} = (5, -2, 8, 1)$일 때 다음 벡터의 성분을 구하라.

a. $\mathbf{v} - \mathbf{w}$ **b.** $-\mathbf{u} + (\mathbf{v} - 4\mathbf{w})$

c. $6(\mathbf{u} - 3\mathbf{v})$ **d.** $(6\mathbf{v} - \mathbf{w}) - (4\mathbf{u} + \mathbf{v})$

12. $\mathbf{u} = (1, 2, -3, 5, 0)$, $\mathbf{v} = (0, 4, -1, 1, 2)$, $\mathbf{w} = (7, 1, -4, -2, 3)$일 때 다음 벡터의 성분을 구하라.

a. $\mathbf{v} + \mathbf{w}$ **b.** $3(2\mathbf{u} - \mathbf{v})$

c. $(3\mathbf{u} - \mathbf{v}) - (2\mathbf{u} + 4\mathbf{w})$ **d.** $\frac{1}{2}(\mathbf{w} - 5\mathbf{v} + 2\mathbf{u}) + \mathbf{v}$

13. $\mathbf{u} = (-3, 2, 1, 0)$, $\mathbf{v} = (4, 7, -3, 2)$, $\mathbf{w} = (5, -2, 8, 1)$일 때 방정식 $3\mathbf{u} + \mathbf{v} - 2\mathbf{w} = 3\mathbf{x} + 2\mathbf{w}$을 만족하는 벡터 $\mathbf{x}$의 성분을 구하라.

14. $\mathbf{u} = (1, 2, -3, 5, 0)$, $\mathbf{v} = (0, 4, -1, 1, 2)$, $\mathbf{w} = (7, 1, -4, -2, 3)$일 때 방정식 $2\mathbf{u} - \mathbf{v} + \mathbf{x} = 7\mathbf{x} + \mathbf{w}$을 만족하는 벡터 $\mathbf{x}$의 성분을 구하라.

15. 다음 R^6의 벡터 중 $\mathbf{u} = (-2, 1, 0, 3, 5, 1)$와 평행한 것은 어느 것인가?

a. $(4, 2, 0, 6, 10, 2)$

b. $(4, -2, 0, -6, -10, -2)$

c. $(0, 0, 0, 0, 0, 0)$

16. 주어진 벡터가 $\mathbf{u} = (4, -1)$에 평행한 t의 값을 구하라.

a. $(8t, -2)$ **b.** $(8t, 2t)$ **c.** $(1, t^2)$

17. $\mathbf{u} = (1, -1, 3, 5)$, $\mathbf{v} = (2, 1, 0, -3)$일 때, $a\mathbf{u} + b\mathbf{v} = (1, -4, 9, 18)$인 스칼라 a, b를 구하라.

18. $\mathbf{u} = (2, 1, 0, 1, -1)$, $\mathbf{v} = (-2, 3, 1, 0, 2)$일 때, $a\mathbf{u} + b\mathbf{v} = (-8, 8, 3, -1, 7)$인 스칼라 a, b를 구하라.

(19-20) 다음 방정식을 만족하는 스칼라 c_1, c_2, c_3을 구하라.

19. $c_1(1, -1, 0) + c_2(3, 2, 1) + c_3(0, 1, 4) = (-1, 1, 19)$

20. $c_1(-1, 0, 2) + c_2(2, 2, -2) + c_3(1, -2, 1) = (-6, 12, 4)$

21. $c_1(-2, 9, 6) + c_2(-3, 2, 1) + c_3(1, 7, 5) = (0, 5, 4)$을 만족하는 스칼라 c_1, c_2, c_3가 존재하지 않음을 보여라.

22. $c_1(1, 0, 1, 0) + c_2(1, 0, -2, 1) + c_3(2, 0, 1, 2) = (1, -2, 2, 3)$을 만족하는 스칼라 c_1, c_2, c_3가 존재하지 않음을 보여라.

23. 점 $(2, 3, -2)$를 P, 점 $(7, -4, 1)$을 Q라 할 때,

a. 선분 PQ의 중점을 구하라.

b. 점 P로부터 거리가 선분 PQ의 $\frac{3}{4}$이 되는 선분 위의 점을 구하라.

24. 그림 3.1.12의 점 P_1, P_2에 대하여 벡터의 시점이 원점일 때 다음 벡터의 종점은 무엇인가?

$$\mathbf{u} = \overrightarrow{OP_1} + \tfrac{1}{2}(\overrightarrow{OP_2} - \overrightarrow{OP_1})$$

25. 벡터 $\mathbf{u} + \mathbf{v} + \mathbf{w}$의 성분을 구하라.

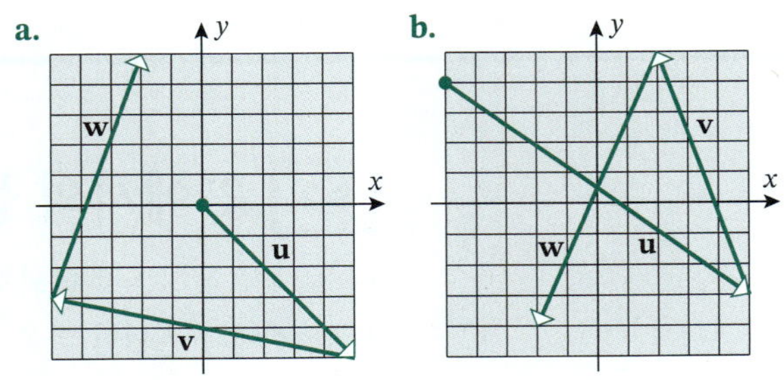

26. 연습문제 25에 그려진 벡터에 대해, $\mathbf{u} - \mathbf{v} + \mathbf{w}$의 성분을 구하라.

27. 점 P를 $(1, 3, 7)$이라 하자. 점 $(4, 0, -6)$이 선분 PQ의 중점이면, 점 Q는?

28. R^3에서 세 벡터의 합이 영(0)이면, 세 벡터는 동일평면 위에 놓여야 하는지 설명하라.

29. 다음 그림과 같은 정육각형을 생각해 보자.

a. 중심에서 꼭짓점을 향하는 6개의 방사상 벡터의 합은?

b. 각 방사상 벡터의 $\frac{1}{2}$배인 벡터들의 합은?

c. $\mathbf{a}$를 제외한 나머지 5개의 방사상 벡터의 합은?

d. (c)의 결과의 변형과 일반화에 대해 토론하라.

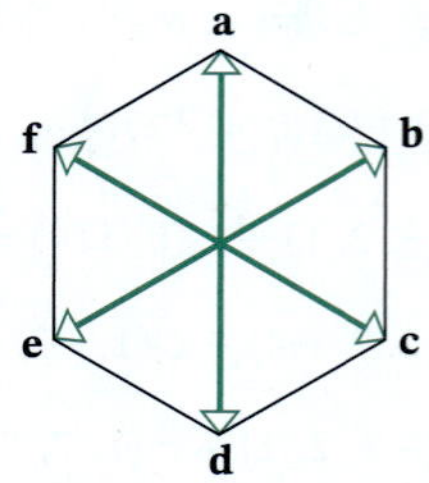

그림 Ex-29

30. 정n각형의 모든 방사상 벡터들의 합은? (그림 Ex-29 참조)

증명 문제

31. 정리 3.1.1의 (a), (c), (d)를 증명하라.

32. 정리 3.1.1의 (e)-(h)를 증명하라.

33. 정리 3.1.2의 (a)-(c)를 증명하라.

참-거짓 문제

TF. **(a)-(k)**가 참인지 거짓인지를 밝히고 그 이유를 설명하라.

a. 동등한 두 벡터는 같은 시점을 가져야만 한다.

b. 벡터 (a, b)와 $(a, b, 0)$은 동등하다.

c. k가 스칼라이고 $\mathbf{v}$가 벡터일 때, $\mathbf{v}$와 $k\mathbf{v}$가 평행할 필요충분조건은 $k \geq 0$이다.

d. 벡터 $\mathbf{v} + (\mathbf{u} + \mathbf{w})$와 $(\mathbf{w} + \mathbf{v}) + \mathbf{u}$는 같다.

e. $\mathbf{u} + \mathbf{v} = \mathbf{u} + \mathbf{w}$이면 $\mathbf{v} = \mathbf{w}$이다.

f. a, b가 $a\mathbf{u} + b\mathbf{v} = \mathbf{0}$인 스칼라이면 $\mathbf{u}$, $\mathbf{v}$는 평행한 벡터들이다.

g. 길이가 같은 동일 직선상의 벡터들은 같다.

h. $(a, b, c) + (x, y, z) = (x, y, z)$이면, (a, b, c)는 영벡터이다.

i. k, m은 스칼라, $\mathbf{u}$, $\mathbf{v}$는 벡터이면

$$(k + m)(\mathbf{u} + \mathbf{v}) = k\mathbf{u} + m\mathbf{v}$$

이다.

j. 벡터 $\mathbf{v}$, $\mathbf{w}$가 주어지면, 벡터방정식

$$3(2\mathbf{v} - \mathbf{x}) = 5\mathbf{x} - 4\mathbf{w} + \mathbf{v}$$

을 $\mathbf{x}$에 대해 풀 수 있다.

k. 선형결합 $a_1\mathbf{v}_1 + a_2\mathbf{v}_2$와 $b_1\mathbf{v}_1 + b_2\mathbf{v}_2$가 같기 위한 필요조건은 $a_1 = b_1$, $a_2 = b_2$이다.

3.2 R^n에서의 놈, 점곱, 거리

이 절에서 우리는 벡터와 관련된 길이와 거리의 기호에 관심을 가질 것이다. 먼저 이들을 R^2와 R^3에서 논의한 다음 대수적으로 R^n으로 확장할 것이다.

벡터의 놈

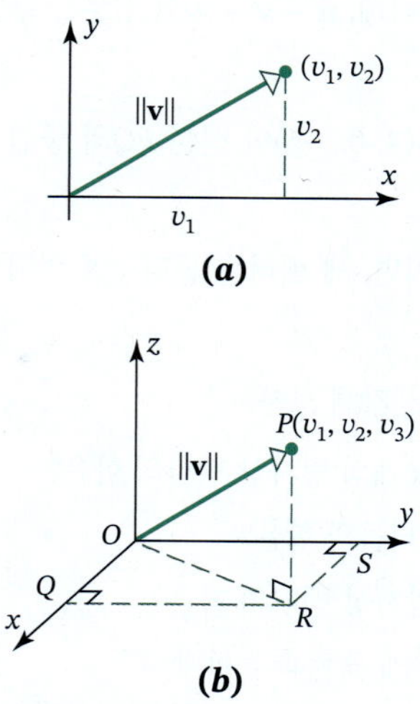

그림 3.2.1

이 교재에서 벡터 $\mathbf{v}$의 길이는 기호 $\|\mathbf{v}\|$로 표시한다. **그림 3.2.1*a***에서 나타낸 것처럼 피타고라스 정리에 의해 R^2의 벡터 (v_1, v_2)의 놈(norm)은

$$\|\mathbf{v}\| = \sqrt{v_1^2 + v_2^2} \tag{1}$$

이다. 마찬가지로 R^3의 벡터 (v_1, v_2, v_3)은 **그림 3.2.1*b***에서 보듯이 피타고라스 정리를 두 번 적용하여 얻는다.

$$\|\mathbf{v}\|^2 = (OR)^2 + (RP)^2 = (OQ)^2 + (QR)^2 + (RP)^2 = v_1^2 + v_2^2 + v_3^2$$

그러므로

$$\|\mathbf{v}\| = \sqrt{v_1^2 + v_2^2 + v_3^2} \tag{2}$$

식 (1), (2)로부터 다음의 정의를 얻는다.

정의 1

$\mathbf{v} = (v_1, v_2, \ldots, v_n)$이 R^n의 벡터일 때, $\mathbf{v}$의 **놈**(norm)($\mathbf{v}$의 ***길이*** 또는 ***크기***)은 $\|\mathbf{v}\|$로 표기되고, 식

$$\boxed{\|\mathbf{v}\| = \sqrt{v_1^2 + v_2^2 + \cdots + v_n^2}} \tag{3}$$

으로 정의된다.

예제 1 | 놈 계산

식 (2)로부터 3차원 벡터 $\mathbf{v} = (-3, 2, 1)$의 놈은

$$\|\mathbf{v}\| = \sqrt{(-3)^2 + 2^2 + 1^2} = \sqrt{14}$$

이고 식 (3)으로부터 4차원 벡터 $\mathbf{v} = (2, -1, 3, -5)$의 놈은

$$\|\mathbf{v}\| = \sqrt{2^2 + (-1)^2 + 3^2 + (-5)^2} = \sqrt{39}$$

이다.

이 절의 첫번째 정리는 R^2, R^3의 벡터에 대해 잘 알려진 다음 세 가지 성질을 R^n으로 일반화하는 것이다.

- 거리는 음이 아니다.
- 영벡터는 길이가 0인 유일한 벡터이다.
- 벡터의 스칼라곱인 벡터의 길이는 벡터의 길이에 스칼라의 절대값을 곱한 것이다.

R^2, R^3에서 성립하는 이러한 사실들이 R^n에서도 성립한다고 보장할 수 없기 때문에, R^n에서의 타당성은 n중 순서쌍의 대수적 성질들을 이용하여 증명해야 한다.

정리 3.2.1

$\mathbf{v}$가 R^n의 벡터이고 k가 임의의 스칼라이면,

(*a*) $\|\mathbf{v}\| \geq 0$

(*b*) $\|\mathbf{v}\| = 0$일 필요충분조건은 $\mathbf{v} = \mathbf{0}$이다.

(*c*) $\|k\mathbf{v}\| = |k|\|\mathbf{v}\|$

(*c*)는 증명하고 (*a*), (*b*)는 연습문제로 남긴다.

***증명* (c)** $\mathbf{v} = (v_1, v_2, \ldots, v_n)$이면 $k\mathbf{v} = (kv_1, kv_2, \ldots, kv_n)$이므로

$$\begin{aligned}\|k\mathbf{v}\| &= \sqrt{(kv_1)^2 + (kv_2)^2 + \cdots + (kv_n)^2}\\ &= \sqrt{(k^2)(v_1^2 + v_2^2 + \cdots + v_n^2)}\\ &= |k|\sqrt{v_1^2 + v_2^2 + \cdots + v_n^2}\\ &= |k|\|\mathbf{v}\|\end{aligned}$$

이다. ■

단위벡터

두 영이 아닌 n차원 벡터에 대해서, 한 벡터가 다른 벡터의 양의 스칼라곱이면 두 벡터는 ***같은 방향***, 그리고 한 벡터가 다른 벡터의 음의 스칼라곱이면 두 벡터는 ***반대 방향***을 갖는다고 말한다. 그러므로 예를 들어 벡터 $\mathbf{v}_1 = (2, -4, 1, 8)$과 $\mathbf{v}_2 = (1, -2, \frac{1}{2}, 4)$는 같은 방향을 갖는 반면 $\mathbf{w}_1 = (2, -4, 1, 8)$과 $\mathbf{w}_2 = (-1, 2, -\frac{1}{2}, -4)$는 반대 방향을 갖는다.

놈이 1인 벡터를 ***단위벡터***(unit vector)라고 부른다. 단위벡터는 길이가 현재 문제와 관련이 없는 경우 방향을 지정하는 데 유용하다. 임의의 *영이 아닌* 벡터 $\mathbf{v}$를 선택하여 $\mathbf{v}$에 그의 길이의 역수를 곱하면 같은 방향의 단위벡터를 얻을 수 있다. 예를 들어 $\mathbf{v}$가 R^2 또는 R^3에서 길이가 2인 벡터이면, $\frac{1}{2}\mathbf{v}$는 $\mathbf{v}$와 같은 방향인 단위벡터이다. 좀 더 일반적으로, $\mathbf{v}$가 임의의 영이 아닌 n차원 벡터이면,

$$\boxed{\mathbf{u} = \frac{1}{\|\mathbf{v}\|}\mathbf{v}} \tag{4}$$

는 $\mathbf{v}$와 같은 방향인 단위벡터라고 정의한다. (4)는 정리 3.2.1(*c*)에 $k = 1/\|\mathbf{v}\|$을 적용하면

$$\|\mathbf{u}\| = \|k\mathbf{v}\| = |k|\|\mathbf{v}\| = k\|\mathbf{v}\| = \frac{1}{\|\mathbf{v}\|}\|\mathbf{v}\| = 1$$

을 얻게 되는 단위벡터임을 확인할 수 있다.

단위벡터를 얻기 위해 영이 아닌 벡터에 자신의 길이의 역수를 곱하는 과정을 ***$\mathbf{v}$의 정규화***(normalizing $\mathbf{v}$)라고 한다.

주의 때때로 식 (4)를

$$\mathbf{u} = \frac{\mathbf{v}}{\|\mathbf{v}\|}$$

로 표현하기도 한다. 이는 좀 더 간단한 표기방법일 뿐, 벡터 $\mathbf{v}$를 $\|\mathbf{v}\|$로 나눈다는 의미는 아니다.

예제 2 | 벡터의 정규화

$\mathbf{v} = (2, 2, -1)$와 같은 방향을 갖는 단위벡터 $\mathbf{u}$를 구하라.

풀이 벡터 $\mathbf{v}$의 길이는

$$\|\mathbf{v}\| = \sqrt{2^2 + 2^2 + (-1)^2} = 3$$

그러므로 (4)로부터

$$\mathbf{u} = \tfrac{1}{3}(2, 2, -1) = \left(\tfrac{2}{3}, \tfrac{2}{3}, -\tfrac{1}{3}\right)$$

$\|\mathbf{u}\| = 1$임을 쉽게 확인할 수 있다.

표준단위벡터

R^2, R^3의 직교좌표계에서 양의 좌표축상의 단위벡터를 ***표준단위벡터***(standard unit vector)라고 한다. 표준단위벡터들은 R^2에서는

$$\mathbf{i} = (1, 0), \quad \mathbf{j} = (0, 1),$$

R^3에서는

$$\mathbf{i} = (1, 0, 0), \quad \mathbf{j} = (0, 1, 0), \quad \mathbf{k} = (0, 0, 1)$$

으로 나타낸다(**그림 3.2.2**). R^2의 모든 벡터 $\mathbf{v} = (v_1, v_2)$와 R^3의 모든 벡터 $\mathbf{v} = (v_1, v_2, v_3)$은 표준단위벡터들의 선형결합으로 표현할 수 있다.

$$\mathbf{v} = (v_1, v_2) = v_1(1, 0) + v_2(0, 1) = v_1\mathbf{i} + v_2\mathbf{j} \tag{5}$$

$$\mathbf{v} = (v_1, v_2, v_3) = v_1(1, 0, 0) + v_2(0, 1, 0) + v_3(0, 0, 1) = v_1\mathbf{i} + v_2\mathbf{j} + v_3\mathbf{k} \tag{6}$$

더 나아가, ***R^n의 표준단위벡터***들은

$$\mathbf{e}_1 = (1, 0, 0, \ldots, 0), \quad \mathbf{e}_2 = (0, 1, 0, \ldots, 0), \ldots, \quad \mathbf{e}_n = (0, 0, 0, \ldots, 1) \tag{7}$$

으로 정의되고 R^n의 모든 벡터 $\mathbf{v} = (v_1, v_2, \ldots, v_n)$은

$$\boxed{\mathbf{v} = (v_1, v_2, \ldots, v_n) = v_1\mathbf{e}_1 + v_2\mathbf{e}_2 + \cdots + v_n\mathbf{e}_n} \tag{8}$$

과 같이 나타낼 수 있다.

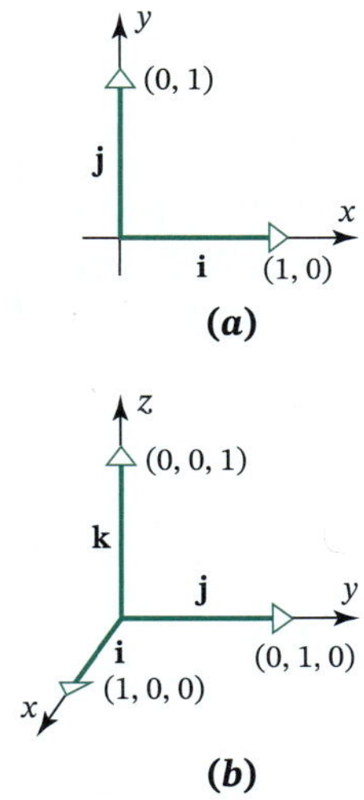

그림 3.2.2

예제 3 | 표준단위벡터들의 선형결합

$$(2, -3, 4) = 2\mathbf{i} - 3\mathbf{j} + 4\mathbf{k}$$
$$(7, 3, -4, 5) = 7\mathbf{e}_1 + 3\mathbf{e}_2 - 4\mathbf{e}_3 + 5\mathbf{e}_4$$

R^n에서의 거리

P_1, P_2가 R^2 또는 R^3의 점이면, 벡터 $\overrightarrow{P_1P_2}$의 길이는 두 점 사이의 거리와 같다(**그림 3.2.3**). 특별히, $P_1(x_1, y_1)$, $P_2(x_2, y_2)$가 R^2의 점이면, 3.1절의 식 (4)로부터

$$d = \|\overrightarrow{P_1P_2}\| = \sqrt{(x_2 - x_1)^2 + (y_2 - y_1)^2} \tag{9}$$

이다. 이것은 해석기하의 거리 구하는 공식과 유사하다. 마찬가지로 3차원 공간의 두 점 $P_1(x_1, y_1, z_1)$, $P_2(x_2, y_2, z_2)$ 사이의 거리는

$$\boxed{d(\mathbf{u}, \mathbf{v}) = \|\overrightarrow{P_1P_2}\| = \sqrt{(x_2 - x_1)^2 + (y_2 - y_1)^2 + (z_2 - z_1)^2}} \tag{10}$$

이다. 식 (9)와 (10)으로부터 다음 정의를 얻는다.

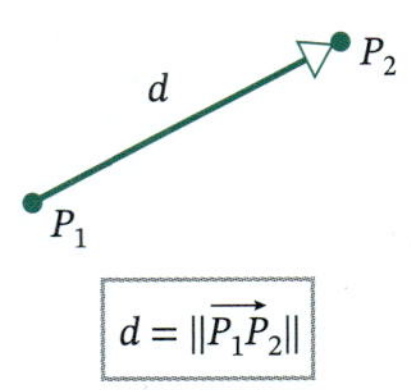

그림 3.2.3

정의 2

$\mathbf{u} = (u_1, u_2, \ldots, u_n)$와 $\mathbf{v} = (v_1, v_2, \ldots, v_n)$가 R^n의 점이면, **u**와 **v** 사이의 거리는 $d(\mathbf{u}, \mathbf{v})$로 표기되고

$$d(\mathbf{u},\mathbf{v}) = \|\mathbf{u}-\mathbf{v}\| = \sqrt{(u_1-v_1)^2+(u_2-v_2)^2+\cdots+(u_n-v_n)^2} \quad (11)$$

으로 정의된다.

앞 절에서 n중 순서쌍은 R^n의 벡터 또는 점을 표시하였다. 정의 2에서는 n중 순서쌍을 점으로 간주하였다.

예제 4 | R^n에서의 거리 계산

$\mathbf{u} = (1, 3, -2, 7)$, $\mathbf{v} = (0, 7, 2, 2)$이면, **u**와 **v** 사이의 거리는

$$d(\mathbf{u},\mathbf{v}) = \sqrt{(1-0)^2+(3-7)^2+(-2-2)^2+(7-2)^2} = \sqrt{58}$$

이다.

점곱

다음 목표는 R^2, R^3의 벡터에 대한 유용한 곱셈 연산을 정의하고 그것을 R^n으로 확장하는 것이다. 이를 위해 우선 R^2, R^3상의 두 벡터 사이의 "각"을 정확히 정의할 필요가 있다. **u**와 **v**를 같은 시점을 갖는 영이 아닌 R^2 또는 R^3의 벡터라 하자. ***u와 v 사이의 각***은 크기가 $0 \le \theta \le \pi$인 **u**와 **v**에 의해 결정되는 각 θ이다(**그림 3.2.4**).

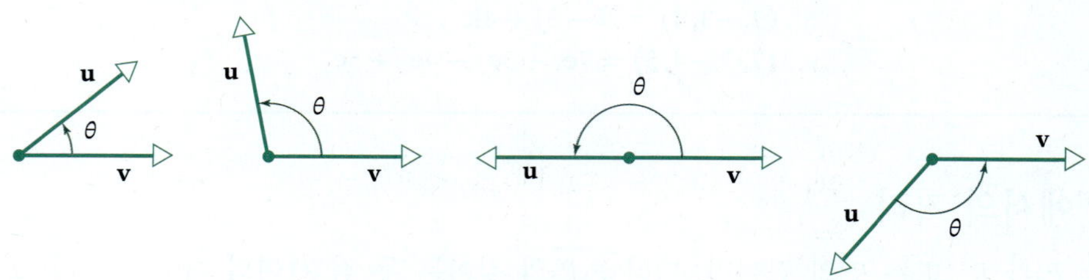

u, **v**의 사잇각 θ의 크기는 $0 \le \theta \le \pi$이다.

그림 3.2.4

정의 3

u, **v**가 R^2 또는 R^3의 영이 아닌 벡터이고 θ가 **u**, **v** 사이의 각이면 **u**, **v**의 ***점곱***(dot product)(또는 ***유클리드 내적***)은 $\mathbf{u}\cdot\mathbf{v}$로 표시되고

$$\mathbf{u}\cdot\mathbf{v} = \|\mathbf{u}\|\|\mathbf{v}\|\cos\theta \quad (12)$$

로 정의된다. 만일 $\mathbf{u} = \mathbf{0}$ 또는 $\mathbf{v} = \mathbf{0}$이면, $\mathbf{u}\cdot\mathbf{v} = 0$으로 정의된다.

u, **v**가 영이 아닌 벡터이면, 점곱의 부호는 식 (12)를

$$\cos\theta = \frac{\mathbf{u}\cdot\mathbf{v}}{\|\mathbf{u}\|\|\mathbf{v}\|} \tag{13}$$

으로 표현해서 얻은 각도 θ에 대한 정보를 나타낸다. $0 \le \theta \le \pi$이기 때문에, 식 (13)과 코사인함수의 성질로부터 다음을 얻는다.

- $\mathbf{u}\cdot\mathbf{v} > 0$이면 θ는 예각이다.
- $\mathbf{u}\cdot\mathbf{v} < 0$이면 θ는 둔각이다.
- $\mathbf{u}\cdot\mathbf{v} = 0$이면 θ는 직각이다.

예제 5 | 점곱

그림 3.2.5에서 보여 주는 벡터들의 점곱을 구하라.

풀이 벡터의 길이는

$$\|\mathbf{u}\| = 1, \quad \|\mathbf{v}\| = \sqrt{8} = 2\sqrt{2}$$

이고 사잇각 θ의 코사인은

$$\cos(45^\circ) = 1/\sqrt{2}$$

이다. 그러므로 식 (12)로부터

$$\mathbf{u}\cdot\mathbf{v} = \|\mathbf{u}\|\|\mathbf{v}\|\cos\theta = (1)(2\sqrt{2})(1/\sqrt{2}) = 2$$

이다.

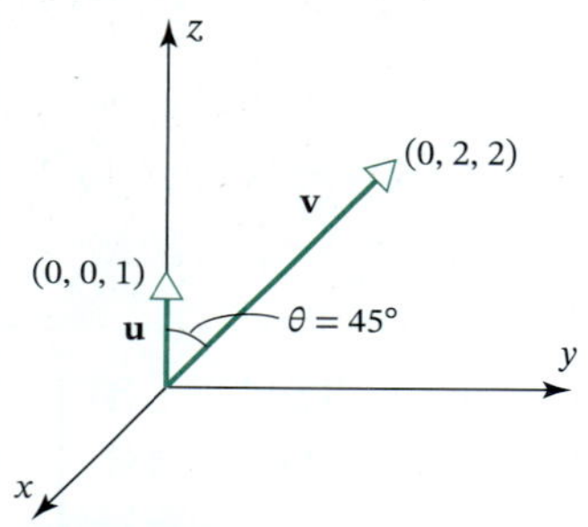

그림 3.2.5

점곱의 성분형

점곱을 계산하기 위해서 두 벡터의 점곱을 성분으로 나타내는 공식을 유도해 본다. 3차원 벡터들을 위한 공식을 유도할 것인데, 2차원 벡터들에 대해서도 유사한 공식을 얻을 수 있다.

$\mathbf{u} = (u_1, u_2, u_3)$, $\mathbf{v} = (v_1, v_2, v_3)$를 두 영이 아닌 벡터라 하자. **그림 3.2.6**에서 보듯이 θ가 **u**, **v**의 사잇각이면 코사인법칙에 의해

$$\|\overrightarrow{PQ}\|^2 = \|\mathbf{u}\|^2 + \|\mathbf{v}\|^2 - 2\|\mathbf{u}\|\|\mathbf{v}\|\cos\theta \tag{14}$$

을 얻는다. $\overrightarrow{PQ} = \mathbf{v} - \mathbf{u}$이기 때문에 (14)는

$$\|\mathbf{u}\|\|\mathbf{v}\|\cos\theta = \tfrac{1}{2}(\|\mathbf{u}\|^2 + \|\mathbf{v}\|^2 - \|\mathbf{v}-\mathbf{u}\|^2)$$

또는

$$\mathbf{u}\cdot\mathbf{v} = \tfrac{1}{2}(\|\mathbf{u}\|^2 + \|\mathbf{v}\|^2 - \|\mathbf{v}-\mathbf{u}\|^2)$$

으로 쓸 수 있다.

$$\|\mathbf{u}\|^2 = u_1^2 + u_2^2 + u_3^2, \qquad \|\mathbf{v}\|^2 = v_1^2 + v_2^2 + v_3^2$$

과

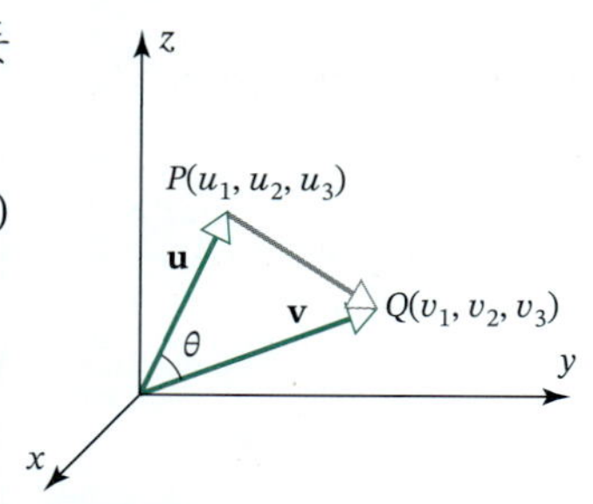

그림 3.2.6

$$\|\mathbf{v}-\mathbf{u}\|^2 = (v_1 - u_1)^2 + (v_2 - u_2)^2 + (v_3 - u_3)^2$$

을 대입하고 간단히 하면

$$\boxed{\mathbf{u}\cdot\mathbf{v} = u_1v_1 + u_2v_2 + u_3v_3} \tag{15}$$

를 얻는다. 2차원 벡터들의 점곱 공식은

$$\boxed{\mathbf{u}\cdot\mathbf{v} = u_1v_1 + u_2v_2} \tag{16}$$

이다.

참고 벡터 $\mathbf{u}$, $\mathbf{v}$가 영이 아니라는 가정하에 식 (15)와 (16)이 유도되었지만, $\mathbf{u} = \mathbf{0}$ 또는 $\mathbf{v} = \mathbf{0}$인 경우에도 이들이 성립한다는 것이 증명되었다(검증하라).

식 (15), (16)으로부터 다음 정의를 얻는다.

정의 4

$\mathbf{u} = (u_1, u_2, \ldots, u_n)$와 $\mathbf{v} = (v_1, v_2, \ldots, v_n)$가 R^n의 벡터이면 $\mathbf{u}$, $\mathbf{v}$의 ***점곱***(또는 ***유클리드 내적***)은 $\mathbf{u}\cdot\mathbf{v}$로 표시되고

$$\boxed{\mathbf{u}\cdot\mathbf{v} = u_1v_1 + u_2v_2 + \cdots + u_nv_n} \tag{17}$$

로 정의된다.

말하자면 점곱의 계산은 대응하는 성분들을 곱하여 얻은 곱들을 더하는 것이다.

역사 노트

깁스
(Josiah Willard Gibbs, 1839–1903)

점곱(dot product) 기호는 미국의 물리학자이자 수학자인 깁스가 1880년대 예일대학교에서 제자들에게 나누어 준 팸플릿에 처음 소개되었다. 곱(product)은 원래 오늘날처럼 중심에 놓이지 않고 기저선에 맞춰 쓰여졌고 *직곱*(direct product)으로 일컬어졌다. 깁스의 팸플릿은 결국 1901년에 그의 제자 한 명과 공저로 출간한 *벡터해석학*이라는 제목의 책에 포함되었다. 깁스는 열역학 분야와 전자기학 이론에 중요한 공헌을 하였으며, 일반적으로 19세기의 가장 위대한 미국 물리학자로 여겨진다.

[Image: Wikipedia Commons]

예제 6 | 성분을 이용한 점곱 계산

(*a*) 식 (15)를 이용하여 예제 5의 벡터 **u**, **v**의 점곱을 계산하라.
(*b*) 다음 4차원 벡터들의 점곱 $\mathbf{u} \cdot \mathbf{v}$을 계산하라.

$$\mathbf{u} = (-1, 3, 5, 7), \quad \mathbf{v} = (-3, -4, 1, 0)$$

풀이 (*a*) 벡터들을 성분 형태로 나타내면 $\mathbf{u} = (0, 0, 1)$, $\mathbf{v} = (0, 2, 2)$이므로,

$$\mathbf{u} \cdot \mathbf{v} = (0)(0) + (0)(2) + (1)(2) = 2$$

이고 이는 예제 5에서 기하적으로 얻은 결과와 같다.

풀이 (*b*)

$$\mathbf{u} \cdot \mathbf{v} = (-1)(-3) + (3)(-4) + (5)(1) + (7)(0) = -4$$

예제 7 | 점곱을 이용하여 푸는 기하 문제

정육면체의 대각선과 한 변의 사잇각을 구하라.

풀이 k를 정육면체의 한 변의 길이라 하고, **그림 3.2.7**과 같은 직교좌표계를 생각해 보자. $\mathbf{u}_1 = (k, 0, 0)$, $\mathbf{u}_2 = (0, k, 0)$, $\mathbf{u}_3 = (0, 0, k)$라 하면, 벡터

$$\mathbf{d} = (k, k, k) = \mathbf{u}_1 + \mathbf{u}_2 + \mathbf{u}_3$$

는 정육면체의 대각선이다. 식 (13)으로부터 **d**와 변 $\mathbf{u}_1$ 사이의 각 θ는

$$\cos\theta = \frac{\mathbf{u}_1 \cdot \mathbf{d}}{\|\mathbf{u}_1\|\|\mathbf{d}\|} = \frac{k^2}{(k)(\sqrt{3k^2})} = \frac{1}{\sqrt{3}}$$

을 만족한다. 따라서 계산기를 사용하면

$$\theta = \cos^{-1}\left(\frac{1}{\sqrt{3}}\right) \approx 54.74°$$

을 얻는다.

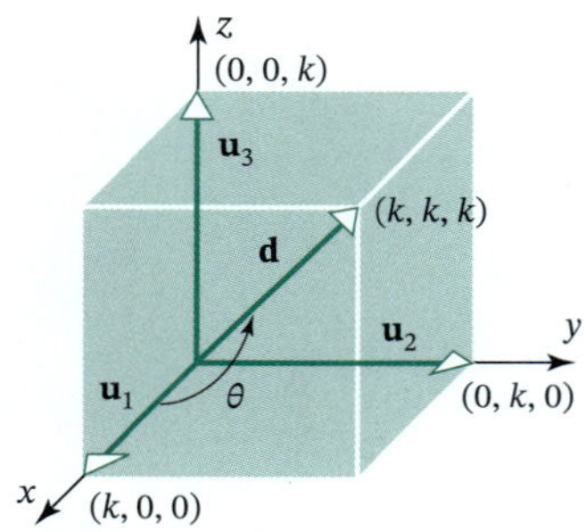

그림 3.2.7

예제 7에서 구한 각 θ는 k를 포함하지 않는다. 왜 이것은 예상되었을까?

점곱의 대수적 성질

정의 4에서 $\mathbf{u} = \mathbf{v}$인 경우 다음 식

$$\mathbf{v} \cdot \mathbf{v} = v_1^2 + v_2^2 + \cdots + v_n^2 = \|\mathbf{v}\|^2 \tag{18}$$

을 얻는다. 이것은 점곱을 이용하여 벡터의 길이를 구하는 다음 공식을 얻게 한다.

$$\boxed{\|\mathbf{v}\| = \sqrt{\mathbf{v} \cdot \mathbf{v}}} \tag{19}$$

점곱은 실수의 곱에 대한 대수적 성질의 대부분을 만족한다.

정리 3.2.2

$\mathbf{u}, \mathbf{v}, \mathbf{w}$가 R^n의 벡터이고 k가 스칼라이면 다음의 성질이 성립한다.

(a) $\mathbf{u}\cdot\mathbf{v}=\mathbf{v}\cdot\mathbf{u}$ **[대칭성]**

(b) $\mathbf{u}\cdot(\mathbf{v}+\mathbf{w})=\mathbf{u}\cdot\mathbf{v}+\mathbf{u}\cdot\mathbf{w}$ **[분배성]**

(c) $k(\mathbf{u}\cdot\mathbf{v})=(k\mathbf{u})\cdot\mathbf{v}$ **[동질성]**

(d) $\mathbf{v}\cdot\mathbf{v}\geq 0$이다. $\mathbf{v}\cdot\mathbf{v}=0$일 필요충분조건은 $\mathbf{v}=\mathbf{0}$이다. **[양의 성질]**

(c), (d)는 증명하고, 나머지는 연습문제로 남긴다.

증명 (c) $\mathbf{u}=(u_1, u_2, \ldots, u_n)$, $\mathbf{v}=(v_1, v_2, \ldots, v_n)$라 하자. 그러면

$$\begin{aligned} k(\mathbf{u}\cdot\mathbf{v}) &= k(u_1v_1+u_2v_2+\cdots+u_nv_n) \\ &= (ku_1)v_1+(ku_2)v_2+\cdots+(ku_n)v_n=(k\mathbf{u})\cdot\mathbf{v} \end{aligned}$$

증명 (d) 정리 3.2.1의 (a), (b)와

$$\mathbf{v}\cdot\mathbf{v}=v_1v_1+v_2v_2+\cdots+v_nv_n=v_1^2+v_2^2+\cdots+v_n^2=\|\mathbf{v}\|^2$$

이라는 사실을 이용하면 결과를 쉽게 얻을 수 있다. ■

다음 정리는 점곱에 대한 추가 정리로, 벡터를 성분을 이용하여 표현하거나 또는 정리 3.2.2의 대수적 성질을 이용하여 증명할 수 있다.

정리 3.2.3

$\mathbf{u}, \mathbf{v}, \mathbf{w}$가 R^n의 벡터이고 k가 스칼라이면 다음의 성질이 성립한다.

(a) $\mathbf{0}\cdot\mathbf{v}=\mathbf{v}\cdot\mathbf{0}=0$

(b) $(\mathbf{u}+\mathbf{v})\cdot\mathbf{w}=\mathbf{u}\cdot\mathbf{w}+\mathbf{v}\cdot\mathbf{w}$

(c) $\mathbf{u}\cdot(\mathbf{v}-\mathbf{w})=\mathbf{u}\cdot\mathbf{v}-\mathbf{u}\cdot\mathbf{w}$

(d) $(\mathbf{u}-\mathbf{v})\cdot\mathbf{w}=\mathbf{u}\cdot\mathbf{w}-\mathbf{v}\cdot\mathbf{w}$

(e) $k(\mathbf{u}\cdot\mathbf{v})=\mathbf{u}\cdot(k\mathbf{v})$

벡터를 성분으로 나타내지 않고 (b)를 증명하기 위해 정리 3.2.3가 어떻게 활용되는지 보여 줄 것이다. 나머지 증명들은 연습문제로 남긴다.

증명 (b)

$$\begin{aligned} (\mathbf{u}+\mathbf{v})\cdot\mathbf{w} &= \mathbf{w}\cdot(\mathbf{u}+\mathbf{v}) && \text{[대칭성에 의해]} \\ &= \mathbf{w}\cdot\mathbf{u}+\mathbf{w}\cdot\mathbf{v} && \text{[분배성에 의해]} \\ &= \mathbf{u}\cdot\mathbf{w}+\mathbf{v}\cdot\mathbf{w} && \text{[대칭성에 의해]} \end{aligned}$$ ■

정리 3.2.2, 정리 3.2.3과 함께 식 (18), (19)는 친숙한 대수 기법을 이용하여 점곱을 포함하는 식들을 잘 다룰 수 있게 해 준다.

예제 8 | 점곱 계산

$$\begin{aligned}(\mathbf{u}-2\mathbf{v})\cdot(3\mathbf{u}+4\mathbf{v}) &= \mathbf{u}\cdot(3\mathbf{u}+4\mathbf{v})-2\mathbf{v}\cdot(3\mathbf{u}+4\mathbf{v})\\ &= 3(\mathbf{u}\cdot\mathbf{u})+4(\mathbf{u}\cdot\mathbf{v})-6(\mathbf{v}\cdot\mathbf{u})-8(\mathbf{v}\cdot\mathbf{v})\\ &= 3\|\mathbf{u}\|^2-2(\mathbf{u}\cdot\mathbf{v})-8\|\mathbf{v}\|^2\end{aligned}$$

R^n에서의 코시-슈바르츠 부등식과 각

다음 목표는 영이 아닌 벡터 **u**, **v** 사이의 "각"의 개념을 R^n으로 확장하는 것이다. 이를 위해, 이전에 R^2, R^3의 영이 아닌 벡터에 대해 유도했던 식 (13)으로부터 얻은 식

$$\theta=\cos^{-1}\left(\frac{\mathbf{u}\cdot\mathbf{v}}{\|\mathbf{u}\|\,\|\mathbf{v}\|}\right) \tag{20}$$

을 이용한다. 점곱과 놈을 이미 R^n에서 정의했기 때문에, 위 식은 두 n차원 벡터 **u**, **v** 사이의 각 θ에 대한 *정의*로 사용될 수 있다. 그러나 식 (20)은 부등식

$$-1\le\frac{\mathbf{u}\cdot\mathbf{v}}{\|\mathbf{u}\|\,\|\mathbf{v}\|}\le 1 \tag{21}$$

을 만족하지 않으면 정의되지 않는다. 다행히도 이 부등식은 ***코시-슈바르츠 부등식***(Cauchy-Schwarz inequality)에 의해 R^n의 모든 영이 아닌 벡터에 대해 성립한다.

정리 3.2.4

코시-슈바르츠 부등식

$\mathbf{u}=(u_1, u_2, \ldots, u_n)$, $\mathbf{v}=(v_1, v_2, \ldots, v_n)$가 R^n의 벡터이면,

$$|\mathbf{u}\cdot\mathbf{v}|\le\|\mathbf{u}\|\,\|\mathbf{v}\| \tag{22}$$

이다. 또는 성분으로 써서

$$|u_1v_1+u_2v_2+\cdots+u_nv_n|\le(u_1^2+u_2^2+\cdots+u_n^2)^{1/2}(v_1^2+v_2^2+\cdots+v_n^2)^{1/2} \tag{23}$$

이다.

이 정리의 증명은 생략하고 나중에 이것을 좀 더 일반화한 경우를 증명할 것이다. 지금 목표는 이 정리를 이용하여 (21)의 부등식이 R^n의 모든 영이 아닌 벡터에 대해 성립하는 것을 증명하는 것이다. 이것이 증명되면 R^n의 영이 아닌 벡터 **u**, **v** 사이의 각에 대한 *정의*로 (20)을 사용하는 모든 요건이 충족된다.

(21)에 있는 부등식이 R^n의 모든 영이 아닌 벡터에 대해 성립하는 것을 증명하기 위해, 식 (22)의 양변을 곱 $\|\mathbf{u}\|\,\|\mathbf{v}\|$으로 나누면

$$\frac{|\mathbf{u}\cdot\mathbf{v}|}{\|\mathbf{u}\|\,\|\mathbf{v}\|} \le 1 \quad \text{또는 동등하게} \quad \left|\frac{\mathbf{u}\cdot\mathbf{v}}{\|\mathbf{u}\|\,\|\mathbf{v}\|}\right| \le 1$$

이 된다.

역사 노트

슈바르츠 (Hermann Amandus Schwarz, 1843–1921)

부냐콥스키 (Viktor Yakovlevich Bunyakovsky, 1804–1889)

코시-슈바르츠 부등식은 프랑스 수학자 오귀스탱 코시(p.151 참조)와 독일 수학자 헤르만 슈바르츠를 기념하기 위해 명명되었다. 이 부등식의 변형이 많은 다른 설정과 이름으로 생겨났다. 부등식이 만들어지는 맥락에 따라 이것은 코시 부등식, 슈바르츠 부등식, 때로는 부냐콥스키 부등식으로 불린다. 부냐콥스키는 러시아 수학자로 1859년에 부등식에 대한 자신의 견해를 출간했는데, 이는 슈바르츠보다 25년 앞선 것이었다.

[Images: Ludwig Zipfel/Wikipedia Common (Schwarz); University of St-Andrews/Wikipedia (Bunyakovsky)]

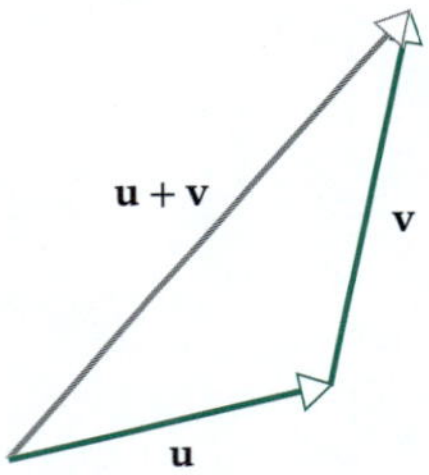

$\|\mathbf{u}+\mathbf{v}\| \le \|\mathbf{u}\| + \|\mathbf{v}\|$

그림 3.2.8

R^n의 기하

다음 정리는 잘 알려진 두 가지 평면기하의 결과를 R^n으로 확장한 것이다: 삼각형의 두 변의 길이의 합은 나머지 한 변의 길이보다 크다(**그림 3.2.8**), 그리고 두 점 사이의 최단 거리는 직선이다(**그림 3.2.9**).

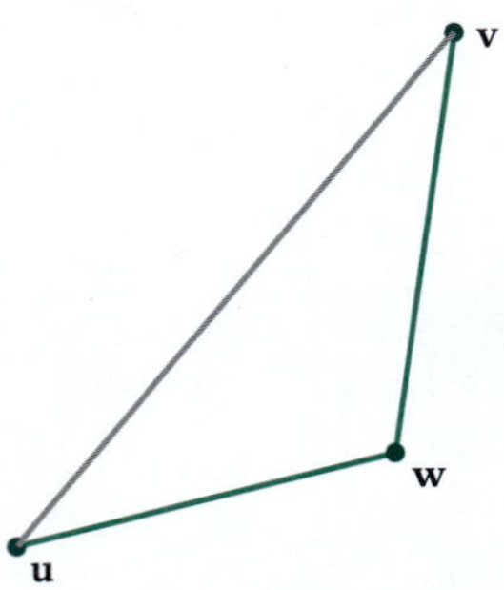

$d(\mathbf{u},\mathbf{v}) \le d(\mathbf{u},\mathbf{w}) + d(\mathbf{w},\mathbf{v})$

그림 3.2.9

정리 3.2.5

$\mathbf{u}, \mathbf{v}, \mathbf{w}$가 R^n의 벡터이면,

(*a*) $\|\mathbf{u}+\mathbf{v}\| \le \|\mathbf{u}\| + \|\mathbf{v}\|$ **[벡터에 대한 삼각형 부등식]**

(*b*) $d(\mathbf{u},\mathbf{v}) \le d(\mathbf{u},\mathbf{w}) + d(\mathbf{w},\mathbf{v})$ **[거리에 대한 삼각형 부등식]**

증명 (a)

$$\begin{aligned}\|\mathbf{u}+\mathbf{v}\|^2 &= (\mathbf{u}+\mathbf{v})\cdot(\mathbf{u}+\mathbf{v}) = (\mathbf{u}\cdot\mathbf{u}) + 2(\mathbf{u}\cdot\mathbf{v}) + (\mathbf{v}\cdot\mathbf{v}) \\ &= \|\mathbf{u}\|^2 + 2(\mathbf{u}\cdot\mathbf{v}) + \|\mathbf{v}\|^2 \\ &\le \|\mathbf{u}\|^2 + 2|\mathbf{u}\cdot\mathbf{v}| + \|\mathbf{v}\|^2 && \leftarrow \text{절대값 성질} \\ &\le \|\mathbf{u}\|^2 + 2\|\mathbf{u}\|\,\|\mathbf{v}\| + \|\mathbf{v}\|^2 && \leftarrow \text{코시-슈바르츠 부등식} \\ &= (\|\mathbf{u}\| + \|\mathbf{v}\|)^2 && \leftarrow \text{대수적 단순화}\end{aligned}$$

(a)의 부등식 양변은 음이 아니기 때문에, 이것으로 증명은 완결된다.

증명 (b) (a)와 식 (11)에 의해

$$\begin{aligned}d(\mathbf{u},\mathbf{v}) &= \|\mathbf{u}-\mathbf{v}\| = \|(\mathbf{u}-\mathbf{w}) + (\mathbf{w}-\mathbf{v})\| \\ &\le \|\mathbf{u}-\mathbf{w}\| + \|\mathbf{w}-\mathbf{v}\| = d(\mathbf{u},\mathbf{w}) + d(\mathbf{w},\mathbf{v})\end{aligned}$$

이다. ■

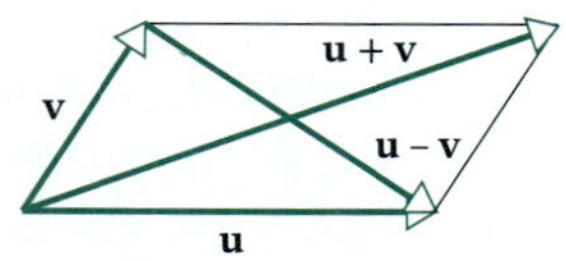

그림 3.2.10

평면기하에서 평행사변형의 대각선의 제곱의 합은 네 변의 제곱의 합과 같다는 것은 증명되었다(**그림 3.2.10**). 다음 정리는 그 결과를 R^n으로 일반화한 것이다.

정리 3.2.6

벡터에 대한 평행사변형 등식
$\mathbf{u}, \mathbf{v}$가 R^n의 벡터이면,

$$\|\mathbf{u}+\mathbf{v}\|^2 + \|\mathbf{u}-\mathbf{v}\|^2 = 2\left(\|\mathbf{u}\|^2 + \|\mathbf{v}\|^2\right) \tag{24}$$

이다.

증명

$$\begin{aligned}\|\mathbf{u}+\mathbf{v}\|^2 + \|\mathbf{u}-\mathbf{v}\|^2 &= (\mathbf{u}+\mathbf{v})\cdot(\mathbf{u}+\mathbf{v}) + (\mathbf{u}-\mathbf{v})\cdot(\mathbf{u}-\mathbf{v}) \\ &= 2(\mathbf{u}\cdot\mathbf{u}) + 2(\mathbf{v}\cdot\mathbf{v}) \\ &= 2\left(\|\mathbf{u}\|^2 + \|\mathbf{v}\|^2\right)\end{aligned}$$ ■

평면기하의 더 많은 정리들을 R^n으로 일반화하여 서술하고 증명할 수 있다. 그러나 직접 시각화할 수는 없지만 n차원 공간인 R^n이 R^2, R^3과 크게 다르지 않음을 지금까지의 정리들로부터 짐작할 수 있을 것이다. 다음 정리는 R^n에서의 점곱과 놈 사이의 기본 관계를 보여 준다.

정리 3.2.7

$\mathbf{u}, \mathbf{v}$가 유클리드 내적을 가진 R^n의 벡터이면,

$$\mathbf{u}\cdot\mathbf{v} = \tfrac{1}{4}\|\mathbf{u}+\mathbf{v}\|^2 - \tfrac{1}{4}\|\mathbf{u}-\mathbf{v}\|^2 \tag{25}$$

이다.

증명

$$\|\mathbf{u}+\mathbf{v}\|^2 = (\mathbf{u}+\mathbf{v})\cdot(\mathbf{u}+\mathbf{v}) = \|\mathbf{u}\|^2 + 2(\mathbf{u}\cdot\mathbf{v}) + \|\mathbf{v}\|^2$$
$$\|\mathbf{u}-\mathbf{v}\|^2 = (\mathbf{u}-\mathbf{v})\cdot(\mathbf{u}-\mathbf{v}) = \|\mathbf{u}\|^2 - 2(\mathbf{u}\cdot\mathbf{v}) + \|\mathbf{v}\|^2$$

이제 간단한 대수에 의해 식 (25)를 얻는다. ■

점곱과 ISBN 번호

2007년에 시스템이 바뀌긴 했지만, 대부분 오래된 책들은 ***국제 표준도서번호*** 또는 ISBN이라 불리는 10자리 고유번호를 부여받는다. 이 수의 처음 아홉 자리는 세 그룹으로 나누어지는데, 첫 번째 그룹은 책을 발간한 국가, 둘째는 출판사, 셋째는 책 제목을 나타낸다. ***점검숫자***(check digit)라고 불리는 마지막 열 번째 자릿수는 처음 9개 자릿수로부터 계산되는데 이것은 인터넷상에서 ISBN의 전자 전송이 오류 없이 수행될 수 있도록 만든 것이다.

점검숫자를 계산하는 방법을 설명하기 위해서, ISBN의 처음 9자리 수를 R^9의 벡터 $\mathbf{b}$, 그리고 $\mathbf{a}$를 벡터

$$\mathbf{a} = (1, 2, 3, 4, 5, 6, 7, 8, 9)$$

라 하자. 그러면 다음 절차에 의해 점검숫자가 계산된다.

1. 점곱 $\mathbf{a}\cdot\mathbf{b}$를 구한다.
2. $\mathbf{a}\cdot\mathbf{b}$을 11로 나눈 나머지 c(c는 0과 10 사이의 정수)를 점검숫자라 한다. $c = 10$인 경우에는 두 자리 숫자를 피하기 위해 X로 표기한다.

예를 들어 하워드 안톤(Howard Anton)의 저서인 *미적분학* 6판의 ISBN은

0-471-15307-9

으로 점검숫자는 9이다. 이는 ISBN의 처음 9자리 수와 일치한다.

$$\mathbf{a}\cdot\mathbf{b} = (1, 2, 3, 4, 5, 6, 7, 8, 9)\cdot(0, 4, 7, 1, 1, 5, 3, 0, 7) = 152$$

인데, 152를 11로 나누면 몫이 13, 나머지가 9로 점검숫자 9와 같아지기 때문이다. 만일 어떤 ISBN을 가진 책의 전자 주문이 들어왔을 때 책을 갖고 있는 도매상이 위의 절차를 사용하여 점검숫자가 처음 9자리 숫자와 일치하는지 확인한다면, 비용이 많이 드는 선적 오류 가능성을 줄일 수 있다.

행렬 곱셈으로서의 점곱

행렬 기호를 사용하여 벡터의 점곱을 표현하는 다양한 방법이 있다. 공식은 벡터가 행행렬 또는 열행렬로 표현되었는지에 따라 다르게 표현된다. **표 1**은 그 가능성을 보여 준다.

A가 $n\times n$ 행렬, $\mathbf{u}, \mathbf{v}$가 $n\times 1$ 행렬이면, 표 1의 제1행과 전치행렬의 성질에 의해

$$A\mathbf{u}\cdot\mathbf{v} = \mathbf{v}^T(A\mathbf{u}) = (\mathbf{v}^TA)\mathbf{u} = (A^T\mathbf{v})^T\mathbf{u} = \mathbf{u}\cdot A^T\mathbf{v}$$
$$\mathbf{u}\cdot A\mathbf{v} = (A\mathbf{v})^T\mathbf{u} = (\mathbf{v}^TA^T)\mathbf{u} = \mathbf{v}^T(A^T\mathbf{u}) = A^T\mathbf{u}\cdot\mathbf{v}$$

을 얻는다.

$$\boxed{A\mathbf{u}\cdot\mathbf{v} = \mathbf{u}\cdot A^T\mathbf{v}} \tag{26}$$

$$\boxed{\mathbf{u}\cdot A\mathbf{v} = A^T\mathbf{u}\cdot\mathbf{v}} \tag{27}$$

은 $n\times n$ 행렬 A에 의한 곱셈과 A^T에 의한 곱셈 사이의 중요한 연결고리를 제공한다.

표 1

형태	점곱	예	
$\mathbf{u}$, $\mathbf{v}$는 열행렬	$\mathbf{u}\cdot\mathbf{v} = \mathbf{u}^T\mathbf{v} = \mathbf{v}^T\mathbf{u}$	$\mathbf{u} = \begin{bmatrix} 1 \\ -3 \\ 5 \end{bmatrix}$ $\mathbf{v} = \begin{bmatrix} 5 \\ 4 \\ 0 \end{bmatrix}$	$\mathbf{u}^T\mathbf{v} = [1 \quad -3 \quad 5]\begin{bmatrix} 5 \\ 4 \\ 0 \end{bmatrix} = -7$ $\mathbf{v}^T\mathbf{u} = [5 \quad 4 \quad 0]\begin{bmatrix} 1 \\ -3 \\ 5 \end{bmatrix} = -7$
$\mathbf{u}$는 행행렬, $\mathbf{v}$는 열행렬	$\mathbf{u}\cdot\mathbf{v} = \mathbf{u}\mathbf{v} = \mathbf{v}^T\mathbf{u}^T$	$\mathbf{u} = [1 \quad -3 \quad 5]$ $\mathbf{v} = \begin{bmatrix} 5 \\ 4 \\ 0 \end{bmatrix}$	$\mathbf{u}\mathbf{v} = [1 \quad -3 \quad 5]\begin{bmatrix} 5 \\ 4 \\ 0 \end{bmatrix} = -7$ $\mathbf{v}^T\mathbf{u}^T = [5 \quad 4 \quad 0]\begin{bmatrix} 1 \\ -3 \\ 5 \end{bmatrix} = -7$
$\mathbf{u}$는 열행렬, $\mathbf{v}$는 행행렬	$\mathbf{u}\cdot\mathbf{v} = \mathbf{v}\mathbf{u} = \mathbf{u}^T\mathbf{v}^T$	$\mathbf{u} = \begin{bmatrix} 1 \\ -3 \\ 5 \end{bmatrix}$ $\mathbf{v} = [5 \quad 4 \quad 0]$	$\mathbf{v}\mathbf{u} = [5 \quad 4 \quad 0]\begin{bmatrix} 1 \\ -3 \\ 5 \end{bmatrix} = -7$ $\mathbf{u}^T\mathbf{v}^T = [1 \quad -3 \quad 5]\begin{bmatrix} 5 \\ 4 \\ 0 \end{bmatrix} = -7$
$\mathbf{u}$, $\mathbf{v}$는 행행렬	$\mathbf{u}\cdot\mathbf{v} = \mathbf{u}\mathbf{v}^T = \mathbf{v}\mathbf{u}^T$	$\mathbf{u} = [1 \quad -3 \quad 5]$ $\mathbf{v} = [5 \quad 4 \quad 0]$	$\mathbf{u}\mathbf{v}^T = [1 \quad -3 \quad 5]\begin{bmatrix} 5 \\ 4 \\ 0 \end{bmatrix} = -7$ $\mathbf{v}\mathbf{u}^T = [5 \quad 4 \quad 0]\begin{bmatrix} 1 \\ -3 \\ 5 \end{bmatrix} = -7$

예제 9 | $A\mathbf{u}\cdot\mathbf{v} = \mathbf{u}\cdot A^T\mathbf{v}$의 검증

$$A = \begin{bmatrix} 1 & -2 & 3 \\ 2 & 4 & 1 \\ -1 & 0 & 1 \end{bmatrix}, \quad \mathbf{u} = \begin{bmatrix} -1 \\ 2 \\ 4 \end{bmatrix}, \quad \mathbf{v} = \begin{bmatrix} -2 \\ 0 \\ 5 \end{bmatrix}$$

라 하면,

$$A\mathbf{u} = \begin{bmatrix} 1 & -2 & 3 \\ 2 & 4 & 1 \\ -1 & 0 & 1 \end{bmatrix}\begin{bmatrix} -1 \\ 2 \\ 4 \end{bmatrix} = \begin{bmatrix} 7 \\ 10 \\ 5 \end{bmatrix}$$

$$A^T\mathbf{v} = \begin{bmatrix} 1 & 2 & -1 \\ -2 & 4 & 0 \\ 3 & 1 & 1 \end{bmatrix}\begin{bmatrix} -2 \\ 0 \\ 5 \end{bmatrix} = \begin{bmatrix} -7 \\ 4 \\ -1 \end{bmatrix}$$

이므로

$$A\mathbf{u}\cdot\mathbf{v} = 7(-2) + 10(0) + 5(5) = 11$$
$$\mathbf{u}\cdot A^T\mathbf{v} = (-1)(-7) + 2(4) + 4(-1) = 11$$

이다. 그러므로 식 (26)에 의해 $A\mathbf{u}\cdot\mathbf{v} = \mathbf{u}\cdot A^T\mathbf{v}$이다. 식 (27)의 검증은 독자의 몫으로 남긴다.

행렬 곱셈의 점곱 표현

점곱은 행렬 곱셈에 대한 또 다른 방법을 제공한다. 만일 $A = [a_{ij}]$가 $m \times r$ 행렬, $B = [b_{ij}]$가 $r \times n$ 행렬이면, 1.3절의 식 (5)에서 언급한 행-열 규칙에 의해 AB의 ij번째 원소는

$$a_{i1}b_{1j} + a_{i2}b_{2j} + \cdots + a_{ir}b_{rj}$$

으로, A의 제i행 벡터

$$[a_{i1} \quad a_{i2} \quad \cdots \quad a_{ir}]$$

와 B의 제j열 벡터

$$\begin{bmatrix} b_{1j} \\ b_{2j} \\ \vdots \\ b_{rj} \end{bmatrix}$$

의 점곱이다. 그러므로 A의 행벡터를 $\mathbf{r}_1, \mathbf{r}_2, \ldots, \mathbf{r}_m$, B의 열벡터를 $\mathbf{c}_1, \mathbf{c}_2, \ldots, \mathbf{c}_n$라 하면, 행렬곱 AB는

$$AB = \begin{bmatrix} \mathbf{r}_1\cdot\mathbf{c}_1 & \mathbf{r}_1\cdot\mathbf{c}_2 & \cdots & \mathbf{r}_1\cdot\mathbf{c}_n \\ \mathbf{r}_2\cdot\mathbf{c}_1 & \mathbf{r}_2\cdot\mathbf{c}_2 & \cdots & \mathbf{r}_2\cdot\mathbf{c}_n \\ \vdots & \vdots & & \vdots \\ \mathbf{r}_m\cdot\mathbf{c}_1 & \mathbf{r}_m\cdot\mathbf{c}_2 & \cdots & \mathbf{r}_m\cdot\mathbf{c}_n \end{bmatrix} \tag{28}$$

로 표현될 수 있다.

연습문제 3.2

(1-2) $\mathbf{v}$*의 놈과* $\mathbf{v}$*와 반대방향인 단위벡터를 구하라.*

1. **a.** $\mathbf{v} = (2, 2, 2)$ **b.** $\mathbf{v} = (1, 0, 2, 1, 3)$

2. **a.** $\mathbf{v} = (1, -1, 2)$ **b.** $\mathbf{v} = (-2, 3, 3, -1)$

(3-4) $\mathbf{u} = (2, -2, 3)$, $\mathbf{v} = (1, -3, 4)$, $\mathbf{w} = (3, 6, -4)$*에 대해, 주어진 식의 값을 구하라.*

3. **a.** $\|\mathbf{u} + \mathbf{v}\|$ **b.** $\|\mathbf{u}\| + \|\mathbf{v}\|$
c. $\|-2\mathbf{u} + 2\mathbf{v}\|$ **d.** $\|3\mathbf{u} - 5\mathbf{v} + \mathbf{w}\|$

4. **a.** $\|\mathbf{u} + \mathbf{v} + \mathbf{w}\|$ **b.** $\|\mathbf{u} - \mathbf{v}\|$
c. $\|3\mathbf{v}\| - 3\|\mathbf{v}\|$ **d.** $\|\mathbf{u}\| - \|\mathbf{v}\|$

(5-6) $\mathbf{u} = (-2, -1, 4, 5)$, $\mathbf{v} = (3, 1, -5, 7)$, $\mathbf{w} = (-6, 2, 1, 1)$*에 대해, 주어진 식의 값을 구하라.*

5. **a.** $\|3\mathbf{u} - 5\mathbf{v} + \mathbf{w}\|$ **b.** $\|3\mathbf{u}\| - 5\|\mathbf{v}\| + \|\mathbf{w}\|$
c. $\big\|-\|\mathbf{u}\|\mathbf{v}\big\|$

6. **a.** $\|\mathbf{u}\| + \|-2\mathbf{v}\| + \|-3\mathbf{w}\|$ **b.** $\big\|\|\mathbf{u} - \mathbf{v}\|\mathbf{w}\big\|$

7. $\mathbf{v} = (-2, 3, 0, 6)$일 때, $\|k\mathbf{v}\| = 5$인 스칼라 k를 모두 구하라.

8. $\mathbf{v} = (1, 1, 2, -3, 1)$일 때, $\|k\mathbf{v}\| = 4$인 스칼라 k를 모두 구하라.

(9-10) $\mathbf{u} \cdot \mathbf{v}, \mathbf{u} \cdot \mathbf{u}, \mathbf{v} \cdot \mathbf{v}$*를 구하라.*

9. **a.** $\mathbf{u} = (3, 1, 4), \mathbf{v} = (2, 2, -4)$

b. $\mathbf{u} = (1, 1, 4, 6), \mathbf{v} = (2, -2, 3, -2)$

10. **a.** $\mathbf{u} = (1, 1, -2, 3), \mathbf{v} = (-1, 0, 5, 1)$

b. $\mathbf{u} = (2, -1, 1, 0, -2), \mathbf{v} = (1, 2, 2, 2, 1)$

(11-12) $\mathbf{u}, \mathbf{v}$ *사이의 유클리드 거리와 그들의 사잇각의 코사인을 구하라. 그 각이 예각인지, 둔각인지, 또는 90°인지 알아보아라.*

11. **a.** $\mathbf{u} = (3, 3, 3), \mathbf{v} = (1, 0, 4)$

b. $\mathbf{u} = (0, -2, -1, 1), \mathbf{v} = (-3, 2, 4, 4)$

12. **a.** $\mathbf{u} = (1, 2, -3, 0), \mathbf{v} = (5, 1, 2, -2)$

b. $\mathbf{u} = (0, 1, 1, 1, 2), \mathbf{v} = (2, 1, 0, -1, 3)$

13. xy-평면의 벡터 $\mathbf{a}$는 길이가 9이고 양의 x축으로부터 반시계방향으로 120° 방향에 있는 점, 그리고 벡터 $\mathbf{b}$는 길이가 5이고 양의 y방향에 있는 점이라 하자. $\mathbf{a} \cdot \mathbf{b}$를 구하라.

14. xy-평면의 벡터 $\mathbf{a}$는 양의 x축으로부터 반시계방향으로 47° 방향에 있는 점, 그리고 벡터 $\mathbf{b}$는 양의 x방향으로 시계방향으로 43° 방향에 있는 점이라 하자. $\mathbf{a} \cdot \mathbf{b}$의 값은?

(15-16) 다음 식이 수학적으로 적합한지 알아보아라. 그렇지 않다면, 그 이유를 설명하라.

15. **a.** $\mathbf{u} \cdot (\mathbf{v} \cdot \mathbf{w})$ **b.** $\mathbf{u} \cdot (\mathbf{v} + \mathbf{w})$

c. $\|\mathbf{u} \cdot \mathbf{v}\|$ **d.** $(\mathbf{u} \cdot \mathbf{v}) - \|\mathbf{u}\|$

16. **a.** $\|\mathbf{u}\| \cdot \|\mathbf{v}\|$ **b.** $(\mathbf{u} \cdot \mathbf{v}) - \mathbf{w}$

c. $(\mathbf{u} \cdot \mathbf{v}) - k$ **d.** $k \cdot \mathbf{u}$

(17-18) 코시-슈바르츠 부등식이 성립하는지 검증하라.

17. **a.** $\mathbf{u} = (-3, 1, 0), \mathbf{v} = (2, -1, 3)$

b. $\mathbf{u} = (0, 2, 2, 1), \mathbf{v} = (1, 1, 1, 1)$

18. **a.** $\mathbf{u} = (4, 1, 1), \mathbf{v} = (1, 2, 3)$

b. $\mathbf{u} = (1, 2, 1, 2, 3), \mathbf{v} = (0, 1, 1, 5, -2)$

19. $\mathbf{r}_0 = (x_0, y_0)$가 R^2의 고정된 벡터라 하자. 다음 조건을 만족하는 모든 벡터 $\mathbf{r} = (x, y)$의 집합을 말로 서술하라.

a. $\|\mathbf{r} - \mathbf{r}_0\| = 1$ **b.** $\|\mathbf{r} - \mathbf{r}_0\| \leq 1$ **c.** $\|\mathbf{r} - \mathbf{r}_0\| > 1$

20. R^3의 벡터 $\mathbf{r} = (x, y, z)$, $\mathbf{r}_0 = (x_0, y_0, z_0)$에 대해 연습문제 19를 반복하라.

(21-25) xyz*-좌표계의 영이 아닌 벡터* $\mathbf{v}$*의 방향은* $\mathbf{v}$*와 표준단위벡터* $\mathbf{i}, \mathbf{j}, \mathbf{k}$*(그림 Ex-21) 사이의 각* α, β, γ*에 의해 결정된다. 이들을* $\mathbf{v}$*의* ***방향각****이라 하고, 그들의 코사인은* $\mathbf{v}$*의* ***방향코사인****이라 한다.*

21. 식 (13)을 이용하여, R^3의 벡터 $\mathbf{v} = (v_1, v_2, v_3)$의 방향코사인이

$$\cos\alpha = \frac{v_1}{\|\mathbf{v}\|}, \qquad \cos\beta = \frac{v_2}{\|\mathbf{v}\|}, \qquad \cos\gamma = \frac{v_3}{\|\mathbf{v}\|}$$

임을 보여라.

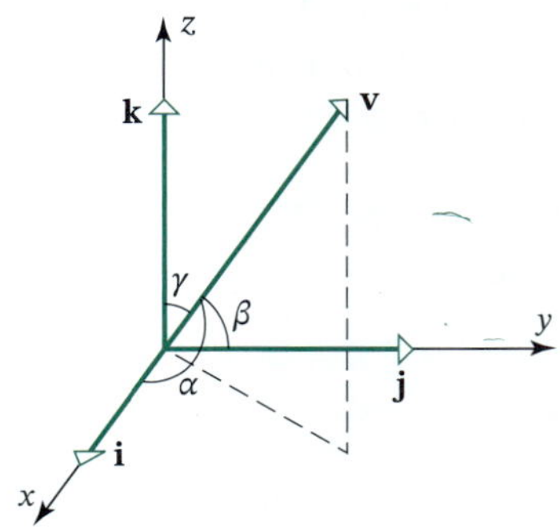

그림 Ex-21

22. 연습문제 21의 결과를 이용하여

$$\cos^2\alpha + \cos^2\beta + \cos^2\gamma = 1$$

임을 보여라.

23. R^3의 영이 아닌 두 벡터 $\mathbf{v}_1, \mathbf{v}_2$가 직교하기 위한 필요충분조건은 그들의 방향코사인이

$$\cos\alpha_1 \cos\alpha_2 + \cos\beta_1 \cos\beta_2 + \cos\gamma_1 \cos\gamma_2 = 0$$

을 만족하는 것임을 보여라.

24. 다음 그림은 정육면체이다.

a. 벡터 $\mathbf{d}, \mathbf{u}$ 사이의 각의 근사값을 구하라.

b. 벡터 $\mathbf{d}, \mathbf{v}$ 사이의 각을 추측하고 실제로 각을 구하여 확인해 보라.

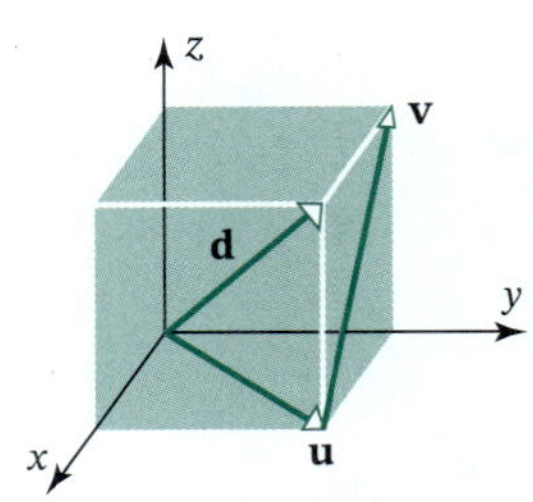

그림 Ex-24

25. 크기가 10 cm × 15 cm × 25 cm인 상자의 대각선과 한 변이 만드는 각의 크기의 근사값을 구하라.

26. $\|\mathbf{v}\| = 2$, $\|\mathbf{w}\| = 3$일 때 $\|\mathbf{v} - \mathbf{w}\|$의 최대값과 최소값은 얼마인가?

27. 방정식 $\|\mathbf{u} + \mathbf{v}\| = \|\mathbf{u}\| + \|\mathbf{v}\|$을 만족하는 영이 아닌 두 벡터 $\mathbf{u}$, $\mathbf{v}$에 대해 무엇을 말할 수 있는가?

28. a. 점 (a, b, c)가 원점과 xz-평면으로부터 같은 거리에 있기 위한 조건은 무엇인가? a, b, c가 모두 양수인 경우와 모두 음수인 경우, 구해진 조건이 타당한지 확인하라.

b. 점 (a, b, c)가 원점과 xz-평면보다 원점에서 더 멀리 있기 위한 조건은 무엇인가? a, b, c가 모두 양수인 경우와 모두 음수인 경우, 구해진 조건이 타당한지 확인하라.

29. 주어진 벡터 $\mathbf{v}$와 같은 방향이고 길이가 m인 벡터를 구하는 절차를 기술하라.

30. 어떤 조건에서 삼각형 부등식(정리 3.2.5a)이 등식이 되는가? 기하적으로 설명하라.

(31-32) 힘이 물체에 미치는 영향은 힘의 크기와 힘이 작용하는 방향에 달려 있다. 그러므로 힘은 벡터로 간주되고 화살표로 표시될 수 있다. 화살표의 길이는 힘의 크기 그리고 화살표의 방향은 힘이 가해진 방향을 나타낸다. 두 힘 벡터 $\mathbf{F}_1$, $\mathbf{F}_2$가 물체의 한 점에 가해질 때 미치는 영향은 단일 힘 $\mathbf{F}_1 + \mathbf{F}_2$(합력이라 불린다)이 그 점에 작용한 것과 같다는 의미에서 벡터가 평행사변형 법칙을 만족하는 것은 물리학의 사실이다(그림 참조). 일반적으로 힘은 파운드-포스(약칭 lbf) 또는 뉴턴(약칭 N)이라고 불리는 단위로 측정된다.

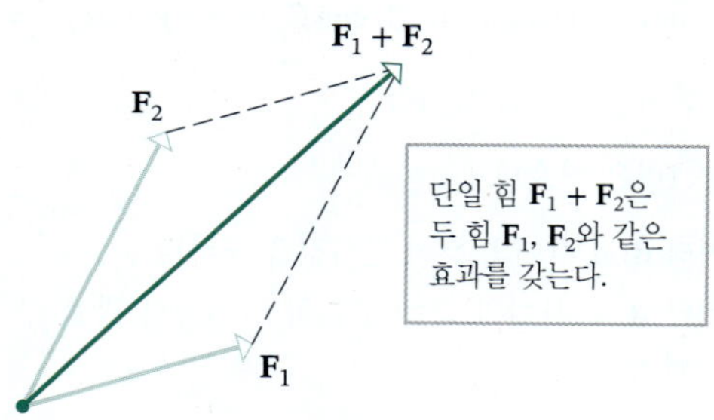

31. 적용된 모든 힘의 합력이 0일 때 입자는 ***정적 평형상태***(static equilibrium)에 있다고 한다. 다음 그림의 힘에 대해, 정적 평형상태를 만들기 위해 지시된 점에 가해져야 하는 힘 $\mathbf{F}$를 구하라. 힘 $\mathbf{F}$를 크기와 양의 x축과의 사잇각의 크기로 표시하라.

32. 연습문제 31을 반복하라.

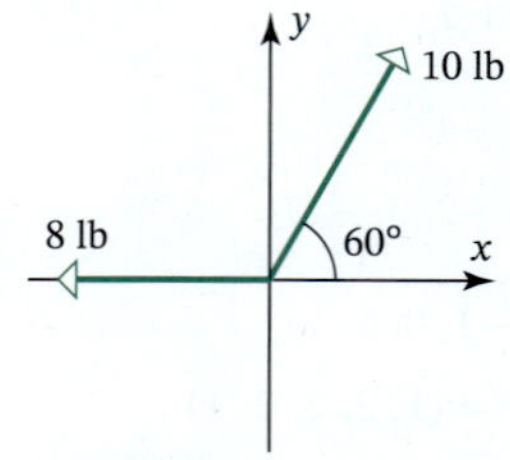

그림 Ex-31

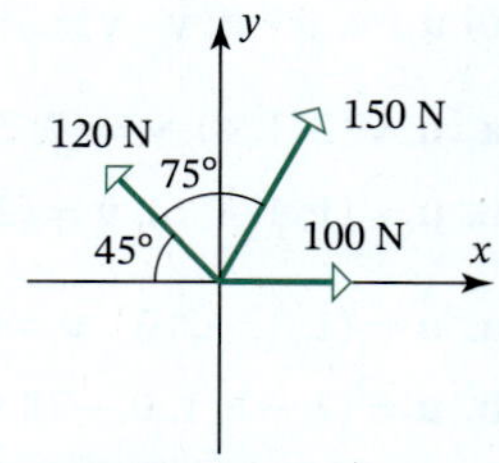

그림 Ex-32

증명 문제

33. 정리 3.2.1의 (a), (b)를 증명하라.

34. 정리 3.2.3의 (a), (c)를 증명하라.

35. 정리 3.2.3의 (d), (e)를 증명하라.

참-거짓 문제

TF. **(a)-(j)**가 참인지 거짓인지를 밝히고 그 이유를 설명하라.

a. 3차원 벡터의 각 성분을 2배 하면 벡터의 놈도 2배이다.

b. R^2에서, 원점을 시점으로 하는 놈이 5인 벡터의 종점은 원점을 중심으로 하고 반지름이 5인 원 위에 있다.

c. 모든 n차원 벡터는 양의 놈을 갖는다.

d. $\mathbf{v}$가 R^n의 영이 아닌 벡터이면 $\mathbf{v}$와 평행한 단위벡터는 단 두 개이다.

e. $\|\mathbf{u}\| = 2$, $\|\mathbf{v}\| = 1$이고 $\mathbf{u} \cdot \mathbf{v} = 1$이면 $\mathbf{u}$, $\mathbf{v}$ 사이의 각의 크기는 $\pi/3$ 라디안이다.

f. 식 $(\mathbf{u} \cdot \mathbf{v}) + \mathbf{w}$와 식 $\mathbf{u} \cdot (\mathbf{v} + \mathbf{w})$은 둘 다 의미가 있고 서로 같다.

g. $\mathbf{u} \cdot \mathbf{v} = \mathbf{u} \cdot \mathbf{w}$이면 $\mathbf{v} = \mathbf{w}$이다.

h. $\mathbf{u} \cdot \mathbf{v} = 0$이면, $\mathbf{u} = \mathbf{0}$ 또는 $\mathbf{v} = \mathbf{0}$이다.

i. R^2에서 $\mathbf{u}$는 제1사분면, $\mathbf{v}$는 제3사분면에 있다면 $\mathbf{u} \cdot \mathbf{v}$는 양이 아니다.

j. 모든 n차원 벡터 $\mathbf{u}$, $\mathbf{v}$, $\mathbf{w}$에 대해 $\|\mathbf{u} + \mathbf{v} + \mathbf{w}\| \le \|\mathbf{u}\| + \|\mathbf{v}\| + \|\mathbf{w}\|$이 성립한다.

계산도구 문제

T1. $\mathbf{u}$는 i번째 성분이 i, $\mathbf{v}$는 i번째 성분이 $1/(i + 1)$인 R^{100}의 벡터일 때 $\mathbf{u}$와 $\mathbf{v}$의 점곱을 구하라.

T2. 크기가 10 cm × 11 cm × 25 cm인 상자의 대각선과 각 변 사이의 각도를 구하라.

3.3 직교성

앞 절에서는 R^n의 벡터 사이의 "각"의 개념을 정의했다. 이 절에서는 "수직성"의 개념에 초점을 맞출 것이다. R^n에서 수직인 벡터들은 여러 응용분야에서 중요한 역할을 한다.

직교벡터

앞 절의 식 (20)으로부터 두 *영이 아닌* n차원 벡터 $\mathbf{u}, \mathbf{v}$ 사이의 각 θ는

$$\theta = \cos^{-1}\left(\frac{\mathbf{u}\cdot\mathbf{v}}{\|\mathbf{u}\|\|\mathbf{v}\|}\right)$$

으로 정의된다. 이로부터 $\theta = \pi/2$이기 위한 필요충분조건은 $\mathbf{u}\cdot\mathbf{v} = 0$이다. 따라서 다음 정의를 얻는다.

정의 1

두 영이 아닌 n차원 벡터 $\mathbf{u}, \mathbf{v}$에 대하여 $\mathbf{u}\cdot\mathbf{v} = 0$이면 $\mathbf{u}, \mathbf{v}$는 ***직교한다***(orthogonal 또는 ***수직이다***)라고 한다. 또한 n차원 영벡터는 모든 R^n의 벡터와 직교한다.

예제 1 | 직교벡터

(*a*) R^4에서 $\mathbf{u} = (-2, 3, 1, 4)$와 $\mathbf{v} = (1, 2, 0, -1)$가 직교벡터임을 보여라.
(*b*) $S = \{\mathbf{i}, \mathbf{j}, \mathbf{k}\}$을 3차원 표준단위벡터들의 집합이라 할 때, 각 벡터의 순서쌍이 직교함을 보여라.

풀이 (*a*) $\mathbf{u}\cdot\mathbf{v} = (-2)(1) + (3)(2) + (1)(0) + (4)(-1) = 0$
이므로 벡터들은 서로 직교한다.

풀이 (*b*) $$\mathbf{i}\cdot\mathbf{j} = \mathbf{i}\cdot\mathbf{k} = \mathbf{j}\cdot\mathbf{k} = \mathbf{0}$$
임을 보이면 점곱의 대칭 성질에 의해

$$\mathbf{j}\cdot\mathbf{i} = \mathbf{k}\cdot\mathbf{i} = \mathbf{k}\cdot\mathbf{j} = \mathbf{0}$$

이다. 그림 3.2.2를 보면 S의 벡터들이 직교한다는 것은 기하적으로 분명하지만, 계산

$$\mathbf{i}\cdot\mathbf{j} = (1,0,0)\cdot(0,1,0) = 0$$
$$\mathbf{i}\cdot\mathbf{k} = (1,0,0)\cdot(0,0,1) = 0$$
$$\mathbf{j}\cdot\mathbf{k} = (0,1,0)\cdot(0,0,1) = 0$$

에 의해 대수적으로도 확인할 수 있다.

모델로서 R^3에서의 계산을 사용하여, R^n의 각 표준단위벡터의 순서쌍이 직교한다는 것을 보일 수 있다.

점과 법선벡터로 결정되는 직선과 평면

해석기하에서, 2차원 평면에서의 직선은 기울기와 직선상의 한 점에 의해 결정되고, 3차원 공간에서의 평면은 "경사각"과 평면상의 한 점에 의해 유일하게 결정된다. 기울기와 경사각을 기술하는 한 방법은 직선 또는 평면에 대해 직교하는 ***법선벡터***(normal)라 불

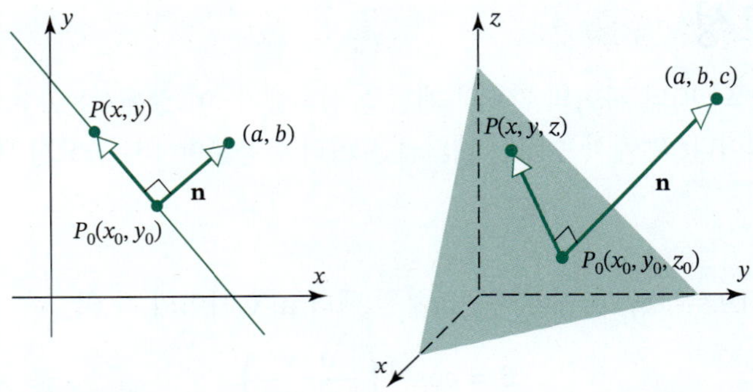

그림 3.3.1

리는 *영이 아닌* 벡터 $\mathbf{n}$을 사용하는 것이다. 예를 들어 **그림 3.3.1**은 점 $P_0(x_0, y_0)$을 지나면서 $\mathbf{n} = (a, b)$에 수직인 직선과 점 $P_0(x_0, y_0, z_0)$을 지나면서 $\mathbf{n} = (a, b, c)$에 수직인 평면을 보여 준다. 직선상의 임의의 점 (x, y) 또는 평면상의 임의의 점 (x, y, z)를 P라 할 때, 직선과 평면은 둘 다 벡터방정식

$$\mathbf{n} \cdot \overrightarrow{P_0P} = 0 \tag{1}$$

으로 표현된다. 벡터 $\overrightarrow{P_0P}$는 성분에 의해

$$\overrightarrow{P_0P} = (x - x_0, y - y_0) \quad \textbf{[직선]}$$
$$\overrightarrow{P_0P} = (x - x_0, y - y_0, z - z_0) \quad \textbf{[평면]}$$

식 (1)은 직선 또는 평면의 ***점-법선***(point-normal)형 그리고 식 (2)와 (3)은 ***성분***(component)형이라 부른다.

으로 나타낼 수 있다. 따라서 방정식 (1)은

$$\boxed{a(x - x_0) + b(y - y_0) = 0 \quad \textbf{[직선]}} \tag{2}$$

$$\boxed{a(x - x_0) + b(y - y_0) + c(z - z_0) = 0 \quad \textbf{[평면]}} \tag{3}$$

으로 표현할 수 있다. 이들은 직선과 평면의 ***점-법선***(point-normal) 방정식이라 부른다.

예제 2 | 점-법선 방정식

식 (2)로부터 방정식

$$6(x - 3) + (y + 7) = 0$$

은 R^2의 점 $(3, -7)$을 지나면서 $\mathbf{n} = (6, 1)$을 법선벡터로 갖는 직선을 나타내고, 식 (3)으로부터 방정식

$$4(x - 3) + 2y - 5(z - 7) = 0$$

은 R^3의 점 $(3, 0, 7)$을 지나면서 $\mathbf{n} = (4, 2, -5)$을 법선벡터로 갖는 평면을 나타낸다.

방정식 (2)와 (3)의 항들을 전개하고 상수들을 묶으면 편리하다. 이것으로부터 다음 정리를 얻는다.

정리 3.3.1

(*a*) a, b가 상수이고 모두 영이 아니면, 방정식

$$ax + by + c = 0 \tag{4}$$

은 $\mathbf{n} = (a, b)$을 법선벡터로 갖는 2차원 평면의 직선을 나타낸다.

(*b*) a, b, c가 상수이고 모두 영이 아니면, 방정식

$$ax + by + cz + d = 0 \tag{5}$$

은 $\mathbf{n} = (a, b, c)$을 법선벡터로 갖는 3차원 공간의 평면을 나타낸다.

예제 3 | 원점을 지나는 직선 또는 평면에 직교하는 벡터

(*a*) 방정식 $ax + by = 0$은 R^2의 원점을 지나는 직선이다. 방정식의 계수로 구성된 벡터 $\mathbf{n}_1 = (a, b)$은 직선에 직교, 즉 직선 위의 모든 벡터와 직교함을 보여라.

(*b*) 방정식 $ax + by + cz = 0$은 R^3의 원점을 지나는 평면이다. 방정식의 계수로 구성된 벡터 $\mathbf{n}_2 = (a, b, c)$은 평면에 직교, 즉 평면 위의 모든 벡터와 직교함을 보여라.

풀이 두 문제를 함께 풀어 본다. 두 방정식은

$$(a, b) \cdot (x, y) = 0\text{과} \quad (a, b, c) \cdot (x, y, z) = 0$$

또는

$$\mathbf{n}_1 \cdot (x, y) = 0\text{과} \quad \mathbf{n}_2 \cdot (x, y, z) = 0$$

으로 쓸 수 있다. 방정식들은 $\mathbf{n}_1$은 직선 위의 모든 벡터 (x, y)에, 그리고 $\mathbf{n}_2$는 평면 위의 모든 벡터 (x, y, z)에 직교함을 보여 준다(그림 3.3.1).

$ax + by = 0$과 $ax + by + cz = 0$은 *동차방정식*이라 부른다. 예제 3은 이변수 또는 삼변수 동차방정식은 계수벡터를 $\mathbf{n}$, 미지수벡터를 $\mathbf{x}$라 할 때, 벡터 형태인

$$\boxed{\mathbf{n} \cdot \mathbf{x} = 0} \tag{6}$$

으로 쓸 수 있음을 보여 준다. 이것은 R^2에서는 원점을 지나는 ***직선의 벡터방정식***, R^3에서는 원점을 지나는 ***평면의 벡터방정식***이라 부른다.

3.2절 표 1을 참고하여, $\mathbf{n}$과 $\mathbf{x}$가 행렬 형태로 표현될 때 식 (6)을 표현하는 다른 방법은 무엇인가?

정사영

많은 응용에서 벡터 $\mathbf{u}$를 영이 아닌 특정 벡터 $\mathbf{a}$의 스칼라배 벡터와 $\mathbf{a}$와 직교하는 벡터로 "분해"할 필요가 있게 된다. 예를 들어 $\mathbf{u}$와 $\mathbf{a}$가 시점을 점 Q로 하는 2차원 벡터이면 다음과 같이 분해할 수 있다(**그림 3.3.2**).

- $\mathbf{u}$의 끝을 $\mathbf{a}$를 지나는 직선 위로 수직으로 내린다.
- Q를 시점, 수선의 발을 종점으로 하는 벡터 $\mathbf{w}_1$을 만든다.
- 벡터 $\mathbf{w}_2 = \mathbf{u} - \mathbf{w}_1$을 만든다.

$$\mathbf{w}_1 + \mathbf{w}_2 = \mathbf{w}_1 + (\mathbf{u} - \mathbf{w}_1) = \mathbf{u}$$

이므로 $\mathbf{u}$는 두 직교벡터들의 합으로 분해되는데, 첫 번째 항은 $\mathbf{a}$의 스칼라곱이고 두 번째 항은 $\mathbf{a}$에 수직이다.

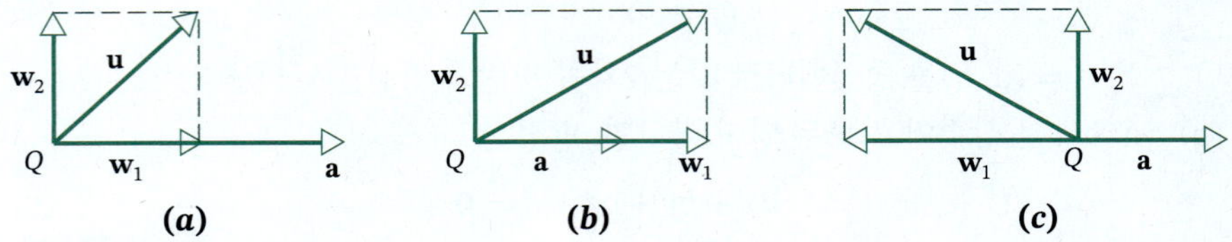

그림 3.3.2 세 가지 가능한 경우들

다음 정리는 R^2의 벡터를 이용하여 살펴본 결과들이 R^n에도 적용됨을 보여 준다.

정리 3.3.2

사영정리

$\mathbf{u}$, $\mathbf{a}$가 n차원 벡터이고 $\mathbf{a} \neq 0$이면, $\mathbf{u}$는 $\mathbf{u} = \mathbf{w}_1 + \mathbf{w}_2$의 형태로 유일하게 표현될 수 있다. 여기서 $\mathbf{w}_1$은 $\mathbf{a}$의 스칼라배이고 $\mathbf{w}_2$는 $\mathbf{a}$에 직교하는 벡터이다.

증명 $\mathbf{w}_1$은 $\mathbf{a}$의 스칼라배이기 때문에,

$$\mathbf{w}_1 = k\mathbf{a} \tag{7}$$

의 형태로 쓸 수 있다. 우리의 목표는 스칼라 k와

$$\mathbf{u} = \mathbf{w}_1 + \mathbf{w}_2 \tag{8}$$

인 $\mathbf{a}$에 직교하는 벡터 $\mathbf{w}_2$를 찾는 것이다. (7)을 이용하여 (8)을

$$\mathbf{u} = \mathbf{w}_1 + \mathbf{w}_2 = k\mathbf{a} + \mathbf{w}_2$$

으로 쓸 수 있도록 하는 k를 구한 다음, 정리 3.2.2와 3.2.3을 적용하여

$$\mathbf{u} \cdot \mathbf{a} = (k\mathbf{a} + \mathbf{w}_2) \cdot \mathbf{a} = k\|\mathbf{a}\|^2 + (\mathbf{w}_2 \cdot \mathbf{a}) \tag{9}$$

을 얻는다. $\mathbf{w}_2$는 $\mathbf{a}$에 직교하기 때문에 (9)의 마지막 항은 0이므로, 방정식

$$\mathbf{u} \cdot \mathbf{a} = k\|\mathbf{a}\|^2$$

을 만족해야 한다. 여기서 k의 유일한 가능한 값으로

$$k = \frac{\mathbf{u} \cdot \mathbf{a}}{\|\mathbf{a}\|^2}$$

을 얻는다. 식 (8)을

$$\mathbf{w}_2 = \mathbf{u} - \mathbf{w}_1 = \mathbf{u} - k\mathbf{a} = \mathbf{u} - \frac{\mathbf{u} \cdot \mathbf{a}}{\|\mathbf{a}\|^2}\mathbf{a}$$

으로 표현한 다음 $\mathbf{w}_2 \cdot \mathbf{a} = 0$을 보임으로써 $\mathbf{w}_2$가 $\mathbf{a}$에 직교한다는 사실의 증명을 완성한다. (상세한 계산은 독자에게 맡긴다.) ■

사영정리의 벡터 $\mathbf{w}_1$, $\mathbf{w}_2$의 이름은 서로 관련이 있다. $\mathbf{w}_1$은 $\mathbf{u}$의 $\mathbf{a}$로의 ***정사영*** 또는 ***직교사영*** 또는 ***a방향의 u의 벡터성분***이라고 한다. $\mathbf{w}_2$는 ***a에 직교하는 u의 벡터성분***으로 부른다. 벡터 $\mathbf{w}_1$은 기호 $\text{proj}_{\mathbf{a}}\mathbf{u}$로 표기되고, 식 (8)에 의해 $\mathbf{w}_2 = \mathbf{u} - \text{proj}_{\mathbf{a}}\mathbf{u}$로 표기된다. 요약하면,

$$\text{proj}_{\mathbf{a}}\mathbf{u} = \frac{\mathbf{u}\cdot\mathbf{a}}{\|\mathbf{a}\|^2}\mathbf{a} \quad (\mathbf{a}\text{방향의 }\mathbf{u}\text{의 벡터성분}) \tag{10}$$

$$\mathbf{u} - \text{proj}_{\mathbf{a}}\mathbf{u} = \mathbf{u} - \frac{\mathbf{u}\cdot\mathbf{a}}{\|\mathbf{a}\|^2}\mathbf{a} \quad (\mathbf{a}\text{에 직교하는 }\mathbf{u}\text{의 벡터성분}) \tag{11}$$

예제 4 | a방향의 u의 벡터성분

$\mathbf{u} = (2, -1, 3)$, $\mathbf{a} = (4, -1, 2)$일 때, $\mathbf{a}$방향의 $\mathbf{u}$의 벡터성분과 $\mathbf{a}$에 직교하는 $\mathbf{u}$의 벡터성분을 구하라.

풀이

$$\mathbf{u}\cdot\mathbf{a} = (2)(4) + (-1)(-1) + (3)(2) = 15$$
$$\|\mathbf{a}\|^2 = 4^2 + (-1)^2 + 2^2 = 21$$

그러므로 $\mathbf{a}$방향의 $\mathbf{u}$의 벡터성분은

$$\text{proj}_{\mathbf{a}}\mathbf{u} = \frac{\mathbf{u}\cdot\mathbf{a}}{\|\mathbf{a}\|^2}\mathbf{a} = \tfrac{15}{21}(4, -1, 2) = \left(\tfrac{20}{7}, -\tfrac{5}{7}, \tfrac{10}{7}\right)$$

이고, $\mathbf{a}$에 직교하는 $\mathbf{u}$의 벡터성분은

$$\mathbf{u} - \text{proj}_{\mathbf{a}}\mathbf{u} = (2, -1, 3) - \left(\tfrac{20}{7}, -\tfrac{5}{7}, \tfrac{10}{7}\right) = \left(-\tfrac{6}{7}, -\tfrac{2}{7}, \tfrac{11}{7}\right)$$

이다. 확인을 위해, 벡터 $\mathbf{u} - \text{proj}_{\mathbf{a}}\mathbf{u}$와 $\mathbf{a}$의 점곱이 0임을 보임으로써 그들이 직교함을 검증해 보는 것이 좋다.

예제 5 | 원점을 지나는 직선 위로의 정사영

(*a*) 표준단위벡터 $\mathbf{e}_1 = (1, 0)$, $\mathbf{e}_2 = (0, 1)$의 양의 x축과의 사잇각이 θ인 직선 L 위로의 정사영을 구하라.

(*b*) (*a*)의 결과를 사용하여 각 점을 L에 수직하게 대응시키는 선형 연산자 $T : R^2 \to R^2$의 표준행렬을 구하라.

풀이 (*a*) **그림 3.3.3**에서 보듯이 벡터 $\mathbf{a} = (\cos\theta, \sin\theta)$는 직선 L 위의 단위벡터이므로, $\mathbf{a}$ 방향의 $\mathbf{e}_1$의 정사영을 구한다.

$$\|\mathbf{a}\| = \sqrt{\sin^2\theta + \cos^2\theta} = 1 \quad \text{그리고} \quad \mathbf{e}_1\cdot\mathbf{a} = (1, 0)\cdot(\cos\theta, \sin\theta) = \cos\theta$$

이기 때문에, 식 (10)에 의해 이 사영은

$$\text{proj}_{\mathbf{a}}\mathbf{e}_1 = \frac{\mathbf{e}_1\cdot\mathbf{a}}{\|\mathbf{a}\|^2}\mathbf{a} = (\cos\theta)(\cos\theta, \sin\theta) = (\cos^2\theta, \sin\theta\cos\theta)$$

이다. 마찬가지로 $\mathbf{e}_2 \cdot \mathbf{a} = (0, 1) \cdot (\cos\theta, \sin\theta) = \sin\theta$이기 때문에 식 (10)에 의해

$$\text{proj}_{\mathbf{a}}\mathbf{e}_2 = \frac{\mathbf{e}_2 \cdot \mathbf{a}}{\|\mathbf{a}\|^2}\mathbf{a} = (\sin\theta)(\cos\theta, \sin\theta) = (\sin\theta\cos\theta, \sin^2\theta)$$

이다.

풀이 (*b*) (*a*)로부터 T의 표준행렬은

$$A = [T(\mathbf{e}_1) \mid T(\mathbf{e}_2)] = \begin{bmatrix} \cos^2\theta & \sin\theta\cos\theta \\ \sin\theta\cos\theta & \sin^2\theta \end{bmatrix} = \begin{bmatrix} \cos^2\theta & \frac{1}{2}\sin 2\theta \\ \frac{1}{2}\sin 2\theta & \sin^2\theta \end{bmatrix}$$

이다. 일반적인 사용법에 따라 이 행렬을

$$P_\theta = \begin{bmatrix} \cos^2\theta & \sin\theta\cos\theta \\ \sin\theta\cos\theta & \sin^2\theta \end{bmatrix} = \begin{bmatrix} \cos^2\theta & \frac{1}{2}\sin 2\theta \\ \frac{1}{2}\sin 2\theta & \sin^2\theta \end{bmatrix} \qquad (12)$$

로 표기할 것이다.

공식 (12)의 두 가지 버전은 모두 일반적으로 잘 알려져 있다. 첫 번째 버전은 각 θ를 포함하는 반면 두 번째 버전은 각 2θ를 포함한다.

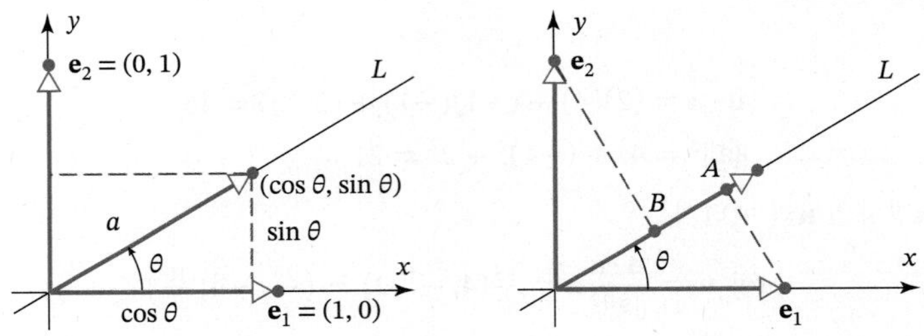

점 A의 좌표는 $(\cos^2\theta, \sin\theta\cos\theta)$
점 B의 좌표는 $(\sin\theta\cos\theta, \sin^2\theta)$

그림 3.3.3

예제 6 | 원점을 지나는 직선 위로의 정사영

식 (12)를 사용하여 벡터 $\mathbf{x} = (1, 5)$의 양의 x축과의 사잇각의 크기가 $\pi/6(= 30°)$인 원점을 지나는 직선 위로의 정사영을 구하라.

풀이 $\sin(\pi/6) = 1/2$, $\cos(\pi/6) = \sqrt{3}/2$이기 때문에, 식 (12)에 의해 이 사영의 표준행렬은

$$P_{\pi/6} = \begin{bmatrix} \cos^2(\pi/6) & \sin(\pi/6)\cos(\pi/6) \\ \sin(\pi/6)\cos(\pi/6) & \sin^2(\pi/6) \end{bmatrix} = \begin{bmatrix} \frac{3}{4} & \frac{\sqrt{3}}{4} \\ \frac{\sqrt{3}}{4} & \frac{1}{4} \end{bmatrix}$$

이다. 그러므로

$$P_{\pi/6}\mathbf{x} = \begin{bmatrix} \frac{3}{4} & \frac{\sqrt{3}}{4} \\ \frac{\sqrt{3}}{4} & \frac{1}{4} \end{bmatrix}\begin{bmatrix} 1 \\ 5 \end{bmatrix} = \begin{bmatrix} \frac{3+5\sqrt{3}}{4} \\ \frac{\sqrt{3}+5}{4} \end{bmatrix} \approx \begin{bmatrix} 2.91 \\ 1.68 \end{bmatrix}$$

또는 쉼표 구분 표기로 $P_{\pi/6}(1, 5) \approx (2.91, 1.68)$이다.

원점을 지나는 직선에 대한 반사

1.8절 표 1에서 이미 R^2의 좌표축에 대한 반사를 기술하였다. 이것은 각 점을 양의 x축과 각도 θ를 이루는 원점을 지나는 직선 L에 대응시키는 좀 더 일반적인 연산자 $H_\theta : R^2 \to R^2$의 특별한 경우이다(**그림 3.3.4**). H_θ에 대한 공식을 구하기 위해서, 표준기저벡터들의 상을 구하여 H_θ의 표준행렬을 구하는 대신 P_θ에 대한 공식 (12)를 사용하여 정사영을 활용할 것이다.

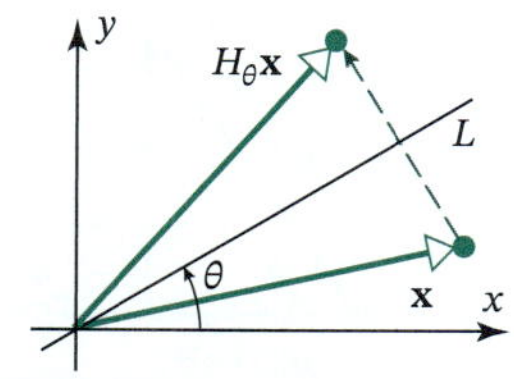

그림 3.3.4

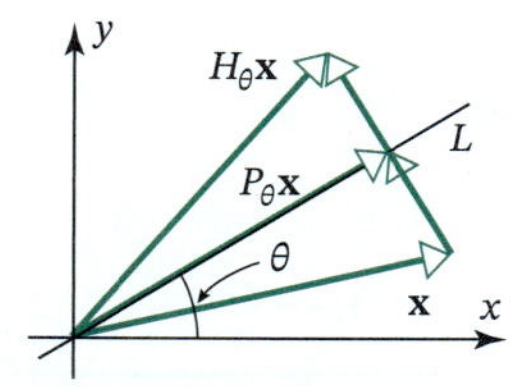

그림 3.3.5

그림 3.3.5에서 볼 수 있듯이, R^n의 모든 벡터 $\mathbf{x}$에 대해

$$P_\theta\mathbf{x} - \mathbf{x} = \tfrac{1}{2}(H_\theta\mathbf{x} - \mathbf{x}) \quad \text{또는 동등하게} \quad H_\theta\mathbf{x} = (2P_\theta - I)\mathbf{x}$$

이다. 그러므로 정리 1.8.4로부터

$$H_\theta = 2P_\theta - I \tag{13}$$

이고, 식 (12)에 의해

$$\boxed{H_\theta = \begin{bmatrix} \cos 2\theta & \sin 2\theta \\ \sin 2\theta & -\cos 2\theta \end{bmatrix}} \tag{14}$$

이다.

예제 7 | 원점을 지나는 직선에 대한 반사

x축과 각도 $\pi/6(= 30°)$을 이루는 원점을 지나는 직선에 대해 벡터 $\mathbf{x} = (1, 5)$의 반사를 구하라.

풀이 $\sin(\pi/3) = \sqrt{3}/2$, $\cos(\pi/3) = 1/2$이므로, 식 (14)로부터 반사 연산자의 표준행렬은

$$H_{\pi/6} = \begin{bmatrix} \cos(\pi/3) & \sin(\pi/3) \\ \sin(\pi/3) & -\cos(\pi/3) \end{bmatrix} = \begin{bmatrix} \frac{1}{2} & \frac{\sqrt{3}}{2} \\ \frac{\sqrt{3}}{2} & -\frac{1}{2} \end{bmatrix}$$

이다. 그러므로

$$H_{\pi/6}\mathbf{x} = \begin{bmatrix} \frac{1}{2} & \frac{\sqrt{3}}{2} \\ \frac{\sqrt{3}}{2} & -\frac{1}{2} \end{bmatrix}\begin{bmatrix} 1 \\ 5 \end{bmatrix} = \begin{bmatrix} \frac{1+5\sqrt{3}}{2} \\ \frac{\sqrt{3}-5}{2} \end{bmatrix} \approx \begin{bmatrix} 4.83 \\ -1.63 \end{bmatrix}$$

또는 쉼표 구분 표기로 $H_{\pi/6}(1, 5) \approx (4.83, -1.63)$이다.

사영의 놈

때로는 벡터성분 자체보다는 $\mathbf{a}$방향의 $\mathbf{u}$의 벡터성분의 놈(norm)을 구하는 것에 더 관심이 있다. 이 놈에 대한 공식은 다음과 같이 얻어진다.

$$\|\text{proj}_{\mathbf{a}}\mathbf{u}\| = \left\|\frac{\mathbf{u}\cdot\mathbf{a}}{\|\mathbf{a}\|^2}\mathbf{a}\right\| = \left|\frac{\mathbf{u}\cdot\mathbf{a}}{\|\mathbf{a}\|^2}\right|\|\mathbf{a}\| = \frac{|\mathbf{u}\cdot\mathbf{a}|}{\|\mathbf{a}\|^2}\|\mathbf{a}\|$$

위 식의 두 번째 등식은 정리 3.2.1의 (c), 그리고 세 번째 등식은 $\|\mathbf{a}\|^2 > 0$이므로 성립한

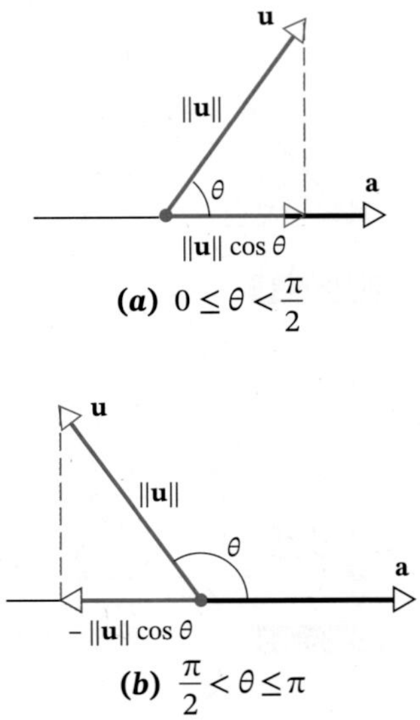

그림 3.3.6

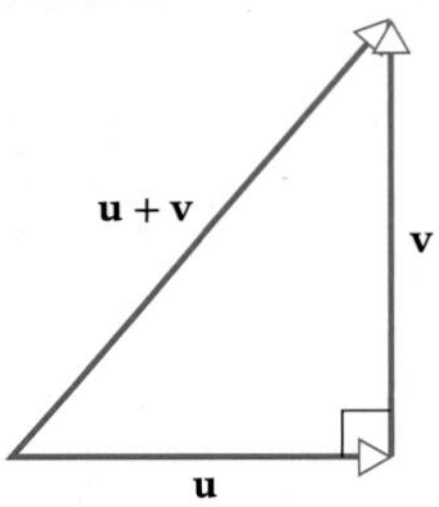

그림 3.3.7

다. 그러므로

$$\boxed{\|\text{proj}_{\mathbf{a}}\mathbf{u}\| = \frac{|\mathbf{u} \cdot \mathbf{a}|}{\|\mathbf{a}\|}} \tag{15}$$

이다. θ가 $\mathbf{u}$, $\mathbf{a}$의 사잇각이면 $\mathbf{u} \cdot \mathbf{a} = \|\mathbf{u}\|\ \|\mathbf{a}\| \cos\theta$이므로 식 (15)는

$$\boxed{\|\text{proj}_{\mathbf{a}}\mathbf{u}\| = \|\mathbf{u}\||\cos\theta|} \tag{16}$$

으로 쓸 수 있다. 이 결과의 기하적 해석은 **그림 3.3.6**에서 주어진다.

피타고라스 정리

3.2절에서 R^2, R^3의 벡터에 대한 많은 정리가 R^n에서도 성립하는 것을 알았다. 이에 대한 또다른 예가 다음의 일반화된 피타고라스 정리이다(**그림 3.3.7**).

정리 3.3.3

***R^n*에서의 피타고라스 정리**

$\mathbf{u}$, $\mathbf{v}$가 유클리드 내적을 갖는 R^n에서의 직교벡터이면

$$\|\mathbf{u} + \mathbf{v}\|^2 = \|\mathbf{u}\|^2 + \|\mathbf{v}\|^2 \tag{17}$$

이다.

증명 $\mathbf{u}$, $\mathbf{v}$가 직교벡터이므로 $\mathbf{u} \cdot \mathbf{v} = 0$이다. 따라서

$$\|\mathbf{u} + \mathbf{v}\|^2 = (\mathbf{u} + \mathbf{v}) \cdot (\mathbf{u} + \mathbf{v}) = \|\mathbf{u}\|^2 + 2(\mathbf{u} \cdot \mathbf{v}) + \|\mathbf{v}\|^2 = \|\mathbf{u}\|^2 + \|\mathbf{v}\|^2$$

이다. ■

예제 8 | R^4에서의 피타고라스 정리

예제 1에서 $\mathbf{u} = (-2, 3, 1, 4)$와 $\mathbf{v} = (1, 2, 0, -1)$는 직교벡터임을 보였다. 이들 벡터에 대해 피타고라스 정리를 검증하라.

풀이

$$\begin{aligned} &\mathbf{u} + \mathbf{v} = (-1, 5, 1, 3) \\ &\|\mathbf{u} + \mathbf{v}\|^2 = 36 \\ &\|\mathbf{u}\|^2 + \|\mathbf{v}\|^2 = 30 + 6 \end{aligned}$$

이 성립하는 것은 독자가 쉽게 확인할 수 있다. 그러므로

$$\|\mathbf{u} + \mathbf{v}\|^2 = \|\mathbf{u}\|^2 + \|\mathbf{v}\|^2$$

이다.

거리 문제

선택사항: 정사영이 다음 세 가지 거리 문제를 풀기 위해 어떻게 사용되는지 알아본다.

문제 1. R^2상의 점과 직선 사이의 거리를 구하라.

문제 2. R^3상의 점과 평면 사이의 거리를 구하라.

문제 3. R^3상의 평행인 두 평면 사이의 거리를 구하라.

처음 두 문제의 해법으로 다음 정리를 제공한다. 정리의 (*a*), (*b*)의 증명은 비슷하기 때문에, (*b*)를 증명하고 (*a*)는 연습문제로 남길 것이다.

정리 3.3.4

(*a*) R^2에서 점 $P_0(x_0, y_0)$와 직선 $ax + by + c = 0$ 사이의 거리 D는

$$D = \frac{|ax_0 + by_0 + c|}{\sqrt{a^2 + b^2}} \tag{18}$$

(*b*) R^3에서 점 $P_0(x_0, y_0, z_0)$과 평면 $ax + by + cz + d = 0$ 사이의 거리 D는

$$D = \frac{|ax_0 + by_0 + cz_0 + d|}{\sqrt{a^2 + b^2 + c^2}} \tag{19}$$

증명 (*b*) 증명의 기본 아이디어는 **그림 3.3.8**에서 보여 주고 있다. 그림에서 볼 수 있듯이, $Q(x_1, y_1, z_1)$은 평면상의 임의의 점이고 $\mathbf{n} = (a, b, c)$은 Q를 시점으로 하는 평면에 수직인 법선벡터라 하자. 점 P_0와 평면 사이의 거리 D는 벡터 $\overrightarrow{QP_0}$의 $\mathbf{n}$ 위로의 정사영의 길이(놈)이다. 따라서 공식 (15)에 의해

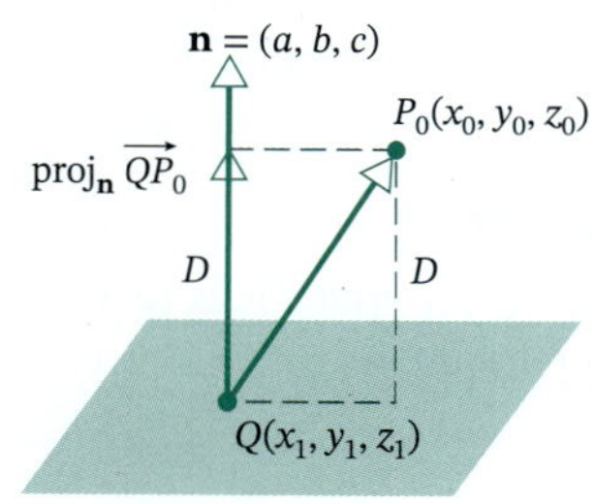

P_0에서 평면까지의 거리

그림 3.3.8

$$D = \|\text{proj}_{\mathbf{n}}\overrightarrow{QP_0}\| = \frac{|\overrightarrow{QP_0} \cdot \mathbf{n}|}{\|\mathbf{n}\|}$$

이다. 그러나

$$\overrightarrow{QP_0} = (x_0 - x_1, y_0 - y_1, z_0 - z_1)$$

$$\overrightarrow{QP_0} \cdot \mathbf{n} = a(x_0 - x_1) + b(y_0 - y_1) + c(z_0 - z_1)$$

$$\|\mathbf{n}\| = \sqrt{a^2 + b^2 + c^2}$$

이다. 그러므로

$$D = \frac{|a(x_0 - x_1) + b(y_0 - y_1) + c(z_0 - z_1)|}{\sqrt{a^2 + b^2 + c^2}} \tag{20}$$

이다. $Q(x_1, y_1, z_1)$이 주어진 평면의 점이므로, 점의 좌표는 평면의 방정식을 만족한다. 그러므로

$$ax_1 + by_1 + cz_1 + d = 0$$

또는

$$d = -ax_1 - by_1 - cz_1$$

이 식을 식 (20)에 대입하면 식 (19)가 된다. ■

예제 9 | 점과 평면 사이의 거리

점 $(1, -4, -3)$과 평면 $2x - 3y + 6z = -1$ 사이의 거리 D를 구하라.

풀이 정리 3.3.4의 거리 공식에서 직선과 평면의 방정식의 우변은 0이므로, 우선 평면의 방정식을

$$2x - 3y + 6z + 1 = 0$$

으로 나타내면

$$D = \frac{|2(1) + (-3)(-4) + 6(-3) + 1|}{\sqrt{2^2 + (-3)^2 + 6^2}} = \frac{|-3|}{7} = \frac{3}{7}$$

을 얻는다.

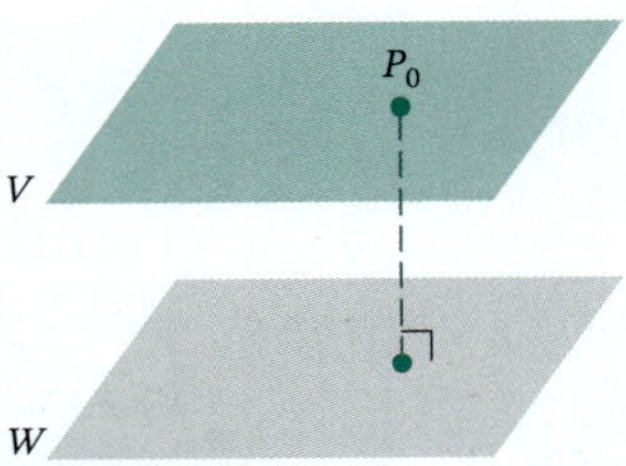

그림 3.3.9 평행인 평면 V와 W 사이의 거리는 P_0와 W 사이의 거리와 같다.

위의 세 번째 거리 문제는 R^3에서 평행인 두 평면 사이의 거리를 구하는 것이다. **그림 3.3.9**에서 제안한 바와 같이, 평면 V와 평면 W 사이의 거리는 어느 한 평면 위의 점 P_0에서 다른 평면까지의 거리를 구하면 된다. 다음이 그 예이다.

예제 10 | 평행인 평면 사이의 거리

평면

$$x + 2y - 2z = 3\text{과} \quad 2x + 4y - 4z = 7$$

의 법선벡터인 $(1, 2, -2)$와 $(2, 4, -4)$는 평행하므로, 두 평면은 평행하다. 두 평면 사이의 거리를 구하라.

풀이 평면 사이의 거리 D를 구하기 위해서 어느 한 평면의 임의의 점을 잡고 그 점에서 다른 평면까지의 거리를 계산한다. 방정식 $x + 2y - 2z = 3$에 $y = z = 0$을 대입하여 평면 위의 점 $P_0(3, 0, 0)$을 얻는다. (19)에 의해 P_0와 평면 $2x + 4y - 4z = 7$ 사이의 거리는

$$D = \frac{|2(3) + 4(0) + (-4)(0) - 7|}{\sqrt{2^2 + 4^2 + (-4)^2}} = \frac{1}{6}$$

이다.

연습문제 3.3

(1-2) **u**, **v**가 직교벡터인지 판정하라.

1. **a.** $\mathbf{u} = (6, 1, 4)$, $\mathbf{v} = (2, 0, -3)$
b. $\mathbf{u} = (0, 0, -1)$, $\mathbf{v} = (1, 1, 1)$
c. $\mathbf{u} = (3, -2, 1, 3)$, $\mathbf{v} = (-4, 1, -3, 7)$
d. $\mathbf{u} = (5, -4, 0, 3)$, $\mathbf{v} = (-4, 1, -3, 7)$

2. **a.** $\mathbf{u} = (2, 3)$, $\mathbf{v} = (5, -7)$
b. $\mathbf{u} = (1, 1, 1)$, $\mathbf{v} = (0, 0, 0)$
c. $\mathbf{u} = (1, -5, 4)$, $\mathbf{v} = (3, 3, 3)$
d. $\mathbf{u} = (4, 1, -2, 5)$, $\mathbf{v} = (-1, 5, 3, 1)$

(3-6) 점 P를 지나고 **n**을 법선벡터로 하는 평면 방정식의 점-법선벡터 형을 구하라.

3. $P(-1, 3, -2)$; $\mathbf{n} = (-2, 1, -1)$

4. $P(1, 1, 4)$; $\mathbf{n} = (1, 9, 8)$

5. $P(2, 0, 0)$; $\mathbf{n} = (0, 0, 2)$

6. $P(0, 0, 0)$; $\mathbf{n} = (1, 2, 3)$

(7-10) 주어진 평면들이 평행인지 판정하라.

7. $4x - y + 2z = 5$와 $7x - 3y + 4z = 8$

8. $x - 4y - 3z - 2 = 0$과 $3x - 12y - 9z - 7 = 0$

9. $2y = 8x - 4z + 5$와 $x = \frac{1}{2}z + \frac{1}{4}y$

10. $(-4, 1, 2) \cdot (x, y, z) = 0$과 $(8, -2, -4) \cdot (x, y, z) = 0$

(11-12) 주어진 평면들이 수직인지 판정하라.

11. $3x - y + z - 4 = 0$, $x + 2z = -1$

12. $x - 2y + 3z = 4$, $-2x + 5y + 4z = -1$

(13-14) $\|\text{proj}_{\mathbf{a}}\mathbf{u}\|$을 구하라.

13. **a.** $\mathbf{u} = (1, -2)$, $\mathbf{a} = (-4, -3)$
b. $\mathbf{u} = (3, 0, 4)$, $\mathbf{a} = (2, 3, 3)$

14. **a.** $\mathbf{u} = (5, 6)$, $\mathbf{a} = (2, -1)$
b. $\mathbf{u} = (3, -2, 6)$, $\mathbf{a} = (1, 2, -7)$

(15-20) **a**방향의 **u**의 벡터성분과 **a**에 직교하는 **u**의 벡터성분을 구하라.

15. $\mathbf{u} = (6, 2)$, $\mathbf{a} = (3, -9)$

16. $\mathbf{u} = (-1, -2)$, $\mathbf{a} = (-2, 3)$

17. $\mathbf{u} = (3, 1, -7)$, $\mathbf{a} = (1, 0, 5)$

18. $\mathbf{u} = (2, 0, 1)$, $\mathbf{a} = (1, 2, 3)$

19. $\mathbf{u} = (2, 1, 1, 2)$, $\mathbf{a} = (4, -4, 2, -2)$

20. $\mathbf{u} = (5, 0, -3, 7)$, $\mathbf{a} = (2, 1, -1, -1)$

(21-24) 점과 직선 사이의 거리를 구하라.

21. $(-3, 1)$; $4x + 3y + 4 = 0$

22. $(-1, 4)$; $x - 3y + 2 = 0$

23. $(2, -5)$; $y = -4x + 2$

24. $(1, 8)$; $3x + y = 5$

(25-26) 점과 평면 사이의 거리를 구하라.

25. $(3, 1, -2)$; $x + 2y - 2z = 4$

26. $(-1, -1, 2)$; $2x + 5y - 6z = 4$

(27-28) 주어진 평행인 평면 사이의 거리를 구하라.

27. $2x - y - z = 5$와 $-4x + 2y + 2z = 12$

28. $2x - y + z = 1$과 $2x - y + z = -1$

29. 두 벡터 $\mathbf{u} = (1, 0, 1)$, $\mathbf{v} = (0, 1, 1)$에 직교하는 단위벡터를 구하라.

30. **a.** $\mathbf{v} = (a, b)$와 $\mathbf{w} = (-b, a)$가 직교벡터임을 보여라.
b. (a)의 결과를 이용하여 $\mathbf{v} = (2, -3)$에 직교하는 두 벡터를 구하라.
c. $\mathbf{v} = (-3, 4)$에 직교하는 두 단위벡터를 구하라.

31. 세 점 $A(1, 1, 1)$, $B(-2, 0, 3)$, $C(-3, -1, 1)$가 직각삼각형의 꼭짓점인지 설명하라.

32. 세 점 $A(3, 0, 2)$, $B(4, 3, 0)$, $C(8, 1, -1)$가 직각삼각형의 꼭짓점인지 설명하라.

33. **v**가 $\mathbf{w}_1$, $\mathbf{w}_2$에 직교하면, 모든 스칼라 k_1, k_2에 대해 **v**가 $k_1\mathbf{w}_1 + k_2\mathbf{w}_2$에 직교함을 보여라.

34. $\text{proj}_{\mathbf{a}}\mathbf{u} = \text{proj}_{\mathbf{u}}\mathbf{a}$인지 설명하라.

(35-36) R^2의 주어진 직선에 대한 반사의 표준행렬을 구하고, 그것을 사용하여 그 직선에 대한 주어진 점의 반사를 구하라.

35. 양의 x축과의 각도가 $\pi/3(= 60°)$인 직선에 대한 (3, 4)의 반사

36. 양의 x축과의 각도가 $\pi/4(= 45°)$인 직선에 대한 (1, 2)의 반사

(37-38) 주어진 직선 위로의 R^2의 정사영의 표준행렬을 구하고, 이를 사용하여 그 직선 위로의 주어진 점의 정사영을 구하라.

37. 양의 x축과의 각도가 $\pi/3(= 60°)$인 직선 위로의 점 (3, 4)의 정사영

38. 양의 x축과의 각도가 $\pi/4(= 45°)$인 직선 위로의 점 (1, 2)의 정사영

*(39-41) 물리학과 공학에서는 물체를 직선 위에서 거리 d만큼 움직이기 위해 운동 방향으로 가해지는 일정한 힘 $\mathbf{F}$에 의해 행해진 **일**(work) W는*

$$W = \|\mathbf{F}\|d \text{ (힘의 크기} \times \text{거리)}$$

*로 정의된다. 가해진 힘이 상수이고, 운동 방향과의 각이 θ이고, 물체가 직선을 따라 점 P에서 점 Q로 움직인 경우, $\overrightarrow{PQ}$를 **변위**(displacement)라 하고 힘에 의해 행해진 일은*

$$W = \mathbf{F}\cdot\overrightarrow{PQ} = \|\mathbf{F}\|\|\overrightarrow{PQ}\|\cos\theta$$

라고 정의된다(그림 참조). 일반적인 일의 단위는 ft-lb(피트 파운드) 또는 Nm(뉴턴 미터)이다.

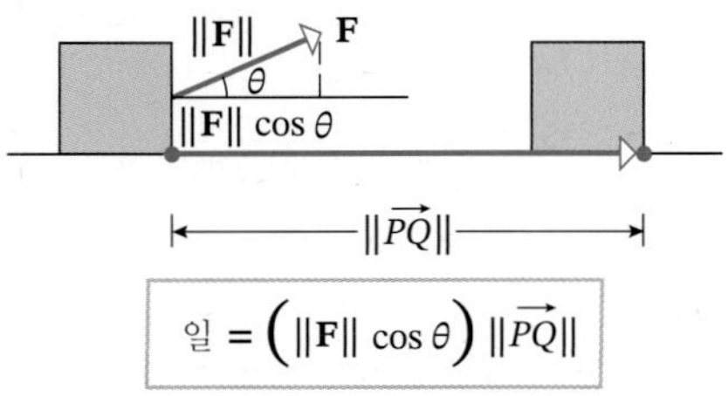

39. 고정된 힘(반드시 운동 방향으로 행해진 것은 아닌)에 의해 행해진 일은

$$W = \pm\|\overrightarrow{PQ}\|\|\text{proj}_{\overrightarrow{PQ}}\mathbf{F}\|$$

으로 표현할 수 있음을 보여라. 또한 일이 양의 부호(+)인 경우와 음의 부호(−)인 경우를 설명하라.

40. 다음 그림과 같이 수평과 60°의 각도로 손잡이에 10 lb의 힘을 가하여 짐차를 수평으로 끌고 있다. 50 ft만큼 짐차를 움직이는 데 행해진 일은 얼마인가?

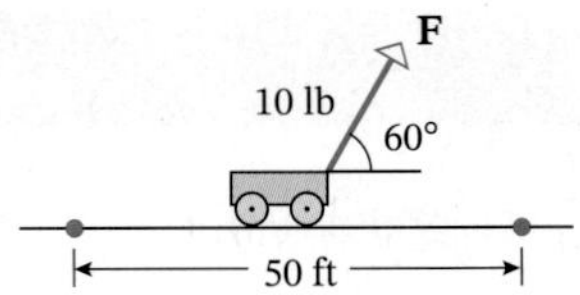

41. 바람이 북동쪽으로 500 N의 힘을 가하는 동안 범선은 북쪽으로 100 m 이동한다. 바람이 행한 일은 얼마인가?

증명 문제

42. $\mathbf{u}$, $\mathbf{v}$가 2차원 또는 3차원 공간에서 영이 아닌 벡터이고 $k = \|\mathbf{u}\|$, $l = \|\mathbf{v}\|$라 하자. 벡터 $\mathbf{w} = l\mathbf{u} + k\mathbf{v}$는 $\mathbf{u}$와 $\mathbf{v}$ 사이의 각을 이등분함을 증명하라.

43. 정리 3.3.4의 (a)를 증명하라.

44. R^3에서 x축, y축, z축 위로의 ***정사영***은 각각

$$T_1(x, y, z) = (x, 0, 0), \quad T_2(x, y, z) = (0, y, 0),$$
$$T_3(x, y, z) = (0, 0, z)$$

이다.

a. $T : R^3 \to R^3$이 좌표축 중의 하나로의 정사영이면, 모든 3차원 벡터 $\mathbf{x}$에 대해 벡터 $T(\mathbf{x})$와 $\mathbf{x} - T(\mathbf{x})$가 직교함을 보여라.

b. T가 $\mathbf{x}$축 위로의 정사영인 경우, $\mathbf{x}$와 $\mathbf{x} - T(\mathbf{x})$를 스케치하라.

45. a. 공식 (14)와 적절한 삼각함수 공식을 사용하여 행렬

$$H_m = \frac{1}{1+m^2}\begin{bmatrix} 1-m^2 & 2m \\ 2m & m^2-1 \end{bmatrix}$$

에 의한 곱셈이 직선 $y = mx$에 대한 반사를 수행한다는 것을 증명하라.

b. (a)의 결과를 이용하여 행렬

$$H = \begin{bmatrix} \frac{5}{13} & \frac{12}{13} \\ \frac{12}{13} & -\frac{5}{13} \end{bmatrix}$$

에 의한 곱셈이 원점을 지나는 어떤 직선에 대한 반사를 수행한다는 것을 보이고, 그 직선의 방정식을 구하라.

참-거짓 문제

TF. **(a)-(g)**가 참인지 거짓인지를 밝히고 그 이유를 설명하라.

a. 벡터 (3, −1, 2)와 (0, 0, 0)은 직교한다.

b. $\mathbf{u}$, $\mathbf{v}$가 직교벡터이면, 모든 영이 아닌 스칼라 k, m에 대해 $k\mathbf{u}$와 $m\mathbf{v}$는 직교벡터이다.

c. $\mathbf{a}$로의 $\mathbf{u}$의 정사영은 $\mathbf{a}$에 직교하는 $\mathbf{u}$의 벡터성분에 수직이다.

d. $\mathbf{a}$, $\mathbf{b}$가 직교벡터이면, 모든 영이 아닌 벡터 $\mathbf{u}$에 대해 $\text{proj}_{\mathbf{a}}(\text{proj}_{\mathbf{b}}(\mathbf{u})) = \mathbf{0}$이다.

e. $\mathbf{a}$, $\mathbf{u}$가 영이 아닌 벡터이면 $\text{proj}_{\mathbf{a}}(\text{proj}_{\mathbf{a}}(\mathbf{u})) = \text{proj}_{\mathbf{a}}(\mathbf{u})$이다.

f. 어떤 영이 아닌 벡터 $\mathbf{a}$에 대해 $\text{proj}_{\mathbf{a}}\mathbf{u} = \text{proj}_{\mathbf{a}}\mathbf{v}$이면 $\mathbf{u} = \mathbf{v}$이다.

g. 모든 벡터 $\mathbf{u}$, $\mathbf{v}$에 대해 $\|\mathbf{u} + \mathbf{v}\| = \|\mathbf{u}\| + \|\mathbf{v}\|$은 참이다.

계산도구 문제

T1. R^4에서 $P(2, 4, 2, 4, 2)$, $Q(6, 4, 4, 4, 6)$, $R(5, 7, 5, 7, 2)$을 꼭짓점으로 하는 삼각형의 변의 길이와 내각의 크기를 구하라.

T2. $\mathbf{w}_1$은 $\mathbf{a} = (-1, 0, 2, 1)$의 스칼라배이고 $\mathbf{w}_2$는 $\mathbf{a}$에 직교할 때, 벡터 $\mathbf{u} = (2, 3, 1, 2)$를 $\mathbf{u} = \mathbf{w}_1 + \mathbf{w}_2$의 형태로 표현하라.

3.4 선형계의 기하학

이 절에서는 매개변수 방법과 벡터 방법을 사용하여 일반적인 선형계(연립일차방정식)를 공부해 본다. 이는 이변수와 삼변수 선형계의 해집합을 R^2와 R^3에서의 점, 직선, 평면으로 해석했듯이 n변수 선형계의 해집합을 R^n에서의 기하적 대상으로 설명할 수 있게 한다.

R^2와 R^3에서의 직선의 벡터방정식과 매개방정식

앞 절에서 한 점과 법선벡터에 의해 결정되는 직선과 평면의 방정식을 유도하였다. 그러나 직선과 평면을 나타내는 또 다른 방법이 있다. 예를 들어 R^2 또는 R^3에서의 직선은 직선 위의 한 점 $\mathbf{x}_0$와 직선에 평행한 영이 아닌 벡터 $\mathbf{v}$에 의해, 그리고 R^3에서의 평면은 평면에 있는 한 점 $\mathbf{x}_0$와 평면에 평행한 동일 직선상에 있지 않은 두 벡터 $\mathbf{v}_1$, $\mathbf{v}_2$에 의해 유일하게 결정된다. 후자를 시각화하는 가장 좋은 방법은 시점이 $\mathbf{x}_0$가 되도록 두 벡터를 평행이동하는 것이다(**그림 3.4.1**).

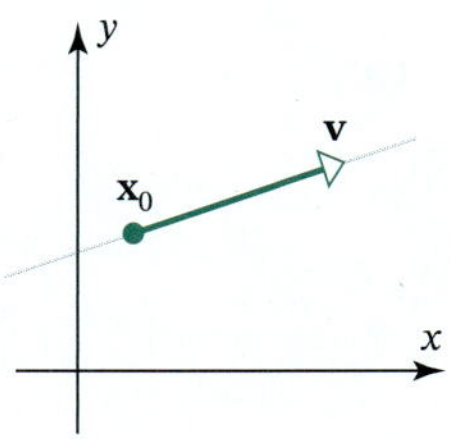

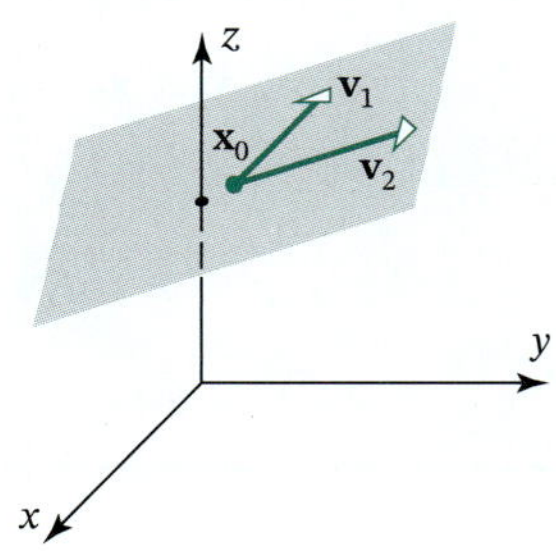

그림 3.4.1

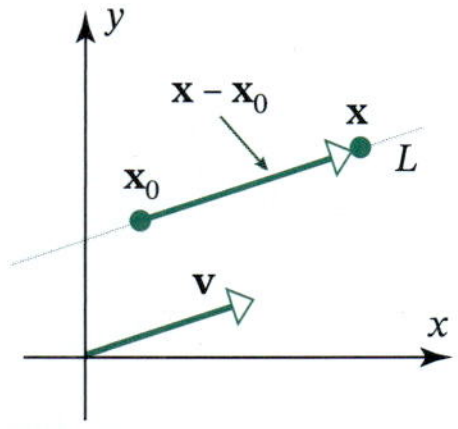

그림 3.4.2

점 $\mathbf{x}_0$을 포함하고 영이 아닌 벡터 $\mathbf{v}$에 평행한 직선 L의 방정식을 유도해 보자. $\mathbf{x}$를 직선 위의 임의의 점이라 하면, **그림 3.4.2**에서 보듯이 벡터 $\mathbf{x} - \mathbf{x}_0$는 $\mathbf{v}$의 스칼라배, 즉

$$\mathbf{x} - \mathbf{x}_0 = t\mathbf{v} \quad \text{또는 동등하게} \quad \mathbf{x} = \mathbf{x}_0 + t\mathbf{v}$$

이다. (***매개변수***라 불리는) 변수 t는 $-\infty$에서 ∞로 변함에 따라 점 $\mathbf{x}$는 직선 L을 그린다. 따라서 다음 결과를 얻는다.

명확히 언급되지는 않았지만, 식 (1)과 (2)에서 매개변수 t의 범위는 $-\infty$에서 ∞이다. 이것은 특별한 언급이 없는 한 이 책에서의 모든 벡터방정식과 매개방정식에 적용된다.

정리 3.4.1

L을 R^2 또는 R^3에서 점 $\mathbf{x}_0$을 포함하면서 영이 아닌 벡터 $\mathbf{v}$에 평행한 직선이라 하자. 점 $\mathbf{x}_0$을 포함하면서 영이 아닌 벡터 $\mathbf{v}$에 평행한 직선의 방정식은

$$\mathbf{x} = \mathbf{x}_0 + t\mathbf{v} \tag{1}$$

이다. 만일 $\mathbf{x}_0 = \mathbf{0}$이면 직선은 원점을 지나고 방정식은

$$\mathbf{x} = t\mathbf{v} \tag{2}$$

이다.

R^3에서의 평면의 벡터방정식과 매개방정식

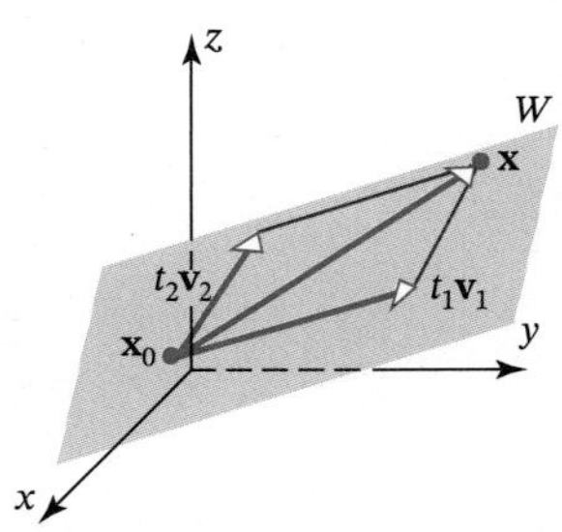

그림 3.4.3

다음은 점 $\mathbf{x}_0$을 포함하면서 동일 직선상에 있지 않은 두 벡터 $\mathbf{v}_1$, $\mathbf{v}_2$에 평행한 평면 W의 방정식을 유도할 것이다. **그림 3.4.3**에서 보듯이, $\mathbf{x}$가 평면의 임의의 점이면 $\mathbf{v}_1$, $\mathbf{v}_2$에 적당한 스칼라를 곱하여 $t_1\mathbf{v}_1$과 $t_2\mathbf{v}_2$라 하자. 대각선이 $\mathbf{x} - \mathbf{x}_0$이고 인접한 두 변이 $t_1\mathbf{v}_1$과 $t_2\mathbf{v}_2$인 평행사변형을 만들 수 있다. 그러므로

$$\mathbf{x} - \mathbf{x}_0 = t_1\mathbf{v}_1 + t_2\mathbf{v}_2 \quad \text{또는 동등하게} \quad \mathbf{x} = \mathbf{x}_0 + t_1\mathbf{v}_1 + t_2\mathbf{v}_2$$

을 얻는다. 매개변수 t_1, t_2가 $-\infty$에서 ∞로 독립적으로 변하면 점 $\mathbf{x}$는 전체 평면 W에서 변한다. 요약하면 다음 결과를 얻는다.

정리 3.4.2

W를 점 $\mathbf{x}_0$을 포함하고 동일 직선상에 있지 않은 두 벡터 $\mathbf{v}_1$, $\mathbf{v}_2$에 평행한 평면이라 하자. $\mathbf{x}_0$을 포함하고 벡터 $\mathbf{v}_1$, $\mathbf{v}_2$에 평행한 평면의 방정식은

$$\mathbf{x} = \mathbf{x}_0 + t_1\mathbf{v}_1 + t_2\mathbf{v}_2 \tag{3}$$

이다. $\mathbf{x}_0 = \mathbf{0}$이면 평면은 원점을 지나고 방정식은

$$\mathbf{x} = t_1\mathbf{v}_1 + t_2\mathbf{v}_2 \tag{4}$$

의 형태를 갖는다.

참고 방정식 (1)로 표현되는 $\mathbf{x}_0$을 지나는 직선은 방정식 (2)로 표현되는 원점을 지나는 직선의 $\mathbf{x}_0$에 의한 평행이동이다. 또한 방정식 (3)으로 표현되는 $\mathbf{x}_0$을 지나는 평면은 방정식 (4)로 표현되는 원점을 지나는 평면의 $\mathbf{x}_0$에 의한 평행이동이다(**그림 3.4.4**).

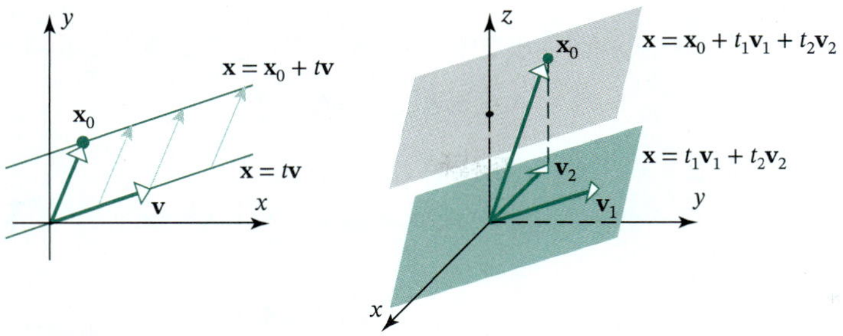

그림 3.4.4

공식 (1)-(4)로부터 다음의 정의를 만들어 직선과 평면의 기호를 R^n으로 확장할 수 있다.

> **정의 1**
>
> $\mathbf{x}_0$, $\mathbf{v}$가 R^n의 벡터이고 $\mathbf{v}$가 영이 아니면 방정식
>
> $$\mathbf{x} = \mathbf{x}_0 + t\mathbf{v} \tag{5}$$
>
> 은 $\mathbf{x}_0$***을 지나면서*** $\mathbf{v}$***에 평행한 직선***을 정의한다.

> **정의 2**
>
> $\mathbf{x}_0$, $\mathbf{v}_1$, $\mathbf{v}_2$는 R^n의 영이 아닌 벡터이고 $\mathbf{v}_1$, $\mathbf{v}_2$가 동일 직선상에 있지 않으면 방정식
>
> $$\mathbf{x} = \mathbf{x}_0 + t_1\mathbf{v}_1 + t_2\mathbf{v}_2 \tag{6}$$
>
> 은 $\mathbf{x}_0$***을 지나면서*** $\mathbf{v}_1$, $\mathbf{v}_2$***에 평행한 평면***을 정의한다.

방정식 (5), (6)은 R^n에서의 직선과 평면의 ***벡터형***(vector form)이라 한다. 이들 방정식에 있는 벡터들이 성분으로 표현되고 각 변의 대응하는 성분들이 동일하면 방정식은 직선과 평면의 ***매개방정식***(parametric equation)이라 부른다. 다음이 그 예이다.

예제 1 | R^2와 R^3에서의 직선의 벡터방정식과 매개방정식

(*a*) 원점을 지나면서 벡터 $\mathbf{v} = (-2, 3)$에 평행인 R^2에서의 직선의 벡터방정식과 매개방정식을 구하라.

(*b*) 점 $P_0(1, 2, -3)$을 지나면서 벡터 $\mathbf{v} = (4, -5, 1)$에 평행인 R^3에서의 직선의 벡터방정식과 매개방정식을 구하라.

(*c*) (*b*)에서 얻어진 방정식을 사용하여 P_0와 다른 직선 위의 두 점을 구하라.

풀이 (*a*) 식 (5)에서 $\mathbf{x}_0 = \mathbf{0}$이면 직선의 벡터방정식은 $\mathbf{x} = t\mathbf{v}$이다. $\mathbf{x} = (x, y)$이면 이 방정식은

$$(x, y) = t(-2, 3)$$

의 벡터형으로 쓸 수 있다. 방정식의 양변에서 대응하는 성분들을 같게 놓으면 매개방정식

$$x = -2t, \quad y = 3t$$

을 얻는다.

풀이 (b) 식 (5)로부터 직선의 벡터방정식은 $\mathbf{x} = \mathbf{x}_0 + t\mathbf{v}$이다. $\mathbf{x} = (x, y, z)$이고 $\mathbf{x}_0 = (1, 2, -3)$이라 하면 방정식은

$$(x, y, z) = (1, 2, -3) + t(4, -5, 1) \tag{7}$$

의 벡터형으로 쓸 수 있다. 이 방정식의 양변에서 대응하는 성분을 같게 놓으면 매개방정식

$$x = 1 + 4t, \quad y = 2 - 5t, \quad z = -3 + t$$

을 얻는다.

풀이 (c) 방정식 (7)에 의해 주어진 직선 위의 점은 매개변수 t의 수치를 대입하여 얻어질 수 있다. 그러나 $t = 0$이면 점 P_0인 $(x, y, z) = (1, 2, -3)$이 되기 때문에 이 t값은 우리의 목적에 부합하지 않는다. $t = 1$이면 점 $(5, -3, -2)$, $t = -1$이면 점 $(-3, 7, -4)$이 되는 것처럼, $t = 0$을 제외한 모든 다른 t의 값은 잘 작동한다.

예제 2 | R^3에서의 평면의 벡터방정식과 매개방정식

평면 $x - y + 2z = 5$의 벡터방정식과 매개방정식을 구하라.

풀이 우선 매개방정식을 구하기 위해 다른 두 변수를 매개변수로 하여 방정식을 한 변수에 대해 푼다. 예를 들어 x를 y, z에 대해 풀면

$$x = 5 + y - 2z \tag{8}$$

이고, y, z 대신 각각 매개변수 t_1, t_2를 사용하면 매개방정식

$$x = 5 + t_1 - 2t_2, \quad y = t_1, \quad z = t_2 \tag{9}$$

을 얻는다. 평면의 벡터방정식을 구하기 위해서는 매개방정식을

$$(x, y, z) = (5 + t_1 - 2t_2, t_1, t_2)$$

또는 동등하게

$$(x, y, z) = (5, 0, 0) + t_1(1, 1, 0) + t_2(-2, 0, 1)$$

으로 쓰면 된다.

식 (8)을 x 대신에 y 또는 z에 대해 풀면 다른 형태의 벡터방정식과 매개방정식을 얻게 된다. 그러나 매개변수를 $-\infty$부터 ∞까지 변화시키면 세 가지 경우 모두 같은 평면을 나타내는 것을 볼 수 있다.

예제 3 | R^4에서의 직선과 평면의 벡터방정식과 매개방정식

(*a*) R^4에서 원점을 지나면서 벡터 $\mathbf{v} = (5, -3, 6, 1)$에 평행한 직선의 벡터방정식과 매개방정식을 구하라.

(*b*) R^4에서 점 $\mathbf{x}_0 = (2, -1, 0, 3)$을 지나면서 벡터 $\mathbf{v}_1 = (1, 5, 2, -4)$, $\mathbf{v}_2 = (0, 7, -8, 6)$에 평행한 평면의 벡터방정식과 매개방정식을 구하라.

풀이 (a) $\mathbf{x} = (x_1, x_2, x_3, x_4)$라 하면 벡터방정식 $\mathbf{x} = t\mathbf{v}$는

$$(x_1, x_2, x_3, x_4) = t(5, -3, 6, 1)$$

으로 쓸 수 있다. 대응하는 성분들이 같다고 놓으면 매개방정식

$$x_1 = 5t, \quad x_2 = -3t, \quad x_3 = 6t, \quad x_4 = t$$

을 얻는다.

풀이 (*b*) 벡터방정식 $\mathbf{x} = \mathbf{x}_0 + t_1\mathbf{v}_1 + t_2\mathbf{v}_2$은

$$(x_1, x_2, x_3, x_4) = (2, -1, 0, 3) + t_1(1, 5, 2, -4) + t_2(0, 7, -8, 6)$$

으로 쓸 수 있고 다음의 매개방정식을 얻게 된다.

$$\begin{aligned} x_1 &= 2 + t_1 \\ x_2 &= -1 + 5t_1 + 7t_2 \\ x_3 &= 2t_1 - 8t_2 \\ x_4 &= 3 - 4t_1 + 6t_2 \end{aligned}$$

R^n에서 두 점을 지나는 직선

$\mathbf{x}_0$, $\mathbf{x}_1$이 R^n의 서로 다른 두 점이면, 이들을 지나는 직선은 벡터 $\mathbf{v} = \mathbf{x}_1 - \mathbf{x}_0$(**그림 3.4.5**)에 평행하다. 따라서 (5)에 의해 직선은

$$\boxed{\mathbf{x} = \mathbf{x}_0 + t(\mathbf{x}_1 - \mathbf{x}_0)} \tag{9}$$

또는 동등하게

$$\boxed{\mathbf{x} = (1 - t)\mathbf{x}_0 + t\mathbf{x}_1} \tag{10}$$

의 벡터형으로 쓸 수 있다. 이들을 R^n상의 직선의 ***두 점 벡터방정식***(two-points vector equation)이라 부른다.

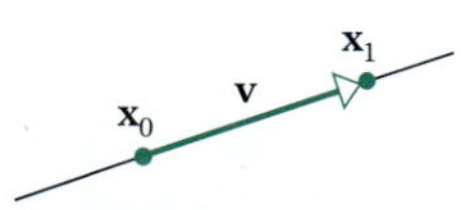

그림 3.4.5

예제 4 | R^2에서 두 점을 지나는 직선

R^2에서 두 점 $P(0, 7)$, $Q(5, 0)$을 지나는 직선의 벡터방정식과 매개방정식을 구하라.

풀이 $\mathbf{x}_0 = (0, 7)$, $\mathbf{x}_1 = (5, 0)$이라 하면, $\mathbf{x}_1 - \mathbf{x}_0 = (5, -7)$이므로

$$(x, y) = (0, 7) + t(5, -7) \tag{11}$$

이다. 이것은

$$x = 5t, \quad y = 7 - 7t$$

의 매개방정식으로 나타낼 수 있다. 만일 $\mathbf{x}_0 = (5, 0)$, $\mathbf{x}_1 = (0, 7)$이라 하면 벡터방정식은

$$(x, y) = (5, 0) + t(-5, 7) \tag{12}$$

으로 쓸 수 있고 매개방정식은

$$x = 5 - 5t, \quad y = 7t$$

으로 나타낼 수 있다(검증하라). (11)과 (12)는 비록 다르게 보이지만, 둘 다 직교좌표계에서

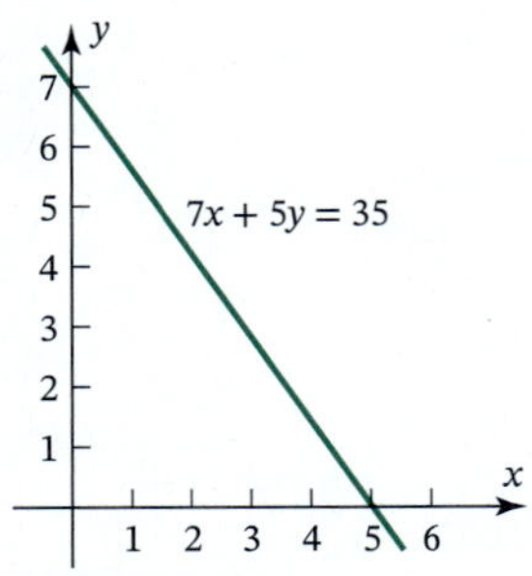

그림 3.4.6

의 방정식이

$$7x + 5y = 35$$

인 직선을 나타낸다(**그림 3.4.6**). 이것은 매개방정식에서 매개변수 t를 제거함으로써 보일 수 있다(검증하라).

구간 $(-\infty, \infty)$에서 매개변수 t의 값을 변화시키면, 방정식 (9), (10)의 점 $\mathbf{x} = (x, y)$은 R^2의 전체 직선을 그린다. 그러나 매개변수를 $t = 0$에서 $t = 1$까지로 제한하면 $\mathbf{x}$는 전체 직선을 그리는 것이 아니라 $\mathbf{x}_0$와 $\mathbf{x}_1$을 잇는 *선분*을 그린다. 점 $\mathbf{x}$는 $t = 0$인 $\mathbf{x}_0$에서 출발하여 $t = 1$인 $\mathbf{x}_1$에서 끝난다. 따라서 다음 정의를 얻는다.

정의 3

$\mathbf{x}_0$, $\mathbf{x}_1$이 R^n의 벡터이면 방정식

$$\mathbf{x} = \mathbf{x}_0 + t(\mathbf{x}_1 - \mathbf{x}_0) \quad (0 \le t \le 1) \tag{13}$$

은 ***$\mathbf{x}_0$와 $\mathbf{x}_1$을 잇는 선분***을 정의한다. 편리하게, 방정식 (13)은

$$\mathbf{x} = (1 - t)\mathbf{x}_0 + t\mathbf{x}_1 \quad (0 \le t \le 1) \tag{14}$$

으로 쓸 수 있다.

예제 5 | R^2의 한 점과 또 다른 점을 잇는 선분

(13), (14)에 의해 $\mathbf{x}_0 = (1, -3)$과 $\mathbf{x}_1 = (5, 6)$을 잇는 선분은 방정식

$$\mathbf{x} = (1, -3) + t(4, 9) \quad (0 \le t \le 1)$$

또는 방정식

$$\mathbf{x} = (1 - t)(1, -3) + t(5, 6) \quad (0 \le t \le 1)$$

으로 나타낼 수 있다.

선형계의 점곱형

일차방정식과 선형계가 점곱 기호로 어떻게 표현되는지 알아본다. 이것은 직교성과 선형계에 관한 중요한 결과를 얻는 데 사용된다.

변수 $x_1, x_2, \ldots, x_n$에 의한 *일차방정식*은

$$a_1x_1 + a_2x_2 + \cdots + a_nx_n = b \quad (a_1, a_2, \ldots, a_n \text{ 모두가 영은 아니다}) \tag{15}$$

형태로 쓰여지고, 대응하는 *동차방정식*은

$$a_1x_1 + a_2x_2 + \cdots + a_nx_n = 0 \quad (a_1, a_2, \ldots, a_n \text{ 모두가 영은 아니다}) \tag{16}$$

형태로 쓰여지는 것을 상기하자. 이들 방정식은

$$\mathbf{a} = (a_1, a_2, \ldots, a_n), \quad \mathbf{x} = (x_1, x_2, \ldots, x_n)$$

일 때 벡터 형태로 쓸 수 있는데, 공식 (15)는

$$\boxed{\mathbf{a} \cdot \mathbf{x} = b} \tag{17}$$

공식 (16)은

$$\boxed{\mathbf{a} \cdot \mathbf{x} = 0} \tag{18}$$

으로 나타낼 수 있다. **n**을 **a**로 바꾼 것을 제외하고는 공식 (18)은 3.3절의 공식 (6)을 R^n으로 확장한 것에 불과하다. 이 방정식은 *동차방정식의 각 해벡터* **x***는 계수벡터* **a***에 직교한다*는 것을 말해 준다. 이것을 한 단계 더 기하적으로 관찰해 보기 위해 동차 연립일차방정식

$$\begin{aligned}
a_{11}x_1 &+ a_{12}x_2 + \cdots + a_{1n}x_n = 0 \\
a_{21}x_1 &+ a_{22}x_2 + \cdots + a_{2n}x_n = 0 \\
\vdots \quad &\quad \vdots \qquad\qquad\quad \vdots \qquad \vdots \\
a_{m1}x_1 &+ a_{m2}x_2 + \cdots + a_{mn}x_n = 0
\end{aligned}$$

을 생각해 보자. 계수행렬의 연속하는 행벡터를 $\mathbf{r}_1, \mathbf{r}_2, \ldots, \mathbf{r}_m$이라 하면 연립일차방정식은

$$\begin{aligned}
\mathbf{r}_1 \cdot \mathbf{x} &= 0 \\
\mathbf{r}_2 \cdot \mathbf{x} &= 0 \\
\vdots \quad &\quad \vdots \\
\mathbf{r}_m \cdot \mathbf{x} &= 0
\end{aligned} \tag{19}$$

와 같은 점곱 형태로 나타낼 수 있는데, 이로부터 모든 해벡터 **x**는 계수행렬의 모든 행벡터에 직교한다는 것을 알 수 있다. 요약해서 말하면 다음 결과를 얻는다.

정리 3.4.3

A가 $m \times n$ 행렬이면 동차 연립방정식 $A\mathbf{x} = \mathbf{0}$의 해집합은 A의 모든 행벡터에 직교하는 R^n의 벡터들로 구성된다.

예제 6 | 행벡터와 해벡터의 직교성

1.2절의 예제 6에서 동차 연립방정식

$$\begin{bmatrix} 1 & 3 & -2 & 0 & 2 & 0 \\ 2 & 6 & -5 & -2 & 4 & -3 \\ 0 & 0 & 5 & 10 & 0 & 15 \\ 2 & 6 & 0 & 8 & 4 & 18 \end{bmatrix} \begin{bmatrix} x_1 \\ x_2 \\ x_3 \\ x_4 \\ x_5 \\ x_6 \end{bmatrix} = \begin{bmatrix} 0 \\ 0 \\ 0 \\ 0 \end{bmatrix}$$

의 일반해는

$$x_1 = -3r - 4s - 2t, \quad x_2 = r, \quad x_3 = -2s, \quad x_4 = s, \quad x_5 = t, \quad x_6 = 0$$

으로, 벡터 형태로 쓰면

$$\mathbf{x} = (-3r - 4s - 2t, r, -2s, s, t, 0)$$

이다. 정리 3.4.3에 의하면 벡터 $\mathbf{x}$는 행벡터

$$\begin{aligned} \mathbf{r}_1 &= (1, 3, -2, 0, 2, 0) \\ \mathbf{r}_2 &= (2, 6, -5, -2, 4, -3) \\ \mathbf{r}_3 &= (0, 0, 5, 10, 0, 15) \\ \mathbf{r}_4 &= (2, 6, 0, 8, 4, 18) \end{aligned}$$

각각에 직교해야 한다. 여기서는 $\mathbf{x}$가 $\mathbf{r}_1$에 직교함을 확인하고, $\mathbf{x}$가 다른 세 행벡터에 직교함은 독자가 검증하는 것으로 남긴다. $\mathbf{r}_1$과 $\mathbf{x}$의 점곱은

$$\mathbf{r}_1 \cdot \mathbf{x} = 1(-3r - 4s - 2t) + 3(r) + (-2)(-2s) + 0(s) + 2(t) + 0(0) = 0$$

으로 직교성이 입증된다.

연습문제 3.4

(1-4) 주어진 점을 지나면서 주어진 벡터에 평행인 직선의 벡터방정식과 매개방정식을 구하라.

1. 점: $(-4, 1)$; 벡터: $\mathbf{v} = (0, -8)$

2. 점: $(2, -1)$; 벡터: $\mathbf{v} = (-4, -2)$

3. 점: $(0, 0, 0)$; 벡터: $\mathbf{v} = (-3, 0, 1)$

4. 점: $(-9, 3, 4)$; 벡터: $\mathbf{v} = (-1, 6, 0)$

(5-8) 주어진 직선의 방정식을 사용하여 직선상의 한 점과 직선에 평행인 벡터를 구하라.

5. $\mathbf{x} = (3 - 5t, -6 - t)$

6. $(x, y, z) = (4t, 7, 4 + 3t)$

7. $\mathbf{x} = (1 - t)(4, 6) + t(-2, 0)$

8. $\mathbf{x} = (1 - t)(0, -5, 1)$

(9-12) 주어진 점을 포함하면서 두 벡터에 평행인 평면의 벡터방정식과 매개방정식을 구하라.

9. 점 $(-3, 1, 0)$; 벡터: $\mathbf{v}_1 = (0, -3, 6)$, $\mathbf{v}_2 = (-5, 1, 2)$

10. 점 $(0, 6, -2)$; 벡터: $\mathbf{v}_1 = (0, 9, -1)$, $\mathbf{v}_2 = (0, -3, 0)$

11. 점 $(-1, 1, 4)$; 벡터: $\mathbf{v}_1 = (6, -1, 0)$, $\mathbf{v}_2 = (-1, 3, 1)$

12. 점 $(0, 5, -4)$; 벡터: $\mathbf{v}_1 = (0, 0, -5)$, $\mathbf{v}_2 = (1, -3, -2)$

(13-14) R^2에서 원점을 지나면서 $\mathbf{v}$에 직교하는 직선의 벡터방정식과 매개방정식을 구하라.

13. $\mathbf{v} = (-2, 3)$ **14.** $\mathbf{v} = (1, -4)$

(15-16) R^3에서 원점을 지나면서 $\mathbf{v}$에 직교하는 직선의 벡터방정식과 매개방정식을 구하라.

15. $\mathbf{v} = (4, 0, -5)$ [힌트: R^3의 벡터 $\mathbf{v}$에 직교하면서 서로 평행하지 않은 두 벡터를 구하라.]

16. $\mathbf{v} = (3, 1, -6)$

(17-20) 선형계의 일반해를 구하고, 계수행렬의 행벡터들이 해벡터와 직교하는 것을 확인하라.

17. $x_1 + x_2 + x_3 = 0$
$2x_1 + 2x_2 + 2x_3 = 0$
$3x_1 + 3x_2 + 3x_3 = 0$

18. $x_1 + 3x_2 - 4x_3 = 0$
$2x_1 + 6x_2 - 8x_3 = 0$

19. $x_1 + 5x_2 + x_3 + 2x_4 - x_5 = 0$
$x_1 - 2x_2 - x_3 + 3x_4 + 2x_5 = 0$

20. $x_1 + 3x_2 - 4x_3 = 0$
$x_1 + 2x_2 + 3x_3 = 0$

21. a. 해공간이 벡터 $\mathbf{a} = (1, 1, 1)$과 $\mathbf{b} = (-2, 3, 0)$에 직교하는 R^3의 벡터들로 구성된, 세 개의 미지수와 두 개의 방정식으로 이루어진 동차 연립방정식을 구하라.

b. 해공간은 기하적으로 무엇을 의미하는가?

c. (a)에서 구한 동차 연립방정식의 일반해를 구하고, 정리 3.4.3이 성립함을 확인하라.

22. a. 해공간이 벡터 $\mathbf{a} = (-3, 2, -1)$과 $\mathbf{b} = (0, -2, -2)$에 직교하는 R^3의 벡터들로 구성된, 세 개의 미지수와 두 개의 방정식으로 이루어진 동차 연립방정식을 구하라.

b. 해공간은 기하적으로 무엇을 의미하는가?

c. (a)에서 구한 동차 연립방정식의 일반해를 구하고, 정리 3.4.3이 성립함을 확인하라.

23. a. $\mathbf{x} = \mathbf{x}_0 + t\mathbf{v}$는 R^n상의 직선이고 $T_A : R^n \to R^n$은 R^n의 가역인 행렬 연산자라 하자. A에 의한 곱에서 직선의 상이 직선임을 보여라.

b. $T_A : R^2 \to R^2$는 행렬

$$A = \begin{bmatrix} 2 & 1 \\ 3 & -4 \end{bmatrix}$$

에 의한 곱이라 하자. 직선 $\mathbf{x} = (1, 3) + t(2, -1)$에 대한 A에 의한 곱의 상(image)의 벡터방정식과 매개방정식을 구하라.

24. $T_A : R^3 \to R^3$이 행렬

$$A = \begin{bmatrix} 2 & -4 & 3 \\ 3 & 1 & 2 \\ 1 & 4 & -1 \end{bmatrix}$$

에 의한 곱이라 하자. 선분

$$(x, y, z) = (1 - t)(2, -3, 1) + t(4, 1, 2) \quad (0 \le t \le 1)$$

에 대한 A에 의한 곱의 상(image)의 벡터방정식을 구하라.

참-거짓 문제

TF. (a)-(e)가 참인지 거짓인지를 밝히고 그 이유를 설명하라.

a. 직선의 벡터방정식은 직선상의 임의의 점과 직선에 평행인 영이 아닌 벡터에 의해 결정된다.

b. 평면의 벡터방정식은 평면에 있는 임의의 점과 평면에 평행인 영이 아닌 벡터에 의해 결정된다.

c. R^2 또는 R^3에서 원점을 지나는 직선 위에 있는 점들은 직선상의 임의의 영이 아닌 벡터의 스칼라배이다.

d. 선형계 $A\mathbf{x} = \mathbf{b}$의 모든 해벡터들이 행렬 A의 행벡터들과 직교하기 위한 필요충분조건은 $\mathbf{b} = \mathbf{0}$이다.

e. $\mathbf{x}_1$, $\mathbf{x}_2$가 비동차 연립방정식 $A\mathbf{x} = \mathbf{b}$의 두 개의 해이면, $\mathbf{x}_1 - \mathbf{x}_2$는 대응하는 동차 연립방정식의 해이다.

계산도구 문제

T1. 동차 연립방정식

$$\begin{bmatrix} 2 & 6 & -4 & 0 & 4 & 0 \\ 0 & 0 & 1 & 2 & 0 & 3 \\ 6 & 18 & -15 & -6 & 12 & -9 \\ 1 & 3 & 0 & 4 & 2 & 9 \end{bmatrix} \begin{bmatrix} x_1 \\ x_2 \\ x_3 \\ x_4 \\ x_5 \\ x_6 \end{bmatrix} = \begin{bmatrix} 0 \\ 0 \\ 0 \\ 0 \end{bmatrix}$$

의 일반해를 구하라. 또한 정리 3.4.3에 따라 각 해벡터는 계수행렬의 모든 행벡터에 직교함을 확인하라.

3.5 외적

이 선택적 절에서는 물리학자와 공학자에게 중요한 3차원 공간에서의 벡터의 성질을 공부한다. 그러나 후속 절들과 연관되지 않기 때문에, 필요에 따라 생략할 수 있다. 무엇보다도 주어진 두 벡터에 수직인 3차원 공간의 벡터를 얻는 방법을 제공하는 연산을 정의하고, 3×3 행렬식을 기하적으로 해석한다.

벡터의 외적

3.2절에서 n-공간의 두 벡터 $\mathbf{u}$, $\mathbf{v}$의 점곱을 정의했고, 연산의 결과는 *스칼라*였다. 이제 연산의 결과가 *벡터*가 되는 벡터 곱셈의 유형을 정의할 것인데, 이 연산은 3-공간의 벡터에 대해서만 적용된다.

정의 1

$\mathbf{u} = (u_1, u_2, u_3)$, $\mathbf{v} = (v_1, v_2, v_3)$가 3-공간의 벡터이면 ***외적***(cross product) $\mathbf{u} \times \mathbf{v}$는

$$\mathbf{u}\times\mathbf{v} = (u_2v_3 - u_3v_2, u_3v_1 - u_1v_3, u_1v_2 - u_2v_1)$$

또는 행렬식 기호로

$$\mathbf{u}\times\mathbf{v} = \left(\begin{vmatrix} u_2 & u_3 \\ v_2 & v_3 \end{vmatrix}, -\begin{vmatrix} u_1 & u_3 \\ v_1 & v_3 \end{vmatrix}, \begin{vmatrix} u_1 & u_2 \\ v_1 & v_2 \end{vmatrix}\right) \tag{1}$$

으로 정의되는 벡터이다.

참고 식 (1)을 기억하는 대신 다음과 같이 $\mathbf{u} \times \mathbf{v}$의 성분을 구할 수 있다.

- 제1행은 $\mathbf{u}$의 성분, 제2행은 $\mathbf{v}$의 성분으로 구성된 2×3 행렬 $\begin{bmatrix} u_1 & u_2 & u_3 \\ v_1 & v_2 & v_3 \end{bmatrix}$을 만들어라.
- $\mathbf{u} \times \mathbf{v}$의 첫 번째 성분을 구하기 위해서 제1열을 제거하여 얻은 행렬식을 취하라. 두 번째 성분을 구하기 위해서 제2열을 제거하여 얻은 행렬식에 음의 부호를 취하라. 세 번째 성분을 구하기 위해서 제3열을 제거하여 얻은 행렬식을 취하라.

예제 1 | 외적 계산

$\mathbf{u} = (1, 2, -2)$, $\mathbf{v} = (3, 0, 1)$의 외적 $\mathbf{u} \times \mathbf{v}$를 구하라.

풀이 식 (1) 또는 위의 참고에서 제시한 방법에 의하면

$$\begin{aligned}\mathbf{u}\times\mathbf{v} &= \left(\begin{vmatrix} 2 & -2 \\ 0 & 1 \end{vmatrix}, -\begin{vmatrix} 1 & -2 \\ 3 & 1 \end{vmatrix}, \begin{vmatrix} 1 & 2 \\ 3 & 0 \end{vmatrix}\right) \\ &= (2, -7, -6)\end{aligned}$$

이다.

다음 정리는 점곱과 외적 사이의 중요한 성질을 알려 주고 또한 $\mathbf{u} \times \mathbf{v}$가 $\mathbf{u}$, $\mathbf{v}$ 둘 다에 직교한다는 것을 보여 준다.

정리 3.5.1

외적과 점곱이 포함된 관계

$\mathbf{u}, \mathbf{v}, \mathbf{w}$가 3-공간의 벡터이면 다음이 성립한다.

(*a*) $\mathbf{u}\cdot(\mathbf{u}\times\mathbf{v}) = 0$ [$\mathbf{u}\times\mathbf{v}$는 $\mathbf{u}$에 직교한다]

(*b*) $\mathbf{v}\cdot(\mathbf{u}\times\mathbf{v}) = 0$ [$\mathbf{u}\times\mathbf{v}$는 $\mathbf{v}$에 직교한다]

(*c*) $\|\mathbf{u}\times\mathbf{v}\|^2 = \|\mathbf{u}\|^2\|\mathbf{v}\|^2 - (\mathbf{u}\cdot\mathbf{v})^2$ [라그랑주의 항등식]

(*d*) $\mathbf{u}\times(\mathbf{v}\times\mathbf{w}) = (\mathbf{u}\cdot\mathbf{w})\mathbf{v} - (\mathbf{u}\cdot\mathbf{v})\mathbf{w}$ [벡터 삼중곱]

(e) $(\mathbf{u}\times\mathbf{v})\times\mathbf{w} = (\mathbf{u}\cdot\mathbf{w})\mathbf{v} - (\mathbf{v}\cdot\mathbf{w})\mathbf{u}$ [벡터 삼중곱]

정리 3.5.1의 (*d*) 와 (*e*)의 벡터 삼중곱에 대한 공식은 주어진 외적을 구하기 위해서 행렬식이 요구되는 계산을 하는 대신 점곱과 스칼라 곱셈을 사용하여 구할 수 있기 때문에 유용하다.

역사 노트

외적 기호 $A \times B$는 미국 물리학자이자 수학자인 깁스(J. W. Gibbs, p. 182 참조)의 예일대학교 학생들을 위한 미출판 강의록에서 소개되었다. 이 기호는 깁스의 제자인 윌슨(Edwin Wilson, 1879–1964)의 저서 *벡터해석학*(*Vector Analysis*)의 제2판에 출판물로는 처음으로 등장했다. 깁스는 원래 $A \times B$를 왜곱(skew product)이라 불렀다.

증명 (a) $\mathbf{u} = (u_1, u_2, u_3)$, $\mathbf{v} = (v_1, v_2, v_3)$

$$\begin{aligned}\mathbf{u}\cdot(\mathbf{u}\times\mathbf{v}) &= (u_1, u_2, u_3)\cdot(u_2v_3 - u_3v_2, u_3v_1 - u_1v_3, u_1v_2 - u_2v_1)\\ &= u_1(u_2v_3 - u_3v_2) + u_2(u_3v_1 - u_1v_3) + u_3(u_1v_2 - u_2v_1) = 0\end{aligned}$$

증명 (b) (*a*)의 증명과 유사하다.

증명 (c) $\|\mathbf{u}\times\mathbf{v}\|^2 = (u_2v_3 - u_3v_2)^2 + (u_3v_1 - u_1v_3)^2 + (u_1v_2 - u_2v_1)^2$ (2)

이고

$$\|\mathbf{u}\|^2\|\mathbf{v}\|^2 - (\mathbf{u}\cdot\mathbf{v})^2 = (u_1^2 + u_2^2 + u_3^2)(v_1^2 + v_2^2 + v_3^2) - (u_1v_1 + u_2v_2 + u_3v_3)^2 \quad (3)$$

이므로, 곱셈을 이용하여 (2)와 (3)의 우변이 같다는 것을 보임으로써 증명을 완료할 수 있다.

증명 (d), (e) 연습문제 40, 41을 참조하라. ■

예제 2 | $\mathbf{u}\times\mathbf{v}$는 $\mathbf{u}, \mathbf{v}$와 수직이다

벡터 $\mathbf{u} = (1, 2, -2)$와 $\mathbf{v} = (3, 0, 1)$를 생각해 보자.

$$\mathbf{u}\cdot(\mathbf{u}\times\mathbf{v}) = (1)(2) + (2)(-7) + (-2)(-6) = 0$$

이고

$$\mathbf{v}\cdot(\mathbf{u}\times\mathbf{v}) = (3)(2) + (0)(-7) + (1)(-6) = 0$$

이므로, 정리 3.5.1에서 언급한 바와 같이 $\mathbf{u}\times\mathbf{v}$는 $\mathbf{u}, \mathbf{v}$에 직교한다.

역사 노트

라그랑주
(Joseph Louis Lagrange, 1736–1813)

정리 3.5.1의 공식 두 개를 만든 라그랑주는 프랑스계 이탈리아인으로 수학자이자 천문학자였다. 그의 아버지는 그가 법률가가 되기를 원했지만 라그랑주는 천문학자 핼리(Edmond Halley)의 회고록을 읽은 후 수학과 천문학에 흥미를 느꼈다. 그는 16세에 수학 공부를 시작하여 19세에는 토리노에 있는 왕실 포병 학교의 교수가 되었다. 다음 해 그는 *변분법*(calculus of variation)이라 불리는, 수학 분야에서 꽃을 피우게 되는 새로운 방법을 사용하여 유명한 문제들을 풀었다. 이 방법과 이 방법의 천체역학 문제에 대한 응용이 매우 기념비적이었기 때문에 라그랑주는 25세에 이미 동시대 사람들에게 가장 위대한 수학자로 추앙받았다. 라그랑주의 가장 유명한 업적 중 하나는 명저 *해석역학*(*Mécanique Analytique*)으로, 역학 이론을 다른 모든 필수 방정식을 도출할 수 있는 몇 개의 일반 공식으로 줄였다. 나폴레옹 보나파르트는 라그랑주를 매우 존경하였으며 그에게 많은 명예를 안겨 주었다. 명성에도 불구하고 라그랑주는 수줍고 겸손한 사람이었다. 사망 후 영예롭게 판테온에 안장되었다.

[Image: © traveler1116/iStockphoto]

예제 3 | 표준단위벡터의 외적

3.2절에서 3-공간의 표준단위벡터는

$$\mathbf{i} = (1, 0, 0), \quad \mathbf{j} = (0, 1, 0), \quad \mathbf{k} = (0, 0, 1)$$

로 정의되었음을 상기하자. 이들 벡터는 길이가 1이고 좌표축 위에 놓여 있다(**그림 3.5.1**).

$$\mathbf{v} = (v_1, v_2, v_3) = v_1(1,0,0) + v_2(0,1,0) + v_3(0,0,1) = v_1\mathbf{i} + v_2\mathbf{j} + v_3\mathbf{k}$$

으로 쓸 수 있으므로 3-공간의 모든 벡터 $\mathbf{v} = (v_1, v_2, v_3)$은 **i**, **j**, **k**에 의해 표현된다. 예를 들어

$$(2, -3, 4) = 2\mathbf{i} - 3\mathbf{j} + 4\mathbf{k}$$

이고, (1)에 의해

$$\mathbf{i} \times \mathbf{j} = \left(\begin{vmatrix} 0 & 0 \\ 1 & 0 \end{vmatrix}, -\begin{vmatrix} 1 & 0 \\ 0 & 0 \end{vmatrix}, \begin{vmatrix} 1 & 0 \\ 0 & 1 \end{vmatrix} \right) = (0, 0, 1) = \mathbf{k}$$

이다.

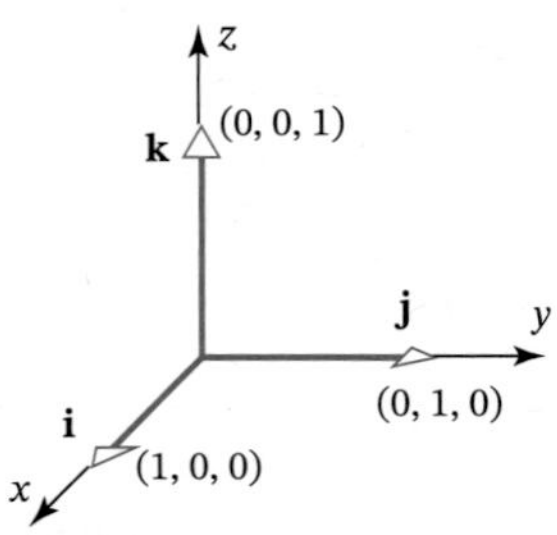

그림 3.5.1 표준단위벡터들

다음 정리는 외적의 중요한 연산 성질들이다.

정리 3.5.2

외적의 성질

u, v, w가 3-공간의 벡터이고 k가 임의의 스칼라이면 다음이 성립한다.

(*a*) $\mathbf{u}\times\mathbf{v} = -(\mathbf{v}\times\mathbf{u})$

(*b*) $\mathbf{u}\times(\mathbf{v}+\mathbf{w}) = (\mathbf{u}\times\mathbf{v})+(\mathbf{u}\times\mathbf{w})$

(*c*) $(\mathbf{u}+\mathbf{v})\times\mathbf{w} = (\mathbf{u}\times\mathbf{w})+(\mathbf{v}\times\mathbf{w})$

(*d*) $k(\mathbf{u}\times\mathbf{v}) = (k\mathbf{u})\times\mathbf{v} = \mathbf{u}\times(k\mathbf{v})$

(*e*) $\mathbf{u}\times\mathbf{0} = \mathbf{0}\times\mathbf{u} = \mathbf{0}$

(*f*) $\mathbf{u}\times\mathbf{u} = \mathbf{0}$

증명은 공식 (1)과 행렬식의 성질을 이용하면 바로 얻어진다. 예를 들어 (*a*)는 다음과 같이 증명할 수 있다.

***증명* (*a*)** (1)에서 **u**와 **v**를 교환하는 것은 (1)의 우변에 있는 세 행렬식의 행들을 교환하는 것이므로 외적의 각 성분의 부호가 바뀌게 된다. 그러므로 $\mathbf{u}\times\mathbf{v} = -(\mathbf{v}\times\mathbf{u})$. ■

남은 부분의 증명은 연습문제로 남긴다.

어렵지 않게 다음의 결과를 얻는다.

$$\begin{array}{lll} \mathbf{i}\times\mathbf{i}=\mathbf{0} & \mathbf{j}\times\mathbf{j}=\mathbf{0} & \mathbf{k}\times\mathbf{k}=\mathbf{0} \\ \mathbf{i}\times\mathbf{j}=\mathbf{k} & \mathbf{j}\times\mathbf{k}=\mathbf{i} & \mathbf{k}\times\mathbf{i}=\mathbf{j} \\ \mathbf{j}\times\mathbf{i}=-\mathbf{k} & \mathbf{k}\times\mathbf{j}=-\mathbf{i} & \mathbf{i}\times\mathbf{k}=-\mathbf{j} \end{array}$$

그림 3.5.2는 이러한 결과를 기억하는 데 도움이 된다. 이 다이어그램에 의하면, 시계방향으로 연속인 두 벡터의 외적은 그 방향을 따르는 다음 벡터이고, 반시계방향으로 연속인 두 벡터의 외적은 그 방향을 따르는 다음 벡터의 음(negative)이다.

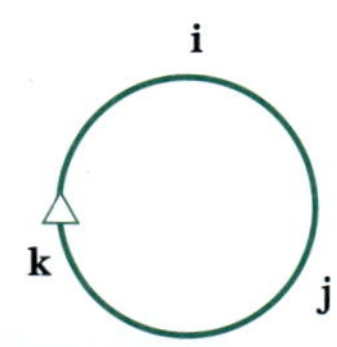

그림 3.5.2

외적의 행렬식 형태

외적은 다음과 같은 형태의 기호로도 표현될 수 있다.

$$\mathbf{u}\times\mathbf{v} = \begin{vmatrix} \mathbf{i} & \mathbf{j} & \mathbf{k} \\ u_1 & u_2 & u_3 \\ v_1 & v_2 & v_3 \end{vmatrix} = \begin{vmatrix} u_2 & u_3 \\ v_2 & v_3 \end{vmatrix}\mathbf{i} - \begin{vmatrix} u_1 & u_3 \\ v_1 & v_3 \end{vmatrix}\mathbf{j} + \begin{vmatrix} u_1 & u_2 \\ v_1 & v_2 \end{vmatrix}\mathbf{k} \tag{4}$$

예를 들어 $\mathbf{u} = (1, 2, -2)$이고 $\mathbf{v} = (3, 0, 1)$이면,

$$\mathbf{u}\times\mathbf{v} = \begin{vmatrix} \mathbf{i} & \mathbf{j} & \mathbf{k} \\ 1 & 2 & -2 \\ 3 & 0 & 1 \end{vmatrix} = 2\mathbf{i} - 7\mathbf{j} - 6\mathbf{k}$$

으로 예제 1의 결과와 같음을 알 수 있다.

참고 정리 3.5.1의 (*d*), (*e*)에 의해 입증된 바와 같이, 일반적으로 $\mathbf{u}\times(\mathbf{v}\times\mathbf{w}) = (\mathbf{u}\times\mathbf{v})\times\mathbf{w}$는 참이 아니다. 예를 들어

$$\mathbf{i}\times(\mathbf{j}\times\mathbf{j})=\mathbf{i}\times\mathbf{0}=\mathbf{0}$$

이고

$$(\mathbf{i}\times\mathbf{j})\times\mathbf{j}=\mathbf{k}\times\mathbf{j}=-\mathbf{i}$$

이므로

$$\mathbf{i}\times(\mathbf{j}\times\mathbf{j})\neq(\mathbf{i}\times\mathbf{j})\times\mathbf{j}$$

이다.

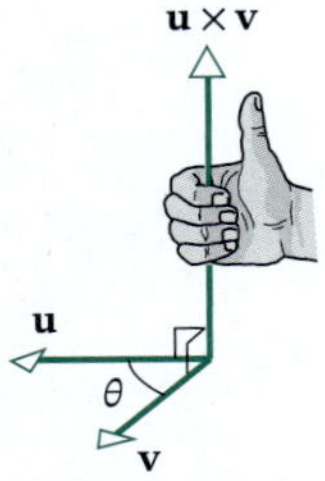

그림 3.5.3

정리 3.5.1로부터 $\mathbf{u}\times\mathbf{v}$는 $\mathbf{u}$, $\mathbf{v}$에 직교하는 것을 알고 있다. $\mathbf{u}$, $\mathbf{v}$가 영이 아닌 벡터이면, $\mathbf{u}\times\mathbf{v}$의 방향은 다음 "오른손법칙"(**그림 3.5.3**)에 의해 결정된다: θ가 $\mathbf{u}$, $\mathbf{v}$의 사잇각이고 $\mathbf{u}$가 $\mathbf{v}$와 동일 직선상에 있도록 θ만큼 회전한다고 하자. 오른손의 손가락들을 회전방향으로 움켜 쥐면 엄지손가락은 $\mathbf{u}\times\mathbf{v}$의 방향을 가리킨다.

연습을 통해서 곱

$$\mathbf{i}\times\mathbf{j}=\mathbf{k},\quad \mathbf{j}\times\mathbf{k}=\mathbf{i},\quad \mathbf{k}\times\mathbf{i}=\mathbf{j}$$

이 성립함을 확인해도 좋다.

외적의 기하적 해석

$\mathbf{u}$, $\mathbf{v}$가 3-공간의 벡터이면, $\mathbf{u}\times\mathbf{v}$의 놈(norm)은 유용한 기하적 해석을 갖는다. 정리 3.5.1에서 주어진 라그랑주의 항등식은

$$\|\mathbf{u}\times\mathbf{v}\|^2=\|\mathbf{u}\|^2\|\mathbf{v}\|^2-(\mathbf{u}\cdot\mathbf{v})^2 \tag{5}$$

을 나타낸다. θ가 $\mathbf{u}$, $\mathbf{v}$의 사잇각이면, $\mathbf{u}\cdot\mathbf{v}=\|\mathbf{u}\|\|\mathbf{v}\|\cos\theta$이므로, (5)는

$$\begin{aligned}\|\mathbf{u}\times\mathbf{v}\|^2&=\|\mathbf{u}\|^2\|\mathbf{v}\|^2-\|\mathbf{u}\|^2\|\mathbf{v}\|^2\cos^2\theta\\&=\|\mathbf{u}\|^2\|\mathbf{v}\|^2(1-\cos^2\theta)\\&=\|\mathbf{u}\|^2\|\mathbf{v}\|^2\sin^2\theta\end{aligned}$$

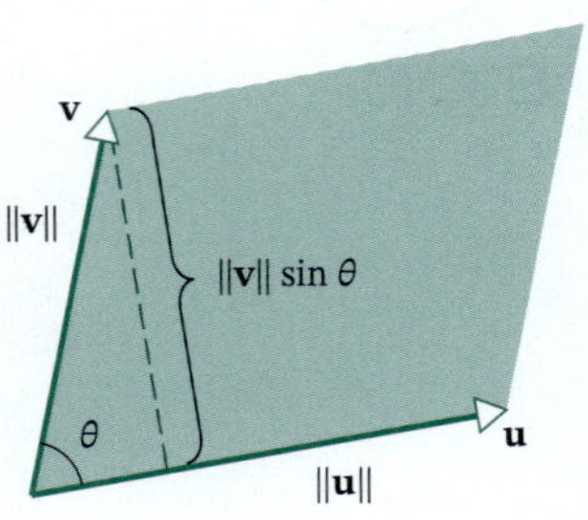

그림 3.5.4

으로 쓸 수 있다. $0\le\theta\le\pi$이므로 $\theta\ge 0$, 따라서

$$\boxed{\|\mathbf{u}\times\mathbf{v}\|=\|\mathbf{u}\|\|\mathbf{v}\|\sin\theta} \tag{6}$$

으로 쓸 수 있다. 그러나 $\|\mathbf{v}\|\sin\theta$는 $\mathbf{u}$, $\mathbf{v}$에 의해 결정된 평행사변형(**그림 3.5.4**)의 높이이기 때문에, 이 평행사변형의 넓이 A는

$$A=(\text{밑변})(\text{높이})=\|\mathbf{u}\|\|\mathbf{v}\|\sin\theta=\|\mathbf{u}\times\mathbf{v}\|$$

이다. 이 결과는 $\mathbf{u}$, $\mathbf{v}$가 동일 직선상에 있는 경우에도 성립하는데, 이때 $\mathbf{u}$, $\mathbf{v}$에 결정되는 평행사변형의 넓이는 0이다. 또한 이 경우에는 $\theta=0$이므로, 식 (6)에 의해 $\mathbf{u}\times\mathbf{v}=\mathbf{0}$이다. 그러므로 다음 정리를 얻는다.

정리 3.5.3

평행사변형의 넓이

$\mathbf{u}$, $\mathbf{v}$가 3-공간의 벡터이면 $\|\mathbf{u} \times \mathbf{v}\|$는 $\mathbf{u}$, $\mathbf{v}$에 의해 결정되는 평행사변형의 넓이이다.

예제 4 | 삼각형의 넓이

세 점 $P_1(2, 2, 0)$, $P_2(-1, 0, 2)$, $P_3(0, 4, 3)$이 만드는 삼각형의 넓이를 구하라.

풀이 삼각형의 넓이 A는 벡터 $\overrightarrow{P_1P_2}$, $\overrightarrow{P_1P_3}$이 만드는 평행사변형(**그림 3.5.5**)의 넓이의 1/2이다. 3.1절의 예제 1에서 소개했던 방법을 이용하면 $\overrightarrow{P_1P_2} = (-3, -2, 2)$, $\overrightarrow{P_1P_3} = (-2, 2, 3)$이다. 따라서

$$\overrightarrow{P_1P_2} \times \overrightarrow{P_1P_3} = (-10, 5, -10)$$

이고(검증하라), 결과적으로

$$A = \tfrac{1}{2}\|\overrightarrow{P_1P_2} \times \overrightarrow{P_1P_3}\| = \tfrac{1}{2}(15) = \tfrac{15}{2}$$

이다.

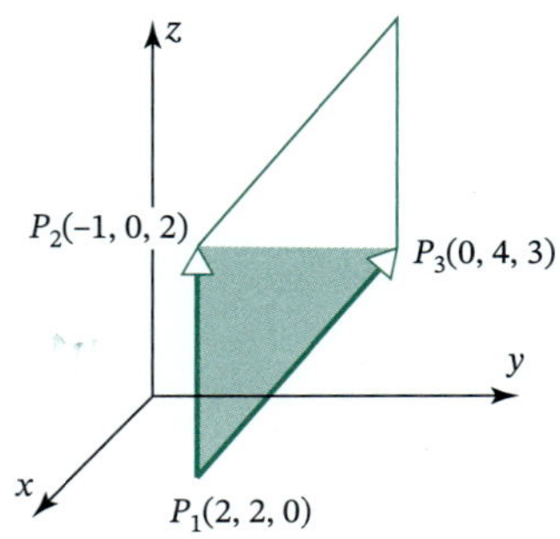

그림 3.5.5

정의 2

$\mathbf{u}$, $\mathbf{v}$, $\mathbf{w}$가 3-공간의 벡터이면

$$\mathbf{u} \cdot (\mathbf{v} \times \mathbf{w})$$

는 $\mathbf{u}$, $\mathbf{v}$, $\mathbf{w}$의 ***스칼라 삼중곱***(scalar triple product)이라 부른다.

$\mathbf{u} = (u_1, u_2, u_3)$, $\mathbf{v} = (v_1, v_2, v_3)$, $\mathbf{w} = (w_1, w_2, w_3)$의 스칼라 삼중곱은 공식

$$\boxed{\mathbf{u} \cdot (\mathbf{v} \times \mathbf{w}) = \begin{vmatrix} u_1 & u_2 & u_3 \\ v_1 & v_2 & v_3 \\ w_1 & w_2 & w_3 \end{vmatrix}} \tag{7}$$

에 의해 구할 수 있다. 이 공식은

$$\begin{aligned} \mathbf{u} \cdot (\mathbf{v} \times \mathbf{w}) &= \mathbf{u} \cdot \left(\begin{vmatrix} v_2 & v_3 \\ w_2 & w_3 \end{vmatrix} \mathbf{i} - \begin{vmatrix} v_1 & v_3 \\ w_1 & w_3 \end{vmatrix} \mathbf{j} + \begin{vmatrix} v_1 & v_2 \\ w_1 & w_2 \end{vmatrix} \mathbf{k} \right) \\ &= \begin{vmatrix} v_2 & v_3 \\ w_2 & w_3 \end{vmatrix} u_1 - \begin{vmatrix} v_1 & v_3 \\ w_1 & w_3 \end{vmatrix} u_2 + \begin{vmatrix} v_1 & v_2 \\ w_1 & w_2 \end{vmatrix} u_3 \\ &= \begin{vmatrix} u_1 & u_2 & u_3 \\ v_1 & v_2 & v_3 \\ w_1 & w_2 & w_3 \end{vmatrix} \end{aligned}$$

이기 때문에 공식 (4)로부터 얻어진다.

예제 5 | 스칼라 삼중곱의 계산

벡터

$$\mathbf{u} = 3\mathbf{i} - 2\mathbf{j} - 5\mathbf{k}, \quad \mathbf{v} = \mathbf{i} + 4\mathbf{j} - 4\mathbf{k}, \quad \mathbf{w} = 3\mathbf{j} + 2\mathbf{k}$$

의 스칼라 삼중곱 $\mathbf{u} \cdot (\mathbf{v} \times \mathbf{w})$를 계산하라.

풀이 (7)에 의해 다음과 같다.

$$\begin{aligned}\mathbf{u} \cdot (\mathbf{v} \times \mathbf{w}) &= \begin{vmatrix} 3 & -2 & -5 \\ 1 & 4 & -4 \\ 0 & 3 & 2 \end{vmatrix} \\ &= 3\begin{vmatrix} 4 & -4 \\ 3 & 2 \end{vmatrix} - (-2)\begin{vmatrix} 1 & -4 \\ 0 & 2 \end{vmatrix} + (-5)\begin{vmatrix} 1 & 4 \\ 0 & 3 \end{vmatrix} \\ &= 60 + 4 - 15 = 49\end{aligned}$$

참고 스칼라와 벡터의 외적은 정의할 수 없기 때문에 기호 $(\mathbf{u} \cdot \mathbf{v}) \times \mathbf{w}$는 의미가 없다. 그러므로 $\mathbf{u} \cdot (\mathbf{v} \times \mathbf{w})$ 대신 $\mathbf{u} \cdot \mathbf{v} \times \mathbf{w}$라고 쓴다 해도 모호성이 발생하지 않는다. 그러나 분명히 하기 위해 괄호를 쓰는 것이 좋다.

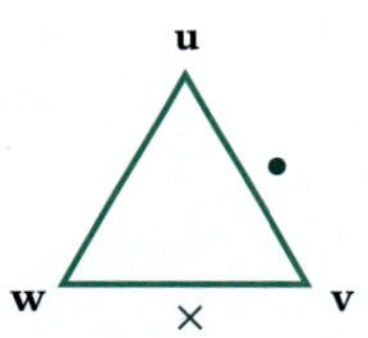

그림 3.5.6

(7)로부터

$$\mathbf{u} \cdot (\mathbf{v} \times \mathbf{w}) = \mathbf{w} \cdot (\mathbf{u} \times \mathbf{v}) = \mathbf{v} \cdot (\mathbf{w} \times \mathbf{u})$$

인데, 이들 곱을 나타내는 3×3 행렬식들은 두 번의 행교환에 의해 서로로부터 얻어진다(검증하라). 이들 관계는 **그림 3.5.6**의 삼각형의 꼭짓점인 벡터 $\mathbf{u}$, $\mathbf{v}$, $\mathbf{w}$를 시계방향으로 이동시키면서 기억할 수 있다.

행렬식의 기하적 해석

다음 정리는 2×2, 3×3 행렬식의 유용한 기하적 해석을 제공한다.

정리 3.5.4

(*a*) 행렬식

$$\det\begin{bmatrix} u_1 & u_2 \\ v_1 & v_2 \end{bmatrix}$$

의 절대값은 벡터 $\mathbf{u} = (u_1, u_2)$, $\mathbf{v} = (v_1, v_2)$에 의해 결정되는 2-공간의 평행사변형의 넓이이다(**그림 3.5.7*a*** 참조).

(*b*) 행렬식

$$\det\begin{bmatrix} u_1 & u_2 & u_3 \\ v_1 & v_2 & v_3 \\ w_1 & w_2 & w_3 \end{bmatrix}$$

의 절대값은 벡터 $\mathbf{u} = (u_1, u_2, u_3)$, $\mathbf{v} = (v_1, v_2, v_3)$, $\mathbf{w} = (w_1, w_2, w_3)$에 의해 결정되는 3-공간의 평행육면체의 부피이다(**그림 3.5.7*b*** 참조).

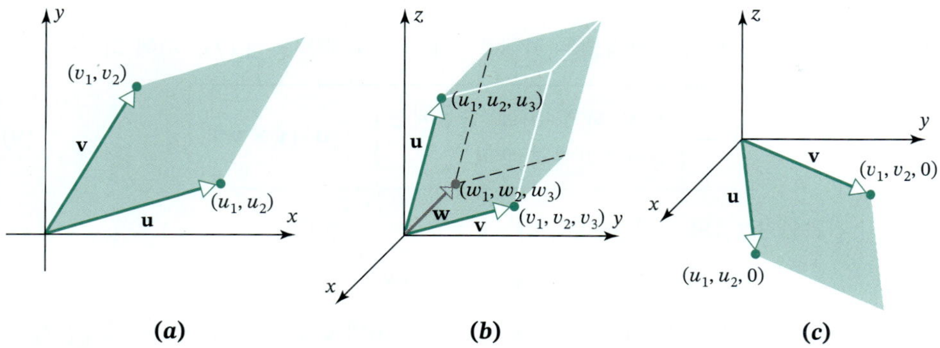

그림 3.5.7

증명 (a) 정리 3.5.3을 사용하여 증명한다. 정리 3.5.3은 3-공간 벡터에 대한 것이지만, 여기서 $\mathbf{u} = (u_1, u_2)$, $\mathbf{v} = (v_1, v_2)$는 2-공간의 벡터이다. 이러한 "차원의 문제"를 해결하기 위해 **u**, **v**를 *xyz*-좌표계에서의 *xy*-평면의 벡터(**그림 3.5.7*c***)로 보고 $\mathbf{u} = (u_1, u_2, 0)$, $\mathbf{v} = (v_1, v_2, 0)$으로 표현할 것이다. 그러므로

$$\mathbf{u} \times \mathbf{v} = \begin{vmatrix} \mathbf{i} & \mathbf{j} & \mathbf{k} \\ u_1 & u_2 & 0 \\ v_1 & v_2 & 0 \end{vmatrix} = \begin{vmatrix} u_1 & u_2 \\ v_1 & v_2 \end{vmatrix} \mathbf{k} = \det \begin{bmatrix} u_1 & u_2 \\ v_1 & v_2 \end{bmatrix} \mathbf{k}$$

정리 3.5.3과 $\|k\| = 1$에 의해, **u**, **v**에 의해 결정되는 평행사변형의 넓이 A는

$$A = \|\mathbf{u} \times \mathbf{v}\| = \left\| \det \begin{bmatrix} u_1 & u_2 \\ v_1 & v_2 \end{bmatrix} \mathbf{k} \right\| = \left| \det \begin{bmatrix} u_1 & u_2 \\ v_1 & v_2 \end{bmatrix} \right| \|\mathbf{k}\| = \left| \det \begin{bmatrix} u_1 & u_2 \\ v_1 & v_2 \end{bmatrix} \right|$$

이므로 증명이 완결된다.

증명 (b) **그림 3.5.8**에서 보듯이 **u**, **v**, **w**에 의해 결정되는 평행육면체의 밑면은 **v**, **w**에 의해 결정되는 평행사변형으로 하자. 정리 3.5.3에 의해 밑면의 넓이는 $\|\mathbf{v} \times \mathbf{w}\|$이고, 그림 3.5.8과 같이 평행육면체의 높이 h는 $\mathbf{v} \times \mathbf{w}$ 위로의 **u**의 정사영의 길이이다. 그러므로 3.3절의 공식 (12)에 의해

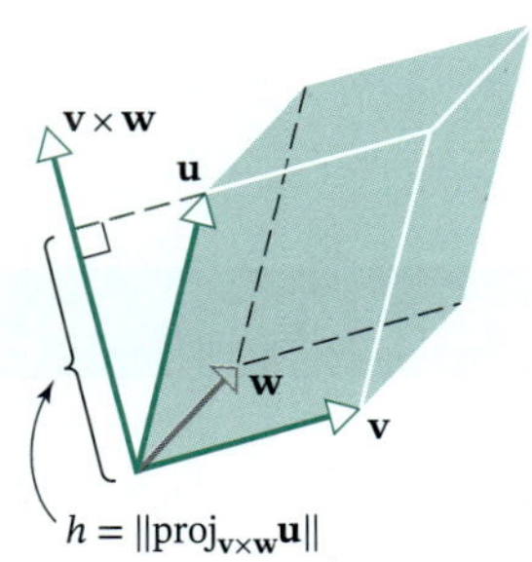

그림 3.5.8

$$h = \|\text{proj}_{\mathbf{v}\times\mathbf{w}}\mathbf{u}\| = \frac{|\mathbf{u} \cdot (\mathbf{v} \times \mathbf{w})|}{\|\mathbf{v} \times \mathbf{w}\|}$$

이다. 평행육면체의 부피 V는

$$(\text{밑면의 넓이}) \cdot \text{높이} = \|\mathbf{v} \times \mathbf{w}\| \frac{|\mathbf{u} \cdot (\mathbf{v} \times \mathbf{w})|}{\|\mathbf{v} \times \mathbf{w}\|} = |\mathbf{u} \cdot (\mathbf{v} \times \mathbf{w})|$$

이므로 (7)로부터

$$V = \left|\det\begin{bmatrix} u_1 & u_2 & u_3 \\ v_1 & v_2 & v_3 \\ w_1 & w_2 & w_3 \end{bmatrix}\right| \tag{8}$$

이므로 증명이 완결된다. ■

참고 V가 **u**, **v**, **w**에 의해 결정되는 평행육면체의 부피이면 공식 (7), (8)에 의해

$$\boxed{V = \begin{bmatrix} \mathbf{u},\ \mathbf{v},\ \mathbf{w}\text{에 의해 결정되는} \\ \text{평행육면체의 부피} \end{bmatrix} = |\mathbf{u}\cdot(\mathbf{v}\times\mathbf{w})|} \tag{9}$$

이다. 이 결과와 3.2절의 정의 3으로부터

$$\mathbf{u}\cdot(\mathbf{v}\times\mathbf{w}) = \pm V$$

으로 결론지을 수 있다. 이때 V의 부호(+ 또는 −)는 **u**와 $\mathbf{v}\times\mathbf{w}$의 사잇각이 예각인지 둔각인지에 따라 결정된다.

식 (9)는 주어진 세 벡터가 같은 평면에 있는지를 확인할 수 있는 유용한 방법으로 사용된다. 같은 평면에 있지 않은 세 벡터는 양의 부피를 갖는 평행육면체이기 때문에 식 (9)로부터 $|\mathbf{u}\cdot(\mathbf{v}\times\mathbf{w})| = 0$이기 위한 필요충분조건은 벡터 **u**, **v**, **w**가 같은 평면에 있는 것이다. 그러므로 다음 결과를 얻는다.

정리 3.5.5

벡터 $\mathbf{u} = (u_1, u_2, u_3)$, $\mathbf{v} = (v_1, v_2, v_3)$, $\mathbf{w} = (w_1, w_2, w_3)$가 같은 시점을 갖는다면, 이들이 같은 평면에 있기 위한 필요충분조건은

$$\mathbf{u}\cdot(\mathbf{v}\times\mathbf{w}) = \begin{vmatrix} u_1 & u_2 & u_3 \\ v_1 & v_2 & v_3 \\ w_1 & w_2 & w_3 \end{vmatrix} = 0$$

이다.

연습문제 3.5

(1-2) $\mathbf{u} = (3, 2, -1)$, $\mathbf{v} = (0, 2, -3)$, $\mathbf{w} = (2, 6, 7)$*일 때, 다음 벡터를 계산하라.*

1. **a.** $\mathbf{v}\times\mathbf{w}$ **b.** $\mathbf{w}\times\mathbf{v}$
c. $(\mathbf{u}+\mathbf{v})\times\mathbf{w}$ **d.** $\mathbf{v}\cdot(\mathbf{v}\times\mathbf{w})$
e. $\mathbf{v}\times\mathbf{v}$ **f.** $(\mathbf{u}-3\mathbf{w})\times(\mathbf{u}-3\mathbf{w})$

2. **a.** $\mathbf{u}\times\mathbf{v}$ **b.** $-(\mathbf{u}\times\mathbf{v})$
c. $\mathbf{u}\times(\mathbf{v}+\mathbf{w})$ **d.** $\mathbf{w}\cdot(\mathbf{w}\times\mathbf{v})$
e. $\mathbf{w}\times\mathbf{w}$ **f.** $(7\mathbf{v}-3\mathbf{u})\times(7\mathbf{v}-3\mathbf{u})$

(3-4) **u**, **v**, **w***는 연습문제 1-2와 같은 벡터이다. 라그랑주의 항등식을 사용하여 주어진 식을 점곱과 스칼라 곱셈만을 사용하여 표현한 다음, 항등식의 양변을 구하여 결과를 확인하라.*

3. $\|\mathbf{u}\times\mathbf{w}\|^2$ **4.** $\|\mathbf{v}\times\mathbf{u}\|^2$

(5-6) **u**, **v**, **w***는 연습문제 1-2와 같은 벡터이다. 벡터 삼중곱을 직접 계산하고, 정리 3.5.1의 (d)와 (e)를 사용하여 계산 결과가*

맞는지 확인하라.

5. $\mathbf{u} \times (\mathbf{v} \times \mathbf{w})$

6. $(\mathbf{u} \times \mathbf{v}) \times \mathbf{w}$

(7-8) 외적을 사용하여 **u**, **v** *모두에 직교하는 벡터를 구하라.*

7. $\mathbf{u} = (-6, 4, 2), \mathbf{v} = (3, 1, 5)$

8. $\mathbf{u} = (1, 1, -2), \mathbf{v} = (2, -1, 2)$

(9-10) 주어진 벡터 **u**, **v***에 의해 결정되는 평행사변형의 넓이를 구하라.*

9. $\mathbf{u} = (1, -1, 2), \mathbf{v} = (0, 3, 1)$

10. $\mathbf{u} = (3, -1, 4), \mathbf{v} = (6, -2, 8)$

(11-12) 주어진 꼭짓점을 갖는 평행사변형의 넓이를 구하라.

11. $P_1(1, 2), P_2(4, 4), P_3(7, 5), P_4(4, 3)$

12. $P_1(3, 2), P_2(5, 4), P_3(9, 4), P_4(7, 2)$

(13-14) 주어진 꼭짓점을 갖는 삼각형의 넓이를 구하라.

13. $A(2, 0), B(3, 4), C(-1, 2)$

14. $A(1, 1), B(2, 2), C(3, -3)$

(15-16) 주어진 꼭짓점을 갖는 3-공간상의 삼각형의 넓이를 구하라.

15. $P_1(2, 6, -1), P_2(1, 1, 1), P_3(4, 6, 2)$

16. $P(1, -1, 2), Q(0, 3, 4), R(6, 1, 8)$

(17-18) **u**, **v**, **w***를 변으로 하는 평행육면체의 부피를 구하라.*

17. $\mathbf{u} = (2, -6, 2), \mathbf{v} = (0, 4, -2), \mathbf{w} = (2, 2, -4)$

18. $\mathbf{u} = (3, 1, 2), \mathbf{v} = (4, 5, 1), \mathbf{w} = (1, 2, 4)$

(19-20) 같은 시점을 갖는 세 벡터 **u**, **v**, **w***가 동일 평면상에 있는지 판정하라.*

19. $\mathbf{u} = (-1, -2, 1), \mathbf{v} = (3, 0, -2), \mathbf{w} = (5, -4, 0)$

20. $\mathbf{u} = (5, -2, 1), \mathbf{v} = (4, -1, 1), \mathbf{w} = (1, -1, 0)$

(21-24) 스칼라 삼중곱 $\mathbf{u} \cdot (\mathbf{v} \times \mathbf{w})$*를 구하라.*

21. $\mathbf{u} = (-2, 0, 6), \mathbf{v} = (1, -3, 1), \mathbf{w} = (-5, -1, 1)$

22. $\mathbf{u} = (-1, 2, 4), \mathbf{v} = (3, 4, -2), \mathbf{w} = (-1, 2, 5)$

23. $\mathbf{u} = (a, 0, 0), \mathbf{v} = (0, b, 0), \mathbf{w} = (0, 0, c)$

24. $\mathbf{u} = \mathbf{i}, \mathbf{v} = \mathbf{j}, \mathbf{w} = \mathbf{k}$

(25-26) $\mathbf{u} \cdot (\mathbf{v} \times \mathbf{w}) = 3$*일 때, 다음을 구하라.*

25. a. $\mathbf{u} \cdot (\mathbf{w} \times \mathbf{v})$ **b.** $(\mathbf{v} \times \mathbf{w}) \cdot \mathbf{u}$ **c.** $\mathbf{w} \cdot (\mathbf{u} \times \mathbf{v})$

26. a. $\mathbf{v} \cdot (\mathbf{u} \times \mathbf{w})$ **b.** $(\mathbf{u} \times \mathbf{w}) \cdot \mathbf{v}$ **c.** $\mathbf{v} \cdot (\mathbf{w} \times \mathbf{w})$

27. a. $A(1, 0, 1), B(0, 2, 3), C(2, 1, 0)$을 꼭짓점으로 하는 삼각형의 넓이를 구하라.

b. (a)의 결과를 이용하여 꼭짓점 C에서 변 AB에 이르는 높이의 길이를 구하라.

28. 외적을 사용하여 벡터 $\mathbf{u} = (2, 3, -6)$와 $\mathbf{v} = (2, 3, 6)$의 사잇각의 사인(sine) 값을 구하라.

29. $(\mathbf{u} + \mathbf{v}) \times (\mathbf{u} - \mathbf{v})$를 간단히 하라.

30. $\mathbf{a} = (a_1, a_2, a_3), \mathbf{b} = (b_1, b_2, b_3), \mathbf{c} = (c_1, c_2, c_3), \mathbf{d} = (d_1, d_2, d_3)$일 때

$$(\mathbf{a} + \mathbf{d}) \cdot (\mathbf{b} \times \mathbf{c}) = \mathbf{a} \cdot (\mathbf{b} \times \mathbf{c}) + \mathbf{d} \cdot (\mathbf{b} \times \mathbf{c})$$

임을 보여라.

(31-32) 우리는 경험을 통해 축을 중심으로 회전하는 힘의 강도는 적용된 힘의 양과 회전축으로부터의 거리에 의존한다는 것을 알고 있다. 예를 들어 경첩 근처보다는 바깥쪽 가장자리를 밀어서 문을 닫는 것이 더 쉽다. 게다가 더 세게 밀면 문은 더 빠르게 닫힐 것이다. 물리학에서 회전운동을 야기하는 힘벡터 **F***의 강도는* ***토크****(torque, τ)라고 부르는 벡터로 나타난다. 이것은*

$$\boldsymbol{\tau} = \mathbf{F} \times \mathbf{d}$$

로 정의되는데, **d***는 회전축으로부터 힘이 가해진 점까지의 벡터이다. 식 (6)에 의해 θ가 벡터* **F***와* **d***의 사잇각일 때,*

$$\|\boldsymbol{\tau}\| = \|\mathbf{F} \times \mathbf{d}\| = \|\mathbf{F}\|\|\mathbf{d}\| \sin\theta$$

이다. 이것은 회전축에 대한 **F***의* ***스칼라 모멘트****(scalar moment)라고 불리고, 일반적으로 뉴턴 미터(Nm) 또는 피트 파운드(ft-lb) 단위로 측정된다.*

31. 아래 그림은 1000 N의 힘 **F**가 상자 모퉁이에 가해진 것을 보여 준다.

a. 점 P에 대한 **F**의 스칼라 모멘트를 구하라.

b. 점 P에 대한 **F**의 벡터 모멘트의 방향각을 구하라. [3.2절의 연습문제 21-25의 방향을 참조하라.]

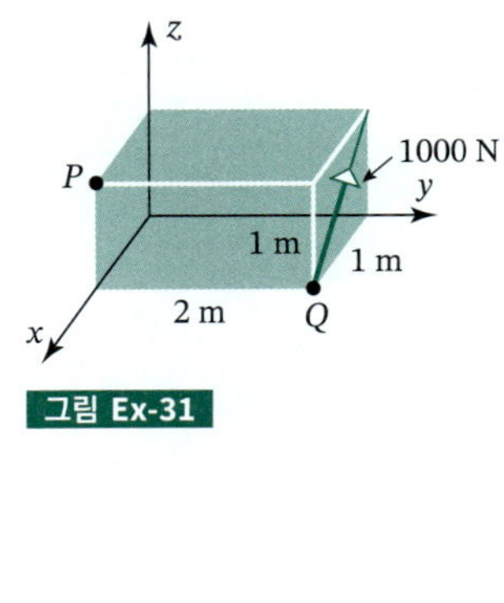

그림 Ex-31

32. 아래 그림을 보면, 200 N의 힘이 멍키스패너(monkey wrench)의 끝 근처의 점에 18°의 각도로 가해졌다. 볼트의 중심에 대한 힘의 스칼라 모멘트를 구하라. [*참고*: 스패너는 2차원으로 생각하자.]

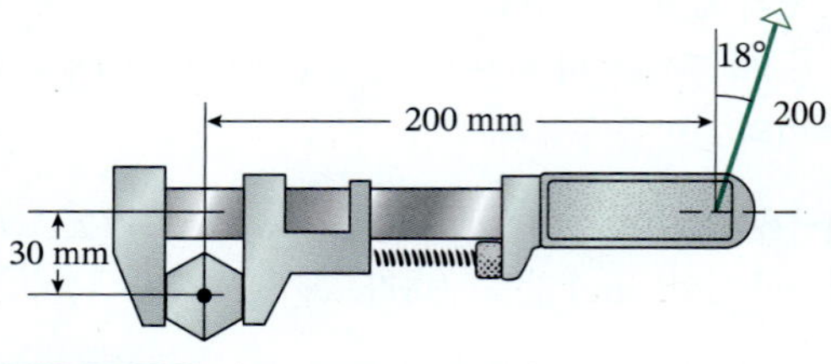

그림 Ex-32

증명 문제

33. 3-공간의 영이 아닌 벡터 **u**, **v**, **w**는 같은 점을 시점으로 하지만, 이들 중 어느 두 벡터도 동일 직선상에 있지 않다고 할 때, 다음을 증명하라.

a. $\mathbf{u} \times (\mathbf{v} \times \mathbf{w})$는 **v**, **w**에 의해 결정되는 평면에 있다.

b. $(\mathbf{u} \times \mathbf{v}) \times \mathbf{w}$는 **u**, **v**에 의해 결정되는 평면에 있다.

34. 다음 항등식을 증명하라.

a. $(\mathbf{u} + k\mathbf{v}) \times \mathbf{v} = \mathbf{u} \times \mathbf{v}$

b. $\mathbf{u} \cdot (\mathbf{v} \times \mathbf{z}) = -(\mathbf{u} \times \mathbf{z}) \cdot \mathbf{v}$

35. 다음을 증명하라: **a**, **b**, **c**, **d**가 한 평면에 놓이면, $(\mathbf{a} \times \mathbf{b}) \times (\mathbf{c} \times \mathbf{d}) = \mathbf{0}$이다.

36. 다음을 증명하라: θ가 **u**와 **v**의 사잇각이고 $\mathbf{u} \cdot \mathbf{v} \neq 0$이면, $\tan\theta = \|\mathbf{u} \times \mathbf{v}\|/(\mathbf{u} \cdot \mathbf{v})$이다.

37. **u**, **v**, **w**가 R^3의 벡터이고 이들 중 어느 두 벡터도 동일 직선상에 있지 않으면, $\mathbf{u} \times (\mathbf{v} \times \mathbf{w})$는 **v**, **w**에 의해 결정되는 평면에 있다.

38. 입체기하학의 정리에 의하면, 사면체의 부피는 $\frac{1}{3}$(밑면적) · (높이)이다. 이 결과를 이용하여 벡터 **a**, **b**, **c**를 변으로 하는 사면체의 부피는 $\frac{1}{6}|\mathbf{a} \cdot (\mathbf{b} \times \mathbf{c})|$임을 증명하라(그림 참조).

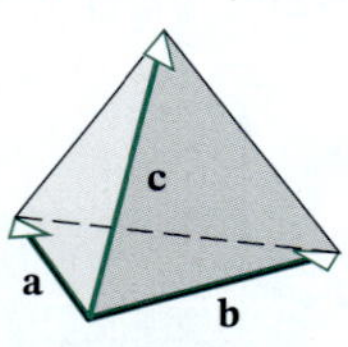

그림 Ex-38

39. 연습문제 38의 결과를 이용하여 꼭짓점이 P, Q, R, S인 사면체의 부피를 구하라.

a. $P(-1, 2, 0)$, $Q(2, 1, -3)$, $R(1, 1, 1)$, $S(3, -2, 3)$

b. $P(0, 0, 0)$, $Q(1, 2, -1)$, $R(3, 4, 0)$, $S(-1, -3, 4)$

40. 정리 3.5.1의 (*d*)를 증명하라. [*힌트*: 먼저 $\mathbf{w} = \mathbf{i} = (1, 0, 0)$인 경우, $\mathbf{w} = \mathbf{j} = (0, 1, 0)$인 경우, $\mathbf{w} = \mathbf{k} = (0, 0, 1)$인 경우에 대해 증명하고, 마지막으로 임의의 벡터 $\mathbf{w} = (w_1, w_2, w_3)$을 $\mathbf{w} = w_1\mathbf{i} + w_2\mathbf{j} + w_3\mathbf{k}$로 표현하여 증명하라.]

41. 정리 3.5.1의 (*e*)를 증명하라. [*힌트*: 정리 3.5.2의 (*a*)를 정리 3.5.1의 (*d*)의 결과에 적용하라.]

42. 다음을 증명하라.

a. 정리 3.5.2의 (*b*)

b. 정리 3.5.2의 (*c*)

c. 정리 3.5.2의 (*d*)

d. 정리 3.5.2의 (*e*)

e. 정리 3.5.2의 (*f*)

참-거짓 문제

TF. (a)-(f)가 참인지 거짓인지를 밝히고 그 이유를 설명하라.

a. 두 영이 아닌 벡터 **u**, **v**의 외적이 영이 아닌 벡터이기 위한 필요충분조건은 **u**, **v**가 평행이지 않다는 것이다.

b. 평면에 대한 법선벡터는 평면에 놓여 있는 두 개의 영이 아닌 동일 직선상에 있지 않은 벡터의 외적으로 구할 수 있다.

c. **u**, **v**, **w**의 스칼라 삼중곱은 길이가 **u**, **v**, **w**에 의해 결정되는 평행육면체의 부피와 같은 벡터를 결정한다.

d. **u**, **v**가 3-공간의 벡터이면 $\|\mathbf{v} \times \mathbf{u}\|$는 **u**, **v**에 의해 결정된 평행사변형의 넓이와 같다.

e. 3-공간의 모든 벡터 **u**, **v**, **w**에 대해 벡터 $(\mathbf{u} \times \mathbf{v}) \times \mathbf{w}$와 $\mathbf{u} \times (\mathbf{v} \times \mathbf{w})$는 같다.

f. R^3의 벡터 **u**, **v**, **w**에 대해 **u**가 영이 아니고 $\mathbf{u} \times \mathbf{v} = \mathbf{u} \times \mathbf{w}$이면 $\mathbf{v} = \mathbf{w}$이다.

계산도구 문제

T1. 3-공간에서 점 P에서 점 A와 B를 지나는 직선 L까지의 거리 d는 공식

$$d = \frac{\|\overrightarrow{AP} \times \overrightarrow{AB}\|}{\|\overrightarrow{AB}\|}$$

으로 주어진다. 점 $P(1, 3, 1)$와 두 점 $A(2, -3, 4)$와 $B(4, 7, -2)$를 지나는 직선 사이의 거리를 구하라.

3장 보충문제

1. $\mathbf{u} = (-2, 0, 4)$, $\mathbf{v} = (3, -1, 6)$, $\mathbf{w} = (2, -5, -5)$일 때, 다음을 계산하라.

   a. $3\mathbf{v} - 2\mathbf{u}$ b. $\|\mathbf{u} + \mathbf{v} + \mathbf{w}\|$

   c. $-3\mathbf{u}$와 $\mathbf{v} + 5\mathbf{w}$의 거리

   d. $\text{proj}_{\mathbf{w}}\mathbf{u}$ e. $\mathbf{u} \cdot (\mathbf{v} \times \mathbf{w})$

   f. $(-5\mathbf{v} + \mathbf{w}) \times ((\mathbf{u} \cdot \mathbf{v})\mathbf{w})$

2. 벡터 $\mathbf{u} = 3\mathbf{i} - 5\mathbf{j} + \mathbf{k}$, $\mathbf{v} = -2\mathbf{i} + 2\mathbf{k}$, $\mathbf{w} = -\mathbf{j} + 4\mathbf{k}$에 대해, 문제 1을 반복하라.

3. 벡터 $\mathbf{u} = (-2, 6, 2, 1)$, $\mathbf{v} = (-3, 0, 8, 0)$, $\mathbf{w} = (9, 1, -6, -6)$을 사용하여, 문제 1의 (a)-(d)를 반복하라.

4. a. R^2에서 영이 아닌 벡터에 직교하는 모든 벡터들의 집합은 어떤 종류의 기하 개체인가?

   b. R^3에서 영이 아닌 벡터에 직교하는 모든 벡터들의 집합은 어떤 종류의 기하 개체인가?

   c. R^2에서 두 개의 동일 직선에 있지 않은 벡터에 직교하는 모든 벡터들의 집합은 어떤 종류의 기하 개체인가?

   d. R^3에서 두 개의 동일 직선에 있지 않은 벡터에 직교하는 모든 벡터들의 집합은 어떤 종류의 기하 개체인가?

5. A, B, C가 3-공간에 있는 동일 직선 위에 있지 않은 서로 다른 세 점이라 하자. 벡터방정식

$$\overrightarrow{AP} \cdot (\overrightarrow{AB} \times \overrightarrow{AC}) = 0$$

   을 만족하는 모든 점 P들의 집합을 설명하라.

6. A, B, C, D가 3-공간에 있는 동일 직선 위에 있지 않은 서로 다른 네 점이라 하자. 만일 $\overrightarrow{AB} \times \overrightarrow{CD} \neq \mathbf{0}$이고 $\overrightarrow{AC} \cdot (\overrightarrow{AB} \times \overrightarrow{CD}) = 0$이면, 왜 A, B를 지나는 직선이 C, D를 지나는 직선과 만나는지 설명하라.

7. 세 점 $P(3, -1, 4)$, $Q(6, 0, 2)$, $R(5, 1, 1)$일 때, 첫 번째 성분이 -1이고 $\overrightarrow{PQ}$가 $\overrightarrow{RS}$에 평행이 되는 R^3의 점 S를 구하라.

8. 네 점 $P(-3, 1, 0, 6)$, $Q(0, 5, 1, -2)$, $R(-4, 1, 4, 0)$일 때, 세 번째 성분이 6이고 $\overrightarrow{PQ}$가 $\overrightarrow{RS}$에 평행이 되는 R^4의 점 S를 구하라.

9. 문제 7의 점들을 사용하여, 벡터 $\overrightarrow{PQ}$와 $\overrightarrow{PR}$의 사잇각의 코사인 값을 구하라.

10. 문제 8의 점들을 사용하여, 벡터 $\overrightarrow{PQ}$와 $\overrightarrow{PR}$의 사잇각의 코사인 값을 구하라.

11. 점 $P(-3, 1, 3)$과 평면 $5x + z = 3y - 4$ 사이의 거리를 구하라.

12. 평면 $3x - y + 6z = 7$과 $-6x + 2y - 12z = 1$이 평행함을 보이고, 그들 사이의 거리를 구하라.

(13-18) 다음 직선 또는 평면의 벡터방정식과 매개방정식을 구하라.

13. R^3에서 $P(-2, 1, 3)$, $Q(-1, -1, 1)$, $R(3, 0, -2)$를 포함하는 평면

14. R^3에서 점 $P(-1, 6, 0)$을 포함하면서 평면 $4x - z = 5$에 직교하는 직선

15. R^2에서 $\mathbf{v} = (8, -1)$에 평행하면서 점 $P(0, -3)$을 포함하는 직선

16. R^3에서 점 $P(-2, 1, 0)$을 포함하면서 평면 $-8x + 6y - z = 4$에 평행한 평면

17. R^2에서 방정식이 $y = 3x - 5$인 직선

18. R^3에서 방정식이 $2x - 6y + 3z = 5$인 평면

(19-21) 주어진 평면의 점-법선 벡터방정식을 구하라.

19. 벡터방정식

$$(x, y, z) = (-1, 5, 6) + t_1(0, -1, 3) + t_2(2, -1, 0)$$

   으로 표현되는 평면

20. 점 $P(-5, 1, 0)$을 포함하고 매개변수방정식이 $x = 3 - 5t$, $y = 2t$, $z = 7$인 직선에 직교하는 평면

21. 세 점 $P(9, 0, 4)$, $Q(-1, 4, 3)$, $R(0, 6, -2)$을 지나는 평면

22. $V = \{\mathbf{v}_1, \mathbf{v}_2, \mathbf{v}_3\}$, $W = \{\mathbf{w}_1, \mathbf{w}_2\}$는 V의 각 벡터가 W의 각 벡터에 직교하는 두 개의 벡터집합이라 하자. a_1, a_2, a_3, b_1, b_2가 임의의 스칼라이면, 벡터 $\mathbf{v} = a_1\mathbf{v}_1 + a_2\mathbf{v}_2 + a_3\mathbf{v}_3$와 $\mathbf{w} = b_1\mathbf{w}_1 + b_2\mathbf{w}_2$는 직교함을 증명하라.

23. 3-공간에서 점 P에서 점 A와 B를 지나는 직선 L까지의 거리 d는

$$d = \frac{\|\overrightarrow{AP} \times \overrightarrow{AB}\|}{\|\overrightarrow{AB}\|}$$

으로 구할 수 있다는 것을 보여라.

24. $\|\mathbf{u} + \mathbf{v}\| = \|\mathbf{u}\| + \|\mathbf{v}\|$이기 위한 필요충분조건은 한 벡터가 다른 벡터의 스칼라배인 것이다.

25. A, B가 둘 다 영이 아니면 방정식 $Ax + By = 0$은 R^2에서 원점을 지나는 직선을 나타낸다. 그렇다면 방정식 $Ax + By + 0z = 0$은 R^3에서는 무엇을 말하는가? 설명하라.

CHAPTER 4

일반 벡터공간

General Vector Spaces

챕터 목차

서론

벡터를 유향선분(화살)으로 보고 벡터 공부를 시작한 것을 기억하자. 그런 다음 이 개념을 직교좌표계에 도입하여 확장하였다. 직교좌표계에서 벡터들을 실수의 이중 순서쌍, 삼중 순서쌍 등으로 나타낼 수 있었다. 이러한 벡터들의 성질을 탐구하는 과정에서 다양한 공식들이 일반화될 수 있어서 벡터의 개념을 실수의 n-순서쌍으로 확장할 수 있었다. 비록 n-순서쌍이 "시각적 경험"의 영역 밖일지라도 이것은 선형방정식계에 관한 이해와 연구를 위한 유용한 도구를 주었다. 이 장에서는 벡터의 가장 중요한 대수적 성질을 공리로 이용하여 또 한 번 벡터의 개념을 확장할 것이다. 만약 이 공리들이 개체들의 어떤 집합에서 만족된다면, 이 개체들을 벡터로 간주할 수 있다.

4.1 실벡터공간

이 절에서는 R^n 벡터의 기본성질을 공리로 이용하여 벡터의 개념을 확장할 것이다. 만약 개체들의 어떤 집합이 이들 공리를 만족한다면 이 개체들은 기존의 벡터처럼 거동할 것이다.

벡터공간의 공리

다음 정의는 10개의 공리로 구성되는데 이들 중 8개는 정리 3.1.1에서 명시한 R^n 벡터의 성질들이다. 이들 공리는 증명하지 않는다는 것을 상기하라. 오히려 이들은 정리를 증명하는 출발점의 역할을 하는 가정들이다.

> 여기서 스칼라는 실수 또는 복소수이다. 실수 스칼라가 있는 벡터공간을 ***실벡터공간***(real vector space)이라고 하고 복소수 스칼라가 있는 벡터공간을 ***복소벡터공간***(complex vector space)이라고 한다. 지금은 실벡터공간만 고려할 것이다.

정의 1

V를 두 연산 덧셈과 스칼라 곱셈이 정의되는 개체들의 집합이라 하자. V는 공집합이 아니라고 가정한다. 여기서 ***덧셈***(addition)이란 V의 임의의 한 쌍의 개체 $\mathbf{u}$, $\mathbf{v}$에 대해서 $\mathbf{u}$와 $\mathbf{v}$의 ***합***(sum)이라 불리는 개체 $\mathbf{u} + \mathbf{v}$를 연관시키는 규칙을 뜻한다. 또한 ***스칼라 곱셈***(scalar multiplication)이란, V의 임의의 개체 $\mathbf{u}$와 임의의 스칼라 k에 대해서 ***스칼라배***(scalar multiple)라고 불리는 개체 $k\mathbf{u}$를 연관시키는 규칙을 뜻한다. 다음 모든 공리가 V의 모든 개체 $\mathbf{u}$, $\mathbf{v}$, $\mathbf{w}$와 모든 스칼라 k, m에 대하여 만족될 때 V를 ***벡터공간***(vector space)이라고 하고 V의 개체를 ***벡터***(vector)라 부른다.

1. $\mathbf{u}$, $\mathbf{v}$가 V의 개체이면 $\mathbf{u} + \mathbf{v}$도 V에 속한다.
2. $\mathbf{u} + \mathbf{v} = \mathbf{v} + \mathbf{u}$
3. $(\mathbf{u} + \mathbf{v}) + \mathbf{w} = \mathbf{u} + (\mathbf{v} + \mathbf{w})$
4. V의 모든 $\mathbf{u}$에 대해서 $\mathbf{u} + \mathbf{0} = \mathbf{0} + \mathbf{u} = \mathbf{u}$를 만족하는 개체 $\mathbf{0}$이 V에 존재한다. 이것을 V의 ***영벡터***(zero vector)라고 부른다.
5. V의 모든 $\mathbf{u}$에 대해서 $\mathbf{u} + (-\mathbf{u}) = (-\mathbf{u}) + \mathbf{u} = \mathbf{0}$을 만족하는 개체 $-\mathbf{u}$가 V에 존재한다. 이것을 $\mathbf{u}$의 ***음***(negative)이라 부른다.
6. k가 임의의 스칼라이고 $\mathbf{u}$가 V의 개체이면 $k\mathbf{u}$는 V에 속한다.
7. $k(\mathbf{u} + \mathbf{v}) = k\mathbf{u} + k\mathbf{v}$
8. $(k + m)\mathbf{u} = k\mathbf{u} + m\mathbf{u}$
9. $k(m\mathbf{u}) = (km)(\mathbf{u})$
10. $1\mathbf{u} = \mathbf{u}$

벡터공간의 정의는 벡터나 연산의 특성을 일일이 열거하지 않는다는 것을 주목하자. 모든 종류의 개체는 벡터가 될 수 있으며 덧셈과 스칼라 곱셈의 연산은 R^n상의 연산과 어떤 관계를 가질 필요는 없다. 단지 요구되는 것은 10개의 벡터공간 공리를 만족하는 것이다. 이제 보게 될 예제들에서 두 가지 연산을 가진 집합이 벡터공간임을 보이기 위해 다음의 기본 4단계를 사용한다.

두 연산을 가진 집합이 벡터공간임을 보이기

단계 1. 벡터가 될 개체들의 집합 V를 식별한다.

단계 2. V상의 덧셈과 스칼라 곱셈 연산을 반복한다.

단계 3. 공리 1과 6을 검증한다. 즉, V의 두 벡터를 더하면 V의 벡터가 되고, V의 한 벡터에 스칼라를 곱해도 또한 V의 벡터가 됨을 보인다. 공리 1을 ***덧셈에 대한 닫힘성***(closure under addition)이라고 하고 공리 6을 ***스칼라 곱셈에 대한 닫힘성***(closure under scalar multiplication)이라 한다.

단계 4. 공리 2, 3, 4, 5, 7, 8, 9, 10이 성립함을 확인한다.

첫 번째 예제는 모든 벡터공간 중에 가장 간단한 벡터공간으로 단 하나의 원소를 포함한다. 공리 4에서 모든 벡터공간은 영벡터를 포함하므로 그 원소는 영벡터여야만 할 것이다.

예제 1 | 영벡터공간

V는 단일원소이고 $\mathbf{0}$으로만 구성된다. 모든 스칼라 k에 대해서

$$\mathbf{0} + \mathbf{0} = \mathbf{0}\text{이고} \qquad k\mathbf{0} = \mathbf{0}$$

으로 정의한다. 이는 쉽게 벡터공간 공리가 만족하는지 확인된다. 이와 같은 공간을 ***영벡터공간***(zero vector space)이라 한다.

두 번째 예제는 모든 벡터공간에서 가장 중요한 것 중 하나(친숙한 공간 R^n)이다. R^n상에서 연산자들이 벡터공간 공리를 만족하는 것은 놀라운 것이 아니다. 왜냐하면 이 공리들은 R^n상에서 알려진 연산의 성질을 기반으로 만들어졌기 때문이다.

예제 2 | R^n은 벡터공간이다

$V = R^n$으로 하고 보통의 n-순서쌍에 대한 덧셈과 스칼라 곱셈을 V의 벡터 연산으로 정의한다. 즉,

$$\mathbf{u} + \mathbf{v} = (u_1, u_2, \ldots, u_n) + (v_1, v_2, \ldots, v_n) = (u_1 + v_1, u_2 + v_2, \ldots, u_n + v_n)$$
$$k\mathbf{u} = (ku_1, ku_2, \ldots, ku_n)$$

위의 연산 결과가 다시 n-순서쌍이 되므로 집합 $V = R^n$은 덧셈과 스칼라 곱셈에 대해 닫혀 있다. 또한 이 연산들은 정리 3.1.1에 의해 공리 2, 3, 4, 5, 7, 8, 9, 10을 만족한다.

역사 노트

그라스만
(Hermann Günther Grassmann, 1809–1877)

"추상적인 벡터공간"이라는 개념은 오랜 기간에 걸쳐 발전해 왔으며 많은 기여자들이 있었다. 이 아이디어는 독일의 수학자인 그라스만의 연구로 구체화되었는데, 그라스만은 덧셈과 스칼라 곱셈의 형식적인 연산을 정의한 1862년의 논문에서 추상대수학의 체계를 고찰하였다. 그라스만의 연구에 대해서는 논란이 있었으며, 코시(p. 151 참조)를 비롯한 다른 사람들이 이 아이디어에 대해 합리적인 권리를 주장하였다.

[Image: © Sueddeutsche Zeitung Photo/The Image Works]

다음 예제는 R^n을 일반화하는 것으로, 무한개의 성분을 갖는 벡터를 허용한다.

예제 3 | 실수의 무한수열의 벡터공간

V가 다음과 같은 형태의 개체들로 구성되어 있다고 하자.

$$\mathbf{u} = (u_1, u_2, \ldots, u_n, \ldots)$$

$u_1, u_2, \cdots, u_n, \cdots$은 실수의 무한수열이다. 두 무한수열의 대응하는 성분이 같다면 두 수열이 *같다*고 정의하고, 덧셈과 스칼라 곱셈을 다음과 같이 성분별 연산으로 정의한다. 즉,

$$\begin{aligned}\mathbf{u} + \mathbf{v} &= (u_1, u_2, \ldots, u_n, \ldots) + (v_1, v_2, \ldots, v_n, \ldots)\\ &= (u_1 + v_1, u_2 + v_2, \ldots, u_n + v_n, \ldots)\\ k\mathbf{u} &= (ku_1, ku_2, \ldots, ku_n, \ldots)\end{aligned}$$

이런 연산을 가진 V가 벡터공간임을 증명하는 것은 연습문제로 남기겠다. 이 벡터공간을 기호 R^∞로 표기한다.

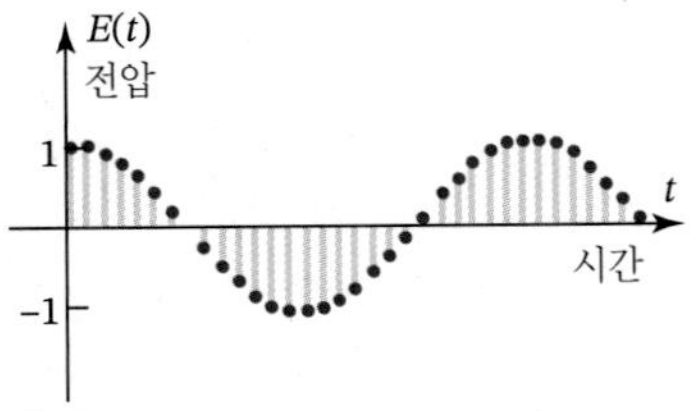

그림 4.1.1 이 전송신호가 무한정 계속된다.

예제 3의 유형의 벡터공간은 무한정의 기간 동안 전송된 신호가 이산시간 간격으로 샘플링되어 그 값이 디지털화될 때 발생한다(**그림 4.1.1**).

벡터의 다음 예제는 행렬이다. 먼저 행렬은 행과 열로 이루어지는데 각자가 벡터(행벡터, 열벡터)이기 때문에 다소 혼란스러울 수도 있다. 여기서는 개별 행과 열에 관심이 있는 것이 아니라, 행렬 전체를 하나로 취급하는 행렬 연산의 성질에 관심을 둔다.

> 방정식 (1)은 벡터에 대한 더하기 연산, 행렬에 대한 더하기 연산, 실수에 대한 더하기 연산의 *세 가지* 다른 더하기 연산을 포함한다.

예제 4 | 2 × 2 행렬의 벡터공간

실수성분을 갖는 모든 2 × 2 행렬의 집합 V에서 벡터의 덧셈을 보통의 행렬의 덧셈으로 정의하고, 벡터의 스칼라 곱셈을 행렬의 스칼라 곱셈으로 정의한다. 즉,

$$\mathbf{u} + \mathbf{v} = \begin{bmatrix} u_{11} & u_{12} \\ u_{21} & u_{22} \end{bmatrix} + \begin{bmatrix} v_{11} & v_{12} \\ v_{21} & v_{22} \end{bmatrix} = \begin{bmatrix} u_{11} + v_{11} & u_{12} + v_{12} \\ u_{21} + v_{21} & u_{22} + v_{22} \end{bmatrix} \tag{1}$$

$$k\mathbf{u} = k\begin{bmatrix} u_{11} & u_{12} \\ u_{21} & u_{22} \end{bmatrix} = \begin{bmatrix} ku_{11} & ku_{12} \\ ku_{21} & ku_{22} \end{bmatrix}$$

이 연산들의 결과가 다시 2 × 2 행렬이 되므로 V는 덧셈과 스칼라 곱셈에 대해 닫혀 있다. 그러므로 공리 2, 3, 4, 5, 7, 8, 9, 10이 성립하는 것만 확인하면 된다. 이들 중 대부분은 행렬 연산의 표준 성질이다. 예를 들어 공리 2는 정리 1.4.1(a)로부터

$$\mathbf{u} + \mathbf{v} = \begin{bmatrix} u_{11} & u_{12} \\ u_{21} & u_{22} \end{bmatrix} + \begin{bmatrix} v_{11} & v_{12} \\ v_{21} & v_{22} \end{bmatrix} = \begin{bmatrix} v_{11} & v_{12} \\ v_{21} & v_{22} \end{bmatrix} + \begin{bmatrix} u_{11} & u_{12} \\ u_{21} & u_{22} \end{bmatrix} = \mathbf{v} + \mathbf{u}$$

와 같이 확인된다. 유사하게 공리 3, 7, 8, 9는 정리 1.4.1의 (b), (h), (j) 그리고 (e)로부터 성립한다(확인하라). 이제 공리 4, 5, 10만 확인하면 된다.

공리 4가 만족되는지 확인하려면 V의 모든 $\mathbf{u}$가 $\mathbf{u} + \mathbf{0} = \mathbf{0} + \mathbf{u} = \mathbf{u}$를 만족하는 V의 원소 $\mathbf{0}$을 구한다. 이것은 $\mathbf{0}$을

$$\mathbf{0} = \begin{bmatrix} 0 & 0 \\ 0 & 0 \end{bmatrix}$$

으로 정의하면 달성되는데,

$$\mathbf{0}+\mathbf{u}=\begin{bmatrix}0 & 0\\ 0 & 0\end{bmatrix}+\begin{bmatrix}u_{11} & u_{12}\\ u_{21} & u_{22}\end{bmatrix}=\begin{bmatrix}u_{11} & u_{12}\\ u_{21} & u_{22}\end{bmatrix}=\mathbf{u}$$

이고, 같은 방법으로 $\mathbf{u}+\mathbf{0}=\mathbf{u}$이기 때문이다. 공리 5를 증명하려면 V의 각 원소 $\mathbf{u}$는 $\mathbf{u}+(-\mathbf{u})=\mathbf{0}$이고 $(-\mathbf{u})+\mathbf{u}=\mathbf{0}$을 만족하는 음벡터 $-\mathbf{u}$가 존재함을 밝혀야 한다. 이것은 $\mathbf{u}$의 음벡터를

$$-\mathbf{u}=\begin{bmatrix}-u_{11} & -u_{12}\\ -u_{21} & -u_{22}\end{bmatrix}$$

로 정의하여 달성할 수 있다. 이 정의에 의하여

$$\mathbf{u}+(-\mathbf{u})=\begin{bmatrix}u_{11} & u_{12}\\ u_{21} & u_{22}\end{bmatrix}+\begin{bmatrix}-u_{11} & -u_{12}\\ -u_{21} & -u_{22}\end{bmatrix}=\begin{bmatrix}0 & 0\\ 0 & 0\end{bmatrix}=\mathbf{0}$$

이고, 같은 방법으로 $(-\mathbf{u})+\mathbf{u}=\mathbf{0}$이다. 마지막으로, 공리 10은 다음과 같이 증명된다.

$$1\mathbf{u}=1\begin{bmatrix}u_{11} & u_{12}\\ u_{21} & u_{22}\end{bmatrix}=\begin{bmatrix}u_{11} & u_{12}\\ u_{21} & u_{22}\end{bmatrix}=\mathbf{u}$$

예제 5 | $m\times n$ 행렬의 벡터공간

예제 4의 보다 일반적인 벡터공간의 특수한 경우이다. 예제 4에서 이용한 방법을 적용하여, 보통의 행렬의 덧셈과 스칼라 곱셈의 행렬 연산을 갖는 모든 $m\times n$ 행렬의 집합 V가 벡터공간임을 보이는 데에 어려움이 없어야 한다. 이 벡터공간을 기호 M_{mn}으로 나타내기로 한다. 예를 들어 예제 4의 벡터공간은 M_{22}로 표시한다.

예제 6 | 실함수의 벡터공간

V가 구간 $(-\infty, \infty)$의 x에 대해 정의된 실함수의 집합이라 하자. $\mathbf{f}=f(x)$와 $\mathbf{g}=g(x)$가 V 내의 함수이고 k가 임의의 스칼라일 때, 함수의 덧셈 $\mathbf{f}+\mathbf{g}$와 스칼라 곱셈 $k\mathbf{f}$를

$$(\mathbf{f}+\mathbf{g})(x)=f(x)+g(x) \tag{2}$$

$$(k\mathbf{f})(x)=kf(x) \tag{3}$$

로 정의한다. 이들 연산을 해석하는 한 가지 방법은 $f(x)$와 $g(x)$의 값을 x에서 함수 $\mathbf{f}$와 $\mathbf{g}$의 "성분"으로 보는 것이다. 식 (2)와 (3)에서 두 함수의 덧셈은 각각에 대응하는 성분을 더하는 것이고, 함수의 스칼라 곱셈은 함수의 각 성분에 스칼라(정확히 R^n, R^∞에서와 같이)를 곱하여 얻어진다. 이것이 **그림 4.1.2**의 (a)와 (b)에 예시되어 있다. 이들 연산을 갖는 집합 V를 기호 $F(-\infty, \infty)$로 표기한다. 이것이 벡터공간임을 다음과 같이 증명할 수 있다.

공리 1과 6 식 (2)와 (3)에 의해 $(-\infty, \infty)$ 내의 임의의 x에서 정의된 두 함수의 합과 스칼라배는 다시 $(-\infty, \infty)$ 내의 임의의 x에서 정의된 함수가 되므로, 이 집합은 함수들의 덧셈과 스칼라 곱셈에 관해 닫혀 있다.

공리 4 이 공리는 $F(-\infty, \infty)$ 내에 함수 $\mathbf{0}$이 존재할 것을 요구하는데, $F(-\infty, \infty)$ 내의 임의의 함수 $\mathbf{f}$를 더했을 때 다시 $\mathbf{f}$의 결과가 나와야 한다. 이 함수는 $(-\infty, \infty)$ 내의 모든 x에서

예제 6에서 함수는 전체 간격 $(-\infty, \infty)$에 대해 정의된다. 그러나 이 예제에서 사용된 인수는 모든 닫힌구간 $[a, b]$ 또는 열린구간 (a, b)와 같은 $(-\infty, \infty)$의 부분구간이다. 이 구간에 있는 함수의 벡터공간을 각각 $F[a, b]$ 및 $F(a, b)$로 표시한다.

영의 값을 가지면 된다. 기하적으로 함수 x축과 일치하는 직선이다.

공리 5 $F(-\infty, \infty)$ 내의 임의의 함수 $\mathbf{f}$에 대하여 $F(-\infty, \infty)$ 내의 $-\mathbf{f}$의 존재성을 요구하는데, 이것과 $\mathbf{f}$를 더했을 때 함수 $\mathbf{0}$이 되어야 한다. 이는 $-\mathbf{f}(x) = -f(x)$로 정의하면 달성된다. $-\mathbf{f}$의 그래프는 x축에 대칭이다(**그림 4.1.2c**).

공리 2, 3, 7, 8, 9, 10 각각의 공리는 실수의 성질에 의해 증명할 수 있다. 예를 들어 만약 $\mathbf{f}$와 $\mathbf{g}$가 $F(-\infty, \infty)$ 내의 함수이면 공리 2는 $\mathbf{f} + \mathbf{g} = \mathbf{g} + \mathbf{f}$임을 요구하고 있는데, 이것은 다음 계산으로부터 얻어진다.

$$(\mathbf{f} + \mathbf{g})(x) = f(x) + g(x) = g(x) + f(x) = (\mathbf{g} + \mathbf{f})(x)$$

식 (2)로부터 첫 번째 등호와 마지막 등호가 성립하고 중간 등호는 실수의 성질에서 온다. 나머지 부분의 증명은 연습문제로 남긴다.

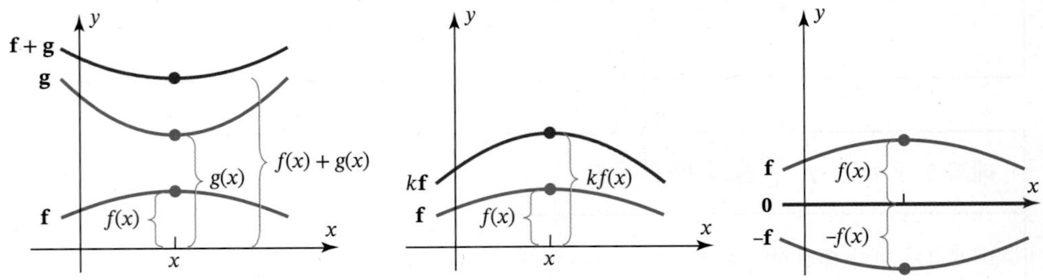

(*a*) (*b*) (*c*)

그림 4.1.2

임의의 집합 V상에 임의의 두 연산을 부여하고 벡터공간의 공리들이 성립하기를 기대할 수 없다는 것을 인식하는 것이 중요하다. 예를 들어 V가 양의 성분을 갖는 n-순서쌍의 집합이고 R^n의 표준 연산이 이용된다면, V는 스칼라 곱셈에 대해 닫혀 있지 않다. 왜냐하면 V 내의 $\mathbf{u}$가 0이 아닌 n-순서쌍이면, $(-1)\mathbf{u}$는 적어도 하나의 음의 성분을 가지게 되고, 이는 V의 원소가 아니다. 다음은 10개의 벡터공간 공리 중 하나만 성립하지 않는 예이다.

예제 7 | 벡터공간이 아닌 집합

$V = R^2$이고 덧셈과 스칼라 곱셈을 다음과 같이 정의한다: 만약 $\mathbf{u} = (u_1, u_2)$이고 $\mathbf{v} = (v_1, v_2)$이면

$$\mathbf{u} + \mathbf{v} = (u_1 + v_1, u_2 + v_2)$$

이고, 만약 k가 임의의 실수이면

$$k\mathbf{u} = (ku_1, 0)$$

이다. 예를 들어 만약 $\mathbf{u} = (2, 4)$, $\mathbf{v} = (-3, 5)$이고 $k = 7$이면

$$\mathbf{u} + \mathbf{v} = (-1, 9)$$
$$k\mathbf{u} = 7\mathbf{u} = (14, 0)$$

이다. 덧셈 연산은 R^2에서의 표준 덧셈 연산이지만 스칼라 곱셈 연산은 표준 스칼라 곱셈이

아니다. 연습문제에서 벡터공간의 1번에서 9번까지의 공리가 만족됨을 보이도록 요구할 것이다. 그러나 어떤 벡터에서 공리 10이 성립되지 않는다. 예를 들어 만약 $\mathbf{u} = (u_1, u_2)$이고 $u_2 \neq 0$이면

$$1\mathbf{u} = 1(u_1, u_2) = (u_1, 0) \neq \mathbf{u}$$

이다. 그러므로 V는 위의 연산에 대해 벡터공간이 아니다.

이제 마지막 예제는 특이한 벡터공간으로, 얼마나 다양한 벡터공간이 존재할 수 있는지를 보이기 위해 포함시켰다. 이 공간의 원소는 실수이기 때문에, 어느 연산이 의도된 벡터 연산이고 어느 연산이 보통의 실수 연산인지 추적하는 것이 중요하다.

예제 8 | 특이한 벡터공간

V가 양의 실수의 집합일 때, V상의 덧셈과 스칼라 곱셈의 연산을

$u + v = uv$ **[벡터 덧셈이 수치 곱셈이다.]**
$ku = u^k$ **[스칼라 곱셈이 수치 거듭제곱이다.]**

와 같이 정의하자. 예를 들어 $1 + 1 = 1$이고 $(2)(1) = 1^2 = 1$이다. 이상하게 보이지만, 이들 연산을 갖는 V는 10개의 벡터공간 공리를 만족하는 벡터공간이다. 공리 4, 5, 7을 증명하고 나머지는 연습문제로 남긴다.

공리 4 이 공간의 영벡터는 숫자 1이다(즉, $\mathbf{0} = 1$). 왜냐하면

$$u + 1 = u \cdot 1 = u$$

공리 5 벡터 u의 음은 u의 역수이다(즉, $-u = 1/u$). 왜냐하면

$$u + \frac{1}{u} = u\left(\frac{1}{u}\right) = 1\,(= \mathbf{0})$$

공리 7 $k(u + v) = (uv)^k = u^k v^k = (ku) + (kv)$

벡터의 성질

다음은 일반 벡터공간에 관한 첫 번째 정리이다. 이것의 증명은 벡터공간 공리나 잘 알려진 실수의 성질에 의해 매 단계가 정당화되는 매우 형식화된 증명임을 볼 수 있을 것이다. 이 책에서는 이런 엄밀하게 형식화된 증명이 많이 나오지 않는다. 여기서는 벡터의 친숙한 성질들이 벡터공간 공리로부터 유도될 수 있다는 생각을 심어 주기 위해 이 증명을 포함시켰다.

정리 4.1.1

V는 벡터공간, $\mathbf{u}$는 V의 벡터, k는 스칼라라고 할 때,

(a) $0\mathbf{u} = \mathbf{0}$

(b) $k\mathbf{0} = \mathbf{0}$

> (*c*) $(-1)\mathbf{u} = -\mathbf{u}$
> (*d*) 만약 $k\mathbf{u} = \mathbf{0}$이면, $k = 0$이거나 $\mathbf{u} = \mathbf{0}$이다.

(*a*)와 (*c*)는 증명하기로 하고 나머지는 연습문제로 남긴다.

증명 (a) 이렇게 쓸 수 있다.

$$\begin{aligned} 0\mathbf{u} + 0\mathbf{u} &= (0+0)\mathbf{u} && \textbf{[공리 8]} \\ &= 0\mathbf{u} && \textbf{[숫자 0의 성질]} \end{aligned}$$

공리 5에 의해 벡터 $0\mathbf{u}$는 음수 $-0\mathbf{u}$이다. 이 음수를 양쪽 항에 각각 더해 주면

$$[0\mathbf{u} + 0\mathbf{u}] + (-0\mathbf{u}) = 0\mathbf{u} + (-0\mathbf{u})$$

또는

$$\begin{aligned} 0\mathbf{u} + [0\mathbf{u} + (-0\mathbf{u})] &= 0\mathbf{u} + (-0\mathbf{u}) && \textbf{[공리 3]} \\ 0\mathbf{u} + \mathbf{0} &= \mathbf{0} && \textbf{[공리 5]} \\ 0\mathbf{u} &= \mathbf{0} && \textbf{[공리 4]} \end{aligned}$$

이다.

증명 (c) $(-1)\mathbf{u} = -\mathbf{u}$를 증명하기 위해서는 반드시 $\mathbf{u} + (-1)\mathbf{u} = \mathbf{0}$임을 보여야 하며, 다음과 같다.

$$\begin{aligned} \mathbf{u} + (-1)\mathbf{u} &= 1\mathbf{u} + (-1)\mathbf{u} && \textbf{[공리 10]} \\ &= \big(1 + (-1)\big)\mathbf{u} && \textbf{[공리 8]} \\ &= 0\mathbf{u} && \textbf{[수에 관한 성질]} \\ &= \mathbf{0} && \textbf{[이 정리의 (a)]} \end{aligned}$$ ■

결론적 관찰

이 절은 기하적 벡터, R^n의 벡터, 무한수열, 행렬, 실함수 등 다양한 수학적 개체들 사이에 공통된 연결고리를 확립하려는 선형대수의 전반적인 계획에서 매우 중요한 절이다. 결과적으로 일반 벡터공간에 관한 새로운 정리를 찾을 때마다, 동시에 기하적 벡터, R^n의 벡터, 수열, 행렬, 실함수, 그리고 발견할 수 있는 어떤 새로운 종류의 벡터에 관한 정리를 찾는 것이다.

이 아이디어를 설명하기 위해 정리 4.1.1(*a*)의 다소 상관없어 보이는 결과가 예제 8의 벡터공간에 관해 무엇을 말하는지에 대해 생각해 보자. 이 공간의 벡터는 실수이고, 스칼라 곱셈은 수치적 거듭제곱이고, 영벡터는 숫자 1임을 기억하면 식

$$0\mathbf{u} = \mathbf{0}$$

은 u가 양의 실수일 때

$$u^0 = 1$$

이라는 사실을 말해 주고 있다.

연습문제 4.1

1. V를 순서가 있는 모든 실수쌍의 집합이라고 하고 $\mathbf{u} = (u_1, u_2)$ 및 $\mathbf{v} = (v_1, v_2)$에 대한 다음 덧셈 및 스칼라 곱셈 연산을 고려하라.

$$\mathbf{u} + \mathbf{v} = (u_1 + v_1, u_2 + v_2), \quad k\mathbf{u} = (0, ku_2)$$

   a. $\mathbf{u} = (-1, 2)$, $\mathbf{v} = (3, 4)$, $k = 3$에 대해 $\mathbf{u} + \mathbf{v}$와 $k\mathbf{u}$를 계산하라.

   b. V가 덧셈과 스칼라 곱셈에 대해 닫혀 있는 이유를 말로 설명하라.

   c. V의 덧셈은 R^2의 표준 덧셈 연산이므로 일부 벡터공간 공리는 R^2에서 성립하기 때문에 V에서도 성립한다. 이것들은 어떤 공리인가?

   d. 공리 7, 8, 9가 성립하는지를 보여라.

   e. 공리 10이 성립하지 않음을 보여라. 따라서 V는 주어진 연산하에서 벡터공간이 아니다.

2. V를 순서가 지정된 모든 실수쌍의 집합이라고 하고 $\mathbf{u} = (u_1, u_2)$ 및 $\mathbf{v} = (v_1, v_2)$에 대한 다음 덧셈 및 스칼라 곱셈 연산을 고려하라.

$$\mathbf{u} + \mathbf{v} = (u_1 + v_1 + 1, u_2 + v_2 + 1), \quad k\mathbf{u} = (ku_1, ku_2)$$

   a. $\mathbf{u} = (0, 4)$, $\mathbf{v} = (1, -3)$, $k = 2$에 대해 $\mathbf{u} + \mathbf{v}$와 $k\mathbf{u}$를 계산하라.

   b. $(0, 0) \neq \mathbf{0}$임을 보여라.

   c. $(-1, -1) = \mathbf{0}$임을 보여라.

   d. $\mathbf{u} = (u_1, u_2)$에 대해 $\mathbf{u} + (-\mathbf{u}) = \mathbf{0}$이 되는벡터 $-\mathbf{u}$를 찾아서 공리 5가 성립함을 보여라.

   e. 성립하지 않는 두 개의 벡터공간 공리를 찾아라.

(3-12) 주어진 연산을 갖는 각 집합이 벡터공간인지 판정하라. 벡터공간이 아닌 경우에는 성립하지 않는 공리를 밝혀라.

3. 덧셈과 곱셈의 표준연산을 갖는 실수집합

4. R^2에서의 표준연산을 사용하는 $(x, 0)$ 형태의 모든 실수쌍의 집합

5. R^2에서의 표준연산을 사용하는 (x, y), $x \geq 0$ 형태의 모든 실수쌍의 집합

6. R^n에서의 표준연산을 사용하는 $(x, x, \cdots, x)$ 형태의 n중 실수 순서쌍의 집합

7. 표준 벡터 덧셈을 사용하지만 다음과 같이 정의된 스칼라곱을 갖는 3중 실수쌍의 집합

$$k(x, y, z) = (k^2x, k^2y, k^2z)$$

8. 표준행렬 덧셈 및 스칼라 곱셈을 사용하는 모든 2×2 가역행렬의 집합

9. 표준행렬 덧셈 및 스칼라 곱셈을 사용하는

$$\begin{bmatrix} a & 0 \\ 0 & b \end{bmatrix}$$

형태의 모든 2×2 행렬의 집합

10. 예제 6에서 사용된 연산을 갖고 실직선상의 모든 점에서 정의되는 $f(1) = 0$인 실함수 f의 집합

11. $(1, y) + (1, y') = (1, y + y')$ 및 $k(1, y) = (1, ky)$ 연산을 갖는 $(1, x)$ 형태의 모든 실수쌍의 집합

12. 다음 식

$$(a_0 + a_1x) + (b_0 + b_1x) = (a_0 + b_0) + (a_1 + b_1)x$$

및

$$k(a_0 + a_1x) = (ka_0) + (ka_1)x$$

연산을 갖는 $a_0 + a_1x$ 형태의 다항식의 집합

13. 예제 4에 주어진 벡터공간에 대해 공리 3, 7, 8, 9를 검증하라.

14. 예제 6에 주어진 벡터공간에 대한 공리 1, 2, 3, 7, 8, 9, 10을 검증하라.

15. 예제 7에 정의된 덧셈 및 스칼라 곱셈 연산에 대해 $V = R^2$가 공리 1−9를 충족함을 보여라.

16. 예제 8에 주어진 벡터공간에 대해 공리 1, 2, 3, 6, 8, 9, 10을 검증하라.

17. R^2 내의 직선상의 모든 점의 집합이 벡터 덧셈 및 스칼라 곱셈의 표준 연산하에서 벡터공간이 될 필요충분조건은 직선이 원점을 통과하는 것임을 보여라.

18. R^3 내의 평면상의 모든 점의 집합이 벡터 덧셈 및 스칼라 곱셈의 표준 연산하에서 벡터공간이 될 필요충분조건은 평면이 원점을 통과하는 것임을 보여라.

(19-20) V를 예제 8에 주어진 벡터공간 연산을 가진 양의 실수의

벡터공간이라고 하자. $\mathbf{u} = u$*를 V의 벡터라고 하고 다음 벡터 관련 사실을 실수에 대한 사실로 다시 써라.*

19. $-\mathbf{u} = (-1)\mathbf{u}$

20. $k\mathbf{u} = \mathbf{0}$일 필요충분조건은 $k = 0$이든가 $\mathbf{u} = \mathbf{0}$인 것이다.

증명 문제

21. 다음은 $\mathbf{u}$, $\mathbf{v}$, $\mathbf{w}$가 벡터공간 V의 벡터인 경우 $\mathbf{u} + \mathbf{w} = \mathbf{v} + \mathbf{w}$이면 $\mathbf{u} = \mathbf{v}$[벡터 덧셈에 대한 ***소거법칙***(cancellation law)]임을 증명하는 과정이다. 빈칸을 채워 단계를 완성하라.

$\mathbf{u} + \mathbf{w} = \mathbf{v} + \mathbf{w}$	가정
$(\mathbf{u} + \mathbf{w}) + (-\mathbf{w}) = (\mathbf{v} + \mathbf{w}) + (-\mathbf{w})$	양변에 $-\mathbf{w}$를 더한다.
$\mathbf{u} + [\mathbf{w} + (-\mathbf{w})] = \mathbf{v} + [\mathbf{w} + (-\mathbf{w})]$	________
$\mathbf{u} + \mathbf{0} = \mathbf{v} + \mathbf{0}$	________
$\mathbf{u} = \mathbf{v}$	________

22. 정리 4.1.1의 (*b*)에 대한 7단계 증명은 다음과 같다. *가정*에 의해 참이라고 말하거나 10개의 벡터공간 공리 중 적용되는 것을 지정하여 각 단계를 완성하라.

가정: $\mathbf{u}$를 벡터공간 V의 벡터로, $\mathbf{0}$을 V의 영벡터로, k를 스칼라로 가정하자.

결론: 그럼 $k\mathbf{0} = \mathbf{0}$이다.

증명: (1) $k\mathbf{0} + k\mathbf{u} = k(\mathbf{0} + \mathbf{u})$

(2) $= k\mathbf{u}$

(3) $k\mathbf{u}$가 V에 있으므로 $-k\mathbf{u}$도 V에 있다.

(4) 따라서 $(k\mathbf{0} + k\mathbf{u}) + (-k\mathbf{u}) = k\mathbf{u} + (-k\mathbf{u})$이다.

(5) $k\mathbf{0} + \big(k\mathbf{u} + (-k\mathbf{u})\big) = k\mathbf{u} + (-k\mathbf{u})$

(6) $k\mathbf{0} + \mathbf{0} = \mathbf{0}$

(7) $k\mathbf{0} = \mathbf{0}$

(23-24) $\mathbf{u}$*를 벡터공간 V의 벡터라고 하자. 연습문제 21과 22를 본보기로 사용하여 다음 결과에 대한 단계별 증명을 써라.*

23. $0\mathbf{u} = \mathbf{0}$ **24.** $-\mathbf{u} = (-1)\mathbf{u}$

(25-27) 주어진 연산을 가진 다음 집합이 벡터공간임을 보여라.

25. 예제 1에 주어진 덧셈 및 스칼라 곱셈 연산을 가진 집합 $V = \{\mathbf{0}\}$.

26. 예제 3에 주어진 덧셈 및 스칼라 곱셈 연산을 사용하는 모든 무한 실수 수열의 집합 R^∞.

27. 통상적인 덧셈과 스칼라 곱셈 연산을 사용하는 모든 $m \times n$ 행렬의 집합 M_{mn}.

28. 다음을 증명하라: $\mathbf{u}$가 벡터공간 V의 벡터이고 k가 스칼라일 때, $k\mathbf{u} = \mathbf{0}$이면 $k = 0$ 또는 $\mathbf{u} = \mathbf{0}$이다. [*제안*: $k\mathbf{u} = \mathbf{0}$이고 $k \neq 0$이면 $\mathbf{u} = \mathbf{0}$이다. 이 결과에서 논리적으로 추론하면 주어진 결과가 얻어진다.]

참-거짓 문제

TF. **(a)-(f)**가 참인지 거짓인지를 밝히고 그 이유를 설명하라.

a. 벡터는 벡터공간의 임의의 원소이다.

b. 벡터공간에는 두 개 이상의 벡터가 포함되어야 한다.

c. $\mathbf{u}$가 벡터이고 k가 스칼라일 때 $k\mathbf{u} = \mathbf{0}$이면 항상 $k = 0$이다.

d. 벡터 덧셈과 스칼라 곱셈이 통상적인 실수의 덧셈과 곱셈 연산인 경우 양의 실수 집합은 벡터공간이다.

e. 모든 벡터공간에서 벡터 $(-1)\mathbf{u}$와 $-\mathbf{u}$는 동일하다.

f. 벡터공간 $F(-\infty, \infty)$에서 그래프가 원점을 통과하는 모든 함수는 영벡터이다.

4.2 부분공간

어떤 관심 있는 벡터공간이 성질이 알려진 더 큰 벡터공간 안에 포함되는 경우가 종종 있다. 이 절에서는 이런 공간을 어떻게 식별하는지를 논하고, 어떻게 더 큰 벡터공간의 성질이 더 작은 벡터공간의 성질을 얻기 위해 사용될 수 있는지 설명할 것이며, 여러 중요한 예를 제시할 것이다.

용어의 정의로부터 시작하자.

정의 1

벡터공간 V의 부분집합 W가 V상에서 정의된 덧셈과 스칼라 곱셈에 대하여 그 자체로 벡터공간이 될 때 W를 V의 **부분공간**(subspace)이라 한다.

일반적으로 덧셈과 스칼라 곱셈을 갖는 집합 W가 벡터공간임을 밝히기 위해서는 벡터공간의 10가지 공리가 만족됨을 밝혀야 한다. 그러나 만일 W가 이미 벡터공간이라고 알려진 큰 집합 V의 부분집합이라면 어떤 공리는 V에서부터 "상속"되기 때문에 W에 대하여 증명할 필요가 *없다*. 예를 들어 $\mathbf{u}+\mathbf{v}=\mathbf{v}+\mathbf{u}$는 V의 모든 벡터에 대해서 성립하므로 당연히 W의 벡터에 대해서 성립하게 되어, W에 대해서 이 공리를 검증할 필요가 없다. 반면에, W가 덧셈과 스칼라 곱셈에 대해 닫혀 있음을 보여야 한다. 왜냐하면 W의 두 벡터를 더하거나 W의 한 벡터에 스칼라를 곱하면 V 밖에 있는 V의 벡터가 만들어질 수도 있기 때문이다(**그림 4.2.1**). W에 상속되지 *않는* 공리는

공리 1 덧셈에 대한 W의 닫힘성
공리 4 W 내에 영벡터의 존재
공리 5 W 내의 각 벡터에 대한 음이 W 내에 존재
공리 6 스칼라 곱셈에 대한 W의 닫힘성

이므로 W가 V의 부분공간임을 증명하기 위해서는 위의 공리를 검증해야 한다. 그러나 다음 정리에 의하여 W에서 공리 1과 공리 6이 성립하면 공리 4와 공리 5도 W에서 당연히 성립하게 되므로 이 둘은 따로 검증할 필요가 없다.

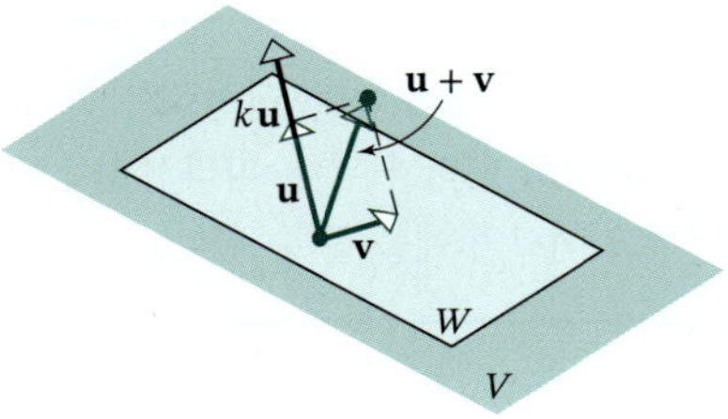

그림 4.2.1 벡터 $\mathbf{u}$, $\mathbf{v}$는 W에 속하지만 벡터 $\mathbf{u}+\mathbf{v}$는 속하지 않는다.

정리 4.2.1

부분공간 테스트
벡터공간 V의 공집합이 아닌 부분집합 W가 V의 부분공간이 되기 위한 필요충분조건은 다음 조건을 만족하는 것이다.
(*a*) 만약 $\mathbf{u}$와 $\mathbf{v}$가 W의 벡터이면 $\mathbf{u}+\mathbf{v}$도 W의 벡터이다.
(*b*) k가 임의의 스칼라이고 $\mathbf{u}$가 W의 벡터이면 $k\mathbf{u}$도 W의 벡터이다.

부분공간 테스트는 W가 덧셈 및 스칼라 곱셈에 대해 닫힌 경우에만 V의 부분공간이라고 말한다.

증명 만일 W가 V의 부분공간이면 W에서 모든 벡터공간의 공리가 성립한다. 특히 공리 1과 6이 성립하는데 이들이 바로 위의 조건 (a), (b)이다.

역으로 조건 (a)와 (b)가 성립한다고 가정하면 이들 조건은 벡터공간의 공리 1과 6이고, 공리 2, 3, 7, 8, 9, 10은 V로부터 물려받기 때문에 증명을 완성하려면 공리 4와 5가 W에서 성립하는 것만 증명하면 된다. 이를 위해 $\mathbf{u}$를 W의 임의의 벡터라 하면 조건 (b)에 의하여 $k\mathbf{u}$는 모든 스칼라 k에 대해서 W에 포함된다. $k = 0$이라 하면 정리 4.1.1로부터 $0\mathbf{u} = \mathbf{0}$은 W에 속하고, $k = -1$이라 하면 $(-1)\mathbf{u} = -\mathbf{u}$는 W에 속한다. 즉, 공리 4와 5가 W에서 성립한다. ■

부분공간 테스트를 집합 W에 적용할 때 첫 번째 단계는그 집합이 공집합이 아님을 확인하는 것이다. 이것은 이 절의 모든 예제에서 명백하기 때문에 따로 명시하지 않고 지나갈 것이다.

예제 1 | 영부분공간

V가 임의의 벡터공간이고 만약 $W = \{\mathbf{0}\}$이 V의 부분집합이면, W는 덧셈과 스칼라 곱셈에 대해서 닫혀 있다. 왜냐하면

$$\mathbf{0} + \mathbf{0} = \mathbf{0}\text{이고} \qquad k\mathbf{0} = \mathbf{0}$$

이기 때문이다(여기서 k는 임의의 스칼라). W는 V의 ***영부분공간***(zero subspace)이다.

모든 벡터공간에는 최소한 두 개의 부분공간, 그 자체와 영이 있다.

예제 2 | 원점을 지나는 직선은 R^2, R^3의 부분공간이다

만약 W가 R^2 또는 R^3의 원점을 지나는 직선이면, 직선 W상의 두 벡터를 더하든가 한 벡터에 스칼라를 곱하면 다시 직선 W상의 벡터가 된다. 따라서 W는 덧셈과 스칼라 곱셈에 대해 닫혀 있다(아래 **그림 4.2.2**에서 R^3에서의 예를 볼 수 있다).

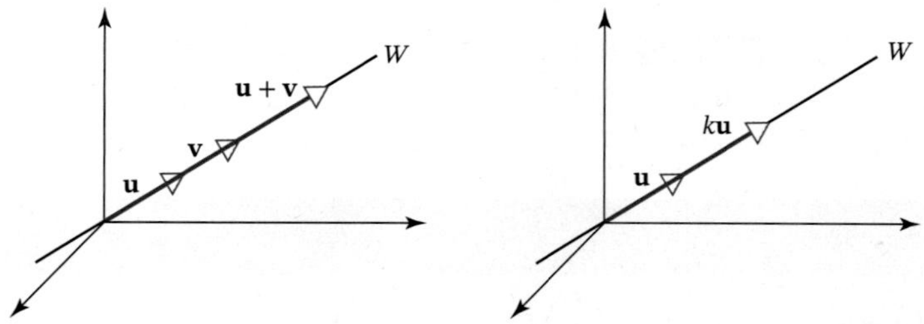

(a) W는 덧셈에 대해 닫혀 있다. **(b)** W는 스칼라 곱셈에 대해 닫혀 있다.

그림 4.2.2

예제 3 | 원점을 지나는 평면은 R^3의 부분공간이다

만약 **u**, **v**가 R^3의 원점을 지나는 평면 W 내의 벡터이면 기하적으로 같은 평면 W 내에 **u** + **v**와 k**u**가 있다. 여기서 k는 임의의 스칼라이다(**그림 4.2.3**). 그러므로 덧셈과 스칼라 곱셈에 대해 W는 닫혀 있다.

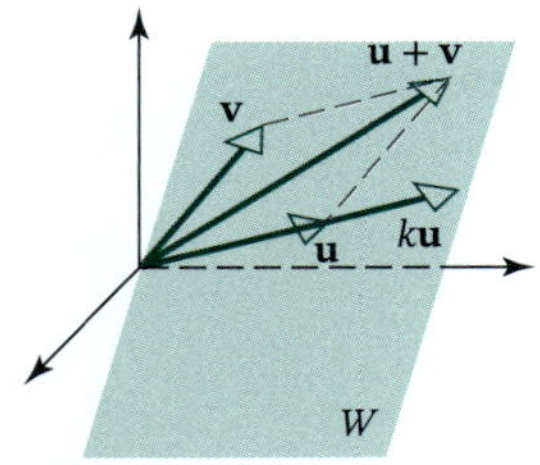

그림 4.2.3 벡터 **u** + **v**와 k**u** 모두 **u**, **v**와 같은 평면에 있다.

표 1에서 R^2와 R^3의 부분공간에 대한 목록을 얻을 수 있다. 나중에 이들이 R^2와 R^3의 부분공간의 전부임을 알게 될 것이다.

표 1

R^2의 부분공간	R^3의 부분공간
• {**0**}	• {**0**}
• 원점을 지나는 직선	• 원점을 지나는 직선
• R^2	• 원점을 지나는 평면
	• R^3

예제 4 | 부분공간이 아닌 R^2의 부분집합

R^2 내에서 $x \geq 0$, $y \geq 0$인 (x, y)의 모든 점들의 집합을 W라 하면(**그림 4.2.4**에서 음영부분), 이 집합은 스칼라 곱셈에 대해 닫혀 있지 않기 때문에 R^2의 부분공간이 아니다. 예를 들어 **v** = (1, 1)은 W에 속해 있으나, (−1)**v** = (−1, −1)은 W에 속하지 않는다.

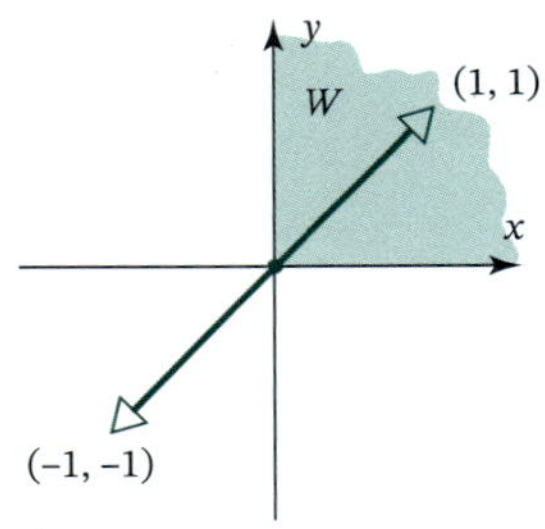

그림 4.2.4 W는 스칼라 곱셈에 대해 닫혀 있지 않다.

예제 5 | M_{nn}의 부분공간

정리 1.7.2로부터 두 대칭행렬의 합도 역시 대칭이고 대칭행렬의 스칼라배도 대칭이다. 따라서 $n \times n$ 대칭행렬의 집합은 $n \times n$ 행렬의 벡터공간 M_{nn}의 부분공간이다. 같은 이유로 $n \times n$ 상삼각행렬의 집합, $n \times n$ 하삼각행렬의 집합과 $n \times n$ 대각행렬의 집합은 모두 M_{nn}의 부분공간을 이룬다. 즉, 이들 각 집합은 덧셈과 스칼라 곱셈에 대해 닫혀 있다.

예제 6 | 부분공간이 아닌 M_{nn}의 부분집합

$n \times n$ 가역행렬집합은 M_{nn}의 부분공간이 아니다. 이것은 덧셈과 스칼라 곱셈에 대해 닫혀 있지 않다. 예를 들어 M_{22} 내에서

$$U = \begin{bmatrix} 1 & 2 \\ 2 & 5 \end{bmatrix} \quad \text{그리고} \quad V = \begin{bmatrix} -1 & 2 \\ -2 & 5 \end{bmatrix}$$

을 생각하자. 행렬 $0U$는 2×2 영행렬이어서 가역행렬이 아니고 행렬 $U + V$는 성분이 모두 영인 열벡터를 가지므로 이 또한 가역행렬이 아니다.

미적분학 필요

예제 7 | 부분공간 $C(-\infty, \infty)$

미적분학에 연속함수의 합은 연속함수이고 연속함수에 상수배를 하면 다시 연속함수가 된다는 정리가 있다. 따라서 구간 $(-\infty, \infty)$상의 모든 연속함수의 집합은 $F(-\infty, \infty)$의 부분공간이다. 이 부분공간을 $C(-\infty, \infty)$로 표시한다.

미적분학 필요

예제 8 | 연속인 도함수를 갖는 함수

연속인 도함수를 갖는 함수를 *연속미분가능함수*라 한다. 미적분학에서 연속미분가능함수의 합은 연속미분가능함수이고, 연속미분가능함수의 상수배는 다시 연속미분가능함수가 된다는 정리가 있다. 따라서 구간 $(-\infty, \infty)$상에서 모든 연속미분가능함수의 집합은 $F(-\infty, \infty)$의 부분공간이다. 이와 같은 부분공간을 $C^1(-\infty, \infty)$로 표시한다. 여기서 위첨자 1은 *1계*도함수임을 강조하는 뜻으로 사용되었다. 이 사실을 한 단계 더 높이면, 각 양의 정수 m에 대해서 구간 $(-\infty, \infty)$에서 연속인 m개의 도함수를 갖는 모든 함수는 $F(-\infty, \infty)$의 부분공간을 이루고, 또한 모든 계수의 도함수를 갖는 함수도 마찬가지이다. 이 부분공간들을 각각 $C^m(-\infty, \infty)$와 $C^\infty(-\infty, \infty)$로 표시한다.

예제 9 | 다항식의 부분공간

다항식은

$$p(x) = a_0 + a_1x + \cdots + a_nx^n \tag{1}$$

으로 표현될 수 있는 함수임을 상기하자. 여기서 $a_0, a_1, \cdots, a_n$은 상수이다. 두 다항식의 합도 다항식이고, 다항식의 상수배도 역시 다항식이다. 그러므로 다항식의 집합 W는 덧셈과 스칼라 곱셈에 대해 닫혀 있고 $F(-\infty, \infty)$의 부분공간이다. 이 공간을 P_∞로 표시한다.

예제 10 | 차수가 $\leq n$인 다항식의 부분공간

이 책에서 우리는 모든 상수를 0차다항식으로 간주한다. 그러나 일부 저자는 상수 0에 차수를 할당하지 않는다.

다항식의 ***차수***(degree)는 영이 아닌 계수를 갖는 최고차항의 차수임을 상기하자. 예를 들어 식 (1)에서 $a_n \neq 0$이면 다항식의 차수는 n이다. 양의 차수 n을 갖는 다항식의 집합 W는 $F(-\infty, \infty)$의 부분공간이 아니다. 왜냐하면 이 집합은 덧셈에 대해서 닫혀 있지 않기 때문이다. 예를 들어 다항식

$$1 + 2x + 3x^2\text{과} \qquad 5 + 7x - 3x^2$$

은 차수가 2이다. 그러나 합은 차수가 1이다. 하지만 음이 아닌 정수 n에 대하여 차수가 n *이하*인 다항식은 $F(-\infty, \infty)$의 부분공간을 이룬다. 이 공간을 P_n으로 표시한다.

함수공간의 계층

미적분학에서 다항식은 연속함수이고 $(-\infty, \infty)$에서 모든 차수의 연속인 도함수를 갖는다. 그러므로 P_∞은 $F(-\infty, \infty)$의 부분공간일 뿐만 아니라 $C^\infty(-\infty, \infty)$의 부분공간이다. 예제 7−10에서 언급한 벡터공간은 **그림 4.2.5**에서처럼 설명할 수 있다.

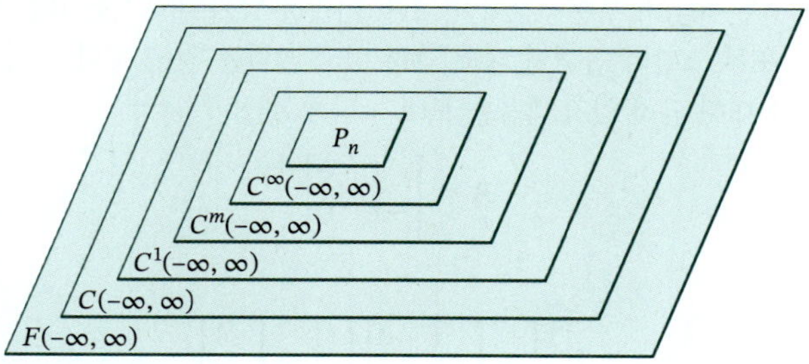

그림 4.2.5

참고 그림 4.2.5에서 보여 주듯이 앞의 예제에서는 구간을 $(-\infty, \infty)$상에서 정의된 함수를 생각했으나, 만일 구간 $(-\infty, \infty)$의 부분구간, 말하자면 닫힌구간 $[a, b]$ 또는 열린구간 (a, b)로 제한한다면, 앞의 예제에서 정의된 부분공간은 기호가 약간 바뀌게 된다. $C[a, b]$상의 연속함수의 공간이고 $C(a, b)$는 (a, b)상의 연속함수의 공간이다.

다음 예제들에서는 R^n, M_{mn}, P_n 및 $F(-\infty, \infty)$의 다양한 공집합이 아닌 부분집합에 부분공간 테스트를 적용하는 방법을 설명한다.

예제 11 | M_{22}에서 부분공간 테스트

주어진 행렬집합이 M_{22}의 부분공간인지 여부를 결정하라.

(*a*) 다음 형태의 모든 행렬로 구성된 집합 U

$$\begin{bmatrix} x & 0 \\ 2x & y \end{bmatrix} \tag{2}$$

(*b*) 다음을 만족하는 모든 2×2 행렬 A로 구성된 집합 W

$$A\begin{bmatrix} 1 \\ 2 \end{bmatrix} = \begin{bmatrix} 1 \\ -1 \end{bmatrix} \tag{3}$$

풀이 (*a*) 만약 A와 B가 행렬 U 안에 있는 행렬이라면 임의의 실수 a, b, c, d에 대해 다음과 같은 형태로 표현된다.

$$A = \begin{bmatrix} a & 0 \\ 2a & b \end{bmatrix}, \quad B = \begin{bmatrix} c & 0 \\ 2c & d \end{bmatrix}$$

이제 행렬

$$A + B = \begin{bmatrix} a+c & 0 \\ 2(a+c) & b+d \end{bmatrix}$$

은 $x = a + c$이고 $y = b + d$로 (2)의 형태이므로 U에 속하는 행렬이다. 따라서 U는 덧셈에 대해 닫혀 있다. 마찬가지로 행렬

$$kA = \begin{bmatrix} ka & 0 \\ 2ka & kb \end{bmatrix}$$

는 $x = ka$이고 $y = kb$로 (2)의 형태가 되므로 U는 스칼라 곱셈에 대해 닫혀 있다. 이 두 가지 결과는 U가 M_{22}의 부분공간임을 입증한다.

풀이 (*b*) 집합 W는 M_{22}의 부분공간이 아니다. 이것을 알기 위해서는 W는 덧셈에 대해 닫혀 있지 않거나, 또는 스칼라 곱셈에 대해 닫혀 있지 않다는 것을 보여 주기만 하면 충분하다. 스칼라 곱셈에 대해 닫혀 있지 않음을 보이기 위해 A를

$$A = \begin{bmatrix} 1 & 0 \\ -1 & 0 \end{bmatrix}$$

으로 정의하자.

$$A\begin{bmatrix} 1 \\ 2 \end{bmatrix} = \begin{bmatrix} 1 & 0 \\ -1 & 0 \end{bmatrix}\begin{bmatrix} 1 \\ 2 \end{bmatrix} = \begin{bmatrix} 1 \\ -1 \end{bmatrix}$$

이므로 A는 식 (3)을 만족하고 따라서 W의 벡터이다. 하지만 $2A$는

$$(2A)\begin{bmatrix} 1 \\ 2 \end{bmatrix} = \begin{bmatrix} 2 & 0 \\ -2 & 0 \end{bmatrix}\begin{bmatrix} 1 \\ 2 \end{bmatrix} = \begin{bmatrix} 2 \\ -2 \end{bmatrix}$$

이므로 식 (3)을 만족하지 않고 따라서 W의 벡터가 아니다. 이것만으로도 W가 M_{22}의 부분공간이 아님을 알 수 있다. 한편 W가 덧셈에 의해 닫혀 있지 않다는 것 또한 참이다. 이것의 증명은 독자에게 남긴다.

예제 12 | P_2에서 부분공간 테스트

주어진 다항식 집합이 P_2의 부분공간인지 여부를 결정한다.

(*a*) $\mathbf{p} = 1 + ax - ax^2$ 형태의 모든 다항식으로 구성된 집합 U. 여기서 a는 실수이다.

(*b*) $\mathbf{p}(2) = 0$을 만족하는 P_2의 모든 다항식 $\mathbf{p}$로 구성된 집합 W

풀이 (*a*) 집합 U는 덧셈에 대해 닫혀 있지 않기 때문에 P_2의 부분공간이 아니다. 예를 들어 다항식 $\mathbf{p} = 1 + x - x^2$와 $\mathbf{q} = 1 + 2x - 2x^2$는 U에 속한다. 하지만

$$\mathbf{p} + \mathbf{q} = 2 + 3x - 3x^2$$

는 속하지 않는다. U가 또한 스칼라곱에 대해서도 닫혀 있지 않다는 증명은 독자에게 맡긴다.

풀이 (*b*) 만약 $\mathbf{p}$와 $\mathbf{q}$가 W의 다항식이고, k가 실수이면

$$(\mathbf{p} + \mathbf{q})(2) = \mathbf{p}(2) + \mathbf{q}(2) = 0 + 0 = 0$$

이고

$$(k\mathbf{p})(2) = k \cdot \mathbf{p}(2) = k \cdot 0 = 0$$

이다. $\mathbf{p} + \mathbf{q}$와 $k\mathbf{p}$가 W 안에 있으므로 W는 P_2의 부분공간이다.

부분공간 만들어 가기

다음의 정리는 알려진 부분공간에서 새로운 부분공간을 만드는 유용한 방법을 제공한다.

정리 4.2.2

$W_1, W_2, \cdots, W_r$이 벡터공간 V의 부분공간이면, 이들 부분공간의 교집합 또한 V의 부분공간이다.

증명 W가 부분공간 $W_1, W_2, \cdots, W_r$의 교집합이라 하자. 각 부분공간은 V의 영벡터를 포함하기 때문에 W는 공집합이 아니다. 따라서 W는 덧셈과 스칼라 곱셈에 대해 닫혀 있음을 보이면 된다.

덧셈에 대해서 닫혀 있음을 보이기 위해서 $\mathbf{u}$와 $\mathbf{v}$는 또한 이들 부분공간 내에 있다고 하자. 이들 부분공간은 모두 덧셈에 대해 닫혀 있으므로, $\mathbf{u} + \mathbf{v}$를 포함하고 따라서 $\mathbf{u} + \mathbf{v}$는 교집합 W에도 포함된다. 이는 W가 덧셈에 대해서 닫혀 있음을 보여 준다. W가 스칼라 곱셈에 대해 닫혀 있음을 증명하는 것은 독자에게 남긴다. ■

정리 4.2.2를 증명하는 첫 번째 단계는 W가 적어도 하나의 벡터를 포함하고 있음을 확인하는 것이다. 그렇지 않으면 후속 논증이 논리적으로 정확하지만 의미가 없을 수 있다.

동차계의 해공간

n개 변수의 m개의 방정식의 동차 연립방정식(= 동차계) $A\mathbf{x} = \mathbf{0}$의 해는 R^n 내의 벡터이다. 다음 정리는 해집합의 기하적 구조에 대한 통찰을 준다.

정리 4.2.3

n개의 변수를 가진 동차 연립방정식 $A\mathbf{x} = \mathbf{0}$의 해집합은 R^n의 부분공간이다.

증명 W를 이 연립방정식의 해집합이라 하자. 집합 W는 적어도 자명해 $\mathbf{x} = \mathbf{0}$을 포함하므로 공집합이 아니다.

W가 R^n의 부분공간임을 보이기 위해서는 W가 덧셈과 스칼라 곱셈에 대하여 닫혀 있음을 보여야 한다. 먼저, W의 벡터를 $\mathbf{x}_1, \mathbf{x}_2$라 하자. 이들 벡터는 $A\mathbf{x} = \mathbf{0}$의 해이므로,

$$A\mathbf{x}_1 = \mathbf{0}\text{과} \quad A\mathbf{x}_2 = \mathbf{0}$$

이 된다. 이들 방정식은 행렬곱의 분배 성질에 의해

$$A(\mathbf{x}_1 + \mathbf{x}_2) = A\mathbf{x}_1 + A\mathbf{x}_2 = \mathbf{0} + \mathbf{0} = \mathbf{0}$$

을 의미한다. 그래서 W는 덧셈에 관해 닫혀 있다. 비슷한 방법으로, 임의의 스칼라 k에 관해서

$$A(k\mathbf{x}_1) = kA\mathbf{x}_1 = k\mathbf{0} = \mathbf{0}$$

이다. 그래서 W는 덧셈에 관해 닫혀 있다. ■

n개의 미지수를 갖는 동차 선형계의 해집합은 R^n의 부분공간이 되기 때문에 이것을 동차계의 ***해공간***이라고 부른다.

예제 13 | 동차 연립방정식의 해공간

다음 선형계를 고려하자.

(a) $\begin{bmatrix} 1 & -2 & 3 \\ 2 & -4 & 6 \\ 3 & -6 & 9 \end{bmatrix}\begin{bmatrix} x \\ y \\ z \end{bmatrix} = \begin{bmatrix} 0 \\ 0 \\ 0 \end{bmatrix}$ (b) $\begin{bmatrix} 1 & -2 & 3 \\ -3 & 7 & -8 \\ -2 & 4 & -6 \end{bmatrix}\begin{bmatrix} x \\ y \\ z \end{bmatrix} = \begin{bmatrix} 0 \\ 0 \\ 0 \end{bmatrix}$

(c) $\begin{bmatrix} 1 & -2 & 3 \\ -3 & 7 & -8 \\ 4 & 1 & 2 \end{bmatrix}\begin{bmatrix} x \\ y \\ z \end{bmatrix} = \begin{bmatrix} 0 \\ 0 \\ 0 \end{bmatrix}$ (d) $\begin{bmatrix} 0 & 0 & 0 \\ 0 & 0 & 0 \\ 0 & 0 & 0 \end{bmatrix}\begin{bmatrix} x \\ y \\ z \end{bmatrix} = \begin{bmatrix} 0 \\ 0 \\ 0 \end{bmatrix}$

풀이 (*a*) 해는

$$x = 2s - 3t, \quad y = s, \quad z = t$$

이고, 이것으로부터

$$x = 2y - 3z \quad \text{또는} \quad x - 2y + 3z = 0$$

을 얻는다. 이는 법선벡터 $\mathbf{n} = (1, -2, 3)$을 갖는 원점을 지나는 평면이다.

풀이 (*b*) 해는

$$x = -5t, \quad y = -t, \quad z = t$$

이고 이것은 $\mathbf{v} = (-5, -1, 1)$에 평행이고 원점을 지나는 직선이다.

풀이 (*c*) 해는 오직 $x = 0, y = 0, z = 0$이고, 따라서 해공간은 $\{\mathbf{0}\}$이다.

풀이 (*d*) 이 연립방정식은 모든 실수 x, y, z에서 만족한다. 그래서 해공간은 R^3이다.

참고 n개의 변수와 m개의 식으로 이루어진 *동차* 연립일차방정식의 해집합은 R^n의 부분공간이지만, *비동차* 연립일차방정식의 해집합은 R^n의 부분공간이 아니다. 두 가지 가능한 경우가 있다. 첫 번째는 방정식계가 해를 가지지 않은 경우이고, 두 번째는 해가 존재하는 경우인데, 이 경우 그 해집합이 덧셈이나 스칼라 곱셈에 대해 닫혀 있지 않게 된다(연습문제 22).

선형변환의 관점

정리 4.2.3을 행렬변환의 관점에서 설명해 보자. $T_A : R^n \to R^m$을 계수행렬 A에 의한 곱셈으로 볼 때 $A\mathbf{x} = \mathbf{0}$의 해공간은 R^n 벡터의 집합으로 T_A에 의해 R^m 공간의 영벡터로 사상된다. 이 집합을 변환의 ***핵***(kernel)이라고 부르는데 이 용어로 정리 4.2.3을 다음과 같이 바꾸어 쓸 수 있다.

정리 4.2.4

만약 A가 $m \times n$ 행렬이면, 행렬변환 $T_A : R^n \to R^m$의 핵은 R^n의 부분공간이다.

연습문제 4.2

(1-2) 부분공간 테스트를 사용하여 R^3의 부분공간 여부를 판정하라.

1. **a.** $(a, 0, 0)$ 형태의 모든 벡터
b. $(a, 1, 1)$ 형태의 모든 벡터
c. (a, b, c) 형태의 모든 벡터(여기서 $b = a + c$)

2. **a.** (a, b, c) 형태의 모든 벡터(여기서 $b = a + c + 1$)
b. $(a, b, 0)$ 형태의 모든 벡터
c. $a + b = 7$인 (a, b, c) 형태의 모든 벡터

(3-4) 부분공간 테스트를 사용하여 M_{nn}의 부분공간 여부를 판정하라.

3. **a.** 모든 $n \times n$ 대각행렬의 집합
b. $\det(A) = 0$이 되는 모든 $n \times n$ 행렬 A의 집합
c. $\text{tr}(A) = 0$이 되는 모든 $n \times n$ 행렬 A의 집합
d. 모든 $n \times n$ 대칭행렬의 집합

4. **a.** $A^T = -A$를 만족하는 모든 $n \times n$ 행렬 A의 집합
b. $A\mathbf{x} = \mathbf{0}$이 자명해만 갖는 모든 $n \times n$ 행렬 A의 집합
c. 고정된 $n \times n$ 행렬 B에 대해 $AB = BA$인 모든 $n \times n$ 행렬 A의 집합
d. 모든 $n \times n$ 가역행렬의 집합

(5-6) 부분공간 테스트를 사용하여 P_3의 부분공간 여부를 판정하라.

5. **a.** $a_0 = 0$인 모든 다항식 $a_0 + a_1x + a_2x^2 + a_3x^3$
b. $a_0 + a_1 + a_2 + a_3 = 0$인 모든 다항식 $a_0 + a_1x + a_2x^2 + a_3x^3$

6. **a.** a_0, a_1, a_2, a_3이 유리수인 $a_0 + a_1x + a_2x^2 + a_3x^3$ 형태의 모든 다항식
b. $a_0 + a_1x$ 형태의 모든 다항식(여기서 a_0, a_1은 실수)

(7-8) 부분공간 테스트를 사용하여 $F(-\infty, \infty)$의 부분공간 여부를 판정하라.

7. **a.** $f(0) = 0$인 $F(-\infty, \infty)$의 모든 함수 f
b. $f(0) = 1$인 $F(-\infty, \infty)$의 모든 함수 f

8. **a.** $f(-x) = f(x)$인 $F(-\infty, \infty)$의 모든 함수 f
b. 차수가 2인 모든 다항식

(9-10) 부분공간 테스트를 사용하여 R^∞의 부분공간 여부를 판정하라.

9. **a.** $\mathbf{v} = (v, 0, v, 0, v, 0, \cdots)$ 형태의 R^∞의 모든 수열 $\mathbf{v}$
b. $\mathbf{v} = (v, 1, v, 1, v, 1, \cdots)$ 형태의 R^∞의 모든 수열 $\mathbf{v}$

10. **a.** $\mathbf{v} = (v, 2v, 4v, 8v, 16v, \cdots)$ 형태의 R^∞의 모든 수열 $\mathbf{v}$
b. R^∞의 구성요소가 어느 지점부터 0인 모든 수열

(11-12) 부분공간 테스트를 사용하여 M_{22}의 부분공간 여부를 판정하라.

11. **a.** $\begin{bmatrix} a & 0 \\ b & 0 \end{bmatrix}$ 형태의 모든 행렬
b. $\begin{bmatrix} a & 1 \\ b & 1 \end{bmatrix}$ 형태의 모든 행렬
c. $A\begin{bmatrix} 1 \\ -1 \end{bmatrix} = \begin{bmatrix} 2 \\ 0 \end{bmatrix}$를 만족하는 모든 2×2 행렬 A

12. **a.** 다음을 만족하는 모든 2×2 행렬 A

$$A\begin{bmatrix} 1 \\ -1 \end{bmatrix} = \begin{bmatrix} 0 \\ 0 \end{bmatrix}$$

b. 다음을 만족하는 모든 2×2 행렬 A

$$A\begin{bmatrix} 0 & 2 \\ -2 & 1 \end{bmatrix} = \begin{bmatrix} 0 & 2 \\ -2 & 1 \end{bmatrix}A$$

c. $\det(A) = 0$인 모든 2×2 행렬 A

(13-14) 부분공간 테스트를 사용하여 R^4의 부분공간 여부를 판정하라.

13. **a.** (a, a^2, a^3, a^4) 형태의 모든 벡터
b. $(a, 0, b, 0)$ 형태의 모든 벡터

14. **a.** $A\mathbf{x} = \begin{bmatrix} 0 \\ 1 \end{bmatrix}$를 만족하는 R^4의 모든 벡터 $\mathbf{x}$, 여기서

$$A = \begin{bmatrix} 0 & -1 & 0 & 2 \\ -1 & 1 & 0 & 1 \end{bmatrix}$$

b. $A\mathbf{x} = \begin{bmatrix} 0 \\ 0 \end{bmatrix}$를 만족하는 R^4의 모든 벡터 $\mathbf{x}$, 여기서 A은 (a)와 같다.

(15-16) 부분공간 테스트를 사용하여 P^∞의 부분공간 여부를 판정하라.

15. **a.** 6보다 작거나 같은 차수의 모든 다항식
b. 차수가 6인 모든 다항식
c. 6보다 크거나 같은 차수의 모든 다항식

16. **a.** 계수가 짝수인 모든 다항식
b. 계수 합계가 0인 모든 다항식

c. 짝수 차수의 모든 다항식

17. ***(미적분학 필요)*** 다음 중 R^∞의 부분공간은 어느 것인가?

a. $\lim_{n\to\infty} v_n = 0$을 만족하는 $\mathbf{v} = (v_1, v_2, \cdots, v_n, \cdots)$ 형태의 모든 수열

b. 모든 수렴수열[즉, $\lim_{n\to\infty} v_n$이 존재하는 $\mathbf{v} = (v_1, v_2, \cdots, v_n, \cdots)$ 형태의 모든 수열]

c. $\sum_{n=1}^{\infty} v_n = 0$을 만족하는 $\mathbf{v} = (v_1, v_2, \cdots, v_n, \cdots)$ 형태의 모든 수열

d. $\sum_{n=1}^{\infty} v_n$이 수렴하는 $\mathbf{v} = (v_1, v_2, \cdots, v_n, \cdots)$ 형태의 모든 수열

18. R^3의 원점을 지나는 선 L은 $x = at,\ y = bt,\ z = ct$ 형태의 매개방정식으로 나타낼 수 있다. 이 방정식을 사용하여 $\mathbf{v}_1 = (x_1, y_1, z_1)$ 및 $\mathbf{v}_2 = (x_2, y_2, z_2)$가 L의 점이고 k가 실수인 경우 $k\mathbf{v}_1$ 및 $\mathbf{v}_1 + \mathbf{v}_2$도 L의 점임을 보여라.

19. 시스템 $A\mathbf{x} = \mathbf{0}$의 해공간이 원점을 통과하는 직선인지, 원점을 통과하는 평면인지, 또는 원점인지 판정하라. 평면이라면 방정식을 구하고, 직선이라면 매개변수 방정식을 구하라.

a. $A = \begin{bmatrix} -1 & 1 & 1 \\ 3 & -1 & 0 \\ 2 & -4 & -5 \end{bmatrix}$ **b.** $A = \begin{bmatrix} 1 & 2 & 3 \\ 2 & 5 & 3 \\ 1 & 0 & 8 \end{bmatrix}$

c. $A = \begin{bmatrix} 1 & -3 & 1 \\ 2 & -6 & 2 \\ 3 & -9 & 3 \end{bmatrix}$ **d.** $A = \begin{bmatrix} 1 & -1 & 1 \\ 2 & -1 & 4 \\ 3 & 1 & 11 \end{bmatrix}$

20. ***(미적분학 필요)*** 다음 함수들의 집합이 $F(-\infty, \infty)$의 부분공간임을 보여라.

a. $(-\infty, \infty)$상의 모든 연속함수

b. $(-\infty, \infty)$에서 미분 가능한 모든 함수

c. $\mathbf{f}' + 2\mathbf{f} = \mathbf{0}$을 만족하는 $(-\infty, \infty)$상의 모든 미분 가능 함수

21. ***(미적분학 필요)*** $\int_a^b f(x)\,dx = 0$을 만족하는 $[a, b]$에서 연속인 함수 $\mathbf{f} = f(x)$의 집합이 $C[a, b]$의 부분공간임을 보여라.

22. n개의 미지수를 갖는 m개의 선형방정식의 일치하는 비동차계의 해벡터가 R^n의 부분공간을 형성하지 않음을 보여라.

23. T_A가 3개의 열이 있는 행렬 A의 곱이라면 T_A의 핵으로 네 가지 기하적 개체가 가능하다. 그것들은 무엇인가? 어떻게 답을 도출했는지 설명하라.

24. P_3의 다음 부분집합을 고려하라: V는 $a_0 + a_3 = 0$을 만족하는 모든 다항식 $a_0 + a_1x + a_2x^2 + a_3x^3$으로 구성된다. W는 $\mathbf{p}(1) = 0$이 되는 모든 다항식 $\mathbf{p}$로 구성된다.

a. 부분공간 테스트를 사용하여 V 및 W가 P_3의 부분공간임을 보여라.

b. $a_0 + a_3 = 0$ 및 $\mathbf{p}(1) = 0$을 만족하는 모든 다항식의 집합

$$\mathbf{p} = a_0 + a_1x + a_2x^2 + a_3x^3$$

이 P_3의 부분공간임을 부분공간 테스트를 사용하지 말고 보여라.

25. 아래 그림은 질량 m인 블록이 $x = 0$인 원래 위치를 넘도록 당겨진 후 시간 $t = 0$에 놓여져 진동운동을 시작한 질량스프링시스템을 보여 준다. 마찰과 공기저항이 무시되면, 시간 t에서의 블록의 x좌표 $x(t)$는 함수

$$x(t) = c_1 \cos \omega t + c_2 \sin \omega t$$

형태로 주어진다. 여기서 ω는 블록의 질량과 스프링의 강성에 따라 달라지는 고정상수이고 c_1과 c_2는 임의의 상수이다. 이 함수의 집합이 $C^\infty(-\infty, \infty)$의 부분공간을 형성함을 보여라.

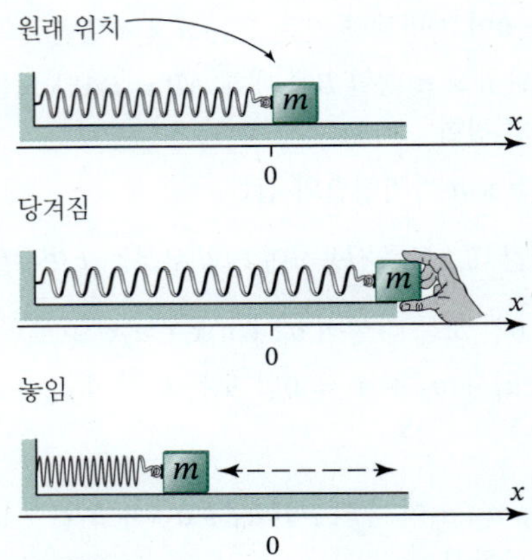

그림 Ex-25

26. U와 W의 합집합이 V의 부분공간이 아니도록 벡터공간 V와 그것의 부분공간 U, W의 예를 들어서 "교집합"이라는 단어가 "합집합"으로 대체되면 정리 4.2.2가 거짓임을 보여라.

증명 문제

27. $F(-\infty, \infty)$의 함수 $\mathbf{f} = f(x)$가 모든 실수 a에 대해 $f(-a) = f(a)$이면 ***우함수***이다. 우함수 집합이 $F(-\infty, \infty)$의 부분공간임을 증명하라.

28. 모든 실수 a에 대해 $f(-a) = -f(a)$이면 $F(-\infty, \infty)$의 함수 $\mathbf{f} = f(x)$는 ***기함수***이다. 기함수 집합이 $F(-\infty, \infty)$의 부분공간임을 증명하라.

29. U와 W가 벡터공간 V의 부분공간일 때 U와 W의 ***합*** $U + W$는 $\mathbf{u} + \mathbf{w}$ 형태의 모든 벡터로 구성된 집합이다. 여기서 $\mathbf{u}$는 U의 벡터이고 $\mathbf{w}$는 W의 벡터이다. $U + W$가 V의 부분공간임을 증명하라.

참-거짓 문제

TF. (a)-(h)가 참인지 거짓인지를 밝히고 그 이유를 설명하라.

a. 벡터공간의 모든 부분공간은 그 자체가 벡터공간이다.

b. 모든 벡터공간은 그 자체의 부분공간이다.

c. V의 영벡터를 포함하는 벡터공간 V의 모든 부분집합은 V의 부분공간이다.

d. 행렬변환 $T_A : R^n \to R^m$의 핵은 R^m의 부분공간이다.

e. n개의 미지수를 가진 m개의 방정식의 일치하는 선형시스템 $A\mathbf{x} = \mathbf{b}$의 해집합은 R^n의 부분공간이다.

f. 벡터공간 V의 두 부분공간의 교집합은 V의 부분공간이다.

g. 벡터공간 V의 두 부분공간의 합집합은 V의 부분공간이다.

h. 상삼각 $n \times n$ 행렬의 집합은 모든 $n \times n$ 행렬의 벡터공간의 부분공간이다.

계산도구 문제

T1. 벡터 $\mathbf{u}, \mathbf{v}, \mathbf{w}$가 T_A의 핵에 있는지 확인한다. 여기서

$$A = \begin{bmatrix} 1 & 2 & 3 & 4 & 5 \\ 6 & 7 & 8 & 9 & 10 \\ 11 & 12 & 13 & 14 & 15 \\ 16 & 17 & 18 & 19 & 20 \\ 21 & 22 & 23 & 24 & 25 \end{bmatrix}$$

이고 $\mathbf{u} = (1, -2, 1, 0, 0)$, $\mathbf{v} = (5, 0, 1, -2, 1)$, $\mathbf{w} = (3, -4, 0, 0, 1)$이다.

4.3 생성집합

벡터공간 V에 있는 모든 벡터는 V에 있는 벡터의 작은 부분집합 S의 관점에서 표현될 수 있는 경우가 많다. S의 벡터는 V의 모든 벡터를 만들기 위한 빌딩 블록으로 볼 수 있다. 이는 S의 작은 벡터집합에 주의를 집중시켜 전체 벡터공간 V의 특성을 추론할 수 있게 해 주는 중요한 개념이다.

3.1절의 정의 4를 일반화하는 다음의 정의는 벡터공간 연구의 기본이다.

정의 1

V의 벡터 $\mathbf{w}$가 다음 식과 같이 표현될 때 $\mathbf{w}$를 V 내의 벡터 $\mathbf{v}_1, \mathbf{v}_2, \cdots, \mathbf{v}_r$의 ***선형결합***(linear combination) 또는 ***일차결합***이라 한다.

$$\mathbf{w} = k_1\mathbf{v}_1 + k_2\mathbf{v}_2 + \cdots + k_r\mathbf{v}_r \tag{1}$$

여기서 $k_1, k_2, \cdots, k_r$은 스칼라이고 선형결합의 ***계수***(coefficient)라 불린다.

$r = 1$이면 방정식 (1)은 $\mathbf{w} = k_1\mathbf{v}_1$ 형식을 갖는다. 이 경우 선형조합은 $\mathbf{v}_1$의 스칼라배이다.

정리 4.3.1

$S = \{\mathbf{w}_1, \mathbf{w}_2, \cdots, \mathbf{w}_r\}$가 벡터공간 V 내의 공집합이 아닌 벡터집합이면,

(*a*) S 내의 벡터들의 가능한 모든 선형결합의 집합 W는 V의 부분공간이다.

(*b*) (*a*)의 집합 W는 S 내의 모든 벡터를 포함하는 V의 "가장 작은" 부분공간이다. 즉, 이들 벡터를 포함하는 또 다른 임의의 부분공간은 W를 포함한다.

증명 (a) W가 S 내의 벡터들의 가능한 모든 선형결합의 집합이라 하자. W가 덧셈과 스칼라 곱셈에 대해서 닫혀 있음을 보이면 된다. 덧셈에 대해 닫혀 있음을 증명하기 위해서 W 내의 두 벡터를

$$\mathbf{u} = c_1\mathbf{w}_1 + c_2\mathbf{w}_2 + \cdots + c_r\mathbf{w}_r\text{과} \qquad \mathbf{v} = k_1\mathbf{w}_1 + k_2\mathbf{w}_2 + \cdots + k_r\mathbf{w}_r$$

이라 하자. 이들의 합은

$$\mathbf{u} + \mathbf{v} = (c_1 + k_1)\mathbf{w}_1 + (c_2 + k_2)\mathbf{w}_2 + \cdots + (c_r + k_r)\mathbf{w}_r$$

이 되어 다시 S 내의 벡터들의 선형결합이 된다. 따라서 W는 덧셈에 대해 닫혀 있다. W가 스칼라 곱셈에 대해 닫혀 있음의 증명은 독자에게 남긴다. 그러므로 W는 V의 부분공간이다.

증명 (b) W'을 S 내의 모든 벡터를 포함하는 V의 부분공간이라 하자. W'은 덧셈과 스칼라 곱셈에 대해 닫혀 있으므로, W'은 S 내의 벡터들의 모든 선형결합을 포함하므로 W를 포함한다. ■

역사 노트

힐
(George William Hill, 1838–1914)

선형결합(linear combination)이라는 용어는 미국의 수학자 G. W. 힐이 1900년에 발표한 행성운동에 관한 연구논문에서 소개된 것이다. 힐은 컬럼비아대학교에서 몇 년 동안 강의했지만 학계보다는 뉴욕 웨스트 나이액에 있는 자기 집에서 일하는 것을 더 좋아하는 "외톨이"였다. 흥미로운 점은 힐이 급여를 확실하게 반납했다는 것인데 그것은 그가 돈이 필요치 않았고 또 그것을 돌보느라 방해받고 싶지 않았음을 보여 준다. 힐은 엄밀히 말하면 수학자이지만 현대의 수학 발전에는 거의 관심이 없었고 전적으로 행성 궤도이론에 대해서만 연구하였다.

[Image: Courtesy of the American Mathematical Society (www.ams.org)]

정리 4.3.1의 부분공간 W는 S에 의해 생성된 V의 부분공간이라고 불린다. S의 벡터 $\mathbf{w}_1, \mathbf{w}_2, \ldots, \mathbf{w}_r$이 W를 *생성한다*고 하고 다음과 같이 표기한다.

$$W = \text{span}\{\mathbf{w}_1, \mathbf{w}_2, \ldots, \mathbf{w}_r\} \text{ 또는 } W = \text{span}(S)$$

S가 공집합인 경우, 편의상

$$\text{span}(\varnothing) = \{\mathbf{0}\}$$

로 놓는다.

예제 1 | 표준단위벡터는 R^n을 생성한다

R^n의 표준단위벡터는

$$\mathbf{e}_1 = (1, 0, 0, \ldots, 0), \quad \mathbf{e}_2 = (0, 1, 0, \ldots, 0), \ldots, \quad \mathbf{e}_n = (0, 0, 0, \ldots, 1)$$

임을 상기하자. 이들 벡터는 R^n을 생성한다. R^n의 임의의 벡터 $\mathbf{v} = (v_1, v_2, \cdots, v_n)$는

$$\mathbf{v} = v_1\mathbf{e}_1 + v_2\mathbf{e}_2 + \cdots + v_n\mathbf{e}_n$$

으로 표시할 수 있으므로 $\mathbf{e}_1, \mathbf{e}_2, \cdots, \mathbf{e}_n$의 선형결합이다. 예를 들어 벡터

$$\mathbf{i} = (1,0,0), \quad \mathbf{j} = (0,1,0), \quad \mathbf{k} = (0,0,1)$$

는 R^3를 생성한다. R^3의 임의의 벡터 $\mathbf{v} = (a, b, c)$는

$$\mathbf{v} = (a,b,c) = a(1,0,0) + b(0,1,0) + c(0,0,1) = a\mathbf{i} + b\mathbf{j} + c\mathbf{k}$$

로 표시할 수 있기 때문이다.

예제 2 | R^2와 R^3에서 생성의 기하적 관찰

(*a*) R^2나 R^3 내의 $\mathbf{v}$가 원점이 시점인 영이 아닌 벡터라고 하면, $\mathbf{v}$의 모든 스칼라배들의 집합인 span{$\mathbf{v}$}는 $\mathbf{v}$에 의해 결정되는 원점을 지나는 직선이다. **그림 4.3.1*a***에서 k값을 적절하게 선택하면 벡터 $k\mathbf{v}$의 끝을 직선상의 어느 점에든 위치하도록 할 수 있음을 관찰하라.

(*b*) R^3 내에서 $\mathbf{v}_1$과 $\mathbf{v}_2$가 원점이 시점인 영이 아닌 벡터라고 하면 $\mathbf{v}_1$과 $\mathbf{v}_2$의 선형결합으로 이루어진 span{$\mathbf{v}_1, \mathbf{v}_2$}는 두 벡터 $\mathbf{v}_1$과 $\mathbf{v}_2$에 의해 결정되는 원점을 지나는 평면이다. **그림 4.3.1*b***에서 k_1, k_2 값을 적절히 선택하여 벡터 $k_1\mathbf{v}_1$과 $k_2\mathbf{v}_2$를 늘리든가 줄이든가 또는 방향을 뒤집든가 함으로써 벡터 $k_1\mathbf{v}_1 + k_2\mathbf{v}_2$의 끝을 평면상의 어느 점에든 위치하도록 만들 수 있음을 관찰하라.

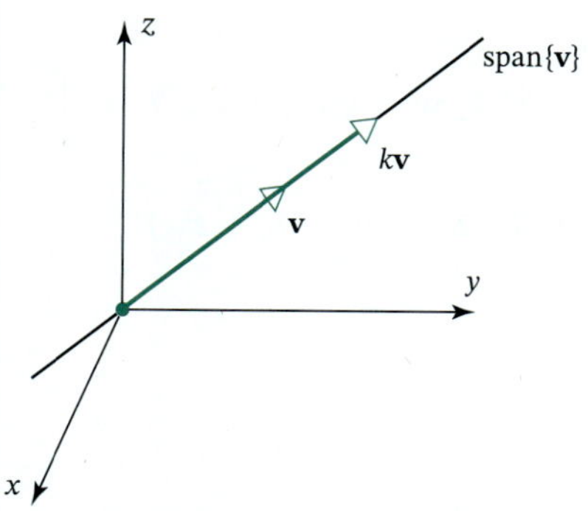

(*a*) span{$\mathbf{v}$}는 $\mathbf{v}$에 의해 결정되는 원점을 지나는 직선이다.

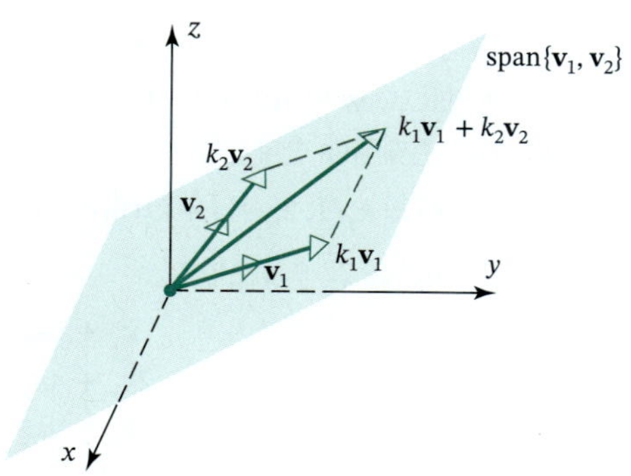

(*b*) span{$\mathbf{v}_1, \mathbf{v}_2$}는 $\mathbf{v}_1$과 $\mathbf{v}_2$에 의해 결정되는 원점을 지나는 평면이다.

그림 4.3.1

예제 3 | P_n을 생성하는 집합

다항식 $1, x, x^2, \cdots, x^n$은 예제 10에서 정의된 벡터공간 P_n을 생성한다. P_n 내의 임의의 다항식 $\mathbf{p}$를 $1, x, x^2, \cdots, x^n$의 선형결합으로

$$\mathbf{p} = a_0 + a_1x + \cdots + a_nx^n$$

으로 표시할 수 있고, 이것은 다음과 같이 표기할 수 있다.

$$P_n = \text{span}\{1, x, x^2, \ldots, x^n\}$$

다음 두 예제는 두 중요한 문제 유형과 관련이 있다.

- R^n 내의 벡터의 집합 S와 R^n 내의 벡터 $\mathbf{v}$가 주어지고, $\mathbf{v}$가 S 내의 벡터의 선형결합인지를 결정하는 문제
- R^n 내의 벡터의 집합 S가 주어지고, 이 벡터들이 R^n을 생성하는지를 결정하는 문제

예제 4 | 선형결합

R^3 내의 벡터 $\mathbf{u} = (1, 2, -1)$과 $\mathbf{v} = (6, 4, 2)$를 생각하자. $\mathbf{w} = (9, 2, 7)$은 $\mathbf{u}$와 $\mathbf{v}$의 선형결합이고 $\mathbf{w}' = (4, -1, 8)$은 $\mathbf{u}$와 $\mathbf{v}$의 선형결합이 *아님*을 보여라.

풀이 $\mathbf{w}$가 $\mathbf{u}$와 $\mathbf{v}$의 선형결합임을 보이기 위해서는 $\mathbf{w} = k_1\mathbf{u} + k_2\mathbf{v}$를 만족하는 스칼라 k_1, k_2가 존재해야 한다. 즉,

$$(9, 2, 7) = k_1(1, 2, -1) + k_2(6, 4, 2) = (k_1 + 6k_2, 2k_1 + 4k_2, -k_1 + 2k_2)$$

에서 대응되는 성분을 같게 놓으면

$$\begin{aligned} k_1 + 6k_2 &= 9 \\ 2k_1 + 4k_2 &= 2 \\ -k_1 + 2k_2 &= 7 \end{aligned}$$

이고 가우스 소거법을 이용하여 연립방정식을 풀면 $k_1 = -3$, $k_2 = 2$이고 따라서

$$\mathbf{w} = -3\mathbf{u} + 2\mathbf{v}$$

이다. 같은 방법으로, $\mathbf{w}'$이 $\mathbf{u}$와 $\mathbf{v}$의 선형결합이 되기 위해서는 $\mathbf{w}' = k_1\mathbf{u} + k_2\mathbf{v}$를 만족하는 스칼라 k_1, k_2가 존재해야 한다. 즉,

$$(4, -1, 8) = k_1(1, 2, -1) + k_2(6, 4, 2) = (k_1 + 6k_2, 2k_1 + 4k_2, -k_1 + 2k_2)$$

에서 대응되는 성분을 같게 놓으면,

$$\begin{aligned} k_1 + 6k_2 &= 4 \\ 2k_1 + 4k_2 &= -1 \\ -k_1 + 2k_2 &= 8 \end{aligned}$$

이다. 이 연립방정식은 불일치한다(확인하라). 따라서 선형결합이 되는 스칼라 k_1과 k_2는 존재하지 않는다. 따라서 $\mathbf{w}'$은 $\mathbf{u}$와 $\mathbf{v}$의 선형결합이 아니다.

예제 5 | 생성의 검사

$\mathbf{v}_1 = (1, 1, 2)$, $\mathbf{v}_2 = (1, 0, 1)$, $\mathbf{v}_3 = (2, 1, 3)$이 벡터공간 R^3을 생성할 수 있는지 결정하라.

풀이 R^3 내의 임의의 벡터 $\mathbf{b} = (b_1, b_2, b_3)$을 벡터 $\mathbf{v}_1$, $\mathbf{v}_2$, $\mathbf{v}_3$의 선형결합, 즉

$$\mathbf{b} = k_1\mathbf{v}_1 + k_2\mathbf{v}_2 + k_3\mathbf{v}_3$$

로 표시할 수 있을지 결정하면 된다. 성분으로 표시하면

$$(b_1, b_2, b_3) = k_1(1, 1, 2) + k_2(1, 0, 1) + k_3(2, 1, 3)$$

또는

$$(b_1, b_2, b_3) = (k_1 + k_2 + 2k_3, k_1 + k_3, 2k_1 + k_2 + 3k_3)$$

로부터

$$\begin{aligned} k_1 + k_2 + 2k_3 &= b_1 \\ k_1 \quad\;\; + k_3 &= b_2 \\ 2k_1 + k_2 + 3k_3 &= b_3 \end{aligned}$$

를 얻는다. 따라서 우리의 문제는 이 시스템이 b_1, b_2, b_3의 모든 값에 대해 일치하는지 확인하는 것으로 축약된다. 이를 위한 한 가지 방법은 이 시스템이 일치할 필요충분조건을 기술한 정리 2.3.8의 (*e*)와 (*g*)를 사용하여 계수행렬

$$A = \begin{bmatrix} 1 & 1 & 2 \\ 1 & 0 & 1 \\ 2 & 1 & 3 \end{bmatrix}$$

의 행렬식이 영이 아닌지 확인하는 것이다. 하지만 $\det(A) = 0$(검증하라)이므로 R^3를 생성하지 못한다.

예제 4와 5에서 주어진 벡터집합이 R^3를 생성하는지 여부는 대응하는 선형시스템이 일치하는지 여부에 따라 결정되었다. 이는 벡터공간 V의 공집합이 아닌 벡터집합이 V를 생성하는지 여부를 결정하기 위한 보다 일반적인 절차를 암시한다. 다음에 제공되는 절차는 매우 다양한 벡터공간에 적용될 수 있지만, 나중에 이 절차가 적용되지 않고 다른 방법이 필요한 벡터공간을 만나게 될 것이다.

생성집합을 확인하는 절차

단계 1. $S = \{\mathbf{w}_1, \mathbf{w}_2, \cdots, \mathbf{w}_r\}$을 V의 주어진 벡터집합이라 하고, $\mathbf{x}$를 V의 임의 벡터라고 하자.

단계 2. 벡터방정식의 양쪽의 대응하는 성분을 같다고 놓아 얻어지는 선형시스템에 대해 첨가행렬을 구성한다.

$$k_1\mathbf{w}_1 + k_2\mathbf{w}_2 + \cdots + k_r\mathbf{w}_r = \mathbf{x} \tag{2}$$

단계 3. 1장과 2장에서 공부한 기법을 사용하여 그 시스템의 일치 또는 불일치를 조사한다. 만약 그것이 $\mathbf{x}$의 모든 선택에 일치하면 S의 벡터는 V를 생성하고, *어떤* 벡터 $\mathbf{x}$에 대해 일치하지 않으면 생성하지 못한다.

다음의 두 예제는 이 절차를 설명한 것이다.

예제 6 | P_2의 생성 검사

집합 S가 P_2를 생성하는지를 판정하라.

(*a*) $S = \{1 + x + x^2, -1 - x, 2 + 2x + x^2\}$

(*b*) $S = \{x + x^2, x - x^2, 1 + x, 1 - x\}$

풀이 (*a*) P_2에서 임의 벡터는 $\mathbf{p} = a + bx + cx^2$ 형식이므로 (2)는 다음과 같이 된다.

$$k_1(1+x+x^2)+k_2(-1-x)+k_3(2+2x+x^2)=a+bx+cx^2$$

이 식을 다시 쓰면

$$(k_1-k_2+2k_3)+(k_1-k_2+2k_3)x+(k_1+k_3)x^2=a+bx+cx^2$$

이다. 대응하는 계수를 같게 놓으면 다음과 같은 첨가행렬을 갖는 선형계가 얻어진다.

$$\begin{bmatrix}1 & -1 & 2 & a\\ 1 & -1 & 2 & b\\ 1 & 0 & 1 & c\end{bmatrix}$$

그리고 계수행렬은

$$A=\begin{bmatrix}1 & -1 & 2\\ 1 & -1 & 2\\ 1 & 0 & 1\end{bmatrix}$$

이다. 이 행렬이 정방행렬이므로, 정리 2.3.8을 적용할 수 있다. 행렬 A는 두 개의 같은 행을 가지므로 $\det(A)=0$이다. 따라서 정리 2.3.8의 (*e*)와 (*g*)에 의해 이 선형계는 어떤 a, b, c에 대해서는 일치하지 않고 따라서 S는 P_2를 생성하지 *않는다*.

풀이 (*b*) (*a*)에서 했던 방법을 그대로 적용하면 (2)에 해당하는 첨가행렬은 아래와 같다.

$$\begin{bmatrix}0 & 0 & 1 & -1 & a\\ 1 & 1 & 1 & -1 & b\\ 1 & -1 & 0 & 0 & c\end{bmatrix} \tag{3}$$

반면에 정리 2.3.8은 (*a*)에서는 적용 가능하였으나, 계수행렬이 정방행렬이 아니므로, 여기서는 적용할 수 없다. 하지만 (3)을 기약 행사다리꼴 형태로 바꾸면(검증하라),

$$\begin{bmatrix}1 & 0 & 0 & 0 & \frac{-a+b+c}{2}\\ 0 & 1 & 0 & 0 & \frac{-a+b-c}{2}\\ 0 & 0 & 1 & -1 & a\end{bmatrix}$$

이 되고 (3)은 모든 a, b, c에 대하여 일치한다. 따라서 S의 벡터는 P_2를 생성하며 이를 $\text{span}(S)=P_2$로 쓴다.

예제 7 | M_{22}의 생성 검사

각 문제에서 집합 S가 M_{22}를 생성하는지 아닌지를 판정하라.

(*a*) $S=\left\{\begin{bmatrix}1 & 2\\ 0 & 1\end{bmatrix}, \begin{bmatrix}1 & 0\\ 0 & 1\end{bmatrix}, \begin{bmatrix}1 & 2\\ 1 & 0\end{bmatrix}, \begin{bmatrix}1 & 1\\ 1 & 1\end{bmatrix}\right\}$

(*b*) $S=\left\{\begin{bmatrix}1 & 0\\ 0 & 0\end{bmatrix}, \begin{bmatrix}-1 & 0\\ 1 & 0\end{bmatrix}, \begin{bmatrix}0 & 0\\ 1 & 0\end{bmatrix}, \begin{bmatrix}0 & 1\\ -1 & 1\end{bmatrix}\right\}$

풀이 (*a*) M_{22}의 임의의 벡터에 대하여 그 형태는 $\begin{bmatrix}a & b\\ c & d\end{bmatrix}$이고, 방정식 (2)는

$$k_1\begin{bmatrix}1 & 2\\ 0 & 1\end{bmatrix}+k_2\begin{bmatrix}1 & 0\\ 0 & 1\end{bmatrix}+k_3\begin{bmatrix}1 & 2\\ 1 & 0\end{bmatrix}+k_4\begin{bmatrix}1 & 1\\ 1 & 1\end{bmatrix}=\begin{bmatrix}a & b\\ c & d\end{bmatrix}$$

이 된다. 이것을 다시 다음과 같이 적을 수 있다.

$$\begin{bmatrix}k_1+k_2+k_3+k_4 & 2k_1+2k_3+k_4\\ k_3+k_4 & k_1+k_2+k_4\end{bmatrix}=\begin{bmatrix}a & b\\ c & d\end{bmatrix}$$

대응하는 원소를 서로 같게 해 주면 선형계가 생성되고, 여기서 첨가행렬은

$$\begin{bmatrix} 1 & 1 & 1 & 1 & a \\ 2 & 0 & 2 & 1 & b \\ 0 & 0 & 1 & 1 & c \\ 1 & 1 & 0 & 1 & d \end{bmatrix} \text{이고 계수행렬은 } A = \begin{bmatrix} 1 & 1 & 1 & 1 \\ 2 & 0 & 2 & 1 \\ 0 & 0 & 1 & 1 \\ 1 & 1 & 0 & 1 \end{bmatrix}$$

이다. 예제 6의 (*a*)처럼 계수행렬은 정방행렬이므로 정리 2.3.8의 (*e*), (*g*)를 적용할 수 있다. $\operatorname{Det}(A) = -2 \neq 0$이므로 이 선형계는 모든 a, b, c, d에 대해 일치한다. 따라서 $\operatorname{span}(S) = M_{22}$.

풀이 (*b*) (*a*)에서 사용한 방법을 그대로 적용하면 식 (2)에 대응하는 선형계의 첨가행렬은

$$\begin{bmatrix} 1 & -1 & 0 & 0 & a \\ 0 & 0 & 0 & 1 & b \\ 0 & 1 & 1 & -1 & c \\ 0 & 0 & 0 & 1 & d \end{bmatrix} \text{이고 계수행렬은 } A = \begin{bmatrix} 1 & -1 & 0 & 0 \\ 0 & 0 & 0 & 1 \\ 0 & 1 & 1 & -1 \\ 0 & 0 & 0 & 1 \end{bmatrix}$$

이다. A는 정방행렬이므로 다시 정리 2.3.8의 (*e*), (*g*)를 적용할 수 있다. 2행과 4행이 일치하므로 $\det(A) = 0$이다. 따라서 이 선형계는 특정 a, b, c, d에 대해 일치하지 않는다. 즉, S는 M_{22}를 생성하지 않는다.

결론적 관찰

생성하는 집합이 유일하지 않음을 인지하는 것은 매우 중요하다. 예를 들면, 그림 4.3.1*a*에서 영벡터가 아닌 모든 벡터는 직선을 생성하고, 그림 4.3.1*b*에서 두 개의 평행하지 않은 모든 벡터는 평면을 생성한다. 다음 정리는 두 집합의 벡터가 같은 공간을 생성하는 조건에 대한 것이며, 이 정리에 대한 증명은 독자에게 연습문제로 남긴다.

정리 4.3.2

$S = \{\mathbf{v}_1, \mathbf{v}_2, \cdots, \mathbf{v}_r\}$과 $S' = \{\mathbf{w}_1, \mathbf{w}_2, \cdots, \mathbf{w}_k\}$이 벡터공간 V 내의 공집합이 아닌, 벡터들의 집합이라고 한다면,

$$\operatorname{span}\{\mathbf{v}_1, \mathbf{v}_2, \ldots, \mathbf{v}_r\} = \operatorname{span}\{\mathbf{w}_1, \mathbf{w}_2, \ldots, \mathbf{w}_k\}$$

이 성립할 필요충분조건은 S의 각 벡터가 S'의 벡터들의 선형결합이고 S'의 각 벡터는 S의 벡터들의 선형결합인 것이다.

연습문제 4.3

1. 다음 중 $\mathbf{u} = (0, -2, 2)$와 $\mathbf{v} = (1, 3, -1)$의 선형결합인 것은?

a. (2, 2, 2) **b.** (0, 4, 5) **c.** (0, 0, 0)

2. 다음을 $\mathbf{u} = (2, 1, 4)$, $\mathbf{v} = (1, -1, 3)$, $\mathbf{w} = (3, 2, 5)$의 선형결합으로 표현하라.

a. (−9, −7, −15) **b.** (6, 11, 6) **c.** (0, 0, 0)

3. 다음 중 아래 행렬들의 선형결합인 것은?

$$A = \begin{bmatrix} 4 & 0 \\ -2 & -2 \end{bmatrix}, \quad B = \begin{bmatrix} 1 & -1 \\ 2 & 3 \end{bmatrix}, \quad C = \begin{bmatrix} 0 & 2 \\ 1 & 4 \end{bmatrix}$$

a. $\begin{bmatrix} 6 & -8 \\ -1 & -8 \end{bmatrix}$ **b.** $\begin{bmatrix} 0 & 0 \\ 0 & 0 \end{bmatrix}$ **c.** $\begin{bmatrix} -1 & 5 \\ 7 & 1 \end{bmatrix}$

4. 다음 벡터들의 선형결합으로 표시할 수 있는지 아닌지 판정하라.

$$\mathbf{p}_1 = 2 + x + x^2,\ \mathbf{p}_2 = 1 - x^2,\ \mathbf{p}_3 = 1 + 2x$$

a. $1 + x$ **b.** $1 + x^2$ **c.** $1 + x + x^2$

5. 다음 벡터들의 선형결합으로 표현하라.

$$A = \begin{bmatrix} 1 & -1 \\ 0 & 2 \end{bmatrix},\ B = \begin{bmatrix} 0 & 1 \\ 0 & 1 \end{bmatrix},\ C = \begin{bmatrix} 0 & 1 \\ 0 & 0 \end{bmatrix},\ D = \begin{bmatrix} 2 & 0 \\ 1 & -1 \end{bmatrix}$$

a. $\begin{bmatrix} 1 & 2 \\ 2 & 4 \end{bmatrix}$ **b.** $\begin{bmatrix} 3 & 1 \\ 1 & 2 \end{bmatrix}$

6. $\mathbf{p}_1 = 2 + x + 4x^2$, $\mathbf{p}_2 = 1 - x + 3x^2$, $\mathbf{p}_3 = 3 + 2x + 5x^2$의 선형결합으로 표현하라.

a. $-9 - 7x - 15x^2$ **b.** $6 + 11x + 6x^2$

c. 0 **d.** $7 + 8x + 9x^2$

7. 다음 벡터들이 R^3를 생성하는지 아닌지 판정하라.

a. $\mathbf{v}_1 = (2, 2, 2),\ \mathbf{v}_2 = (0, 0, 3),\ \mathbf{v}_3 = (0, 1, 1)$

b. $\mathbf{v}_1 = (2, -1, 3),\ \mathbf{v}_2 = (4, 1, 2),\ \mathbf{v}_3 = (8, -1, 8)$

8. $\mathbf{v}_1 = (2, 1, 0, 3)$, $\mathbf{v}_2 = (3, -1, 5, 2)$, $\mathbf{v}_3 = (-1, 0, 2, 1)$이라고 가정하자. 다음 벡터 중 span$\{\mathbf{v}_1, \mathbf{v}_2, \mathbf{v}_3\}$에 속하는 것은?

a. $(2, 3, -7, 3)$ **b.** $(0, 0, 0, 0)$

c. $(1, 1, 1, 1)$ **d.** $(-4, 6, -13, 4)$

9. 다음 다항식들이 P_2를 생성하는지 아닌지 판정하라.

$$\mathbf{p}_1 = 1 - x + 2x^2,\quad \mathbf{p}_2 = 3 + x,$$
$$\mathbf{p}_3 = 5 - x + 4x^2,\quad \mathbf{p}_4 = -2 - 2x + 2x^2$$

10. 다음 다항식들이 P_2를 생성하는지 아닌지 판정하라.

$$\mathbf{p}_1 = 1 + x,\quad \mathbf{p}_2 = 1 - x,$$
$$\mathbf{p}_3 = 1 + x + x^2,\quad \mathbf{p}_4 = 2 - x^2$$

11. 다음 행렬들이 M_{22}를 생성하는지 아닌지 판정하라.

a. $\begin{bmatrix} 1 & 0 \\ 1 & 0 \end{bmatrix},\ \begin{bmatrix} 1 & 1 \\ 0 & 0 \end{bmatrix},\ \begin{bmatrix} 0 & 1 \\ 0 & 1 \end{bmatrix},\ \begin{bmatrix} 0 & 0 \\ 1 & 1 \end{bmatrix}$

b. $\begin{bmatrix} 1 & -1 \\ 0 & 1 \end{bmatrix},\ \begin{bmatrix} 0 & 1 \\ 0 & 0 \end{bmatrix},\ \begin{bmatrix} 1 & 1 \\ 1 & 0 \end{bmatrix},\ \begin{bmatrix} 1 & 0 \\ 0 & 1 \end{bmatrix}$

c. $\begin{bmatrix} 1 & 0 \\ 0 & 0 \end{bmatrix},\ \begin{bmatrix} 1 & 1 \\ 0 & 0 \end{bmatrix},\ \begin{bmatrix} 1 & 1 \\ 1 & 0 \end{bmatrix},\ \begin{bmatrix} 1 & 1 \\ 1 & 1 \end{bmatrix}$

12. $T_A : R^2 \to R^2$를 A에 의한 곱이라 하자. 벡터 $\mathbf{u} = (1, 2)$가 $\{T_A(\mathbf{e}_1), T_A(\mathbf{e}_2)\}$의 생성공간에 속하는지 판정하라.

a. $A = \begin{bmatrix} 1 & 2 \\ 0 & 1 \end{bmatrix}$ **b.** $A = \begin{bmatrix} 1 & 1 \\ 1 & 1 \end{bmatrix}$

13. $T_A : R^2 \to R^3$을 A에 의한 곱이라 하자. 벡터 $\mathbf{u} = (1, 1, 1)$가 $\{T_A(\mathbf{e}_1), T_A(\mathbf{e}_2)\}$의 생성공간에 속하는지 판정하라.

a. $A = \begin{bmatrix} 0 & 2 \\ 1 & -2 \\ 1 & 0 \end{bmatrix}$ **b.** $A = \begin{bmatrix} 0 & 2 \\ 1 & 1 \\ 2 & 0 \end{bmatrix}$

14. $\mathbf{f} = \cos^2 x$, $\mathbf{g} = \sin^2 x$라 하자. 다음 중 $\mathbf{f}$와 $\mathbf{g}$에 의해 생성되는 공간에 속하는 것은?

a. $\cos 2x$ **b.** $3 + x^2$ **c.** 1 **d.** $\sin x$ **e.** 0

15. W를 $A\mathbf{x} = \mathbf{0}$의 해공간이라고 하자. $\{\mathbf{u}, \mathbf{v}\}$가 W를 생성하는지 아닌지 판정하라.

$$A = \begin{bmatrix} 1 & 1 & 1 & 1 \\ 1 & 0 & 1 & 0 \\ 0 & 1 & 0 & 1 \end{bmatrix}$$

a. $\mathbf{u} = (1, 0, -1, 0)$, $\mathbf{v} = (0, 1, 0, -1)$

b. $\mathbf{u} = (1, 0, -1, 0)$, $\mathbf{v} = (1, 1, -1, -1)$

16. W를 $A\mathbf{x} = \mathbf{0}$의 해공간이라고 하자. $\{\mathbf{u}, \mathbf{v}\}$가 W를 생성하는지 아닌지 판정하라.

$$A = \begin{bmatrix} 0 & 1 & -1 & 1 \\ 0 & 2 & -2 & 2 \\ 0 & 3 & -3 & 3 \end{bmatrix}$$

a. $\mathbf{u} = (1, 1, 1, 0)$, $\mathbf{v} = (0, -1, 0, 1)$

b. $\mathbf{u} = (0, 1, 1, 0)$, $\mathbf{v} = (1, 0, 1, 1)$

17. $T_A : R^2 \to R^2$를 A에 의한 곱이라고 하고 $\mathbf{u}_1 = (1, 2)$, $\mathbf{u}_2 = (-1, 1)$이라 하자. 집합 $\{T_A(\mathbf{u}_1), T_A(\mathbf{u}_2)\}$가 R^2를 생성하는지 아닌지 판정하라.

a. $A = \begin{bmatrix} 1 & -1 \\ 0 & 2 \end{bmatrix}$ **a.** $A = \begin{bmatrix} 1 & -1 \\ -2 & 2 \end{bmatrix}$

18. $T_A : R^3 \to R^2$를 A에 의한 곱이라고 하고 $\mathbf{u}_1 = (0, 1, 1)$, $\mathbf{u}_2 = (2, -1, 1)$, $\mathbf{u}_3 = (1, 1, -2)$라 하자. 집합 $\{T_A(\mathbf{u}_1), T_A(\mathbf{u}_2), T_A(\mathbf{u}_3)\}$이 R^2를 생성하는지 아닌지에 대하여 판정하라.

a. $A = \begin{bmatrix} 1 & 1 & 0 \\ 0 & 1 & -1 \end{bmatrix}$ **b.** $A = \begin{bmatrix} 0 & 1 & 0 \\ 1 & 1 & -3 \end{bmatrix}$

19. $\mathbf{p}_1 = 1 + x^2$, $\mathbf{p}_2 = 1 + x + x^2$, 그리고 $\mathbf{q}_1 = 2x$, $\mathbf{q}_2 = 1 + x^2$라고 하자. 정리 4.3.2를 사용하여 span$\{\mathbf{p}_1, \mathbf{p}_2\}$ = span$\{\mathbf{q}_1, \mathbf{q}_2\}$를 증명하라.

20. $\mathbf{v}_1 = (1, 6, 4)$, $\mathbf{v}_2 = (2, 4, -1)$, $\mathbf{v}_3 = (-1, 2, 5)$, 그리고 $\mathbf{w}_1 = (1, -2, -5)$, $\mathbf{w}_2 = (0, 8, 9)$라고 하자. 정리 4.3.2를 사용하여 $\text{span}\{\mathbf{v}_1, \mathbf{v}_2, \mathbf{v}_3\} = \text{span}\{\mathbf{w}_1, \mathbf{w}_2\}$임을 증명하라.

21. V와 W를 각각 (3, 1)과 (2, 1)에 의해 생성되는 R^2의 부분공간이라고 하자. $\mathbf{v} + \mathbf{w} = (3, 5)$가 되는 V 내의 벡터 $\mathbf{v}$, W 내의 벡터 $\mathbf{w}$를 구하라.

22. V를 $4x - y + 2z = 0$의 해공간이라고 하자. 그리고 W를 (1, 1, 1)에 의해 생성되는 R^3의 부분공간이라고 하자. $\mathbf{v} + \mathbf{w} = (1, 0, 1)$이 되는 V 내의 벡터 $\mathbf{v}$, W 내의 벡터 $\mathbf{w}$를 구하라.

증명 문제

23. $\{\mathbf{u}, \mathbf{v}\}$가 V를 생성한다면, $\{\mathbf{u}, \mathbf{u} + \mathbf{v}\}$도 V를 생성하는 것을 증명하라.

24. 정리 4.3.2를 증명하라.

참-거짓 문제

TF. **(a)-(g)**가 참인지 거짓인지를 밝히고 그 이유를 설명하라.

a. $k_1\mathbf{v}_1 + k_2\mathbf{v}_2 + \cdots k_r\mathbf{v}_r$ 형태를 선형결합이라고 부른다.

b. R^2의 하나의 벡터의 생성공간은 직선이다.

c. R^3의 두 개의 벡터의 생성공간은 평면이다.

d. V의 공집합이 아닌 집합 S의 생성공간은 S를 포함하는 가장 작은 V의 부분공간이다.

e. 유한개의 벡터에 의해 생성되는 벡터공간은 덧셈과 스칼라곱에 대해 닫혀 있다.

f. 동일한 V의 부분공간을 생성하는 벡터공간 V의 두 개의 부분집합은 반드시 같다.

g. 다항식 $x - 1$, $(x - 1)^2$, $(x - 1)^3$은 P_3를 생성한다.

계산도구 문제

T1. 정리 1.3.1을 상기하면 $A\mathbf{x}$는 행렬 A의 열벡터들의 선형결합으로 표현되고 $\mathbf{x}$의 원소들이 그 계수가 된다는 것을 알 수 있다. 행렬곱을 이용하여 다음을 계산하라.

$$\mathbf{v} = 6(8, -2, 1, -4) + 17(-3, 9, 11, 6) - 9(13, -1, 2, 4)$$

T2. 문제 T1의 아이디어와 행렬의 곱셈을 이용하여 다항식

$$\mathbf{p} = 1 + x + x^2 + x^3$$

이 다음으로부터 생성되는 것을 확인하라.

$$\mathbf{p}_1 = 8 - 2x + x^2 - 4x^3, \quad \mathbf{p}_2 = -3 + 9x + 11x^2 + 6x^3,$$
$$\mathbf{p}_3 = 13 - x + 2x^2 + 4x^3$$

T3. 벡터

$$\mathbf{v}_1 = (-1, 2, 0, 1, 3), \quad \mathbf{v}_2 = (7, 4, 6, -3, 1),$$
$$\mathbf{v}_3 = (-5, 3, 1, 2, 4)$$
$$\mathbf{w}_1 = (-6, 5, 1, 3, 7), \quad \mathbf{w}_2 = (6, 6, 6, -2, 4),$$
$$\mathbf{w}_3 = (2, 7, 7, -1, 5)$$

에 대해서 다음이 맞는지 확인하라.

$$\text{span}\{\mathbf{v}_1, \mathbf{v}_2, \mathbf{v}_3\} = \text{span}\{\mathbf{w}_1, \mathbf{w}_2, \mathbf{w}_3\}$$

4.4 선형독립

이 절에서 우리는 주어진 집합 내의 벡터 중 하나 또는 그 이상의 벡터가 다른 벡터들의 선형결합으로 표현될 수 있다는 의미에서 상호 관련되어 있는지의 여부를 따져 보려고 한다. 이것은 응용에서 중요한데, 왜냐하면 그런 관계의 존재는 복합적 문제의 발생 가능성을 알려 주기 때문이다.

선형독립, 선형종속

직교 xy-좌표계에서 평면의 모든 벡터는 표준단위벡터의 선형결합으로서 정확히 하나의 방법으로 표현할 수 있다. 예를 들어 벡터 (3, 2)를 $\mathbf{i} = (1, 0)$과 $\mathbf{j} = (0, 1)$의 선형결합으로 나타내는 유일한 방법은

$$(3, 2) = 3(1, 0) + 2(0, 1) = 3\mathbf{i} + 2\mathbf{j} \tag{1}$$

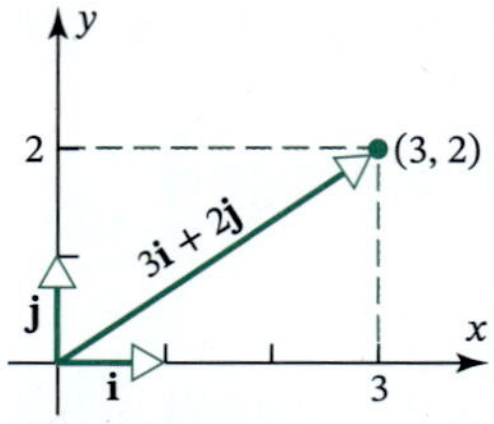

그림 4.4.1

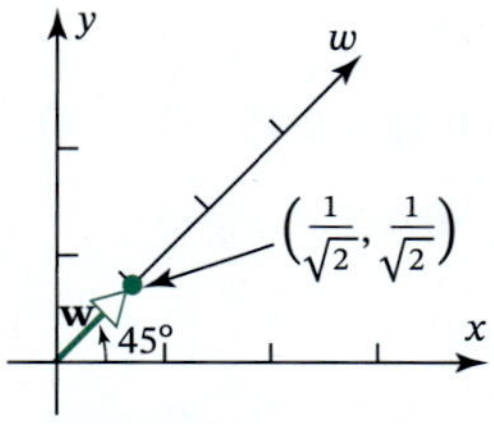

그림 4.4.2

이다(**그림 4.4.1**). 그러나 x축에 각도 45°를 이루는 세 번째 좌표축을 도입한다고 가정해 보자. 이 축을 w축이라고 하자. **그림 4.4.2**에서 w축을 따르는 단위벡터는

$$\mathbf{w} = \left(\frac{1}{\sqrt{2}}, \frac{1}{\sqrt{2}}\right)$$

이다. 식 (1)이 벡터 (3, 2)를 벡터 $\mathbf{i}$와 $\mathbf{j}$의 선형결합으로 표현하는 유일한 방법을 보여 주는 반면에, 벡터 (3, 2)를 벡터 $\mathbf{i}$, $\mathbf{j}$와 $\mathbf{w}$의 선형결합으로 표현하는 방법은 무수히 많다. 그 중 세 가지는

$$(3,2) = 3(1,0) + 2(0,1) + 0\left(\frac{1}{\sqrt{2}}, \frac{1}{\sqrt{2}}\right) = 3\mathbf{i} + 2\mathbf{j} + 0\mathbf{w}$$

$$(3,2) = 2(1,0) + (0,1) + \sqrt{2}\left(\frac{1}{\sqrt{2}}, \frac{1}{\sqrt{2}}\right) = 2\mathbf{i} + \mathbf{j} + \sqrt{2}\mathbf{w}$$

$$(3,2) = 4(1,0) + 3(0,1) - \sqrt{2}\left(\frac{1}{\sqrt{2}}, \frac{1}{\sqrt{2}}\right) = 4\mathbf{i} + 3\mathbf{j} - \sqrt{2}\mathbf{w}$$

이다. 간단히 말해 불필요한 축을 하나 추가함으로써, 평면상의 점에 좌표를 부여하는 데 여러 방법이 있게 되는 복잡성을 불러 일으켰다. 벡터 $\mathbf{w}$가 필요 없음은 이것이 다음과 같이 $\mathbf{i}$와 $\mathbf{j}$의 선형결합으로 표현되는 사실로부터 알 수 있다.

$$\mathbf{w} = \left(\frac{1}{\sqrt{2}}, \frac{1}{\sqrt{2}}\right) = \frac{1}{\sqrt{2}}\mathbf{i} + \frac{1}{\sqrt{2}}\mathbf{j}$$

그러므로 다음과 같은 정의를 얻을 수 있다.

정의 1

집합 $S = \{\mathbf{v}_1, \mathbf{v}_2, \cdots, \mathbf{v}_r\}$가 벡터공간 V의 두 개 이상의 벡터의 집합이고, S의 어떤 벡터도 다른 벡터들의 선형결합으로 표현할 수 없다면, S는 ***선형독립집합***(linearly independent set)이라고 한다. 선형독립이 아닌 집합을 ***선형종속집합***(linearly dependent set)이라고 할 것이다. 만약 집합 S가 단 하나의 벡터로 구성되어 있다면, 그 집합이 선형독립인 필요충분조건은 그 벡터가 영벡터가 아닌 것이다.

정의 1에서 S가 단원소 집합인 경우, S가 선형독립이기 위한 필요충분조건은 그 벡터가 영벡터가 아니라는 것이다.

일반적으로 집합이 선형독립(일차독립이라고도 한다)인지 여부를 판단하는 가장 효율적인 방법은 다음 정리를 사용하는 것이며, 이에 대한 증명은 이 절의 끝에 주어진다.

정리 4.4.1

벡터공간 V의 공집합이 아닌 집합 S가 선형독립이기 위한 필요충분조건은 벡터 방정식

$$k_1\mathbf{v}_1 + k_2\mathbf{v}_2 + \cdots + k_r\mathbf{v}_r = \mathbf{0}$$

을 만족시키는 계수가 $k_1 = 0, k_2 = 0, \cdots, k_r = 0$인 것이다.

예제 1 | R^n 내의 표준단위벡터의 선형독립

R^n 내의 가장 기본적인 선형독립집합은 표준단위벡터의 집합

$$\mathbf{e}_1 = (1,0,0,\dots,0),\quad \mathbf{e}_2 = (0,1,0,\dots,0),\dots,\quad \mathbf{e}_n = (0,0,0,\dots,1)$$

이다. 간단히 R^3 내의

$$\mathbf{i} = (1,0,0),\quad \mathbf{j} = (0,1,0),\quad \mathbf{k} = (0,0,1)$$

의 선형독립성을 증명하자. 이 벡터들의 선형독립 또는 선형종속은 벡터방정식

$$k_1\mathbf{i} + k_2\mathbf{j} + k_3\mathbf{k} = \mathbf{0}$$

의 비자명해가 존재하는지 아닌지에 의해 결정된다. 이 방정식의 성분 형태는

$$(k_1, k_2, k_3) = (0,0,0)$$

이다. 즉, 계수가 모두 0일 수밖에 없다.

예제 2 | R^3 내의 선형종속

벡터

$$\mathbf{v}_1 = (1, -2, 3),\ \mathbf{v}_2 = (5, 6, -1),\ \mathbf{v}_3 = (3, 2, 1) \tag{2}$$

이 R^3 내에서 선형독립인지 선형종속인지를 판정하라.

풀이 이 벡터들이 선형독립인지 아니면 선형종속인지는 벡터방정식

$$k_1\mathbf{v}_1 + k_2\mathbf{v}_2 + k_3\mathbf{v}_3 = \mathbf{0} \tag{3}$$

의 비자명해가 존재하는지 아닌지에 달려 있다. 즉,

$$k_1(1, -2, 3) + k_2(5, 6, -1) + k_3(3, 2, 1) = (0, 0, 0)$$

을 고려해야 한다. 양변의 대응하는 성분은 동차 선형계

$$\begin{aligned} k_1 + 5k_2 + 3k_3 &= 0 \\ -2k_1 + 6k_2 + 2k_3 &= 0 \\ 3k_1 - k_2 + k_3 &= 0 \end{aligned} \tag{4}$$

를 준다. 그러므로 문제는 이 연립방정식이 자명하지 않은 해를 가지는지 아닌지를 결정하는 것으로 귀결된다. 여러 가지 방법이 있는데 그중 하나는 그냥 연립방정식을 푸는 것으로, 이렇게 해서 얻은 해가

$$k_1 = -\tfrac{1}{2}t,\quad k_2 = -\tfrac{1}{2}t,\quad k_3 = t$$

이다(자세한 것은 생략한다). 이는 연립방정식이 비자명해를 가지며 벡터들은 선형종속이라는 것을 말해 준다. 같은 결과를 얻기 위한 두 번째 방법으로 계수행렬

$$A = \begin{bmatrix} 1 & 5 & 3 \\ -2 & 6 & 2 \\ 3 & -1 & 1 \end{bmatrix}$$

의 행렬식을 정리 2.3.8의 (*b*)와 (*g*)를 이용하여 계산하는 것이다. $\det(A) = 0$이 되는 계산은 독자에게 맡긴다.

(2)에서 벡터 $\mathbf{v}_1$, $\mathbf{v}_2$, $\mathbf{v}_3$가 선형종속이라는 것을 확인했으므로, 적어도 하나는 다른 것들

의 선형결합으로 표현할 수 있다. 예를 들면

$$\mathbf{v}_3 = \tfrac{1}{2}\mathbf{v}_1 + \tfrac{1}{2}\mathbf{v}_2$$

인데, 이것의 확인은 독자에게 남긴다.

예제 3 | R^4 내의 선형독립

R^4 내의 벡터

$$\mathbf{v}_1 = (1, 2, 2, -1), \quad \mathbf{v}_2 = (4, 9, 9, -4), \quad \mathbf{v}_3 = (5, 8, 9, -5)$$

가 선형독립인지 아니면 선형종속인지를 판정하라.

풀이 이 벡터들이 선형독립인지 아니면 선형종속인지를 판정하려면 다음 벡터방정식

$$k_1\mathbf{v}_1 + k_2\mathbf{v}_2 + k_3\mathbf{v}_3 = \mathbf{0}$$

이 비자명해를 가지는지 여부를 결정해야 한다. 즉,

$$k_1(1, 2, 2, -1) + k_2(4, 9, 9, -4) + k_3(5, 8, 9, -5) = (0, 0, 0, 0)$$

에서 양변의 대응하는 성분을 비교하여 동차 선형계

$$\begin{aligned} k_1 + 4k_2 + 5k_3 &= 0 \\ 2k_1 + 9k_2 + 8k_3 &= 0 \\ 2k_1 + 9k_2 + 9k_3 &= 0 \\ -k_1 - 4k_2 - 5k_3 &= 0 \end{aligned}$$

을 얻는다. 이 연립방정식이 오직 자명해

$$k_1 = 0, \quad k_2 = 0, \quad k_3 = 0$$

만을 가진다는 것의 검증은 독자에게 남긴다. 결론적으로 $\mathbf{v}_1$, $\mathbf{v}_2$, $\mathbf{v}_3$는 선형독립이다.

예제 4 | P_n 내의 중요한 선형독립집합

다항식

$$1, \quad x, \quad x^2, \ldots, \quad x^n$$

은 P_n 내에서 선형독립집합임을 보여라.

풀이 편의상 다항식을

$$\mathbf{p}_0 = 1, \quad \mathbf{p}_1 = x, \quad \mathbf{p}_2 = x^2, \ldots, \quad \mathbf{p}_n = x^n$$

으로 표시하자. 벡터방정식

$$a_0\mathbf{p}_0 + a_1\mathbf{p}_1 + a_2\mathbf{p}_2 + \cdots + a_n\mathbf{p}_n = \mathbf{0} \tag{5}$$

이 오직 자명해

$$a_0 = a_1 = a_2 = \cdots = a_n = 0$$

을 가진다는 것을 보여야 한다. 그러나 식 (5)는 $(-\infty, \infty)$ 구간의 모든 x에 대해 만족하는 다음 식

$$a_0 + a_1x + a_2x^2 + \cdots + a_nx^n = 0 \tag{6}$$

과 같다. 이제 모든 계수가 영이어야만 (6)이 성립함을 보여야 한다. 이것을 보이기 위해서 n차의 영이 아닌 다항식은 기껏해야 n개의 서로 다른 해를 가짐을 상기하자. 그렇다면 식 (6)의 각 계수는 영이어야 한다. 만약 그렇지 않으면 방정식의 좌변은 무수히 많은 해를 가지는 영이 아닌 다항식이 되어야 하기 때문이다. 그러므로 (5)는 단지 자명해만을 가진다.

다음 예제는 P_n 내의 주어진 벡터집합이 선형독립인지 아니면 선형종속인지를 결정하는 문제로, R^n 내의 어떤 벡터집합이 선형독립인지 아니면 선형종속인지를 결정하는 문제로 귀결된다.

예제 5 | 다항식의 선형독립

다항식

$$\mathbf{p}_1 = 1 - x, \quad \mathbf{p}_2 = 5 + 3x - 2x^2, \quad \mathbf{p}_3 = 1 + 3x - x^2$$

이 P_2 내에서 선형독립인지 아니면 선형종속인지를 결정하라.

풀이 이 벡터들이 선형독립인지 또는 선형종속인지는 벡터방정식

$$k_1\mathbf{p}_1 + k_2\mathbf{p}_2 + k_3\mathbf{p}_3 = \mathbf{0} \tag{7}$$

의 비자명해가 존재하는지 아닌지에 따라 결정된다. 이 방정식은

$$k_1(1 - x) + k_2(5 + 3x - 2x^2) + k_3(1 + 3x - x^2) = 0 \tag{8}$$

으로 쓸 수 있다. 또한 이것은

$$(k_1 + 5k_2 + k_3) + (-k_1 + 3k_2 + 3k_3)x + (-2k_2 - k_3)x^2 = 0$$

이다. 이 방정식은 $(-\infty, \infty)$ 내의 모든 x에 대해 만족해야 하기 때문에 각 계수는 모두 영이어야 한다(예제 4의 설명처럼). 주어진 다항식이 선형독립인지 아니면 선형종속인지는 다음 선형계가 비자명해를 가지느냐 하는 문제로 귀결된다.

$$\begin{aligned} k_1 + 5k_2 + k_3 &= 0 \\ -k_1 + 3k_2 + 3k_3 &= 0 \\ -2k_2 - k_3 &= 0 \end{aligned} \tag{9}$$

직접 풀든가 계수행렬의 행렬식이 영임을 보여 이 선형계가 비자명해를 가짐을 보이는 상세한 과정은 독자에게 남긴다. 결국 집합 $\{\mathbf{p}_1, \mathbf{p}_2, \mathbf{p}_3\}$은 선형종속이다.

예제 5에 주어진 다항식의 계수와 선형계 (9)의 계수행렬의 열벡터는 어떤 관계가 있는가?

이어지는 정리는 두 개의 벡터의 집합과 영벡터를 포함하는 집합에 대해 선형독립에 대한 판단에 유용하다.

정리 4.4.2

(*a*) 영벡터를 포함하는 유한집합은 선형종속이다.
(*b*) 두 벡터만 갖는 집합이 선형독립이기 위한 필요충분조건은 한 벡터가 다른 벡터의 스칼라배로 되지 않는 것이다.

여기서는 (*a*)만 증명하고 (*b*)는 연습문제로 남긴다.

증명 (*a*) 임의의 벡터 $\mathbf{v}_1, \mathbf{v}_2, \cdots, \mathbf{v}_r$에 대하여 집합 $S = \{\mathbf{v}_1, \mathbf{v}_2, \cdots, \mathbf{v}_r, \mathbf{0}\}$은 선형종속이다. 그 이유는 방정식

$$0\mathbf{v}_1 + 0\mathbf{v}_2 + \cdots + 0\mathbf{v}_r + 1(\mathbf{0}) = \mathbf{0}$$

에서 보듯이 계수가 모두 영이 아니어도 S 벡터들의 선형결합으로 영벡터가 될 수 있기 때문이다. ■

예제 6 | 두 함수의 선형독립

함수 $\mathbf{f}_1 = x$와 $\mathbf{f}_2 = \sin x$는 한 함수를 다른 함수의 스칼라배로 나타낼 수 없으므로 $F(-\infty, \infty)$에서 선형독립집합을 이룬다. 반면에 두 함수 $\mathbf{g}_1 = \sin 2x$와 $\mathbf{g}_2 = \sin x \cos x$는 삼각함수 항등식 $\sin 2x = 2 \sin x \cos x$에 의해 $\mathbf{g}_1$과 $\mathbf{g}_2$를 서로의 스칼라배로 나타낼 수 있으므로 선형종속이다.

선형독립의 기하적 해석

선형독립은 R^2와 R^3에서 몇 가지 유용한 기하적 해석을 제공한다.

- R^2와 R^3에서 두 벡터가 선형독립일 필요충분조건은 이들 벡터의 시점이 원점에 위치해 있을 때 동일 직선상에 있지 않는 것이다(**그림 4.4.3**).

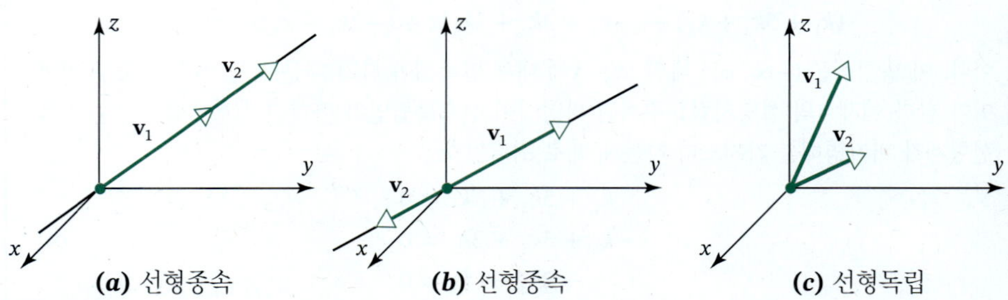

그림 4.4.3

- R^3의 세 벡터가 선형독립일 필요충분조건은 이들 벡터의 시점을 원점에 두었을 때 동일 평면상에 있지 않는 것이다(**그림 4.4.4**).

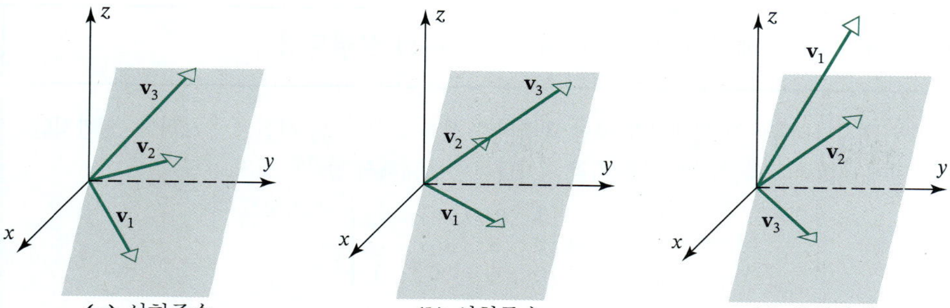

(*a*) 선형종속 (*b*) 선형종속 (*c*) 선형독립

그림 4.4.4

이 절의 시작에서 세 번째 좌표축이 x축과 y축의 단위벡터의 선형결합으로 표현됨을 보임으로써 R^2에서는 세 번째 좌표축이 불필요함을 보였다. 이는 R^n의 선형독립집합은 기껏해야 n개의 벡터를 포함한다는 다음 정리의 특수한 경우이다.

정리 4.4.3

$S = \{\mathbf{v}_1, \mathbf{v}_2, \cdots, \mathbf{v}_r\}$이 R^n상의 벡터의 집합이라 하자. 만약 $r > n$이면 S는 선형종속이다.

증명

$$\begin{aligned}\mathbf{v}_1 &= (v_{11}, v_{12}, \ldots, v_{1n})\\ \mathbf{v}_2 &= (v_{21}, v_{22}, \ldots, v_{2n})\\ &\;\vdots \\ \mathbf{v}_r &= (v_{r1}, v_{r2}, \ldots, v_{rn})\end{aligned}$$

이라 하고, 방정식

$$k_1\mathbf{v}_1 + k_2\mathbf{v}_2 + \cdots + k_r\mathbf{v}_r = \mathbf{0}$$

을 간주하자. 이 방정식을 성분으로 나타내고 대응성분을 같도록 놓으면 연립방정식

$$\begin{aligned}v_{11}k_1 + v_{21}k_2 + \cdots + v_{r1}k_r &= 0\\ v_{12}k_1 + v_{22}k_2 + \cdots + v_{r2}k_r &= 0\\ \vdots \qquad \vdots \qquad\quad \vdots \quad &\;\;\vdots\\ v_{1n}k_1 + v_{2n}k_2 + \cdots + v_{rn}k_r &= 0\end{aligned}$$

을 얻는다. 이것은 r개의 미지수 $k_1, \cdots, k_r$을 갖는 n개의 방정식으로 이루어진 동차 연립방정식이다. 그런데 $r > n$이므로 정리 1.2.2로부터 이연립방정식은 비자명해를 갖는다. 따라서 $S = \{\mathbf{v}_1, \mathbf{v}_2, \cdots, \mathbf{v}_r\}$은 선형종속집합이다. ■

정리 4.4.3으로부터 R^2에서 2개를 넘는 벡터를 갖는 집합은 선형종속이고, R^3에서 3개를 넘는 벡터를 갖는 집합도 선형종속임을 알 수 있다.

예제 7 | 기약 행사다리꼴 행렬에서 행벡터의 선형독립

기약 행사다리꼴에서 영벡터가 아닌 행벡터가 선형독립이라는 사실은 중요하다. 일반적인 증명에 대해 설명하기 전에 다음 기약 행사다리꼴에 대해서 생각해 보자.

$$R = \begin{bmatrix} 1 & a_{12} & a_{13} & a_{14} \\ 0 & 1 & a_{23} & a_{24} \\ 0 & 0 & 0 & 1 \end{bmatrix}$$

행벡터를 $\mathbf{r}_1$, $\mathbf{r}_2$, $\mathbf{r}_3$으로 표기하면 벡터방정식

$$c_1\mathbf{r}_1 + c_2\mathbf{r}_2 + c_3\mathbf{r}_3 = \mathbf{0} \tag{10}$$

이 오직 자명해 $c_1 = c_2 = c_3 = 0$을 가진다는 것을 증명해야 한다. 식 (10)을 행벡터 형태

$$\begin{bmatrix} c_1 & c_1a_{12} + c_2 & c_1a_{13} + c_2a_{23} & c_1a_{14} + c_2a_{24} + c_3 \end{bmatrix} = \begin{bmatrix} 0 & 0 & 0 & 0 \end{bmatrix}$$

로 쓰고 대응하는 성분을 비교하자. 첫 번째 성분으로 $c_1 = 0$을 알 수 있고, 두 번째 성분으로 $c_2 = 0$을 알 수 있고, 그리고 네 번째 성분으로부터 $c_3 = 0$임을 확인할 수 있다. 따라서 식 (10)은 오직 자명해만을 갖는다.

함수의 선형독립

미적분학 필요

때때로 함수의 선형종속은 이미 아는 항등관계로부터 연역될 수 있다. 예를 들어 함수

$$\mathbf{f}_1 = \sin^2 x, \quad \mathbf{f}_2 = \cos^2 x, \quad \mathbf{f}_3 = 5$$

는 $F(-\infty, \infty)$에서 선형종속집합을 이룬다. 그 이유는 방정식

$$\begin{aligned} 5\mathbf{f}_1 + 5\mathbf{f}_2 - \mathbf{f}_3 &= 5\sin^2 x + 5\cos^2 x - 5 \\ &= 5(\sin^2 x + \cos^2 x) - 5 = \mathbf{0} \end{aligned}$$

에서 보듯이 영이 아닌 계수가 포함된 $\mathbf{f}_1$, $\mathbf{f}_2$, $\mathbf{f}_3$의 선형결합으로 영벡터가 표현되기 때문이다.

그런데 이것은 매우 드문 경우로 대부분의 함수의 선형종속 또는 독립은 대수 또는 삼각법으로 쉽게 알아낼 수 없다. 불행히도 함수의 집합이 선형독립인지 아니면 선형종속인지를 결정하는 일반적인 방법은 없다. 그러나 특정한 상황에서 선형독립성을 밝히는 데 사용될 수 있는 정리가 존재한다. 우선 다음 정의가 필요하다.

정의 2

만약 $\mathbf{f}_1 = f_1(x)$, $\mathbf{f}_2 = f_2(x)$, $\cdots$, $\mathbf{f}_n = f_n(x)$가 구간 $(-\infty, \infty)$에서 $n-1$번 미분 가능한 함수이면, 행렬식

$$W(x) = \begin{vmatrix} f_1(x) & f_2(x) & \cdots & f_n(x) \\ f_1'(x) & f_2'(x) & \cdots & f_n'(x) \\ \vdots & \vdots & & \vdots \\ f_1^{(n-1)}(x) & f_2^{(n-1)}(x) & \cdots & f_n^{(n-1)}(x) \end{vmatrix}$$

를 $f_1, f_2, \cdots, f_n$의 ***론스키언***(Wronskian)이라 한다.

$\mathbf{f}_1 = f_1(x)$, $\mathbf{f}_2 = f_2(x)$, $\cdots$, $\mathbf{f}_n = f_n(x)$가 $C^{(n-1)}(-\infty, \infty)$에서 *선형종속*벡터라고 가정하자. 이것은 벡터방정식

$$k_1\mathbf{f}_1 + k_2\mathbf{f}_2 + \cdots + k_n\mathbf{f}_n = \mathbf{0}$$

의 계수가 비자명해를 가짐을 의미한다. 즉, 계수가 모두 영은 아닌 다음 방정식

$$k_1 f_1(x) + k_2 f_2(x) + \cdots + k_n f_n(x) = 0$$

이 $(-\infty, \infty)$에서 모든 x에 대하여 만족함을 의미한다. 이 방정식을 순차적으로 $n-1$번 미분하여 얻은 방정식들과 결합하면

$$\begin{aligned} k_1 f_1(x) \quad &+ k_2 f_2(x) \quad &+ \cdots + k_n f_n(x) \quad &= 0 \\ k_1 f_1'(x) \quad &+ k_2 f_2'(x) \quad &+ \cdots + k_n f_n'(x) \quad &= 0 \\ \vdots \qquad &\quad \vdots &\vdots \qquad &\quad \vdots \\ k_1 f_1^{(n-1)}(x) &+ k_2 f_2^{(n-1)}(x) &+ \cdots + k_n f_n^{(n-1)}(x) &= 0 \end{aligned}$$

이 된다. 따라서 $\mathbf{f}_1$, $\mathbf{f}_2$, $\cdots$, $\mathbf{f}_n$의 선형종속은 연립방정식

$$\begin{bmatrix} f_1(x) & f_2(x) & \cdots & f_n(x) \\ f_1'(x) & f_2'(x) & \cdots & f_n'(x) \\ \vdots & \vdots & & \vdots \\ f_1^{(n-1)}(x) & f_2^{(n-1)}(x) & \cdots & f_n^{(n-1)}(x) \end{bmatrix} \begin{bmatrix} k_1 \\ k_2 \\ \vdots \\ k_n \end{bmatrix} = \begin{bmatrix} 0 \\ 0 \\ \vdots \\ 0 \end{bmatrix} \tag{11}$$

이 구간 $(-\infty, \infty)$의 모든 x에 대하여 비자명해를 가짐을 의미한다. 이것은 (11)의 계수행렬의 행렬식 모든 x에 대하여 영임을 뜻한다. 따라서 f_1, f_2, $\cdots$, f_n이 선형종속이면 이 함수들의 론스키언은 $(-\infty, \infty)$에서 항상 영이 된다. 이를 대우명제(부록 A 참조) 형태로 쓰면: 만약 론스키언이 $(-\infty, \infty)$에서 항상 영은 아니면 함수들은 선형독립이다. 따라서 다음 정리를 얻는다.

정리 4.4.4

만일 함수 $\mathbf{f}_1$, $\mathbf{f}_2$, $\cdots$, $\mathbf{f}_n$이 구간 $(-\infty, \infty)$에서 $n-1$개의 연속인 도함수를 가지고, 이들 함수의 론스키언이 $(-\infty, \infty)$의 모든 x에 대하여 항상 영은 아니라고 하자. 그러면 이들 함수는 $C^{(n-1)}(-\infty, \infty)$의 벡터들의 선형독립집합을 이룬다.

주의 정리 4.4.4의 역은 참이 아니다. 만약 $\mathbf{f}_1$, $\mathbf{f}_2$, $\cdots$, $\mathbf{f}_n(-\infty, \infty)$에서 항상 영이라면 $\mathbf{f}_1$, $\mathbf{f}_2$, $\cdots$, $\mathbf{f}_n$의 독립성에 대해 아무런 결론도 내릴 수 없다. 이 벡터들은 선형독립일 수도, 선형종속일 수도 있다.

예제 6에서 x와 $\sin x$는 어느 하나가 다른 벡터의 스칼라배가 되지 않으므로 선형독립임을 밝혔다. 다음 예제는 이것이 정리 4.4.4와 일치한다는 것을 보여 준다.

예제 8 | 론스키언을 이용한 선형독립성

론스키언을 이용하여 $\mathbf{f}_1 = x$와 $\mathbf{f}_2 = \sin x$가 선형독립임을 밝혀라.

풀이 론스키언은

$$W(x) = \begin{vmatrix} x & \sin x \\ 1 & \cos x \end{vmatrix} = x\cos x - \sin x$$

이다. 이 함수는 구간 $(-\infty, \infty)$에서 모두 영은 아니다. 예를 들면

$$W\left(\frac{\pi}{2}\right) = \frac{\pi}{2}\cos\left(\frac{\pi}{2}\right) - \sin\left(\frac{\pi}{2}\right) = -1$$

이다. 따라서 $\mathbf{f}_1$과 $\mathbf{f}_2$는 선형독립이다.

역사 노트

론스키
(Józef Hoëné de Wroński, 1778–1853)

폴란드-프랑스 수학자 론스키는 출생 시 조제프 호에네(Józef Hoëné)라는 이름이었으나 결혼 후 론스키(Wroński)라는 이름을 사용하였다. 론스키의 삶은 논쟁과 갈등으로 얼룩졌는데 이는 그의 편집증적 성향과 자신의 연구의 중요성에 대한 과대평가 때문이라고 말하는 이들도 있다. 비록 론스키의 연구가 여러 해 동안 쓰레기로 치부되었고, 그중 많은 부분이 정말로 잘못되었음에도 불구하고, 그의 아이디어 중 일부는 탁월성이 감춰져 있어서 살아남을 수 있었다. 론스키는 순전히 수학적인 연구 외에도 (제작된 적은 없지만) 철도와 경쟁하기 위해 무한궤도 차량(caterpillar vehicle)을 설계했고, 바다에서 배의 경도를 정하는 유명한 문제에 대해 연구했다. 그는 말년을 빈곤 속에서 보냈다.

[Image: © TopFoto/The Image Works]

예제 9 | 론스키언을 이용한 선형독립성

론스키언을 이용하여 $\mathbf{f}_1 = 1$, $\mathbf{f}_2 = e^x$, $\mathbf{f}_3 = e^{2x}$가 $C^\infty(-\infty, \infty)$에서 선형독립임을 밝혀라.

풀이 론스키언은

$$W(x) = \begin{vmatrix} 1 & e^x & e^{2x} \\ 0 & e^x & 2e^{2x} \\ 0 & e^x & 4e^{2x} \end{vmatrix} = 2e^{3x}$$

이다. 이 함수는 구간 $(-\infty, \infty)$에서 명백히 모든 x에 대하여 영이 아니므로, $\mathbf{f}_1$, $\mathbf{f}_2$, $\mathbf{f}_3$는 선형독립이다.

선택사항: 정리 4.4.1의 증명으로 이 절을 마친다.

정리 4.4.1의 증명 집합 S가 두 개 이상의 벡터를 갖는 집합이라고 하자. 집합 S가 단 하나의 원소를 갖는 경우는 연습문제로 남긴다. 우선 집합 S가 선형독립이라고 가정하자. 만일 벡터방정식

$$k_1\mathbf{v}_1 + k_2\mathbf{v}_2 + \cdots + k_r\mathbf{v}_r = \mathbf{0} \tag{12}$$

이 모두 0은 아닌 계수에 대해 만족하면, 적어도 하나의 벡터가 다른 것들의 선형결합 형

태로 되게 되어, 선형독립이라는 가정에 모순됨을 보일 것이다. 특별히 $k_1 \neq 0$이라고 가정하면 식 (12)는

$$\mathbf{v}_1 = \left(-\frac{k_2}{k_1}\right)\mathbf{v}_2 + \cdots + \left(-\frac{k_r}{k_1}\right)\mathbf{v}_r$$

로 고쳐 쓸 수 있고, 이것은 $\mathbf{v}_1$이 S에 속하는 다른 벡터들의 선형결합임을 나타낸다.

역으로, (12)가 만족되려면 계수가 모두 영, 즉

$$k_1 = 0, \quad k_2 = 0, \ldots, \quad k_r = 0$$

이어야 한다면 S의 벡터들이 선형독립임을 보이자. 계수들이 모두 영인데 벡터들이 선형독립이 아니라고 가정해 보자. 그러면 벡터 중 적어도 하나는 다른 벡터들의 선형결합으로 표현될 것이다. 일례로

$$\mathbf{v}_1 = c_2\mathbf{v}_2 + \cdots + c_r\mathbf{v}_r$$

$$\mathbf{v}_1 + (-c_2)\mathbf{v}_2 + \cdots + (-c_r)\mathbf{v}_r = \mathbf{0}$$

과 같이 될 것이다. 그러나 이는 (12)가 계수가 모두 영일 때만 만족된다는 가정과 모순이 된다. 따라서 S의 벡터들은 선형독립이다. ■

연습문제 4.4

1. 다음 벡터의 집합이 선형종속인 이유를 설명하라(직관에 의해).

a. $\mathbf{u}_1 = (-1, 2, 4)$, $\mathbf{u}_2 = (5, -10, -20)$; R^3

b. $\mathbf{u}_1 = (3, -1)$, $\mathbf{u}_2 = (4, 5)$, $\mathbf{u}_3 = (-4, 7)$; R^2

c. $\mathbf{p}_1 = 3 - 2x + x^2$, $\mathbf{p}_2 = 6 - 4x + 2x^2$; P_2

d. $B = \begin{bmatrix} 3 & -4 \\ -2 & 0 \end{bmatrix}$; M_{22}

2. 다음 R^3의 벡터집합의 선형독립 여부를 밝혀라.

a. $(-3, 0, 4)$, $(5, -1, 2)$, $(1, 1, 3)$

b. $(-2, 0, 1)$, $(3, 2, 5)$, $(6, -1, 1)$, $(7, 0, -2)$

3. 다음 R^4의 벡터집합의 선형독립 여부를 밝혀라.

a. $(3, 8, 7, -3)$, $(1, 5, 3, -1)$, $(2, -1, 2, 6)$, $(4, 2, 6, 4)$

b. $(3, 0, -3, 6)$, $(0, 2, 3, 1)$, $(0, -2, -2, 0)$, $(-2, 1, 2, 1)$

4. 다음 P_2의 벡터집합의 선형독립 여부를 밝혀라.

a. $2 - x + 4x^2$, $3 + 6x + 2x^2$, $2 + 10x - 4x^2$

b. $1 + 3x + 3x^2$, $x + 4x^2$, $5 + 6x + 3x^2$, $7 + 2x - x^2$

5. 다음 행렬들이 선형 독립인지 종속인지 판정하라.

a. $\begin{bmatrix} 1 & 0 \\ 1 & 2 \end{bmatrix}$, $\begin{bmatrix} 1 & 2 \\ 2 & 1 \end{bmatrix}$, $\begin{bmatrix} 0 & 1 \\ 2 & 1 \end{bmatrix}$; M_{22}

b. $\begin{bmatrix} 1 & 0 & 0 \\ 0 & 0 & 0 \end{bmatrix}$, $\begin{bmatrix} 0 & 0 & 1 \\ 0 & 0 & 0 \end{bmatrix}$, $\begin{bmatrix} 0 & 0 & 0 \\ 0 & 1 & 0 \end{bmatrix}$; M_{23}

6. M_{22}상에서 다음 행렬들이 선형독립이 되게 해 주는 모든 k의 값을 구하라.

$$\begin{bmatrix} 1 & 0 \\ 1 & k \end{bmatrix}, \quad \begin{bmatrix} -1 & 0 \\ k & 1 \end{bmatrix}, \quad \begin{bmatrix} 2 & 0 \\ 1 & 3 \end{bmatrix}$$

7. 세 벡터가 R^3의 한 평면상에 있는지 판정하라.

a. $\mathbf{v}_1 = (2, -2, 0)$, $\mathbf{v}_2 = (6, 1, 4)$, $\mathbf{v}_3 = (2, 0, -4)$

b. $\mathbf{v}_1 = (-6, 7, 2)$, $\mathbf{v}_2 = (3, 2, 4)$, $\mathbf{v}_3 = (4, -1, 2)$

8. 세 벡터가 R^3의 동일 직선상에 있는지 판정하라.

a. $\mathbf{v}_1 = (-1, 2, 3)$, $\mathbf{v}_2 = (2, -4, -6)$, $\mathbf{v}_3 = (-3, 6, 0)$

b. $\mathbf{v}_1 = (2, -1, 4)$, $\mathbf{v}_2 = (4, 2, 3)$, $\mathbf{v}_3 = (2, 7, -6)$

c. $\mathbf{v}_1 = (4, 6, 8)$, $\mathbf{v}_2 = (2, 3, 4)$, $\mathbf{v}_3 = (-2, -3, -4)$

9. **a.** 세 벡터 $\mathbf{v}_1 = (0, 3, 1, -1)$, $\mathbf{v}_2 = (6, 0, 5, 1)$, $\mathbf{v}_3 = (4, -7, 1, 3)$이 R^4상에서 선형종속집합을 이룸을 보여라.

b. (a)의 각 벡터를 나머지 두 벡터의 선형결합으로 나타내라.

10. **a.** 세 벡터 $\mathbf{v}_1 = (1, 2, 3, 4)$, $\mathbf{v}_2 = (0, 1, 0, -1)$, $\mathbf{v}_3 = (1, 3, 3, 3)$이 R^4상에서 선형종속집합을 이룸을 보여라.

b. (a)의 각 벡터를 나머지 두 벡터의 선형결합으로 나타내라.

11. 다음 벡터들은 실수 λ의 어떤 값에 대해서 R^3상의 선형종속 집합을 이루는가?

$$\mathbf{v}_1 = \left(\lambda, -\frac{1}{2}, -\frac{1}{2}\right), \mathbf{v}_2 = \left(-\frac{1}{2}, \lambda, -\frac{1}{2}\right),$$
$$\mathbf{v}_3 = \left(-\frac{1}{2}, -\frac{1}{2}, \lambda\right)$$

12. 어떤 조건에서 한 벡터만의 집합이 선형독립인가?

13. $T_A : R^2 \to R^2$가 A의 곱이라고 하고, $\mathbf{u}_1 = (1, 2)$, $\mathbf{u}_2 = (-1, 1)$이라고 하자. 집합 $\{T_A(\mathbf{u}_1), T_A(\mathbf{u}_2)\}$가 R^2에서 선형독립인지 판정하라.

a. $A = \begin{bmatrix} 1 & -1 \\ 0 & 2 \end{bmatrix}$ **b.** $A = \begin{bmatrix} 1 & -1 \\ -2 & 2 \end{bmatrix}$

14. $T_A : R^3 \to R^3$이 A의 곱이라고 하고, $\mathbf{u}_1 = (1, 0, 0)$, $\mathbf{u}_2 = (2, -1, 1)$, $\mathbf{u}_3 = (0, 1, 1)$이라고 하자. 집합 $\{T_A(\mathbf{u}_1), T_A(\mathbf{u}_2), T_A(\mathbf{u}_3)\}$이 R^3에서 선형독립인지 판정하라.

a. $A = \begin{bmatrix} 1 & 1 & 2 \\ 1 & 0 & -3 \\ 2 & 2 & 0 \end{bmatrix}$ **b.** $A = \begin{bmatrix} 1 & 1 & 1 \\ 1 & 1 & -3 \\ 2 & 2 & 0 \end{bmatrix}$

15. 아래 그림의 (*a*)에 있는 $\mathbf{v}_1, \mathbf{v}_2, \mathbf{v}_3$가 선형독립인가? (*b*)의 경우는? 이유를 설명하라.

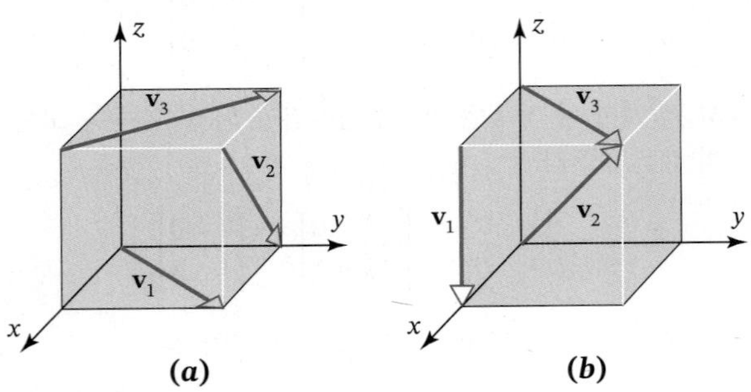

그림 Ex-15

16. 필요한 적당한 공식을 사용하여 다음 벡터들이 $F(-\infty, \infty)$에서 선형종속인지 판정하라.

a. $6, 3\sin^2 x, 2\cos^2 x$ **b.** $x, \cos x$
c. $1, \sin x, \sin 2x$ **d.** $\cos 2x, \sin^2 x, \cos^2 x$
e. $(3-x)^2, x^2 - 6x, 5$ **f.** $0, \cos^3 \pi x, \sin^5 3\pi x$

17. **(*미적분학 필요*)** 함수

$$f_1(x) = x, \qquad f_2(x) = \cos x$$

는 서로가 스칼라배가 아니므로 $F(-\infty, \infty)$에서 선형독립이다. 론스키언을 이용해서 검증하라.

18. **(*미적분학 필요*)** 함수

$$f_1(x) = \sin x, \qquad f_2(x) = \cos x$$

는 서로가 스칼라배가 아니므로 $F(-\infty, \infty)$에서 선형독립이다. 론스키언을 이용해서 검증하라.

19. **(*미적분학 필요*)** 론스키언을 사용하여 다음 벡터집합이 선형독립임을 증명하라.

a. $1, x, e^x$ **b.** $1, x, x^2$

20. **(*미적분학 필요*)** 론스키언을 사용하여 $f_1(x) = e^x$, $f_2(x) = xe^x$, $f_3(x) = x^2e^x$가 $C^\infty(-\infty, \infty)$에서 선형독립임을 증명하라.

21. **(*미적분학 필요*)** 론스키언을 사용하여 $f_1(x) = \sin x$, $f_2(x) = \cos x$, $f_3(x) = x \cos x$가 $C^\infty(-\infty, \infty)$에서 선형독립임을 증명하라.

22. 벡터공간 V의 임의의 벡터 $\mathbf{u}, \mathbf{v}, \mathbf{w}$에 대하여, $\mathbf{u} - \mathbf{v}, \mathbf{v} - \mathbf{w}, \mathbf{w} - \mathbf{u}$가 선형종속이 됨을 증명하라.

23. **a.** 예제 1에서 **i**, **j**, **k**가 서로 직교하면서 선형독립인 벡터라는 사실을 증명하였다. R^3에서 서로 직교하는 세 개의 0이 아닌 모든 집합은 선형독립인가? 기하적 사실을 이용하여 결론을 설명하라.

b. 대수적 방법을 이용하여 결론을 설명하라. [*힌트*: 내적을 사용하라.]

증명 문제

24. $\{\mathbf{v}_1, \mathbf{v}_2, \mathbf{v}_3\}$가 선형독립인 집합이면, $\{\mathbf{v}_1, \mathbf{v}_2\}$, $\{\mathbf{v}_1, \mathbf{v}_3\}$, $\{\mathbf{v}_2, \mathbf{v}_3\}$, $\{\mathbf{v}_1\}$, $\{\mathbf{v}_2\}$, $\{\mathbf{v}_3\}$ 모두 선형독립임을 증명하라.

25. $S = \{\mathbf{v}_1, \mathbf{v}_2, \cdots, \mathbf{v}_r\}$이 선형독립인 벡터의 집합이라면, S의 모든 공집합이 아닌 부분집합은 선형독립임을 증명하라.

26. $S = \{\mathbf{v}_1, \mathbf{v}_2, \mathbf{v}_3\}$가 선형종속인 벡터집합이고, $\mathbf{v}_4$가 벡터공간 V의 임의의 벡터이면서 S에 속하지 않는다면 $\{\mathbf{v}_1, \mathbf{v}_2, \mathbf{v}_3, \mathbf{v}_4\}$ 역시 선형종속임을 증명하라.

27. $S = \{\mathbf{v}_1, \mathbf{v}_2, \cdots, \mathbf{v}_r\}$이 선형종속인 벡터집합이고, $\mathbf{v}_{r+1}, \cdots, \mathbf{v}_n$이 벡터공간 V의 원소이면서 S에 속하지 않는다면, $\{\mathbf{v}_1, \mathbf{v}_2, \cdots, \mathbf{v}_r, \mathbf{v}_{r+1}, \cdots, \mathbf{v}_n\}$ 역시 선형종속임을 증명하라.

28. P_2에 속하는 세 개 이상의 원소로 구성된 모든 벡터의 집합은 선형종속이라는 것을 증명하라.

29. $\{\mathbf{v}_1, \mathbf{v}_2\}$가 선형독립이고 $\mathbf{v}_3$가 $\text{span}\{\mathbf{v}_1, \mathbf{v}_2\}$에 있지 않다면 $\{\mathbf{v}_1, \mathbf{v}_2, \mathbf{v}_3\}$는 선형독립임을 증명하라.

30. S가 단 하나의 벡터를 가질 경우에 대하여 정리 **4.4.1**을 증명하라.

31. 정리 4.4.2의 (*b*)를 증명하라.

참-거짓 문제

TF. (a)-(h)가 참인지 거짓인지를 밝히고 그 이유를 설명하라.

a. 한 개의 벡터로 구성된 집합은 선형독립이다.

b. 영벡터를 포함하는 선형독립인 집합은 존재하지 않는다.

c. 모든 선형종속집합은 영벡터를 포함한다.

d. 벡터집합 $\{\mathbf{v}_1, \mathbf{v}_2, \mathbf{v}_3\}$가 선형독립이면 모든 영이 아닌 상수 k에 대하여 $\{k\mathbf{v}_1, k\mathbf{v}_2, k\mathbf{v}_3\}$ 또한 선형독립이다.

e. 만일 $\mathbf{v}_1, \cdots, \mathbf{v}_n$이 선형종속인 영이 아닌 벡터들이면 적어도 한 개의 벡터는 $\mathbf{v}_1, \cdots, \mathbf{v}_{k-1}$의 유일한 선형결합이다.

f. 정확히 두 개의 1과 두 개의 0으로 이루어진 2×2 행렬들은 M_{22}에서 선형독립이다.

g. 세 다항식 $(x-1)(x+2)$, $x(x+2)$, $x(x-1)$은 선형독립이다.

h. 함수 f_1과 f_2가 어떤 스칼라 k_1과 k_2에 대하여 $k_1f_1(x) + k_2f_2(x) = 0$을 만족하는 실수 x가 존재한다면 선형종속이다.

계산도구 문제

T1. 자신의 계산도구를 이용하여 R^n 벡터들의 선형독립 여부를 판정하는 세 가지 다른 방법을 고안하고, 그 방법들을 사용하여 다음 벡터들의 선형독립 여부를 판정하라.

$$\mathbf{v}_1 = (4, -5, 2, 6), \quad \mathbf{v}_2 = (2, -2, 1, 3),$$

$$\mathbf{v}_3 = (6, -3, 3, 9), \quad \mathbf{v}_4 = (4, -1, 5, 6)$$

T2. 충분히 많은 t에서 방정식

$$c_1 \cos t + c_2 \sin t + c_3 \cos 2t + c_4 \sin 2t = 0$$

을 계산하여 해가 오직 $c_1 = c_2 = c_3 = c_4 = 0$인 선형계를 얻어서, 집합 $S = \{\cos t, \sin t, \cos 2t, \sin 2t\}$가 선형독립이라는 것을 증명하라.

4.5 좌표와 기저

보통 직선을 1차원, 평면을 2차원, 공간을 3차원으로 생각한다. 이 절과 다음 절의 주요 목적은 이와 같은 직관적인 차원의 개념을 정확히 하는 데 있다. 이 절에서는 일반 벡터 공간에서의 좌표계를 논하여 다음 절의 정확한 차원의 정의를 위한 토대를 놓을 것이다.

선형대수에서의 좌표계

해석기하에서 *직교*좌표계를 사용하여 2차원의 점과 실수의 순서쌍 그리고 3차원의 점과 3개의 실수의 순서쌍이 일대일 대응이 되게 할 수 있음을 배웠다(**그림 4.5.1**). 직교좌표계가 일반적으로 사용되지만 필수적인 것은 아니다. 예를 들어 **그림 4.5.2**에서는 좌표축이 서로 수직이 아닌 2차원과 3차원 공간의 좌표계를 보여 준다.

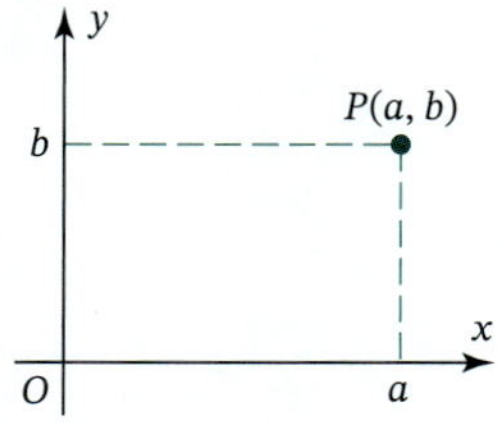

2차원 공간의 직교좌표계에서의 점 P의 좌표

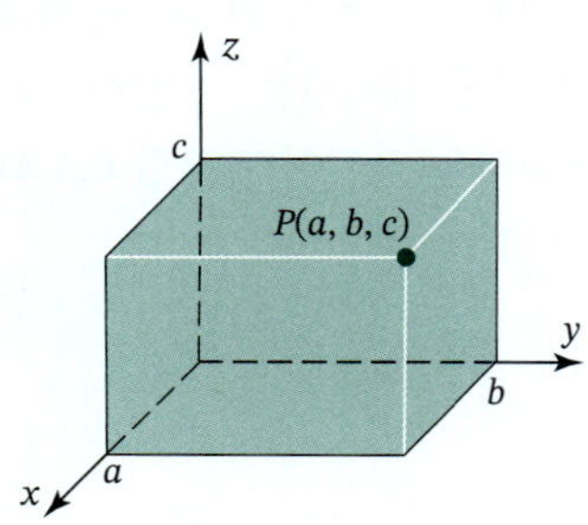

3차원 공간의 직교좌표계에서의 점 P의 좌표

그림 4.5.1

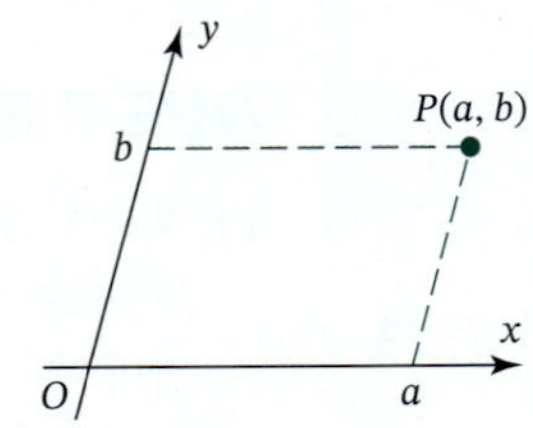

2차원 공간의 비직교좌표계에서의 점 P의 좌표

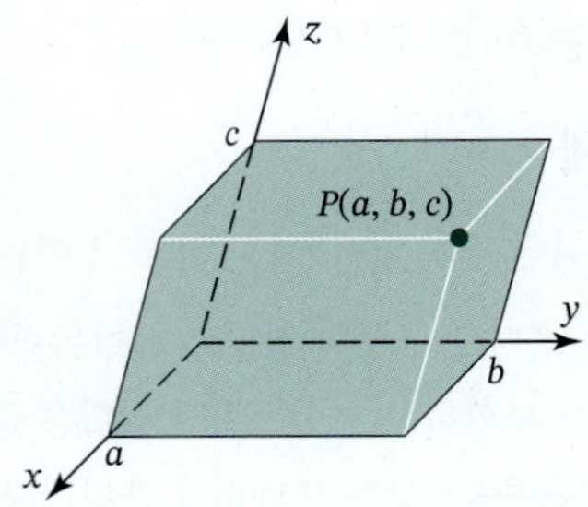

3차원 공간의 비직교좌표계에서의 점 P의 좌표

그림 4.5.2

선형대수에서 좌표계는 보통 좌표축보다는 벡터를 사용하여 규정된다. 예를 들어 **그림 4.5.3**에서 점 P의 좌표를 해당 축의 양의 방향의 단위벡터에 스칼라계수를 붙여서 방정식

$$\overrightarrow{OP} = a\mathbf{u}_1 + b\mathbf{u}_2 \text{와} \qquad \overrightarrow{OP} = a\mathbf{u}_1 + b\mathbf{u}_2 + c\mathbf{u}_3$$

과 같이 그림 4.4.2의 좌표계를 재구성하였다.

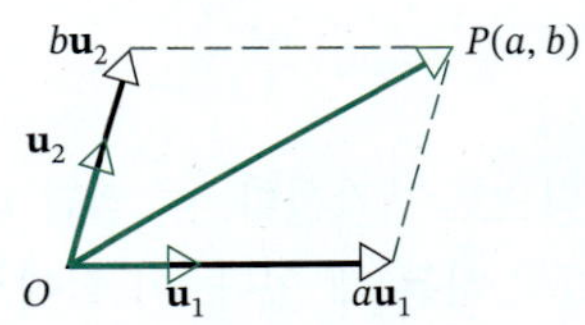

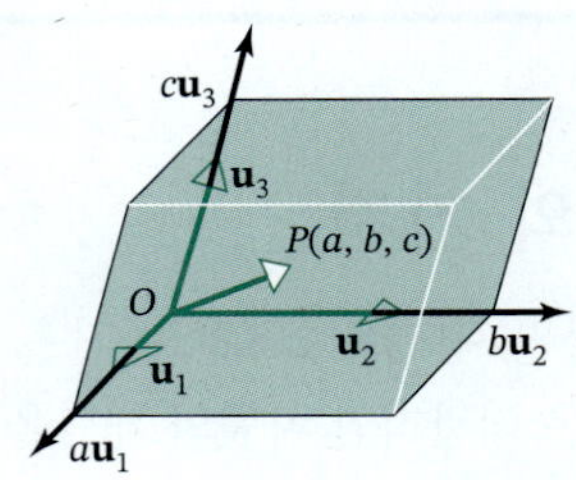

그림 4.5.3

측정단위는 모든 좌표계에서 필수적인 요소이다. 기하 문제에서는 도형의 모양이 왜곡되는 것을 피하기 위해 각 축에 같은 측정단위를 사용한다. 그러나 이것은 좌표가 다양한 단위를 갖는 물리적 양을 나타내는 응용에서는 별로 중요하지 않다(예컨대 하나의 축에는 시간을 초 단위로, 다른 축에는 섭씨 °C 단위로 온도를 나타내는 경우). 이러한 일반성을 허용하기 위해 양의 방향을 구별하기 위해 단위벡터를 사용하는 요건을 완화하고 선형독립의 요건만 부과한다. 이 벡터들을 좌표계의 "기저벡터"라고 칭할 것이다. 요약하면, 양의 방향을 결정하는 것은 기저벡터의 방향이고 축의 정수 점들 사이의 간격을 결정하는 것은 기저벡터의 길이이다(**그림 4.5.4**).

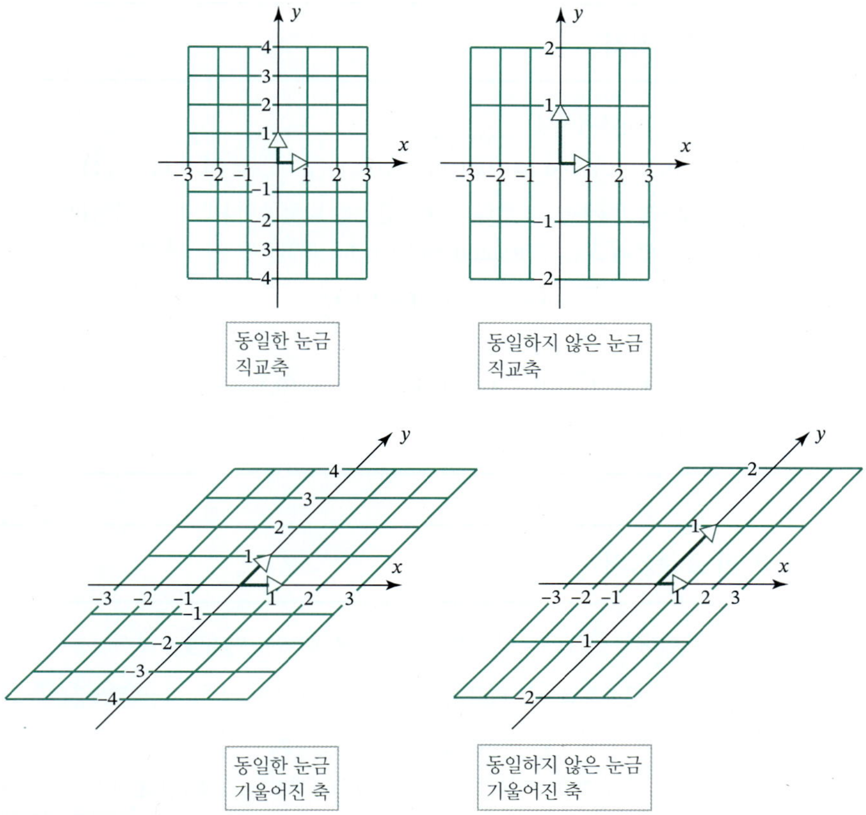

그림 4.5.4

벡터공간의 기저

다음 정의는 위에서 논한 내용을 더욱 정확히 해 주고 좌표계의 개념을 일반 벡터공간으로 확장할 수 있게 해 준다. 벡터공간은 두개의 카테고리로 분류된다. 벡터공간 V가 유한개의 벡터집합에 의해 V를 생성한다면 ***유한차원***(finite-dimensional)이라 하고, 그런 집합이 존재하지 않는 경우 ***무한차원***(infinite-dimensional)이라고 한다.

정의 1

만약 V가 임의의 벡터공간이고, $S = \{\mathbf{v}_1, \mathbf{v}_2, \cdots, \mathbf{v}_n\}$이 벡터 V 안의 유한집합이라고 하면, S가 다음 두 조건을 만족할 때 V의 ***기저***(basis)라고 한다.

(*a*) S는 V를 생성한다.

(*b*) S는 선형독립이다.

기저가 벡터공간 V에 대한 좌표계를 규정한다고 보면, 이 정의의 (*a*)는 V의 모든 벡터에 대하여 좌표를 제공하는 기저벡터가 존재함을 보장하고 (*b*)는 기저벡터 사이에 상호연관성이 없음을 보장한다. 몇 가지 예를 들어 보자.

예제 1 | R^n의 표준기저

4.3절의 예제 1로부터 표준단위벡터

$$\mathbf{e}_1 = (1,0,0,\ldots,0), \quad \mathbf{e}_2 = (0,1,0,\ldots,0),\ldots, \quad \mathbf{e}_n = (0,0,0,\ldots,1)$$

이 R^n을 생성하고, 4.4절의 예제 1로부터 선형독립임을 밝혔다. 따라서 표준단위벡터들은 R^n의 기저를 이루므로 ***R^n의 표준기저***(standard basis for R^n)라 부른다. 특히

$$\mathbf{i} = (1,0), \quad \mathbf{j} = (0,1)$$

그리고

$$\mathbf{i} = (1,0,0), \quad \mathbf{j} = (0,1,0), \quad \mathbf{k} = (0,0,1)$$

은 각각 R^2와 R^3의 표준기저이다.

예제 2 | P_n의 표준기저

$S = \{1, x, x^2, \cdots, x^n\}$이 n차 이하의 다항식의 벡터공간 P_n에 대한 기저임을 보여라.

풀이 S 속의 다항식이 선형독립이고 P_n을 생성하는 것을 보이면 된다. 이러한 다항식을

$$\mathbf{p}_0 = 1, \quad \mathbf{p}_1 = x, \quad \mathbf{p}_2 = x^2,\ldots, \quad \mathbf{p}_n = x^n$$

으로 표기하자. 4.3절의 예제 3에서 이러한 벡터들이 P_n을 생성하고, 4.4절의 예제 4에서 선형독립임을 보였다. 따라서 S는 P_n의 기저이다. 이 S를 ***P_n의 표준기저***(standard basis for P_n)라 한다.

예제 3 | R^3의 또 다른 기저

벡터 $\mathbf{v}_1 = (1, 2, 1)$, $\mathbf{v}_2 = (2, 9, 0)$, $\mathbf{v}_3 = (3, 3, 4)$라 할 때, 이 벡터의 집합이 R^3의 기저임을 보여라.

풀이 벡터 $\mathbf{v}_1$, $\mathbf{v}_2$, $\mathbf{v}_3$가 선형독립이고 R^3를 생성함을 보여야 한다. 선형독립임을 보이는 것은 벡터방정식

$$c_1\mathbf{v}_1 + c_2\mathbf{v}_2 + c_3\mathbf{v}_3 = \mathbf{0} \tag{1}$$

이 자명해만을 가진다는 것을 보이면 되고, 벡터가 R^3를 생성함을 보이려면 R^3의 모든 벡터 $\mathbf{b} = (b_1, b_2, b_3)$가

$$c_1\mathbf{v}_1 + c_2\mathbf{v}_2 + c_3\mathbf{v}_3 = \mathbf{b} \tag{2}$$

와 같이 표현될 수 있음을 밝혀야 한다. 양변의 성분을 대응시켜서 이 두 방정식을 각각 선형시스템

$$\begin{aligned} c_1 + 2c_2 + 3c_3 &= 0 \\ 2c_1 + 9c_2 + 3c_3 &= 0 \\ c_1 \qquad\;\; + 4c_3 &= 0 \end{aligned} \qquad \text{그리고} \qquad \begin{aligned} c_1 + 2c_2 + 3c_3 &= b_1 \\ 2c_1 + 9c_2 + 3c_3 &= b_2 \\ c_1 \qquad\;\; + 4c_3 &= b_3 \end{aligned} \tag{3}$$

으로 표현할 수 있다(검증하라). 따라서 (3)에서 동차계(homogeneous system)는 오직 자명

해만을 가지고, 비동차계(nonhomogeneous system)는 b_1, b_2, b_3의 모든 값에 대하여 일치하는 것을 보이는 문제로 귀결된다. 그런데 두 계는 다음과 같은 동일한 계수행렬 A를 가지고 있다.

$$A = \begin{bmatrix} 1 & 2 & 3 \\ 2 & 9 & 3 \\ 1 & 0 & 4 \end{bmatrix}$$

따라서 정리 2.3.8의 (b), (e), (g)에 의하여 $\det(A) \neq 0$임을 보이면 두 가지 결과가 한꺼번에 증명된다. 그런데 $\det(A) = -1$이므로(확인은 독자에게 맡긴다), 벡터 $\mathbf{v}_1$, $\mathbf{v}_2$, $\mathbf{v}_3$는 R^3의 기저가 된다.

예제 1과 3으로부터 벡터공간이 한 개 이상의 기저를 가짐을 알 수 있다.

예제 4 | M_{mn}의 표준기저

행렬

$$M_1 = \begin{bmatrix} 1 & 0 \\ 0 & 0 \end{bmatrix}, \quad M_2 = \begin{bmatrix} 0 & 1 \\ 0 & 0 \end{bmatrix}, \quad M_3 = \begin{bmatrix} 0 & 0 \\ 1 & 0 \end{bmatrix}, \quad M_4 = \begin{bmatrix} 0 & 0 \\ 0 & 1 \end{bmatrix}$$

가 2×2 행렬의 벡터공간 M_{22}의 기저임을 보여라.

풀이 행렬들이 선형독립이고 M_{22}를 생성함을 보이면 된다. 선형독립임을 보이기 위해서는 방정식

$$c_1M_1 + c_2M_2 + c_3M_3 + c_4M_4 = \mathbf{0} \tag{4}$$

이 자명해만을 가짐을 보여야 한다. 여기서 $\mathbf{0}$는 2×2 영행렬이다. 행렬들이 M_{22}를 생성함을 증명하기 위해서는 모든 2×2 행렬

$$B = \begin{bmatrix} a & b \\ c & d \end{bmatrix}$$

가

$$c_1M_1 + c_2M_2 + c_3M_3 + c_4M_4 = B \tag{5}$$

와 같이 표현될 수 있음을 보여야 한다. 방정식 (4)와 (5)의 행렬 형태는

$$c_1\begin{bmatrix} 1 & 0 \\ 0 & 0 \end{bmatrix} + c_2\begin{bmatrix} 0 & 1 \\ 0 & 0 \end{bmatrix} + c_3\begin{bmatrix} 0 & 0 \\ 1 & 0 \end{bmatrix} + c_4\begin{bmatrix} 0 & 0 \\ 0 & 1 \end{bmatrix} = \begin{bmatrix} 0 & 0 \\ 0 & 0 \end{bmatrix}$$

과

$$c_1\begin{bmatrix} 1 & 0 \\ 0 & 0 \end{bmatrix} + c_2\begin{bmatrix} 0 & 1 \\ 0 & 0 \end{bmatrix} + c_3\begin{bmatrix} 0 & 0 \\ 1 & 0 \end{bmatrix} + c_4\begin{bmatrix} 0 & 0 \\ 0 & 1 \end{bmatrix} = \begin{bmatrix} a & b \\ c & d \end{bmatrix}$$

이다. 이들은

$$\begin{bmatrix} c_1 & c_2 \\ c_3 & c_4 \end{bmatrix} = \begin{bmatrix} 0 & 0 \\ 0 & 0 \end{bmatrix} \text{과} \qquad \begin{bmatrix} c_1 & c_2 \\ c_3 & c_4 \end{bmatrix} = \begin{bmatrix} a & b \\ c & d \end{bmatrix}$$

로 다시 표현할 수 있다. 결국 첫 번째 방정식은 자명해

$$c_1 = c_2 = c_3 = c_4 = 0$$

만을 가지므로 행렬들은 선형독립이고, 두 번째 방정식은 해

$$c_1 = a, \quad c_2 = b, \quad c_3 = c, \quad c_4 = d$$

를 가지므로 행렬들은 M_{22}를 생성한다. 이로써 M_1, M_2, M_3, M_4가 M_{22}의 기저임이 증명된다. 일반적으로 하나의 성분이 1이고 나머지 성분은 모두 영이 mn개의 서로 다른 행렬들은 M_{mn}의 기저를 이루는데 이를 ***M_{mn}의 표준기저***(standard basis for M_{mn})라 부른다.

벡터공간들 중 가장 간단한 벡터공간은 $V = \{\mathbf{0}\}$ 영벡터공간이다. 이 공간은 영벡터에 의해 생성되므로 유한차원 공간이다. 하지만 $\{\mathbf{0}\}$는 선형독립집합이 아니므로(왜 그럴까?), 정의 1의 관점에서는 기저를 갖지 않는다. 그러나 편의상 공집합을 이 공간의 기저로 정의할 것이다.

예제 5 | 무한차원 벡터공간

실계수를 가지는 모든 다항식의 벡터공간 P_∞는 유한 생성 집합을 가지지 않음을 보임으로써 무한차원임을 보여라.

풀이 만약 유한 생성 집합 $S = \{\mathbf{p}_1, \mathbf{p}_2, \cdots, \mathbf{p}_r\}$이 있다면, S 내의 다항식의 차수는 최대값을 가질 것이다. 최대차수를 n이라 하자. 그러면 S 내의 다항식들의 임의의 선형결합으로 최대 n차가 될 것이다. 따라서 다항식 x^{n+1}은 S 내의 다항식들의 선형결합으로 나타낼 수 없다. 이것은 S가 P_∞를 생성한다는 것에 모순이다.

예제 6 | 몇 가지 유한차원 공간과 무한차원 공간

예제 1, 2, 4에 의해서 R^n, P_n, M_{mn}은 유한차원 공간임을 알았다. 예제 5에서 벡터공간 P_∞는 유한개의 벡터로 생성될 수 없으므로 무한차원 공간이다. 그리고 R^∞, $F(-\infty, \infty)$, $C(-\infty, \infty)$, $C^m(-\infty, \infty)$, $C^\infty(-\infty, \infty)$도 무한차원 벡터공간이다.

기저에 대한 좌표

이 절의 앞부분에서 기저벡터와 좌표계 사이의 대략적인 관계를 언급했다. 이제 일반 벡터공간에서의 좌표계의 개념을 정의하여 대략적인 생각을 정확하게 해 보자. 다음 정리가 이런 시도의 첫 단계이다.

정리 4.5.1

기저 표현의 유일성

$S = \{\mathbf{v}_1, \mathbf{v}_2, \cdots, \mathbf{v}_n\}$이 벡터공간 V의 기저라 하자. 그러면 V 속의 모든 벡터 $\mathbf{v}$는 단 한 가지 방법으로

$$\mathbf{v} = c_1\mathbf{v}_1 + c_2\mathbf{v}_2 + \cdots + c_n\mathbf{v}_n$$

의 형식으로 표현할 수 있다.

증명 S가 V를 생성하므로 생성 집합의 정의로부터 V에 속하는 모든 벡터는 S에 속하는 벡터의 선형결합으로 나타낼 수 있다. 이제 S에 속하는 벡터들을 선형결합으로 표현하는 방법이 오직 한 가지만 존재함을 보이자. 어떤 벡터 $\mathbf{v}$가

$$\mathbf{v} = c_1\mathbf{v}_1 + c_2\mathbf{v}_2 + \cdots + c_n\mathbf{v}_n$$

와

$$\mathbf{v} = k_1\mathbf{v}_1 + k_2\mathbf{v}_2 + \cdots + k_n\mathbf{v}_n$$

으로 표현될 수 있다고 가정해 보자. 첫 번째 방정식에서 두 번째 방정식을 빼면

$$\mathbf{0} = (c_1 - k_1)\mathbf{v}_1 + (c_2 - k_2)\mathbf{v}_2 + \cdots + (c_n - k_n)\mathbf{v}_n$$

이다. 이 방정식의 우변은 S 내의 벡터들의 선형결합인데, S의 선형독립성은

$$c_1 - k_1 = 0, \quad c_2 - k_2 = 0, \ldots, \quad c_n - k_n = 0$$

을 의미한다. 다시 말해서

$$c_1 = k_1, \quad c_2 = k_2, \ldots, \quad c_n = k_n$$

이다. 따라서 $\mathbf{v}$에 대한 두 표현은 같다. ■

이제 일반적인 벡터공간 V에서 “좌표(coordinates)”의 개념을 정의하는 데 필요한 모든 요소를 가지고 있다. 예를 들면 R^3의 벡터 $\mathbf{v}$의 좌표 (a, b, c)는 $\mathbf{v}$를 R^3의 표준기저 벡터들의 선형결합으로 나타내는 식

$$\mathbf{v} = a\mathbf{i} + b\mathbf{j} + c\mathbf{k}$$

의 계수가 된다(**그림 4.5.5**).

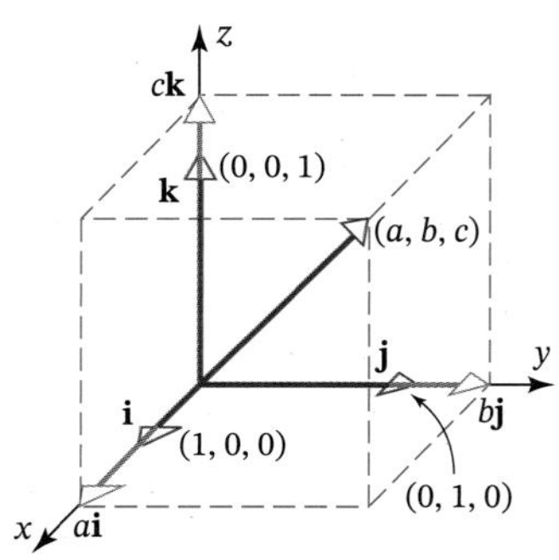

그림 4.5.5

이러한 생각은 다음의 정의로 일반화될 수 있다. 하지만 기저에 대한 몇 가지를 먼저 관찰해야 한다. 지금까지는 벡터공간 V의 기저 $S = \{\mathbf{v}_1, \mathbf{v}_2, \cdots, \mathbf{v}_n\}$에서 벡터들의 순서에 대하여 고려하지 않았다. 필요한 요건은 집합 S 내의 벡터들이 선형독립이고, V를 생성하는 것뿐이었다. 하지만 대부분의 경우 집합 S에 나열되는 벡터의 순서는 의미가 있다. 벡터가 나열된 순서가 중요한 기저를 ***순서기저***(ordered basis)라고 한다. 예를 들어 $S = \{\mathbf{v}_1, \mathbf{v}_2, \cdots, \mathbf{v}_n\}$은 벡터공간 V의 기저이면, $S' = \{\mathbf{v}_2, \mathbf{v}_1, \cdots, \mathbf{v}_n\}$ 역시 기저이지만 순서가 다른 기저이다.

정의 2

$S = \{\mathbf{v}_1, \mathbf{v}_2, \cdots, \mathbf{v}_n\}$가 벡터공간 V의 기저이고,

$$\mathbf{v} = c_1\mathbf{v}_1 + c_2\mathbf{v}_2 + \cdots + c_n\mathbf{v}_n$$

이 기저 S를 이용한 벡터 $\mathbf{v}$의 표현일 때, 스칼라 $c_1, c_2, \cdots, c_n$을 ***기저 S에 대한 v의 좌표***(coordinate of $\mathbf{v}$ relative to the basis S)라 한다. 이들 좌표로 구성된 R^n의 벡터 $(c_1, c_2, \cdots, c_n)$을 ***기저 S에 대한 v의 좌표벡터***(coordinate vector of $\mathbf{v}$ relative to the basis S)라 하고,

$$(\mathbf{v})_S = (c_1, c_2, \ldots, c_n) \tag{6}$$

으로 표기한다.

때때로 좌표벡터를 열행렬

$$[\mathbf{v}]_S = \begin{bmatrix} c_1 \\ c_2 \\ \vdots \\ c_n \end{bmatrix}$$

로 나타내기도 하며 이것을 좌표벡터의 ***행렬 형태***(matrix form)라 부르고, (6)을 ***쉼표 구분형***(comma-delimited form)이라고 부른다.

$(\mathbf{v})_S$는 R^n의 벡터이므로 일단 벡터공간 V의 기저가 S로 주어지면 정리 4.5.1에서 V의 벡터와 R^n의 벡터 사이에 일대일 대응관계가 있음을 알 수 있다(**그림 4.5.6**).

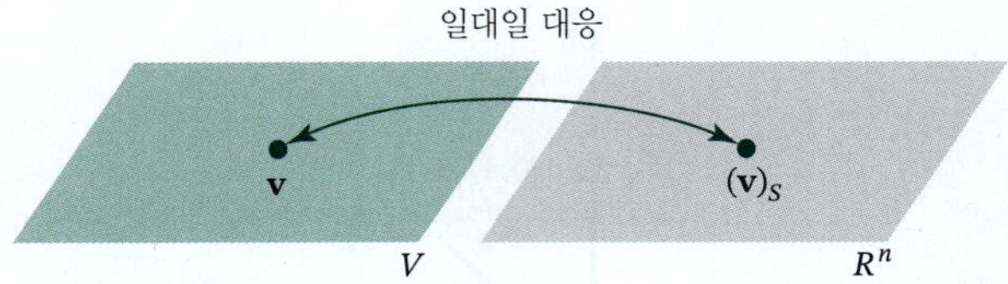

그림 4.5.6

예제 7 | R^n의 표준기저에 대한 좌표

특수한 경우로 $V = R^n$이고 S가 *표준기저*일 때, 좌표벡터 $(\mathbf{v})_S$와 벡터 $\mathbf{v}$는 같다. 즉,

$$\mathbf{v} = (\mathbf{v})_S$$

이다. 예를 들어 R^3상에서 벡터 $\mathbf{v} = (a, b, c)$는 표준기저 $S = \{\mathbf{i}, \mathbf{j}, \mathbf{k}\}$의 벡터들의 선형결합으로

$$\mathbf{v} = a\mathbf{i} + b\mathbf{j} + c\mathbf{k}$$

으로 나타낼 수 있다. 즉, 표준기저에 대한 좌표벡터는 $(\mathbf{v})_S = (a, b, c)$가 되어 벡터 $\mathbf{v}$와 같아진다.

예제 8 | 표준기저에 대한 좌표벡터

(a) 벡터공간 P_n의 표준기저에 대한 다항식

$$\mathbf{p}(x) = c_0 + c_1x + c_2x^2 + \cdots + c_nx^n$$

의 좌표벡터를 구하라.

(b) M_{22}의 표준기저에 대한

$$B = \begin{bmatrix} a & b \\ c & d \end{bmatrix}$$

의 좌표벡터를 구하라.

풀이 (a) $\mathbf{p}(x)$의 주어진 식은 다항식을 표준기저벡터 $S = \{1, x, x^2, \cdots, x^n\}$의 선형결합으로 표현하고 있다. 따라서 S에 대한 좌표벡터 $\mathbf{p}$는

$$(\mathbf{p})_S = (c_0, c_1, c_2, \ldots, c_n)$$

이다.

풀이 (b) 예제 4에서 벡터

$$B = \begin{bmatrix} a & b \\ c & d \end{bmatrix}$$

의 표현이 다음과 같이 표준기저벡터의 선형결합으로 나타남을 보았다.

$$B = \begin{bmatrix} a & b \\ c & d \end{bmatrix} = a\begin{bmatrix} 1 & 0 \\ 0 & 0 \end{bmatrix} + b\begin{bmatrix} 0 & 1 \\ 0 & 0 \end{bmatrix} + c\begin{bmatrix} 0 & 0 \\ 1 & 0 \end{bmatrix} + d\begin{bmatrix} 0 & 0 \\ 0 & 1 \end{bmatrix}$$

따라서 S에 대한 B의 좌표벡터는

$$(B)_S = (a, b, c, d)$$

이다.

예제 9 | R^3상의 좌표

(a) 예제 3에서 벡터

$$\mathbf{v}_1 = (1, 2, 1), \quad \mathbf{v}_2 = (2, 9, 0), \quad \mathbf{v}_3 = (3, 3, 4)$$

가 R^3의 기저를 이룸을 보였다. 기저 $S = \{\mathbf{v}_1, \mathbf{v}_2, \mathbf{v}_3\}$에 대한 $\mathbf{v} = (5, -1, 9)$의 좌표벡터를 구하라.

(b) S에 대한 좌표벡터가 $(\mathbf{v})_S = (-1, 3, 2)$인 R^3상의 벡터 $\mathbf{v}$를 구하라.

풀이 (a) $(\mathbf{v})_S$를 구하기 위해서는 먼저 벡터 $\mathbf{v}$를 S 내 벡터들의 선형결합으로 나타내야 한다. 즉,

$$\mathbf{v} = c_1\mathbf{v}_1 + c_2\mathbf{v}_2 + c_3\mathbf{v}_3$$

를 만족하는 스칼라 c_1, c_2, c_3를 구해야 한다. 이것을 성분의 항으로 표현하면

$$(5, -1, 9) = c_1(1, 2, 1) + c_2(2, 9, 0) + c_3(3, 3, 4)$$

이다. 대응성분끼리 같게 놓으면

$$\begin{aligned} c_1 + 2c_2 + 3c_3 &= 5 \\ 2c_1 + 9c_2 + 3c_3 &= -1 \\ c_1 \qquad + 4c_3 &= 9 \end{aligned}$$

을 얻고, 이 연립방정식을 풀면 $c_1 = 1$, $c_2 = -1$, $c_3 = 2$를 얻는다(검증하라). 따라서

$$(\mathbf{v})_S = (1, -1, 2)$$

이다.

풀이 (*b*) 좌표벡터 $(\mathbf{v})_S$의 정의를 이용하면

$$\begin{aligned} \mathbf{v} &= (-1)\mathbf{v}_1 + 3\mathbf{v}_2 + 2\mathbf{v}_3 \\ &= (-1)(1,2,1) + 3(2,9,0) + 2(3,3,4) = (11,31,7) \end{aligned}$$

을 얻는다.

연습문제 4.5

1. 예제 3의 방법을 이용하여 다음 벡터의 집합이 R^2의 기저임을 증명하라.

$$\{(2, 1), (3, 0)\}$$

2. 예제 3의 방법을 이용하여 다음 벡터의 집합이 R^3의 기저임을 증명하라.

$$\{(3, 1, -4), (2, 5, 6), (1, 4, 8)\}$$

3. 다음 다항식들이 P_2의 기저가 됨을 보여라.

$$x^2 + 1, \quad x^2 - 1, \quad 2x - 1$$

4. 다음 다항식들이 P_3의 기저가 됨을 보여라.

$$1 + x, \quad 1 - x, \quad 1 - x^2, \quad 1 - x^3$$

5. 다음 행렬들의 집합이 M_{22}의 기저가 됨을 보여라.

$$\begin{bmatrix} 3 & 6 \\ 3 & -6 \end{bmatrix}, \begin{bmatrix} 0 & -1 \\ -1 & 0 \end{bmatrix}, \begin{bmatrix} 0 & -8 \\ -12 & -4 \end{bmatrix}, \begin{bmatrix} 1 & 0 \\ -1 & 2 \end{bmatrix}$$

6. 다음 행렬들의 집합이 M_{22}의 기저가 됨을 보여라.

$$\begin{bmatrix} 1 & 1 \\ 1 & 1 \end{bmatrix}, \begin{bmatrix} 1 & -1 \\ 0 & 0 \end{bmatrix}, \begin{bmatrix} 0 & -1 \\ 1 & 0 \end{bmatrix}, \begin{bmatrix} 1 & 0 \\ 0 & 0 \end{bmatrix}$$

7. 다음 벡터들은 R^3의 기저가 아님을 증명하라.

   a. $\{(2, -3, 1), (4, 1, 1), (0, -7, 1)\}$

   b. $\{(1, 6, 4), (2, 4, -1), (-1, 2, 5)\}$

8. 다음 벡터들은 P_2의 기저가 아님을 증명하라.

$$1 - 3x + 2x^2, \quad 1 + x + 4x^2, \quad 1 - 7x$$

9. 다음 벡터들은 M_{22}의 기저가 아님을 증명하라.

$$\begin{bmatrix} 1 & 0 \\ 1 & 1 \end{bmatrix}, \begin{bmatrix} 2 & -2 \\ 3 & 2 \end{bmatrix}, \begin{bmatrix} 1 & -1 \\ 1 & 0 \end{bmatrix}, \begin{bmatrix} 0 & -1 \\ 1 & 1 \end{bmatrix}$$

10. V를 $\mathbf{v}_1 = \cos^2 x$, $\mathbf{v}_2 = \sin^2 x$, $\mathbf{v}_3 = \cos 2x$에 의해 생성되는 벡터공간이라고 하자.

    a. $S = \{\mathbf{v}_1, \mathbf{v}_2, \mathbf{v}_3\}$가 V의 기저가 되지 않음을 보여라.

    b. V의 기저를 구하라.

11. R^2상에서 $S = \{\mathbf{u}_1, \mathbf{u}_2\}$에 대한 $\mathbf{w}$의 좌표벡터를 구하라.

    a. $\mathbf{u}_1 = (2, -4)$, $\mathbf{u}_2 = (3, 8)$; $\mathbf{w} = (1, 1)$

    b. $\mathbf{u}_1 = (1, 1)$, $\mathbf{u}_2 = (0, 2)$; $\mathbf{w} = (a, b)$

12. R^2상에서 $S = \{\mathbf{u}_1, \mathbf{u}_2\}$에 대한 $\mathbf{w}$의 좌표벡터를 구하라.

    a. $\mathbf{u}_1 = (1, -1)$, $\mathbf{u}_2 = (1, 1)$; $\mathbf{w} = (1, 0)$

    b. $\mathbf{u}_1 = (1, -1)$, $\mathbf{u}_2 = (1, 1)$; $\mathbf{w} = (0, 1)$

13. R^3상에서 $S = \{\mathbf{v}_1, \mathbf{v}_2, \mathbf{v}_3\}$에 대한 $\mathbf{w}$의 좌표벡터를 구하라.

    a. $\mathbf{v} = (2, -1, 3)$; $\mathbf{v}_1 = (1, 0, 0)$, $\mathbf{v}_2 = (2, 2, 0)$, $\mathbf{v}_3 = (3, 3, 3)$

    b. $\mathbf{v} = (5, -12, 3)$; $\mathbf{v}_1 = (1, 2, 3)$, $\mathbf{v}_2 = (-4, 5, 6)$, $\mathbf{v}_3 = (7, -8, 9)$

14. P_2상에서 기저 $S = \{\mathbf{p}_1, \mathbf{p}_2, \mathbf{p}_3\}$에 대한 $\mathbf{p}$의 좌표벡터를 구하라.

    a. $\mathbf{p} = 4 - 3x + x^2$; $\mathbf{p}_1 = 1$, $\mathbf{p}_2 = x$, $\mathbf{p}_3 = x^2$

    b. $\mathbf{p} = 2 - x + x^2$; $\mathbf{p}_1 = 1 + x$, $\mathbf{p}_2 = 1 + x^2$, $\mathbf{p}_3 = x + x^2$

(15-16) 집합 $S = \{A_1, A_2, A_3, A_4\}$가 M_{22}의 기저임을 증명하고, S에 대한 A의 좌표벡터를 구하라.

15. $A_1 = \begin{bmatrix} 1 & 1 \\ 1 & 1 \end{bmatrix}, \quad A_2 = \begin{bmatrix} 0 & 1 \\ 1 & 1 \end{bmatrix}, \quad A_3 = \begin{bmatrix} 0 & 0 \\ 1 & 1 \end{bmatrix},$

$A_4 = \begin{bmatrix} 0 & 0 \\ 0 & 1 \end{bmatrix}; \quad A = \begin{bmatrix} 1 & 0 \\ 1 & 0 \end{bmatrix}$

16. $A_1 = \begin{bmatrix} 1 & 0 \\ 1 & 0 \end{bmatrix}, \quad A_2 = \begin{bmatrix} 1 & 1 \\ 0 & 0 \end{bmatrix}, \quad A_3 = \begin{bmatrix} 1 & 0 \\ 0 & 1 \end{bmatrix},$

$A_4 = \begin{bmatrix} 0 & 0 \\ 1 & 0 \end{bmatrix}; \quad A = \begin{bmatrix} 6 & 2 \\ 5 & 3 \end{bmatrix}$

(17-18) 집합 $S = \{\mathbf{p}_1, \mathbf{p}_2, \mathbf{p}_3\}$가 P_2의 기저임을 증명하고, S에 대한 $\mathbf{p}$의 좌표벡터를 구하라.

17. $\mathbf{p}_1 = 1 + x + x^2$, $\mathbf{p}_2 = x + x^2$, $\mathbf{p}_3 = x^2$;
$\mathbf{p} = 7 - x + 2x^2$

18. $\mathbf{p}_1 = 1 + 2x + x^2$, $\mathbf{p}_2 = 2 + 9x$, $\mathbf{p}_3 = 3 + 3x + 4x^2$;
$\mathbf{p} = 2 + 17x - 3x^2$

19. (a)-(d)의 벡터집합이 표시된 벡터공간의 기저가 되지 않는 이유를 말로 설명하라.

a. $\mathbf{u}_1 = (1, 2)$, $\mathbf{u}_2 = (0, 3)$, $\mathbf{u}_3 = (1, 5)$; R^2

b. $\mathbf{u}_1 = (-1, 3, 2)$, $\mathbf{u}_2 = (6, 1, 1)$; R^3

c. $\mathbf{p}_1 = 1 + x + x^2$, $\mathbf{p}_2 = x$; P_2

d. $A = \begin{bmatrix} 1 & 0 \\ 2 & 3 \end{bmatrix}, \quad B = \begin{bmatrix} 6 & 0 \\ -1 & 4 \end{bmatrix}, \quad C = \begin{bmatrix} 3 & 0 \\ 1 & 7 \end{bmatrix},$

$D = \begin{bmatrix} 5 & 0 \\ 4 & 2 \end{bmatrix}; \quad M_{22}$

20. 어떤 벡터공간에서도 영벡터를 포함하는 집합은 선형종속이다. 이유를 설명하라.

21. $T_A : R^3 \to R^3$을 A에 의한 곱이라고 하고, $\{\mathbf{e}_1, \mathbf{e}_2, \mathbf{e}_3\}$가 R^3에 대한 표준기저라고 하자. 집합 $\{T_A(\mathbf{e}_1), T_A(\mathbf{e}_2), T_A(\mathbf{e}_3)\}$이 R^2 상에서 선형독립인지 아닌지 판정하라.

a. $A = \begin{bmatrix} 1 & 1 & 1 \\ 0 & 1 & -3 \\ -1 & 2 & 0 \end{bmatrix}$ **b.** $A = \begin{bmatrix} 1 & 1 & 2 \\ 0 & 1 & 1 \\ -1 & 2 & 1 \end{bmatrix}$

22. $T_A : R^3 \to R^3$을 A에 의한 곱이라고 하고, $\mathbf{u} = (1, -2, -1)$이라 하자. R^3에 대한 기저 $S = \{(1, 1, 0), (0, 1, 1), (1, 1, 1)\}$에 대한 $T_A(\mathbf{u})$의 좌표벡터를 구하라.

23. 다음 그림은 단위기저벡터 $\mathbf{i}$와 $\mathbf{j}$에 의해 결정된 xy-직교좌표계와 $\mathbf{u}_1$, $\mathbf{u}_2$에 의해 결정된 기울어진 축(skewed axes)을 갖는 $x'y'$-좌표계를 나타낸다. 주어진 xy-좌표를 $x'y'$-좌표로 나타내라.

a. $(\sqrt{3}, 1)$ **b.** $(1, 0)$

c. $(0, 1)$ **d.** (a, b)

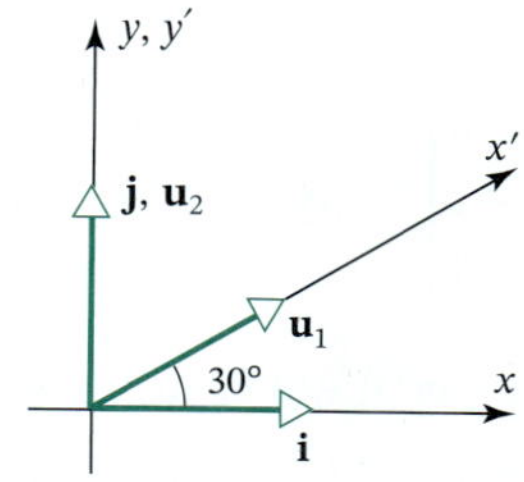

그림 Ex-23

24. 다음 그림은 xy-직교좌표계와 기울어진 축을 갖는 $x'y'$-좌표계를 나타낸다. 1단위의 눈금이 모든 축에 사용되었다고 가정하고 xy-좌표가 주어진 다음 점들의 $x'y'$-좌표를 구하라.

a. $(1, 1)$ **b.** $(1, 0)$

c. $(0, 1)$ **d.** (a, b)

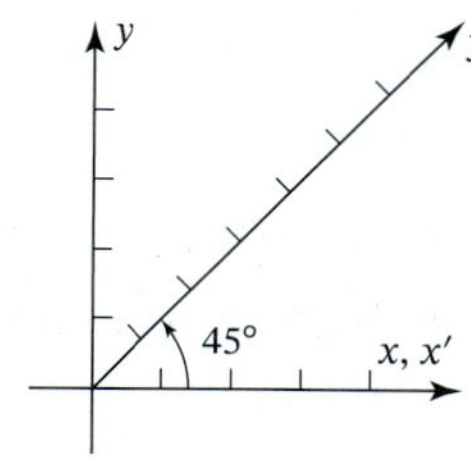

그림 Ex-24

25. 다음 다항식은 ***에르미트 다항식***[프랑스 수학자 샤를 에르미트(Charles Hermite, 1822–1901)의 이름에서 명명]의 첫 네 개이다.

$$1, \quad 2t, \quad -2 + 4t^2, \quad -12t + 8t^3$$

이 다항식은 물리학과 공학에서 다양하게 응용된다.

a. 이 네 개의 에르미트 다항식은 P_3의 기저임을 증명하라.

b. (a)의 기저집합을 B라고 하자. 다항식

$$\mathbf{p}(t) = -1 - 4t + 8t^2 + 8t^3$$

의 B에 대한 좌표벡터를 구하라.

26. 다음 다항식은 ***라게르 다항식***[프랑스 수학자 에드몽 라게르(Edmond Laguerre, 1834–1886)의 이름에서 명명]의 첫 네 개이다.

$$1, \quad 1 - t, \quad 2 - 4t + t^2, \quad 6 - 18t + 9t^2 - t^3$$

a. 이 네 개의 라게르 다항식은 P_3의 기저임을 증명하라.

b. (a)의 기저집합을 B라고 하자. 다항식

$$\mathbf{p}(t) = -10t + 9t^2 - t^3$$

의 B에 대한 좌표벡터를 구하라.

27. 다음 좌표벡터를 고려하자.

$$[\mathbf{w}]_S = \begin{bmatrix} 6 \\ -1 \\ 4 \end{bmatrix}, \quad [\mathbf{q}]_S = \begin{bmatrix} 3 \\ 0 \\ 4 \end{bmatrix}, \quad [B]_S = \begin{bmatrix} -8 \\ 7 \\ 6 \\ 3 \end{bmatrix}$$

a. S가 연습문제 2의 기저일 때 $\mathbf{w}$를 구하라.

b. S가 연습문제 3의 기저일 때 $\mathbf{q}$를 구하라.

c. S가 연습문제 5의 기저일 때 B를 구하라.

28. 예제 4에서 M_{22}에 대한 기저는 비가역행렬로 구성되어 있다. 가역행렬로만 구성된 M_{22}에 대한 기저가 존재하는가? 이유를 설명하라.

증명 문제

29. R^∞는 무한차원 벡터공간임을 증명하라.

30. $T_A : R^n \to R^n$을 가역행렬 A에 의한 곱이라 하고, $\{\mathbf{u}_1, \mathbf{u}_2, \cdots, \mathbf{u}_n\}$을 R^n의 기저라고 하자. $\{T_A(\mathbf{u}_1), T_A(\mathbf{u}_2), \cdots, T_A(\mathbf{u}_n)\}$ 또한 R^n의 기저임을 증명하라.

31. V가 벡터공간 W의 부분공간이고 V가 무한차원이라면, W 역시 무한차원임을 증명하라.

참-거짓 문제

TF. (a)-(e)가 참인지 거짓인지를 밝히고 그 이유를 설명하라.

a. 만약 $V = \text{span}\{\mathbf{v}_1, \cdots, \mathbf{v}_n\}$이면 $\{\mathbf{v}_1, \cdots, \mathbf{v}_n\}$은 V의 기저이다.

b. 벡터공간 V의 모든 선형독립 부분집합은 V의 기저이다.

c. 만약 $\{\mathbf{v}_1, \mathbf{v}_2, \cdots, \mathbf{v}_n\}$이 벡터공간 V의 기저이면 V의 모든 벡터는 $\mathbf{v}_1, \mathbf{v}_2, \cdots, \mathbf{v}_n$의 선형결합으로 나타낼 수 있다.

d. R^n의 표준기저에 대한 R^n의 벡터 $\mathbf{x}$의 좌표벡터는 $\mathbf{x}$이다.

e. P_4의 모든 기저는 3차 이하의 다항식을 적어도 하나 포함한다.

계산도구 문제

T1. V를 P_3의 부분공간이라 하고, 다음 벡터들에 의해 생성된다고 하자.

$$\mathbf{p}_1 = 1 + 5x - 3x^2 - 11x^3, \quad \mathbf{p}_2 = 7 + 4x - x^2 + 2x^3,$$
$$\mathbf{p}_3 = 5 + x + 9x^2 + 2x^3, \quad \mathbf{p}_4 = 3 - x + 7x^2 + 5x^3$$

a. V의 기저 S를 구하라.

b. (a)에서 구한 기저 S에 대하여 $\mathbf{p} = 19 + 18x - 13x^2 - 10x^3$의 좌표벡터를 구하라.

T2. V를 $C^\infty(-\infty, \infty)$의 부분공간이라 하고, 다음 벡터집합에 의해 생성된다고 하자.

$$B = \{1, \cos x, \cos^2 x, \cos^3 x, \cos^4 x, \cos^5 x\}$$

그리고 증명 없이 B를 V에 대한 기저라고 하자. 다음 벡터들이 V에 속하는 것을 확인하고, B에 대한 각 좌표벡터를 구하라.

$$\mathbf{f}_0 = 1, \quad \mathbf{f}_1 = \cos x, \quad \mathbf{f}_2 = \cos 2x, \quad \mathbf{f}_3 = \cos 3x,$$
$$\mathbf{f}_4 = \cos 4x, \quad \mathbf{f}_5 = \cos 5x$$

4.6 차원

앞 절에서 R^n의 표준기저는 n개의 벡터를 가진다는 것을 보였다. 따라서 R^3의 표준기저는 3개의 벡터를 가지고, R^2의 표준기저는 2개의 벡터를, R^1의 표준기저는 1개의 벡터를 가진다. 공간을 3차원, 평면을 2차원, 직선을 1차원이라고 말하기 때문에, 기저에서의 벡터의 개수와 벡터공간의 차원 사이에 연관이 있을 것 같다. 이 절에서는 이러한 생각을 발전시킬 것이다.

기저 안의 벡터의 개수

이 절에서 우리의 첫 번째 목표는 다음과 같은 기본 정리를 확립하는 것이다.

정리 4.6.1

유한차원 벡터공간의 모든 기저는 동일한 개수의 벡터를 갖는다.

이 정리를 증명하기 위해서는 다음과 같은 예비 결과가 필요하며, 이것의 증명은 이 절의 끝으로 미룬다.

정리 4.6.2

V가 유한차원 벡터공간이고, $\{\mathbf{v}_1, \mathbf{v}_2, \cdots, \mathbf{v}_n\}$을 임의의 기저라 하자.

(*a*) V에 있는 집합이 n개보다 많은 벡터를 갖는다면, 그 집합은 선형종속이다.

(*b*) V에 있는 집합이 n개보다 적은 벡터를 갖는다면, 그 집합은 V를 생성하지 못한다.

이제 정리 4.6.1이 참임을 쉽게 보일 수 있다. 만약

$$S = \{\mathbf{v}_1, \mathbf{v}_2, \cdots, \mathbf{v}_n\}$$

이 벡터공간 V의 *임의의* 기저라면, 정리 4.6.2로부터 n개보다 많은 벡터를 가진 V의 모든 집합은 선형종속이고, n개보다 적은 벡터를 가진 V의 모든 집합은 V를 생성하지 못한다. 따라서 V의 집합이 정확히 n개의 벡터를 가지지 않는 한 기저가 될 수 없다.

이 절의 서론에서 친숙한 벡터공간에 관한 직관적인 차원은 기저의 벡터 개수와 일치함을 언급하였다. 다음의 정의는 이러한 생각을 정확하게 한다.

정의 1

유한차원 벡터공간 V의 ***차원***(dimension)은 $\dim(V)$로 표기하고, V의 기저 내 벡터들의 개수로 정의한다. 또한 영벡터공간은 0차원을 갖는 것으로 정의한다.

종종 공학자들은 차원의 동의어로 ***자유도***(degrees of freedom)란 용어를 사용한다.

예제 1 | 몇 가지 친숙한 벡터공간의 차원

$\dim(R^n) = n$ [표준기저는 n개의 벡터를 갖는다.]

$\dim(P_n) = n + 1$ **[표준기저는 $\boldsymbol{n+1}$개의 벡터를 갖는다.]**

$\dim(M_{mn}) = mn$ **[표준기저는 $\boldsymbol{mn}$개의 벡터를 갖는다.]**

예제 2 | span(S)의 차원

$S = \{\mathbf{v}_1, \mathbf{v}_2, \cdots, \mathbf{v}_r\}$이면 span($S$)의 모든 벡터는 S에 있는 벡터들의 선형결합으로 나타낼 수 있다. 따라서 S의 벡터가 *선형독립*이면, 자동으로 span(S)의 기저 형태이고, 다음과 같이 나타난다.

$$\dim\left[\text{span}\{\mathbf{v}_1, \mathbf{v}_2, \ldots, \mathbf{v}_r\}\right] = r$$

즉, 벡터의 선형독립집합에 의해 생성된 공간의 차원은 그 집합 내의 벡터의 개수와 일치한다.

예제 3 | 해공간의 차원

다음 동차 연립일차방정식의 해공간의 기저와 차원을 구하라.

$$\begin{aligned} x_1 + 3x_2 - 2x_3 \qquad\quad + 2x_5 \qquad\quad &= 0 \\ 2x_1 + 6x_2 - 5x_3 - 2x_4 + 4x_5 - 3x_6 &= 0 \\ 5x_3 + 10x_4 \qquad\quad + 15x_6 &= 0 \\ 2x_1 + 6x_2 \qquad\quad + 8x_4 + 4x_5 + 18x_6 &= 0 \end{aligned}$$

풀이 1.2절의 예제 6에서 주어진 연립방정식의 일반해는

$$x_1 = -3r - 4s - 2t, \quad x_2 = r, \quad x_3 = -2s, \quad x_4 = s, \quad x_5 = t, \quad x_6 = 0$$

임을 밝혔다. 벡터 형태로는

$$(x_1, x_2, x_3, x_4, x_5, x_6) = (-3r - 4s - 2t, r, -2s, s, t, 0)$$

또는

$$(x_1, x_2, x_3, x_4, x_5, x_6) = r(-3, 1, 0, 0, 0, 0) + s(-4, 0, -2, 1, 0, 0) + t(-2, 0, 0, 0, 1, 0)$$

로 쓸 수 있다. 이것은 벡터

$$\mathbf{v}_1 = (-3, 1, 0, 0, 0, 0), \quad \mathbf{v}_2 = (-4, 0, -2, 1, 0, 0), \quad \mathbf{v}_3 = (-2, 0, 0, 0, 1, 0)$$

이 해공간을 생성함을 의미한다. 또한 이 벡터들 중 어느 것도 다른 벡터들의 선형결합이 아니라는 것을 보여 줌으로써 이들 벡터가 선형독립임을 확인해 보자. (아래의 참고를 보라.) 따라서 해공간은 3차원이다.

참고 이 예제의 방법으로 *항상* 연립방정식의 해공간의 기저를 찾아낼 수 있다. 정식 증명은 생략한다.

몇 가지 기본 정리

이 절의 나머지 부분에서는 선형독립, 기저, 차원의 개념 사이의 미묘한 상호관계를 드러내는 일련의 정리를 다루기로 한다. 이들 정리는 단순히 수학이론의 연습문제가 아니다. 이들은 벡터공간의 이해와 벡터공간의 토대 위에서 이루어지는 응용에 필수적이다.

첫 번째 정리(이 절의 끝부분에서 증명된다)는 만약 한 벡터가 주어진 공집합이 아닌 벡터집합에 더해지거나 제거된다면, 선형독립과 생성에 어떤 영향을 미치는가에 관련

된다. 대략적으로 선형독립집합 S에 시작하여 S 내의 다른 벡터들의 선형결합이 아닌 하나의 벡터를 첨가하면 이 확장된 집합은 여전히 선형독립이다. 또한 두 개 이상의 벡터로 이루어진 집합 S에서 벡터 중 하나가 다른 벡터들의 선형결합이면, 이 벡터를 S에서 제거하여도 span(S)에 영향을 미치지 않는다(**그림 4.6.1**).

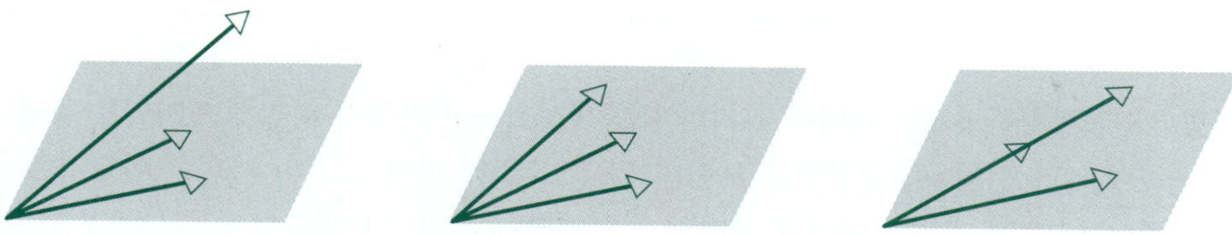

평면 외부의 벡터는 선형독립성에 영향을 주지 않고 다른 두 개의 벡터와 결합될 수 있다.

세 벡터 중 임의의 하나는 제거될 수 있고 나머지 두 벡터는 여전히 평면을 생성한다.

일직선상의 벡터 중 어느 하나는 제거될 수 있고 나머지 두 벡터는 여전히 평면을 생성한다.

그림 4.6.1

정리 4.6.3

더하기/빼기 정리

S를 벡터공간 V의 공집합이 아닌 벡터집합이라 하자.

(*a*) S가 선형독립이고, $\mathbf{v}$가 span(S)에 속하지 않는 V의 벡터이면, $\mathbf{v}$를 S에 추가하여 얻어진 집합 $S \cup \{\mathbf{v}\}$ 또한 선형독립이다.

(*b*) $\mathbf{v}$가 S에 속하는 벡터로서 S에 속하는 나머지 벡터의 선형결합으로 표시될 수 있고, $S - \{\mathbf{v}\}$가 $\mathbf{v}$를 S에서 제거해서 얻어진 집합을 나타내면, S와 $S - \{\mathbf{v}\}$는 같은 공간을 생성한다. 즉

$$\text{span}(S) = \text{span}(S - \{\mathbf{v}\})$$

이다.

예제 4 | 더하기/빼기 정리 적용

$\mathbf{p}_1 = 1 - x^2$, $\mathbf{p}_2 = 2 - x^2$, $\mathbf{p}_3 = x^3$이 선형독립 벡터임을 보여라.

풀이 집합 $S = \{\mathbf{p}_1, \mathbf{p}_2\}$는 선형독립이다. S 내의 벡터들은 다른 벡터의 스칼라곱이 아니기 때문이다. 벡터 $\mathbf{p}_3$는 S 내의 벡터들의 선형결합으로 표시될 수 없으므로(왜 그럴까?) S에 $\mathbf{p}_3$를 첨가하여 선형독립집합을 만들 수 있다.

$$S \cup \{\mathbf{p}_3\} = \{\mathbf{p}_1, \mathbf{p}_2, \mathbf{p}_3\}$$

일반적으로 벡터집합 $\{\mathbf{v}_1, \mathbf{v}_2, \cdots, \mathbf{v}_n\}$이 벡터공간 V의 기저임을 보이려면, 이들 벡터가 선형독립이고 V를 생성함을 보여야 한다. 그러므로 만약 V가 n차원임을 미리 알게 된 경우에는 선형독립 또는 생성 중 어느 하나만 확인하면 충분하다. 나머지 조건은 자동적으로 성립한다. 이것이 다음 정리의 내용이다.

정리 4.6.4

V가 n차원 벡터공간이고 S가 정확히 n개의 벡터를 갖는 V의 집합이라 하자. S가 V의 기저일 필요충분조건은 S가 V를 생성하든지 또는 S가 선형독립인 것이다.

증명 S가 정확히 n개의 벡터를 가지며 V를 생성한다고 가정하자. S가 기저임을 증명하기 위하여, S가 선형독립집합임을 보이면 된다. 그런데 만약 그것이 사실이 아니라면, S에 속하는 어떤 벡터 $\mathbf{v}$는 나머지 벡터의 선형결합이 된다. 이 벡터를 S에서 제거할지라도 정리 4.6.3(b)로부터 나머지 $n - 1$개의 벡터집합은 역시 V를 생성한다. 그러나 정리 4.6.2(b)로부터 n보다 작은 벡터를 갖는 집합은 n차원 벡터공간을 생성할 수 없으므로 이것은 불가능하다. 따라서 S는 선형독립이다.

S가 정확히 n개 벡터를 가지며 선형독립집합이라 가정하자. S가 기저임을 증명하려면 S가 V를 생성함을 보이면 된다. 그런데 만약에 S가 V를 생성하지 않는다면 span(S)에 속하지 않는 V의 어떤 벡터 $\mathbf{v}$가 존재한다. 이 벡터를 S에 추가해도 정리 4.6.3(a)로부터 $n + 1$개의 벡터를 갖는 이 집합 역시 선형독립이다. 그러나 정리 4.6.2(a)로부터 n차원 벡터공간에 있어서 n개 이상의 벡터를 갖는 집합은 선형독립이 될 수 없기 때문에 이것은 불가능하다. 그러므로 S는 V를 생성한다. ■

예제 5 | 기저 여부 점검

(a) 왜 $\mathbf{v}_1 = (-3, 7)$, $\mathbf{v}_2 = (5, 5)$가 R^2의 기저를 이루는지를 설명하라.
(b) 왜 $\mathbf{v}_1 = (2, 0, -1)$, $\mathbf{v}_2 = (4, 0, 7)$, $\mathbf{v}_3 = (-1, 1, 4)$가 R^3의 기저를 이루는지를 설명하라.

풀이 (a) 이들 벡터의 어느 하나도 나머지 벡터의 스칼라배가 아니기 때문에 이들 두 벡터는 2차원 공간 R^2에 선형독립집합을 이룬다. 따라서 정리 4.6.4에 의하여 기저를 이룬다.
풀이 (b) 벡터 $\mathbf{v}_1$와 $\mathbf{v}_2$는 xz-평면에서 선형독립집합을 이룬다(왜 그럴까?). 벡터 $\mathbf{v}_3$는 xz-평면에 있지 않기 때문에 집합 $\{\mathbf{v}_1, \mathbf{v}_2, \mathbf{v}_3\}$는 또한 선형독립이다. R^3은 3차원이므로 정리 4.6.4에 의하여 $\{\mathbf{v}_1, \mathbf{v}_2, \mathbf{v}_3\}$는 R^3의 기저이다.

다음 정리(증명은 이 절의 끝에서 다룬다)는 유한차원 벡터공간 V에서 벡터에 관한 두 가지 중요한 사실을 보여 준다.

1. 어떤 부분공간을 생성하는 집합은 그 부분공간의 기저이거나 아니면 기저를 부분집합으로 포함하고 있다.
2. 부분공간 내의 모든 선형독립집합은 그 부분공간의 기저이거나 아니면 그 부분공간의 기저로 확장될 수 있다.

정리 4.6.5

S를 유한차원 벡터공간 V의 유한벡터집합이라 하자.

(a) S가 V를 생성하나 V의 기저가 아니면, S에서 적당한 벡터를 제거하여 V의 기저로 축소할 수 있다.

(b) S가 선형독립집합이지만 V의 기저가 아니면, S에 V의 적당한 벡터를 추가하여 V의 기저로 확장할 수 있다.

다음 정리는 벡터공간의 차원과 그 벡터공간의 부분공간의 차원 사이의 관계를 말해 준다.

정리 4.6.6

W가 유한차원 벡터공간 V의 부분공간이면,

(a) W는 유한차원이다.

(b) $\dim(W) \le \dim(V)$이다.

(c) $W = V$일 필요충분조건은 $\dim(W) = \dim(V)$이다.

증명 (a) 이 부분의 증명은 연습문제로 남긴다.

증명 (b) (a)에서 W는 유한차원이므로 기저

$$S = \{\mathbf{w}_1, \mathbf{w}_2, \ldots, \mathbf{w}_m\}$$

을 갖는다. S는 V의 기저이든가 또는 V의 기저가 아니다. 만약 S가 V의 기저이면, $\dim(V) = m$이다. 이 경우 $\dim(V) = \dim(W)$을 의미한다. 만약 S가 V의 기저가 아니면, 정리 4.6.5(b)에 의하여 선형독립집합 S에 벡터를 추가하여 S가 V의 기저로 되게 할 수 있다. 그러므로 $\dim(W) < \dim(V)$이다. 따라서 어느 경우에서든 $\dim(W) \le \dim(V)$가 성립한다.

증명 (c) $\dim(V) = \dim(W)$이고

$$S = \{\mathbf{w}_1, \mathbf{w}_2, \ldots, \mathbf{w}_m\}$$

이 W의 기저라고 가정하자. 만약 S가 V의 기저가 아니면, 선형독립집합 S는 정리 4.6.5(b)에 의하여 V의 기저로 확장될 수 있다. 이것은 $\dim(V) > \dim(W)$을 의미하며, 가정에서 모순이 된다. 그러므로 S는 V의 기저이고, 이것은 $W = V$를 의미한다. 역도 성립한다. ■

그림 4.6.2는 차원이 증가함에 따른 R^3의 부분공간 사이의 기하학적 관계를 보여 준다.

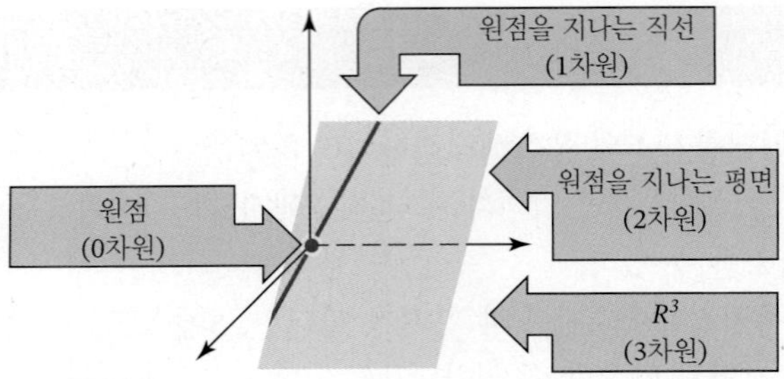

그림 4.6.2

선택사항: 정리 4.6.2, 4.6.3, 4.6.5의 추가 증명으로 이 절을 마친다.

정리 4.6.2(a)의 증명 $S' = \{\mathbf{w}_1, \mathbf{w}_2, \cdots, \mathbf{w}_m\}$이 V 내의 m개 벡터의 집합이라 하자. 여기서 $m > n$이다. S'이 선형종속임을 보이자. $S = \{\mathbf{v}_1, \mathbf{v}_2, \cdots, \mathbf{v}_n\}$이 기저이므로, 각 $\mathbf{w}_i$는 S 내 벡터들의 선형결합으로 표시할 수 있다. 즉,

$$\begin{aligned} \mathbf{w}_1 &= a_{11}\mathbf{v}_1 + a_{21}\mathbf{v}_2 + \cdots + a_{n1}\mathbf{v}_n \\ \mathbf{w}_2 &= a_{12}\mathbf{v}_1 + a_{22}\mathbf{v}_2 + \cdots + a_{n2}\mathbf{v}_n \\ &\ \vdots \\ \mathbf{w}_m &= a_{1m}\mathbf{v}_1 + a_{2m}\mathbf{v}_2 + \cdots + a_{nm}\mathbf{v}_n \end{aligned} \tag{1}$$

S'이 선형종속임을 보이기 위해

$$k_1\mathbf{w}_1 + k_2\mathbf{w}_2 + \cdots + k_m\mathbf{w}_m = \mathbf{0} \tag{2}$$

을 만족하는 모두 영(zero)은 아닌 스칼라 $k_1, k_2, \cdots, k_m$을 찾아야 한다. (1)의 방정식을 분할된 형태

$$[\mathbf{w}_1 \mid \mathbf{w}_2 \mid \cdots \mid \mathbf{w}_m] = [\mathbf{v}_1 \mid \mathbf{v}_2 \mid \cdots \mid \mathbf{v}_n]\begin{bmatrix} a_{11} & a_{21} & \cdots & a_{m1} \\ a_{12} & a_{22} & \cdots & a_{m2} \\ \vdots & \vdots & & \vdots \\ a_{1n} & a_{2n} & \cdots & a_{mn} \end{bmatrix} \tag{3}$$

로 다시 쓸 수 있다. 확인은 독자에게 남긴다. $m > n$이므로 선형시스템

$$\begin{bmatrix} a_{11} & a_{21} & \cdots & a_{m1} \\ a_{12} & a_{22} & \cdots & a_{m2} \\ \vdots & \vdots & & \vdots \\ a_{1n} & a_{2n} & \cdots & a_{mn} \end{bmatrix}\begin{bmatrix} x_1 \\ x_2 \\ \vdots \\ x_m \end{bmatrix} = \begin{bmatrix} 0 \\ 0 \\ \vdots \\ 0 \end{bmatrix} \tag{4}$$

은 미지수보다 많은 방정식을 가지므로 비자명해

$$x_1 = k_1, \quad x_2 = k_2, \ldots, \quad x_m = k_m$$

을 갖는다. 이 비자명해로부터 열벡터를 만들고, 식 (3)의 양쪽에 이 벡터를 곱하면

$$[\mathbf{w}_1 \mid \mathbf{w}_2 \mid \cdots \mid \mathbf{w}_m]\begin{bmatrix} k_1 \\ k_2 \\ \vdots \\ k_m \end{bmatrix} = [\mathbf{v}_1 \mid \mathbf{v}_2 \mid \cdots \mid \mathbf{v}_n]\begin{bmatrix} a_{11} & a_{21} & \cdots & a_{m1} \\ a_{12} & a_{22} & \cdots & a_{m2} \\ \vdots & \vdots & & \vdots \\ a_{1n} & a_{2n} & \cdots & a_{mn} \end{bmatrix}\begin{bmatrix} k_1 \\ k_2 \\ \vdots \\ k_m \end{bmatrix}$$

이 된다. (4)에 의해 위 식은 다음과 같이 단순화할 수 있고

$$[\mathbf{w}_1 \mid \mathbf{w}_2 \mid \cdots \mid \mathbf{w}_m]\begin{bmatrix} k_1 \\ k_2 \\ \vdots \\ k_m \end{bmatrix} = \begin{bmatrix} 0 \\ 0 \\ \vdots \\ 0 \end{bmatrix}$$

다음과 같이 다시 쓸 수 있다.

$$k_1\mathbf{w}_1 + k_2\mathbf{w}_2 + \cdots + k_m\mathbf{w}_m = \mathbf{0}$$

이 방정식의 스칼라 계수가 모두 0은 아니기 때문에 $S' = \{\mathbf{w}_1, \mathbf{w}_2, \cdots, \mathbf{w}_m\}$은 선형종속이다. ■

정리 4.6.2(b)의 증명은 정리 4.6.2(a)의 증명과 거의 유사하므로 생략한다.

정리 4.6.3(a)의 증명 $S = \{\mathbf{v}_1, \mathbf{v}_2, \cdots, \mathbf{v}_r\}$을 V에 속하는 벡터의 선형독립집합이라 하고, $\mathbf{v}$를 span(S)에 속하지 않은 V의 벡터라 하자. $S' = \{\mathbf{v}_1, \mathbf{v}_2, \cdots, \mathbf{v}_r, \mathbf{v}\}$가 선형독립집합임을 밝히려면

$$k_1\mathbf{v}_1 + k_2\mathbf{v}_2 + \cdots + k_r\mathbf{v}_r + k_{r+1}\mathbf{v} = \mathbf{0} \tag{5}$$

을 만족하는 스칼라는 오직 $k_1 = k_2 = \cdots = k_r = k_{r+1} = 0$임을 밝히면 된다. 그런데 $k_{r+1} = 0$이어야 한다. 그렇지 않으면 (5)를 $\mathbf{v}$에 대한 $\mathbf{v}_1, \mathbf{v}_2, \cdots, \mathbf{v}_r$의 선형결합으로 쓸 수 있고, 이것은 $\mathbf{v}$가 span(S)에 있지 않다는 가정에 모순되기 때문이다. 따라서 식 (5)는 간단히

$$k_1\mathbf{v}_1 + k_2\mathbf{v}_2 + \cdots + k_r\mathbf{v}_r = \mathbf{0} \tag{6}$$

으로 되고, $\{\mathbf{v}_1, \mathbf{v}_2, \cdots, \mathbf{v}_r\}$의 선형독립성에 의하여

$$k_1 = k_2 = \cdots = k_r = 0$$

임을 뜻한다.

정리 4.6.3(b)의 증명 $S = \{\mathbf{v}_1, \mathbf{v}_2, \cdots, \mathbf{v}_r\}$을 V에 속하는 벡터집합이라 하고, 특별히 $\mathbf{v}_r$이 $\mathbf{v}_1, \mathbf{v}_2, \cdots, \mathbf{v}_{r-1}$의 선형결합이라 가정하자. 즉,

$$\mathbf{v}_r = c_1\mathbf{v}_1 + c_2\mathbf{v}_2 + \cdots + c_{r-1}\mathbf{v}_{r-1} \tag{7}$$

이다. 이제 $\mathbf{v}_r$을 S에서 제거하면, 나머지 벡터의 집합 $\{\mathbf{v}_1, \mathbf{v}_2, \cdots, \mathbf{v}_{r-1}\}$은 역시 span($S$)를 생성함을 보이자. 이는 span($S$)에 속하는 모든 벡터 $\mathbf{w}$가 $\{\mathbf{v}_1, \mathbf{v}_2, \cdots, \mathbf{v}_{r-1}\}$의 선형결합으로 표현될 수 있음을 보이면 된다. 그런데 $\mathbf{w}$가 span(S)에 속하면 $\mathbf{w}$는

$$\mathbf{w} = k_1\mathbf{v}_1 + k_2\mathbf{v}_2 + \cdots + k_{r-1}\mathbf{v}_{r-1} + k_r\mathbf{v}_r$$

로 표현될 수 있다. 여기에 (7)을 대입하면

$$\mathbf{w} = k_1\mathbf{v}_1 + k_2\mathbf{v}_2 + \cdots + k_{r-1}\mathbf{v}_{r-1} + k_r(c_1\mathbf{v}_1 + c_2\mathbf{v}_2 + \cdots + c_{r-1}\mathbf{v}_{r-1})$$

로 되는데, 이것은 $\mathbf{w}$가 $\mathbf{v}_1, \mathbf{v}_2, \cdots, \mathbf{v}_{r-1}$의 선형결합으로 표현됨을 말해 준다.

정리 4.6.5(a)의 증명 S가 V를 생성하는 벡터집합이지만 V의 기저가 아니라면 S는 선형종속집합이다. 따라서 S에 속하는 어떤 벡터 $\mathbf{v}$는 S에 속하는 나머지 벡터의 선형결합으로 표현될 수 있다. 더하기/빼기 정리(4.6.3b)에 의해 S에서 $\mathbf{v}$를 제거할 수 있고, 제거

된 결과의 집합 S'은 역시 V를 생성한다. 만일 S'이 선형독립이면 S'은 V의 기저이고 따라서 증명은 끝난다. 그런데 만일 S'이 선형종속이면 어떤 적당한 벡터를 S'에서 제거하여 역시 V를 생성하는 집합 S''을 구할 수 있다. 이와 같은 방법으로 벡터를 계속 제거해 가면 결국에는 선형독립이면서 V를 생성하는 S의 부분집합에 도달한다. 이와 같은 S의 부분집합이 V의 기저이다.

정리 4.6.5(b)의 증명 $\dim(V) = n$이라 가정하자. 만약 S가 V의 기저가 아닌 선형독립 집합이라면 S는 V를 생성할 수 없고, $\text{span}(S)$에 속하지 않는 V의 어떤 벡터 $\mathbf{v}$가 존재한다. 더하기/빼기 정리(4.6.3*a*)에 의하면, $\mathbf{v}$를 S에 추가한 결과의 집합 S'은 역시 선형독립이다. 만일 S'이 V를 생성하지 않으면 적당한 벡터를 S'에 추가하여, 역시 선형독립이 되는 S''을 구할 수 있다. 이와 같은 방법으로 계속 벡터를 추가해 가면 결국 V의 n개의 선형독립 벡터를 갖는 집합을 얻게 된다. 이 집합이 곧 정리 4.6.4에 의하여 V의 기저가 된다. ■

연습문제 4.6

(1-6) 다음 동차 연립방정식계의 해공간의 기저와 차원을 구하라.

1. $\begin{aligned} x_1 + x_2 - x_3 &= 0 \\ -2x_1 - x_2 + 2x_3 &= 0 \\ -x_1 + x_3 &= 0 \end{aligned}$

2. $\begin{aligned} 3x_1 + x_2 + x_3 + x_4 &= 0 \\ 5x_1 - x_2 + x_3 - x_4 &= 0 \end{aligned}$

3. $\begin{aligned} 2x_1 + x_2 + 3x_3 &= 0 \\ x_1 + 5x_3 &= 0 \\ x_2 + x_3 &= 0 \end{aligned}$

4. $\begin{aligned} x_1 - 4x_2 + 3x_3 - x_4 &= 0 \\ 2x_1 - 8x_2 + 6x_3 - 2x_4 &= 0 \end{aligned}$

5. $\begin{aligned} x_1 - 3x_2 + x_3 &= 0 \\ 2x_1 - 6x_2 + 2x_3 &= 0 \\ 3x_1 - 9x_2 + 3x_3 &= 0 \end{aligned}$

6. $\begin{aligned} x + y + z &= 0 \\ 3x + 2y - 2z &= 0 \\ 4x + 3y - z &= 0 \\ 6x + 5y + z &= 0 \end{aligned}$

7. 다음 R^3의 부분공간의 기저와 차원을 구하라.

a. 평면 $3x - 2y + 5z = 0$

b. 평면 $x - y = 0$

c. 직선 $x = 2t, y = -t, z = 4t$

d. (a, b, c) 형태의 모든 벡터, 여기서 $b = a + c$

8. R^4의 부분공간에 대한 기저와 차원을 구하라.

a. $(a, b, c, 0)$ 형태의 모든 벡터

b. (a, b, c, d) 형태의 모든 벡터, 여기서 $d = a + b, c = a - b$

c. (a, b, c, d) 형태의 모든 벡터, 여기서 $a = b = c = d$

9. 다음 벡터공간의 차원을 구하라.

a. $n \times n$ 대각행렬의 벡터공간

b. $n \times n$ 대칭행렬의 벡터공간

c. $n \times n$ 상삼각행렬의 벡터공간

10. 다항식 $a_0 + a_1x + a_2x^2 + a_3x^3$으로 이루어진 P_3의 부분공간의 차원을 구하라. 단, $a_0 = 0$.

11. a. $p(1) = 0$인 P_2의 모든 다항식의 집합 W가 P_2의 부분공간임을 보여라.

b. W의 차원을 추측하라.

c. W의 기저를 찾아서 추측을 확인하라.

12. 다음 집합 $\{\mathbf{v}_1, \mathbf{v}_2\}$에 첨가하여 R^3의 기저가 되는 표준단위벡터를 구하라.

a. $\mathbf{v}_1 = (-1, 2, 3), \mathbf{v}_2 = (1, -2, -2)$

b. $\mathbf{v}_1 = (1, -1, 0), \mathbf{v}_2 = (3, 1, -2)$

13. 다음 집합 $\{\mathbf{v}_1, \mathbf{v}_2\}$에 첨가하여 R^4의 기저가 되는 표준단위벡터를 구하라.

$$\mathbf{v}_1 = (1, -4, 2, -3), \quad \mathbf{v}_2 = (-3, 8, -4, 6)$$

14. $\{\mathbf{v}_1, \mathbf{v}_2, \mathbf{v}_3\}$를 벡터공간 V의 기저라 하자. $\{\mathbf{u}_1, \mathbf{u}_2, \mathbf{u}_3\}$도 또한 기저임을 보여라. 단, $\mathbf{u}_1 = \mathbf{v}_1$, $\mathbf{u}_2 = \mathbf{v}_1 + \mathbf{v}_2$, $\mathbf{u}_3 = \mathbf{v}_1 + \mathbf{v}_2 + \mathbf{v}_3$이다.

15. 벡터 $\mathbf{v}_1 = (1, -2, 3)$, $\mathbf{v}_2 = (0, 5, -3)$은 선형독립이다. $\{\mathbf{v}_1, \mathbf{v}_2\}$를 R^3의 기저로 확장하라.

16. 벡터 $\mathbf{v}_1 = (1, 0, 0, 0)$, $\mathbf{v}_2 = (1, 1, 0, 0)$은 선형독립이다. $\{\mathbf{v}_1, \mathbf{v}_2\}$를 R^4의 기저로 확장하라.

17. 다음 벡터에 의해 생성되는 R^3의 부분공간의 기저를 구하라.

$$\mathbf{v}_1 = (1,0,0),\ \mathbf{v}_2 = (1,0,1),\ \mathbf{v}_3 = (2,0,1),\ \mathbf{v}_4 = (0,0,-1)$$

18. 다음 벡터에 의해 생성되는 R^4의 부분공간의 기저를 구하라.

$$\mathbf{v}_1 = (1,1,1,1),\quad \mathbf{v}_2 = (2,2,2,0),\quad \mathbf{v}_3 = (0,0,0,3),\quad \mathbf{v}_4 = (3,3,3,4)$$

19. $T_A : R^3 \to R^3$이 A의 곱일 때 $T_A(\mathbf{x}) = \mathbf{0}$인 모든 벡터 $\mathbf{x}$로 구성된 R^3의 부분공간의 차원을 구하라.

a. $A = \begin{bmatrix} 1 & 1 & 0 \\ 1 & 0 & 1 \\ 1 & 0 & 1 \end{bmatrix}$ **b.** $A = \begin{bmatrix} 1 & 2 & 0 \\ 1 & 2 & 0 \\ 1 & 2 & 0 \end{bmatrix}$

c. $A = \begin{bmatrix} 1 & 0 & 0 \\ -1 & 1 & 0 \\ 1 & 1 & 1 \end{bmatrix}$

20. T_A가 A의 곱일 때 $T_A(\mathbf{x}) = \mathbf{0}$인 모든 벡터 $\mathbf{x}$로 구성된 부분공간 R^4의 차원을 구하라.

a. $A = \begin{bmatrix} 1 & 0 & 2 & -1 \\ -1 & 4 & 0 & 0 \end{bmatrix}$

b. $A = \begin{bmatrix} 0 & 0 & 1 & 1 \\ -1 & 1 & 0 & 0 \\ 1 & 0 & 0 & 1 \end{bmatrix}$

증명 문제

21. a. 모든 양의 정수 n에 대해 $F(-\infty, \infty)$에서 $n + 1$개의 선형독립 벡터를 찾을 수 있음을 증명하라. [*힌트*: 다항식을 찾아라.]

b. (a)의 결과를 사용하여 $F(-\infty, \infty)$가 무한차원임을 증명하라.

c. $C(-\infty, \infty)$, $C^m(-\infty, \infty)$ 및 $C^\infty(-\infty, \infty)$가 무한차원임을 증명하라.

22. S를 n차원 벡터공간 V의 기저라 하자. $\mathbf{v}_1, \mathbf{v}_2, \cdots, \mathbf{v}_r$이 V에서 선형독립집합을 이루면 좌표벡터 $(\mathbf{v}_1)_S, (\mathbf{v}_2)_S, \cdots, (\mathbf{v}_r)_S$는 R^n에서 선형독립집합을 이룸을 증명하라. 그리고 반대도 성립함을 보여라.

23. $S = \{\mathbf{v}_1, \mathbf{v}_2, \cdots, \mathbf{v}_r\}$를 n차원 벡터공간 V에 있는 공집합이 아닌 벡터집합이라 하자. S에 있는 벡터가 V를 생성하면 좌표벡터 $(\mathbf{v}_1)_S, (\mathbf{v}_2)_S, \cdots, (\mathbf{v}_r)_S$는 R^n을 생성함을 증명하라. 그리고 반대도 성립함을 보여라.

24. 정리 4.6.6(a)를 증명하라.

25. 다음을 증명하라: 유한차원 벡터공간의 부분공간은 유한차원이다.

26. 정리 4.6.2의 두 부분을 대우명제 형태로 표현하라.

27. S를 P_2의 표준기저라 하자. 연습문제 22와 23에서 입증된 결과를 사용하여 주어진 벡터에 의해 생성되는 P_2의 부분공간의 기저를 구하라.

a. $-1 + x - 2x^2$, $3 + 3x + 6x^2$, 9

b. $1 + x$, x^2, $2 + 2x + 3x^2$

c. $1 + x - 3x^2$, $2 + 2x - 6x^2$, $3 + 3x - 9x^2$

참-거짓 문제

TF. **(a)-(k)**가 참인지 거짓인지를 밝히고 그 이유를 설명하라.

a. 영벡터공간의 차원은 0이다.

b. R^{17}에는 17개의 선형독립인 벡터들의 집합이 존재한다.

c. R^{17}을 생성하는 11개의 벡터들의 집합이 있다.

d. R^5에 있는 5개의 벡터로 이루어진 모든 선형독립집합은 R^5의 기저이다.

e. R^5을 생성하는 모든 벡터집합은 R^5의 기저이다.

f. R^n을 생성하는 모든 벡터집합은 R^n의 기저를 포함한다.

g. R^n 내의 모든 선형독립집합은 R^n의 어떤 기저에 포함된다.

h. 가역행렬로 이루어진 M_{22}의 기저가 존재한다.

i. A가 $n \times n$ 행렬이고 $I_n, A, A^2, \cdots, A^{n^2}$이 서로 다른 행렬이면, $\{I_n, A, A^2, \cdots, A^{n^2}\}$은 선형종속이다.

j. P_2의 서로 다른 3차원 부분공간이 적어도 2개 존재한다.

k. P_2의 서로 다른 2차원 부분공간은 오직 3개 존재한다.

계산도구 문제

T1. 계산도구를 사용하여 R^n의 벡터들에 의해 생성되는 부분공간의 차원을 결정하기 위한 세 가지 다른 절차를 고안한 다음, 각 절차를 사용하여 다음 벡터에 의해 생성된 R^5의 부분공간의 차원을 구하라.

$$\mathbf{v}_1 = (2,2,-1,0,1),\quad \mathbf{v}_2 = (-1,-1,2,-3,1),$$
$$\mathbf{v}_3 = (1,1,-2,0,-1),\quad \mathbf{v}_4 = (0,0,1,1,1)$$

T2. 상단에서 시작하여 이전 행의 선형결합인 행들을 연속적으로 제거하여 A의 행공간의 기저를 구하라.

$$A = \begin{bmatrix} 3.4 & 2.2 & 1.0 & -1.8 \\ 2.1 & 3.6 & 4.0 & -3.4 \\ 8.9 & 8.0 & 6.0 & 7.0 \\ 7.6 & 9.4 & 9.0 & -8.6 \\ 1.0 & 2.2 & 0.0 & 2.2 \end{bmatrix}$$

4.7 기저의 변경

하나의 문제에 적합한 기저가 다른 문제에 적합하지 않을 수 있으므로 벡터공간 연구에 있어서 하나의 기저를 다른 기저로 변경하는 것이 공통된 과정이다. 기저는 벡터공간에서 좌표계의 일반화이기 때문에 기저를 변경하는 것은 R^2, R^3에서 좌표축을 변경하는 것과 유사하다. 이 절에서는 기저의 변경과 관련된 여러 가지 문제를 다룬다.

좌표사상

$S = \{\mathbf{v}_1, \mathbf{v}_2, \cdots, \mathbf{v}_n\}$이 유한차원 벡터공간 V의 기저이고

$$(\mathbf{v})_S = (c_1, c_2, \ldots, c_n)$$

이 S에 대한 $\mathbf{v}$의 좌표벡터이면, 그림 4.5.6에서 보는 바와 같이 사상

$$\mathbf{v} \to (\mathbf{v})_S \tag{1}$$

는 *일반* 벡터공간 V에 있는 벡터와 *유클리드* 벡터공간 R^n에 있는 벡터 사이의 관계(일대일 대응)를 생성한다. 식 (1)을 V에서 R^n으로의 ***좌표사상***(coordinate map)이라 한다. 이 절에서는 편의상 좌표벡터를 다음과 같이 $n \times 1$ 행렬 형태로 표현한다.

$$[\mathbf{v}]_S = \begin{bmatrix} c_1 \\ c_2 \\ \vdots \\ c_n \end{bmatrix} \tag{2}$$

여기서 대괄호([ ])는 행렬을 나타낸다(**그림 4.7.1**).

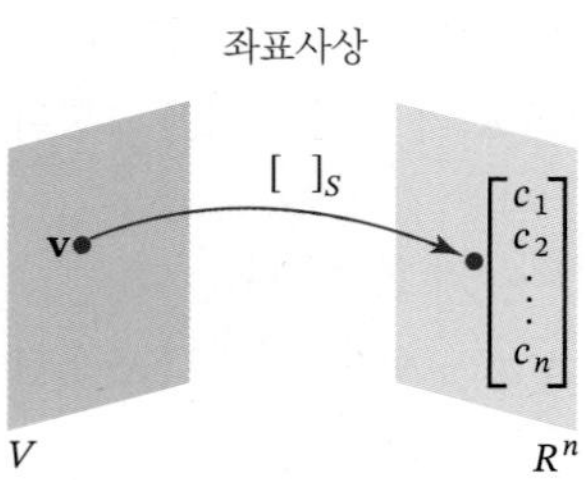

그림 4.7.1

기저의 변경

많은 응용에서 하나 이상의 좌표계를 사용해야 할 때가 있다. 이와 같은 경우에는 보통 고정벡터의 좌표가 상대적으로 각 좌표계에 어떻게 관련되어 있는지를 아는 것이 중요하다. 이것은 다음과 같은 문제로 귀결된다.

> **기저의 변경 문제**
>
> $\mathbf{v}$가 유한차원 벡터공간 V에 있는 임의의 벡터일 때, 벡터공간 V의 기저를 원래 기저 B에서 새로운 기저 B'으로 변경한다면, 벡터 $\mathbf{v}$의 좌표벡터 $[\mathbf{v}]_B$와 새로운 좌표벡터 $[\mathbf{v}]_{B'}$는 어떤 관계를 갖는가?

참고 이 문제를 해결하기 위해 "원래 기저"를 B, "새로운 기저"를 B'으로 놓자. 실제 우리의 목적은 V에 있는 고정벡터 $\mathbf{v}$의 기존의 좌표와 새로운 좌표와의 관계를 찾는 것이다.

간략하게 하기 위하여 이 문제를 2차원 공간에 대해서 풀어 보기로 하자. n차원 공간에 대해서도 같은 방법으로 해결할 수 있다. 먼저 원래 기저와 새로운 기저를 각각

$$B = \{\mathbf{u}_1, \mathbf{u}_2\}, \qquad B' = \{\mathbf{u}'_1, \mathbf{u}'_2\}$$

이라 하자. 새로운 기저벡터에 대한 원래 기저(구 기저벡터)의 좌표벡터를 다음과 같이 가정하자.

$$[\mathbf{u}_1]_{B'} = \begin{bmatrix} a \\ b \end{bmatrix}, \qquad [\mathbf{u}_2]_{B'} = \begin{bmatrix} c \\ d \end{bmatrix} \tag{3}$$

즉,

$$\begin{aligned} \mathbf{u}_1 &= a\mathbf{u}'_1 + b\mathbf{u}'_2 \\ \mathbf{u}_2 &= c\mathbf{u}'_1 + d\mathbf{u}'_2 \end{aligned} \tag{4}$$

라고 하자. 또한 벡터공간 V에 있는 임의의 벡터를 $\mathbf{v}$라 할 때, $\mathbf{v}$의 원래 좌표벡터를

$$[\mathbf{v}]_B = \begin{bmatrix} k_1 \\ k_2 \end{bmatrix} \tag{5}$$

즉,

$$\mathbf{v} = k_1\mathbf{u}_1 + k_2\mathbf{u}_2 \tag{6}$$

라고 하자. 벡터 $\mathbf{v}$의 새로운 좌표를 구하기 위해 벡터 $\mathbf{v}$를 새로운 기저 B'으로 표현해야 한다. 이를 위해 식 (4)를 식 (6)에 대입하면

$$\mathbf{v} = k_1(a\mathbf{u}'_1 + b\mathbf{u}'_2) + k_2(c\mathbf{u}'_1 + d\mathbf{u}'_2)$$

또는

$$\mathbf{v} = (k_1a + k_2c)\mathbf{u}'_1 + (k_1b + k_2d)\mathbf{u}'_2$$

를 얻는다. 벡터 $\mathbf{v}$의 새로운 좌표벡터는

$$[\mathbf{v}]_{B'} = \begin{bmatrix} k_1a + k_2c \\ k_1b + k_2d \end{bmatrix}$$

이며, 이것은 식 (5)를 사용하여 다음과 같이 표현할 수 있다.

$$[\mathbf{v}]_{B'} = \begin{bmatrix} a & c \\ b & d \end{bmatrix}\begin{bmatrix} k_1 \\ k_2 \end{bmatrix} = \begin{bmatrix} a & c \\ b & d \end{bmatrix}[\mathbf{v}]_B$$

이 방정식은 새로운 좌표벡터 $[\mathbf{v}]_{B'}$가 원래의 좌표벡터 $[\mathbf{v}]_B$의 왼쪽에 행렬

$$P = \begin{bmatrix} a & b \\ c & d \end{bmatrix}$$

를 곱해서 얻어짐을 뜻한다. 더구나 행렬 P의 열(column)은 새로운 기저에 대한 원래 기저의 좌표벡터이다[식 (3) 참조]. 따라서 기저 변경 문제의 해는 다음과 같이 얻는다.

기저 변경 문제의 해

벡터공간 V의 기저를 원래 기저 $B = \{\mathbf{u}_1, \mathbf{u}_2, \cdots, \mathbf{u}_n\}$에서 새로운 기저 $B' = \{\mathbf{u}_1', \mathbf{u}_2', \cdots, \mathbf{u}_n'\}$으로 변경할 때, 벡터공간 V에 있는 각 벡터 $\mathbf{v}$에 대하여 새로운 좌표벡터 $[\mathbf{v}]_{B'}$는 원래의 좌표벡터 $[\mathbf{v}]_B$와 다음과 같은 관계를 갖는다.

$$[\mathbf{v}]_{B'} = P[\mathbf{v}]_B \tag{7}$$

여기서 행렬 P의 열은 새로운 기저에 대한 원래 기저벡터의 좌표벡터이다. 즉, P의 열벡터는

$$P = \left[[\mathbf{u}_1]_{B'} \,|\, [\mathbf{u}_2]_{B'} \,|\, \ldots \,|\, [\mathbf{u}_n]_{B'}\right] \tag{8}$$

이다.

전이행렬

식 (7)과 (8)에 있는 행렬 P는 ***B에서 B′으로의 전이행렬***이라 하고, B에 대한 좌표가 B'에 대한 좌표로 변경됨을 강조하기 위해

$$P_{B \to B'} = \left[[\mathbf{u}_1]_{B'} \,|\, [\mathbf{u}_2]_{B'} \,|\, \ldots \,|\, [\mathbf{u}_n]_{B'}\right] \tag{9}$$

로 나타낸다. 마찬가지로, ***B′에서 B로의 전이행렬***은

$$P_{B' \to B} = \left[[\mathbf{u}_1']_B \,|\, [\mathbf{u}_2']_B \,|\, \ldots \,|\, [\mathbf{u}_n']_B\right] \tag{10}$$

로 나타낸다.

참고 식 (9)에서 원래 기저는 B이고, 식 (10)에서 원래 기저는 B'이다. 따라서 두 수식은 다음과 같이 생각할 수 있다.

원래 기저에서 새로운 기저로의 전이행렬의 열은 새로운 기저에 대한 원래 기저의 좌표벡터이다.

예제 1 | 전이행렬 구하기

R^2의 기저 $B = \{\mathbf{u}_1, \mathbf{u}_2\}$와 $B' = \{\mathbf{u}_1', \mathbf{u}_2'\}$를 고려하자. 여기서

$$\mathbf{u}_1 = (1, 0), \quad \mathbf{u}_2 = (0, 1), \quad \mathbf{u}_1' = (1, 1), \quad \mathbf{u}_2' = (2, 1)$$

이다.

(*a*) B에서 B'로의 전이행렬 $P_{B \to B'}$을 구하라.
(*b*) B'에서 B로의 전이행렬 $P_{B' \to B}$을 구하라.

풀이 (*a*) 여기서 원래 기저벡터는 $\mathbf{u}_1$와 $\mathbf{u}_2$, 새로운 기저벡터는 $\mathbf{u}_1'$과 $\mathbf{u}_2'$이다. 새로운 기저벡터에 대한 원래의 기저벡터의 좌표행렬을 구해야 한다. 이를 위해

$$\mathbf{u}_1 = -\mathbf{u}_1' + \mathbf{u}_2'$$
$$\mathbf{u}_2 = 2\mathbf{u}_1' - \mathbf{u}_2'$$

임을 관찰하자. 이로부터

$$[\mathbf{u}_1]_{B'} = \begin{bmatrix} -1 \\ 1 \end{bmatrix}, \quad [\mathbf{u}_2]_{B'} = \begin{bmatrix} 2 \\ -1 \end{bmatrix}$$

을 얻고 따라서 B에서 B'로의 전이행렬 $P_{B \to B'}$은

$$P_{B \to B'} = \begin{bmatrix} -1 & 2 \\ 1 & -1 \end{bmatrix}$$

이다.

풀이 (*b*) 여기서는 원래 기저의 벡터는 $\mathbf{u}_1'$와 $\mathbf{u}_2'$, 새로운 기저벡터를 $\mathbf{u}_1$와 $\mathbf{u}_2$이다. 새로운 기저벡터에 대한 원래 기저벡터의 좌표행렬을 구해야 한다. 먼저

$$\mathbf{u}_1' = \mathbf{u}_1 + \mathbf{u}_2$$
$$\mathbf{u}_2' = 2\mathbf{u}_1 + \mathbf{u}_2$$

임을 관찰하면 다음을 얻는다.

$$[\mathbf{u}_1']_B = \begin{bmatrix} 1 \\ 1 \end{bmatrix}, \quad [\mathbf{u}_2']_B = \begin{bmatrix} 2 \\ 1 \end{bmatrix}$$

따라서 B'에서 B로의 전이행렬 $P_{B' \to B}$은

$$P_{B' \to B} = \begin{bmatrix} 1 & 2 \\ 1 & 1 \end{bmatrix}$$

이다.

좌표변환

이제 B와 B'을 유한차원 벡터공간 V의 기저라고 하자. $P_{B \to B'}$을 곱하면 기저 B에 대한 좌표벡터를 기저 B'에 대한 좌표벡터로 사상하고, $P_{B' \to B}$를 곱하면 B'에 대한 좌표벡터를 B에 대한 좌표벡터로 사상한다. V의 모든 벡터 $\mathbf{v}$에 대해 다음과 같은 관계가 성립한다.

$$\boxed{[\mathbf{v}]_{B'} = P_{B \to B'}[\mathbf{v}]_B} \qquad (11)$$

$$\boxed{[\mathbf{v}]_B = P_{B' \to B}[\mathbf{v}]_{B'}} \qquad (12)$$

예제 2 | 좌표 변경하기

B와 B'을 예제 1에 있는 기저라 하자. 다음에 주어진 좌표에 대해 적절한 공식을 이용하여 $[\mathbf{v}]_{B'}$을 구하라.

$$[\mathbf{v}]_B = \begin{bmatrix} -3 \\ 5 \end{bmatrix}$$

풀이 $[\mathbf{v}]_{B'}$을 구하기 위해 B에서 B'로의 전이행렬을 사용해야 한다. 따라서 예제 1의 (*a*)와

식 (12)로부터 다음을 얻는다.

$$[\mathbf{v}]_{B'} = P_{B\to B'}[\mathbf{v}]_B = \begin{bmatrix} -1 & 2 \\ 1 & -1 \end{bmatrix}\begin{bmatrix} -3 \\ 5 \end{bmatrix} = \begin{bmatrix} 13 \\ -8 \end{bmatrix}$$

전이행렬의 가역성

B와 B'가 유한차원 벡터공간 V의 기저라고 하면,

$$(P_{B'\to B})(P_{B\to B'}) = P_{B\to B}$$

이다. 왜냐하면 $(P_{B'\to B})(P_{B\to B'})$은 먼저 벡터의 B좌표를 B'좌표로 바꾼 다음 다시 B'좌표를 B좌표로 바꾸는 것을 의미하기 때문이다. 이 두 연산의 순 효과로 좌표벡터가 바뀌지 않고 원래대로 돌아오는데 이를 위해서는 $P_{B\to B}$가 항등행렬(identity matrix)이 되어야 한다. 즉

$$(P_{B'\to B})(P_{B\to B'}) = I \tag{13}$$

이다. 예를 들어 예제 1에서 얻은 전이행렬에 대해 이것을 확인할 수 있다. 즉,

$$(P_{B'\to B})(P_{B\to B'}) = \begin{bmatrix} 1 & 2 \\ 1 & 1 \end{bmatrix}\begin{bmatrix} -1 & 2 \\ 1 & -1 \end{bmatrix} = \begin{bmatrix} 1 & 0 \\ 0 & 1 \end{bmatrix} = I$$

식 (13)에서 $P_{B'\to B}$는 가역이고 그것의 역은 $P_{B\to B'}$이다. 따라서 다음 정리를 얻을 수 있다.

정리 4.7.1

P가 유한차원 벡터공간 V에 대해서 기저 B에서 기저 B'로의 전이행렬이면, P는 가역이고 P^{-1}은 B'에서 B로의 전이행렬이다.

R^n의 기저 사이의 전이행렬을 계산하는 효율적인 방법

다음으로 R^n의 기저들 간의 전이행렬을 계산하기 위한 효율적인 절차를 알아보자. 예제 1에서 보여 준 것과 같이 전이행렬을 계산하기 위한 첫 단계는 각 새로운 기저벡터를 원래 기저벡터의 선형결합으로 나타내는 것이다. R^n의 경우 n개의 미지수를 갖는 n개의 일차방정식으로 이루어진 n개의 선형계를 푸는 과정을 포함한다. 이 선형계는 같은 계수행렬을 가지고 있다(왜 그럴까?). 이를 위한 효율적인 방법은 1.6절의 예제 2에서 본 것과 같고, 다음과 같이 나타낼 수 있다.

전이행렬 계산절차

단계 1. 기저벡터를 열 형태로 하여 분할행렬 [***새로운 기저*** | ***원래 기저***]를 형성한다.

단계 2. 기본 행연산을 사용하여 단계 1의 행렬을 기약 행사다리꼴로 축소한다.

단계 3. 결과로 [I | ***원래 기저에서 새로운 기저로의 전이행렬***]을 얻는다. 여기서 I는 항등행

렬이다.

단계 4. 단계 3에서 얻은 행렬에서 오른쪽 행렬을 추출한다.

이 과정은 다음과 같은 도표로 나타낼 수 있다.

$$[\text{새로운 기저} \mid \text{원래 기저}] \xrightarrow{\text{행연산}} [I \mid \text{원래 기저에서 새로운 기저로의 전이}] \tag{14}$$

예제 3 | 예제 1 다시 살펴보기

예제 1에서 R^2에 대한 기저 $B = \{\mathbf{u}_1, \mathbf{u}_2\}$와 $B' = \{\mathbf{u}_1', \mathbf{u}_2'\}$을 고려해 보자. 여기서

$$\mathbf{u}_1 = (1,0), \quad \mathbf{u}_2 = (0,1), \quad \mathbf{u}_1' = (1,1), \quad \mathbf{u}_2' = (2,1)$$

이다.

(a) B에서 B'로의 전이행렬을 구하라.

(b) B'에서 B로의 전이행렬을 구하라.

풀이 (a) B는 원래 기저이고 B'는 새로운 기저이다. 그러므로

$$[\text{새로운 기저} \mid \text{원래 기저}] = \left[\begin{array}{cc|cc} 1 & 2 & 1 & 0 \\ 1 & 1 & 0 & 1 \end{array}\right]$$

이다. 이 행렬을 축소하여 다음과 같이 왼쪽을 항등행렬로 만든다.

$$[I \mid \text{원래 기저에서 새로운 기저로의 전이}] = \left[\begin{array}{cc|cc} 1 & 0 & -1 & 2 \\ 0 & 1 & 1 & -1 \end{array}\right]$$

따라서 전이행렬은

$$P_{B \to B'} = \begin{bmatrix} -1 & 2 \\ 1 & -1 \end{bmatrix}$$

이다. 이는 예제 1에서 얻은 결과와 같음을 알 수 있다.

풀이 (b) B'는 원래 기저이고 B는 새로운 기저이다. 그러므로

$$[\text{새로운 기저} \mid \text{원래 기저}] = \left[\begin{array}{cc|cc} 1 & 0 & 1 & 2 \\ 0 & 1 & 1 & 1 \end{array}\right]$$

왼쪽은 이미 항등행렬이므로 행을 축소할 필요가 없다. 따라서 예제 1에서 얻은 결과와 같이 전이행렬은

$$P_{B' \to B} = \begin{bmatrix} 1 & 2 \\ 1 & 1 \end{bmatrix}$$

이다.

R^n의 표준기저로의 전이

예제 3의 (b)에서 보듯이 기저 B에서 표준기저로 전이시켜 주는 행렬의 열벡터는 열 형태로 표현된 B의 벡터가 된다.

정리 4.7.2

벡터공간 R^n의 임의의 기저를 $B = \{\mathbf{u}_1, \mathbf{u}_2, \cdots, \mathbf{u}_n\}$이라 하고, R^n의 표준기저를 $S = \{\mathbf{e}_1, \mathbf{e}_2, \cdots, \mathbf{e}_n\}$이라 하자. 이 기저들에 있는 벡터가 열 형태로 쓰여졌다면

$$P_{B\to S} = [\mathbf{u}_1 \,|\, \mathbf{u}_2 \,|\, \cdots \,|\, \mathbf{u}_n] \tag{15}$$

이다.

정리 4.7.2로부터 다음을 얻을 수 있다. 만약

$$A = [\mathbf{u}_1 \,|\, \mathbf{u}_2 \,|\, \cdots \,|\, \mathbf{u}_n]$$

이 임의의 *가역* $n \times n$ 행렬이라면, A는 R^n의 기저 $\{\mathbf{u}_1, \mathbf{u}_2, \cdots, \mathbf{u}_n\}$으로부터 R^n의 표준기저로의 전이행렬로 볼 수 있다. 예를 들면 행렬

$$A = \begin{bmatrix} 1 & 2 & 3 \\ 2 & 5 & 3 \\ 1 & 0 & 8 \end{bmatrix}$$

은 1.5절의 예제 4에서 가역임이 증명되었는데, 기저

$$\mathbf{u}_1 = (1, 2, 1), \quad \mathbf{u}_2 = (2, 5, 0), \quad \mathbf{u}_3 = (3, 3, 8)$$

로부터 기저

$$\mathbf{e}_1 = (1, 0, 0), \quad \mathbf{e}_2 = (0, 1, 0), \quad \mathbf{e}_3 = (0, 0, 1)$$

로의 전이행렬로 볼 수 있다.

연습문제 4.7

1. R^2의 기저 $B = \{\mathbf{u}_1, \mathbf{u}_2\}$와 $B' = \{\mathbf{u}'_1, \mathbf{u}'_2\}$에 대해

$$\mathbf{u}_1 = \begin{bmatrix} 2 \\ 2 \end{bmatrix}, \quad \mathbf{u}_2 = \begin{bmatrix} 4 \\ -1 \end{bmatrix}, \quad \mathbf{u}'_1 = \begin{bmatrix} 1 \\ 3 \end{bmatrix}, \quad \mathbf{u}'_2 = \begin{bmatrix} -1 \\ -1 \end{bmatrix}$$

이라고 하자.

a. B'에서 B로의 전이행렬을 구하라.

b. B에서 B'로의 전이행렬을 구하라.

c. 좌표벡터 $[\mathbf{w}]_B$를 구하라. 여기서

$$\mathbf{w} = \begin{bmatrix} 3 \\ -5 \end{bmatrix}$$

이다. 그리고 식 (11)을 사용하여 $[\mathbf{w}]_{B'}$을 구하라.

d. 직접 $[\mathbf{w}]_{B'}$를 계산하여 점검하라.

2. 동일한 벡터 $\mathbf{w}$를 가지고 연습문제 1을 반복하라. 단,

$$\mathbf{u}_1 = \begin{bmatrix} 1 \\ 0 \end{bmatrix}, \quad \mathbf{u}_2 = \begin{bmatrix} 0 \\ 1 \end{bmatrix}, \quad \mathbf{u}'_1 = \begin{bmatrix} 2 \\ 1 \end{bmatrix}, \quad \mathbf{u}'_2 = \begin{bmatrix} -3 \\ 4 \end{bmatrix}$$

이다.

3. R^3의 기저 $B = \{\mathbf{u}_1, \mathbf{u}_2, \mathbf{u}_3\}$와 $B' = \{\mathbf{u}'_1, \mathbf{u}'_2, \mathbf{u}'_3\}$에서

$$\mathbf{u}_1 = \begin{bmatrix} 2 \\ 1 \\ 1 \end{bmatrix}, \quad \mathbf{u}_2 = \begin{bmatrix} 2 \\ -1 \\ 1 \end{bmatrix}, \quad \mathbf{u}_3 = \begin{bmatrix} 1 \\ 2 \\ 1 \end{bmatrix}$$

$$\mathbf{u}'_1 = \begin{bmatrix} 3 \\ 1 \\ -5 \end{bmatrix}, \quad \mathbf{u}'_2 = \begin{bmatrix} 1 \\ 1 \\ -3 \end{bmatrix}, \quad \mathbf{u}'_3 = \begin{bmatrix} -1 \\ 0 \\ 2 \end{bmatrix}$$

이라 하자. 이때

a. B에서 B'로의 전이행렬을 구하라.

b. 좌표벡터 $[\mathbf{w}]_B$를 구하라. 단,

$$\mathbf{w} = \begin{bmatrix} -5 \\ 8 \\ -5 \end{bmatrix}$$

이다. 또한 식 (11)을 사용하여 $[\mathbf{w}]_{B'}$를 구하라.

c. 직접 $[\mathbf{w}]_{B'}$를 계산하여 점검하라.

4. 동일한 벡터 $\mathbf{w}$에 대해 연습문제 3에 주어진 각 물음에 답하라. 단,

$$\mathbf{u}_1 = \begin{bmatrix} -3 \\ 0 \\ -3 \end{bmatrix}, \quad \mathbf{u}_2 = \begin{bmatrix} -3 \\ 2 \\ -1 \end{bmatrix}, \quad \mathbf{u}_3 = \begin{bmatrix} 1 \\ 6 \\ -1 \end{bmatrix}$$

$$\mathbf{u}_1' = \begin{bmatrix} -6 \\ -6 \\ 0 \end{bmatrix}, \quad \mathbf{u}_2' = \begin{bmatrix} -2 \\ -6 \\ 4 \end{bmatrix}, \quad \mathbf{u}_3' = \begin{bmatrix} -2 \\ -3 \\ 7 \end{bmatrix}$$

이다.

5. $\mathbf{f}_1 = \sin x$, $\mathbf{f}_2 = \cos x$에 의해 생성되는 공간을 V라 하자.

a. $\mathbf{g}_1 = 2\sin x + \cos x$와 $\mathbf{g}_2 = 3\cos x$가 V의 기저임을 보여라.

b. $B' = \{\mathbf{g}_1, \mathbf{g}_2\}$에서 $B = \{\mathbf{f}_1, \mathbf{f}_2\}$로의 전이행렬을 구하라.

c. B에서 B'로의 전이행렬을 구하라.

d. 좌표벡터 $[\mathbf{h}]_B$를 구하라. 단, $\mathbf{h} = 2\sin x - 5\cos x$이다. 또한 식 (11)을 사용하여 $[\mathbf{h}]_{B'}$를 구하라.

e. 직접 $[\mathbf{h}]_{B'}$를 계산하여 점검하라.

6. P_1의 기저 $B = \{\mathbf{p}_1, \mathbf{p}_2\}$와 $B' = \{\mathbf{q}_1, \mathbf{q}_2\}$에서

$$\mathbf{p}_1 = 6 + 3x, \quad \mathbf{p}_2 = 10 + 2x, \quad \mathbf{q}_1 = 2, \quad \mathbf{q}_2 = 3 + 2x$$

라 하자.

a. B'에서 B로의 전이행렬을 구하라.

b. B에서 B'로의 전이행렬을 구하라.

c. 좌표벡터 $[\mathbf{p}]_B$를 구하라. 단, $\mathbf{p} = -4 + x$이다. 또한 식 (11)을 사용하여 $[\mathbf{p}]_{B'}$를 구하라.

d. 직접 $[\mathbf{p}]_{B'}$를 계산하여 점검하라.

7. $\mathbf{u}_1 = (1, 2)$, $\mathbf{u}_2 = (2, 3)$, $\mathbf{v}_1 = (1, 3)$, $\mathbf{v}_2 = (1, 4)$일 때, $B_1 = \{\mathbf{u}_1, \mathbf{u}_2\}$, $B_2 = \{\mathbf{v}_1, \mathbf{v}_2\}$가 R^2의 기저라 하자.

a. 식 (14)를 사용하여 전이행렬 $P_{B_2 \to B_1}$를 구하라.

b. 식 (14)를 사용하여 전이행렬 $P_{B_1 \to B_2}$를 구하라.

c. $P_{B_2 \to B_1}$와 $P_{B_1 \to B_2}$가 서로 역임을 보여라.

d. $\mathbf{w} = (0, 1)$이라 하자. 이때, $[\mathbf{w}]_{B_1}$을 구하고, 행렬 $P_{B_1 \to B_2}$을 사용하여 $[\mathbf{w}]_{B_1}$으로부터 $[\mathbf{w}]_{B_2}$를 구하라.

e. $\mathbf{w} = (2, 5)$라 하자. 이때, $[\mathbf{w}]_{B_2}$를 구하고, 행렬 $P_{B_2 \to B_1}$을 사용하여 $[\mathbf{w}]_{B_2}$로부터 $[\mathbf{w}]_{B_1}$을 구하라.

8. S가 R^2의 표준기저라 하고, $B = \{\mathbf{v}_1, \mathbf{v}_2\}$가 $\mathbf{v}_1 = (2, 1)$과 $\mathbf{v}_2 = (-3, 4)$인 기저라 하자.

a. 전이행렬 $P_{B \to S}$를 구하라.

b. 식 (14)를 사용하여 전이행렬 $P_{S \to B}$를 구하라.

c. $P_{B \to S}$와 $P_{S \to B}$가 서로 역임을 보여라.

d. $\mathbf{w} = (5, -3)$이라 하자. 이때, $[\mathbf{w}]_B$를 구하고, 식 (12)를 사용하여 $[\mathbf{w}]_S$를 구하라.

e. $[\mathbf{w}] = (3, -5)$라 하자. 이때, $[\mathbf{w}]_S$를 구하고, 식 (11)을 사용하여 $[\mathbf{w}]_B$를 구하라.

9. S가 R^3의 표준기저라 하고, $B = \{\mathbf{v}_1, \mathbf{v}_2, \mathbf{v}_3\}$가 $\mathbf{v}_1 = (1, 2, 1)$, $\mathbf{v}_2 = (2, 5, 0)$, $\mathbf{v}_3 = (3, 3, 8)$인 기저라 하자.

a. 전이행렬 $P_{B \to S}$를 구하라.

b. 식 (14)를 사용하여 전이행렬 $P_{S \to B}$를 구하라.

c. $P_{B \to S}$와 $P_{S \to B}$가 서로 역임을 보여라.

d. $\mathbf{w} = (5, -3, 1)$이라 하자. 이때, $[\mathbf{w}]_B$를 구하고, 식 (12)를 사용하여 $[\mathbf{w}]_S$를 구하라.

e. $\mathbf{w} = (3, -5, 0)$이라 하자. 이때, $[\mathbf{w}]_S$를 구하고, 식 (11)을 사용하여 $[\mathbf{w}]_B$를 구하라.

10. $S = \{\mathbf{e}_1, \mathbf{e}_2\}$가 벡터공간 R^2의 표준기저라 하고, S 내의 벡터들이 직선 $y = x$에 대해 반사되어 얻어진 기저를 $B = \{\mathbf{v}_1, \mathbf{v}_2\}$라 하자.

a. 전이행렬 $P_{B \to S}$를 구하라.

b. $P = P_{B \to S}$라 할 때, $P^T = P_{S \to B}$임을 보여라.

11. $S = \{\mathbf{e}_1, \mathbf{e}_2\}$가 벡터공간 R^2의 표준기저라 하고, S의 벡터가 양의 x축과 이루는 각이 θ인 직선에 반사되어 얻어진 기저를 $B = \{\mathbf{v}_1, \mathbf{v}_2\}$라 하자.

a. 전이행렬 $P_{B \to S}$를 구하라.

b. $P = P_{B \to S}$라 할 때, $P^T = P_{S \to B}$임을 보여라.

12. B_1, B_2, B_3가 R^2의 기저라 할 때,

$$P_{B_1 \to B_2} = \begin{bmatrix} 3 & 1 \\ 5 & 2 \end{bmatrix}, \qquad P_{B_2 \to B_3} = \begin{bmatrix} 7 & 2 \\ 4 & -1 \end{bmatrix}$$

이면 $P_{B_3 \to B_1}$은 무엇인가?

13. P가 기저 B'에서 기저 B로의 전이행렬이고, Q가 기저 B에서 기저 C로의 전이행렬이면, B'에서 C로의 전이행렬은 어떤 행렬인가? C에서 B'로의 전이행렬은 어떤 행렬인가?

14. 벡터의 좌표벡터를 쓰려면 기저 내 벡터들의 순서를 지정해야 한다. P가 기저 B'에서 기저 B로의 전이행렬인 경우 B의 벡터를 $\mathbf{v}_1, \cdots, \mathbf{v}_n$에서 $\mathbf{v}_n, \cdots, \mathbf{v}_1$으로 순서를 반대로 바꾸면 P에 미치는 영향은 무엇인가? B'와 B 둘 다 벡터의 순서를 반대로 바꾸면 P에 미치는 영향은 무엇인가?

15. 행렬

$$P = \begin{bmatrix} 1 & 1 & 0 \\ 1 & 0 & 2 \\ 0 & 2 & 1 \end{bmatrix}$$

을 고려해 보자.

a. P는 R^3의 어떤 기저 B로부터 표준기저 $S = \{\mathbf{e}_1, \mathbf{e}_2, \mathbf{e}_3\}$로의 전이행렬인가?

b. P는 R^3의 표준기저 $S = \{\mathbf{e}_1, \mathbf{e}_2, \mathbf{e}_3\}$로부터 어떤 기저 B로의 전이행렬인가?

16. 행렬

$$P = \begin{bmatrix} 1 & 0 & 0 \\ 0 & 3 & 2 \\ 0 & 1 & 1 \end{bmatrix}$$

은 R^3의 어떤 기저 B로부터 기저 $\{(1, 1, 1), (1, 1, 0), (1, 0, 0)\}$으로의 전이행렬인가?

17. $S = \{\mathbf{e}_1, \mathbf{e}_2\}$를 R^2의 표준기저라고 하고, $B = \{\mathbf{v}_1, \mathbf{v}_2\}$는

$$T(x_1, x_2) = (2x_1 + 3x_2, 5x_1 - x_2)$$

로 정의된 선형변환이 S의 각 벡터에 적용되어 얻어지는 기저라 하자. 전이행렬 $P_{B\to S}$를 찾아라.

18. $S = \{\mathbf{e}_1, \mathbf{e}_2, \mathbf{e}_3\}$를 R^3의 표준기저라고 하고, $B = \{\mathbf{v}_1, \mathbf{v}_2, \mathbf{v}_3\}$ 는

$$T(x_1, x_2, x_3) = (x_1 + x_2, 2x_1 - x_2 + 4x_3, x_2 + 3x_3)$$

로 정의된 선형변환이 S의 각 벡터에 적용되어 얻어지는 기저라 하자. 전이행렬 $P_{B\to S}$를 찾아라.

19. 만약 R^n에 있는 모든 벡터에 대해 $[\mathbf{w}]_B = \mathbf{w}$가 성립하면, 기저 B에 대해 무엇을 말할 수 있는가?

증명 문제

20. B를 R^n의 기저라 하자. 벡터 $\mathbf{v}_1, \mathbf{v}_2, \cdots, \mathbf{v}_k$가 R^n을 생성할 필요충분조건이 벡터 $[\mathbf{v}_1]_B, [\mathbf{v}_2]_B, \cdots, [\mathbf{v}_k]_B$가 R^n을 생성하는 것임을 증명하라.

21. B를 R^n의 기저라 하자. 벡터 $\mathbf{v}_1, \mathbf{v}_2, \cdots, \mathbf{v}_k$가 R^n의 선형독립집합일 필요충분조건은 벡터 $[\mathbf{v}_1]_B, [\mathbf{v}_2]_B, \cdots, [\mathbf{v}_k]_B$가 R^n의 선형독립집합을 이루는 것임을 증명하라.

참-거짓 문제

TF. (a)-(f)가 참인지 거짓인지를 밝히고 그 이유를 설명하라.

a. 만약 B_1과 B_2가 벡터공간 V의 기저라고 하면 B_1에서 B_2로의 전이행렬이 존재한다.

b. 전이행렬은 가역이다.

c. 만약 B가 벡터공간 R^n의 기저라고 하면 $P_{B\to B}$는 항등행렬이다.

d. 만약 $P_{B_1\to B_2}$가 대각행렬이면 B_2의 각 벡터는 B_1의 어떤 벡터의 스칼라배이다.

e. 만약 B_2의 각 벡터가 B_1의 어떤 벡터의 스칼라배이면 $P_{B_1\to B_2}$는 대각행렬이다.

f. 만약 A가 정방행렬이면 R^n의 어떤 기저 B_1과 B_2에 대해 $A = P_{B_1\to B_2}$이다.

계산도구 문제

T1.

$$P = \begin{bmatrix} 5 & 8 & 6 & -13 \\ 3 & -1 & 0 & -9 \\ 0 & 1 & -1 & 0 \\ 2 & 4 & 3 & -5 \end{bmatrix}$$

이고

$$\mathbf{v}_1 = (2, 4, 3, -5), \quad \mathbf{v}_2 = (0, 1, -1, 0),$$
$$\mathbf{v}_3 = (3, -1, 0, -9), \quad \mathbf{v}_4 = (5, 8, 6, -13)$$

라고 하자. P가 B에서 $B' = \{\mathbf{v}_1, \mathbf{v}_2, \mathbf{v}_3, \mathbf{v}_4\}$로의 전이행렬이 되는 R^4의 기저 $B = \{\mathbf{u}_1, \mathbf{u}_2, \mathbf{u}_3, \mathbf{u}_4\}$를 구하라.

T2. 표준기저 $B = \{\mathbf{e}_1, \mathbf{e}_2, \mathbf{e}_3, \mathbf{e}_4\}$에 대한 선형변환 $T : R^4 \to R^4$의 행렬이

$$\begin{bmatrix} 1 & 2 & 0 & 1 \\ 3 & 0 & -1 & 2 \\ 2 & 5 & 3 & 1 \\ 1 & 2 & 1 & 3 \end{bmatrix}$$

일 때, 다음 기저에 대한 T의 행렬을 구하라.

$$B' = \{\mathbf{e}_1, \mathbf{e}_1 + \mathbf{e}_2, \mathbf{e}_1 + \mathbf{e}_2 + \mathbf{e}_3, \mathbf{e}_1 + \mathbf{e}_2 + \mathbf{e}_3 + \mathbf{e}_4\}$$

4.8 행공간, 열공간, 영공간

이 절에서는 행렬과 관련된 몇 가지 중요한 벡터공간을 다룬다. 연립방정식의 해와 그 계수행렬(coefficient matrix)의 성질 사이의 관계를 보다 깊게 이해해 보자.

행렬공간

벡터를 쉼표 구분형이나 행렬 형태로 행벡터 또는 열벡터로 쓸 수 있다는 점을 기억하라. 이 절에서는 행벡터 또는 열벡터를 사용할 것이다.

정의 1

$m \times n$ 행렬

$$A = \begin{bmatrix} a_{11} & a_{12} & \cdots & a_{1n} \\ a_{21} & a_{22} & \cdots & a_{2n} \\ \vdots & \vdots & & \vdots \\ a_{m1} & a_{m2} & \cdots & a_{mn} \end{bmatrix}$$

에 대하여 A의 행으로 만들어지는 R^n의 벡터

$$\begin{aligned} \mathbf{r}_1 &= [a_{11} \quad a_{12} \quad \cdots \quad a_{1n}] \\ \mathbf{r}_2 &= [a_{21} \quad a_{22} \quad \cdots \quad a_{2n}] \\ &\vdots \\ \mathbf{r}_m &= [a_{m1} \quad a_{m2} \quad \cdots \quad a_{mn}] \end{aligned}$$

을 A의 ***행벡터***(row vector)라 하고, A의 열로 만들어지는 R^m의 벡터

$$\mathbf{c}_1 = \begin{bmatrix} a_{11} \\ a_{21} \\ \vdots \\ a_{m1} \end{bmatrix}, \quad \mathbf{c}_2 = \begin{bmatrix} a_{12} \\ a_{22} \\ \vdots \\ a_{m2} \end{bmatrix}, \ldots, \quad \mathbf{c}_n = \begin{bmatrix} a_{1n} \\ a_{2n} \\ \vdots \\ a_{mn} \end{bmatrix}$$

을 A의 ***열벡터***(column vector)라 한다.

예제 1 | 2×3 행렬의 행벡터와 열벡터

행렬

$$A = \begin{bmatrix} 2 & 1 & 0 \\ 3 & -1 & 4 \end{bmatrix}$$

라고 하자. A의 행벡터는

$$\mathbf{r}_1 = [2 \quad 1 \quad 0], \qquad \mathbf{r}_2 = [3 \quad -1 \quad 4]$$

이고, A의 열벡터는

$$\mathbf{c}_1 = \begin{bmatrix} 2 \\ 3 \end{bmatrix}, \quad \mathbf{c}_2 = \begin{bmatrix} 1 \\ -1 \end{bmatrix}, \quad \mathbf{c}_3 = \begin{bmatrix} 0 \\ 4 \end{bmatrix}$$

이다.

다음 정의는 행렬과 관련된 세 가지 중요한 벡터공간을 정의한다.

정의 2

A가 $m \times n$ 행렬일 때, A의 행벡터에 의해 생성되는 R^n의 부분공간을 A의 ***행공간***(row space)이라 하고 row(A)로 표기하며, A의 열벡터에 의해 생성되는 R^m의 부분공간을 A의 ***열공간***(column space)이라 하고 col(A)로 표기한다. R^n의 부분공간인 동차 연립방정식 $A\mathbf{x} = \mathbf{0}$의 해공간을 A의 ***영공간***(null space)이라 하고 null(A)로 표기한다.

이 절과 다음 절에 걸쳐 다음 두 가지 일반적인 질문을 고려할 것이다.

질문 1. 연립일차방정식 $A\mathbf{x} = \mathbf{b}$의 해와 계수행렬 A의 행공간, 열공간, 영공간 들 간에는 어떤 관계가 존재하는가?

질문 2. 행렬의 행공간, 열공간, 영공간 들 간에는 어떤 관계가 존재하는가?

첫 번째 질문부터 시작하여 두 행렬 A, $\mathbf{x}$를 각각

$$A = \begin{bmatrix} a_{11} & a_{12} & \cdots & a_{1n} \\ a_{21} & a_{22} & \cdots & a_{2n} \\ \vdots & \vdots & & \vdots \\ a_{m1} & a_{m2} & \cdots & a_{mn} \end{bmatrix}, \qquad \mathbf{x} = \begin{bmatrix} x_1 \\ x_2 \\ \vdots \\ x_n \end{bmatrix}$$

라고 가정하자. 1.3절의 공식 (10)으로부터 $\mathbf{c}_1, \mathbf{c}_2, \cdots, \mathbf{c}_n$이 A의 열벡터를 나타내는 경우, 행렬곱 $A\mathbf{x}$는 $\mathbf{x}$를 계수로 하여 이 열벡터의 선형결합으로 표현될 수 있다. 즉,

$$A\mathbf{x} = x_1\mathbf{c}_1 + x_2\mathbf{c}_2 + \cdots + x_n\mathbf{c}_n \tag{1}$$

이다. 따라서 n개의 미지수를 갖는 m개의 방정식으로 이루어진 연립일차방정식 $A\mathbf{x} = \mathbf{b}$는

$$x_1\mathbf{c}_1 + x_2\mathbf{c}_2 + \cdots + x_n\mathbf{c}_n = \mathbf{b} \tag{2}$$

로 표현할 수 있고, 이로부터 $A\mathbf{x} = \mathbf{b}$가 해를 갖기 위한 필요충분조건은 $\mathbf{b}$가 A의 열벡터의 선형결합으로 표현될 수 있는 것임을 알 수 있다. 이것은 다음과 같은 정리를 준다.

정리 4.8.1

연립일차방정식 $A\mathbf{x} = \mathbf{b}$가 해를 갖기 위한 필요충분조건은 $\mathbf{b}$가 A의 열공간에 속하는 것이다.

예제 2 | A의 열공간에 있는 b

$A\mathbf{x} = \mathbf{b}$를 연립일차방정식

$$\begin{bmatrix} -1 & 3 & 2 \\ 1 & 2 & -3 \\ 2 & 1 & -2 \end{bmatrix}\begin{bmatrix} x_1 \\ x_2 \\ x_3 \end{bmatrix} = \begin{bmatrix} 1 \\ -9 \\ -3 \end{bmatrix}$$

이라 하자. $\mathbf{b}$가 A의 열공간에 있음을 보이고, $\mathbf{b}$를 A의 열벡터의 선형결합으로 표현하라.

풀이 이 연립방정식을 가우스 소거법으로 풀면(검증하라)

$$x_1 = 2, \quad x_2 = -1, \quad x_3 = 3$$

을 얻는다. 이 해와 공식 (2)로부터 다음이 성립한다.

$$2\begin{bmatrix} -1 \\ 1 \\ 2 \end{bmatrix} - \begin{bmatrix} 3 \\ 2 \\ 1 \end{bmatrix} + 3\begin{bmatrix} 2 \\ -3 \\ -2 \end{bmatrix} = \begin{bmatrix} 1 \\ -9 \\ -3 \end{bmatrix}$$

$A\mathbf{x} = \mathbf{0}$과 $A\mathbf{x} = \mathbf{b}$의 관계

이 소절에서는 동일한 계수행렬을 가진 동차 선형연립방정식 $A\mathbf{x} = \mathbf{0}$의 해와 비동차 선형연립방정식 $A\mathbf{x} = \mathbf{b}$의 해 사이의 관계를 다룬다. 이를 ***대응선형계***(corresponding linear system)라 한다. 예를 들어 먼저 1.2절의 예제 5와 6, 그리고 4.6절의 예제 3에서 논의한 다음과 같은 선형시스템을 고려해 보자.

$$\begin{bmatrix} 1 & 3 & -2 & 0 & 2 & 0 \\ 2 & 6 & -5 & -2 & 4 & -3 \\ 0 & 0 & 5 & 10 & 0 & 15 \\ 2 & 6 & 0 & 8 & 4 & 18 \end{bmatrix}\begin{bmatrix} x_1 \\ x_2 \\ x_3 \\ x_4 \\ x_5 \\ x_6 \end{bmatrix} = \begin{bmatrix} 0 \\ 0 \\ 0 \\ 0 \end{bmatrix}, \quad \begin{bmatrix} 1 & 3 & -2 & 0 & 2 & 0 \\ 2 & 6 & -5 & -2 & 4 & -3 \\ 0 & 0 & 5 & 10 & 0 & 15 \\ 2 & 6 & 0 & 8 & 4 & 18 \end{bmatrix}\begin{bmatrix} x_1 \\ x_2 \\ x_3 \\ x_4 \\ x_5 \\ x_6 \end{bmatrix} = \begin{bmatrix} 0 \\ -1 \\ 5 \\ 6 \end{bmatrix}$$

1.2절에서 이 계의 일반해를 다음과 같이 얻었다.

동차 $\longrightarrow x_1 = -3r - 4s - 2t, \quad x_2 = r, \quad x_3 = -2s, \quad x_4 = s, \quad x_5 = t, \quad x_6 = 0$

비동차 $\longrightarrow x_1 = -3r - 4s - 2t, \quad x_2 = r, \quad x_3 = -2s, \quad x_4 = s, \quad x_5 = t, \quad x_6 = \frac{1}{3}$

이것을 다음과 같이 열벡터 형태로 표현할 수 있다.

$$\begin{bmatrix} x_1 \\ x_2 \\ x_3 \\ x_4 \\ x_5 \\ x_6 \end{bmatrix} = \begin{bmatrix} -3r - 4s - 2t \\ r \\ -2s \\ s \\ t \\ 0 \end{bmatrix}, \quad \begin{bmatrix} x_1 \\ x_2 \\ x_3 \\ x_4 \\ x_5 \\ x_6 \end{bmatrix} = \begin{bmatrix} -3r - 4s - 2t \\ r \\ -2s \\ s \\ t \\ \frac{1}{3} \end{bmatrix}$$

오른쪽 항들을 분리하여 같은 매개변수를 사용하는 항끼리 묶어서 다음과 같은 형태로 일반해를 다시 표현할 수 있다.

$$\begin{bmatrix} x_1 \\ x_2 \\ x_3 \\ x_4 \\ x_5 \\ x_6 \end{bmatrix} = r\begin{bmatrix} -3 \\ 1 \\ 0 \\ 0 \\ 0 \\ 0 \end{bmatrix} + s\begin{bmatrix} -4 \\ 0 \\ -2 \\ 1 \\ 0 \\ 0 \end{bmatrix} + t\begin{bmatrix} -2 \\ 0 \\ 0 \\ 0 \\ 1 \\ 0 \end{bmatrix} \tag{3}$$

동차의 경우

$$\begin{bmatrix} x_1 \\ x_2 \\ x_3 \\ x_4 \\ x_5 \\ x_6 \end{bmatrix} = r\begin{bmatrix} -3 \\ 1 \\ 0 \\ 0 \\ 0 \\ 0 \end{bmatrix} + s\begin{bmatrix} -4 \\ 0 \\ -2 \\ 1 \\ 0 \\ 0 \end{bmatrix} + t\begin{bmatrix} -2 \\ 0 \\ 0 \\ 0 \\ 1 \\ 0 \end{bmatrix} + \begin{bmatrix} 0 \\ 0 \\ 0 \\ 0 \\ 0 \\ \frac{1}{3} \end{bmatrix} \tag{4}$$

비동차의 경우

4.6절의 예제 3에서 (3)의 오른쪽에 있는 3개의 벡터가 선형독립이므로 동차계의 해공간의 기저를 형성함을 관찰하였다. 따라서 (5)에 나타낸 것처럼, 비동차계의 일반해 $\mathbf{x}$는 동차계의 영공간의 기저 $\mathbf{x}_h$와 비동차계의 해인 $\mathbf{x}_0$의 두 부분으로 나눌 수 있다(이 경우 매개변수들을 0으로 설정하여 얻은 해).

$$\underbrace{\begin{bmatrix} x_1 \\ x_2 \\ x_3 \\ x_4 \\ x_5 \\ x_6 \end{bmatrix}}_{\mathbf{x}} = \begin{bmatrix} -3r-4s-2t \\ r \\ -2s \\ s \\ t \\ \frac{1}{3} \end{bmatrix} = \underbrace{\begin{bmatrix} 0 \\ 0 \\ 0 \\ 0 \\ 0 \\ \frac{1}{3} \end{bmatrix}}_{\mathbf{x}_0} + \underbrace{r\begin{bmatrix} -3 \\ 1 \\ 0 \\ 0 \\ 0 \\ 0 \end{bmatrix} + s\begin{bmatrix} -4 \\ 0 \\ -2 \\ 1 \\ 0 \\ 0 \end{bmatrix} + t\begin{bmatrix} -2 \\ 0 \\ 0 \\ 0 \\ 1 \\ 0 \end{bmatrix}}_{\mathbf{x}_h} \tag{5}$$

이 예는 다음과 같은 일반적인 정리를 암시한다.

정리 4.8.2

$\mathbf{x}_0$가 비동차 연립방정식 $A\mathbf{x} = \mathbf{b}$의 어떤 해이고 $S = \{\mathbf{v}_1, \mathbf{v}_2, \cdots, \mathbf{v}_k\}$가 A의 영공간의 기저라면, $A\mathbf{x} = \mathbf{b}$의 모든 해는 다음과 같은 형태로 표현할 수 있다.

$$\mathbf{x} = \mathbf{x}_0 + c_1\mathbf{v}_1 + c_2\mathbf{v}_2 + \cdots + c_k\mathbf{v}_k \tag{6}$$

반대로, 스칼라 $c_1, c_2, \cdots, c_k$의 모든 값에 대해 이 공식에 있는 벡터 $\mathbf{x}$는 $A\mathbf{x} = \mathbf{b}$의 해이다.

증명 $\mathbf{x}_0$를 $A\mathbf{x} = \mathbf{b}$의 해라 하고, W가 $A\mathbf{x} = \mathbf{0}$의 영공간을 나타내고 $\mathbf{x}_0 + W$가 W에 있는 각 벡터에 $\mathbf{x}_0$를 더한 모든 벡터의 집합을 나타낸다고 하자. 그러면 $\mathbf{x}_0 + W$에 있는 벡터는 다음과 같은 형태로 표현할 수 있다.

$$\mathbf{x} = \mathbf{x}_0 + c_1\mathbf{v}_1 + c_2\mathbf{v}_2 + \cdots + c_k\mathbf{v}_k$$

$\mathbf{x}$가 $\mathbf{x}_0 + W$의 벡터인 경우 $\mathbf{x}$는 $A\mathbf{x} = \mathbf{b}$의 해이며, 반대로 $A\mathbf{x} = \mathbf{b}$의 모든 해는 $\mathbf{x}_0$

$+ W$ 집합 내에 있음을 보여 주어야 한다.

먼저 $\mathbf{x}$가 $\mathbf{x}_0 + W$의 벡터라고 가정하자. 이것은 $\mathbf{x}$가 $\mathbf{x} = \mathbf{x}_0 + \mathbf{w}$ 형태로 표현될 수 있음을 의미한다. 여기서 $A\mathbf{x}_0 = \mathbf{b}$ 및 $A\mathbf{w} = \mathbf{0}$이다. 그러므로

$$A\mathbf{x} = A(\mathbf{x}_0 + \mathbf{w}) = A\mathbf{x}_0 + A\mathbf{w} = \mathbf{b} + \mathbf{0} = \mathbf{b}$$

이고 이것은 $\mathbf{x}$가 $A\mathbf{x} = \mathbf{b}$의 해임을 나타낸다.

반대로 $\mathbf{x}$를 $A\mathbf{x} = \mathbf{b}$의 해라 하자. $\mathbf{x}$가 $\mathbf{x}_0 + W$ 집합에 있음을 나타내려면 $\mathbf{x}$가

$$\mathbf{x} = \mathbf{x}_0 + \mathbf{w} \tag{7}$$

형태로 표현 가능해야 한다. 여기서 $\mathbf{w}$는 W 내의 벡터이다(즉, $A\mathbf{w} = \mathbf{0}$). $\mathbf{w} = \mathbf{x} - \mathbf{x}_0$로 놓으면 이 벡터는 분명히 (7)을 만족하며,

$$A\mathbf{w} = A(\mathbf{x} - \mathbf{x}_0) = A\mathbf{x} - A\mathbf{x}_0 = \mathbf{b} - \mathbf{b} = \mathbf{0}$$

이므로 W에 속한다. ■

식 (6)의 벡터 $\mathbf{x}_0$는 $A\mathbf{x} = \mathbf{b}$의 ***특수해***(particular solution)라고 하며 공식의 나머지 부분을 $A\mathbf{x} = \mathbf{0}$의 ***일반해***(general solution)라고 한다. 이 용어로 정리 4.8.2를 다음과 같이 바꾸어 쓸 수 있다.

> *해가 존재할 때, 비동차 연립일차방정식의 일반해는 이 연립방정식의 특수해와 대응하는 동차 연립방정식의 일반해의 합으로 나타낼 수 있다.*

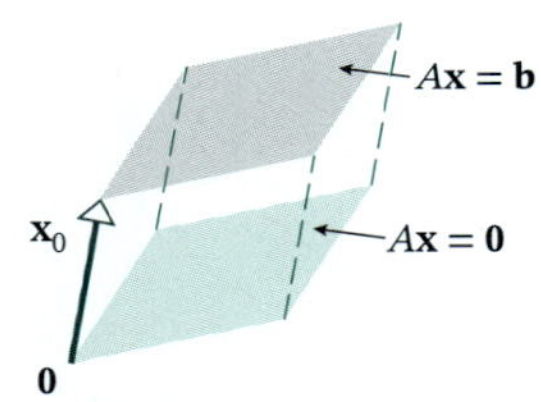

그림 4.8.1 $A\mathbf{x} = \mathbf{b}$의 해공간은 $A\mathbf{x} = \mathbf{0}$의 해공간을 이동한 것이다.

기하적으로, $A\mathbf{x} = \mathbf{b}$의 해집합은 $A\mathbf{x} = \mathbf{0}$의 해공간이 $\mathbf{x}_0$에 의해 이동된 것으로 볼 수 있다(**그림 4.8.1**).

행공간, 열공간 및 영공간의 기저

이 소절에서는 행렬의 행공간, 열공간 및 영공간 간의 관계를 찾는, 이 절의 앞부분에서 제기된 두 번째 문제에 초점을 맞출 것이다. 다음 정리부터 시작하자.

정리 4.8.3

(*a*) *행동등 행렬의 행공간은 동일하다.*
(*b*) *행동등 행렬의 영공간은 동일하다.*

증명 (a) A와 B가 행동등이면 각 행렬은 다른 행렬로부터 기본 행연산을 통해 얻을 수 있다. 이 연산에는 스칼라곱(스칼라에 의한 행의 곱)과 선형결합(한 행의 스칼라배를 다른 행에 추가)만 포함되므로 각 행공간은 다른 행공간의 부분공간이기 때문에 두 행공간은 같아야 한다.

증명 (b) 행동등이면 각 행렬은 다른 행렬로부터 기본 행연산을 통해 얻을 수 있다. 그런데 기본 행연산은 선형시스템의 해집합을 변경하지 않으므로 $A\mathbf{x} = \mathbf{0}$과 $B\mathbf{x} = \mathbf{0}$의 해

집합은 같아야 한다. 즉, A와 B는 같은 영공간을 가지고 있다. ■

정리 4.8.3은 기본 행연산이 행렬의 열공간을 변경하지 않는다고 오해하게 만들 수도 있다. 이것이 참이 아님을 보이기 위해 다음 행렬을 비교해 보자.

$$A = \begin{bmatrix} 1 & 3 \\ 2 & 6 \end{bmatrix} \text{와} \qquad B = \begin{bmatrix} 1 & 3 \\ 0 & 0 \end{bmatrix}$$

행렬 B는 A의 첫 번째 행의 -2배를 두 번째 행에 더하여 얻을 수 있다. 그런데 이 연산은 A의 열공간을 변경했다. A의 열공간은 행렬 $\begin{bmatrix} 1 \\ 2 \end{bmatrix}$의 모든 스칼라배로 이루어진다. 반면에 B의 열공간은 행렬 $\begin{bmatrix} 1 \\ 0 \end{bmatrix}$의 모든 스칼라배로 이루어지므로 이 둘은 다른 공간임을 알 수 있다.

다음 정리는 행사다리꼴 형태인 행렬의 행공간과 열공간의 기저를 곧바로 알게 해준다.

정리 4.8.4

행렬 R이 행사다리꼴이면 선도 1(영이 아닌 행벡터)을 갖는 행벡터는 R의 행공간의 기저를 이루고, 행벡터의 선도 1을 갖는 열벡터는 R의 열공간의 기저를 이룬다.

증명은 R의 0과 1의 위치를 분석하여 이루어진다. 자세한 것은 생략한다.

예제 3 | 행사다리꼴 행렬에 대한 행공간과 열공간의 기저

다음 행렬의 행공간과 열공간의 기저를 구하라.

$$R = \begin{bmatrix} 1 & -2 & 5 & 0 & 3 \\ 0 & 1 & 3 & 0 & 0 \\ 0 & 0 & 0 & 1 & 0 \\ 0 & 0 & 0 & 0 & 0 \end{bmatrix}$$

풀이 행렬 R은 행사다리꼴이므로 정리 4.8.4로부터 다음 벡터

$$\begin{aligned} \mathbf{r}_1 &= [1 \quad -2 \quad 5 \quad 0 \quad 3] \\ \mathbf{r}_2 &= [0 \quad 1 \quad 3 \quad 0 \quad 0] \\ \mathbf{r}_3 &= [0 \quad 0 \quad 0 \quad 1 \quad 0] \end{aligned}$$

는 R의 행공간의 기저를 이루고, 벡터

$$\mathbf{c}_1 = \begin{bmatrix} 1 \\ 0 \\ 0 \\ 0 \end{bmatrix}, \quad \mathbf{c}_2 = \begin{bmatrix} -2 \\ 1 \\ 0 \\ 0 \end{bmatrix}, \quad \mathbf{c}_4 = \begin{bmatrix} 0 \\ 0 \\ 1 \\ 0 \end{bmatrix}$$

는 R의 열공간의 기저를 이룬다.

정리 4.8.3(a)와 정리 4.8.4를 조합하면, 행사다리꼴로 축소함으로써 행렬 A의 행공간의 기저를 찾을 수 있음을 알 수 있다.

예제 4 | 행 축소에 의한 행공간의 기저

다음 행렬의 행공간의 기저를 구하라.

$$A = \begin{bmatrix} 1 & -3 & 4 & -2 & 5 & 4 \\ 2 & -6 & 9 & -1 & 8 & 2 \\ 2 & -6 & 9 & -1 & 9 & 7 \\ -1 & 3 & -4 & 2 & -5 & -4 \end{bmatrix}$$

풀이 기본 행연산은 행렬의 행공간을 변경하지 않으므로 A의 임의의 행사다리꼴의 행공간의 기저를 구함으로써 A의 행공간의 기저를 구할 수 있다. A를 행사다리꼴로 줄이면 다음을 얻는다(확인하라).

$$R = \begin{bmatrix} 1 & -3 & 4 & -2 & 5 & 4 \\ 0 & 0 & 1 & 3 & -2 & -6 \\ 0 & 0 & 0 & 0 & 1 & 5 \\ 0 & 0 & 0 & 0 & 0 & 0 \end{bmatrix}$$

정리 4.8.4에 의해 R의 영이 아닌 행벡터는 R의 행공간의 기저를 이루고, 따라서 이것은 A의 행공간의 기저를 이룬다. 이 기저벡터는

$$\begin{aligned} \mathbf{r}_1 &= [1 \quad -3 \quad 4 \quad -2 \quad 5 \quad 4] \\ \mathbf{r}_2 &= [0 \quad 0 \quad 1 \quad 3 \quad -2 \quad -6] \\ \mathbf{r}_3 &= [0 \quad 0 \quad 0 \quad 0 \quad 1 \quad 5] \end{aligned}$$

이다.

행렬의 행벡터 및 열벡터로 구성된 기저

행렬 A를 행사다리꼴 R로 축소했다고 하자. R의 행공간과 열공간에 대한 기저를 찾는 방법은 이미 알고 있다(예제 3). 또한 R의 행공간의 기저는 A의 행공간의 기저라는 것도 알고 있다(예제 4). 그러나 사실이 아닌 것은 R의 열공간의 기저가 A의 열공간의 기저라는 것인데, 문제는 기본 행연산이 열공간을 변경할 수 있다는 점에 있다. 좋은 소식은 *기본 행연산이 열벡터 사이의 종속관계를 변경하지 않는다*는 것이다. 이를 정확하게 하기 위해 $\mathbf{w}_1, \mathbf{w}_2, \cdots, \mathbf{w}_k$가 A의 선형종속인 열벡터라고 가정하면 스칼라 $c_1, c_2, \cdots, c_k$가 모두 0이 아니어도

$$c_1\mathbf{w}_1 + c_2\mathbf{w}_2 + \cdots + c_k\mathbf{w}_k = \mathbf{0} \tag{8}$$

이 된다. 만약 A에 기본 행연산을 수행하면 이 벡터들은 새로운 열벡터 $\mathbf{w}'_1, \mathbf{w}'_2, \cdots, \mathbf{w}'_k$로 변경될 것이다. 언뜻 보기에는 변환된 벡터가 선형독립일 수 있는 것처럼 보일 수 있다. 그러나 이것은 그렇지 않다. 이 새로운 열벡터들은 선형종속이며, 실제로 식 (8)과 정확히 동일한 계수를 갖는 다음 방정식에 의해 관련됨을 증명할 수 있다.

$$c_1\mathbf{w}'_1 + c_2\mathbf{w}'_2 + \cdots + c_k\mathbf{w}'_k = \mathbf{0}$$

또한 기본 행연산이 열벡터 집합의 선형독립성을 변경하지 않음도 증명할 수 있다. 이들 결과는 모두 다음 정리에 요약되어 있다.

정리 4.8.5

A와 B가 행동등 행렬이라면 다음이 성립한다.

(*a*) A의 주어진 열벡터 집합이 선형독립이기 위한 필요충분조건은 B의 대응 열벡터 집합이 선형독립인 것이다.

(*b*) A의 주어진 열벡터 집합이 A의 열공간의 기저를 이루기 위한 필요충분조건은 B의 대응 열벡터 집합이 B의 열공간의 기저를 이루는 것이다.

정리 4.8.5(*b*)에 따르면 기본 행연산이 열공간을 변경할 수 있지만 열공간의 *차원*은 변경되지 않는다.

예제 5 | A의 열벡터로 구성된 기저

다음 행렬의 열공간의 기저를 구하라.

$$A = \begin{bmatrix} 1 & -3 & 4 & -2 & 5 & 4 \\ 2 & -6 & 9 & -1 & 8 & 2 \\ 2 & -6 & 9 & -1 & 9 & 7 \\ -1 & 3 & -4 & 2 & -5 & -4 \end{bmatrix}$$

풀이 예제 4에서 얻은 행렬

$$R = \begin{bmatrix} 1 & -3 & 4 & -2 & 5 & 4 \\ 0 & 0 & 1 & 3 & -2 & -6 \\ 0 & 0 & 0 & 0 & 1 & 5 \\ 0 & 0 & 0 & 0 & 0 & 0 \end{bmatrix}$$

은 A의 행사다리꼴이다. A와 R의 열공간이 다를 수 있다는 점을 유념하면 R의 열벡터로부터 직접 A의 열공간의 기저를 구할 수 없다. 그러나 정리 4.8.5(*b*)에 의해, R의 열공간의 기저를 이루는 R의 열벡터 집합을 구할 수 있다면, A의 *대응하는* 열벡터들은 A의 열공간의 기저를 이루게 된다.

R의 1, 3, 5열은 행벡터의 선도 1을 포함하므로, 벡터

$$\mathbf{c}_1' = \begin{bmatrix} 1 \\ 0 \\ 0 \\ 0 \end{bmatrix}, \quad \mathbf{c}_3' = \begin{bmatrix} 4 \\ 1 \\ 0 \\ 0 \end{bmatrix}, \quad \mathbf{c}_5' = \begin{bmatrix} 5 \\ -2 \\ 1 \\ 0 \end{bmatrix}$$

는 R의 열공간의 기저를 이룬다. 따라서 A의 대응하는 열벡터, 즉

$$\mathbf{c}_1 = \begin{bmatrix} 1 \\ 2 \\ 2 \\ -1 \end{bmatrix}, \quad \mathbf{c}_3 = \begin{bmatrix} 4 \\ 9 \\ 9 \\ -4 \end{bmatrix}, \quad \mathbf{c}_5 = \begin{bmatrix} 5 \\ 8 \\ 9 \\ -5 \end{bmatrix}$$

는 A의 열공간의 기저를 이룬다.

예제 4에서 행렬을 행사다리꼴로 축소해서 행렬의 행공간의 기저를 구하였다. 그러나 이 방법에 의해 얻어진 기저벡터는 원래 행렬의 행벡터와 다를 수 있다. 예제 5에서 사용된 기법을 다음 예제와 같이 적용하면 그 행렬의 원래 행벡터만으로 구성된 행공간의 기저를 구할 수 있다.

예제 6 | A의 행벡터로 구성된 기저

다음 행렬 A에서 행벡터만으로 이루어진 행공간의 기저를 구하라.

$$A = \begin{bmatrix} 1 & -2 & 0 & 0 & 3 \\ 2 & -5 & -3 & -2 & 6 \\ 0 & 5 & 15 & 10 & 0 \\ 2 & 6 & 18 & 8 & 6 \end{bmatrix}$$

풀이 A를 전치행렬을 구하여 A의 행공간을 A^T의 열공간으로 전환하고, 예제 5의 방법을 사용하여 A^T의 열공간의 기저를 구한다. 그런 다음 다시 전치시켜 열벡터를 행벡터로 변환한다. 즉,

$$A^T = \begin{bmatrix} 1 & 2 & 0 & 2 \\ -2 & -5 & 5 & 6 \\ 0 & -3 & 15 & 18 \\ 0 & -2 & 10 & 8 \\ 3 & 6 & 0 & 6 \end{bmatrix}$$

이고, 이 행렬을 축소하면

$$\begin{bmatrix} 1 & 2 & 0 & 2 \\ 0 & 1 & -5 & -10 \\ 0 & 0 & 0 & 1 \\ 0 & 0 & 0 & 0 \\ 0 & 0 & 0 & 0 \end{bmatrix}$$

이 된다. 이 행렬의 1열, 2열, 4열은 선도 1을 포함하고 있으므로 A^T에서 대응하는 열벡터는 A^T의 열공간의 기저를 이룬다. 이것은 다음과 같다.

$$\mathbf{c}_1 = \begin{bmatrix} 1 \\ -2 \\ 0 \\ 0 \\ 3 \end{bmatrix}, \quad \mathbf{c}_2 = \begin{bmatrix} 2 \\ -5 \\ -3 \\ -2 \\ 6 \end{bmatrix}, \quad \mathbf{c}_4 = \begin{bmatrix} 2 \\ 6 \\ 18 \\ 8 \\ 6 \end{bmatrix}$$

이것을 다시 전치시키고 적절하게 표기법을 조절하면 다음과 같은 A의 행공간의 기저벡터를 얻는다.

$$\mathbf{r}_1 = [1 \quad -2 \quad 0 \quad 0 \quad 3], \qquad \mathbf{r}_2 = [2 \quad -5 \quad -3 \quad -2 \quad 6],$$
$$\mathbf{r}_4 = [2 \quad 6 \quad 18 \quad 8 \quad 6]$$

지금까지는 행렬과 관련된 기저를 찾는 방법에 초점을 맞췄다. 이 방법들은 R^n의 벡터집합에 의해 생성되는 부분공간의 기저를 찾는 보다 일반적인 문제에 쉽게 적용할 수 있다.

예제 7 | 벡터집합에 의해 생성된 공간의 기저

다음 벡터는 R^4의 부분공간을 생성한다. 부분공간의 기저를 이루는 이 벡터들의 부분집합을 구하라.

$$\mathbf{v}_1 = (1,2,2,-1), \quad \mathbf{v}_2 = (-3,-6,-6,3),$$
$$\mathbf{v}_3 = (4,9,9,-4), \quad \mathbf{v}_4 = (-2,-1,-1,2),$$
$$\mathbf{v}_5 = (5,8,9,-5), \quad \mathbf{v}_6 = (4,2,7,-4)$$

풀이 이 벡터들을 열 형태로 다시 쓰고 그 벡터들을 연속적인 열로 포함하는 행렬을 구성하면 예제 5의 행렬 A를 얻는다(확인하라). 따라서

$$\text{span}\{\mathbf{v}_1, \mathbf{v}_2, \mathbf{v}_3, \mathbf{v}_4, \mathbf{v}_5, \mathbf{v}_6\} = \text{col}(A)$$

이다. 예제 5에서와 같이 진행(그리고 표기법을 적절하게 조정)하면 벡터 $\mathbf{v}_1$, $\mathbf{v}_3$, $\mathbf{v}_5$가

$$\text{span}\{\mathbf{v}_1, \mathbf{v}_2, \mathbf{v}_3, \mathbf{v}_4, \mathbf{v}_5, \mathbf{v}_6\}$$

의 기저를 형성하는 것을 알 수 있다.

다음으로 R^n에서 다음과 같은 일반적인 문제를 해결하기 위해 예제 5의 방법을 적용한 예제를 살펴보자.

문제

R^n에서 벡터들의 집합 $S = \{\mathbf{v}_1, \mathbf{v}_2, \cdots, \mathbf{v}_k\}$가 주어졌을 때, span($S$)의 기저를 이루는 부분집합을 구하고, 그 기저에 속하지 않은 각 벡터를 기저벡터의 선형결합으로 표현하라.

예제 8 | 기저와 선형결합

(*a*) 다음 벡터들에 의해 생성되는 R^4의 부분공간의 기저를 이루는 벡터들의 부분집합을 구하라.

$$\mathbf{v}_1 = (1,-2,0,3), \quad \mathbf{v}_2 = (2,-5,-3,6),$$
$$\mathbf{v}_3 = (0,1,3,0), \quad \mathbf{v}_4 = (2,-1,4,-7), \quad \mathbf{v}_5 = (5,-8,1,2)$$

(*b*) 기저에 속하지 않는 각 벡터를 기저벡터의 선형결합으로 표현하라.

풀이 (*a*) 먼저 $\mathbf{v}_1, \mathbf{v}_2, \cdots, \mathbf{v}_5$를 열벡터로 갖는 행렬을 구성하자.

$$\begin{array}{c} \begin{bmatrix} 1 & 2 & 0 & 2 & 5 \\ -2 & -5 & 1 & -1 & -8 \\ 0 & -3 & 3 & 4 & 1 \\ 3 & 6 & 0 & -7 & 2 \end{bmatrix} \\ \begin{matrix} \uparrow & \uparrow & \uparrow & \uparrow & \uparrow \\ \mathbf{v}_1 & \mathbf{v}_2 & \mathbf{v}_3 & \mathbf{v}_4 & \mathbf{v}_5 \end{matrix} \end{array} \tag{9}$$

문제의 첫 번째 부분은 이 행렬의 열공간의 기저를 구함으로써 해결할 수 있다. 이 행렬을 기약 행사다리꼴로 바꾸고, 얻어진 행렬의 열벡터를 $\mathbf{w}_1$, $\mathbf{w}_2$, $\mathbf{w}_3$, $\mathbf{w}_4$, $\mathbf{w}_5$라고 하면

$$\begin{bmatrix} 1 & 0 & 2 & 0 & 1 \\ 0 & 1 & -1 & 0 & 1 \\ 0 & 0 & 0 & 1 & 1 \\ 0 & 0 & 0 & 0 & 0 \end{bmatrix} \tag{10}$$
$$\begin{matrix} \uparrow & \uparrow & \uparrow & \uparrow & \uparrow \\ \mathbf{w}_1 & \mathbf{w}_2 & \mathbf{w}_3 & \mathbf{w}_4 & \mathbf{w}_5 \end{matrix}$$

이 된다. 선도 1은 1열, 2열, 4열에 나타나므로 정리 4.8.4에 의해

$$\{\mathbf{w}_1, \mathbf{w}_2, \mathbf{w}_4\}$$

는 (9)의 열공간의 기저가 되고, 따라서

$$\{\mathbf{v}_1, \mathbf{v}_2, \mathbf{v}_4\}$$

는 주어진 생성공간의 기저가 된다.

풀이 (*b*) $\mathbf{w}_3$와 $\mathbf{w}_5$를 기저벡터 $\mathbf{w}_1$, $\mathbf{w}_2$, $\mathbf{w}_4$의 선형결합으로 표현하는 것으로 시작하자. 이렇게 하는 가장 간단한 방법은 $\mathbf{w}_3$와 $\mathbf{w}_5$를 자신보다 작은 첨자를 갖는 기저벡터들의 선형결합으로 표현하는 것이다. 즉, $\mathbf{w}_3$을 $\mathbf{w}_1$과 $\mathbf{w}_2$의 선형결합으로, $\mathbf{w}_5$를 벡터 $\mathbf{w}_1$, $\mathbf{w}_2$, $\mathbf{w}_4$의 선형결합으로 표현한다. (10)으로부터 이들 선형결합은

$$\mathbf{w}_3 = 2\mathbf{w}_1 - \mathbf{w}_2$$
$$\mathbf{w}_5 = \mathbf{w}_1 + \mathbf{w}_2 + \mathbf{w}_4$$

이다. 이것을 ***종속방정식***(dependency equation)이라 부른다. (9)에 대응하는 관계는 다음과 같다.

$$\mathbf{v}_3 = 2\mathbf{v}_1 - \mathbf{v}_2$$
$$\mathbf{v}_5 = \mathbf{v}_1 + \mathbf{v}_2 + \mathbf{v}_4$$

이 예제의 (a)만 푼다면 행렬을 행사다리꼴로 축소하는 것으로 충분하다. (b)까지 풀기 위해서는 기약 사다리꼴이 훨씬 편리하다.

다음은 위에 제시된 문제를 해결하기 위해 예제 8에서 수행한 단계를 요약한 것이다.

벡터집합에 의해 생성된 공간의 기저

단계 1. 집합 $S = \{\mathbf{v}_1, \mathbf{v}_2, \cdots, \mathbf{v}_k\}$에 있는 벡터를 열로 갖는 행렬 A를 구성한다.

단계 2. 행렬 A를 기약 행사다리꼴 R로 축소한다.

단계 3. $\mathbf{w}_1, \mathbf{w}_2, \cdots, \mathbf{w}_k$로 R의 열벡터를 나타낸다.

단계 4. 선도 1을 포함하는 R의 열을 식별해 낸다. A의 대응하는 열벡터는 span(S)의 기저를 이룬다.

여기서 문제의 첫 번째 부분이 완결된다.

단계 5. R의 선도 1을 포함하지 않는 각 $\mathbf{w}_i$를 자신보다 앞에 있는 선도 1 열벡터들의 선형결합으로 표현하여 R의 열벡터 $\mathbf{w}_1, \mathbf{w}_2, \cdots, \mathbf{w}_k$에 대한 종속방정식을 구한다.

단계 6. 단계 5에서 얻은 각 종속방정식에서 $i = 1, 2, \cdots, k$에 대해 벡터 $\mathbf{w}_i$를 벡터 $\mathbf{v}_i$로 교체한다.

이제 문제의 두 번째 부분이 완결된다.

연습문제 4.8

(1-2) 곱 $A\mathbf{x}$를 A의 열벡터의 선형결합으로 표현하라.

1. a. $\begin{bmatrix} 2 & 3 \\ -1 & 4 \end{bmatrix}\begin{bmatrix} 1 \\ 2 \end{bmatrix}$ b. $\begin{bmatrix} 4 & 0 & -1 \\ 3 & 6 & 2 \\ 0 & -1 & 4 \end{bmatrix}\begin{bmatrix} -2 \\ 3 \\ 5 \end{bmatrix}$

2. a. $\begin{bmatrix} -3 & 6 & 2 \\ 5 & -4 & 0 \\ 2 & 3 & -1 \\ 1 & 8 & 3 \end{bmatrix}\begin{bmatrix} -1 \\ 2 \\ 5 \end{bmatrix}$ b. $\begin{bmatrix} 2 & 1 & 5 \\ 6 & 3 & -8 \end{bmatrix}\begin{bmatrix} 3 \\ 0 \\ -5 \end{bmatrix}$

(3-4) $\mathbf{b}$가 A의 열공간에 속하는지를 판정하고, 만약 그렇다면 $\mathbf{b}$를 A의 열벡터들의 선형결합으로 표현하라.

3. a. $A = \begin{bmatrix} 1 & 1 & 2 \\ 1 & 0 & 1 \\ 2 & 1 & 3 \end{bmatrix}$; $\mathbf{b} = \begin{bmatrix} -1 \\ 0 \\ 2 \end{bmatrix}$

   b. $A = \begin{bmatrix} 1 & -1 & 1 \\ 9 & 3 & 1 \\ 1 & 1 & 1 \end{bmatrix}$; $\mathbf{b} = \begin{bmatrix} 5 \\ 1 \\ -1 \end{bmatrix}$

4. a. $A = \begin{bmatrix} 1 & -1 & 1 \\ -1 & 1 & -1 \\ -1 & -1 & 1 \end{bmatrix}$; $\mathbf{b} = \begin{bmatrix} 2 \\ 0 \\ 0 \end{bmatrix}$

   b. $A = \begin{bmatrix} 1 & 2 & 0 & 1 \\ 0 & 1 & 2 & 1 \\ 1 & 2 & 1 & 3 \\ 0 & 1 & 2 & 2 \end{bmatrix}$; $\mathbf{b} = \begin{bmatrix} 4 \\ 3 \\ 5 \\ 7 \end{bmatrix}$

5. $x_1 = 3, x_2 = 0, x_3 = -1, x_4 = 5$가 비동차 연립방정식 $A\mathbf{x} = \mathbf{b}$의 해이고 동차 연립방정식 $A\mathbf{x} = \mathbf{0}$의 해집합이 다음과 같이 주어졌다고 가정하자.

$$x_1 = 5r - 2s, \quad x_2 = s, \quad x_3 = s + t, \quad x_4 = t$$

   a. $A\mathbf{x} = \mathbf{0}$의 일반해를 벡터 형태로 구하라.
   b. $A\mathbf{x} = \mathbf{b}$의 일반해를 벡터 형태로 구하라.

6. $x_1 = -1, x_2 = 2, x_3 = 4, x_4 = -3$이 비동차 연립방정식 $A\mathbf{x} = \mathbf{b}$의 해이고 동차 연립방정식 $A\mathbf{x} = \mathbf{0}$의 해집합이 다음과 같이 주어졌다고 가정하자.

$$x_1 = -3r + 4s, \quad x_2 = r - s, \quad x_3 = r, \quad x_4 = s$$

   a. $A\mathbf{x} = \mathbf{0}$의 일반해를 벡터 형태로 구하라.
   b. $A\mathbf{x} = \mathbf{b}$의 일반해를 벡터 형태로 구하라.

(7-8) 주어진 연립방정식 $A\mathbf{x} = \mathbf{b}$의 일반해의 벡터 형태를 구한 다음 그 결과를 이용하여 $A\mathbf{x} = \mathbf{0}$의 일반해의 벡터 형태를 구하라.

7. a. $\begin{aligned} x_1 - 3x_2 &= 1 \\ 2x_1 - 6x_2 &= 2 \end{aligned}$ b. $\begin{aligned} x_1 + x_2 + 2x_3 &= 5 \\ x_1 \qquad + x_3 &= -2 \\ 2x_1 + x_2 + 3x_3 &= 3 \end{aligned}$

8. a. $\begin{aligned} x_1 - 2x_2 + x_3 + 2x_4 &= -1 \\ 2x_1 - 4x_2 + 2x_3 + 4x_4 &= -2 \\ -x_1 + 2x_2 - x_3 - 2x_4 &= 1 \\ 3x_1 - 6x_2 + 3x_3 + 6x_4 &= -3 \end{aligned}$

   b. $\begin{aligned} x_1 + 2x_2 - 3x_3 + x_4 &= 4 \\ -2x_1 + x_2 + 2x_3 + x_4 &= -1 \\ -x_1 + 3x_2 - x_3 + 2x_4 &= 3 \\ 4x_1 - 7x_2 \qquad - 5x_4 &= -5 \end{aligned}$

(9-10) 주어진 행렬 A의 영공간과 행공간의 기저를 구하라.

9. a. $A = \begin{bmatrix} 1 & -1 & 3 \\ 5 & -4 & -4 \\ 7 & -6 & 2 \end{bmatrix}$ b. $A = \begin{bmatrix} 2 & 0 & -1 \\ 4 & 0 & -2 \\ 0 & 0 & 0 \end{bmatrix}$

10. a. $A = \begin{bmatrix} 1 & 4 & 5 & 2 \\ 2 & 1 & 3 & 0 \\ -1 & 3 & 2 & 2 \end{bmatrix}$

    b. $A = \begin{bmatrix} 1 & 4 & 5 & 6 & 9 \\ 3 & -2 & 1 & 4 & -1 \\ -1 & 0 & -1 & -2 & -1 \\ 2 & 3 & 5 & 7 & 8 \end{bmatrix}$

(11-12) 다음과 같이 행사다리꼴 행렬이 주어져 있다. 계산 없이 해당 행렬의 행공간과 열공간의 기저를 구하라.

11. a. $\begin{bmatrix} 1 & 0 & 2 \\ 0 & 0 & 1 \\ 0 & 0 & 0 \end{bmatrix}$ b. $\begin{bmatrix} 1 & -3 & 0 & 0 \\ 0 & 1 & 0 & 0 \\ 0 & 0 & 0 & 0 \\ 0 & 0 & 0 & 0 \end{bmatrix}$

12. a. $\begin{bmatrix} 1 & 2 & 4 & 5 \\ 0 & 1 & -3 & 0 \\ 0 & 0 & 1 & -3 \\ 0 & 0 & 0 & 1 \\ 0 & 0 & 0 & 0 \end{bmatrix}$ b. $\begin{bmatrix} 1 & 2 & -1 & 5 \\ 0 & 1 & 4 & 3 \\ 0 & 0 & 1 & -7 \\ 0 & 0 & 0 & 1 \end{bmatrix}$

13. a. 예제 6과 7의 방법을 이용하여 주어진 행렬의 행공간과 열공간의 기저를 구하라.

$$A = \begin{bmatrix} 1 & -2 & 5 & 0 & 3 \\ -2 & 5 & -7 & 0 & -6 \\ -1 & 3 & -2 & 1 & -3 \\ -3 & 8 & -9 & 1 & -9 \end{bmatrix}$$

b. 예제 9의 방법을 이용하여 행렬 A의 행벡터로만 구성된 A의 행공간의 기저를 구하라.

(14-15) 주어진 벡터로 생성되는 R^4의 부분공간의 기저를 구하라.

14. (1, 1, −4, −3), (2, 0, 2, −2), (2, −1, 3, 2)

15. (1, 1, 0, 0), (0, 0, 1, 1), (−2, 0, 2, 2), (0, −3, 0, 3)

(16-17) 주어진 벡터에 의해 생성되는 공간의 기저를 이루는 벡터들의 부분집합을 구하라. 그런 다음 기저에 속하지 않는 각 벡터를 기저벡터의 선형결합으로 표현하라.

16. $\mathbf{v}_1 = (1, 0, 1, 1)$, $\mathbf{v}_2 = (-3, 3, 7, 1)$, $\mathbf{v}_3 = (-1, 3, 9, 3)$, $\mathbf{v}_4 = (-5, 3, 5, -1)$

17. $\mathbf{v}_1 = (1, -1, 5, 2)$, $\mathbf{v}_2 = (-2, 3, 1, 0)$, $\mathbf{v}_3 = (4, -5, 9, 4)$, $\mathbf{v}_4 = (0, 4, 2, -3)$, $\mathbf{v}_5 = (-7, 18, 2, -8)$

(18-19) A의 행벡터만으로 이루어진 A의 행공간의 기저를 구하라.

18. 연습문제 10(a)의 행렬

19. 연습문제 10(b)의 행렬

20. 영공간이 다음에 주어진 벡터들의 모든 선형결합으로 이루어지는 행렬을 구성하라.

$$\mathbf{v}_1 = \begin{bmatrix} 1 \\ -1 \\ 3 \\ 2 \end{bmatrix}, \qquad \mathbf{v}_2 = \begin{bmatrix} 2 \\ 0 \\ -2 \\ 4 \end{bmatrix}$$

21. $A = \begin{bmatrix} 1 & 2 & 0 \\ 1 & -1 & 4 \end{bmatrix}$라 하자. 주어진 벡터 $\mathbf{b}$에 대해, $T_A(\mathbf{x}) = \mathbf{b}$를 만족하는 R^3의 모든 벡터 $\mathbf{x}$의 일반적인 형태를 구하라(존재할 때).

a. $\mathbf{b} = (0, 0)$ **b.** $\mathbf{b} = (1, 3)$ **c.** $\mathbf{b} = (-1, 1)$

22. $A = \begin{bmatrix} 2 & 0 \\ 0 & 1 \\ 1 & 1 \\ 2 & 0 \end{bmatrix}$라 하자. 주어진 벡터 $\mathbf{b}$에 대해, $T_A(\mathbf{x}) = \mathbf{b}$를 만족하는 R^2의 모든 벡터 $\mathbf{x}$의 일반적인 형태를 구하라(존재할 때).

a. $\mathbf{b} = (0, 0, 0, 0)$ **b.** $\mathbf{b} = (1, 1, -1, -1)$

c. $\mathbf{b} = (2, 0, 0, 2)$

23. a. 방정식 $x + y + z = 1$은 3개의 미지수를 갖는 하나의 방정식으로 이루어진 연립일차방정식으로 볼 수 있다. 이 방정식의 일반해를 특수해와 대응 동차 연립방정식의 일반해로 표현하라.

b. (a)의 결과에 대한 기하적 해석을 해 보라.

24. a. 방정식 $x + y = 1$은 2개의 미지수를 갖는 하나의 방정식으로 이루어진 연립일차방정식으로 볼 수 있다. 이 방정식의 일반해를 특수해와 대응 동차 연립방정식의 일반해로 표현하라.

b. (a)의 결과에 대한 기하적 해석을 해 보아라.

25. 다음과 같은 선형시스템을 고려해 보자.

$$\begin{bmatrix} 3 & 2 & -1 \\ 6 & 4 & -2 \\ -3 & -2 & 1 \end{bmatrix}\begin{bmatrix} x_1 \\ x_2 \\ x_3 \end{bmatrix} = \begin{bmatrix} 0 \\ 0 \\ 0 \end{bmatrix},$$
$$\begin{bmatrix} 3 & 2 & -1 \\ 6 & 4 & -2 \\ -3 & -2 & 1 \end{bmatrix}\begin{bmatrix} x_1 \\ x_2 \\ x_3 \end{bmatrix} = \begin{bmatrix} 2 \\ 4 \\ -2 \end{bmatrix}$$

a. 동차계의 일반해를 구하라.

b. $x_1 = 1, x_2 = 0, x_3 = 1$이 비동차계의 해인지 판별하라.

c. (a)와 (b)의 결과를 이용하여 비동차계의 일반해를 구하라.

d. 직접 비동차계의 해를 구하여 (c)의 결과를 확인하라.

26. 다음과 같은 선형시스템을 고려해 보자.

$$\begin{bmatrix} 1 & -2 & 3 \\ 2 & 1 & 4 \\ 1 & -7 & 5 \end{bmatrix}\begin{bmatrix} x_1 \\ x_2 \\ x_3 \end{bmatrix} = \begin{bmatrix} 0 \\ 0 \\ 0 \end{bmatrix},$$
$$\begin{bmatrix} 1 & -2 & 3 \\ 2 & 1 & 4 \\ 1 & -7 & 5 \end{bmatrix}\begin{bmatrix} x_1 \\ x_2 \\ x_3 \end{bmatrix} = \begin{bmatrix} 2 \\ 7 \\ -1 \end{bmatrix}$$

a. 동차계의 일반해를 구하라.

b. $x_1 = 1, x_2 = 1, x_3 = 1$이 비동차계의 해인지 판별하라.

c. (a)와 (b)의 결과를 이용하여 비동차계의 일반해를 구하라.

d. 직접 비동차계의 해를 구하여 (c)의 결과를 확인하라.

(27-28) 주어진 시스템의 일반해를 구하고, 이 해를 사용하여 대응 동차계의 일반해와 주어진 시스템의 특수해를 구하라.

27. $\begin{bmatrix} 3 & 4 & 1 & 2 \\ 6 & 8 & 2 & 5 \\ 9 & 12 & 3 & 10 \end{bmatrix}\begin{bmatrix} x_1 \\ x_2 \\ x_3 \\ x_4 \end{bmatrix} = \begin{bmatrix} 3 \\ 7 \\ 13 \end{bmatrix}$

28. $\begin{bmatrix} 9 & -3 & 5 & 6 \\ 6 & -2 & 3 & 1 \\ 3 & -1 & 3 & 14 \end{bmatrix} \begin{bmatrix} x_1 \\ x_2 \\ x_3 \\ x_4 \end{bmatrix} = \begin{bmatrix} 4 \\ 5 \\ -8 \end{bmatrix}$

29. a. $A = \begin{bmatrix} 0 & 1 & 0 \\ 1 & 0 & 0 \\ 0 & 0 & 0 \end{bmatrix}$이라 하자. 3-공간의 xyz-좌표계에서 A의 영공간이 z축상의 모든 점으로 구성되며, 열공간이 xy-평면에 있는 모든 점으로 구성되어 있음을 보여라(그림 참조).

b. 영공간이 x축이고, 열공간이 yz-평면인 3×3 행렬을 구하라.

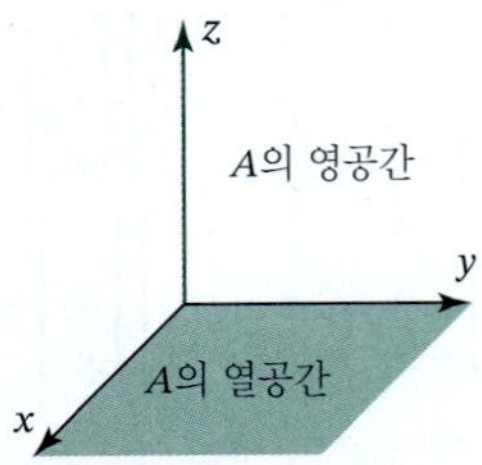

그림 Ex-29

30. 영공간이 각각 다음과 같은 3×3 행렬을 구하라.

a. 점 **b.** 선 **c.** 평면

31. a. 영공간이 $3x - 5y = 0$인 2×2 행렬을 모두 구하라.

b. 다음 각 행렬의 영공간을 설명하라.

$$A = \begin{bmatrix} 1 & 4 \\ 0 & 5 \end{bmatrix}, \quad B = \begin{bmatrix} 1 & 0 \\ 0 & 5 \end{bmatrix}, \quad C = \begin{bmatrix} 6 & 2 \\ 3 & 1 \end{bmatrix}, \quad D = \begin{bmatrix} 0 & 0 \\ 0 & 0 \end{bmatrix}$$

증명 문제

32. 정리 4.8.4를 증명하라.

33. $n \times n$ 가역행렬 A의 행벡터들이 R^n의 기저를 이루는 것을 증명하라.

34. A와 B가 $n \times n$ 행렬이고 A가 가역이라 하자. AB와 B의 행공간이 어떻게 관련되어 있는지 나타내는 정리를 고안하고 이를 증명하라.

참-거짓 문제

TF. **(a)-(j)**가 참인지 거짓인지를 밝히고 그 이유를 설명하라.

a. $\mathbf{v}_1, \cdots, \mathbf{v}_n$의 생성공간은 열벡터가 $\mathbf{v}_1, \cdots, \mathbf{v}_n$인 행렬의 열공간이다.

b. 행렬 A의 열공간은 $A\mathbf{x} = \mathbf{b}$의 해집합이다.

c. 만약 R이 A의 기약 행사다리꼴이면, 선도 1을 포함하는 R의 열벡터는 A의 열공간의 기저를 이룬다.

d. 행렬 A의 0이 아닌 행벡터들의 집합은 A의 행공간의 기저이다.

e. 만약 A와 B가 동일한 행공간을 갖는 $n \times n$ 행렬이라고 하면 A와 B는 동일한 열공간을 갖는다.

f. E가 $m \times m$ 기본행렬이고 A가 $m \times n$ 행렬이면 EA의 영공간은 A의 영공간과 같다.

g. E가 $m \times m$ 기본행렬이고 A가 $m \times n$ 행렬이면 EA의 행공간은 A의 행공간과 같다.

h. E가 $m \times m$ 기본행렬이고 A가 $m \times n$ 행렬이면 EA의 열공간은 A의 열공간과 같다.

i. 연립방정식 $A\mathbf{x} = \mathbf{b}$가 일치하지 않을 필요충분조건은 $\mathbf{b}$가 A의 열공간에 속하지 않은 것이다.

j. A와 B의 행공간이 같은 가역행렬 A와 특이행렬 B가 존재한다.

계산도구 문제

T1. 다음에 주어진 행렬 A에 대해 A의 열벡터로 구성된 A의 열공간의 기저를 구하라.

$$A = \begin{bmatrix} 2 & 6 & 0 & 8 & 4 & 12 & 4 \\ 3 & 9 & -2 & 8 & 6 & 18 & 6 \\ 3 & 9 & -7 & -2 & 6 & -3 & -1 \\ 2 & 6 & 5 & 18 & 4 & 33 & 11 \\ 1 & 3 & -2 & 0 & 2 & 6 & 2 \end{bmatrix}$$

T2. 문제 T1에서 A의 행벡터로 구성된 행렬 A의 행공간의 기저를 구하라.

4.9 랭크, 무효차수, 기본행렬공간

앞 절에서 선형방정식시스템과 계수행렬의 행공간, 열공간 및 영공간 사이의 관계를 조사하였다. 이 절에서는 이 공간들의 차원을 다룬다. 여기서 얻는 결과는 선형시스템과 계수행렬 사이의 관계에 대한 더 깊은 통찰력을 제공해 준다.

행공간과 열공간의 차원은 같다

4.8절의 예제 6과 7에서 행렬

$$A = \begin{bmatrix} 1 & -3 & 4 & -2 & 5 & 4 \\ 2 & -6 & 9 & -1 & 8 & 2 \\ 2 & -6 & 9 & -1 & 9 & 7 \\ -1 & 3 & -4 & 2 & -5 & -4 \end{bmatrix}$$

의 행공간과 열공간이 둘 다 3개의 기저벡터를 가지므로 3차원이다. 이 공간들이 같은 차원을 가지고 있다는 사실은 우연이 아니고 다음 정리의 결과이다.

정리 4.9.1

행렬 A의 행공간과 열공간의 차원은 같다.

증명 정리 4.8.4 및 4.8.6(b)로부터 기본 행연산은 행렬의 행공간 또는 열공간의 차원을 변경하지 않는다. 따라서 R이 A의 행사다리꼴이면

$$\dim(A\text{의 행공간}) = \dim(R\text{의 행공간})$$
$$\dim(A\text{의 열공간}) = \dim(R\text{의 열공간})$$

이 성립한다. 따라서 R의 행공간과 열공간이 같은 차원을 가지고 있다는 것만 보이면 충분하다. 그러나 R의 행공간의 차원은 영이 아닌 행의 개수이고, 정리 4.8.5에 의해 R의 열공간의 차원은 선도 1을 포함하는 열의 개수이다. 이 두 수는 동일하기 때문에 행공간과 열공간의 차원은 같다. ■

랭크와 무효차수

행렬의 행공간, 열공간 및 영공간의 차원은 매우 중요한 수이므로 기호와 용어를 따로 가지고 있다.

정의 1

행렬 A의 행공간과 열공간의 공통차원을 A의 ***랭크***(rank)라 하고 rank(A)로 표기하며, A의 영공간의 차원을 A의 ***무효차수***(nullity)라 하고 nullity(A)라고 표기한다.

정리 4.9.1의 증명은 A의 랭크가 행렬 A의 행사다리꼴에서 선도 1을 포함하는 열의 개수로 해석될 수 있음을 보여 준다.

예제 1 | 4 × 6 행렬의 랭크와 무효차수

다음 행렬의 랭크와 무효차수를 구하라.

$$A = \begin{bmatrix} -1 & 2 & 0 & 4 & 5 & -3 \\ 3 & -7 & 2 & 0 & 1 & 4 \\ 2 & -5 & 2 & 4 & 6 & 1 \\ 4 & -9 & 2 & -4 & -4 & 7 \end{bmatrix}$$

풀이 A의 기약 행사다리꼴은

$$\begin{bmatrix} 1 & 0 & -4 & -28 & -37 & 13 \\ 0 & 1 & -2 & -12 & -16 & 5 \\ 0 & 0 & 0 & 0 & 0 & 0 \\ 0 & 0 & 0 & 0 & 0 & 0 \end{bmatrix} \tag{1}$$

이다(검증하라). 이 행렬은 2개의 선도 1을 가지고 있기 때문에 행공간과 열공간은 2차원이다. 따라서 rank(A) = 2이다. A의 무효차수를 구하기 위해서는 먼저 연립일차방정식 $A\mathbf{x} = \mathbf{0}$의 해공간의 차원을 구해야 한다. 이 연립일차방정식은 첨가행렬을 기약 행사다리꼴로 축소하여 풀 수 있다. 그 결과 행렬은 모든 원소가 0인 마지막 열이 추가되는 것만 제외하면 (1)과 같다. 따라서 대응하는 연립방정식은

$$\begin{aligned} x_1 - 4x_3 - 28x_4 - 37x_5 + 13x_6 &= 0 \\ x_2 - 2x_3 - 12x_4 - 16x_5 + 5x_6 &= 0 \end{aligned}$$

이 된다. 이 방정식을 선도변수에 관해서 풀면

$$\begin{aligned} x_1 &= 4x_3 + 28x_4 + 37x_5 - 13x_6 \\ x_2 &= 2x_3 + 12x_4 + 16x_5 - 5x_6 \end{aligned} \tag{2}$$

를 얻는다. 이로부터 동차 연립방정식의 일반해는

$$\begin{aligned} x_1 &= 4r + 28s + 37t - 13u \\ x_2 &= 2r + 12s + 16t - 5u \\ x_3 &= r \\ x_4 &= s \\ x_5 &= t \\ x_6 &= u \end{aligned}$$

또는 열벡터 형태로

$$\begin{bmatrix} x_1 \\ x_2 \\ x_3 \\ x_4 \\ x_5 \\ x_6 \end{bmatrix} = r\begin{bmatrix} 4 \\ 2 \\ 1 \\ 0 \\ 0 \\ 0 \end{bmatrix} + s\begin{bmatrix} 28 \\ 12 \\ 0 \\ 1 \\ 0 \\ 0 \end{bmatrix} + t\begin{bmatrix} 37 \\ 16 \\ 0 \\ 0 \\ 1 \\ 0 \end{bmatrix} + u\begin{bmatrix} -13 \\ -5 \\ 0 \\ 0 \\ 0 \\ 1 \end{bmatrix} \tag{3}$$

이다. 식 (3)의 우변에 있는 4개의 벡터는 해공간의 기저를 이루기 때문에 nullity(A) = 4이다.

예제 2 | 랭크의 최대값

정방행렬이 아닌 $m \times n$ 행렬 A의 랭크로 가능한 최대값은 무엇인가?

풀이 A의 행벡터는 R^n에 속하고 열벡터는 R^m에 속하므로 A의 행공간은 기껏해야 n차원이고 열공간은 기껏해야 m차원이다. A의 랭크는 행공간과 열공간의 동일한 차원과 같으므로 랭크는 기껏해야 m과 n 중에 작은 값이라고 할 수 있다. 즉,

$$\text{rank}(A) \leq \min(m, n)$$

이다. 여기서 $\min(m, n)$은 m과 n 중의 작은 값이다.

다음 정리는 행렬의 랭크와 무효차수의 기본 관계를 확립한다.

정리 4.9.2

행렬의 차원 정리
A가 n개의 열을 갖는 행렬이라면 다음이 성립한다.

$$\text{rank}(A) + \text{nullity}(A) = n \tag{4}$$

증명 A는 n개의 열을 갖고 있으므로 동차 연립방정식 $A\mathbf{x} = \mathbf{0}$는 n개의 미지수를 갖는다. 이들은 두 개의 다른 범주, 즉 선도변수와 자유변수로 구분된다. 따라서

$$[\text{선도변수의 개수}] + [\text{자유변수의 개수}] = n$$

이다. 그러나 선도변수의 개수는 A의 기약 행사다리꼴에 있는 선도 1의 개수와 동일하고, 자유변수는 $A\mathbf{x} = \mathbf{0}$의 일반해에 있는 매개변수의 개수, 즉 A의 무효차수와 동일하다. 이로부터 공식 (4)를 얻을 수 있다. ■

예제 3 | 랭크와 무효차수의 합

행렬

$$A = \begin{bmatrix} -1 & 2 & 0 & 4 & 5 & -3 \\ 3 & -7 & 2 & 0 & 1 & 4 \\ 2 & -5 & 2 & 4 & 6 & 1 \\ 4 & -9 & 2 & -4 & -4 & 7 \end{bmatrix}$$

은 6개의 열을 가진다. 그러므로

$$\text{rank}(A) + \text{nullity}(A) = 6$$

이다. 이것은 다음의 값들로부터 예제 1과 일치함을 알 수 있다.

$$\text{rank}(A) = 2, \qquad \text{nullity}(A) = 4$$

이미 얻은 결과를 요약한 다음 정리는 동차 연립방정식의 관점에서 랭크와 무효차수를 해석한다.

정리 4.9.3

A가 $m \times n$ 행렬이라면 다음이 성립한다.

(*a*) $\text{rank}(A) = A\mathbf{x} = \mathbf{0}$의 일반해에 있는 선도변수의 개수

(*b*) $\text{nullity}(A) = A\mathbf{x} = \mathbf{0}$의 일반해에 있는 매개변수의 개수

예제 4 | 랭크, 무효차수, 그리고 선형시스템

(*a*) A가 랭크가 3인 5×7 행렬이라고 할 때, $A\mathbf{x} = \mathbf{0}$의 일반해에 있는 매개변수의 개수를 구하라.

(*b*) $A\mathbf{x} = \mathbf{0}$가 2차원 해공간을 가질 때 5×7 행렬 A의 랭크를 구하라.

풀이 (*a*) (4)로부터

$$\text{nullity}(A) = n - \text{rank}(A) = 7 - 3 = 4$$

따라서 4개의 매개변수가 있다.

풀이 (*b*) 행렬 A는 무효차수가 2이므로

$$\text{rank}(A) = n - \text{nullity}(A) = 7 - 2 = 5$$

이다.

4.8절에서 $A\mathbf{x} = \mathbf{b}$가 일치하는 선형시스템인 경우 일반해는 이 시스템의 특수해와 $A\mathbf{x} = \mathbf{0}$의 일반해의 합으로 표현할 수 있다. 이 사실과 정리 4.9.3의 증명은 연습문제로 남긴다.

정리 4.9.4

A의 랭크가 r인 연립방정식 $A\mathbf{x} = \mathbf{b}$가 n개의 미지수를 가지는 m개의 방정식으로 이루어진 연립방정식이라면 연립방정식의 일반해는 $n - r$개의 매개변수를 갖는다.

행렬의 기본공간

$m \times n$ 행렬 A와 전치행렬 A^T에 관련된 6개의 중요한 벡터공간이 있다.

$$\begin{array}{ll} A\text{의 행공간}, & A^T\text{의 행공간} \\ A\text{의 열공간}, & A^T\text{의 열공간} \\ A\text{의 영공간}, & A^T\text{의 영공간} \end{array}$$

그러나 행렬을 전치하면 행(열)벡터가 열(행)벡터로 변환되므로 표기법의 차이를 제외하면 A^T의 행공간은 A의 열공간과 같고, A^T의 열공간은 A의 행공간과 같다. 따라서 위에

기술한 6가지 공간 중 다음 4 공간만 구별된다.

$$A\text{의 행공간}, \qquad A\text{의 열공간}$$
$$A\text{의 영공간}, \qquad A^T\text{의 영공간}$$

이것을 행렬 A의 ***기본공간***(fundamental space)이라 한다. A의 행공간과 영공간은 R^n의 부분공간이고, A의 열공간과 A^T의 영공간은 R^m의 부분공간이다. 방정식 $A^T\mathbf{x} = \mathbf{0}$의 양변을 전치시킴으로써 미지수가 왼쪽에 있는 방정식 $\mathbf{x}^T A = \mathbf{0}^T$를 생성하기 때문에 A^T의 영공간을 ***A의 왼쪽 영공간***(left null space of A)이라고도 한다. A의 왼쪽 영공간의 차원을 ***A의 왼쪽 무효차수***(left nullity of A)라고 한다. 이제 네 가지 기본공간들이 어떻게 관련되어 있는지를 논의한다.

행렬 A^T에 잠시 집중하자. 행렬의 행공간과 열공간은 같은 차원을 가지고 있기 때문에 행렬을 전치하여 열을 행으로 행을 열로 변환한 후 다음과 같은 결과를 얻는다.

정리 4.9.5

A가 임의의 행렬일 때 $\text{rank}(A) = \text{rank}(A^T)$이다.

증명

$$\text{rank}(A) = \dim(A\text{의 행공간}) = \dim(A^T\text{의 열공간}) = \text{rank}(A^T) \quad ■$$

이 결과에는 몇 가지 중요한 의미가 있다. 예를 들어, A가 $m \times n$ 행렬이라면 행렬 A^T에 공식 (4)를 적용하고 이 행렬이 m개의 열을 가진다는 사실을 이용하면

$$\text{rank}(A^T) + \text{nullity}(A^T) = m$$

을 얻는다. 여기서 정리 4.9.5에 의해

$$\boxed{\text{rank}(A) + \text{nullity}(A^T) = m} \tag{5}$$

와 같이 다시 쓸 수 있다. 식 (4)와 (5)를 이용하여 4개의 기본공간의 차원을 A의 크기 및 랭크로 표현할 수 있다. 특히 $\text{rank}(A) = r$이면

$$\boxed{\begin{array}{ll} \dim[\text{row}(A)] = r & \dim[\text{col}(A)] = r \\ \dim[\text{null}(A)] = n - r & \dim[\text{null}(A^T)] = m - r \end{array}} \tag{6}$$

이다.

기본공간의 기저

$m \times n$ 행렬 A의 네 가지 기본공간의 기저를 구하는 효율적인 방법은 $m \times m$ 항등행렬을 A에 인접시켜 첨가행렬 $[A \mid I]$을 얻고 이 행렬에 기본 행연산을 적용하여 A를 행사다리꼴 행렬 R로 축소하여 첨가행렬 $[R \mid E]$ 형태를 얻는다. A가 가역인 경우 행렬 E는

A^{-1}이지만 일반적으로는 그렇지 않다. A의 랭크 r은 R의 축(선도 1)의 개수를 세어서 얻을 수 있고, A^T의 무효차수는 공식 (5)에 이어지는 관계

$$\text{nullity}(A^T) = m - r \tag{7}$$

에서 얻을 수 있다. 다음과 같이 3개의 기본공간에 대한 기저는 $[R \mid E]$로부터 직접 얻을 수 있다.

- row(A)의 기저는 선도 1(축 행)을 포함하는 R의 r개 행이다.
- col(A)의 기저는 R의 선도 1(축 열)을 포함하는 A의 r개 열이다.
- null(A^T)의 기저는 E의 맨 아래 $m-r$개 행이다(이 절의 끝부분의 증명 참조).

예제 5 | 기본공간의 기저

예제 1에서 4×6 행렬

$$A = \begin{bmatrix} -1 & 2 & 0 & 4 & 5 & -3 \\ 3 & -7 & 2 & 0 & 1 & 4 \\ 2 & -5 & 2 & 4 & 6 & 1 \\ 4 & -9 & 2 & -4 & -4 & 7 \end{bmatrix}$$

의 영공간의 기저를 구했으므로 이 예제에서는 4×4 항등행렬이 A에 첨가된 행렬

$$\left[\begin{array}{cccccc|cccc} -1 & 2 & 0 & 4 & 5 & -3 & 1 & 0 & 0 & 0 \\ 3 & -7 & 2 & 0 & 1 & 4 & 0 & 1 & 0 & 0 \\ 2 & -5 & 2 & 4 & 6 & 1 & 0 & 0 & 1 & 0 \\ 4 & -9 & 2 & -4 & -4 & 7 & 0 & 0 & 0 & 1 \end{array}\right]$$

$$A \qquad\qquad\qquad I$$

로 시작하여 나머지 3개의 기본공간의 기저를 찾는 데 중점을 둘 것이다. 가우스 소거법을 사용하여 왼쪽 부분을 행사다리꼴 R로 축소하면 다음과 같다(검증하라).

$$\left[\begin{array}{cccccc|cccc} 1 & 0 & -4 & -28 & -37 & 13 & 0 & 0 & -\frac{9}{2} & \frac{5}{2} \\ 0 & 1 & -2 & -12 & -16 & 5 & 0 & 0 & -2 & 1 \\ 0 & 0 & 0 & 0 & 0 & 0 & 1 & 0 & -\frac{1}{2} & \frac{1}{2} \\ 0 & 0 & 0 & 0 & 0 & 0 & 0 & 1 & -\frac{1}{2} & -\frac{1}{2} \end{array}\right]$$

$$R \qquad\qquad\qquad E$$

R로부터 A의 랭크는 $r = 2$(0이 아닌 2개의 행)이고, 무효차수는 $n - r = 6 - 2 = 4$, 그리고 (7)에서 왼쪽 무효차수는 $m - r = 2$임을 알 수 있다. R의 두 축 행은 A의 행공간의 기저를 이루고, A(열 1과 2)의 두 축 열은 A의 열공간의 기저를 이루며, E의 하단의 두 행은 A의 왼쪽 영공간의 기저를 이룬다. 이 기저들을 열 형태로 표현하면 다음과 같다.

$$\textbf{행공간의 기저: } \left\{ \begin{bmatrix} -1 \\ 0 \\ -4 \\ -28 \\ -37 \\ 13 \end{bmatrix}, \begin{bmatrix} 0 \\ 1 \\ -2 \\ -12 \\ -16 \\ 5 \end{bmatrix} \right\}, \qquad \textbf{열공간의 기저: } \left\{ \begin{bmatrix} -1 \\ 3 \\ 2 \\ 4 \end{bmatrix}, \begin{bmatrix} 2 \\ -7 \\ -5 \\ -9 \end{bmatrix} \right\}$$

$$\textbf{왼쪽 영공간의 기저: } \left\{ \begin{bmatrix} 1 \\ 0 \\ -\frac{1}{2} \\ \frac{1}{2} \end{bmatrix}, \begin{bmatrix} 0 \\ 1 \\ -\frac{1}{2} \\ -\frac{1}{2} \end{bmatrix} \right\}$$

기본공간 사이의 기하적 연결

식 (6)의 4가지 공식은 행렬의 크기와 기본공간의 차원 사이의 *대수적* 관계를 제공한다. 다음 목표는 기본공간들 간의 *기하적* 관계를 구하는 것이다. 이를 위해 정리 3.4.3에서 A가 $m \times n$ 행렬이면 A의 영공간은 A의 각 행벡터에 직교하는 벡터들로 구성되는 것을 기억하자. 이 아이디어를 보다 상세하게 전개하기 위해 다음과 같이 정의한다.

정의 2

W가 R^n의 부분공간일 때 W에 있는 모든 벡터와 직교하는 모든 R^n 벡터들의 집합을 W의 ***직교여공간***(orthogonal complement)이라고 하고 기호 $W^\perp$로 표기한다.

다음 정리는 직교여공간에 관한 3가지 기본 성질을 기술한 것이다. 이 정리의 증명은 생략한다. 나중에 이 정리의 보다 일반적인 형태가 다루어지기 때문이다.

정리 4.9.6

만약 W가 R^n의 부분공간이라면,
(*a*) $W^\perp$는 R^n의 부분공간이다.
(*b*) W와 $W^\perp$에 공통적인 벡터는 $\mathbf{0}$이다.
(*c*) $W^\perp$의 직교여공간은 W이다.

정리 4.9.6의 (*b*)는
$$W \cap W^\perp = \{\mathbf{0}\},$$
(*c*)는
$$(W^\perp)^\perp = W$$
로 나타낼수 있다.

예제 6 | 직교여공간

R^2에서 원점을 지나는 직선 W의 직교여공간은 W에 수직인 원점을 지나는 직선이다(**그림 4.9.1*a***). 그리고 R^3에서 원점을 지나는 평면 W의 직교여공간은 그 평면에 수직인 원점을 지나는 직선이다(**그림 4.9.1*b***).

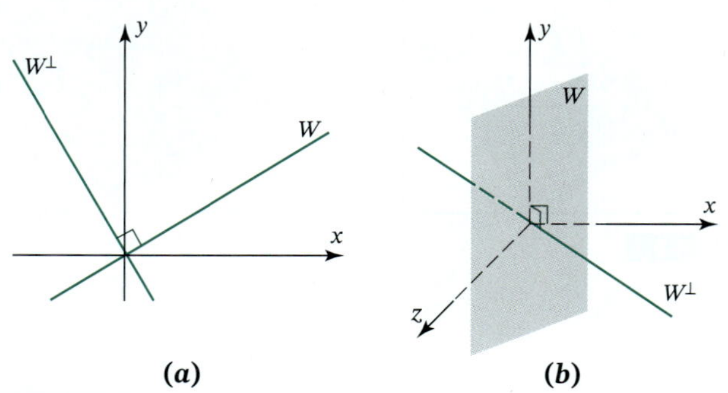

그림 4.9.1

다음 정리는 행렬의 기본공간 사이에 기하적 연관성을 보여 준다. 연습문제에서 R^n의 벡터가 R^n의 부분공간의 각 기저벡터에 직교하면 그 부분공간의 모든 벡터에 직교함을 증명하도록 요구할 것이다. 따라서 다음 정리의 (a)는 직교여공간의 개념으로 정리 3.4.3을 다시 표현한 것이며, 3.4절의 예제 6에 설명되어 있다. 연습문제로 남긴 (b)에 대한 증명은 (a)로부터 얻어진다. 정리의 핵심 아이디어를 **그림 4.9.2**에 나타내었다.

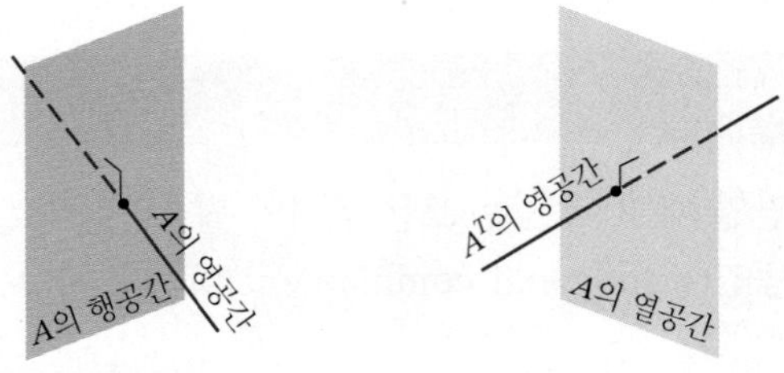

그림 4.9.2

정리 4.9.7

만약 A가 $m \times n$ 행렬이면,

(a) A의 영공간과 A의 행공간은 R^n에서 서로의 직교여공간이다.

(b) A^T의 영공간과 A의 열공간은 R^m에서 서로의 직교여공간이다.

{**0**}과 R^n이 직교여공간인 이유를 설명하라.

정리 4.9.7의 결과는 **그림 4.9.3**과 같이 설명될 수 있는데, 이 그림은 정리에 나온 기본공간의 직교성 특성뿐 아니라 차원도 보여 주고 있다.

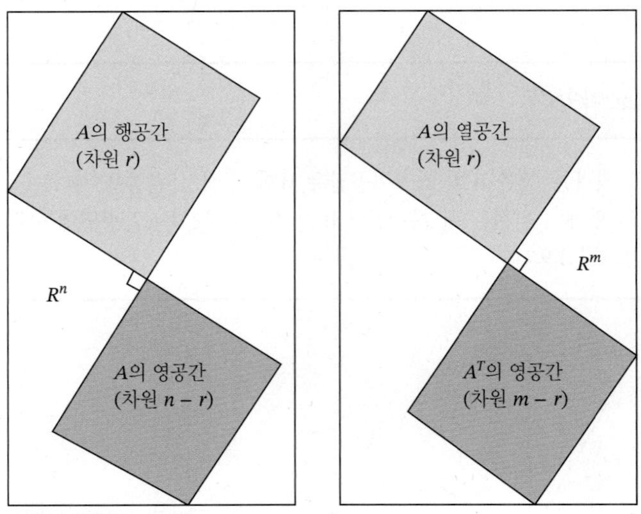

그림 4.9.3

추가 동등 정리

정리 2.3.8에서 정방행렬 A의 가역성과 동등한 7개의 결과를 기술하였다. 이제 10가지 명제를 추가하여 지금까지 다룬 모든 주제들을 요약하여 하나의 정리로 기술한다. 여기서는 동등 정리의 일부를 증명하고 다른 것들은 연습문제로 남긴다.

정리 4.9.8

동등한 명제들

A가 중복 행과 중복 열이 없는 $n \times n$ 행렬이면 다음 명제들은 동등하다.

(a) A가 가역이다.

(b) $A\mathbf{x} = \mathbf{0}$이 오직 자명한 해를 갖는다.

(c) A의 기약 행사다리꼴이 I_n이다.

(d) A를 기본행렬의 곱으로 표현할 수 있다.

(e) $A\mathbf{x} = \mathbf{b}$가 모든 $n \times 1$ 행렬 $\mathbf{b}$에 대하여 해를 갖는다.

(f) $A\mathbf{x} = \mathbf{b}$가 모든 $n \times 1$ 행렬 $\mathbf{b}$에 대하여 오직 하나의 해를 갖는다.

(g) $\det(A) \neq 0$.

(h) A의 열벡터가 선형독립이다.

(i) A의 행벡터가 선형독립이다.

(j) A의 열벡터가 R^n을 생성한다.

(k) A의 행벡터가 R^n을 생성한다.

(l) A의 열벡터가 R^n에 대한 기저를 이룬다.

(m) A의 행벡터가 R^n에 대한 기저를 이룬다.

(n) A의 랭크가 n이다.

(o) A의 무효차수가 0이다.

(p) A의 영공간의 직교여공간이 R^n이다.

(q) A의 행공간의 직교여공간이 $\{\mathbf{0}\}$이다.

증명 다음 증명은 (b)가 (h)에서 (q)까지를 의미함을 보여 준다. 연습문제에서 (q)가 (b)를 의미한다는 것을 보임으로써 증명을 완료해 보자.

(b) ⇒ (h) 1.3절의 식 (10)에서 $A\mathbf{x}$는 A의 열벡터의 선형결합이다. $A\mathbf{x} = \mathbf{0}$이 자명해를 가지므로 A의 열벡터는 선형독립이어야 한다.

(h) ⇒ (j), (h) ⇒ (l), (h) ⇒ (n) A의 n개의 열벡터가 n차원 벡터공간 R^n의 선형독립 벡터라는 것을 알고 있으므로, 정리 4.6.4에 의해 R^n을 생성하고, R^n의 기저를 이루어야 한다. 이것은 또한 $\text{rank}(A) = n$을 의미한다.

(h) ⇒ (i), (h) ⇒ (k), (h) ⇒ (m) 열벡터가 R^n의 기저를 이루고 A의 행공간과 열공간이 정리 4.9.1과 동일한 차원을 갖기 때문에 A의 n개의 행벡터도 R^n의 기저를 이루어야 한다.

(n) ⇒ ***(o)*** rank(A) = n이므로 정리 4.9.2에서 nullity(A) = 0이다.

(o) ⇒ ***(p)*** nullity(A) = 0은 A의 영공간이 $\{\mathbf{0}\}$임을 의미하며 R^n의 모든 벡터가 $\mathbf{0}$에 직교하므로 A의 영공간에 대한 직교여공간은 R^n이다.

(p) ⇒ ***(q)*** 정리 4.9.7에서 A의 행공간의 직교여공간은 A의 영공간이며, $\{\mathbf{0}\}$이다. ■

랭크의 응용

인터넷의 출현으로 제한된 대역폭의 통신 회선을 통해 대량의 디지털 데이터를 전송하는 효율적인 방법을 찾는 연구가 활발해졌다. 디지털 데이터는 일반적으로 행렬 형태로 저장되는데 전송 속도를 향상시키는 많은 기술들이 어떤 방식으로든 행렬의 랭크를 사용하고 있다. A가 랭크 k인 $m \times n$ 행렬이면, $n - k$개의 열벡터와 $m - k$개의 행벡터는 k개의 선형독립인 열벡터와 행벡터에 의하여 표현될 수 있다. 이런 의미에서 랭크는 행렬의 "중복성(redundancy)"을 측정하는 역할을 담당한다. 많은 데이터 압축 체계에서 핵심적인 아이디어는 거의 동일한 정보를 전달하는 최소 랭크의 데이터 집합으로 원본 데이터 집합을 근사한 다음 근사 집합에서 중복 벡터를 제거하여 전송 시간을 단축하는 것이다.

선택사항: 과도결정시스템과 과소결정시스템

많은 응용에서 연립방정식에 있는 방정식들은 만족해야 하는 물리적 제약이나 조건에 해당한다. 일반적으로 가장 바람직한 시스템은 미지수와 동일한 개수의 제약이 있는 시스템인데, 이러한 시스템은 종종 유일한 해를 갖기 때문이다. 불행히도 제약 조건과 미지수의 개수를 항상 일치시킬 수 있는 것은 아니기 때문에, 연구자들은 종종 미지수보다 제약이 많은 과도결정시스템 또는 미지수보다 제약이 적은 과소결정시스템에 직면하게 된다. 다음 정리는 ***과도결정시스템***(overdetermined system)과 ***과소결정시스템***(underdetermined system)을 분석하는 데 도움을 준다.

정리 4.9.9

A가 $m \times n$ 행렬이라 하자.

(a) ***(과도결정된 경우)*** 만약 $m > n$이면 연립방정식 $A\mathbf{x} = \mathbf{b}$는 R^n에 있는 적어도 하나의 벡터 $\mathbf{b}$에 대해 해를 갖지 않는다.

(b) ***(과소결정된 경우)*** 만약 $m < n$이면 R^m에 있는 각 벡터 $\mathbf{b}$에 대하여 연립방정식 $A\mathbf{x} = \mathbf{b}$는 해를 갖지 않거나 또는 무수히 많은 해를 갖는다.

공학이나 물리학에서 과도 또는 과소결정계의 출현은 문제 모형화 과정에서 외생 변수가 삽입되었든가 또는 일부 변수가 생략되었다는 신호이다. 이럴 때 종종 어떤 복잡성이 나타난다.

증명 (a) $m > n$이라고 가정하자. A의 열벡터는 R^m을 생성할 수 없다(R^m의 차원보다 더 적은 벡터 개수). 따라서 A의 열공간에 없는 적어도 하나의 R^m 벡터 $\mathbf{b}$가 존재하고, 이러한 $\mathbf{b}$에 대해 연립방정식 $A\mathbf{x} = \mathbf{b}$는 정리 4.8.1에 의해 해를 갖지 않는다.

증명 (b) $m < n$이라고 가정하자. R^m에 있는 각 벡터 $\mathbf{b}$에 대해 두 가지 가능성이 있다. 즉, 연립방정식 $A\mathbf{x} = \mathbf{b}$가 해를 갖거나 아니면 해를 갖지 않는다. 만약 해를 갖는다면 정리 4.9.4는 일반해가 $n - r$개의 매개변수를 갖는다는 것을 알려 준다. 여기서 $r = \text{rank}(A)$이다. 그러나 $\text{rank}(A)$는 m과 n 중 작은 값 이하이므로

$$n - r \geq n - m > 0$$

이다. 이것은 일반해에 하나 이상의 매개변수가 있음을 의미하고 따라서 무수히 많은 해가 있게 된다. ■

예제 7 | 과도결정시스템과 과소결정시스템

(a) A의 랭크가 $r = 4$인 미지수가 5개이고 7개의 방정식으로 구성된 과도결정시스템 $A\mathbf{x} = \mathbf{b}$의 해에 대해 무엇을 말할 수 있는가?

(b) A의 랭크가 $r = 4$인 미지수가 7개이고 5개의 방정식으로 구성된 과소결정시스템 $A\mathbf{x} = \mathbf{b}$의 해에 대해 무엇을 말할 수 있는가?

풀이 (a) 연립방정식은 R^7에 있는 어떤 벡터 $\mathbf{b}$에 대해 해를 가지며, 이러한 $\mathbf{b}$에 대한 일반해의 매개변수의 개수는 $n - r = 5 - 4 = 1$이다.

풀이 (b) 연립방정식은 해를 갖거나 또는 해를 갖지 않을 수도 있지만 R^5의 벡터 $\mathbf{b}$에 대해 해를 갖는다면, 그 일반해는 $n - r = 7 - 4 = 3$개의 매개변수를 갖는다.

예제 8 | 과도결정시스템

연립방정식

$$\begin{aligned} x_1 - 2x_2 &= b_1 \\ x_1 - x_2 &= b_2 \\ x_1 + x_2 &= b_3 \\ x_1 + 2x_2 &= b_4 \\ x_1 + 3x_2 &= b_5 \end{aligned}$$

은 과도결정되었으므로 모든 b_1, b_2, b_3, b_4, b_5 값에 대해 해를 가질 수는 없다. 연립방정식이 해를 갖기 위한 정확한 조건은 가우스-요르단 소거법에 의해 연립방정식을 풀면 얻을 수 있다. 첨가행렬이 행렬

$$\begin{bmatrix} 1 & 0 & 2b_2 - b_1 \\ 0 & 1 & b_2 - b_1 \\ 0 & 0 & b_3 - 3b_2 + 2b_1 \\ 0 & 0 & b_4 - 4b_2 + 3b_1 \\ 0 & 0 & b_5 - 5b_2 + 4b_1 \end{bmatrix} \tag{5}$$

로 축소됨을 보이는 것은 독자에게 남긴다. 이 연립방정식이 해를 가질 필요충분조건은 b_1, b_2, b_3, b_4, b_5가 다음 조건을 만족하는 것이다.

$$\begin{aligned} 2b_1 - 3b_2 + b_3 \qquad\qquad &= 0 \\ 3b_1 - 4b_2 \qquad + b_4 \qquad &= 0 \\ 4b_1 - 5b_2 \qquad\qquad + b_5 &= 0 \end{aligned}$$

이 동차 연립방정식을 풀면 다음을 얻는다.

$$b_1 = 5r - 4s, \quad b_2 = 4r - 3s, \quad b_3 = 2r - s, \quad b_4 = r, \quad b_5 = s$$

여기서 r과 s는 임의의 실수이다.

참고 위 예제에 있는 연립방정식의 계수행렬은 $n = 2$개의 열을 가지며, 랭크는 $r = 2$를 갖는다. 왜냐하면 기약 행사다리꼴에 2개의 영이 아닌 행이 있기 때문이다. 이것은 해가 존재할 때 일반해에 $n - r = 0$개의 매개변수가 포함됨을 의미한다. 즉, 해는 유일하다. 잠시 생각하면 이런 결론은 (8)과 일치함을 알 수 있다.

선택사항: 왼쪽 영공간 증명

A가 랭크 r인 $m \times n$ 행렬이고 기약 행사다리꼴을 R이라 하자. 첨가행렬 $[A \mid I]$가 가우스-요르단 소거에 의해 $[R \mid E]$로 축소된다면 E의 하단 $m - r$개 행은 A의 왼쪽 영공간의 기저를 이룬다.

증명 A의 왼쪽 영공간은 $A^T\mathbf{x} = \mathbf{0}$의 해공간이며, 양쪽을 전치하면

$$\mathbf{x}^T A = \mathbf{0}^T \tag{9}$$

로 다시 쓸 수 있다. $[R \mid E]$는 $[A \mid I]$에서 발생하는 첨가행렬로, 기약 행사다리꼴의 왼쪽에서부터 기본 행연산을 적용한 것이다. 행렬 A, R, E는 방정식

$$EA = R$$

과 관련이 있다. 여기서 E는 기본행렬들의 곱이다. A는 랭크가 r이고 크기가 $m \times n$이므로 행렬 R은 r개의 영이 아닌 행과 $m - r$개의 영행을 갖는다. 1.3절의 식 (9)에 의해 R의 i번째 행벡터는 곱

$$[E\text{의 } i\text{번째 행벡터}]\, A = R\text{의 } i\text{번째 행벡터}$$

에서 얻어진다. 그러나 R의 마지막 $m - r$개 행벡터는 0이므로, E의 마지막 $m - r$개 행벡터는 (9)의 해이고 따라서 A의 왼쪽 영공간에 놓인다. 정리 4.9.8을 사용하여 이 벡터들이 A의 왼쪽 영공간의 기저를 이룸을 보이는 것은 연습문제로 남긴다. ■

연습문제 4.9

(1-2) 다음 행렬을 행사다리꼴로 축소하여 행렬 A의 랭크와 무효차수를 구하라.

1. **a.** $A = \begin{bmatrix} 1 & 2 & -1 & 1 \\ 2 & 4 & -2 & 2 \\ 3 & 6 & -3 & 3 \\ 4 & 8 & -4 & 4 \end{bmatrix}$

b. $A = \begin{bmatrix} 1 & -2 & 2 & 3 & -1 \\ -3 & 6 & -1 & 1 & -7 \\ 2 & -4 & 5 & 8 & -4 \end{bmatrix}$

2. **a.** $A = \begin{bmatrix} 1 & 0 & -2 & 1 & 0 \\ 0 & -1 & -3 & 1 & 3 \\ -2 & -1 & 1 & -1 & 3 \\ 0 & 1 & 3 & 0 & -4 \end{bmatrix}$

b. $A = \begin{bmatrix} 1 & 3 & 1 & 3 \\ 0 & 1 & 1 & 0 \\ -3 & 0 & 6 & -1 \\ 3 & 4 & -2 & 1 \\ 2 & 0 & -4 & -2 \end{bmatrix}$

(3-6) 행렬 R은 행렬 A의 기약 행사다리꼴이다.

a. 행렬 R을 검토하여 A의 랭크와 무효차수를 구하라.

b. 랭크와 무효차수가 식 (4)를 만족하는지 확인하라.

c. 연립방정식을 풀지 말고 $A\mathbf{x} = \mathbf{0}$의 일반해에 있는 선도변수의 개수와 매개변수의 개수를 구하라.

3. $A = \begin{bmatrix} 2 & -1 & -3 \\ -1 & 2 & -3 \\ 1 & 1 & 4 \end{bmatrix}$; $R = \begin{bmatrix} 1 & 0 & 0 \\ 0 & 1 & 0 \\ 0 & 0 & 1 \end{bmatrix}$

4. $A = \begin{bmatrix} 2 & -1 & -3 \\ -1 & 2 & -3 \\ 1 & 1 & -6 \end{bmatrix}$; $R = \begin{bmatrix} 1 & 0 & -3 \\ 0 & 1 & -3 \\ 0 & 0 & 0 \end{bmatrix}$

5. $A = \begin{bmatrix} 2 & -1 & -3 \\ -2 & 1 & 3 \\ -4 & 2 & 6 \end{bmatrix}$; $R = \begin{bmatrix} 1 & -\frac{1}{2} & -\frac{3}{2} \\ 0 & 0 & 0 \\ 0 & 0 & 0 \end{bmatrix}$

6. $A = \begin{bmatrix} 0 & 2 & 2 & 4 \\ 1 & 0 & -1 & -3 \\ 2 & 3 & 1 & 1 \\ -2 & 1 & 3 & -2 \end{bmatrix}$; $R = \begin{bmatrix} 1 & 0 & -1 & 0 \\ 0 & 1 & 1 & 0 \\ 0 & 0 & 0 & 1 \\ 0 & 0 & 0 & 0 \end{bmatrix}$

7. 다음 각 A에 대해 가능한 가장 큰 랭크의 값과 가장 작은 무효차수의 값을 구하라.

a. A는 4×4 **b.** A는 3×5 **c.** A는 5×3

8. A가 $m \times n$ 행렬이라면 A의 랭크의 가능한 최대값과 A의 무효차수의 가능한 최소값은 각각 무엇인가?

9. 아래 표에 있는 정보를 사용하여 다음을 수행하라.

i. A의 행공간, A의 열공간, A의 영공간 및 A^T의 영공간의 차원을 구하라.

ii. 연립일차방정식 $A\mathbf{x} = \mathbf{b}$가 해를 갖는지를 판정하라.

iii. (ii)에서 해를 갖는다면 그 일반해에 있는 매개변수의 개수를 구하라.

	(a)	(b)	(c)	(d)	(e)	(f)	(g)
A의 크기	3×3	3×3	3×3	5×9	5×9	4×4	6×2
rank(A)	3	2	1	2	2	0	2
rank[A | b]	3	3	1	2	3	0	2

10. 다음 행렬에 대해 rank(A) = rank(A^T)임을 확인하라.

$$A = \begin{bmatrix} 1 & 2 & 4 & 0 \\ -3 & 1 & 5 & 2 \\ -2 & 3 & 9 & 2 \end{bmatrix}$$

(11-14) 행렬의 네 가지 기본공간의 차원과 기저를 구하라.

11. $A = \begin{bmatrix} 1 & 4 \\ 0 & 3 \\ -9 & 0 \end{bmatrix}$ **12.** $A = \begin{bmatrix} 1 & 2 & 4 \\ 2 & 4 & 8 \end{bmatrix}$

13. $A = \begin{bmatrix} 0 & -1 & -4 \\ -1 & 0 & -4 \\ -2 & 3 & 4 \end{bmatrix}$ **14.** $A = \begin{bmatrix} 3 & 4 & 0 & 7 \\ 1 & -5 & 2 & -2 \\ -1 & 4 & 0 & -3 \\ 1 & -1 & 2 & 2 \end{bmatrix}$

(15-18) 주어진 행렬에 대해 정리 4.9.7의 두 가지 직교성을 확인하라.

15. 문제 11의 행렬 **16.** 문제 12의 행렬

17. 문제 13의 행렬 **18.** 문제 14의 행렬

(19-20) 예제 5의 방법을 사용하여 행렬의 네 가지 기본공간의 기저를 구하라.

19. $A = \begin{bmatrix} 0 & 2 & 8 & -7 \\ 2 & -2 & 4 & 0 \\ -3 & 4 & -2 & 5 \end{bmatrix}$

20. $A = \begin{bmatrix} 1 & 2 & 3 & 1 & 1 \\ 2 & 8 & 0 & 1 & 2 \\ 0 & 4 & -6 & 0 & 1 \\ 1 & 0 & 0 & 0 & 0 \end{bmatrix}$

21. a. 문제 10의 행렬에 대해 nullity(A)와 nullity(A^T) 관련 방정식을 구하라.

b. 일반 $m \times n$ 행렬의 nullity(A)와 nullity(A^T) 관련 방정식을 구하라.

22. $T : R^2 \to R^3$을

$$T(x_1, x_2) = (x_1 + 3x_2, x_1 - x_2, x_1)$$

로 정의된 선형변환이라고 하자.

a. T에 대한 표준행렬의 랭크를 구하라.

b. T에 대한 표준행렬의 무효차수를 구하라.

23. $T : R^5 \to R^3$을

$$T(x_1, x_2, x_3, x_4, x_5) = (x_1 + x_2, x_2 + x_3 + x_4, x_4 + x_5)$$

로 정의된 선형변환이라고 하자.

a. T에 대한 표준행렬의 랭크를 구하라.

b. T에 대한 표준행렬의 무효차수를 구하라.

24. A의 랭크가 t에 따라 어떻게 다른지 논하라.

a. $A = \begin{bmatrix} 1 & 1 & t \\ 1 & t & 1 \\ t & 1 & 1 \end{bmatrix}$ **b.** $A = \begin{bmatrix} t & 3 & -1 \\ 3 & 6 & -2 \\ -1 & -3 & t \end{bmatrix}$

25. 다음 행렬의 랭크가 1인 r과 s의 값이 있는가? 랭크가 2일 수 있는가? 그렇다면 그때의 r, s를 구하라.

$$\begin{bmatrix} 1 & 0 & 0 \\ 0 & r-2 & 2 \\ 0 & s-1 & r+2 \\ 0 & 0 & 3 \end{bmatrix}$$

26. a. 열공간이 3-공간의 원점을 지나는 평면인 3×3 행렬의 예를 들어라. 자신의 예에 대해 다음 (b)와 (c)를 답하라.

b. 행렬의 영공간은 어떤 종류의 기하적 모양인가?

c. 행렬의 행공간은 어떤 종류의 기하적 모양인가?

27. A가 3×3 행렬이고 그것의 영공간이 3-공간에서 원점을 지나는 직선이라고 가정하자. 이때 A의 행공간 또는 열공간이 원점을 지나는 직선이라 할 수 있는가? 설명하라.

28. a. A가 3×5 행렬이면 A의 랭크는 최대 ________ 이다. 이유는?

b. A가 3×5 행렬이면 A의 무효차수는 최대 ________ 이다. 이유는?

c. A가 3×5 행렬이면 A^T의 랭크는 최대 ________ 이다. 이유는?

d. A가 3×5 행렬이면 A^T의 무효차수는 최대 ________ 이다. 이유는?

29. a. A가 3×5 행렬이면 A의 기약 행사다리꼴에서 선도 1의 개수는 최대 ________ 이다. 이유는?

b. A가 3×5 행렬이면 $A\mathbf{x} = \mathbf{0}$의 일반해에 있는 매개변수의 개수는 최대 ________ 이다. 이유는?

c. A가 5×3 행렬이면 A의 기약 행사다리꼴에서 선도 1의 개수는 최대 ________ 이다. 이유는?

d. A가 5×3 행렬이면 $A\mathbf{x} = \mathbf{0}$의 일반해에 있는 매개변수의 개수는 최대 ________ 이다. 이유는?

30. $A\mathbf{x} = \mathbf{0}$이 자명한 해만을 갖고 A가 7×6 행렬이라고 하자. A의 랭크와 무효차수를 구하라.

31. A를 랭크가 4인 5×7 행렬이라고 하자.

a. $A\mathbf{x} = \mathbf{0}$의 해공간의 차원은 무엇인가?

b. R^5의 모든 벡터 $\mathbf{b}$에 대해 $A\mathbf{x} = \mathbf{b}$가 해를 갖는가? 설명하라.

32. $A = \begin{bmatrix} a_{11} & a_{12} & a_{13} \\ a_{21} & a_{22} & a_{23} \end{bmatrix}$라 하자. A의 랭크가 2일 필요충분조건은 다음 행렬식 중 하나 이상이 0이 아닌 것임을 보여라.

$$\begin{vmatrix} a_{11} & a_{12} \\ a_{21} & a_{22} \end{vmatrix}, \quad \begin{vmatrix} a_{11} & a_{13} \\ a_{21} & a_{23} \end{vmatrix}, \quad \begin{vmatrix} a_{12} & a_{13} \\ a_{22} & a_{23} \end{vmatrix}$$

33. 문제 32의 결과를 사용하여 행렬

$$\begin{bmatrix} x & y & z \\ 1 & x & y \end{bmatrix}$$

의 랭크가 1인 R^3의 점들의 집합 (x, y, z)가 매개변수 방정식 $x = t, y = t^2, z = t^3$의 곡선임을 보여라.

34. rank(A) = rank(B)이지만 rank(A^2) $\neq$ rank(B^2)인 행렬 A 및 B를 구하라.

35. 4.7절의 예제 6에서 우리는 정리 4.9.7(a)에 의해 입증된 바와 같이 행렬

$$A = \begin{bmatrix} 1 & 3 & -2 & 0 & 2 & 0 \\ 2 & 6 & -5 & -2 & 4 & -3 \\ 0 & 0 & 5 & 10 & 0 & 15 \\ 2 & 6 & 0 & 8 & 4 & 18 \end{bmatrix}$$

의 행공간과 영공간이 R^6의 직교여공간임을 보였다. A^T의 영공간과 A의 열공간이 정리 4.9.7(b)에 의해 입증된 것처럼 R^4의 직교여공간임을 보여라. [*제안*: A의 각 열벡터가 A^T의 영공간의 각 기저벡터에 직교함을 보여라.]

36. 다음 행렬에 대해 정리 4.9.7에 명시된 결과를 확인하라.

$$A = \begin{bmatrix} -2 & -5 & 8 & 0 & -17 \\ 1 & 3 & -5 & 1 & 5 \\ 3 & 11 & -19 & 7 & 1 \\ 1 & 7 & -13 & 5 & -3 \end{bmatrix}$$

37. 다음 시스템이 과대결정되었는지 또는 과소결정되었는지를 명시하라. 과도결정된 경우, 해를 갖지 않기 위한 b의 모든 값을 찾아라. 과소결정된 경우, 해를 갖지 않을 때와 무한히 많은 해를 가질 때의 b의 모든 값을 각각 구하라.

a. $\begin{bmatrix} 1 & -1 \\ -3 & 1 \\ 0 & 1 \end{bmatrix}\begin{bmatrix} x \\ y \end{bmatrix} = \begin{bmatrix} b_1 \\ b_2 \\ b_3 \end{bmatrix}$

b. $\begin{bmatrix} 1 & -3 & 4 \\ -2 & -6 & 8 \end{bmatrix}\begin{bmatrix} x \\ y \\ z \end{bmatrix} = \begin{bmatrix} b_1 \\ b_2 \end{bmatrix}$

c. $\begin{bmatrix} 1 & -3 & 0 \\ -1 & 1 & 1 \end{bmatrix}\begin{bmatrix} x \\ y \\ z \end{bmatrix} = \begin{bmatrix} b_1 \\ b_2 \end{bmatrix}$

38. 다음의 과도결정 선형시스템이 해를 갖기 위해서 b_1, b_2, b_3, b_4, b_5가 충족해야 하는 조건은 무엇인가?

$$\begin{aligned} x_1 - 3x_2 &= b_1 \\ x_1 - 2x_2 &= b_2 \\ x_1 + \ \ x_2 &= b_3 \\ x_1 - 4x_2 &= b_4 \\ x_1 + 5x_2 &= b_5 \end{aligned}$$

증명 문제

39. 다음을 증명하라: $k \neq 0$이면 A와 kA의 랭크가 같다.

40. 다음을 증명하라: 행렬 A가 정방행렬이 아닌 경우 행벡터가 선형종속이거나 열벡터가 선형종속이다.

41. 정리 4.9.3을 사용하여 정리 4.9.4를 증명하라.

42. 정리 4.9.7(b)를 증명하라.

43. 다음을 증명하라: R^n의 벡터 $\mathbf{v}$가 R^n의 부분공간 W의 기저에 있는 각 벡터에 직교하면 $\mathbf{v}$는 W의 모든 벡터에 직교한다.

44. 다음을 증명하라: 정리 4.9.8에서 (q)는 (b)를 의미한다.

참-거짓 문제

TF. (a)-(j)가 참인지 거짓인지를 밝히고 그 이유를 설명하라.

a. 정방행렬의 행벡터나 열벡터 중 하나는 선형독립이다.

b. 행벡터가 선형독립이고 열벡터도 선형독립인 행렬은 정방행렬이다.

c. 0이 아닌 $m \times n$ 행렬의 무효차수는 최대 m이다.

d. 어떤 행렬에 열을 하나 더 추가하면 랭크가 1 증가한다.

e. 선형종속 행이 있는 정방행렬의 무효차수는 적어도 1이다.

f. A가 정방행렬이고 $A\mathbf{x} = \mathbf{b}$가 어떤 벡터 $\mathbf{b}$에 대해 해를 갖고 있지 않다면 A의 무효차수는 0이다.

g. 행렬 A에 열보다 많은 행이 있는 경우 행공간의 차원이 열공간의 차원보다 크다.

h. $\text{rank}(A^T) = \text{rank}(A)$이면 A는 정방행렬이다.

i. 행공간과 영공간이 모두 3-공간에서 둘 다 직선이 되는 3×3 행렬은 존재하지 않는다.

j. V가 R^n의 부분공간이고 W가 V의 부분공간인 경우 $W^\perp$는 $V^\perp$의 부분공간이다.

계산도구 문제

T1. 영행렬이 아닌 A의 랭크가 k일 필요충분조건은 행렬식이 영이 아닌 $k \times k$ 부분행렬이 존재하고 그보다 큰 규모의 모든 정방 부분행렬의 행렬식이 영이 되는 것이다. 이 사실을 이용하여 다음 행렬의 랭크를 구하라.

$$A = \begin{bmatrix} 3 & -1 & 3 & 2 & 5 \\ 5 & -3 & 2 & 3 & 4 \\ 1 & -3 & -5 & 0 & -7 \\ 7 & -5 & 1 & 4 & 1 \end{bmatrix}$$

다른 방법으로 A의 랭크를 계산하여 결과를 확인하라.

T2. A, B가 각각 랭크가 r_A, r_B인 $n \times n$ 행렬이라면 AB의 랭크 r_{AB}는 다음 부등식을 만족한다(***실베스터 부등식***).

$$r_A + r_B - n \leq r_{AB} \leq \min(r_A, r_B)$$

여기서 $\min(r_A, r_B)$는 r_A와 r_B 중 작은 값, 둘이 동일할 때는 그 동일한 값을 의미한다. 자신의 계산도구를 이용하여 결과를 확인해 보라.

4장 보충문제

1. V를 실수들의 모든 3중 순서쌍의 집합이라 하고, $\mathbf{u} = (u_1, u_2, u_3)$ 및 $\mathbf{v} = (v_1, v_2, v_3)$에 대한 다음 덧셈과 스칼라 곱셈 연산을 고려해 보자.

$$\mathbf{u} + \mathbf{v} = (u_1 + v_1, u_2 + v_2, u_3 + v_3),\ k\mathbf{u} = (ku_1, 0, 0)$$

   a. $\mathbf{u} = (3, -2, 4)$, $\mathbf{v} = (1, 5, -2)$와 $k = -1$에 대해 $\mathbf{u} + \mathbf{v}$와 $k\mathbf{u}$를 계산하라.

   b. 왜 V는 덧셈과 스칼라 곱셈에 대해 닫혀 있는지를 말로 설명하라.

   c. V에서 덧셈연산은 R^3에서 표준 덧셈연산이므로, R^3에 대해 성립한다는 것으로 알려져 있는 특정 벡터공간 공리는 V에 대해서도 성립한다. 4.1절의 정의 1에 있는 어떤 공리가 이에 해당하는가?

   d. 공리 7, 8, 9가 성립함을 보여라.

   e. 공리 10은 주어진 연산에 대해 성립하지 않음을 보여라.

2. 다음 연립방정식의 해공간은 R^3의 부분공간이므로 원점을 지나는 직선, 원점을 지나는 평면, 모든 R^3 또는 오직 원점이 되어야 한다. 각 연립방정식에 대해 해공간이 어떤 경우인지를 결정하라. 만약 해공간이 평면이면 그것에 대한 방정식을 구하고, 직선이라면 매개방정식을 구하라.

   a. $0x + 0y + 0z = 0$

   b. $\begin{aligned} 2x - 3y + z &= 0 \\ 6x - 9y + 3z &= 0 \\ -4x + 6y - 2z &= 0 \end{aligned}$

   c. $\begin{aligned} x - 2y + 7z &= 0 \\ -4x + 8y + 5z &= 0 \\ 2x - 4y + 3z &= 0 \end{aligned}$

   d. $\begin{aligned} x + 4y + 8z &= 0 \\ 2x + 5y + 6z &= 0 \\ 3x + y - 4z &= 0 \end{aligned}$

3. 다음 연립방정식의 해공간이 원점, 원점을 지나는 직선, 원점을 지나는 평면, 모든 R^3가 되는 s값은 각각 무엇인가?

$$\begin{aligned} x_1 + x_2 + sx_3 &= 0 \\ x_1 + sx_2 + x_3 &= 0 \\ sx_1 + x_2 + x_3 &= 0 \end{aligned}$$

4. **a.** $(4a, a - b, a + 2b)$를 $(4, 1, 1)$과 $(0, -1, 2)$의 선형결합으로 표현하라.

   b. $(3a + b + 3c, -a + 4b - c, 2a + b + 2c)$를 $(3, -1, 2)$와 $(1, 4, 1)$의 선형결합으로 표현하라.

   c. $(2a - b + 4c, 3a - c, 4b + c)$를 3개의 0이 아닌 벡터들의 선형결합으로 표현하라.

5. W를 $\mathbf{f} = \sin x$ 및 $\mathbf{g} = \cos x$로 생성되는 공간이라고 하자.

   a. 임의의 θ값에 대해 $\mathbf{f}_1 = \sin(x + \theta)$ 및 $\mathbf{g}_1 = \cos(x + \theta)$가 W의 벡터임을 보여라.

   b. $\mathbf{f}_1$과 $\mathbf{g}_1$이 W의 기저를 이루는 것을 보여라.

6. **a.** 두 가지 다른 방법으로 $\mathbf{v} = (1, 1)$을 $\mathbf{v}_1 = (1, -1)$, $\mathbf{v}_2 = (3, 0)$, $\mathbf{v}_3 = (2, 1)$의 선형결합으로 표현하라.

   b. 이것이 왜 정리 4.5.1을 위반하지 않는지 설명하라.

7. A를 $n \times n$ 행렬이라 하고, $\mathbf{v}_1, \mathbf{v}_2, \cdots, \mathbf{v}_n$을 $n \times 1$ 행렬로 표현된 R^n의 선형독립 벡터라 하자. $A\mathbf{v}_1, A\mathbf{v}_2, \cdots, A\mathbf{v}_n$이 선형독립이기 위해 A는 어떤 성질을 가져야 하는가?

8. P_n의 기저가 각 $k = 0, 1, 2, \cdots, n$에 대해 차수 k의 다항식을 하나씩 포함해야 하는가? 이유를 밝혀라.

9. 이 문제를 풀기 위해 "바둑판 행렬(checkerboard matrix)"을

$$a_{ij} = \begin{cases} 1 & i + j\text{가 짝수인 경우} \\ 0 & i + j\text{가 홀수인 경우} \end{cases}$$

와 같은 정방행렬 $A = [a_{ij}]$로 정의하자. 다음 바둑판 행렬의 랭크와 무효차수를 구하라.

   a. 3×3 바둑판 행렬

   b. 4×4 바둑판 행렬

   c. $n \times n$ 바둑판 행렬

10. 이 문제를 풀기 위해 "X-행렬"을 홀수 개의 행과 열을 갖고 값이 1인 두 대각선을 제외하고 모든 원소가 0인 정방행렬이라고 정의하자. 다음 X-행렬의 랭크와 무효차수를 구하라.

   a. $\begin{bmatrix} 1 & 0 & 1 \\ 0 & 1 & 0 \\ 1 & 0 & 1 \end{bmatrix}$

   b. $\begin{bmatrix} 1 & 0 & 0 & 0 & 1 \\ 0 & 1 & 0 & 1 & 0 \\ 0 & 0 & 1 & 0 & 0 \\ 0 & 1 & 0 & 1 & 0 \\ 1 & 0 & 0 & 0 & 1 \end{bmatrix}$

   c. 크기 $(2n + 1) \times (2n + 1)$의 X-행렬

11. 다음 각각에 대해, 명시된 다항식 집합이 P_n의 부분공간임을 증명하고 그것의 기저를 구하라.

   a. $p(-x) = p(x)$가 되는 P_n의 모든 다항식

   b. $p(0) = p(1)$이 되는 P_n의 모든 다항식

12. (***미적분학 필요***) $x = 0$에서 수평 접선을 갖는 P_n의 모든 다항식 집합이 P_n의 부분공간임을 보여라. 이 부분공간의 기저를 구하라.

13. a. 모든 3×3 대칭행렬의 벡터공간의 기저를 구하라.

b. 모든 3×3 반대칭행렬의 벡터공간의 기저를 구하라.

14. 선형대수학의 다양한 고급 교재들은 다음과 같은 랭크에 대한 행렬식 기준을 증명하고 있다. 행렬 A의 랭크가 r이기 위한 필요충분조건은 A가 행렬식이 영이 아닌 $r \times r$ 부분행렬을 가지고 있고, 그보다 큰 모든 정방 부분행렬은 행렬식이 0이 되는 것이다. [*참고*: A의 부분행렬은 A의 행 또는 열을 제거하여 얻은 행렬이다. 행렬 A 자체도 A의 부분행렬로 간주한다.] 이 기준을 사용하여 다음 행렬의 랭크를 구하라.

a. $\begin{bmatrix} 1 & 2 & 0 \\ 2 & 4 & -1 \end{bmatrix}$ **b.** $\begin{bmatrix} 1 & 2 & 3 \\ 2 & 4 & 6 \end{bmatrix}$

c. $\begin{bmatrix} 1 & 0 & 1 \\ 2 & -1 & 3 \\ 3 & -1 & 4 \end{bmatrix}$ **d.** $\begin{bmatrix} 1 & -1 & 2 & 0 \\ 3 & 1 & 0 & 0 \\ -1 & 2 & 4 & 0 \end{bmatrix}$

15. 문제 14의 결과를 사용하여 다음과 같은 형태의 행렬에 대한 가능한 랭크를 구하라.

$$\begin{bmatrix} 0 & 0 & 0 & 0 & 0 & a_{16} \\ 0 & 0 & 0 & 0 & 0 & a_{26} \\ 0 & 0 & 0 & 0 & 0 & a_{36} \\ 0 & 0 & 0 & 0 & 0 & a_{46} \\ a_{51} & a_{52} & a_{53} & a_{54} & a_{55} & a_{56} \end{bmatrix}$$

16. 다음을 증명하라: S가 벡터공간 V의 기저라면 V의 벡터 $\mathbf{u}$와 $\mathbf{v}$ 및 스칼라 k에 대해 다음 관계가 성립한다.

a. $(\mathbf{u} + \mathbf{v})_S = (\mathbf{u})_S + (\mathbf{v})_S$ **b.** $(k\mathbf{u})_S = k(\mathbf{u})_S$

17. D_k, R_θ 및 S_k를 각각 R^2에서 k배의 확대, 원점을 중심으로 한 각도 θ의 반시계방향 회전, 인자 k의 층밀림이라고 하자.

a. D_k와 R_θ는 교환이 가능한가?

b. R_θ와 S_k는 교환이 가능한가?

c. D_k와 S_k는 교환이 가능한가?

18. U, W를 벡터공간 V의 부분공간이라 하자. 벡터공간 V의 각각의 벡터 $\mathbf{v}$를 정확히 한 가지 방법으로 $\mathbf{v} = \mathbf{u} + \mathbf{w}$와 같이 표현할 수 있는 경우 $V = U \oplus W$라고 쓰고 V가 부분공간 U와 W의 ***직합***(direct sum)이라고 한다. 여기서 $\mathbf{u}$는 U의 벡터이고 $\mathbf{w}$는 W의 벡터이다.

a. $V = U \oplus W$일 필요충분조건은 V의 각 벡터가 U의 어떤 벡터 $\mathbf{u}$와 W의 어떤 벡터 $\mathbf{v}$의 합이고 $U \cap W = \{\mathbf{0}\}$인 것임을 증명하라.

b. R^3에서 U를 xy-평면이라 하고, W를 z축이라 하자. $R^3 = U \oplus W$가 참인가? 설명하라.

c. R^3에서 U를 xy-평면이라 하고, W를 yz-평면이라 하자. R^3의 모든 벡터를 U의 벡터와 W의 벡터의 합으로 표현할 수 있는가? $R^3 = U \oplus W$가 참인가? 설명하라.

CHAPTER 5

고유값과 고유벡터

Eigenvalues and Eigenvectors

챕터 목차

서론

이 장에서는 "자신의", "특유의", "독특한", "개별적인"을 뜻하는 독일어 *eigen*에서 파생된 용어인 "고유값(eigenvalue)"과 "고유벡터(eigenvector)"로 부르는 스칼라와 벡터에 대해 알아본다. 회전운동에 대한 연구에서 처음 나타난 기초적인 개념들은 후에 표면의 다양한 종류를 분류하기 위해서, 그리고 어떤 미분방정식의 해를 묘사하기 위해 사용되었다. 이것은 1900년대 초에 행렬과 행렬변환에 응용되었고 오늘날에는 컴퓨터 그래픽, 기계 진동, 열 흐름, 개체군 동태론, 양자역학, 경제학과 같은 다양한 분야에서 적용되고 있다.

5.1 고유값과 고유벡터

이 절에서는 "고유값"과 "고유벡터"의 개념을 정의하고 기본 특성을 논의할 것이다.

고유값과 고유벡터의 정의

다음은 이 절에서 사용될 용어에 대한 정의이다.

정의 1

A가 $n \times n$ 행렬일 때, R^n에 속하는 영이 아닌 벡터 $\mathbf{x}$에 대해서 $A\mathbf{x}$가 $\mathbf{x}$의 스칼라 배수이면, 즉 어떤 스칼라 λ에 대해서

$$A\mathbf{x} = \lambda\mathbf{x}$$

이면, $\mathbf{x}$를 A(혹은 행렬 연산자 T_A)의 ***고유벡터***(eigenvector)라 한다. 그리고 스칼라 λ를 A의 ***고유값***(eigenvalue)이라 하며 $\mathbf{x}$를 ***λ에 대응하는 고유벡터***라 한다.

고유벡터가 영이 아니어야 하는 조건은 모든 A와 λ에서 만족하는 $A\mathbf{0} = \lambda\mathbf{0}$와 같은 의미 없는 경우를 피하기 위함이다.

일반적으로 벡터 $\mathbf{x}$의 정방행렬 A의 곱에 의한 상은 x와 크기와 방향이 다르지만, $\mathbf{x}$가 A의 고유벡터인 경우에는 A의 곱에 의해 방향이 바뀌지 않는다. 예를 들면 R^2와 R^3에 있어서 A의 곱은 A의 각 고유벡터 $\mathbf{x}$(만일 존재하면)를 x와 같은 원점을 지나는 직선에 사상한다. $\mathbf{x}$에 대응하는 고유값 λ의 부호와 크기에 따라서 연산 $A\mathbf{x} = \lambda\mathbf{x}$은 $\mathbf{x}$를 λ의 인자만큼 축소 또는 확대하고, λ가 음인 경우에는 $\mathbf{x}$의 방향을 반대로 한다(**그림 5.1.1**).

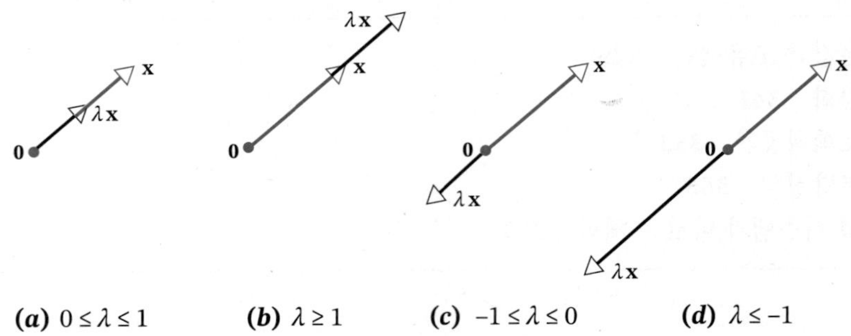

그림 5.1.1

예제 1 | 2 × 2 행렬의 고유벡터

벡터 $\mathbf{x} = \begin{bmatrix} 1 \\ 2 \end{bmatrix}$는 고유값 $\lambda = 3$에 대응하는

$$A = \begin{bmatrix} 3 & 0 \\ 8 & -1 \end{bmatrix}$$

의 고유벡터이다. 왜냐하면

$$A\mathbf{x} = \begin{bmatrix} 3 & 0 \\ 8 & -1 \end{bmatrix}\begin{bmatrix} 1 \\ 2 \end{bmatrix} = \begin{bmatrix} 3 \\ 6 \end{bmatrix} = 3\mathbf{x}$$

이기 때문이다. 기하적으로 보면 A의 곱은 벡터 $\mathbf{x}$를 3배만큼 늘린다(**그림 5.1.2**).

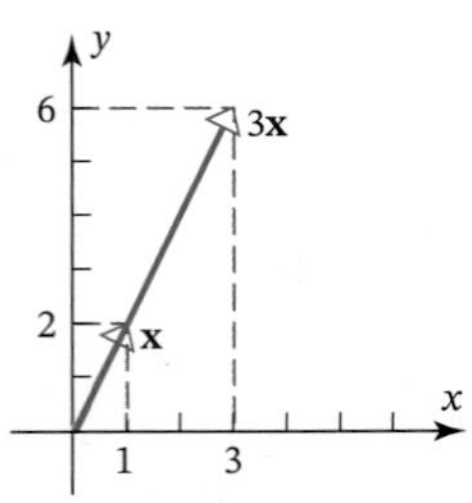

그림 5.1.2

고유값과 고유벡터의 계산

다음 목적은 $n \times n$ 행렬 A의 고유값과 고유벡터를 찾기 위한 일반적인 절차를 얻는 것이다. 먼저 A의 고유값을 찾는다. 그러면 방정식 $A\mathbf{x} = \lambda\mathbf{x}$는 $A\mathbf{x} = \lambda I\mathbf{x}$로 다시 쓸 수 있고, 또는 동등하게

$$(\lambda I - A)\mathbf{x} = \mathbf{0}$$

으로 쓸 수 있다. λ가 A의 고유값이기 위해서는 이 방정식의 영이 아닌 해 $\mathbf{x}$가 존재해야 한다. 그러나 정리 4.9.8의 (*b*), (*g*)에 의하여 영이 아닌 해를 갖기 위한 필요충분조건은 계수행렬 $\lambda I - A$의 행렬식이 0이 되는 것이다. 그러므로 다음과 같은 결과를 얻는다.

정리 5.1.1

A가 $n \times n$ 행렬이면, λ가 A의 고유값일 필요충분조건은 다음 방정식

$$\det(\lambda I - A) = 0 \tag{1}$$

을 만족하는 것이다. 이 식을 A의 ***특성방정식***(characteristic equation)이라 한다.

$(A)_{ij} = a_{ij}$인 경우, 식 (1)의 좌변은 확장된 형태로

$$\begin{vmatrix} \lambda - a_{11} & -a_{12} & \cdots & -a_{1n} \\ -a_{21} & \lambda - a_{22} & \cdots & -a_{2n} \\ \vdots & \vdots & & \vdots \\ -a_{n1} & -a_{n2} & \cdots & \lambda - a_{nn} \end{vmatrix}$$

로 쓸 수 있음에 유의한다.

예제 2 | 고유값 찾기

예제 1에서 $\lambda = 3$이 행렬

$$A = \begin{bmatrix} 3 & 0 \\ 8 & -1 \end{bmatrix}$$

의 고유값임을 보였지만 어떻게 구하였는지는 설명하지 않았다. 이 행렬의 모든 고유값을 찾기 위해 특성방정식을 사용하자.

풀이 공식 (1)로부터 A의 고유값은 식 $\det(\lambda I - A) = 0$의 해이고, 이것은

$$\begin{vmatrix} \lambda - 3 & 0 \\ -8 & \lambda + 1 \end{vmatrix} = 0$$

과 같이 쓸 수 있다. 이것으로부터

$$(\lambda - 3)(\lambda + 1) = 0 \tag{2}$$

을 얻는다. 이는 A의 고유값이 $\lambda = 3$과 $\lambda = -1$임을 보여 준다. 그러므로 예제 1의 고유값 $\lambda = 3$에 덧붙여서 두 번째 고유값 $\lambda = -1$을 구하였다.

(1)의 좌변에 있는 행렬식 $\det(\lambda I - A)$를 전개하면 A의 특성방정식은 아래와 같은 형태를 갖는다.

$$\boxed{\lambda^n + c_1\lambda^{n-1} + \cdots + c_n = 0} \tag{3}$$

이때 좌변은 λ^n의 계수가 1인 n차의 다항식이다(연습문제 37). 아래 식은 A의 ***특성다항식***(characteristic polynomial)이라고 한다.

$$\boxed{p(\lambda) = \lambda^n + c_1\lambda^{n-1} + \cdots + c_n} \tag{4}$$

예를 들면 (2)로부터 예제 2에서 2×2 행렬 A의 특성다항식은

$$p(\lambda) = (\lambda - 3)(\lambda + 1) = \lambda^2 - 2\lambda - 3$$

으로 이차다항식이다.

n차의 다항식은 최대 n개의 서로 다른 근을 가지므로, (3)으로부터 $n \times n$ 행렬 A의 특성방정식은 최대 n개의 서로 다른 해를 갖고 그 결과 $n \times n$ 행렬은 최대 n개의 서로 다른 고유값을 갖는다. 이 해들의 어떤 것은 복소수일 수도 있기 때문에, 행렬 자체는 실수성분을 갖고 있는 행렬이라도 복소고유값을 가질 수 있다. 이러한 문제의 더 자세한 것

들은 후에 논의할 것이고, 이제 고유값이 실수인 예제에만 초점을 맞춘다.

예제 3 | 3×3 행렬의 고유값

행렬

$$A = \begin{bmatrix} 0 & 1 & 0 \\ 0 & 0 & 1 \\ 4 & -17 & 8 \end{bmatrix}$$

의 고유값을 구하라.

풀이 A의 특성다항식은

$$\det(\lambda I - A) = \det\begin{bmatrix} \lambda & -1 & 0 \\ 0 & \lambda & -1 \\ -4 & 17 & \lambda - 8 \end{bmatrix} = \lambda^3 - 8\lambda^2 + 17\lambda - 4$$

이다. 따라서 A의 고유값은 3차방정식

$$\lambda^3 - 8\lambda^2 + 17\lambda - 4 = 0 \tag{5}$$

을 만족해야 한다. 이 방정식을 풀기 위해 우선 정수해를 찾아보도록 한다. 이 작업은 *정수계수*를 갖는 다항방정식

$$\lambda^n + c_1\lambda^{n-1} + \cdots + c_n = 0$$

에 대한 모든 정수해는(만일에 존재한다면) 상수항 c_n의 약수이어야 한다는 사실을 이용함으로써 간단하게 구할 수 있다. 따라서 (5)의 가능한 정수해는 −4의 약수, 즉 ±1, ±2, ±4이다. 이들의 값을 계속하여 (5)에 대입해 보면 $\lambda = 4$가 정수해임을 알 수 있다. 따라서 $\lambda - 4$는 (5)의 좌변의 인수임에 틀림없으므로 $\lambda^3 - 8\lambda^2 + 17\lambda - 4$를 $\lambda - 4$로 나누면 (5)는

$$(\lambda - 4)(\lambda^2 - 4\lambda + 1) = 0$$

과 같이 쓸 수 있다. 따라서 (5)의 나머지 해는 2차방정식

$$\lambda^2 - 4\lambda + 1 = 0$$

을 만족하고 이 해는 2차방정식의 근의 공식에 의하여 구해질 수 있다. 따라서 A의 고유값은

$$\lambda = 4, \qquad \lambda = 2 + \sqrt{3}, \qquad \lambda = 2 - \sqrt{3}$$

이다.

큰 행렬이 포함된 응용에서 특성방정식을 직접 계산하는 것은 종종 불가능하다. 그러므로 고유값을 찾기 위해 다른 방법을 사용해야 한다. 이러한 방법은 9절에서 다룬다.

예제 4 | 상삼각행렬의 고유값

상삼각행렬

$$A = \begin{bmatrix} a_{11} & a_{12} & a_{13} & a_{14} \\ 0 & a_{22} & a_{23} & a_{24} \\ 0 & 0 & a_{33} & a_{34} \\ 0 & 0 & 0 & a_{44} \end{bmatrix}$$

의 고유값을 구하라.

풀이 삼각행렬의 행렬식은 주대각선상의 원소들의 곱이라는 것을 상기하면(정리 2.1.2),

$$\det(\lambda I - A) = \det\begin{bmatrix} \lambda - a_{11} & -a_{12} & -a_{13} & -a_{14} \\ 0 & \lambda - a_{22} & -a_{23} & -a_{24} \\ 0 & 0 & \lambda - a_{33} & -a_{34} \\ 0 & 0 & 0 & \lambda - a_{44} \end{bmatrix}$$
$$= (\lambda - a_{11})(\lambda - a_{22})(\lambda - a_{33})(\lambda - a_{44})$$

를 얻을 수 있다. 따라서 특성방정식은

$$(\lambda - a_{11})(\lambda - a_{22})(\lambda - a_{33})(\lambda - a_{44}) = 0$$

이고, 고유값은

$$\lambda = a_{11}, \quad \lambda = a_{22}, \quad \lambda = a_{33}, \quad \lambda = a_{44}$$

인데, 이는 바로 A의 대각성분이다.

다음 일반 정리는 위 예제의 계산 결과로부터 분명해질 것이다.

정리 5.1.2

A가 $n \times n$ 삼각행렬(상삼각, 하삼각 또는 대각 행렬)이면, A의 고유값은 A의 주대각선상의 원소이다.

정리 5.1.2를 일찍 사용할 수 있었다면 예제 2에서 얻은 결과를 예측할 수 있었을 것이다.

예제 5 | 하삼각행렬의 고유값

계산 없이 하삼각행렬

$$A = \begin{bmatrix} \frac{1}{2} & 0 & 0 \\ -1 & \frac{2}{3} & 0 \\ 5 & -8 & -\frac{1}{4} \end{bmatrix}$$

의 고유값은 $\lambda = \frac{1}{2}$, $\lambda = \frac{2}{3}$, $\lambda = -\frac{1}{4}$이다.

다음 정리는 고유값을 다른 관점에서 서술하고 있다.

정리 5.1.3

A가 $n \times n$ 행렬이면 다음은 동등하다.

(*a*) λ가 A의 고유값이다.

(*b*) λ가 특성방정식 $\det(\lambda I - A) = 0$의 해이다.

(*c*) 연립방정식 $(\lambda I - A)\mathbf{x} = \mathbf{0}$이 비자명해를 갖는다.

(*d*) $A\mathbf{x} = \lambda\mathbf{x}$를 만족하는 영이 아닌 벡터 $\mathbf{x}$가 존재한다.

고유공간의 고유벡터와 기저 구하기

이제 우리는 행렬의 고유값을 구하는 방법을 알았으므로 그에 대응하는 고유벡터를 찾는 문제를 고려해 보자. 정의에 의하면 행렬 A의 고유값 λ에 대응하는 고유벡터는 방정식

$$(\lambda I - A)\mathbf{x} = \mathbf{0}$$

을 만족하는 영이 아닌 벡터이다. 그러므로 이 선형시스템의 해공간에 있는 영이 아닌 벡터를 찾음으로써 λ에 대응하는 A의 고유벡터를 찾을 수 있는 것이다. 이 해의 공간을 A의 ***고유공간***(eigenspace)이라 하고 다음과 같이 생각할 수 있다.

> $\mathbf{x} = \mathbf{0}$은 고유벡터가 아님에도 불구하고 모든 고유공간 안에 있다(정의 1). 그러므로 고유공간 안에 있는 영이 아닌 벡터가 고유벡터이다.

1. 행렬 $\lambda I - A$의 영공간
2. 행렬 연산자 $T_{\lambda I - A}: R^n \to R^n$의 핵
3. $A\mathbf{x} = \lambda\mathbf{x}$을 만족하는 벡터의 집합

예제 6 | 고유공간의 기저

행렬

$$A = \begin{bmatrix} -1 & 3 \\ 2 & 0 \end{bmatrix}$$

의 고유공간의 기저를 구하라.

풀이 예제 1에서 A의 특성방정식

$$\begin{vmatrix} \lambda+1 & -3 \\ -2 & \lambda \end{vmatrix} = \lambda(\lambda+1) - 6 = (\lambda-2)(\lambda+3) = 0$$

으로부터 고유값 $\lambda = 2$와 $\lambda = -3$을 얻었다. 그러므로 각 고유값에 대응하는 A의 두 개의 고유공간이 존재한다. 정의에 의해,

$$\mathbf{x} = \begin{bmatrix} x_1 \\ x_2 \end{bmatrix}$$

가 고유값 λ에 대응하는 A의 고유벡터이기 위한 필요충분조건은 $\mathbf{x}$가 $(\lambda I - A)\mathbf{x} = \mathbf{0}$, 즉

$$\begin{bmatrix} \lambda+1 & -3 \\ -2 & \lambda \end{bmatrix}\begin{bmatrix} x_1 \\ x_2 \end{bmatrix} = \begin{bmatrix} 0 \\ 0 \end{bmatrix}$$

의 비자명해인 것이다. $\lambda = 2$이면 이 방정식은

$$\begin{bmatrix} 3 & -3 \\ -2 & 2 \end{bmatrix}\begin{bmatrix} x_1 \\ x_2 \end{bmatrix} = \begin{bmatrix} 0 \\ 0 \end{bmatrix}$$

이 되고 일반해는

$$x_1 = t, \quad x_2 = t$$

이 된다(검증하라). 또는 행렬 형태로

$$\begin{bmatrix} x_1 \\ x_2 \end{bmatrix} = \begin{bmatrix} t \\ t \end{bmatrix} = t\begin{bmatrix} 1 \\ 1 \end{bmatrix}$$

이다. 그러므로

$$\begin{bmatrix} 1 \\ 1 \end{bmatrix}$$

은 $\lambda = 2$에 대응하는 고유공간의 기저이다. 유사한 계산을 통해

$$\begin{bmatrix} -\frac{3}{2} \\ 1 \end{bmatrix}$$

이 $\lambda = -3$에 대응하는 고유공간의 기저임을 보이는 것은 각자 연습해 보기 바란다.

그림 5.1.3은 예제 6에서 행렬 A에 의한 곱셈의 기하적 효과를 보여 준다. $\lambda = 2$에 대응하는 고유공간은 원점과 점 (1, 1)을 지나는 직선 L_1이고, $\lambda = 3$에 대응하는 고유공간은 원점과 점 $\left(-\frac{3}{2}, 1\right)$을 지나는 직선 L_2이다. 그림에서 알 수 있듯이, A를 곱하면 직선 L_1의 각 벡터가 하나씩 다시 직선 L_1으로 사상되고 2배로 크기조정된다. 또한 직선 L_2의 각 벡터가 하나씩 다시 직선 L_2으로 사상되고 -3배로 크기조정된다.

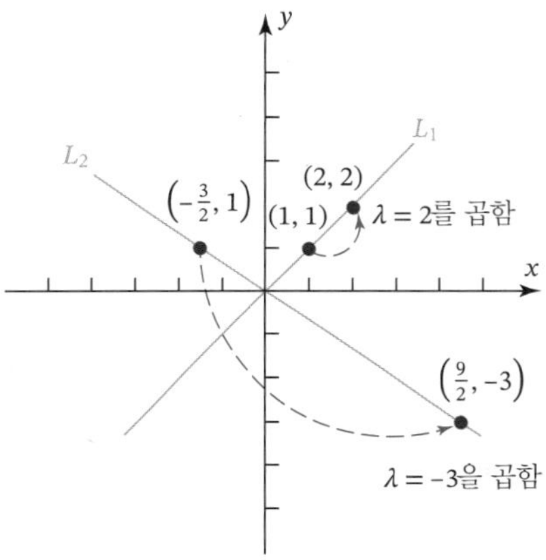

그림 5.1.3

역사 노트

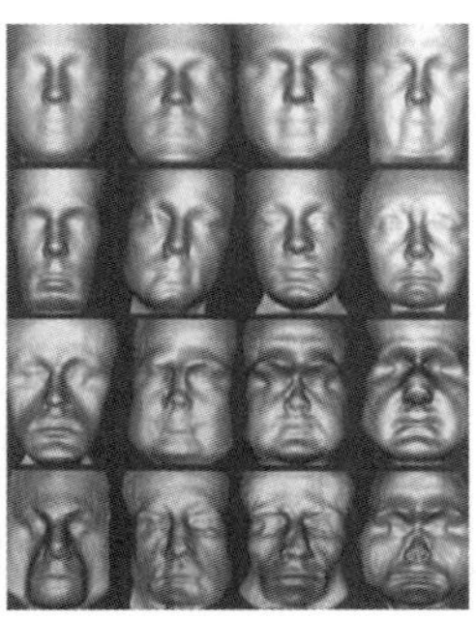

선형대수 방법은 컴퓨터화된 얼굴인식 분야에서 사용되고 있다. 연구원들은 한 인종집단 내 모든 사람의 얼굴이 수십 가지 기본 형태의 조합이라는 아이디어를 가지고 연구하고 있다. 예를 들어 록펠러대학교 연구원들은 수많은 얼굴의 3차원 스캔을 분석하여 백인그룹의 평균 머리 모양인 ***meanhead***(그림 상단 맨 왼쪽)와 그것으로부터 표준화된 변형인 ***eigenhead***(그림에 보이는 15개의 머리 모양)들을 모두 생성했다. 이들은 디지털화된 얼굴정보를 저장하는 특정행렬의 고유벡터이기 때문에 그렇게 명명되었다. 얼굴 모양은 수학적으로 eigenhead들의 선형결합으로 표현된다.

[Image: © Dr. Joseph J. Atick, adapted from *Scientific American*]

예제 7 | 고유공간의 고유벡터와 기저

행렬

$$A = \begin{bmatrix} 0 & 0 & -2 \\ 1 & 2 & 1 \\ 1 & 0 & 3 \end{bmatrix}$$

의 고유공간의 기저를 구하라.

풀이 A의 특성방정식은 $\lambda^3 - 5\lambda^2 + 8\lambda - 4 = 0$이고 인수분해하면 $(\lambda - 1)(\lambda - 2)^2 = 0$이다(검증하라). 따라서 A의 고유값은 $\lambda = 1$과 $\lambda = 2$이므로 A의 두 개의 고유공간이 존재한다.

정의에 의하여

$$\mathbf{x} = \begin{bmatrix} x_1 \\ x_2 \\ x_3 \end{bmatrix}$$

가 λ에 대응하는 A의 고유벡터이기 위한 필요충분조건은 $\mathbf{x}$가 $(\lambda I - A)\mathbf{x} = \mathbf{0}$의 비자명해인 것이다. 또는 행렬 형태로 $\mathbf{x}$가

$$\begin{bmatrix} \lambda & 0 & 2 \\ -1 & \lambda - 2 & -1 \\ -1 & 0 & \lambda - 3 \end{bmatrix} \begin{bmatrix} x_1 \\ x_2 \\ x_3 \end{bmatrix} = \begin{bmatrix} 0 \\ 0 \\ 0 \end{bmatrix} \tag{6}$$

의 비자명해인 경우이다. $\lambda = 2$인 경우 (6)은

$$\begin{bmatrix} 2 & 0 & 2 \\ -1 & 0 & -1 \\ -1 & 0 & -1 \end{bmatrix} \begin{bmatrix} x_1 \\ x_2 \\ x_3 \end{bmatrix} = \begin{bmatrix} 0 \\ 0 \\ 0 \end{bmatrix}$$

으로 되고, 이 연립방정식을 가우스 소거법을 사용하여 풀면

$$x_1 = -s, \quad x_2 = t, \quad x_3 = s$$

이 된다(검증하라). 따라서 $\lambda = 2$에 대응하는 A의 고유벡터는 다음 형태의 영이 아닌 벡터이다.

$$\mathbf{x} = \begin{bmatrix} -s \\ t \\ s \end{bmatrix} = \begin{bmatrix} -s \\ 0 \\ s \end{bmatrix} + \begin{bmatrix} 0 \\ t \\ 0 \end{bmatrix} = s\begin{bmatrix} -1 \\ 0 \\ 1 \end{bmatrix} + t\begin{bmatrix} 0 \\ 1 \\ 0 \end{bmatrix}$$

그런데

$$\begin{bmatrix} -1 \\ 0 \\ 1 \end{bmatrix} \text{과} \quad \begin{bmatrix} 0 \\ 1 \\ 0 \end{bmatrix}$$

은 선형독립이므로(왜 그런가?) 이들 벡터는 $\lambda = 2$에 대응하는 고유공간의 기저를 이룬다.

$\lambda = 1$일 때는 (6)이

$$\begin{bmatrix} 1 & 0 & 2 \\ -1 & -1 & -1 \\ -1 & 0 & -2 \end{bmatrix} \begin{bmatrix} x_1 \\ x_2 \\ x_3 \end{bmatrix} = \begin{bmatrix} 0 \\ 0 \\ 0 \end{bmatrix}$$

으로 되고, 이 연립방정식을 풀면

$$x_1 = -2s, \quad x_2 = s, \quad x_3 = s$$

로 된다(검증하라). 따라서 $\lambda = 1$에 대응하는 고유벡터는

$$\begin{bmatrix} -2s \\ s \\ s \end{bmatrix} = s\begin{bmatrix} -2 \\ 1 \\ 1 \end{bmatrix}$$

형태의 영이 아닌 벡터이므로

$$\begin{bmatrix} -2 \\ 1 \\ 1 \end{bmatrix}$$

은 $\lambda = 1$에 대응하는 고유공간의 기저이다.

고유값과 가역성

다음 정리는 행렬의 고유값과 가역성 사이의 관계를 확립한다.

정리 5.1.4

정방행렬 A가 가역이기 위한 필요충분조건은 $\lambda = 0$이 A의 고유값이 아닌 것이다.

증명 A를 $n \times n$ 행렬이라 가정하자. 우선 $\lambda = 0$이 특성방정식

$$\lambda^n + c_1\lambda^{n-1} + \cdots + c_n = 0$$

의 해이기 위한 필요충분조건은 상수항 c_n이 영인 것임을 관찰하자. 따라서 A가 가역이기 위한 필요충분조건은 $c_n \neq 0$임을 증명하면 충분하다. 그런데

$$\det(\lambda I - A) = \lambda^n + c_1\lambda^{n-1} + \cdots + c_n$$

이고, $\lambda = 0$이라 놓으면

$$\det(-A) = c_n \qquad \text{또는} \qquad (-1)^n \det(A) = c_n$$

이다. 마지막 방정식으로부터 $\det(A) = 0$이기 위한 필요충분조건은 $c_n = 0$이고, 이것은 또한 A가 가역이기 위한 필요충분조건이 $c_n \neq 0$임을 뜻한다. ■

예제 8 | 고유값과 가역성

예제 7의 행렬 A의 고유값은 $\lambda = 1$과 $\lambda = 2$이고 모두 영이 아니므로 A는 가역이다. 이 결과를 $\det(A) \neq 0$임을 밝힘으로써 검산하기 바란다.

동등 정리의 추가

이 절의 마지막 결과로, 정리 5.1.4를 이용하여 정리 4.9.8에 한 가지를 더 추가한다.

정리 5.1.5

동등한 명제들

만약 A가 중복된 열과 행이 없는 $n \times n$ 행렬이면 다음의 명제들은 동등하다.

(*a*) A가 가역이다.
(*b*) $A\mathbf{x} = \mathbf{0}$이 오직 자명해만을 갖는다.
(*c*) A의 기약 행사다리꼴이 I_n이다.
(*d*) A를 기본행렬의 곱으로 표현할 수 있다.
(*e*) $A\mathbf{x} = \mathbf{b}$가 모든 $n \times 1$ 행렬 $\mathbf{b}$에 대해서 해를 갖는다.
(*f*) $A\mathbf{x} = \mathbf{b}$가 모든 $n \times 1$ 행렬 $\mathbf{b}$에 대해서 오직 하나의 해만을 갖는다.
(*g*) $\det(A) \neq 0$.
(*h*) A의 열벡터가 선형독립이다.
(*i*) A의 행벡터가 선형독립이다.
(*j*) A의 열벡터가 R^n을 생성한다.
(*k*) A의 행벡터가 R^n을 생성한다.
(*l*) A의 열벡터가 R^n의 기저를 이룬다.
(*m*) A의 행벡터가 R^n의 기저를 이룬다.
(*n*) A의 랭크가 n이다.
(*o*) A의 무효차수는 0이다.
(*p*) A의 영공간의 직교여공간이 R^n이다.
(*q*) A의 행공간의 직교여공간이 $\{\mathbf{0}\}$이다.
(*r*) $\lambda = 0$이 A의 고유값이 아니다.

이 정리는 지금까지 공부한 모든 주요 주제를 관련짓는다.

연습문제 5.1

*(**1-4**) $\mathbf{x}$가 A의 고유벡터임을 확인하고 대응하는 고유값을 구하라.*

1. $A = \begin{bmatrix} 1 & 2 \\ 3 & 2 \end{bmatrix}$; $\mathbf{x} = \begin{bmatrix} 1 \\ -1 \end{bmatrix}$ **2.** $A = \begin{bmatrix} 5 & -1 \\ 1 & 3 \end{bmatrix}$; $\mathbf{x} = \begin{bmatrix} 1 \\ 1 \end{bmatrix}$

3. $A = \begin{bmatrix} 4 & 0 & 1 \\ 2 & 3 & 2 \\ 1 & 0 & 4 \end{bmatrix}$; $\mathbf{x} = \begin{bmatrix} 1 \\ 2 \\ 1 \end{bmatrix}$

4. $A = \begin{bmatrix} 2 & -1 & -1 \\ -1 & 2 & -1 \\ -1 & -1 & 2 \end{bmatrix}$; $\mathbf{x} = \begin{bmatrix} 1 \\ 1 \\ 1 \end{bmatrix}$

*(**5-6**) 다음 행렬의 특성방정식, 고유값과 고유공간에 대한 기저를 구하라.*

5. **a.** $\begin{bmatrix} 1 & 4 \\ 2 & 3 \end{bmatrix}$ **b.** $\begin{bmatrix} -2 & -7 \\ 1 & 2 \end{bmatrix}$

c. $\begin{bmatrix} 1 & 0 \\ 0 & 1 \end{bmatrix}$ **d.** $\begin{bmatrix} 1 & -2 \\ 0 & 1 \end{bmatrix}$

6. **a.** $\begin{bmatrix} 2 & 1 \\ 1 & 2 \end{bmatrix}$ **b.** $\begin{bmatrix} 2 & -3 \\ 0 & 2 \end{bmatrix}$

c. $\begin{bmatrix} 2 & 0 \\ 0 & 2 \end{bmatrix}$ **d.** $\begin{bmatrix} 1 & 2 \\ -2 & -1 \end{bmatrix}$

*(**7-12**) 다음 행렬의 특성방정식, 고유값과 고유공간에 대한 기저를 구하라.*

7. $\begin{bmatrix} 4 & 0 & 1 \\ -2 & 1 & 0 \\ -2 & 0 & 1 \end{bmatrix}$ 8. $\begin{bmatrix} 1 & 0 & -2 \\ 0 & 0 & 0 \\ -2 & 0 & 4 \end{bmatrix}$

9. $\begin{bmatrix} 6 & 3 & -8 \\ 0 & -2 & 0 \\ 1 & 0 & -3 \end{bmatrix}$ 10. $\begin{bmatrix} 0 & 1 & 1 \\ 1 & 0 & 1 \\ 1 & 1 & 0 \end{bmatrix}$

11. $\begin{bmatrix} 4 & 0 & -1 \\ 0 & 3 & 0 \\ 1 & 0 & 2 \end{bmatrix}$ 12. $\begin{bmatrix} 1 & -3 & 3 \\ 3 & -5 & 3 \\ 6 & -6 & 4 \end{bmatrix}$

(13-14) 계산 없이 다음 행렬의 특성방정식을 구하라.

13. $\begin{bmatrix} 3 & 0 & 0 \\ -2 & 7 & 0 \\ 4 & 8 & 1 \end{bmatrix}$ 14. $\begin{bmatrix} 9 & -8 & 6 & 3 \\ 0 & -1 & 0 & 0 \\ 0 & 0 & 3 & 0 \\ 0 & 0 & 0 & 7 \end{bmatrix}$

(15-16) 다음에 정의된 선형 연산자의 각 고유공간에 대한 고유값과 기저를 찾아라. [제안: 연산자에 대한 표준행렬로 작업하라.]

15. $T(x,y) = (x + 4y, 2x + 3y)$

16. $T(x,y,z) = (2x - y - z,\ x - z,\ -x + y + 2z)$

17. **(미적분학 필요)** $D^2 : C^\infty(-\infty, \infty) \to C^\infty(-\infty, \infty)$을 함수를 이계 도함수로 사상하는 연산자라 하자.
   a. D^2이 선형임을 보여라.
   b. ω가 양의 상수이면 $\sin\sqrt{\omega}x$와 $\cos\sqrt{\omega}x$가 D^2의 고유벡터임을 보여라. 그리고 대응하는 고유값을 찾아라.

18. **(미적분학 필요)** $D^2 : C^\infty \to C^\infty$을 연습문제 17의 선형 연산자라 하자. ω가 양의 상수이면 $\sinh\sqrt{\omega}x$와 $\cosh\sqrt{\omega}x$가 D^2의 고유벡터임을 보여라. 그리고 대응하는 고유값을 찾아라.

(19-20) R^2상의 다음 행렬 연산자의 고유값과 대응하는 고유공간을 찾아라. 계산 없이 기하적 추론을 통해 답을 찾아라.

19. a. 직선 $y = x$에 대한 반사
   b. x축으로 정사영
   c. 원점을 중심으로 양방향 90° 회전
   d. 인자 k의 축소($0 \le k < 1$)
   e. 인자 k의 x방향 층밀림($k \ne 0$)

20. a. y축에 대한 반사
   b. 원점을 중심으로 양방향 180° 회전
   c. 인자 k의 확대($k > 1$)
   d. 인자 k의 y방향 팽창($k > 1$)
   e. 인자 k의 y방향 층밀림($k \ne 0$)

(21-22) R^3상의 다음 행렬 연산자의 고유값과 대응하는 고유공간을 찾아라. 계산 없이 기하적 추론을 통해 답을 찾아라.

21. a. xy-평면에 대한 반사
   b. xz-평면으로 정사영
   c. 양의 x축을 중심으로 반시계방향의 90° 회전
   d. 인자 k의 축소($0 \le k < 1$)

22. a. xz-평면에 대한 반사
   b. yz-평면으로 정사영
   c. 양의 y축을 중심으로 반시계방향의 180° 회전
   d. 인자 k의 확대($k > 1$)

23. A가 2×2 행렬이라고 하자. $\mathbf{x}$가 R^2에서 원점을 지나는 직선상에 있을 때 $A\mathbf{x}$도 그 직선상에 있으면 그 직선은 A에 대하여 **불변**(invariant)이라 한다. 다음에 주어진 행렬에 대해 불변인(존재한다면) R^2의 모든 직선의 방정식을 구하라.
   a. $A = \begin{bmatrix} 4 & -1 \\ 2 & 1 \end{bmatrix}$ b. $A = \begin{bmatrix} 0 & 1 \\ -1 & 0 \end{bmatrix}$

24. 행렬 A가 다음에 주어진 특성다항식 $p(\lambda)$을 가질 때 $\det(A)$를 구하라.
   a. $p(\lambda) = \lambda^3 - 2\lambda^2 + \lambda + 5$
   b. $p(\lambda) = \lambda^4 - \lambda^3 + 7$
   [*힌트*: 정리 5.1.4의 증명을 참조하라.]

25. 어떤 행렬 A의 특성다항식이 $p(\lambda) = (\lambda - 1)(\lambda - 3)^2(\lambda - 4)^3$라 할 때 다음 각각의 물음에 답하고 이유를 설명하라.
   a. A의 크기는 얼마인가?
   b. A는 가역행렬인가?
   c. A는 몇 개의 고유공간을 갖는가?

26. 우리가 공부했던 고유벡터는 ***왼쪽 고유벡터***(left eigenvector)와 구별해서 간혹 ***오른쪽 고유벡터***(right eigenvector)라고 한다. 왼쪽 고유벡터는 어떤 스칼라 μ에 대하여 $\mathbf{x}^TA = \mu\mathbf{x}^T$를 만족하는 $n \times 1$ 열행렬 $\mathbf{x}$이다. A의 오른쪽 고유벡터와 그에 대응하는 고유값 λ, A의 왼쪽 고유벡터와 그에 대응하는 고유값 μ 사이에 어떤 관계가 존재하는가?

27. 고유값이 1, −1, 0이고 대응하는 고유벡터가

$$\begin{bmatrix} 1 \\ -1 \\ 1 \end{bmatrix},\quad \begin{bmatrix} 1 \\ 1 \\ 0 \end{bmatrix},\quad \begin{bmatrix} 1 \\ -1 \\ 0 \end{bmatrix}$$

인 3×3 행렬 A를 찾아라.

증명 문제

28. tr(A)를 A의 대각합(trace)이라 할 때 2×2 행렬 A의 특성방정식은 $\lambda^2 - \text{tr}(A)\lambda + \det(A) = 0$으로 표현될 수 있음을 보여라.

29. 연습문제 28의 결과를 사용하여

$$A = \begin{bmatrix} a & b \\ c & d \end{bmatrix}$$

이면 A의 특성방정식의 해는

$$\lambda = \tfrac{1}{2}\left[(a+d) \pm \sqrt{(a-d)^2 + 4bc}\,\right]$$

임을 보여라. 이 결과를 사용하여 다음을 증명하라.

a. $(a-d)^2 + 4bc > 0$이면 A가 두 개의 다른 실수 고유값을 가진다.

b. $(a-d)^2 + 4bc = 0$이면 A가 두 개의 중복 고유값을 가진다.

c. $(a-d)^2 + 4bc < 0$이면 A가 복소켤레 고유값을 가진다.

30. A를 연습문제 29의 행렬로 하자. $b \neq 0$이면

$$\mathbf{x}_1 = \begin{bmatrix} -b \\ a-\lambda_1 \end{bmatrix} \quad \text{그리고} \quad \mathbf{x}_2 = \begin{bmatrix} -b \\ a-\lambda_2 \end{bmatrix}$$

이 A의 고유벡터이고, 각 대응 고유값은

$$\lambda_1 = \tfrac{1}{2}\left[(a+d) + \sqrt{(a-d)^2 + 4bc}\,\right]$$

와

$$\lambda_2 = \tfrac{1}{2}\left[(a+d) - \sqrt{(a-d)^2 + 4bc}\,\right]$$

임을 보여라.

31. $$p(\lambda) = \lambda^2 + c_1\lambda + c_2$$

이 2×2 행렬의 특성방정식이면,

$$p(A) = A^2 + c_1A + c_2I = 0$$

임을 보이기 위해 연습문제 28의 결과를 사용하라. (언급된 대로 A는 자신의 특성방정식을 만족한다. 이 결과는 $n \times n$ 행렬에서도 참이다.)

32. a, b, c, d가 $a + b = c + d$를 만족하는 정수이면

$$A = \begin{bmatrix} a & b \\ c & d \end{bmatrix}$$

는 정수 고유값을 가짐을 증명하라.

33. 다음을 증명하라: λ가 가역행렬 A의 고유값이고 $\mathbf{x}$가 대응 고유벡터인 경우, $1/\lambda$은 A^{-1}의 고유값이고 $\mathbf{x}$는 대응 고유벡터이다.

34. 다음을 증명하라: λ가 A의 고유값이고, $\mathbf{x}$는 대응 고유벡터, s는 스칼라이면, $\lambda - s$는 $A - sI$의 고유값이고 $\mathbf{x}$는 대응 고유벡터이다.

35. 다음을 증명하라: λ가 A의 고유값이고 $\mathbf{x}$가 대응 고유벡터이면, $s\lambda$는 모든 스칼라 s에 대해 sA의 고유값이고 $\mathbf{x}$는 대응 고유벡터이다.

36. $$A = \begin{bmatrix} -2 & 2 & 3 \\ -2 & 3 & 2 \\ -4 & 2 & 5 \end{bmatrix}$$

의 고유공간에 대해 고유값과 기저를 찾고, 연습문제 33과 34를 이용하여 (a), (b), (c)의 고유공간에 대해 고유값과 기저를 찾아라.

a. A^{-1} **b.** $A - 3I$ **c.** $A + 2I$

37. A가 $n \times n$ 행렬이라고 하자. A의 특성다항식의 차수가 n임과 특성다항식에서 λ^n의 계수가 1임을 증명하라.

38. a. A가 정방행렬이면 A와 A^T는 같은 고유값을 가짐을 증명하라. [*힌트*: 특성방정식 $\det(\lambda I - A) = 0$을 확인하라.]

b. A와 A^T는 같은 고유공간을 가질 필요가 없음을 증명하라. [*힌트*: 연습문제 30의 결과를 이용하여 A와 A^T가 다른 고유공간을 갖는 2×2 행렬을 찾아라.]

39. 행렬 A의 두 개의 다른 고유공간의 교집합이 $\{\mathbf{0}\}$임을 증명하라.

참-거짓 문제

TF. (a)-(f)가 참인지 거짓인지를 밝히고 그 이유를 설명하라.

a. 영이 아닌 어떤 스칼라 λ에 대해서, A가 정방행렬이고 $A\mathbf{x} = \lambda\mathbf{x}$이면 $\mathbf{x}$는 A의 고유벡터이다.

b. λ가 행렬 A의 고유값이면 선형계 $(\lambda I - A)\mathbf{x} = \mathbf{0}$은 오직 자명해만을 갖는다.

c. 행렬 A의 특성다항식이 $p(\lambda) = \lambda^2 + 1$이면 A는 가역행렬이다.

d. λ가 행렬 A의 고유값이면 λ에 대응하는 A의 고유공간은 λ에 대응하는 A의 고유벡터의 집합이다.

e. 행렬 A의 고유값은 A의 기약 행사다리꼴의 고유값과 같다.

f. 0이 A의 고유값이면 A의 열의 집합은 선형독립이다.

계산도구 문제

T1. 다음 행렬 A에 대해 특성다항식과 고유값을 구하고 예제 7의 방법을 사용하여 고유공간의 기저를 구하라.

$$A = \begin{bmatrix} -8 & 33 & 38 & 173 & -30 \\ 0 & 0 & -1 & -4 & 0 \\ 0 & 0 & -5 & -25 & 1 \\ 0 & 0 & 1 & 5 & 0 \\ 4 & -16 & -19 & -86 & 15 \end{bmatrix}$$

T2. ***케일리-해밀턴 정리***(Cayley-Hamilton theorem)는 다음과 같다: $n \times n$ 행렬 A는 그 특성방정식을 만족한다. 즉,

$$\lambda^n + c_1\lambda^{n-1} + \cdots + c_n = 0$$

이 A의 특성방정식이면, $A^n + c_1A^{n-1} + \cdots + c_2I = 0$이 성립한다.

a. 다음 행렬에서 그 결과를 검증하라.

$$A = \begin{bmatrix} 0 & 1 & 0 \\ 0 & 0 & 1 \\ 2 & -5 & 4 \end{bmatrix}$$

b. 연습문제 28의 결과를 이용하여 케일리-해밀턴 정리를 2×2 행렬에 대해 증명하라.

5.2 대각화

이 절에서는 주어진 $n \times n$ 행렬 A의 고유벡터로 이루어지는 공간 R^n의 기저를 구하는 문제를 다루기로 한다. 이와 같은 기저는 행렬 A의 기하적 성질을 연구하는 데 사용할 수 있으며 A에 관련된 여러 가지 수치계산을 단순화하는 데에도 사용할 수 있다. 이들 기저는 또한 매우 다양한 응용에서 실제적으로 중요하기 때문에, 그 몇 가지는 차후에 다시 논하게 될 것이다.

행렬의 대각화 문제

이 절에서 우리가 학습할 중요한 내용은 $n \times n$인 행렬 A와 가역행렬 P가 주어졌을 때 $P^{-1}AP$ 형태의 곱에 대해 알아보는 것이다. 이 곱에 대하여 여러 방식으로 생각할 수 있는데, 그중 한 방법은 행렬 A가 행렬 $P^{-1}AP$로 사상되는 것으로, 즉

$$A \to P^{-1}AP$$

로 보는 것이다. 이런 사상을 ***닮음변환***(similarity transformation)이라 부른다. 이 변환은 행렬의 많은 성질들을 유지해 주기 때문에 아주 중요하다. 예를 들어 만약 $B = P^{-1}AP$이면

$$\begin{aligned} \det(B) &= \det(P^{-1}AP) = \det(P^{-1})\det(A)\det(P) \\ &= \frac{1}{\det(P)}\det(A)\det(P) = \det(A) \end{aligned}$$

로부터 A와 B가 같은 행렬식을 갖는 것을 알 수 있다.

일반적으로 모든 닮음행렬에 대하여 공유되는 성질을 ***닮음불변***(similarity invariant) 또는 ***닮음에 대한 불변***(invariant under similarity)이라 한다. **표 1**에는 가장 중요한 닮음불변성이 정리되어 있다. 일부 결과의 증명은 연습문제에 주어져 있다.

표 1 닮음불변

성질	각 성질의 특징
행렬식	A와 $P^{-1}AP$는 동일한 행렬식을 갖는다.
가역성	A가 가역일 필요충분조건은 $P^{-1}AP$가 가역인 것이다.
랭크	A와 $P^{-1}AP$는 동일한 랭크를 갖는다.
무효차수	A와 $P^{-1}AP$는 동일한 무효차수를 갖는다.
대각합	A와 $P^{-1}AP$는 동일한 대각합을 갖는다.
특성다항식	A와 $P^{-1}AP$는 동일한 특성다항식을 갖는다.
고유값	A와 $P^{-1}AP$는 동일한 고유값을 갖는다.
고유공간의 차원	λ가 A의 고유값이면 $P^{-1}AP$의 고유값이고, λ에 대응하는 A의 고유공간과 λ에 대응하는 $P^{-1}AP$의 고유공간은 같은 차원을 갖는다.

닮음변환 연구에 유용한 용어를 살펴보자.

정의 1

A, B가 정방행렬일 때 $B = P^{-1}AP$를 만족하는 가역행렬 P가 존재하면, ***B는 A와 닮았다***(*B* is similar to *A*)라고 한다.

만약에 B가 A를 닮았으면, $Q = P^{-1}$를 사용하여 A를 $A = Q^{-1}BQ$로 표현할 수 있어서, 역시 A가 B를 닮음 또한 사실이다. 따라서 A와 B 중에서 어느 한 쪽이 다른 것에 닮았으면 통상적으로 A와 B는 ***닮음행렬***(similar matrix)이라 말한다.

대각행렬은 매우 단순한 형태를 갖기 때문에 주어진 $n \times n$ 행렬 A가 이런 형태의 행렬과 닮았는지 확인해 보는 것은 자연스럽다. 만약 이것이 사실이고 A와 닮은 대각행렬 D를 실제로 찾을 수 있다면 D의 대각원소로부터 곧바로 A의 많은 닮음불변 성질들을 알아낼 수 있을 것이다. 예를 들어 D의 대각원소가 A의 고유값이 될 것(정리 5.1.2)이고 D의 대각원소들의 곱이 A의 행렬식이 될 것(정리 2.1.2)이다. 이제 다음 용어를 도입하자.

정의 2

정방행렬 A가 어떠한 대각행렬과 닮았으면, 즉 $P^{-1}AP$이 대각행렬이 되는 가역행렬 P가 존재하면 A가 ***대각화가능하다***(diagonalizable)고 한다. 이 경우 행렬 P가 A를 ***대각화한다***(diagonalize)고 한다.

다음 정리와 그 증명 과정은 주어진 행렬이 대각화가능한지 여부를 판정하고, 또 대각화가 가능하다면, 대각화를 수행하는 행렬 P를 찾는 기법을 고안하는 데 지침이 된다.

정리 5.2.1

A가 $n \times n$ 행렬이면 다음은 동등하다.
(*a*) A가 대각화가능하다.
(*b*) A가 n개의 선형독립인 고유벡터를 갖는다.

정리 5.2.1의 (b)는 A의 고유벡터로 구성된 R^n의 기저가 있다는 것과 동일하다. 왜 그럴까?

증명 (a) ⇒ (b) A가 대각화가능하다고 가정했으므로 $P^{-1}AP = D$ 또는 동등하게

$$AP = PD \tag{1}$$

를 만족하는 가역행렬 P와 대각행렬 D가 존재한다. $\mathbf{p}_1, \mathbf{p}_2, \cdots, \mathbf{p}_n$으로 P의 열벡터를 표시하고, D의 대각원소를 $\lambda_1, \lambda_2, \cdots, \lambda_n$이라고 가정하면 1.3절의 (6)에 의해 (1)의 좌변은

$$AP = A[\mathbf{p}_1 \quad \mathbf{p}_2 \quad \cdots \quad \mathbf{p}_n] = [A\mathbf{p}_1 \quad A\mathbf{p}_2 \quad \cdots \quad A\mathbf{p}_n]$$

으로 표현할 수 있고, 1.7절의 예제 1에서와 같이 (1)의 우변은

$$PD = [\lambda_1\mathbf{p}_1 \quad \lambda_2\mathbf{p}_2 \quad \cdots \quad \lambda_n\mathbf{p}_n]$$

으로 표현할 수 있다. 그러므로 (1)로부터

$$A\mathbf{p}_1 = \lambda_1\mathbf{p}_1, \quad A\mathbf{p}_2 = \lambda_2\mathbf{p}_2, \ldots, \quad A\mathbf{p}_n = \lambda_n\mathbf{p}_n \tag{2}$$

이다. P가 가역이므로 정리 5.1.5에 의하여 열벡터 $\mathbf{p}_1, \mathbf{p}_2, \cdots, \mathbf{p}_n$는 선형독립이다. 그러므로 이들 n개의 열벡터는 영이 아니고 (2)로부터 A의 고유벡터가 된다. ■

증명 (b) ⇒ (a) A는 n개의 선형독립인 고유벡터 $\mathbf{p}_1, \mathbf{p}_2, \cdots, \mathbf{p}_n$와 대응되는 고유값 $\lambda_1, \lambda_2, \cdots, \lambda_n$을 갖는다고 하자.

$$P = [\mathbf{p}_1 \quad \mathbf{p}_2 \quad \cdots \quad \mathbf{p}_n]$$

이고 D가 연속되는 대각원소로 $\lambda_1, \lambda_2, \cdots, \lambda_n$을 갖는 대각행렬이라 하면

$$\begin{aligned} AP &= A[\mathbf{p}_1 \quad \mathbf{p}_2 \quad \cdots \quad \mathbf{p}_n] = [A\mathbf{p}_1 \quad A\mathbf{p}_2 \quad \cdots \quad A\mathbf{p}_n] \\ &= [\lambda_1\mathbf{p}_1 \quad \lambda_2\mathbf{p}_2 \quad \cdots \quad \lambda_n\mathbf{p}_n] = PD \end{aligned}$$

이다. 정리 5.1.5로부터 P의 열벡터가 선형독립이므로 P는 가역임을 알 수 있으며 마지막 식은 $P^{-1}AP = D$로 다시 쓸 수 있다. 이는 A가 대각화가능함을 보여 준다. ■

정리 5.2.1은 행렬을 대각화하기 위해 n개의 선형독립인 고유벡터를 찾아야 한다고 말하는 반면, 다음의 정리에서는 그러한 벡터를 어떤 경우에 찾을 수 있는지 알려 준다. (a)는 이 절의 끝에서 증명될 것이다. (b)는 (a)와 정리 5.2.1에 의한 즉각적인 결과물이다(왜 그럴까?).

정리 5.2.2

(*a*) 만약 $\lambda_1, \lambda_2, \cdots, \lambda_k$이 행렬 A의 서로 다른 고유값이고 $\mathbf{v}_1, \mathbf{v}_2, \cdots, \mathbf{v}_k$가 대응하는 고유벡터이면 $\{\mathbf{v}_1, \mathbf{v}_2, \cdots, \mathbf{v}_k\}$는 선형독립집합이다.

(b) n개의 서로 다른 고유값을 가진 $n \times n$ 행렬은 대각화가능하다.

참고 정리 5.2.2(a)는 보다 일반적인 결과의 한 특수한 경우이다: $\lambda_1, \lambda_2, \cdots, \lambda_k$가 서로 다른 고유값이고 각 대응하는 고유공간에서 선형독립집합을 선택한다고 하자. 그다음 이들 모든 벡터를 하나의 집합으로 통합하여도 그 합집합 역시 선형독립이다. 예컨대 하나의 고유공간에서 3개의 선형독립인 벡터를 택하고, 또 하나의 고유공간에서 2개의 선형독립인 고유벡터를 택하더라도 이들 5개의 벡터도 역시 선형독립집합을 이룬다. 이것의 증명은 생략한다.

행렬을 대각화하는 방법

정리 5.2.1에 의하여 n개의 선형독립인 고유벡터를 갖는 $n \times n$ 행렬 A는 대각화가능함을 확인할 수 있고, 이 정리의 증명과 정리 5.2.2로부터 A를 대각화하는 다음 방법을 얻을 수 있다.

행렬을 대각화하는 방법

단계 1. n개의 선형독립인 고유벡터를 찾아 행렬이 대각화가능한지 확인한다. 확인할 수 있는 한 가지 방법은 각각 고유공간의 기저를 찾고 이 기저벡터를 하나의 집합 S로 합친다. 이 집합이 n보다 적은 벡터를 가지면 이 행렬은 대각화가 가능하지 않다.

단계 2. S 안의 열벡터를 가지고 $P = [\mathbf{p}_1 \ \mathbf{p}_2 \ \cdots \ \mathbf{p}_n]$의 형태로 만든다.

단계 3. 행렬 $P^{-1}AP$은 대각행렬이 되고 고유벡터 $\mathbf{p}_1, \mathbf{p}_2, \cdots, \mathbf{p}_n$에 대응하는 고유값 $\lambda_1, \lambda_2, \cdots, \lambda_n$을 연속하는 대각원소로 가지게 된다.

예제 1 | 행렬 A를 대각화하는 행렬 P를 구하는 방법

행렬

$$A = \begin{bmatrix} 0 & 0 & -2 \\ 1 & 2 & 1 \\ 1 & 0 & 3 \end{bmatrix}$$

을 대각화하는 행렬 P를 구하라.

풀이 앞 절의 예제 7에서부터 A의 특정방정식은

$$(\lambda - 1)(\lambda - 2)^2 = 0$$

임을 알 수 있고 각 고유공간에 대한 다음 기저가 구해진다.

$$\lambda = 2: \quad \mathbf{p}_1 = \begin{bmatrix} -1 \\ 0 \\ 1 \end{bmatrix}, \quad \mathbf{p}_2 = \begin{bmatrix} 0 \\ 1 \\ 0 \end{bmatrix}; \qquad \lambda = 1: \quad \mathbf{p}_3 = \begin{bmatrix} -2 \\ 1 \\ 1 \end{bmatrix}$$

모두 세 개의 기저벡터가 존재하므로 행렬 A는 대각화가능하고

$$P = \begin{bmatrix} -1 & 0 & -2 \\ 0 & 1 & 1 \\ 1 & 0 & 1 \end{bmatrix}$$

은 A를 대각화한다. 검산으로 다음을 확인하기 바란다.

$$P^{-1}AP = \begin{bmatrix} 1 & 0 & 2 \\ 1 & 1 & 1 \\ -1 & 0 & -1 \end{bmatrix}\begin{bmatrix} 0 & 0 & -2 \\ 1 & 2 & 1 \\ 1 & 0 & 3 \end{bmatrix}\begin{bmatrix} -1 & 0 & -2 \\ 0 & 1 & 1 \\ 1 & 0 & 1 \end{bmatrix} = \begin{bmatrix} 2 & 0 & 0 \\ 0 & 2 & 0 \\ 0 & 0 & 1 \end{bmatrix}$$

보통 P의 열에 대한 선호되는 순서는 존재하지 않는다. $P^{-1}AP$의 i번째의 대각원소는 P의 i번째 열벡터에 대한 고유값이므로 P의 열의 순서를 바꿈에 따라서 $P^{-1}AP$의 대각선상의 고유값의 순서도 바뀐다. 따라서

$$P = \begin{bmatrix} -1 & -2 & 0 \\ 0 & 1 & 1 \\ 1 & 1 & 0 \end{bmatrix}$$

으로 쓴다면

$$P^{-1}AP = \begin{bmatrix} 2 & 0 & 0 \\ 0 & 1 & 0 \\ 0 & 0 & 2 \end{bmatrix}$$

를 얻게 된다.

예제 2 | 대각화가 가능하지 않은 행렬

행렬

$$A = \begin{bmatrix} 1 & 0 & 0 \\ 1 & 2 & 0 \\ -3 & 5 & 2 \end{bmatrix}$$

를 대각화하는 행렬 P를 구하라.

풀이 A의 특성다항식은

$$\det(\lambda I - A) = \begin{vmatrix} \lambda - 1 & 0 & 0 \\ -1 & \lambda - 2 & 0 \\ 3 & -5 & \lambda - 2 \end{vmatrix} = (\lambda - 1)(\lambda - 2)^2$$

이므로, 특성방정식은

$$(\lambda - 1)(\lambda - 2)^2 = 0$$

이다. 따라서 A의 고유값은 $\lambda = 1$과 $\lambda = 2$이다. 각 고유공간의 기저가

$$\lambda = 1: \quad \mathbf{p}_1 = \begin{bmatrix} \frac{1}{8} \\ -\frac{1}{8} \\ 1 \end{bmatrix}; \qquad \lambda = 2: \quad \mathbf{p}_2 = \begin{bmatrix} 0 \\ 0 \\ 1 \end{bmatrix}$$

임을 밝히는 것은 독자에게 맡긴다. A는 3×3 행렬인데 전부 두 개의 기저벡터만이 존재하므로 A는 대각화될 수 없다.

별해 만일 행렬이 대각화가능한지 여부만을 다루고자 하고 실제로 대각화하는 행렬 P를 구하고자 하지 않는다면, 고유공간의 기저를 계산할 필요는 없고 단지 고유공간의 차원만을

구하면 충분하다. 예컨대 $\lambda = 1$에 대응하는 고유공간은 연립방정식

$$\begin{bmatrix} 0 & 0 & 0 \\ -1 & -1 & 0 \\ 3 & -5 & -1 \end{bmatrix}\begin{bmatrix} x_1 \\ x_2 \\ x_3 \end{bmatrix} = \begin{bmatrix} 0 \\ 0 \\ 0 \end{bmatrix}$$

의 해공간이다. 계수행렬의 랭크는 2이므로(검증하라) 정리 4.9.2에 의하여 이 행렬의 무효차수는 1이고 따라서 해공간은 1차원이다.

$\lambda = 2$에 대응하는 고유공간은 연립방정식

$$\begin{bmatrix} 1 & 0 & 0 \\ -1 & 0 & 0 \\ 3 & -5 & 0 \end{bmatrix}\begin{bmatrix} x_1 \\ x_2 \\ x_3 \end{bmatrix} = \begin{bmatrix} 0 \\ 0 \\ 0 \end{bmatrix}$$

의 해공간이다. 이 계수행렬의 랭크는 2이고 무효차수는 1이므로(검증하라) $\lambda = 2$에 대응하는 고유공간은 또한 1차원이다. 고유공간은 전부 2개의 기저벡터를 갖는 까닭에 행렬 A는 대각화될 수 없다.

예제 3 | **대각화가능성 판별**

앞 절의 예제 3에서

$$A = \begin{bmatrix} 0 & 1 & 0 \\ 0 & 0 & 1 \\ 4 & -17 & 8 \end{bmatrix}$$

은 3개의 서로 다른 고유값 $\lambda = 4$, $\lambda = 2 + \sqrt{3}$, $\lambda = 2 - \sqrt{3}$을 가짐을 보였다. 따라서 A는 대각화 가능하고 또한 가역행렬 P에 대해서

$$P^{-1}AP = \begin{bmatrix} 4 & 0 & 0 \\ 0 & 2+\sqrt{3} & 0 \\ 0 & 0 & 2-\sqrt{3} \end{bmatrix}$$

이다. 이때 행렬 P는 이 절의 예제 1에서 사용한 방법을 이용하여 구할 수 있다.

예제 4 | **삼각행렬의 대각화가능성**

정리 5.1.2에서부터 삼각행렬의 고유값은 그 주대각선상의 원소이다. 따라서 주대각선상에 상이한 원소를 갖는 삼각행렬은 대각화가능하다. 예컨대,

$$A = \begin{bmatrix} -1 & 2 & 4 & 0 \\ 0 & 3 & 1 & 7 \\ 0 & 0 & 5 & 8 \\ 0 & 0 & 0 & -2 \end{bmatrix}$$

는 고유값 $\lambda_1 = -1$, $\lambda_2 = 3$, $\lambda_3 = 5$, $\lambda_4 = -2$인 대각화가능행렬이다.

행렬의 거듭제곱의 고유값

많은 응용에서 정방행렬 A의 고차 거듭제곱의 계산이 필요하기 때문에 관심을 이 중요

한 문제로 돌려보자. 특히 큰 k의 값에 대해 A^k을 계산하는 가장 효율적인 방법은 A를 대각화하는 것이다. 하지만 행렬 A의 대각화는 행렬의 고유값과 고유벡터를 찾는 것을 포함하기 때문에 이것들이 A^k의 고유값과 어떻게 관련되는지를 알아야 할 것이다. λ가 행렬 A의 고유값이고 $\mathbf{x}$가 그에 대응하는 고유벡터라고 가정하면

$$A^2\mathbf{x} = A(A\mathbf{x}) = A(\lambda\mathbf{x}) = \lambda(A\mathbf{x}) = \lambda(\lambda\mathbf{x}) = \lambda^2\mathbf{x}$$

은 λ^2이 A^2의 고유값일 뿐만 아니라 $\mathbf{x}$가 그에 대응하는 고유벡터인 것을 보여 준다. 일반적으로 우리는 다음과 같은 결과를 얻는다.

정리 5.2.3

만약 k가 양의 정수이고, λ가 행렬 A의 고유값이고, $\mathbf{x}$가 그에 대응하는 고유벡터이면, λ^k은 A^k의 고유값이며 $\mathbf{x}$는 그에 대응하는 고유벡터이다.

대각화가능성은 정리 5.2.3의 요구사항이 아니다.

예제 5 | 행렬의 거듭제곱의 고유값과 고유벡터

예제 2에서 행렬 A의 고유값과 그에 대응하는 고유벡터를 찾았다.

$$A = \begin{bmatrix} 1 & 0 & 0 \\ 1 & 2 & 0 \\ -3 & 5 & 2 \end{bmatrix}$$

A^7에 대해 반복하라.

풀이 예제 2에서 A의 고유값이 $\lambda = 1$과 $\lambda = 2$인 것을 알기 때문에, A^7의 고유값은 $\lambda = 1^7 = 1$과 $\lambda = 2^7 = 128$이다. 예제 1에서 얻은 A의 고유값 $\lambda = 1$과 $\lambda = 2$에 대응되는 고유벡터 $\mathbf{p}_1$과 $\mathbf{p}_2$는 또한 A^7의 고유값 $\lambda = 1$과 $\lambda = 128$에 대응되는 고유벡터이다.

행렬의 거듭제곱의 계산

많은 응용에서 정방행렬 A의 고차 거듭제곱의 계산이 필요하다. A가 대각화가능한 행렬일 때 A를 대각화하여 계산을 단순화할 수 있음을 보일 것이다.

먼저 A는 대각화가능한 $n \times n$ 행렬이고, A를 대각화하는 행렬이 P라고 가정하면

$$P^{-1}AP = \begin{bmatrix} \lambda_1 & 0 & \cdots & 0 \\ 0 & \lambda_2 & \cdots & 0 \\ \vdots & \vdots & & \vdots \\ 0 & 0 & \cdots & \lambda_n \end{bmatrix} = D$$

이다. 이 방정식의 양변을 제곱하면

$$(P^{-1}AP)^2 = \begin{bmatrix} \lambda_1^2 & 0 & \cdots & 0 \\ 0 & \lambda_2^2 & \cdots & 0 \\ \vdots & \vdots & & \vdots \\ 0 & 0 & \cdots & \lambda_n^2 \end{bmatrix} = D^2$$

이다. 이 방정식의 좌변을 다시 쓰면

$$(P^{-1}AP)^2 = P^{-1}APP^{-1}AP = P^{-1}AIAP = P^{-1}A^2P$$

이 된다. 더 일반적으로 k가 양수이면 닮음 계산은

$$P^{-1}A^kP = D^k = \begin{bmatrix} \lambda_1^k & 0 & \cdots & 0 \\ 0 & \lambda_2^k & \cdots & 0 \\ \vdots & \vdots & & \vdots \\ 0 & 0 & \cdots & \lambda_n^k \end{bmatrix}$$

과 같이 될 것이고, 이것을

공식 (3)은 대각화가능 행렬 A의 양수 거듭제곱 차수가 증가하면 고유값의 거듭제곱 차수가 증가하는 것을 드러내 준다.

$$A^k = PD^kP^{-1} = P\begin{bmatrix} \lambda_1^k & 0 & \cdots & 0 \\ 0 & \lambda_2^k & \cdots & 0 \\ \vdots & \vdots & & \vdots \\ 0 & 0 & \cdots & \lambda_n^k \end{bmatrix}P^{-1} \tag{3}$$

과 같이 다시 쓸 수 있다. 이 공식의 우변 계산은 오직 세 개의 행렬곱과 D의 대각원소의 거듭제곱만을 포함한다. 이것은 행렬의 크기가 커지고 거듭제곱의 차수가 높아지면 A^k를 직접 계산하는 것보다 훨씬 적은 연산을 포함한다.

예제 6 | 행렬의 거듭제곱

$$A = \begin{bmatrix} 0 & 0 & -2 \\ 1 & 2 & 1 \\ 1 & 0 & 3 \end{bmatrix}$$

일 때 (3)을 사용하여 A^{13}을 구하라.

풀이 행렬 A는

$$P = \begin{bmatrix} -1 & 0 & -2 \\ 0 & 1 & 1 \\ 1 & 0 & 1 \end{bmatrix}$$

에 의하여 대각화되고, 또한

$$D = P^{-1}AP = \begin{bmatrix} 2 & 0 & 0 \\ 0 & 2 & 0 \\ 0 & 0 & 1 \end{bmatrix}$$

임을 예제 1에서 밝혔다. 따라서 (3)으로부터 다음이 얻어진다.

$$A^{13} = PD^{13}P^{-1} = \begin{bmatrix} -1 & 0 & -2 \\ 0 & 1 & 1 \\ 1 & 0 & 1 \end{bmatrix}\begin{bmatrix} 2^{13} & 0 & 0 \\ 0 & 2^{13} & 0 \\ 0 & 0 & 1^{13} \end{bmatrix}\begin{bmatrix} 1 & 0 & 2 \\ 1 & 1 & 1 \\ -1 & 0 & -1 \end{bmatrix} \tag{4}$$

$$= \begin{bmatrix} -8190 & 0 & -16382 \\ 8191 & 8192 & 8191 \\ 8191 & 0 & 16383 \end{bmatrix}$$

참고 위 예제의 방법에 따르면 계산 작업의 대부분은 A를 대각화하는 데 있다. 일단 대각화가 되었다면 이것을 A의 임의의 거듭제곱을 계산하는 데 사용할 수 있다. 따라서 A^{1000}을 계산한다면 (4)에서 지수 13을 1000으로 바꾸기만 하면 된다.

기하 중복도와 대수 중복도

정리 5.2.2(b)는 오직 n개의 서로 다른 고유값을 갖는 정방행렬일 경우에만 대각화가능하다고 보장한다. 하지만 n개보다 적은 고유값을 갖는 행렬도 대각화가능행렬일 수 있으며 다음 예제에서 이런 경우를 다룰 것이다.

예제 7 | 정리 5.2.2(b)의 역은 거짓이다

$$I = \begin{bmatrix} 1 & 0 & 0 \\ 0 & 1 & 0 \\ 0 & 0 & 1 \end{bmatrix} \quad \text{그리고} \quad J = \begin{bmatrix} 1 & 1 & 0 \\ 0 & 1 & 1 \\ 0 & 0 & 1 \end{bmatrix}$$

행렬을 고려하자. 정리 5.1.2로부터 이 두 행렬은 $\lambda = 1$인 오직 한 개의 고유값을 가지므로 오직 한 개의 고유공간을 갖는다. $\lambda = 1$일 때 방정식

$$(\lambda I - I)\mathbf{x} = \mathbf{0} \quad \text{그리고} \quad (\lambda I - J)\mathbf{x} = \mathbf{0}$$

을 푸는 것과 I의 고유공간은 3차원(R^3의 전체)이고 J의 고유공간은

$$\mathbf{x} = \begin{bmatrix} 1 \\ 0 \\ 0 \end{bmatrix}$$

의 모든 스칼라배로 구성된 1차원 공간임을 보이는 것은 연습문제로 남긴다. 서로 다른 고유값이 세 개 미만인 두 개의 3×3 행렬이 한 개는 대각화 가능하고 다른 하나는 대각화가 가능하지 않기 때문에 정리 5.2.2(b)의 역은 거짓이다.

대각화가능성을 완전히 습득하려면 고등과정을 참고해야겠지만, 대각화가능성을 좀 더 이해하는 데 중요한 한 가지 정리를 언급하기로 한다. λ_0가 A의 고유값일 때 λ_0에 대응하는 고유공간의 차원은 A의 특성다항식에 있어서 $\lambda - \lambda_0$가 인수로 나타나는 횟수를 초과하지 못함을 증명할 수 있다. 예컨대 예제 1과 2에 있어서 특성다항식은

$$(\lambda - 1)(\lambda - 2)^2$$

이므로, $\lambda = 1$에 대응하는 고유공간은 기껏해야(정확히) 1차원이고 $\lambda = 2$에 대응하는 고유공간은 기껏해야 2차원이다. 예제 1에서 $\lambda = 2$에 대응하는 고유공간의 차원은 실제로 2이므로 대각화가능하지만 예제 2에서 고유공간의 차원은 1이므로 대각화가능하지 않다.

이들 개념과 관련되는 몇 가지 용어가 있다. λ_0가 $n \times n$ 행렬 A의 고유값이면 이에 대응하는 고유공간의 차원을 λ_0의 ***기하 중복도***(geometric multiplicity)라 하고, A의 특성다항식에서 $\lambda - \lambda_0$가 인수로 나타나는 횟수를 λ_0의 ***대수 중복도***(algebraic multiplicity)라 한다. 이 논의를 증명 없이 다음 정리에 요약해 둔다.

정리 5.2.4

기하 중복도와 대수 중복도

A가 정방행렬일 때,

(*a*) A의 모든 고유값에 대해서 기하 중복도는 대수 중복도보다 작거나 같다.

(*b*) A가 대각화가능이기 위한 필요충분조건은 모든 고유값에 대해서 기하 중복도가 대수 중복도와 같은 것이다.

정리 5.2.2(*a*)의 증명으로 이 절을 끝맺는다.

선택사항: 정리 5.2.2(*a*)의 증명 $\mathbf{v}_1, \mathbf{v}_2, \cdots, \mathbf{v}_k$를 서로 다른 고유값 $\lambda_1, \lambda_2, \cdots, \lambda_k$에 대응하는 A의 고유벡터라 하고 $\mathbf{v}_1, \mathbf{v}_2, \cdots, \mathbf{v}_k$를 선형종속이라 가정하고서 모순을 유도하자. 그러면 $\mathbf{v}_1, \mathbf{v}_2, \cdots, \mathbf{v}_k$는 선형독립이라고 결론지을 수 있다.

고유벡터는 정의에 의하여 영이 아니므로 $\{\mathbf{v}_1\}$은 선형독립이다. r을 $\{\mathbf{v}_1, \mathbf{v}_2, \cdots, \mathbf{v}_r\}$이 선형독립이 되는 최대정수라 하자. $\{\mathbf{v}_1, \mathbf{v}_2, \cdots, \mathbf{v}_k\}$가 선형종속이라 가정했으므로 r은 $1 \leq r < k$를 만족한다. 또한 r의 정의에 의하여 $\{\mathbf{v}_1, \mathbf{v}_2, \cdots, \mathbf{v}_{r+1}\}$은 선형종속이다. 따라서

$$c_1\mathbf{v}_1 + c_2\mathbf{v}_2 + \cdots + c_{r+1}\mathbf{v}_{r+1} = \mathbf{0} \tag{5}$$

을 만족하는 모두가 영은 아닌 스칼라 $c_1, c_2, \cdots, c_{r+1}$이 존재한다. (5)의 양변에 A를 곱하여

$$A\mathbf{v}_1 = \lambda_1\mathbf{v}_1, \quad A\mathbf{v}_2 = \lambda_2\mathbf{v}_2, \ldots, \quad A\mathbf{v}_{r+1} = \lambda_{r+1}\mathbf{v}_{r+1}$$

임을 이용하면,

$$c_1\lambda_1\mathbf{v}_1 + c_2\lambda_2\mathbf{v}_2 + \cdots + c_{r+1}\lambda_{r+1}\mathbf{v}_{r+1} = \mathbf{0} \tag{6}$$

을 얻는다. (5)의 양변에 λ_{r+1}을 곱한 결과의 방정식을 (6)에서 빼면

$$c_1(\lambda_1 - \lambda_{r+1})\mathbf{v}_1 + c_2(\lambda_2 - \lambda_{r+1})\mathbf{v}_2 + \cdots + c_r(\lambda_r - \lambda_{r+1})\mathbf{v}_r = \mathbf{0}$$

이 된다. $\{\mathbf{v}_1, \mathbf{v}_2, \cdots, \mathbf{v}_r\}$은 선형독립이므로 이 방정식으로부터

$$c_1(\lambda_1 - \lambda_{r+1}) = c_2(\lambda_2 - \lambda_{r+1}) = \cdots = c_r(\lambda_r - \lambda_{r+1}) = 0$$

으로 되고, $\lambda_1, \lambda_2, \cdots, \lambda_{r+1}$이 서로 다르므로

$$c_1 = c_2 = \cdots = c_r = 0 \tag{7}$$

이다. 이들의 값을 (5)에 대입하면,

$$c_{r+1}\mathbf{v}_{r+1} = \mathbf{0}$$

이고, 고유벡터 $\mathbf{v}_{r+1}$은 영이 아니므로

$$c_{r+1} = 0 \tag{8}$$

이 성립한다. 그러나 방정식 (7)과 (8)은 $c_1, c_2, \cdots, c_{r+1}$이 모두가 영은 아니라는 사실에 모순된다. 이것으로 증명이 완결된다. ■

연습문제 5.2

(1-4) A와 B가 닮음행렬이 아님을 보여라.

1. $A = \begin{bmatrix} 1 & 1 \\ 3 & 2 \end{bmatrix}$, $B = \begin{bmatrix} 1 & 0 \\ 3 & -2 \end{bmatrix}$

2. $A = \begin{bmatrix} 4 & -1 \\ 2 & 4 \end{bmatrix}$, $B = \begin{bmatrix} 4 & 1 \\ 2 & 4 \end{bmatrix}$

3. $A = \begin{bmatrix} 1 & 2 & 3 \\ 0 & 1 & 2 \\ 0 & 0 & 1 \end{bmatrix}$, $B = \begin{bmatrix} 1 & 2 & 0 \\ \frac{1}{2} & 1 & 0 \\ 0 & 0 & 1 \end{bmatrix}$

4. $A = \begin{bmatrix} 1 & 0 & 1 \\ 2 & 0 & 2 \\ 3 & 0 & 3 \end{bmatrix}$, $B = \begin{bmatrix} 1 & 1 & 0 \\ 2 & 2 & 0 \\ 0 & 1 & 1 \end{bmatrix}$

(5-8) A를 대각화하는 행렬 P를 구하고 $P^{-1}AP$을 구하라.

5. $A = \begin{bmatrix} 1 & 0 \\ 6 & -1 \end{bmatrix}$

6. $A = \begin{bmatrix} -14 & 12 \\ -20 & 17 \end{bmatrix}$

7. $A = \begin{bmatrix} 2 & 0 & -2 \\ 0 & 3 & 0 \\ 0 & 0 & 3 \end{bmatrix}$

8. $A = \begin{bmatrix} 1 & 0 & 0 \\ 0 & 1 & 1 \\ 0 & 1 & 1 \end{bmatrix}$

9. $A = \begin{bmatrix} 4 & 0 & 1 \\ 2 & 3 & 2 \\ 1 & 0 & 4 \end{bmatrix}$

a. A의 고유값을 구하라.

b. 각 고유값 λ에 대해서 행렬 $\lambda I - A$의 랭크를 구하라.

c. A는 대각화가능한가? 검증하라.

10. 다음 행렬에 대해 연습문제 9를 반복하라.

$$\begin{bmatrix} 3 & 0 & 0 \\ 0 & 2 & 0 \\ 0 & 1 & 2 \end{bmatrix}$$

(11-14) 행렬 A의 각 고유값의 기하 중복도와 대수 중복도를 찾고 A가 대각화가능한지 판정하라. A가 대각화가능하면 A를 대각화하는 행렬 P를 구하고 $P^{-1}AP$을 구하라.

11. $A = \begin{bmatrix} -1 & 4 & -2 \\ -3 & 4 & 0 \\ -3 & 1 & 3 \end{bmatrix}$

12. $A = \begin{bmatrix} 19 & -9 & -6 \\ 25 & -11 & -9 \\ 17 & -9 & -4 \end{bmatrix}$

13. $A = \begin{bmatrix} 0 & 0 & 0 \\ 0 & 0 & 0 \\ 3 & 0 & 1 \end{bmatrix}$

14. $A = \begin{bmatrix} 5 & 0 & 0 \\ 1 & 5 & 0 \\ 0 & 1 & 5 \end{bmatrix}$

(15-16) 행렬 A의 특성방정식이 다음과 같다. 행렬의 크기와 고유공간의 가능한 차원이 무엇인지 확인하라.

15. a. $(\lambda - 1)(\lambda + 3)(\lambda - 5) = 0$

b. $\lambda^2(\lambda - 1)(\lambda - 2)^3 = 0$

16. a. $\lambda^3(\lambda^2 - 5\lambda - 6) = 0$

b. $\lambda^3 - 3\lambda^2 + 3\lambda - 1 = 0$

(17-18) 예제 6의 방법을 사용하여 A^{10}을 계산하라.

17. $A = \begin{bmatrix} 0 & 3 \\ 2 & -1 \end{bmatrix}$

18. $A = \begin{bmatrix} 1 & 0 \\ -1 & 2 \end{bmatrix}$

19. $A = \begin{bmatrix} -1 & 7 & -1 \\ 0 & 1 & 0 \\ 0 & 15 & -2 \end{bmatrix}$ 그리고 $P = \begin{bmatrix} 1 & 1 & 1 \\ 0 & 0 & 1 \\ 1 & 0 & 5 \end{bmatrix}$

라고 하자. P가 A를 대각화하는지 확인하고, A^{11}을 계산하라.

20. $A = \begin{bmatrix} 1 & -2 & 8 \\ 0 & -1 & 0 \\ 0 & 0 & -1 \end{bmatrix}$ 그리고 $P = \begin{bmatrix} 1 & -4 & 1 \\ 1 & 0 & 0 \\ 0 & 1 & 0 \end{bmatrix}$

이라고 하자. P가 A를 대각화하는지 확인하고, 다음 A의 거듭제곱을 계산하라.

a. A^{1000} **b.** A^{-1000} **c.** A^{2301} **d.** A^{-2301}

21. n이 양의 정수이고

$$A = \begin{bmatrix} 3 & -1 & 0 \\ -1 & 2 & -1 \\ 0 & -1 & 3 \end{bmatrix}$$

일 때 A^n을 구하라.

22. 다음 두 행렬

$$A = \begin{bmatrix} 1 & 1 & 1 \\ 1 & 1 & 1 \\ 1 & 1 & 1 \end{bmatrix} \quad \text{그리고} \quad B = \begin{bmatrix} 3 & 0 & 0 \\ 0 & 0 & 0 \\ 0 & 0 & 0 \end{bmatrix}$$

이 닮았음을 보여라.

23. 표 1로부터 닮음행렬은 동일한 랭크를 가지는 것을 알고 있다.

$$A = \begin{bmatrix} 1 & 0 \\ 0 & 0 \end{bmatrix} \quad \text{그리고} \quad B = \begin{bmatrix} 0 & 1 \\ 0 & 0 \end{bmatrix}$$

이 같은 랭크를 가지지만 닮음은 아닌 것을 보여 줌으로써 역이 거짓임을 보여라. [*제안*: 만약 그것들이 닮음이라면 $AP = PB$인 가역 2×2 행렬 P가 존재할 것이다. 그러한 행렬이 존재하지 않는다는 것을 보여라.]

24. 표 1로부터 닮음행렬은 같은 고유값을 갖는 것을 알고 있다. 연습문제 23의 방법을 사용하여

$$A = \begin{bmatrix} 1 & 1 \\ 0 & 1 \end{bmatrix} \quad \text{그리고} \quad B = \begin{bmatrix} 1 & 0 \\ 0 & 1 \end{bmatrix}$$

이 동일한 고유값을 가지지만 닮음은 아닌 것을 보임으로써 역이 거짓임을 보여라.

25. A와 B가 닮음이고 B와 C가 닮음인 $n \times n$ 행렬 A, B, C가 있으면 A는 C와 반드시 닮음인가? 답에 대한 이유를 설명하라.

26. a. $n \times n$ 행렬은 스스로와 닮음일 수 있는가? 답에 대한 이유를 설명하라.

b. $0_{n\times n}$과 닮음인 $n \times n$ 행렬에 대해 무엇이라고 말할 수 있는가? 답에 대한 이유를 설명하라.

c. 정칙행렬이 특이행렬과 닮음일 수 있는가? 답에 대한 이유를 설명하라.

27. 어떤 행렬 A의 특성다항식을 $p(\lambda) = (\lambda - 1)(\lambda - 3)^2(\lambda - 4)^3$이라 할 때, 다음 각 물음에 답하고 그 이유를 설명하라.

a. A의 고유공간들의 차원을 얼마라 할 수 있는가?

b. 만일 A가 대각화가능함을 알고 있다면 A의 고유공간들의 차원은 얼마라고 할 수 있는가?

c. $\{\mathbf{v}_1, \mathbf{v}_2, \mathbf{v}_3\}$이 A의 고유벡터의 선형독립집합이고 이들 모두는 A의 같은 고유값에 대응하는 고유벡터라 하면 그 고유값에 관해 무엇을 말할 수 있는가?

28.

$$A = \begin{bmatrix} a & b \\ c & d \end{bmatrix}$$

일 때 다음을 보여라.

a. $(a-d)^2 + 4bc > 0$이면 A는 대각화가능하다.

b. $(a-d)^2 + 4bc < 0$이면 A는 대각화가능하지 않다.

[*힌트*: 5.1절 연습문제 29를 참고하라.]

29. 연습문제 28에서 행렬 A가 대각화가능할 때, A를 대각화하는 행렬 P를 찾아라. [*힌트*: 5.1절 연습문제 30을 참고하라.]

(30-33) 주어진 연산자에 대해 표준행렬 A를 찾고, 그 행렬이 대각화가능한지 판정하라. 만약 대각화가능하면, A를 대각화하는 행렬 P를 찾아라.

30. $T(x_1, x_2) = (2x_1 - x_2, x_1 + x_2)$

31. $T(x_1, x_2) = (-x_2, -x_1)$

32. $T(x_1, x_2, x_3) = (8x_1 + 3x_2 - 4x_3, -3x_1 + x_2 + 3x_3, 4x_1 + 3x_2)$

33. $T(x_1, x_2, x_3) = (3x_1, x_2, x_1 - x_2)$

34. P가 고정된 $n \times n$ 행렬이면, 닮음변환

$$A \to P^{-1}AP$$

은 $n \times n$ 행렬의 벡터공간 M_{nn}에서의 연산자 $S_P(A) = P^{-1}AP$로 볼 수 있다.

a. S_P가 선형 연산자임을 보여라.

b. S_P의 핵(kernel)을 찾아라.

c. S_P의 랭크를 찾아라.

증명 문제

35. 닮음행렬은 같은 랭크를 가짐을 증명하라.

36. 닮음행렬은 같은 대각합을 가짐을 증명하라.

37. A가 대각화가능행렬이면, 모든 양의 정수 k에 대해 A^k이 대각화가능행렬임을 증명하라.

38. 표 1로부터 닮음행렬 A와 B는 같은 고유값을 가진다는 것을 알 수 있다. 하지만 두 행렬에서 그 고유값에 대응하는 같은 고유벡터를 가지는 것은 사실이 아니다. $B = P^{-1}AP$이고, $\mathbf{v}$가 B의 고유값 λ에 대응하는 고유벡터이면 $P\mathbf{v}$은 A의 λ에 대응하는 고유벡터임을 증명하라.

39. A를 $n \times n$ 행렬이라 하고, $q(A)$을

$$q(A) = a_n A^n + a_{n-1} A^{n-1} + \cdots + a_1 A + a_0 I_n$$

이라고 하자.

a. $B = P^{-1}AP$이면 $q(B) = P^{-1}q(A)P$임을 증명하라.

b. A가 대각화가능하면, $q(A)$도 대각화가능함을 증명하라.

40. A가 대각화가능행렬이면 A의 랭크는 A의 0이 아닌 고유값의 수와 같음을 증명하라.

41. 이 문제는 $n \times n$ 행렬 A의 고유값의 대수 중복도가 기하 중복도보다 크거나 같다는 사실을 증명해 줄 것이다. 이를 위해 λ_0가 기하 중복도 k를 갖는 고유값이라고 가정한다.

a. 첫 번째 k개 벡터가 λ_0에 대응하는 고유공간의 기저를 형성하는 R^n의 기저 $B = \{\mathbf{u}_1, \mathbf{u}_2, \cdots, \mathbf{u}_n\}$이 존재함을 증명하라.

b. P를 B의 벡터를 열로 가지는 행렬이라 하자. AP가 다음과 같이 표현되는 것을 증명하라.

$$AP = P\begin{bmatrix} \lambda_0 I_k & X \\ 0 & Y \end{bmatrix}$$

[*힌트*: 양변의 첫 번째 k 열벡터를 비교하라.]

c. (b)의 결과를 사용하여 A가

$$C = \begin{bmatrix} \lambda_0 I_k & X \\ 0 & Y \end{bmatrix}$$

과 닮음임을 증명하고 A와 C가 같은 특성다항식을 갖는 것을 보여라.

d. $\det(\lambda I - C)$을 고려하여 C(및 A)의 특성다항식이 $(\lambda - \lambda_0)$을 최소 k회 이상 포함하고 있음을 증명함으로써 λ_0의 대수 중복도가 기하 중복도 k보다 크거나 같음을 증명하라.

참-거짓 문제

TF. (a)-(i)가 참인지 거짓인지를 밝히고 그 이유를 설명하라.

a. n개보다 작은 서로 다른 고유값을 가진 $n \times n$ 행렬은 대각화가능하지 않다.

b. n개보다 작은 선형독립 고유벡터를 가진 $n \times n$ 행렬은 대각화가능하지 않다.

c. A와 B가 $n \times n$ 닮음행렬이면 $PA = BP$을 만족하는 $n \times n$ 가역행렬 P가 존재한다.

d. A가 대각화가능하면 $P^{-1}AP$가 대각행렬이 되는 유일한 행렬 P가 존재한다.

e. A가 대각화가능하고 가역이면 A^{-1}도 대각화가능하다.

f. A가 대각화가능하면 A^T도 대각화가능하다.

g. $n \times n$ 행렬 A의 고유벡터로 이루어진 R^n의 기저가 있으면 A는 대각화가능하다.

h. 행렬 A의 모든 고유값이 1의 대수 중복도를 가지면 A는 대각화가능하다.

i. 만약 행렬 A의 고유값 중 하나가 0이면 A^2은 특이행렬이다.

계산도구 문제

T1. 4×4 행렬 A를 무작위로 생성하고 가역 4×4 행렬 P를 만들어서 표 1에 기술된 대로 $P^{-1}AP$와 A의 다음 값들이 동일함을 확인하라.

a. 행렬식

b. 랭크

c. 무효차수

d. 대각합

e. 특성다항식

f. 고유값

T2. **a.** 정리 5.2.1을 사용하여 다음 행렬이 대각화가능함을 보여라.

$$A = \begin{bmatrix} -13 & -60 & -60 \\ 10 & 42 & 40 \\ -5 & -20 & -18 \end{bmatrix}$$

b. A를 대각화하는 행렬 P를 구하라.

c. 예제 6의 방법을 사용하여 A^{10}을 계산한 후, A^{10}을 직접 계산하여 결과를 점검하라.

T3. 정리 5.2.1을 이용하여 다음 행렬의 대각화가 가능하지 않음을 보여라.

$$A = \begin{bmatrix} -10 & 11 & -6 \\ -15 & 16 & -10 \\ -3 & 3 & -2 \end{bmatrix}$$

5.3 복소벡터공간

임의의 정방행렬의 특성방정식이 복소수 해를 가질 수 있기 때문에, 실수성분으로 구성된 행렬에서도 복소고유값과 복소고유벡터의 개념이 필요하다. 이 절에서는 이 개념을 다루고 더 상세한 대칭행렬의 연구에 그 결과를 적용할 것이다. 복소수에 대한 핵심 내용의 복습은 이 책의 뒷부분에 나와 있다.

복소수의 복습

$z = a + bi$가 복소수라고 하면,

- $\text{Re}(z) = a$와 $\text{Im}(z) = b$를 각각 z의 ***실부***(real part)와 ***허부***(imaginary part)라고 한다.
- $|z| = \sqrt{a^2 + b^2}$를 z의 ***크기***(modulus)[또는 ***절대값***(absolute value)]라고 한다.
- $\bar{z} = a - bi$를 z의 ***복소켤레***(complex conjugate)라고 한다.
- $z\bar{z} = a^2 + b^2 = |z|^2$

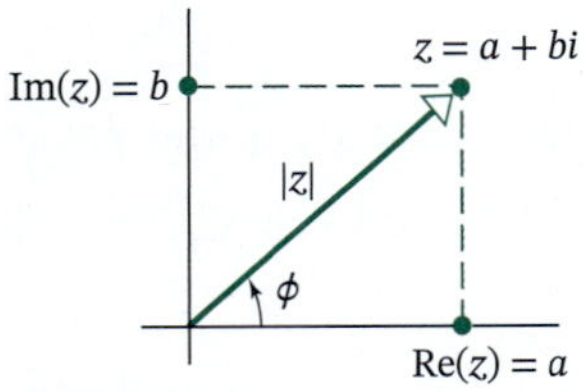

그림 5.3.1

- **그림 5.3.1**에서 각도 ϕ를 z의 ***편각***(argument)이라 한다.
- $\text{Re}(z) = |z| \cos\phi$
- $\text{Im}(z) = |z| \sin\phi$
- $z = |z|(\cos\phi + i\sin\phi)$를 z의 ***극형식***(polar form)이라 한다.

복소고유값

5.1절의 식 (3)에서 일반적인 $n \times n$ 행렬 A의 특성방정식은 λ의 가장 큰 차수의 계수가 1인 다음과 같은 형식을 갖는다는 것을 보았다.

$$\lambda^n + c_1\lambda^{n-1} + \cdots + c_n = 0 \tag{1}$$

지금까지는 (1)의 해가 실수인 행렬에 대해서만 한정해서 이야기하였다. 그러나 실수로 이루어진 행렬 A의 특성방정식이 허수의 해를 가질 수 있다. 예를 들어 행렬

$$A = \begin{bmatrix} -2 & -1 \\ 5 & 2 \end{bmatrix}$$

의 특성방정식은

$$\begin{vmatrix} \lambda + 2 & 1 \\ -5 & \lambda - 2 \end{vmatrix} = \lambda^2 + 1 = 0$$

이고, 이 특성방정식의 해는 허수 $\lambda = i$와 $\lambda = -i$이다. 이러한 경우를 다루기 위해서 복소벡터공간과 이와 관련된 개념의 이해가 필요하다.

C^n의 벡터

스칼라가 복소수로 허용된 벡터공간을 ***복소벡터공간***(complex vector space)이라 한다. 이 절에서는 실벡터공간 R^n의 복소 일반화에 대해 다룰 것이다.

정의 1

n이 양의 정수일 때, n개의 복소수의 수열 $(v_1, v_2, \cdots, v_n)$을 ***복소 n-순서쌍***(complex n-tuple)이라고 한다. 모든 복소 n-순서쌍의 집합을 ***복소 n-공간***(complex n-space)이라 하고 C^n으로 표시한다. 스칼라는 복소수이고, 덧셈, 뺄셈, 스칼라곱은 성분끼리 계산된다.

실수의 n-순서쌍에서 사용한 용어를 그대로 복소 n-순서쌍에 적용한다. 그러므로 $v_1, v_2, \cdots, v_n$이 복소수라면, $\mathbf{v} = (v_1, v_2, \cdots, v_n)$를 C^n의 ***벡터***라 하고, $v_1, v_2, \cdots, v_n$을 $\mathbf{v}$의 ***성분***(component)이라 한다. C^3에 속하는 벡터의 예로

$$\mathbf{u} = (1 + i, -4i, 3 + 2i), \quad \mathbf{v} = (0, i, 5), \quad \mathbf{w} = \left(6 - \sqrt{2}\,i, 9 + \tfrac{1}{2}i, \pi i\right)$$

등이 있다.

C^n에서 모든 벡터

$$\mathbf{v} = (v_1, v_2, \dots, v_n) = (a_1 + b_1 i, a_2 + b_2 i, \dots, a_n + b_n i)$$

는

$$\mathbf{v} = (a_1, a_2, \dots, a_n) + i\,(b_1, b_2, \dots, b_n)$$

와 같이 ***실부***(real part)와 ***허부***(imaginary part)로 나뉠 수 있다. 또한

$$\mathbf{v} = \mathrm{Re}(\mathbf{v}) + i\,\mathrm{Im}(\mathbf{v})$$

로 나타낼 수 있다. 여기서

$$\mathrm{Re}(\mathbf{v}) = (a_1, a_2, \dots, a_n) \qquad \text{그리고} \qquad \mathrm{Im}(\mathbf{v}) = (b_1, b_2, \dots, b_n)$$

이다. 벡터

$$\overline{\mathbf{v}} = (\overline{v}_1, \overline{v}_2, \dots, \overline{v}_n) = (a_1 - b_1 i, a_2 - b_2 i, \dots, a_n - b_n i)$$

는 $\mathbf{v}$의 ***복소켤레***(complex conjugate)라고 부르고

$$\boxed{\overline{\mathbf{v}} = (a_1, a_2, \dots, a_n) - i\,(b_1, b_2, \dots, b_n) = \mathrm{Re}(\mathbf{v}) - i\,\mathrm{Im}(\mathbf{v})} \tag{2}$$

와 같이 $\mathrm{Re}(\mathbf{v})$와 $\mathrm{Im}(\mathbf{v})$로 표현할 수 있다. R^n의 벡터는 허부가 0인 C^n의 벡터로 볼 수 있다. 그리고 C^n의 벡터 $\mathbf{v}$가 R^n에 속하기 위한 필요충분조건은 $\overline{\mathbf{v}} = \mathbf{v}$이다.

이 절에서는 복소수 원소를 갖는 행렬을 고려할 필요가 있기 때문에, 앞으로 행렬 A의 원소가 실수이면 ***실행렬***(real matrix)이라 하고, 원소가 복소수이면 ***복소행렬***(complex matrix)이라고 한다. 실행렬에 관한 표준연산은 복소행렬에도 그대로 적용되고, 행렬에 관한 잘 알려진 모든 성질도 여전히 성립한다.

A가 복소행렬이면 $\mathrm{Re}(A)$와 $\mathrm{Im}(A)$는 각각 A 원소의 실부와 허부로 이루어진 행렬이고, $\overline{A}$는 A의 각 원소의 복소켤레를 취한 형태인 행렬이다.

예제 1 | 벡터와 행렬의 실부와 허부

$$\mathbf{v} = (3 + i, -2i, 5) \qquad \text{그리고} \qquad A = \begin{bmatrix} 1 + i & -i \\ 4 & 6 - 2i \end{bmatrix}$$

라고 하자. 그러면

$$\overline{\mathbf{v}} = (3 - i, 2i, 5), \quad \mathrm{Re}(\mathbf{v}) = (3, 0, 5), \quad \mathrm{Im}(\mathbf{v}) = (1, -2, 0)$$

$$\overline{A} = \begin{bmatrix} 1 - i & i \\ 4 & 6 + 2i \end{bmatrix}, \quad \mathrm{Re}(A) = \begin{bmatrix} 1 & 0 \\ 4 & 6 \end{bmatrix}, \quad \mathrm{Im}(A) = \begin{bmatrix} 1 & -1 \\ 0 & -2 \end{bmatrix}$$

$$\det(A) = \begin{vmatrix} 1 + i & -i \\ 4 & 6 - 2i \end{vmatrix} = (1 + i)(6 - 2i) - (-i)(4) = 8 + 8i$$

이다.

> 만약 A가 복소행렬이면, A와 $\overline{A}$는 $\mathrm{Re}(A)$와 $\mathrm{Im}(A)$로 표현할 수 있다.
>
> $$A = \mathrm{Re}(A) + i\,\mathrm{Im}(A)$$
> $$\overline{A} = \mathrm{Re}(A) - i\,\mathrm{Im}(A)$$

복소켤레의 대수적 성질

다음 두 정리는 이 절에서 필요한 복소벡터와 복소행렬에 관한 몇 가지 성질을 요약한 것이다. 증명의 일부분은 연습문제로 남긴다.

정리 5.3.1

$\mathbf{u}$와 $\mathbf{v}$가 C^n의 벡터이고 k가 스칼라일 때 다음이 성립한다.

(a) $\overline{\overline{\mathbf{u}}} = \mathbf{u}$

(b) $\overline{k\mathbf{u}} = \bar{k}\bar{\mathbf{u}}$

(c) $\overline{\mathbf{u}+\mathbf{v}} = \bar{\mathbf{u}} + \bar{\mathbf{v}}$

(d) $\overline{\mathbf{u}-\mathbf{v}} = \bar{\mathbf{u}} - \bar{\mathbf{v}}$

정리 5.3.2

A가 $m \times k$ 복소행렬이고 B가 $k \times n$ 복소행렬이면 다음이 성립한다.

(a) $\overline{\overline{A}} = A$

(b) $(\overline{A^T}) = (\overline{A})^T$

(c) $\overline{AB} = \overline{A}\,\overline{B}$

복소 유클리드 내적

다음 정의는 내적(점곱)과 놈을 C^n에 확장한 것이다.

정의 2

$\mathbf{u} = (u_1, u_2, \cdots, u_n)$, $\mathbf{v} = (v_1, v_2, \cdots, v_n)$가 C^n의 벡터이면 $\mathbf{u}$와 $\mathbf{v}$의 ***복소 유클리드 내적***(complex Euclidean inner product) 또는 ***복소점곱***(complex dot product)은 $\mathbf{u}\cdot\mathbf{v}$로 표기하고

$$\mathbf{u}\cdot\mathbf{v} = u_1\bar{v}_1 + u_2\bar{v}_2 + \cdots + u_n\bar{v}_n \tag{3}$$

으로 정의한다. 또한 C^n의 ***유클리드 놈***(Euclidean norm)을

$$\|\mathbf{v}\| = \sqrt{\mathbf{v}\cdot\mathbf{v}} = \sqrt{|v_1|^2 + |v_2|^2 + \cdots + |v_n|^2} \tag{4}$$

으로 정의한다.

(3)에서 복소켤레들이 $\|\mathbf{v}\|$이 실수임을 확실하게 한다. 이것이 없으면 (4) 안의 $\mathbf{v}\cdot\mathbf{v}$는 허수가 될 수 있다.

실수의 경우처럼 $\|\mathbf{v}\| = 1$일 때 $\mathbf{v}$를 C^n 내의 ***단위벡터***(unit vector)라고 하고, $\mathbf{u}\cdot\mathbf{v} = 0$이면 $\mathbf{u}$와 $\mathbf{v}$가 ***직교한다***(orthogonal)고 한다.

예제 2 | 복소 유클리드 내적과 곱

아래 벡터에 대해 $\mathbf{u}\cdot\mathbf{v}$, $\mathbf{v}\cdot\mathbf{u}$, $\|\mathbf{u}\|$, $\|\mathbf{v}\|$을 구하라.

$$\mathbf{u} = (1+i, i, 3-i) \qquad \text{그리고} \qquad \mathbf{v} = (1+i, 2, 4i)$$

풀이

$$\mathbf{u}\cdot\mathbf{v} = (1+i)(\overline{1+i}) + i(\overline{2}) + (3-i)(\overline{4i}) = (1+i)(1-i) + 2i + (3-i)(-4i) = -2-10i$$
$$\mathbf{v}\cdot\mathbf{u} = (1+i)(\overline{1+i}) + 2(\overline{i}) + (4i)(\overline{3-i}) = (1+i)(1-i) - 2i + 4i(3+i) = -2+10i$$
$$\|\mathbf{u}\| = \sqrt{|1+i|^2 + |i|^2 + |3-i|^2} = \sqrt{2+1+10} = \sqrt{13}$$
$$\|\mathbf{v}\| = \sqrt{|1+i|^2 + |2|^2 + |4i|^2} = \sqrt{2+4+16} = \sqrt{22}$$

예제 2에서 R^n에서의 내적과 C^n에서의 복소내적의 중요한 차이점이 나타난다. R^n에서의 내적은 항상 $\mathbf{v}\cdot\mathbf{u} = \mathbf{u}\cdot\mathbf{v}$(*대칭성질*)이지만, 복소내적에서 이에 대응하는 관계는 $\mathbf{u}\cdot\mathbf{v} = \overline{\mathbf{v}\cdot\mathbf{u}}$이고 이를 ***반대칭성질***(antisymmetry property)이라고 한다. 다음 정리는 정리 3.2.2와 유사하다.

정리 5.3.3

$\mathbf{u}$, $\mathbf{v}$, $\mathbf{w}$가 C^n 내의 벡터이고, k가 스칼라일 때, 복소 유클리드 내적은 다음의 성질을 만족시킨다.

(*a*) $\mathbf{u}\cdot\mathbf{v} = \overline{\mathbf{v}\cdot\mathbf{u}}$ **[반대칭]**
(*b*) $\mathbf{u}\cdot(\mathbf{v}+\mathbf{w}) = \mathbf{u}\cdot\mathbf{v} + \mathbf{u}\cdot\mathbf{w}$ **[분배성]**
(*c*) $k(\mathbf{u}\cdot\mathbf{v}) = (k\mathbf{u})\cdot\mathbf{v}$ **[동질성]**
(*d*) $\mathbf{u}\cdot k\mathbf{v} = \overline{k}(\mathbf{u}\cdot\mathbf{v})$ **[반동질성]**
(*e*) $\mathbf{v}\cdot\mathbf{v} \geq 0$과 $\mathbf{v}\cdot\mathbf{v} = 0$이기 위한 필요충분조건은 $\mathbf{v} = \mathbf{0}$이다. **[양의 성질]**

이 정리의 (*c*)와 (*d*)는 복소 유클리드 내적에 곱해지는 스칼라가 첫째 벡터에 곱해지면 그냥 재정리되지만, 두 번째 벡터에 곱해지면 먼저 그것의 복소켤레를 취해야 함을 나타내고 있다. (*d*)를 증명하고 나머지는 연습문제로 남긴다.

***증명* (*d*)**

$$k(\mathbf{u}\cdot\mathbf{v}) = k(\overline{\mathbf{v}\cdot\mathbf{u}}) = \overline{\overline{k}}\,(\overline{\mathbf{v}\cdot\mathbf{u}}) = \overline{\overline{k}\,(\mathbf{v}\cdot\mathbf{u})} = \overline{(\overline{k}\mathbf{v})\cdot\mathbf{u}} = \mathbf{u}\cdot(\overline{k}\mathbf{v})$$

증명을 완결하기 위해 k를 $\overline{k}$로 대체하고 $\overline{\overline{k}} = k$임을 이용한다. ■

3.2절의 표 1로부터 $\mathbf{u}$와 $\mathbf{v}$가 R^n의 *열벡터*이면, 내적은

$$\mathbf{u}\cdot\mathbf{v} = \mathbf{u}^T\mathbf{v} = \mathbf{v}^T\mathbf{u}$$

로 표현할 수 있다. C^n에서 비슷한 공식은

$$\boxed{\mathbf{u}\cdot\mathbf{v} = \mathbf{u}^T\overline{\mathbf{v}} = \overline{\mathbf{v}}^T\mathbf{u}} \tag{5}$$

이다(확인하라).

C^n 안의 벡터 개념

R^n은 C^n의 부분공간인가? 설명하라.

복소스칼라를 사용하는 것을 제외하고는 선형결합, 선형독립, 부분공간, 생성, 기저, 그리고 차원의 개념은 그대로 C^n에 적용된다.

복소행렬의 고유값과 고유벡터는 실행렬의 경우와 똑같이 정의된다. A가 복소성분을 갖는 $n \times n$ 행렬이면, 특성방정식 $\det(\lambda I - A) = 0$의 복소해를 A의 ***복소고유값***(complex eigenvalue)이라 한다. 실수의 경우와 같이 λ가 A의 복소고유값이기 위한 필요충분조건은 $A\mathbf{x} = \lambda\mathbf{x}$를 만족하는 영이 아닌 벡터 $\mathbf{x}$가 C^n에 존재하는 것이다. 이때 $\mathbf{x}$를 λ에 대응하는 A의 ***복소고유벡터***(complex eigenvector)라 한다. λ에 대응하는 A의 복소고유벡터는 선형시스템 $(\lambda I - A)\mathbf{x} = \mathbf{0}$의 영이 아닌 해이며, 이 선형시스템의 모든 해의 집합은 C^n의 부분공간이고, 이를 λ에 대응하는 A의 ***복소고유공간***(complex eigenspace)이라 한다.

다음 정리는 *실행렬*이 복소고유값을 가지면 고유값과 이에 대응하는 고유벡터가 켤레 쌍으로 나타남을 보여 준다.

정리 5.3.4

λ가 $n \times n$ 실행렬 A의 고유값이고 $\mathbf{x}$가 이에 대응하는 고유벡터이면, $\overline{\lambda}$ 또한 A의 고유값이고 $\overline{\mathbf{x}}$가 이에 대응하는 고유벡터이다.

증명 λ가 A의 고유값이고 $\mathbf{x}$는 이에 대응하는 고유벡터이므로

$$\overline{A\mathbf{x}} = \overline{\lambda\mathbf{x}} = \overline{\lambda}\overline{\mathbf{x}} \tag{6}$$

을 얻는다. 그러나 A는 실수 원소를 가지므로 $\overline{A} = A$이 되어 정리 5.3.2의 (c)에 의하여

$$\overline{A\mathbf{x}} = \overline{A}\overline{\mathbf{x}} = A\overline{\mathbf{x}} \tag{7}$$

이 된다. 두 방정식 (6)과 (7)에 의하여

$$A\overline{\mathbf{x}} = \overline{A\mathbf{x}} = \overline{\lambda}\overline{\mathbf{x}}$$

이 되고 $\overline{\mathbf{x}} \neq \mathbf{0}$이다(왜 그럴까?). 따라서 $\overline{\lambda}$는 A의 고유값이고 $\overline{\mathbf{x}}$는 대응하는 고유벡터가 된다. ■

예제 3 | 복소고유값과 복소고유벡터

$$A = \begin{bmatrix} -2 & -1 \\ 5 & 2 \end{bmatrix}$$

의 고유값과 고유공간의 기저를 구하라.

풀이 A의 특성다항식은

$$\begin{vmatrix} \lambda+2 & 1 \\ -5 & \lambda-2 \end{vmatrix} = \lambda^2+1 = (\lambda-i)(\lambda+i)$$

이므로 A의 고유값은 $\lambda = i$와 $\lambda = -i$이다. 정리 5.3.4에서 보장된 것과 같이 이들 고유값은 복소켤레이다. 고유벡터를 구하기 위해 $\lambda = i$와 $\lambda = -i$일 때 동차계

$$\begin{bmatrix} \lambda+2 & 1 \\ -5 & \lambda-2 \end{bmatrix}\begin{bmatrix} x_1 \\ x_2 \end{bmatrix} = \begin{bmatrix} 0 \\ 0 \end{bmatrix}$$

을 풀어야 한다. $\lambda = i$일 때 이 동차계는

$$\begin{bmatrix} i+2 & 1 \\ -5 & i-2 \end{bmatrix}\begin{bmatrix} x_1 \\ x_2 \end{bmatrix} = \begin{bmatrix} 0 \\ 0 \end{bmatrix} \tag{8}$$

이 된다. 가우스-요르단 소거법으로 첨가행렬

$$\begin{bmatrix} i+2 & 1 & 0 \\ -5 & i-2 & 0 \end{bmatrix} \tag{9}$$

을 기약 행사다리꼴로 변형하여 이 시스템을 풀 수 있는데 복소수 연산 때문에 다소 번거롭다. 이 문제의 경우 (8)이 비자명해를 가지므로 (9)의 기약 행사다리꼴이 영으로만 이루어진 행을 가지는 것을 관찰하여 보다 간단한 방법을 얻을 수 있다. 이 경우에 (9)의 각 행은 다른 행의 스칼라배여야 하므로, 제1행에 제2행의 적당한 스칼라배를 더해서 제1행의 성분을 영으로 만들 수 있다. 따라서 제1행에 제2행의 적당한 스칼라배를 더해서 제1행의 성분을 영으로 만들어 놓고 행끼리 교환한 다음에 새로운 제1행에 $-\frac{1}{5}$을 곱하면 기약 행사다리꼴

$$\begin{bmatrix} 1 & \frac{2}{5}-\frac{1}{5}i & 0 \\ 0 & 0 & 0 \end{bmatrix}$$

을 얻을 수 있다. 그러므로 이 시스템의 일반해는

$$x_1 = \left(-\frac{2}{5}+\frac{1}{5}i\right)t, \quad x_2 = t$$

이다. $\lambda = i$에 대응하는 고유공간은 1차원이고 기저벡터

$$\mathbf{x} = \begin{bmatrix} -\frac{2}{5}+\frac{1}{5}i \\ 1 \end{bmatrix} \tag{10}$$

의 모든 복소수 스칼라배들로 이루어진다. 검산을 통해 $A\mathbf{x} = i\mathbf{x}$임을 확인하자. 즉,

$$\begin{aligned} A\mathbf{x} &= \begin{bmatrix} -2 & -1 \\ 5 & 2 \end{bmatrix}\begin{bmatrix} -\frac{2}{5}+\frac{1}{5}i \\ 1 \end{bmatrix} \\ &= \begin{bmatrix} -2\left(-\frac{2}{5}+\frac{1}{5}i\right)-1 \\ 5\left(-\frac{2}{5}+\frac{1}{5}i\right)+2 \end{bmatrix} = \begin{bmatrix} -\frac{1}{5}-\frac{2}{5}i \\ i \end{bmatrix} = i\mathbf{x} \end{aligned}$$

이 성립한다. 같은 방법으로 $\lambda = -i$에 대응하는 고유공간의 기저를 구할 수 있지만, 정리 5.3.4에 의하여

$$\bar{\mathbf{x}} = \begin{bmatrix} -\frac{2}{5}-\frac{1}{5}i \\ 1 \end{bmatrix} \tag{11}$$

이 이 고유공간의 기저여야 하기 때문에 이 과정은 불필요하다. 다음 계산은 $\bar{\mathbf{x}}$가 $\lambda = -i$에 대응하는 A의 고유벡터임을 확인해 준다.

$$A\bar{\mathbf{x}} = \begin{bmatrix} -2 & -1 \\ 5 & 2 \end{bmatrix}\begin{bmatrix} -\frac{2}{5} - \frac{1}{5}i \\ 1 \end{bmatrix}$$

$$= \begin{bmatrix} -2\left(-\frac{2}{5} - \frac{1}{5}i\right) - 1 \\ 5\left(-\frac{2}{5} - \frac{1}{5}i\right) + 2 \end{bmatrix} = \begin{bmatrix} -\frac{1}{5} + \frac{2}{5}i \\ -i \end{bmatrix} = -i\bar{\mathbf{x}}$$

다음의 여러 예는 실수 원소를 갖는 2 × 2 행렬을 포함하기 때문에, 이러한 행렬의 고유값에 대해 몇 가지 일반적인 결과를 논의하는 데에 유익할 것이다. 먼저 행렬

$$A = \begin{bmatrix} a & b \\ c & d \end{bmatrix}$$

의 특성방정식을 다음과 같이 구한다.

$$\det(\lambda I - A) = \begin{vmatrix} \lambda - a & -b \\ -c & \lambda - d \end{vmatrix} = (\lambda - a)(\lambda - d) - bc = \lambda^2 - (a + d)\lambda + (ad - bc)$$

이 식을 A의 대각합과 행렬식을 이용하여

$$\det(\lambda I - A) = \lambda^2 - \text{tr}(A)\lambda + \det(A) \tag{12}$$

같이 표현할 수 있고, 결과적으로 A의 특성방정식은

$$\boxed{\lambda^2 - \text{tr}(A)\lambda + \det(A) = 0} \tag{13}$$

으로 나타낼 수 있다. 대수로부터 상기해 보면 $ax^2 + bx + c = 0$이 실수 계수로 이루어진 2차방정식이면 ***판별식*** $b^2 - 4ac$은 해의 성질을 결정한다.

$b^2 - 4ac > 0$ **[두 개의 서로 다른 실근]**

$b^2 - 4ac = 0$ **[한 개의 중복된 실근]**

$b^2 - 4ac < 0$ **[두 개의 복소켤레근]**

(13)에 $a = 1$, $b = -\text{tr}(A)$, $c = \det(A)$를 적용하면 아래의 정리가 성립된다.

정리 5.3.5

A가 실수성분들로 구성된 2 × 2 행렬이라면, A의 특성방정식은 $\lambda^2 - \text{tr}(A)\lambda + \det(A) = 0$이고, 다음이 성립한다.

(*a*) $\text{tr}(A)^2 - 4\det(A) > 0$이면 A는 두 개의 서로 다른 실수 고유값을 가진다.
(*b*) $\text{tr}(A)^2 - 4\det(A) = 0$이면 A는 한 개의 중복된 실수 고유값을 가진다.
(*c*) $\text{tr}(A)^2 - 4\det(A) < 0$이면 A는 두 개의 복소켤레 고유값을 가진다.

예제 4 | 2 × 2 행렬의 고유값

다음 각 문제에서 특성방정식에 대한 공식 (13)을 이용하여 고유값을 구하라.

$$(a)\ A = \begin{bmatrix} 2 & 2 \\ -1 & 5 \end{bmatrix} \quad (b)\ A = \begin{bmatrix} 0 & -1 \\ 1 & 2 \end{bmatrix} \quad (c)\ A = \begin{bmatrix} 2 & 3 \\ -3 & 2 \end{bmatrix}$$

풀이 (*a*) $\operatorname{tr}(A) = 7$, $\det(A) = 12$이므로 A의 특성방정식은

$$\lambda^2 - 7\lambda + 12 = 0$$

이다. 인수분해하면 $(\lambda - 4)(\lambda - 3) = 0$이므로 A의 고유값은 $\lambda = 4$와 $\lambda = 3$이다.

풀이 (*b*) $\operatorname{tr}(A) = 2$, $\det(A) = 1$이므로 A의 특성방정식은

$$\lambda^2 - 2\lambda + 1 = 0$$

이다. 인수분해하면 $(\lambda - 1)^2 = 0$이므로 $\lambda = 1$만이 A의 고유값이다.

풀이 (*c*) $\operatorname{tr}(A) = 4$, $\det(A) = 13$이므로 A의 특성방정식은

$$\lambda^2 - 4\lambda + 13 = 0$$

이다. 2차 근의 공식으로 이 식을 풀면

$$\lambda = \frac{4 \pm \sqrt{(-4)^2 - 4(13)}}{2} = \frac{4 \pm \sqrt{-36}}{2} = 2 \pm 3i$$

이다. 그러므로 A의 고유값은 $\lambda = 2 + 3i$와 $\lambda = 2 - 3i$이다.

역사 노트

타우스키
(Olga Taussky-Todd, 1906–1995)

올가 타우스키-토드는 매트릭스 분석 분야에서 선구적인 여성으로 캘리포니아공과대학의 교수진에 임명된 최초의 여성이다. 올가는 2차 세계대전 당시 런던의 국립물리연구소에서 초음속항공기의 플러터(flutter)를 연구하였다. 그곳에서 그녀는 특정 6 × 6 복소행렬의 고유값에 대한 어떤 결과가 지루한 계산이 필요했던 플러터 문제의 핵심 질문을 답하는 데 사용될 수 있음을 깨달았다. 2차 세계대전 이후 올가는 행렬 관련 분야에서 일관된 연구를 계속했으며, 현재 우리가 행렬이론이라고 부르는 분야에 중요한 업적을 이루었다.

[Image: Courtesy of the Archives, California Institute of Technology]

대칭행렬은 실고유값을 갖는다

실대칭행렬의 고유값은 다양한 응용에서 중요하다. 증명의 핵심은 실대칭행렬을 모든 원소를 허부가 영인 복소행렬로 간주하는 것이다.

정리 5.3.6

A가 실대칭행렬이면 A는 실고유값을 갖는다.

증명 λ가 A의 고유값이고 $\mathbf{x}$가 대응하는 고유벡터라고 가정하자. 여기서 λ는 복소수이고 $\mathbf{x}$는 C^n 안에 있다. 따라서

$$A\mathbf{x} = \lambda\mathbf{x}$$

이며 $\mathbf{x} \neq \mathbf{0}$이다. 이 방정식의 양변에 $\overline{\mathbf{x}}^T$을 곱하면

$$\overline{\mathbf{x}}^T A\mathbf{x} = \overline{\mathbf{x}}^T(\lambda\mathbf{x}) = \lambda(\overline{\mathbf{x}}^T\mathbf{x}) = \lambda(\mathbf{x}\cdot\mathbf{x}) = \lambda\|\mathbf{x}\|^2$$

이 되고, 따라서

$$\lambda = \frac{\overline{\mathbf{x}}^T A\mathbf{x}}{\|\mathbf{x}\|^2}$$

을 얻는다. 이 식의 분모는 실수이므로

$$\overline{\overline{\mathbf{x}}^T A\mathbf{x}} = \overline{\mathbf{x}}^T A\mathbf{x} \tag{14}$$

임을 보이면 λ가 실수임이 증명된다. 이제 A가 대칭행렬이고 실수 원소를 가지므로 식 (5)의 두 번째 등식과 켤레의 성질에 의하여

$$\overline{\overline{\mathbf{x}}^T A\mathbf{x}} = \overline{\overline{\mathbf{x}}}^T\,\overline{A\mathbf{x}} = \mathbf{x}^T\,\overline{A\mathbf{x}} = (\overline{A\mathbf{x}})^T\mathbf{x} = (\overline{A}\overline{\mathbf{x}})^T\mathbf{x} = (A\overline{\mathbf{x}})^T\mathbf{x} = \overline{\mathbf{x}}^T A^T\mathbf{x} = \overline{\mathbf{x}}^T A\mathbf{x}$$

이 성립한다. ■

복소고유값의 기하적 해석

다음 정리는 2×2 실행렬의 복소고유값의 기하적 의미를 이해하는 데 중요한 역할을 한다.

정리 5.3.7

실행렬

$$C = \begin{bmatrix} a & -b \\ b & a \end{bmatrix} \tag{15}$$

의 고유값은 $\lambda = a \pm bi$이다. a와 b가 동시에 0이 아니면 이 행렬은

$$\begin{bmatrix} a & -b \\ b & a \end{bmatrix} = \begin{bmatrix} |\lambda| & 0 \\ 0 & |\lambda| \end{bmatrix}\begin{bmatrix} \cos\phi & -\sin\phi \\ \sin\phi & \cos\phi \end{bmatrix} \tag{16}$$

와 같이 인수분해될 수 있다. 여기서 ϕ는 양의 x축과 원점으로부터 점 (a, b)를 지나는 사선 사이의 각이다(**그림 5.3.2**).

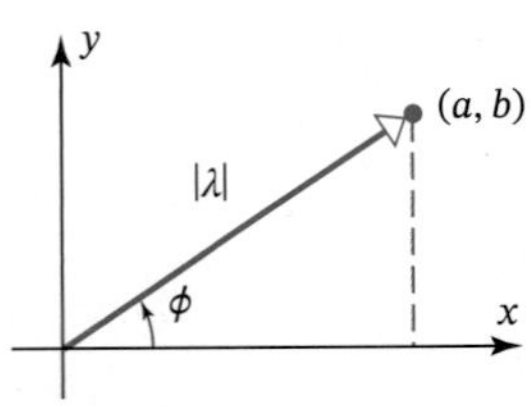

그림 5.3.2

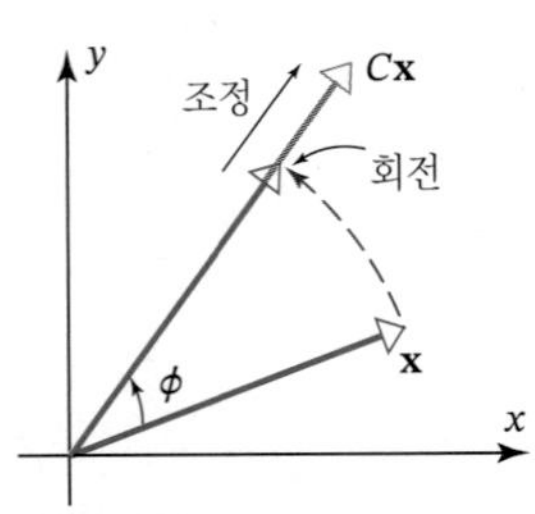

그림 5.3.3

기하적으로 이 정리는 (15) 형태의 행렬에 의한 곱을 각 ϕ만큼 회전한 다음 $|\lambda|$배 크기를 조정한 것으로 볼 수 있음을 알려 준다(**그림 5.3.3**).

증명 C의 특성방정식이 $(\lambda - a)^2 + b^2 = 0$이므로(검증하라) C의 고유값은 $\lambda = a \pm bi$이다. a와 b가 동시에 영이 아니고 ϕ가 양의 x축과 원점으로부터 점 (a, b)를 지나는 사선 사이의 각이라고 하자. ϕ는 고유값 $\lambda = a + bi$의 편각이므로 그림 5.3.2로부터

$$a = |\lambda|\cos\phi \qquad \text{그리고} \qquad b = |\lambda|\sin\phi$$

임을 알 수 있다. 따라서 (15)와 같은 형식으로 다음과 같이 쓸 수 있다.

$$\begin{bmatrix} a & -b \\ b & a \end{bmatrix} = \begin{bmatrix} |\lambda| & 0 \\ 0 & |\lambda| \end{bmatrix} \begin{bmatrix} \frac{a}{|\lambda|} & -\frac{b}{|\lambda|} \\ \frac{b}{|\lambda|} & \frac{a}{|\lambda|} \end{bmatrix} = \begin{bmatrix} |\lambda| & 0 \\ 0 & |\lambda| \end{bmatrix} \begin{bmatrix} \cos\phi & -\sin\phi \\ \sin\phi & \cos\phi \end{bmatrix} \quad \blacksquare$$

다음 정리는 복소고유값을 갖는 모든 2×2 실행렬은 (15)의 행렬과 닮았음(similar)을 보여 준다. 증명은 연습문제로 넘긴다.

정리 5.3.8

A를 복소고유값 $\lambda = a \pm bi$를 갖는 2×2 실행렬이라 하자(단, $b \neq 0$). $\mathbf{x}$가 $\lambda = a - bi$에 대응하는 A의 고유벡터이면, 행렬 $P = [\mathrm{Re}(\mathbf{x}) \;\; \mathrm{Im}(\mathbf{x})]$는 가역이고

$$A = P\begin{bmatrix} a & -b \\ b & a \end{bmatrix}P^{-1} \tag{17}$$

이 된다.

예제 5 | 복소고유값을 이용하는 행렬 인수분해

고유값 $\lambda = -i$와 (11)에 주어진 대응하는 고유벡터를 이용하여 예제 3의 행렬을 (17)의 형태로 인수분해하라.

풀이 정리 5.3.8의 기호와 일치시키기 위해 $\lambda = -i$에 대응하는 (11)의 고유벡터를 $\mathbf{x}$로 표기하자(앞에서 사용한 $\bar{\mathbf{x}}$ 대신). λ와 $\mathbf{x}$에 대하여

$$a = 0, \quad b = 1, \quad \mathrm{Re}(\mathbf{x}) = \begin{bmatrix} -\frac{2}{5} \\ 1 \end{bmatrix}, \quad \mathrm{Im}(\mathbf{x}) = \begin{bmatrix} -\frac{1}{5} \\ 0 \end{bmatrix}$$

이다.

$$P = [\mathrm{Re}(\mathbf{x}) \quad \mathrm{Im}(\mathbf{x})] = \begin{bmatrix} -\frac{2}{5} & -\frac{1}{5} \\ 1 & 0 \end{bmatrix}$$

이므로, A는

$$\begin{bmatrix} -2 & -1 \\ 5 & 2 \end{bmatrix} = \begin{bmatrix} -\frac{2}{5} & -\frac{1}{5} \\ 1 & 0 \end{bmatrix} \begin{bmatrix} 0 & -1 \\ 1 & 0 \end{bmatrix} \begin{bmatrix} 0 & 1 \\ -5 & -2 \end{bmatrix}$$

와 같이 (17)의 형태로 인수분해될 수 있다. 우변의 곱을 계산하여 확인해 보라.

정리 5.3.8의 기하적 해석

정리 5.3.8이 기하적으로 나타내는 의미를 이해하기 위하여 (16)의 우변의 행렬을 각각 S와 R_ϕ로 표기한 후 (16)을 이용하여 (17)을 다시 쓰면

$$A = PSR_\phi P^{-1} = P\begin{bmatrix} |\lambda| & 0 \\ 0 & |\lambda| \end{bmatrix}\begin{bmatrix} \cos\phi & -\sin\phi \\ \sin\phi & \cos\phi \end{bmatrix}P^{-1} \tag{18}$$

와 같다. P를 기저 $B = \{\text{Re}(\mathbf{x}), \text{Im}(\mathbf{x})\}$에서 표준기저로의 전이행렬로 보면 (18)을 통해 곱 $A\mathbf{x}_0$를 다음 세 단계 과정으로 나눌 수 있다는 것을 알 수 있다.

공식 (18)의 해석

단계 1. $P^{-1}\mathbf{x}_0$를 계산하여 $\mathbf{x}_0$를 표준좌표에서 B좌표로 사상한다.

단계 2. $SR_\phi P^{-1}\mathbf{x}_0$를 계산하여 벡터 $P^{-1}\mathbf{x}_0$를 회전하고 크기를 조정한다.

단계 3. $A\mathbf{x}_0 = PSR_\phi P^{-1}\mathbf{x}_0$를 구하기 위하여 회전되고 크기가 조정된 벡터를 표준좌표로 사상한다.

거듭제곱수열

벡터에 행렬변환을 연속적으로 적용할 경우 특정한 벡터에 어떤 영향을 주는지 알아보자. 예컨대 A가 R^n상의 선형 연산자의 표준행렬이고 $\mathbf{x}_0$가 R^n 안의 하나의 고정된 벡터라면, 거듭제곱수열

$$\mathbf{x}_0, \quad A\mathbf{x}_0, \quad A^2\mathbf{x}_0, \ldots, \quad A^k\mathbf{x}_0, \ldots$$

이 이 벡터에 어떻게 영향을 주는지에 대해 알아보자. 예를 들어

$$A = \begin{bmatrix} \frac{1}{2} & \frac{3}{4} \\ -\frac{3}{5} & \frac{11}{10} \end{bmatrix} \quad \text{그리고} \quad \mathbf{x}_0 = \begin{bmatrix} 1 \\ 1 \end{bmatrix}$$

이면 컴퓨터 또는 계산기를 사용해서 거듭제곱수열의 앞의 4개 항을 다음과 같이 계산할 수 있다.

$$\mathbf{x}_0 = \begin{bmatrix} 1 \\ 1 \end{bmatrix}, \quad A\mathbf{x}_0 = \begin{bmatrix} 1.25 \\ 0.5 \end{bmatrix}, \quad A^2\mathbf{x}_0 = \begin{bmatrix} 1.0 \\ -0.2 \end{bmatrix}, \quad A^3\mathbf{x}_0 = \begin{bmatrix} 0.35 \\ -0.82 \end{bmatrix}$$

MATLAB 또는 대수적 계산을 수행하는 컴퓨터 프로그램을 이용해서 첫 번째 100개 항을 (x, y) 쌍으로 점을 찍어 나가면 **그림 5.3.4*a***에 보이는 것처럼 타원의 궤도를 따라서 배열된다.

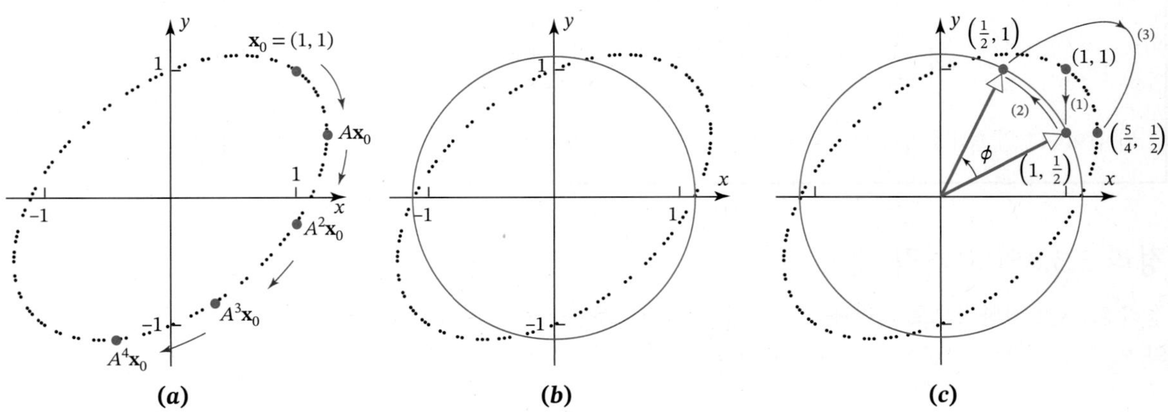

그림 5.3.4

점들이 왜 타원의 궤도를 따라서 움직이는지를 이해하려면 A의 고유값과 고유벡터를 살펴볼 필요가 있다. A의 고유값은 $\lambda = \frac{4}{5} \pm \frac{3}{5}i$이고 이에 대응하는 고유벡터는

$$\lambda_1 = \tfrac{4}{5} - \tfrac{3}{5}i: \quad \mathbf{v}_1 = \left(\tfrac{1}{2} + i, 1\right) \qquad \text{그리고} \qquad \lambda_2 = \tfrac{4}{5} + \tfrac{3}{5}i: \quad \mathbf{v}_2 = \left(\tfrac{1}{2} - i, 1\right)$$

임을 검증하는 것은 독자에게 맡긴다. 식 (17)에서 $\lambda = \lambda_1 = \frac{4}{5} - \frac{3}{5}i$와 $\mathbf{x} = \mathbf{v}_1 = \left(\frac{1}{2} + i, 1\right)$이라 놓고 $|\lambda| = 1$을 이용하면 인수분해

$$\underset{A}{\begin{bmatrix} \frac{1}{2} & \frac{3}{4} \\ -\frac{3}{5} & \frac{11}{10} \end{bmatrix}} = \underset{P}{\begin{bmatrix} \frac{1}{2} & 1 \\ 1 & 0 \end{bmatrix}} \underset{R_\phi}{\begin{bmatrix} \frac{4}{5} & -\frac{3}{5} \\ \frac{3}{5} & \frac{4}{5} \end{bmatrix}} \underset{P^{-1}}{\begin{bmatrix} 0 & 1 \\ 1 & -\frac{1}{2} \end{bmatrix}} \tag{19}$$

를 얻는다. 여기서 R_ϕ는

$$\tan\phi = \frac{\sin\phi}{\cos\phi} = \frac{3/5}{4/5} = \frac{3}{4} \qquad \left(\phi = \tan^{-1}\tfrac{3}{4} \approx 36.9^\circ\right)$$

인 각 ϕ만큼 원점에 대한 회전이다. (19)의 행렬 P는 기저

$$B = \{\mathrm{Re}(\mathbf{x}), \mathrm{Im}(\mathbf{x})\} = \left\{\left(\tfrac{1}{2}, 1\right), (1, 0)\right\}$$

에서 표준기저로의 전이행렬이고, P^{-1}은 표준기저에서 기저 B로의 전이행렬이다(**그림 5.3.5**). 다음으로 n이 양의 정수일 때 (19)는

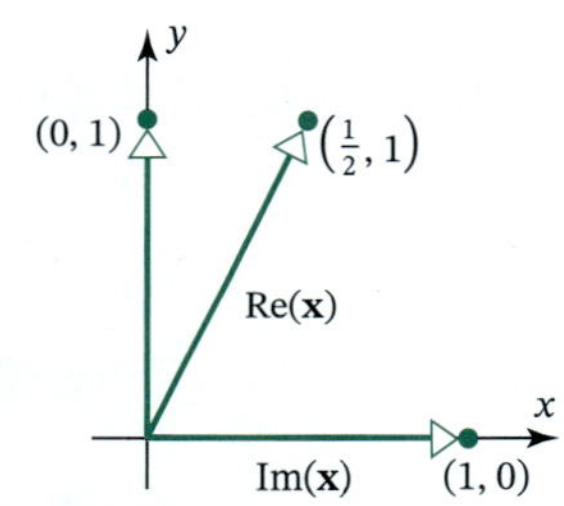

그림 5.3.5

$$A^n\mathbf{x}_0 = (PR_\phi P^{-1})^n\mathbf{x}_0 = PR_\phi^n P^{-1}\mathbf{x}_0$$

가 된다. 따라서 $A^n\mathbf{x}_0$는, 우선 $\mathbf{x}_0$를 B좌표로 된 점 $P^{-1}\mathbf{x}_0$으로 사상한 후, R_ϕ^n을 곱해서 이 점을 원점을 기준으로 각 $n\phi$만큼 회전하고, $R_\phi^n P^{-1}\mathbf{x}_0$에 P를 곱하여 결과의 점을 표준좌표에 되돌려 보낸 것으로 계산할 수 있다. 기하적 관점으로 현상을 분석해 보자: B좌표에서 A에 의한 각 연속적인 곱셈은 점 $P^{-1}\mathbf{x}_0$를 각 ϕ만큼 앞으로 돌리고, 원점에 관한 원형 궤도를 그리게 한다. 그러나 기저 B는 직교가 아니고 *기울어져* 있으므로, 원형궤도 위의 점이 표준좌표로 다시 변환될 때 그 결과는 원형궤도가 $A^n\mathbf{x}_0$에 의해 타원형궤도가 되는 것이다(**그림 5.3.4*b***). 다음은 첫째 단계에 대한 계산이다. (연속 단계는 **그림 5.3.4*c***에 있다.)

$$\begin{bmatrix} \frac{1}{2} & \frac{3}{4} \\ -\frac{3}{5} & \frac{11}{10} \end{bmatrix}\begin{bmatrix} 1 \\ 1 \end{bmatrix} = \begin{bmatrix} \frac{1}{2} & 1 \\ 1 & 0 \end{bmatrix}\begin{bmatrix} \frac{4}{5} & -\frac{3}{5} \\ \frac{3}{5} & \frac{4}{5} \end{bmatrix}\begin{bmatrix} 0 & 1 \\ 1 & -\frac{1}{2} \end{bmatrix}\begin{bmatrix} 1 \\ 1 \end{bmatrix}$$

$$= \begin{bmatrix} \frac{1}{2} & 1 \\ 1 & 0 \end{bmatrix}\begin{bmatrix} \frac{4}{5} & -\frac{3}{5} \\ \frac{3}{5} & \frac{4}{5} \end{bmatrix}\begin{bmatrix} 1 \\ \frac{1}{2} \end{bmatrix} \qquad [\mathbf{x}_0\text{는 } B\text{좌표에 사상된다.}]$$

$$= \begin{bmatrix} \frac{1}{2} & 1 \\ 1 & 0 \end{bmatrix}\begin{bmatrix} \frac{1}{2} \\ 1 \end{bmatrix} \qquad [\text{점 } (1, \tfrac{1}{2})\text{은 각 } \phi\text{만큼 회전된다.}]$$

$$= \begin{bmatrix} \frac{5}{4} \\ \frac{1}{2} \end{bmatrix} \qquad [\text{점 } (\tfrac{1}{2}, 1)\text{은 표준좌표에 사상된다.}]$$

연습문제 5.3

(1-2) $\bar{\mathbf{u}}$, Re($\mathbf{u}$), Im($\mathbf{u}$), $\|\mathbf{u}\|$*을 구하라.*

1. $\mathbf{u} = (2 - i, 4i, 1 + i)$ **2.** $\mathbf{u} = (6, 1 + 4i, 6 - 2i)$

(3-4) $\mathbf{u}$, $\mathbf{v}$, k*가 정리 5.3.1을 만족함을 보여라.*

3. $\mathbf{u} = (3 - 4i, 2 + i, -6i)$, $\mathbf{v} = (1 + i, 2 - i, 4)$, $k = i$

4. $\mathbf{u} = (6, 1 + 4i, 6 - 2i)$, $\mathbf{v} = (4, 3 + 2i, i - 3)$, $k = -i$

5. $\mathbf{u}$와 $\mathbf{v}$가 연습문제 3의 벡터일 때 방정식 $i\mathbf{x} - 3\mathbf{v} = \bar{\mathbf{u}}$을 $\mathbf{x}$에 관하여 풀어라.

6. $\mathbf{u}$와 $\mathbf{v}$가 연습문제 4의 벡터일 때 방정식 $(1 + i)\mathbf{x} + 2\mathbf{u} = \bar{\mathbf{v}}$을 $\mathbf{x}$에 관하여 풀어라.

(7-8) $\bar{A}$, Re(A), Im(A), det(A), tr(A)*을 구하라.*

7. $A = \begin{bmatrix} -5i & 4 \\ 2 - i & 1 + 5i \end{bmatrix}$ **8.** $A = \begin{bmatrix} 4i & 2 - 3i \\ 2 + 3i & 1 \end{bmatrix}$

9. A는 연습문제 7에 주어진 행렬이고, 행렬 B는 다음과 같다.

$$B = \begin{bmatrix} 1 - i \\ 2i \end{bmatrix}$$

이 행렬들이 정리 5.3.2에 기술된 성질을 갖는지 확인하라.

10. A는 연습문제 8에 주어진 행렬이고, 행렬 B는 다음과 같다.

$$B = \begin{bmatrix} 5i \\ 1 - 4i \end{bmatrix}$$

이 행렬들이 정리 5.3.2에 기술된 성질을 갖는지 확인하라.

(11-12) $\mathbf{u} \cdot \mathbf{v}$, $\mathbf{u} \cdot \mathbf{w}$, $\mathbf{v} \cdot \mathbf{w}$*를 계산하고 이 벡터가 5.3절의 공식 (5)와 정리 5.3.3의 (a), (b), (c)를 만족함을 보여라.*

11. $\mathbf{u} = (i, 2i, 3)$, $\mathbf{v} = (4, -2i, 1 + i)$, $\mathbf{w} = (2 - i, 2i, 5 + 3i)$, $k = 2i$

12. $\mathbf{u} = (1 + i, 4, 3i)$, $\mathbf{v} = (3, -4i, 2 + 3i)$, $\mathbf{w} = (1 - i, 4i, 4 - 5i)$, $k = 1 + i$

13. 연습문제 11의 $\mathbf{u}$, $\mathbf{v}$, $\mathbf{w}$에 대하여 $\overline{(\mathbf{u} \cdot \bar{\mathbf{v}}) - \overline{\mathbf{w} \cdot \mathbf{u}}}$을 계산하라.

14. 연습문제 12의 $\mathbf{u}$, $\mathbf{v}$, $\mathbf{w}$에 대하여 $\overline{(i\bar{\mathbf{u}} \cdot \mathbf{w}) + (\|\mathbf{u}\|\mathbf{v})} \cdot \mathbf{u}$을 계산하라.

(15-18) A의 고유값과 고유공간의 기저를 구하라.

15. $A = \begin{bmatrix} 4 & -5 \\ 1 & 0 \end{bmatrix}$ **16.** $A = \begin{bmatrix} -1 & -5 \\ 4 & 7 \end{bmatrix}$

17. $A = \begin{bmatrix} 5 & -2 \\ 1 & 3 \end{bmatrix}$ **18.** $A = \begin{bmatrix} 8 & 6 \\ -3 & 2 \end{bmatrix}$

(19-22) 각 행렬 C는 (15)의 형식을 갖는다. 정리 5.3.7에 의하여 C는 $|\lambda|$*배 크기조정행렬과 각* ϕ*의 회전행렬의 곱으로 인수분해 될 수 있다.* $-\pi < \phi \le \pi$*를 만족하는 각 식의* $|\lambda|$*와* ϕ*를 구하라.*

19. $C = \begin{bmatrix} 1 & -1 \\ 1 & 1 \end{bmatrix}$ **20.** $C = \begin{bmatrix} 0 & 5 \\ -5 & 0 \end{bmatrix}$

21. $C = \begin{bmatrix} 1 & \sqrt{3} \\ -\sqrt{3} & 1 \end{bmatrix}$ **22.** $C = \begin{bmatrix} \sqrt{2} & \sqrt{2} \\ -\sqrt{2} & \sqrt{2} \end{bmatrix}$

(23-26) $A = PCP^{-1}$*인 가역행렬 P와 (15) 형태의 행렬 C를 구하라.*

23. $A = \begin{bmatrix} -1 & -5 \\ 4 & 7 \end{bmatrix}$ **24.** $A = \begin{bmatrix} 4 & -5 \\ 1 & 0 \end{bmatrix}$

25. $A = \begin{bmatrix} 8 & 6 \\ -3 & 2 \end{bmatrix}$ **26.** $A = \begin{bmatrix} 5 & -2 \\ 1 & 3 \end{bmatrix}$

27. $\mathbf{u}$와 $\mathbf{v}$가 C^3에서 직교가 되도록 하는 모든 복소 스칼라 k를 구하라.

a. $\mathbf{u} = (2i, i, 3i)$, $\mathbf{v} = (i, 6i, k)$

b. $\mathbf{u} = (k, k, 1 + i)$, $\mathbf{v} = (1, -1, 1 - i)$

28. A가 $n \times n$ 실행렬이고 $\mathbf{x}$가 C^n 안의 열벡터이면, Re($A\mathbf{x}$) = A(Re($\mathbf{x}$))와 Im($A\mathbf{x}$) = A(Im($\mathbf{x}$))임을 보여라.

29. ***파울리 스핀행렬***(Pauli spin matrix)이라고 하는 행렬

$$\sigma_1 = \begin{bmatrix} 0 & 1 \\ 1 & 0 \end{bmatrix}, \quad \sigma_2 = \begin{bmatrix} 0 & -i \\ i & 0 \end{bmatrix}, \quad \sigma_3 = \begin{bmatrix} 1 & 0 \\ 0 & -1 \end{bmatrix}$$

은 입자회전을 연구하는 양자역학에서 사용된다. 양자역학에서 사용되는 ***디랙 행렬***(Dirac matrix)은 파울리 스핀행렬과 2×2 항등행렬 I_2로

$$\beta = \begin{bmatrix} I_2 & 0 \\ 0 & -I_2 \end{bmatrix}, \quad \alpha_x = \begin{bmatrix} 0 & \sigma_1 \\ \sigma_1 & 0 \end{bmatrix},$$

$$\alpha_y = \begin{bmatrix} 0 & \sigma_2 \\ \sigma_2 & 0 \end{bmatrix}, \quad \alpha_z = \begin{bmatrix} 0 & \sigma_3 \\ \sigma_3 & 0 \end{bmatrix}$$

으로 표현된다.

a. $\beta^2 = \alpha_x^2 = \alpha_y^2 = \alpha_z^2$임을 밝혀라.

b. $AB = -BA$를 만족시키는 행렬 A와 B를 ***반교환적***(anti-commutative)이라 한다. 디랙 행렬은 반교환적임을 보여라.

30. k가 실수 스칼라이고 $\mathbf{v}$는 R^n 안의 벡터이면, 정리 3.2.1에 의해서 $\|k\mathbf{v}\| = |k|\|\mathbf{v}\|$이다. 이 관계식은 k가 복소수이고 $\mathbf{v}$가 C^n 안의 벡터일 때도 성립하는가? 이유를 설명하라.

증명 문제

31. 정리 5.3.1의 (*c*)를 증명하라.

32. 정리 5.3.2를 증명하라.

33. $\mathbf{u}$와 $\mathbf{v}$가 C^n 안의 벡터이면

$$\mathbf{u}\cdot\mathbf{v} = \frac{1}{4}\|\mathbf{u}+\mathbf{v}\|^2 - \frac{1}{4}\|\mathbf{u}-\mathbf{v}\|^2 + \frac{i}{4}\|\mathbf{u}+i\mathbf{v}\|^2 - \frac{i}{4}\|\mathbf{u}-i\mathbf{v}\|^2$$

임을 증명하라.

34. 회전행렬

$$R_\phi = \begin{bmatrix} \cos\phi & -\sin\phi \\ \sin\phi & \cos\phi \end{bmatrix}$$

의 고유값 λ는 $\cos\phi \pm i\sin\phi$이고, 정리 5.3.7을 따른다. 만약 $\mathbf{x}$가 각각의 고유값에 대응하는 고유벡터라면, $\text{Re}(\mathbf{x})$과 $\text{Im}(\mathbf{x})$이 직교하며 같은 길이를 갖는 것을 증명하라. [*주의*: 이는 $P = [\text{Re}(\mathbf{x}) \mid \text{Im}(\mathbf{x})]$가 직교행렬의 실스칼라배임을 의미한다.]

35. 다음의 두 부분으로 나누어 정리 5.3.8을 증명하라.

a. 기호를 간단하게 하기 위해서

$$M = \begin{bmatrix} a & -b \\ b & a \end{bmatrix}$$

라고 하고, $\mathbf{u} = \text{Re}(\mathbf{x})$, $\mathbf{v} = \text{Im}(\mathbf{x})$, 즉 $P = [\mathbf{u} \mid \mathbf{v}]$이라 하자. 관계식 $A\mathbf{x} = \lambda\mathbf{x}$에 의하여

$$A\mathbf{x} = (a\mathbf{u} + b\mathbf{v}) + i(-b\mathbf{u} + a\mathbf{v})$$

를 얻고 이 방정식 양쪽의 실부 및 허부를 같게 하여

$$AP = [A\mathbf{u} \mid A\mathbf{v}] = [a\mathbf{u} + b\mathbf{v} \mid -b\mathbf{u} + a\mathbf{v}] = PM$$

임을 보여라.

b. P가 가역임을 증명하고 (a)의 결과에 의하여 $A = PMP^{-1}$임을 밝혀 증명을 완료하라. [*힌트*: P가 가역이 아니면 열벡터 중 하나는 다른 열벡터의 실수 스칼라배가 된다. 즉, $\mathbf{v} = c\mathbf{u}$이다. 이것을 (a)에서 구한 $A\mathbf{u} = a\mathbf{u} + b\mathbf{v}$과 $A\mathbf{v} = -b\mathbf{u} + a\mathbf{v}$에 대입하고 $(1 + c^2)b\mathbf{u} = \mathbf{0}$임을 밝혀라. 마지막으로 이것이 모순되는 것을 보여, P가 가역임을 보여라.]

36. 이 문제에서 복소수에서의 코시-슈바르츠 부등식을 증명할 것이다.

a. k가 복소수이고 $\mathbf{u}$와 $\mathbf{v}$가 C^n 안의 벡터이면,

$$(\mathbf{u} - k\mathbf{v})\cdot(\mathbf{u} - k\mathbf{v}) = \mathbf{u}\cdot\mathbf{u} - \bar{k}(\mathbf{u}\cdot\mathbf{v}) - k\overline{(\mathbf{u}\cdot\mathbf{v})} + k\bar{k}(\mathbf{v}\cdot\mathbf{v})$$

임을 증명하라.

b. (a)의 결과를 이용하여

$$0 \le \mathbf{u}\cdot\mathbf{u} - \bar{k}(\mathbf{u}\cdot\mathbf{v}) - k\overline{(\mathbf{u}\cdot\mathbf{v})} + k\bar{k}(\mathbf{v}\cdot\mathbf{v})$$

을 증명하라.

c. (b)에서 $k = (\mathbf{u}\cdot\mathbf{v})/(\mathbf{v}\cdot\mathbf{v})$이라 놓고

$$|\mathbf{u}\cdot\mathbf{v}| \le \|\mathbf{u}\|\|\mathbf{v}\|$$

을 증명하라.

참-거짓 문제

TF. (a)-(f)가 참인지 거짓인지를 밝히고 그 이유를 설명하라.

a. 실고유값이 없는 5×5 실행렬이 존재한다.

b. 2×2 복소행렬의 고유값은 방정식 $\lambda^2 - \text{tr}(A)\lambda + \det(A) = 0$의 해이다.

c. 실수 원소를 가지는 2×2 행렬 A가 두 개의 서로 다른 고유값을 가질 필요충분조건은 $\text{tr}(A)^2 \neq 4\det(A)$이다.

d. λ가 실행렬 A의 복소고유값이고 $\mathbf{v}$가 대응하는 고유벡터이면, $\bar{\lambda}$는 A의 복소고유값이고 $\bar{\mathbf{v}}$는 $\bar{\lambda}$에 대응하는 A의 고유벡터이다.

e. 복소대칭행렬의 모든 고유값은 실수이다.

f. 2×2 실행렬 A가 복소고유값을 가지고 $\mathbf{x}_0$가 R^2 안의 벡터이면, 벡터 $\mathbf{x}_0, A\mathbf{x}_0, A^2\mathbf{x}_0, \cdots, A^n\mathbf{x}_0, \cdots$는 타원에 놓인다.

5.4 미분방정식

물리학, 화학, 생물학, 공학, 경제학의 많은 법칙들이 미분방정식, 즉 함수와 이들의 도함수를 포함하는 방정식에 의하여 기술된다. 이 절에서는 선형대수, 고유값 및 고유벡터가 연립미분방정식을 푸는 데 응용될 수 있는 한 가지 방법을 설명한다. 이 절을 공부하기 위해서는 미적분에 대한 선행학습이 필요하다.

용어

미적분학으로부터 생각해 보면 ***미분방정식***(differential equation)은 미지함수와 그 도함수를 포함한 방정식이다. 미분방정식의 ***계수***(order)는 가장 높은 도함수의 계수와 같다. 가장 간단한 미분방정식은

$$y' = ay \tag{1}$$

와 같은 일계방정식이다. 여기서 $y = f(x)$는 결정해야 할 미지함수이고 $y' = dy/dx$는 그 도함수이며 a는 상수이다. 대부분의 미분방정식과 같이, 이 방정식은 무한개의 해를 가지며 그 해는

$$y = ce^{ax} \tag{2}$$

형태의 함수이다. 여기서 c는 임의의 상수이다. 이와 같은 형태의 모든 함수는

$$y' = cae^{ax} = ay$$

의 계산으로부터 (1)의 해임을 알 수 있는데, 연습문제에서 보듯이 이는 가능한 유일한 해의 형태이다. 이에 따라 (2)를 (1)의 ***일반해***(general solution)라고 한다. 예를 들어 미분방정식 $y' = 5y$의 일반해는

$$y = ce^{5x} \tag{3}$$

이다. 미분방정식을 생성하는 실제 문제에는 종종 어떤 추가 조건이 부과되어 일반해로부터 하나의 특수해를 구하게 한다. 예컨대 $y' = 5y$의 해 (3)이 추가된 조건

$$y(0) = 6 \tag{4}$$

(즉, $x = 0$일 때 $y = 6$)을 만족해야 한다면 이들 값을 (3)에 대입하여 $6 = ce^0 = c$를 얻는다. 따라서

$$y = 6e^{5x}$$

는 (4)를 만족하는 $y' = 5y$의 유일한 해이다.

어떤 점에서 해의 값을 지정한 (4)와 같은 조건을 ***초기조건***(initial condition)이라 하고, 초기조건을 갖는 미분방정식을 푸는 문제를 ***초기값 문제***(initial-value problem)라 한다.

일계 선형시스템

이 절에서 다음 형태의 연립미분방정식의 해법을 다룰 것이다.

$$\begin{aligned} y_1' &= a_{11}y_1 + a_{12}y_2 + \cdots + a_{1n}y_n \\ y_2' &= a_{21}y_1 + a_{22}y_2 + \cdots + a_{2n}y_n \\ &\vdots \\ y_n' &= a_{n1}y_1 + a_{n2}y_2 + \cdots + a_{nn}y_n \end{aligned} \tag{5}$$

여기서 $y_1 = f_1(x)$, $y_2 = f_2(x)$, $\cdots$, $y_n = f_n(x)$는 결정할 함수이고 a_{ij}는 상수이다. (5)를 행렬기호로

$$\begin{bmatrix} y_1' \\ y_2' \\ \vdots \\ y_n' \end{bmatrix} = \begin{bmatrix} a_{11} & a_{12} & \cdots & a_{1n} \\ a_{21} & a_{22} & \cdots & a_{2n} \\ \vdots & \vdots & & \vdots \\ a_{n1} & a_{n2} & \cdots & a_{nn} \end{bmatrix} \begin{bmatrix} y_1 \\ y_2 \\ \vdots \\ y_n \end{bmatrix}$$

또는 더욱 간단히

$$\boxed{\mathbf{y}' = A\mathbf{y}} \tag{6}$$

로 쓸 수 있다. 여기서 $\mathbf{y}'$은 $\mathbf{y}$의 각 구성성분을 미분하여 구해진 벡터를 나타낸다.

우리는 (5) 또는 그것의 행렬 형태인 (6)을 ***상수 계수 1계 동차 선형시스템***(constant coefficient first-order homogeneous linear system)이라고 부른다. 이것의 모든 미분값들이 1계이기 때문에 이것은 1계이고, 미분 가능하고 행렬의 곱이 선형변환이기 때문에 선형이다. 그리고 이것은 동질성을 가지는데 그 이유는

$$y_1 = y_2 = \cdots = y_n = 0$$

이 계수의 값과 관련 없는 해이기 때문이다. 이때의 해를 ***자명해***(trivial solution)라고 부른다. 이 절에서 우리는 주로 행렬 형태에 대해 알아볼 것이다. 다음 예제를 보자.

예제 1 | 초기조건을 만족하는 선형시스템의 예

(*a*) 다음 시스템을 행렬형으로 표현하라.

$$\begin{aligned} y_1' &= 3y_1 \\ y_2' &= -2y_2 \\ y_3' &= 5y_3 \end{aligned} \tag{7}$$

(*b*) 이 시스템을 풀어라.

(*c*) 초기조건 $y_1(0) = 1$, $y_2(0) = 4$, $y_3(0) = -2$를 만족하는 이 시스템의 해를 구하라.

풀이 (*a*)

$$\begin{bmatrix} y_1' \\ y_2' \\ y_3' \end{bmatrix} = \begin{bmatrix} 3 & 0 & 0 \\ 0 & -2 & 0 \\ 0 & 0 & 5 \end{bmatrix} \begin{bmatrix} y_1 \\ y_2 \\ y_3 \end{bmatrix} \tag{8}$$

또는

$$\mathbf{y}' = \begin{bmatrix} 3 & 0 & 0 \\ 0 & -2 & 0 \\ 0 & 0 & 5 \end{bmatrix} \mathbf{y} \tag{9}$$

이다.

풀이 (*b*) (7)에서 각 방정식은 하나의 미지수만으로 되어 있으므로 이 방정식을 개별적으로 풀 수 있다. 식 (2)로부터

$$\begin{aligned} y_1 &= c_1e^{3x} \\ y_2 &= c_2e^{-2x} \\ y_3 &= c_3e^{5x} \end{aligned}$$

을 구할 수 있고 행렬기호로는

$$\mathbf{y} = \begin{bmatrix} y_1 \\ y_2 \\ y_3 \end{bmatrix} = \begin{bmatrix} c_1e^{3x} \\ c_2e^{-2x} \\ c_3e^{5x} \end{bmatrix} \tag{10}$$

이다.

풀이 (*c*) 주어진 초기조건에 의하여

$$\begin{aligned} 1 &= y_1(0) = c_1e^0 = c_1 \\ 4 &= y_2(0) = c_2e^0 = c_2 \\ -2 &= y_3(0) = c_3e^0 = c_3 \end{aligned}$$

이므로, 초기조건을 만족하는 해는

$$y_1 = e^{3x}, \quad y_2 = 4e^{-2x}, \quad y_3 = -2e^{5x}$$

또는 행렬기호로

$$\mathbf{y} = \begin{bmatrix} y_1 \\ y_2 \\ y_3 \end{bmatrix} = \begin{bmatrix} e^{3x} \\ 4e^{-2x} \\ -2e^{5x} \end{bmatrix}$$

이다.

대각화에 의한 해

예제 1의 시스템은 각 방정식이 오직 하나의 미지함수만을 포함하고 있어서 (9)의 $\mathbf{y}' = A\mathbf{y}$는 연립방정식에 대한 계수행렬이 *대각행렬*이므로 풀기가 쉬웠다. 그러나 각 방정식에 미지의 함수가 하나 이상 나타나면 이 경우 계수행렬은 대각행렬이 아니기 때문에 문제가 복잡해진다. 이러한 시스템을 어떻게 풀지 생각해 보자.

계수행렬 A가 대각이 아닌 시스템 $\mathbf{y}' = A\mathbf{y}$를 풀기 위한 기본 착상은 새로운 벡터 $\mathbf{u}$을 도입하여, 대각화해 주는 가역인 P에 대하여, 미지 벡터 $\mathbf{y}$을 방정식 $\mathbf{y} = P\mathbf{u}$로 $\mathbf{u}$와 관련짓는 것이다. 물론 이러한 행렬이 존재하지 않을 수도 있지만, 만약 존재한다면 $\mathbf{y}' = A\mathbf{y}$를

$$P\mathbf{u}' = A(P\mathbf{u})$$

또는

$$\mathbf{u}' = (P^{-1}AP)\mathbf{u}$$

로 다시 쓸 수 있다. P가 A를 대각화하는 행렬로 가정했으므로, 이 방정식은 D가 대각인

$$\mathbf{u}' = D\mathbf{u}$$

와 같은 형식을 갖는다. 예제 1의 방법을 이용하여 $\mathbf{u}$에 대한 방정식을 풀 수 있고, $\mathbf{y} = P\mathbf{u}$의 관계를 이용하여 $\mathbf{y}$를 얻는다.

요약하면 대각화 가능한 A를 갖는 시스템 $\mathbf{y}' = A\mathbf{y}$를 푸는 절차는 다음과 같다.

A가 대각화가능할 때 $\mathbf{y}' = A\mathbf{y}$를 푸는 절차

단계 1. A를 대각화하는 행렬 P를 구한다.

단계 2. $\mathbf{y} = P\mathbf{u}$와 $\mathbf{y}' = P\mathbf{u}'$으로 대체하여 새로운 대각형 연립방정식 $\mathbf{u}' = D\mathbf{u}$를 얻는다. 이때 $D = P^{-1}AP$이다.

단계 3. $\mathbf{u}' = D\mathbf{u}$를 푼다.

단계 4. 방정식 $\mathbf{y} = P\mathbf{u}$에서 $\mathbf{y}$를 구한다.

예제 2 | 대각화에 의한 해

(*a*) 다음 시스템을 풀어라.

$$\begin{aligned} y_1' &= y_1 + y_2 \\ y_2' &= 4y_1 - 2y_2 \end{aligned}$$

(*b*) 초기조건 $y_1(0) = 1$, $y_2(0) = 6$을 만족하는 해를 구하라.

풀이 (*a*) 이 연립방정식의 계수행렬은

$$A = \begin{bmatrix} 1 & 1 \\ 4 & -2 \end{bmatrix}$$

이다. 5.2절에서 논한 바와 같이 A는 각 열이 A의 선형독립 고유벡터인 행렬 P에 의하여 대각화될 것이다.

$$\det(\lambda I - A) = \begin{vmatrix} \lambda - 1 & -1 \\ -4 & \lambda + 2 \end{vmatrix} = \lambda^2 + \lambda - 6 = (\lambda + 3)(\lambda - 2)$$

이므로 A의 고유값은 $\lambda = 2$, 그리고 $\lambda = -3$이다. 정의에 의하여

$$\mathbf{x} = \begin{bmatrix} x_1 \\ x_2 \end{bmatrix}$$

가 λ에 대응하는 A의 고유벡터가 되기 위한 필요충분조건은 $\mathbf{x}$가

$$\begin{bmatrix} \lambda - 1 & -1 \\ -4 & \lambda + 2 \end{bmatrix} \begin{bmatrix} x_1 \\ x_2 \end{bmatrix} = \begin{bmatrix} 0 \\ 0 \end{bmatrix}$$

의 비자명해인 것이다. $\lambda = 2$일 때 이 시스템은

$$\begin{bmatrix} 1 & -1 \\ -4 & 4 \end{bmatrix} \begin{bmatrix} x_1 \\ x_2 \end{bmatrix} = \begin{bmatrix} 0 \\ 0 \end{bmatrix}$$

이 된다. 이 시스템을 풀면 $x_1 = t$, $x_2 = t$이므로

$$\begin{bmatrix} x_1 \\ x_2 \end{bmatrix} = \begin{bmatrix} t \\ t \end{bmatrix} = t\begin{bmatrix} 1 \\ 1 \end{bmatrix}$$

이다. 따라서

$$\mathbf{p}_1 = \begin{bmatrix} 1 \\ 1 \end{bmatrix}$$

은 $\lambda = 2$에 대응하는 고유공간에 대한 기저이다. 같은 방법으로

$$\mathbf{p}_2 = \begin{bmatrix} -\frac{1}{4} \\ 1 \end{bmatrix}$$

이 $\lambda = -3$에 대응하는 고유공간에 대한 기저임을 보일 수 있다. 따라서

$$P = \begin{bmatrix} 1 & -\frac{1}{4} \\ 1 & 1 \end{bmatrix}$$

은 A를 대각화하고 결과적으로

$$D = P^{-1}AP = \begin{bmatrix} 2 & 0 \\ 0 & -3 \end{bmatrix}$$

이다. 따라서 위의 절차의 단계 2에서와 같이

$$\mathbf{y} = P\mathbf{u} \quad \text{그리고} \quad \mathbf{y}' = P\mathbf{u}'$$

로 대체하면 "대각시스템"

$$\mathbf{u}' = D\mathbf{u} = \begin{bmatrix} 2 & 0 \\ 0 & -3 \end{bmatrix}\mathbf{u} \quad \text{또는} \quad \begin{aligned} u_1' &= 2u_1 \\ u_2' &= -3u_2 \end{aligned}$$

을 얻는다. (2)로부터 이 연립방정식의 해는

$$\begin{aligned} u_1 &= c_1e^{2x} \\ u_2 &= c_2e^{-3x} \end{aligned} \quad \text{또는} \quad \mathbf{u} = \begin{bmatrix} c_1e^{2x} \\ c_2e^{-3x} \end{bmatrix}$$

이므로, 방정식 $\mathbf{y} = P\mathbf{u}$에 의하여 $\mathbf{y}$에 대한 해로서

$$\mathbf{y} = \begin{bmatrix} y_1 \\ y_2 \end{bmatrix} = \begin{bmatrix} 1 & -\frac{1}{4} \\ 1 & 1 \end{bmatrix}\begin{bmatrix} c_1e^{2x} \\ c_2e^{-3x} \end{bmatrix} = \begin{bmatrix} c_1e^{2x} - \frac{1}{4}c_2e^{-3x} \\ c_1e^{2x} + c_2e^{-3x} \end{bmatrix}$$

또는

$$\begin{aligned} y_1 &= c_1e^{2x} - \tfrac{1}{4}c_2e^{-3x} \\ y_2 &= c_1e^{2x} + c_2e^{-3x} \end{aligned} \tag{11}$$

를 얻는다.

풀이 (*b*) (11)에 주어진 초기조건을 대입하면

$$\begin{aligned} c_1 - \tfrac{1}{4}c_2 &= 1 \\ c_1 + c_2 &= 6 \end{aligned}$$

을 얻는다. 이 시스템을 풀면, $c_1 = 2$, $c_2 = 4$이므로 (11)에서부터 초기조건을 만족하는 해는

$$\begin{aligned} y_1 &= 2e^{2x} - e^{-3x} \\ y_2 &= 2e^{2x} + 4e^{-3x} \end{aligned}$$

이다.

참고 시스템의 계수행렬이 대각화가 가능했기 때문에 예제 2에서 이 방법이 사용될 수 있었다. 그렇지 않은 경우는 다른 방법을 사용하여 이 연립방정식을 풀어야 한다. 그러한 방법은 좀 더 미분방정식을 전문적으로 다루는 책에서 논하게 된다.

연습문제 5.4

1. **a.** 다음 시스템을 풀어라.

$$\begin{aligned} y_1' &= y_1 + 4y_2 \\ y_2' &= 2y_1 + 3y_2 \end{aligned}$$

b. 초기조건 $y_1(0) = 0$, $y_2(0) = 0$을 만족하는 해를 구하라.

2. **a.** 다음 시스템을 풀어라.

$$\begin{aligned} y_1' &= y_1 + 3y_2 \\ y_2' &= 4y_1 + 5y_2 \end{aligned}$$

b. 초기조건 $y_1(0) = 2$, $y_2(0) = 1$을 만족하는 해를 구하라.

3. **a.** 다음 시스템을 풀어라.

$$\begin{aligned} y_1' &= 4y_1 + y_3 \\ y_2' &= -2y_1 + y_2 \\ y_3' &= -2y_1 + y_3 \end{aligned}$$

b. 초기조건 $y_1(0) = -1$, $y_2(0) = 1$, $y_3(0) = 0$을 만족하는 해를 구하라.

4. 다음 시스템을 풀어라.

$$\begin{aligned} y_1' &= 4y_1 + 2y_2 + 2y_3 \\ y_2' &= 2y_1 + 4y_2 + 2y_3 \\ y_3' &= 2y_1 + 2y_2 + 4y_3 \end{aligned}$$

5. $y' = ay$의 해가 $y = ce^{ax}$의 형태가 됨을 보여라. [*힌트*: $y = f(x)$을 방정식의 해라고 하고, $f(x)e^{-ax}$이 상수라는 것을 보여라.]

6. A가 대각화가능하고,

$$\mathbf{y} = \begin{bmatrix} y_1 \\ y_2 \\ \vdots \\ y_n \end{bmatrix}$$

이 시스템 $\mathbf{y}' = A\mathbf{y}$의 해이면 각 y_i은 $e^{\lambda_1 x}, e^{\lambda_2 x}, \cdots, e^{\lambda_n x}$의 선형결합임을 증명하라. 여기서 $\lambda_1, \lambda_2, \cdots, \lambda_n$은 A의 고유값이다.

7. 가끔은 상수 계수의 단일 고계 선형미분방정식을 시스템으로 표현하고서 이 절의 방법을 사용하여 풀 수 있다. 미분방정식 $y'' - y' - 6y = 0$에 $y_1 = y$와 $y_2 = y'$을 대입하면 연립방정식

$$\begin{aligned} y_1' &= y_2 \\ y_2' &= 6y_1 + y_2 \end{aligned}$$

이 됨을 보여라. 이 연립미분방정식을 풀고 이 결과를 원래의 미분방정식을 풀기 위해 사용하라.

8. 연습문제 7의 절차를 사용하여 $y'' + y' - 12y = 0$을 풀어라.

9. 연습문제 7의 절차가 $y''' - 6y'' + 11y' - 6y = 0$을 풀기 위해 어떻게 사용될 수 있는지 설명하라. 그 절차를 사용하여 방정식을 풀어라.

10. 다음 대각화불가능시스템을 풀어라.

$$\begin{aligned} y_1' &= y_1 + y_2 \\ y_2' &= y_2 \end{aligned}$$

[*힌트*: 두 번째 방정식을 y_2에 대해 풀고, 첫 번째 방정식에 대입하여, 양변에 e^{-x}을 곱하라.]

11. A가 2×2 행렬일 때 연립미분방정식 $\mathbf{y}' = A\mathbf{y}$를 생각하자. 성분 a_{11}, a_{12}, a_{21}, a_{22}의 어떤 값일 경우에 해 $y_1(t)$, $y_2(t)$가 $t \to \infty$일 때 영으로 접근하는가? 이렇게 되기 위해서는 특히 A의 행렬식과 대각합에 관해서 어떤 사실이 성립해야 하는가?

12. **a.** (11)을 행렬형으로 고쳐 예제 2에 있는 연립방정식의 해가

$$\mathbf{y} = c_1 e^{2x} \begin{bmatrix} 1 \\ 1 \end{bmatrix} + c_2 e^{-3x} \begin{bmatrix} -\frac{1}{4} \\ 1 \end{bmatrix}$$

로 표현될 수 있음을 보여라. 이것을 이 연립방정식의 ***일반해***(general solution)라고 한다.

b. (a)에서 첫째 항의 벡터는 고유값 $\lambda_1 = 2$에 대응하는 고유벡터이고 둘째 항의 벡터는 고유값 $\lambda_2 = -3$에 대응하는 고유벡터인데, 이것은 다음 일반적 결과의 특수한 경우이다.

> **정리**
>
> 연립미분방정식 $\mathbf{y}' = A\mathbf{y}$의 계수행렬 A가 대각화가능하면 이 연립방정식의 일반해는
>
> $$\mathbf{y} = c_1 e^{\lambda_1 x}\mathbf{x}_1 + c_2 e^{\lambda_2 x}\mathbf{x}_2 + \cdots + c_n e^{\lambda_n x}\mathbf{x}_n$$
>
> 으로 표현될 수 있다. 여기서 $\lambda_1, \lambda_2, \cdots, \lambda_n$은 A의 고유값이고, $\mathbf{x}_i$은 λ_i에 대응하는 A의 고유벡터이다.

13. 아래 그림과 같은 전기회로를 ***병렬 LRC 회로***라고 한다. 이 회로는 R 옴(Ω)의 저항, L 헨리(H)의 인덕턴스, C 패럿(F)의

커패시턴스를 포함한다. 전기회로 해석에서 시간 t에서 인덕턴스에 흐르는 전류 i_L과 커패시턴스 양단의 전압 v_C에 대한 시스템의 해는 다음과 같다.

$$\begin{bmatrix} i_L'(t) \\ v_C'(t) \end{bmatrix} = \begin{bmatrix} 0 & 1/L \\ -1/C & -1/(RC) \end{bmatrix} \begin{bmatrix} i_L(t) \\ v_C(t) \end{bmatrix}$$

a. $R = 1\ \Omega$, $L = 1$ H, $C = 0.5$ F일 때 이 시스템의 일반해를 구하라.

b. 초기조건이 $i_L(0) = 2$ A, $v_C(0) = 1$ V일 때, $i_L(t)$와 $v_C(t)$를 구하라.

c. (b)에서 전류와 전압은 "오랜 시간"이 지난 후 어떤 값을 가지는가(즉 $t \to \infty$)?

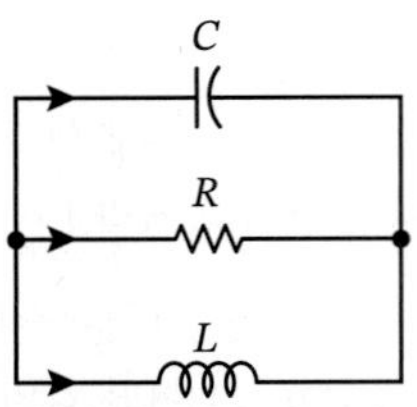

그림 Ex-13

(14-15) 사상

$$L: C^\infty(-\infty, \infty) \to C^\infty(-\infty, \infty)$$

이 다음과 같이 주어질 때

a. L이 선형 연산자임을 보여라.

b. 연습문제 7과 9의 방법을 이용하여 미분방정식 $L(y) = 0$을 풀어라.

14. $L(y) = y'' + 2y' - 3y$

15. $L(y) = y''' - 2y'' - y' + 2y$

증명 문제

16. $D = \begin{bmatrix} \lambda_1 & 0 & \cdots & 0 \\ 0 & \lambda_2 & \cdots & 0 \\ \vdots & \vdots & & \vdots \\ 0 & 0 & \cdots & \lambda_n \end{bmatrix}$ 그리고 $P = [\mathbf{x}_1 \mid \mathbf{x}_2 \mid \cdots \mid \mathbf{x}_n]$로 놓고 예제 2의 4단계 절차를 밟아 연습문제 12의 정리를 증명하라.

참-거짓 문제

TF. (a)-(e)가 참인지 거짓인지를 밝히고 그 이유를 설명하라.

a. 미분방정식 $\mathbf{y}' = A\mathbf{y}$의 모든 시스템은 해를 갖는다.

b. $\mathbf{x}' = A\mathbf{x}$와 $\mathbf{y}' = A\mathbf{y}$이면 $\mathbf{x} = \mathbf{y}$이다.

c. $\mathbf{x}' = A\mathbf{x}$와 $\mathbf{y}' = A\mathbf{y}$이면 모든 스칼라 c와 d에 대하여 $(c\mathbf{x} + d\mathbf{y})' = A(c\mathbf{x} + d\mathbf{y})$이다.

d. A가 값이 모두 다른 실고유값을 가지는 정방행렬이면, 대각화에 의해 $\mathbf{x}' = A\mathbf{x}$를 푸는 것이 가능하다.

e. A와 P가 닮음행렬이면 $\mathbf{y}' = A\mathbf{y}$와 $\mathbf{u}' = P\mathbf{u}$는 같은 해를 갖는다.

계산도구 문제

T1. a. 적절한 고유값과 고유벡터를 계산하여 다음 시스템의 일반해를 구하라.

$$\begin{aligned} y_1' &= 3y_1 + 2y_2 + 2y_3 \\ y_2' &= y_1 + 4y_2 + y_3 \\ y_3' &= -2y_1 - 4y_2 - y_3 \end{aligned}$$

b. 초기조건 $y_1(0) = 0$, $y_2(0) = 1$, $y_3(0) = -3$을 만족하는 해를 구하라. [*계산도구 불필요*]

T2. 그림 Ex-13에서 인덕턴스에 흐르는 전류 I 암페어(A)와 커패시터 양단의 전압 V 볼트(V)는 시간 t에 대한 미분에 대해 다음과 같은 미분방정식의 시스템을 만족한다.

$$\frac{dI}{dt} = \frac{V}{L}$$

$$\frac{dV}{dt} = -\frac{I}{C} - \frac{V}{RC}$$

$L = 0.5$ H, $C = 0.2$ F, $R = 2\ \Omega$이고, V와 I의 초기조건이 $V(0) = 1$ V, $I(0) = 2$ A일 때 I와 V를 t의 함수로 구하라.

5.5 동적 시스템과 마코프 체인

이 절에서는 시간이 지남에 따라 진화하는 물리적 시스템의 거동을 행렬을 사용하여 분석하는 방법을 보여 준다. 우리가 공부하게 될 이 방법들은 경영학, 생태학, 인구통계학, 사회학, 그리고 대부분의 물리학 문제에 적용된다.

동적 시스템

동적 시스템(dynamical system)은 시간에 따라 값이 변하는 유한개 변수들의 집합이다. 특정 시점의 변수들의 값을 해당 시점의 ***변수의 상태***(state of variable)라고 하며, 이 상태들로 형성된 벡터를 해당 시점의 동적 시스템의 ***상태벡터***(state vector 또는 state)라 한다. 이 절의 주요 목표는 동적 시스템의 상태벡터가 시간에 따라 어떻게 변하는지 분석하는 것이다. 예제로 시작해 보자.

예제 1 | 시장 점유 동적 시스템

두 개의 경쟁 채널(채널 1과 채널 2)이 각각 초기에 시청자 시장의 50%를 가지고 있다고 가정한다. 매 1년 동안 채널 1이 채널 2의 점유율의 10%를 가져오고 채널 2가 채널 1의 점유율의 20%를 가져온다고 가정하자(**그림 5.5.1** 참조). 1년 후 각 채널의 시장점유율은 어떻게 될까?

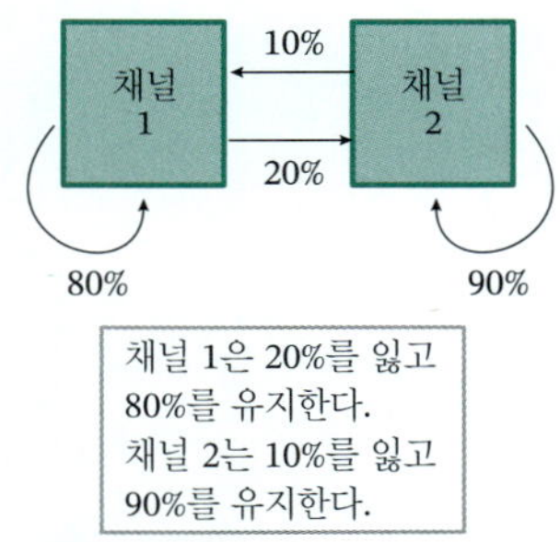

그림 5.5.1

풀이 다음의 시간종속변수를 도입하여 시작하자.

$x_1(t)$ = 시간 t에 채널 1이 점유한 시장 비율
$x_2(t)$ = 시간 t에 채널 2가 점유한 시장 비율

그리고 열벡터는 다음과 같다.

$$\mathbf{x}(t) = \begin{bmatrix} x_1(t) \\ x_2(t) \end{bmatrix} \begin{matrix} \leftarrow \textbf{시간 } t\textbf{(년)에 채널 1의 시장점유율} \\ \leftarrow \textbf{시간 } t\textbf{(년)에 채널 2의 시장점유율} \end{matrix}$$

변수 $x_1(t)$과 $x_2(t)$은 시간 t에서의 상태가 벡터 $\mathbf{x}(t)$인 동적 시스템을 형성한다. 만약 두 개의 채널이 시장의 50%를 가지는 시작점을 $t = 0$이라 한다면, 해당 시간의 시스템의 상태는 아래와 같다.

$$\mathbf{x}(0) = \begin{bmatrix} x_1(0) \\ x_2(0) \end{bmatrix} = \begin{bmatrix} 0.5 \\ 0.5 \end{bmatrix} \begin{matrix} \leftarrow \textbf{시간 } t = 0\textbf{에 채널 1의 시장점유율} \\ \leftarrow \textbf{시간 } t = 0\textbf{에 채널 2의 시장점유율} \end{matrix} \tag{1}$$

시간 $t = 1$(1년 후)의 시스템 상태를 찾아보자. 1년 동안 채널 1은 초기 50%의 80%를 유지하고, 채널 2의 초기 50%의 10%를 얻는다. 그래서 아래와 같다.

$$\mathbf{x}_1(1) = 0.8(0.5) + 0.1(0.5) = 0.45 \tag{2}$$

비슷하게, 채널 2는 채널 1의 초기 50%의 20%를 얻고, 자신의 초기 50%의 90%를 유지한다. 그래서 아래와 같다.

$$x_2(1) = 0.2(0.5) + 0.9(0.5) = 0.55 \tag{3}$$

그러므로 시간 $t = 1$의 시스템 상태는 아래와 같다.

$$\mathbf{x}(1) = \begin{bmatrix} x_1(1) \\ x_2(1) \end{bmatrix} = \begin{bmatrix} 0.45 \\ 0.55 \end{bmatrix} \begin{matrix} \leftarrow \textbf{시간 } t = 1\textbf{에서 채널 1의 시장점유율} \\ \leftarrow \textbf{시간 } t = 1\textbf{에서 채널 2의 시장점유율} \end{matrix} \tag{4}$$

예제 2 | 5년간의 시장점유율 진화

예제 1의 채널 1과 2의 5년간 시장점유율을 추적하라.

풀이 이 문제를 해결하기 위해 시간 $t = k$의 각 채널의 시장점유율을 이미 계산했다고 가정하고 $x_1(k)$과 $x_2(k)$의 알려진 값을 사용하여 1년 후 시장점유율 $x_1(k+1)$과 $x_2(k+1)$을 계산하자. 분석방법은 식 (2)와 (3)을 얻는 데 사용된 것과 정확히 동일하다. 1년 동안 채널 1은 시작 비율 $x_1(k)$의 80%를 유지하고 채널 2의 시작 비율 $x_2(k)$의 10%를 얻는다. 그래서 아래와 같다.

$$x_1(k+1) = (0.8)x_1(k) + (0.1)x_2(k) \tag{5}$$

마찬가지로 채널 2는 채널 1의 시작 비율 $x_1(k)$의 20%를 얻고 자신의 시작 비율 $x_2(k)$의 90%를 유지한다. 그래서 아래와 같다.

$$x_2(k+1) = (0.2)x_1(k) + (0.9)x_2(k) \tag{6}$$

식 (5)와 (6)은 아래와 같이 행렬 형태로 나타낼 수 있다.

$$\begin{bmatrix} x_1(k+1) \\ x_2(k+1) \end{bmatrix} = \begin{bmatrix} 0.8 & 0.1 \\ 0.2 & 0.9 \end{bmatrix} \begin{bmatrix} x_1(k) \\ x_2(k) \end{bmatrix} \tag{7}$$

이는 행렬 곱셈을 사용하여 시간 $t = k$의 상태로부터 시간 $t = k + 1$의 시스템 상태를 계산하는 방법을 제공한다. 예를 들면 식 (1)과 (7)을 사용하여

$$\mathbf{x}(1) = \begin{bmatrix} 0.8 & 0.1 \\ 0.2 & 0.9 \end{bmatrix} \mathbf{x}(0) = \begin{bmatrix} 0.8 & 0.1 \\ 0.2 & 0.9 \end{bmatrix} \begin{bmatrix} 0.5 \\ 0.5 \end{bmatrix} = \begin{bmatrix} 0.45 \\ 0.55 \end{bmatrix}$$

을 얻고 이는 (4)와 동일하다. 비슷하게,

$$\mathbf{x}(2) = \begin{bmatrix} 0.8 & 0.1 \\ 0.2 & 0.9 \end{bmatrix} \mathbf{x}(1) = \begin{bmatrix} 0.8 & 0.1 \\ 0.2 & 0.9 \end{bmatrix} \begin{bmatrix} 0.45 \\ 0.55 \end{bmatrix} = \begin{bmatrix} 0.415 \\ 0.585 \end{bmatrix}$$

를 얻고 공식 (7)을 사용하여 $\mathbf{x}(2)$로부터 $\mathbf{x}(3)$, $\mathbf{x}(3)$으로부터 $\mathbf{x}(4)$ 등으로 이 계산 과정을 계속 진행할 수 있다. 이로부터 다음을 얻는다.

$$\mathbf{x}(3) = \begin{bmatrix} 0.3905 \\ 0.6095 \end{bmatrix}, \quad \mathbf{x}(4) = \begin{bmatrix} 0.37335 \\ 0.62665 \end{bmatrix}, \quad \mathbf{x}(5) = \begin{bmatrix} 0.361345 \\ 0.638655 \end{bmatrix} \tag{8}$$

5년 후에 채널 1은 시장의 36%를 점유하고 채널 2는 시장의 64%를 점유할 것이다.

원할 경우 5년 이후에도 시장분석을 계속할 수 있고 장기적으로 시장점유율에 어떤 변화가 있는지 살펴볼 수 있다. 우리는 컴퓨터를 사용하여 다음과 같은 상태벡터를 얻었다(소수점 6자리로 반올림).

$$\mathbf{x}(10) \approx \begin{bmatrix} 0.338041 \\ 0.661959 \end{bmatrix}, \quad \mathbf{x}(20) \approx \begin{bmatrix} 0.333466 \\ 0.666534 \end{bmatrix}, \quad \mathbf{x}(40) \approx \begin{bmatrix} 0.333333 \\ 0.666667 \end{bmatrix} \tag{9}$$

모든 후속 상태벡터는 소수점 6자리로 반올림될 때 $\mathbf{x}(40)$과 동일하므로 시장점유율은 결국 채널 1이 약 3분의 1을 유지하고 채널 2가 약 3분의 2를 유지하는 것으로 나타난다. 이 절의 뒷부분에서 이런 안정화가 발생하는 이유를 설명한다.

마코프 체인

많은 동적 시스템에서 변수의 상태를 확실하게 알 수 없고 확률로 표현할 수 있다. 이러

한 동적 시스템을 ***확률과정***(stochastic process)이라고 한다(그리스어 *stochastikos*에서 온 말로 "추측에 의해 진행됨"을 의미). 확률과정에 대한 자세한 연구는 *확률*이라는 용어에 대한 정확한 정의를 필요로 하는데 그것은 이 과정의 범위를 벗어난다. 하지만 우리의 현재 목적을 위해 다음과 같은 해석으로 충분하다.

> *비공식적으로 말하면, 실험 또는 관찰이 특정 결과를 가질* ***확률***(*probability*)*은 실험이 일정한 조건에서 무한정 반복된다면 그 결과가 발생할 횟수의 비율이다. 실제 반복횟수가 많을수록 확률은 더 정확하게 그 결과가 발생할 횟수의 비율을 나타낸다.*

예를 들어, 동전을 던져 앞면이 나올 확률이 $\frac{1}{2}$이라 하면, 일정한 조건에서 동전을 여러 번 던진다면 결과의 약 절반이 앞면일 것이다. 확률은 종종 소수 또는 백분율로 표시된다. 따라서 동전의 앞면이 나올 확률은 0.5 또는 50%로 표현할 수 있다. 실험 또는 관찰이 n개의 가능한 결과를 가진다면 각 결과의 확률은 음수가 아니어야 하고 합이 1이어야 한다. 확률은 긴 시간 동안의 결과의 발생 비율을 나타내기 때문에 음수가 아니며, 모든 가능한 결과를 설명해야 하기 때문에 합이 1이다. 예를 들어 10개의 공이 들어 있는 상자에 빨간색 공 1개, 녹색 공 3개, 노란색 공 6개가 있을 때 상자에서 공을 하나 무작위로 꺼낸다면, 가능한 결과의 확률은 아래 식과 같다.

$$\begin{aligned} p_1 &= \text{prob(red)} = 1/10 = 0.1 \\ p_2 &= \text{prob(green)} = 3/10 = 0.3 \\ p_3 &= \text{prob(yellow)} = 6/10 = 0.6 \end{aligned}$$

각 확률은 음수가 아니며 아래와 같다.

$$p_1 + p_2 + p_3 = 0.1 + 0.3 + 0.6 = 1$$

n개의 가능한 상태를 갖는 확률과정에서 t에서의 상태벡터는 다음과 같은 형식을 가진다.

$$\mathbf{x}(t) = \begin{bmatrix} x_1(t) \\ x_2(t) \\ \vdots \\ x_n(t) \end{bmatrix} \begin{matrix} \textbf{시스템이 상태 1인 경우의 확률} \\ \textbf{시스템이 상태 2인 경우의 확률} \\ \vdots \\ \textbf{시스템이 상태 } \boldsymbol{n}\textbf{인 경우의 확률} \end{matrix}$$

이 벡터의 원소들은 모든 n개의 가능성을 포함하므로 더하면 1이 되어야 한다. 일반적으로 더하면 1이 되는 음수가 아닌 원소를 갖는 벡터를 ***확률벡터***(probability vector)라 한다.

예제 3 | 예제 1을 확률 관점에서 다시 살펴보기

예제 1과 2의 상태벡터가 모두 확률벡터임을 관찰하라. 이는 상태벡터의 원소가 각 채널의 시장점유율이며, 이 둘이 전체 시장을 차지하기 때문에 예견될 수 있다. 시장 정보는 일반적으로 내재적 불확실성을 가진 통계적 샘플링 절차에 의해 획득되기 때문에 상태벡터의 원소를 정확한 시장점유율보다는 확률로 해석하는 것이 바람직하다. 예컨대 예제 1에서 채널 1이 시장의 45%를 점유하고 있고 채널 2가 55%를 점유하고 있다는 것으로 해석된 상태벡터

$$\mathbf{x}(1) = \begin{bmatrix} x_1(1) \\ x_2(1) \end{bmatrix} = \begin{bmatrix} 0.45 \\ 0.55 \end{bmatrix}$$

는 시장에서 무작위로 선택된 한 개인이 확률 0.45로 채널 1 시청자일 수 있고 확률 0.55로 채널 2 시청자일 수 있다고 해석될 수도 있다.

각 열이 확률벡터인 정방행렬을 ***확률행렬***(stochastic matrix)이라고 한다. 이러한 행렬은 일반적으로 확률과정의 연속적인 상태를 관련시키는 공식에서 발생한다. 예컨대 식 (7)의 상태벡터 $\mathbf{x}(k+1)$과 $\mathbf{x}(k)$은

$$P = \begin{bmatrix} 0.8 & 0.1 \\ 0.2 & 0.9 \end{bmatrix} \tag{10}$$

가 확률행렬인 $\mathbf{x}(k+1) = P\mathbf{x}(k)$ 형태의 방정식과 관련이 있다. 각 열의 원소가 연중 각 채널의 시장점유율이 나뉘는 비율을 제공하므로 P의 열벡터가 확률벡터라는 것은 놀라운 일이 아니다. 1열의 원소는 매년 채널 1이 시장점유율의 80%를 유지하고 20%를 잃는다는 것을 전달하고, 2열의 원소는 매년 채널 2가 시장점유율의 90%를 유지하고 10%를 잃는다는 것을 전달한다. (10)의 원소는 확률로 볼 수도 있다.

$p_{11} = 0.8 =$ 채널 1을 보는 사람이 채널 1을 보는 사람으로 남을 확률

$p_{21} = 0.2 =$ 채널 1을 보는 사람이 채널 2를 보는 사람으로 될 확률

$p_{12} = 0.1 =$ 채널 2를 보는 사람이 채널 1을 보는 사람으로 될 확률

$p_{22} = 0.9 =$ 채널 2를 보는 사람이 채널 2를 보는 사람으로 남을 확률

예제 1은 *마코프 체인*이라고 하는 커다란 범주의 확률과정의 특별한 경우이다.

정의 1

마코프 체인(Markov chain)은 연이은 동일 간격 시간에서의 상태벡터가 확률벡터이고 식

$$\mathbf{x}(k+1) = P\mathbf{x}(k)$$

로 연관되는 동적 시스템이다. 여기서 $P = [p_{ij}]$는 확률행렬이고, p_{ij}은 시간 $t = k$에서 상태가 j이면, 시간 $t = k + 1$에서 상태가 i일 확률이다. 이 행렬 P를 이 시스템에 대한 ***전이행렬***(transition matrix)이라고 한다.

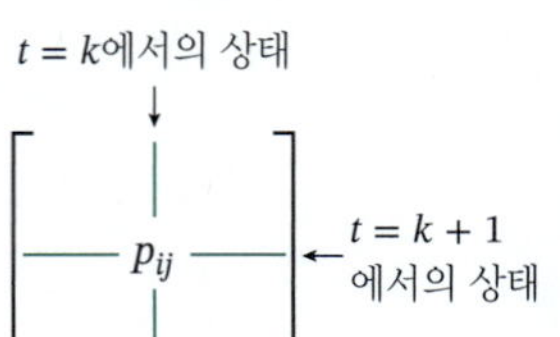

원소 p_{ij}은 시스템이 만약 시간 $t = k$에서 상태 j에 있다면 시간 $t = k + 1$에서 상태 i에 있을 확률이다.

그림 5.5.2

주의 이 정의에서 행 지수 i는 이후 상태에 해당하고 열 지수 j는 이전 상태에 해당한다는 점에 유의하라(**그림 5.5.2**).

역사 노트

마코프
(Andrei Andreyevich Markov, 1856–1922)

마코프 체인은 시를 사랑한 러시아 수학자 마코프를 기리기 위해 이름이 붙여졌는데, 그는 이것을 푸시킨의 *Eugene Onegin*에서 모음과 자음의 교체를 분석하는 데 사용했다. 마코프는 자신의 체인이 오직 문학작품의 분석에만 적용된다고 믿었기 때문에, 그의 발견이 오늘날 사회과학, 양자이론, 유전학에서 사용되고 있다는 것을 알게 되면 깜짝 놀랄 것이다!

[Image: https://en.wikipedia.org/wiki/Andrey_Markov#/media/File:Andrei_Markov.jpg. Public domain.]

예제 4 | 마코프 체인에 의한 야생동물 이주 모델링

사자가 먹이를 찾아 인접한 세 개의 보호구역 1, 2, 3으로 이주할 수 있다고 가정해 보자. 연구자들은 식자원에 대한 데이터를 바탕으로 사자의 월별 이주 양상을 전이행렬

시간 t의 보호구역

$$P = \begin{bmatrix} 0.5 & 0.4 & 0.6 \\ 0.2 & 0.2 & 0.3 \\ 0.3 & 0.4 & 0.1 \end{bmatrix} \begin{matrix} 1 \\ 2 \\ 3 \end{matrix} \quad \text{시간 } t+1 \text{의 보호구역}$$

(열 번호: 1, 2, 3)

을 가진 마코프 체인으로 모델링할 수 있다고 결론지었다(**그림 5.5.3** 참조). 즉,

$p_{11} = 0.5 =$ 사자가 보호구역 1에 있을 때 보호구역 1에 남을 확률
$p_{12} = 0.4 =$ 사자가 보호구역 2에서 보호구역 1로 이주할 확률
$p_{13} = 0.6 =$ 사자가 보호구역 3에서 보호구역 1로 이주할 확률
$p_{21} = 0.2 =$ 사자가 보호구역 1에서 보호구역 2로 이주할 확률
$p_{22} = 0.2 =$ 사자가 보호구역 2에 있을 때 보호구역 2에 남을 확률
$p_{23} = 0.3 =$ 사자가 보호구역 3에서 보호구역 2로 이주할 확률
$p_{31} = 0.3 =$ 사자가 보호구역 1에서 보호구역 3으로 이주할 확률
$p_{32} = 0.4 =$ 사자가 보호구역 2에서 보호구역 3으로 이주할 확률
$p_{33} = 0.1 =$ 사자가 보호구역 3에 있을 때 보호구역 3에 남을 확률

이다. t가 월 단위이고 사자가 시간 $t = 0$일 때 보호구역 2에 풀어졌다고 가정할 때, 6개월 동안의 가능한 위치를 추적하라. 또 6개월 후에 사자가 있을 가능성이 가장 높은 보호구역은 어디인가?

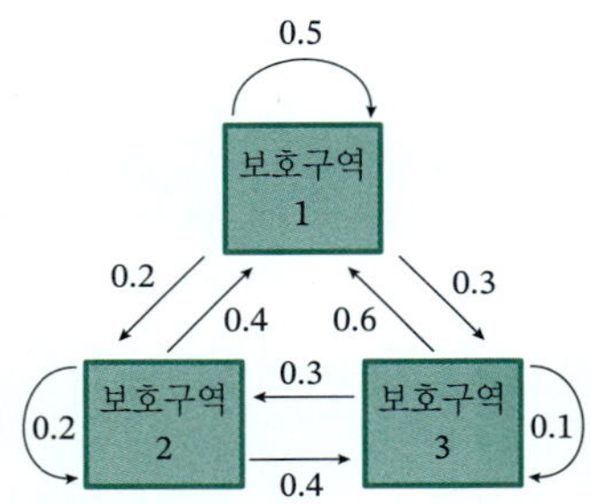

그림 5.5.3

풀이 $x_1(k), x_2(k), x_3(k)$을 시간 $t = k$에 사자가 보호구역 1, 2, 3에 있을 확률이라 하고

$$\mathbf{x}(k) = \begin{bmatrix} x_1(k) \\ x_2(k) \\ x_3(k) \end{bmatrix}$$

은 그 시간에서의 상태벡터라 하자. 시간이 $t = 0$일 때 사자가 보호구역 2에 있는 것을 확실

하게 알고 있기 때문에, 초기상태벡터는

$$\mathbf{x}(0) = \begin{bmatrix} 0 \\ 1 \\ 0 \end{bmatrix}$$

이다. 6개월 동안의 상태벡터가 다음과 같이 되는 것을 검증하는 것은 독자에게 맡긴다.

$$\mathbf{x}(1) = P\mathbf{x}(0) = \begin{bmatrix} 0.400 \\ 0.200 \\ 0.400 \end{bmatrix}, \quad \mathbf{x}(2) = P\mathbf{x}(1) = \begin{bmatrix} 0.520 \\ 0.240 \\ 0.240 \end{bmatrix}, \quad \mathbf{x}(3) = P\mathbf{x}(2) = \begin{bmatrix} 0.500 \\ 0.224 \\ 0.276 \end{bmatrix}$$

$$\mathbf{x}(4) = P\mathbf{x}(3) \approx \begin{bmatrix} 0.505 \\ 0.228 \\ 0.267 \end{bmatrix}, \quad \mathbf{x}(5) = P\mathbf{x}(4) \approx \begin{bmatrix} 0.504 \\ 0.227 \\ 0.269 \end{bmatrix}, \quad \mathbf{x}(6) = P\mathbf{x}(5) \approx \begin{bmatrix} 0.504 \\ 0.227 \\ 0.269 \end{bmatrix}$$

예제 2에서와 같이 여기서도 상태벡터는 사자가 보호구역 1에 있을 확률 약 0.504, 보호구역 2에 있을 확률 약 0.227, 보호구역 3에 있을 확률 약 0.269로, 시간이 지남에 따라 안정화되고 있다.

$\mathbf{x}(6)$으로부터 6개월 후 사자가 보호구역 1에 있을 가능성이 가장 높음을 알 수 있다.

전이행렬의 거듭제곱과 마코프 체인

초기상태가 $\mathbf{x}(0)$인 마코프 체인에서 연이은 상태벡터는

$$\boxed{\mathbf{x}(1) = P\mathbf{x}(0), \quad \mathbf{x}(2) = P\mathbf{x}(1), \quad \mathbf{x}(3) = P\mathbf{x}(2), \quad \mathbf{x}(4) = P\mathbf{x}(3), \ldots}$$

이다. 간략하게 $\mathbf{x}(k)$을 $\mathbf{x}_k$으로 하면, 더욱 간략하게 연이은 상태벡터를

$$\boxed{\mathbf{x}_1 = P\mathbf{x}_0, \quad \mathbf{x}_2 = P\mathbf{x}_1, \quad \mathbf{x}_3 = P\mathbf{x}_2, \quad \mathbf{x}_4 = P\mathbf{x}_3, \ldots} \tag{11}$$

과 같이 쓸 수 있다. 또는 이러한 상태벡터들이 초기상태벡터 $\mathbf{x}_0$의 항으로

$$\mathbf{x}_1 = P\mathbf{x}_0, \quad \mathbf{x}_2 = P(P\mathbf{x}_0) = P^2\mathbf{x}_0, \quad \mathbf{x}_3 = P(P^2\mathbf{x}_0) = P^3\mathbf{x}_0, \quad \mathbf{x}_4 = P(P^3\mathbf{x}_0) = P^4\mathbf{x}_0, \quad \cdots$$

과 같이 표현될 수 있고, 이는

$$\boxed{\mathbf{x}_k = P^k\mathbf{x}_0} \tag{12}$$

를 준다.

식 (12)는 식 (11)처럼 이전 상태벡터들을 먼저 계산하지 않고도 임의의 시점의 상태벡터를 계산할 수 있게 한다.

예제 5 | 직접 상태벡터 찾기

예제 2에서 상태벡터 $\mathbf{x}(3)$을 찾기 위해 식 (12)를 사용하라.

풀이 (1)과 (7)에서 초기상태벡터와 전이행렬은

$$\mathbf{x}_0 = \mathbf{x}(0) = \begin{bmatrix} 0.5 \\ 0.5 \end{bmatrix} \qquad \text{그리고} \qquad P = \begin{bmatrix} 0.8 & 0.1 \\ 0.2 & 0.9 \end{bmatrix}$$

이다. (8)의 결과에 따라 P^3을 독자가 계산하고 확인할 수 있도록

$$\mathbf{x}(3) = \mathbf{x}_3 = P^3\mathbf{x}_0 = \begin{bmatrix} 0.562 & 0.219 \\ 0.438 & 0.781 \end{bmatrix}\begin{bmatrix} 0.5 \\ 0.5 \end{bmatrix} = \begin{bmatrix} 0.3905 \\ 0.6095 \end{bmatrix}$$

을 남긴다.

마코프 체인의 장기적 거동

시간이 지남에 따라 상태벡터가 안정화되는 모습을 보인 마코프 체인의 두 예제를 보았다. 그런데 모든 마코프 체인이 이러한 특성을 갖는지 의문이 생길 수 있다. 다음 예제는 아닌 경우를 보여 준다.

예제 6 | 안정화되지 않는 마코프 체인

다음 행렬은 확률이며 따라서 마코프 체인을 위한 전이행렬로 생각될 수 있다.

$$P = \begin{bmatrix} 0 & 1 \\ 1 & 0 \end{bmatrix}$$

간단한 계산을 통해 $P^2 = I$을 구할 수 있으며,

$$I = P^2 = P^4 = P^6 = \cdots \quad \text{그리고} \quad P = P^3 = P^5 = P^7 = \cdots$$

이 되는 것을 관찰할 수 있다. 이에 따라 초기벡터 $\mathbf{x}_0$를 주면 마코프 체인의 연이은 상태는 $\mathbf{x}_0$과 $P\mathbf{x}_0$ 사이를 진동한다. 즉,

$$\mathbf{x}_0, \quad P\mathbf{x}_0, \quad \mathbf{x}_0, \quad P\mathbf{x}_0, \quad \mathbf{x}_0, \ldots$$

그러므로 $\mathbf{x}_0$의 두 원소가 $\frac{1}{2}$이 아니면 마코프 체인은 안정화되지 않는다(검증하라).

숫자나 벡터가 안정화된다는 것에 대한 정확한 정의는 미적분학에서 주어진다. 그러나 여기서는 그 수준의 정확성은 필요하지 않다. 비공식적으로, 벡터열

$$\mathbf{x}_1, \quad \mathbf{x}_2, \ldots, \quad \mathbf{x}_k, \ldots$$

에서 충분히 큰 k에 대해 벡터 $\mathbf{x}_k$의 모든 원소를 벡터 $\mathbf{q}$의 대응하는 원소에 가깝게 만들 수 있다면 이 벡터열이 ***극한*** $\mathbf{q}$(limit $\mathbf{q}$)에 접근한다 또는 $\mathbf{q}$에 ***수렴***(converge)한다고 말할 수 있다. 이것을 $k \to \infty$에 따라 $\mathbf{x}_k \to \mathbf{q}$로 표현한다. 마찬가지로 행렬열

$$P_1, P_2, P_3, \ldots, P_k, \ldots$$

에서 충분히 큰 k에 대해 행렬 P_k의 각 원소를 행렬 Q의 대응하는 원소에 가깝게 만들 수 있다면 이 행렬열이 행렬 Q에 ***수렴***한다고 말할 수 있다. 이것을 $k \to \infty$일 때 $P_k \to Q$로 표현한다.

예제 6에서 마코프 체인의 상태벡터가 극한값으로 수렴하지 않을 수도 있음을 알 수 있었다. 그러나 마코프 체인의 전이행렬에 간단한 조건을 부여하면 상태벡터가 극한값에 수렴하는 것을 보장할 수 있다.

정의 2

만약 P 혹은 P의 어떤 양의 거듭제곱의 모든 원소가 양수이면 확률행렬 P가 ***정규적***(regular)이라고 한다. 또한 전이행렬이 정규적인 마코프 체인을 ***정규 마코프 체인***(regular Markov chain)이라고 한다.

예제 7 | 정규 확률행렬

예제 2와 4의 전이행렬은 정규적이다. 왜냐하면 행렬의 원소들이 양수이기 때문이다. 다음 행렬은 정규적이다.

$$P = \begin{bmatrix} 0.5 & 1 \\ 0.5 & 0 \end{bmatrix}$$

왜냐하면 다음 행렬이 양의 요소를 가지기 때문이다.

$$P^2 = \begin{bmatrix} 0.75 & 0.5 \\ 0.25 & 0.5 \end{bmatrix}$$

예제 6의 행렬 P는 정규적이지 않다. 왜냐하면 P와 모든 P의 양의 거듭제곱이 0인 요소를 가지고 있기 때문이다(검증하라).

다음 정리는 마코프 체인의 장기적 거동에 대한 기본적인 사실이다. 이에 대한 증명은 생략한다.

정리 5.5.1

만약 P가 정규 마코프 체인의 전이행렬이면,

(*a*) $P\mathbf{q} = \mathbf{q}$를 만족하고 양의 원소를 갖는 유일한 확률벡터 $\mathbf{q}$가 존재한다.

(*b*) 모든 초기확률벡터 $\mathbf{x}_0$에 대해 상태벡터의 열

$$\mathbf{x}_0, \quad P\mathbf{x}_0, \ldots, \quad P^k\mathbf{x}_0, \ldots$$

은 $\mathbf{q}$에 수렴한다.

(*c*) 수열 $P, P^2, \cdots, P^k, \cdots$은 각 열벡터가 $\mathbf{q}$인 행렬 Q에 수렴한다.

정리 5.5.1의 벡터 $\mathbf{q}$를 마코프 체인의 ***안정상태***(steady-state) 벡터라고 한다. 또한 방정식 $P\mathbf{q} = \mathbf{q}$를 만족하는 0이 아닌 벡터이기 때문에 $\mathbf{q}$는 P의 고유값 $\lambda = 1$에 대응하는 고유벡터가 된다. 따라서 $\mathbf{q}$는 다음 선형계를 풀어서 얻을 수 있다.

$$(I - P)\mathbf{q} = \mathbf{0} \tag{13}$$

이때 $\mathbf{q}$는 확률벡터이다. 다음 예제들을 보자.

예제 8 | 예제 1과 2 다시 살펴보기

예제 2의 마코프 체인의 전이행렬은 다음과 같다.

$$P = \begin{bmatrix} 0.8 & 0.1 \\ 0.2 & 0.9 \end{bmatrix}$$

P의 모든 원소는 양수이므로, 마코프 체인은 정규적이며 유일한 안정상태 확률벡터 $\mathbf{q}$를 가진다. $\mathbf{q}$를 찾기 위해서는 계 $(I - P)\mathbf{q} = \mathbf{0}$을 풀어야 하며, 이는 다음과 같이 쓸 수 있다.

$$\begin{bmatrix} 0.2 & -0.1 \\ -0.2 & 0.1 \end{bmatrix} \begin{bmatrix} q_1 \\ q_2 \end{bmatrix} = \begin{bmatrix} 0 \\ 0 \end{bmatrix}$$

이 계의 일반해는 다음과 같다(검증하라).

$$q_1 = 0.5s, \quad q_2 = s$$

이는 벡터 형태로 표현할 수 있다.

$$\mathbf{q} = \begin{bmatrix} q_1 \\ q_2 \end{bmatrix} = \begin{bmatrix} 0.5s \\ s \end{bmatrix} = \begin{bmatrix} \frac{1}{2}s \\ s \end{bmatrix} \tag{14}$$

$\mathbf{q}$가 확률벡터가 되기 위해서는 다음과 같은 조건이 필요하다.

$$1 = q_1 + q_2 = \tfrac{3}{2}s$$

이는 $s = \frac{2}{3}$를 의미하고 이를 식 (14)에 대입하면 다음의 안정상태 확률벡터를 얻을 수 있다.

$$\mathbf{q} = \begin{bmatrix} \frac{1}{3} \\ \frac{2}{3} \end{bmatrix}$$

이는 식 (9)의 수치적 계산을 통한 결과와 동일하다.

예제 9 | 예제 4 다시 살펴보기

예제 4의 마코프 체인의 전이행렬은 다음과 같다.

$$P = \begin{bmatrix} 0.5 & 0.4 & 0.6 \\ 0.2 & 0.2 & 0.3 \\ 0.3 & 0.4 & 0.1 \end{bmatrix}$$

P의 모든 원소는 양수이므로, 마코프 체인은 정규적이며 유일한 안정상태 확률벡터 $\mathbf{q}$를 가진다. $\mathbf{q}$를 찾기 위해서는 계 $(I - P)\mathbf{q} = \mathbf{0}$을 풀어야 하며, 이는 (분수를 이용하여) 다음과 같이 쓸 수 있다.

$$\begin{bmatrix} \frac{1}{2} & -\frac{2}{5} & -\frac{3}{5} \\ -\frac{1}{5} & \frac{4}{5} & -\frac{3}{10} \\ -\frac{3}{10} & -\frac{2}{5} & \frac{9}{10} \end{bmatrix} \begin{bmatrix} q_1 \\ q_2 \\ q_3 \end{bmatrix} = \begin{bmatrix} 0 \\ 0 \\ 0 \end{bmatrix} \tag{15}$$

(이 예제에서 반올림오차를 피하기 위해 분수로 변환하였다.) 계수행렬의 기약 행사다리꼴은 다음과 같으며, 이에 대한 검증은 독자에게 남긴다.

$$\begin{bmatrix} 1 & 0 & -\frac{15}{8} \\ 0 & 1 & -\frac{27}{32} \\ 0 & 0 & 0 \end{bmatrix}$$

(15)의 일반해는 다음과 같다.

$$q_1 = \tfrac{15}{8}s, \quad q_2 = \tfrac{27}{32}s, \quad q_3 = s \tag{16}$$

$\mathbf{q}$가 확률벡터가 되기 위해서는 $q_1 + q_2 + q_3 = 1$의 같은 조건이 필요하며, 이를 통해 $s = \frac{32}{119}$를 얻을 수 있다(검증하라). 이를 식 (16)에 대입하면 안정상태 확률벡터를 다음과 같이 얻을 수 있다(검증하라).

$$\mathbf{q} = \begin{bmatrix} \frac{60}{119} \\ \frac{27}{119} \\ \frac{32}{119} \end{bmatrix} \approx \begin{bmatrix} 0.5042 \\ 0.2269 \\ 0.2689 \end{bmatrix}$$

이는 예제 4의 결과와 동일하다.

연습문제 5.5

(1-2) A가 확률행렬인지 판단하라. 만일 확률행렬이 아니라면 이유를 설명하라.

1. **a.** $A = \begin{bmatrix} 0.4 & 0.3 \\ 0.6 & 0.7 \end{bmatrix}$ **b.** $A = \begin{bmatrix} 0.4 & 0.6 \\ 0.3 & 0.7 \end{bmatrix}$

c. $A = \begin{bmatrix} 1 & \frac{1}{2} & \frac{1}{3} \\ 0 & 0 & \frac{1}{3} \\ 0 & \frac{1}{2} & \frac{1}{3} \end{bmatrix}$ **d.** $A = \begin{bmatrix} \frac{1}{3} & \frac{1}{3} & \frac{1}{2} \\ \frac{1}{6} & \frac{1}{3} & -\frac{1}{2} \\ \frac{1}{2} & \frac{1}{3} & 1 \end{bmatrix}$

2. **a.** $A = \begin{bmatrix} 0.2 & 0.9 \\ 0.8 & 0.1 \end{bmatrix}$ **b.** $A = \begin{bmatrix} 0.2 & 0.8 \\ 0.9 & 0.1 \end{bmatrix}$

c. $A = \begin{bmatrix} \frac{1}{12} & \frac{1}{9} & \frac{1}{6} \\ \frac{1}{2} & 0 & \frac{5}{6} \\ \frac{5}{12} & \frac{8}{9} & 0 \end{bmatrix}$ **d.** $A = \begin{bmatrix} -1 & \frac{1}{3} & \frac{1}{2} \\ 0 & \frac{1}{3} & \frac{1}{2} \\ 2 & \frac{1}{3} & 0 \end{bmatrix}$

(3-4) 식 (11)과 (12)를 이용하여 상태벡터 $\mathbf{x}_4$을 두 가지 방법으로 계산하라.

3. $P = \begin{bmatrix} 0.5 & 0.6 \\ 0.5 & 0.4 \end{bmatrix}$; $\mathbf{x}_0 = \begin{bmatrix} 0.5 \\ 0.5 \end{bmatrix}$

4. $P = \begin{bmatrix} 0.8 & 0.5 \\ 0.2 & 0.5 \end{bmatrix}$; $\mathbf{x}_0 = \begin{bmatrix} 1 \\ 0 \end{bmatrix}$

(5-6) P가 정규 확률행렬인지 검증하라.

5. **a.** $P = \begin{bmatrix} \frac{1}{5} & \frac{1}{7} \\ \frac{4}{5} & \frac{6}{7} \end{bmatrix}$ **b.** $P = \begin{bmatrix} \frac{1}{5} & 0 \\ \frac{4}{5} & 1 \end{bmatrix}$ **c.** $P = \begin{bmatrix} \frac{1}{5} & 1 \\ \frac{4}{5} & 0 \end{bmatrix}$

6. **a.** $P = \begin{bmatrix} \frac{1}{2} & 1 \\ \frac{1}{2} & 0 \end{bmatrix}$ **b.** $P = \begin{bmatrix} 1 & \frac{2}{3} \\ 0 & \frac{1}{3} \end{bmatrix}$ **c.** $P = \begin{bmatrix} \frac{3}{4} & \frac{1}{3} \\ \frac{1}{4} & \frac{2}{3} \end{bmatrix}$

(7-10) P가 정규 확률행렬인지 검증하라. 또한 마코프 체인과 연관된 안정상태 벡터를 찾아라.

7. $P = \begin{bmatrix} \frac{1}{4} & \frac{2}{3} \\ \frac{3}{4} & \frac{1}{3} \end{bmatrix}$ **8.** $P = \begin{bmatrix} 0.2 & 0.6 \\ 0.8 & 0.4 \end{bmatrix}$

9. $P = \begin{bmatrix} \frac{1}{2} & \frac{1}{2} & 0 \\ \frac{1}{4} & \frac{1}{2} & \frac{1}{3} \\ \frac{1}{4} & 0 & \frac{2}{3} \end{bmatrix}$ **10.** $P = \begin{bmatrix} \frac{1}{3} & \frac{1}{4} & \frac{2}{5} \\ 0 & \frac{3}{4} & \frac{2}{5} \\ \frac{2}{3} & 0 & \frac{1}{5} \end{bmatrix}$

11. 전이행렬

	상태 1	상태 2
상태 1	0.2	0.1
상태 2	0.8	0.9

의 마코프 과정을 고려하라.

a. 0.2 원소는 무엇을 나타내는가?

b. 0.1 원소는 무엇을 나타내는가?

c. 시스템이 초기에 상태 1에 있다면 다음 관측에서 상태 2가 될 확률은 얼마인가?

d. 시스템이 초기에 상태 1에 있을 확률이 50%인 경우 다음 관측에서 상태 2에 있을 확률은 얼마인가?

12. 전이행렬

$$\begin{array}{c} \\ \textbf{상태 1} \\ \textbf{상태 2} \end{array} \begin{array}{c} \textbf{상태 1} \quad \textbf{상태 2} \\ \begin{bmatrix} 0 & \frac{1}{7} \\ 1 & \frac{6}{7} \end{bmatrix} \end{array}$$

의 마코프 과정을 고려하라.

a. $\frac{6}{7}$ 항목은 무엇을 나타내는가?

b. 0 항목은 무엇을 나타내는가?

c. 시스템이 초기에 상태 1이라면, 다음 관측에서 상태 1이 될 확률은 얼마인가?

d. 시스템이 초기에 상태 1에 있을 확률이 50%인 경우 다음 관측에서 상태 2에 있을 확률은 얼마인가?

13. 보통 특정 도시의 대기 질은 좋거나 나쁘다. 기록에 따르면 하루 동안 대기 질이 좋으면 다음날에 좋을 확률이 95%이고 하루 동안 대기 질이 나쁘면 다음날에 나쁠 확률이 45%라고 한다.

a. 이 현상의 전이행렬을 찾아라.

b. 오늘 대기 질이 좋으면, 지금부터 2일 동안 대기 질이 좋을 확률은 얼마인가?

c. 오늘 대기 질이 나쁘면, 지금부터 3일 동안 대기 질이 나쁠 확률은 얼마인가?

d. 오늘 대기 질이 좋을 확률이 20%인 경우 내일 대기 질이 좋을 확률은 얼마인가?

14. 실험에서, 쥐는 매일 두 가지 음식 유형 중 유형 1 또는 유형 2를 선택할 수 있다. 기록에 따르면 쥐가 특정 날에 유형 1을 선택하면 다음날 유형 1을 선택할 확률이 75%이며, 특정 날에 유형 2를 선택하면 다음날 유형 2를 선택할 가능성이 50%이다.

a. 이 현상의 전이행렬을 찾아라.

b. 쥐가 오늘 유형 1을 선택한다면, 지금부터 2일 동안 유형 1을 선택할 확률은 얼마인가?

c. 쥐가 오늘 유형 2를 선택한다면, 지금부터 3일 동안 유형 2를 선택할 확률은 얼마인가?

d. 쥐가 오늘 유형 1을 선택할 확률이 10%라면 내일 유형 1을 선택할 확률은 얼마인가?

15. 초기 시점에서 도시에 100,000명이 살고 교외에 25,000명이 산다고 가정한다. 지역계획위원회가 밝히기를 매년 도시 인구의 5%가 교외로 이동하고 교외 인구의 3%가 도시로 이동한다고 한다.

a. 전체 인구수는 변함이 없다고 가정하고, 5년 동안 도시와 교외의 인구를 나타내는 표를 작성하라(가장 가까운 정수).

b. 장기적으로 인구는 도시와 교외에 어떻게 분산되는가?

16. 두 경쟁사인 방송국 1과 방송국 2는 각각 초기 시점에서 시청자 시장의 50%를 차지한다고 가정한다. 1년마다 방송국 1이 방송국 2의 시장점유율의 5%를 차지하고 방송국 2가 방송국 1의 시장점유율의 10%를 차지한다고 가정한다.

a. 각 방송국의 5년 동안의 시장점유율을 보여 주는 표를 작성하라.

b. 장기적으로 시장점유율이 두 방송국 사이에 어떻게 분산되는가?

17. 다음 확률행렬의 빈 항목을 채우고, 안정상태 벡터를 찾아라.

$$P = \begin{bmatrix} \frac{7}{10} & * & \frac{1}{5} \\ * & \frac{3}{10} & * \\ \frac{1}{10} & \frac{3}{5} & \frac{3}{10} \end{bmatrix}$$

18. P가 $n \times n$ 확률행렬이고 M이 원소가 모두 1인 $1 \times n$ 행렬이면, $MP =$ ______이다.

19. P가 안정상태 벡터 $\mathbf{q}$를 갖는 정규 확률행렬인 경우 $k \to \infty$일 때

$$P\mathbf{q}, \quad P^2\mathbf{q}, \quad P^3\mathbf{q}, \ldots, \quad P^k\mathbf{q}, \ldots$$

의 거동에 대해 말해 보라.

20. a. P가 안정상태 벡터 $\mathbf{q}$를 갖는 정규 $n \times n$ 확률행렬이고 $\mathbf{e}_1, \mathbf{e}_2, \cdots, \mathbf{e}_n$이 열 형태의 표준단위벡터이면 $i = 1, 2, \cdots, n$에 대해 $k \to \infty$일 때

$$P\mathbf{e}_i, \quad P^2\mathbf{e}_i, \quad P^3\mathbf{e}_i, \ldots, \quad P^k\mathbf{e}_i, \ldots$$

의 거동에 대해 말해 보라.

b. 이것은 $k \to \infty$일 때 P^k의 열벡터에 대해 무엇을 알려 주는가?

증명 문제

21. 동일한 크기의 확률행렬의 곱은 확률행렬인 것을 증명하라. [*힌트*: 곱의 각 열을 1.3절의 식 (6) 형태로 써라.]

22. P의 모든 원소가 ρ보다 크거나 같은 확률행렬이라면, P^2의 원소가 모두 ρ보다 크거나 같음을 증명하라.

참-거짓 문제

TF. (a)-(g)가 참인지 거짓인지를 밝히고 그 이유를 설명하라.

a. 벡터 $\begin{bmatrix} \frac{1}{3} \\ 0 \\ \frac{2}{3} \end{bmatrix}$은 확률벡터이다.

b. 행렬 $\begin{bmatrix} 0.2 & 1 \\ 0.8 & 0 \end{bmatrix}$은 정규확률행렬이다.

c. 전이행렬의 열벡터는 확률벡터이다.

d. 전이행렬 P를 가진 마코프 체인의 안정상태 벡터는 선형 시스템 $(I - P)\mathbf{q} = \mathbf{0}$의 어떤 해이다.

e. 모든 정규확률행렬의 제곱은 확률행렬이다.

f. 합이 1인 실수 원소를 가진 벡터는 확률벡터이다.

g. 모든 정규확률행렬은 $\lambda = 1$을 고유값으로 가진다.

계산도구 문제

T1. 예제 4와 9에서 우리는 전이행렬 P와 초기상태벡터 $\mathbf{x}(0)$이

$$P = \begin{bmatrix} 0.5 & 0.4 & 0.6 \\ 0.2 & 0.2 & 0.3 \\ 0.3 & 0.4 & 0.1 \end{bmatrix} \quad \text{그리고} \quad \mathbf{x}(0) = \begin{bmatrix} 0 \\ 1 \\ 0 \end{bmatrix}$$

인 마코프 체인에 대해 생각해 보았다.

a. 이 예제에서 주어진 방법을 사용하여 예제 4에서 얻은 $\mathbf{x}(1), \mathbf{x}(2), \cdots, \mathbf{x}(6)$의 수치적 값을 확인하라.

b. 정리 5.5.1의 (c)에서 보장된 바와 같이 수열 $P, P^2, \cdots, P^k, \cdots$이 각 열이 예제 9에서 얻은 안정상태 벡터 $\mathbf{q}$인 행렬 Q로 수렴되는지 확인하라.

T2. 렌터카 사무소가 1, 2, 3 세 지역을 가지고 있다고 가정하자. 고객은 세 위치 중 어디에서든 자동차를 빌릴 수 있고 세 위치 중 어디에나 반납할 수 있다. 기록은 다음과 같은 확률로 자동차가 대여되고 반납되는 것을 보여 준다.

		대여 위치		
		1	**2**	**3**
	1	$\frac{1}{10}$	$\frac{1}{5}$	$\frac{3}{5}$
반납 위치	**2**	$\frac{4}{5}$	$\frac{3}{10}$	$\frac{1}{5}$
	3	$\frac{1}{10}$	$\frac{1}{2}$	$\frac{1}{5}$

a. 자동차가 위치 1에서 대여되었다고 가정하면, 두 번 빌린 후 위치 1에 있을 확률은 얼마인가?

b. 이 동적 시스템이 마코프 체인으로 모델링되었다고 가정하고 안정상태 벡터를 찾아라.

c. 렌터카 사무소가 120대의 자동차를 가지고 있으면, 장기적으로 충분한 주차공간이 확보될 것을 합리적으로 확신하려면 위치별로 주차공간을 얼마나 할당해야 하는가? 그 이유를 설명하라.

T3. 신체적 특징은 자식이 부모로부터 받는 유전자에 의해 결정된다. 가장 단순한 경우에서 자식의 특징은 한 쌍의 유전자에 의해 결정되는데, 한 쌍의 유전자는 부계에서 유전되고 다른 한 쌍은 모계에서 유전된다. 일반적으로 한 쌍의 각 유전자는 A와 a로 나타내는 ***대립유전자***(allele)라고 하는 두 가지 형태 중 하나를 가정할 수 있다. 이렇게 하면 다음과 같은 ***유전자형***(genotype)이라고 하는 세 가지 쌍이 발생할 수 있다. (Aa 쌍과 aA 쌍은 같은 특징을 나타내기 때문에 구분하지 않는다.)

$$AA, \qquad Aa, \qquad aa$$

유전학 연구에서 만약 알려진 유전자형의 부모가 알려지지 않은 유전자형의 무작위 부모와 교배하면 자식은 다음 표에 주어진 유전자형 확률을 갖게 되는데, 이는 마코프 과정의 전이행렬로 볼 수 있다.

		부모의 유전자형		
		AA	***Aa***	***aa***
	AA	$\frac{1}{2}$	$\frac{1}{4}$	0
자식의 유전자형	***Aa***	$\frac{1}{2}$	$\frac{1}{2}$	$\frac{1}{2}$
	aa	0	$\frac{1}{4}$	$\frac{1}{2}$

따라서 예를 들어, 알려지지 않은 유전자형의 부모와 무작위로 교배하는 유전자형 AA의 부모의 자식은 AA가 될 확률이 50%, Aa가 될 확률이 50%, aa가 될 확률은 없다.

a. 이 전이행렬이 정규적임을 보여라.

b. 안정상태 벡터를 찾고 그것의 물리적 해석을 논하라.

5장 보충문제

1. **a.** 만약 $0 < \theta < \pi$이면

$$A = \begin{bmatrix} \cos\theta & -\sin\theta \\ \sin\theta & \cos\theta \end{bmatrix}$$

이 실수 고유값을 가지지 않고 결과적으로 실수 고유벡터를 가지지 않음을 보여라.

b. (a)의 결과에 대한 기하적인 설명을 하라.

2. 다음 행렬의 고유값을 찾아라.

$$A = \begin{bmatrix} 0 & 1 & 0 \\ 0 & 0 & 1 \\ k^3 & -3k^2 & 3k \end{bmatrix}$$

3. **a.** 만약 D가 주대각행렬에 음수가 아닌 원소를 갖는 대각행렬이라면, $S^2 = D$을 만족하는 행렬 S가 있음을 보여라.

b. 만약 A가 음수가 아닌 고유값을 가지는 대각화가능행렬이라면, $S^2 = A$을 만족하는 행렬 S가 있음을 보여라.

c. $S^2 = A$을 만족하는 행렬 S를 구하라. 이때 A는 아래와 같다.

$$A = \begin{bmatrix} 1 & 3 & 1 \\ 0 & 4 & 5 \\ 0 & 0 & 9 \end{bmatrix}$$

4. A와 B가 닮음행렬일 때, 다음이 닮음인지 판정하라.

a. A^T, B^T

b. A^k, B^k (k는 양의 정수)

c. A^{-1}, B^{-1} (A는 가역행렬이라고 가정)

5. 다음을 증명하라: 만약 A가 정방행렬이고 $p(\lambda) = \det(\lambda I - A)$이 A의 특성다항식이라면, $p(\lambda)$에서 λ^{n-1}의 계수가 A의 대각합의 음수이다.

6. 다음을 증명하라: 만약 $b \neq 0$이면

$$A = \begin{bmatrix} a & b \\ 0 & a \end{bmatrix}$$

은 대각화 가능하지 않다.

7. 고급 선형대수에서 정방행렬 A는 자신의 특성방정식을 만족한다는 ***케일리-해밀턴 정리***(Cayley-Hamilton theorem)를 증명한다. 즉, 만일

$$c_0 + c_1\lambda + c_2\lambda^2 + \cdots + c_{n-1}\lambda^{n-1} + \lambda^n = 0$$

이 A의 특성방정식이면,

$$c_0 I + c_1 A + c_2 A^2 + \cdots + c_{n-1}A^{n-1} + A^n = 0$$

이다. 이 결과를 다음 행렬에 대해 검증하라.

a. $A = \begin{bmatrix} 3 & 6 \\ 1 & 2 \end{bmatrix}$ **b.** $A = \begin{bmatrix} 0 & 1 & 0 \\ 0 & 0 & 1 \\ 1 & -3 & 3 \end{bmatrix}$

(***8-10***) *예제 7에서 언급한 케일리-해밀턴 정리를 이용하라.*

8. **a.** 5.1절의 연습문제 28을 이용하여 2×2 행렬에 대해 케일리-해밀턴 정리를 증명하라.

b. $n \times n$ 대각화가능행렬에 대해 케일리-해밀턴 정리를 증명하라.

9. 케일리-해밀턴 정리는 행렬의 거듭제곱을 계산하는 방법을 제공한다. 예를 들어 만약 A가 다음 특성방정식

$$c_0 + c_1\lambda + \lambda^2 = 0$$

을 만족하는 2×2 행렬이라면, $c_0I + c_1A + A^2 = 0$이고, 따라서

$$A^2 = -c_1A - c_0I$$

이다. A를 양변에 곱하면 $A^3 = -c_1A^2 - c_0A$을 얻게 되는데, 이는 A^3을 A^2과 A으로 표현한 것이다. 또한 A^2을 양변에 곱하면 $A^4 = -c_1A^3 - c_0A^2$을 얻게 되는데, 이는 A^4을 A^3과 A^2으로 표현한 것이다. 이 방법을 계속해 가면, A의 연속적인 거듭제곱을 낮은 거듭제곱의 항으로 표현할 수 있다. 이러한 과정을 이용하여 다음 행렬에 대해 A^2, A^3, A^4, A^5을 계산하라.

$$A = \begin{bmatrix} 3 & 6 \\ 1 & 2 \end{bmatrix}$$

10. 문제 9의 방법을 이용하여 다음 행렬에 대해 A^3과 A^4을 계산하라.

$$A = \begin{bmatrix} 0 & 1 & 0 \\ 0 & 0 & 1 \\ 1 & -3 & 3 \end{bmatrix}$$

11. 고유값을 찾아라.

$$A = \begin{bmatrix} c_1 & c_2 & \cdots & c_n \\ c_1 & c_2 & \cdots & c_n \\ \vdots & \vdots & & \vdots \\ c_1 & c_2 & \cdots & c_n \end{bmatrix}$$

12. a. 5.1절의 연습문제 37에서 만약 A가 $n \times n$ 행렬이라면 A의 특성다항식에서 λ^n의 계수는 1이라는 것을 보였다. [이러한 특성을 가진 다항식을 ***일계수***(monic)라고 한다.] 다음 행렬

$$\begin{bmatrix} 0 & 0 & 0 & \cdots & 0 & -c_0 \\ 1 & 0 & 0 & \cdots & 0 & -c_1 \\ 0 & 1 & 0 & \cdots & 0 & -c_2 \\ \vdots & \vdots & \vdots & & \vdots & \vdots \\ 0 & 0 & 0 & \cdots & 1 & -c_{n-1} \end{bmatrix}$$

이 특성다항식

$$p(\lambda) = c_0 + c_1\lambda + \cdots + c_{n-1}\lambda^{n-1} + \lambda^n$$

을 가짐을 보여라. 이는 모든 일계수 다항식이 어떤 행렬의 특성다항식이라는 것을 보여 준다. 이 문제의 행렬은 $p(\lambda)$의 ***동반행렬***(companion matrix)이라고 한다. [*힌트*: 이 문제에서 주어진 행렬에 대해 두 번째 행의 배수를 첫 번째에 더하여 첫 번째 열의 제일 위쪽이 0이 되게 한 후, 첫 번째 열에 대한 여인수 전개로 모든 행렬식을 구하라.]

b. 다음 특성다항식을 만족하는 행렬을 찾아라.

$$p(\lambda) = 1 - 2\lambda + \lambda^2 + 3\lambda^3 + \lambda^4$$

13. 만약 어떤 양의 정수 n에 대해 $A^n = 0$이라면, 정방행렬 A는 ***거듭제곱 영***(nilpotent)이라고 한다. 거듭제곱 영행렬의 고유값에 대해 무엇을 말할 수 있겠는가?

14. 다음을 증명하라: 만약 A가 n이 홀수인 $n \times n$ 행렬이라면 A는 최소한 하나의 실고유값을 가진다.

15. 고유값이 $\lambda = 0, 1, -1$인 3×3 행렬 A를 찾아라. 이때 대응 고유벡터는 아래와 같다.

$$\begin{bmatrix} 0 \\ 1 \\ -1 \end{bmatrix}, \quad \begin{bmatrix} 1 \\ -1 \\ 1 \end{bmatrix}, \quad \begin{bmatrix} 0 \\ 1 \\ 1 \end{bmatrix}$$

16. 4×4 행렬 A가 고유값 $\lambda_1 = 1, \lambda_2 = -2, \lambda_3 = 3, \lambda_4 = -3$을 갖는다고 하자.

a. 5.1절의 연습문제 24의 방법을 이용하여 $\det(A)$를 구하라.

b. 앞의 보충문제 5를 이용하여 $\mathrm{tr}(A)$를 구하라.

17. $A^3 = A$을 만족하는 정방행렬 A가 있다고 하자. A의 고유값에 대해 설명하라.

18. a. 다음 시스템을 풀어라.

$$\begin{aligned} y_1' &= y_1 + 3y_2 \\ y_2' &= 2y_1 + 4y_2 \end{aligned}$$

b. 초기조건이 $y_1(0) = 5$과 $y_2(0) = 6$일 때 해를 구하라.

19. 고유값 중 하나가 1인 3×3 행렬 A가 있다고 하자. 세 개의 고유값의 합과 곱이 6이라고 한다면 나머지 두 개의 고유값은 어떤 값이 될 수 있는가?

20. 행렬이 아래와 같이 주어졌다.

$$A = \begin{bmatrix} 0 & 1 & 0 \\ 0 & 0 & 1 \\ 1 & 0 & 0 \end{bmatrix}, \quad D = \begin{bmatrix} d_1 & 0 & 0 \\ 0 & d_2 & 0 \\ 0 & 0 & d_3 \end{bmatrix}$$

만약

$$d_k = \cos\frac{2\pi k}{3} + i\sin\frac{2\pi k}{3} \quad (k = 1, 2, 3)$$

이라고 한다면 두 행렬이 닮음행렬이라는 것을 보여라.

CHAPTER 6

내적공간

Inner Product Spaces

챕터 목차

서론

3장에서 R^n에서의 벡터 내적(점곱)을 정의하였고, 내적을 이용하여 길이, 각도, 거리, 직교성의 개념을 정의하였다. 이 장에서는 그 개념들을 R^n에서뿐만 아니라 모든 벡터공간에서 적용 가능하도록 일반화하고 다양한 적용에 대해서도 논해 볼 것이다.

6.1 내적

이 절에서는 R^n상의 점곱의 가장 중요한 성질들을 공리로 이용하여 길이, 거리, 각도, 직교성의 개념들을 일반 벡터공간으로 확장해 나갈 것이다.

일반 내적

이 절에서 개발할 대부분의 개념들은 실벡터공간과 복소벡터공간에 적용된다. 본문에서는 실벡터공간상에서 이러한 것들을 논하고, 복소벡터공간에의 적용은 연습문제에서 다룰 것이다. 따라서 명확하게 서술하지 않더라도 이 절에서 벡터공간은 실공간임을 이해해야 한다.

정의 1

실벡터공간 V상의 ***내적***(inner product)은 V에 속하는 벡터 $\mathbf{u}$와 $\mathbf{v}$의 각 쌍에 실수 $\langle \mathbf{u}, \mathbf{v} \rangle$를 대응시키는 함수로, V에 속하는 모든 벡터 $\mathbf{u}$, $\mathbf{v}$, $\mathbf{w}$와 모든 스칼라 k에 대해서 다음 공리들을 만족해야 한다.

1. $\langle \mathbf{u}, \mathbf{v} \rangle = \langle \mathbf{v}, \mathbf{u} \rangle$ **[대칭 공리]**
2. $\langle \mathbf{u} + \mathbf{v}, \mathbf{w} \rangle = \langle \mathbf{u}, \mathbf{w} \rangle + \langle \mathbf{v}, \mathbf{w} \rangle$ **[합의 공리]**
3. $\langle k\mathbf{u}, \mathbf{v} \rangle = k\langle \mathbf{u}, \mathbf{v} \rangle$ **[동질성 공리]**
4. $\langle \mathbf{v}, \mathbf{v} \rangle \geq 0$ 단, $\langle \mathbf{v}, \mathbf{v} \rangle = 0 \iff \mathbf{v} = \mathbf{0}$ **[양의 공리]**

내적을 갖는 실벡터공간을 ***실내적공간***(real inner product space)이라 한다.

실내적공간의 공리들은 점곱의 성질에 근거한 것이므로 R^n의 두 벡터 $\mathbf{u}$와 $\mathbf{v}$의 내적을 다음과 같이 정의하게 되면 그 공리들이 자동적으로 만족된다.

$$\boxed{\langle \mathbf{u}, \mathbf{v} \rangle = \mathbf{u} \cdot \mathbf{v} = u_1v_1 + u_2v_2 + \cdots + u_nv_n} \tag{1}$$

R^n에서 정의가 가능한 다른 내적들과 구분하기 위해 이런 내적을 흔히 R^n의 ***유클리드 내적***(Euclidean inner product) 또는 ***표준내적***(standard inner product)이라고 한다. 유클리드 내적을 만족하는 R^n을 ***유클리드 n-공간***(Euclidean n-space)이라고 한다.

내적들은 점곱이 그러했던 것처럼 일반 내적공간에서의 놈과 거리의 개념을 정의하는 데 이용될 수 있다. 3.2절의 공식 (11)과 (19)를 상기하자. 만약 $\mathbf{u}$와 $\mathbf{v}$가 유클리드 n-공간상의 벡터들이라면 다음과 같이 놈과 거리를 점곱으로 표현할 수 있다.

$$\|\mathbf{v}\| = \sqrt{\mathbf{v} \cdot \mathbf{v}} \qquad \text{그리고} \qquad d(\mathbf{u}, \mathbf{v}) = \|\mathbf{u} - \mathbf{v}\| = \sqrt{(\mathbf{u} - \mathbf{v}) \cdot (\mathbf{u} - \mathbf{v})}$$

이런 공식들을 통해서 다음 정의를 내릴 수 있다.

정의 2

V를 실내적공간이라고 할 때 V에 속하는 벡터 $\mathbf{v}$의 ***놈***(norm) 또는 ***길이***(length)를 $\|\mathbf{v}\|$로 표시하고

$$\|\mathbf{v}\| = \sqrt{\langle \mathbf{v}, \mathbf{v} \rangle}$$

로 정의한다. 그리고 두 벡터 사이의 ***거리***(distance)를 $d(\mathbf{u}, \mathbf{v})$로 표시하고 다음과 같이 정의한다.

$$d(\mathbf{u}, \mathbf{v}) = \|\mathbf{u} - \mathbf{v}\| = \sqrt{\langle \mathbf{u} - \mathbf{v}, \mathbf{u} - \mathbf{v} \rangle}$$

놈이 1인 벡터를 ***단위벡터***(unit vector)라고 한다.

다음 정리는 실내적공간에서 놈과 거리가 우리가 기대한 것과 같이 다양한 성질을 가지고 있음을 보여 주고 있다. 정리에 대한 증명은 연습문제로 남긴다.

정리 6.1.1

만약 $\mathbf{u}$와 $\mathbf{v}$가 실내적공간 V 안의 벡터이고 k가 스칼라라고 하면,

(*a*) $\|\mathbf{v}\| \geq 0$ 단, 등호가 성립할 필요충분조건은 $\mathbf{v} = \mathbf{0}$이다.

(*b*) $\|k\mathbf{v}\| = |k|\|\mathbf{v}\|$.

> (*c*) $d(\mathbf{u}, \mathbf{v}) = d(\mathbf{v}, \mathbf{u})$.
> (*d*) $d(\mathbf{u}, \mathbf{v}) \geq 0$ 단, 등호가 성립할 필요충분조건은 $\mathbf{u} = \mathbf{v}$이다.

유클리드 내적은 R^n에서 가장 중요한 내적이지만, 여러 응용에서 유클리드 내적의 각 항을 다르게 *가중*(weighting)시켜서 변형하는 경우가 있다. 좀 더 정확히 말하면 ***가중치***(weight)라고 하는 양의 실수

$$w_1, w_2, \ldots, w_n$$

이 주어지고 $\mathbf{u} = (u_1, u_2, \cdots, u_n)$과 $\mathbf{v} = (v_1, v_2, \cdots, v_n)$이 R^n의 벡터일 때 공식

$$\boxed{\langle \mathbf{u}, \mathbf{v} \rangle = w_1 u_1 v_1 + w_2 u_2 v_2 + \cdots + w_n u_n v_n} \tag{2}$$

이 R^n 공간에서 내적을 정의하는 것을 보일 수 있다. 이것을 ***가중치 $w_1, w_2, \cdots, w_n$을 갖는 유클리드 가중내적***(weighted Euclidean inner product with weights $w_1, w_2, \cdots, w_n$)이라고 한다.

예제 1 | 유클리드 가중내적

R^2의 벡터 $\mathbf{u} = (u_1, u_2)$, $\mathbf{v} = (v_1, v_2)$에 대해서 유클리드 가중내적

$$\langle \mathbf{u}, \mathbf{v} \rangle = 3u_1v_1 + 2u_2v_2 \tag{3}$$

가 4가지 내적 공리를 만족함을 밝혀라.

풀이

공리 1 공식 (3)에서 $\mathbf{u}$와 $\mathbf{v}$의 위치를 바꿔도 오른쪽 결과값에는 변화가 없다. 따라서 $\langle \mathbf{u}, \mathbf{v} \rangle = \langle \mathbf{v}, \mathbf{u} \rangle$이다.

공리 2 만약 $\mathbf{w} = (w_1, w_2)$라면,

$$\begin{aligned} \langle \mathbf{u} + \mathbf{v}, \mathbf{w} \rangle &= 3(u_1 + v_1)w_1 + 2(u_2 + v_2)w_2 \\ &= 3(u_1w_1 + v_1w_1) + 2(u_2w_2 + v_2w_2) \\ &= (3u_1w_1 + 2u_2w_2) + (3v_1w_1 + 2v_2w_2) \\ &= \langle \mathbf{u}, \mathbf{w} \rangle + \langle \mathbf{v}, \mathbf{w} \rangle \end{aligned}$$

공리 3 $$\begin{aligned} \langle k\mathbf{u}, \mathbf{v} \rangle &= 3(ku_1)v_1 + 2(ku_2)v_2 \\ &= k(3u_1v_1 + 2u_2v_2) \\ &= k\langle \mathbf{u}, \mathbf{v} \rangle \end{aligned}$$

공리 4 $\langle \mathbf{v}, \mathbf{v} \rangle = 3(v_1v_1) + 2(v_2v_2) = 3v_1^2 + 2v_2^2 \geq 0$을 만족하고 등호가 성립할 필요충분조건은 $v_1 = v_2 = 0$, 즉 $\mathbf{v} = \mathbf{0}$인 것을 확인하라.

> 유클리드 표준내적 공식 (1)은 가중 유클리드 내적에서 가중치가 1인 특수한 경우임을 주의하라.

> 예제 1에서 아래첨자가 표기된 w는 가중치가 아니고 벡터 $\mathbf{w}$의 성분을 나타낸다. 공식 (3)에서의 가중치는 3과 2이다.

유클리드 가중내적의 응용

유클리드 가중내적이 나타날 수 있는 한 가지 경우를 예로 들어 보자. 어떤 물리적 실험에서 임의의 n개의 가능한 값

$$x_1, x_2, \ldots, x_n$$

이 나타날 수 있고, m회의 반복실험에서 이들 값이 다양한 빈도로 나타난다고 가정하자. 즉, x_1이 f_1회 나타나고, x_2가 f_2회 등으로 나타난다고 가정하자. 실험이 반복된 총 횟수는 m이므로

$$f_1 + f_2 + \cdots + f_n = m$$

이다. 따라서 관찰된 수치의 ***산술평균***(arithmetic average) 또는 ***평균***(mean, $\bar{x}$로 표현된)은 다음과 같다.

$$\bar{x} = \frac{f_1x_1 + f_2x_2 + \cdots + f_nx_n}{f_1 + f_2 + \cdots + f_n} = \frac{1}{m}(f_1x_1 + f_2x_2 + \cdots + f_nx_n) \tag{4}$$

만약

$$\mathbf{f} = (f_1, f_2, \ldots, f_n)$$
$$\mathbf{x} = (x_1, x_2, \ldots, x_n)$$
$$w_1 = w_2 = \cdots = w_n = 1/m$$

이면 (4)는 유클리드 가중내적으로 표현될 수 있다.

$$\bar{x} = \langle \mathbf{f}, \mathbf{x} \rangle = w_1f_1x_1 + w_2f_2x_2 + \cdots + w_nf_nx_n$$

예제 2 | 유클리드 가중내적의 사용

놈과 거리는 사용된 내적에 의존함을 명심하기 바란다. 내적이 변하면 일반적으로 벡터의 놈과 벡터 간의 거리도 변한다. 예를 들어 유클리드 내적을 갖는 R^2의 벡터 $\mathbf{u} = (1, 0)$과 $\mathbf{v} = (0, 1)$에 대해서

$$\|\mathbf{u}\| = \sqrt{1^2 + 0^2} = 1$$

이고

$$d(\mathbf{u}, \mathbf{v}) = \|\mathbf{u} - \mathbf{v}\| = \|(1, -1)\| = \sqrt{1^2 + (-1)^2} = \sqrt{2}$$

이다. 그러나 유클리드 가중내적

$$\langle \mathbf{u}, \mathbf{v} \rangle = 3u_1v_1 + 2u_2v_2$$

로 바꾸면

$$\|\mathbf{u}\| = \langle \mathbf{u}, \mathbf{u} \rangle^{1/2} = [3(1)(1) + 2(0)(0)]^{1/2} = \sqrt{3}$$

이고

$$d(\mathbf{u}, \mathbf{v}) = \|\mathbf{u} - \mathbf{v}\| = \langle (1, -1), (1, -1) \rangle^{1/2}$$
$$= [3(1)(1) + 2(-1)(-1)]^{1/2} = \sqrt{5}$$

이다.

내적공간의 단위원과 단위구

정의 3

V를 내적공간이라 할 때

$$\|\mathbf{u}\| = 1$$

을 만족하는 V에 속하는 점들의 집합을 V의 ***단위구***(unit sphere) [$V = R^2$이면 ***단위원***(unit circle)]라고 한다.

예제 3 | R^2에서 특이한 단위원

(*a*) 유클리드 내적 $\langle \mathbf{u}, \mathbf{v} \rangle = u_1v_1 + u_2v_2$를 사용하여 R^2의 xy-좌표계에 있어서 단위원을 그려라.

(*b*) 유클리드 가중내적 $\langle \mathbf{u}, \mathbf{v} \rangle = \frac{1}{9}u_1v_1 + \frac{1}{4}u_2v_2$를 사용하여 R^2의 xy-좌표계에 있어서 단위원을 그려라.

풀이 (*a*) $\mathbf{u} = (x, y)$라고 하면 $\|\mathbf{u}\| = \langle \mathbf{u}, \mathbf{u} \rangle^{1/2} = \sqrt{x^2 + y^2}$이다. 그러므로 단위원의 방정식은 $\sqrt{x^2 + y^2} = 1$이 되거나 그 양변을 제곱하여

$$x^2 + y^2 = 1$$

이 된다. 예상한 대로 이 방정식의 그래프는 원점에 중심을 둔, 반지름이 1인 원이다(**그림 6.1.1*a***).

풀이 (*b*) $\mathbf{u} = (x, y)$라고 하면 $\|\mathbf{u}\| = \langle \mathbf{u}, \mathbf{u} \rangle^{1/2} = \sqrt{\frac{1}{9}x^2 + \frac{1}{4}y^2}$이므로 단위원의 방정식은 $\sqrt{\frac{1}{9}x^2 + \frac{1}{4}y^2} = 1$이 되거나, 양변을 제곱하면 다음과 같이 나타낼 수 있다.

$$\frac{x^2}{9} + \frac{y^2}{4} = 1$$

이 방정식의 그래프는 **그림 6.1.1*b***의 타원이다. 이것이 기하적으로는 이상하게 보일지 모르지만, 가중내적을 사용하게 되면 1 단위를 갖는 타원상의 점들이 유클리드 가중내적으로 인하여 원점에서 상대적으로 멀어지게 되는 것으로, 대수적으로 볼 때는 이해가 되는 것이다. 간단하게 설명하면 가중은 "비가중 유클리드 눈"을 통해 보는 것에 익숙한 우리들이 보는 공간을 왜곡시키는 효과가 있다.

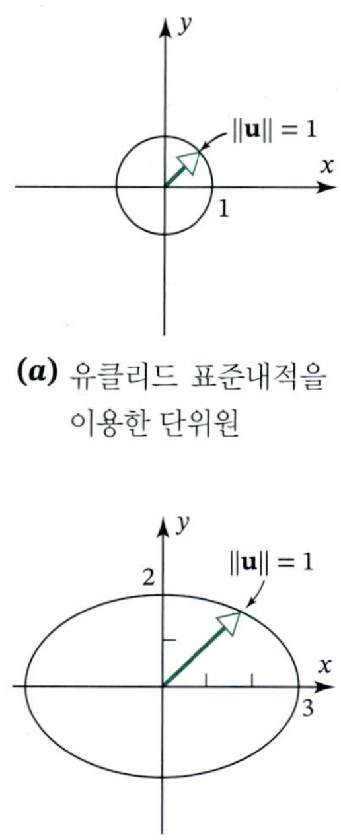

(*a*) 유클리드 표준내적을 이용한 단위원

(*b*) 유클리드 가중내적을 이용한 단위원

그림 6.1.1

행렬에 의해 생성되는 내적

유클리드 내적과 유클리드 가중내적은 ***행렬내적***(matrix inner product)이라고 하는 R^n상의 내적의 특수한 경우이다. 이 종류의 내적을 정의하기 위해, $\mathbf{u}$와 $\mathbf{v}$를 R^n의 열 형태로 표현된 벡터라 하고 A를 *가역*인 $n \times n$ 행렬이라 하자. $\mathbf{u} \cdot \mathbf{v}$를 R^n상의 유클리드 내적이라고 하면 다음 공식

$$\boxed{\langle \mathbf{u}, \mathbf{v} \rangle = A\mathbf{u} \cdot A\mathbf{v}} \tag{5}$$

는 내적을 정의함을 보일 수 있다(연습문제 47). 이것을 ***A에 의해 생성되는 R^n상의 내적*** (inner product on R^n generated by A)이라고 한다.

3.2절의 표 1에서 $\mathbf{u}$와 $\mathbf{v}$가 열벡터 형태이면 $\mathbf{u} \cdot \mathbf{v}$가 $\mathbf{v}^T\mathbf{u}$로 표기될 수 있다는 내용을 상기하면, (5)는 다음과 같이 표현할 수 있다.

$$\langle \mathbf{u}, \mathbf{v} \rangle = (A\mathbf{v})^T A\mathbf{u}$$

이것은 다음과 같다.

$$\boxed{\langle \mathbf{u}, \mathbf{v} \rangle = \mathbf{v}^T A^T A\mathbf{u}} \tag{6}$$

예제 4 | 유클리드 가중내적을 생성하는 행렬

유클리드 표준내적과 유클리드 가중내적은 행렬내적의 예들이다. R^n의 유클리드 표준내적은 $n \times n$ 단위행렬에 의해 생성되는데 그 이유는 $A = I$이므로 공식 (5)가 다음을 주기 때문이다.

$$\langle \mathbf{u}, \mathbf{v} \rangle = I\mathbf{u} \cdot I\mathbf{v} = \mathbf{u} \cdot \mathbf{v}$$

그리고 유클리드 가중내적

$$\langle \mathbf{u}, \mathbf{v} \rangle = w_1u_1v_1 + w_2u_2v_2 + \cdots + w_nu_nv_n \tag{7}$$

은 다음 행렬에 의해 생성된다.

$$A = \begin{bmatrix} \sqrt{w_1} & 0 & 0 & \cdots & 0 \\ 0 & \sqrt{w_2} & 0 & \cdots & 0 \\ \vdots & \vdots & \vdots & & \vdots \\ 0 & 0 & 0 & \cdots & \sqrt{w_n} \end{bmatrix}$$

이것으로 A^TA가 대각원소들이 $w_1, w_2, \cdots, w_n$인 $n \times n$ 대각행렬임을 확인할 수 있다.

예제 5 | 예제 1 재검토

예제 1에서 논의한 유클리드 가중내적 $\langle \mathbf{u}, \mathbf{v} \rangle = 3u_1v_1 + 2u_2v_2$는

$$A = \begin{bmatrix} \sqrt{3} & 0 \\ 0 & \sqrt{2} \end{bmatrix}$$

가 생성하는 R^2의 내적이다.

대각성분이 모두 양수인 모든 대각행렬은 가중내적을 발생시킨다. 왜 그럴까?

내적의 다른 예

지금까지는 R^n에서의 내적의 예들만을 살펴보았다. 이제 앞에서 다루었던 다른 종류의 벡터공간상의 내적을 살펴볼 것이다.

예제 6 | M_{nn}에서의 표준내적

$\mathbf{u} = U$와 $\mathbf{v} = V$를 $n \times n$ 행렬이라고 할 때 다음 공식

$$\boxed{\langle \mathbf{u}, \mathbf{v} \rangle = \operatorname{tr}(U^T V)} \tag{8}$$

는 M_{nn} 벡터공간상의 내적을 정의하게 된다(대각합에 대한 정의는 1.3절의 정의 8 참조). 이는 4가지 내적공간 공리가 만족됨을 확인함으로써 증명할 수 있으며, 아래 2×2 행렬에 대해 식 (8)을 계산해 보면 그렇게 되는 이유를 바로 알 수 있다. 즉,

$$U = \begin{bmatrix} u_1 & u_2 \\ u_3 & u_4 \end{bmatrix} \quad \text{그리고} \quad V = \begin{bmatrix} v_1 & v_2 \\ v_3 & v_4 \end{bmatrix}$$

라 할 때

$$\langle \mathbf{u}, \mathbf{v} \rangle = \operatorname{tr}(U^T V) = u_1 v_1 + u_2 v_2 + u_3 v_3 + u_4 v_4$$

가 되는데 이것은 두 행렬의 대응하는 성분들의 점곱이다. 예를 들어

$$\|\mathbf{u}\| = \sqrt{\langle \mathbf{u}, \mathbf{u} \rangle} = \sqrt{\operatorname{tr}\langle U^T U \rangle} = \sqrt{u_1^2 + u_2^2 + u_3^2 + u_4^2}$$

이고 만약

$$\mathbf{u} = U = \begin{bmatrix} 1 & 2 \\ 3 & 4 \end{bmatrix} \quad \text{그리고} \quad \mathbf{v} = V = \begin{bmatrix} -1 & 0 \\ 3 & 2 \end{bmatrix}$$

이면 다음과 같다.

$$\langle \mathbf{u}, \mathbf{v} \rangle = \operatorname{tr}(U^T V) = 1(-1) + 2(0) + 3(3) + 4(2) = 16$$

이 내적과 관련된 U 행렬의 놈은

$$\|\mathbf{u}\| = \sqrt{\langle \mathbf{u}, \mathbf{u} \rangle} = \sqrt{\operatorname{tr}(U^T U)} = \sqrt{1^2 + 2^2 + 3^2 + 4^2} = \sqrt{30}$$

$$\|\mathbf{v}\| = \sqrt{\langle \mathbf{v}, \mathbf{v} \rangle} = \sqrt{\operatorname{tr}(V^T V)} = \sqrt{(-1)^2 + 0^2 + 3^2 + 2^2} = \sqrt{14}$$

이다.

예제 7 | P_n의 표준내적

$$\mathbf{p} = a_0 + a_1 x + \cdots + a_n x^n \text{와} \quad \mathbf{q} = b_0 + b_1 x + \cdots + b_n x^n$$

가 P_n의 다항식이면 다음 공식은 P_n의 내적을 정의하게 되며(검증하라), 이를 이 공간의 ***표준내적***(standard inner product)이라고 한다.

$$\langle \mathbf{p}, \mathbf{q} \rangle = a_0 b_0 + a_1 b_1 + \cdots + a_n b_n \tag{9}$$

이 내적하에서 다항식 $\mathbf{p}$의 놈은 다음과 같다.

$$\|\mathbf{p}\| = \sqrt{\langle \mathbf{p}, \mathbf{p} \rangle} = \sqrt{a_0^2 + a_1^2 + \cdots + a_n^2}$$

예제 8 | P_n상의 평가내적

$$\mathbf{p} = p(x) = a_0 + a_1x + \cdots + a_nx^n \text{와} \quad \mathbf{q} = q(x) = b_0 + b_1x + \cdots + b_nx^n$$

가 P_n의 다항식이고 $x_0, x_1, \cdots, x_n$이 상이한 실수[***표본점***(sample point)이라고 한다]라면

$$\langle \mathbf{p}, \mathbf{q} \rangle = p(x_0)q(x_0) + p(x_1)q(x_1) + \cdots + p(x_n)q(x_n) \tag{10}$$

은 P_n의 내적을 정의하게 되며 $x_0, x_1, \cdots, x_n$에서의 ***평가내적***(evaluation inner product)이라고 한다. 대수적으로 이것은 R^n상의 n-순서쌍

$$(p(x_0), p(x_1), \ldots, p(x_n))\text{과} \quad (q(x_0), q(x_1), \ldots, q(x_n))$$

의 점곱으로 볼 수 있다. 따라서 점곱의 성질들로부터 처음 3개의 내적 공리가 만족된다. 네 번째 내적 공리는 다음 사실로부터 유도된다.

$$\langle \mathbf{p}, \mathbf{p} \rangle = [p(x_0)]^2 + [p(x_1)]^2 + \cdots + [p(x_n)]^2 \geq 0$$

이때 등호가 성립할 필요충분조건은 다음과 같다.

$$p(x_0) = p(x_1) = \cdots = p(x_n) = 0$$

그런데 n차 또는 그 이하의 0이 아닌 다항식은 기껏해야 n개의 근을 가질 수 있기 때문에 $\mathbf{p} = \mathbf{0}$이어야 한다. 이로써 네 번째 내적 공리가 성립됨을 확인할 수 있다.

평가내적에 대한 다항식 $\mathbf{p}$의 놈은 다음과 같다.

$$\|\mathbf{p}\| = \sqrt{\langle \mathbf{p}, \mathbf{p} \rangle} = \sqrt{[p(x_0)]^2 + [p(x_1)]^2 + \cdots + [p(x_n)]^2} \tag{11}$$

예제 9 | 평가내적의 계산

P_2가 다음 점들에서 평가내적을 가진다고 하자.

$$x_0 = -2, \quad x_1 = 0, \quad x_2 = 2$$

$\mathbf{p} = p(x) = x^2$, $\mathbf{q} = q(x) = 1 + x$와 같이 $\mathbf{p}$, $\mathbf{q}$에 대한 다항식이 주어졌을 때 $\langle \mathbf{p}, \mathbf{q} \rangle$와 $\|\mathbf{p}\|$를 구하라.

풀이 (10)과 (11)에 의하면 다음과 같다.

$$\langle \mathbf{p}, \mathbf{q} \rangle = p(-2)q(-2) + p(0)q(0) + p(2)q(2) = (4)(-1) + (0)(1) + (4)(3) = 8$$

$$\|\mathbf{p}\| = \sqrt{[p(x_0)]^2 + [p(x_1)]^2 + [p(x_2)]^2} = \sqrt{[p(-2)]^2 + [p(0)]^2 + [p(2)]^2}$$
$$= \sqrt{4^2 + 0^2 + 4^2} = \sqrt{32} = 4\sqrt{2}$$

미적분학 필요

예제 10 | $C[a, b]$상의 내적

$\mathbf{f} = f(x)$와 $\mathbf{g} = g(x)$를 $C[a, b]$에 속한다고 하고,

$$\langle \mathbf{f}, \mathbf{g} \rangle = \int_a^b f(x)g(x)\,dx \tag{12}$$

로 정의하자. 이 공식이 $C[a, b]$에서 내적을 정의하는 것은 $C[a, b]$에 속하는 함수 $\mathbf{f} = f(x)$,

$\mathbf{g} = g(x)$, $\mathbf{h} = h(x)$가 4가지 내적 공리를 만족함을 보임으로써 증명된다.

공리 1 $\langle \mathbf{f}, \mathbf{g} \rangle = \int_a^b f(x)g(x)\,dx = \int_a^b g(x)f(x)\,dx = \langle \mathbf{g}, \mathbf{f} \rangle$

공리 2
$$\begin{aligned}\langle \mathbf{f}+\mathbf{g}, \mathbf{h} \rangle &= \int_a^b (f(x)+g(x))h(x)\,dx \\ &= \int_a^b f(x)h(x)\,dx + \int_a^b g(x)h(x)\,dx \\ &= \langle \mathbf{f}, \mathbf{h} \rangle + \langle \mathbf{g}, \mathbf{h} \rangle\end{aligned}$$

공리 3 $\langle k\mathbf{f}, \mathbf{g} \rangle = \int_a^b kf(x)g(x)\,dx = k\int_a^b f(x)g(x)\,dx = k\langle \mathbf{f}, \mathbf{g} \rangle$

공리 4 $\mathbf{f} = f(x)$가 $C[a, b]$에 속하는 임의의 함수이면 $[a, b]$에 속하는 모든 x에 대해서 $f^2(x) \geq 0$이기 때문에

$$\langle \mathbf{f}, \mathbf{f} \rangle = \int_a^b f^2(x)\,dx \geq 0 \tag{13}$$

이다. 또한 f는 $[a, b]$에서 연속함수이므로, 공식 (13)에서 등호가 성립할 필요충분조건은 f가 $[a, b]$상에서 동일하게 0, 즉 $\mathbf{f} = \mathbf{0}$인 것이다. 이것으로 공리 4가 성립한다.

예제 11 | $C[a, b]$에서 벡터의 놈

미적분학 필요

$C[a, b]$가 예제 10에서 정의된 내적을 갖는다면 이 내적에 관한 함수 $\mathbf{f} = f(x)$의 놈은

$$\|\mathbf{f}\| = \langle \mathbf{f}, \mathbf{f} \rangle^{1/2} = \sqrt{\int_a^b f^2(x)\,dx} \tag{14}$$

이고, 이 공간에 있어서 단위구는 $C[a, b]$의 다음의 수식

$$\int_a^b f^2(x)\,dx = 1$$

을 만족하는 모든 함수 $\mathbf{f}$로 이루어져 있다.

참고 다항식은 연속함수이기 때문에 벡터공간 P_n은 $C[a, b]$의 부분공간임에 주의하라. 따라서 공식 (12)는 표준내적, 평가내적과는 다른 P_n의 내적을 정의한다.

주의 미적분학에서 구간 $[a, b]$에서 곡선 $y = f(x)$의 호의 길이의 공식은

$$L = \int_a^b \sqrt{1 + [f'(x)]^2}\,dx \tag{15}$$

임을 기억하자. 호 길이의 이 개념을 $\|\mathbf{f}\|$와 혼동해서는 안 된다. $\|\mathbf{f}\|$는 $\mathbf{f}$를 $C[a, b]$에 속하는 벡터로 보았을 때 $\mathbf{f}$의 길이(놈)이다. 공식 (14)와 (15)는 다른 의미를 갖는다.

내적의 대수적 성질

다음 정리에 내적 공리로부터 나온 내적의 몇 가지 대수적 성질을 요약한다. 이 결과는 R^n의 내적에 대해서만 적용되었던 정리 3.2.3의 일반화이다.

정리 6.1.2

$\mathbf{u}$, $\mathbf{v}$, $\mathbf{w}$가 실내적공간 V 안의 벡터들이고, k가 스칼라일 때 다음이 성립한다.

(a) $\langle \mathbf{0}, \mathbf{v} \rangle = \langle \mathbf{v}, \mathbf{0} \rangle = 0$

(b) $\langle \mathbf{u}, \mathbf{v} + \mathbf{w} \rangle = \langle \mathbf{u}, \mathbf{v} \rangle + \langle \mathbf{u}, \mathbf{w} \rangle$

(c) $\langle \mathbf{u}, \mathbf{v} - \mathbf{w} \rangle = \langle \mathbf{u}, \mathbf{v} \rangle - \langle \mathbf{u}, \mathbf{w} \rangle$

(d) $\langle \mathbf{u} - \mathbf{v}, \mathbf{w} \rangle = \langle \mathbf{u}, \mathbf{w} \rangle - \langle \mathbf{v}, \mathbf{w} \rangle$

(e) $k\langle \mathbf{u}, \mathbf{v} \rangle = \langle \mathbf{u}, k\mathbf{v} \rangle$

증명 (b)를 증명하고 나머지는 연습문제로 남긴다.

$$\begin{aligned} \langle \mathbf{u}, \mathbf{v} + \mathbf{w} \rangle &= \langle \mathbf{v} + \mathbf{w}, \mathbf{u} \rangle && \text{[대칭성에 의하여]} \\ &= \langle \mathbf{v}, \mathbf{u} \rangle + \langle \mathbf{w}, \mathbf{u} \rangle && \text{[합의 성질에 의하여]} \\ &= \langle \mathbf{u}, \mathbf{v} \rangle + \langle \mathbf{u}, \mathbf{w} \rangle && \text{[대칭성에 의하여]} \ \blacksquare \end{aligned}$$

다음 예제에서는 정리 6.1.2와 내적의 공리가 내적의 대수적 계산에 어떻게 사용되는가에 대해 설명한다. 이 예제를 읽어 가면서 각 단계를 검증해 보는 것이 도움이 될 것이다.

예제 12 | 내적의 대수적 계산

$$\begin{aligned} \langle \mathbf{u} - 2\mathbf{v}, 3\mathbf{u} + 4\mathbf{v} \rangle &= \langle \mathbf{u}, 3\mathbf{u} + 4\mathbf{v} \rangle - \langle 2\mathbf{v}, 3\mathbf{u} + 4\mathbf{v} \rangle \\ &= \langle \mathbf{u}, 3\mathbf{u} \rangle + \langle \mathbf{u}, 4\mathbf{v} \rangle - \langle 2\mathbf{v}, 3\mathbf{u} \rangle - \langle 2\mathbf{v}, 4\mathbf{v} \rangle \\ &= 3\langle \mathbf{u}, \mathbf{u} \rangle + 4\langle \mathbf{u}, \mathbf{v} \rangle - 6\langle \mathbf{v}, \mathbf{u} \rangle - 8\langle \mathbf{v}, \mathbf{v} \rangle \\ &= 3\|\mathbf{u}\|^2 + 4\langle \mathbf{u}, \mathbf{v} \rangle - 6\langle \mathbf{u}, \mathbf{v} \rangle - 8\|\mathbf{v}\|^2 \\ &= 3\|\mathbf{u}\|^2 - 2\langle \mathbf{u}, \mathbf{v} \rangle - 8\|\mathbf{v}\|^2 \end{aligned}$$

연습문제 6.1

1. R^2상의 유클리드 가중내적

$$\langle \mathbf{u}, \mathbf{v} \rangle = 2u_1v_1 + 3u_2v_2$$

에 대해 $\mathbf{u} = (1, 1)$, $\mathbf{v} = (3, 2)$, $\mathbf{w} = (0, -1)$, $k = 3$이라고 할 때 다음을 계산하라.

a. $\langle \mathbf{u}, \mathbf{v} \rangle$ **b.** $\langle k\mathbf{v}, \mathbf{w} \rangle$ **c.** $\langle \mathbf{u} + \mathbf{v}, \mathbf{w} \rangle$

d. $\|\mathbf{v}\|$ **e.** $d(\mathbf{u}, \mathbf{v})$ **f.** $\|\mathbf{u} - k\mathbf{v}\|$

2. 유클리드 가중내적

$$\langle \mathbf{u}, \mathbf{v} \rangle = \tfrac{1}{2}u_1v_1 + 5u_2v_2$$

에 대해서 연습문제 1의 계산을 반복하라.

(3-4) A에 의해 생성된 R^2상의 유클리드 내적을 사용하여 연습문제 1의 (a)-(f)를 계산하라.

3. $A = \begin{bmatrix} 2 & 1 \\ 1 & 1 \end{bmatrix}$ **4.** $A = \begin{bmatrix} 1 & 0 \\ 2 & -1 \end{bmatrix}$

(5-6) R^2상의 유클리드 가중내적을 생성하는 행렬을 구하라.

5. $\langle \mathbf{u}, \mathbf{v} \rangle = 2u_1v_1 + 3u_2v_2$ **6.** $\langle \mathbf{u}, \mathbf{v} \rangle = \frac{1}{2}u_1v_1 + 5u_2v_2$

(7-8) 행렬 A에 의해 생성된 R^2상의 내적을 사용하여 벡터 $\mathbf{u} = (0, -3)$과 $\mathbf{v} = (6, 2)$에 대한 $\langle \mathbf{u}, \mathbf{v} \rangle$를 구하라.

7. $A = \begin{bmatrix} 4 & 1 \\ 2 & -3 \end{bmatrix}$ **8.** $A = \begin{bmatrix} 2 & 1 \\ -1 & 3 \end{bmatrix}$

(9-10) 주어진 행렬에 대한 M_{22}에서의 표준내적을 계산하라.

9. $U = \begin{bmatrix} 3 & -2 \\ 4 & 8 \end{bmatrix}, \; V = \begin{bmatrix} -1 & 3 \\ 1 & 1 \end{bmatrix}$

10. $U = \begin{bmatrix} 1 & 2 \\ -3 & 5 \end{bmatrix}, \; V = \begin{bmatrix} 4 & 6 \\ 0 & 8 \end{bmatrix}$

(11-12) 주어진 다항식에 대해 P_2상의 표준내적을 구하라.

11. $\mathbf{p} = -2 + x + 3x^2, \; \mathbf{q} = 4 - 7x^2$

12. $\mathbf{p} = -5 + 2x + x^2, \; \mathbf{q} = 3 + 2x - 4x^2$

(13-14) 벡터 $\mathbf{u} = (u_1, u_2)$이고 $\mathbf{v} = (v_1, v_2)$라 하자. 주어진 식은 R^2의 유클리드 가중내적이다. 이것을 생성하는 행렬을 구하라.

13. $\langle \mathbf{u}, \mathbf{v} \rangle = 3u_1v_1 + 5u_2v_2$

14. $\langle \mathbf{u}, \mathbf{v} \rangle = 4u_1v_1 + 6u_2v_2$

(15-16) 다음과 같이 표본점의 순서가 주어진다. 표본점들에서 P_3상의 평가내적을 사용하여 다음 다항식에 대한 $\langle \mathbf{p}, \mathbf{q} \rangle$를 구하라.

$$\mathbf{p} = x + x^3, \quad \mathbf{q} = 1 + x^2$$

15. $x_0 = -2, \; x_1 = -1, \; x_2 = 0, \; x_3 = 1$

16. $x_0 = -1, \; x_1 = 0, \; x_2 = 1, \; x_3 = 2$

(17-18) R^2상의 유클리드 가중내적 $\langle \mathbf{u}, \mathbf{v} \rangle = 2u_1v_1 + 3u_2v_2$에 대해 $\|\mathbf{u}\|$와 $d(\mathbf{u}, \mathbf{v})$를 구하라.

17. $\mathbf{u} = (-3, 2), \mathbf{v} = (1, 7)$

18. $\mathbf{u} = (-1, 2), \mathbf{v} = (2, 5)$

(19-20) P_2상의 표준내적에 대해 $\|\mathbf{p}\|$와 $d(\mathbf{p}, \mathbf{q})$를 구하라.

19. $\mathbf{p} = -2 + x + 3x^2, \; \mathbf{q} = 4 - 7x^2$

20. $\mathbf{p} = -5 + 2x + x^2, \; \mathbf{q} = 3 + 2x - 4x^2$

(21-22) M_{22}상의 표준내적에 대해 $\|U\|$와 $d(U, V)$를 구하라.

21. $U = \begin{bmatrix} 3 & -2 \\ 4 & 8 \end{bmatrix}, \; V = \begin{bmatrix} -1 & 3 \\ 1 & 1 \end{bmatrix}$

22. $U = \begin{bmatrix} 1 & 2 \\ -3 & 5 \end{bmatrix}, \; V = \begin{bmatrix} 4 & 6 \\ 0 & 8 \end{bmatrix}$

(23-24) $\mathbf{p} = x + x^3$와 $\mathbf{q} = 1 + x^2$가 주어질 때, 주어진 표본점들에서 P_3상의 평가내적에 대해 $\|\mathbf{p}\|$와 $d(\mathbf{p}, \mathbf{q})$를 구하라.

23. $x_0 = -2, \; x_1 = -1, \; x_2 = 0, \; x_3 = 1$

24. $x_0 = -1, \; x_1 = 0, \; x_2 = 1, \; x_3 = 2$

(25-26) 행렬 A에 의해 생성된 R^2상의 내적에 대해 벡터 $\mathbf{u} = (-1, 2)$와 $\mathbf{v} = (2, 5)$에 대한 $\|\mathbf{u}\|$와 $d(\mathbf{u}, \mathbf{v})$를 구하라.

25. $A = \begin{bmatrix} 4 & 0 \\ 3 & 5 \end{bmatrix}$ **26.** $A = \begin{bmatrix} 1 & 2 \\ -1 & 3 \end{bmatrix}$

(27-28) $\mathbf{u}, \mathbf{v}, \mathbf{w}$가

$$\langle \mathbf{u}, \mathbf{v} \rangle = 2, \quad \langle \mathbf{v}, \mathbf{w} \rangle = -6, \quad \langle \mathbf{u}, \mathbf{w} \rangle = -3$$
$$\|\mathbf{u}\| = 1, \quad \|\mathbf{v}\| = 2, \quad \|\mathbf{w}\| = 7$$

을 만족하는 벡터라고 하자. 다음에 주어진 식을 계산하라.

27. a. $\langle 2\mathbf{v} - \mathbf{w}, 3\mathbf{u} + 2\mathbf{w} \rangle$ **b.** $\|\mathbf{u} + \mathbf{v}\|$

28. a. $\langle \mathbf{u} - \mathbf{v} - 2\mathbf{w}, 4\mathbf{u} + \mathbf{v} \rangle$ **b.** $\|2\mathbf{w} - \mathbf{v}\|$

(29-30) 다음에 주어진 내적을 사용하여 R^2에서 단위원을 그려라.

29. $\langle \mathbf{u}, \mathbf{v} \rangle = \frac{1}{4}u_1v_1 + \frac{1}{16}u_2v_2$ **30.** $\langle \mathbf{u}, \mathbf{v} \rangle = 2u_1v_1 + u_2v_2$

(31-32) 단위원이 그림에 표시된 타원인 R^2상의 유클리드 가중내적을 구하라.

31.

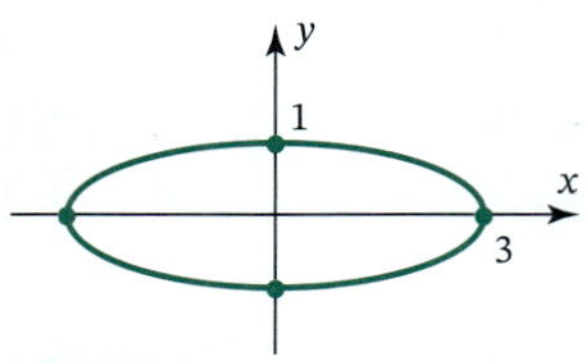

그림 Ex-31

32.

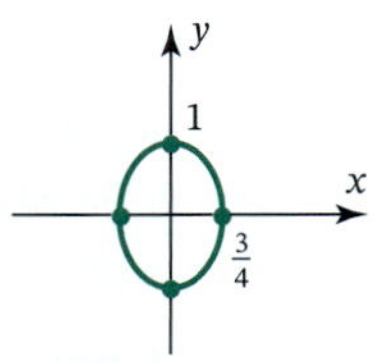

그림 Ex-32

(33-34) $\mathbf{u} = (u_1, u_2, u_3)$, $\mathbf{v} = (v_1, v_2, v_3)$라고 하자. 다음이 내적을 정의하지 못함을 보이고, 만족하지 않는 모든 내적 공리를 나열하라.

33. $\langle \mathbf{u}, \mathbf{v} \rangle = u_1^2v_1^2 + u_2^2v_2^2 + u_3^2v_3^2$

34. $\langle \mathbf{u}, \mathbf{v} \rangle = u_1v_1 - u_2v_2 + u_3v_3$

(35-36) **u**와 **v**가 내적공간의 벡터라고 할 때 다음을 $\langle \mathbf{u}, \mathbf{v} \rangle$, $\|\mathbf{u}\|^2$, $\|\mathbf{v}\|^2$으로 다시 써라.

35. $\langle 2\mathbf{v} - 4\mathbf{u}, \mathbf{u} - 3\mathbf{v} \rangle$ **36.** $\langle 5\mathbf{u} + 6\mathbf{v}, 4\mathbf{v} - 3\mathbf{u} \rangle$

37. **(미적분학 필요)** 벡터공간 P_2가 내적

$$\langle \mathbf{p}, \mathbf{q} \rangle = \int_{-1}^{1} p(x)q(x)\,dx$$

를 갖는다고 하자. $\mathbf{p} = 1$와 $\mathbf{q} = x^2$에 대해 다음을 구하라.

a. $\langle \mathbf{p}, \mathbf{q} \rangle$ **b.** $d(\mathbf{p}, \mathbf{q})$

c. $\|\mathbf{p}\|$ **d.** $\|\mathbf{q}\|$

38. **(미적분학 필요)** 벡터공간 P_3가 내적

$$\langle \mathbf{p}, \mathbf{q} \rangle = \int_{-1}^{1} p(x)q(x)\,dx$$

를 갖는다고 하자. $\mathbf{p} = 2x^3$와 $\mathbf{q} = 1 - x^3$에 대해 다음을 구하라.

a. $\langle \mathbf{p}, \mathbf{q} \rangle$ **b.** $d(\mathbf{p}, \mathbf{q})$

c. $\|\mathbf{p}\|$ **d.** $\|\mathbf{q}\|$

(39-40) **(미적분학 필요)** *$C[0, 1]$의 내적*

$$\langle \mathbf{f}, \mathbf{g} \rangle = \int_{0}^{1} f(x)g(x)dx$$

를 사용하여 $\langle \mathbf{f}, \mathbf{g} \rangle$를 계산하라.

39. $\mathbf{f} = \cos 2\pi x,\ \ \mathbf{g} = \sin 2\pi x$ **40.** $\mathbf{f} = x,\ \ \mathbf{g} = e^x$

증명 문제

41. 정리 6.1.1의 (*a*)와 (*b*)를 증명하라.

42. 정리 6.1.1의 (*c*)와 (*d*)를 증명하라.

43. a. $\mathbf{u} = (u_1, u_2)$, $\mathbf{v} = (v_1, v_2)$라고 하자. 내적 공리가 성립하는 것을 밝힘으로써 $\langle \mathbf{u}, \mathbf{v} \rangle = 3u_1v_1 + 5u_2v_2$가 R^2상의 내적임을 보여라.

b. $\langle \mathbf{u}, \mathbf{v} \rangle = k_1u_1v_1 + k_2u_2v_2$가 R^2상의 내적을 정의하려면 어떤 조건을 k_1, k_2가 충족해야 하는지 보여라.

44. 다음 항등식이 임의의 내적공간의 벡터에 대해서 성립함을 보여라.

$$\langle \mathbf{u}, \mathbf{v} \rangle = \tfrac{1}{4}\|\mathbf{u} + \mathbf{v}\|^2 - \tfrac{1}{4}\|\mathbf{u} - \mathbf{v}\|^2$$

45. 다음 항등식이 임의의 내적공간의 벡터에 대해서 성립함을 보여라.

$$\|\mathbf{u} + \mathbf{v}\|^2 + \|\mathbf{u} - \mathbf{v}\|^2 = 2\|\mathbf{u}\|^2 + 2\|\mathbf{v}\|^2$$

46. 복소벡터공간의 정의는 4.1절의 첫 번째 여백노트에 나와 있다. 복소벡터공간 *V*에 대한 ***복소내적***(complex inner product)의 정의는 스칼라가 복소수가 될 수 있다는 점을 제외하고 정의 1과 동일하며 공리 1이 $\langle \mathbf{u}, \mathbf{v} \rangle = \overline{\langle \mathbf{v}, \mathbf{u} \rangle}$로 대체된다. 나머지 공리는 변하지 않는다. 복소내적을 갖는 복소벡터공간을 ***복소내적공간***(complex inner product space)이라고 한다. *V*가 복소내적공간인 경우 $\langle \mathbf{u}, k\mathbf{v} \rangle = \bar{k}\langle \mathbf{u}, \mathbf{v} \rangle$임을 증명하라.

47. 공식 (5)가 R^n의 내적을 정의하는 것을 증명하라.

48. a. **v**가 실내적공간 *V*에서 고정 벡터인 경우 $T(\mathbf{x}) = \langle \mathbf{x}, \mathbf{v} \rangle$로 정의된 $T: V \to R$이 선형변환임을 증명하라.

b. $V = R^3$이 유클리드 내적을 가지고, $\mathbf{v} = (1, 0, 2)$라고 하자. $T(1, 1, 1)$을 계산하라.

c. $V = P_2$가 표준내적을 가지고, $\mathbf{v} = 1 + x$라고 하자. $T(x + x^2)$을 계산하라.

d. $V = P_2$가 $x_0 = 1, x_1 = 0, x_2 = -1$의 점에서 평가내적을 가지며 $\mathbf{v} = 1 + x$이다. $T(x + x^2)$을 계산하라.

참-거짓 문제

TF. **(a)-(g)**가 참인지 거짓인지를 밝히고 그 이유를 설명하라.

a. R^2의 점곱은 가중내적의 예이다.

b. 두 벡터의 내적은 음의 실수가 될 수 없다.

c. $\langle \mathbf{u}, \mathbf{v} + \mathbf{w} \rangle = \langle \mathbf{v}, \mathbf{u} \rangle + \langle \mathbf{w}, \mathbf{u} \rangle$.

d. $\langle k\mathbf{u}, k\mathbf{v} \rangle = k^2\langle \mathbf{u}, \mathbf{v} \rangle$.

e. 만약 $\langle \mathbf{u}, \mathbf{v} \rangle = 0$ 이면, $\mathbf{u} = 0$, $\mathbf{v} = 0$이다.

f. 만약 $\|\mathbf{v}\|^2 = 0$이면, $\mathbf{v} = 0$이다.

g. *A*가 $n \times n$ 행렬인 경우 $\langle \mathbf{u}, \mathbf{v} \rangle = A\mathbf{u} \cdot A\mathbf{v}$는 R^2에서의 내적을 정의한다.

계산도구 문제

T1. a. 다음 행렬이 내적을 생성함을 확인하라.

$$A = \begin{bmatrix} 5 & 8 & 6 & -13 \\ 3 & -1 & 0 & -9 \\ 0 & 1 & -1 & 0 \\ 2 & 4 & 3 & -5 \end{bmatrix}$$

b. 아래 벡터에 대해 (a)의 내적을 사용하여 $\langle \mathbf{u}, \mathbf{v} \rangle$를 먼저 공식 (5)에 의해, 그다음에는 공식 (6)에 의해 계산하라.

$$\mathbf{u} = \begin{bmatrix} 1 \\ -2 \\ 0 \\ 3 \end{bmatrix}, \quad \mathbf{v} = \begin{bmatrix} 0 \\ 1 \\ -1 \\ 2 \end{bmatrix}$$

T2. 벡터공간 P_4가 다음 점들에서 평가내적을 갖는다고 하자.

$$-2, \quad -1, \quad 0, \quad 1, \quad 2$$

이제

$$\mathbf{p} = p(x) = x + x^3, \quad \mathbf{q} = q(x) = 1 + x^2 + x^4$$

라고 할 때,

a. $\langle \mathbf{p}, \mathbf{q} \rangle$, $\|\mathbf{p}\|$, $\|\mathbf{q}\|$를 계산하라.

b. 연습문제 44와 45의 항등식이 벡터 **p**와 **q**에 대해 성립함을 확인하라.

T3. 벡터공간 M_{33}이 표준내적을 가지고 있고

$$\mathbf{u} = U = \begin{bmatrix} 1 & -2 & 3 \\ -2 & 4 & 1 \\ 3 & 1 & 0 \end{bmatrix}, \mathbf{v} = V = \begin{bmatrix} 2 & -1 & 0 \\ 1 & 4 & 3 \\ 1 & 0 & 2 \end{bmatrix}$$

라고 할 때,

a. 공식 (8)을 사용하여 $\langle \mathbf{u}, \mathbf{v} \rangle$, $\|\mathbf{u}\|$, $\|\mathbf{v}\|$를 계산하라.

b. 연습문제 44와 45의 항등식이 벡터 **u**와 **v**에 대해 성립함을 확인하라.

6.2 내적공간에서 각도와 직교성

3.2절에서 R^n의 벡터들 간의 각도의 개념을 정의하였다. 이 절에서는 이 개념을 일반 벡터공간으로 확장할 것이다. 이 개념은 직교 개념의 확장을 통해 다양하고 새로운 응용의 기초를 만들어 준다.

코시-슈바르츠 부등식

3.2절의 공식 (20)에서부터 R^n상의 두 벡터 **u**와 **v** 간의 각도 θ는 다음과 같다.

$$\theta = \cos^{-1}\left(\frac{\mathbf{u} \cdot \mathbf{v}}{\|\mathbf{u}\|\|\mathbf{v}\|}\right) \tag{1}$$

이 공식이 타당한 이유는 코시-슈바르츠 부등식(Cauchy-Schwarz inequality)(정의 3.2.4)으로부터 나오는

$$-1 \le \frac{\mathbf{u} \cdot \mathbf{v}}{\|\mathbf{u}\|\|\mathbf{v}\|} \le 1 \tag{2}$$

이 코사인 역함수를 정의하기 위해 필요한 조건과 일치하기 때문이다. 코시-슈바르츠 부등식의 일반화가 모든 실내적공간 안의 두 벡터 간의 각도를 정의할 수 있게 해 준다.

정리 6.2.1

코시-슈바르츠 부등식
만약 **u**와 **v**가 실내적공간 V 안의 벡터라면 다음이 성립한다.

$$|\langle \mathbf{u}, \mathbf{v} \rangle| \le \|\mathbf{u}\|\|\mathbf{v}\| \tag{3}$$

증명 여기서 제공하는 증명은 생각해 내기 쉽지 않은 영리한 요령에 따른 것임을 미리

밝혀 둔다.

$\mathbf{u} = \mathbf{0}$인 경우 식 (3)의 양변은 $\langle \mathbf{u}, \mathbf{v} \rangle$와 $\|\mathbf{u}\|$가 모두 0이기 때문에 같다. 따라서 $\mathbf{u} \neq \mathbf{0}$인 경우만을 고려해 보면 된다. 이렇게 가정해 두고,

$$a = \langle \mathbf{u}, \mathbf{u} \rangle, \quad b = 2\langle \mathbf{u}, \mathbf{v} \rangle, \quad c = \langle \mathbf{v}, \mathbf{v} \rangle$$

라고 하고, t를 임의의 실수라고 하자. 양의 성질 공리에서 자기 자신과의 내적은 음수가 아니라고 하였기 때문에 다음을 만족한다.

$$0 \leq \langle t\mathbf{u} + \mathbf{v}, t\mathbf{u} + \mathbf{v} \rangle = \langle \mathbf{u}, \mathbf{u} \rangle t^2 + 2\langle \mathbf{u}, \mathbf{v} \rangle t + \langle \mathbf{v}, \mathbf{v} \rangle = at^2 + bt + c$$

이 부등식은 이차다항식 $at^2 + bt + c$가 실근을 갖지 않거나 중복된 실근을 가짐을 나타낸다. 따라서 그 판별식은 부등식 $b^2 - 4ac \leq 0$을 만족해야 한다. 계수 a, b, c를 벡터 $\mathbf{u}$와 $\mathbf{v}$로 표현하면 $4\langle \mathbf{u}, \mathbf{v} \rangle^2 - 4\langle \mathbf{u}, \mathbf{u} \rangle \langle \mathbf{v}, \mathbf{v} \rangle \leq 0$, 또는

$$\langle \mathbf{u}, \mathbf{v} \rangle^2 \leq \langle \mathbf{u}, \mathbf{u} \rangle \langle \mathbf{v}, \mathbf{v} \rangle$$

가 된다. 양변에 제곱근을 취하고 $\langle \mathbf{u}, \mathbf{u} \rangle$와 $\langle \mathbf{v}, \mathbf{v} \rangle$가 음이 아니라는 사실을 사용하면

$$|\langle \mathbf{u}, \mathbf{v} \rangle| \leq \langle \mathbf{u}, \mathbf{u} \rangle^{1/2} \langle \mathbf{v}, \mathbf{v} \rangle^{1/2} \quad \text{또는} \quad |\langle \mathbf{u}, \mathbf{v} \rangle| \leq \|\mathbf{u}\| \|\mathbf{v}\|$$

를 얻는다. 이것으로 증명이 완료된다. ■

다음 2개의 다른 형태의 코시-슈바르츠 부등식은 알아 두면 유용하다.

$$\boxed{\langle \mathbf{u}, \mathbf{v} \rangle^2 \leq \langle \mathbf{u}, \mathbf{u} \rangle \langle \mathbf{v}, \mathbf{v} \rangle} \tag{4}$$

$$\boxed{\langle \mathbf{u}, \mathbf{v} \rangle^2 \leq \|\mathbf{u}\|^2 \|\mathbf{v}\|^2} \tag{5}$$

이 중 공식 (4)는 정리 6.2.1의 증명에서 얻어졌고, 공식 (5)는 공식 (4)의 변형이다.

벡터 사이의 각

다음 목표는 실내적공간상의 벡터가 이루는 각도의 의미를 정의하는 것이다. 첫 번째 단계로, 다음 수식을 코시-슈바르츠 부등식을 이용하여 얻는 것은 독자에게 맡긴다.

$$-1 \leq \frac{\langle \mathbf{u}, \mathbf{v} \rangle}{\|\mathbf{u}\| \|\mathbf{v}\|} \leq 1 \tag{6}$$

이로부터 다음과 같이 라디안 단위의 유일한 각도 θ가 존재한다(**그림 6.2.1**).

$$\cos\theta = \frac{\langle \mathbf{u}, \mathbf{v} \rangle}{\|\mathbf{u}\| \|\mathbf{v}\|} \text{과} \quad 0 \leq \theta \leq \pi \tag{7}$$

이것은 ***u와 v 사이의 각 θ***를 다음과 같이 정의할 수 있게 해 준다.

$$\boxed{\theta = \cos^{-1}\left(\frac{\langle \mathbf{u}, \mathbf{v} \rangle}{\|\mathbf{u}\| \|\mathbf{v}\|}\right)} \tag{8}$$

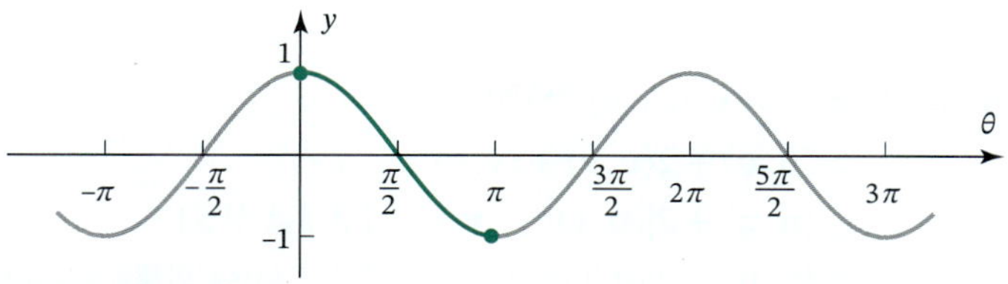

그림 6.2.1

예제 1 | M_{22}에서 두 벡터 사잇각의 코사인

표준내적을 갖는 M_{22}의 벡터

$$\mathbf{u} = U = \begin{bmatrix} 1 & 2 \\ 3 & 4 \end{bmatrix} \text{와} \quad \mathbf{v} = V = \begin{bmatrix} -1 & 0 \\ 3 & 2 \end{bmatrix}$$

가 이루는 사잇각 θ의 코사인을 구하라.

풀이 6.1절의 예제 6에서 다음 결과를 보였다.

$$\langle \mathbf{u}, \mathbf{v} \rangle = 16, \quad \|\mathbf{u}\| = \sqrt{30}, \quad \|\mathbf{v}\| = \sqrt{14}$$

따라서

$$\cos\theta = \frac{\langle \mathbf{u}, \mathbf{v} \rangle}{\|\mathbf{u}\|\|\mathbf{v}\|} = \frac{16}{\sqrt{30}\sqrt{14}} \approx 0.78$$

이다.

일반 내적공간에서의 길이와 거리의 성질

3.2절에서 R^n에서의 길이와 거리 개념을 확장하기 위해 점곱을 사용하였고, 다양한 유사 정리들이 여전히 타당함을 보였다(정리 3.2.5, 3.2.6, 3.2.7 참조). 그 정리들의 증명을 약간씩 조정함으로써 그것들이 모든 실내적공간에서도 여전히 타당함을 보일 수 있다. 그 예로 정리 3.2.5(삼각형 부등식)의 일반화는 다음과 같다.

정리 6.2.2

$\mathbf{u}$, $\mathbf{v}$, $\mathbf{w}$를 실내적공간 V 안의 벡터라고 하고, k를 임의의 스칼라라고 하면 다음이 성립한다.

(a) $\|\mathbf{u} + \mathbf{v}\| \leq \|\mathbf{u}\| + \|\mathbf{v}\|$ **[벡터의 삼각형 부등식]**

(b) $d(\mathbf{u}, \mathbf{v}) \leq d(\mathbf{u}, \mathbf{w}) + d(\mathbf{w}, \mathbf{v})$ **[거리의 삼각형 부등식]**

증명 (a)

$$\begin{aligned}\|\mathbf{u}+\mathbf{v}\|^2 &= \langle \mathbf{u}+\mathbf{v}, \mathbf{u}+\mathbf{v}\rangle \\ &= \langle \mathbf{u},\mathbf{u}\rangle + 2\langle \mathbf{u},\mathbf{v}\rangle + \langle \mathbf{v},\mathbf{v}\rangle \\ &\le \langle \mathbf{u},\mathbf{u}\rangle + 2|\langle \mathbf{u},\mathbf{v}\rangle| + \langle \mathbf{v},\mathbf{v}\rangle \quad \text{[절대값 성질]} \\ &\le \langle \mathbf{u},\mathbf{u}\rangle + 2\|\mathbf{u}\|\|\mathbf{v}\| + \langle \mathbf{v},\mathbf{v}\rangle \quad \text{[공식 (3)에 의해]} \\ &= \|\mathbf{u}\|^2 + 2\|\mathbf{u}\|\|\mathbf{v}\| + \|\mathbf{v}\|^2 \\ &= (\|\mathbf{u}\| + \|\mathbf{v}\|)^2\end{aligned}$$

제곱근을 취하면 다음이 주어진다.

$$\|\mathbf{u}+\mathbf{v}\| \le \|\mathbf{u}\| + \|\mathbf{v}\|$$

증명 (b) 정리 3.2.5의 (*b*)의 증명과 동일하다. ■

직교성

예제 1은 수학적 연습으로 유용하지만, R^2과 R^3 외의 벡터공간에서의 각도를 계산해야 하는 경우가 생길 수 있다. 일반 벡터공간에서 더욱 관심을 받는 문제는 벡터 사이의 각도가 $\pi/2$가 되는 것을 확인하는 것이다. 공식 (8)로부터 **u**와 **v** 모두 **0**이 아닌 경우 두 벡터 사이의 각도가 $\theta = \pi/2$가 될 필요충분조건은 $\langle \mathbf{u}, \mathbf{v}\rangle = 0$임을 알 수 있다. 따라서 다음과 같은 정의를 내리게 된다. (이것은 1개 또는 모든 벡터가 **0**이 되는 경우에도 해당한다.)

정의 1

내적공간의 두 벡터 **u**와 **v**가 $\langle \mathbf{u}, \mathbf{v}\rangle = 0$을 만족하게 될 때 **u**와 **v**가 ***직교한다***(orthogonal)고 한다.

다음의 예에서 보는 것처럼 서로 다른 내적에 대해서 두 벡터는 직교할 수도 있고 그렇지 않을 수도 있어서 직교성은 내적에 의존한다.

예제 2 | 직교성은 내적에 의존한다

두 벡터 $\mathbf{u} = (1, 1)$, $\mathbf{v} = (1, -1)$는 R^2의 유클리드 내적에 대해 직교한다. 왜냐하면

$$\mathbf{u}\cdot\mathbf{v} = (1)(1) + (1)(-1) = 0$$

이기 때문이다. 그러나 그들은 유클리드 가중내적 $\langle \mathbf{u}, \mathbf{v}\rangle = 3u_1v_1 + 2u_2v_2$에 대해서는 직교하지 않는다. 왜냐하면

$$\langle \mathbf{u}, \mathbf{v}\rangle = 3(1)(1) + 2(1)(-1) = 1 \neq 0$$

이기 때문이다.

예제 3 | M_{22}에서의 직교벡터

M_{22}가 앞 절 예제 6의 내적을 갖는다면 행렬

$$U = \begin{bmatrix} 1 & 0 \\ 1 & 1 \end{bmatrix} \text{과} \quad V = \begin{bmatrix} 0 & 2 \\ 0 & 0 \end{bmatrix}$$

은 직교한다. 그 이유는 다음과 같기 때문이다.

$$\langle U, V \rangle = 1(0) + 0(2) + 1(0) + 1(0) = 0$$

예제 4 | P_2에서의 직교벡터

미적분학 필요

P_2가 내적

$$\langle \mathbf{p}, \mathbf{q} \rangle = \int_{-1}^{1} p(x)q(x)\,dx$$

를 갖는다고 하고, $\mathbf{p} = x$, $\mathbf{q} = x^2$이라고 하면 다음과 같이 나타낼 수 있다.

$$\|\mathbf{p}\| = \langle \mathbf{p}, \mathbf{p} \rangle^{1/2} = \left[\int_{-1}^{1} xx\,dx\right]^{1/2} = \left[\int_{-1}^{1} x^2\,dx\right]^{1/2} = \sqrt{\frac{2}{3}}$$

$$\|\mathbf{q}\| = \langle \mathbf{q}, \mathbf{q} \rangle^{1/2} = \left[\int_{-1}^{1} x^2x^2\,dx\right]^{1/2} = \left[\int_{-1}^{1} x^4\,dx\right]^{1/2} = \sqrt{\frac{2}{5}}$$

$$\langle \mathbf{p}, \mathbf{q} \rangle = \int_{-1}^{1} xx^2\,dx = \int_{-1}^{1} x^3\,dx = 0$$

$\langle \mathbf{p}, \mathbf{q} \rangle = 0$이므로 벡터 $\mathbf{p} = x$와 $\mathbf{q} = x^2$은 주어진 내적에 대해 직교한다.

정리 3.3.3에서 유클리드 n-공간의 벡터에 대해 피타고라스의 정리를 증명하였다. 다음 정리는 이 결과를 임의의 내적공간으로 확장한 것이다.

정리 6.2.3

일반화된 피타고라스 정리

내적공간에서 직교하는 두 벡터 $\mathbf{u}$와 $\mathbf{v}$에 대해 다음이 성립한다.

$$\|\mathbf{u} + \mathbf{v}\|^2 = \|\mathbf{u}\|^2 + \|\mathbf{v}\|^2$$

증명 $\mathbf{u}$와 $\mathbf{v}$의 직교성에 의해 $\langle \mathbf{u}, \mathbf{v} \rangle = 0$이고, 따라서 다음과 같다.

$$\begin{aligned} \|\mathbf{u} + \mathbf{v}\|^2 &= \langle \mathbf{u} + \mathbf{v}, \mathbf{u} + \mathbf{v} \rangle = \|\mathbf{u}\|^2 + 2\langle \mathbf{u}, \mathbf{v} \rangle + \|\mathbf{v}\|^2 \\ &= \|\mathbf{u}\|^2 + \|\mathbf{v}\|^2 \quad \blacksquare \end{aligned}$$

미적분학 필요

예제 5 | P_2에서의 피타고라스 정리

예제 4에서 $\mathbf{p} = x$와 $\mathbf{q} = x^2$은 P_2상의 내적

$$\langle \mathbf{p}, \mathbf{q} \rangle = \int_{-1}^{1} p(x)q(x)\,dx$$

에 대해 직교함을 밝혔다. 피타고라스 정리로부터(정리 6.2.3)

$$\|\mathbf{p} + \mathbf{q}\|^2 = \|\mathbf{p}\|^2 + \|\mathbf{q}\|^2$$

이 성립한다. 따라서 예제 4의 계산으로부터

$$\|\mathbf{p} + \mathbf{q}\|^2 = \left(\sqrt{\frac{2}{3}}\right)^2 + \left(\sqrt{\frac{2}{5}}\right)^2 = \frac{2}{3} + \frac{2}{5} = \frac{16}{15}$$

이 되고, 이 결과를 직접 적분함으로써 다음과 같이 검산할 수 있다.

$$\begin{aligned}\|\mathbf{p} + \mathbf{q}\|^2 = \langle \mathbf{p} + \mathbf{q}, \mathbf{p} + \mathbf{q} \rangle &= \int_{-1}^{1} (x + x^2)(x + x^2)\,dx \\ &= \int_{-1}^{1} x^2\,dx + 2\int_{-1}^{1} x^3\,dx + \int_{-1}^{1} x^4\,dx = \frac{2}{3} + 0 + \frac{2}{5} = \frac{16}{15}\end{aligned}$$

직교여공간

4.9절에서 R^n의 부분공간들에 대한 *직교여공간*의 개념에 대해 정의하였고, 그 정의를 행렬 기본공간들 간의 기하적 연결관계를 만들기 위해서 이용하였다. 다음 정의는 일반 내적공간으로 이 개념을 확장한다.

정의 2

만약 W를 내적공간 V의 부분공간이라고 하면, W의 모든 벡터와 직교하는 V 안의 모든 벡터들의 집합을 W의 ***직교여공간***(orthogonal complement)이라고 하며, $W^\perp$ 기호로 표시한다.

정리 4.9.6에서 R^n에서의 직교여공간의 3가지 성질을 언급하였다. 다음 정리는 그 정리의 (*a*), (*b*)를 일반 내적공간으로 일반화한다.

정리 6.2.4

만약 W가 내적공간 V의 부분공간이라면 다음이 성립한다.

(*a*) $W^\perp$는 V의 부분공간이다.

(*b*) $W \cap W^\perp = \{\mathbf{0}\}$.

증명 (a) W 안의 모든 벡터 $\mathbf{w}$에 대해서 $\langle \mathbf{0}, \mathbf{w} \rangle = 0$이기 때문에 $W^\perp$집합은 최소한 영

벡터를 포함한다. 따라서 $W^\perp$가 덧셈과 스칼라 곱셈에 대해서 닫혀 있음을 보이면 된다. 이를 위해 $\mathbf{u}$와 $\mathbf{v}$를 $W^\perp$ 안의 벡터라고 가정하면 W 안의 모든 벡터 $\mathbf{w}$에 대해서 $\langle \mathbf{u}, \mathbf{w} \rangle = 0$과 $\langle \mathbf{v}, \mathbf{w} \rangle = 0$이 성립한다. 덧셈과 곱셈 내적 공리로부터

$$\langle \mathbf{u}+\mathbf{v}, \mathbf{w} \rangle = \langle \mathbf{u}, \mathbf{w} \rangle + \langle \mathbf{v}, \mathbf{w} \rangle = 0 + 0 = 0$$
$$\langle k\mathbf{u}, \mathbf{w} \rangle = k\langle \mathbf{u}, \mathbf{w} \rangle = k(0) = 0$$

이 성립되고, 이것으로 $\mathbf{u} + \mathbf{v}$와 $k\mathbf{u}$가 $W^\perp$에 속함을 증명하였다.

***증명* (*b*)** 만약 $\mathbf{v}$가 W와 $W^\perp$의 공통부분이면 $\mathbf{v}$는 자기 자신과 직교하게 된다. 즉, $\langle \mathbf{v}, \mathbf{v} \rangle = 0$. 양의 성질 공리로부터 $\mathbf{v} = \mathbf{0}$을 얻을 수 있다. ■

다음 정리는 증명 없이 정리 4.9.6(*c*)를 일반화하게 된다. 그러나 이 정리는 정리 4.9.6에서 제한사항이 없는 것과 다르게 유한차원 내적공간에만 적용됨을 유념하라.

정리 6.2.5

W를 유한차원 내적공간 V의 부분공간이라고 할 때, $W^\perp$의 직교여공간은 W가 된다. 즉, 다음이 성립한다.

$$(W^\perp)^\perp = W$$

정리 6.2.5는 유한차원의 내적공간에서 직교여공간은 서로 직교관계에 있는 쌍으로 나타남을 의미한다(**그림 6.2.2**).

4.9절에서 행렬의 기본공간들에 대한 공부를 하면서 R^n상의 유클리드 내적의 관점(정리 4.9.7)에서 행공간과 영공간이 직교여공간임을 보였다. 다음 예제는 그 사실을 이용한다.

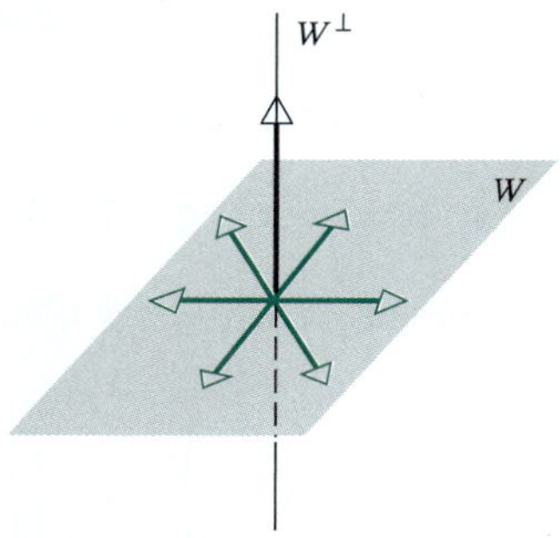

그림 6.2.2 W 안의 각 벡터는 $W^\perp$ 안의 각 벡터와 수직이며 역도 성립한다.

예제 6 | 직교여공간의 기저

W를 벡터

$$\mathbf{w}_1 = (1, 3, -2, 0, 2, 0), \quad \mathbf{w}_2 = (2, 6, -5, -2, 4, -3),$$
$$\mathbf{w}_3 = (0, 0, 5, 10, 0, 15), \quad \mathbf{w}_4 = (2, 6, 0, 8, 4, 18)$$

이 생성하는 R^6의 부분공간이라고 할 때 W의 직교여공간의 기저를 구하라.

풀이 부분공간 W는 다음 행렬의 행공간과 같다.

$$A = \begin{bmatrix} 1 & 3 & -2 & 0 & 2 & 0 \\ 2 & 6 & -5 & -2 & 4 & -3 \\ 0 & 0 & 5 & 10 & 0 & 15 \\ 2 & 6 & 0 & 8 & 4 & 18 \end{bmatrix}$$

A의 행공간과 영공간은 서로의 직교여공간이기 때문에 이 행렬의 영공간의 기저를 찾는 문제로 귀결된다. 4.8절의 예제 4에서 벡터

$$\mathbf{v}_1 = \begin{bmatrix} -3 \\ 1 \\ 0 \\ 0 \\ 0 \\ 0 \end{bmatrix}, \quad \mathbf{v}_2 = \begin{bmatrix} -4 \\ 0 \\ -2 \\ 1 \\ 0 \\ 0 \end{bmatrix}, \quad \mathbf{v}_3 = \begin{bmatrix} -2 \\ 0 \\ 0 \\ 0 \\ 1 \\ 0 \end{bmatrix}$$

이 영공간의 기저를 형성함을 보였다. 이 벡터들을 쉼표 구분형으로 나타냄으로써 다음과 같은 기저벡터를 얻게 된다.

$$\mathbf{v}_1 = (-3, 1, 0, 0, 0, 0), \quad \mathbf{v}_2 = (-4, 0, -2, 1, 0, 0), \quad \mathbf{v}_3 = (-2, 0, 0, 0, 1, 0)$$

이 기저벡터들이 $\mathbf{w}_1, \mathbf{w}_2, \mathbf{w}_3, \mathbf{w}_4$ 벡터들과 직교하는지 여부를 내적을 계산하여 확인해 보라.

연습문제 6.2

(1-2) 유클리드 내적에 대해 벡터 사이의 각의 코사인을 구하라.

1. a. $\mathbf{u} = (1, -3)$, $\mathbf{v} = (2, 4)$

b. $\mathbf{u} = (-1, 5, 2)$, $\mathbf{v} = (2, 4, -9)$

c. $\mathbf{u} = (1, 0, 1, 0)$, $\mathbf{v} = (-3, -3, -3, -3)$

2. a. $\mathbf{u} = (-1, 0)$, $\mathbf{v} = (3, 8)$

b. $\mathbf{u} = (4, 1, 8)$, $\mathbf{v} = (1, 0, -3)$

c. $\mathbf{u} = (2, 1, 7, -1)$, $\mathbf{v} = (4, 0, 0, 0)$

(3-4) P_2의 표준내적에 대해 벡터 사이의 각의 코사인을 구하라.

3. $\mathbf{p} = -1 + 5x + 2x^2$, $\mathbf{q} = 2 + 4x - 9x^2$

4. $\mathbf{p} = x - x^2$, $\mathbf{q} = 7 + 3x + 3x^2$

(5-6) M_{22}의 표준내적에 대해 A와 B가 이루는 각의 코사인을 구하라.

5. $A = \begin{bmatrix} 2 & 6 \\ 1 & -3 \end{bmatrix}$, $B = \begin{bmatrix} 3 & 2 \\ 1 & 0 \end{bmatrix}$

6. $A = \begin{bmatrix} 2 & 4 \\ -1 & 3 \end{bmatrix}$, $B = \begin{bmatrix} -3 & 1 \\ 4 & 2 \end{bmatrix}$

(7-8) 주어진 벡터들이 유클리드 내적에 대해 직교하는지를 판정하라.

7. a. $\mathbf{u} = (-1, 3, 2)$, $\mathbf{v} = (4, 2, -1)$

b. $\mathbf{u} = (-2, -2, -2)$, $\mathbf{v} = (1, 1, 1)$

c. $\mathbf{u} = (a, b)$, $\mathbf{v} = (-b, a)$

8. a. $\mathbf{u} = (u_1, u_2, u_3)$, $\mathbf{v} = (0, 0, 0)$

b. $\mathbf{u} = (-4, 6, -10, 1)$, $\mathbf{v} = (2, 1, -2, 9)$

c. $\mathbf{u} = (a, b, c)$, $\mathbf{v} = (-c, 0, a)$

(9-10) 주어진 벡터들이 P_2의 표준내적에 대해 직교함을 보여라.

9. $\mathbf{p} = -1 - x + 2x^2$, $\mathbf{q} = 2x + x^2$

10. $\mathbf{p} = 2 - 3x + x^2$, $\mathbf{q} = 4 + 2x - 2x^2$

(11-12) 다음 행렬들이 m_{22}의 표준내적에 대해 직교함을 보여라.

11. $U = \begin{bmatrix} 2 & 1 \\ -1 & 3 \end{bmatrix}$, $V = \begin{bmatrix} -3 & 0 \\ 0 & 2 \end{bmatrix}$

12. $U = \begin{bmatrix} 5 & -1 \\ 2 & -2 \end{bmatrix}$, $V = \begin{bmatrix} 1 & 3 \\ -1 & 0 \end{bmatrix}$

(13-14) 다음 R^2상의 벡터들이 유클리드 내적에 대해 직교하지 않는 것을 보이고, 이 벡터들이 유클리드 가중내적 $\langle \mathbf{u}, \mathbf{v} \rangle = 2u_1 v_1 + ku_2v_2$에 대해 직교하게 되는 k의 값을 구하라.

13. $\mathbf{u} = (1, 3)$, $\mathbf{v} = (2, -1)$ **14.** $\mathbf{u} = (2, -4)$, $\mathbf{v} = (0, 3)$

15. 벡터 $\mathbf{u} = (1, 2)$와 $\mathbf{v} = (2, -4)$가 유클리드 가중내적 $\langle \mathbf{u}, \mathbf{v} \rangle = w_1u_1v_1 + w_2u_2v_2$에 대해 직교하는 경우 가중치 w_1, w_2를 구하라.

16. R^4가 유클리드 내적을 갖는다고 하자. 세 벡터 $\mathbf{u} = (2, 1, -4, 0)$, $\mathbf{v} = (-1, -1, 2, 2)$, $\mathbf{w} = (3, 2, 5, 4)$ 모두에 직교하는 2개의 단위벡터를 구하라.

17. 다음 세 벡터

$$\mathbf{p}_1 = 2 + kx + 6x^2, \quad \mathbf{p}_2 = l + 5x + 3x^2, \quad \mathbf{p}_3 = 1 + 2x + 3x^2$$

가 P_2의 표준내적에 대해 서로 직교하도록 하는 스칼라 k와 l이 존재하는가?

18. 다음 벡터

$$\mathbf{u} = \begin{bmatrix} 3 \\ 3 \end{bmatrix}, \quad \mathbf{v} = \begin{bmatrix} 5 \\ -8 \end{bmatrix}$$

가 행렬

$$A = \begin{bmatrix} 2 & 1 \\ 1 & 1 \end{bmatrix}$$

에 의해 생성된 R^2의 내적에 대해 직교함을 보여라[6.1절의 공식 (5)와 (6) 참조].

19. P_2가 점

$$x_0 = -2, \quad x_1 = 0, \quad x_2 = 2$$

에서 평가내적을 갖는다고 하자. 벡터 $\mathbf{p} = x$와 $\mathbf{q} = x^2$가 이 내적에 대해 직교함을 보여라.

20. M_{22}가 표준내적을 갖는다고 할 때, 행렬 A가 행렬 U와 V에 의해 생성된 부분공간에 속하는지 확인하라.

$$A = \begin{bmatrix} -1 & 1 \\ 0 & 2 \end{bmatrix}, \quad U = \begin{bmatrix} 1 & -1 \\ 3 & 0 \end{bmatrix}, \quad V = \begin{bmatrix} 4 & 0 \\ 9 & 2 \end{bmatrix}$$

(21-24) 주어진 내적을 사용하여 주어진 벡터에 대해 코시-슈바르츠 부등식이 성립하는지 확인하라.

21. R^3에서 유클리드 가중내적 $\langle \mathbf{u}, \mathbf{v} \rangle = 2u_1v_1 + 3u_2v_2 + u_3v_3$를 사용하여 $\mathbf{u} = (1, 0, 3)$와 $\mathbf{v} = (2, 1, -1)$.

22. M_{22}에서 표준내적을 사용하여 $U = \begin{bmatrix} -1 & 2 \\ 6 & 1 \end{bmatrix}$과 $V = \begin{bmatrix} 1 & 0 \\ 3 & 3 \end{bmatrix}$.

23. P_2에서 표준내적을 사용하여 $\mathbf{p} = -1 + 2x + x^2$과 $\mathbf{q} = 2 - 4x^2$.

24. 연습문제 18의 내적에 대하여 벡터 $\mathbf{u} = \begin{bmatrix} 1 \\ 1 \end{bmatrix}$과 $\mathbf{v} = \begin{bmatrix} 1 \\ -1 \end{bmatrix}$.

25. R^4가 유클리드 내적을 가지며 $\mathbf{u} = (-1, 1, 0, 2)$라고 할 때 벡터 $\mathbf{u}$는 벡터 $\mathbf{w}_1 = (1, -1, 3, 0)$과 $\mathbf{w}_2 = (4, 0, 9, 2)$가 생성하는 부분공간에 직교하는지를 판정하라.

26. P_3가 표준내적을 가지고,

$$\mathbf{p} = -1 - x + 2x^2 + 4x^3$$

라고 하자. $\mathbf{p}$가 다항식 $\mathbf{w}_1 = 2 - x^2 + x^3$과 $\mathbf{w}_2 = 4x - 2x^2 + 2x^3$에 의해 생성된 부분공간에 직교하는지를 판정하라.

(27-28) 다음 벡터들이 생성하는 R^n의 부분공간의 직교여공간의 기저를 구하라.

27. $\mathbf{v}_1 = (1, 4, 5, 2)$, $\mathbf{v}_2 = (2, 1, 3, 0)$, $\mathbf{v}_3 = (-1, 3, 2, 2)$

28. $\mathbf{v}_1 = (1, 4, 5, 6, 9)$, $\mathbf{v}_2 = (3, -2, 1, 4, -1)$,
$\mathbf{v}_3 = (-1, 0, -1, -2, -1)$, $\mathbf{v}_4 = (2, 3, 5, 7, 8)$

(29-30) R^n이 유클리드 내적을 갖는다고 가정하자.

29. **a.** W를 R^2에서 방정식이 $y = 2x$인 직선이라고 할 때 $W^\perp$의 방정식을 구하라.

b. W를 R^3에서 방정식이 $x - 2y - 3z = 0$인 평면이라고 할 때 $W^\perp$의 매개방정식을 구하라.

30. **a.** W가 R^3에서 xyz-좌표계의 y축이라 할 때 부분공간 $W^\perp$는 무엇인가?

b. W를 R^3에서 두 평면 yz와 xyz의 교선이라고 할 때 부분공간 $W^\perp$는 무엇인가?

31. ***(미적분학 필요)*** $C[0, 1]$는 적분내적

$$\langle \mathbf{p}, \mathbf{q} \rangle = \int_0^1 p(x)q(x)\,dx$$

를 갖고 $\mathbf{p} = p(x) = x$, $\mathbf{q} = q(x) = x^2$이라고 하자.

a. $\langle \mathbf{p}, \mathbf{q} \rangle$를 구하라.

b. $\|\mathbf{p}\|$와 $\|\mathbf{q}\|$를 구하라.

32. **a.** 연습문제 31에서 벡터 $\mathbf{p}$와 $\mathbf{q}$ 사이의 각의 코사인을 찾아라.

b. 연습문제 31에서 벡터 $\mathbf{p}$와 $\mathbf{q}$ 사이의 거리를 찾아라.

33. ***(미적분학 필요)*** $C[-1, 1]$는 적분내적

$$\langle \mathbf{p}, \mathbf{q} \rangle = \int_{-1}^1 p(x)q(x)\,dx$$

를 갖고 $\mathbf{p} = p(x) = x^2 - x$, $\mathbf{q} = q(x) = x + 1$이라고 하자.

a. $\langle \mathbf{p}, \mathbf{q} \rangle$를 구하라.

b. $\|\mathbf{p}\|$와 $\|\mathbf{q}\|$를 구하라.

34. **a.** 연습문제 33에서 벡터 $\mathbf{p}$와 $\mathbf{q}$ 사이의 각의 코사인을 찾아라.

b. 연습문제 33에서 벡터 $\mathbf{p}$와 $\mathbf{q}$ 사이의 거리를 찾아라.

35. ***(미적분학 필요)*** $C[0, 1]$이 연습문제 32의 내적을 갖는다고 하자.

a. 다음 벡터가 직교함을 보여라.

$$\mathbf{p} = p(x) = 1, \quad \mathbf{q} = q(x) = \tfrac{1}{2} - x$$

b. (a)의 벡터가 피타고라스의 정리를 만족함을 보여라.

36. ***(미적분학 필요)*** $C[-1, 1]$이 연습문제 33의 내적을 갖는다고 하자.

a. 다음 벡터가 직교함을 보여라.

$$\mathbf{p} = p(x) = x, \quad \mathbf{q} = q(x) = x^2 - 1$$

b. (a)의 벡터가 피타고라스의 정리를 만족함을 보여라.

37. V가 내적공간이라고 하자. $\mathbf{u}$와 $\mathbf{v}$가 V의 직교단위벡터인 경우 $\|\mathbf{u} - \mathbf{v}\| = \sqrt{2}$임을 보여라.

38. V가 내적공간이라고 하자. $\mathbf{w}$가 $\mathbf{u}_1$과 $\mathbf{u}_2$에 직교이면 모든 스칼라 k_1과 k_2에 대해 $k_1\mathbf{u}_1 + k_2\mathbf{u}_2$에도 직교함을 보여라. V가 유클리드 내적을 가진 R^3인 경우 이 결과를 기하적으로 해석하라.

39. ***(미적분학 필요)*** $C[0, \pi]$는 내적

$$\langle \mathbf{f}, \mathbf{g} \rangle = \int_0^{\pi} f(x)g(x)\,dx$$

를 가지며 $\mathbf{f}_n = \cos nx\,(n = 0, 1, 2, \ldots)$라고 하자. $k \neq l$이면 $\mathbf{f}_k$와 $\mathbf{f}_l$은 직교벡터임을 보여라.

40. 아래 그림에서 볼 수 있듯이 벡터 $\mathbf{u} = (1, \sqrt{3})$은 유클리드 내적에 대해 $\mathbf{v} = (-1, \sqrt{3})$과 60°의 각도를 가지고 있다. $\mathbf{u}$와 $\mathbf{v}$가 직교벡터인 유클리드 가중내적을 구하라.

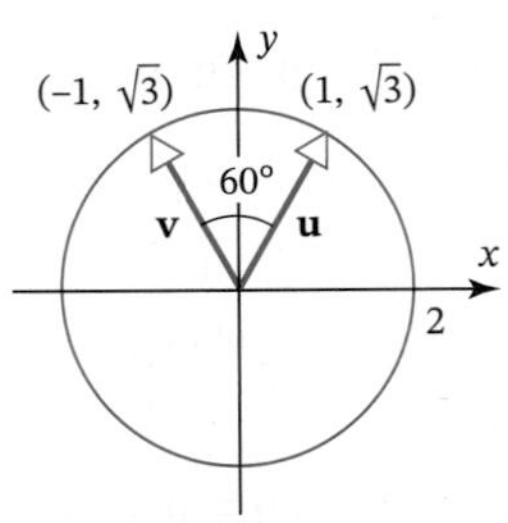

그림 Ex-40

증명 문제

41. V를 내적공간이라고 하자. $\mathbf{w}$가 벡터 $\mathbf{u}_1, \mathbf{u}_2, \cdots, \mathbf{u}_r$의 각각에 직교하면 $\mathbf{w}$는 span$\{\mathbf{u}_1, \mathbf{u}_2, \cdots, \mathbf{u}_r\}$의 모든 벡터에 직교함을 보여라.

42. 내적공간 V의 기저를 $\{\mathbf{v}_1, \mathbf{v}_2, \cdots, \mathbf{v}_r\}$이라고 하자. 기저를 구성하고 있는 모든 벡터와 직교하는 V의 벡터는 영벡터밖에 없음을 증명하라.

43. $\{\mathbf{w}_1, \mathbf{w}_2, \cdots \mathbf{w}_k\}$을 V의 부분집합 W의 기저라고 하자. $W^\perp$는 W의 모든 기저벡터에 직교하는 V의 모든 벡터로 구성된다는 것을 증명하라.

44. 다음과 같은 정리 6.2.3의 일반화를 증명하라: $\mathbf{v}_1, \mathbf{v}_2, \cdots, \mathbf{v}_r$이 내적공간 V에서 서로 직교하는 벡터들이면

$$\|\mathbf{v}_1 + \mathbf{v}_2 + \cdots + \mathbf{v}_r\|^2 = \|\mathbf{v}_1\|^2 + \|\mathbf{v}_2\|^2 + \cdots + \|\mathbf{v}_r\|^2$$

이다.

45. $\mathbf{u}$와 $\mathbf{v}$가 $n \times 1$ 행렬이고 A가 $n \times n$ 행렬일 때

$$(\mathbf{v}^T A^T A\mathbf{u})^2 \leq (\mathbf{u}^T A^T A\mathbf{u})(\mathbf{v}^T A^T A\mathbf{v})$$

임을 증명하라.

46. 코시-슈바르츠 부등식을 사용하여 a, b, θ의 모든 실수값에 대해

$$(a\cos\theta + b\sin\theta)^2 \leq a^2 + b^2$$

임을 증명하라.

47. 다음을 증명하라: $w_1, w_2, \cdots, w_n$이 양의 실수이고 $\mathbf{u} = (u_1, u_2, \cdots, u_n)$과 $\mathbf{v} = (v_1, v_2, \cdots, v_n)$이 R^n의 두 벡터이면

$$|w_1u_1v_1 + w_2u_2v_2 + \cdots + w_nu_nv_n| \leq$$
$$(w_1u_1^2 + w_2u_2^2 + \cdots + w_nu_n^2)^{1/2}(w_1v_1^2 + w_2v_2^2 + \cdots + w_nv_n^2)^{1/2}$$

이다.

48. $\mathbf{u}$와 $\mathbf{v}$가 선형종속인 경우에만 코시-슈바르츠 부등식에서 등식이 성립함을 증명하라.

49. ***(미적분학 필요)*** $f(x)$와 $g(x)$를 $[0, 1]$상의 연속함수라고 하자. 다음을 증명하라.

a. $$\left[\int_0^1 f(x)g(x)\,dx\right]^2 \leq \left[\int_0^1 f^2(x)\,dx\right]\left[\int_0^1 g^2(x)\,dx\right]$$

b. $$\left[\int_0^1 [f(x)+g(x)]^2\,dx\right]^{1/2} \leq \left[\int_0^1 f^2(x)\,dx\right]^{1/2} + \left[\int_0^1 g^2(x)\,dx\right]^{1/2}$$

[*힌트*: 코시-슈바르츠 부등식을 사용하라.]

50. 공식 (4)가 실내적공간 V에서 영벡터가 아닌 모든 $\mathbf{u}$와 $\mathbf{v}$에 대해 성립함을 증명하라.

51. $T_A : R^2 \to R^2$가

$$A = \begin{bmatrix} 1 & 1 \\ -1 & 1 \end{bmatrix}$$

에 의한 곱이고 $\mathbf{x} = (1, 1)$이라고 하자.

a. R^2가 유클리드 내적을 갖는다고 하자. $\langle \mathbf{x}, \mathbf{v} \rangle = \langle T_A(\mathbf{x}), T_A(\mathbf{v}) \rangle$인 R^2의 모든 벡터 $\mathbf{v}$를 찾아라.

b. R^2가 유클리드 가중내적 $\langle \mathbf{u}, \mathbf{v} \rangle = 2u_1v_1 + 3u_2v_2$를 갖는다고 하고, R^2에서 $\langle \mathbf{x}, \mathbf{v} \rangle = \langle T_A(\mathbf{x}), T_A(\mathbf{v}) \rangle$인 모든 벡터 $\mathbf{v}$를 찾아라.

52. $T : P_2 \to P_2$가

$$T(a + bx + cx^2) = 3a - cx^2$$

으로 정의된 선형변환이라고 하고 $\mathbf{p} = 1 + x$라고 하자.

a. P_2가 표준내적을 갖는다고 하고, P_2에서 $\langle \mathbf{p}, \mathbf{q} \rangle = \langle T(\mathbf{p}), T(\mathbf{q}) \rangle$인 모든 벡터 $\mathbf{q}$를 찾아라.

b. P_2가 $x_0 = -1, x_1 = 0, x_2 = 1$에서 평가내적을 갖는다고 하고, P_2에서 $\langle \mathbf{p}, \mathbf{q} \rangle = \langle T(\mathbf{p}), T(\mathbf{q}) \rangle$인 모든 벡터 $\mathbf{q}$를 찾아라.

참-거짓 문제

TF. **(a)-(f)**가 참인지 거짓인지를 밝히고 그 이유를 설명하라.

a. $\mathbf{u}$가 부분공간 W의 모든 벡터에 직교이면 $\mathbf{u} = \mathbf{0}$이다.

b. $\mathbf{u}$가 W와 $W^\perp$ 모두 속하는 벡터인 경우 $\mathbf{u} = \mathbf{0}$이다.

c. $\mathbf{u}$와 $\mathbf{v}$가 $W^\perp$의 벡터이면 $\mathbf{u} + \mathbf{v}$도 $W^\perp$의 벡터이다.

d. $\mathbf{u}$가 $W^\perp$의 벡터이고 k가 실수이면 $k\mathbf{u}$는 $W^\perp$의 벡터이다.

e. $\mathbf{u}$와 $\mathbf{v}$가 직교이면 $|\langle \mathbf{u}, \mathbf{v} \rangle| = \|\mathbf{u}\|\|\mathbf{v}\|$이다.

f. $\mathbf{u}$와 $\mathbf{v}$가 직교이면 $\|\mathbf{u} + \mathbf{v}\| = \|\mathbf{u}\| + \|\mathbf{v}\|$이다.

계산도구 문제

T1. a. 행렬의 행공간과 영공간이 유클리드 내적하에서 직교여공간임을 알고 있다. 이 사실을 다음 행렬에 대해 확인하라.

$$A = \begin{bmatrix} 2 & -1 & 3 & 5 \\ 4 & -3 & 1 & 3 \\ 3 & -2 & 3 & 4 \\ 4 & -1 & 15 & 17 \\ 7 & -6 & -7 & 0 \end{bmatrix}$$

b. A의 열공간의 직교여공간의 기저를 구하라.

T2. 다음에 주어진 내적하에서 벡터 $\mathbf{u}$와 $\mathbf{v}$가 코시-슈바르츠 부등식을 만족함을 확인하라.

a. 표준내적을 가진 M_{44}

$$\mathbf{u} = \begin{bmatrix} 1 & 0 & 2 & 0 \\ 0 & -1 & 0 & 1 \\ 3 & 0 & 0 & 2 \\ 0 & 4 & -3 & 0 \end{bmatrix}, \quad \mathbf{v} = \begin{bmatrix} 2 & 2 & 1 & 3 \\ 3 & -1 & 0 & 1 \\ 1 & 0 & 0 & -2 \\ -3 & 1 & 2 & 0 \end{bmatrix}$$

b. 가중치가 $w_1 = \frac{1}{2}, w_2 = \frac{1}{4}, w_3 = \frac{1}{8}, w_4 = \frac{1}{8}$인 유클리드 가중내적을 가진 R^4

$$\mathbf{u} = (1, -2, 2, 1), \quad \mathbf{v} = (0, -3, 3, -2)$$

6.3 그람-슈미트 과정; *QR*-분해

벡터공간에 대한 문제들을 풀 때 벡터공간의 기저를 문제에 맞게 자유롭게 선택할 수 있다. 내적공간에서 서로 직교하는 벡터로 이루어지는 기저를 선택함으로써 문제가 매우 쉽게 풀리는 경우가 자주 있다. 이 절에서는 이와 같은 기저를 얻는 방법에 대해 설명한다.

직교집합과 정규직교집합

6.2절에서 내적공간 내 두 벡터의 내적이 영일 경우 서로 직교한다고 하였다. 다음 정의는 직교성의 개념을 내적공간 내의 벡터집합으로 확장한다.

정의 1

실내적공간의 2개 이상의 벡터들로 이루어진 집합에서 서로 다른 모든 벡터들이 서로 직교하면 그 집합을 ***직교집합***(orthogonal set)이라고 한다. 모든 벡터의 놈이 1인 직교집합을 ***정규직교집합***(orthonormal set)이라고 한다.

예제 1 | R^3에서의 직교집합

$$\mathbf{v}_1 = (0, 1, 0), \quad \mathbf{v}_2 = (1, 0, 1), \quad \mathbf{v}_3 = (1, 0, -1)$$

이라고 하고 R^3가 유클리드 내적을 갖는다고 하자. $\langle \mathbf{v}_1, \mathbf{v}_2 \rangle = \langle \mathbf{v}_1, \mathbf{v}_3 \rangle = \langle \mathbf{v}_2, \mathbf{v}_3 \rangle = 0$이므로 벡터집합 $S = \{\mathbf{v}_1, \mathbf{v}_2, \mathbf{v}_3\}$는 직교집합이다.

공식 (1)은 3.2절의 공식 (4)와 동일하지만, 공식 (4)가 R^n의 유클리드 내적 벡터에 대해서만 유효했던 반면, 공식 (1)은 일반적인 내적공간에서 유효하다.

내적공간에서 직교벡터집합을 발견한 후에 실제로 필요한 것은 *정규직교*벡터의 집합이다. 영이 아닌 벡터의 직교집합을 정규직교집합으로 변환하는 간단한 방법은 직교집합의 각 벡터 $\mathbf{v}$를 길이의 역수로 곱하여 놈 1의 벡터[***단위벡터***(unit vector)라고 함]를 만드는 것이다. 어떻게 이런 작업이 가능한지 확인하기 위해 $\mathbf{v}$가 내적공간에서 영이 아닌 벡터라고 가정하고

$$\mathbf{u} = \frac{1}{\|\mathbf{v}\|}\mathbf{v} \tag{1}$$

로 놓자. 정리 6.1.1(b)에서 $k = \|\mathbf{v}\|$로 놓으면

$$\|\mathbf{u}\| = \left\|\frac{1}{\|\mathbf{v}\|}\mathbf{v}\right\| = \left|\frac{1}{\|\mathbf{v}\|}\right| \|\mathbf{v}\| = \frac{1}{\|\mathbf{v}\|}\|\mathbf{v}\| = 1$$

이 된다. 이로부터 영이 아닌 벡터에 그것의 놈의 역수를 곱해 주면 놈이 1인 벡터가 나오게 됨을 알 수 있다. 이런 방법을 $\mathbf{v}$***의 정규화***(normalizing $\mathbf{v}$)라고 한다. 이로부터 영이 아닌 벡터들로 이루어진 모든 직교집합은 각 벡터들을 정규화함으로써 정규직교집합으로 변환될 수 있다.

예제 2 | 정규직교집합의 구성

예제 1에서 주어진 벡터의 유클리드 놈은

$$\|\mathbf{v}_1\| = 1, \quad \|\mathbf{v}_2\| = \sqrt{2}, \quad \|\mathbf{v}_3\| = \sqrt{2}$$

이다. 따라서 $\mathbf{u}_1$, $\mathbf{u}_2$, $\mathbf{u}_3$를 정규화하면

$$\mathbf{u}_1 = \frac{\mathbf{v}_1}{\|\mathbf{v}_1\|} = (0, 1, 0), \quad \mathbf{u}_2 = \frac{\mathbf{v}_2}{\|\mathbf{v}_2\|} = \left(\frac{1}{\sqrt{2}}, 0, \frac{1}{\sqrt{2}}\right),$$

$$\mathbf{u}_3 = \frac{\mathbf{v}_3}{\|\mathbf{v}_3\|} = \left(\frac{1}{\sqrt{2}}, 0, -\frac{1}{\sqrt{2}}\right)$$

이 된다. 여기서

$$\langle \mathbf{u}_1, \mathbf{u}_2 \rangle = \langle \mathbf{u}_1, \mathbf{u}_3 \rangle = \langle \mathbf{u}_2, \mathbf{u}_3 \rangle = 0 \quad \text{그리고} \quad \|\mathbf{u}_1\| = \|\mathbf{u}_2\| = \|\mathbf{u}_3\| = 1$$

이 됨을 보여서 집합 $S = \{\mathbf{u}_1, \mathbf{u}_2, \mathbf{u}_3\}$가 정규직교집합임을 검증하는 것은 독자에게 맡긴다.

R^2의 모든 영이 아닌 직교벡터들은 서로 다른 벡터의 스칼라배로 나타낼 수 없기 때문에 선형독립이다. R^3 안의 모든 3개의 영이 아닌 서로 직교하는 벡터들은 3개의 벡터가 한 평면상에 존재할 수 없기 때문에 선형독립이다. (그리고 다른 2개의 벡터의 선형결합으로 나머지 하나의 벡터를 표현할 수 없다.) 다음 정리는 이 관찰을 일반화한다.

정리 6.3.1

내적공간의 영이 아닌 벡터로 이루어진 직교집합 $S = \{\mathbf{v}_1, \mathbf{v}_2, \cdots, \mathbf{v}_n\}$은 선형독립이다.

증명

$$k_1\mathbf{v}_1 + k_2\mathbf{v}_2 + \cdots + k_n\mathbf{v}_n = \mathbf{0} \tag{2}$$

이라고 가정하자. 이 경우 $S = \{\mathbf{v}_1, \mathbf{v}_2, \ldots, \mathbf{v}_n\}$이 선형독립임을 밝히려면

$$k_1 = k_2 = \cdots = k_n = 0$$

임을 증명해야 한다.

S의 각 벡터 $\mathbf{v}_i$에 대해서 (2)로부터

$$\langle k_1\mathbf{v}_1 + k_2\mathbf{v}_2 + \cdots + k_n\mathbf{v}_n, \mathbf{v}_i \rangle = \langle \mathbf{0}, \mathbf{v}_i \rangle = 0$$

또는 동등하게

$$k_1\langle \mathbf{v}_1, \mathbf{v}_i \rangle + k_2\langle \mathbf{v}_2, \mathbf{v}_i \rangle + \cdots + k_n\langle \mathbf{v}_n, \mathbf{v}_i \rangle = 0$$

이다. S의 직교성에서부터 $j \neq i$인 경우는 $\langle \mathbf{v}_j, \mathbf{v}_i \rangle = 0$이므로 방정식은

$$k_i\langle \mathbf{v}_i, \mathbf{v}_i \rangle = 0$$

으로 줄어든다. S 안의 벡터들은 영이 아니라고 가정했으므로 양의 성질 공리에 의해 $\langle \mathbf{v}_i, \mathbf{v}_i \rangle \neq 0$이다. 따라서 위의 식은 식 (2)의 모든 k가 0이 됨을 나타내고, 이것으로 증명이 완료된다. ■

내적공간에서 정규직교벡터로 이루어진 기저를 ***정규직교기저***(orthonormal basis)라고 하고, 직교벡터로 이루어진 기저를 ***직교기저***(orthogonal basis)라고 한다. 정규직교기저에 대한 친숙한 예는 유클리드 내적을 갖는 R^n의 표준기저이다.

$$\mathbf{e}_1 = (1, 0, 0, \ldots, 0), \quad \mathbf{e}_2 = (0, 1, 0, \ldots, 0), \ldots, \quad \mathbf{e}_n = (0, 0, 0, \ldots, 1)$$

정규직교집합은 직교집합이고, 그 안의 벡터들은 영이 아니므로(놈 1) 정리 6.3.1에 의해 모든 *정규직교*집합은 선형독립이다.

예제 3 | P_n의 정규직교기저

6.1절의 예제 7을 상기하자. 다음 다항식

$$\mathbf{p} = a_0 + a_1x + \cdots + a_nx^n, \quad \mathbf{q} = b_0 + b_1x + \cdots + b_nx^n$$

의 표준내적은

$$\langle \mathbf{p}, \mathbf{q} \rangle = a_0b_0 + a_1b_1 + \cdots + a_nb_n$$

이고 이 내적에 대해 **p**의 놈은 다음과 같다.

$$\|\mathbf{p}\| = \sqrt{\langle \mathbf{p}, \mathbf{p} \rangle} = \sqrt{a_0^2 + a_1^2 + \cdots + a_n^2}$$

이 공식들을 사용하면 표준기저

$$S = \{1, x, x^2, \ldots, x^n\}$$

가 이 내적에 대해 정규직교집합임을 보일 수 있다(검증하라).

예제 4 | 정규직교기저

예제 2에서 벡터

$$\mathbf{u}_1 = (0, 1, 0), \quad \mathbf{u}_2 = \left(\frac{1}{\sqrt{2}}, 0, \frac{1}{\sqrt{2}}\right), \quad \mathbf{u}_3 = \left(\frac{1}{\sqrt{2}}, 0, -\frac{1}{\sqrt{2}}\right)$$

가 R^3상의 유클리드 내적에 대해 정규직교집합을 구성함은 이미 밝혔다. 정리 6.3.1에 의해 이들 벡터는 선형독립집합을 이룬다. 또한 R^3가 3차원이기 때문에 정리 4.6.4에 의해 $S = \{\mathbf{u}_1, \mathbf{u}_2, \mathbf{u}_3\}$는 R^3의 정규직교기저이다.

정규직교기저에 대한 좌표

기저벡터

$$S = \{\mathbf{v}_1, \mathbf{v}_2, \ldots, \mathbf{v}_n\}$$

의 선형결합으로 **u**를 표현하는 한 가지 방법은 벡터방정식

$$\mathbf{u} = c_1\mathbf{v}_1 + c_2\mathbf{v}_2 + \cdots + c_n\mathbf{v}_n$$

을 선형시스템으로 변환하고 각 계수 $c_1, c_2, \cdots, c_n$을 구하는 것이다. 그러나 만약 기저가 직교 혹은 정규직교가 되면, 다음 정리에서 보여 주듯이 적절한 내적을 통해 각 계수를 훨씬 간단하게 구할 수 있다.

정리 6.3.2

(a) 만약 $S = \{\mathbf{v}_1, \mathbf{v}_2, \cdots, \mathbf{v}_n\}$가 내적공간 V의 직교기저이고 **u**가 V 안의 임의의 벡터라고 하면 다음이 성립한다.

$$\mathbf{u} = \frac{\langle \mathbf{u}, \mathbf{v}_1 \rangle}{\|\mathbf{v}_1\|^2}\mathbf{v}_1 + \frac{\langle \mathbf{u}, \mathbf{v}_2 \rangle}{\|\mathbf{v}_2\|^2}\mathbf{v}_2 + \cdots + \frac{\langle \mathbf{u}, \mathbf{v}_n \rangle}{\|\mathbf{v}_n\|^2}\mathbf{v}_n \tag{3}$$

(*b*) 만약 $S = \{\mathbf{v}_1, \mathbf{v}_2, \cdots, \mathbf{v}_n\}$가 내적공간 V의 정규직교기저이고 $\mathbf{u}$가 V 안의 임의의 벡터라고 하면 다음이 성립한다.

$$\mathbf{u} = \langle \mathbf{u}, \mathbf{v}_1 \rangle \mathbf{v}_1 + \langle \mathbf{u}, \mathbf{v}_2 \rangle \mathbf{v}_2 + \cdots + \langle \mathbf{u}, \mathbf{v}_n \rangle \mathbf{v}_n \tag{4}$$

증명 (*a*) $S = \{\mathbf{v}_1, \mathbf{v}_2, \cdots, \mathbf{v}_n\}$가 V의 기저이기 때문에 V 안의 모든 벡터 $\mathbf{u}$는 다음과 같은 형태로 표현할 수 있다.

$$\mathbf{u} = c_1\mathbf{v}_1 + c_2\mathbf{v}_2 + \cdots + c_n\mathbf{v}_n$$

모든 $i = 1, 2, \cdots, n$에 대해

$$c_i = \frac{\langle \mathbf{u}, \mathbf{v}_i \rangle}{\|\mathbf{v}_i\|^2} \tag{5}$$

가 성립함을 보임으로써 증명을 완료할 것이다. 이를 위해 먼저 다음을 관찰하자.

$$\begin{aligned} \langle \mathbf{u}, \mathbf{v}_i \rangle &= \langle c_1\mathbf{v}_1 + c_2\mathbf{v}_2 + \cdots + c_n\mathbf{v}_n, \mathbf{v}_i \rangle \\ &= c_1\langle \mathbf{v}_1, \mathbf{v}_i \rangle + c_2\langle \mathbf{v}_2, \mathbf{v}_i \rangle + \cdots + c_n\langle \mathbf{v}_n, \mathbf{v}_i \rangle \end{aligned}$$

S가 직교집합이므로, 위의 마지막 등식에서 i번째를 제외한 모든 내적 항은 0이 된다. 따라서

$$\langle \mathbf{u}, \mathbf{v}_i \rangle = c_i\langle \mathbf{v}_i, \mathbf{v}_i \rangle = c_i\|\mathbf{v}_i\|^2$$

를 얻게 되어 c_i가 식 (5)와 같이 표현되므로 증명이 완료된다.

증명 (*b*) 이 경우에는 $\|\mathbf{v}_1\| = \|\mathbf{v}_2\| = \cdots = \|\mathbf{v}_n\| = 1$이 된다. 따라서 공식 (3)은 공식 (4)로 단순화될 수 있다. ■

4.5절의 정의 2의 개념과 용어를 사용하면, 정리 6.3.2로부터 직교기저 $S = \{\mathbf{v}_1, \mathbf{v}_2, \cdots, \mathbf{v}_n\}$에 대한 V 안의 벡터 $\mathbf{u}$의 좌표벡터는 다음과 같다.

$$(\mathbf{u})_S = \left(\frac{\langle \mathbf{u}, \mathbf{v}_1 \rangle}{\|\mathbf{v}_1\|^2}, \frac{\langle \mathbf{u}, \mathbf{v}_2 \rangle}{\|\mathbf{v}_2\|^2}, \ldots, \frac{\langle \mathbf{u}, \mathbf{v}_n \rangle}{\|\mathbf{v}_n\|^2}\right) \tag{6}$$

또한 정규직교기저 $S = \{\mathbf{v}_1, \mathbf{v}_2, \cdots, \mathbf{v}_n\}$에 대한 좌표는 다음과 같다.

$$(\mathbf{u})_S = \left(\langle \mathbf{u}, \mathbf{v}_1 \rangle, \langle \mathbf{u}, \mathbf{v}_2 \rangle, \ldots, \langle \mathbf{u}, \mathbf{v}_n \rangle\right) \tag{7}$$

예제 5 | 정규직교기저에 대한 좌표벡터

$$\mathbf{v}_1 = (0, 1, 0), \quad \mathbf{v}_2 = \left(-\tfrac{4}{5}, 0, \tfrac{3}{5}\right), \quad \mathbf{v}_3 = \left(\tfrac{3}{5}, 0, \tfrac{4}{5}\right)$$

라고 가정하면 $S = \{\mathbf{v}_1, \mathbf{v}_2, \mathbf{v}_3\}$가 유클리드 내적을 갖는 R^3의 정규직교기저임을 쉽게 검산할

수 있다. 벡터 $\mathbf{u} = (1, 1, 1)$을 S의 벡터들의 선형결합으로 표현하고 좌표벡터 $(\mathbf{u})_S$를 구하라.

풀이 다음을 증명하는 것은 독자에게 맡긴다.

$$\langle \mathbf{u}, \mathbf{v}_1 \rangle = 1, \quad \langle \mathbf{u}, \mathbf{v}_2 \rangle = -\tfrac{1}{5}, \qquad \langle \mathbf{u}, \mathbf{v}_3 \rangle = \tfrac{7}{5}$$

그러므로 정리 6.3.2에 의해

$$\mathbf{u} = \mathbf{v}_1 - \tfrac{1}{5}\mathbf{v}_2 + \tfrac{7}{5}\mathbf{v}_3$$

즉,

$$(1, 1, 1) = (0, 1, 0) - \tfrac{1}{5}\left(-\tfrac{4}{5}, 0, \tfrac{3}{5}\right) + \tfrac{7}{5}\left(\tfrac{3}{5}, 0, \tfrac{4}{5}\right)$$

이다. 따라서 S에 대한 $\mathbf{u}$의 좌표벡터는 다음과 같다.

$$(\mathbf{u})_S = \left(\langle \mathbf{u}, \mathbf{v}_1 \rangle, \langle \mathbf{u}, \mathbf{v}_2 \rangle, \langle \mathbf{u}, \mathbf{v}_3 \rangle\right) = \left(1, -\tfrac{1}{5}, \tfrac{7}{5}\right)$$

예제 6 | 직교기저로부터 정규직교기저 구하기

(*a*) 벡터

$$\mathbf{w}_1 = (0, 2, 0), \quad \mathbf{w}_2 = (3, 0, 3), \quad \mathbf{w}_3 = (-4, 0, 4)$$

가 유클리드 내적에 대해 R^3의 직교기저를 구성함을 보이고, 그 기저의 각 벡터를 정규화하여 정규직교기저를 찾아라.

(*b*) 벡터 $\mathbf{u} = (1, 2, 4)$를 (*a*)에서 얻은 정규직교기저 벡터들의 선형결합으로 표현하라.

풀이 (*a*) 다음과 같이 내적이 모두 영이기 때문에 주어진 벡터들은 직교집합을 이룬다.

$$\langle \mathbf{w}_1, \mathbf{w}_2 \rangle = 0, \quad \langle \mathbf{w}_1, \mathbf{w}_3 \rangle = 0, \quad \langle \mathbf{w}_2, \mathbf{w}_3 \rangle = 0$$

정리 6.3.1로부터 이 벡터들은 선형독립이다. 따라서 정리 4.6.4에 의해 R^3의 기저를 이루게 된다. $\mathbf{w}_1$, $\mathbf{w}_2$, $\mathbf{w}_3$의 놈을 계산하는 것은 독자에게 맡기며, 놈을 통해 정규직교기저를 다음과 같이 구할 수 있다.

$$\mathbf{v}_1 = \frac{\mathbf{w}_1}{\|\mathbf{w}_1\|} = (0, 1, 0), \quad \mathbf{v}_2 = \frac{\mathbf{w}_2}{\|\mathbf{w}_2\|} = \left(\frac{1}{\sqrt{2}}, 0, \frac{1}{\sqrt{2}}\right),$$

$$\mathbf{v}_3 = \frac{\mathbf{w}_3}{\|\mathbf{w}_3\|} = \left(-\frac{1}{\sqrt{2}}, 0, \frac{1}{\sqrt{2}}\right)$$

풀이 (*b*) 공식 (4)로부터 다음을 얻게 된다.

$$\mathbf{u} = \langle \mathbf{u}, \mathbf{v}_1 \rangle \mathbf{v}_1 + \langle \mathbf{u}, \mathbf{v}_2 \rangle \mathbf{v}_2 + \langle \mathbf{u}, \mathbf{v}_3 \rangle \mathbf{v}_3$$

다음의 계산은 각자 확인해 보라.

$$\langle \mathbf{u}, \mathbf{v}_1 \rangle = (1, 2, 4) \cdot (0, 1, 0) = 2$$

$$\langle \mathbf{u}, \mathbf{v}_2 \rangle = (1, 2, 4) \cdot \left(\frac{1}{\sqrt{2}}, 0, \frac{1}{\sqrt{2}}\right) = \frac{5}{\sqrt{2}}$$

$$\langle \mathbf{u}, \mathbf{v}_3 \rangle = (1, 2, 4) \cdot \left(-\frac{1}{\sqrt{2}}, 0, \frac{1}{\sqrt{2}}\right) = \frac{3}{\sqrt{2}}$$

이로부터

$$(1, 2, 4) = 2(0, 1, 0) + \frac{5}{\sqrt{2}}\left(\frac{1}{\sqrt{2}}, 0, \frac{1}{\sqrt{2}}\right) + \frac{3}{\sqrt{2}}\left(-\frac{1}{\sqrt{2}}, 0, \frac{1}{\sqrt{2}}\right)$$

를 얻는다.

정사영

응용문제들은 직교기저나 정규직교기저벡터로 작업하면 가장 잘 풀린다. 이런 기저는 보통 간단한 기저(표준기저 등)에서 시작하여, 기저를 직교 및 정규직교기저로 변환함으로써 구하게 된다. 이를 구하는 방법을 확실히 설명하기 위해서는 정사영에 대한 예비지식이 필요하다.

3.3절에서 *사영정리*(projection theorem)라는 결과를 증명했는데(정리 3.3.2 참조), R^n의 벡터 $\mathbf{u}$를 $\mathbf{w}_1$과 $\mathbf{w}_2$의 같은 2개의 항의 합으로 분해하는 문제를 다루었다. 여기서 $\mathbf{w}_1$은 영이 아닌 벡터 $\mathbf{a}$로의 $\mathbf{u}$의 정사영이고, $\mathbf{w}_2$는 $\mathbf{w}_1$에 직교한다(그림 3.3.2). 이 결과는 다음에 나오는 더욱 일반화된 정리의 특수한 경우이다.

정리 6.3.3

사영정리

W가 내적공간 V의 유한차원 부분공간이면 V의 모든 벡터 $\mathbf{u}$는 오직 한 가지 방법으로 다음과 같이 표현할 수 있다.

$$\mathbf{u} = \mathbf{w}_1 + \mathbf{w}_2 \tag{8}$$

여기서 $\mathbf{w}_1$은 W 안의 벡터이고, $\mathbf{w}_2$는 $W^\perp$ 안의 벡터이다.

공식 (8)의 벡터 $\mathbf{w}_1$과 $\mathbf{w}_2$는 일반적으로 다음과 같이 표기한다.

$$\mathbf{w}_1 = \text{proj}_W \mathbf{u}, \quad \mathbf{w}_2 = \text{proj}_{W^\perp} \mathbf{u} \tag{9}$$

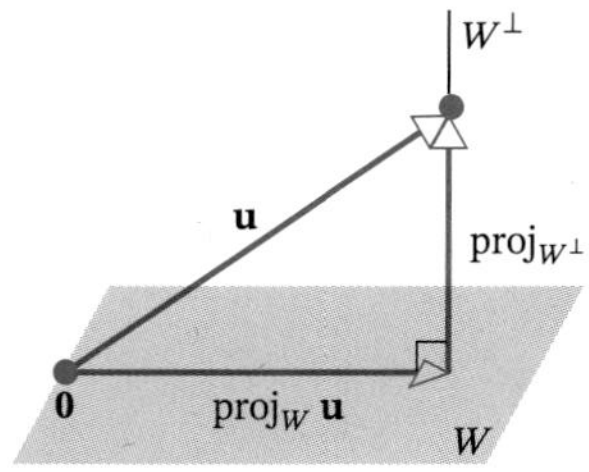

그림 6.3.1

이 벡터들을 각각 ***u의 W로의 정사영***(또는 직교사영)(orthogonal projection of $\mathbf{u}$ on W), ***u의 $W^\perp$로의 정사영***(또는 직교사영)(orthogonal projection of $\mathbf{u}$ on $W^\perp$)이라고 한다. 벡터 $\mathbf{w}_2$는 ***W에 직교하는 u의 성분***(component of $\mathbf{u}$ orthogonal to W)이라고도 한다. (9)의 표기법을 사용해서 공식 (8)은 다음과 같이 나타낼 수 있다(**그림 6.3.1**).

$$\boxed{\mathbf{u} = \text{proj}_W \mathbf{u} + \text{proj}_{W^\perp} \mathbf{u}} \tag{10}$$

또한 $\text{proj}_{W^\perp}\mathbf{u} = \mathbf{u} - \text{proj}_W \mathbf{u}$이므로 공식 (10)을 다음과 같이 나타낼 수도 있다.

$$\boxed{\mathbf{u} = \text{proj}_W \mathbf{u} + (\mathbf{u} - \text{proj}_W \mathbf{u})} \tag{11}$$

다음 정리는 정사영을 계산하는 공식을 제공한다.

> 공식 (12)와 (13)은 직교기저 및 정규직교기저벡터의 항으로 표현되지만, 결과 벡터 $\text{proj}_W\mathbf{u}$는 사용되는 기저벡터에 종속되지 않는다.

정리 6.3.4

W를 내적공간 V의 유한차원 부분공간이라 하자.

(*a*) $\{\mathbf{v}_1, \mathbf{v}_2, \cdots, \mathbf{v}_r\}$이 W의 직교기저이고 $\mathbf{u}$가 V의 임의의 벡터이면

$$\text{proj}_W \mathbf{u} = \frac{\langle \mathbf{u}, \mathbf{v}_1 \rangle}{\|\mathbf{v}_1\|^2}\mathbf{v}_1 + \frac{\langle \mathbf{u}, \mathbf{v}_2 \rangle}{\|\mathbf{v}_2\|^2}\mathbf{v}_2 + \cdots + \frac{\langle \mathbf{u}, \mathbf{v}_r \rangle}{\|\mathbf{v}_r\|^2}\mathbf{v}_r \tag{12}$$

(*b*) $\{\mathbf{v}_1, \mathbf{v}_2, \cdots, \mathbf{v}_r\}$이 W의 정규직교기저이고 $\mathbf{u}$가 V의 임의의 벡터이면

$$\text{proj}_W \mathbf{u} = \langle \mathbf{u}, \mathbf{v}_1 \rangle \mathbf{v}_1 + \langle \mathbf{u}, \mathbf{v}_2 \rangle \mathbf{v}_2 + \cdots + \langle \mathbf{u}, \mathbf{v}_r \rangle \mathbf{v}_r \tag{13}$$

증명 (a) 정리 6.3.3으로부터 $\mathbf{w}_1 = \text{proj}_W\mathbf{u}$이 W 안에 있고, $\mathbf{w}_2$는 $W^\perp$ 안에 있을 경우, 벡터 $\mathbf{u}$는 $\mathbf{u} = \mathbf{w}_1 + \mathbf{w}_2$ 형태로 나타낼 수 있다. 정리 6.3.2로부터 성분 $\text{proj}_W\mathbf{u} = \mathbf{w}_1$은 W의 직교기저벡터들을 이용하여 다음과 같이 표현할 수 있다.

$$\text{proj}_W \mathbf{u} = \mathbf{w}_1 = \frac{\langle \mathbf{w}_1, \mathbf{v}_1 \rangle}{\|\mathbf{v}_1\|^2}\mathbf{v}_1 + \frac{\langle \mathbf{w}_1, \mathbf{v}_2 \rangle}{\|\mathbf{v}_2\|^2}\mathbf{v}_2 + \cdots + \frac{\langle \mathbf{w}_1, \mathbf{v}_r \rangle}{\|\mathbf{v}_r\|^2}\mathbf{v}_r \tag{14}$$

$\mathbf{w}_2$는 W에 직교하므로 다음을 얻을 수 있다.

$$\langle \mathbf{w}_2, \mathbf{v}_1 \rangle = \langle \mathbf{w}_2, \mathbf{v}_2 \rangle = \cdots = \langle \mathbf{w}_2, \mathbf{v}_r \rangle = 0$$

따라서 식 (14)를 다시 쓰면

$$\text{proj}_W \mathbf{u} = \mathbf{w}_1 = \frac{\langle \mathbf{w}_1 + \mathbf{w}_2, \mathbf{v}_1 \rangle}{\|\mathbf{v}_1\|^2}\mathbf{v}_1 + \frac{\langle \mathbf{w}_1 + \mathbf{w}_2, \mathbf{v}_2 \rangle}{\|\mathbf{v}_2\|^2}\mathbf{v}_2 + \cdots + \frac{\langle \mathbf{w}_1 + \mathbf{w}_2, \mathbf{v}_r \rangle}{\|\mathbf{v}_r\|^2}\mathbf{v}_r$$

또는 동등하게 다음과 같이 나타낼 수 있다.

$$\text{proj}_W \mathbf{u} = \mathbf{w}_1 = \frac{\langle \mathbf{u}, \mathbf{v}_1 \rangle}{\|\mathbf{v}_1\|^2}\mathbf{v}_1 + \frac{\langle \mathbf{u}, \mathbf{v}_2 \rangle}{\|\mathbf{v}_2\|^2}\mathbf{v}_2 + \cdots + \frac{\langle \mathbf{u}, \mathbf{v}_r \rangle}{\|\mathbf{v}_r\|^2}\mathbf{v}_r$$

증명 (b) 이 경우에는 $\|\mathbf{v}_1\| = \|\mathbf{v}_2\| = \cdots = \|\mathbf{v}_r\| = 1$이므로 공식 (14)는 공식 (13)으로 간단히 나타낼 수 있다. ■

예제 7 | 사영 계산

R^3가 유클리드 내적을 갖는다고 하고, 정규직교벡터 $\mathbf{v}_1 = (0, 1, 0)$, $\mathbf{v}_2 = \left(-\frac{4}{5}, 0, \frac{3}{5}\right)$가 생성하는 부분공간을 W라고 하자. 공식 (13)으로부터 $\mathbf{u} = (1, 1, 1)$의 W로의 정사영은

$$\begin{aligned}\text{proj}_W \mathbf{u} &= \langle \mathbf{u}, \mathbf{v}_1 \rangle \mathbf{v}_1 + \langle \mathbf{u}, \mathbf{v}_2 \rangle \mathbf{v}_2 \\ &= (1)(0,1,0) + \left(-\tfrac{1}{5}\right)\left(-\tfrac{4}{5}, 0, \tfrac{3}{5}\right) \\ &= \left(\tfrac{4}{25}, 1, -\tfrac{3}{25}\right)\end{aligned}$$

이고, W에 직교하는 $\mathbf{u}$의 성분은

$$\text{proj}_{W^\perp}\mathbf{u} = \mathbf{u} - \text{proj}_W\mathbf{u} = (1,1,1) - \left(\tfrac{4}{25}, 1, -\tfrac{3}{25}\right) = \left(\tfrac{21}{25}, 0, \tfrac{28}{25}\right)$$

이다. $\text{proj}_{W^\perp}\mathbf{u}$는 $\mathbf{v}_1$과 $\mathbf{v}_2$에 모두 직교하므로 이 벡터는 $\mathbf{v}_1$과 $\mathbf{v}_2$가 생성하는 공간 W의 각 벡터에 직교함을 알 수 있다.

정사영의 기하적 해석

3.3절의 공식 (10)에 따르면 공식 (12)의 각 항은 1차원 부분공간에 대한 $\mathbf{u}$의 정사영으로 볼 수 있다. 첫 번째 항은 span{$\mathbf{v}_1$}에 대한 정사영이고, 두 번째 항은 span{$\mathbf{v}_2$}에 대한 정사영이다. 이것은 공식 (12)를 "축"에 대한 정사영의 합으로 생각할 수 있다는 것을 암시한다. 축은 부분공간 W의 기저벡터에 의해 결정된다(**그림 6.3.2**).

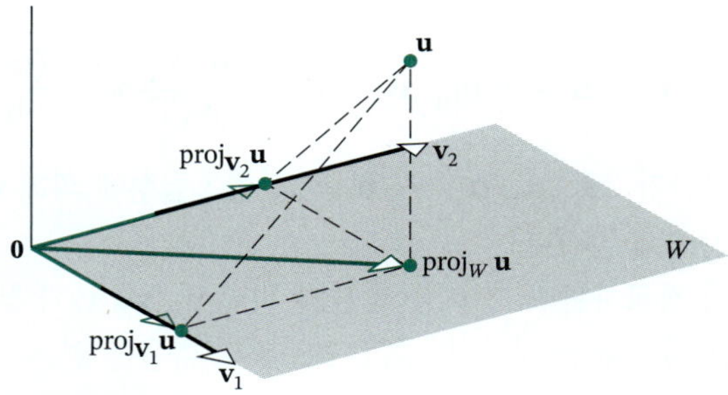

그림 6.3.2

그람-슈미트 과정

정규직교기저는 다양하고 유용한 성질을 가지고 있음을 알았다. 이 절의 주 결과인 다음 정리는 영이 아닌 모든 유한차원 벡터공간이 정규직교기저를 가짐을 설명해 준다. 이 결과의 증명은 임의의 기저를 정규직교기저로 변환하는 알고리즘 또는 방법을 제공하는 까닭에 매우 중요하다.

정리 6.3.5

영이 아닌 모든 유한차원의 내적공간은 정규직교기저를 갖는다.

증명 W를 영이 아닌 임의의 유한차원 부분공간이라고 하고, $\{\mathbf{u}_1, \mathbf{u}_2, \cdots, \mathbf{u}_r\}$을 W의 임의의 기저라고 가정한다. W가 직교기저를 가짐을 보이는 것으로 충분하다. 왜냐하면 직교기저에 속하는 벡터를 정규화함으로써 정규직교기저를 구할 수 있기 때문이다. 아래와 같이 단계에 따라 W의 직교기저 $\{\mathbf{v}_1, \mathbf{v}_2, \cdots, \mathbf{v}_r\}$을 만들기로 한다.

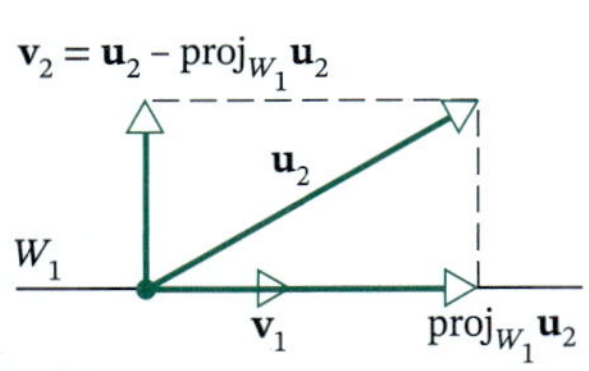

그림 6.3.3

단계 1. $\mathbf{v}_1 = \mathbf{u}_1$이라 놓는다.

단계 2. **그림 6.3.3**에 보이는 바와 같이 $\mathbf{v}_1$이 생성하는 공간 W_1에 직교하는 $\mathbf{u}_2$의 성분을 계산하여 $\mathbf{v}_1$에 직교하는 벡터 $\mathbf{v}_2$를 구할 수 있다. 즉, 공식 (12)를 사용하여

$$\mathbf{v}_2 = \mathbf{u}_2 - \text{proj}_{W_1}\mathbf{u}_2 = \mathbf{u}_2 - \frac{\langle \mathbf{u}_2, \mathbf{v}_1 \rangle}{\|\mathbf{v}_1\|^2}\mathbf{v}_1$$

을 얻는다. 물론 $\mathbf{v}_2 = \mathbf{0}$이면 $\mathbf{v}_2$는 기저벡터가 될 수 없다. 하지만 이와 같은 경우는 나타나지 않는다. 그 이유는, 만약 그렇다면 앞의 $\mathbf{v}_2$에 관한 공식에서

$$\mathbf{u}_2 = \frac{\langle \mathbf{u}_2, \mathbf{v}_1 \rangle}{\|\mathbf{v}_1\|^2}\mathbf{v}_1 = \frac{\langle \mathbf{u}_2, \mathbf{v}_1 \rangle}{\|\mathbf{u}_1\|^2}\mathbf{u}_1$$

인데, 이것은 $\mathbf{u}_2$가 $\mathbf{u}_1$의 스칼라곱임을 뜻하고, 기저 $\{\mathbf{u}_1, \mathbf{u}_2, \cdots, \mathbf{u}_r\}$의 선형독립성에 모순이 되기 때문이다.

단계 3. $\mathbf{v}_1$과 $\mathbf{v}_2$ 둘 다에 직교하는 벡터 $\mathbf{v}_3$를 구성하기 위해 $\mathbf{v}_1$과 $\mathbf{v}_2$가 생성하는 공간 W_2에 직교하는 $\mathbf{u}_3$의 성분을 구한다(**그림 6.3.4**). 즉, 공식 (12)를 사용하여 다음을 얻는다.

$$\mathbf{v}_3 = \mathbf{u}_3 - \text{proj}_{W_2}\mathbf{u}_3 = \mathbf{u}_3 - \frac{\langle \mathbf{u}_3, \mathbf{v}_1 \rangle}{\|\mathbf{v}_1\|^2}\mathbf{v}_1 - \frac{\langle \mathbf{u}_3, \mathbf{v}_2 \rangle}{\|\mathbf{v}_2\|^2}\mathbf{v}_2$$

단계 2와 마찬가지로 $\{\mathbf{u}_1, \mathbf{u}_2, \cdots, \mathbf{u}_r\}$의 선형독립성에 의해 $\mathbf{v}_3 \neq \mathbf{0}$이다. 상세한 풀이는 독자에게 맡긴다.

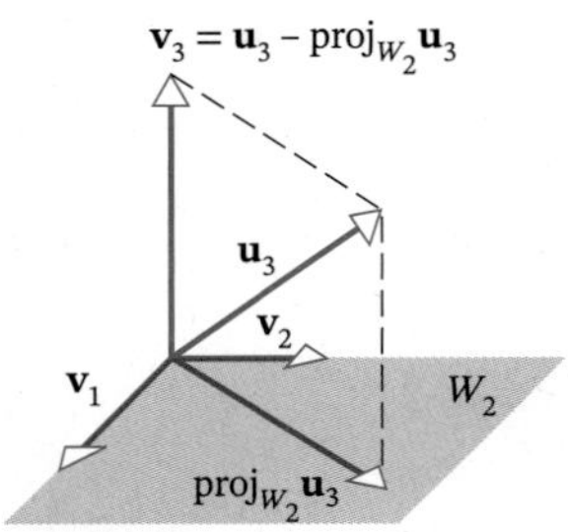

그림 6.3.4

단계 4. $\mathbf{v}_1, \mathbf{v}_2, \mathbf{v}_3$에 직교하는 벡터 $\mathbf{v}_4$를 만들기 위해 $\mathbf{v}_1, \mathbf{v}_2, \mathbf{v}_3$가 생성하는 공간 W_3에 직교하는 $\mathbf{u}_4$의 성분을 구한다. 즉, (12)로부터 다음을 얻는다.

$$\mathbf{v}_4 = \mathbf{u}_4 - \text{proj}_{W_3}\mathbf{u}_4 = \mathbf{u}_4 - \frac{\langle \mathbf{u}_4, \mathbf{v}_1 \rangle}{\|\mathbf{v}_1\|^2}\mathbf{v}_1 - \frac{\langle \mathbf{u}_4, \mathbf{v}_2 \rangle}{\|\mathbf{v}_2\|^2}\mathbf{v}_2 - \frac{\langle \mathbf{u}_4, \mathbf{v}_3 \rangle}{\|\mathbf{v}_3\|^2}\mathbf{v}_3$$

이러한 방식으로 r번을 반복하면 직교벡터집합 $\{\mathbf{v}_1, \mathbf{v}_2, \cdots, \mathbf{v}_r\}$을 얻을 수 있다. 직교집합은 선형독립이기 때문에 r차원의 공간 W의 직교기저가 된다. 기저벡터들을 정규화함으로써 정규직교기저를 얻을 수 있다. ■

위의 증명에서처럼 직교(또는 정규직교)기저를 단계적으로 구성하는 방법을 *그람-슈미트 과정*(Gram-Schmidt process)이라고 한다. 참고로 다음과 같이 단계를 요약한다.

그람-슈미트 과정

기저 $\{\mathbf{u}_1, \mathbf{u}_2, \cdots, \mathbf{u}_r\}$을 직교기저 $\{\mathbf{v}_1, \mathbf{v}_2, \cdots, \mathbf{v}_r\}$로 변경하기 위해 다음 계산들을 수행한다.

단계 1. $\mathbf{v}_1 = \mathbf{u}_1$

단계 2. $\mathbf{v}_2 = \mathbf{u}_2 - \dfrac{\langle \mathbf{u}_2, \mathbf{v}_1 \rangle}{\|\mathbf{v}_1\|^2}\mathbf{v}_1$

단계 3. $\mathbf{v}_3 = \mathbf{u}_3 - \dfrac{\langle \mathbf{u}_3, \mathbf{v}_1 \rangle}{\|\mathbf{v}_1\|^2}\mathbf{v}_1 - \dfrac{\langle \mathbf{u}_3, \mathbf{v}_2 \rangle}{\|\mathbf{v}_2\|^2}\mathbf{v}_2$

단계 4. $\mathbf{v}_4 = \mathbf{u}_4 - \dfrac{\langle \mathbf{u}_4, \mathbf{v}_1 \rangle}{\|\mathbf{v}_1\|^2}\mathbf{v}_1 - \dfrac{\langle \mathbf{u}_4, \mathbf{v}_2 \rangle}{\|\mathbf{v}_2\|^2}\mathbf{v}_2 - \dfrac{\langle \mathbf{u}_4, \mathbf{v}_3 \rangle}{\|\mathbf{v}_3\|^2}\mathbf{v}_3$

⋮

(r번 반복)

선택적 단계. 직교기저를 정규직교기저 $\{\mathbf{q}_1, \mathbf{q}_2, \cdots, \mathbf{q}_r\}$로 변경하려면 직교기저를 정규화한다.

역사 노트

그람(Jorgen Pedersen Gram, 1850–1916)

그람은 개인교습으로 보충하며 마을학교에서 교육을 받고 자랐다. 덴마크의 보험계리사였던 그람은 하프니아생명보험회사에서 근무하면서 수학박사 학위를 취득하였고 사고보험 수학분야의 전문가였다. 그람의 박사학위 논문에 그람-슈미트 과정이 공식화되어 있다. 후에 그람은 추상수학에 관심을 가졌고 업적을 인정받아 덴마크 왕립학술원에서 수여하는 금메달을 수상했다. 그러나 그의 응용수학분야에 대한 관심은 일생 동안 흔들리지 않았고 덴마크 삼림 관리분야에 대한 다양한 논문을 발표하였다.

[Image: https://commons.wikimedia.org/wiki/Category:J%C3%B8rgen_Pedersen_Gram#/media/File:Jorgen_Gram.jpg. Public Domain. (Gram)]

슈미트(Erhard Schmidt, 1876–1959)

슈미트는 현대 수학의 거장인 다비드 힐베르트(David Hilbert)의 지도하에 괴팅겐대학에서 박사학위를 취득한 독일의 수학자로, 인생의 대부분을 베를린대학에서 강의를 하며 보냈다. 슈미트는 힐베르트의 발상을 일반화해서 *힐베르트공간*(Hilbert space)을 만들어 냈다. 힐베르트공간은 무한차원 벡터공간의 핵심적인 구조이다. 슈미트는 1907년 적분방정식에 관한 논문을 출간하면서 그의 이름이 포함된 이 과정을 소개했다.

[Image: Archives of the Mathematisches Forschungsinstitut Oberwolfach (Erhard Schmidt)]

예제 8 | 그람-슈미트 과정의 사용

유클리드 내적을 갖는 R^3에 대해 그람-슈미트 과정을 적용하여 기저벡터

$$\mathbf{u}_1 = (1,1,1), \quad \mathbf{u}_2 = (0,1,1), \quad \mathbf{u}_3 = (0,0,1)$$

를 직교기저 $\{\mathbf{v}_1, \mathbf{v}_2, \mathbf{v}_3\}$로 변환한 다음 이 직교기저를 정규화하여 정규직교기저 $\{\mathbf{q}_1, \mathbf{q}_2, \mathbf{q}_3\}$를 구하라.

풀이

단계 1. $\mathbf{v}_1 = \mathbf{u}_1 = (1,1,1)$

단계 2. $\mathbf{v}_2 = \mathbf{u}_2 - \text{proj}_{W_1}\mathbf{u}_2 = \mathbf{u}_2 - \dfrac{\langle \mathbf{u}_2, \mathbf{v}_1 \rangle}{\|\mathbf{v}_1\|^2}\mathbf{v}_1$

$$= (0,1,1) - \frac{2}{3}(1,1,1) = \left(-\frac{2}{3}, \frac{1}{3}, \frac{1}{3}\right)$$

단계 3. $\mathbf{v}_3 = \mathbf{u}_3 - \text{proj}_{W_2}\mathbf{u}_3 = \mathbf{u}_3 - \frac{\langle \mathbf{u}_3, \mathbf{v}_1 \rangle}{\|\mathbf{v}_1\|^2}\mathbf{v}_1 - \frac{\langle \mathbf{u}_3, \mathbf{v}_2 \rangle}{\|\mathbf{v}_2\|^2}\mathbf{v}_2$

$$= (0, 0, 1) - \frac{1}{3}(1, 1, 1) - \frac{1/3}{2/3}\left(-\frac{2}{3}, \frac{1}{3}, \frac{1}{3}\right)$$

$$= \left(0, -\frac{1}{2}, \frac{1}{2}\right)$$

따라서

$$\mathbf{v}_1 = (1, 1, 1), \quad \mathbf{v}_2 = \left(-\frac{2}{3}, \frac{1}{3}, \frac{1}{3}\right), \quad \mathbf{v}_3 = \left(0, -\frac{1}{2}, \frac{1}{2}\right)$$

는 R^3의 직교기저를 이룬다. 이들 벡터의 놈은

$$\|\mathbf{v}_1\| = \sqrt{3}, \quad \|\mathbf{v}_2\| = \frac{\sqrt{6}}{3}, \quad \|\mathbf{v}_3\| = \frac{1}{\sqrt{2}}$$

이므로 R^3의 정규직교기저는 다음과 같다.

$$\mathbf{q}_1 = \frac{\mathbf{v}_1}{\|\mathbf{v}_1\|} = \left(\frac{1}{\sqrt{3}}, \frac{1}{\sqrt{3}}, \frac{1}{\sqrt{3}}\right), \quad \mathbf{q}_2 = \frac{\mathbf{v}_2}{\|\mathbf{v}_2\|} = \left(-\frac{2}{\sqrt{6}}, \frac{1}{\sqrt{6}}, \frac{1}{\sqrt{6}}\right),$$

$$\mathbf{q}_3 = \frac{\mathbf{v}_3}{\|\mathbf{v}_3\|} = \left(0, -\frac{1}{\sqrt{2}}, \frac{1}{\sqrt{2}}\right)$$

참고 위 예제에서 직교기저를 정규직교기저로 변환하기 위해 마지막에 정규화를 하였다. 다른 방법으로, 각각의 직교벡터를 구하는 즉시 정규화함으로써 정규직교기저를 차례로 구할 수도 있었다. 그러나 이렇게 하면 일반적으로 더 많은 제곱근을 계산해야 하는 단점이 있다. 더 유용한 방식은 각 직교기저벡터들의 크기를 조정하여 분수 부분을 제거하는 것이다. 예를 들면, 위의 2단계 과정 후에 두 번째 직교기저벡터에 3을 곱하여 (−2, 1, 1)이 나오도록 하면 3단계 계산이 단순화된다.

미적분학 필요

예제 9 | 르장드르 다항식

벡터공간 P_2가 다음 내적을 가진다고 하자.

$$\langle \mathbf{p}, \mathbf{q} \rangle = \int_{-1}^{1} p(x)q(x)\,dx$$

그람-슈미트 과정을 적용하여 P_2의 표준기저 $\{1, x, x^2\}$를 직교기저 $\{\phi_1(x), \phi_2(x), \phi_3(x)\}$로 변환하라.

풀이 $\mathbf{u}_1 = 1$, $\mathbf{u}_2 = x$, $\mathbf{u}_3 = x^2$라고 한다.

단계 1. $\mathbf{v}_1 = \mathbf{u}_1 = 1$

단계 2. 다음을 얻는다.

$$\langle \mathbf{u}_2, \mathbf{v}_1 \rangle = \int_{-1}^{1} x\,dx = 0$$

따라서

$$\mathbf{v}_2 = \mathbf{u}_2 - \frac{\langle \mathbf{u}_2, \mathbf{v}_1 \rangle}{\|\mathbf{v}_1\|^2}\mathbf{v}_1 = \mathbf{u}_2 = x$$

이다.

단계 3. 내적을 하면

$$\langle \mathbf{u}_3, \mathbf{v}_1 \rangle = \int_{-1}^{1} x^2\,dx = \frac{x^3}{3}\Big]_{-1}^{1} = \frac{2}{3}$$

$$\langle \mathbf{u}_3, \mathbf{v}_2 \rangle = \int_{-1}^{1} x^3\,dx = \frac{x^4}{4}\Big]_{-1}^{1} = 0$$

$$\|\mathbf{v}_1\|^2 = \langle \mathbf{v}_1, \mathbf{v}_1 \rangle = \int_{-1}^{1} 1\,dx = x\Big]_{-1}^{1} = 2$$

따라서

$$\mathbf{v}_3 = \mathbf{u}_3 - \frac{\langle \mathbf{u}_3, \mathbf{v}_1 \rangle}{\|\mathbf{v}_1\|^2}\mathbf{v}_1 - \frac{\langle \mathbf{u}_3, \mathbf{v}_2 \rangle}{\|\mathbf{v}_2\|^2}\mathbf{v}_2 = x^2 - \frac{1}{3}$$

따라서 다음과 같은 직교기저 $\{\phi_1(x), \phi_2(x), \phi_3(x)\}$를 얻게 된다.

$$\phi_1(x) = 1, \quad \phi_2(x) = x, \quad \phi_3(x) = x^2 - \frac{1}{3}$$

참고 위 예제에서의 직교기저벡터를 크기를 조정하여 세 가지 함수값이 $x = 1$에서 1을 가지도록 할 수 있다. 결과 다항식

$$1, \quad x, \quad \frac{1}{2}(3x^2 - 1)$$

은 ***르장드르 다항식***(Legendre polynomial)의 처음 세 개이며, 이 다항식은 여러 응용에서 중요한 역할을 한다. 크기조정으로 직교성이 영향받지 않는다.

직교집합을 정규직교기저로 확장하기

정리 4.6.5의 (*b*)로부터 유한차원 벡터공간에서의 선형독립집합은 적절한 벡터들을 첨가함으로써 기저로 확장될 수 있었다. 다음 정리는 유한차원 내적공간에서의 직교 및 정규직교 집합에 대한 이와 유사한 결과이다.

정리 6.3.6

만약 W가 유한차원의 내적공간이라면,

(*a*) W 안의 모든 영이 아닌 직교집합은 W의 직교기저로 확장될 수 있다.

(*b*) W 안의 모든 정규직교집합은 W의 정규직교기저로 확장될 수 있다.

(*b*)에 대해 증명하고, (*a*)에 대한 증명은 연습문제로 남긴다.

***증명* (*b*)** $S = \{\mathbf{v}_1, \mathbf{v}_2, \cdots, \mathbf{v}_s\}$가 W 안의 벡터들의 정규직교집합이라고 가정하자. 정리 4.6.5(*b*)는 다음과 같이 S를 W 안의 어떤 기저로 확장할 수 있음을 알려 주고 있다.

$$S' = \{\mathbf{v}_1, \mathbf{v}_2, \ldots, \mathbf{v}_s, \mathbf{v}_{s+1}, \ldots, \mathbf{v}_k\}$$

만약 그람-슈미트 과정을 집합 S'에 적용하게 되면 $\mathbf{v}_1, \mathbf{v}_2, \cdots, \mathbf{v}_s$는 이미 정규직교이기 때문에 전혀 변화가 없을 것이고 결과적으로 다음과 같은 집합

$$S'' = \{\mathbf{v}_1, \mathbf{v}_2, \ldots, \mathbf{v}_s, \mathbf{v}'_{s+1}, \ldots, \mathbf{v}'_k\}$$

가 W의 정규직교기저가 될 것이다. ■

선택사항: *QR*-분해

근래에 그람-슈미트 과정에 기초한 수치 알고리즘인 ***QR*-분해**(*QR*-decomposition)가 대형 행렬의 고유값 계산을 포함한 다양한 수치 알고리즘의 수학적 기초로서 중요성이 증가하고 있다. 이 알고리즘의 기술적인 부분은 선형대수의 수치적 측면을 특별히 다룬 교재에서 논의된다. 여기서는 일부 근본적인 개념에 대해서 논의할 것이다. 다음 문제를 제기하는 것으로 시작하자.

> **문제**
> A가 선형독립인 열벡터를 갖는 $m \times n$ 행렬이고 Q가 A의 열벡터에 그람-슈미트 과정을 적용하여 얻은 정규직교 열벡터를 갖는 행렬이라고 할 때 A와 Q 사이에 관계가 존재한다면 어떠한 관계가 존재하는가?

이 문제를 풀기 위해 A의 열벡터는 $\mathbf{u}_1, \mathbf{u}_2, \cdots, \mathbf{u}_n$이고 Q의 정규직교 열벡터는 $\mathbf{q}_1, \mathbf{q}_2, \cdots, \mathbf{q}_n$이라고 하자. A와 Q를 분할된 형태로 쓰면

$$A = [\mathbf{u}_1 \mid \mathbf{u}_2 \mid \cdots \mid \mathbf{u}_n], \quad Q = [\mathbf{q}_1 \mid \mathbf{q}_2 \mid \cdots \mid \mathbf{q}_n]$$

이 된다. 정리 6.3.2(b)로부터 $\mathbf{u}_1, \mathbf{u}_2, \cdots, \mathbf{u}_n$은 $\mathbf{q}_1, \mathbf{q}_2, \cdots, \mathbf{q}_n$에 의해

$$\begin{aligned}
\mathbf{u}_1 &= \langle \mathbf{u}_1, \mathbf{q}_1 \rangle \mathbf{q}_1 + \langle \mathbf{u}_1, \mathbf{q}_2 \rangle \mathbf{q}_2 + \cdots + \langle \mathbf{u}_1, \mathbf{q}_n \rangle \mathbf{q}_n \\
\mathbf{u}_2 &= \langle \mathbf{u}_2, \mathbf{q}_1 \rangle \mathbf{q}_1 + \langle \mathbf{u}_2, \mathbf{q}_2 \rangle \mathbf{q}_2 + \cdots + \langle \mathbf{u}_2, \mathbf{q}_n \rangle \mathbf{q}_n \\
&\;\;\vdots \\
\mathbf{u}_n &= \langle \mathbf{u}_n, \mathbf{q}_1 \rangle \mathbf{q}_1 + \langle \mathbf{u}_n, \mathbf{q}_2 \rangle \mathbf{q}_2 + \cdots + \langle \mathbf{u}_n, \mathbf{q}_n \rangle \mathbf{q}_n
\end{aligned}$$

으로 표현할 수 있다. 행렬곱의 j번째 열벡터는 계수가 둘째 인수의 j번째 열로부터 오는 첫째 인수의 열벡터들의 선형결합이라는 1.3절(예제 9)의 내용을 상기하면 이들 관계는 행렬 형태로 다음과 같이 나타낼 수 있다.

$$[\mathbf{u}_1 \mid \mathbf{u}_2 \mid \cdots \mid \mathbf{u}_n] = [\mathbf{q}_1 \mid \mathbf{q}_2 \mid \cdots \mid \mathbf{q}_n] \begin{bmatrix} \langle \mathbf{u}_1, \mathbf{q}_1 \rangle & \langle \mathbf{u}_2, \mathbf{q}_1 \rangle & \cdots & \langle \mathbf{u}_n, \mathbf{q}_1 \rangle \\ \langle \mathbf{u}_1, \mathbf{q}_2 \rangle & \langle \mathbf{u}_2, \mathbf{q}_2 \rangle & \cdots & \langle \mathbf{u}_n, \mathbf{q}_2 \rangle \\ \vdots & \vdots & & \vdots \\ \langle \mathbf{u}_1, \mathbf{q}_n \rangle & \langle \mathbf{u}_2, \mathbf{q}_n \rangle & \cdots & \langle \mathbf{u}_n, \mathbf{q}_n \rangle \end{bmatrix}$$

또는 더욱 간단히

$$A = QR \tag{15}$$

로 표현할 수 있다. 여기서 R은 곱의 두 번째 인수이다. 그러나 $j \geq 2$에 대해 벡터 $\mathbf{q}_j$는

$\mathbf{u}_1$, $\mathbf{u}_2$, $\cdots$, $\mathbf{u}_{j-1}$에 직교한다는 것이 그람-슈미트 과정이 갖는 한 가지 특성이다. 따라서 R의 주대각선 아래의 모든 원소는 영이다. 즉, R은

$$R = \begin{bmatrix} \langle \mathbf{u}_1, \mathbf{q}_1 \rangle & \langle \mathbf{u}_2, \mathbf{q}_1 \rangle & \cdots & \langle \mathbf{u}_n, \mathbf{q}_1 \rangle \\ 0 & \langle \mathbf{u}_2, \mathbf{q}_2 \rangle & \cdots & \langle \mathbf{u}_n, \mathbf{q}_2 \rangle \\ \vdots & \vdots & & \vdots \\ 0 & 0 & \cdots & \langle \mathbf{u}_n, \mathbf{q}_n \rangle \end{bmatrix} \tag{16}$$

형태를 가진다. R의 주대각선의 원소가 모두 영이 아니므로 R이 가역임을 밝히는 것은 독자에게 맡긴다. 따라서 식 (15)는 A를 정규직교 열벡터를 갖는 행렬 Q와 가역인 상삼각행렬 R로 인수분해한 것이다. (15)를 ***A*의 *QR*-분해**(QR-decomposition of A)라고 한다. 위 내용을 요약하여 다음 정리를 얻는다.

정리 6.3.7

***QR*-분해**

A가 선형독립인 열벡터를 갖는 $m \times n$ 행렬이고 Q가 정규직교 열벡터를 갖는 $m \times n$ 행렬이며 R이 가역인 상삼각 $n \times n$ 행렬일 때 A는

$$A = QR$$

로 인수분해될 수 있다.

통상적으로, 수치 선형대수에서 열이 선형독립이면 완전 열 랭크를 갖는다고 말한다.

정리 5.1.5(동등 정리)로부터 정방행렬이 선형독립 열벡터를 가질 필요충분조건은 행렬이 가역인 것임을 알고 있다. 따라서 정리 6.3.7로부터 *모든 가역행렬은 QR-분해를 가진다.*

예제 10 | 3×3 행렬의 QR-분해

다음 행렬 A의 QR-분해를 구하라.

$$A = \begin{bmatrix} 1 & 0 & 0 \\ 1 & 1 & 0 \\ 1 & 1 & 1 \end{bmatrix}$$

풀이 A의 열벡터는

$$\mathbf{u}_1 = \begin{bmatrix} 1 \\ 1 \\ 1 \end{bmatrix}, \quad \mathbf{u}_2 = \begin{bmatrix} 0 \\ 1 \\ 1 \end{bmatrix}, \quad \mathbf{u}_3 = \begin{bmatrix} 0 \\ 0 \\ 1 \end{bmatrix}$$

이다. 정규화를 동반하는 그람-슈미트 과정을 이들 열벡터에 적용하면 정규직교벡터

$$\mathbf{q}_1 = \begin{bmatrix} \frac{1}{\sqrt{3}} \\ \frac{1}{\sqrt{3}} \\ \frac{1}{\sqrt{3}} \end{bmatrix}, \quad \mathbf{q}_2 = \begin{bmatrix} -\frac{2}{\sqrt{6}} \\ \frac{1}{\sqrt{6}} \\ \frac{1}{\sqrt{6}} \end{bmatrix}, \quad \mathbf{q}_3 = \begin{bmatrix} 0 \\ -\frac{1}{\sqrt{2}} \\ \frac{1}{\sqrt{2}} \end{bmatrix}$$

가 얻어지고(예제 8 참조), 공식 (16)으로부터 행렬 R은

$$R = \begin{bmatrix} \langle \mathbf{u}_1, \mathbf{q}_1 \rangle & \langle \mathbf{u}_2, \mathbf{q}_1 \rangle & \langle \mathbf{u}_3, \mathbf{q}_1 \rangle \\ 0 & \langle \mathbf{u}_2, \mathbf{q}_2 \rangle & \langle \mathbf{u}_3, \mathbf{q}_2 \rangle \\ 0 & 0 & \langle \mathbf{u}_3, \mathbf{q}_3 \rangle \end{bmatrix} = \begin{bmatrix} \frac{3}{\sqrt{3}} & \frac{2}{\sqrt{3}} & \frac{1}{\sqrt{3}} \\ 0 & \frac{2}{\sqrt{6}} & \frac{1}{\sqrt{6}} \\ 0 & 0 & \frac{1}{\sqrt{2}} \end{bmatrix}$$

이다. 따라서 A의 QR-분해는 다음과 같다.

$$\underset{A}{\begin{bmatrix} 1 & 0 & 0 \\ 1 & 1 & 0 \\ 1 & 1 & 1 \end{bmatrix}} = \underset{Q}{\begin{bmatrix} \frac{1}{\sqrt{3}} & -\frac{2}{\sqrt{6}} & 0 \\ \frac{1}{\sqrt{3}} & \frac{1}{\sqrt{6}} & -\frac{1}{\sqrt{2}} \\ \frac{1}{\sqrt{3}} & \frac{1}{\sqrt{6}} & \frac{1}{\sqrt{2}} \end{bmatrix}} \underset{R}{\begin{bmatrix} \frac{3}{\sqrt{3}} & \frac{2}{\sqrt{3}} & \frac{1}{\sqrt{3}} \\ 0 & \frac{2}{\sqrt{6}} & \frac{1}{\sqrt{6}} \\ 0 & 0 & \frac{1}{\sqrt{2}} \end{bmatrix}}$$

연습문제 6.3

1. 다음 벡터집합 중 어느 것이 R^2상의 유클리드 내적에 대해 직교하는가?

a. $(0, 1),\ (2, 0)$

b. $\left(-\frac{1}{\sqrt{2}}, \frac{1}{\sqrt{2}}\right),\ \left(\frac{1}{\sqrt{2}}, \frac{1}{\sqrt{2}}\right)$

c. $\left(-\frac{1}{\sqrt{2}}, -\frac{1}{\sqrt{2}}\right),\ \left(\frac{1}{\sqrt{2}}, \frac{1}{\sqrt{2}}\right)$

d. $(0, 0),\ (0, 1)$

2. 다음 벡터집합 중 어느 것이 R^3상의 유클리드 내적에 대해 직교하는가?

a. $\left(\frac{1}{\sqrt{2}}, 0, \frac{1}{\sqrt{2}}\right),\ \left(\frac{1}{\sqrt{3}}, \frac{1}{\sqrt{3}}, -\frac{1}{\sqrt{3}}\right),\ \left(-\frac{1}{\sqrt{2}}, 0, \frac{1}{\sqrt{2}}\right)$

b. $\left(\frac{2}{3}, -\frac{2}{3}, \frac{1}{3}\right),\ \left(\frac{2}{3}, \frac{1}{3}, -\frac{2}{3}\right),\ \left(\frac{1}{3}, \frac{2}{3}, \frac{2}{3}\right)$

c. $(1, 0, 0),\ \left(0, \frac{1}{\sqrt{2}}, \frac{1}{\sqrt{2}}\right),\ (0, 0, 1)$

d. $\left(\frac{1}{\sqrt{6}}, \frac{1}{\sqrt{6}}, -\frac{2}{\sqrt{6}}\right),\ \left(\frac{1}{\sqrt{2}}, -\frac{1}{\sqrt{2}}, 0\right)$

3. 다음 다항식집합 중 어느 것이 6.1절의 예제 7에서 논한 P_2 상의 내적에 대해 정규직교집합인가?

a. $p_1(x) = \frac{2}{3} - \frac{2}{3}x + \frac{1}{3}x^2,\ p_2(x) = \frac{2}{3} + \frac{1}{3}x - \frac{2}{3}x^2,$
$p_3(x) = \frac{1}{3} + \frac{2}{3}x + \frac{2}{3}x^2$

b. $p_1(x) = 1,\ p_2(x) = \frac{1}{\sqrt{2}}x + \frac{1}{\sqrt{2}}x^2,\ p_3(x) = x^2$

4. 다음 행렬집합 중 어느 것이 6.1절의 예제 6에서 논한 M_{22}상의 내적에 대해 정규직교집합인가?

a. $\begin{bmatrix} 1 & 0 \\ 0 & 0 \end{bmatrix},\ \begin{bmatrix} 0 & \frac{2}{3} \\ \frac{1}{3} & -\frac{2}{3} \end{bmatrix},\ \begin{bmatrix} 0 & \frac{2}{3} \\ -\frac{2}{3} & \frac{1}{3} \end{bmatrix},\ \begin{bmatrix} 0 & \frac{1}{3} \\ \frac{2}{3} & \frac{2}{3} \end{bmatrix}$

b. $\begin{bmatrix} 1 & 0 \\ 0 & 0 \end{bmatrix},\ \begin{bmatrix} 0 & 1 \\ 0 & 0 \end{bmatrix},\ \begin{bmatrix} 0 & 0 \\ 1 & 1 \end{bmatrix},\ \begin{bmatrix} 0 & 0 \\ 1 & -1 \end{bmatrix}$

(5-6) A의 열벡터가 유클리드 내적에 대하여 A의 열공간의 직교기저임을 보이고, 그 열공간에 대한 정규직교기저를 찾아라.

5. $A = \begin{bmatrix} 1 & 2 & 0 \\ 0 & 0 & 5 \\ -1 & 2 & 0 \end{bmatrix}$ **6.** $A = \begin{bmatrix} \frac{1}{5} & -\frac{1}{2} & \frac{1}{3} \\ \frac{1}{5} & \frac{1}{2} & \frac{1}{3} \\ \frac{1}{5} & 0 & -\frac{2}{3} \end{bmatrix}$

7. 벡터

$$\mathbf{v}_1 = \left(-\tfrac{3}{5}, \tfrac{4}{5}, 0\right),\ \mathbf{v}_2 = \left(\tfrac{4}{5}, \tfrac{3}{5}, 0\right),\ \mathbf{v}_3 = (0, 0, 1)$$

는 유클리드 내적을 갖는 R^3의 정규직교기저를 이룸을 보이고, 정리 6.3.2(*b*)를 사용하여 벡터 $\mathbf{u} = (1, -2, 2)$를 $\mathbf{v}_1$, $\mathbf{v}_2$, $\mathbf{v}_3$의 선형결합으로 표현하라.

8. 정리 6.3.2(*b*)를 이용하여 벡터 $\mathbf{u} = (3, -7, 4)$를 연습문제 7의 벡터 $\mathbf{v}_1$, $\mathbf{v}_2$, $\mathbf{v}_3$의 결합으로 표현하라.

9. 벡터

$$\mathbf{v}_1 = (2, -2, 1),\quad \mathbf{v}_2 = (2, 1, -2),\quad \mathbf{v}_3 = (1, 2, 2)$$

는 유클리드 내적을 갖는 R^3의 정규직교기저를 이룸을 보이고, 정리 6.3.2(a)를 사용하여 벡터 $\mathbf{u} = (-1, 0, 2)$를 $\mathbf{v}_1$, $\mathbf{v}_2$, $\mathbf{v}_3$의 선형결합으로 표현하라.

10. 벡터

$$\mathbf{v}_1 = (1, -1, 2, -1), \quad \mathbf{v}_2 = (-2, 2, 3, 2),$$
$$\mathbf{v}_3 = (1, 2, 0, -1), \quad \mathbf{v}_4 = (1, 0, 0, 1)$$

는 유클리드 내적을 갖는 R^4의 정규직교기저를 이룸을 보이고, 정리 6.3.2(a)를 사용하여 벡터 $\mathbf{u} = (1, 1, 1, 1)$를 $\mathbf{v}_1$, $\mathbf{v}_2$, $\mathbf{v}_3$, $\mathbf{v}_4$의 선형결합으로 표현하라.

*(**11-14**) 아래 각 연습문제에 있는 기저 S와 벡터의 좌표 $(\mathbf{u})_S$를 찾아라.*

11. 연습문제 7 **12.** 연습문제 8

13. 연습문제 9 **14.** 연습문제 10

*(**15-18**) R^2가 유클리드 내적을 가지고 있다고 하자.*

a. $\mathbf{v}$로 생성되는 직선 위의 $\mathbf{u}$의 정사영을 구하라.

b. $\mathbf{v}$로 생성되는 직선과 직교하는 $\mathbf{u}$의 성분을 구하고 이 성분이 실제로 직교하는지 확인하라.

15. $\mathbf{u} = (-1, 6);\ \mathbf{v} = \left(\frac{3}{5}, \frac{4}{5}\right)$ **16.** $\mathbf{u} = (2, 3);\ \mathbf{v} = \left(\frac{5}{13}, \frac{12}{13}\right)$

17. $\mathbf{u} = (2, 3);\ \mathbf{v} = (1, 1)$ **18.** $\mathbf{u} = (3, -1);\ \mathbf{v} = (3, 4)$

*(**19-22**) R^3가 유클리드 내적을 가지고 있다고 하자.*

a. $\mathbf{v}_1$, $\mathbf{v}_2$로 생성되는 평면 위로의 $\mathbf{u}$의 정사영을 구하라.

b. $\mathbf{v}_1$, $\mathbf{v}_2$로 생성되는 평면과 직교하는 $\mathbf{u}$의 성분을 구하고 이 성분이 실제로 직교하는지 확인하라.

19. $\mathbf{u} = (4, 2, 1);\ \mathbf{v}_1 = \left(\frac{1}{3}, \frac{2}{3}, -\frac{2}{3}\right),\ \mathbf{v}_2 = \left(\frac{2}{3}, \frac{1}{3}, \frac{2}{3}\right)$

20. $\mathbf{u} = (3, -1, 2);\ \mathbf{v}_1 = \left(\frac{1}{\sqrt{6}}, \frac{1}{\sqrt{6}}, -\frac{2}{\sqrt{6}}\right),\ \mathbf{v}_2 = \left(\frac{1}{\sqrt{3}}, \frac{1}{\sqrt{3}}, \frac{1}{\sqrt{3}}\right)$

21. $\mathbf{u} = (1, 0, 3);\ \mathbf{v}_1 = (1, -2, 1),\ \mathbf{v}_2 = (2, 1, 0)$

22. $\mathbf{u} = (1, 0, 2);\ \mathbf{v}_1 = (3, 1, 2),\ \mathbf{v}_2 = (-1, 1, 1)$

*(**23-24**) 벡터 $\mathbf{v}_1$과 $\mathbf{v}_2$는 R^4의 유클리드 내적공간에서 직교한다. 이 벡터들로 생성되는 부분공간 W로의 $\mathbf{b} = (1, 2, 0, -2)$의 정사영을 찾아라.*

23. $\mathbf{v}_1 = (1, 1, 1, 1),\ \mathbf{v}_2 = (1, 1, -1, -1)$

24. $\mathbf{v}_1 = (0, 1, -4, -1),\ \mathbf{v}_2 = (3, 5, 1, 1)$

*(**25-26**) 벡터 $\mathbf{v}_1$, $\mathbf{v}_2$, $\mathbf{v}_3$는 R^4의 유클리드 내적공간에서 직교한다. 이 벡터들로 생성되는 부분공간 W로의 $\mathbf{b} = (1, 2, 0, -1)$의 정사영을 찾아라.*

25. $\mathbf{v}_1 = \left(0, \frac{1}{\sqrt{18}}, -\frac{4}{\sqrt{18}}, -\frac{1}{\sqrt{18}}\right),\ \mathbf{v}_2 = \left(\frac{1}{2}, \frac{5}{6}, \frac{1}{6}, \frac{1}{6}\right),$
$\mathbf{v}_3 = \left(\frac{1}{\sqrt{18}}, 0, \frac{1}{\sqrt{18}}, -\frac{4}{\sqrt{18}}\right)$

26. $\mathbf{v}_1 = \left(\frac{1}{2}, \frac{1}{2}, \frac{1}{2}, \frac{1}{2}\right),\ \mathbf{v}_2 = \left(\frac{1}{2}, \frac{1}{2}, -\frac{1}{2}, -\frac{1}{2}\right),\ \mathbf{v}_3 = \left(\frac{1}{2}, -\frac{1}{2}, \frac{1}{2}, -\frac{1}{2}\right)$

*(**27-28**) R^2가 유클리드 내적을 갖는다고 하자. 그람-슈미트 과정을 사용하여 다음에 주어진 기저 $\{\mathbf{u}_1, \mathbf{u}_2\}$를 정규직교기저로 변환하라. 두 기저벡터집합을 xy-평면에 그려라.*

27. $\mathbf{u}_1 = (1, -3),\ \mathbf{u}_2 = (2, 2)$ **28.** $\mathbf{u}_1 = (1, 0),\ \mathbf{u}_2 = (3, -5)$

*(**29-30**) R^3가 유클리드 내적을 갖는다고 하자. 그람-슈미트 과정을 사용하여 다음에 주어진 기저 $\{\mathbf{u}_1, \mathbf{u}_2, \mathbf{u}_3\}$를 정규직교기저로 변환하라.*

29. $\mathbf{u}_1 = (1, 1, 1),\ \mathbf{u}_2 = (-1, 1, 0),\ \mathbf{u}_3 = (1, 2, 1)$

30. $\mathbf{u}_1 = (1, 0, 0),\ \mathbf{u}_2 = (3, 7, -2),\ \mathbf{u}_3 = (0, 4, 1)$

31. R^4가 유클리드 내적을 갖는다고 하자. 그람-슈미트 과정을 사용하여 다음에 주어진 기저 $\{\mathbf{u}_1, \mathbf{u}_2, \mathbf{u}_3, \mathbf{u}_4\}$를 정규직교기저로 변환하라.

$$\mathbf{u}_1 = (0, 2, 1, 0), \quad \mathbf{u}_2 = (1, -1, 0, 0),$$
$$\mathbf{u}_3 = (1, 2, 0, -1), \quad \mathbf{u}_4 = (1, 0, 0, 1)$$

32. R^3이 유클리드 내적을 갖는다고 하자. (0, 1, 2), (−1, 0, 1), (−1, 1, 3)으로 생성되는 부분공간의 정규직교기저를 찾아라.

33. 연습문제 23의 $\mathbf{b}$와 W에 대해 $\mathbf{b} = \mathbf{w}_1 + \mathbf{w}_2$가 되는 W에 있는 벡터 $\mathbf{w}_1$과 $W^\perp$에 있는 벡터 $\mathbf{w}_2$를 찾아라.

34. 연습문제 25의 $\mathbf{b}$와 W에 대해 $\mathbf{b} = \mathbf{w}_1 + \mathbf{w}_2$가 되는 W에 있는 벡터 $\mathbf{w}_1$과 $W^\perp$에 있는 벡터 $\mathbf{w}_2$를 찾아라.

35. R^3이 유클리드 내적을 갖는다고 하자. 벡터 $\mathbf{u}_1 = (1, 1, 1)$과 $\mathbf{u}_2 = (2, 0, -1)$이 생성하는 R^3의 부분공간은 원점을 지나는 평면이다. $\mathbf{w}_1$이 그 평면의 벡터이고 $\mathbf{w}_2$가 이 평면에 수직일 때 $\mathbf{w} = (1, 2, 3)$을 형식 $\mathbf{w} = \mathbf{w}_1 + \mathbf{w}_2$로 표현하라.

36. R^4가 유클리드 내적을 갖는다고 하자. 벡터 $\mathbf{w} = (-1, 2, 6, 0)$을 형식 $\mathbf{w} = \mathbf{w}_1 + \mathbf{w}_2$로 표현하라. 단, $\mathbf{w}_1$은 $\mathbf{u}_1 = (-1, 0, 1, 2)$와 $\mathbf{u}_2 = (0, 1, 0, 1)$로 생성되는 부분공간 W에 있고 $\mathbf{w}_2$는 W에 직교한다.

37. R^3이 다음의 내적공간을 갖는다고 하자.

$$\langle \mathbf{u}, \mathbf{v} \rangle = u_1v_1 + 2u_2v_2 + 3u_3v_3$$

그람-슈미트 과정을 이용하여 $\mathbf{u}_1 = (1, 1, 1)$, $\mathbf{u}_2 = (1, 1, 0)$, $\mathbf{u}_3 = (1, 0, 0)$을 직교기저로 변환하라.

38. $\{(1, 0), (0, 1)\}$의 벡터집합이 R^2의 내적 $\langle \mathbf{u}, \mathbf{v} \rangle = 4u_1v_1 + u_2v_2$에 대해 직교집합임을 증명하라. 그리고 벡터들을 정규화함으로써 정규직교집합으로 변환하라.

39. 내적 $\langle \mathbf{u}, \mathbf{v} \rangle = 3u_1v_1 + 2u_2v_2$에 대해 직교하지만 유클리드 내적에 대해서는 직교하지는 않는 R^2에 있는 벡터 $\mathbf{x}$와 $\mathbf{y}$를 찾아라.

40. 3.3절의 예제 6에서 양의 x축으로부터 $\pi/6$라디안의 각도를 갖는 원점을 지나는 직선 위로의 벡터 $\mathbf{x} = (1, 5)$의 정사영을 찾았다. 정리 6.3.4를 이용하여 같은 문제를 풀어라.

41. 이 연습문제는 정리 6.3.4의 공식 (12)에서 비롯되는 정사영이 어떤 직교기저벡터를 사용하는가에 따라 달라지지 않음을 보여 준다.

a. R^3이 유클리드 내적을 가진다고 가정하고 W가 다음 직교벡터들로부터 생성되는 R^3의 부분공간이라고 가정해 보자.

$$\mathbf{v}_1 = (1, 0, 1), \quad \mathbf{v}_2 = (0, 1, 0)$$

직교벡터

$$\mathbf{v}_1' = (1, 1, 1), \quad \mathbf{v}_2' = (1, -2, 1)$$

들이 같은 부분공간 W를 생성함을 보여라.

b. $\mathbf{u} = (-3, 1, 7)$이라고 두고, 동일한 벡터 $\text{proj}_W\mathbf{u}$가 (a)의 기저 중 어떤 것이 그 계산에 사용되는지에 관계없이 얻어짐을 보여라.

42. ***(미적분학 필요)*** 정리 6.3.2(a)를 사용하여 다음 다항식을 처음 3개의 르장드르 다항식(예제 9 아래에 있는 참고)의 선형결합으로 표현하라.

a. $1 + x + 4x^2$ **b.** $2 - 7x^2$ **c.** $4 + 3x$

43. ***(미적분학 필요)*** 선형공간 P_2가 내적

$$\langle \mathbf{p}, \mathbf{q} \rangle = \int_0^1 p(x)q(x)\,dx$$

를 갖는다고 하자. 표준기저 $S = \{1, x, x^2\}$를 그람-슈미트 과정을 사용하여 정규직교기저로 변환하라.

44. 아래 행렬의 열공간에 대한 직교기저를 찾아라.

$$A = \begin{bmatrix} 6 & 1 & -5 \\ 2 & 1 & 1 \\ -2 & -2 & 5 \\ 6 & 8 & -7 \end{bmatrix}$$

(45-48) 그람-슈미트 과정을 A의 열벡터에 적용함으로써 Q의 열벡터를 얻는다. 행렬 A의 QR-분해를 구하라.

45. $A = \begin{bmatrix} 1 & -1 \\ 2 & 3 \end{bmatrix}$, $Q = \begin{bmatrix} \frac{1}{\sqrt{5}} & -\frac{2}{\sqrt{5}} \\ \frac{2}{\sqrt{5}} & \frac{1}{\sqrt{5}} \end{bmatrix}$

46. $A = \begin{bmatrix} 1 & 2 \\ 0 & 1 \\ 1 & 4 \end{bmatrix}$, $Q = \begin{bmatrix} \frac{1}{\sqrt{2}} & -\frac{1}{\sqrt{3}} \\ 0 & \frac{1}{\sqrt{3}} \\ \frac{1}{\sqrt{2}} & \frac{1}{\sqrt{3}} \end{bmatrix}$

47. $A = \begin{bmatrix} 1 & 0 & 2 \\ 0 & 1 & 1 \\ 1 & 2 & 0 \end{bmatrix}$, $Q = \begin{bmatrix} \frac{1}{\sqrt{2}} & -\frac{1}{\sqrt{3}} & \frac{1}{\sqrt{6}} \\ 0 & \frac{1}{\sqrt{3}} & \frac{2}{\sqrt{6}} \\ \frac{1}{\sqrt{2}} & \frac{1}{\sqrt{3}} & -\frac{1}{\sqrt{6}} \end{bmatrix}$

48. $A = \begin{bmatrix} 1 & 2 & 1 \\ 1 & 1 & 1 \\ 0 & 3 & 1 \end{bmatrix}$, $Q = \begin{bmatrix} \frac{1}{\sqrt{2}} & \frac{\sqrt{2}}{2\sqrt{19}} & -\frac{3}{\sqrt{19}} \\ \frac{1}{\sqrt{2}} & -\frac{\sqrt{2}}{2\sqrt{19}} & \frac{3}{\sqrt{19}} \\ 0 & \frac{3\sqrt{2}}{\sqrt{19}} & \frac{1}{\sqrt{19}} \end{bmatrix}$

49. 다음 행렬의 QR-분해를 구하라.

$$A = \begin{bmatrix} 1 & 0 & 1 \\ -1 & 1 & 1 \\ 1 & 0 & 1 \\ -1 & 1 & 1 \end{bmatrix}$$

50. 예제 8 아래의 참고에서 그람-슈미트 과정에서 계산을 수행하는 두 가지 대안적인 방법에 대해 논의했었다. 각 직교기저벡터를 계산되자마자 정규화하는 것과 각 단계에서 직교기저벡터를 크기조정하여 분수를 제거하는 것이 그것이다. 예제 8에서 이 두 방법을 사용해 보라.

증명 문제

51. 정리 6.3.6의 (a)를 증명하라.

52. 정리 6.3.5에 대한 증명의 단계 3에 "$\{\mathbf{u}_1, \mathbf{u}_2, \cdots, \mathbf{u}_r\}$의 선형독립성에 의해 $\mathbf{v}_3 \neq \mathbf{0}$이다"라는 문장이 있다. 이에 대해 증명하라.

53. 공식 (16)에 있던 R의 대각성분들이 0이 아님을 증명하라.

54. 예제 10에 주어진 행렬 Q는 $QQ^T = I_3$를 만족함을 보여라. 그리고 정규직교 열벡터들을 가지는 모든 $m \times n$ 행렬 Q는 $QQ^T = I_m$의 성질을 가지고 있음을 증명하라.

55. a. 만약 W가 유한차원 벡터공간 V의 부분공간이라면 $T(\mathbf{v})$

$= \text{proj}_W \mathbf{v}$에 의해 정의되는 사상 $T : V \to W$는 선형변환임을 증명하라.

b. (a)에서의 변환의 치역과 핵은 무엇인가?

참-거짓 문제

TF. **(a)-(f)**가 참인지 거짓인지를 밝히고 그 이유를 설명하라.

a. 하나의 내적공간의 모든 선형독립 벡터집합은 직교집합이다.

b. 하나의 내적공간의 모든 직교벡터들은 선형독립이다.

c. R^3의 영공간이 아닌 모든 부분공간은 유클리드 내적에 대해 정규직교기저를 가진다.

d. 모든 영이 아닌 유한차원 내적공간은 정규직교기저를 가진다.

e. $\text{proj}_W \mathbf{x}$는 W의 모든 벡터에 대해 직교한다.

f. A가 영이 아닌 행렬식을 가지는 $n \times n$ 행렬이면 A는 QR-분해를 가진다.

계산도구 문제

T1. a. 다음 행렬 A의 열공간의 유클리드 내적에 대한 정규직교기저를 찾기 위한 그람-슈미트 과정을 사용하라.

$$A = \begin{bmatrix} 1 & 1 & 1 & 1 \\ 1 & 0 & 0 & 1 \\ 0 & 1 & 0 & 2 \\ 2 & -1 & 1 & 1 \end{bmatrix}$$

b. 예제 9의 방법을 사용하여 A의 QR-분해를 구하라.

T2. P_4가 점 $-2, -1, 0, 1, 2$에서 평가내적을 갖는다고 하자. 그람-슈미트 과정을 아래 벡터에 적용하여 이 내적에 대한 P_4의 직교기저를 구하라.

$$\mathbf{p}_0 = 1, \quad \mathbf{p}_1 = x, \quad \mathbf{p}_2 = x^2, \quad \mathbf{p}_3 = x^3, \quad \mathbf{p}_4 = x^4$$

6.4 최적근사; 최소제곱

많은 응용에서 자연법칙상 n개의 미지수를 갖고 있는 m개의 방정식인 선형계 $A\mathbf{x} = \mathbf{b}$ 수식이 성립해야 하겠지만, 때로는 A나 $\mathbf{b}$의 원소에 존재하는 측정 오차로 인해 이 방정식이 성립하지 않을 수도 있다. 이런 경우에 R^m의 유클리드 내적 $\|\mathbf{b} - A\mathbf{x}\|$을 최소화한다는 의미에서 해에 가장 근접한 벡터들을 찾아야 한다. 이 절에서는 그러한 최소화하는 벡터들을 찾는 방법에 대해 논의할 것이다.

선형계의 최소제곱해

n개의 미지수와 m개의 방정식으로 이루어진 선형계 $A\mathbf{x} = \mathbf{b}$에서 A 또는 $\mathbf{b}$의 원소의 측정 오차로 인해 해가 존재하지 않는다고 가정하자. 이때 정확한 해를 얻는 것은 불가능하므로 R^m의 유클리드 내적에 대해 $\|\mathbf{b} - A\mathbf{x}\|$를 최소화한다는 의미에서 해에 "가장 가까운" 벡터 $\mathbf{x}$를 구하고자 한다. 그러면 우리는 $A\mathbf{x}$를 $\mathbf{b}$에 가장 가까운 근사값으로 생각할 수 있고, $\|\mathbf{b} - A\mathbf{x}\|$를 근사값의 *오차*로 생각할 수 있다. 오차가 적을수록 더 좋은 근사값이 된다. 이는 다음과 같은 문제로 이어진다.

최소제곱 문제

n개의 미지수와 m개의 방정식으로 이루어진 $A\mathbf{x} = \mathbf{b}$의 선형계에서, R^m의 유클리드 내적에 대해 $\|\mathbf{b} - A\mathbf{x}\|$ 값을 최소화하는 벡터 $\mathbf{x}$를 구하라. 이러한 $\mathbf{x}$를 ***최소제곱해***(least squares solution)라고 하며, $\mathbf{b} - A\mathbf{x}$를 ***최소제곱오차벡터***(least squares error vector), $\|\mathbf{b} - A\mathbf{x}\|$를 ***최소제곱오차***(least squares error)라고 한다.

만약 선형계가 일치하면 정확한 해는 최소제곱해와 동일하다. 이 경우 최소제곱오차는 영이다.

위의 용어를 정리하기 위해 $\mathbf{b} - A\mathbf{x}$의 행렬 형태를 다음과 같이 가정하자.

$$\mathbf{b} - A\mathbf{x} = \begin{bmatrix} e_1 \\ e_2 \\ \vdots \\ e_m \end{bmatrix}$$

"최소제곱해"라는 용어는 $\|\mathbf{b} - A\mathbf{x}\|$를 최소화하면서 동시에

$$\|\mathbf{b} - A\mathbf{x}\|^2 = e_1^2 + e_2^2 + \cdots + e_m^2$$

를 최소화하는 결과로부터 나왔다.

최소제곱 문제에 대하여 명심해야 할 중요한 것은 R^n상의 모든 벡터 $\mathbf{x}$에 대해 곱 $A\mathbf{x}$는 A의 열벡터의 선형결합이 되기 때문에 A의 열공간상에 있다는 것이다. 이 경우는 $A\mathbf{x} = \mathbf{b}$의 최소제곱의 해를 구하는 것이 등가적으로는 벡터 $\mathbf{b} - A\mathbf{x}$의 길이가 최소가 되도록 A의 열공간상에서 $\mathbf{b}$에 가장 가까운 벡터 $A\hat{\mathbf{x}}$를 찾는 것이다. **그림 6.4.1*a***에 이 내용이 잘 묘사되어 있으며 $A\hat{\mathbf{x}}$가 $\mathbf{b}$를 A의 열공간으로 정사영하는 것을 나타내고 있다. 즉, $A\hat{\mathbf{x}} = \text{proj}_{\text{col}(A)}\mathbf{b}$가 성립되는 것이다(**그림 6.4.1*b***). 다음 이론은 이러한 추측을 확인시켜 줄 것이다.

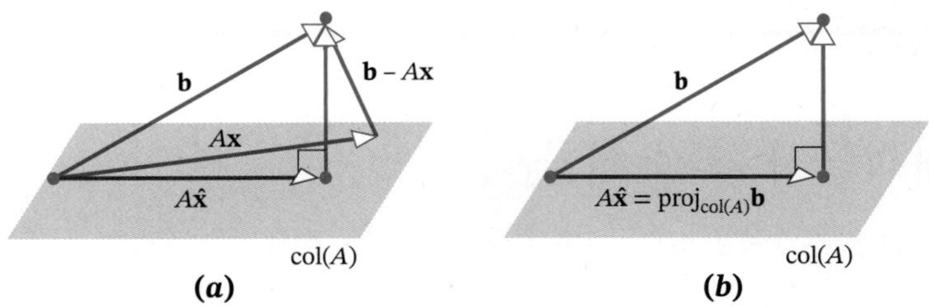

그림 6.4.1

정리 6.4.1

최적근사정리

W가 내적공간 V의 유한차원 부분공간이면 V의 임의의 벡터 $\mathbf{b}$에 대해서 $\text{proj}_W \mathbf{b}$는 W상의 벡터에 의한 $\mathbf{b}$의 ***최적근사***(best approximation)이다. 즉, $\text{proj}_W \mathbf{b}$가 아닌 W상의 모든 $\mathbf{w}$에 대해 다음이 성립한다.

$$\|\mathbf{b} - \text{proj}_W \mathbf{b}\| < \|\mathbf{b} - \mathbf{w}\|$$

증명 W의 임의의 벡터 $\mathbf{w}$에 대해서

$$\mathbf{b} - \mathbf{w} = (\mathbf{b} - \text{proj}_W \mathbf{b}) + (\text{proj}_W \mathbf{b} - \mathbf{w}) \tag{1}$$

이다. 그런데 $\text{proj}_W \mathbf{b} - \mathbf{w}$는 W상의 벡터끼리의 차이이므로 W에 포함되고, $\mathbf{b} - \text{proj}_W \mathbf{b}$는 W에 직교하는 벡터이므로 (1)의 우변의 두 항은 직교함을 알 수 있다. 따라서 피타고라스의 정리(정리 6.2.3)에 의해

$$\|\mathbf{b} - \mathbf{w}\|^2 = \|\mathbf{b} - \text{proj}_W \mathbf{b}\|^2 + \|\text{proj}_W \mathbf{b} - \mathbf{w}\|^2$$

이다. 만약 $\mathbf{w} \neq \text{proj}_W \mathbf{b}$이면, 덧셈의 두 번째 항은 양수이고 따라서 다음과 같다.

$$\|\mathbf{b} - \text{proj}_W \mathbf{b}\|^2 < \|\mathbf{b} - \mathbf{w}\|^2$$

놈은 음수가 아니기 때문에 (부등호의 성질로부터) 다음과 같이 된다.

$$\|\mathbf{b} - \text{proj}_W \mathbf{b}\| < \|\mathbf{b} - \mathbf{w}\| \ \blacksquare$$

정리 6.4.1에 따르면 만약 $V = R^n$이고 $W = \text{col}(A)$이면 $\text{col}(A)$에서 $\mathbf{b}$에 대한 최적근사는 $\text{proj}_{\text{col}(A)}\mathbf{b}$이다. 그러나 A의 열공간의 모든 벡터가 어떤 벡터 $\mathbf{x}$에 대해 $A\mathbf{x}$의 형태로 표현되기 때문에 $A\hat{\mathbf{x}} = \text{proj}_{\text{col}(A)}\mathbf{b}$가 되는 최소한 1개의 벡터 $\hat{\mathbf{x}}$가 존재한다. 그러한 벡터가 모두 $A\mathbf{x} = \mathbf{b}$의 최소제곱해이므로 최소제곱해는 유일하지 않을 수 있다. 하지만 $A\mathbf{x} = \mathbf{b}$의 최소제곱해가 1개 이상 존재하더라도 그러한 해 $\hat{\mathbf{x}}$는 같은 오차벡터 $\mathbf{b} - A\hat{\mathbf{x}}$를 갖는다.

최소제곱해 구하기

$A\mathbf{x} = \mathbf{b}$의 최소제곱해를 구하는 한 가지 방법은 A행렬의 열공간 W으로의 정사영 $\text{proj}_W \mathbf{b}$을 구하고 다음 수식을 푸는 것이다.

$$A\mathbf{x} = \text{proj}_W \mathbf{b} \tag{2}$$

그런데 (2)를 다음과 같이 정리함으로써 정사영을 계산하는 것을 피할 수 있다.

$$\mathbf{b} - A\mathbf{x} = \mathbf{b} - \text{proj}_W \mathbf{b}$$

양변에 A^T를 곱하여 다음을 얻는다.

$$A^T(\mathbf{b} - A\mathbf{x}) = A^T(\mathbf{b} - \text{proj}_W \mathbf{b}) \tag{3}$$

$\mathbf{b} - \text{proj}_W \mathbf{b}$는 A의 열공간에 직교하는 $\mathbf{b}$의 성분에 해당하므로 정리 4.9.7(b)에 의해 A^T의 영공간에 존재하게 되며 따라서 다음과 같다.

$$A^T(\mathbf{b} - \text{proj}_W \mathbf{b}) = \mathbf{0}$$

따라서 식 (3)을 간단히 하면

$$A^T(\mathbf{b} - A\mathbf{x}) = \mathbf{0}$$

이고, 이를 다시 정리하면 다음과 같다.

$$A^TA\mathbf{x} = A^T\mathbf{b} \tag{4}$$

이것을 $A\mathbf{x} = \mathbf{b}$에 대한 ***정규방정식***(normal equation) 또는 ***정규시스템***(normal system)이라고 한다.

요약하여 다음과 같이 정리할 수 있다.

정리 6.4.2

임의의 연립일차방정식 $A\mathbf{x} = \mathbf{b}$에 대해 연관된 정규연립방정식

$$A^TA\mathbf{x} = A^T\mathbf{b} \tag{5}$$

의 해가 존재하고, (5)의 모든 해는 $A\mathbf{x} = \mathbf{b}$의 최소제곱해이다. 더구나 W가 A의 열공간이고 $\mathbf{x}$가 $A\mathbf{x} = \mathbf{b}$의 임의의 최소제곱해이면 $\mathbf{b}$에서 W로의 정사영은 다음과 같다.

$$A\mathbf{x} = \text{proj}_W \mathbf{b} \tag{6}$$

예제 1 | 유일한 최소제곱해

다음 계의 최소제곱해, 최소제곱오차벡터, 최소제곱오차를 구하라.

$$\begin{aligned} x_1 - \ \ x_2 &= 4 \\ 3x_1 + 2x_2 &= 1 \\ -2x_1 + 4x_2 &= 3 \end{aligned}$$

풀이 이 계를 $A\mathbf{x} = \mathbf{b}$의 행렬 형태로 표현하는 것이 편리하다. 이때

$$A = \begin{bmatrix} 1 & -1 \\ 3 & 2 \\ -2 & 4 \end{bmatrix}, \quad \mathbf{b} = \begin{bmatrix} 4 \\ 1 \\ 3 \end{bmatrix} \tag{7}$$

이다. 다음과 같이 계산하자.

$$\begin{aligned} A^TA &= \begin{bmatrix} 1 & 3 & -2 \\ -1 & 2 & 4 \end{bmatrix} \begin{bmatrix} 1 & -1 \\ 3 & 2 \\ -2 & 4 \end{bmatrix} = \begin{bmatrix} 14 & -3 \\ -3 & 21 \end{bmatrix} \\ A^T\mathbf{b} &= \begin{bmatrix} 1 & 3 & -2 \\ -1 & 2 & 4 \end{bmatrix} \begin{bmatrix} 4 \\ 1 \\ 3 \end{bmatrix} = \begin{bmatrix} 1 \\ 10 \end{bmatrix} \end{aligned} \tag{8}$$

정규시스템 $A^TA\mathbf{x} = A^T\mathbf{b}$는 다음과 같다.

$$\begin{bmatrix} 14 & -3 \\ -3 & 21 \end{bmatrix} \begin{bmatrix} x_1 \\ x_2 \end{bmatrix} = \begin{bmatrix} 1 \\ 10 \end{bmatrix}$$

이 시스템을 풀면 유일한 최소제곱해는 다음과 같다.

$$x_1 = \tfrac{17}{95}, \quad x_2 = \tfrac{143}{285}$$

최소제곱오차벡터는

$$\mathbf{b} - A\mathbf{x} = \begin{bmatrix} 4 \\ 1 \\ 3 \end{bmatrix} - \begin{bmatrix} 1 & -1 \\ 3 & 2 \\ -2 & 4 \end{bmatrix} \begin{bmatrix} \frac{17}{95} \\ \frac{143}{285} \end{bmatrix} = \begin{bmatrix} 4 \\ 1 \\ 3 \end{bmatrix} - \begin{bmatrix} -\frac{92}{285} \\ \frac{439}{285} \\ \frac{94}{57} \end{bmatrix} = \begin{bmatrix} \frac{1232}{285} \\ -\frac{154}{285} \\ \frac{77}{57} \end{bmatrix}$$

이고 최소제곱오차는

$$\|\mathbf{b} - A\mathbf{x}\| \approx 4.556$$

이다.

다음 예제는 손으로 계산하기에는 조금 지루한 면이 있는데, 계산을 하지 않고 개념과 논리적 흐름을 따라가며 읽어 볼 수도 있다.

예제 2 | 무한한 최소제곱해

다음 시스템의 최소제곱해, 최소제곱오차벡터, 최소제곱오차를 구하라.

$$\begin{aligned} 3x_1 + \ \ 2x_2 - \ \ x_3 &= \ \ 2 \\ x_1 - \ \ 4x_2 + 3x_3 &= -2 \\ x_1 + 10x_2 - 7x_3 &= \ \ 1 \end{aligned}$$

풀이 $A\mathbf{x} = \mathbf{b}$의 행렬 형태는 다음과 같이 나타낼 수 있다.

$$A = \begin{bmatrix} 3 & 2 & -1 \\ 1 & -4 & 3 \\ 1 & 10 & -7 \end{bmatrix}, \quad \mathbf{b} = \begin{bmatrix} 2 \\ -2 \\ 1 \end{bmatrix}$$

이를 통해 다음을 얻을 수 있다.

$$A^TA = \begin{bmatrix} 11 & 12 & -7 \\ 12 & 120 & -84 \\ -7 & -84 & 59 \end{bmatrix}, \quad A^T\mathbf{b} = \begin{bmatrix} 5 \\ 22 \\ -15 \end{bmatrix}$$

정규시스템 $A^TA\mathbf{x} = A^T\mathbf{b}$에 대한 첨가행렬은 다음과 같이 나타낼 수 있다.

$$\left[\begin{array}{ccc|c} 11 & 12 & -7 & 5 \\ 12 & 120 & -84 & 22 \\ -7 & -84 & 59 & -15 \end{array}\right]$$

이 행렬의 기약 행사다리꼴은 다음과 같다.

$$\left[\begin{array}{ccc|c} 1 & 0 & \frac{1}{7} & \frac{2}{7} \\ 0 & 1 & -\frac{5}{7} & \frac{13}{84} \\ 0 & 0 & 0 & 0 \end{array}\right]$$

이를 통해 무한히 많은 최소제곱해가 있다는 사실을 알 수 있으며 이들은 다음의 매개변수 방정식을 통해 주어진다.

$$\begin{aligned} x_1 &= \tfrac{2}{7} - \tfrac{1}{7}t \\ x_2 &= \tfrac{13}{84} + \tfrac{5}{7}t \\ x_3 &= t \end{aligned}$$

점검을 위해 모든 최소제곱해는 동일한 최소제곱오차벡터와 최소제곱오차를 가진다는 사실을 검증한다. 이를 확인하기 위해 먼저 다음 식을 계산한다.

$$\mathbf{b} - A\mathbf{x} = \begin{bmatrix} 2 \\ -2 \\ 1 \end{bmatrix} - \begin{bmatrix} 3 & 2 & -1 \\ 1 & -4 & 3 \\ 1 & 10 & -7 \end{bmatrix} \begin{bmatrix} \frac{2}{7} - \frac{1}{7}t \\ \frac{13}{84} + \frac{5}{7}t \\ t \end{bmatrix} = \begin{bmatrix} 2 \\ -2 \\ 1 \end{bmatrix} - \begin{bmatrix} \frac{7}{6} \\ -\frac{1}{3} \\ \frac{11}{6} \end{bmatrix} = \begin{bmatrix} \frac{5}{6} \\ -\frac{5}{3} \\ -\frac{5}{6} \end{bmatrix}$$

$\mathbf{b} - A\mathbf{x}$가 t에 의존하지 않기 때문에 모든 최소제곱해는 같은 오차벡터를 생성한다.

$$\|\mathbf{b} - A\mathbf{x}\| = \sqrt{\left(\tfrac{5}{6}\right)^2 + \left(-\tfrac{5}{3}\right)^2 + \left(-\tfrac{5}{6}\right)^2} = \tfrac{5}{6}\sqrt{6}$$

최소제곱해의 유일성 조건

정리 6.4.2를 통해 $A\mathbf{x} = \mathbf{b}$의 정규방정식 $A^TA\mathbf{x} = A^T\mathbf{b}$의 해가 존재하는 것을 알고 있다. 그러면 정리 1.6.1로부터 모든 선형계 $A\mathbf{x} = \mathbf{b}$가 (예제 1에서처럼) 1개의 최소제곱해 또는 (예제 2에서처럼) 무한개의 최소제곱해를 갖는다. A^TA가 정방행렬이므로 만약 A^TA가 가역이면 유일 해가 존재하고 그렇지 않으면 무한한 최소제곱해가 존재한다. 다음 정리는 A의 열벡터를 이용해서 A^TA의 가역성의 판별법을 제공한다.

정리 6.4.3

A가 $m \times n$ 행렬이면 다음은 동등하다.

(*a*) A의 열벡터가 선형독립이다.

(*b*) A^TA가 가역이다.

증명 (*a*) ⇒ (*b*)를 증명하기로 하고 (*b*) ⇒ (*a*)의 증명은 연습문제로 남긴다.

(*a*) ⇒ (*b*) A가 선형독립 열벡터를 갖는다고 가정하자. 행렬 A^TA의 크기는 $n \times n$이므로 연립일차방정식 $A^TA\mathbf{x} = \mathbf{0}$이 오직 자명해만을 가짐을 밝힘으로써 이 행렬은 가역임을 증명할 수 있다. 그러나 $\mathbf{x}$가 이 연립방정식의 임의의 해이면 $A\mathbf{x}$는 A^T의 영공간에 속하고 또한 A의 열공간에 속한다. 정리 4.9.7(*b*)에 의해 이들 공간은 직교여공간이다. 따라서 정리 6.2.4의 (*b*)에 의해 $A\mathbf{x} = \mathbf{0}$이다. 그런데 A는 선형독립 열벡터를 가지므로 정리 5.1.5의 (*b*), (*h*)에 의해 $\mathbf{x} = \mathbf{0}$이다. ■

정리 6.4.2와 6.4.3으로부터 바로 나오게 되는 다음 정리는 행렬 계수들이 선형독립인 열벡터를 가지는 경우의 선형계가 가지는 최소제곱해에 대한 분명한 공식을 보여 준다.

정리 6.4.4

A가 선형독립 열벡터들로 이루어진 $m \times n$ 행렬이라고 하면, 모든 $m \times 1$ 행렬 $\mathbf{b}$에 대해 선형시스템 $A\mathbf{x} = \mathbf{b}$는 유일한 최소제곱해를 가진다. 이것의 해는 다음과 같이 주어진다.

$$\mathbf{x} = (A^TA)^{-1}A^T\mathbf{b} \tag{9}$$

또한 W가 A의 열공간이면

$$A\mathbf{x} = A(A^TA)^{-1}A^T\mathbf{b} = \text{proj}_W \mathbf{b} \tag{10}$$

이다.

예제 3 | 예제 1에 공식 적용

공식 (9)와 공식 (7), (8)에 있는 행렬들을 사용해서 예제 1의 최소제곱해를 찾아라.

풀이 아래 식의 결과가 예제 1에서 구한 결과와 일치하는지에 대한 확인은 독자에게 맡긴다.

$$\mathbf{x} = (A^TA)^{-1}A^T\mathbf{b} = \begin{bmatrix} 14 & -3 \\ -3 & 21 \end{bmatrix}^{-1} \begin{bmatrix} 1 & 3 & -2 \\ -1 & 2 & 4 \end{bmatrix} \begin{bmatrix} 4 \\ 1 \\ 3 \end{bmatrix}$$

$$= \frac{1}{285} \begin{bmatrix} 21 & 3 \\ 3 & 14 \end{bmatrix} \begin{bmatrix} 1 & 3 & -2 \\ -1 & 2 & 4 \end{bmatrix} \begin{bmatrix} 4 \\ 1 \\ 3 \end{bmatrix} = \begin{bmatrix} \frac{17}{95} \\ \frac{143}{285} \end{bmatrix}$$

공식 (10)으로부터 행렬 A의 열공간에 대한 정사영의 표준행렬은 다음과 같다.

$$P = A(A^TA)^{-1}A^T \tag{11}$$

이 결과를 다음 예제에서 사용할 것이다.

예제 4 | 열공간으로의 정사영

3.3절의 공식 (12)에서 양의 x축에 대해 각도 θ를 이루고 R^2의 원점을 지나는 직선 W 위로의 정사영을 위한 표준행렬이 아래와 같다는 것을 보여 주었다.

$$P_\theta = \begin{bmatrix} \cos^2\theta & \sin\theta\cos\theta \\ \sin\theta\cos\theta & \sin^2\theta \end{bmatrix}$$

공식 (11)을 이용하여 이 결과를 유도하라.

풀이 공식 (11)을 적용하기 위해 선 W가 열공간이 되는 행렬 A를 찾아야 한다. 직선은 1차원이고 벡터 $\mathbf{w} = (\cos\theta, \sin\theta)$(**그림 6.4.2**)의 모든 스칼라곱을 포함하기 때문에 A는 다음과 같이 나타낼 수 있다.

$$A = \begin{bmatrix} \cos\theta \\ \sin\theta \end{bmatrix}$$

A^TA가 1×1 항등행렬이므로(증명하라), 다음과 같은 결과를 얻을 수 있다.

$$A(A^TA)^{-1}A^T = AA^T = \begin{bmatrix} \cos\theta \\ \sin\theta \end{bmatrix} [\cos\theta \quad \sin\theta]$$

$$= \begin{bmatrix} \cos^2\theta & \sin\theta\cos\theta \\ \sin\theta\cos\theta & \sin^2\theta \end{bmatrix} = P_\theta$$

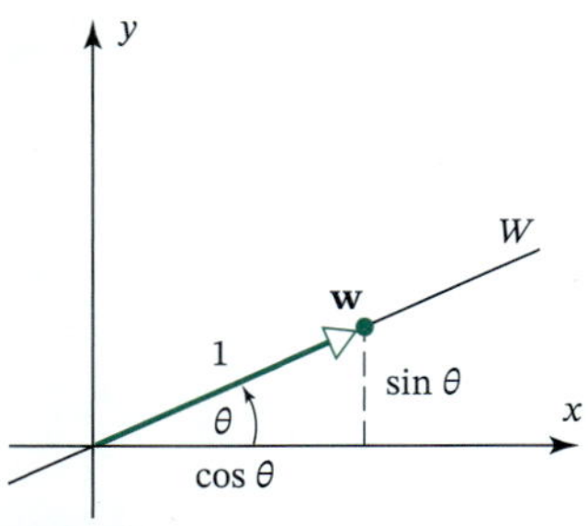

그림 6.4.2

동등 정리의 추가

이 절의 최종 결과로 정리 5.1.5에 하나를 추가한다.

정리 6.4.5

동등한 명제들

만약 A가 중복된 열과 행이 없는 $n \times n$ 행렬이면 다음의 명제들은 동등하다.

(*a*) A가 가역이다.

(*b*) $A\mathbf{x} = \mathbf{0}$이 오직 자명해만을 갖는다.

(*c*) A의 기약 행사다리꼴이 I_n이다.

(*d*) A를 기본행렬의 곱으로 표현할 수 있다.

(*e*) $A\mathbf{x} = \mathbf{b}$가 모든 $n \times 1$ 행렬 $\mathbf{b}$에 대해서 해를 갖는다.

(*f*) $A\mathbf{x} = \mathbf{b}$가 모든 $n \times 1$ 행렬 $\mathbf{b}$에 대해서 오직 하나의 해만을 갖는다.

(*g*) $\det(A) \neq 0$.

(*h*) A의 열벡터가 선형독립이다.

(*i*) A의 행벡터가 선형독립이다.

(*j*) A의 열벡터가 R^n을 생성한다.

(*k*) A의 행벡터가 R^n을 생성한다.

(*l*) A의 열벡터가 R^n의 기저를 이룬다.

(*m*) A의 행벡터가 R^n의 기저를 이룬다.

(*n*) A의 랭크가 n이다.

(*o*) A의 무효차수는 0이다.

(*p*) A의 영공간의 직교여공간이 R^n이다.

(*q*) A의 행공간의 직교여공간이 $\{\mathbf{0}\}$이다.

(*r*) $\lambda = 0$이 A의 고유값이 아니다.

(*s*) A^TA가 가역이다.

이 정리의 (*h*)와 정리 6.4.3을 정방행렬에 적용함으로써 (*s*)가 증명된다.

선택사항: 최소제곱에 대한 또 다른 관점

정리 4.9.7을 상기하면, $m \times n$ 행렬 A의 영공간과 행공간은 A^T의 영공간과 A의 열공간이 직교여집합 관계인 것처럼 직교여집합 관계이다. 따라서 A가 $m \times n$ 행렬인 선형시스템 $A\mathbf{x} = \mathbf{b}$의 경우 사영정리(정리 6.3.3)는 벡터 $\mathbf{x}$와 $\mathbf{b}$ 각각이 다음 수식처럼 직교성분들의 합으로 분해될 수 있음을 보여 준다.

$$\mathbf{x} = \mathbf{x}_{\text{row}(A)} + \mathbf{x}_{\text{null}(A)} \quad \text{그리고} \quad \mathbf{b} = \mathbf{b}_{\text{null}(A^T)} + \mathbf{b}_{\text{col}(A)}$$

여기서 $\mathbf{x}_{\text{row}(A)}$와 $\mathbf{x}_{\text{null}(A)}$는 $\mathbf{x}$를 A의 행공간 및 영공간에 정사영한 것이며, $\mathbf{b}_{\text{null}(A^T)}$와 $\mathbf{b}_{\text{col}(A)}$는 $\mathbf{b}$를 각각 A^T의 영공간과 A의 열공간으로 정사영한 것이다.

그림 6.4.3은 R^n과 R^m상에서 $\mathbf{x}$와 $\mathbf{b}$의 정사영이 직교직선으로 표현되는 기본공간들을 보여 준다. (물론 이것은 도식적으로 보여 주는 것으로 기본공간이 반드시 일차원 공간일 필요는 없다.) 이 그림은 $A\mathbf{x}$를 A의 열공간상의 점으로 표현했으며, $\mathbf{b}_{\text{col}(A)}$가 $\mathbf{b}$에

가장 가까운 col(A) 안의 점임을 보여 주고 있다. $A\mathbf{x} = \mathbf{b}$의 해가 존재하면 벡터 $\mathbf{b}$가 A의 열공간에 있게 되며 $A\mathbf{x}$, $\mathbf{b}$, $\mathbf{b}_{\text{col}(A)}$ 점들이 일치한다. 이 그림은 $\mathbf{x}_{\text{row}(A)}$가 A로 곱해져서 $A\mathbf{x}$로 사상된다는 것을 나타낸다. 이유를 설명해 보라.

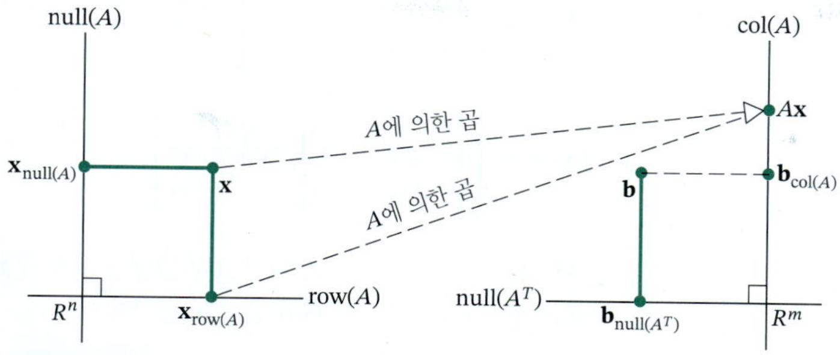

그림 6.4.3

선택사항: 최소제곱 문제에서 QR-분해의 역할

공식 (9)와 (10)은 이론적으로는 사용되지만 실제 수치연산에서는 적당하지 않다. 실제 $A\mathbf{x} = \mathbf{b}$의 최소제곱해는 일반적으로 정규방정식을 풀기 위한 가우스 소거법의 변형을 이용하거나 QR-분해와 다음 정리를 사용하여 구한다.

정리 6.4.6

만약 A가 선형독립 열벡터를 가지는 $m \times n$ 행렬이라고 하고, $A = QR$이 A의 QR-분해라고 할 때(정리 6.3.7 참조), R^m에 존재하는 각각의 $\mathbf{b}$에 대해 $A\mathbf{x} = \mathbf{b}$의 최소제곱해는 다음과 같이 주어진다.

$$\mathbf{x} = R^{-1}Q^T\mathbf{b} \tag{12}$$

이 정리의 증명과 용도에 대한 논의는 선형대수의 수치방법에 대한 많은 책에서 찾을 수 있다. 그러나 (9)에 $A = QR$을 대입하고 $Q^TQ = I$를 이용하면 다음과 같이 공식 (12)를 얻을 수 있다.

$$\begin{aligned}\mathbf{x} &= \left((QR)^T(QR)\right)^{-1}(QR)^T\mathbf{b}\\ &= (R^TQ^TQR)^{-1}(QR)^T\mathbf{b}\\ &= R^{-1}(R^T)^{-1}R^TQ^T\mathbf{b}\\ &= R^{-1}Q^T\mathbf{b}\end{aligned}$$

연습문제 6.4

(1-2) 다음에 주어진 선형시스템에 연관된 정규방정식을 구하라.

1. $\begin{bmatrix} 1 & -1 \\ 2 & 3 \\ 4 & 5 \end{bmatrix}\begin{bmatrix} x_1 \\ x_2 \end{bmatrix} = \begin{bmatrix} 2 \\ -1 \\ 5 \end{bmatrix}$

2. $\begin{bmatrix} 2 & -1 & 0 \\ 3 & 1 & 2 \\ -1 & 4 & 5 \\ 1 & 2 & 4 \end{bmatrix}\begin{bmatrix} x_1 \\ x_2 \\ x_3 \end{bmatrix} = \begin{bmatrix} -1 \\ 0 \\ 1 \\ 2 \end{bmatrix}$

(3-6) 선형계 $A\mathbf{x} = \mathbf{b}$의 최소제곱해를 구하라.

3. $A = \begin{bmatrix} 1 & -1 \\ 2 & 3 \\ 4 & 5 \end{bmatrix}$; $\mathbf{b} = \begin{bmatrix} 2 \\ -1 \\ 5 \end{bmatrix}$

4. $A = \begin{bmatrix} 2 & -2 \\ 1 & 1 \\ 3 & 1 \end{bmatrix}$; $\mathbf{b} = \begin{bmatrix} 2 \\ -1 \\ 1 \end{bmatrix}$

5. $A = \begin{bmatrix} 1 & 0 & -1 \\ 2 & 1 & -2 \\ 1 & 1 & 0 \\ 1 & 1 & -1 \end{bmatrix}$; $\mathbf{b} = \begin{bmatrix} 6 \\ 0 \\ 9 \\ 3 \end{bmatrix}$

6. $A = \begin{bmatrix} 2 & 0 & -1 \\ 1 & -2 & 2 \\ 2 & -1 & 0 \\ 0 & 1 & -1 \end{bmatrix}$; $\mathbf{b} = \begin{bmatrix} 0 \\ 6 \\ 0 \\ 6 \end{bmatrix}$

(7-10) 최소제곱오차와 최소제곱오차벡터를 구하고 최소제곱오차벡터가 A의 열공간에 직교함을 검증하라.

7. 연습문제 3의 식

8. 연습문제 4의 식

9. 연습문제 5의 식

10. 연습문제 6의 식

(11-14) $A\mathbf{x} = \mathbf{b}$의 모든 최소제곱해를 구하고, 모든 해가 같은 오차벡터를 가짐을 확인하라.

11. $A = \begin{bmatrix} 2 & 1 \\ 4 & 2 \\ -2 & -1 \end{bmatrix}$; $\mathbf{b} = \begin{bmatrix} 3 \\ 2 \\ 1 \end{bmatrix}$

12. $A = \begin{bmatrix} 1 & 3 \\ -2 & -6 \\ 3 & 9 \end{bmatrix}$; $\mathbf{b} = \begin{bmatrix} 1 \\ 0 \\ 1 \end{bmatrix}$

13. $A = \begin{bmatrix} -1 & 3 & 2 \\ 2 & 1 & 3 \\ 0 & 1 & 1 \end{bmatrix}$; $\mathbf{b} = \begin{bmatrix} 7 \\ 0 \\ -7 \end{bmatrix}$

14. $A = \begin{bmatrix} 3 & 2 & -1 \\ 1 & -4 & 3 \\ 1 & 10 & -7 \end{bmatrix}$; $\mathbf{b} = \begin{bmatrix} 2 \\ -2 \\ 1 \end{bmatrix}$

*(15-16) 정리 6.4.2를 사용해서 A의 열공간 위로의 **b**의 정사영을 찾고 정리 6.4.4를 사용해서 결과를 검증하라.*

15. $A = \begin{bmatrix} 1 & -1 \\ 3 & 2 \\ -2 & 4 \end{bmatrix}$; $\mathbf{b} = \begin{bmatrix} 4 \\ 1 \\ 3 \end{bmatrix}$

16. $A = \begin{bmatrix} 5 & 1 \\ 1 & 3 \\ 4 & -2 \end{bmatrix}$; $\mathbf{b} = \begin{bmatrix} -4 \\ 2 \\ 3 \end{bmatrix}$

17. 벡터 $\mathbf{v}_1$과 $\mathbf{v}_2$가 생성하는 R^3의 부분공간에서의 $\mathbf{u}$의 정사영을 구하라.

$$\mathbf{u} = (1, -6, 1);\ \mathbf{v}_1 = (-1, 2, 1),\ \mathbf{v}_2 = (2, 2, 4)$$

18. 벡터 $\mathbf{v}_1$, $\mathbf{v}_2$, $\mathbf{v}_3$가 생성하는 R^4의 부분공간에서의 $\mathbf{u}$의 정사영을 구하라.

$$\mathbf{u} = (6, 3, 9, 6);\ \mathbf{v}_1 = (2, 1, 1, 1),\ \mathbf{v}_2 = (1, 0, 1, 1),$$
$$\mathbf{v}_3 = (-2, -1, 0, -1)$$

(19-20) 예제 3의 방법을 사용하여 R^2의 다음 부분공간 위로의 정사영의 표준행렬을 구하고, 1.8절의 표 3과 비교하라.

19. x축 **20.** y축

(21-22) 예제 3의 방법을 사용하여 R^3의 다음 부분공간 위로의 정사영의 표준행렬을 구하고, 1.8절의 표 4와 비교하라.

21. xz-평면 **22.** yz-평면

(23-24) QR-분해를 사용하여 $A\mathbf{x} = \mathbf{b}$의 최소제곱해를 구하라.

23. $A = \begin{bmatrix} 3 & 1 \\ -4 & 1 \end{bmatrix} = \begin{bmatrix} \frac{3}{5} & \frac{4}{5} \\ -\frac{4}{5} & \frac{3}{5} \end{bmatrix}\begin{bmatrix} 5 & -\frac{1}{5} \\ 0 & \frac{7}{5} \end{bmatrix}$; $\mathbf{b} = \begin{bmatrix} 3 \\ 2 \end{bmatrix}$

24. $A = \begin{bmatrix} 3 & -6 \\ 4 & -8 \\ 0 & 1 \end{bmatrix} = \begin{bmatrix} \frac{3}{5} & 0 \\ \frac{4}{5} & 0 \\ 0 & 1 \end{bmatrix}\begin{bmatrix} 5 & -10 \\ 0 & 1 \end{bmatrix}$; $\mathbf{b} = \begin{bmatrix} -1 \\ 7 \\ 2 \end{bmatrix}$

25. W가 방정식 $5x - 3y + z = 0$을 갖는 평면이라고 하자.

a. W의 기저를 구하라.

b. W 위로의 정사영의 표준행렬을 구하라.

26. W가 매개변수 방정식

$$x = 2t, \quad y = -t, \quad z = 4t$$

를 갖는 직선이라고 하자.

a. W의 기저를 구하라.

b. W 위로의 정사영의 표준행렬을 구하라.

27. 다음과 같은 선형시스템의 해공간 위로의 $\mathbf{u} = (5, 6, 7, 2)$의 정사영을 구하라.

$$\begin{aligned} x_1 + \quad x_2 + x_3 \qquad &= 0 \\ 2x_2 + x_3 + x_4 &= 0 \end{aligned}$$

28. $\mathbf{w} = (a, b, c)$가 영이 아닌 벡터이면 R^3에서 $\mathbf{w}$가 생성하는 직선 위로의 정사영에 대한 표준행렬은

$$P = \frac{1}{a^2 + b^2 + c^2}\begin{bmatrix} a^2 & ab & ac \\ ab & b^2 & bc \\ ac & bc & c^2 \end{bmatrix}$$

임을 보여라.

29. A가 선형독립인 행벡터를 가진 $m \times n$ 행렬이다. A의 행공간으로의 정사영에 대한 표준행렬을 구하라.

증명 문제

30. A가 선형독립 열벡터를 가지며 $A\mathbf{x} = \mathbf{b}$가 해를 가지면 $A\mathbf{x} = \mathbf{b}$의 최소제곱해와 정확한 해는 동일함을 증명하라.

31. A가 선형독립 열벡터를 가지며 $\mathbf{b}$가 A의 열공간에 직교하면 $A\mathbf{x} = \mathbf{b}$의 최소제곱해는 $\mathbf{x} = \mathbf{0}$을 증명하라.

32. 정리 6.4.3의 결과 $(b) \Rightarrow (a)$를 증명하라.

참-거짓 문제

TF. (a)-(h)가 참인지 거짓인지를 밝히고 그 이유를 설명하라.

a. A가 $m \times n$ 행렬이면 A^TA는 정방행렬이다.

b. A^TA가 가역이면 A는 가역이다.

c. A가 가역이면 A^TA는 가역이다.

d. $A\mathbf{x} = \mathbf{b}$가 해를 갖는 선형계이면 $A^TA\mathbf{x} = A^T\mathbf{b}$ 또한 해를 갖는다.

e. $A\mathbf{x} = \mathbf{b}$가 해를 갖지 않는 선형계이면 $A^TA\mathbf{x} = A^T\mathbf{b}$ 또한 해를 갖지 않는다.

f. 모든 선형계는 최소제곱해를 갖는다.

g. 모든 선형계는 유일한 최소제곱해를 갖는다.

h. A가 선형독립 열을 갖는 $m \times n$ 행렬이고 $\mathbf{b}$가 R^m 안에 있으면 $A\mathbf{x} = \mathbf{b}$는 유일한 최소제곱해를 갖는다.

계산도구 문제

T1. a. 정리 6.4.4를 사용하여 다음 선형시스템이 유일한 최소제곱해를 가짐을 보이고, 6.4절의 예제 1의 방법을 사용하여 구하라.

$$\begin{aligned} x_1 + \quad x_2 + x_3 &= \ \ 1 \\ 4x_1 + 2x_2 + x_3 &= 10 \\ 9x_1 + 3x_2 + x_3 &= \ \ 9 \\ 16x_1 + 4x_2 + x_3 &= 16 \end{aligned}$$

b. 공식 (9)를 사용하여 (a)의 계산결과를 점검하라.

T2. 예제 2에서 얻은 결과를 계산도구를 사용하여 계산해 보고 확인하라.

6.5 최소제곱을 사용한 수학적 모형

이 절에서는 실험으로 얻은 평면 위의 점들을 토대로 내적공간의 정사영 기법을 이용한 직선 또는 다른 다항식의 곡선을 적합(fitting)시키는 기법에 대해 다룬다.

자료에 대한 임의의 곡선적합

실험 작업에서 공통된 문제는 다양한 실험으로 결정된 변수 x와 y의 값, 예를 들어

$$(x_1, y_1), (x_2, y_2), \ldots, (x_n, y_n)$$

에 대응하는 평면의 점에 어떤 곡선을 적합시킴으로써 두 변수 x와 y 사이의 수학적 관계 $y = f(x)$를 얻는 것이다. 실험 수행자는 이론적 고찰에 기초하거나 아니면 간단히 점들의 모양을 관측하여 적합할 곡선 $y = f(x)$의 일반적 형태를 결정한다. 이러한 곡선을 자료의 ***수학적 모형***(mathematical model)이라고 한다. 수학적 모형이 다른 형태의 함수일 수도 있지만 여기서는 다항식 모형에 초점을 맞출 것이다. 몇 가지 예는 다음과 같다(**그림 6.5.1**).

(a) 직선: $y = a + bx$
(b) 이차다항식: $y = a + bx + cx^2$
(c) 삼차다항식: $y = a + bx + cx^2 + dx^3$

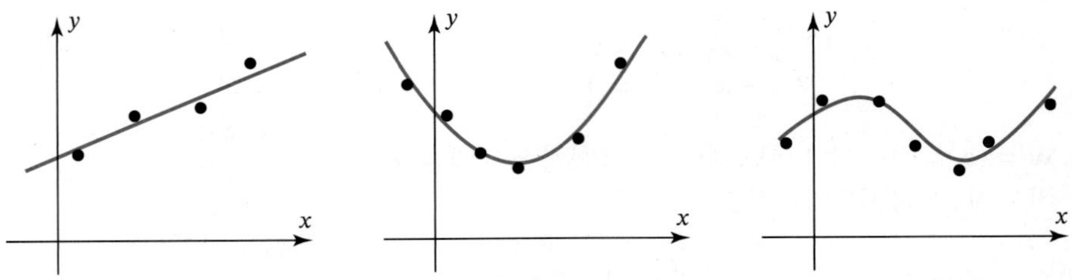

(a) $y = a + bx$　**(b)** $y = a + bx + cx^2$　**(c)** $y = a + bx + cx^2 + dx^3$

그림 6.5.1

직선의 최소제곱 적합

실험으로 자료를 얻을 때 일반적으로 자료에 측정 "오차"가 있고 이로 인해 측정된 자료를 토대로 얻은 모든 점을 완벽히 지나는 곡선을 구하지 못할 수 있다. 그러면 그 실험적 자료에 가장 잘 들어맞는 곡선(계수를 결정해서)을 선택하는 것이다. 자료에 직선을 적합시키는 가장 간단한 경우부터 시작해 보자.

측정된 실험 자료로부터 직선 $y = a + bx$를 적합하고자 한다. x축의 자료는 정확하지만 y축의 자료는 일부 부정확하다고 가정하자. 해당 자료를 아래와 같은 형태로 표기할 수 있다.

$$(x_1, y_1), (x_2, y_2), \ldots, (x_n, y_n)$$

만약 자료들이 동일 직선상에 있다면 이 직선은 이들 n개의 모든 점을 지날 것이므로 미지계수 a와 b는 아래 식을 만족한다.

$$\begin{aligned} y_1 &= a + bx_1 \\ y_2 &= a + bx_2 \\ &\vdots \\ y_n &= a + bx_n \end{aligned} \tag{1}$$

이를 행렬식 형태로 나타내면 다음과 같다.

$$\begin{bmatrix} 1 & x_1 \\ 1 & x_2 \\ \vdots & \vdots \\ 1 & x_n \end{bmatrix} \begin{bmatrix} a \\ b \end{bmatrix} = \begin{bmatrix} y_1 \\ y_2 \\ \vdots \\ y_n \end{bmatrix}$$

이를 간결하게 표현하면 다음과 같다.

$$M\mathbf{v} = \mathbf{y} \tag{2}$$

여기서 각각의 변수는 다음과 같다.

$$\mathbf{y} = \begin{bmatrix} y_1 \\ y_2 \\ \vdots \\ y_n \end{bmatrix}, \quad M = \begin{bmatrix} 1 & x_1 \\ 1 & x_2 \\ \vdots & \vdots \\ 1 & x_n \end{bmatrix}, \quad \mathbf{v} = \begin{bmatrix} a \\ b \end{bmatrix} \tag{3}$$

만약 자료에 측정 오차가 있다면 자료점들은 일반적으로 일직선 위에 있지 않을 것이고 (1)은 해가 없을 것이다. 이런 경우에는 다음 식

$$M^TM\mathbf{v} = M^T\mathbf{y}$$

과 같은 정규시스템의 해를 구함으로써 a와 b의 값에 대한 최소제곱근사를 찾는다. 해를 찾는 과정을 단순화하기 위해 x축의 자료가 모두 같지 않다고 하자. 그러면 M의 열벡터는 선형독립이고(왜 그럴까?) 정규방정식

$$\mathbf{v}^* = \begin{bmatrix} a^* \\ b^* \end{bmatrix} = (M^TM)^{-1}M^T\mathbf{y}$$

은 유일한 해를 갖는다[증명 6.4.4의 공식 (9) 참조]. 이러한 해로 얻어지는 직선 $y = a^* + b^*x$를 ***회귀직선***(regression line)이라고 한다. (2)와 (3)으로부터 이 직선이 다음을

$$\|\mathbf{y} - M\mathbf{v}\|^2 = [y_1 - (a + bx_1)]^2 + [y_2 - (a + bx_2)]^2 + \cdots + [y_n - (a + bx_n)]^2$$

최소화하는 것을 알 수 있다. 다음과 같은 ***양***(quantity)

$$d_1 = |y_1 - (a + bx_1)|, \quad d_2 = |y_2 - (a + bx_2)|, \ldots, \quad d_n = |y_n - (a + bx_n)|$$

을 ***잔차***(residual)라고 한다. 잔차 d_i는 회귀직선과 자료점 (x_i, y_i) 사이의 거리로 해석할 수 있고(**그림 6.5.2**), 이를 x_i 지점에서의 y_i의 "오차"로 이해할 수 있다.

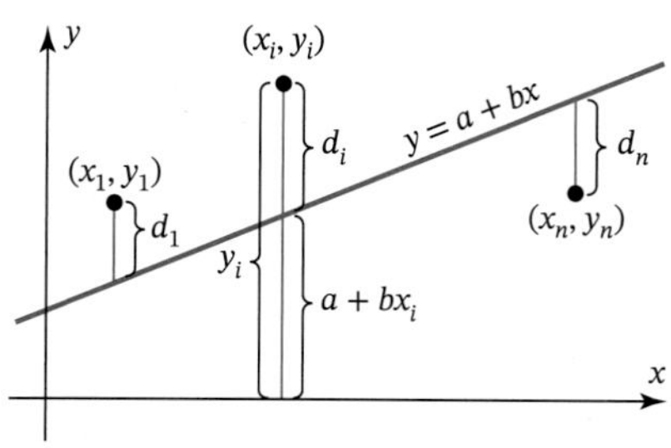

그림 6.5.2 수직 오차의 측도

회귀직선은 모든 오차 제곱의 합을 최소화하는 까닭에 종종 ***최소제곱직선***(least square line)이라고도 한다.

정리 6.5.1

회귀직선의 유일성

$(x_1, y_1), (x_2, y_2), \cdots, (x_n, y_n)$이 2개 또는 그 이상의 자료점이고 모두가 하나의 수

직선상에 있지 않으며

$$M = \begin{bmatrix} 1 & x_1 \\ 1 & x_2 \\ \vdots & \vdots \\ 1 & x_n \end{bmatrix} \quad \text{그리고} \quad \mathbf{y} = \begin{bmatrix} y_1 \\ y_2 \\ \vdots \\ y_n \end{bmatrix} \tag{4}$$

이라고 하면, 이들 자료점에 대한 유일한 최소제곱직선 적합

$$y = a^* + b^*x \tag{5}$$

가 존재한다. 또한

$$\mathbf{v}^* = \begin{bmatrix} a^* \\ b^* \end{bmatrix} \tag{6}$$

는 식

$$\mathbf{v}^* = (M^TM)^{-1}M^T\mathbf{y} \tag{7}$$

로 주어지는데 이것은 $\mathbf{v} = \mathbf{v}^*$가 정규방정식

$$M^TM\mathbf{v} = M^T\mathbf{y} \tag{8}$$

의 유일한 해라는 사실을 나타낸다.

예제 1 | 최소제곱직선 적합

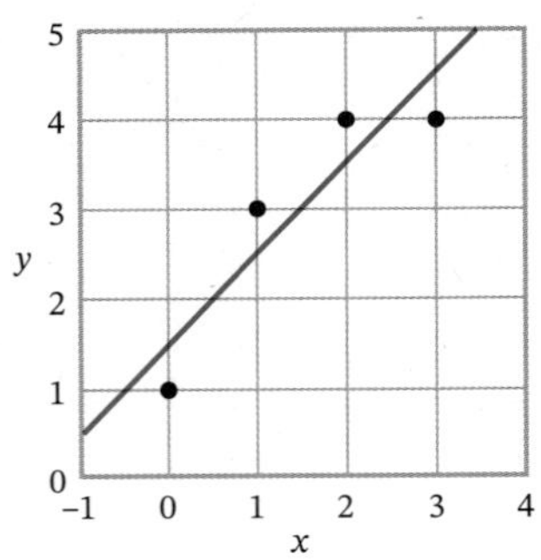

그림 6.5.3

4개의 점 (0, 1), (1, 3), (2, 4), (3, 4)에 대한 최소제곱직선 적합을 구하라(**그림 6.5.3** 참조).

풀이 다음을 얻을 수 있다.

$$M = \begin{bmatrix} 1 & 0 \\ 1 & 1 \\ 1 & 2 \\ 1 & 3 \end{bmatrix}, \quad M^TM = \begin{bmatrix} 4 & 6 \\ 6 & 14 \end{bmatrix}, \quad (M^TM)^{-1} = \frac{1}{10}\begin{bmatrix} 7 & -3 \\ -3 & 2 \end{bmatrix}$$

$$\mathbf{v}^* = (M^TM)^{-1}M^T\mathbf{y} = \frac{1}{10}\begin{bmatrix} 7 & -3 \\ -3 & 2 \end{bmatrix}\begin{bmatrix} 1 & 1 & 1 & 1 \\ 0 & 1 & 2 & 3 \end{bmatrix}\begin{bmatrix} 1 \\ 3 \\ 4 \\ 4 \end{bmatrix} = \begin{bmatrix} 1.5 \\ 1 \end{bmatrix}$$

따라서 구하고자 하는 직선은 $y = 1.5 + x$이다.

예제 2 | 용수철상수

물리학에서 후크의 법칙(Hook's law)은 균질한 용수철의 길이 x가 용수철에 작용한 힘 y의 일차함수임을 뜻한다. 이런 관계를 $y = a + bx$로 표현하다면 계수 b를 ***용수철상수***(spring constant)라고 한다. 어떤 늘어나지 않은 상태의 용수철의 길이가 6.1인치로 측정되었다고 가정하자(즉, $y = 0$일 때 $x = 6.1$). 그리고 **그림 6.5.4**와 같이 여러 다른 무게의 추를 용수철 끝에 건다고 가정하자. 이에 대한 표는 다음과 같다.

무게 y (lb)	0	2	4	6
길이 x (in.)	6.1	7.6	8.7	10.4

획득한 자료에 적합한 최소제곱직선을 찾고 대략적인 용수철상수를 구하라.

풀이 이 문제는 4개의 자료점

$$(6.1, 0),\quad (7.6, 2),\quad (8.7, 4),\quad (10.4, 6)$$

을 토대로 $y = a + bx$ 직선의 계수를 찾는 수학적인 문제이다. 해당 자료를 토대로 한 행렬 M과 $\mathbf{y}$는 다음과 같다.

$$M = \begin{bmatrix} 1 & 6.1 \\ 1 & 7.6 \\ 1 & 8.7 \\ 1 & 10.4 \end{bmatrix}, \quad \mathbf{y} = \begin{bmatrix} 0 \\ 2 \\ 4 \\ 6 \end{bmatrix}$$

따라서

$$\mathbf{v}^* = \begin{bmatrix} a^* \\ b^* \end{bmatrix} = (M^T M)^{-1} M^T \mathbf{y} \approx \begin{bmatrix} -8.6 \\ 1.4 \end{bmatrix}$$

을 얻게 되는데 이 수치는 소수점 한 자리로 계산한 어림수이다. 따라서 용수철상수의 추정값은 $b^* \approx 1.4$파운드/인치이다.

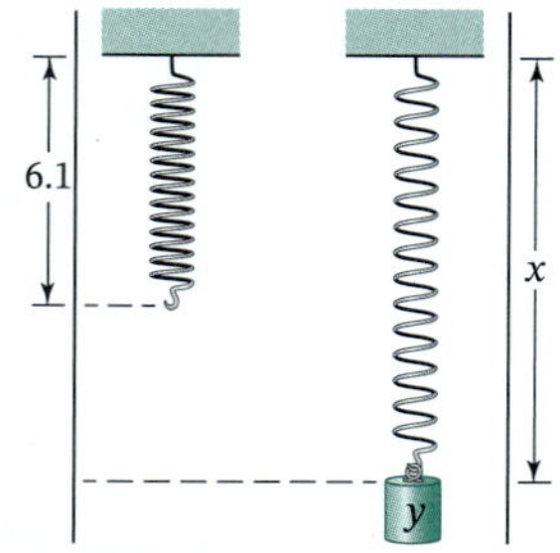

그림 6.5.4

다항식의 최소제곱 적합

직선을 자료점들에 적합시키는 기법은 다항 곡선을 자료점들에 적합시키는 것과 비슷하다. 고정된 m차의 다항식

$$y = a_0 + a_1 x + \cdots + a_m x^m \tag{9}$$

을 n개의 점

$$(x_1, y_1), (x_2, y_2), \ldots, (x_n, y_n)$$

에 적합시킨다고 가정하자. 이들 n개의 x와 y 값을 (9)에 대입하면 n개의 방정식

$$\begin{aligned} y_1 &= a_0 + a_1 x_1 + \cdots + a_m x_1^m \\ y_2 &= a_0 + a_1 x_2 + \cdots + a_m x_2^m \\ &\vdots \\ y_n &= a_0 + a_1 x_n + \cdots + a_m x_n^m \end{aligned}$$

으로 또는 행렬 형태로 다음과 같이 표현할 수 있다.

$$\mathbf{y} = M\mathbf{v} \tag{10}$$

여기서

$$\mathbf{y} = \begin{bmatrix} y_1 \\ y_2 \\ \vdots \\ y_n \end{bmatrix}, \quad M = \begin{bmatrix} 1 & x_1 & x_1^2 & \cdots & x_1^m \\ 1 & x_2 & x_2^2 & \cdots & x_2^m \\ \vdots & \vdots & \vdots & & \vdots \\ 1 & x_n & x_n^2 & \cdots & x_n^m \end{bmatrix}, \quad \mathbf{v} = \begin{bmatrix} a_0 \\ a_1 \\ \vdots \\ a_m \end{bmatrix} \tag{11}$$

이다. 앞에서 기술한 바와 같이 정규방정식

$$M^TM\mathbf{v} = M^T\mathbf{y}$$

의 해는

$$\|\mathbf{y} - M\mathbf{v}\|$$

를 최소화하는 형태로 다항식의 계수를 결정한다. 여기서 M^TM의 역행렬이 필요한데, 이에 대한 존재 조건은 연습문제에서 다루기로 한다. 만약 M^TM의 역행렬이 존재하면 정규방정식은 유일한 해 $\mathbf{v} = \mathbf{v}^*$를 가지며 이 해는 다음과 같다.

$$\mathbf{v}^* = (M^TM)^{-1}M^T\mathbf{y} \tag{12}$$

예제 3 | 자료점의 2차곡선 적합

뉴턴(Newton)의 제2운동법칙에 따르면 지구 표면 가까이의 물체는 방정식

$$s = s_0 + v_0t + \tfrac{1}{2}gt^2 \tag{13}$$

에 따라서 수직으로 낙하한다. 여기서

s = 어떤 기준점에서 아래쪽으로의 수직변위
s_0 = 시각 $t = 0$에서의 기준점으로부터 변위
v_0 = 시각 $t = 0$에서의 속도
g = 지구 표면에서의 중력가속도

를 나타낸다. 기준점으로부터 다양한 시각에 낙하추의 변위 s를 측정하여 g를 근사하는 실험을 한다고 가정하자. 다음 표에 있는 실험결과를 이용하여 g의 근사값을 구하라.

시각 t (sec)	.1	.2	.3	.4	.5
변위 s (ft)	−0.18	0.31	1.03	2.48	3.73

풀이 표기를 단순화하기 위해 (13)에서 $a_0 = s_0$, $a_1 = v_0$, $a_2 = \frac{1}{2}g$로 정의하자. 그러면 이 수학 문제는 2차곡선

$$s = a_0 + a_1t + a_2t^2 \tag{14}$$

을 5개의 자료점

$$(.1, -0.18),\quad (.2, 0.31),\quad (.3, 1.03),\quad (.4, 2.48),\quad (.5, 3.73)$$

에 적합시키는 것이다. 표기상의 적절한 조정을 거치면 (11)의 행렬 M과 $\mathbf{y}$는

$$M = \begin{bmatrix} 1 & t_1 & t_1^2 \\ 1 & t_2 & t_2^2 \\ 1 & t_3 & t_3^2 \\ 1 & t_4 & t_4^2 \\ 1 & t_5 & t_5^2 \end{bmatrix} = \begin{bmatrix} 1 & .1 & .01 \\ 1 & .2 & .04 \\ 1 & .3 & .09 \\ 1 & .4 & .16 \\ 1 & .5 & .25 \end{bmatrix},\quad \mathbf{y} = \begin{bmatrix} s_1 \\ s_2 \\ s_3 \\ s_4 \\ s_5 \end{bmatrix} = \begin{bmatrix} -0.18 \\ 0.31 \\ 1.03 \\ 2.48 \\ 3.73 \end{bmatrix}$$

이고, (12)로부터

$$\mathbf{v}^* = \begin{bmatrix} a_0^* \\ a_1^* \\ a_2^* \end{bmatrix} = (M^TM)^{-1}M^T\mathbf{y} \approx \begin{bmatrix} -0.40 \\ 0.35 \\ 16.1 \end{bmatrix}$$

이다. 따라서 최소제곱 2차적합은

$$s = -0.40 + 0.35t + 16.1t^2$$

이다. 이 식으로부터 $\frac{1}{2}g = 16.1$임을 추정할 수 있고 따라서 g의 값은 32.2 ft/sec²이다. 또한 이 방정식으로부터 물체의 초기 변위와 속도를 다음 식과 같이 추정할 수 있다.

$$s_0 = a_0^* = -0.40 \text{ ft}$$
$$v_0 = a_1^* = \quad 0.35 \text{ ft/sec}$$

그림 6.5.5에 자료점들과 근사화된 곡선을 나타냈다.

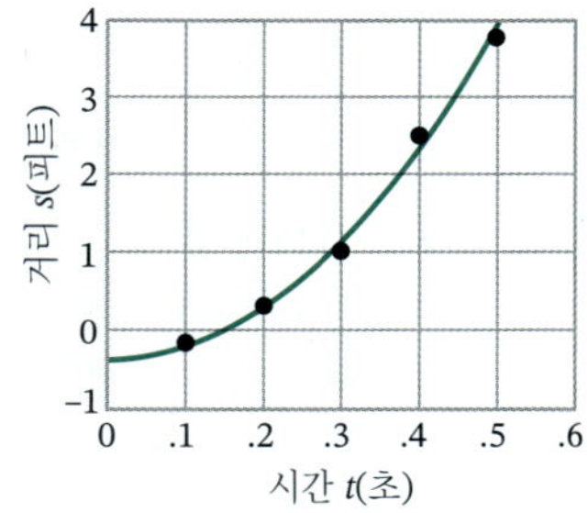

그림 6.5.5

역사 노트

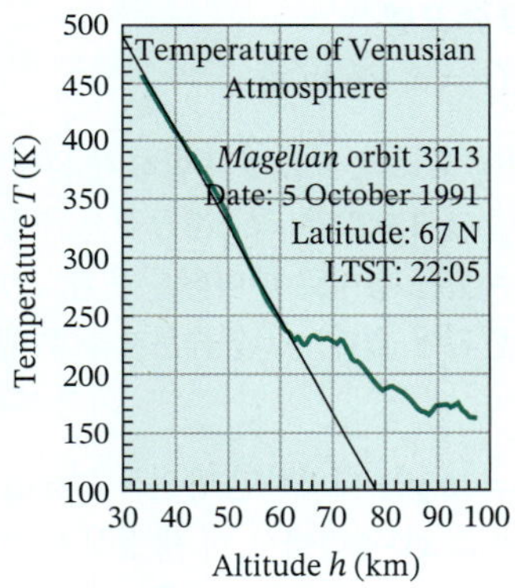

Source: NASA

1991년 10월 5일, 우주선 마젤란(Magellan)은 금성(Venus)의 대기로 진입하면서 지구와의 통신이 두절되기 전인 고도 약 34 km까지 고도 h km와 대기의 켈빈 온도 T K을 전송했다. 초기의 불규칙한 신호를 무시하면 자료의 선형부분에서 고도와 온도의 관계가 선형임을 잘 알 수 있다. 따라서 최소제곱직선 적합 기법을 통해 다음과 같은 관계식을 얻을 수 있었다.

$$T = 737.5 - 8.125h$$

이 방정식에서 고도를 0으로 두면 금성의 지표면 온도는 약 737.5 K으로 추정된다. 이 결과는 최근 금성의 근접비행을 통해 확인되었다.

연습문제 6.5

(1-2) 자료점들에 대한 최소제곱직선 적합을 구하고, 같은 좌표계에 자료점과 곡선을 그려라.

$$y = ax + b$$

1. $(0,0),\ (1,2),\ (2,7)$ **2.** $(0,1),\ (2,0),\ (3,1),\ (3,2)$

(3-4) 자료점들에 대한 최소제곱 이차다항식을 구하고, 같은 좌표계에 자료점과 곡선을 그려라.

$$y = a_0 + a_1x + a_2x^2$$

3. $(2,0),\ (3,-10),\ (5,-48),\ (6,-76)$

4. $(1,-2),\ (0,-1),\ (1,0),\ (2,4)$

5. 치환 $X = 1/x$을 수행하여 자료점 (1, 7), (3, 3), (6, 1)을 최적으로 적합시키는 $y = a + (b/x)$ 형식의 곡선을 구하라.

6. 치환 $X = \sqrt{x}$를 수행하여 자료점 (3, 1. 5), (7, 2. 5), (10, 3)을 최적으로 적합시키는 $y = a + b\sqrt{x}$ 형식의 곡선을 구하고, 같은 좌표계에 자료점과 곡선을 그려라.

증명 문제

7. 방정식 (3)의 행렬 M이 선형독립 열벡터들을 가질 필요충분조건이 적어도 2개 이상의 $x_1, x_2, \cdots, x_n$가 상이한 값을 갖는

것임을 보여라.

8. 방정식 (11)에 있는 $n \times (m+1)$ 행렬 M의 열은 $n > m$이고 수 $x_1, x_2, \cdots, x_n$ 중에서 적어도 $m+1$개가 상이하면 선형독립임을 보여라. [힌트: 영이 아닌 m차의 다항식은 기껏해야 m개의 상이한 근을 갖는다.]

9. 방정식 (11)에 있는 행렬 M이 있다. 연습문제 8을 사용해서 행렬 M^TM이 가역이기 위한 충분조건이 $n > m$이고 수 $x_1, x_2, \cdots, x_n$ 중에서 적어도 $m+1$개가 상이하다는 것임을 보여라.

참-거짓 문제

TF. (a)-(d)가 참인지 거짓인지를 밝히고 그 이유를 설명하라.

a. 자료점의 모든 집합은 유일한 최소제곱직선 적합을 갖는다.

b. 자료점 $(x_1, y_1), (x_2, y_2), \cdots, (x_n, y_n)$이 동일선상에 있지 않으면 (2)는 해를 갖지 않는 시스템이다.

c. 만약 자료점 $(x_1, y_1), (x_2, y_2), \cdots, (x_n, y_n)$이 동일 수직선상에 존재하지 않으면 자료점에 대한 최소제곱직선 $y = a + bx$의 계수 a와 b가

$$|y_1 - (a + bx_1)|^2 + |y_2 - (a + bx_2)^2| + \cdots + |y_n - (a + bx_n)|^2$$

을 최소로 한다.

d. 만약 자료점 $(x_1, y_1), (x_2, y_2), \cdots, (x_n, y_n)$이 동일 수직선상에 존재하지 않으면 자료점에 대한 최소제곱직선 $y = a + bx$의 계수 a와 b가

$$|y_1 - (a + bx_1)| + |y_2 - (a + bx_2)| + \cdots + |y_n - (a + bx_n)|$$

을 최소로 한다.

계산도구 문제

(T1-T7) 데이터를 3차식 $y = a_0 + a_1x + a_2x^2 + a_3x^3$에 최소제곱 적합하기 위한 정규방정식을 구하라. 그 연립방정식을 풀고, 동일한 좌표계에 적합된 곡선 그래프와 데이터점을 함께 그려서 결과가 타당함을 보여라.

T1. $(-1, -14), (0, -5), (1, -4), (2, 1), (3, 22)$

T2. $(0, -10), (1, -1), (2, 0), (3, 5), (4, 26)$

T3. 빠르게 성장하는 기업에서 어떤 해의 첫 5개월간의 판매액(천 단위)이 4.0, 4.4, 5.2, 6.4, 8.0 달러였다. 사장은 그 숫자들을 그래프로 그려 보고 그 해의 남은 기간 동안 판매액 곡선이 2차식으로 근사될 수 있으리라고 짐작하였다. 판매액 곡선을 적합하는 최소제곱 2차식을 구하고 그것을 연장하여 그해 12월의 판매액을 예상하라.

T4. 패스파인더(Pathfinder)는 태양에너지를 이용하고 원격조종이 되는 경량의 실험용 비행기로, 태양에너지를 오랜 기간 높은 고도의 비행에 사용할 수 있는지를 판단하기 위한 NASA의 일련의 실험에 사용되었다. 1997년 8월에 패스파인더는 고도(H)와 온도(T)를 연관시키는 표에 데이터를 기록하였다. 데이터점을 찍어서 선형모델이 합리적인지 밝히고 가장 잘 맞는 최소제곱직선 $H = H_0 + kT$를 구하라.

표 Ex-T4

고도 H (1000 ft)	15	20	25	30	35	40	45
온도 T (°C)	4.5	−5.9	−16.1	−27.6	−39.8	−50.2	−62.9

많이 응용되는 세 가지 중요한 모델은 다음과 같다.

지수 모델 $(y = ae^{bx})$

거듭제곱함수 모델 $(y = ax^b)$

로그 모델 $(y = a + b \ln x)$

*여기서 a와 b는 실험 데이터에 되도록 가깝게 적합하기 위해 결정되어야 할 상수이다. 연습문제 **T5-T7**은 최소제곱직선 적합을 사용하여 상수를 근사화할 수 있는 형태로 데이터를 변환시키는 선형화라고 하는 과정에 관련되어 있다. 이 연습문제를 위해서는 미적분이 필요하다.*

T5. a. 방정식 $y = ae^{bx}$에 $Y = \ln y$를 대입하면 방정식 $Y = bx + \ln a$가 얻어짐을 보이고, xY-평면에서 이 방정식의 그래프는 기울기가 b이고 Y절편이 $\ln a$인 직선임을 관찰하라.

b. (a)로부터, $Y_i = \ln y_i$로 놓고 변환된 점 (x_i, Y_i)를 최소제곱직선에 적합시켜 b와 $\ln a$를 구하고 $\ln a$로부터 a를 계산하는 방식으로, 원래의 n개의 데이터점 (x_i, y_i)를 $y = ae^{bx}$ 형태의 곡선에 적합할 수 있음을 알 수 있다. 이 방법을 사용하여 지수 모델을 다음 데이터에 적합시키고 곡선 그래프와 데이터를 동일한 좌표계에 그려라.

x	0	1	2	3	4	5	6	7
y	3.9	5.3	7.2	9.6	12	17	23	31

T6. a. 방정식 $y = ax^b$에

$$X = \ln x \text{와} \quad Y = \ln y$$

를 대입하면 방정식

$$Y = bX + \ln a$$

가 얻어짐을 보이고, XY-평면에서 이 방정식의 그래프는 기울기가 b이고 Y절편이 $\ln a$인 직선임을 관찰하라.

b. (a)로부터, $X_i = \ln x_i$와 $Y_i = \ln y_i$로 놓고 변환된 점 (X_i, Y_i)를 최소제곱직선에 적합시켜 b와 $\ln a$를 구하고 $\ln a$로부터 a를 계산하는 방식으로, 원래의 n개의 데이터점 (x_i, y_i)를 $y = ax^b$ 형태의 곡선에 적합할 수 있음을 알 수 있다. 이 방법을 사용하여 거듭제곱함수 모델을 다음 데이터에 적합시키고 곡선 그래프와 데이터를 동일한 좌표계에 그려라.

x	2	3	4	5	6	7	8	9
y	1.75	1.91	2.03	2.13	2.22	2.30	2.37	2.43

T7. a. 방정식 $y = a + b \ln x$에 $X = \ln x$를 대입하면 방정식 $y = a + bX$가 얻어짐을 보이고, Xy-평면에서 이 방정식의 그래프는 기울기가 b이고 y절편이 a인 직선임을 관찰하라.

b. (a)로부터, $X_i = \ln x_i$로 놓고 변환된 점 (X_i, y_i)를 최소제곱직선에 적합시켜 b와 a를 구하는 방식으로, 원래의 n개의 데이터점 (x_i, y_i)를 $y = a + b \ln x$ 형태의 곡선에 적합할 수 있음을 알 수 있다. 이 방법을 사용하여 로그 모델을 다음 데이터에 적합시키고 곡선 그래프와 데이터를 동일한 좌표계에 그려라.

x	2	3	4	5	6	7	8	9
y	4.07	5.30	6.21	6.79	7.32	7.91	8.23	8.51

6.6 함수 근사; 푸리에 급수

이 절에서는 특정 함수를 간단한 형태로 근사할 때 정사영을 어떻게 사용하는지를 보일 것이다. 여기에 소개된 방법은 과학과 공학의 응용에 중요하다. 이 절에서는 미적분학이 요구된다.

최적근사

이 절에서 다루게 될 모든 문제는 다음 일반적 문제의 특수한 경우이다.

> **근사 문제** 구간 $[a, b]$에서 연속인 함수 f가 주어졌을 때 $C[a, b]$의 부분공간 W에서의 함수만을 사용하여 f에 대한 "가능한 최적근사"를 구하라.

이와 같은 문제의 몇 가지 예를 보자.

(a) $a_0 + a_1x + a_2x^2$ 형태의 다항식에 의해 구간 $[0, 1]$상에서 e^x에 대한 가능한 최적근사를 구하라.

(b) $a_0 + a_1e^x + a_2e^{2x} + a_3e^{3x}$ 형태의 함수에 의해 구간 $[-1, 1]$상에서 $\sin \pi x$에 대한 가능한 최적근사를 구하라.

(c) $a_0 + a_1 \sin x + a_2 \sin 2x + b_1 \cos x + b_2 \cos 2x$ 형태의 다항식에 의해 구간 $[0, 2\pi]$상에서 x에 대한 가능한 최적근사를 구하라.

첫 번째 예에서 W는 $1, x, x^2$으로 생성되는 $C[0, 1]$의 부분공간이고, 두 번째 예에서 W는 $1, e^x, e^{2x}, e^{3x}$로 생성되는 $C[-1, 1]$의 부분공간이며, 세 번째 예에서 W는 $1, \sin x, \sin 2x, \cos x, \cos 2x$로 생성되는 $C[0, 2\pi]$의 부분공간이다.

오차의 측정

위와 같은 형태의 근사 문제를 풀기 위해서는 용어 "$[a, b]$상의 최적근사"를 수학적으로

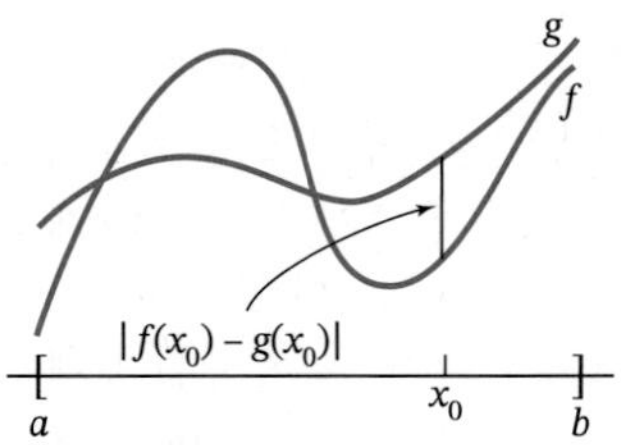

그림 6.6.1 x_0에서 f와 g 사이의 편차

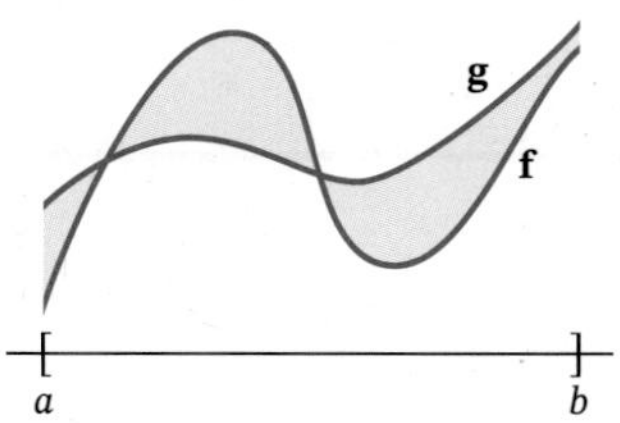

그림 6.6.2 $[a, b]$상에서 $\mathbf{f}$와 $\mathbf{g}$의 그래프 사이의 넓이는 $[a, b]$상에서 $\mathbf{f}$를 $\mathbf{g}$로 근사한 경우의 오차를 나타낸다.

더욱 상세히 해야 한다. 이를 위해 $[a, b]$상에서 연속함수가 다른 함수로 근사되었을 때 나타나는 오차를 측정하는 정확한 방법이 요구된다. 만약 한 점 x_0에서 $f(x)$를 근사시키는 것만을 다룬다면 x_0에서 근사함수 $f(x)$에 의한 오차는 간단히

$$\text{오차} = |f(x_0) - g(x_0)|$$

가 되고 이것을 x_0에서 f와 g 사이의 ***편차***(deviation)라고 한다(**그림 6.6.1**). 그러나 우리는 한 점이 아니고 전 구간 $[a, b]$상의 근사를 다루고자 한다. 여기서 어려운 점은 근사화된 함수가 일부 구간에서는 작은 편차를 갖지만 다른 구간에서는 큰 편차를 갖는 것이다. 이 문제를 해결하는 한 가지 방법은 편차 $|f(x) - g(x)|$를 전 구간 $[a, b]$에 적분하고 적분 구간에 대한 오차를 다음 식으로 정의하는 것이다.

$$\text{오차} = \int_a^b |f(x) - g(x)|\, dx \tag{1}$$

기하적으로 설명하자면 (1)은 구간 $[a, b]$상에서 그래프 $f(x)$와 $g(x)$ 사이의 넓이이다(**그림 6.6.2**). 넓이가 커질수록 전체에 걸친 오차는 더욱 커진다.

(1)이 기하적으로 자연스럽고 흥미로운 것이기는 하지만 대부분의 수학자와 과학자는 일반적으로 ***평균제곱오차***(mean square error)라고 하는 다른 방법에 의한 오차 측정을 선호한다.

$$\text{평균제곱오차} = \int_a^b [f(x) - g(x)]^2\, dx$$

제곱을 함으로써 평균제곱오차가 큰 편차를 더 강조하게 되지만, 내적공간의 이론을 적용할 수 있으므로 유리한 점도 있다. 이 점을 확인하기 위해 $[a, b]$상에서 연속인 함수 $\mathbf{f}$를 $C[a, b]$의 부분공간 W에서의 함수 $\mathbf{g}$로 근사시키고자 하고, $C[a, b]$에 내적

$$\langle \mathbf{f}, \mathbf{g} \rangle = \int_a^b f(x)g(x)\, dx$$

가 주어졌다고 가정하자.

$$\|\mathbf{f} - \mathbf{g}\|^2 = \langle \mathbf{f} - \mathbf{g}, \mathbf{f} - \mathbf{g} \rangle = \int_a^b [f(x) - g(x)]^2\, dx = \text{평균제곱오차}$$

이므로 평균제곱오차를 최소화한다는 것은 $\|\mathbf{f} - \mathbf{g}\|^2$을 최소화하는 것과 동일하다. 그러므로 이 절의 첫머리에서 대략적으로 제안했던 근사 문제를 더 정확하게 고쳐서 다음과 같이 다시 설명할 수 있다.

최소제곱근사

최소제곱근사 문제 $\mathbf{f}$를 구간 $[a, b]$상에서 연속인 함수라고 하고, $C[a, b]$는 내적

$$\langle \mathbf{f}, \mathbf{g} \rangle = \int_a^b f(x)g(x)\,dx$$

를 가지며, W를 $C[a, b]$의 유한차원 부분공간이라고 할 때

$$\|\mathbf{f} - \mathbf{g}\|^2 = \int_a^b [f(x) - g(x)]^2\,dx$$

를 최소화하는 W의 함수 $\mathbf{g}$를 구하라.

$\|\mathbf{f} - \mathbf{g}\|^2$과 $\|\mathbf{f} - \mathbf{g}\|$는 동일한 함수 $\mathbf{g}$에 의해 최소화되므로 위 문제는 $\mathbf{f}$에 가장 가까운 W의 함수 $\mathbf{g}$를 구하는 것과 같다. 그런데 정리 6.4.1로부터 이와 같은 함수는 $\mathbf{g} = \text{proj}_W \mathbf{f}$임을 알 수 있다(**그림 6.6.3**).

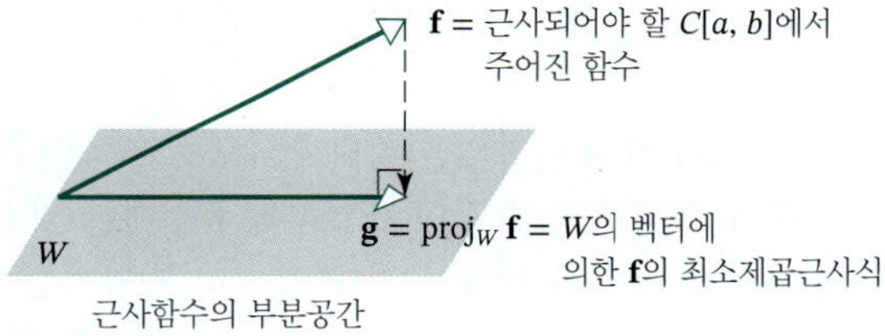

그림 6.6.3

따라서 다음 결과를 얻는다.

정리 6.6.1

$\mathbf{f}$가 $[a, b]$에서 연속함수이고 W가 $C[a, b]$의 유한차원 부분공간이면 평균제곱오차

$$\int_a^b [f(x) - g(x)]^2\,dx$$

를 최소화하는 W의 함수 $\mathbf{g}$는 $\mathbf{g} = \text{proj}_W \mathbf{f}$이다. 여기서 정사영은 내적

$$\langle \mathbf{f}, \mathbf{g} \rangle = \int_a^b f(x)g(x)\,dx$$

에 대한 것이다. 함수 $\mathbf{g} = \text{proj}_W \mathbf{f}$를 W에서 $\mathbf{f}$에 대한 ***최소제곱근사***(least squares approximation)라고 한다.

푸리에 급수

다음 형태의 함수를 ***삼각다항식***(trigonometric polynomial)이라고 한다.

$$T(x) = c_0 + c_1 \cos x + c_2 \cos 2x + \cdots + c_n \cos nx + d_1 \sin x + d_2 \sin 2x + \cdots + d_n \sin nx \tag{2}$$

c_n과 d_n이 모두 영이 아니면 $T(x)$는 ***차수 n***(order n)을 갖는다고 한다. 예를 들면

$$T(x) = 2 + \cos x - 3\cos 2x + 7\sin 4x$$

는 계수

$$c_0 = 2,\ \ c_1 = 1,\ \ c_2 = -3,\ \ c_3 = 0,\ \ c_4 = 0,\quad d_1 = 0,\ \ d_2 = 0,\ \ d_3 = 0,\ \ d_4 = 7$$

을 갖는 삼각다항식이고 $T(x)$의 차수는 4이다.

식 (2)에 의해 차수가 n 이하인 삼각다항식은

$$1,\ \cos x,\ \cos 2x, \ldots,\ \cos nx, \qquad \sin x,\ \sin 2x, \ldots,\ \sin nx \tag{3}$$

의 선형결합임이 분명하다. 이들 $2n + 1$개의 함수는 선형독립이고, 따라서 임의의 구간 $[a, b]$에 대해서 이들은 $C[a, b]$의 $(2n + 1)$차원인 부분공간의 기저를 이룸을 밝힐 수 있다.

이제 구간 $[0, 2\pi]$에서 차수가 n 이하의 삼각다항식으로 연속함수 $f(x)$를 근사시키는 문제를 생각해 보자. 앞에서 설명한 바와 같이 W로부터 $\mathbf{f}$에 대한 최소제곱근사는 $\mathbf{f}$의 W 상의 정사영이다. 이 정사영을 구하기 위해서는 W에 대한 정규직교기저 $\mathbf{g}_0, \mathbf{g}_1, \cdots, \mathbf{g}_{2n}$을 구해야 하며, 그런 다음 식

$$\text{proj}_W \mathbf{f} = \langle \mathbf{f}, \mathbf{g}_0 \rangle \mathbf{g}_0 + \langle \mathbf{f}, \mathbf{g}_1 \rangle \mathbf{g}_1 + \cdots + \langle \mathbf{f}, \mathbf{g}_{2n} \rangle \mathbf{g}_{2n} \tag{4}$$

으로부터 W상의 정사영을 계산할 수 있다[정리 6.3.4(*b*) 참조]. W에 대한 정규직교기저는 기저 (3)에 그람-슈미트 과정을 적용하여 얻을 수 있는데, 이때 내적

$$\langle \mathbf{f}, \mathbf{g} \rangle = \int_0^{2\pi} f(x)g(x)\,dx$$

를 이용하면 다음과 같은 정규직교기저를 얻을 수 있다(연습문제 6 참조).

$$\mathbf{g}_0 = \frac{1}{\sqrt{2\pi}},\quad \mathbf{g}_1 = \frac{1}{\sqrt{\pi}}\cos x, \ldots,\quad \mathbf{g}_n = \frac{1}{\sqrt{\pi}}\cos nx, \quad \mathbf{g}_{n+1} = \frac{1}{\sqrt{\pi}}\sin x, \ldots,\quad \mathbf{g}_{2n} = \frac{1}{\sqrt{\pi}}\sin nx \tag{5}$$

이제

$$a_0 = \frac{2}{\sqrt{2\pi}}\langle \mathbf{f}, \mathbf{g}_0 \rangle,\quad a_1 = \frac{1}{\sqrt{\pi}}\langle \mathbf{f}, \mathbf{g}_1 \rangle, \ldots,\quad a_n = \frac{1}{\sqrt{\pi}}\langle \mathbf{f}, \mathbf{g}_n \rangle, \quad b_1 = \frac{1}{\sqrt{\pi}}\langle \mathbf{f}, \mathbf{g}_{n+1} \rangle, \ldots,\quad b_n = \frac{1}{\sqrt{\pi}}\langle \mathbf{f}, \mathbf{g}_{2n} \rangle \tag{6}$$

로 놓고 (5)를 (4)에 대입하면 다음이 얻어진다.

$$\text{proj}_W \mathbf{f} = \frac{a_0}{2} + [a_1 \cos x + \cdots + a_n \cos nx] + [b_1 \sin x + \cdots + b_n \sin nx] \quad (7)$$

여기서

$$a_0 = \frac{2}{\sqrt{2\pi}}\langle \mathbf{f}, \mathbf{g}_0 \rangle = \frac{2}{\sqrt{2\pi}} \int_0^{2\pi} f(x) \frac{1}{\sqrt{2\pi}}\, dx = \frac{1}{\pi} \int_0^{2\pi} f(x)\, dx$$

$$a_1 = \frac{1}{\sqrt{\pi}}\langle \mathbf{f}, \mathbf{g}_1 \rangle = \frac{1}{\sqrt{\pi}} \int_0^{2\pi} f(x) \frac{1}{\sqrt{\pi}} \cos x\, dx = \frac{1}{\pi} \int_0^{2\pi} f(x) \cos x\, dx$$

$$\vdots$$

$$a_n = \frac{1}{\sqrt{\pi}}\langle \mathbf{f}, \mathbf{g}_n \rangle = \frac{1}{\sqrt{\pi}} \int_0^{2\pi} f(x) \frac{1}{\sqrt{\pi}} \cos nx\, dx = \frac{1}{\pi} \int_0^{2\pi} f(x) \cos nx\, dx$$

$$b_1 = \frac{1}{\sqrt{\pi}}\langle \mathbf{f}, \mathbf{g}_{n+1} \rangle = \frac{1}{\sqrt{\pi}} \int_0^{2\pi} f(x) \frac{1}{\sqrt{\pi}} \sin x\, dx = \frac{1}{\pi} \int_0^{2\pi} f(x) \sin x\, dx$$

$$\vdots$$

$$b_n = \frac{1}{\sqrt{\pi}}\langle \mathbf{f}, \mathbf{g}_{2n} \rangle = \frac{1}{\sqrt{\pi}} \int_0^{2\pi} f(x) \frac{1}{\sqrt{\pi}} \sin nx\, dx = \frac{1}{\pi} \int_0^{2\pi} f(x) \sin nx\, dx$$

이고, 간략화하면

$$a_k = \frac{1}{\pi} \int_0^{2\pi} f(x) \cos kx\, dx, \quad b_k = \frac{1}{\pi} \int_0^{2\pi} f(x) \sin kx\, dx \quad (8)$$

이다. 수 $a_0, a_1, \cdots, a_n, b_1, \cdots, b_n$을 $\mathbf{f}$의 ***푸리에 계수***(Fourier coefficient)라고 한다.

예제 1 | 최소제곱근사

$[0, 2\pi]$에서 다음에 의한 $f(x) = x$의 최소제곱근사를 구하라.

(a) 차수가 2 이하의 삼각다항식

(b) 차수가 n 이하의 삼각다항식

풀이 (a)

$$a_0 = \frac{1}{\pi} \int_0^{2\pi} f(x)\, dx = \frac{1}{\pi} \int_0^{2\pi} x\, dx = 2\pi \quad (9a)$$

이고 $k = 1, 2, \cdots$에 대해서 부분적분을 하면

$$a_k = \frac{1}{\pi} \int_0^{2\pi} f(x) \cos kx\, dx = \frac{1}{\pi} \int_0^{2\pi} x \cos kx\, dx = 0 \quad (9b)$$

$$b_k = \frac{1}{\pi} \int_0^{2\pi} f(x) \sin kx\, dx = \frac{1}{\pi} \int_0^{2\pi} x \sin kx\, dx = -\frac{2}{k} \quad (9c)$$

이다. 따라서 차수 2 이하의 삼각다항식에 의한 $[0, 2\pi]$에서의 x에 대한 최소제곱근사는 다음과 같다.

$$x \approx \frac{a_0}{2} + a_1 \cos x + a_2 \cos 2x + b_1 \sin x + b_2 \sin 2x$$

또는 (9a), (9b), (9c)로부터

$$x \approx \pi - 2\sin x - \sin 2x$$

이다.

풀이 (*b*) 차수가 n 이하의 삼각다항식에 의한 $[0, 2\pi]$에서의 x에 대한 최소제곱근사는 다음과 같다.

$$x \approx \frac{a_0}{2} + [a_1 \cos x + \cdots + a_n \cos nx] + [b_1 \sin x + \cdots + b_n \sin nx]$$

또는 (9a), (9b), (9c)로부터

$$x \approx \pi - 2\left(\sin x + \frac{\sin 2x}{2} + \frac{\sin 3x}{3} + \cdots + \frac{\sin nx}{n}\right)$$

이다. $y = x$와 이들 몇 가지 근사함수의 그래프를 **그림 6.6.4**에 제시하였다.

최소제곱근사

$$f(x) \approx \frac{a_0}{2} + \sum_{k=1}^{n}(a_k \cos kx + b_k \sin kx)$$

에서 항수가 증가함에 따라 평균제곱오차는 작아진다고 생각함은 당연하다. $C[0, 2\pi]$에 속하는 f에 대해서 평균제곱오차는 $n \to +\infty$일 때 영으로 접근함을 증명할 수 있다. 이것은

$$f(x) = \frac{a_0}{2} + \sum_{k=1}^{\infty}(a_k \cos kx + b_k \sin kx)$$

로 써서 나타낸다. 이 방정식의 우변을 구간 $[0, 2\pi]$상에서 f에 대한 ***푸리에 급수***(Fourier series)라고 한다. 푸리에 급수는 공학이나 과학, 수학에서 매우 중요하다.

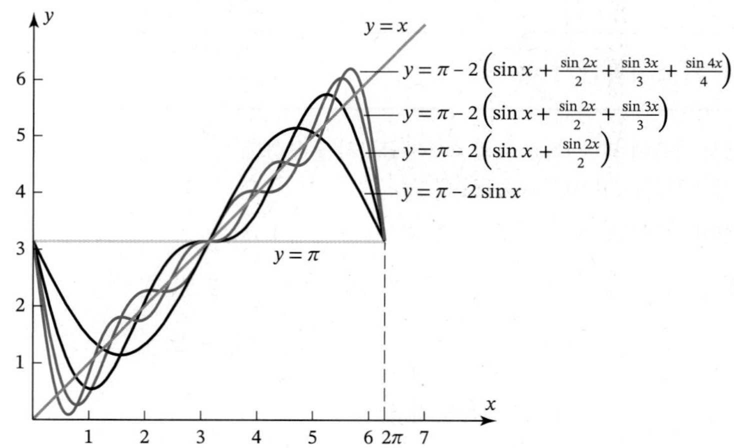

그림 6.6.4

역사 노트

푸리에(Jean Baptiste Fourier, 1768–1830)

푸리에는 프랑스의 수학자이자 과학자이다. 푸리에 급수를 발견했는데 열 확산 문제를 연구하다가 관련 발상을 하게 되었다. 이 발견은 수학 역사에 가장 중요한 영향을 준 것들 중 하나이다. 푸리에 급수는 많은 수학 연구 분야의 초석이 되었고 공학 분야에서도 기초 도구로 사용되고 있다. 프랑스혁명 당시 정치 운동가였던 푸리에는 프랑스의 공포정치 기간 동안 희생자들을 돕다가 투옥되기도 했다. 그 이후 그는 나폴레옹의 총애를 받았고 남작 작위도 받았다.

[Image: Hulton Archive/Getty Images]

연습문제 6.6

1. 다음에 의한 구간 $[0, 2\pi]$상에서 $f(x) = 1 + x$의 최소제곱근사를 구하라.

a. 차수 2 이하의 삼각다항식

b. 차수 n 이하의 삼각다항식

2. 다음에 의한 구간 $[0, 2\pi]$상에서 $f(x) = x^2$의 최소제곱근사를 구하라.

a. 차수 3 이하의 삼각다항식

b. 차수 n 이하의 삼각다항식

3. a. $a + be^x$ 형태의 함수에 의한 구간 $[0, 1]$에서의 x의 최소제곱근사를 구하라.

b. 이 근사의 평균제곱오차를 구하라.

4. a. $a_0 + a_1x$ 형태의 다항식에 의한 구간 $[0, 1]$에서의 e^x의 최소제곱근사를 구하라.

b. 이 근사의 평균제곱오차를 구하라.

5. a. $a_0 + a_1x + a_2x^2$ 형태의 다항식에 의한 구간 $[-1, 1]$에서의 $\sin \pi x$의 최소제곱근사를 구하라.

b. 이 근사의 평균제곱오차를 구하라.

6. 그람-슈미트 과정을 사용하여 기저 (3)에서 직교기저 (5)를 구하라.

7. 공식 (9a), (9b), (9c)를 계산하라.

8. 구간 $[0, 2\pi]$에서 $f(x) = \pi - x$의 푸리에 급수를 구하라.

9. 구간 $[0, 2\pi]$에서 $f(x) = 1,\ 0 < x < \pi$이고, $f(x) = 0,\ \pi \le x \le 2\pi$인 푸리에 급수를 구하라.

10. $\sin(3x)$의 푸리에 급수는 어떤 것인가?

참-거짓 문제

TF. (a)-(e)가 참인지 거짓인지를 밝히고 그 이유를 설명하라.

a. $C[a, b]$에 속하는 함수 $\mathbf{f}$가 함수 $\mathbf{g}$에 의해 근사화될 때, 평균제곱오차는 구간 $[a, b]$에서의 $f(x)$와 $g(x)$의 그래프 사이의 넓이이다.

b. $C[a, b]$의 유한차원 부분공간 W가 주어졌을 때 함수 $\mathbf{g} = \text{proj}_W\, \mathbf{f}$는 평균제곱오차를 최소화한다.

c. $\{1, \cos x, \sin x, \cos 2x, \sin 2x\}$는 내적 $\langle \mathbf{f}, \mathbf{g} \rangle = \int_0^{2\pi} f(x)g(x)\,dx$에 대해 벡터공간 $C[0, 2\pi]$의 직교부분집합이다.

d. $\{1, \cos x, \sin x, \cos 2x, \sin 2x\}$는 내적 $\langle \mathbf{f}, \mathbf{g} \rangle = \int_0^{2\pi} f(x)g(x)\,dx$에 대해 벡터공간 $C[0, 2\pi]$의 정규직교부분집합이다.

e. $\{1, \cos x, \sin x, \cos 2x, \sin 2x\}$는 $C[0, 2\pi]$의 선형독립 부분집합이다.

6장 보충문제

1. R^4가 유클리드 내적을 갖는다고 하자.

a. $\mathbf{u}_1 = (1, 0, 0, 0)$과 $\mathbf{u}_4 = (0, 0, 0, 1)$에 직교이고 벡터 $\mathbf{u}_2 = (0, 1, 0, 0)$와 $\mathbf{u}_3 = (0, 0, 1, 0)$과는 사잇각이 같은 R^4에서의 벡터를 찾아라.

b. $\mathbf{u}_1$과 $\mathbf{u}_4$에 직교이고 $\mathbf{x}$와 $\mathbf{u}_2$의 사잇각의 코사인이 $\mathbf{x}$와 $\mathbf{u}_3$의 사잇각의 코사인의 2배인 단위벡터 $\mathbf{x} = (x_1, x_2, x_3, x_4)$를 찾아라.

2. 다음을 증명하라: $\langle \mathbf{u}, \mathbf{v}\rangle$가 R^n에서의 유클리드 내적이고 A가 $n \times n$ 행렬이면

$$\langle \mathbf{u}, A\mathbf{v}\rangle = \langle A^T\mathbf{u}, \mathbf{v}\rangle$$

이다. [*힌트*: $\langle \mathbf{u}, \mathbf{v}\rangle = \mathbf{u} \cdot \mathbf{v} = \mathbf{v}^T\mathbf{u}$임을 사용하라.]

3. M_{22}는 6.1절의 예제 6에서 정의한 내적 $\langle U, V\rangle = \mathrm{tr}(U^TV) = \mathrm{tr}(V^TU)$을 가진다. 다음의 직교여공간을 설명하라.

a. 모든 대각행렬

b. 대칭행렬

4. $A\mathbf{x} = \mathbf{0}$은 n개의 변수로 이루어진 m개의 방정식 시스템이다.

$$\mathbf{x} = \begin{bmatrix} x_1 \\ x_2 \\ \vdots \\ x_n \end{bmatrix}$$

가 이 시스템의 해가 될 필요충분조건은 R^n에서 유클리드 내적에 대해 $\mathbf{x} = (x_1, x_2, \cdots, x_n)$이 A의 모든 행벡터와 직교하는 것임을 보여라.

5. 코시-슈바르츠 부등식을 사용해서 $a_1, a_2, \cdots, a_n$이 양의 실수이면

$$(a_1 + a_2 + \cdots + a_n)\left(\frac{1}{a_1} + \frac{1}{a_2} + \cdots + \frac{1}{a_n}\right) \geq n^2$$

임을 보여라.

6. $\mathbf{x}$와 $\mathbf{y}$가 내적공간의 벡터이고 c가 스칼라이면

$$\|c\mathbf{x} + \mathbf{y}\|^2 = c^2\|\mathbf{x}\|^2 + 2c\langle \mathbf{x}, \mathbf{y}\rangle + \|\mathbf{y}\|^2$$

임을 보여라.

7. R^3이 유클리드 내적을 갖는다고 하자. $\mathbf{u}_1 = (1, 1, -1)$, $\mathbf{u}_2 = (-2, -1, 2)$, $\mathbf{u}_3 = (-1, 0, 1)$에 직교하며 길이가 1인 2개의 단위벡터를 구하라.

8. R^n에서 벡터

$$\begin{aligned} \mathbf{v}_1 &= (1, 0, 0, \ldots, 0) \\ \mathbf{v}_2 &= (0, \sqrt{2}, 0, \ldots, 0) \\ \mathbf{v}_3 &= (0, 0, \sqrt{3}, \ldots, 0) \\ &\vdots \\ \mathbf{v}_n &= (0, 0, 0, \ldots, \sqrt{n}) \end{aligned}$$

이 정규직교집합을 구성하도록 유클리드 가중내적을 구하라.

9. 벡터 $(1, 2)$와 $(3, -1)$이 정규직교집합을 형성하는 R^2에서의 유클리드 가중내적이 있는가?

10. $\mathbf{u}$와 $\mathbf{v}$가 내적공간 V의 벡터라면 $\mathbf{u}$, $\mathbf{v}$, $\mathbf{u} - \mathbf{v}$는 삼각형의 형태를 갖는다(그림 참조).

$$\|\mathbf{u} - \mathbf{v}\|^2 = \|\mathbf{u}\|^2 + \|\mathbf{v}\|^2 - 2\|\mathbf{u}\|\|\mathbf{v}\| \cos\theta$$

과 같은 코사인 법칙을 증명하라. 여기서 θ는 $\mathbf{u}$, $\mathbf{v}$의 사잇각이다.

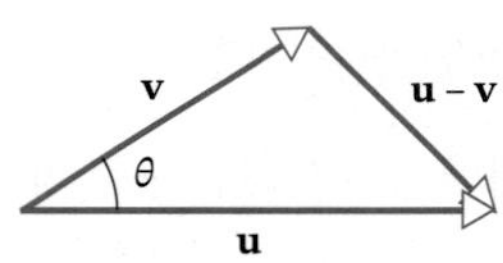

그림 Ex-10

11. a. 그림 3.2.6에서처럼 벡터 $(k, 0, 0)$, $(0, k, 0)$, $(0, 0, k)$는 대각선이 (k, k, k)인 R^3에서의 입방체의 모서리이다. 마찬가지로 벡터

$$(k, 0, 0, \ldots, 0), \quad (0, k, 0, \ldots, 0), \ldots, \quad (0, 0, 0, \ldots, k)$$

는 대각선이 $(k, k, \ldots, k)$인 R^n에서의 입방체의 모서리가 된다. 각 모서리가 대각선과 $\cos\theta = 1/\sqrt{n}$인 사잇각을 형성함을 보여라.

b. ***(미적분학 필요)*** (a)에서 R^n의 차원이 ∞로 커지면 각 θ는 어떻게 되는가?

12. $\mathbf{u}$와 $\mathbf{v}$는 내적공간의 벡터이다.

a. $\|\mathbf{u}\| = \|\mathbf{v}\|$일 필요충분조건은 $\mathbf{u} + \mathbf{v}$와 $\mathbf{u} - \mathbf{v}$가 직교인 것임을 보여라.

b. 유클리드 내적으로 이 결과를 기하적으로 해석하라.

13. $\mathbf{u}$는 내적공간 V의 벡터이고 $\{\mathbf{v}_1, \mathbf{v}_2, \cdots, \mathbf{v}_n\}$는 V의 정규직교 기저이다. α_i가 $\mathbf{u}$와 $\mathbf{v}_i$ 사이의 각이면

$$\cos^2 \alpha_1 + \cos^2 \alpha_2 + \cdots + \cos^2 \alpha_n = 1$$

임을 보여라.

14. $\langle \mathbf{u}, \mathbf{v} \rangle_1$와 $\langle \mathbf{u}, \mathbf{v} \rangle_2$가 벡터공간 V의 두 내적이면 $\langle \mathbf{u}, \mathbf{v} \rangle = \langle \mathbf{u}, \mathbf{v} \rangle_1 + \langle \mathbf{u}, \mathbf{v} \rangle_2$도 역시 내적임을 증명하라.

15. 정리 6.2.5를 증명하라.

16. A가 선형독립 열벡터를 가지고 $\mathbf{b}$가 A의 열공간에 직교이면 $A\mathbf{x} = \mathbf{b}$의 최소제곱해가 $\mathbf{x} = \mathbf{0}$임을 증명하라.

17. $x_1 = 1$과 $x_2 = 2$가 다음 선형시스템의 최소제곱해가 되는 s가 존재하는가?

$$\begin{aligned} x_1 - x_2 &= 1 \\ 2x_1 + 3x_2 &= 1 \\ 4x_1 + 5x_2 &= s \end{aligned}$$

이유를 설명하라.

18. p와 q가 서로 다른 양의 정수이면 함수 $f(x) = \sin px$와 $g(x) = \sin qx$는 다음의 내적에서 직교함을 보여라.

$$\langle \mathbf{f}, \mathbf{g} \rangle = \int_0^{2\pi} f(x)g(x)\,dx$$

19. p와 q가 양의 정수이면 함수 $f(x) = \cos px$와 $g(x) = \sin qx$는 다음의 내적에서 직교함을 보여라.

$$\langle \mathbf{f}, \mathbf{g} \rangle = \int_0^{2\pi} f(x)g(x)\,dx$$

20. W가 두 평면

$$x + y + z = 0, \quad x - y + z = 0$$

의 교집합이라고 하자. $W^{\perp}$의 방정식을 찾아라.

21. $ad - bc \neq 0$이면 행렬

$$A = \begin{bmatrix} a & b \\ c & d \end{bmatrix}$$

가 유일한 QR-분해를 가짐을 보여라. 이때

$$Q = \frac{1}{\sqrt{a^2 + c^2}} \begin{bmatrix} a & -c \\ c & a \end{bmatrix}$$

$$R = \frac{1}{\sqrt{a^2 + c^2}} \begin{bmatrix} a^2 + c^2 & ab + cd \\ 0 & ad - bc \end{bmatrix}$$

이다.

CHAPTER 7

대각화와 이차형식

Diagonalization and Quadratic Forms

챕터 목차

서론

5.2절에서는 $n \times n$ 행렬의 대각화가능성을 보장하는 조건을 찾았다. 그러나 어떠한 형태의 행렬이 이 조건을 만족하는지는 생각하지 않았다. 이 절에서 모든 대칭행렬은 대각화가 가능함을 보일 것이다. 이 성질은 많은 응용분야에서 필수적으로 사용되므로 매우 중요하다.

7.1 직교행렬

이 절에서는 전치하여 역행렬을 구할 수 있는 행렬의 형태를 공부한다. 이러한 행렬은 정규직교기저에서 다른 정규직교기저로 변경할 경우의 전이행렬뿐 아니라 여러 가지 응용에서 나타난다.

직교행렬

다음의 정의로 시작하자.

정의 1

정방행렬 A가 전치행렬이 역행렬과 동일하면, 즉

$$A^{-1} = A^T$$

또는

$$AA^T = A^TA = I \tag{1}$$

이면 ***직교행렬***이라 한다. A가 직교행렬이면 행렬변환 $T_A : R^n \to R^n$을 ***직교변환***

정리 1.6.3 및 이와 관련된 논의로부터 식 (1)의 곱 중에서 하나만 성립하면 나머지 곱도 성립함을 상기하자. 따라서 $AA^T = I$ 또는 $A^TA = I$ 중 *하나라도* 성립하면 A는 직교행렬이다.

또는 ***직교 연산자***라 한다.

예제 1 | 3×3 직교행렬

행렬

$$A = \begin{bmatrix} \frac{3}{7} & \frac{2}{7} & \frac{6}{7} \\ -\frac{6}{7} & \frac{3}{7} & \frac{2}{7} \\ \frac{2}{7} & \frac{6}{7} & -\frac{3}{7} \end{bmatrix}$$

은 직교행렬이다. 왜냐하면

$$A^TA = \begin{bmatrix} \frac{3}{7} & -\frac{6}{7} & \frac{2}{7} \\ \frac{2}{7} & \frac{3}{7} & \frac{6}{7} \\ \frac{6}{7} & \frac{2}{7} & -\frac{3}{7} \end{bmatrix}\begin{bmatrix} \frac{3}{7} & \frac{2}{7} & \frac{6}{7} \\ -\frac{6}{7} & \frac{3}{7} & \frac{2}{7} \\ \frac{2}{7} & \frac{6}{7} & -\frac{3}{7} \end{bmatrix} = \begin{bmatrix} 1 & 0 & 0 \\ 0 & 1 & 0 \\ 0 & 0 & 1 \end{bmatrix}$$

이기 때문이다.

예제 2 | 회전행렬과 반사행렬은 직교행렬이다

1.8절의 표 5를 상기하면 R^2의 원점에 대하여 반시계방향으로 각 θ만큼의 회전에 대한 표준 행렬은

$$A = \begin{bmatrix} \cos\theta & -\sin\theta \\ \sin\theta & \cos\theta \end{bmatrix}$$

이다. 이 행렬은 모든 θ에 대하여 직교행렬이다. 그 이유는

$$A^TA = \begin{bmatrix} \cos\theta & \sin\theta \\ -\sin\theta & \cos\theta \end{bmatrix}\begin{bmatrix} \cos\theta & -\sin\theta \\ \sin\theta & \cos\theta \end{bmatrix} = \begin{bmatrix} 1 & 0 \\ 0 & 1 \end{bmatrix}$$

이기 때문이다. 1.8절의 표 1과 표 2의 반사행렬들이 모두 직교행렬임을 확인하는 것은 독자에게 남긴다.

예제 1과 2의 직교행렬의 행벡터들과 열벡터들은 유클리드 내적에 대하여 정규직교 집합을 구성하는 것에 주목하라. 이 사실은 다음 정리의 결과이다.

정리 7.1.1

$n \times n$ 행렬 A에 대하여 다음 명제들은 동등하다.

(a) A가 직교행렬이다.

(b) A의 행벡터들이 유클리드 내적이 갖는 R^n에서 정규직교집합을 구성한다.

(c) A의 열벡터들이 유클리드 내적이 갖는 R^n에서 정규직교집합을 구성한다.

증명 (a)와 (b)가 동등함은 여기서 증명하고, (a)와 (c)가 동등함을 증명하는 것은 연습문제로 남긴다.

(a) ⇔ (b) $\mathbf{r}_i$를 A의 i번째 행벡터, $\mathbf{c}_j$를 A의 j번째 열벡터라 하자. 행렬의 전치는 행을 열로, 열을 행으로 변환하므로, $\mathbf{c}_j^T = \mathbf{r}_j$이다. 따라서 행-열 규칙[1.3절의 식 (5)]과 3.2절의 표 1의 마지막 형태로부터 다음을 알 수 있다.

$$AA^T = \begin{bmatrix} \mathbf{r}_1\mathbf{c}_1^T & \mathbf{r}_1\mathbf{c}_2^T & \cdots & \mathbf{r}_1\mathbf{c}_n^T \\ \mathbf{r}_2\mathbf{c}_1^T & \mathbf{r}_2\mathbf{c}_2^T & \cdots & \mathbf{r}_2\mathbf{c}_n^T \\ \vdots & \vdots & & \vdots \\ \mathbf{r}_n\mathbf{c}_1^T & \mathbf{r}_n\mathbf{c}_2^T & \cdots & \mathbf{r}_n\mathbf{c}_n^T \end{bmatrix} = \begin{bmatrix} \mathbf{r}_1\cdot\mathbf{r}_1 & \mathbf{r}_1\cdot\mathbf{r}_2 & \cdots & \mathbf{r}_1\cdot\mathbf{r}_n \\ \mathbf{r}_2\cdot\mathbf{r}_1 & \mathbf{r}_2\cdot\mathbf{r}_2 & \cdots & \mathbf{r}_2\cdot\mathbf{r}_n \\ \vdots & \vdots & & \vdots \\ \mathbf{r}_n\cdot\mathbf{r}_1 & \mathbf{r}_n\cdot\mathbf{r}_2 & \cdots & \mathbf{r}_n\cdot r_n \end{bmatrix}$$

따라서 $AA^T = I$의 필요충분조건은

$$\mathbf{r}_1\cdot\mathbf{r}_1 = \mathbf{r}_2\cdot\mathbf{r}_2 = \cdots = \mathbf{r}_n\cdot\mathbf{r}_n = 1$$

과

$$i \neq j\text{일 때} \quad \mathbf{r}_i\cdot\mathbf{r}_j = 0$$

인 것, 즉 $\{\mathbf{r}_1, \mathbf{r}_2, \ldots, \mathbf{r}_n\}$이 R^n의 정규직교집합인 것이다. ■

> **주의** 직교행렬은 *정규직교* 행과 열—단순히 직교 행과 열이 아니라—을 갖는 행렬임에 유의하라.

다음 정리에서 직교행렬의 네 가지 기본적인 성질들을 더 나열한다. 그 증명은 모두 간단하므로 연습문제로 남긴다.

정리 7.1.2

(a) 직교행렬의 전치행렬은 직교행렬이다.
(b) 직교행렬의 역행렬은 직교행렬이다.
(c) 직교행렬들의 곱은 직교행렬이다.
(d) A가 직교행렬이면, $\det(A) = 1$이거나 $\det(A) = -1$이다.

예제 3 | 직교행렬 A에 대한 $\det(A) = \pm 1$

행렬

$$A = \begin{bmatrix} \frac{1}{\sqrt{2}} & \frac{1}{\sqrt{2}} \\ -\frac{1}{\sqrt{2}} & \frac{1}{\sqrt{2}} \end{bmatrix}$$

는 행(과 열)벡터가 유클리드 내적을 갖는 R^2에서 정규직교집합을 구성하므로 직교행렬이다. $\det(A) = 1$임과, 행을 교환한 행렬도 직교행렬이 되나 이 경우의 행렬식은 -1이 됨을 확인하는 것은 독자에게 맡긴다.

직교변환의 성질

예제 2에서 R^2와 R^3상의 기본적인 반사 연산자와 회전 연산자의 표준행렬이 직교행렬임을 확인하였다. 다음 정리는 그렇게 되는 이유를 설명한다.

정리 7.1.3

A가 $n \times n$ 행렬이면, 다음은 동등하다.

(*a*) A가 직교행렬이다.

(*b*) R^n의 모든 $\mathbf{x}$에 대하여 $\|A\mathbf{x}\| = \|\mathbf{x}\|$이다.

(*c*) R^n의 모든 $\mathbf{x}$와 $\mathbf{y}$에 대하여 $A\mathbf{x} \cdot A\mathbf{y} = \mathbf{x} \cdot \mathbf{y}$이다.

증명 $(a) \Rightarrow (b) \Rightarrow (c) \Rightarrow (a)$를 이용하여 증명하자.

(*a*) ⇒ (*b*) A가 직교행렬, 즉 $A^TA = I$임을 가정하자. 따라서 3.2절의 공식 (26)에 의하여

$$\|A\mathbf{x}\| = (A\mathbf{x} \cdot A\mathbf{x})^{1/2} = (\mathbf{x} \cdot A^TA\mathbf{x})^{1/2} = (\mathbf{x} \cdot \mathbf{x})^{1/2} = \|\mathbf{x}\|$$

(*b*) ⇒ (*c*) R^n의 모든 $\mathbf{x}$에 대하여 $\|A\mathbf{x}\| = \|\mathbf{x}\|$를 가정하면 정리 3.2.7에 의하여

$$\begin{aligned} A\mathbf{x} \cdot A\mathbf{y} &= \tfrac{1}{4}\|A\mathbf{x} + A\mathbf{y}\|^2 - \tfrac{1}{4}\|A\mathbf{x} - A\mathbf{y}\|^2 = \tfrac{1}{4}\|A(\mathbf{x} + \mathbf{y})\|^2 - \tfrac{1}{4}\|A(\mathbf{x} - \mathbf{y})\|^2 \\ &= \tfrac{1}{4}\|\mathbf{x} + \mathbf{y}\|^2 - \tfrac{1}{4}\|\mathbf{x} - \mathbf{y}\|^2 = \mathbf{x} \cdot \mathbf{y} \end{aligned}$$

(*c*) ⇒ (*a*) R^n의 모든 $\mathbf{x}$와 $\mathbf{y}$에 대하여 $A\mathbf{x} \cdot A\mathbf{y} = \mathbf{x} \cdot \mathbf{y}$를 가정하면 3.2절의 공식 (26)에 의하여

$$\mathbf{x} \cdot \mathbf{y} = \mathbf{x} \cdot A^TA\mathbf{y}$$

이며, 이 식은 $\mathbf{x} \cdot (A^TA\mathbf{y} - \mathbf{y}) = 0$으로, 또는

$$\mathbf{x} \cdot (A^TA - I)\mathbf{y} = 0$$

으로 다시 쓸 수 있다. 이 방정식은 R^n의 모든 $\mathbf{x}$에 대하여 성립하므로, 특히 $\mathbf{x} = (A^TA - I)\mathbf{y}$인 경우에 대해서도 성립한다. 따라서

$$(A^TA - I)\mathbf{y} \cdot (A^TA - I)\mathbf{y} = 0$$

이다. 따라서 내적의 양의 성질에 의하여

$$(A^TA - I)\mathbf{y} = \mathbf{0}$$

이다. 이 방정식은 R^n의 모든 $\mathbf{y}$에 대하여 성립하므로 $A^TA - I$는 영행렬이어야 하며(왜 그럴까?) 따라서 $A^TA - I$이다. 따라서 A는 직교행렬이다. ■

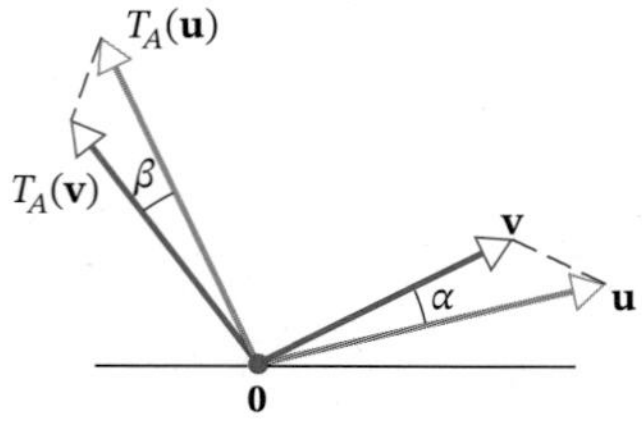

그림 7.1.1

정리 7.1.3의 (*a*)와 (*b*)에 의하면 R^n의 직교 연산자는 확실히 점곱과 벡터의 놈을 변화시키지 않는 연산자이다. 이것은 **그림 7.1.1**에 보이듯이 직교 연산자가 R^n의 벡터 간의

사잇각과 거리를 변화시키지 않음을 의미한다. 왜냐하면 사잇각과 거리는 놈으로 표현할 수 있기 때문이다[3.2절의 정의 2와 식 (20) 참조].

정규직교기저의 변경

내적공간의 기저가 정규직교기저이면 편리한 점이 많다. 왜냐하면, 다음 정리에서 보이듯이 많은 익숙한 공식들이 이 기저에 대하여 성립하기 때문이다. 정리의 증명은 연습문제로 남긴다.

정리 7.1.4

S가 n차원 내적공간 V의 정규직교기저이고

$$(\mathbf{u})_S = (u_1, u_2, \ldots, u_n)\text{이고} \quad (\mathbf{v})_S = (v_1, v_2, \ldots, v_n)$$

이면 다음 명제가 성립한다.

(a) $\|\mathbf{u}\| = \sqrt{u_1^2 + u_2^2 + \cdots + u_n^2}$

(b) $d(\mathbf{u}, \mathbf{v}) = \sqrt{(u_1 - v_1)^2 + (u_2 - v_2)^2 + \cdots + (u_n - v_n)^2}$

(c) $\langle \mathbf{u}, \mathbf{v} \rangle = u_1v_1 + u_2v_2 + \cdots + u_nv_n$

참고 정리 7.1.4의 세 명제를 다음과 같이 표현할 수 있다.

$$\|\mathbf{u}\| = \|(\mathbf{u})_S\| \qquad d(\mathbf{u}, \mathbf{v}) = d\big((\mathbf{u})_S, (\mathbf{v})_S\big) \qquad \langle \mathbf{u}, \mathbf{v} \rangle = \big\langle (\mathbf{u})_S, (\mathbf{v})_S \big\rangle$$

여기서 좌변의 놈, 거리, 내적은 각각 V상의 내적에 관한 것이고 우변은 R^n의 유클리드 내적에 관한 것이다. 즉, V의 벡터에 대한 놈, 거리, 내적 들을 정규직교기저에 대한 좌표 벡터에 유클리드 내적을 사용하여 계산할 수 있다.

내적공간의 정규직교 간의 전이는 기하학과 다양한 응용에서 특히 중요하다. 다음 정리는 이러한 유형의 추이에 관련된 것이며 증명은 이 절의 끝으로 미룬다.

정리 7.1.5

V를 유한차원 내적공간이라 하자. P를 V의 정규직교기저에서 V의 다른 정규직교기저로의 전이행렬이라 하면 P는 정규직교행렬이다.

예제 4 | 2-공간에서 축의 회전

여러 가지 문제에서 직교 xy-좌표계가 주어지고, 이 좌표계를 원점을 중심으로 반시계방향으로 각 θ만큼 회전시켜 새로운 $x'y'$-좌표계를 만들기도 한다. 이 경우, 평면의 각각의 점 Q는 두 개의 좌표계에 의한 두 개의 좌표집합, 즉 xy-좌표계에 대한 좌표 (x, y)와 $x'y'$-좌표계에

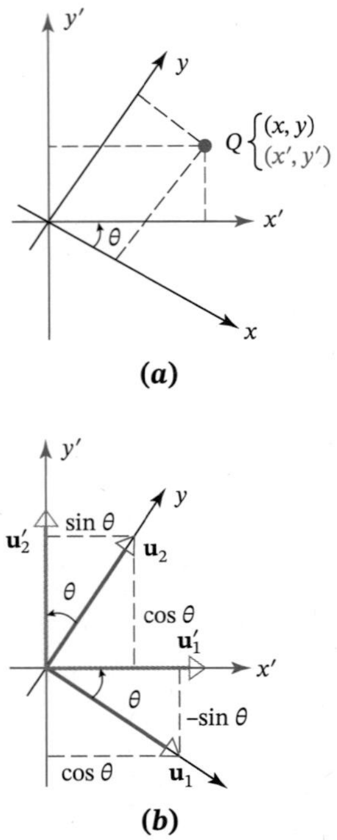

그림 7.1.2

대한 좌표 (x', y')을 갖는다(**그림 7.1.2*a***).

x축과 y축의 양의 방향을 따르는 단위벡터 $\mathbf{u}_1$, $\mathbf{u}_2$와 x'축과 y'축의 양의 방향을 따르는 단위벡터 $\mathbf{u}_1'$, $\mathbf{u}_2'$을 도입하면, 이 좌표축의 회전은 원래의 기저 $B = \{\mathbf{u}_1, \mathbf{u}_2\}$에서 새로운 기저 $B' = \{\mathbf{u}_1', \mathbf{u}_2'\}$으로의 변경으로 생각할 수 있다. 따라서 점 Q의 새로운 좌표 (x', y')과 원래의 좌표 (x, y)는 다음 방정식

$$\begin{bmatrix} x' \\ y' \end{bmatrix} = P\begin{bmatrix} x \\ y \end{bmatrix} \tag{2}$$

과 관계가 있다. 여기서

$$P = \left[[\mathbf{u}_1]_{B'} | [\mathbf{u}_2]_{B'} \right]$$

이다. 따라서 P를 구하려면 새로운 기저에 대한 원래의 기저벡터의 좌표를 구해야 한다. **그림 7.1.2*b***에 보인 다음의 결과를 유도하는 것은 독자에게 맡긴다.

$$[\mathbf{u}_1]_{B'} = \begin{bmatrix} \cos\theta \\ -\sin\theta \end{bmatrix}, \quad [\mathbf{u}_2]_{B'} = \begin{bmatrix} \sin\theta \\ \cos\theta \end{bmatrix} \tag{3}$$

따라서

$$\begin{bmatrix} x' \\ y' \end{bmatrix} = \begin{bmatrix} \cos\theta & \sin\theta \\ -\sin\theta & \cos\theta \end{bmatrix}\begin{bmatrix} x \\ y \end{bmatrix} \tag{4}$$

또는 동등하게

$$\boxed{\begin{aligned} x' &= x\cos\theta + y\sin\theta \\ y' &= -x\sin\theta + y\cos\theta \end{aligned}} \tag{5}$$

이다. 때때로 이 식을 R^2의 ***회전방정식***(rotation equation)이라 부른다.

예제 5 | 2-공간에서 축의 회전

직교좌표계의 좌표축을 각 $\theta = \pi/4$로 회전하는 경우, R^2의 회전방정식 (4)를 이용하여 점 $Q(2, 1)$의 새로운 좌표를 구하라.

풀이

$$\sin\frac{\pi}{4} = \cos\frac{\pi}{4} = \frac{1}{\sqrt{2}}$$

이므로 방정식 (4)는

$$\begin{bmatrix} x' \\ y' \end{bmatrix} = \begin{bmatrix} \frac{1}{\sqrt{2}} & \frac{1}{\sqrt{2}} \\ -\frac{1}{\sqrt{2}} & \frac{1}{\sqrt{2}} \end{bmatrix}\begin{bmatrix} x \\ y \end{bmatrix}$$

가 된다. 따라서 점 Q의 원래 좌표가 $(x, y) = (2, -1)$이면

$$\begin{bmatrix} x' \\ y' \end{bmatrix} = \begin{bmatrix} \frac{1}{\sqrt{2}} & \frac{1}{\sqrt{2}} \\ -\frac{1}{\sqrt{2}} & \frac{1}{\sqrt{2}} \end{bmatrix}\begin{bmatrix} 2 \\ -1 \end{bmatrix} = \begin{bmatrix} \frac{1}{\sqrt{2}} \\ -\frac{3}{\sqrt{2}} \end{bmatrix}$$

이고, Q의 새로운 좌표는 $(x', y') = \left(\frac{1}{\sqrt{2}}, -\frac{3}{\sqrt{2}}\right)$이다.

참고 (4)의 계수행렬은 R^2의 벡터를 각 $-\theta$만큼 회전한 선형 연산자의 표준행렬과 같다(1.8절의 표 5 참조). 이 사실은 당연하다. 왜냐하면 R^2의 벡터를 고정시키고 좌표축을 각 θ만큼 회전시킨 것은 좌표축을 고정시키고 R^2의 벡터를 각 $-\theta$만큼 회전시킨 것과 동일한 효과를 나타내기 때문이다.

예제 6 | 3-공간에서 축의 회전으로의 응용

직교 xyz-좌표계를 z축 중심으로 (양의 z축을 내려다봐서) 반시계방향으로 각 θ만큼 회전시키자(**그림 7.1.3**). x축, y축, z축의 양의 방향을 따르는 단위벡터 $\mathbf{u}_1$, $\mathbf{u}_2$, $\mathbf{u}_3$와, x'축, y'축, z'축의 양의 방향을 따르는 단위벡터 $\mathbf{u}'_1$, $\mathbf{u}'_2$, $\mathbf{u}'_3$를 도입하면, 회전은 원래의 기저 $B = \{\mathbf{u}_1, \mathbf{u}_2, \mathbf{u}_3\}$에서 새로운 기저 $B' = \{\mathbf{u}'_1, \mathbf{u}'_2, \mathbf{u}'_3\}$의 변경으로 생각할 수 있다. 예제 4에 비추어 볼 때

$$[\mathbf{u}'_1]_B = \begin{bmatrix} \cos\theta \\ \sin\theta \\ 0 \end{bmatrix}, \quad [\mathbf{u}'_2]_B = \begin{bmatrix} -\sin\theta \\ \cos\theta \\ 0 \end{bmatrix}$$

임은 분명하다. 더욱이, $\mathbf{u}'_3$은 양의 z'축으로 1단위만큼 확장한 것이므로

$$[\mathbf{u}'_3]_B = \begin{bmatrix} 0 \\ 0 \\ 1 \end{bmatrix}$$

이다. 따라서 B'에서 B로의 전이행렬은

$$P = \begin{bmatrix} \cos\theta & -\sin\theta & 0 \\ \sin\theta & \cos\theta & 0 \\ 0 & 0 & 1 \end{bmatrix}$$

이고, B에서 B'으로의 전이행렬은

$$P^{-1} = \begin{bmatrix} \cos\theta & \sin\theta & 0 \\ -\sin\theta & \cos\theta & 0 \\ 0 & 0 & 1 \end{bmatrix}$$

이다(확인하라). 따라서 점 Q의 새로운 좌표 (x', y', z')은 원래의 좌표 (x, y, z)로부터

$$\begin{bmatrix} x' \\ y' \\ z' \end{bmatrix} = \begin{bmatrix} \cos\theta & \sin\theta & 0 \\ -\sin\theta & \cos\theta & 0 \\ 0 & 0 & 1 \end{bmatrix} \begin{bmatrix} x \\ y \\ z \end{bmatrix}$$

로 계산될 수 있다.

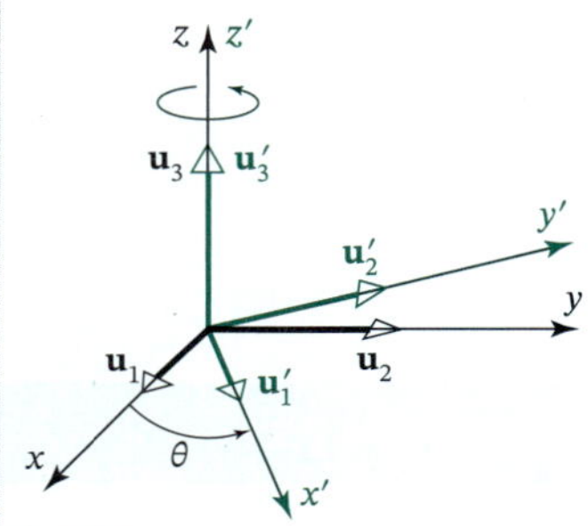

그림 7.1.3

선택사항: 정리 7.1.5의 선택적 증명으로 이 절을 끝맺는다.

정리 7.1.5의 증명 V를 n차원 내적공간이라 하고 P를 정규직교기저 B'에서 정규직교기

저 B로의 전이행렬이라 하자. $\| \quad \|$으로 표시하는 R^n상의 유클리드 내적에 관한 놈과 구별하기 위하여 V상의 내적에 대한 놈을 $\| \quad \|_V$라 표기하자.

P가 직교행렬임을 증명하기 위하여, 정리 7.1.3을 이용하여 R^n의 모든 벡터 $\mathbf{x}$에 대하여 $\|P\mathbf{x}\| = \|\mathbf{x}\|$임을 보일 것이다. 이 방향의 첫 번째 단계로 정리 7.1.4(a)에서 V의 임의의 정규직교기저에 대하여 V의 임의의 벡터 $\mathbf{u}$의 놈은 유클리드 내적공간에 대한 좌표벡터의 놈과 같음을 보였음을 상기하자. 즉

$$\|\mathbf{u}\|_V = \|[\mathbf{u}]_{B'}\| = \|[\mathbf{u}]_B\|$$

또는

$$\|\mathbf{u}\|_V = \|[\mathbf{u}]_{B'}\| = \|P[\mathbf{u}]_{B'}\| \tag{6}$$

이다. 이제 $\mathbf{x}$를 R^n의 임의의 벡터라 하고, $\mathbf{u}$를 기저 B'에 대한 좌표벡터가 $\mathbf{x}$인 V의 벡터라 하자. 즉, $[\mathbf{u}]_{B'} = \mathbf{x}$이다. 따라서 (6)으로부터

$$\|\mathbf{u}\| = \|\mathbf{x}\| = \|P\mathbf{x}\|$$

이며 이것은 P가 정규직교행렬임을 의미한다. ■

연습문제 7.1

(1-4) 각 항의 행렬이 직교인지 판정하고, 그렇다면 역행렬을 구하라.

1. **a.** $\begin{bmatrix} 1 & 0 \\ 0 & -1 \end{bmatrix}$ **b.** $\begin{bmatrix} \frac{1}{\sqrt{2}} & -\frac{1}{\sqrt{2}} \\ \frac{1}{\sqrt{2}} & \frac{1}{\sqrt{2}} \end{bmatrix}$

2. **a.** $\begin{bmatrix} 1 & 0 \\ 0 & 1 \end{bmatrix}$ **b.** $\begin{bmatrix} \frac{1}{\sqrt{5}} & \frac{2}{\sqrt{5}} \\ \frac{2}{\sqrt{5}} & \frac{1}{\sqrt{5}} \end{bmatrix}$

3. **a.** $\begin{bmatrix} 0 & 1 & \frac{1}{\sqrt{2}} \\ 1 & 0 & 0 \\ 0 & 0 & \frac{1}{\sqrt{2}} \end{bmatrix}$ **b.** $\begin{bmatrix} -\frac{1}{\sqrt{2}} & \frac{1}{\sqrt{6}} & \frac{1}{\sqrt{3}} \\ 0 & -\frac{2}{\sqrt{6}} & \frac{1}{\sqrt{3}} \\ \frac{1}{\sqrt{2}} & \frac{1}{\sqrt{6}} & \frac{1}{\sqrt{3}} \end{bmatrix}$

4. **a.** $\begin{bmatrix} \frac{1}{2} & \frac{1}{2} & \frac{1}{2} & \frac{1}{2} \\ \frac{1}{2} & -\frac{5}{6} & \frac{1}{6} & \frac{1}{6} \\ \frac{1}{2} & \frac{1}{6} & \frac{1}{6} & -\frac{5}{6} \\ \frac{1}{2} & \frac{1}{6} & -\frac{5}{6} & \frac{1}{6} \end{bmatrix}$ **b.** $\begin{bmatrix} 1 & 0 & 0 & 0 \\ 0 & \frac{1}{\sqrt{3}} & -\frac{1}{2} & 0 \\ 0 & \frac{1}{\sqrt{3}} & 0 & 1 \\ 0 & \frac{1}{\sqrt{3}} & \frac{1}{2} & 0 \end{bmatrix}$

(5-6) 세 가지 방법 즉 A^TA를 계산하고, 정리 7.1.1의 (b), 정리 7.1.1의 (c)를 사용하여 행렬이 직교행렬임을 보여라.

5. $A = \begin{bmatrix} \frac{4}{5} & 0 & -\frac{3}{5} \\ -\frac{9}{25} & \frac{4}{5} & -\frac{12}{25} \\ \frac{12}{25} & \frac{3}{5} & \frac{16}{25} \end{bmatrix}$ **6.** $A = \begin{bmatrix} \frac{1}{3} & \frac{2}{3} & \frac{2}{3} \\ \frac{2}{3} & -\frac{2}{3} & \frac{1}{3} \\ -\frac{2}{3} & -\frac{1}{3} & \frac{2}{3} \end{bmatrix}$

7. $T_A: R^3 \to R^3$을 연습문제 5에서 주어진 직교행렬에 의한 곱셈변환이라 하자. 벡터 $\mathbf{x} = (-2, 3, 5)$에 대하여 $T_A(\mathbf{x})$를 구하고, R^3상의 유클리드 내적에 대하여 $\|T_A(\mathbf{x})\| = \|\mathbf{x}\|$임을 확인하라.

8. $T_A: R^3 \to R^3$을 연습문제 6에서 주어진 직교행렬에 의한 곱셈변환이라 하자. 벡터 $\mathbf{x} = (0, 1, 4)$에 대하여 $T_A(\mathbf{x})$를 구하고, R^3상의 유클리드 내적에 대하여 $\|T_A(\mathbf{x})\| = \|\mathbf{x}\|$임을 확인하라.

9. 1.8절의 표 1과 2의 반사에 대한 표준행렬들은 직교인가?

10. 1.8절의 표 3과 4의 정사영에 대한 표준행렬들은 직교인가?

11. 행렬

$$\begin{bmatrix} a+b & b-a \\ a-b & b+a \end{bmatrix}$$

가 직교이기 위해서는 a와 b는 어떤 조건을 만족해야 하는가?

12. 대각행렬이 직교행렬이기 위한 조건은 무엇인가?

13. xy-직교좌표계를 반시계방향으로 각 $\theta = \pi/3$만큼 회전시킨 $x'y'$-직교좌표계를 생각하자.

a. xy-좌표가 $(-2, 6)$인 점의 $x'y'$-좌표를 찾아라.

b. $x'y'$-좌표가 $(5, 2)$인 점의 xy-좌표를 찾아라.

14. $\theta = 3\pi/4$인 경우에 대하여 연습문제 13을 반복하라.

15. xyz-직교좌표계를 z축을 회전축으로 (z축을 내려다봤을 때) 반시계방향으로 각 $\theta = \pi/4$만큼 회전시킨 $x'y'z'$-직교좌표계를 생각하자.

a. xyz-좌표가 $(-1, 2, 5)$인 점의 $x'y'z'$-좌표를 찾아라.

b. $x'y'z'$-좌표가 $(1, 6, -3)$인 점의 xyz-좌표를 찾아라.

16. x축을 회전축으로 (양의 x축을 원점 방향으로 봤을 때) 반시계방향으로 각 $\theta = 3\pi/4$만큼 회전시켰을 때, 연습문제 15를 반복하라.

17. y축을 회전축으로 (양의 y축을 원점 방향으로 봤을 때) 반시계방향으로 각 $\theta = \pi/3$만큼 회전시켰을 때, 연습문제 15를 반복하라.

18. xyz-직교좌표계를 y축을 회전축으로 (양의 y축을 원점 방향으로 봤을 때) 반시계방향으로 각 θ만큼 회전시킨 $x'y'z'$-좌표계를 생각하자.

$$\begin{bmatrix} x' \\ y' \\ z' \end{bmatrix} = A \begin{bmatrix} x \\ y \\ z \end{bmatrix}$$

을 만족하는 행렬 A를 구하라. 여기서 (x, y, z)와 (x', y', z')은 동일한 점의 xyz-, $x'y'z'$-좌표계에서의 좌표이다.

19. x축을 회전축으로 하여 연습문제 18을 반복하라.

20. xyz-직교좌표계를 z축을 회전축으로 (양의 z축에서 내려다봤을 때) 반시계방향으로 각 60°만큼 회전시켜 $x'y'z'$-좌표계를 만들고, 다시 $x'y'z'$-좌표계를 y'축을 회전축으로 (양의 y'축을 원점 방향으로 봤을 때) 반시계방향으로 각 45°만큼 회전시켜 $x''y''z''$-직교좌표계를 만들자.

$$\begin{bmatrix} x'' \\ y'' \\ z'' \end{bmatrix} = A \begin{bmatrix} x \\ y \\ z \end{bmatrix}$$

을 만족하는 행렬 A를 구하라. 여기서 (x, y, z)와 (x'', y'', z'')은 동일한 점의 xyz-, $x''y''z''$-좌표계에서의 좌표이다.

21. R^2상의 선형 연산자가 벡터의 길이를 변화시키지 않으면 ***강성***(rigid)이라 하고, 영이 아닌 두 벡터의 사잇각을 변화시키지 않으면 ***각보존***(angle preserving)이라 한다.

a. 강성인 선형 연산자 중 두 가지 다른 형태를 제시하라.

b. 각보존인 선형 연산자 중 두 가지 다른 형태를 제시하라.

c. 강성이지만 각보존은 아닌 R^2상의 선형 연산자가 존재하는가? 또한 각보존이지만 강성이 아닌 선형 연산자가 존재하는가? 답을 검증하라.

22. 직교 연산자 $T_A: R^n \to R^n$은 직교하지 않는 영이 아닌 벡터들을 직교하는 벡터들로 사상할 수 있는가? 이유를 제시하라.

23. 집합 $S = \left\{\frac{1}{\sqrt{3}}, \frac{1}{\sqrt{2}}x, \sqrt{\frac{3}{2}}x^2 - \sqrt{\frac{2}{3}}\right\}$은 점 $x_0 = -1$, $x_1 = 0$, $x_2 = 1$에서 평가내적을 갖는 P_2의 정규직교기저이다. $\mathbf{p} = p(x) = 1 + x + x^2$와 $\mathbf{q} = q(x) = 2x - x^2$라 하자.

a. $(\mathbf{p})_S$와 $(\mathbf{q})_S$를 구하라.

b. 정리 7.1.4를 사용하여 $\|\mathbf{p}\|$, $d(\mathbf{p}, \mathbf{q})$, $\langle \mathbf{p}, \mathbf{q} \rangle$를 구하라.

24. 집합 $S = \{1, x\}$와 $S' = \left\{\frac{1}{\sqrt{2}}(1 + x), \frac{1}{\sqrt{2}}(1 - x)\right\}$는 표준내적을 갖는 P_1의 정규직교기저들이다. S에서 S'으로의 전이행렬 P를 구하고, P에 대하여 정리 7.1.5의 결론이 성립함을 검증하라.

증명 문제

25. $\mathbf{x}$가 $n \times 1$ 행렬인 경우, 다음의 행렬

$$A = I_n - \frac{2}{\mathbf{x}^T\mathbf{x}}\mathbf{x}\mathbf{x}^T$$

이 직교행렬이고 대칭행렬임을 증명하라.

26. 2×2 직교행렬 A는 오로지 다음 두 가지 형식

$$A = \begin{bmatrix} \cos\theta & -\sin\theta \\ \sin\theta & \cos\theta \end{bmatrix} \quad \text{또는} \quad A = \begin{bmatrix} \cos\theta & \sin\theta \\ \sin\theta & -\cos\theta \end{bmatrix}$$

중 하나의 형식으로 표현됨을 증명하라. 여기서 $0 \le \theta < 2\pi$이다. [*힌트*: 일반적인 2×2 행렬 A로 시작하여, 열벡터들이 R^2의 정규직교집합을 이룬다는 사실을 이용하라.]

27. a. 연습문제 26의 결과를 이용하여 2×2 직교행렬에 의한 곱셈변환은 $\det(A) = 1$이면 회전이고, $\det(A) = -1$이면 반사 후 회전임을 증명하라.

b. (a)에서 변환이 반사 후 회전인 경우, 이 변환은 원점을 통과하는 어떤 적절한 직선에 대한 단일 반사로 동일하게 수행할 수 있음을 보여라. 이 직선은 무엇인가? [*힌트*: 1.8절의 식 (6)을 보라.]

28. 아래의 각 항에 대하여, 연습문제 27(a)의 결과를 이용하여

A의 곱셈변환이 회전이거나 반사 후 회전임을 판정하라. 두 경우 모두 회전각을 구하고, 반사 후 회전인 경우 연습문제 27(b)에서 언급된 원점을 통과하는 직선의 방정식을 구하라.

a. $A = \begin{bmatrix} -\frac{1}{\sqrt{2}} & \frac{1}{\sqrt{2}} \\ -\frac{1}{\sqrt{2}} & -\frac{1}{\sqrt{2}} \end{bmatrix}$ **b.** $A = \begin{bmatrix} -\frac{1}{2} & \frac{\sqrt{3}}{2} \\ \frac{\sqrt{3}}{2} & \frac{1}{2} \end{bmatrix}$

29. 3 × 3 직교행렬에 대해서도 연습문제 27(a)와 유사한 결과를 얻을 수 있다. 직교행렬 A의 곱셈변환은 $\det(A) = 1$이면 R^3의 원점을 통과하는 어떤 직선에 대한 회전이고, $\det(A) = -1$이면 어떤 좌표평면에 대한 반사 후 원점을 통과하는 어떤 직선에 대한 회전임을 증명할 수 있다. 첫 번째 사실과 정리 7.1.2를 사용하여, R^3의 원점을 통과하는 직선에 대한 회전들의 합성은 원점을 통과하는 적절한 직선에 대한 단일 회전으로 완수될 수 있음을 증명하라.

30. 정리 7.1.1의 명제 (a)와 (c)가 동등함을 증명하라.

참-거짓 문제

TF. **(a)-(h)**가 참인지 거짓인지를 밝히고 그 이유를 설명하라.

a. 행렬 $\begin{bmatrix} 1 & 0 \\ 0 & 1 \\ 0 & 0 \end{bmatrix}$은 직교행렬이다.

b. 행렬 $\begin{bmatrix} 1 & -2 \\ 2 & 1 \end{bmatrix}$은 직교행렬이다.

c. $m \times n$ 행렬이 $A^TA = I$이면 A는 직교행렬이다.

d. 직교집합을 이루는 열벡터에 의하여 구성되는 정방행렬은 직교행렬이다.

e. 모든 직교행렬은 가역이다.

f. A가 직교행렬이면, A^2는 직교행렬이고 $(\det A)^2 = 1$이다.

g. 직교행렬의 모든 고유값의 절대값은 1이다.

h. 모든 단위벡터 $\mathbf{u}$에 대하여 정방행렬 A가 $\|A\mathbf{u}\| = 1$을 만족하면 A는 직교행렬이다.

계산도구 문제

T1. $\mathbf{a}$가 R^n의 영이 아닌 열벡터이면, $\mathbf{a}\mathbf{a}^T$는 $\mathbf{a}$와 자신의 ***외곱***(outer product)이라 하고, 부분공간 $\mathbf{a}^\perp$는 $\mathbf{a}$에 직교하는 R^n의 ***초평면***(hyperplane)이라 한다. $n \times n$ 직교행렬

$$H_{\mathbf{a}^\perp} = I - \frac{2}{\mathbf{a}^T\mathbf{a}}\mathbf{a}\mathbf{a}^T$$

은 미국의 수학자 알스톤 하우스홀더(Alston Scott Householder, 1904–1993)를 기념하여 ***하우스홀더 행렬***(Householder matrix) 또는 $\mathbf{a}^\perp$에 대한 ***하우스홀더 반사***(Householder reflection)라 부른다. R^2에서 행렬 $H_{\mathbf{a}^\perp}$는 $\mathbf{a}$와 직교하고 원점을 통과하는 직선에 대한 반사를 나타내며, R^3에서 이 행렬은 $\mathbf{a}$와 직교하고 원점을 통과하는 평면에 대한 반사를 나타낸다. 보다 고차원에서는 $H_{\mathbf{a}^\perp}$를 초평면 $\mathbf{a}^\perp$에 대한 "반사"로 볼 수 있다. 하우스홀더 반사는 수치 알고리즘의 대규모 구현에서 중요하다. 왜냐하면 이 변환은 주어진 벡터를 다른 성분들을 그대로 유지한 채 특정한 영의 성분들을 갖는 벡터로 변환하는 데 사용할 수 있기 때문이다. 이것은 다음 정리의 결과이다[Howard Anton, Robert C. Busby 저 *Contemporary Linear Algebra* 참조(Hoboken, NJ: John Wiley & Sons, 2003, p. 422)].

> **정리**
>
> $\mathbf{v}$와 $\mathbf{w}$가 동일한 놈을 갖는 R^n의 상이한 벡터이면, 초평면 $(\mathbf{v} - \mathbf{w})^\perp$에 대한 하우스홀더 반사는 $\mathbf{v}$를 $\mathbf{w}$로 사상하고 역으로도 사상한다.

a. 벡터 $\mathbf{v} = (4, 2, 4)$를 두 번째와 세 번째 성분이 영인 벡터 $\mathbf{w}$로 사상하는 하우스홀더 반사를 구하라. $\mathbf{w}$를 구하라.

b. 벡터 $\mathbf{v} = (3, 4, 2, 4)$를 마지막 두 성분이 영이고 첫 번째 성분은 변하지 않도록 사상하는 하우스홀더 반사를 구하라. $\mathbf{w}$를 구하라.

7.2 직교대각화

이 절에서는 대칭행렬 A의 대각화 문제를 다룬다. 앞으로 보겠지만, 이 문제는 A의 고유벡터로 구성된 R^n의 정규직교기저를 찾는 문제와 밀접하게 관련이 있다. 응용분야에서 나타나는 많은 행렬들이 대칭행렬로 나타나기 때문에 이러한 유형의 문제는 중요하다.

직교대각화 문제

5.2절에서 두 정방행렬 A와 B에 대하여 $P^{-1}AP = B$를 만족하는 *가역*행렬 P가 존재하면 A와 B는 *닮았다*고 정의하였다. 이 절에서는 이 관계가 성립하는 *직교*행렬 P를 찾는 것이 가능한 특수한 경우를 다룰 것이다.

다음 정의로 시작하자.

정의 1

A와 B를 정방행렬이라 하자. $B = P^TAP$를 만족하는 직교행렬 P가 존재하면 A와 B는 ***직교적으로 닮았다***(orthogonally similar)라고 한다.

B가 A와 직교적으로 닮았으면, A도 B와 직교적으로 닮았다. 왜냐하면 A는 $A = PBP^T = Q^TBQ$로 표현할 수 있기 때문이다. 이때 $Q = P^T$이다. 이 경우 A와 B 중 하나가 나머지 행렬과 직교적으로 닮았으면 A와 B는 ***직교닮음행렬***(orthogonally similar matrices)이라고 한다.

A가 적절한 대각행렬과 직교적으로 닮았으면, 즉

$$P^TAP = D$$

이면 A는 ***직교대각화가 가능하다***(orthogonally diagonalizable)고 하고 P는 A를 ***직교대각화한다***(orthogonally diagonalize)고 한다.

이 절의 첫 번째 목표는 어떠한 조건에서 행렬이 직교대각화가 가능한지를 결정하는 것이다. 첫 번째 단계로, 대칭행렬이 아닌 행렬은 직교대각화가 불가능함을 주목하자. 그 이유를 밝히기 위하여 P가 직교행렬이고 D가 대각행렬인 경우

$$P^TAP = D \tag{1}$$

를 가정하자. (1)의 좌변에 P를 곱하고 우변에 P^T를 곱하면 $PP^T = P^TP = I$이므로 이 방정식을

$$A = PDP^T \tag{2}$$

로 고쳐 쓸 수 있다. 이 방정식의 양변을 전치하고 대각행렬은 전치행렬과 동일하다는 사실을 이용하면

$$A^T = (PDP^T)^T = (P^T)^TD^TP^T = PDP^T = A$$

이므로, 직교대각화가 가능한 경우 A는 대칭행렬이어야 한다.

직교대각화가능성의 조건

위에서 정방행렬 A가 직교대각화가 가능하려면 대칭행렬이어야 함을 보였다. 다음 정리는 A의 성분이 *실수*이고 직교성이 R^n상의 유클리드 내적에 대한 직교성이면 그 역도 참임을 보인다.

정리 7.2.1

A가 실수성분을 갖는 $n \times n$ 행렬이면 다음은 동등하다.

(a) A가 직교대각화가 가능하다.

(b) A가 n개의 고유벡터들로 구성된 정규직교집합을 갖는다.

(c) A가 대칭행렬이다.

***증명* (a) ⇒ (b)** A가 직교대각화가 가능하므로, $P^{-1}AP$가 대각행렬인 직교행렬 P가 존재한다. 정리 5.2.1의 증명에 있는 식 (2)에서 보였듯이, P의 n개의 열벡터는 A의 고유벡터이다. P는 직교이므로 이들 열벡터는 정규직교이다. 따라서 A는 n개의 정규직교 고유벡터를 갖는다.

(b) ⇒ (a) A가 n개의 고유벡터 $\{\mathbf{p}_1, \mathbf{p}_2, \ldots, \mathbf{p}_n\}$으로 구성된 정규직교집합을 갖는다고 가정하자. 정리 5.2.1의 증명에서 보였듯이, 이 고유벡터를 열로 갖는 행렬 P는 A를 대각화한다. 이 고유벡터는 정규직교이므로, P는 직교행렬이다. 따라서 A를 직교대각화한다.

(a) ⇒ (c) (a) ⇒ (b)의 증명에서, 직교대각화가 가능한 $n \times n$ 행렬 A는 정규직교집합을 구성하는 A의 고유벡터가 열인 $n \times n$ 행렬 P에 의하여 직교대각화됨을 보였다. D를 대각행렬

$$D = P^TAP$$

라 하면

$$A = PDP^T$$

이고 따라서

$$A^T = (PDP^T)^T = PD^TP^T = PDP^T = A$$

이다. 이것은 A가 대칭임을 보인다.

(c) ⇒ (a) 이 부분의 증명은 이 교재의 수준을 벗어나므로 생략한다. 하지만 매우 중요한 결과이므로, 증명의 내용에 대한 개요를 연습문제로 제시하였다. ■

대칭행렬의 성질

다음 목표는 대칭행렬을 직교대각화하는 절차를 고안해 내는 것이다. 그러나 이것을 하기 전에 대칭행렬의 고유값과 고유벡터에 관한 핵심적인 정리가 필요하다.

정리 7.2.2

A가 실수성분을 갖는 대칭행렬이면,

> (*a*) A의 고유값은 모두 실수이다.
> (*b*) 서로 다른 고유공간의 고유벡터는 직교한다.

(*a*)는 복소벡터공간의 몇 가지 결과가 필요하여 7.5절에서 다루기로 한다.

***증명* (*b*)** $\mathbf{v}_1$과 $\mathbf{v}_2$를 행렬 A의 서로 다른 고유값 λ_1과 λ_2에 대응하는 고유벡터라 하자. $\mathbf{v}_1 \cdot \mathbf{v}_2 = 0$임을 보이려고 한다. 증명은 $A\mathbf{v}_1 \cdot \mathbf{v}_2$의 표현으로 시작한다. 3.2절의 공식 (26)과 A의 대칭성을 이용하면

$$A\mathbf{v}_1 \cdot \mathbf{v}_2 = \mathbf{v}_1 \cdot A^T\mathbf{v}_2 = \mathbf{v}_1 \cdot A\mathbf{v}_2 \tag{3}$$

이다. 그런데 $\mathbf{v}_1$은 A의 λ_1에 대응하는 고유벡터이고 $\mathbf{v}_2$는 A의 λ_2에 대응하는 고유벡터이므로, (3)은 다음 관계식

$$\lambda_1\mathbf{v}_1 \cdot \mathbf{v}_2 = \mathbf{v}_1 \cdot \lambda_2\mathbf{v}_2$$

으로 대체되고, 이것은 다시

$$(\lambda_1 - \lambda_2)(\mathbf{v}_1 \cdot \mathbf{v}_2) = 0 \tag{4}$$

으로 고쳐 쓸 수 있다. 그러나 λ_1과 λ_2는 다르다고 가정했으므로 $\lambda_1 - \lambda_2 \neq 0$이다. 따라서 (4)로부터 $\mathbf{v}_1 \cdot \mathbf{v}_2 = 0$이다. ■

정리 7.2.2는 대칭행렬을 직교대각화하는 절차를 설명한다.

$n \times n$ 대칭행렬을 직교대각화하기

단계 1. A의 각각의 고유공간의 기저를 구하라.

단계 2. 이 각각의 기저에 그람-슈미트 과정을 적용하여 각각의 고유공간의 정규직교기저를 만들어라.

단계 3. 단계 2에서 만든 벡터를 열로 하여 행렬 P를 구성하라. 이 행렬은 A를 직교대각화하고, $D = P^TAP$의 대각선에 위치한 고유값의 순서는 P에서 대응하는 고유벡터의 순서와 같다.

참고 이 과정의 정확성을 명확히 해야 한다: 정리 7.2.2에서 *서로 다른* 고유공간에 대한 고유벡터는 직교함을 보였다. 한편, 그람-슈미트 과정은 *동일한* 고유공간 내의 고유벡터들은 정규직교함을 보장한다. 따라서 이 과정으로 구한 고유벡터의 *전체* 집합은 정규직교집합이다.

예제 1 | 대칭행렬의 직교대각화

행렬

$$A = \begin{bmatrix} 4 & 2 & 2 \\ 2 & 4 & 2 \\ 2 & 2 & 4 \end{bmatrix}$$

를 대각화하는 직교행렬 P를 구하라.

풀이

A의 특성방정식이

$$\det(\lambda I - A) = \det\begin{bmatrix} \lambda - 4 & -2 & -2 \\ -2 & \lambda - 4 & -2 \\ -2 & -2 & \lambda - 4 \end{bmatrix} = (\lambda - 2)^2(\lambda - 8) = 0$$

임을 확인하는 것은 독자에게 남긴다. 따라서 A의 서로 다른 고유값은 $\lambda = 2$, $\lambda = 8$이다. 5.1절의 예제 7에서 사용했던 방법을 이용하면

$$\mathbf{u}_1 = \begin{bmatrix} -1 \\ 1 \\ 0 \end{bmatrix}, \quad \mathbf{u}_2 = \begin{bmatrix} -1 \\ 0 \\ 1 \end{bmatrix} \tag{5}$$

는 $\lambda = 2$에 대응하는 고유공간의 기저를 구성함을 보일 수 있다. 그람-슈미트 과정을 $\{\mathbf{u}_1, \mathbf{u}_2\}$에 적용하면 다음 정규직교 고유벡터를 얻는다(확인하라).

$$\mathbf{v}_1 = \begin{bmatrix} -\frac{1}{\sqrt{2}} \\ \frac{1}{\sqrt{2}} \\ 0 \end{bmatrix}, \quad \mathbf{v}_2 = \begin{bmatrix} -\frac{1}{\sqrt{6}} \\ -\frac{1}{\sqrt{6}} \\ \frac{2}{\sqrt{6}} \end{bmatrix} \tag{6}$$

$\lambda = 8$에 대응하는 고유공간은

$$\mathbf{u}_3 = \begin{bmatrix} 1 \\ 1 \\ 1 \end{bmatrix}$$

를 기저로 갖는다. $\{\mathbf{u}_3\}$에 그람-슈미트 과정을 적용하면(즉, $\mathbf{u}_3$를 정규화하면)

$$\mathbf{v}_3 = \begin{bmatrix} \frac{1}{\sqrt{3}} \\ \frac{1}{\sqrt{3}} \\ \frac{1}{\sqrt{3}} \end{bmatrix}$$

이다. 마지막으로 $\mathbf{v}_1, \mathbf{v}_2, \mathbf{v}_3$를 열벡터로 사용하면

$$P = \begin{bmatrix} -\frac{1}{\sqrt{2}} & -\frac{1}{\sqrt{6}} & \frac{1}{\sqrt{3}} \\ \frac{1}{\sqrt{2}} & -\frac{1}{\sqrt{6}} & \frac{1}{\sqrt{3}} \\ 0 & \frac{2}{\sqrt{6}} & \frac{1}{\sqrt{3}} \end{bmatrix}$$

을 구하며 이것은 A를 직교대각화한다. 검산으로 다음을 확인하는 것은 독자들에게 맡긴다.

$$P^TAP = \begin{bmatrix} -\frac{1}{\sqrt{2}} & \frac{1}{\sqrt{2}} & 0 \\ -\frac{1}{\sqrt{6}} & -\frac{1}{\sqrt{6}} & \frac{2}{\sqrt{6}} \\ \frac{1}{\sqrt{3}} & \frac{1}{\sqrt{3}} & \frac{1}{\sqrt{3}} \end{bmatrix} \begin{bmatrix} 4 & 2 & 2 \\ 2 & 4 & 2 \\ 2 & 2 & 4 \end{bmatrix} \begin{bmatrix} -\frac{1}{\sqrt{2}} & -\frac{1}{\sqrt{6}} & \frac{1}{\sqrt{3}} \\ \frac{1}{\sqrt{2}} & -\frac{1}{\sqrt{6}} & \frac{1}{\sqrt{3}} \\ 0 & \frac{2}{\sqrt{6}} & \frac{1}{\sqrt{3}} \end{bmatrix} = \begin{bmatrix} 2 & 0 & 0 \\ 0 & 2 & 0 \\ 0 & 0 & 8 \end{bmatrix}$$

스펙트럼 분해

실수성분을 갖는 대칭행렬 A가

$$P = [\mathbf{u}_1 \quad \mathbf{u}_2 \quad \cdots \quad \mathbf{u}_n]$$

에 의하여 직교대각화되고, $\lambda_1, \lambda_2, \ldots, \lambda_n$가 단위고유벡터 $\mathbf{u}_1, \mathbf{u}_2, \ldots, \mathbf{u}_n$에 대응되는 A의 고유값이라 하면, $D = P^TAP$임을 알고 있다. 여기서 D는 대각 위치에 고유값을 갖는 대각행렬이다. 이로부터 행렬 A는 다음과 같이 표현될 수 있다.

$$A = PDP^T = [\mathbf{u}_1 \quad \mathbf{u}_2 \quad \cdots \quad \mathbf{u}_n]\begin{bmatrix} \lambda_1 & 0 & \cdots & 0 \\ 0 & \lambda_2 & \cdots & 0 \\ \vdots & \vdots & \ddots & \vdots \\ 0 & 0 & \cdots & \lambda_n \end{bmatrix}\begin{bmatrix} \mathbf{u}_1^T \\ \mathbf{u}_2^T \\ \vdots \\ \mathbf{u}_n^T \end{bmatrix}$$

$$= [\lambda_1\mathbf{u}_1 \quad \lambda_2\mathbf{u}_2 \quad \cdots \quad \lambda_n\mathbf{u}_n]\begin{bmatrix} \mathbf{u}_1^T \\ \mathbf{u}_2^T \\ \vdots \\ \mathbf{u}_n^T \end{bmatrix}$$

곱셈을 수행하면, 다음 공식

$$\boxed{A = \lambda_1\mathbf{u}_1\mathbf{u}_1^T + \lambda_2\mathbf{u}_2\mathbf{u}_2^T + \cdots + \lambda_n\mathbf{u}_n\mathbf{u}_n^T} \tag{7}$$

을 얻으며 이 공식은 ***A*의 스펙트럼 분해**(spectral decomposition of A)라 한다.*

A의 스펙트럼 분해에서 각각의 항은 $\lambda\mathbf{u}\mathbf{u}^T$의 형태임을 유의하라. 여기서 $\mathbf{u}$는 A의 열 형식의 단위고유벡터이고, λ는 $\mathbf{u}$에 대응하는 A의 고유값이다. $\mathbf{u}$의 크기는 $n \times 1$이므로, 곱 $\mathbf{u}\mathbf{u}^T$의 크기는 $n \times n$이다. $\mathbf{u}\mathbf{u}^T$는 벡터 $\mathbf{u}$에 의하여 생성되는 부분공간으로의 R^n의 정사영의 표준행렬임을 (여기서는 하지 않을 것이지만) 증명할 수 있다. 이것을 사실로 받아들이면, A의 스펙트럼 분해는 대칭행렬 A의 곱셈변환에 의한 벡터 $\mathbf{x}$의 상은 $\mathbf{x}$를 A의 고유벡터로 정해진 (일차원 부분공간인) 직선 위로 정사영하고, 고유값으로 크기조정한 후 더하는 것을 의미한다. 다음 예제를 살펴보자.

예제 2 | 스펙트럼 분해의 기하적 해석

행렬

$$A = \begin{bmatrix} 1 & 2 \\ 2 & -2 \end{bmatrix}$$

는 고유값 $\lambda_1 = -3$과 $\lambda_2 = 2$를 갖고 이에 대응하는 고유벡터들은

*스펙트럼 분해*라는 용어는 간혹 행렬 A의 모든 고유값의 집합이 A의 ***스펙트럼***(spectrum)이라 일컫는 데서 유래되었다. *고유값 분해*(eigenvalue decomposition)라는 용어는 댄 칼먼(Dan Kalman) 교수가 논문상을 수상한 논문 "A Singularly Valuable Decomposition: The SVD of a Matrix," *The College Mathematics Journal*, Vol. 27, No. 1, January 1996에서 제안한 것에서 유래되었다.

$$\mathbf{x}_1 = \begin{bmatrix} 1 \\ -2 \end{bmatrix}, \quad \mathbf{x}_2 = \begin{bmatrix} 2 \\ 1 \end{bmatrix}$$

이다(확인하라). 이 기저벡터를 정규화하면

$$\mathbf{u}_1 = \frac{\mathbf{x}_1}{\|\mathbf{x}_1\|} = \begin{bmatrix} \frac{1}{\sqrt{5}} \\ -\frac{2}{\sqrt{5}} \end{bmatrix}, \quad \mathbf{u}_2 = \frac{\mathbf{x}_2}{\|\mathbf{x}_2\|} = \begin{bmatrix} \frac{2}{\sqrt{5}} \\ \frac{1}{\sqrt{5}} \end{bmatrix}$$

이고, 따라서 A의 스펙트럼 분해는

$$\begin{bmatrix} 1 & 2 \\ 2 & -2 \end{bmatrix} = \lambda_1\mathbf{u}_1\mathbf{u}_1^T + \lambda_2\mathbf{u}_2\mathbf{u}_2^T = (-3)\begin{bmatrix} \frac{1}{\sqrt{5}} \\ -\frac{2}{\sqrt{5}} \end{bmatrix}\begin{bmatrix} \frac{1}{\sqrt{5}} & -\frac{2}{\sqrt{5}} \end{bmatrix} + (2)\begin{bmatrix} \frac{2}{\sqrt{5}} \\ \frac{1}{\sqrt{5}} \end{bmatrix}\begin{bmatrix} \frac{2}{\sqrt{5}} & \frac{1}{\sqrt{5}} \end{bmatrix}$$

$$= (-3)\begin{bmatrix} \frac{1}{5} & -\frac{2}{5} \\ -\frac{2}{5} & \frac{4}{5} \end{bmatrix} + (2)\begin{bmatrix} \frac{4}{5} & \frac{2}{5} \\ \frac{2}{5} & \frac{1}{5} \end{bmatrix} \tag{8}$$

이다. 앞에서 언급했듯이 (8)의 우변의 2×2 행렬은 각각 $\lambda_1 = -3$과 $\lambda_2 = 2$에 대응하는 고유공간으로의 정사영의 표준행렬이다.

이제 이 스펙트럼 분해가 벡터 $\mathbf{x} = (1, 1)$의 A의 곱셈변환에 의한 상에 관하여 무엇을 의미하는지 알아보자. $\mathbf{x}$를 열 형식으로 쓰면

$$A\mathbf{x} = \begin{bmatrix} 1 & 2 \\ 2 & -2 \end{bmatrix}\begin{bmatrix} 1 \\ 1 \end{bmatrix} = \begin{bmatrix} 3 \\ 0 \end{bmatrix} \tag{9}$$

이며, (8)에 의하여

$$A\mathbf{x} = \begin{bmatrix} 1 & 2 \\ 2 & -2 \end{bmatrix}\begin{bmatrix} 1 \\ 1 \end{bmatrix} = (-3)\begin{bmatrix} \frac{1}{5} & -\frac{2}{5} \\ -\frac{2}{5} & \frac{4}{5} \end{bmatrix}\begin{bmatrix} 1 \\ 1 \end{bmatrix} + (2)\begin{bmatrix} \frac{4}{5} & \frac{2}{5} \\ \frac{2}{5} & \frac{1}{5} \end{bmatrix}\begin{bmatrix} 1 \\ 1 \end{bmatrix}$$

$$= (-3)\begin{bmatrix} -\frac{1}{5} \\ \frac{2}{5} \end{bmatrix} + (2)\begin{bmatrix} \frac{6}{5} \\ \frac{3}{5} \end{bmatrix} \tag{10}$$

$$= \begin{bmatrix} \frac{3}{5} \\ -\frac{6}{5} \end{bmatrix} + \begin{bmatrix} \frac{12}{5} \\ \frac{6}{5} \end{bmatrix} = \begin{bmatrix} 3 \\ 0 \end{bmatrix}$$

이 성립한다. 공식 (9)와 (10)을 이용하면, A의 곱셈변환에 의한 벡터 $\mathbf{x} = (1, 1)$의 상은 두 가지 방식으로 해석할 수 있다: 공식 (9)로부터 이 벡터의 상은 (3, 0)임을 곧바로 알 수 있다. 반면, 공식 (10)으로부터 이 벡터의 상은 (1, 1)을 $\lambda_1 = -3$과 $\lambda_2 = 2$에 대응하는 고유공간으로의 정사영 $\left(-\frac{1}{5}, \frac{2}{5}\right)$와 $\left(\frac{6}{5}, \frac{3}{5}\right)$을 고유값으로 크기조정하여 $\left(\frac{3}{5}, -\frac{6}{5}\right)$과 $\left(\frac{12}{5}, \frac{6}{5}\right)$을 구한 후 이 벡터들을 더하여 구할 수 있다(**그림 7.2.1**).

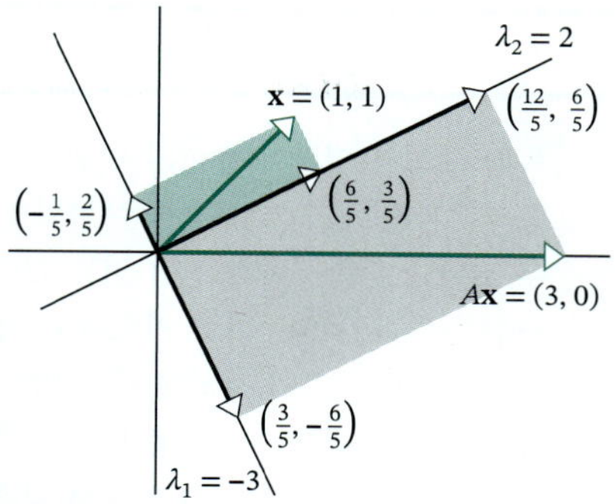

그림 7.2.1

대각화가 불가능한 경우

$n \times n$ 행렬 A가 직교대각화가 불가능한 경우라도, 직교행렬 P를 적절히 선택하면 P^TAP를 상당히 간단한 형태로 만들 수 있다. 이것을 설명하는 두 개의 정리를 (증명 없이) 소개한다. 첫 번째 정리는 독일 수학자 이사이 슈어가 발견한 것으로, 모든 정방행렬 A는 주대각성분이 A의 고유값인 상삼각행렬과 직교적으로 닮았다는 사실을 보인다.

정리 7.2.3

슈어의 정리

실수성분을 갖는 $n \times n$ 행렬 A가 실수 고유값을 가질 때, P^TAP가 다음 형태의 상삼각행렬

$$P^TAP = \begin{bmatrix} \lambda_1 & \times & \times & \cdots & \times \\ 0 & \lambda_2 & \times & \cdots & \times \\ 0 & 0 & \lambda_3 & \cdots & \times \\ \vdots & \vdots & \vdots & \ddots & \vdots \\ 0 & 0 & 0 & \cdots & \lambda_n \end{bmatrix} \tag{11}$$

이 되게 하는 직교행렬 P가 존재한다. 여기서 $\lambda_1, \lambda_2, \cdots, \lambda_n$은 중복도에 따라 중복되는 A의 고유값이다.

역사 노트

슈어(Issai Schur, 1875−1941)

독일 수학자 이사이 슈어의 인생은 1930년대에 나치 경찰이 유태 지식인에게 가했던 슬픈 기억을 상기시킨다. 슈어는 매우 뛰어난 수학자이자 인기 있는 교수여서 많은 학생들과 연구원들이 그가 연구하고 가르쳤던 베를린대학으로 모여들었다. 어떤 때는 그의 강의에 너무 많은 학생들이 모여서, 뒷줄에서 그를 보려면 오페라용 망원경이 필요할 지경이었다. 슈어의 인생은 나치의 지배 아래서 점점 궁핍해졌고, 1933년 4월에 아리아인이 아닌 사람들은 "공직"에 있을 수 없다는 법에 따라 강제로 대학에서 "은퇴"당했다. 그를 존경하고 좋아했던 학생들과 동료들이 이 조치에 격렬히 항의하였으나 1935년 그가 완전히 해고되는 것을 막지는 못했다. 자신을 정통 독일인이라 생각했던 슈어는 나치로부터 받은 박해와 수모를 결코 이해하지 못했다. 1939년 그는 낙담한 채 독일을 떠나 팔레스타인으로 갔다. 그는 경제적으로 궁핍하여 그에게 가장 소중했던 수학서적을 팔아야만 했으며 1941년 사망할 때까지 빈곤하게 살았다.

[Image: Courtesy Electronic Publishing Services, Inc., New York City]

일반적으로 (11)의 상삼각행렬을 S라 표기하며(Schur의 첫 글자로부터), 이 경우 위 방정식은 다음과 같이 다시 쓸 수 있다.

$$A = PSP^T \tag{12}$$

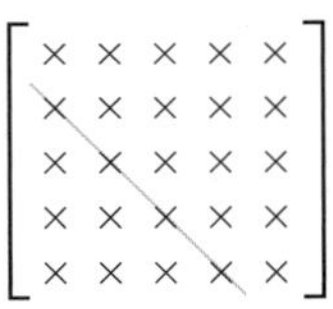

제일 주대각하부

그림 7.2.2

이것을 A의 ***슈어 분해***(Schur decomposition)라 한다.

다음 정리는 독일의 수학자이자 공학자인 카를 헤센버그(Karl Hessenberg, 1904−1959)가 개발하였다. 이 정리에 의하면 실수성분을 갖는 모든 정방행렬은 제일 ***주대각하부***(subdiagonal) 아래의 모든 성분이 영인 행렬과 직교적으로 닮았다(**그림 7.2.2**). 이러한 형태의 행렬을 ***상부 헤센버그형***(upper Hessenberg form)이라 한다.

정리 7.2.4

헤센버그의 정리

실수성분을 갖는 $n \times n$ 행렬 A에 대하여 P^TAP가 다음의 형태

$$P^TAP = \begin{bmatrix} \times & \times & \cdots & \times & \times & \times \\ \times & \times & \cdots & \times & \times & \times \\ 0 & \times & \ddots & \times & \times & \times \\ \vdots & \vdots & \ddots & \vdots & \vdots & \vdots \\ 0 & 0 & \cdots & \times & \times & \times \\ 0 & 0 & \cdots & 0 & \times & \times \end{bmatrix} \tag{13}$$

인 직교행렬 P가 존재한다.

(11)과는 다르게 (13)의 대각성분은 일반적으로 A의 고유값이 *아니다*.

일반적으로 상부 헤센버그 행렬 (13)을 H라 표기하며(Hessenberg의 첫 글자로부터), 위 방정식은 다음과 같이 다시 쓸 수 있다.

$$A = PHP^T \tag{14}$$

이것을 A의 ***상부 헤센버그 분해***(upper Hessenberg decomposition)라 한다.

참고 많은 수치적 알고리즘에서는 후속부분의 계산량을 줄이기 위하여, 우선 초기행렬을 상부 헤센버그형으로 변환한다. 많은 컴퓨터 패키지는 슈어 그리고 헤센버그 분해를 구하기 위한 내장 명령어를 가지고 있다.

연습문제 7.2

(1-6) 주어진 대칭행렬의 특성방정식을 구하고 계산 없이 각 고유공간의 차원을 결정하라.

1. $\begin{bmatrix} 1 & 2 \\ 2 & 4 \end{bmatrix}$ **2.** $\begin{bmatrix} 1 & -4 & 2 \\ -4 & 1 & -2 \\ 2 & -2 & -2 \end{bmatrix}$

3. $\begin{bmatrix} 1 & 1 & 1 \\ 1 & 1 & 1 \\ 1 & 1 & 1 \end{bmatrix}$ **4.** $\begin{bmatrix} 4 & 2 & 2 \\ 2 & 4 & 2 \\ 2 & 2 & 4 \end{bmatrix}$

5. $\begin{bmatrix} 4 & 4 & 0 & 0 \\ 4 & 4 & 0 & 0 \\ 0 & 0 & 0 & 0 \\ 0 & 0 & 0 & 0 \end{bmatrix}$ **6.** $\begin{bmatrix} 2 & -1 & 0 & 0 \\ -1 & 2 & 0 & 0 \\ 0 & 0 & 2 & -1 \\ 0 & 0 & -1 & 2 \end{bmatrix}$

(7-14) A를 직교대각화하는 행렬 P를 구하고 $P^{-1}AP$를 써라.

7. $A = \begin{bmatrix} 6 & 2\sqrt{3} \\ 2\sqrt{3} & 7 \end{bmatrix}$ **8.** $A = \begin{bmatrix} 3 & 1 \\ 1 & 3 \end{bmatrix}$

9. $A = \begin{bmatrix} -2 & 0 & -36 \\ 0 & -3 & 0 \\ -36 & 0 & -23 \end{bmatrix}$ **10.** $A = \begin{bmatrix} 6 & -2 \\ -2 & 3 \end{bmatrix}$

11. $A = \begin{bmatrix} 2 & -1 & -1 \\ -1 & 2 & -1 \\ -1 & -1 & 2 \end{bmatrix}$ **12.** $A = \begin{bmatrix} 1 & 1 & 0 \\ 1 & 1 & 0 \\ 0 & 0 & 0 \end{bmatrix}$

13. $A = \begin{bmatrix} -7 & 24 & 0 & 0 \\ 24 & 7 & 0 & 0 \\ 0 & 0 & -7 & 24 \\ 0 & 0 & 24 & 7 \end{bmatrix}$ **14.** $A = \begin{bmatrix} 3 & 1 & 0 & 0 \\ 1 & 3 & 0 & 0 \\ 0 & 0 & 0 & 0 \\ 0 & 0 & 0 & 0 \end{bmatrix}$

(15-18) 다음 행렬의 스펙트럼 분해를 구하라.

15. $\begin{bmatrix} 3 & 1 \\ 1 & 3 \end{bmatrix}$ **16.** $\begin{bmatrix} 6 & -2 \\ -2 & 3 \end{bmatrix}$

17. $\begin{bmatrix} -3 & 1 & 2 \\ 1 & -3 & 2 \\ 2 & 2 & 0 \end{bmatrix}$ **18.** $\begin{bmatrix} -2 & 0 & -36 \\ 0 & -3 & 0 \\ -36 & 0 & -23 \end{bmatrix}$

(19-20) 고유값 $\lambda_1 = -1$, $\lambda_2 = 3$, $\lambda_3 = 7$이고 이것에 대응하는 고유벡터가 아래와 같은 3×3 대칭행렬이 존재하는지 판정하라. 존재한다면 그 행렬을 구하라. 존재하지 않는다면 그 이유를 설명하라.

19. $\mathbf{x}_1 = \begin{bmatrix} 0 \\ 1 \\ -1 \end{bmatrix}$, $\mathbf{x}_2 = \begin{bmatrix} 1 \\ 0 \\ 0 \end{bmatrix}$, $\mathbf{x}_3 = \begin{bmatrix} 0 \\ 1 \\ 1 \end{bmatrix}$

20. $\mathbf{x}_1 = \begin{bmatrix} 0 \\ 1 \\ -1 \end{bmatrix}$, $\mathbf{x}_2 = \begin{bmatrix} 1 \\ 0 \\ 0 \end{bmatrix}$, $\mathbf{x}_3 = \begin{bmatrix} 1 \\ 1 \\ 1 \end{bmatrix}$

21. A를 서로 다른 고유값에 대응하는 고유벡터들이 직교하는 대각화 가능 행렬이라 가정하자. A는 대칭행렬이어야 하는가? 이유를 설명하라.

22. $b \neq 0$이라 가정할 때, 다음 행렬을 직교대각화하는 행렬을 구하라.

$$\begin{bmatrix} a & b \\ b & a \end{bmatrix}$$

23. $T_A : R^2 \to R^2$를 A의 곱셈변환이라 하자. $T_A(\mathbf{u}_1)$과 $T_A(\mathbf{u}_2)$가 직교하는 직교단위벡터 $\mathbf{u}_1$과 $\mathbf{u}_2$를 구하라.

a. $A = \begin{bmatrix} -1 & 1 \\ 1 & 1 \end{bmatrix}$ **b.** $A = \begin{bmatrix} 1 & 2 \\ 2 & 1 \end{bmatrix}$

24. $T_A : R^3 \to R^3$을 A의 곱셈변환이라 하자. $T_A(\mathbf{u}_1)$과 $T_A(\mathbf{u}_2)$가 직교하는 직교단위벡터 $\mathbf{u}_1$과 $\mathbf{u}_2$를 구하라.

a. $A = \begin{bmatrix} 4 & 2 & 2 \\ 2 & 4 & 2 \\ 2 & 2 & 4 \end{bmatrix}$ b. $A = \begin{bmatrix} 1 & 0 & 0 \\ 0 & 1 & 1 \\ 0 & 1 & 1 \end{bmatrix}$

증명 문제

25. A가 임의의 $m \times n$ 행렬이면, A^TA는 n개의 고유벡터로 구성되는 정규직교집합을 가짐을 증명하라.

26. 다음을 증명하라: $\{\mathbf{u}_1, \mathbf{u}_2, \ldots, \mathbf{u}_n\}$이 R^n의 정규직교기저이고, A를 다음과 같이 표현할 수 있다면

$$A = c_1\mathbf{u}_1\mathbf{u}_1^T + c_2\mathbf{u}_2\mathbf{u}_2^T + \cdots + c_n\mathbf{u}_n\mathbf{u}_n^T$$

A는 대칭행렬이고 $c_1, c_2, \ldots, c_n$를 고유값으로 갖는다.

27. 5.1절의 연습문제 29의 결과를 이용하여 2×2 대칭행렬에 대하여 정리 7.2.2(*a*)를 증명하라.

28. **a.** $\mathbf{v}$가 $n \times 1$ 임의의 행렬이고 I가 $n \times n$ 항등행렬일 때, $I - \mathbf{v}\mathbf{v}^T$는 직교대각화가 가능함을 보여라.

b. $\mathbf{v}$가

$$\mathbf{v} = \begin{bmatrix} 1 \\ 0 \\ 1 \end{bmatrix}$$

일 때, $I - \mathbf{v}\mathbf{v}^T$를 직교대각화하는 행렬 P를 구하라.

29. A가 대칭직교행렬일 때, 이 행렬의 고유값은 1 또는 -1뿐임을 증명하라.

30. 정리 7.2.2(*b*)의 역은 참인가? 설명하라.

31. 이 문제에서는 대칭행렬 A가 직교대각화가 가능함을 보임으로써 정리 7.2.1의 누락된 부분을 완결할 것이다. 이 과정은 두 단계로 진행할 것이다: 우선 A가 대각화 가능함을 보이고, 그다음에 그 결과를 이용하여 A가 직교대각화 가능함을 보일 것이다.

a. A를 $n \times n$ 대칭행렬이라 가정하자. A가 대각화 가능함을 증명하는 방법 중 하나는 각각의 고유값 λ_0에 대해서 기하 중복도가 대수 중복도와 일치함을 보이는 것이다. 이를 위해 λ_0의 기하 중복도를 k라 하자. $B_0 = \{\mathbf{u}_1, \mathbf{u}_2, \cdots, \mathbf{u}_k\}$를 고유값 λ_0에 대응하는 고유공간의 정규직교기저라 하고, 이 기저를 R^n의 정규직교기저 $B = \{\mathbf{u}_1, \mathbf{u}_2, \cdots, \mathbf{u}_n\}$로 확장하자. 그리고 P는 B의 벡터를 열로 갖는 행렬이라 하자. 5.2절의 연습문제 41(b)에서 보였듯이 곱 AP는

$$AP = P\begin{bmatrix} \lambda_0 I_k & X \\ 0 & Y \end{bmatrix}$$

으로 쓸 수 있다. B가 정규직교기저라는 사실을 이용하여 $X = 0[n \times (n-k)$ 크기의 영행렬$]$임을 증명하라.

b. (a)와 5.2절의 연습문제 41(c)에 의하여 A는 다음 행렬

$$C = P\begin{bmatrix} \lambda_0 I_k & 0 \\ 0 & Y \end{bmatrix}$$

과 동일한 특성다항식을 갖는다. 이 사실과 5.2절의 연습문제 41(d)의 결과를 이용하여 λ_0의 대수 중복도가 기하 중복도와 같음을 증명하라. 이것은 A가 대각화 가능함을 입증한다.

c. 정리 7.2.2(*b*)와 A가 대각화 가능함을 이용하여 A가 직교대각화 가능함을 증명하라.

참-거짓 문제

TF. (a)-(g)가 참인지 거짓인지를 밝히고 그 이유를 설명하라.

a. A가 정방행렬이면 AA^T와 A^TA는 직교대각화가 가능하다.

b. $\mathbf{v}_1$과 $\mathbf{v}_2$가 대칭행렬의 서로 다른 고유공간의 고유벡터라면 $\|\mathbf{v}_1 + \mathbf{v}_2\|^2 = \|\mathbf{v}_1\|^2 + \|\mathbf{v}_2\|^2$이다.

c. 모든 직교행렬은 직교대각화 가능하다.

d. A가 가역행렬이고 직교대각화 가능하면, A^{-1}도 직교대각화 가능하다.

e. 직교행렬의 모든 고유값의 절대값은 1이다.

f. A가 $n \times n$ 직교대각화가 가능한 행렬이라면, A의 고유벡터로 구성된 R^n의 정규직교기저가 존재한다.

g. A가 직교대각화 가능하면 A의 고유값은 실수이다.

계산도구 문제

T1. 자신의 계산도구가 직교대각화 계산이 가능하다면, 그것을 이용하여 예제 1에서 구한 마지막 결과를 확인하라.

T2. 주어진 행렬 A에 대하여 A의 고유공간에 대한 정규직교기저를 구하라. 이 기저벡터를 이용하여 P^TAP가 대각행렬이 되도록 직교행렬 P를 구성하라.

$$A = \begin{bmatrix} -4 & 2 & -2 \\ 2 & -7 & 4 \\ -2 & 4 & -7 \end{bmatrix}$$

T3. 문제 T2의 행렬 A를 스펙트럼 분해하라.

7.3 이차형식

이 절에서는 모든 항이 변수의 제곱 또는 두 변수의 곱으로 구성된 다변수 실수함수를 학습하는 데 행렬법을 사용한다. 이러한 함수는 기하학, 역학계의 진동, 통계학 및 전기공학 등 다양한 응용에서 나타난다.

이차형식의 정의

다음의 형태

$$a_1x_1 + a_2x_2 + \cdots + a_nx_n$$

는 선형방정식과 선형계를 학습할 때 다루었다. $a_1, a_2, \ldots, a_n$이 상수라면, 이 표현은 **변수** $x_1, x_2, \ldots, x_n$에 대한 실수함수이고 R^n상의 ***일차형식***(linear form)이라 한다. 일차형식의 모든 변수들은 일차항으로 나타나고 변수들의 곱은 존재하지 않는다. 여기서는 다음 형태

$$a_1x_1^2 + a_2x_2^2 + \cdots + a_nx_n^2 + (i \neq j\text{인 } a_kx_ix_j \text{ 형태의 모든 가능한 항})$$

의 R^n상의 ***이차형식***(quadratic form)을 다룰 것이다. $i \neq j$인 $a_kx_ix_j$ 형태의 항은 ***혼합항***(cross product terms)이라 한다. 중복을 피하기 위해 x_ix_j를 포함하는 항과 x_jx_i를 포함하는 항을 합치는 것이 일반적이다. 따라서 R^2상의 일반적인 이차형식은 보통

$$a_1x_1^2 + a_2x_2^2 + 2a_3x_1x_2 \tag{1}$$

로 표현되고 R^3상의 이차형식의 일반형은

$$a_1x_1^2 + a_2x_2^2 + a_3x_3^2 + 2a_4x_1x_2 + 2a_5x_1x_3 + 2a_6x_2x_3 \tag{2}$$

로 표현된다. 관례적으로 숫자 a와 1×1 행렬 $[a]$를 구분하지 않으며, $\mathbf{x}$를 변수의 열벡터라 하면 (1)과 (2)는

$$\begin{bmatrix} x_1 & x_2 \end{bmatrix}\begin{bmatrix} a_1 & a_3 \\ a_3 & a_2 \end{bmatrix}\begin{bmatrix} x_1 \\ x_2 \end{bmatrix} = \mathbf{x}^TA\mathbf{x}$$

$$\begin{bmatrix} x_1 & x_2 & x_3 \end{bmatrix}\begin{bmatrix} a_1 & a_4 & a_5 \\ a_4 & a_2 & a_6 \\ a_5 & a_6 & a_3 \end{bmatrix}\begin{bmatrix} x_1 \\ x_2 \\ x_3 \end{bmatrix} = \mathbf{x}^TA\mathbf{x}$$

의 행렬 형식으로 나타낼 수 있다(확인하라). 이 공식에서 행렬 A는 대각성분이 제곱항의 계수이며 비대각성분은 혼합항의 계수의 절반인 대칭행렬임에 유의하라. 일반적으로 A가 $n \times n$ 대칭행렬이고 $\mathbf{x}$가 $n \times 1$ 변수 열벡터이면, 함수

$$Q_A(\mathbf{x}) = \mathbf{x}^TA\mathbf{x} \tag{3}$$

를 ***A에 관한 이차형식***(quadratic form associated with A)이라고 한다. 편의상 (3)은

$$\boxed{\mathbf{x}^TA\mathbf{x} = \mathbf{x} \cdot A\mathbf{x} = A\mathbf{x} \cdot \mathbf{x}} \tag{4}$$

와 같이 점곱으로 표현할 수도 있다.

A가 대각행렬인 경우, 이차형식 $\mathbf{x}^TA\mathbf{x}$는 혼합항을 갖지 않는다. 예를 들어 A의 대각

성분이 $\lambda_1, \lambda_2, \cdots, \lambda_n$이면

$$\mathbf{x}^T A\mathbf{x} = [x_1 \quad x_2 \quad \cdots \quad x_n]\begin{bmatrix} \lambda_1 & 0 & \cdots & 0 \\ 0 & \lambda_2 & \cdots & 0 \\ \vdots & \vdots & \ddots & \vdots \\ 0 & 0 & \cdots & \lambda_n \end{bmatrix}\begin{bmatrix} x_1 \\ x_2 \\ \vdots \\ x_n \end{bmatrix} = \lambda_1 x_1^2 + \lambda_2 x_2^2 + \cdots + \lambda_n x_n^2$$

이 된다.

예제 1 | 이차형식을 행렬표기법으로 표현하기

다음 각 문항에서 이차형식을 행렬표기법 $\mathbf{x}^T A\mathbf{x}$로 나타내라. 여기서 A는 대칭행렬이다.

(a) $2x^2 + 6xy - 5y^2$ (b) $x_1^2 + 7x_2^2 - 3x_3^2 + 4x_1x_2 - 2x_1x_3 + 8x_2x_3$

풀이 A의 대각성분은 제곱항의 계수이고 비대각성분은 혼합항의 계수의 절반이다. 따라서

$$2x^2 + 6xy - 5y^2 = [x \quad y]\begin{bmatrix} 2 & 3 \\ 3 & -5 \end{bmatrix}\begin{bmatrix} x \\ y \end{bmatrix}$$

$$x_1^2 + 7x_2^2 - 3x_3^2 + 4x_1x_2 - 2x_1x_3 + 8x_2x_3 = [x_1 \quad x_2 \quad x_3]\begin{bmatrix} 1 & 2 & -1 \\ 2 & 7 & 4 \\ -1 & 4 & -3 \end{bmatrix}\begin{bmatrix} x_1 \\ x_2 \\ x_3 \end{bmatrix}$$

이다.

이차형식에서의 변수변환

이차형식의 응용에서 나타나는 세 가지 중요한 문제들이 있다.

문제 1. $\mathbf{x}^T A\mathbf{x}$가 R^2 또는 R^3상의 이차형식이면, 방정식 $\mathbf{x}^T A\mathbf{x} = k$는 어떠한 곡선 또는 곡면을 표현하는가?

문제 2. $\mathbf{x}^T A\mathbf{x}$가 R^n상의 이차형식이면, A가 어떠한 조건을 만족할 때 모든 $\mathbf{x} \neq \mathbf{0}$에 대하여 $\mathbf{x}^T A\mathbf{x}$가 양의 값을 갖는가?

문제 3. $\mathbf{x}^T A\mathbf{x}$가 R^n상의 이차형식이면, $\mathbf{x}$가 $\|\mathbf{x}\| = 1$을 만족하도록 제약된 경우, R^n상의 이차형식 $\mathbf{x}^T A\mathbf{x}$의 최대값과 최소값은 무엇인가?

이 절에서는 처음 두 문제를 다루기로 하고, 세 번째 문제는 다음 절에서 다룬다.

이 문제를 푸는 많은 기법은

$$\mathbf{x} = P\mathbf{y} \tag{5}$$

를 대입하여 변수 $x_1, x_2, \ldots, x_n$을 새로운 변수 $y_1, y_2, \ldots, y_n$로 표현하여 이차형식 $\mathbf{x}^T A\mathbf{x}$를 단순화하는 과정에 기반한다. P가 가역행렬이면 (5)를 ***변수변환***(change of variable)이라 한다. P가 직교행렬이면 (5)를 ***직교변수변환***(orthogonal change of variable)이라 한다.

주축정리(principal axes theorem)라 불리는 다음의 정리는 이차형식에서 적절히

직교변환하면, 혼합항을 제거하여 더 쉽게 다룰 수 있는 더 간단한 이차형식을 만들 수 있음을 보여 준다.

정리 7.3.1

주축정리
A가 $n \times n$ 대칭행렬이면, 이차형식 $\mathbf{x}^T A\mathbf{x}$를 혼합항이 없는 이차형식 $\mathbf{y}^T D\mathbf{y}$로 변환할 수 있는 직교변수변환이 존재한다. 특히 P가 A를 직교대각화하면 변수변환 $\mathbf{x} = P\mathbf{y}$는 이차형식 $\mathbf{x}^T A\mathbf{x}$를 이차형식

$$\mathbf{x}^T A\mathbf{x} = \mathbf{y}^T D\mathbf{y} = \lambda_1 y_1^2 + \lambda_2 y_2^2 + \cdots + \lambda_n y_n^2$$

으로 변환한다. 여기서 $\lambda_1, \lambda_2, \cdots, \lambda_n$은 P의 연속적인 열을 구성하는 고유벡터에 대응하는 A의 고유값이다.

증명 이차형식 $\mathbf{x}^T A\mathbf{x}$에서 $\mathbf{x} = P\mathbf{y}$를 이용하여 변수를 변환하면

$$\mathbf{x}^T A\mathbf{x} = (P\mathbf{y})^T A(P\mathbf{y}) = \mathbf{y}^T P^T AP\mathbf{y} = \mathbf{y}^T (P^T AP)\mathbf{y} \tag{6}$$

을 얻는다. 행렬 $B = P^T AP$는 대칭이므로(확인하라), 변수를 변환하면 변수 $y_1, y_2, \ldots, y_n$에 대한 새로운 이차형식 $\mathbf{y}^T B\mathbf{y}$을 만들 수 있다. 특히 A를 직교대각화하도록 P를 선택하면, 새로운 이차형식은 $\mathbf{y}^T D\mathbf{y}$이 될 것이다. 여기서 D는 주대각성분은 A의 고유값인 대각행렬이다. 즉,

$$\mathbf{x}^T A\mathbf{x} = \mathbf{y}^T D\mathbf{y} = [y_1 \quad y_2 \quad \cdots \quad y_n] \begin{bmatrix} \lambda_1 & 0 & \cdots & 0 \\ 0 & \lambda_2 & \cdots & 0 \\ \vdots & \vdots & \ddots & \vdots \\ 0 & 0 & \cdots & \lambda_n \end{bmatrix} \begin{bmatrix} y_1 \\ y_2 \\ \vdots \\ y_n \end{bmatrix}$$

$$= \lambda_1 y_1^2 + \lambda_2 y_2^2 + \cdots + \lambda_n y_n^2 \quad ■$$

예제 2 | 주축정리의 예

이차형식 $Q = x_1^2 - x_3^2 - 4x_1x_2 + 4x_2x_3$의 혼합항을 제거하는 직교변수변환을 구하고, Q를 새로운 변수에 관하여 표현하라.

풀이 이차형식은 행렬표기법으로

$$Q = \mathbf{x}^T A\mathbf{x} = [x_1 \quad x_2 \quad x_3] \begin{bmatrix} 1 & -2 & 0 \\ -2 & 0 & 2 \\ 0 & 2 & -1 \end{bmatrix} \begin{bmatrix} x_1 \\ x_2 \\ x_3 \end{bmatrix}$$

으로 표현된다. 행렬 A의 특성방정식은

$$\begin{vmatrix} \lambda - 1 & 2 & 0 \\ 2 & \lambda & -2 \\ 0 & -2 & \lambda + 1 \end{vmatrix} = \lambda^3 - 9\lambda = \lambda(\lambda + 3)(\lambda - 3) = 0$$

이며 고유값은 $\lambda = 0, -3, 3$이다. 세 고유공간의 정규직교기저들이

$$\lambda = 0: \begin{bmatrix} \frac{2}{3} \\ \frac{1}{3} \\ \frac{2}{3} \end{bmatrix}, \quad \lambda = -3: \begin{bmatrix} -\frac{1}{3} \\ -\frac{2}{3} \\ \frac{2}{3} \end{bmatrix}, \quad \lambda = 3: \begin{bmatrix} -\frac{2}{3} \\ \frac{2}{3} \\ \frac{1}{3} \end{bmatrix}$$

임을 보이는 것은 독자들에게 맡긴다. 따라서 혼합항을 제거하기 위하여 $\mathbf{x} = P\mathbf{y}$는

$$\begin{bmatrix} x_1 \\ x_2 \\ x_3 \end{bmatrix} = \begin{bmatrix} \frac{2}{3} & -\frac{1}{3} & -\frac{2}{3} \\ \frac{1}{3} & -\frac{2}{3} & \frac{2}{3} \\ \frac{2}{3} & \frac{2}{3} & \frac{1}{3} \end{bmatrix} \begin{bmatrix} y_1 \\ y_2 \\ y_3 \end{bmatrix}$$

이 되며, 이를 이용하면 혼합항이 없는 새로운 이차형식은

$$Q = \mathbf{y}^T(P^TAP)\mathbf{y} = [y_1 \quad y_2 \quad y_3] \begin{bmatrix} 0 & 0 & 0 \\ 0 & -3 & 0 \\ 0 & 0 & 3 \end{bmatrix} \begin{bmatrix} y_1 \\ y_2 \\ y_3 \end{bmatrix} = -3y_2^2 + 3y_3^2$$

로 구해진다.

참고 A가 $n \times n$ 대칭행렬이면, 이차형식 $\mathbf{x}^TA\mathbf{x}$는 실수함수이고, 이것의 치역은 R^n상에서 변하는 $\mathbf{x}$에 대하여 $\mathbf{x}^TA\mathbf{x}$의 가능한 모든 값들의 집합이다. 직교변수변환 $\mathbf{x} = P\mathbf{y}$가 이차형식의 치역을 변경시키지 않음을 증명할 수 있다. 즉, R^n상에서 변하는 $\mathbf{x}$에 대하여 $\mathbf{x}^TA\mathbf{x}$의 모든 값들의 집합은 R^n상에서 변하는 $\mathbf{y}$에 대한 $\mathbf{y}^T(P^TAP)\mathbf{y}$의 모든 값들의 집합과 동일하다.

기하학에서의 이차형식

원뿔곡선(conic section 또는 conic)은 꼭짓점을 맞대고 있는 두 개의 원뿔을 평면으로 자를 때 생기는 곡선임을 상기하자(**그림 7.3.1**). 가장 중요한 원뿔곡선은 타원, 쌍곡선, 포물선이며, 이들은 자르는 평면이 원뿔의 꼭짓점을 통과하지 않을 때 생긴다. 원은 타원의 특수한 경우로, 자르는 평면이 원뿔의 대칭축에 수직일 때 발생한다. 만일 자르는 단면이 꼭짓점을 통과하는 평면이라면 나타나는 단면은 ***퇴화원뿔곡선***(degenerate conic)이라 하며 가능한 형태는 점, 한 점에서 만나는 한 쌍의 직선, 혹은 하나의 직선이다.

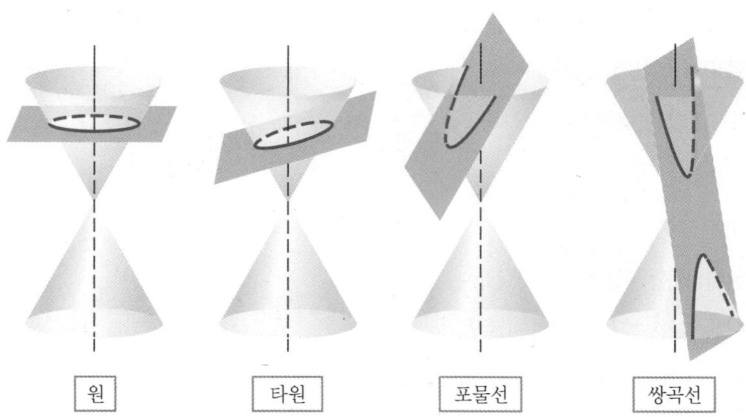

그림 7.3.1

R^2에서의 이차형식은 원뿔곡선의 학습에서 자연스럽게 나타난다. 예를 들어 해석기하학에서 보이듯이 모두가 영이 아닌 a, b, c에 대하여 다음 형태의 방정식

$$ax^2 + 2bxy + cy^2 + dx + ey + f = 0 \tag{7}$$

은 원뿔곡선을 나타낸다.* (7)에서 $d = e = 0$이면 일차항이 나타나지 않으며, 따라서 방정식은

$$ax^2 + 2bxy + cy^2 + f = 0 \tag{8}$$

이 되고 ***중앙원뿔곡선***(central conic)을 표현한다고 한다. 원, 타원, 쌍곡선은 여기에 포함되나 포물선은 포함되지 않는다. 더욱이 (8)에서 $b = 0$이라면 혼합항(즉, xy를 포함한)이 나타나지 않으며 방정식은

$$ax^2 + cy^2 + f = 0 \tag{9}$$

이 되며 ***표준위치에 있는 중앙원뿔곡선***(central conic in standard position)을 표현한다고 한다. 이러한 형태의 가장 중요한 원뿔곡선이 **표 1**에 있다.

표 1 표준위치에 있는 중앙원뿔곡선

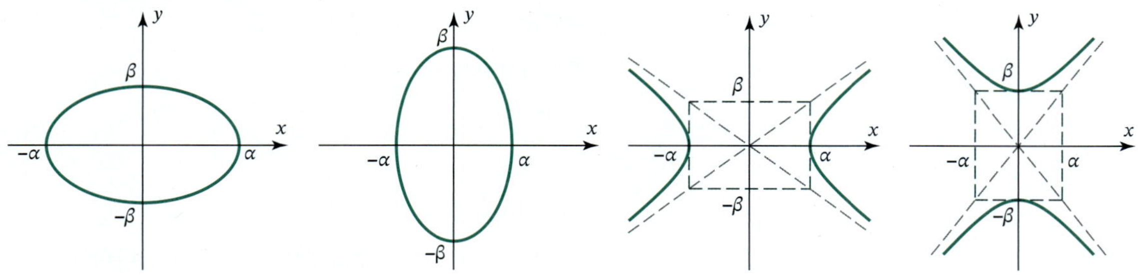

$\frac{x^2}{\alpha^2}+\frac{y^2}{\beta^2}=1$ $(\alpha \geq \beta > 0)$	$\frac{x^2}{\alpha^2}+\frac{y^2}{\beta^2}=1$ $(\beta \geq \alpha > 0)$	$\frac{x^2}{\alpha^2}-\frac{y^2}{\beta^2}=1$ $(\alpha > 0, \beta > 0)$	$\frac{y^2}{\beta^2}-\frac{x^2}{\alpha^2}=1$ $(\alpha > 0, \beta > 0)$

방정식 (8)과 (9)에서 상수 f를 우변으로 이항하고 $k = -f$라 놓으면 이 방정식들은 행렬표기법으로 다음과 같이 다시 쓸 수 있다.

$$\begin{bmatrix} x & y \end{bmatrix}\begin{bmatrix} a & b \\ b & c \end{bmatrix}\begin{bmatrix} x \\ y \end{bmatrix} = k, \quad \begin{bmatrix} x & y \end{bmatrix}\begin{bmatrix} a & 0 \\ 0 & c \end{bmatrix}\begin{bmatrix} x \\ y \end{bmatrix} = k \tag{10}$$

이 중 혼합항이 $2bxy$인 첫 번째 식은 방정식 (8)에 대응하고, 혼합항이 존재하지 않는 두 번째 식은 방정식 (9)에 대응한다. 기하적으로, 혼합항이 존재하면 **그림 7.3.2**처럼 이차형식의 그래프가 원점을 중심으로 회전함을 의미한다. (10)을 삼차원으로 유사하게 확장하면

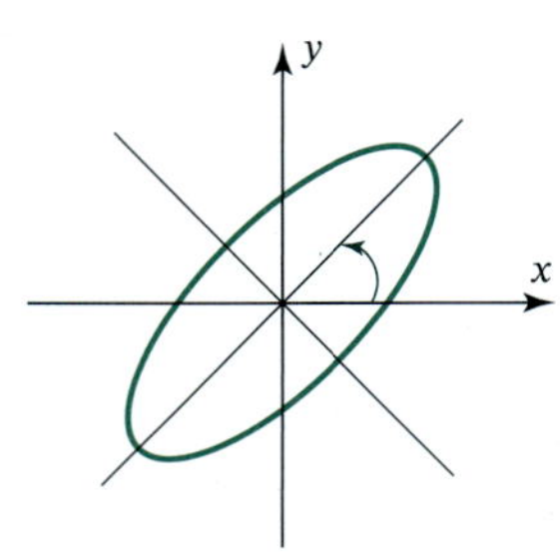

표준위치에서 벗어난 중앙원뿔곡선

그림 7.3.2

*$x^2 + y^2 + 1 = 0$처럼 이 방정식을 만족하는 실수값 x와 y가 존재하지 않을 가능성도 고려해야 한다. 이러한 경우 방정식은 ***그래프를 갖지 않는다***(no graph) 또는 ***공그래프를 갖는다***(an empty graph)라고 한다.

$$[x \quad y \quad z]\begin{bmatrix} a & d & e \\ d & b & f \\ e & f & c \end{bmatrix}\begin{bmatrix} x \\ y \\ z \end{bmatrix} = k, \quad [x \quad y \quad z]\begin{bmatrix} a & 0 & 0 \\ 0 & b & 0 \\ 0 & 0 & c \end{bmatrix}\begin{bmatrix} x \\ y \\ z \end{bmatrix} = k \tag{11}$$

이다. a, b, c가 전부 영인 것은 아니라면, R^3에서의 (11)의 방정식의 그래프는 ***중앙이차곡면***(central quadrics)이라 불린다. 두 번째 방정식의 그래프는 ***표준위치에 있는 중앙이차곡면***(central quadrics in standard position)이라 불리며, 첫 번째 경우의 특별한 경우이다.

원뿔곡선 판별하기

이제 앞에서 제시한 세 가지 문제 중 첫 번째, 두 개 또는 세 개의 변수를 갖는 방정식 $\mathbf{x}^TA\mathbf{x} = k$로 표현되는 곡선 또는 곡면을 판별하는 문제를 논의할 준비가 되었다. 여기서는 두 개의 변수의 경우를 다룬다. 앞에서 방정식

$$ax^2 + 2bxy + cy^2 + f = 0 \tag{12}$$

는 중앙원뿔곡선을 나타낸다고 했다. $b = 0$이면 원뿔곡선은 표준위치에 있으며 $b \neq 0$이면 곡선은 회전된 위치에 있다. 따라서 방정식을 표준형 방정식과 비교하여 확인하면 표준위치에 있는 원뿔곡선은 쉽게 판별할 수 있다. 예를 들어, 방정식

$$9x^2 + 16y^2 - 144 = 0$$

은

$$\frac{x^2}{16} + \frac{y^2}{9} = 1$$

로 다시 쓸 수 있으며 표 1과 비교하면 이것은 **그림 7.3.3**에서 보인 타원을 나타낸다.

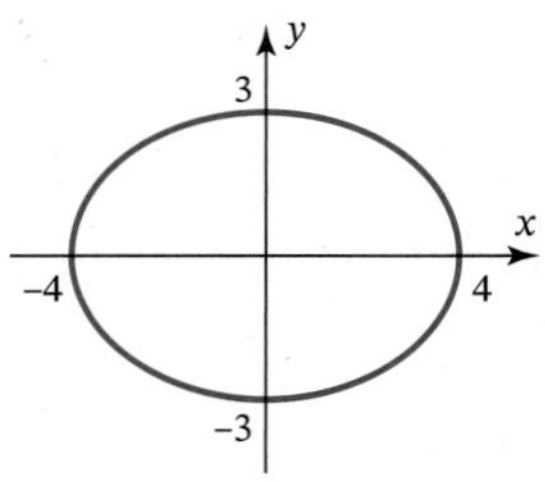

$\frac{x^2}{16} + \frac{y^2}{9} = 1$

그림 7.3.3

중앙원뿔곡선이 회전하여 표준위치에서 벗어났다면, 곡선이 표준위치에 위치하도록 좌표축을 회전한 후 변환된 방정식을 표 1의 표준형 방정식과 비교하여 판별할 수 있다. 방정식

$$ax^2 + 2bxy + cy^2 = k \tag{13}$$

에서 혼합항을 제거하기 위한 회전을 구하려면 이 방정식을

$$\mathbf{x}^TA\mathbf{x} = [x \quad y]\begin{bmatrix} a & b \\ b & c \end{bmatrix}\begin{bmatrix} x \\ y \end{bmatrix} = k \tag{14}$$

의 행렬표기법으로 표현한 후, A를 대각화하면서 $\det(P) = 1$를 만족하는 변수변환

$$\mathbf{x} = P\mathbf{x}'$$

을 찾는 것이 편리하다. 7.1절의 예제 4에서 보았듯이 전이행렬

$$P = \begin{bmatrix} \cos\theta & -\sin\theta \\ \sin\theta & \cos\theta \end{bmatrix} \tag{15}$$

은 직교좌표계의 xy-좌표축을 각도 θ만큼 회전하는 효과가 있으므로, 우리가 논의하는 문제는 A를 대각화하여 결과적으로 (13)의 혼합항을 제거하는 각도 θ를 찾는 문제로 축소된다. 이 변수변환을 사용하면 $x'y'$-좌표계에서 방정식 (14)는

$$\mathbf{x}'^T D\mathbf{x}' = [x' \quad y'] \begin{bmatrix} \lambda_1 & 0 \\ 0 & \lambda_2 \end{bmatrix} \begin{bmatrix} x' \\ y' \end{bmatrix} = k \tag{16}$$

이 된다. 여기서 λ_1과 λ_2는 A의 고유값이다. 이제 (16)은

$$\lambda_1 x'^2 + \lambda_2 y'^2 = k \tag{17}$$

의 형태로 쓰고 필요한 대수계산을 한 후, 표 1의 표준형들과 비교하면 이 원뿔곡선을 판별할 수 있다. 예를 들어 λ_1, λ_2, k가 양수라면 (17)은 x'축 방향의 축의 길이가 $2\sqrt{k/\lambda_1}$이고 y'축 방향의 축의 길이가 $2\sqrt{k/\lambda_2}$인 타원을 나타낸다. λ_1에 대응하는 단위고유벡터인 P의 첫 번째 열벡터의 방향은 x'축의 양의 방향과 일치하며, λ_2에 대응하는 단위고유벡터인 P의 두 번째 열벡터의 방향은 y'축의 양의 방향과 일치한다. 이것들을 타원의 **주축**(principal axes)이라 한다. 정리 7.3.1을 "주축정리"라 부르는 이유가 여기에 있다(**그림 7.3.4** 참조).

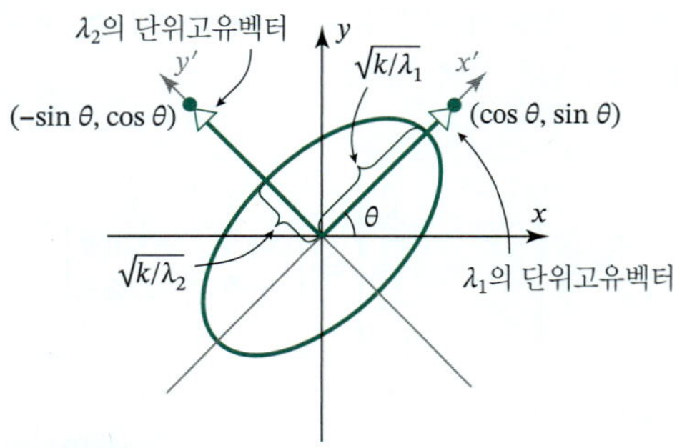

그림 7.3.4

예제 3 | 혼합항을 제거하여 원뿔곡선 판별하기

(*a*) 원뿔곡선의 방정식이 $5x^2 - 4xy + 8y^2 - 36 = 0$으로 주어질 때, xy-축을 회전하여 원뿔곡선을 표준위치에 놓고 판별하라.

(*b*) (*a*)에서 xy-축의 회전각 θ를 구하라.

풀이 (*a*) 방정식은 행렬 형식으로

$$\mathbf{x}^T A\mathbf{x} = 36$$

으로 쓸 수 있으며, 이때

$$A = \begin{bmatrix} 5 & -2 \\ -2 & 8 \end{bmatrix}$$

이다. A의 특성다항식은

$$\begin{vmatrix} \lambda - 5 & 2 \\ 2 & \lambda - 8 \end{vmatrix} = (\lambda - 4)(\lambda - 9)$$

이므로 고유값은 $\lambda = 4$와 $\lambda = 9$이다. 각 고유공간의 정규직교기저가

$$\lambda = 4: \begin{bmatrix} \frac{2}{\sqrt{5}} \\ \frac{1}{\sqrt{5}} \end{bmatrix}, \quad \lambda = 9: \begin{bmatrix} -\frac{1}{\sqrt{5}} \\ \frac{2}{\sqrt{5}} \end{bmatrix}$$

임을 보이는 것은 독자들에게 맡긴다.

따라서 A는

$$P = \begin{bmatrix} \frac{2}{\sqrt{5}} & -\frac{1}{\sqrt{5}} \\ \frac{1}{\sqrt{5}} & \frac{2}{\sqrt{5}} \end{bmatrix} \tag{18}$$

det(P) = −1로 나타나면, 부호를 바꾸기 위하여 열을 교환하면 된다.

에 의하여 직교대각화된다. 더욱이, 우연히도 det(P) = 1이라서 이차형식에 $\mathbf{x} = P\mathbf{x}'$을 대입하면 좌표축이 회전된다. (16)으로부터 $x'y'$-좌표계에서 원뿔곡선의 방정식은

$$[x' \quad y']\begin{bmatrix} 4 & 0 \\ 0 & 9 \end{bmatrix}\begin{bmatrix} x' \\ y' \end{bmatrix} = 36$$

이 되며 이것은

$$4x'^2 + 9y'^2 = 36 \quad \text{또는} \quad \frac{x'^2}{9} + \frac{y'^2}{4} = 1$$

로 쓸 수 있다. 표 1에서 찾아보면 이 원뿔곡선은 x'축 방향의 축길이가 $2\alpha = 6$이고 y'축 방향의 축길이가 $2\beta = 4$인 타원임을 알 수 있다.

풀이 (*b*) (15)로부터

$$P = \begin{bmatrix} \frac{2}{\sqrt{5}} & -\frac{1}{\sqrt{5}} \\ \frac{1}{\sqrt{5}} & \frac{2}{\sqrt{5}} \end{bmatrix} = \begin{bmatrix} \cos\theta & -\sin\theta \\ \sin\theta & \cos\theta \end{bmatrix}$$

이며

$$\cos\theta = \frac{2}{\sqrt{5}}, \quad \sin\theta = \frac{1}{\sqrt{5}}, \quad \tan\theta = \frac{\sin\theta}{\cos\theta} = \frac{1}{2}$$

이다. 따라서 $\theta = \tan^{-1}\frac{1}{2} \approx 26.6°$이다(**그림 7.3.5**).

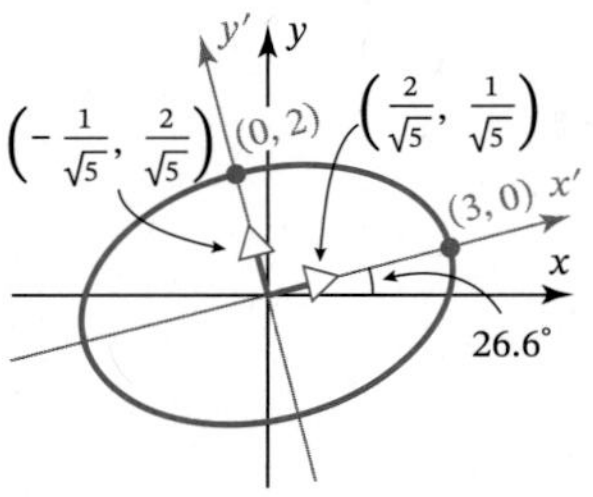

그림 7.3.5

참고 $b \neq 0$인 경우 방정식

$$ax^2 + 2bxy + cy^2 = k$$

이

$$\boxed{\cot 2\theta = \frac{a-c}{2b}} \tag{19}$$

를 만족하는 각도 θ만큼 회전하면 혼합항이 제거됨을 보이는 문제가 연습문제에 있다. 독자들은 이것이 앞의 예제의 (*b*)의 결과와 부합하는지 확인하라.

양한정 이차형식

이제 앞에서 제시한 문제 중 두 번째 문제, 영이 아닌 모든 $\mathbf{x}$에 대하여 $\mathbf{x}^TA\mathbf{x} > 0$이 되는 조건을 결정하는 문제를 생각해 볼 것이다. 이 문제가 왜 중요한지를 간단히 설명하기에 앞서 몇 가지 용어를 소개한다.

정의 1

이차형식 $\mathbf{x}^T A\mathbf{x}$는

$\mathbf{x} \neq \mathbf{0}$에 대하여 $\mathbf{x}^T A\mathbf{x} > 0$이면 ***양한정***(positive definite),

$\mathbf{x} \neq \mathbf{0}$에 대하여 $\mathbf{x}^T A\mathbf{x} < 0$이면 ***음한정***(negative definite),

$\mathbf{x}^T A\mathbf{x}$가 양의 값이기도 하고 음의 값이기도 하면 ***부정***(indefinite)이라 한다.

정의 1의 용어는 행렬 A에도 적용된다. 즉, A에 부수된 이차형식의 성질에 따라 A는 양한정, 음한정, 부정이다.

다음 정리는 고유값을 이용하여 행렬 A와 이것과 부수된 이차형식 $\mathbf{x}^T A\mathbf{x}$가 양한정, 음한정, 또는 부정임을 판정하는 방법을 제시한다. 증명은 이 절의 끝으로 미룬다.

정리 7.3.2

A가 대칭행렬이면,

(*a*) $\mathbf{x}^T A\mathbf{x}$가 양한정이기 위한 필요충분조건은 모든 고유값이 양의 값인 것이다.

(*b*) $\mathbf{x}^T A\mathbf{x}$가 음한정이기 위한 필요충분조건은 모든 고유값이 음의 값인 것이다.

(*c*) $\mathbf{x}^T A\mathbf{x}$가 부정이기 위한 필요충분조건은 적어도 하나의 고유값이 양이고 적어도 하나의 고유값이 음인 것이다.

참고 정의 1의 세 가지 경우가 모든 경우를 구분한 것은 아니다. 특히

- $\mathbf{x} \neq \mathbf{0}$에 대하여 $\mathbf{x}^T A\mathbf{x} \geq 0$이면 ***반양한정***(positive semidefinite)이라 한다.
- $\mathbf{x} \neq \mathbf{0}$에 대하여 $\mathbf{x}^T A\mathbf{x} \leq 0$이면 ***반음한정***(negative semidefinite)이라 한다.

모든 양한정 이차형식은 반양한정이지만 그 역은 성립하지 않는다. 또 모든 음한정 이차형식은 반음한정이지만 그 역은 성립하지 않는다. (이 절의 마지막에 제시되는) 정리 7.3.2의 증명을 적절히 수정하면, $\mathbf{x}^T A\mathbf{x}$가 반양한정일 필요충분조건은 A의 모든 고유값이 음이 아닌 값을 갖는 것이고, 반음한정일 필요충분조건은 A의 모든 고유값이 양이 아닌 값을 갖는 것임을 증명할 수 있다.

예제 4 | 양한정 이차형식

대칭행렬 A의 성분의 부호를 살펴봐도 그 행렬이 양한정인지 음한정인지, 또는 부정인지 판정할 수 없다. 예를 들어 행렬

$$A = \begin{bmatrix} 3 & 1 & 1 \\ 1 & 0 & 2 \\ 1 & 2 & 0 \end{bmatrix}$$

의 모든 성분이 음이 아니지만, 이 행렬의 고유값이 $\lambda = 1, 4, -2$이므로 부정이다(확인하라). 다른 방식으로 살펴보기 위하여 이 이차형식을 풀어 쓰면

$$\mathbf{x}^T A\mathbf{x} = [x_1 \quad x_2 \quad x_3]\begin{bmatrix}3 & 1 & 1\\ 1 & 0 & 2\\ 1 & 2 & 0\end{bmatrix}\begin{bmatrix}x_1\\ x_2\\ x_3\end{bmatrix} = 3x_1^2 + 2x_1x_2 + 2x_1x_3 + 4x_2x_3$$

이다. 예를 들어

$$\mathbf{x}^T A\mathbf{x} = 4 \quad (x_1 = 0, x_2 = 1, x_3 = 1\text{일 때})$$

이고

$$\mathbf{x}^T A\mathbf{x} = -4 \quad (x_1 = 0, x_2 = 1, x_3 = -1\text{일 때})$$

이다.

양한정 행렬과 음한정 행렬은 가역 행렬이다. 왜 그런가?

고유값을 이용하여 원뿔곡선 분류하기

$\mathbf{x}^T B\mathbf{x} = k$가 원뿔곡선의 방정식이고 $k \neq 0$인 경우, 이 방정식을 k로 나누면 다음의 방정식으로 다시 쓸 수 있다.

$$\mathbf{x}^T A\mathbf{x} = 1 \tag{20}$$

여기서 $A = (1/k)B$이다. 이제 (존재한다면) 혼합항을 제거하고자 좌표축을 회전하면 새로운 좌표계에서 원뿔곡선의 방정식은

$$\lambda_1 x'^2 + \lambda_2 y'^2 = 1 \tag{21}$$

의 형태가 될 것이며 여기서 λ_1과 λ_2는 A의 고유값이다. 이 방정식으로 표현되는 원뿔곡선의 형태는 고유값 λ_1과 λ_2의 부호로 결정된다. 예를 들어 (21)에서

- $\lambda_1 > 0$이고 $\lambda_2 > 0$이면 $\mathbf{x}^T A\mathbf{x} = 1$은 타원을 나타낸다.
- $\lambda_1 < 0$이고 $\lambda_2 < 0$이면 $\mathbf{x}^T A\mathbf{x} = 1$은 그래프를 갖지 않는다.
- λ_1과 λ_2가 서로 다른 부호를 가지면 $\mathbf{x}^T A\mathbf{x} = 1$은 쌍곡선을 나타낸다.

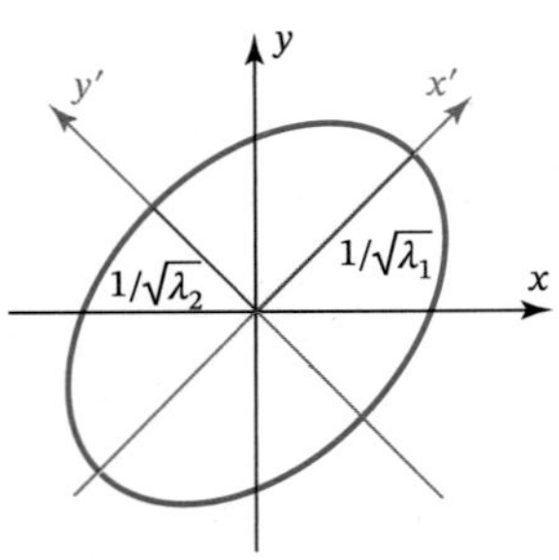

그림 7.3.6

타원의 경우 방정식 (21)은

$$\frac{x'^2}{(1/\sqrt{\lambda_1})^2} + \frac{y'^2}{(1/\sqrt{\lambda_2})^2} = 1 \tag{22}$$

와 같이 쓸 수 있으므로 타원의 축의 길이는 $2/\sqrt{\lambda_1}$과 $2/\sqrt{\lambda_2}$이다(**그림 7.3.6**).

다음 정리는 위의 논의와 정리 7.3.2에 의한 직접적 결과이다.

정리 7.3.3

2×2 대칭행렬에 대하여,

(*a*) A가 양한정이면 $\mathbf{x}^T A\mathbf{x} = 1$은 타원을 나타낸다.

(*b*) A가 음한정이면 $\mathbf{x}^T A\mathbf{x} = 1$은 그래프를 갖지 않는다.

(*c*) A가 부정이면 $\mathbf{x}^T A\mathbf{x} = 1$은 쌍곡선을 나타낸다.

예제 3에서는 방정식

$$5x^2 - 4xy + 8y^2 - 36 = 0$$

이 장축의 길이가 6이고 단축의 길이가 4인 타원을 나타냄을 보이기 위하여 회전을 사용하였다. 위의 방정식을 다음과 같이 다시 쓰고

$$\tfrac{5}{36}x^2 - \tfrac{1}{9}xy + \tfrac{2}{9}y^2 = 1$$

부수된 행렬

$$A = \begin{bmatrix} \frac{5}{36} & -\frac{1}{18} \\ -\frac{1}{18} & \frac{2}{9} \end{bmatrix}$$

의 고유값이 $\lambda_1 = \frac{1}{9}$과 $\lambda_2 = \frac{1}{4}$임을 보이면 앞의 논의와 같은 결론을 얻을 수 있다. 이 고유값들은 양수이므로 A는 양한정이고 방정식은 타원을 나타낸다. 더욱이 (21)에 비추어 보면 타원의 축의 길이는 $2/\sqrt{\lambda_1} = 6$, $2/\sqrt{\lambda_2} = 4$이며, 이것은 예제 3의 결론과 일치한다.

양한정 행렬의 판정

양한정 행렬은 많은 응용에서 나타나므로, 이에 관하여 조금 더 학습하는 것이 바람직하다. 대칭행렬이 양한정이기 위한 필요충분조건이 모든 고유값이 양수임을 이미 배웠다. 이제 고유값을 구하지 *않고* 대칭행렬이 양한정 행렬인지 아닌지를 판정하는 기준을 배울 것이다. 이를 위하여 $n \times n$ 행렬 A의 처음 k개의 행과 열로 구성되는 $k \times k$ 부분행렬을 ***k*번째 주부분행렬**(*k*th principal submatrix)로 정의한다. 예를 들어 다음의 행렬들은 일반적인 4×4 행렬의 주부분행렬이다.

$$\begin{bmatrix} a_{11} & a_{12} & a_{13} & a_{14} \\ a_{21} & a_{22} & a_{23} & a_{24} \\ a_{31} & a_{32} & a_{33} & a_{34} \\ a_{41} & a_{42} & a_{43} & a_{44} \end{bmatrix} \quad \begin{bmatrix} a_{11} & a_{12} & a_{13} & a_{14} \\ a_{21} & a_{22} & a_{23} & a_{24} \\ a_{31} & a_{32} & a_{33} & a_{34} \\ a_{41} & a_{42} & a_{43} & a_{44} \end{bmatrix} \quad \begin{bmatrix} a_{11} & a_{12} & a_{13} & a_{14} \\ a_{21} & a_{22} & a_{23} & a_{24} \\ a_{31} & a_{32} & a_{33} & a_{34} \\ a_{41} & a_{42} & a_{43} & a_{44} \end{bmatrix} \quad \begin{bmatrix} a_{11} & a_{12} & a_{13} & a_{14} \\ a_{21} & a_{22} & a_{23} & a_{24} \\ a_{31} & a_{32} & a_{33} & a_{34} \\ a_{41} & a_{42} & a_{43} & a_{44} \end{bmatrix}$$

첫 번째 주부분행렬	두 번째 주부분행렬	세 번째 주부분행렬	네 번째 주부분행렬 $= A$

증명하지는 않을 것이나, 다음 정리는 대칭행렬의 양한정 여부를 조사할 수 있는 행렬식 검사법을 제시한다.

정리 7.3.4

A가 대칭행렬이면,

(*a*) A가 양한정이기 위한 필요충분조건은 모든 주부분행렬의 행렬식이 양의 값인 것이다.

(*b*) A가 음한정이기 위한 필요충분조건은 첫 번째와 홀수 번째 주부분행렬의 행렬식이 음의 값이고 짝수 번째 주부분행렬의 행렬식은 양의 값인 것이다.

(*c*) A가 부정일 필요충분조건은 양한정도 아니고 음한정도 아니며, 적어도 한 개의 주부분행렬의 행렬식이 양의 값이고 적어도 한 개의 주부분행렬의 행렬식이 음의 값인 것이다.

예제 5 | 주부분행렬로 판정하기

행렬

$$A = \begin{bmatrix} 2 & -1 & -3 \\ -1 & 2 & 4 \\ -3 & 4 & 9 \end{bmatrix}$$

은 양한정이다. 왜냐하면

$$|2| = 2, \quad \begin{vmatrix} 2 & -1 \\ -1 & 2 \end{vmatrix} = 3, \quad \begin{vmatrix} 2 & -1 & -3 \\ -1 & 2 & 4 \\ -3 & 4 & 9 \end{vmatrix} = 1$$

이 모두 양의 값이기 때문이다. 따라서 A의 모든 고유값은 양의 값이고 $\mathbf{x} \neq \mathbf{0}$에 대해서 $\mathbf{x}^T A\mathbf{x} > 0$이다.

선택사항: 정리 7.3.2의 선택적 증명으로 이 절을 끝맺는다.

정리 7.3.2 (a)와 (b)의 증명 λ가 A의 고유값이라고 하면 주축정리로부터(정리 7.3.1)

$$\mathbf{x}^T A\mathbf{x} = \mathbf{y}^T D\mathbf{y} = \lambda_1 y_1^2 + \lambda_2 y_2^2 + \cdots + \lambda_n y_n^2 \tag{23}$$

을 만족하는 직교변수변환 $\mathbf{x} = P\mathbf{y}$가 존재한다. 여기서 λ는 A의 고유값이다. 더욱이 P의 가역성으로부터 $\mathbf{x} \neq \mathbf{0}$일 때만 $\mathbf{y} \neq \mathbf{0}$이므로, $\mathbf{x} \neq \mathbf{0}$일 때의 $\mathbf{x}^T A\mathbf{x}$의 값은 $\mathbf{y} \neq \mathbf{0}$일 때의 $\mathbf{y}^T D\mathbf{y}$의 값과 같다. 따라서 (23)의 모든 λ가 양수일 때만 모든 $\mathbf{x} \neq \mathbf{0}$에 대하여 $\mathbf{x}^T A\mathbf{x} > 0$이고, 모든 λ가 음수일 때만 $\mathbf{x} \neq \mathbf{0}$에 대하여 $\mathbf{x}^T A\mathbf{x} < 0$이다. 이것이 (*a*)와 (*b*)를 증명한다.

정리 7.3.2(c)의 증명 A가 적어도 하나의 양의 고유값과 적어도 하나의 음의 고유값을 갖는다고 가정하자. 좀 더 구체적으로, (23)에서 $\lambda_1 > 0$이고 $\lambda_2 < 0$이라 하자. 그러면

$$y_1 = 1\text{이고 나머지 } y\text{들이 } 0\text{이면} \quad \mathbf{x}^T A\mathbf{x} > 0$$

이고

$$y_2 = 1\text{이고 나머지 } y\text{들이 } 0\text{이면} \quad \mathbf{x}^T A\mathbf{x} < 0$$

이다. 이것이 $\mathbf{x}^T A\mathbf{x}$가 부정임을 증명한다. 역으로, 어떤 $\mathbf{x}$에 대해서 $\mathbf{x}^T A\mathbf{x} > 0$이면 적절한 $\mathbf{y}$에 대해서 $\mathbf{y}^T D\mathbf{y} > 0$이다. 따라서 (23)에서 적어도 하나의 λ는 양수이어야 한다. 유사하게, 어떤 $\mathbf{x}$에 대해서 $\mathbf{x}^T A\mathbf{x} < 0$이면 적절한 $\mathbf{y}$에 대하여 $\mathbf{y}^T D\mathbf{y} < 0$이고 (23)에서 적어도 하나의 λ는 음수이다. 이것으로 증명이 완결된다. ■

연습문제 7.3

(1-2) 이차형식을 대칭행렬 A를 이용하여 행렬표기법 $\mathbf{x}^TA\mathbf{x}$로 표현하라.

1. **a.** $3x_1^2 + 7x_2^2$ **b.** $4x_1^2 - 9x_2^2 - 6x_1x_2$

c. $9x_1^2 - x_2^2 + 4x_3^2 + 6x_1x_2 - 8x_1x_3 + x_2x_3$

2. **a.** $5x_1^2 + 5x_1x_2$ **b.** $-7x_1x_2$

c. $x_1^2 + x_2^2 - 3x_3^2 - 5x_1x_2 + 9x_1x_3$

(3-4) 행렬을 사용하지 않는 이차형식의 식을 구하라.

3. $[x \quad y]\begin{bmatrix} 2 & -3 \\ -3 & 5 \end{bmatrix}\begin{bmatrix} x \\ y \end{bmatrix}$

4. $[x_1 \quad x_2 \quad x_3]\begin{bmatrix} -2 & \frac{7}{2} & 1 \\ \frac{7}{2} & 0 & 6 \\ 1 & 6 & 3 \end{bmatrix}\begin{bmatrix} x_1 \\ x_2 \\ x_3 \end{bmatrix}$

(5-8) 이차형식 Q에서 혼합항을 제거하기 위한 직교변환을 구하고, 새로운 변수로 Q를 표현하라.

5. $Q = 2x_1^2 + 2x_2^2 - 2x_1x_2$

6. $Q = 5x_1^2 + 2x_2^2 + 4x_3^2 + 4x_1x_2$

7. $Q = 3x_1^2 + 4x_2^2 + 5x_3^2 + 4x_1x_2 - 4x_2x_3$

8. $Q = 2x_1^2 + 5x_2^2 + 5x_3^2 + 4x_1x_2 - 4x_1x_3 - 8x_2x_3$

(9-10) 이차형식을 행렬형식 $\mathbf{x}^TA\mathbf{x} + K\mathbf{x} + f = 0$으로 표현하라. 여기서 $\mathbf{x}^TA\mathbf{x}$는 부수된 이차형식이고 K는 적절한 행렬이다.

9. **a.** $2x^2 + xy + x - 6y + 2 = 0$

b. $y^2 + 7x - 8y - 5 = 0$

10. **a.** $x^2 - xy + 5x + 8y - 3 = 0$

b. $5xy = 8$

(11-12) 다음 방정식으로 표현되는 원뿔곡선의 형태를 식별하라.

11. **a.** $2x^2 + 5y^2 = 20$ **b.** $x^2 - y^2 - 8 = 0$

c. $7y^2 - 2x = 0$ **d.** $x^2 + y^2 - 25 = 0$

12. **a.** $4x^2 + 9y^2 = 1$ **b.** $4x^2 - 5y^2 = 20$

c. $-x^2 = 2y$ **d.** $x^2 - 3 = -y^2$

(13-16) 다음 방정식으로 표현되는 원뿔곡선을 표준위치에 놓이도록 좌표계를 회전하여 원뿔곡선의 형태를 식별하라. 회전된 좌표계에서의 원뿔곡선의 방정식과 좌표계의 회전각을 구하라.

13. $2x^2 - 4xy - y^2 + 8 = 0$ **14.** $5x^2 + 4xy + 5y^2 = 9$

15. $11x^2 + 24xy + 4y^2 - 15 = 0$

16. $x^2 + xy + y^2 = \frac{1}{2}$

(17-18) 눈으로 보고 행렬이 양한정, 음한정, 부정, 반양한정, 반음한정인지 판정하라.

17. **a.** $\begin{bmatrix} 1 & 0 \\ 0 & 2 \end{bmatrix}$ **b.** $\begin{bmatrix} -1 & 0 \\ 0 & -2 \end{bmatrix}$ **c.** $\begin{bmatrix} -1 & 0 \\ 0 & 2 \end{bmatrix}$

d. $\begin{bmatrix} 1 & 0 \\ 0 & 0 \end{bmatrix}$ **e.** $\begin{bmatrix} 0 & 0 \\ 0 & -2 \end{bmatrix}$

18. **a.** $\begin{bmatrix} 2 & 0 \\ 0 & -5 \end{bmatrix}$ **b.** $\begin{bmatrix} -2 & 0 \\ 0 & -5 \end{bmatrix}$ **c.** $\begin{bmatrix} 2 & 0 \\ 0 & 5 \end{bmatrix}$

d. $\begin{bmatrix} 0 & 0 \\ 0 & -5 \end{bmatrix}$ **e.** $\begin{bmatrix} 2 & 0 \\ 0 & 0 \end{bmatrix}$

(19-24) 이차형식을 양한정, 음한정, 부정, 반양한정, 반음한정으로 분류하라.

19. $x_1^2 + x_2^2$ **20.** $-x_1^2 - 3x_2^2$ **21.** $(x_1 - x_2)^2$

22. $-(x_1 - x_2)^2$ **23.** $x_1^2 - x_2^2$ **24.** x_1x_2

(25-26) 먼저 정리 7.3.2를 이용하여 행렬 A가 양한정임을 보이고, 같은 문제를 정리 7.3.4를 이용하여 되풀이하라.

25. **a.** $A = \begin{bmatrix} 5 & -2 \\ -2 & 5 \end{bmatrix}$ **b.** $A = \begin{bmatrix} 2 & -1 & 0 \\ -1 & 2 & 0 \\ 0 & 0 & 5 \end{bmatrix}$

26. **a.** $A = \begin{bmatrix} 2 & 1 \\ 1 & 2 \end{bmatrix}$ **b.** $A = \begin{bmatrix} 3 & -1 & 0 \\ -1 & 2 & -1 \\ 0 & -1 & 3 \end{bmatrix}$

(27-28) 정리 7.3.4를 이용하여 행렬을 양한정, 음한정, 부정으로 분류하라.

27. **a.** $A = \begin{bmatrix} 3 & 1 & 2 \\ 1 & -1 & 3 \\ 2 & 3 & 2 \end{bmatrix}$ **b.** $A = \begin{bmatrix} -3 & 2 & 0 \\ 2 & -3 & 0 \\ 0 & 0 & -5 \end{bmatrix}$

28. **a.** $A = \begin{bmatrix} 4 & 1 & -1 \\ 1 & 2 & 1 \\ -1 & 1 & 2 \end{bmatrix}$ **b.** $A = \begin{bmatrix} -4 & -1 & 1 \\ -1 & -2 & -1 \\ 1 & -1 & -2 \end{bmatrix}$

(29-30) 이차형식이 양한정이 되도록 하는 모든 k를 구하라.

29. $5x_1^2 + x_2^2 + kx_3^2 + 4x_1x_2 - 2x_1x_3 - 2x_2x_3$

30. $3x_1^2 + x_2^2 + 2x_3^2 - 2x_1x_3 + 2kx_2x_3$

31. $\mathbf{x}^TA\mathbf{x}$를 변수 $x_1, x_2, \ldots, x_n$에 대한 이차형식이라 하고 $T: R^n \to R$을 $T(\mathbf{x}) = \mathbf{x}^TA\mathbf{x}$라 정의하자.

a. $T(\mathbf{x}+\mathbf{y}) = T(\mathbf{x}) + 2\mathbf{x}^TA\mathbf{y} + T(\mathbf{y})$임을 보여라.

b. $T(c\mathbf{x}) = c^2T(\mathbf{x})$임을 보여라.

32. 이차형식 $(c_1x_1 + c_2x_2 + \cdots + c_nx_n)^2$을 행렬표기법 $\mathbf{x}^TA\mathbf{x}$로 표현하라. 여기서 A는 대칭행렬이다.

33. 통계학에서 변량

$$\bar{x} = \frac{1}{n}(x_1 + x_2 + \cdots + x_n)$$

과

$$s_x^2 = \frac{1}{n-1}[(x_1-\bar{x})^2 + (x_2-\bar{x})^2 + \cdots + (x_n-\bar{x})^2]$$

을 $\mathbf{x} = (x_1, x_2, \ldots, x_n)$의 ***표본평균***(sample mean)과 ***표본분산***(sample variance)이라 한다.

a. 이차형식 s_x^2를 행렬표기법 $\mathbf{x}^TA\mathbf{x}$로 표현하라. 이때 A는 대칭행렬이다.

b. s_x^2는 양한정 이차형식인가? 설명하라.

34. a, b, c가 양수일 때 $ax^2 + by^2 + cz^2 = 1$의 형태의 방정식이 xyz-좌표계에서 표현하는 그래프는 ***표준위치에 있는 중앙타원면***(central ellipsoid in standard position)이라 한다(그림 참조). 이것은 xy-평면에서의 타원 $ax^2 + by^2 = 1$을 삼차원에서 일반화한 것이다. 타원면 $ax^2 + by^2 + cz^2 = 1$과 좌표축의 교점은 타원면의 ***축***(axes)이라 불리는 세 개의 선분을 결정한다. 중앙타원면이 원점을 중심으로 회전하여 두 개 이상의 축이 다른 축들과 겹치지 않는다면, 회전된 방정식은 한 개 이상의 혼합항을 갖는다.

a. 방정식

$$\tfrac{4}{3}x^2 + \tfrac{4}{3}y^2 + \tfrac{4}{3}z^2 + \tfrac{4}{3}xy + \tfrac{4}{3}xz + \tfrac{4}{3}yz = 1$$

이 타원면을 표현함을 보이고 축의 길이를 구하라. [*제안*: 방정식을 $\mathbf{x}^TA\mathbf{x} = 1$의 형태로 쓰고 직교변수변환을 수행하여 혼합항을 제거하라.]

b. 방정식 $\mathbf{x}^TA\mathbf{x} = 1$이 타원면을 표현하려면 3×3 행렬이 어떠한 성질을 가져야 하는가?

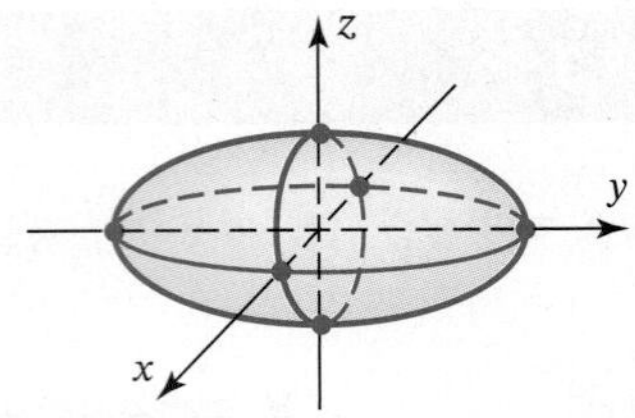

그림 Ex-34

35. $\mathbf{x}^TA\mathbf{x} = 1$이 타원을 표현하려면 2×2 대칭행렬 A가 어떠한 성질을 가져야 하는가?

증명 문제

36. 다음을 증명하라: $b \neq 0$인 경우 이차형식 $ax^2 + 2bxy + cy^2$의 좌표축을 다음 방정식

$$\cot 2\theta = \frac{a-c}{2b}$$

을 만족하는 각도 θ만큼 회전하면 혼합항을 제거할 수 있다.

37. 다음을 증명하라: $n \times n$ 대칭행렬 A의 모든 고유값이 음수가 아니면, R^n의 영이 아닌 모든 $\mathbf{x}$에 대하여 $\mathbf{x}^TA\mathbf{x} \geq 0$이다.

참-거짓 문제

TF. **(a)-(l)**이 참인지 거짓인지를 밝히고 그 이유를 설명하라.

a. 대칭행렬 A의 모든 고유값이 양이면 A는 양한정이다.

b. $x_1^2 - x_2^2 + x_3^2 + 4x_1x_2x_3$은 이차형식이다.

c. $(x_1 - 3x_2)^2$은 이차형식이다.

d. 양한정 행렬은 가역행렬이다.

e. 대칭행렬은 양한정이거나 음한정이거나 부정이다.

f. A가 양한정이면 $-A$는 음한정이다.

g. $\mathbf{x} \cdot \mathbf{x}$은 R^n의 모든 $\mathbf{x}$에 대하여 이차형식이다.

h. A가 대칭이고 가역인 경우, $\mathbf{x}^TA\mathbf{x}$가 양한정 이차형식이면, $\mathbf{x}^TA^{-1}\mathbf{x}$ 또한 양한정 이차형식이다.

i. A가 양의 고유값만을 갖는 대칭행렬이면, $\mathbf{x}^TA\mathbf{x}$는 양한정 이차형식이다.

j. A가 모든 성분이 양수인 2×2 대칭행렬이고 $\det(A) > 0$이면, A는 양한정 행렬이다.

k. A가 대칭이고 $\mathbf{x}^TA\mathbf{x}$가 혼합항을 갖지 않는 이차형식이면, A는 대각행렬이다.

l. $\mathbf{x}^TA\mathbf{x}$가 두 변수에 대한 양한정 이차형식이고 $c \neq 0$이면, 방정식 $\mathbf{x}^TA\mathbf{x} = c$의 그래프는 타원이다.

계산도구 문제

T1. P^TAP가 대각행렬이 되도록 직교행렬 P를 구하라.

$$A = \begin{bmatrix} -2 & 1 & 1 & 1 \\ 1 & -2 & 1 & 1 \\ 1 & 1 & -2 & 1 \\ 1 & 1 & 1 & -2 \end{bmatrix}$$

T2. 다음 행렬의 고유값을 사용하여 양한정인지 음한정인지, 또는 부정인지를 판정하라. 정리 7.3.4를 이용하여 결론을 검증하라.

$$A = \begin{bmatrix} -5 & -3 & 0 & 3 & 0 \\ -3 & -2 & 0 & 2 & 0 \\ 0 & 0 & -1 & 1 & 1 \\ 3 & 2 & 1 & -8 & 2 \\ 0 & 0 & 1 & 2 & -7 \end{bmatrix}$$

7.4 이차형식을 이용한 최적화

이차형식은 어떤 양의 최대값 또는 최소값을 찾는 다양한 문제에서 나타난다. 이 절에서는 이러한 형태의 몇 가지 문제를 논할 것이다.

제약된 극값 문제

이 절의 첫 번째 목표는 제약 $\|\mathbf{x}\| = 1$ 하에 이차형식 $\mathbf{x}^T A\mathbf{x}$의 최대값과 최소값을 찾는 문제를 고려하는 것이다. 이러한 형태의 문제는 다양한 응용분야에서 나타난다.

$\mathbf{x}^T A\mathbf{x}$가 R^2의 이차형식인 경우, 이 문제를 기하적으로 시각화하기 위하여 $z = \mathbf{x}^T A\mathbf{x}$를 xyz-좌표계에서 적절한 곡면의 방정식으로 간주하자. 그리고 $\|\mathbf{x}\| = 1$을 xy-평면의 원점을 중심으로 한 단위원으로 간주하자. 요구조건 $\|\mathbf{x}\| = 1$ 하에 $\mathbf{x}^T A\mathbf{x}$의 최대값과 최소값을 구하는 문제는 기하적으로 곡면과 원으로 결정되는 직원기둥과의 교선에서 가장 높은 점과 가장 낮은 점을 찾는 것과 같다(**그림 7.4.1**).

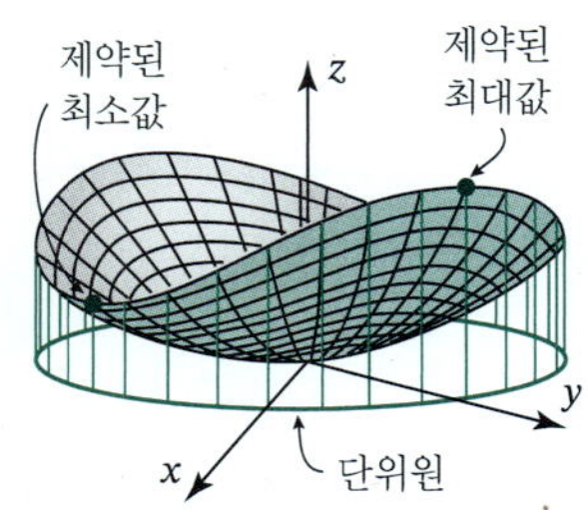

그림 7.4.1

다음 정리는 이러한 형태의 문제를 푸는 데 필요한 핵심적인 결과이며, 이것의 증명은 이 절의 끝에서 다룬다.

> **정리 7.4.1**
>
> **제약된 극값 정리**
>
> A가 $n \times n$ 대칭행렬이고 이것의 고유값이 크기가 감소하는 순서로 $\lambda_1 \geq \lambda_2 \geq \cdots \geq \lambda_n$이라면,
>
> (*a*) 이차형식 $\mathbf{x}^T A\mathbf{x}$는 $\|\mathbf{x}\| = 1$인 벡터의 집합상에서 최대값과 최소값이 발생한다.
>
> (*b*) $\mathbf{x}^T A\mathbf{x}$의 최대값은 고유값 λ_1에 대응하는 고유벡터에서 발생한다.
>
> (*c*) $\mathbf{x}^T A\mathbf{x}$의 최소값은 고유값 λ_n에 대응하는 고유벡터에서 발생한다.

참고 이 정리에서 조건 $\|\mathbf{x}\| = 1$을 ***제약***(constraint)이라 하고, 이 제약하에서의 $\mathbf{x}^T A\mathbf{x}$의 최대값과 최소값을 ***제약된 극값***(constrained extremum)이라 한다. 이 제약은 $\mathbf{x}^T\mathbf{x} = 1$, 또는 편리한 경우 $x_1^2 + x_2^2 + \cdots + x_n^2 = 1$로 표현할 수 있다.

예제 1 | 제약된 극값 찾기

제약 $x^2 + y^2 = 1$ 하에서 이차형식

$$z = 5x^2 + 5y^2 + 4xy$$

의 최대값과 최소값을 구하라.

풀이

이차형식은 행렬표기법으로

$$z = 5x^2 + 5y^2 + 4xy = \mathbf{x}^T A\mathbf{x} = [x \quad y]\begin{bmatrix} 5 & 2 \\ 2 & 5 \end{bmatrix}\begin{bmatrix} x \\ y \end{bmatrix}$$

으로 표현할 수 있다. A의 고유값이 $\lambda_1 = 7$과 $\lambda_2 = 3$이고 대응하는 고유벡터가

$$\lambda_1 = 7: \quad \begin{bmatrix} 1 \\ 1 \end{bmatrix}, \quad \lambda_2 = 3: \quad \begin{bmatrix} -1 \\ 1 \end{bmatrix}$$

라는 것을 보이는 것은 독자에게 맡긴다. 이 고유벡터를 정규화하면

$$\lambda_1 = 7: \quad \begin{bmatrix} \frac{1}{\sqrt{2}} \\ \frac{1}{\sqrt{2}} \end{bmatrix}, \quad \lambda_2 = 3: \quad \begin{bmatrix} -\frac{1}{\sqrt{2}} \\ \frac{1}{\sqrt{2}} \end{bmatrix} \tag{1}$$

이다. 따라서 제약된 극값은

$$\text{제약된 최대값:} \quad z = 7, \quad (x, y) = \left(\frac{1}{\sqrt{2}}, \frac{1}{\sqrt{2}}\right)\text{에서}$$

$$\text{제약된 최소값:} \quad z = 3, \quad (x, y) = \left(-\frac{1}{\sqrt{2}}, \frac{1}{\sqrt{2}}\right)\text{에서}$$

이다.

참고 (1)의 고유벡터의 반대 부호 또한 단위고유벡터이므로, 이것에서 역시 z의 최대값과 최소값이 나타난다. 즉, 제약된 최대값 $z = 7$은 점 $(x, y) = \left(-\frac{1}{\sqrt{2}}, -\frac{1}{\sqrt{2}}\right)$에서 존재하고, 제약된 최소값 $z = 3$은 점 $(x, y) = \left(\frac{1}{\sqrt{2}}, -\frac{1}{\sqrt{2}}\right)$에서 존재한다.

예제 2 | 제약된 극값 문제

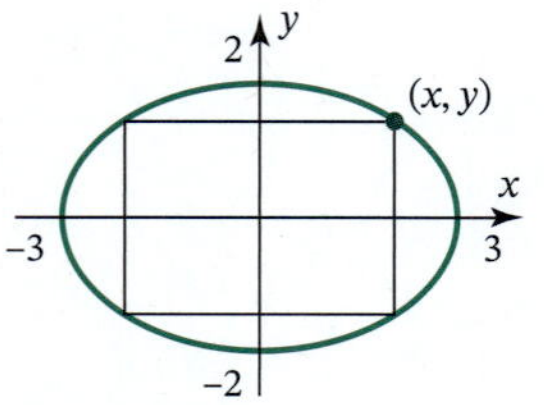

그림 7.4.2 타원 $4x^2 + 9y^2 = 36$에 내접하는 직사각형

그림 7.4.2에 보이듯이 직사각형이 타원 $4x^2 + 9y^2 = 36$에 내접한다. 고유값 방법을 사용하여 내접하는 직사각형이 최대넓이를 갖는 음이 아닌 x와 y의 값을 구하라.

풀이

내접하는 직사각형의 면적 z는 $z = 4xy$로 구해지므로, 주어진 문제는 제약 $4x^2 + 9y^2 = 36$ 하에서 이차형식 $z = 4xy$를 최대화하는 것이다. 이 문제에서 제약방정식의 그래프는 정리 7.4.1에서처럼 단위원이 아니라 타원이다. 그러나 이 제약을

$$\left(\frac{x}{3}\right)^2 + \left(\frac{y}{2}\right)^2 = 1$$

으로 다시 쓰고, 새로운 변수 x_1과 y_1을 다음과 같이

$$x = 3x_1 \text{와} \quad y = 2y_1$$

로 정의하면 문제를 해결할 수 있고, 다음과 같이 다시 문제를 구성할 수 있다.

$$\text{최대화 } z = 4xy = 24x_1y_1$$
$$\text{제약: } x_1^2 + y_1^2 = 1$$

이 문제를 풀기 위하여 이차형식 $z = 24x_1y_1$을

$$z = \mathbf{x}^T A\mathbf{x} = [x_1 \quad y_1]\begin{bmatrix} 0 & 12 \\ 12 & 0 \end{bmatrix}\begin{bmatrix} x_1 \\ y_1 \end{bmatrix}$$

으로 쓴다. 이제 A의 최대고유값이 $\lambda = 12$이고 이것에 대응하는 음이 아닌 성분을 갖는 유일한 단위고유벡터가

$$\mathbf{x} = \begin{bmatrix} x_1 \\ y_1 \end{bmatrix} = \begin{bmatrix} \frac{1}{\sqrt{2}} \\ \frac{1}{\sqrt{2}} \end{bmatrix}$$

임을 보이는 것은 독자들에게 맡긴다. 따라서 최대면적은 $z = 12$이고, 이것은

$$x = 3x_1 = \frac{3}{\sqrt{2}}, \quad y = 2y_1 = \frac{2}{\sqrt{2}}$$

에서 나타난다.

제약된 극값과 등위선

이변수함수 $f(x, y)$의 형태를 시각화는 데 효과적인 방법은 xy-평면에서 $f(x, y)$가 상수인 곡선을 생각하는 것이다. 이 곡선은

$$f(x, y) = k$$

형태의 방정식으로 나타내며 ***등위선***(level curves)이라 한다(**그림 7.4.3**). 특히 R^2상의 이차형식 $\mathbf{x}^T A\mathbf{x}$의 등위선은

$$\mathbf{x}^T A\mathbf{x} = k \tag{2}$$

형태의 방정식을 가지므로 제약 $\|\mathbf{x}\| = 1$ 하의 $\mathbf{x}^T A\mathbf{x}$의 최대값과 최소값은 (2)의 그래프와 단위원이 교차할 때의 k의 최대값과 최소값이다. 특히 그러한 k값은 등위선이 단위원과 접할 때 발생하고(**그림 7.4.4**), 등위선이 접하는 점의 좌표가 제약 $\|\mathbf{x}\| = 1$ 하의 $\mathbf{x}^T A\mathbf{x}$를 최대화 또는 최소화하는 벡터이다.

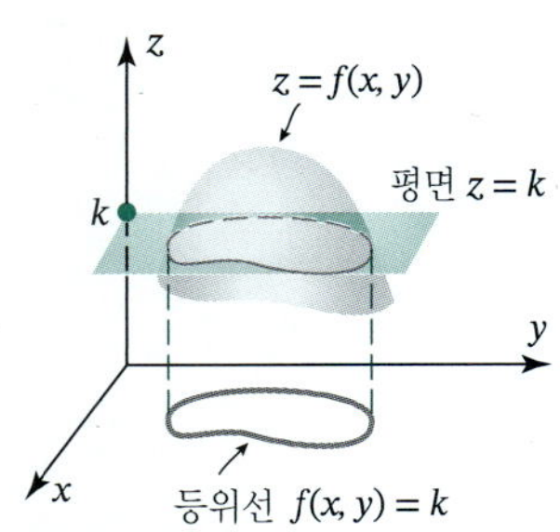

그림 7.4.3

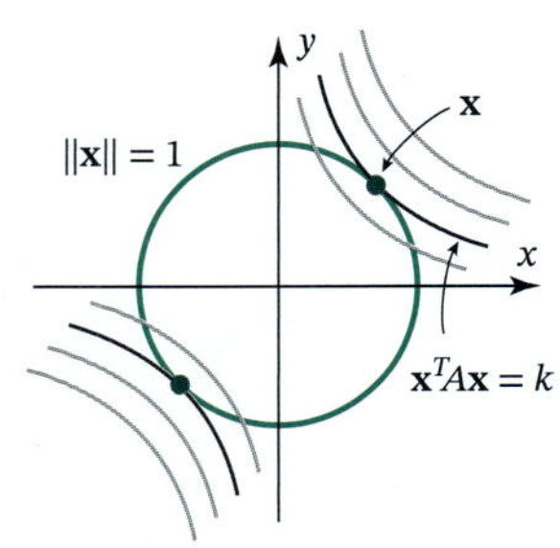

그림 7.4.4

예제 3 | 등위선을 사용한 예제 1의 재고

예제 1(그리고 그 아래에 나오는 참고)에서 제약 $x^2 + y^2 = 1$ 하에서 이차형식

$$z = 5x^2 + 5y^2 + 4xy$$

의 최대값과 최소값을 구했다. 제약된 최대값 $z = 7$은 점

$$(x, y) = \left(\frac{1}{\sqrt{2}}, \frac{1}{\sqrt{2}}\right), \quad (x, y) = \left(-\frac{1}{\sqrt{2}}, -\frac{1}{\sqrt{2}}\right) \tag{3}$$

에서 나타나고 제약된 최소값 $z = 3$은 점

$$(x,y) = \left(-\frac{1}{\sqrt{2}}, \frac{1}{\sqrt{2}}\right), \quad (x,y) = \left(\frac{1}{\sqrt{2}}, -\frac{1}{\sqrt{2}}\right) \tag{4}$$

에서 나타난다. 이것은 기하적으로 등위선 $5x^2 + 5y^2 + 4xy = 7$은 (3)의 점에서 단위원과 접해야 하고, 등위선 $5x^2 + 5y^2 + 4xy = 3$은 (4)의 점에서 단위원과 접해야 함을 의미한다. 이 모든 것은 **그림 7.4.5**와 일치한다.

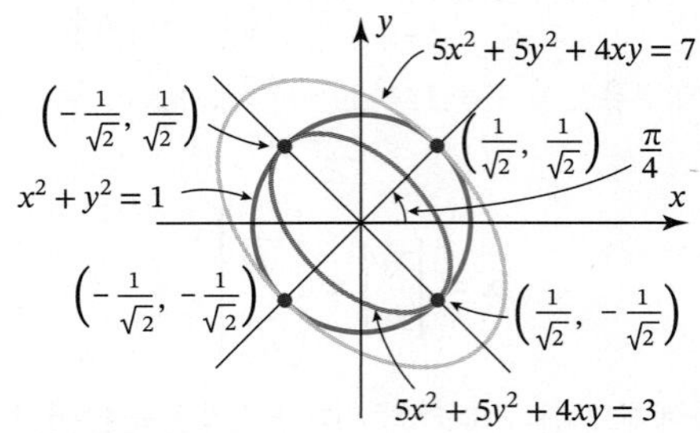

그림 7.4.5

미적분학 필요

이변수함수의 극값

실 이변수함수의 특성을 공부하는 데 이차형식이 어떻게 활용될 수 있는지를 보이고 이 절을 끝맺는다.

함수 $f(x, y)$의 일계편도함수가 존재할 때 극대와 극소가 존재한다면 이들은

$$f_x(x, y) = 0, \quad f_y(x, y) = 0$$

을 동시에 만족하는 점에서 존재한다. 이 점을 f의 ***임계점***(critical points)이라고 한다. 임계점 (x_0, y_0)에서 f의 형태는 점 (x_0, y_0)을 제외한 근방의 점 (x, y)에서

$$D(x, y) = f(x, y) - f(x_0, y_0) \tag{5}$$

의 부호로 결정된다.

- (x_0, y_0)를 제외한 근방의 점 (x, y)에서 $D(x, y) > 0$이면, 그 근방에서 $f(x_0, y_0) < f(x, y)$이고 f는 (x_0, y_0)에서 ***극소값***(relative minimum)을 갖는다고 한다(**그림 7.4.6*a***).
- (x_0, y_0)를 제외한 근방의 점 (x, y)에서 $D(x, y) < 0$이면, 그 근방에서 $f(x_0, y_0) > f(x, y)$이고 f는 (x_0, y_0)에서 ***극대값***(relative maximum)을 갖는다고 한다(**그림 7.4.6*b***).
- (x_0, y_0)가 중심인 모든 원의 내부에서 $D(x, y)$가 양의 값과 음의 값을 동시에 갖는다면, (x_0, y_0) 근방에서 $f(x_0, y_0) < f(x, y)$인 점 (x, y)와 (x_0, y_0) 근방에서 $f(x_0, y_0) > f(x, y)$인 점 (x, y)가 존재한다. 이 경우 f는 (x_0, y_0)에서 ***안장점***(saddle point)을 갖는다고 한다(**그림 7.4.6*c***).

일반적으로 (5)의 부호를 직접 결정하는 일이 어려울 수 있다. 그러나 미적분학에서 증명된 다음 정리를 이용하면, 도함수를 이용하여 임계점을 해석할 수 있다.

정리 7.4.2

이계도함수 판정법

(x_0, y_0)를 $f(x, y)$의 임계점이라 하고 f는 (x_0, y_0)가 중심인 적당한 원 영역에서 연속인 이계편도함수를 갖는다고 하면

(*a*) 만일

$$f_{xx}(x_0,y_0)f_{yy}(x_0,y_0) - f_{xy}^2(x_0,y_0) > 0\text{이고} \quad f_{xx}(x_0,y_0) > 0$$

이면 f는 (x_0, y_0)에서 극소값을 갖는다.

(*b*) 만일

$$f_{xx}(x_0,y_0)f_{yy}(x_0,y_0) - f_{xy}^2(x_0,y_0) > 0\text{이고} \quad f_{xx}(x_0,y_0) < 0$$

이면 f는 (x_0, y_0)에서 극대값을 갖는다.

(*c*) 만일

$$f_{xx}(x_0,y_0)f_{yy}(x_0,y_0) - f_{xy}^2(x_0,y_0) < 0$$

이면 f는 (x_0, y_0)에서 안장점을 갖는다.

(*d*) 만일

$$f_{xx}(x_0,y_0)f_{yy}(x_0,y_0) - f_{xy}^2(x_0,y_0) = 0$$

이면 이 방법으로 판정할 수 없다.

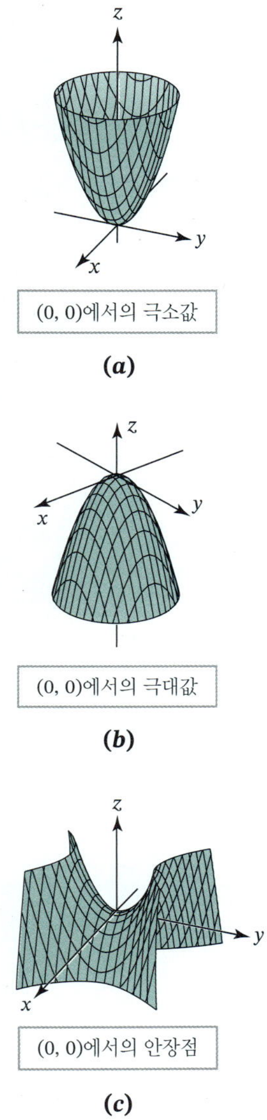

그림 7.4.6

이 절의 관심은 대칭행렬의 성질을 이용하여 위의 정리를 재구성하는 것이다. 이를 위해 독일의 수학자이자 과학자인 루트비히 오토 헤세(Ludwig Otto Hesse, 1811–1874)를 기리기 위하여 f의 ***헤시언***(Hessian) 또는 ***헤세 행렬***이라 부르는 행렬

$$H(x,y) = \begin{bmatrix} f_{xx}(x,y) & f_{xy}(x,y) \\ f_{xy}(x,y) & f_{yy}(x,y) \end{bmatrix}$$

을 생각하자. 표기법 $H(x, y)$는 행렬의 성분들이 x와 y에 종속임을 강조한다. 헤시언이 흥미로운 이유는

$$\det[H(x_0,y_0)] = \begin{vmatrix} f_{xx}(x_0,y_0) & f_{xy}(x_0,y_0) \\ f_{xy}(x_0,y_0) & f_{yy}(x_0,y_0) \end{vmatrix} = f_{xx}(x_0,y_0)f_{yy}(x_0,y_0) - f_{xy}^2(x_0,y_0)$$

이 정리 7.4.2에서 나타나는 표현이기 때문이다. 이제 이계도함수 판정법은 다음과 같이 재구성할 수 있다.

정리 7.4.3

이계도함수 판정법의 헤시언 형식

(x_0, y_0)를 $f(x, y)$의 임계점이라 하고 f는 (x_0, y_0)가 중심인 적당한 원 영역에서 연속인 이계편도함수를 갖는다고 하자. $H(x_0, y_0)$가 (x_0, y_0)에서 f의 헤시언일 때,

(*a*) $H(x_0, y_0)$가 양한정이면 f는 (x_0, y_0)에서 극소값을 갖는다.

(*b*) $H(x_0, y_0)$가 음한정이면 f는 (x_0, y_0)에서 극대값을 갖는다.
(*c*) $H(x_0, y_0)$가 부정이면 f는 (x_0, y_0)에서 안장점을 갖는다.
(*d*) 이외의 다른 경우에는 이 판정법으로 판정할 수 없다.

여기서는 (*a*)를 증명하고 나머지에 대한 증명은 연습문제로 남긴다.

증명 (a) $H(x_0, y_0)$가 양한정이면, 정리 7.3.4에 의하여 $H(x_0, y_0)$의 주부분행렬은 양의 행렬식을 갖는다. 따라서

$$\det[H(x_0,y_0)] = \begin{vmatrix} f_{xx}(x_0,y_0) & f_{xy}(x_0,y_0) \\ f_{xy}(x_0,y_0) & f_{yy}(x_0,y_0) \end{vmatrix} = f_{xx}(x_0,y_0)f_{yy}(x_0,y_0) - f_{xy}^2(x_0,y_0) > 0$$

이고

$$\det[f_{xx}(x_0,y_0)] = f_{xx}(x_0,y_0) > 0$$

이 된다. 따라서 정리 7.4.2의 (*a*)에 의하여 f는 (x_0, y_0)에서 극소값을 갖는다. ■

예제 4 | 헤시언을 이용하여 극값 분류하기

함수

$$f(x,y) = \tfrac{1}{3}x^3 + xy^2 - 8xy + 3$$

의 임계점을 구하고, 이들 임계점에서 헤세 행렬의 고유값을 이용해서 임계점 중 (만일 존재한다면) 어떤 점이 극대점, 극소점, 또는 안장점인지 판정하라.

풀이 임계점과 헤세 행렬을 동시에 구하기 위하여 f의 일계 및 이계도함수를 계산할 필요가 있다. 이들 도함수는

$$\begin{aligned} &f_x(x,y) = x^2 + y^2 - 8y, \quad f_y(x,y) = 2xy - 8x, \quad f_{xy}(x,y) = 2y - 8 \\ &f_{xx}(x,y) = 2x, \qquad\qquad\quad f_{yy}(x,y) = 2x \end{aligned}$$

이다. 따라서 헤세 행렬은

$$H(x,y) = \begin{bmatrix} f_{xx}(x,y) & f_{xy}(x,y) \\ f_{xy}(x,y) & f_{yy}(x,y) \end{bmatrix} = \begin{bmatrix} 2x & 2y-8 \\ 2y-8 & 2x \end{bmatrix}$$

가 된다. 임계점을 구하기 위하여 f_x와 f_y를 영으로 놓으면

$$f_x(x, y) = x^2 + y^2 - 8y = 0, \quad f_y(x, y) = 2xy - 8x = 2x(y - 4) = 0$$

을 얻는다. 두 번째 방정식을 풀면 $x = 0$ 또는 $y = 4$이다. 첫 번째 방정식에 $x = 0$을 대입하여 y에 대해서 풀면 $y = 0$ 또는 $y = 8$이고, 첫 번째 방정식에 $y = 4$를 대입하여 x에 관하여 풀면 $x = 4$ 또는 $x = -4$이다. 따라서 다음의 네 개의 임계점을 얻는다.

$$(0,0), \quad (0,8), \quad (4,4), \quad (-4,4)$$

이들 점에서 헤세 행렬을 계산하면

$$H(0,0) = \begin{bmatrix} 0 & -8 \\ -8 & 0 \end{bmatrix}, \quad H(0,8) = \begin{bmatrix} 0 & 8 \\ 8 & 0 \end{bmatrix}$$

$$H(4,4) = \begin{bmatrix} 8 & 0 \\ 0 & 8 \end{bmatrix}, \quad H(-4,4) = \begin{bmatrix} -8 & 0 \\ 0 & -8 \end{bmatrix}$$

이다. 이들 행렬의 고유값을 구하고 다음과 같이 임계점을 분류하는 것은 독자에게 맡긴다.

임계점 (x_0, y_0)	λ_1	λ_2	분류
(0, 0)	8	−8	안장점
(0, 8)	8	−8	안장점
(4, 4)	8	8	극소값
(−4, 4)	−8	−8	극대값

선택사항: 정리 7.4.1의 선택적 증명으로 이 절을 끝맺는다.

정리 7.4.1의 증명 증명의 첫 번째 단계는 $\|\mathbf{x}\| = 1$인 경우에 $\mathbf{x}^T A\mathbf{x}$가 제약된 최대값과 최소값을 갖는 것을 보이는 것이다. A는 대칭행렬이므로, 주축정리(정리 7.3.1)에 의하면

$$\mathbf{x}^T A\mathbf{x} = \lambda_1 y_1^2 + \lambda_2 y_2^2 + \cdots + \lambda_n y_n^2 \tag{6}$$

이 되는 직교변수변환 $\mathbf{x} = P\mathbf{y}$가 존재한다. 여기서 $\lambda_1, \lambda_2, \ldots, \lambda_n$은 A의 고유값이다. $\|\mathbf{x}\| = 1$이고 (A의 단위고유벡터인) P의 열벡터가

$$\lambda_1 \geq \lambda_2 \geq \cdots \geq \lambda_n \tag{7}$$

가 되도록 나열되었다고 가정하자. 행렬 P는 직교행렬이므로, P의 곱셈변환은 길이보존이다. 따라서 $\|\mathbf{y}\| = \|\mathbf{x}\| = 1$이다. 즉,

$$y_1^2 + y_2^2 + \cdots + y_n^2 = 1$$

이다. 이 방정식과 (7)에 의하여

$$\begin{aligned}\lambda_n = \lambda_n(y_1^2 + y_2^2 + \cdots + y_n^2) &\leq \lambda_1 y_1^2 + \lambda_2 y_2^2 + \cdots + \lambda_n y_n^2 \\ &\leq \lambda_1(y_1^2 + y_2^2 + \cdots + y_n^2) = \lambda_1\end{aligned}$$

이고 따라서 (6)으로부터

$$\lambda_n \leq \mathbf{x}^T A\mathbf{x} \leq \lambda_1$$

이다. 이것은 $\|\mathbf{x}\| = 1$의 조건하에서 $\mathbf{x}^T A\mathbf{x}$의 모든 값은 A의 가장 큰 고유값과 가장 작은 고유값 사이의 값임을 의미한다. 이제 $\mathbf{x}$를 λ_1에 대응하는 단위고유벡터라 하자. 그러면

$$\mathbf{x}^T A\mathbf{x} = \mathbf{x}^T(\lambda_1\mathbf{x}) = \lambda_1\mathbf{x}^T\mathbf{x} = \lambda_1\|\mathbf{x}\|^2 = \lambda_1$$

는 $\mathbf{x}^T A\mathbf{x}$가 λ_1을 제약된 최대값으로 갖고 이 최대값은 $\mathbf{x}$가 λ_1에 대응하는 A의 단위고유벡터일 때 나타난다. 유사하게, $\mathbf{x}$가 λ_n에 대응하는 단위고유벡터이면

$$\mathbf{x}^T A\mathbf{x} = \mathbf{x}^T(\lambda_n\mathbf{x}) = \lambda_n\mathbf{x}^T\mathbf{x} = \lambda_n\|\mathbf{x}\|^2 = \lambda_n$$

이므로 $\mathbf{x}^T A\mathbf{x}$는 λ_n을 제약된 최소값으로 갖고 이 최소값은 $\mathbf{x}$가 λ_n에 대응하는 A의 단위고유벡터일 때 나타난다. 이것으로 증명이 완결된다. ■

연습문제 7.4

(1-4) 제약 $x^2 + y^2 = 1$ 하의 다음 이차형식의 최대값과 최소값을 구하고, 그때의 x와 y의 값을 구하라.

1. $5x^2 - y^2$ **2.** xy **3.** $3x^2 + 7y^2$ **4.** $5x^2 + 5xy$

(5-6) 제약 $x^2 + y^2 + z^2 = 1$ 하에서 다음 이차형식의 최대값과 최소값을 구하고, 그때의 x, y, z의 값을 구하라.

5. $9x^2 + 4y^2 + 3z^2$ **6.** $2x^2 + y^2 + z^2 + 2xy + 2xz$

7. 예제 2의 방법을 이용하여 제약

$$4x^2 + 8y^2 = 16$$

하에서 xy의 최대값과 최소값을 구하라.

8. 예제 2의 방법을 이용하여 제약

$$x^2 + 3y^2 = 16$$

하에서 $x^2 + xy + 2y^2$의 최대값과 최소값을 구하라.

(9-10) 주어진 이차형식에 대응하는 등위선과 단위원을 그려라. 단위원이 각각 등위선을 단지 두 점에서만 교차함을 보이고, 이 교점들을 표기하고, 제약된 극값은 이들 점에서 발생함을 확인하라.

9. $5x^2 - y^2$ **10.** xy

11. a. 함수 $f(x, y) = 4xy - x^4 - y^4$는 임계점 (0, 0), (1, 1), (−1, −1)을 가짐을 보여라.

b. 이계도함수 판정법의 헤시언 형식을 이용하여 f는 (1, 1), (−1, −1)에서 극대값을 가지고, (0, 0)에서 안장점을 가짐을 보여라.

12. a. 함수 $(x, y) = x^3 - 6xy - y^3$는 임계점 (0, 0), (−2, 2)를 가짐을 보여라.

b. 이계도함수 판정법의 헤시언 형식을 이용하여 f는 (−2, 2)에서 극대값을 가지고, (0, 0)에서 안장점을 가짐을 보여라.

(13-16) f의 임계점을 찾아라. 임계점이 있다면 그것이 극대점인지 극소점인지, 또는 안장점인지 분류하라.

13. $f(x, y) = x^3 - 3xy - y^3$

14. $f(x, y) = x^3 - 3xy + y^3$

15. $f(x, y) = x^2 + 2y^2 - x^2y$

16. $f(x, y) = x^3 + y^3 - 3x - 3y$

17. 중심이 원점이고 각각의 변이 좌표축과 평행한 직사각형이 타원 $x^2 + 25y^2 = 25$에 내접하고 있다. 예제 2의 방법을 이용하여 내접한 직사각형이 최대의 넓이를 갖는 음이 아닌 x와 y의 값을 찾아라.

18. $\mathbf{x}$가 행렬 A의 고유값 2에 대응하는 단위고유벡터일 때 $\mathbf{x}^TA\mathbf{x}$의 값은 무엇인가?

19. a. 다음 함수들

$$f(x, y) = x^4 + y^4, \quad g(x, y) = x^4 - y^4$$

이 (0, 0)에서 임계점을 갖지만 이계도함수 판정법으로는 판정할 수 없음을 보여라.

b. 타당한 논거를 제시하여 f는 (0, 0)에서 극소값을 갖고 g는 (0, 0)에서 안장점을 가짐을 보여라.

20. 어떤 이차형식 $f(x, y)$의 헤세 행렬이

$$H = \begin{bmatrix} 2 & 4 \\ 4 & 2 \end{bmatrix}$$

라 가정하자. f의 임계점의 위치와 분류에 대하여 무엇을 논할 수 있는가?

21. $n \times n$ 대칭행렬 A에 대하여

$$q(\mathbf{x}) = \mathbf{x}^TA\mathbf{x}$$

를 가정하자. 여기서 $\mathbf{x}$는 열 형식으로 표현되는 R^n의 벡터이다. $\mathbf{x}$가 A의 고유값 λ에 대응하는 단위고유벡터일 때 q의 값에 대하여 논하라.

증명 문제

22. 다음을 증명하라: $\mathbf{x}^TA\mathbf{x}$가 제약 $\|\mathbf{x}\| = 1$ 하에서 최소값과 최대값이 각각 m과 M인 이차형식이면 구간 $m \le c \le M$의 모든 c에 대하여 $\mathbf{x}_c^TA\mathbf{x}_c = c$를 만족하는 단위벡터 $\mathbf{x}_c$가 존재한다. [*힌트*: $m < M$인 경우, $\mathbf{u}_m$과 $\mathbf{u}_M$을 $\mathbf{u}_m^TA\mathbf{u}_m = m$과 $\mathbf{u}_M^TA\mathbf{u}_M = M$을 만족하는 A의 단위고유벡터라 하고

$$\mathbf{x}_c = \sqrt{\frac{M - c}{M - m}}\mathbf{u}_m + \sqrt{\frac{c - m}{M - m}}\mathbf{u}_M$$

이라 하자. $\mathbf{x}_c^TA\mathbf{x}_c = c$임을 보여라.]

참-거짓 문제

TF. (a)-(e)가 참인지 거짓인지를 밝히고 그 이유를 설명하라.

a. 이차형식은 반드시 최대값이나 최소값을 가져야 한다.

b. 제약 $\|\mathbf{x}\| = 1$ 하의 이차형식 $\mathbf{x}^T A\mathbf{x}$의 최대값은 A의 가장 큰 고유값에 대응하는 고유벡터에서 발생한다.

c. 연속 이계편도함수를 갖는 함수 f의 헤세 행렬은 대칭행렬이다.

d. (x_0, y_0)가 함수 f의 임계점이고 (x_0, y_0)에서 함수 f의 헤시언이 0이라면, f는 (x_0, y_0)에서 극대값도 극소값도 갖지 않는다.

e. A가 대칭행렬이고 $\det(A) < 0$이면 제약 조건 $\|\mathbf{x}\| = 1$ 하의 $\mathbf{x}^T A\mathbf{x}$의 최소값은 음수이다.

계산도구 문제

T1. 다음의 이차형식과 제약에 대하여 최대값과 최소값을 구하고, 그 값을 준 점들을 명시하라.

$$w = 2x^2 + y^2 + z^2 + 2xy + 2xz; \quad x^2 + y^2 + z^2 = 1$$

T2. 금속판의 점 (x, y)에서의 온도가 $T(x, y) = 4x^2 - 4xy + y^2$임을 가정하자. 개미가 원점을 중심으로 반지름이 5인 원을 따라 선회할 때, 개미가 감지하는 가장 높은 온도와 가장 낮은 온도는 몇 도인가?

T3. 다음 그림은 [*타원포물면*(elliptic paraboloid)이라 불리는] 곡면 $z = x^2 + 4y^2$과 [*직원기둥*(right circular cylinder)이라 불리는] 곡면 $x^2 + y^2 = 1$의 교선을 표현한다. 이 교선상에서 가장 높은 점과 가장 낮은 점을 구하라.

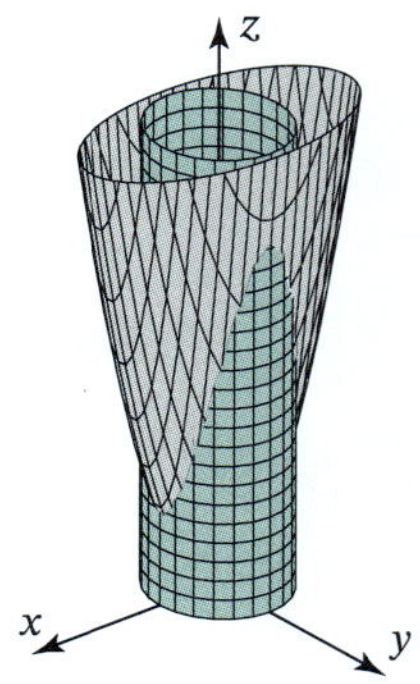

그림 Ex-T3

7.5 에르미트행렬, 유니터리행렬, 정규행렬

실수성분을 갖는 모든 대칭행렬은 직교대각화가 가능하고, 역으로 실수성분을 갖는 직교대각화가 가능한 행렬은 대칭행렬이다. 이 절에서는 복소수성분을 갖는 행렬의 대각화를 다룰 것이다.

실행렬과 복소행렬

5.3절에서 다루었듯이, ***실행렬***(real matrices)이라 불리는 실수성분을 갖는 행렬과 ***복소행렬***(complex matrices)이라 불리는 실수 또는 복소수 성분을 갖는 행렬을 구분한다. 편의에 따라 실행렬은 허수부분이 영인 성분을 갖는 복소행렬로 생각될 수 있다. 유사하게 R^n에서의 ***실벡터***(real vectors)와 C^n의 ***복소벡터***(complex vectors)를 구분하자.

에르미트행렬과 유니터리행렬

복소행렬에서의 전치 연산은 실행렬의 경우보다 덜 중요하다. 복소행렬에서 더 유용한 연산을 다음과 같이 정의한다.

정의 1

A가 복소행렬이라면, A의 ***켤레전치***(conjugate transpose)는 A^*로 표기하며

$$A^* = \overline{A}^T \tag{1}$$

로 정의된다.

참고 식 (1)에서 전치와 켤레 연산의 순서는 중요하지 않다(정리 5.3.2*b* 참조). 더욱이 A가 실행렬이면 식 (1)은 $A^* = (\overline{A})^T = A^T$로 간단해지므로, 이 경우에 켤레전치는 전치와 동일하다.

예제 1 | 켤레전치

행렬

$$A = \begin{bmatrix} 1+i & -i & 0 \\ 2 & 3-2i & i \end{bmatrix}$$

의 켤레전치 A^*를 구하라.

풀이

$\overline{A} = \begin{bmatrix} 1-i & i & 0 \\ 2 & 3+2i & -i \end{bmatrix}$이므로 $A^* = \overline{A}^T = \begin{bmatrix} 1-i & 2 \\ i & 3+2i \\ 0 & -i \end{bmatrix}$이다.

다음 정리는 켤레전치 연산의 기본적인 대수적 성질은 전치 연산의 대수적 성질과 비슷함을 보여 준다(정리 1.4.8과 비교). 이 정리의 일부는 연습문제로 주어질 것이다.

정리 7.5.1

k는 복소수 스칼라이고 A, B는 주어진 연산이 수행될 수 있는 크기의 복소행렬이라 하면,

(*a*) $(A^*)^* = A$

(*b*) $(A + B)^* = A^* + B^*$

(*c*) $(A - B)^* = A^* - B^*$

(*d*) $(kA)^* = \overline{k}A^*$

(*e*) $(AB)^* = B^*A^*$

이제 C^n에서 대각화의 학습에 중요한 두 가지 새로운 형태의 행렬을 정의하자.

정의 2

정방복소행렬 A가

$$AA^* = A^*A = I \tag{2}$$

또는 동등하게

$$A^* = A^{-1} \tag{3}$$

이면 A를 ***유니터리행렬***(unitary matrix)이라 하고

$$A^* = A \tag{4}$$

이면 ***에르미트행렬***(Hermitian matrix)* 이라 한다.

A가 실행렬이면 $A^* = A^T$이고, 이 경우에 (3)은 $A^T = A^{-1}$가 되고 (4)는 $A^T = A$가 된다. 따라서 유니터리행렬은 실직교행렬을 복소행렬로 일반화한 것이고, 에르미트행렬은 실대칭행렬을 복소행렬로 일반화한 것이다.

행렬이 유니터리행렬임을 보이려면 $AA^* = I$ 또는 $A^*A = I$임을 보이면 된다. 왜냐하면 한 방정식은 나머지를 의미하기 때문이다.

예제 2 | 에르미트행렬 파악하기

에르미트행렬은 대각원소가 실수이고(왜 그런가?) 주대각선을 중심으로 대칭 위치의 원소는 복소켤레이므로 파악하기 쉽다. 예를 들어

$$A = \begin{bmatrix} 1 & i & 1+i \\ -i & -5 & 2-i \\ 1-i & 2+i & 3 \end{bmatrix}$$

은 잘 살펴보면 에르미트행렬이다.

예제 3 | 유니터리행렬 파악하기

유니터리행렬은 보통 겉으로 살펴보고 파악하기 쉽지 않다. 그러한 행렬을 파악하는 가장 직접적인 방법은 식 (2)와 식 (3)을 만족하는지를 판정하는 것이다. 다음 행렬이 유니터리행렬임을 확인하는 것은 독자 몫으로 남긴다.

$$A = \begin{bmatrix} \frac{1}{\sqrt{2}} & -\frac{1}{\sqrt{2}}i \\ -\frac{1}{\sqrt{2}}i & \frac{1}{\sqrt{2}} \end{bmatrix}$$

정리 7.2.2에서 실대칭행렬이 실고유값을 갖고, 상이한 고유값에 대한 고유벡터는 직교한다는 사실을 확인했다. 이 정리는 C^n상의 직교성이 복소 유클리드 내적과 관련 있음을 논의한 다음 정리의 특수한 경우이다. 여기서는 (b)를 증명하고, (a)의 증명은 연습문제로 남긴다. 증명 과정에서 5.3절의 공식 (5)의 관계식 $\mathbf{u} \cdot \mathbf{v} = \overline{\mathbf{v}}^T\mathbf{u}$는

$$\boxed{\mathbf{u} \cdot \mathbf{v} = \mathbf{v}^*\mathbf{u}} \qquad (5)$$

와 같이 켤레전치로 표현될 수 있음을 이용할 것이다.

정리 7.5.2

A가 에르미트행렬이면

(a) A의 고유값은 모두 실수이다.

(b) 서로 다른 고유공간의 고유벡터는 직교한다.

* 프랑스의 수학자 샤를 에르미트(Charles Hermite, 1822–1901)를 기념하여 명명되었다.

***증명* (*b*)** $\mathbf{v}_1$과 $\mathbf{v}_2$를 서로 다른 고유값 λ_1과 λ_2에 대응하는 고유벡터라 하자. 공식 (5)와 $\lambda_1 = \overline{\lambda}_1$, $\lambda_2 = \overline{\lambda}_2$, 그리고 $A = A^*$를 이용하면

$$\begin{aligned}\lambda_1(\mathbf{v}_2 \cdot \mathbf{v}_1) = (\lambda_1\mathbf{v}_1)^*\mathbf{v}_2 &= (A\mathbf{v}_1)^*\mathbf{v}_2 = (\mathbf{v}_1^*A^*)\mathbf{v}_2\\ &= (\mathbf{v}_1^*A)\mathbf{v}_2 = \mathbf{v}_1^*(A\mathbf{v}_2)\\ &= \mathbf{v}_1^*(\lambda_2\mathbf{v}_2) = \lambda_2(\mathbf{v}_1^*\mathbf{v}_2) = \lambda_2(\mathbf{v}_2 \cdot \mathbf{v}_1)\end{aligned}$$

로 쓸 수 있다. 이것은 $(\lambda_1 - \lambda_2)(\mathbf{v}_2 \cdot \mathbf{v}_1) = 0$을 의미하며 ($\lambda_1 \neq \lambda_2$이므로) $\mathbf{v}_2 \cdot \mathbf{v}_1 = 0$이다. ■

예제 4 | 에르미트행렬의 고유값과 고유벡터

에르미트행렬

$$A = \begin{bmatrix} 2 & 1+i \\ 1-i & 3 \end{bmatrix}$$

이 실고유값을 갖고 서로 다른 고유공간의 고유벡터는 직교함을 확인하라.

풀이 A의 특성다항식은

$$\begin{aligned}\det(\lambda I - A) &= \begin{vmatrix} \lambda - 2 & -1-i \\ -1+i & \lambda - 3 \end{vmatrix}\\ &= (\lambda-2)(\lambda-3) - (-1-i)(-1+i)\\ &= (\lambda^2 - 5\lambda + 6) - 2 = (\lambda-1)(\lambda-4)\end{aligned}$$

이므로 A의 고유값은 $\lambda = 1$과 $\lambda = 4$이고 이것은 실수이다. A의 고유공간의 기저는 $\lambda = 1$과 $\lambda = 4$에 대하여 다음의 선형계

$$\begin{bmatrix} \lambda - 2 & -1-i \\ -1+i & \lambda - 3 \end{bmatrix}\begin{bmatrix} x_1 \\ x_2 \end{bmatrix} = \begin{bmatrix} 0 \\ 0 \end{bmatrix}$$

을 풀면 구할 수 있다. 이 선형계를 풀어서 일반해가

$$\lambda = 1: \quad \begin{bmatrix} x_1 \\ x_2 \end{bmatrix} = t\begin{bmatrix} -1-i \\ 1 \end{bmatrix}, \quad \lambda = 4: \quad \begin{bmatrix} x_1 \\ x_2 \end{bmatrix} = t\begin{bmatrix} \frac{1}{2}(1+i) \\ 1 \end{bmatrix}$$

임을 밝히는 것은 독자에게 맡긴다. 따라서 이 고유공간의 기저는

$$\lambda = 1: \quad \mathbf{v}_1 = \begin{bmatrix} -1-i \\ 1 \end{bmatrix}, \quad \lambda = 4: \quad \mathbf{v}_2 = \begin{bmatrix} \frac{1}{2}(1+i) \\ 1 \end{bmatrix}$$

이다. 벡터 $\mathbf{v}_1$과 $\mathbf{v}_2$는 직교한다. 그 이유는

$$\mathbf{v}_1 \cdot \mathbf{v}_2 = (-1-i)\left(\overline{\tfrac{1}{2}(1+i)}\right) + (1)(1) = \tfrac{1}{2}(-1-i)(1-i) + 1 = 0$$

이고 이들의 모든 스칼라배도 직교하기 때문이다.

유니터리행렬은 보통 겉으로 살펴보고 파악하기 쉽지 않다. 그러나 정리 7.1.1, 7.1.3과 유사한 다음 정리는 역행렬을 계산하지 않고 유니터리행렬인지를 확인하는 방법을 제시한다. 이 정리의 일부는 연습문제에서 증명할 것이다.

정리 7.5.3

A가 복소성분을 갖는 $n \times n$ 행렬이라면 다음은 동등하다.

(a) A가 유니터리행렬이다.

(b) C^n의 모든 $\mathbf{x}$에 대하여 $\|A\mathbf{x}\| = \|\mathbf{x}\|$이다.

(c) C^n의 모든 $\mathbf{x}$와 $\mathbf{y}$에 대하여 $A\mathbf{x} \cdot A\mathbf{y} = \mathbf{x} \cdot \mathbf{y}$이다.

(d) A의 열벡터가 복소 유클리드 내적에 대하여 C^n에서 정규직교집합을 구성한다.

(e) A의 행벡터가 복소 유클리드 내적에 대하여 C^n에서 정규직교집합을 구성한다.

예제 5 | 유니터리행렬

정리 7.5.3을 이용하여

$$A = \begin{bmatrix} \frac{1}{2}(1+i) & \frac{1}{2}(1+i) \\ \frac{1}{2}(1-i) & \frac{1}{2}(-1+i) \end{bmatrix}$$

가 유니터리행렬임을 밝히고, A^{-1}을 구하라.

풀이 행벡터

$$\mathbf{r}_1 = \left[\tfrac{1}{2}(1+i) \quad \tfrac{1}{2}(1+i)\right] \text{와} \quad \mathbf{r}_2 = \left[\tfrac{1}{2}(1-i) \quad \tfrac{1}{2}(-1+i)\right]$$

가 직교함을 보일 것이다. 계산하면

$$\|\mathbf{r}_1\| = \sqrt{\left|\tfrac{1}{2}(1+i)\right|^2 + \left|\tfrac{1}{2}(1+i)\right|^2} = \sqrt{\tfrac{1}{2} + \tfrac{1}{2}} = 1$$

$$\|\mathbf{r}_2\| = \sqrt{\left|\tfrac{1}{2}(1-i)\right|^2 + \left|\tfrac{1}{2}(-1+i)\right|^2} = \sqrt{\tfrac{1}{2} + \tfrac{1}{2}} = 1$$

$$\begin{aligned} \mathbf{r}_1 \cdot \mathbf{r}_2 &= \left(\tfrac{1}{2}(1+i)\right)\left(\overline{\tfrac{1}{2}(1-i)}\right) + \left(\tfrac{1}{2}(1+i)\right)\left(\overline{\tfrac{1}{2}(-1+i)}\right) \\ &= \left(\tfrac{1}{2}(1+i)\right)\left(\tfrac{1}{2}(1+i)\right) + \left(\tfrac{1}{2}(1+i)\right)\left(\tfrac{1}{2}(-1-i)\right) = \tfrac{1}{2}i - \tfrac{1}{2}i = 0 \end{aligned}$$

이다. 이제 A가 유니터리행렬임을 알았으므로

$$A^{-1} = A^* = \begin{bmatrix} \frac{1}{2}(1-i) & \frac{1}{2}(1+i) \\ \frac{1}{2}(1-i) & \frac{1}{2}(-1-i) \end{bmatrix}$$

이다. $AA^* = A^*A = I$임을 보여 이 결과의 타당성을 확인할 수 있다.

유니터리대각화 가능성

유니터리행렬은 실직교행렬의 복소 유사체이므로 다음의 정의는 실행렬의 직교대각화 가능성이 자연스럽게 일반화된 결과이다.

정의 3

$P^*AP = D$가 복소대각행렬이 되는 유니터리행렬 P가 존재하면, 복소정방행렬 A가 ***유니터리대각화 가능하다***(unitarily diagonalizable)고 한다. 이러한 임의의 행렬 P는 A를 ***유니터리대각화한다***(unitarily diagonalize)고 한다.

실대칭 $n \times n$ 행렬 A는 n개의 고유벡터가 정규직교집합을 구성하며, 열벡터가 A의 고유벡터의 정규직교집합인 $n \times n$ 행렬에 의하여 직교대각화됨을 상기하라. 여기에 이것과 유사한 복소수에 대한 결과가 있다.

정리 7.5.4

모든 $n \times n$ 에르미트행렬 A는 정규직교집합이 되는 n개의 고유벡터를 가지며 열벡터가 A의 고유벡터의 정규직교집합으로 구성된는 임의의 $n \times n$ 행렬 P에 의하여 유니터리대각화된다.

에르미트행렬 A를 유니터리대각화하는 과정은 대칭행렬을 직교대각화하는 과정과 정확히 일치한다.

에르미트행렬의 유니터리대각화

단계 1. A의 모든 고유공간의 기저를 구하라.

단계 2. 그람-슈미트 과정을 이들 각각의 기저에 적용하여 고유공간의 정규직교기저를 구하라.

단계 3. 단계 2에서 구한 기저벡터를 열벡터로 하는 행렬 P를 구성하라. 이 행렬은 유니터리행렬이고(정리 7.5.3) A를 유니터리대각화할 것이다.

예제 6 | 에르미트행렬의 유니터리대각화

에르미트행렬

$$A = \begin{bmatrix} 2 & 1+i \\ 1-i & 3 \end{bmatrix}$$

을 유니터리대각화하는 행렬 P를 구하라.

풀이

예제 4에서 A의 고유값은 $\lambda = 1$과 $\lambda = 4$이고 대응하는 고유공간의 기저는

$$\lambda = 1: \quad \mathbf{v}_1 = \begin{bmatrix} -1-i \\ 1 \end{bmatrix}, \quad \lambda = 4: \quad \mathbf{v}_2 = \begin{bmatrix} \frac{1}{2}(1+i) \\ 1 \end{bmatrix}$$

임을 보였다. 각각의 고유공간은 유일한 한 개의 기저벡터를 가지므로 그람-슈미트 과정은 간단히 이 기저벡터를 정규화하는 것이다.

$$\mathbf{p}_1 = \frac{\mathbf{v}_1}{\|\mathbf{v}_1\|} = \begin{bmatrix} \frac{-1-i}{\sqrt{3}} \\ \frac{1}{\sqrt{3}} \end{bmatrix}, \quad \mathbf{p}_2 = \frac{\mathbf{v}_2}{\|\mathbf{v}_2\|} = \begin{bmatrix} \frac{1+i}{\sqrt{6}} \\ \frac{2}{\sqrt{6}} \end{bmatrix}$$

임을 보이는 것은 독자에게 맡긴다. 따라서 A는 행렬

$$P = [\mathbf{p}_1 \quad \mathbf{p}_2] = \begin{bmatrix} \frac{-1-i}{\sqrt{3}} & \frac{1+i}{\sqrt{6}} \\ \frac{1}{\sqrt{3}} & \frac{2}{\sqrt{6}} \end{bmatrix}$$

로 유니터리대각화된다. 약간 지루하지만 다음을 계산하여 이 결과를 확인하라.

$$P^*AP = \begin{bmatrix} \frac{-1+i}{\sqrt{3}} & \frac{1}{\sqrt{3}} \\ \frac{1-i}{\sqrt{6}} & \frac{2}{\sqrt{6}} \end{bmatrix} \begin{bmatrix} 2 & 1+i \\ 1-i & 3 \end{bmatrix} \begin{bmatrix} \frac{-1-i}{\sqrt{3}} & \frac{1+i}{\sqrt{6}} \\ \frac{1}{\sqrt{3}} & \frac{2}{\sqrt{6}} \end{bmatrix} = \begin{bmatrix} 1 & 0 \\ 0 & 4 \end{bmatrix}$$

반대칭행렬과 반에르미트행렬

이제 대각화 문제의 해석에서 중요한 역할을 하는 두 가지 행렬을 고려할 것이다. $A^T = -A$를 만족하는 실정방행렬 A는 ***반대칭행렬***(skew-symmetric)이라 하고, $A^* = -A$를 만족하는 복소정방행렬 A는 ***반에르미트행렬***(skew-Hermitian)이라 한다. 반대칭행렬은 주대각선상의 성분은 영이어야 하고, 반에르미트행렬은 주대각선상에는 영 또는 순허수를 가져야 함을 증명하는 것은 독자에게 연습문제로 남긴다. 여기에 두 예가 있다.

$$A = \begin{bmatrix} 0 & 1 & -2 \\ -1 & 0 & 4 \\ 2 & -4 & 0 \end{bmatrix} \qquad A = \begin{bmatrix} i & 1-i & 5 \\ -1-i & 2i & i \\ -5 & i & 0 \end{bmatrix}$$

[반대칭행렬] [반에르미트행렬]

정규행렬

에르미트행렬은 실대칭행렬의 성질의 전부는 아니지만 많은 부분을 만족한다. 예를 들어, 실대칭행렬은 직교대각화 가능하고 에르미트행렬은 유니터리대각화 가능함을 알고 있다. 그러나 실대칭행렬은 직교대각화 가능한 유일한 행렬인 반면에, 에르미트행렬만 유니터리대각화 가능한 형태의 행렬인 것은 아니다. 즉, 에르미트행렬이 아니지만 유니터리대각화 가능한 행렬이 존재한다. 특히 복소정방행렬 A가 유니터리대각화 가능하기 위한 필요충분조건은

$$AA^* = A^*A \tag{6}$$

임을 증명할 수 있다. 이러한 성질의 행렬을 ***정규행렬***(normal matrices)이라고 한다. 복소수의 경우 에르미트행렬, 반에르미트행렬, 유니터리행렬이 정규행렬에 속하고, 실수의 경우는 대칭행렬, 반대칭행렬, 직교행렬이 정규행렬에 속한다. 영이 아닌 반대칭행렬은 특히 흥미롭다. 왜냐하면 이것은 직교대각화가 가능하지 않지만 유니터리대각화가 가능

한 실행렬의 대표적인 예이기 때문이다.

고유값의 비교

에르미트행렬의 고유값은 실수임을 배웠다. 반에르미트행렬의 고유값은 영이거나 (영의 실수부를 갖는) 순허수이고 유니터리행렬의 고유값의 절대값은 1임을 밝히라는 문제가 연습문제에서 제시될 것이다. 이것은 **그림 7.5.1**에 설명되어 있다.

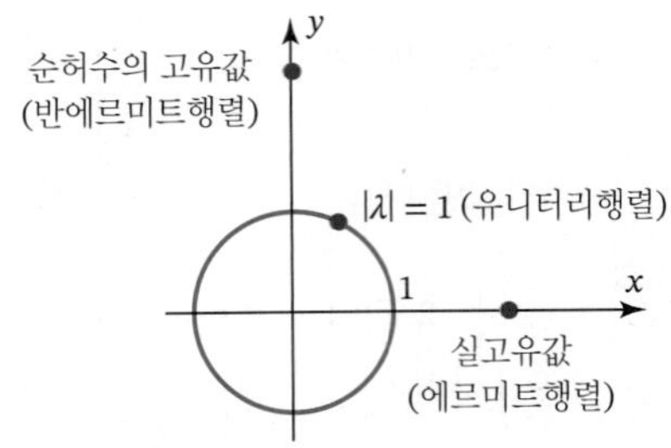

그림 7.5.1

연습문제 7.5

(1-2) A^*를 구하라.

1. $A = \begin{bmatrix} 2i & 1-i \\ 4 & 3+i \\ 5+i & 0 \end{bmatrix}$ **2.** $A = \begin{bmatrix} 2i & 1-i & -1+i \\ 4 & 5-7i & -i \end{bmatrix}$

(3-4) A가 에르미트행렬이 되도록 ×에 적절한 수를 대입하라.

3. $A = \begin{bmatrix} 1 & i & 2-3i \\ \times & -3 & 1 \\ \times & \times & 2 \end{bmatrix}$ **4.** $A = \begin{bmatrix} 2 & 0 & 3+5i \\ \times & -4 & -i \\ \times & \times & 6 \end{bmatrix}$

(5-6) ×에 어떤 값을 대입하더라도 A는 에르미트행렬이 아님을 밝혀라.

5. a. $A = \begin{bmatrix} 1 & i & 2-3i \\ -i & -3 & \times \\ 2-3i & \times & \times \end{bmatrix}$

b. $A = \begin{bmatrix} \times & \times & 3+5i \\ 0 & i & -i \\ 3-5i & i & \times \end{bmatrix}$

6. a. $A = \begin{bmatrix} 1 & 1+i & \times \\ 1+i & 7 & \times \\ 6-2i & \times & 0 \end{bmatrix}$

b. $A = \begin{bmatrix} 1 & \times & 3+5i \\ \times & 3 & 1-i \\ 3-5i & \times & 2+i \end{bmatrix}$

(7-8) 에르미트행렬 A의 고유값은 실수이고 서로 다른 고유공간의 고유벡터는 직교함을 확인하라(정리 7.5.2 참조).

7. $A = \begin{bmatrix} 3 & 2-3i \\ 2+3i & -1 \end{bmatrix}$ **8.** $A = \begin{bmatrix} 0 & 2i \\ -2i & 2 \end{bmatrix}$

(9-12) A가 유니터리행렬임을 보이고 A^{-1}를 찾아라.

9. $A = \begin{bmatrix} \frac{3}{5} & \frac{4}{5}i \\ -\frac{4}{5} & \frac{3}{5}i \end{bmatrix}$

10. $A = \begin{bmatrix} \frac{1}{\sqrt{2}} & \frac{1}{\sqrt{2}} \\ -\frac{1}{2}(1+i) & \frac{1}{2}(1+i) \end{bmatrix}$

11. $A = \begin{bmatrix} \frac{1}{2\sqrt{2}}(\sqrt{3}+i) & \frac{1}{2\sqrt{2}}(1-i\sqrt{3}) \\ \frac{1}{2\sqrt{2}}(1+i\sqrt{3}) & \frac{1}{2\sqrt{2}}(i-\sqrt{3}) \end{bmatrix}$

12. $A = \begin{bmatrix} \frac{1}{\sqrt{3}}(-1+i) & \frac{1}{\sqrt{6}}(1-i) \\ \frac{1}{\sqrt{3}} & \frac{2}{\sqrt{6}} \end{bmatrix}$

(13-18) 에르미트행렬 A를 대각화하는 유니터리행렬 P를 구하고, $P^{-1}AP$를 구하라.

13. $A = \begin{bmatrix} 4 & 1-i \\ 1+i & 5 \end{bmatrix}$　**14.** $A = \begin{bmatrix} 3 & -i \\ i & 3 \end{bmatrix}$

15. $A = \begin{bmatrix} 6 & 2+2i \\ 2-2i & 4 \end{bmatrix}$　**16.** $A = \begin{bmatrix} 0 & 3+i \\ 3-i & -3 \end{bmatrix}$

17. $A = \begin{bmatrix} 5 & 0 & 0 \\ 0 & -1 & -1+i \\ 0 & -1-i & 0 \end{bmatrix}$

18. $A = \begin{bmatrix} 2 & \frac{1}{\sqrt{2}}i & -\frac{1}{\sqrt{2}}i \\ -\frac{1}{\sqrt{2}}i & 2 & 0 \\ \frac{1}{\sqrt{2}}i & 0 & 2 \end{bmatrix}$

(19-20) A가 반에르미트행렬이 되도록 ×에 적당한 수를 대입하라.

19. $A = \begin{bmatrix} 0 & i & 2-3i \\ \times & 0 & 1 \\ \times & \times & 4i \end{bmatrix}$　**20.** $A = \begin{bmatrix} 0 & 0 & 3-5i \\ \times & 0 & -i \\ \times & \times & 0 \end{bmatrix}$

(21-22) ×에 어떤 값을 대입하더라도 A는 반에르미트행렬이 아님을 밝혀라.

21. **a.** $A = \begin{bmatrix} 0 & i & 2-3i \\ -i & 0 & \times \\ 2+3i & \times & \times \end{bmatrix}$

b. $A = \begin{bmatrix} 1 & \times & 3-5i \\ \times & 2i & -i \\ -3+5i & i & 3i \end{bmatrix}$

22. **a.** $A = \begin{bmatrix} i & \times & 2-3i \\ \times & 0 & 1+i \\ 2+3i & -1-i & \times \end{bmatrix}$

b. $A = \begin{bmatrix} 0 & -i & 4+7i \\ \times & 0 & \times \\ -4-7i & \times & 1 \end{bmatrix}$

(23-24) 반에르미트행렬 A의 고유값이 순허수임을 확인하라.

23. $A = \begin{bmatrix} 0 & -1+i \\ 1+i & i \end{bmatrix}$　**24.** $A = \begin{bmatrix} 0 & 3i \\ 3i & 0 \end{bmatrix}$

(25-26) A가 정규행렬임을 보여라.

25. $A = \begin{bmatrix} 1+2i & 2+i & -2-i \\ 2+i & 1+i & -i \\ -2-i & -i & 1+i \end{bmatrix}$

26. $A = \begin{bmatrix} 2+2i & i & 1-i \\ i & -2i & 1-3i \\ 1-i & 1-3i & -3+8i \end{bmatrix}$

27. A를 복소성분을 갖는 임의의 $n \times n$ 행렬이라고 하고, 행렬 B와 C를

$$B = \tfrac{1}{2}(A + A^*), \quad C = \tfrac{1}{2i}(A - A^*)$$

로 정의하자.

a. B와 C는 에르미트행렬임을 보여라.

b. $A = B + iC$와 $A^* = B - iC$임을 보여라.

c. A가 정규행렬이 되기 위한 B와 C의 조건은 무엇인가?

28. A가 복소성분을 갖는 $n \times n$ 행렬이고, $\mathbf{u}$와 $\mathbf{v}$는 열 형식의 C^n의 벡터일 때 다음을 보여라.

$$A\mathbf{u}\cdot\mathbf{v} = \mathbf{u}\cdot A^*\mathbf{v}, \quad \mathbf{u}\cdot A\mathbf{v} = A^*\mathbf{u}\cdot\mathbf{v}$$

29. θ가 임의의 실수값일 때

$$A = \frac{1}{\sqrt{2}}\begin{bmatrix} e^{i\theta} & e^{-i\theta} \\ ie^{i\theta} & -ie^{-i\theta} \end{bmatrix}$$

는 유니터리행렬임을 밝혀라. [참고: $e^{i\theta}$의 정의에 대해 부록 B의 공식 (17)을 보라.]

30. $\alpha^2 + \beta^2 + \lambda^2 + \delta^2 = 1$이면 다음 행렬

$$A = \begin{bmatrix} \alpha + i\gamma & -\beta + i\delta \\ \beta + i\delta & \alpha - i\gamma \end{bmatrix}$$

이 유니터리임을 보여라.

31. 연습문제 9에서 A가 유니터리행렬이라 하자. $\mathbf{x} = (1 + i, 2 - i)$, $\mathbf{y} = (1, 1 - i)$에 대하여 정리 7.5.3의 (b), (c)의 결론이 성립함을 확인하라.

32. $T_A : C^2 \to C^2$를 연습문제 14의 에르미트행렬 A 곱셈변환이라 하자. $T_A(\mathbf{u}_1)$과 $T_A(\mathbf{u}_2)$가 직교하는 두 개의 직교단위벡터 $\mathbf{u}_1$과 $\mathbf{u}_2$를 구하라.

33. 다음 행렬은 어떤 조건을 만족하면 정규행렬이 되는가?

$$A = \begin{bmatrix} a & 0 & 0 \\ 0 & 0 & c \\ 0 & b & 0 \end{bmatrix}$$

34. 에르미트이면서 동시에 유니터리인 행렬과 그것의 역행렬은 어떤 관계이어야 하는가?

35. 에르미트이자 유니터리행렬이면서 모든 성분이 실수는 아닌 2×2 행렬을 찾아라.

증명 문제

36. 전치행렬과 복소켤레의 성질을 이용하여 정리 7.5.1의 (b)와 (d)를 증명하라.

37. 전치행렬과 복소켤레의 성질을 이용하여 정리 7.5.1의 (a)와 (e)를 증명하라.

38. 반에르미트행렬의 주대각선상의 모든 성분은 영이거나 순허수임을 증명하라.

39. A가 유니터리행렬이면 A^*도 유니터리행렬임을 보여라.

40. 반에르미트행렬의 고유값은 영이거나 순허수임을 보여라.

41. 유니터리행렬의 고유값은 절대값이 1임을 보여라.

42. $\mathbf{u}$가 열 형식으로 표현된 C^n의 영이 아닌 벡터라면 $P = \mathbf{u}\,\mathbf{u}^*$는 에르미트행렬임을 보여라.

43. $\mathbf{u}$가 열 형식으로 표현된 C^n의 벡터라면, $H = I - 2\mathbf{u}\,\mathbf{u}^*$는 에르미트행렬이면서 유니터리행렬임을 보여라.

44. A가 가역행렬이면 A^*도 가역행렬이고 $(A^*)^{-1} = (A^{-1})^*$임을 증명하라.

45. **a.** $\det(\overline{A}) = \overline{\det(A)}$를 증명하라.

b. (a)의 결과와 정방행렬과 그것의 전치행렬은 동일한 행렬식을 갖는다는 사실을 이용하여 $\det(A^*) = \overline{\det(A)}$를 증명하라.

46. 연습문제 45의 (b)를 이용하여 다음을 증명하라.

a. A가 에르미트행렬이면 $\det(A)$는 실수이다.

b. A가 유니터리행렬이면 $|\det(A)| = 1$이다.

47. 복소성분을 갖는 $n \times n$ 행렬이 유니터리행렬일 필요충분조건은 A의 열들이 C^n의 정규직교집합을 이루는 것임을 증명하라.

48. 에르미트행렬의 고유값은 실수임을 증명하라.

참-거짓 문제

TF. (a)-(e)가 참인지 거짓인지를 밝히고 그 이유를 설명하라.

a. 행렬 $\begin{bmatrix} 0 & i \\ i & 2 \end{bmatrix}$는 에르미트행렬이다.

b. 행렬 $\begin{bmatrix} -\frac{i}{\sqrt{2}} & \frac{i}{\sqrt{6}} & \frac{i}{\sqrt{3}} \\ 0 & -\frac{i}{\sqrt{6}} & \frac{i}{\sqrt{3}} \\ \frac{i}{\sqrt{2}} & \frac{i}{\sqrt{6}} & \frac{i}{\sqrt{3}} \end{bmatrix}$는 유니터리행렬이다.

c. 유니터리행렬의 켤레전치는 유니터리행렬이다.

d. 모든 유니터리대각화 가능한 행렬은 에르미트행렬이다.

e. 반에르미트행렬의 양의 정수에 의한 거듭제곱은 반에르미트행렬이다.

7장 보충문제

1. 다음 각 행렬이 직교행렬임을 확인하고 역행렬을 구하라.

a. $\begin{bmatrix} \frac{3}{5} & -\frac{4}{5} \\ \frac{4}{5} & \frac{3}{5} \end{bmatrix}$ **b.** $\begin{bmatrix} \frac{4}{5} & 0 & -\frac{3}{5} \\ -\frac{9}{25} & \frac{4}{5} & -\frac{12}{25} \\ \frac{12}{25} & \frac{3}{5} & \frac{16}{25} \end{bmatrix}$

2. 다음을 증명하라: Q가 직교행렬이라 하자. $\det(Q) = 1$이라면, Q의 각각의 성분은 그것의 여인수와 같다. $\det(Q) = -1$이라면, Q의 각각의 성분은 그것의 여인수와 부호만 다르다.

3. A가 양한정 대칭행렬이고 $\mathbf{u}$와 $\mathbf{v}$가 R^n의 열 형식의 벡터라면

$$\langle \mathbf{u}, \mathbf{v} \rangle = \mathbf{u}^T A \mathbf{v}$$

은 R^n상의 내적임을 증명하라.

4. 대칭행렬

$$\begin{bmatrix} 3 & 2 & 2 \\ 2 & 3 & 2 \\ 2 & 2 & 3 \end{bmatrix}$$

의 특성다항식과 고유공간의 차원을 구하라.

5. 행렬

$$A = \begin{bmatrix} 1 & 0 & 1 \\ 0 & 1 & 0 \\ 1 & 0 & 1 \end{bmatrix}$$

을 직교대각화하는 행렬 P를 구하고 대각행렬 $D = P^T AP$를 구하라.

6. 다음 이차형식의 행렬표기법 $\mathbf{x}^T A\mathbf{x}$를 구하라.

a. $-4x_1^2 + 16x_2^2 - 15x_1x_2$

b. $9x_1^2 - x_2^2 + 4x_3^2 + 6x_1x_2 - 8x_1x_3 + x_2x_3$

7. 이차형식

$$x_1^2 - 3x_1x_2 + 4x_2^2$$

이 양한정, 음한정, 부정, 반양한정, 또는 반음한정인지 분류하라.

8. 다음 각각의 이차형식에서 혼합항을 제거하는 직교변수변환을 찾고 그 새로운 변수로 이차형식을 표현하라.

a. $-3x_1^2 + 5x_2^2 + 2x_1x_2$

b. $-5x_1^2 + x_2^2 - x_3^2 + 6x_1x_3 + 4x_1x_2$

9. 다음 각 방정식으로 표현되는 원뿔곡선의 형태를 판별하라.

a. $y - x^2 = 0$ **b.** $3x - 11y^2 = 0$

10. 행렬

$$A = \begin{bmatrix} 1 & 1 & 0 \\ 0 & 1 & 1 \\ 1 & 0 & 1 \end{bmatrix}$$

을 대각화하는 유니터리행렬 U를 찾고 대각행렬 $D = U^{-1}AU$을 구하라.

11. U가 $n \times n$ 유니터리행렬이고

$$|z_1| = |z_2| = \cdots = |z_n| = 1$$

이면 곱

$$U\begin{bmatrix} z_1 & 0 & 0 & \cdots & 0 \\ 0 & z_2 & 0 & \cdots & 0 \\ \vdots & \vdots & \vdots & & \vdots \\ 0 & 0 & 0 & \cdots & z_n \end{bmatrix}$$

도 유니터리행렬임을 보여라.

12. 다음을 증명하라.

a. 행렬 iA이 반에르미트행렬인 것은 A가 에르미트행렬임과 동등하다.

b. A가 반에르미트행렬이면 A는 유니터리대각화 가능하고 고유값이 순허수이다.

13. 다음 행렬이

$$\begin{bmatrix} a & \frac{1}{\sqrt{2}} & -\frac{1}{\sqrt{2}} \\ b & \frac{1}{\sqrt{6}} & \frac{1}{\sqrt{6}} \\ c & \frac{1}{\sqrt{3}} & \frac{1}{\sqrt{3}} \end{bmatrix}$$

직교행렬이 되도록 a, b, c를 구하라. 그러한 a, b, c의 값은 유일한가? 이유를 설명하라.

14. 다음의 각 항에서, A는 4×4 행렬이고 $\det(M_j)$는 A의 j번째 주부분행렬이라 하자. A가 양한정인지 음한정인지, 또는 부정인지 판정하라.

a. $\det(M_1) < 0$, $\det(M_2) > 0$, $\det(M_3) < 0$, $\det(M_4) > 0$

b. $\det(M_1) > 0$, $\det(M_2) > 0$, $\det(M_3) > 0$, $\det(M_4) > 0$

c. $\det(M_1) < 0$, $\det(M_2) < 0$, $\det(M_3) < 0$, $\det(M_4) < 0$

d. $\det(M_1) > 0$, $\det(M_2) < 0$, $\det(M_3) > 0$, $\det(M_4) < 0$

e. $\det(M_1) = 0$, $\det(M_2) < 0$, $\det(M_3) = 0$, $\det(M_4) > 0$

f. $\det(M_1) = 0$, $\det(M_2) > 0$, $\det(M_3) = 0$, $\det(M_4) = 0$

15. 다음을 증명하라.

a. Q가 $m \times n$ 행렬이면 $C = QQ^T$는 반양한정 대칭행렬이다.

b. C의 고유값은 음이 아니다. [*제안*: 정리 7.3.2(a)의 증명을 보라.]

CHAPTER 8

일반선형변환

General Linear Transformations

챕터 목차

서론

이전 절들에서는 R^n에서 R^m으로의 선형변환을 공부했다. 이 절에서는 일반벡터공간 V에서 일반벡터공간 W로의 선형변환을 정의하고 공부할 것이다. 여기서 습득한 결과는 물리학, 공학, 수학의 다양한 분야에서 중요하게 응용된다.

8.1 일반선형변환

지금까지 선형변환의 학습은 R^n에서 R^m으로의 변환에 초점을 맞추었다. 이 절에서는 일반벡터공간에서의 선형변환에 관심을 기울일 것이다. 이러한 형태의 변환이 발생하는 경우를 설명하고, 일반 n차원 벡터공간과 R^n의 근원적인 관계를 정립할 것이다.

정의와 용어

1.8절에서 *행렬변환* $T_A : R^n \rightarrow R^m$을 다음 형태의 사상

$$T_A(\mathbf{x}) = A\mathbf{x}$$

으로 정의했다. 여기서 A는 $m \times n$ 행렬이다. 정리 1.8.3에서 행렬변환은 바로 R^n에서 R^m으로의 *선형변환*, 즉 선형성

$$T(\mathbf{u}+\mathbf{v}) = T(\mathbf{u}) + T(\mathbf{v})\text{와} \quad T(k\mathbf{u}) = kT(\mathbf{u})$$

을 만족하는 변환임을 확립하였다. 이제 이 두 성질을 토대로 보다 일반적인 선형변환을 정의할 것이다.

정의 1

$T : V \to W$가 벡터공간 V에서 벡터공간 W로의 사상이고 V 내의 모든 벡터 $\mathbf{u}$와 $\mathbf{v}$, 그리고 모든 스칼라 k에 대하여 다음 두 가지의 성질을 만족하면 T는 V에서 W로의 ***선형변환***(linear transformation)이라 한다.

(i) $T(k\mathbf{u}) = kT(\mathbf{u})$ **[동질성]**

(ii) $T(\mathbf{u} + \mathbf{v}) = T(\mathbf{u}) + T(\mathbf{v})$ **[합의 성질]**

특히 $V = W$인 경우에, 선형변환 T는 벡터공간 V에서의 ***선형 연산자***(linear operator)라 한다.

선형변환 $T : V \to W$의 동질성과 합의 성질을 결합하면, $\mathbf{v}_1$과 $\mathbf{v}_2$가 V의 벡터이고 k_1과 k_2가 임의의 스칼라일 때

$$T(k_1\mathbf{v}_1 + k_2\mathbf{v}_2) = k_1T(\mathbf{v}_1) + k_2T(\mathbf{v}_2)$$

을 보일 수 있다. 보다 일반적으로, V의 벡터 $\mathbf{v}_1, \mathbf{v}_2, \cdots, \mathbf{v}_n$과 임의의 스칼라 $k_1, k_2, \cdots, k_n$에 대해서 다음이 성립한다.

$$\boxed{T(k_1\mathbf{v}_1 + k_2\mathbf{v}_2 + \cdots + k_n\mathbf{v}_n) = k_1T(\mathbf{v}_1) + k_2T(\mathbf{v}_2) + \cdots + k_nT(\mathbf{v}_n)} \tag{1}$$

다음 정리는 정리 1.8.1의 (a) 및 (d)와 유사하다.

정리 8.1.1

$T : V \to W$가 선형변환이면 다음이 성립한다.

(a) $T(\mathbf{0}) = \mathbf{0}$.

(b) V의 모든 $\mathbf{u}$와 $\mathbf{v}$에 대하여 $T(\mathbf{u} - \mathbf{v}) = T(\mathbf{u}) - T(\mathbf{v})$.

(c) V의 모든 $\mathbf{v}$에 대하여 $T(-\mathbf{v}) = -T(\mathbf{v})$.

증명 $\mathbf{u}$를 V의 임의의 벡터라 하자. $0\mathbf{u} = \mathbf{0}$이므로, 정의 1의 동질성에 의하여

$$T(\mathbf{0}) = T(0\mathbf{u}) = 0T(\mathbf{u}) = \mathbf{0}$$

이며 이것은 (a)를 증명한다. (b)는 $T(\mathbf{u} - \mathbf{v})$를 다음과 같이 다시 써서 증명할 수 있다.

$$\begin{aligned} T(\mathbf{u} - \mathbf{v}) &= T\big(\mathbf{u} + (-1)\mathbf{v}\big) \\ &= T(\mathbf{u}) + (-1)T(\mathbf{v}) \\ &= T(\mathbf{u}) - T(\mathbf{v}) \end{aligned}$$

각각의 단계를 확인하는 것은 독자에게 맡긴다. (c)를 증명하려면 (b)에서 $\mathbf{u} = \mathbf{0}$으로 정하고 (a)를 적용하라. ■

예제 1 | 행렬변환

일반선형변환은 *행렬변환*의 동질성과 합의 성질에 기반하여 정의되었으므로, 모든 행렬변환 $T_A : R^n \to R^m$은 정의 1의 의미에서 $V = R^n$이고 $W = R^m$인 선형변환인 것은 당연하다.

예제 2 | 영변환

V와 W를 임의의 벡터공간이라 하자. V의 모든 $\mathbf{v}$에 대하여 $T(\mathbf{v}) = \mathbf{0}$을 만족하는 사상 $T : V \to W$는 ***영변환***(zero transformation)이라 불리는 선형변환이다. T가 선형인지 확인하기 위하여 다음을 관찰할 수 있으며

$$T(\mathbf{u} + \mathbf{v}) = \mathbf{0}, \quad T(\mathbf{u}) = \mathbf{0}, \quad T(\mathbf{v}) = \mathbf{0}, \quad T(k\mathbf{u}) = \mathbf{0}$$

따라서

$$T(\mathbf{u} + \mathbf{v}) = T(\mathbf{u}) + T(\mathbf{v}), \quad T(k\mathbf{u}) = kT(\mathbf{u})$$

이다.

예제 3 | 항등 연산자

V를 임의의 벡터공간이라 하자. $I(\mathbf{v}) = \mathbf{v}$로 정의되는 사상 $I : V \to V$는 V상의 ***항등 연산자***(identity operator)라 한다. I가 선형임을 확인하는 것은 독자들에게 맡긴다.

예제 4 | 확대 연산자와 축소 연산자

V가 벡터공간이고 c가 임의의 스칼라이면, $T(\mathbf{x}) = c\mathbf{x}$로 정의되는 사상 $T : V \to V$는 V상의 선형 연산자이다. 왜냐하면 c가 임의의 스칼라이고 $\mathbf{u}$와 $\mathbf{v}$가 V의 임의의 벡터이면

$$T(k\mathbf{u}) = c(k\mathbf{u}) = k(c\mathbf{u}) = kT(\mathbf{u})$$
$$T(\mathbf{u} + \mathbf{v}) = c(\mathbf{u} + \mathbf{v}) = c\mathbf{u} + c\mathbf{v} = T(\mathbf{u}) + T(\mathbf{v})$$

이기 때문이다. 만일 $0 < c < 1$이면 T는 인자 c인 V의 ***축소***(contraction)라 하고, $c > 1$이면 인자 c인 V의 ***확대***(dilation)라 한다.

예제 5 | P_n에서 P_{n+1}로의 선형변환

$\mathbf{p} = p(x) = c_0 + c_1x + \cdots + c_nx^n$을 P_n에서의 다항식이라 할 때, 변환 $T : P_n \to P_{n+1}$을

$$T(\mathbf{p}) = T(p(x)) = xp(x) = c_0x + c_1x^2 + \cdots + c_nx^{n+1}$$

로 정의하자. 이 변환은 선형변환이다. 왜냐하면 임의의 스칼라 k와 P_n에서의 임의의 다항식 $\mathbf{p}_1$와 $\mathbf{p}_2$에 대하여

$$T(k\mathbf{p}) = T(kp(x)) = x(kp(x)) = k(xp(x)) = kT(\mathbf{p})$$

와

$$\begin{aligned} T(\mathbf{p}_1 + \mathbf{p}_2) &= T(p_1(x) + p_2(x)) = x(p_1(x) + p_2(x)) \\ &= xp_1(x) + xp_2(x) = T(\mathbf{p}_1) + T(\mathbf{p}_2) \end{aligned}$$

이 성립하기 때문이다.

예제 6 | 내적을 이용한 선형변환

V를 실내적공간이라 하고, $\mathbf{v}_0$를 V의 임의의 고정된 벡터라 할 때, $T : V \to R$을 변환

$$T(\mathbf{x}) = \langle \mathbf{x}, \mathbf{v}_0 \rangle$$

즉, 벡터 $\mathbf{x}$에서 $\mathbf{v}_0$와의 내적으로의 사상이라 하자. 이 변환은 선형이다. 왜냐하면 임의의 스칼라 k와 R^n의 임의의 벡터 $\mathbf{u}$와 $\mathbf{v}$에 대하여 실내적의 성질을 이용하면 다음이 성립함을 알 수 있기 때문이다.

$$\begin{aligned} T(k\mathbf{u}) &= \langle k\mathbf{u}, \mathbf{v}_0 \rangle = k\langle \mathbf{u}, \mathbf{v}_0 \rangle = kT(\mathbf{u}) \\ T(\mathbf{u} + \mathbf{v}) &= \langle \mathbf{u} + \mathbf{v}, \mathbf{v}_0 \rangle = \langle \mathbf{u}, \mathbf{v}_0 \rangle + \langle \mathbf{v}, \mathbf{v}_0 \rangle = T(\mathbf{u}) + T(\mathbf{v}) \end{aligned}$$

예제 7 | 행렬공간에서의 변환

M_{nn}을 $n \times n$ 행렬의 벡터공간이라 하자. 다음의 각각의 변환이 선형변환인지 결정하라.

(*a*) $T_1(A) = A^T$ (*b*) $T_2(A) = \det(A)$

풀이 (*a*) 정리 1.4.8의 (*b*)와 (*d*)로부터

$$\begin{aligned} T_1(kA) &= (kA)^T = kA^T = kT_1(A) \\ T_1(A + B) &= (A + B)^T = A^T + B^T = T_1(A) + T_1(B) \end{aligned}$$

이 성립하므로 T_1은 선형변환이다.

풀이 (*b*) 2.3절의 공식 (1)로부터

$$T_2(kA) = \det(kA) = k^n \det(A) = k^n T_2(A)$$

이다. 따라서 T_2에서는 동질성이 성립하지 않으므로, $n > 1$인 경우 선형이 아니다. 또한 2.3절의 예제 1에서 일반적으로 $\det(A + B)$과 $\det(A) + \det(B)$은 등가가 아님을 보였다. 따라서 합의 성질이 성립하지 않는다.

예제 8 | 평행이동은 선형이 아니다

정리 8.1.1의 (*a*)에서 선형변환은 $\mathbf{0}$을 $\mathbf{0}$으로 사상함을 보였다. 이 성질은 변환이 선형이 *아님*을 보이는 데 유용하다. 예를 들어, $\mathbf{x}_0$가 R^2에서 영이 아닌 고정된 벡터이면, 변환

$$T(\mathbf{x}) = \mathbf{x} + \mathbf{x}_0$$

는 모든 점 $\mathbf{x}$를 $\mathbf{x}_0$와 평행한 방향으로 $\|\mathbf{x}_0\|$의 거리만큼 평행이동시키는 기하적 효과를 갖는다(**그림 8.1.1**). 이것은 선형변환일 수 없다. 왜냐하면 $T(\mathbf{0}) = \mathbf{x}_0$이므로 T가 $\mathbf{0}$을 $\mathbf{0}$으로 사상하지 않기 때문이다.

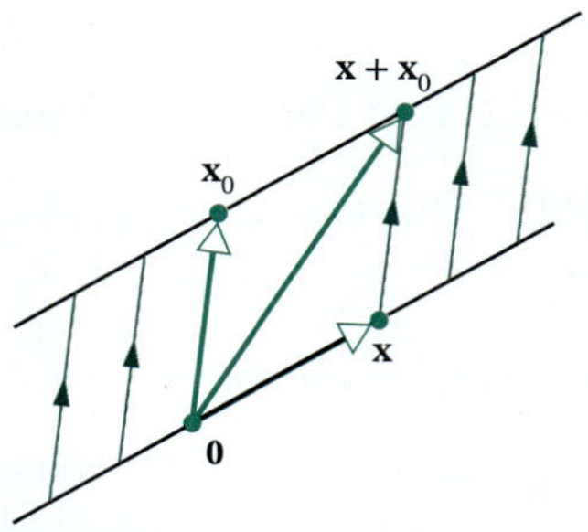

그림 8.1.1 $T(\mathbf{x}) = \mathbf{x} + \mathbf{x}_0$는 모든 점 $\mathbf{x}$를 $\mathbf{x}_0$와 평행하게 $\|\mathbf{x}_0\|$만큼의 거리를 이동시킨다.

예제 9 | 평가변환

V를 $F(-\infty, \infty)$의 부분공간,

$$x_1, x_2, \ldots, x_n$$

을 서로 다른 실수 수열, 그리고 $T : V \to R^n$을 $x_1, x_2, \ldots, x_n$에서 f의 n-쌍의 함수값으로 연관시키는 변환

$$T(f) = \big(f(x_1), f(x_2), \ldots, f(x_n)\big) \tag{2}$$

이라 하자. 이것을 $x_1, x_2, \ldots, x_n$에서 V상의 ***평가변환***(evaluation transformation)이라 한다. 예를 들면,

$$x_1 = -1, \quad x_2 = 2, \quad x_3 = 4$$

이고 $f(x) = x^2 - 1$이면

$$T(f) = \big(f(x_1), f(x_2), f(x_3)\big) = (0, 3, 15)$$

이다.

(2)의 평가변환은 선형이다. 왜냐하면 임의의 스칼라 k와 V의 임의의 함수 f와 g에 대하여

$$\begin{aligned} T(kf) &= \big((kf)(x_1), (kf)(x_2), \ldots, (kf)(x_n)\big) \\ &= \big(kf(x_1), kf(x_2), \ldots, kf(x_n)\big) \\ &= k\big(f(x_1), f(x_2), \ldots, f(x_n)\big) = kT(f) \end{aligned}$$

이고

$$\begin{aligned} T(f+g) &= \big((f+g)(x_1), (f+g)(x_2), \ldots, (f+g)(x_n)\big) \\ &= \big(f(x_1)+g(x_1), f(x_2)+g(x_2), \ldots, f(x_n)+g(x_n)\big) \\ &= \big(f(x_1), f(x_2), \ldots, f(x_n)\big) + \big(g(x_1), g(x_2), \ldots, g(x_n)\big) \\ &= T(f) + T(g) \end{aligned}$$

이기 때문이다.

기저벡터의 상으로부터 선형변환 찾기

1.8절의 공식 (15)에서 $T : R^n \to R^m$이 선형변환이고 $\mathbf{e}_1, \mathbf{e}_2, \ldots, \mathbf{e}_n$이 R^n의 표준기저벡터이면, T의 A는

$$A = [T(\mathbf{e}_1) \mid T(\mathbf{e}_2) \mid \cdots \mid T(\mathbf{e}_n)]$$

으로 표현될 수 있다. R^n의 임의의 벡터 $\mathbf{v} = (c_1, c_2, \ldots, c_n)$의 A의 곱셈변환에 의한 상은 다음과 같이 표현될 수 있다.

$$T(\mathbf{v}) = c_1 T(\mathbf{e}_1) + c_2 T(\mathbf{e}_2) + \cdots + c_n T(\mathbf{e}_n)$$

이 공식은 행렬변환에서 임의의 벡터의 상이 표준기저벡터의 상의 선형결합으로 표현될 수 있음을 의미한다. 이것은 다음의 일반적인 결과의 특별한 경우이다.

정리 8.1.2

V가 유한차원일 때 $T : V \to W$를 선형변환이라 하자. $S = \{\mathbf{v}_1, \mathbf{v}_2, \ldots, \mathbf{v}_n\}$가 V의 기저라면, V의 임의의 벡터 $\mathbf{v}$의 상은 다음과 같이 표현할 수 있다.

$$T(\mathbf{v}) = c_1 T(\mathbf{v}_1) + c_2 T(\mathbf{v}_2) + \cdots + c_n T(\mathbf{v}_n) \tag{3}$$

여기서 $c_1, c_2, \ldots, c_n$은 $\mathbf{v}$를 기저 S의 벡터의 선형결합으로 표현하는 데 사용된 계수이다.

증명 $\mathbf{v}$를 $\mathbf{v} = c_1\mathbf{v}_1 + c_2\mathbf{v}_2 + \cdots + c_n\mathbf{v}_n$로 표현하고 T의 선형성을 이용하라. ■

예제 10 | 기저벡터의 상으로 계산하기

R^3의 기저 $S = \{\mathbf{v}_1, \mathbf{v}_2, \mathbf{v}_3\}$을 고려하자. 여기서

$$\mathbf{v}_1 = (1,1,1), \quad \mathbf{v}_2 = (1,1,0), \quad \mathbf{v}_3 = (1,0,0)$$

이다. $T : R^3 \to R^2$이 선형변환이고 다음의 사상관계를 갖는다고 하자.

$$T(\mathbf{v}_1) = (1,0), \quad T(\mathbf{v}_2) = (2,-1), \quad T(\mathbf{v}_3) = (4,3)$$

$T(x_1, x_2, x_3)$의 공식을 구하고 이것을 이용하여 $T(2, -3, 5)$를 계산하라.

풀이 우선 $\mathbf{x} = (x_1, x_2, x_3)$를 $\mathbf{v}_1, \mathbf{v}_2, \mathbf{v}_3$의 선형결합으로 표현하자. 다음과 같이 쓰고

$$(x_1, x_2, x_3) = c_1(1,1,1) + c_2(1,1,0) + c_3(1,0,0)$$

대응하는 성분끼리 방정식을 만들면

$$\begin{aligned} c_1 + c_2 + c_3 &= x_1 \\ c_1 + c_2 \phantom{{}+c_3} &= x_2 \\ c_1 \phantom{{}+c_2+c_3} &= x_3 \end{aligned}$$

로부터 $c_1 = x_3$, $c_2 = x_2 - x_3$, $c_3 = x_1 - x_2$를 얻는다. 따라서

$$\begin{aligned}(x_1, x_2, x_3) &= x_3(1,1,1) + (x_2 - x_3)(1,1,0) + (x_1 - x_2)(1,0,0) \\ &= x_3\mathbf{v}_1 + (x_2 - x_3)\mathbf{v}_2 + (x_1 - x_2)\mathbf{v}_3\end{aligned}$$

이고

$$\begin{aligned}T(x_1, x_2, x_3) &= x_3T(\mathbf{v}_1) + (x_2 - x_3)T(\mathbf{v}_2) + (x_1 - x_2)T(\mathbf{v}_3) \\ &= x_3(1,0) + (x_2 - x_3)(2,-1) + (x_1 - x_2)(4,3) \\ &= (4x_1 - 2x_2 - x_3, 3x_1 - 4x_2 + x_3)\end{aligned}$$

이다. 이 공식으로부터 다음과 같이 계산할 수 있다.

$$T(2,-3,5) = (9,23)$$

예제 11 | $C^1(-\infty, \infty)$에서 $F(-\infty, \infty)$로의 선형변환

미적분학 필요

$V = C^1(-\infty, \infty)$를 $(-\infty, \infty)$에서 연속인 일계도함수를 갖는 함수의 벡터공간이라 하고 $W = F(-\infty, \infty)$를 $(-\infty, \infty)$에서 정의된 모든 실변수함수의 벡터공간이라 하자. $D: V \to W$를 함수 $\mathbf{f} = f(x)$에서 그것의 도함수로 사상하는 변환이라 하자. 즉,

$$D(\mathbf{f}) = f'(x)$$

이다. 미분의 성질로부터

$$D(\mathbf{f}+\mathbf{g}) = D(\mathbf{f}) + D(\mathbf{g})\text{이고}\quad D(k\mathbf{f}) = kD(\mathbf{f})$$

임을 확인할 수 있으므로 D는 선형변환이다.

예제 12 | 적분변환

미적분학 필요

$V = C(-\infty, \infty)$를 구간 $(-\infty, \infty)$에서 연속함수의 벡터공간, $W = C^1(-\infty, \infty)$를 $(-\infty, \infty)$에서 연속인 일계도함수를 갖는 함수의 벡터공간, 그리고 $J: V \to W$를 V에서의 함수 f를

$$J(f) = \int_0^x f(t)\,dt$$

으로 사상하는 변환이라 하자. 예를 들어 $f(x) = x^2$이면

$$J(f) = \int_0^x t^2\,dt = \frac{t^3}{3}\bigg]_0^x = \frac{x^3}{3}$$

이다. 변환 $J: V \to W$는 선형이다. 왜냐하면 임의의 상수 k와 V의 임의의 함수 f와 g에 대하여 적분의 성질에 의하면

$$J(kf) = \int_0^x kf(t)\,dt = k\int_0^x f(t)\,dt = kJ(f)$$

$$J(f+g) = \int_0^x (f(t)+g(t))\,dt = \int_0^x f(t)\,dt + \int_0^x g(t)\,dt = J(f) + J(g)$$

이기 때문이다.

핵과 치역

A가 $m \times n$ 행렬이면 A의 영공간은 $A\mathbf{x} = \mathbf{0}$을 만족하는 R^n의 모든 벡터 $\mathbf{x}$로 구성됨을 상기하자. 또한 정리 4.8.1에 의하여 A의 열공간은 $A\mathbf{x} = \mathbf{b}$를 만족하는 R^n의 최소한 하나의 벡터 $\mathbf{x}$가 존재할 수 있는 R^m의 모든 벡터 $\mathbf{b}$로 구성됨을 기억하자. 행렬변환의 관점에서 보면, A의 영공간은 A의 곱셈변환이 $\mathbf{0}$으로 사상하는 R^n의 모든 벡터로 구성되며, A의 열공간은 A의 곱셈변환에 대해 최소 한 개의 R^n 벡터의 상이 되는 R^m의 모든 벡터로 구성된다. 다음 정의는 이러한 개념을 일반선형변환으로 확장한다(**그림 8.1.2**).

정의 2

$T : V \to W$이 선형변환이면, T가 $\mathbf{0}$으로 사상하는 V의 벡터들의 집합을 T의 ***핵***(kernel)이라 하고 $\ker(T)$이라 표기한다. V의 최소한 한 개의 벡터의 T에 의한 상이 되는 W의 모든 벡터들의 집합을 T의 ***치역***(range)이라 하고 $R(T)$로 표기한다.

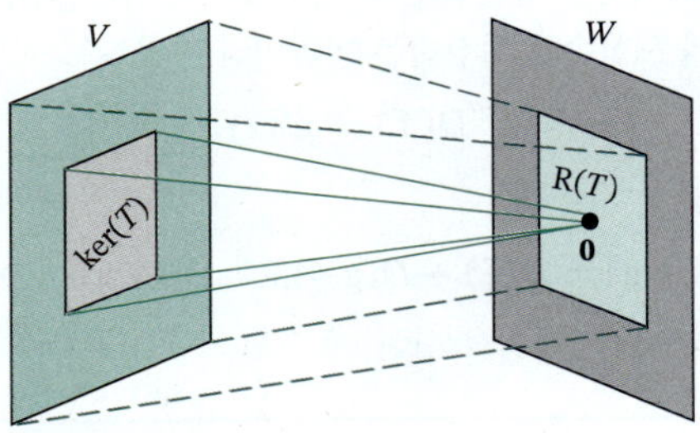

그림 8.1.2

예제 13 | 행렬변환의 핵과 치역

$T_A : R^n \to R^m$이 $m \times n$ 행렬 A의 곱셈변환이면, T_A의 핵은 A의 영공간이고, T_A의 치역은 A의 열공간이다.

예제 14 | 영변환의 핵과 치역

$T : V \to W$를 영변환이라 하자. T는 V의 모든 벡터를 $\mathbf{0}$으로 사상하므로 $\ker(T) = V$임은 당연하다. 더욱이 $\mathbf{0}$은 V 내의 벡터의 T에 의한 *유일한* 상이므로 $R(T) = \{\mathbf{0}\}$이다.

예제 15 | 항등 연산자의 핵과 치역

$I : V \to V$를 항등 연산자라 하자. V의 모든 벡터에 대하여 $I(\mathbf{v}) = \mathbf{v}$이므로 V의 모든 벡터는 적절한 벡터(즉, 자신)의 상이다. 따라서 $R(I) = V$이다. I가 $\mathbf{0}$으로 사상하는 *유일한* 벡터는 $\mathbf{0}$이므로 $\ker(I) = \{\mathbf{0}\}$이다.

예제 16 | 정사영의 핵과 치역

$T : R^3 \to R^3$을 xy-평면으로의 정사영이라 하자. **그림 8.1.3*a***에서 보듯이, T가 $\mathbf{0} = (0, 0, 0)$으로 사상하는 점들은 바로 z축에 있는 점들이므로 $\ker(T)$은 $(0, 0, z)$ 형태의 점들의 집합이다. **그림 8.1.3*b***에서 보듯이, T는 R^3의 점들을 xy-평면으로 사상한다. 여기서 평면의 모든 점은 바로 위에 있는 수직선상의 모든 점의 상이다. 따라서 $R(T)$는 $(x, y, 0)$ 형태의 점들의 집합이다.

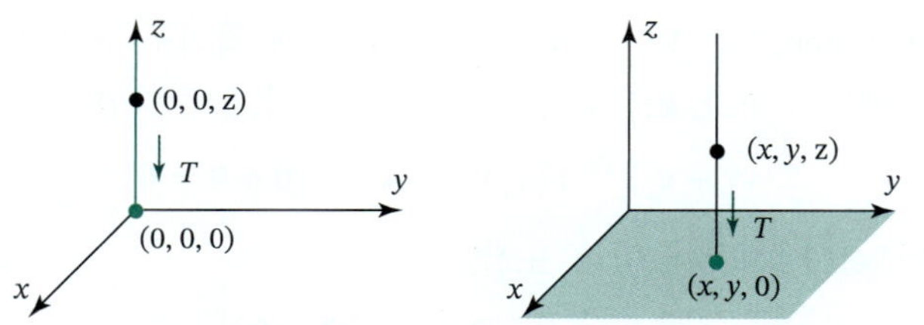

(*a*) $\ker(T)$이 z축이다. **(*b*)** $R(T)$이 xy-평면 전체이다.

그림 8.1.3

예제 17 | 회전의 핵과 치역

$T : R^2 \to R^2$을 xy-평면의 모든 벡터를 각도 θ만큼 회전시키는 선형 연산자라 하자(**그림 8.1.4**). xy-평면의 모든 벡터는 적절한 벡터를 각도 θ만큼 회전하여 얻을 수 있으므로 $R(T) = R^2$이다. 더욱이 $\mathbf{0}$으로 회전하는 유일한 벡터는 $\mathbf{0}$이므로 $\ker(T) = \{\mathbf{0}\}$이다.

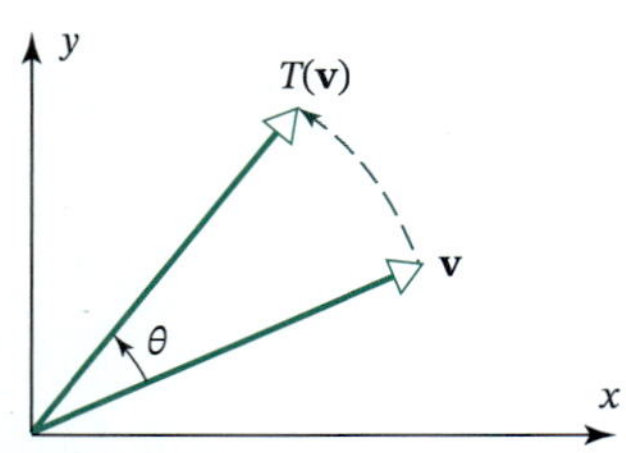

그림 8.1.4

예제 18 | 미분변환의 핵

미적분학 필요

$V = C^1(-\infty, \infty)$를 $(-\infty, \infty)$에서 연속인 일계도함수를 갖는 함수의 벡터공간이라 하자. $W = F(-\infty, \infty)$를 $(-\infty, \infty)$에서 정의된 실변수함수의 벡터공간이라 하자. 또 $D : V \to W$를 미분변환 $D(\mathbf{f}) = f'(x)$라 하자. D의 핵은 V에서 영도함수를 갖는 함수의 집합이다. 미적분학에서 이것은 $(-\infty, \infty)$에서 상수함수 집합이다.

핵과 치역의 성질

앞의 모든 예제에서, $\ker(T)$와 $R(T)$는 *부분공간*임이 밝혀졌다. 예제 14, 15, 17에서 핵과 치역 들은 영부분공간이거나 전체 벡터공간이었다. 예제 16에서 핵은 원점을 통과하는 직선이고 치역은 원점을 통과하는 평면이었으며 둘 다 R^3의 부분공간이다. 이 모든 것은 다음의 일반적인 정리의 결과이다.

정리 8.1.3

$T : V \to W$가 선형변환이라면,
(*a*) T의 핵은 V의 부분공간이다.
(*b*) T의 치역은 W의 부분공간이다.

증명 (a) $\ker(T)$가 부분공간임을 보이려면, 핵은 최소한 한 개의 벡터를 포함하며 덧셈과 스칼라곱에 대하여 닫혀 있음을 보여야 한다. 정리 8.1.1의 (*a*)에 의하여 벡터 $\mathbf{0}$은 $\ker(T)$ 내부에 있다. 따라서 핵은 최소한 한 개의 벡터를 포함한다. $\mathbf{0}$이 T의 핵에 존재하는 유일한 벡터라면, $\ker(T)$는 V의 영부분공간이다. 핵에 적어도 두 개의 벡터가 있다면, $\mathbf{v}_1$과 $\mathbf{v}_2$를 그러한 벡터라 하고, k를 임의의 스칼라라 하자. 그렇다면

$$T(\mathbf{v}_1 + \mathbf{v}_2) = T(\mathbf{v}_1) + T(\mathbf{v}_2) = \mathbf{0} + \mathbf{0} = \mathbf{0}$$

이므로 $\mathbf{v}_1 + \mathbf{v}_2$는 $\ker(T)$ 내부에 있다. 또한,

$$T(k\mathbf{v}_1) = kT(\mathbf{v}_1) = k\mathbf{0} = \mathbf{0}$$

이므로 $k\mathbf{v}_1$는 $\ker(T)$ 내부에 있다.

증명 (b) $R(T)$가 W의 부분공간임을 보이려면, 치역은 최소한 한 개의 벡터를 포함하며 덧셈과 스칼라곱에 대하여 닫혀 있음을 보여야 한다. 하지만 치역은 적어도 W의 영벡터를 포함한다. 왜냐하면 정리 8.1.1의 (*a*)에 의하여 $T(\mathbf{0}) = \mathbf{0}$이기 때문이다. 치역이 덧셈과 스칼라곱에 대하여 닫혀 있음을 보이려면, $R(T)$의 벡터 $\mathbf{w}_1$과 $\mathbf{w}_2$의 벡터와 임의의 스칼라 k에 대하여

$$T(\mathbf{a}) = \mathbf{w}_1 + \mathbf{w}_2, \quad T(\mathbf{b}) = k\mathbf{w}_1 \tag{4}$$

를 만족하는 벡터 $\mathbf{a}$와 $\mathbf{b}$가 존재함을 보여야 한다. 그러나 $\mathbf{w}_1$과 $\mathbf{w}_2$가 $R(T)$에 존재한다는 사실은 V에

$$T(\mathbf{v}_1) = \mathbf{w}_1, \quad T(\mathbf{v}_2) = \mathbf{w}_2$$

을 만족하는 V의 벡터 $\mathbf{v}_1$, $\mathbf{v}_2$가 존재함을 의미한다. 다음의 계산으로부터 벡터 $\mathbf{a} = \mathbf{v}_1 + \mathbf{v}_2$와 $\mathbf{b} = k\mathbf{v}_1$가 (4)의 방정식을 만족하는 벡터임을 보임으로써 증명이 완성된다.

$$T(\mathbf{a}) = T(\mathbf{v}_1 + \mathbf{v}_2) = T(\mathbf{v}_1) + T(\mathbf{v}_2) = \mathbf{w}_1 + \mathbf{w}_2$$
$$T(\mathbf{b}) = T(k\mathbf{v}_1) = kT(\mathbf{v}_1) = k\mathbf{w}_1 \quad ■$$

미적분학 필요

예제 19 | 미분방정식에의 응용

다음 형태의 미분방정식

$$y'' + \omega^2 y = 0 \quad (\omega\text{는 양의 상수}) \tag{5}$$

은 진동을 연구하는 분야에서 나타난다. 구간 $(-\infty, \infty)$에서 이 방정식의 모든 해의 집합은

$$D(y) = y'' + \omega^2 y$$

으로 주어지는 선형변환 $D : C^2(-\infty, \infty) \to C(-\infty, \infty)$의 핵이다. 미분방정식의 기본 교과서에서 핵은 $C^2(-\infty, \infty)$의 이차원 부분공간이라는 증명을 찾을 수 있다. 따라서 (5)의 두 선형독립 해를 찾을 수 있으면, 다른 모든 해는 이 두 해의 선형결합을 표현할 수 있다. 다음 식

$$y_1 = \cos \omega x, \quad y_2 = \sin \omega x$$

를 미분함으로써 이것이 (5)의 해를 확인하는 것은 독자들에게 맡긴다. 이 함수들은 선형독립이다. 왜냐하면 어느 함수도 다른 함수의 스칼라배가 아니기 때문이다. 따라서

$$y = c_1 \cos \omega x + c_2 \sin \omega x \tag{6}$$

은 c_1과 c_2를 어떠한 값을 선택하더라도 그것은 해이고 모든 해는 이 형태라는 의미에서 (5)의 "일반해"이다.

선형변환의 랭크와 무효차수

4.9절의 정의 1에서 $m \times n$ 행렬의 *랭크*와 *무효차수*를 정의했고, *행렬의 차원정리*라 불리는 정리 4.9.2에서 랭크와 무효차수의 합이 n임을 증명했다. 이 결과는 선형변환에 대한 보다 일반적인 결과의 특수한 경우임을 보일 것이다. 다음 정의로부터 시작하자.

정의 3

$T : V \to W$를 선형변환이라 하자. T의 치역이 유한차원이면 그 차원을 ***T*의 랭크**(rank of T)라 하고, T의 핵이 유한차원이면 그 차원은 ***T*의 무효차수**(nullity of T)라 한다. 이 차원들은 각각

$$\text{rank}(T), \quad \text{nullity}(T)$$

로 표기한다.

다음 정리는 정리 4.9.2가 일반화된 결과이며, 그 증명은 선택사항이다.

정리 8.1.4

선형변환의 차원정리

$T : V \to W$가 유한차원 벡터공간 V에서 벡터공간 W으로의 선형변환이면, T의 치역은 유한차원이고

$$\text{rank}(T) + \text{nullity}(T) = \dim(V) \tag{7}$$

이다.

A가 $m \times n$ 행렬이고 $T_A : R^n \to R^m$이 A의 곱셈변환인 특별한 경우, T_A의 핵은 A의 영공간이고 T_A의 치역은 A의 열공간이다. 따라서 정리 8.1.4로부터

$$\text{rank}(T_A) + \text{nullity}(T_A) = n$$

이다.

선택사항: 정리 8.1.4의 증명 V가 n차원이라 가정하자. 우리는 다음을 보여야 한다.

$$\dim(R(T)) + \dim(\ker(T)) = n$$

여기서는 $1 \le \dim(\ker(T)) < n$인 경우를 증명한다. $\dim(\ker(T)) = 0$과 $\dim(\ker(T)) = n$인 경우는 연습문제로 남긴다. $\dim(\ker(T)) = r$을 가정하고, $\mathbf{v}_1, \ldots, \mathbf{v}_r$을 핵의 기저라 하자. $\{\mathbf{v}_1, \ldots, \mathbf{v}_r\}$는 선형독립이므로, 정리 4.6.5(*b*)에 의하면 $n - r$개의 벡터 $\mathbf{v}_{r+1}, \ldots, \mathbf{v}_n$를 더하여 확장된 집합 $\{\mathbf{v}_1, \ldots, \mathbf{v}_r, \mathbf{v}_{r+1}, \ldots, \mathbf{v}_n\}$을 V의 기저로 삼을 수 있다. 이제 증명을 완결하기 위하여 집합 $S = \{T(\mathbf{v}_{r+1}), \ldots, T(\mathbf{v}_n)\}$의 $n - r$개의 벡터가 T의 치역의 기저를 형성함을 보일 것이다. 그러면

$$\dim(R(T)) + \dim(\ker(T)) = (n - r) + r = n$$

이 된다.

우선 S가 T의 치역을 생성함을 보이겠다. $\mathbf{b}$가 T의 치역 내의 임의의 벡터라면, V의 적절한 벡터 $\mathbf{v}$에 대하여 $\mathbf{b} = T(\mathbf{v})$이다. $\{\mathbf{v}_1, \ldots, \mathbf{v}_r, \mathbf{v}_{r+1}, \ldots, \mathbf{v}_n\}$이 V의 기저이므로, 벡터 $\mathbf{v}$는 다음과 같은 형태로 쓸 수 있다.

$$\mathbf{v} = c_1\mathbf{v}_1 + \cdots + c_r\mathbf{v}_r + c_{r+1}\mathbf{v}_{r+1} + \cdots + c_n\mathbf{v}_n$$

$\mathbf{v}_1, \ldots, \mathbf{v}_r$은 T의 핵에 있으므로, $T(\mathbf{v}_1) = \cdots = T(\mathbf{v}_r) = \mathbf{0}$이고

$$\mathbf{b} = T(\mathbf{v}) = c_{r+1}T(\mathbf{v}_{r+1}) + \cdots + c_nT(\mathbf{v}_n)$$

이다. 따라서 S는 T의 치역을 생성한다.

마지막으로, S는 선형독립집합이고 결과적으로 T의 치역의 기저임을 보이자. S의 벡터의 어떠한 선형결합이 영이 되는 경우를 생각하자. 즉,

$$k_{r+1}T(\mathbf{v}_{r+1}) + \cdots + k_nT(\mathbf{v}_n) = \mathbf{0} \tag{8}$$

이제 $k_{r+1} = \cdots = k_n = 0$임을 증명해야 한다. T가 선형이므로 (8)은 다음과 같이 다시 쓸 수 있다.

$$T(k_{r+1}\mathbf{v}_{r+1} + \cdots + k_n\mathbf{v}_n) = \mathbf{0}$$

이것은 $k_{r+1}\mathbf{v}_{r+1} + \cdots + k_n\mathbf{v}_n$이 T의 핵 내부에 존재함을 의미한다. 따라서 이 벡터는 기저벡터 $\{\mathbf{v}_1, \ldots, \mathbf{v}_r\}$의 선형결합으로 표현할 수 있다. 즉,

$$k_{r+1}\mathbf{v}_{r+1} + \cdots + k_n\mathbf{v}_n = k_1\mathbf{v}_1 + \cdots + k_r\mathbf{v}_r$$

따라서

$$k_1\mathbf{v}_1 + \cdots + k_r\mathbf{v}_r - k_{r+1}\mathbf{v}_{r+1} - \cdots - k_n\mathbf{v}_n = \mathbf{0}$$

그러나 $\{\mathbf{v}_1, \ldots, \mathbf{v}_n\}$이 선형독립이므로 모든 k는 영이다. 특히 $k_{r+1} = \cdots = k_n = 0$이므로 증명이 완결된다. ■

연습문제 8.1

(1-2) 정의역이 벡터공간 M_{22}인 사상 T를 생각하자. 각 문항에서 T가 선형변환인지 판정하고, 그렇다면 그 선형변환의 핵을 구하라.

1. **a.** $T(A) = A^2$ **b.** $T(A) = \text{tr}(A)$
c. $T(A) = A + A^T$

2. **a.** $T(A) = (A)_{11}$ **b.** $T(A) = 0_{2\times 2}$
c. $T(A) = cA$

(3-9) 변환 T가 선형변환인지 판정하고, 그렇다면 그 선형변환의 핵을 구하라.

3. $T : R^3 \to R$, 여기서 $T(\mathbf{u}) = \|\mathbf{u}\|$

4. $T : R^3 \to R^3$, 여기서 $\mathbf{v}_0$는 R^3의 고정된 벡터이고

$$T(\mathbf{u}) = \mathbf{u} \times \mathbf{v}_0$$

5. $T : M_{22} \to M_{23}$, 여기서 B는 고정된 2×3 행렬이고

$$T(A) = AB$$

6. $T : M_{22} \to R$, 여기서

a. $T\left(\begin{bmatrix} a & b \\ c & d \end{bmatrix}\right) = 3a - 4b + c - d$

b. $T\left(\begin{bmatrix} a & b \\ c & d \end{bmatrix}\right) = a^2 + b^2$

7. $T : P_2 \to P_2$, 여기서

a. $T(a_0 + a_1x + a_2x^2) = a_0 + a_1(x+1) + a_2(x+1)^2$

b. $T(a_0 + a_1x + a_2x^2) = (a_0 + 1) + (a_1 + 1)x + (a_2 + 1)x^2$

8. $T : F(-\infty, \infty) \to F(-\infty, \infty)$, 여기서

a. $T(f(x)) = 1 + f(x)$ **b.** $T(f(x)) = f(x+1)$

9. $T : R^\infty \to R^\infty$, 여기서

$$T(a_0, a_1, a_2, \ldots, a_n, \ldots) = (0, a_0, a_1, a_2, \ldots, a_n, \ldots)$$

10. $T : P_2 \to P_3$를 $T(p(x)) = xp(x)$로 정의된 선형변환이라 하자. 다음 중 $\ker(T)$에 속하는 것은?

a. x^2 **b.** 0
c. $1 + x$ **d.** $-x$

11. $T : P_2 \to P_3$를 연습문제 10에 주어진 선형변환이라 하자. 다음 중 $R(T)$에 속하는 것은?

a. $x + x^2$ **b.** $1 + x$
c. $3 - x^2$ **d.** $-x$

12. V를 임의의 벡터공간이라 하고 $T : V \to V$를 $T(\mathbf{v}) = 3\mathbf{v}$로 정의하자.

a. T의 핵은 무엇인가?

b. T의 치역은 무엇인가?

13. 다음 각 문항에서 제공되는 정보를 이용하여 선형변환 T의 무효차수를 구하라.

a. $T : R^5 \to P_5$은 랭크 3을 갖는다.

b. $T : P_4 \to P_3$은 랭크 1을 갖는다.

c. $T : M_{mn} \to R^3$의 치역은 R^3이다.

d. $T : M_{22} \to M_{22}$는 랭크 3을 갖는다.

14. 다음 각 문항에서 제공되는 정보를 이용하여 선형변환 T의 랭크를 구하라.

a. $T : R^7 \to M_{32}$은 무효차수 2를 갖는다.

b. $T : P_3 \to R$은 무효차수 1을 갖는다.

c. $T : P_5 \to P_5$의 영공간은 P_5이다.

d. $T : P_n \to M_{mn}$는 랭크 3을 갖는다.

15. $T : M_{22} \to M_{22}$는 인자가 $k = 3$인 확대 연산자이다.

a. $T\left(\begin{bmatrix} 1 & 2 \\ -4 & 3 \end{bmatrix}\right)$을 찾아라.

b. T의 랭크와 무효차수를 구하라.

16. $T: P_2 \to P_2$는 인자가 $k = 1/4$인 축소 연산자이다.

a. $T(1 + 4x + 8x^2)$을 찾아라.

b. T의 랭크와 무효차수를 구하라.

17. $T: P_2 \to R^3$는 점 $-1, 0, 1$에서의 평가 연산자이다. 다음을 구하라.

a. $T(x^2)$ **b.** $\ker(T)$ **c.** $R(T)$

18. V를 벡터 $1, \sin x, \cos x$로 생성되는 $C[0, 2\pi]$상의 부분공간이라 하고, $T: V \to R^3$는 점 $0, \pi, 2\pi$에서의 평가변환이라 하자. 다음을 구하라.

a. $T(1 + \sin x + \cos x)$ **b.** $\ker(T)$

c. $R(T)$

19. $\mathbf{v}_1 = (1, 1)$이고 $\mathbf{v}_2 = (1, 0)$인 R^2의 기저 $S = \{\mathbf{v}_1, \mathbf{v}_2\}$에 대하여

$$T(\mathbf{v}_1) = (1, -2), \quad T(\mathbf{v}_2) = (-4, 1)$$

의 관계를 갖는 $T: R^2 \to R^2$을 선형 연산자라 하자. $T(x_1, x_2)$의 공식을 구하고, 이것을 이용하여 $T(5, -3)$을 구하라.

20. $\mathbf{v}_1 = (-2, 1)$이고 $\mathbf{v}_2 = (1, 3)$인 R^2의 기저 $S = \{\mathbf{v}_1, \mathbf{v}_2\}$에 대하여

$$T(\mathbf{v}_1) = (-1, 2, 0), \quad T(\mathbf{v}_2) = (0, -3, 5)$$

의 관계를 갖는 $T: R^2 \to R^3$을 선형변환이라 하자. $T(x_1, x_2)$의 공식을 구하고, 이것을 이용하여 $T(2, -3)$을 구하라.

21. $\mathbf{v}_1 = (1, 1, 1)$, $\mathbf{v}_2 = (1, 1, 0)$, $\mathbf{v}_3 = (1, 0, 0)$인 R^3의 기저 $S = \{\mathbf{v}_1, \mathbf{v}_2, \mathbf{v}_3\}$에 대하여

$$T(\mathbf{v}_1) = (2, -1, 4), \quad T(\mathbf{v}_2) = (3, 0, 1), \quad T(\mathbf{v}_3) = (-1, 5, 1)$$

의 관계를 갖는 $T: R^3 \to R^3$을 선형 연산자라 하자. $T(x_1, x_2, x_3)$의 공식을 구하고, 이것을 이용하여 $T(2, 4, -1)$을 구하라.

22. $\mathbf{v}_1 = (1, 2, 1)$, $\mathbf{v}_2 = (2, 9, 0)$, $\mathbf{v}_3 = (3, 3, 4)$인 R^3의 기저 $S = \{\mathbf{v}_1, \mathbf{v}_2, \mathbf{v}_3\}$에 대하여

$$T(\mathbf{v}_1) = (1, 0), \quad T(\mathbf{v}_2) = (-1, 1), \quad T(\mathbf{v}_3) = (0, 1)$$

의 관계를 갖는 $T: R^3 \to R^2$을 선형변환이라 하자. $T(x_1, x_2, x_3)$의 공식을 구하고, 이것을 이용하여 $T(7, 13, 7)$을 구하라.

(23-24) 행렬 A에 의한 곱셈변환을 T라 하자. 다음을 찾아라.

a. T의 치역의 기저

b. T의 핵의 기저

c. T의 랭크와 무효차수

d. A의 랭크와 무효차수

23. $A = \begin{bmatrix} 1 & -1 & 3 \\ 5 & 6 & -4 \\ 7 & 4 & 2 \end{bmatrix}$ **24.** $A = \begin{bmatrix} 2 & 0 & -1 \\ 4 & 0 & -2 \\ 20 & 0 & 0 \end{bmatrix}$

(25-26) $T_A: R^4 \to R^3$을 A에 의한 곱셈변환이라 하자. T_A의 핵의 기저를 찾고, A의 열벡터로 구성된 T_A의 치역의 기저를 찾아라.

25. $A = \begin{bmatrix} 1 & 2 & -1 & -2 \\ -3 & 1 & 3 & 4 \\ -3 & 8 & 4 & 2 \end{bmatrix}$

26. $A = \begin{bmatrix} 1 & 1 & 0 & 1 \\ -2 & 4 & 2 & 2 \\ -1 & 8 & 3 & 5 \end{bmatrix}$

27. $T: P_3 \to P_2$를 다음과 같은 사상으로 정의하자.

$$T(a_0 + a_1x + a_2x^2 + a_3x^3) = 5a_0 + a_3x^2$$

a. T가 선형임을 보여라.

b. T의 핵의 기저를 찾아라.

c. T의 치역의 기저를 찾아라.

28. $T: P_2 \to P_2$를 다음과 같은 사상으로 정의하자.

$$T(a_0 + a_1x + a_2x^2) = 3a_0 + a_1x + (a_0 + a_1)x^2$$

a. T가 선형임을 보여라.

b. T의 핵의 기저를 찾아라.

c. T의 치역의 기저를 찾아라.

29. a. ***(미적분학 필요)*** $D: P_3 \to P_2$가 미분변환 $D(\mathbf{p}) = p'(x)$라 하자. D의 핵은 무엇인가?

b. ***(미적분학 필요)*** $J: P_1 \to R$가 적분변환 $J(\mathbf{p}) = \int_{-1}^{1} p(x)\,dx$이라 하자. J의 핵은 무엇인가?

30. ***(미적분학 필요)*** $V = C[a, b]$를 $[a, b]$에서 연속인 함수의 벡터공간이라 하고, $T: V \to V$를

$$T(\mathbf{f}) = 5f(x) + 3\int_a^x f(t)\,dt$$

로 정의되는 변환이라 하자. T는 선형 연산자인가?

31. ***(미적분학 필요)*** V를 구간 $(-\infty, \infty)$에서 모든 차수의 도함수가 연속인 실변수함수의 벡터공간이라 하고, $W = F(-\infty, \infty)$를 $(-\infty, \infty)$에서 정의되는 실변수함수의 벡터공간이라 하자.

a. 핵이 P_3인 선형변환 $T: V \to W$를 구하라.

b. 핵이 P_n인 선형변환 $T: V \to W$를 구하라.

32. 양수 $n > 1$과, 실수성분을 갖는 $n \times n$ 행렬 A에 대하여 선형변환 $T : M_{nn} \to R$를 $T(A) = \text{tr}(A)$로 정의하자. $\ker(T)$의 차원을 결정하라.

33. **a.** $T : V \to R^3$를 임의의 벡터공간에서 R^3로의 선형변환이라 하자. T의 치역은 기하적으로 무엇일 가능성이 있는가?

b. $T : R^3 \to W$를 R^3에서 임의의 벡터공간으로의 선형변환이라 하자. T의 핵은 기하적으로 무엇일 가능성이 있는가?

34. 다음 각 문항에 대하여 사상 $T : P_n \to P_n$이 선형인지 판정하라.

a. $T(p(x)) = p(x + 1)$

b. $T(p(x)) = p(x) + 1$

35. $\mathbf{v}_1, \mathbf{v}_2, \mathbf{v}_3$가 벡터공간 V의 벡터라 하고 $T : V \to R^3$는

$$T(\mathbf{v}_1) = (1, -1, 2), \quad T(\mathbf{v}_2) = (0, 3, 2),$$
$$T(\mathbf{v}_3) = (-3, 1, 2)$$

를 만족하는 선형변환이라 하자. $T(2\mathbf{v}_1 - 3\mathbf{v}_2 + 4\mathbf{v}_3)$를 구하라.

증명 문제

36. $\{\mathbf{v}_1, \mathbf{v}_2, \ldots, \mathbf{v}_n\}$이 벡터공간 V의 기저라 하고 $T : V \to W$를 선형변환이라 하자.

$$T(\mathbf{v}_1) = T(\mathbf{v}_2) = \cdots = T(\mathbf{v}_n) = \mathbf{0}$$

이 성립하면 T는 영변환임을 증명하라.

37. $\{\mathbf{v}_1, \mathbf{v}_2, \ldots, \mathbf{v}_n\}$이 벡터공간 V의 기저라 하고, $T : V \to V$를 선형 연산자라 하자.

$$T(\mathbf{v}_1) = \mathbf{v}_1, \quad T(\mathbf{v}_2) = \mathbf{v}_2, \ldots, \quad T(\mathbf{v}_n) = \mathbf{v}_n$$

이 성립하면 T는 V상에서 항등변환임을 증명하라.

38. 다음을 증명하라: $\{\mathbf{v}_1, \mathbf{v}_2, \ldots, \mathbf{v}_n\}$이 벡터공간 V의 기저라 하자. $\mathbf{w}_1, \mathbf{w}_2, \ldots, \mathbf{w}_n$이 벡터공간 W의 벡터라 하자. 이것들은 반드시 서로 다를 필요는 없다. 그러면

$$T(\mathbf{v}_1) = \mathbf{w}_1, \quad T(\mathbf{v}_2) = \mathbf{w}_2, \ldots, \quad T(\mathbf{v}_n) = \mathbf{w}_n$$

을 만족하면 V에서 W로 사상하는 선형변환 T가 존재한다.

39. $q_0(x)$를 자유도가 m인 고정된 다항식이라 하자. 정의역 P_n 상의 함수 T를 식 $T(p(x)) = p(q_0(x))$로 정의하자. T는 선형변환임을 증명하라.

참-거짓 문제

TF. (a)-(i)가 참인지 거짓인지를 밝히고 그 이유를 설명하라.

a. V의 모든 벡터 $\mathbf{v}_1$과 $\mathbf{v}_2$, 그리고 모든 스칼라 c_1과 c_2에 대하여 $T(c_1\mathbf{v}_1 + c_2\mathbf{v}_2) = c_1T(\mathbf{v}_1) + c_2T(\mathbf{v}_2)$가 성립하면 T는 선형변환이다.

b. $\mathbf{v}$가 V의 영이 아닌 벡터라면

$$T(-\mathbf{v}) = -T(\mathbf{v})$$

를 만족하는 유일한 선형변환 $T : V \to W$가 존재한다.

c. V의 모든 벡터 $\mathbf{u}$와 $\mathbf{v}$에 대하여 $T(\mathbf{u} + \mathbf{v}) = T(\mathbf{u} - \mathbf{v})$를 만족하는 선형변환 $T : V \to W$가 유일하게 존재한다.

d. $\mathbf{v}_0$가 V의 영이 아닌 벡터라면, 공식 $T(\mathbf{v}) = \mathbf{v}_0 + \mathbf{v}$는 V의 선형 연산자를 정의한다.

e. 선형변환의 핵은 벡터공간이다.

f. 선형변환의 치역은 벡터공간이다.

g. $T : P_6 \to M_{22}$가 선형변환이면 T의 무효차수는 3이다.

h. $T(A) = \det A$로 정의되는 함수 $T : M_{22} \to R$은 선형변환이다.

i. $T(A) = \begin{bmatrix} 1 & 3 \\ 2 & 6 \end{bmatrix} A$로 정의된 선형변환 $T : M_{22} \to M_{22}$의 랭크는 1이다.

8.2 합성과 역변환

1.9절에서 행렬변환의 합성과 역을 논의하였다. 이 절에서는 이 개념을 일반선형변환으로 확장할 것이다.

단사와 전사

이 절의 논의의 바탕을 마련하기 위해서 **그림 8.2.1**에서 설명된 다음의 정의들이 필요하다.

> **정의 1**
>
> $T : V \to W$가 벡터공간 V에서 벡터공간 W로의 선형변환일 때, T가 V의 서로 다른 벡터를 W의 서로 다른 벡터로 사상한다면 T를 ***단사***(또는 일대일, one-to-one)라 한다.

> **정의 2**
>
> $T : V \to W$가 벡터공간 V에서 벡터공간 W로의 선형변환일 때, W 내의 모든 벡터가 V 내의 최소한 한 개의 벡터의 상이면 T는 ***전사***(onto)[혹은 ***전사 W***(onto W)]라 한다.

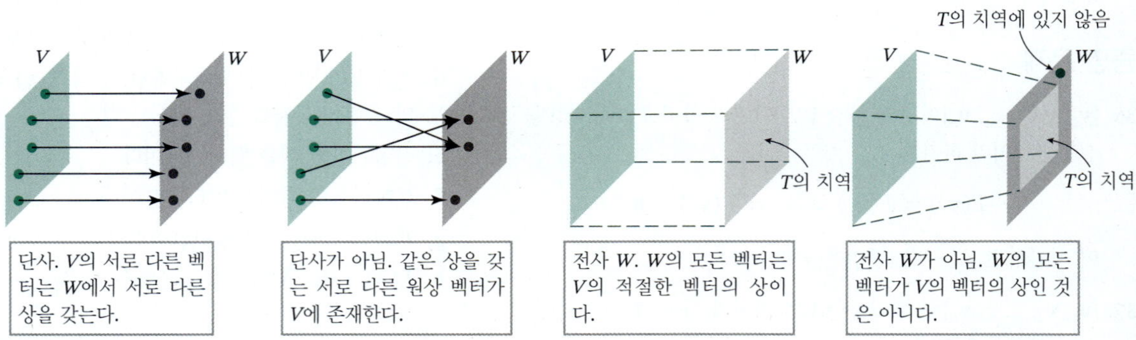

그림 8.2.1

단사선형변환의 개념은 다른 방식으로도 표현될 수 있다.

1. $T : V \to W$가 단사일 필요충분조건은 T의 치역 내의 모든 벡터 $\mathbf{w}$에 대하여 $T(\mathbf{v}) = \mathbf{w}$인 $\mathbf{v}$가 V 내에 유일하게 존재하는 것이다.
2. $T : V \to W$가 단사일 필요충분조건은 $T(\mathbf{u}) = T(\mathbf{v})$가 $\mathbf{u} = \mathbf{v}$를 의미하는 것이다.

선형변환의 *핵*은 이 변환이 $\mathbf{0}$으로 사상시키는 모든 벡터로 구성된다는 8.1절의 정의 2를 상기하자. 다음 정리는 이 정의와 단사선형변환의 개념을 관련짓는다.

> **정리 8.2.1**
>
> $T : V \to W$가 선형변환이면 다음 명제는 동등하다.
>
> (*a*) T가 단사이다.

(b) $\ker(T) = \{\mathbf{0}\}$이다.

증명 (a) ⇒ (b) T가 선형이므로 정리 8.1.1(a)에 의하여 $T(\mathbf{0}) = \mathbf{0}$임이 명백하다. T가 단사이므로 $\mathbf{0}$으로 사상되는 V 내의 다른 벡터는 없다. 따라서 $\ker(T) = \{\mathbf{0}\}$이다.

(b) ⇒ (a) $\ker(T) = \{\mathbf{0}\}$이라 가정하자. $\mathbf{u}$와 $\mathbf{v}$가 V 내의 서로 다른 벡터라면 $\mathbf{u} - \mathbf{v} \neq \mathbf{0}$이다. 따라서 $T(\mathbf{u} - \mathbf{v}) \neq \mathbf{0}$이다. 왜냐하면, 만일 그렇지 않다면 $\ker(T)$이 영이 아닌 벡터를 포함하게 되기 때문이다. T는 선형이므로

$$T(\mathbf{u}) - T(\mathbf{v}) = T(\mathbf{u} - \mathbf{v}) \neq \mathbf{0}$$

이고, 따라서 T는 V 내의 서로 다른 벡터를 W 내의 서로 다른 벡터로 사상하고 이것은 단사를 의미한다. ■

예제 1 | R^2의 회전 연산자는 단사이자 전사이다

평면에서 각 벡터를 원점에 대하여 각 θ만큼 회전시키는 선형 연산자 $T : R^2 \to R^2$은 단사이다(**그림 8.2.2**). 이 연산자는 또한 전사이다. 왜냐하면 R^2 내의 모든 벡터는 R^2 내의 어떤 벡터의 이 회전에 의한 상이기 때문이다.

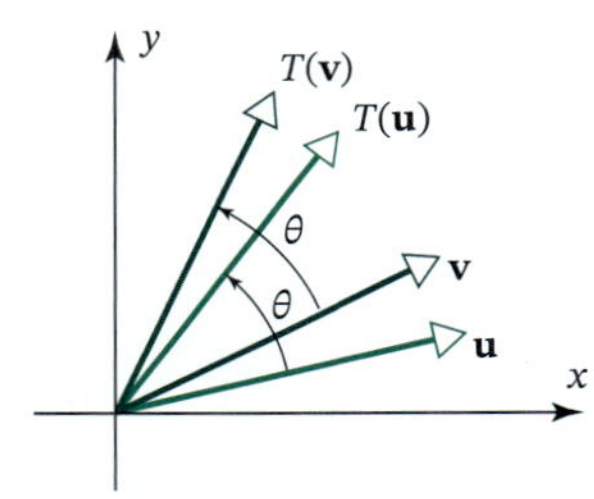

그림 8.2.2 서로 다른 벡터 **u**와 **v**는 서로 다른 벡터 $T(\mathbf{u})$와 $T(\mathbf{v})$로 회전된다.

예제 2 | R^2에서의 정사영은 단사가 아니다

R^2의 x축상으로 수직으로 사상하는 선형 연산자 $T : R^2 \to R^2$은 수직선상의 서로 다른 점을 x축상의 동일한 점으로 사상한다. 따라서 단사가 아니다(**그림 8.2.3**). 이 연산자는 R^2에서 전사도 아니다. 왜냐하면 x축 외의 점들은 R^2의 어떠한 점의 상도 아니기 때문이다. 비슷하게, y축으로의 정사영도 단사도 아니고 전사도 아니다.

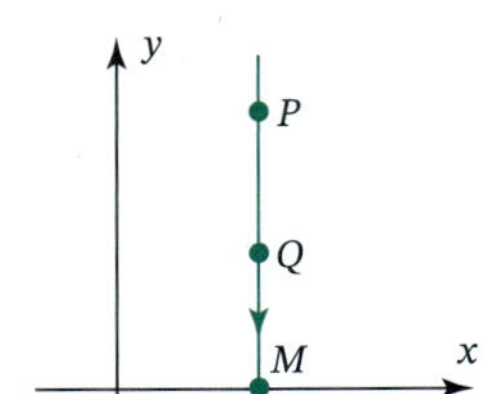

그림 8.2.3 서로 다른 점 P와 Q는 동일한 점 M으로 사상된다.

예제 3 | 단사이며 전사인 두 변환들

다음과 같이 정의되는 선형변환 $T_1 : P_3 \to R^4$과 $T_2 : M_{22} \to R^4$

$$T_1(a + bx + cx^2 + dx^3) = (a, b, c, d)$$

$$T_2\left(\begin{bmatrix} a & b \\ c & d \end{bmatrix}\right) = (a, b, c, d)$$

은 모두 R^4상에서 전사이다. 왜냐하면 a, b, c, d를 적절히 잘 선정하면 R^4 내의 모든 벡터를 만들 수 있기 때문이다. 두 변환 모두 단사이다. 왜냐하면 이것들의 핵은 단지 각각의 정의역 내의 영벡터만 포함하기 때문이다(확인하라).

예제 4 | 전사가 아닌 단사선형변환

$T : P_n \to P_{n+1}$을 8.1절의 예제 5에서 다루었던 선형변환

$$T(\mathbf{p}) = T(p(x)) = xp(x)$$

라 하자. 만일

$$\mathbf{p} = p(x) = c_0 + c_1x + \cdots + c_nx^n, \quad \mathbf{q} = q(x) = d_0 + d_1x + \cdots + d_nx^n$$

이 서로 다른 다항식이라면, 적어도 하나의 계수가 달라야 한다. 따라서

$$T(\mathbf{p}) = c_0x + c_1x^2 + \cdots + c_nx^{n+1}, \quad T(\mathbf{q}) = d_0x + d_1x^2 + \cdots + d_nx^{n+1}$$

은 최소한 하나의 계수가 다르다. 따라서 T는 단사이다. 왜냐하면 서로 다른 다항식 $\mathbf{p}$와 $\mathbf{q}$는 서로 다른 다항식 $T(\mathbf{p})$와 $T(\mathbf{q})$로 사상되기 때문이다. 하지만 전사는 아니다. 왜냐하면 T에 의한 모든 상은 상수항이 영이고 따라서 P_n의 어떠한 다항식도 상수 다항식 1로 사상되지 않기 때문이다.

예제 5 | 이동 연산자

$V = R^\infty$를 4.1절의 예제 3에서 다루었던 수열공간이라 하고 V에서 선형 "이동 연산자"를

$$T_1(u_1, u_2, \ldots, u_n, \ldots) = (0, u_1, u_2, \ldots, u_n, \ldots)$$
$$T_2(u_1, u_2, \ldots, u_n, \ldots) = (u_2, u_3, \ldots, u_n, \ldots)$$

라 정의하자.

(*a*) T_1이 단사이지만 전사가 아님을 보여라.

(*b*) T_2가 전사이지만 단사가 아님을 보여라.

풀이 (*a*) 연산자 T_1이 단사이다. 왜냐하면 R^∞의 서로 다른 수열들은 명백히 다른 상들을 갖기 때문이다. 이 연산자는 전사가 아니다. 왜냐하면 예를 들어 R^∞의 어떠한 벡터도 수열 $(1, 0, 0, \ldots, 0, \ldots)$로 사상되지 않기 때문이다.

풀이 (*b*) 연산자 T_2는 단사가 아니다. 왜냐하면 예를 들어 상이한 벡터 $(1, 0, 0, \ldots, 0, \ldots)$와 $(2, 0, 0, \ldots, 0, \ldots)$ 모두 $(0, 0, 0, \ldots, 0, \ldots)$로 사상되기 때문이다. 이 연산자는 전사이다. 왜냐하면 모든 가능한 실수 수열은 실수 $u_2, u_3, \ldots, u_n, \ldots$을 적절히 선택하여 만들 수 있기 때문이다.

미적분학 필요

예제 6 | 미분은 단사가 아니다

$$D : C^1(-\infty, \infty) \to F(-\infty, \infty)$$

을 8.1절의 예제 11에서 논의했던 미분변환이라 하자. 이 선형변환은 단사가 *아니다*. 왜냐하면 이 변환을 상수만큼 다른 함수를 동일한 함수로 사상하기 때문이다. 다음의 예를 보라.

$$D(x^2) = D(x^2 + 1) = 2x$$

V와 W가 유한차원이고 동일한 차원을 갖는 특수한 경우에 대하여 정리 8.2.1에 세 번째 명제를 추가할 수 있다.

정리 8.2.2

V와 W가 동일한 차원의 유한차원 벡터공간이고, $T : V \to W$가 선형 연산자이면, 다음 명제는 동등하다.

(*a*) T가 단사이다.

(*b*) $\ker(T) = \{\mathbf{0}\}$이다.

(*c*) T가 전사이다. [즉, $R(T) = W$.]

왜 예제 5가 정리 8.2.2를 위배하지 않는가?

증명 (*a*)와 (*b*)의 등가성은 정리 8.2.1에서 이미 보였으므로 (*b*)와 (*c*)가 동등하다는 것만 보이면 된다. $\dim(V) = n$임을 가정하고 정리 8.1.4를 적용하면 보일 수 있으며 이것은 독자들에게 맡긴다. ■

V와 W는 동일한 차원을 가져야 한다는 정리 8.2.2의 조건은 정리가 성립하는 데 필수적이다. 연습문제에서 독자는 V와 W가 동일한 차원을 갖지 않는 경우에 대하여 다음 사실을 증명해야 할 것이다.

- $\dim(W) < \dim(V)$이면 T는 단사일 수 없다.
- $\dim(V) < \dim(W)$이면 T는 전사일 수 없다.

약식으로 논하면, 선형변환이 "더 큰" 공간을 "더 작은" 공간으로 사상하면, "더 큰" 공간의 몇몇 점들은 같은 상을 가져야만 한다. 만일 선형변환이 "더 작은" 공간을 "더 큰" 공간으로 사상하면, "더 큰" 공간에는 "더 작은" 공간의 어떠한 점들의 상도 아닌 점들이 존재해야만 한다.

돌이켜 보면, 예제 3 이전에 정리 8.2.2를 알았더라면, 그 변환들이 전사이거나 단사임을 보이는 것으로 충분했을 것이다. 왜냐하면 P_3과 M_{22}는 R^4와 차원이 동일하기 때문이다(4차원).

행렬변환의 재검토

잠시 행렬변환으로 돌아가서, 정리 8.2.2를 따르는 차원에 대한 두 가지 결과를 보여 주는 예제를 살펴보자.

예제 7 | R^n에서 R^m으로의 행렬변환

$T_A : R^n \to R^m$이 $m \times n$ 행렬 A의 곱셈변환이면, 정리 8.2.2의 증명 아래의 논의에서 $m < n$이면 T_A는 단사가 아니고 $n < m$이면 전사가 아니다. $m = n$이면 T_A의 단사 또는 전사 여부는 A의 랭크와 관련 있다. 그러나 A가 가역이면, T_A는 단사이면서 전사임을 보이는 문제를 연습문제에서 제시할 것이다.

다음 정리는 행렬 A의 열벡터가 행렬변환 $T_A : R^n \to R^m$이 단사 또는 전사임을 판정함을 설명한다.

정리 8.2.3

$T_A : R^n \to R^m$이 행렬변환이면,

(*a*) T_A가 단사일 필요충분조건은 A의 열들이 선형독립인 것이다.

(*b*) T_A가 전사일 필요충분조건은 A의 열들이 R^m을 생성하는 것이다.

***증명* (*a*)** 정리 8.2.1에 의하면 T_A가 단사일 필요충분조건은 A의 무효차수가 0인 것이다. 이것은 A가 랭크 m을 갖는다는 것과 동등이며(정리 4.9.2), A의 m개의 열벡터가 선형독립이라는 것과 동등하다.

***증명* (*b*)** T_A가 전사라는 사실은 선형계 $A\mathbf{x} = \mathbf{b}$가 R^m의 모든 벡터 $\mathbf{b}$에 대하여 해를 갖는다는 사실과 동등하다. 이것은 R^m의 모든 벡터 $\mathbf{b}$가 A의 열공간에 속한다는 것과 동등하며(정리 4.8.1), A의 m 열벡터가 R^m을 생성한다는 것과 동등하다. ■

$T_A : R^n \to R^n$이 선형 연산자인 경우 동등 정리 8.2.4에 아래의 (*t*), (*u*), (*v*)를 추가할 수 있음을 보이는 것은 연습문제로 남긴다.

정리 8.2.4 동등한 명제들

A가 중복되는 행이나 중복되는 열이 없는 $n \times n$ 행렬이면 다음 명제들은 동등하다.

(*a*) A가 가역이다.

(*b*) $A\mathbf{x} = \mathbf{0}$이 오직 자명해만을 갖는다.

(*c*) A의 기약 행사다리꼴이 I_n이다.

(*d*) A가 기본행렬들의 곱으로 표현할 수 있다.

(*e*) $A\mathbf{x} = \mathbf{b}$가 모든 $n \times 1$ 행렬 $\mathbf{b}$에 대하여 해를 갖는다.

(*f*) $A\mathbf{x} = \mathbf{b}$가 모든 $n \times 1$ 행렬 $\mathbf{b}$에 대하여 오직 하나의 해를 갖는다.

(*g*) $\det(A) \neq 0$.

(*h*) A의 열벡터들이 선형독립이다.

(*i*) A의 행벡터들이 선형독립이다.

(*j*) A의 열벡터들이 R^n을 생성한다.

(*k*) A의 행벡터들이 R^n을 생성한다.

(*l*) A의 열벡터들이 R^n의 기저를 이룬다.

(*m*) A의 행벡터들이 R^n의 기저를 이룬다.

(*n*) A의 랭크가 n이다.

(*o*) A의 무효차수가 0이다.

(p) A의 영공간의 직교여공간이 R^n이다.
(q) A의 행공간의 직교여공간이 $\{\mathbf{0}\}$이다.
(r) $\lambda = 0$이 A의 고유값이 아니다.
(s) A^TA가 가역이다.
(t) T_A의 핵이 $\{\mathbf{0}\}$이다.
(u) T_A의 치역이 R^n이다.
(v) T_A가 단사이다.

수학 문제를 푸는 핵심은 적절한 관점을 도입하는 것이다. 이것이 선형대수에서 동일한 벡터공간을 다양한 방식으로 생각하는 이유이다. 예를 들어 A가 $m \times n$ 행렬이면, R^n의 동일한 부분공간을 세 가지 다른 관점에서 볼 수 있다.

- **행렬 관점**: A의 영공간
- **계 관점**: $A\mathbf{x} = \mathbf{0}$의 해공간
- **변환 관점**: T_A의 핵

R^m의 동일한 부분공간을 세 가지 다른 관점에서 볼 수 있다.

- **행렬 관점**: A의 열공간
- **계 관점**: $A\mathbf{x} = \mathbf{b}$의 해가 존재하는 R^m의 모든 $\mathbf{b}$
- **변환 관점**: T_A의 치역

역 선형변환

1.9절에서 가역행렬 연산자의 개념을 소개했으며, 이 절에서는 이 개념을 일반선형변환으로 확장할 것이다. 행렬 연산자 $T_A : R^n \to R^n$이 가역인 것의 필요충분조건은 행렬 A가 가역행렬인 것을 상기하라. 이때 역 연산자는 $T_{A^{-1}} : R^n \to R^n$이다. 즉, *A에 의한 곱셈변환의 역은 A^{-1}에 의한 곱셈변환이다.*

예제 8 | 단사행렬변환

$T : R^3 \to R^3$이 공식

$$T(x_1, x_2, x_3) = (3x_1 + x_2, -2x_1 - 4x_2 + 3x_3, 5x_1 + 4x_2 - 2x_3)$$

으로 정의되는 선형 연산자라 하자. T가 단사인지 판정하라. 만일 그렇다면 $T^{-1}(x_1, x_2, x_3)$을 구하라.

풀이 1.8절의 공식 (15)에 의하면 제시된 식은 표준행렬이

$$A = \begin{bmatrix} 3 & 1 & 0 \\ -2 & -4 & 3 \\ 5 & 4 & -2 \end{bmatrix}$$

인 행렬변환을 정의한다(확인하라). 이 행렬은 가역행렬이고, 역행렬은

$$A^{-1} = \begin{bmatrix} 4 & -2 & -3 \\ -11 & 6 & 9 \\ -12 & 7 & 10 \end{bmatrix}$$

이다. 따라서 변환 T는 가역이고

$$T^{-1}\left(\begin{bmatrix} x_1 \\ x_2 \\ x_3 \end{bmatrix}\right) = A^{-1}\begin{bmatrix} x_1 \\ x_2 \\ x_3 \end{bmatrix} = \begin{bmatrix} 4 & -2 & -3 \\ -11 & 6 & 9 \\ -12 & 7 & 10 \end{bmatrix}\begin{bmatrix} x_1 \\ x_2 \\ x_3 \end{bmatrix} = \begin{bmatrix} 4x_1 - 2x_2 - 3x_3 \\ -11x_1 + 6x_2 + 9x_3 \\ -12x_1 + 7x_2 + 10x_3 \end{bmatrix}$$

이다. 이 결과를 쉼표 구분형으로 표현하면 다음과 같다.

$$T^{-1}(x_1, x_2, x_3) = (4x_1 - 2x_2 - 3x_3, -11x_1 + 6x_2 + 9x_3, -12x_1 + 7x_2 + 10x_3)$$

이제 일반선형변환의 가역성을 살펴보자. $T : V \to W$가 치역이 $R(T)$인 단사선형변환이고, $\mathbf{w}$가 $R(T)$의 임의의 벡터라 하자. T가 단사이면, V에는 $T(\mathbf{v}) = \mathbf{w}$인 *정확히 유일한* 벡터 $\mathbf{v}$가 존재한다. 이 사실로부터 (T^{-1}로 표기되고) ***T의 역***(inverse of T)이라고 불리는 새로운 사상을 정의할 수 있다. 이것은 T의 치역에서 정의되고 $\mathbf{w}$를 $\mathbf{v}$로 되돌려 사상한다(**그림 8.2.4**).

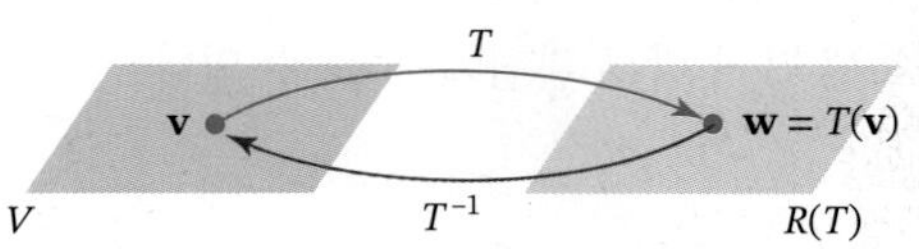

그림 8.2.4 T의 역은 $T(\mathbf{v})$를 $\mathbf{v}$로 되돌려 사상한다.

$T^{-1} : R(T) \to V$가 선형변환임을 증명하는 문제는 연습문제로 남긴다. 또한 T^{-1}의 정의로부터

$$\boxed{T^{-1}(T(\mathbf{v})) = T^{-1}(\mathbf{w}) = \mathbf{v}} \tag{1}$$

$$\boxed{T(T^{-1}(\mathbf{w})) = T(\mathbf{v}) = \mathbf{w}} \tag{2}$$

이므로 T와 T^{-1}을 어느 순서로나 순차적으로 적용하면 그 효과를 서로 상쇄한다.

예제 9 | 역변환

이 절의 예제 4에서

$$T(\mathbf{p}) = T(p(x)) = xp(x)$$

으로 주어지는 선형변환 $T : P_n \to P_{n+1}$은 단사이나 전사는 아님을 보였다. 다음 식으로부터 이 사실을 명확히 알 수 있다.

$$T(c_0 + c_1x + \cdots + c_nx^n) = c_0x + c_1x^2 + \cdots + c_nx^{n+1} \tag{3}$$

T가 전사가 아니라는 사실이 역변환이 존재하지 않음을 의미하는 것은 아니다. 왜냐하면 역변환은 T의 치역에서 정의되기 때문이다. (3)에서 치역은 차수가 $n+1$보다 작거나 같으며 상수항이 영인 다항식으로 이루어진다. 역변환은 다음의 공식

$$T^{-1}(c_0x + c_1x^2 + \cdots + c_nx^{n+1}) = c_0 + c_1x + \cdots + c_nx^n$$

으로 주어진다. 예를 들어 $n \geq 3$인 경우,

$$T^{-1}(2x - x^2 + 5x^3 + 3x^4) = 2 - x + 5x^2 + 3x^3$$

이다.

선형변환의 합성

다음 정의는 1.9절의 공식 (1)을 일반선형변환으로 확장한 것이다.

정의 3

$T_1 : U \to V$와 $T_2 : V \to W$를 선형변환이라고 하면, ***T_1과 T_2의 합성***(composition of T_2 with T_1)은 $T_2 \circ T_1$("T_2 서클 T_1"이라 읽는다)로 표기하며, 다음 공식으로 정의되는 사상이다.

$$(T_2 \circ T_1)(\mathbf{u}) = T_2(T_1(\mathbf{u})) \tag{4}$$

여기서 $\mathbf{u}$는 U의 벡터이다.

단어 "과"는 합성에서의 연산의 순서를 정함에 유의하라.* T_1과 T_2의 합성은

$(T_2 \circ T_1)(\mathbf{u}) = T_2(T_1(\mathbf{u}))$

인 반면, T_2와 T_1의 합성은

$(T_1 \circ T_2)(\mathbf{u}) = T_1(T_2(\mathbf{u}))$

이다. 일반적으로 $T_1 \circ T_2 = T_2 \circ T_1$은 성립하지 않는다.

참고 이 정의는 T_2의 정의역(V)은 T_1의 치역을 포함함을 유의하라. 공식 $T_2(T_1(\mathbf{u}))$가 정의되기 위해서는 이것은 필수적이다(**그림 8.2.5**).

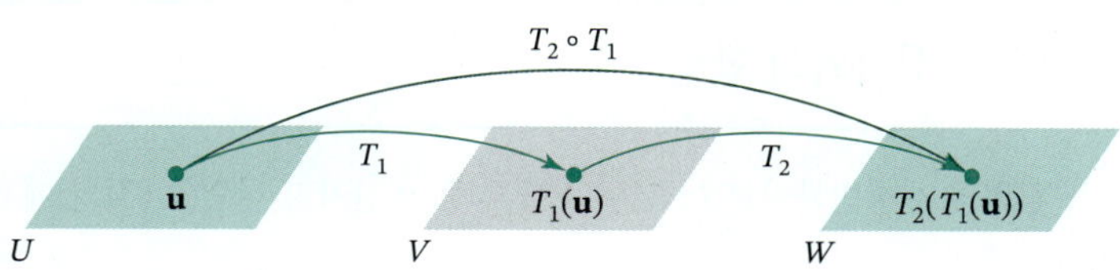

그림 8.2.5 T_1과 T_2의 합성

다음 정리는 두 선형변환의 합성은 선형변환임을 보여 준다.

정리 8.2.5

$T_1 : U \to V$와 $T_2 : V \to W$가 선형변환이라면 $(T_2 \circ T_1) : U \to W$ 또한 선형변환이다.

증명 $\mathbf{u}$와 $\mathbf{v}$가 U의 벡터이고 c가 스칼라이면, (4)와 T_1과 T_2의 선형성으로부터

* 역자 주: "과"는 원문의 "with"를 번역한 것이다.

$$\begin{aligned}(T_2 \circ T_1)(\mathbf{u}+\mathbf{v}) &= T_2(T_1(\mathbf{u}+\mathbf{v})) = T_2(T_1(\mathbf{u})+T_1(\mathbf{v}))\\ &= T_2(T_1(\mathbf{u}))+T_2(T_1(\mathbf{v}))\\ &= (T_2 \circ T_1)(\mathbf{u})+(T_2 \circ T_1)(\mathbf{v})\end{aligned}$$

과

$$\begin{aligned}(T_2 \circ T_1)(c\mathbf{u}) &= T_2(T_1(c\mathbf{u})) = T_2(cT_1(\mathbf{u}))\\ &= cT_2(T_1(\mathbf{u})) = c(T_2 \circ T_1)(\mathbf{u})\end{aligned}$$

이 성립한다. 따라서 $T_2 \circ T_1$은 선형변환이기 위한 두 요건을 만족한다. ■

예제 10 | **선형변환의 합성**

$T_1 : P_1 \to P_2$와 $T_2 : P_2 \to P_2$가 다음 공식으로 주어지는 선형변환이라 하면

$$T_1(p(x)) = xp(x), \quad T_2(p(x)) = p(2x+4)$$

합성 $(T_2 \circ T_1) : P_1 \to P_2$은 다음 공식으로 주어진다.

$$(T_2 \circ T_1)(p(x)) = T_2(T_1(p(x))) = T_2(xp(x)) = (2x+4)p(2x+4)$$

특히 $p(x) = c_0 + c_1x$라면

$$\begin{aligned}(T_2 \circ T_1)(p(x)) &= (T_2 \circ T_1)(c_0 + c_1x) = (2x+4)(c_0 + c_1(2x+4))\\ &= c_0(2x+4) + c_1(2x+4)^2\end{aligned}$$

이다.

예제 11 | **항등 연산자와의 합성**

$T : V \to V$가 임의의 선형변환이고 $I : V \to V$를 항등 연산자라 하면(8.1절의 예제 3), V의 모든 벡터 $\mathbf{v}$에 대하여

$$(T \circ I)(\mathbf{v}) = T(I(\mathbf{v})) = T(\mathbf{v})$$
$$(I \circ T)(\mathbf{v}) = I(T(\mathbf{v})) = T(\mathbf{v})$$

이다. 그리고 $T \circ I$와 $I \circ T$는 T와 동일하다. 즉,

$$\boxed{T \circ I = T} \quad \text{이고} \quad \boxed{I \circ T = T} \tag{5}$$

이다.

그림 8.2.6에서 보듯이 두 개보다 많은 선형변환의 합성도 정의할 수 있다. 예를 들어

$$T_1 : U \to V, \quad T_2 : V \to W, \quad T_3 : W \to Y$$

가 선형변환이라면, 합성 $T_3 \circ T_2 \circ T_1$은

$$\boxed{(T_3 \circ T_2 \circ T_1)(\mathbf{u}) = T_3(T_2(T_1(\mathbf{u})))} \tag{6}$$

으로 정의된다.

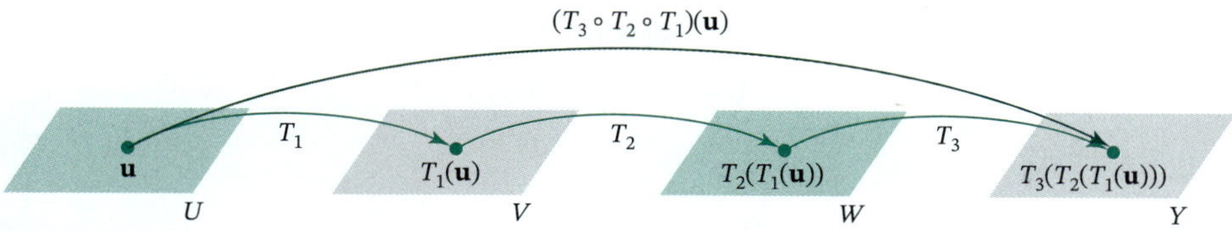

그림 8.2.6 세 개의 선형변환의 합성

단사선형변환의 합성

다음 정리는 단사선형변환의 합성이 단사인 것과 또한 합성의 역은 역들의 반대순서로의 합성임을 보인다.

정리 8.2.6

$T_1 : U \to V$와 $T_2 : V \to W$가 단사선형변환이면
(*a*) $T_2 \circ T_1$은 단사이다.
(*b*) $(T_2 \circ T_1)^{-1} = T_1^{-1} \circ T_2^{-1}$.

정리 8.2.6의 (*b*)에서 식 양변의 아래첨자의 순서에 유의하라.

증명 (*a*) $T_2 \circ T_1$가 U의 서로 다른 벡터를 W의 서로 다른 벡터로 사상함을 보이고자 한다. 우선 U의 $\mathbf{u}$와 $\mathbf{v}$가 서로 다른 벡터라면 $T_1(\mathbf{u})$와 $T_1(\mathbf{v})$는 V의 서로 다른 벡터이다. 이 사실과 T_2가 단사라는 사실에 의하면

$$T_2(T_1(\mathbf{u}))\text{와} \quad T_2(T_1(\mathbf{v}))$$

또한 서로 다른 벡터이다. 이 표현들은

$$(T_2 \circ T_1)(\mathbf{u})\text{와} \quad (T_2 \circ T_1)(\mathbf{v})$$

로 쓸 수 있으며 $T_2 \circ T_1$은 $\mathbf{u}$와 $\mathbf{v}$를 W 내의 서로 다른 벡터로 사상한다.

증명 (*b*) $T_2 \circ T_1$의 치역의 모든 벡터 $\mathbf{w}$에 대하여

$$(T_2 \circ T_1)^{-1}(\mathbf{w}) = (T_1^{-1} \circ T_2^{-1})(\mathbf{w})$$

이 성립함을 보일 것이다. 이를 위하여

$$\mathbf{u} = (T_2 \circ T_1)^{-1}(\mathbf{w}) \tag{7}$$

이라 하면, 이제 목표는

$$\mathbf{u} = (T_1^{-1} \circ T_2^{-1})(\mathbf{w})$$

을 보이는 것이다. 그러나 (7)로부터

$$(T_2 \circ T_1)(\mathbf{u}) = \mathbf{w}$$

또는 동등하게

$$T_2(T_1(\mathbf{u})) = \mathbf{w}$$

이다. 이제 이 방정식의 양변에 T_2^{-1}을 취하고, 그 결과의 양변에 T_1^{-1}를 취하고 (1)을 이

용하면

$$\mathbf{u} = T_1^{-1}(T_2^{-1}(\mathbf{w}))$$

또는 동등하게

$$\mathbf{u} = (T_1^{-1} \circ T_2^{-1})(\mathbf{w})$$

이다(확인하라). ■

간단히 말하면, 정리 8.2.6의 (*b*)와 식 (8)은 *합성의 역은 역의 반대순서로의 합성*임을 의미한다. 이 결과는 세 개 이상의 선형변환의 합성으로 확장할 수 있다. 예를 들어

$$\boxed{(T_3 \circ T_2 \circ T_1)^{-1} = T_1^{-1} \circ T_2^{-1} \circ T_3^{-1}} \tag{8}$$

이다. 정리 8.2.6의 (*b*)와 식 (8)은 일반선형변환에 적용된다. 특수한 경우인 행렬변환에 대해 위 식은

$$(T_B \circ T_A)^{-1} = T_A^{-1} \circ T_B^{-1}\text{과} \quad (T_C \circ T_B \circ T_A)^{-1} = T_A^{-1} \circ T_B^{-1} \circ T_C^{-1}$$

으로 쓸 수 있고, 또는

$$\boxed{(T_{BA})^{-1} = T_{A^{-1}B^{-1}}\text{과} \quad (T_{CBA})^{-1} = T_{A^{-1}B^{-1}C^{-1}}} \tag{9}$$

으로 표현할 수 있다.

연습문제 8.2

(1-2) 다음에 나열된 행렬 연산자가 전사인지 판정하라.

1. **a.** R^2의 x축 위로 정사영
b. R^2의 y축에 대한 반사
c. R^2의 $y = x$ 직선에 대한 반사

2. **a.** R^3의 z축에 대한 회전
b. R^3의 xy-평면에 대한 반사
c. R^3의 xz-평면으로 정사영

(3-4) 다음 선형변환이 단사인지 판정하기 위하여 핵을 찾고 정리 8.2.1을 적용하라.

3. **a.** $T: R^2 \to R^2$, 여기서 $T(x, y) = (y, x)$
b. $T: R^2 \to R^3$, 여기서 $T(x, y) = (x, y, x + y)$
c. $T: R^3 \to R^2$, 여기서 $T(x, y, z) = (x + y + z, x - y - z)$

4. **a.** $T: R^2 \to R^3$, 여기서 $T(x, y) = (x - y, y - x, 2x - 2y)$
b. $T: R^2 \to R^2$, 여기서 $T(x, y) = (0, 2x + 3y)$
c. $T: R^2 \to R^2$, 여기서 $T(x, y) = (x + y, x - y)$

(5-6) 다음 A의 행렬변환이 단사인지 판정하기 위하여 A의 무효차수를 계산하고 정리 8.2.1을 적용하라.

5. **a.** $A = \begin{bmatrix} 1 & -2 \\ 2 & -4 \\ -3 & 6 \end{bmatrix}$

b. $A = \begin{bmatrix} 1 & 3 & 1 & 7 \\ 2 & 7 & 2 & 4 \\ -1 & -3 & 0 & 0 \end{bmatrix}$

6. **a.** $A = \begin{bmatrix} 1 & 2 \\ 2 & 7 \\ 3 & 9 \end{bmatrix}$

b. $A = \begin{bmatrix} 1 & -3 & 6 & 1 \\ 0 & 1 & 2 & 4 \\ 0 & 0 & 0 & 1 \end{bmatrix}$

7. 다음 각 항에서, 주어진 정보를 이용하여 선형변환이 단사인지 판정하라.

a. $T: V \to W$; $\text{nullity}(T) = 0$

b. $T : V \to W$; $\text{rank}(T) = \dim(V)$

c. $T : V \to W$; $\dim(W) < \dim(V)$

8. 다음 각 항에서, 주어진 정보를 이용하여 선형변환이 단사, 전사, 또는 단사도 전사도 아닌지 판정하라.

a. $T : V \to V$; $\text{nullity}(T) = 0$

b. $T : V \to V$; $\text{rank}(T) < \dim(V)$

c. $T : V \to V$; $R(T) = V$

9. $T(p(x)) = (p(-1), p(1))$로 정의되는 선형변환 $T : P_2 \to R^2$이 단사가 아님을 $\mathbf{0} = (0, 0)$으로 사상되는 영이 아닌 다항식을 찾음으로써 증명하라. 이 변환이 전사라고 생각하는가?

10. $T(p(x)) = p(x + 1)$로 정의되는 선형변환 $T : P_2 \to P_2$가 단사임을 보여라. 이 변환이 전사라고 생각하는가?

11. $\mathbf{a}$를 R^3의 고정된 벡터라 하자. 공식 $T(\mathbf{v}) = \mathbf{a} \times \mathbf{v}$는 R^3에서 단사 선형 연산자를 정의하는가? 근거를 설명하라.

12. E를 고정된 2×2 기본행렬이라 하자. 공식 $T(A) = EA$는 M_{22}상에서 단사 선형 연산자를 정의하는가? 근거를 설명하라.

(13-14) 다음 각 항에서, A의 곱셈변환이 단사, 전사, 또는 단사도 전사도 아닌지 판정하라.

13. a. $A = \begin{bmatrix} 1 & 2 \\ 2 & 4 \\ 3 & 5 \end{bmatrix}$ **b.** $A = \begin{bmatrix} 1 & 3 & 1 & 1 \\ 1 & 3 & 1 & 0 \\ 1 & 4 & 0 & 0 \end{bmatrix}$

c. $A = \begin{bmatrix} 5 & 4 \\ 1 & 1 \end{bmatrix}$ **d.** $A = \begin{bmatrix} -2 & 1 & 0 \\ 6 & -3 & 1 \\ 8 & -4 & 3 \end{bmatrix}$

14. a. $A = \begin{bmatrix} 9 & -3 \\ -4 & 2 \\ 1 & 1 \end{bmatrix}$ **b.** $A = \begin{bmatrix} 3 & -3 & 1 & 1 \\ 6 & -6 & 0 & 2 \\ 9 & -9 & 1 & 3 \end{bmatrix}$

c. $A = \begin{bmatrix} 3 & -9 \\ -1 & 3 \end{bmatrix}$ **d.** $A = \begin{bmatrix} 2 & 3 & 8 \\ 0 & 1 & 4 \\ 0 & 0 & 1 \end{bmatrix}$

(15-16) 다음 단사변환의 역을 말로 설명하라.

15. a. R^2의 x축에 대한 반사

b. R^2의 원점에 대한 회전각 $\pi/4$의 회전

16. a. R^3의 yz-평면에 대한 반사

b. R^3의 z축에 대한 회전각 $-18°$의 회전

(17-18) 역행렬을 사용하여 R^2에서 다음 결과를 확인하라.

17. a. $y = x$에 대한 반사의 역변환은 $y = x$에 대한 반사이다.

b. 원점에 대한 회전의 역변환은 원점에 대한 회전이다.

18. a. 좌표축에 대한 반사의 역변환은 그 좌표축에 대한 반사이다.

b. 원점에 대한 반사의 역변환은 원점에 대한 반사이다.

19. $T : P_1 \to R^2$를 공식

$$T(p(x)) = (p(0), p(1))$$

으로 정의되는 변환이라 하자.

a. $T(1 - 2x)$를 찾아라.

b. T가 선형변환임을 보여라.

c. T가 단사임을 보여라.

d. $T^{-1}(2, 3)$를 구하고, 그래프를 그려라.

20. 다음 각 항에서, $T : R^n \to R^n$이 단사인지 판별하라. 그렇다면 $T^{-1}(x_1, x_2, \ldots, x_n)$을 찾아라.

a. $T(x_1, x_2, \ldots, x_n) = (0, x_1, x_2, \ldots, x_{n-1})$

b. $T(x_1, x_2, \ldots, x_n) = (x_n, x_{n-1}, \ldots, x_2, x_1)$

c. $T(x_1, x_2, \ldots, x_n) = (x_2, x_3, \ldots, x_n, x_1)$

21. $T : R^n \to R^n$을 공식

$$T(x_1, x_2, \ldots, x_n) = (a_1x_1, a_2x_2, \ldots, a_nx_n)$$

으로 정의되는 선형 연산자라 하자. 여기서 $a_1, \ldots, a_n$은 상수이다.

a. 어떤 조건에서 T가 역을 갖는가?

b. (a)에서 결정된 조건이 만족됨을 가정하고 $T^{-1}(x_1, x_2, \ldots, x_n)$의 공식을 구하라.

22. $T_A : R^4 \to R^2$가 행렬

$$A = \begin{bmatrix} 1 & 0 & 2 & 5 \\ 3 & 4 & 1 & 3 \end{bmatrix}$$

에 의한 곱셈변환일 때, (1, 1)로 사상되는 벡터들이 있다면, 이 벡터 집합의 매개변수 방정식을 구하라.

(23-24) $(T_2 \circ T_1)(x, y)$를 구하라.

23. $T_1(x, y) = (2x, 3y)$, $T_2(x, y) = (x - y, x + y)$

24. $T_1(x, y) = (2x, -3y, x + y)$, $T_2(x, y, z) = (x - y, y + z)$

25. $T_1 : P_2 \to P_2$과 $T_2 : P_2 \to P_3$을 각각 $T_1(p(x)) = p(x + 1)$와 $T_2(p(x)) = xp(x)$로 주어지는 선형변환이라 하자. $(T_2 \circ T_1)(a_0 + a_1x + a_2x^2)$를 찾아라.

26. $T_1 : P_n \to P_n$과 $T_2 : P_n \to P_n$을 각각 $T_1(p(x)) = p(x - 1)$와

$T_2(p(x)) = p(x+1)$로 주어지는 선형 연산자라 하자. $(T_1 \circ T_2)(p(x))$와 $(T_2 \circ T_1)(p(x))$를 구하라.

27. $T_1 : M_{22} \to R$과 $T_2 : M_{22} \to M_{22}$를 각각 $T_1(A) = \text{tr}(A)$, $T_2(A) = A^T$로 주어지는 선형변환이라 하자.

a. $(T_1 \circ T_2)(A)$를 구하라. 여기서 $A = \begin{bmatrix} a & b \\ c & d \end{bmatrix}$이다.

b. $(T_2 \circ T_1)(A)$를 구할 수 있는가? 설명하라.

28. $T_1 : M_{22} \to M_{22}$과 $T_2 : M_{22} \to M_{22}$를 각각 $T_1(A) = kA$, $T_2(A) = A^T$로 주어지는 선형변환이라 하자. 여기서 k는 스칼라이다. 연습문제 27을 반복하라.

(29-30) $(T_3 \circ T_2 \circ T_1)(x, y)$*를 구하라.*

29. $T_1(x, y) = (-2y, 3x, x - 2y)$, $T_2(x, y, z) = (y, z, x)$, $T_3(x, y, z) = (x + z, y - z)$

30. $T_1(x, y) = (x + y, y, -x)$, $T_2(x, y, z) = (0, x + y + z, 3y)$, $T_3(x, y, z) = (3x + 2y, 4z - x - 3y)$

31. $T_1 : P_2 \to P_3$와 $T_2 : P_3 \to P_3$를 공식

$$T_1(p(x)) = xp(x)\text{와} \quad T_2(p(x)) = p(x+1)$$

으로 주어지는 선형변환이라고 하자.

a. $T_1^{-1}(p(x))$, $T_2^{-1}(p(x))$와 $(T_1^{-1} \circ T_2^{-1})(p(x))$의 공식을 찾아라.

b. $(T_2 \circ T_1)^{-1} = T_1^{-1} \circ T_2^{-1}$임을 확인하라.

32. $T_1 : R^2 \to R^2$와 $T_2 : R^2 \to R^2$를 다음 공식

$$T_1(x, y) = (x + y, x - y), \quad T_2(x, y) = (2x + y, x - 2y)$$

으로 주어지는 선형 연산자라고 하자.

a. T_1과 T_2가 단사임을 보여라.

b. 다음의 공식을 찾아라.

$$T_1^{-1}(x, y), \quad T_2^{-1}(x, y), \quad (T_2 \circ T_1)^{-1}(x, y)$$

c. $(T_2 \circ T_1)^{-1} = T_1^{-1} \circ T_2^{-1}$임을 확인하라.

33. $T_1 : V \to V$을 $T_1(\mathbf{v}) = 4\mathbf{v}$로 정의되는 선형 연산자라 하자. $T_1 \circ T_2 = I$이고 $T_2 \circ T_1 = I$를 만족하는 선형 연산자 $T_2 : V \to V$를 찾아라.

34. $T_1 : M_{22} \to P_1$, $T_2 : P_1 \to R^3$는 다음 식

$$T_1\left(\begin{bmatrix} a & b \\ c & d \end{bmatrix}\right) = (a + b) + (c + d)x$$

과 $T_2(a + bx) = (a, b, a)$로 정의된다.

a. $T_2 \circ T_1$의 공식을 구하라.

b. $(T_2 \circ T_1)(A) = (T_2 \circ T_1)(B)$를 만족하는 서로 다른 2×2 행렬을 찾아, $T_2 \circ T_1$이 전사가 아님을 증명하라.

c. $T_2 \circ T_1$의 치역에 존재하지 않는 R^3의 벡터 (a, b, c)를 찾아 $T_2 \circ T_1$이 전사가 아님을 보여라.

35. $T : R^3 \to R^3$를 R^3에서 xy-평면으로의 정사영이라 하자. $T \circ T = T$임을 보여라.

36. **(미적분학 필요)** V를 벡터공간 $C^1[0, 1]$이라 하고 $T : V \to R$을

$$T(\mathbf{f}) = f(0) + 2f'(0) + 3f'(1)$$

으로 정의하자. T가 선형변환임을 확인하라. T가 단사인지 판정하고 이유를 밝혀라.

37. **(미적분학 필요)** 미적분학의 기본정리는 적분과 미분은 서로의 작용을 반전시킨다는 것이다. 변환 $D : P_n \to P_{n-1}$을 $D(p(x)) = p'(x)$로 정의하고 $J : P_{n-1} \to P_n$을

$$J(p(x)) = \int_0^x p(t)\,dt$$

으로 정의하자.

a. D와 J가 선형변환임을 보여라.

b. 왜 J가 D의 역변환이 아닌지 설명하라.

c. D와 J의 정의역 그리고/또는 공역을 제한하면 서로의 역변환이 될 수 있는가?

38. **(미적분학 필요)**

$$D(\mathbf{f}) = f'(x), \quad J(\mathbf{f}) = \int_0^x f(t)\,dt$$

가 8.1절의 예제 11과 12의 선형변환이라 하자. 다음 각 항에 대하여 $(J \circ D)(\mathbf{f})$를 구하라.

a. $\mathbf{f}(x) = x^2 + 3x + 2$ **b.** $\mathbf{f}(x) = \sin x$

39. **(미적분학 필요)** $J : P_1 \to R$를 적분변환 $J(\mathbf{p}) = \int_{-1}^{1} p(x)dx$라 하자. J가 단사인지 판정하고 이유를 밝혀라.

40. **(미적분학 필요)** $D : P_n \to P_{n-1}$를 미분변환 $D(p(x)) = p'(x)$라 하자. D가 전사인지 판정하고 이유를 밝혀라.

41. A를 $\det(A) = 0$인 $n \times n$ 행렬이라 하고, $T : R^n \to R^n$을 A에 의한 곱셈변환이라 하자.

a. 행렬 연산자 T의 치역에 대해 설명하라. 결론을 설명하는 예제를 제시하라.

b. T가 $\mathbf{0}$으로 사상하는 벡터의 개수에 대해 설명하라.

42. $\det(A) \neq 0$인 경우에 대하여 연습문제 41의 문제의 답을 제시하라.

43. a. 단사행렬변환들의 합성은 단사인가? 결론을 설명하라.

b. 단사행렬변환과 단사가 아닌 행렬변환의 합성은 단사일 수 있는가? 가능한 구성 순서를 모두 고려하라. 결론을 설명하라.

증명 문제

44. 다음을 증명하라: 전사선형변환 $T : V \to W$가 존재하면 $\dim(V) \geq \dim(W)$이다.

45. 다음을 증명하라: $T : V \to W$가 단사선형변환이면 $T^{-1} : R(T) \to V$도 단사선형변환이다.

46. 공식 (6)에서 주어진 $T_3 \circ T_2 \circ T_1$의 정의를 이용하여 다음을 증명하라.

a. $T_3 \circ T_2 \circ T_1$은 선형변환이다.

b. $T_3 \circ T_2 \circ T_1 = (T_3 \circ T_2) \circ T_1$

c. $T_3 \circ T_2 \circ T_1 = T_3 \circ (T_2 \circ T_1)$

47. V와 W가 유한차원 벡터공간일 때 다음을 증명하라.

a. $\dim(V) > \dim(W)$이면, T는 단사일 수 없다.

b. $\dim(V) < \dim(W)$이면, T는 전사일 수 없다.

48. 동등 정리 8.2.4의 (*t*), (*u*), (*v*) 항이 A의 가역성과 동등함을 증명하라.

참-거짓 문제

TF. (a)-(j)가 참인지 거짓인지를 밝히고 그 이유를 설명하라.

a. $T : V \to W$가 단사일 필요충분조건은 $\mathbf{u} \neq \mathbf{v}$이면 $T(\mathbf{u}) \neq T(\mathbf{v})$인 것이다.

b. $T : V \to W$가 단사일 필요충분조건은 T의 치역의 모든 $\mathbf{w}$에 대하여 $T(\mathbf{v}) = \mathbf{w}$인 $\mathbf{v}$가 V 내에 정확히 한 개 존재하는 것이다.

c. 단사선형변환의 역도 선형변환이다.

d. 선형변환 T가 역을 가지면, T의 핵은 영부분공간이다.

e. $T : R^2 \to R^2$가 x축으로의 정사영이면, $T^{-1} : R^2 \to R^2$는 x축의 모든 점을 x축에 수직인 직선으로 사상한다.

f. $T_1 : U \to V$와 $T_2 : V \to W$가 선형변환이고, T_1이 단사가 아니라면, $T_2 \circ T_1$도 단사가 아니다.

g. A가 $n \times n$ 행렬이고 선형계 $A\mathbf{x} = \mathbf{0}$이 하나의 자명하지 않은 해를 가질 때, 행렬 연산자의 치역은 R^n이다.

h. T_A와 T_B가 R^n의 행렬 연산자이면, R^n의 모든 벡터 $\mathbf{x}$에 대하여 $T_A(T_B(\mathbf{x})) = T_B(T_A(\mathbf{x}))$이다.

i. 행렬변환 $T_A : R^n \to R^m$의 핵은 A의 영공간과 동일하다.

j. 행렬변환 $T_A : R^n \to R^n$의 핵에 영이 아닌 벡터가 존재하면 이 연산자는 단사가 아니다.

계산도구 문제

T1. 행렬변환 $T_A : R^3 \to R^4$를 고려하자. 여기서

$$A = \begin{bmatrix} .23 & -.02 & .67 \\ 1.12 & .10 & .44 \\ -.03 & .11 & .12 \\ .09 & -.68 & .83 \end{bmatrix}$$

이다. 정리 8.2.3을 사용하여 T_A가 단사인지 판정하라.

T2. 행렬변환 $T_B : R^4 \to R^3$를 고려하자. 여기서

$$B = \begin{bmatrix} .52 & .42 & .91 & -.05 \\ -.01 & 1.11 & .37 & .78 \\ .21 & .73 & -.32 & .24 \end{bmatrix}$$

이다. 정리 8.2.3을 사용하여 T_B가 전사인지 판정하라.

8.3 동형사상

이 절에서는 실 유한차원 벡터공간과 유클리드공간 R^n의 근본적인 연관성을 확립할 것이다. 이 연관성은 이론적으로도 중요할 뿐 아니라 R^n의 벡터를 다루는 것처럼 일반 벡터공간의 벡터계산을 수행할 수 있다는 의미에서 실질적 응용성을 갖는다.

동형사상

이 책에서 많은 정리들이 벡터공간 R^n만을 다루었으나, 그만큼 제한적이지는 않다. 이제

다루겠지만 벡터공간 R^n은 실 n차원 벡터공간의 "모체"이다. 왜냐하면 모든 n차원 벡터공간이 벡터를 n-쌍으로 표현하지 않지만 대수적 구조는 동일하기 때문이다. 이것의 의미하는 바를 좀 더 설명하기 위해 다음의 정의가 필요하다.

정의 1

선형변환 $T: V \to W$가 단사이자 전사이면 T는 ***동형사상***(isomorphism)이라 하고, W는 V와 ***동형***(isomorphic)이라고 한다.

연습문제에서 $T: V \to W$가 동형사상이면 $T^{-1}: W \to V$ 또한 동형사상임을 보이라는 문제를 제시할 것이다. 따라서 보통 ***V와 W가 동형이다*** 그리고 ***T는 V와 W 사이의 동형사상이다***라고 말한다.

동형이라는 단어는 "동일함"을 의미하는 그리스어 *iso*와 "형태"를 의미하는 그리스어 *morphe*에서 유래되었다. 이 용어는 적절하다. 왜냐하면 이제 설명하겠지만 동형 벡터공간은 다른 대상으로 구성된 공간이라 하더라도 동일한 "대수 구조"를 갖기 때문이다. 예를 들어 다음 다이어그램은 P_2와 R^3의 동형사상을 설명한다.

$$c_0 + c_1x + c_2x^2 \quad \underset{T^{-1}}{\overset{T}{\rightleftarrows}} \quad (c_0, c_1, c_2)$$

화살표의 양변의 벡터들은 다른 종류의 대상이지만, 각 측의 벡터 연산은 다른 쪽의 그것들을 반영한다. 예를 들어 스칼라곱에 대하여 다음과 같이 연산하며

$$k(c_0 + c_1x + c_2x^2) \quad \underset{T^{-1}}{\overset{T}{\rightleftarrows}} \quad k(c_0, c_1, c_2)$$

$$kc_0 + kc_1x + kc_2x^2 \quad \underset{T^{-1}}{\overset{T}{\rightleftarrows}} \quad (kc_0, kc_1, kc_2)$$

벡터 덧셈은 다음과 같이 계산한다.

$$(c_0 + c_1x + c_2x^2) + (d_0 + d_1x + d_2x^2) \quad \underset{T^{-1}}{\overset{T}{\rightleftarrows}} \quad (c_0, c_1, c_2) + (d_0, d_1, d_2)$$

$$(c_0 + d_0) + (c_1 + d_1)x + (c_2 + d_2)x^2 \quad \underset{T^{-1}}{\overset{T}{\rightleftarrows}} \quad (c_0 + d_0, c_1 + d_1, c_2 + d_2)$$

다음 정리는 선형대수에서 가장 중요한 기본 결과 중 하나이며 벡터공간 R^n의 근본적인 중요성을 보여 준다.

정리 8.3.1

모든 n차원 실벡터공간은 R^n과 동형이다.

정리 8.3.1은 모든 실 n차원 벡터공간은 R^n과 단지 표기법에서 다름을 의미한다. 즉, 두 공간의 대수적 구조는 동일함을 의미한다.

증명 V를 n차원의 실벡터공간이라 하자. V가 R^n과 동형임을 증명하려면 단사이고 전사인 선형변환 $T: V \to R^n$을 찾아야 한다. 이를 위하여

$$S = \{\mathbf{v}_1, \mathbf{v}_2, \ldots, \mathbf{v}_n\}$$

을 V의 임의의 기저라 하고

$$\mathbf{u} = k_1\mathbf{v}_1 + k_2\mathbf{v}_2 + \cdots + k_n\mathbf{v}_n \tag{1}$$

를 V 내의 벡터 $\mathbf{u}$의 기저벡터의 선형결합에 의한 표현이라 하자. 그리고 좌표변환 $T : V \to R^n$을

$$T(\mathbf{u}) = (\mathbf{u})_S = (k_1, k_2, \ldots, k_n) \tag{2}$$

로 정의하자.

T가 선형, 단사, 전사, 따라서 동형사상임을 보일 것이다. 선형성을 증명하기 위하여 $\mathbf{u}$, $\mathbf{v}$가 V의 벡터, c가 스칼라임을 가정하고

$$\mathbf{u} = k_1\mathbf{v}_1 + k_2\mathbf{v}_2 + \cdots + k_n\mathbf{v}_n, \quad \mathbf{v} = d_1\mathbf{v}_1 + d_2\mathbf{v}_2 + \cdots + d_n\mathbf{v}_n \tag{3}$$

을 $\mathbf{u}$와 $\mathbf{v}$의 기저벡터의 선형결합에 의한 표현이라 하자. 그렇다면 (3)으로부터

$$\begin{aligned} T(c\mathbf{u}) &= T(ck_1\mathbf{v}_1 + ck_2\mathbf{v}_2 + \cdots + ck_n\mathbf{v}_n) \\ &= (ck_1, ck_2, \ldots, ck_n) \\ &= c(k_1, k_2, \ldots, k_n) = cT(\mathbf{u}) \end{aligned}$$

이고

$$\begin{aligned} T(\mathbf{u}+\mathbf{v}) &= T\big((k_1+d_1)\mathbf{v}_1 + (k_2+d_2)\mathbf{v}_2 + \cdots + (k_n+d_n)\mathbf{v}_n\big) \\ &= (k_1+d_1, k_2+d_2, \ldots, k_n+d_n) \\ &= (k_1, k_2, \ldots, k_n) + (d_1, d_2, \ldots, d_n) \\ &= T(\mathbf{u}) + T(\mathbf{v}) \end{aligned}$$

이다. 이것은 T가 선형임을 의미한다. T가 단사임을 보이려면 $\mathbf{u}$와 $\mathbf{v}$가 V의 서로 다른 벡터일 때, R^n에서의 그 상들 또한 서로 다름을 보여야 한다. 그러나 $\mathbf{u} \neq \mathbf{v}$이고, 기저벡터에 의한 이 벡터들의 표현이 (3)과 같다면, 적어도 하나의 i에 대하여 $k_i \neq d_i$이어야 한다. 즉,

$$T(\mathbf{u}) = (k_1, k_2, \ldots, k_n) \neq (d_1, d_2, \ldots, d_n) = T(\mathbf{v})$$

이것은 T에 의한 $\mathbf{u}$와 $\mathbf{v}$의 상이 서로 다름을 보인다. 마지막으로 변환 T는 전사이다. 왜냐하면

$$\mathbf{w} = (k_1, k_2, \ldots, k_n)$$

이 R^n의 임의의 벡터라면, (2)로부터 $\mathbf{w}$는 벡터

$$\mathbf{u} = k_1\mathbf{v}_1 + k_2\mathbf{v}_2 + \cdots + k_n\mathbf{v}_n$$

의 T에 의한 상이기 때문이다. ■

정리 8.3.1은 일반적으로 모든 실 n차원 벡터공간이 R^n과 동형임을 의미하는 반면, 증명 내의 식 (2)는 동형사상을 찾는 방법을 설명한다.

정리 8.3.2

S가 벡터공간 V의 순서기저(ordered basis)라면, 좌표사상

$$\mathbf{u} \xrightarrow{T} (\mathbf{u})_S$$

은 V와 R^n 사이의 동형사상이다.

참고 좌표사상은 기저벡터가 나열되는 순서에 따라 다르다. 따라서 정리 8.3.2는 사실 많은 가능한 동형사상을 나타내며, $n!$ 경우의 기저벡터가 나열될 수 있는 가능한 순서 중 하나이다.

예제 1 | P_{n-1}과 R^n의 자연동형사상

정리 8.3.2로부터 좌표사상

$$a_0 + a_1x + \cdots + a_{n-1}x^{n-1} \xrightarrow{T} (a_0, a_1, \ldots, a_{n-1})$$

은 P_{n-1}과 R^n의 동형사상을 정의한다. 이것을 두 벡터공간의 ***자연동형사상***(natural isomorphism)이라 부른다.

예제 2 | M_{22}와 R^4의 자연동형사상

정리 8.3.2로부터 좌표사상

$$\begin{bmatrix} a & b \\ c & d \end{bmatrix} \xrightarrow{T} (a, b, c, d)$$

은 M_{22}와 R^4의 동형사상을 정의한다. 이것은 $m \times n$ 행렬을 좌표벡터로 사상하는 동형사상의 특수한 경우이다. 이것을 M_{mn}과 R^{mn}의 ***자연동형사상***이라 한다.

미적분학 필요

예제 3 | 행렬곱에 의한 미분

삼차 이하의 다항식의 벡터공간에서의 미분변환 $D : P_3 \to P_2$을 생각하자. 자연동형사상에 의해 P_3와 P_2을 R^4과 R^3로 각각 사상한다면, 변환 D는 이에 대응하는 R^4에서 R^3로의 행렬변환을 구성한다. 특히 도함수변환

$$a_0 + a_1x + a_2x^2 + a_3x^3 \xrightarrow{D} a_1 + 2a_2x + 3a_3x^2$$

은 행렬변환

$$\begin{bmatrix} 0 & 1 & 0 & 0 \\ 0 & 0 & 2 & 0 \\ 0 & 0 & 0 & 3 \end{bmatrix} \begin{bmatrix} a_0 \\ a_1 \\ a_2 \\ a_3 \end{bmatrix} = \begin{bmatrix} a_1 \\ 2a_2 \\ 3a_3 \end{bmatrix}$$

을 만든다. 따라서 예를 들어 도함수

$$\frac{d}{dx}(2 + x + 4x^2 - x^3) = 1 + 8x - 3x^2$$

은 행렬곱

$$\begin{bmatrix} 0 & 1 & 0 & 0 \\ 0 & 0 & 2 & 0 \\ 0 & 0 & 0 & 3 \end{bmatrix} \begin{bmatrix} 2 \\ 1 \\ 4 \\ -1 \end{bmatrix} = \begin{bmatrix} 1 \\ 8 \\ -3 \end{bmatrix}$$

으로 계산할 수 있다. 이 발상은 도함수를 계산하는 수치적 알고리즘을 구성하는 데 유용하다.

예제 4 | 동형사상으로 계산하기

P_5와 R^6의 자연동형사상을 사용하여 다음 다항식들이 독립인지 판정하라.

$$\mathbf{p}_1 = 1 + 2x - 3x^2 + 4x^3 + x^5$$
$$\mathbf{p}_2 = 1 + 3x - 4x^2 + 6x^3 + 5x^4 + 4x^5$$
$$\mathbf{p}_3 = 3 + 8x - 11x^2 - 16x^3 + 10x^4 + 9x^5$$

풀이 자연동형사상에 의하여 행이 다항식의 좌표벡터로 구성된 행렬은

$$A = \begin{bmatrix} 1 & 2 & -3 & 4 & 0 & 1 \\ 1 & 3 & -4 & 6 & 5 & 4 \\ 3 & 8 & -11 & 16 & 10 & 9 \end{bmatrix}$$

이다. 기본 행연산을 사용하여 이 행렬을 다음의 행사다리꼴로 축소하는 것은 독자들에게 맡긴다.

$$R = \begin{bmatrix} 1 & 2 & -3 & 4 & 0 & 1 \\ 0 & 1 & -1 & 2 & 5 & 3 \\ 0 & 0 & 0 & 0 & 0 & 0 \end{bmatrix}$$

이 행렬은 두 개의 영이 아닌 행을 갖는다. 따라서 A의 행공간은 2차원이다. 이것은 행벡터들이 선형독립이며 따라서 다항식들도 선형독립임을 의미한다.

내적공간 동형사상

V가 n차원 실내적공간인 경우, V와 R^n은 대수적 구조뿐 아니라 각각의 내적에서부터 비롯된 기하적 구조를 갖는다. 따라서 대수적 구조뿐 아니라 기하적 구조도 보존하는 V에서 R^n으로의 동형사상이 존재하는지 조사하는 것이 타당하다. 예를 들어 V의 직교벡터에 대응하는 R^n의 벡터도 직교벡터이기를 바라며, V에서의 정규직교집합이 R^n에서의 정규직교집합에 대응하기를 바란다.

동형사상이 기하적 구조를 보존하려면 당연히 내적이 보존되어야 한다. 왜냐하면 길이, 각도, 직교성의 개념이 모두 내적에 기반하기 때문이다. 따라서 V와 W가 내적공간이고 V 안의 모든 $\mathbf{u}$와 $\mathbf{v}$에 대해

$$\langle T(\mathbf{u}), T(\mathbf{v}) \rangle = \langle \mathbf{u}, \mathbf{v} \rangle$$

이면 동형사상 $T : V \to W$를 ***내적공간 동형사상***(inner product space isomorphism)이라 한다.

참고 이 방정식의 좌변의 내적은 W상에서 계산되고 우변은 V상에서 계산됨을 유의하라.

정리 8.3.2와 유사한 다음 정리는 실내적공간과 유클리드 벡터공간 사이의 내적공간 동형사상을 구하는 데 중요한 방법을 제시한다.

정리 8.3.3

$S = \{\mathbf{v}_1, \mathbf{v}_2, \ldots, \mathbf{v}_n\}$가 실 n차원 내적공간 V의 순서 정규직교기저라면, 좌표사상

$$\mathbf{u} \xrightarrow{T} (\mathbf{u})_S$$

은 유클리드 내적을 갖는 V와 R^n의 내적공간 동형사상이다.

예제 5 | 내적공간 동형사상

예제 1에서 다음의 P_{n-1}에 대한 표준기저에 대한 좌표사상

$$a_0 + a_1x + \cdots + a_{n-1}x^{n-1} \xrightarrow{T} (a_0, a_1, \ldots, a_{n-1})$$

이 P_{n-1}과 R^n 사이의 동형사상임을 보았다. 그러나 표준기저는 P_{n-1}상의 표준내적에 대하여 직교한다(6.3절의 예제 3 참조). 그래서 T는 사실 P_{n-1}상의 표준내적에 대하여 *내적공간 동형사상*이다. 이것이 참임을 확인하려면, 6.1절의 예제 7에서 다음의 두 벡터

$$\mathbf{p} = a_0 + a_1x + \cdots + a_{n-1}x^{n-1}, \quad \mathbf{q} = b_0 + b_1x + \cdots + b_{n-1}x^{n-1}$$

의 P_{n-1}상의 표준내적이

$$\langle \mathbf{p}, \mathbf{q} \rangle = a_0b_0 + a_1b_1 + \cdots + a_{n-1}b_{n-1}$$

임을 상기하라. 이것은 정확히

$$(a_0, a_1, \ldots, a_{n-1}), \quad (b_0, b_1, \ldots, b_{n-1})$$

의 두 n-쌍에 대한 R^n의 유클리드 내적이다.

예제 6 | 표기법 문제

R^n을 쉼표 구분형에 의한 실 n-쌍의 벡터공간이라 하고, M_n을 실 $n \times 1$ 행렬의 벡터공간이라 하자. R^n은 유클리드 내적 $\langle \mathbf{u}, \mathbf{v} \rangle = \mathbf{u} \cdot \mathbf{v}$을 갖고, M_n은 열 형식으로 표현된 $\mathbf{u}$와 $\mathbf{v}$에 대하여 내적 $\langle \mathbf{u}, \mathbf{v} \rangle = \mathbf{u}^T\mathbf{v}$을 갖는다고 하자.

$$(v_1, v_2, \ldots, v_n) \xrightarrow{T} \begin{bmatrix} v_1 \\ v_2 \\ \vdots \\ v_n \end{bmatrix}$$

으로 정의되는 사상 $T : R^n \to M_n$은 내적공간 동형사상이다. 따라서 내적공간 R^n과 내적공간 M_n의 차이는 본질적으로 표기법의 차이일 뿐이다. 이 사실은 이 책에서 여러 번 사용된 바 있다.

연습문제 8.3

(1-8) 다음 변환이 동형사상인지 말하라. 증명할 필요는 없다.

1. P_1에서 R^2로의 $c_0 + c_1x \to (c_0 - c_1, c_1)$

2. R^2에서 R^3로의 $(x, y) \to (x, y, 0)$

3. P_3에서 M_{22}로의 $a + bx + cx^2 + dx^3 \to \begin{bmatrix} a & b \\ c & d \end{bmatrix}$

4. M_{22}에서 R로의 $\begin{bmatrix} a & b \\ c & d \end{bmatrix} \to ad - bc$

5. R^4에서 P_3으로의 $(a, b, c, d) \to a + bx + cx^2 + (d + 1)x^3$

6. M_{nn}에서 M_{nn}로의 $A \to A^T$

7. $S = \{\sin x, \cos x\}$로 생성된 $C(-\infty, \infty)$에서 R^2로의 $c_1 \sin x + c_2 \cos x \to (c_1, c_2)$

8. R^∞에서 R^∞로의 사상 $(u_1, u_2, \ldots, u_n, \ldots) \to (0, u_1, u_2, \ldots, u_n, \ldots)$

9. a. 3×3 대칭행렬의 벡터공간과 R^6 사이의 동형사상을 찾아라.

b. 2×2 행렬의 벡터공간과 R^4 사이의 두 개의 다른 동형사상을 찾아라.

10. a. $p(0) = 0$인 삼차 이하의 모든 다항식의 벡터공간과 R^3 사이의 동형사상을 찾아라.

b. span$\{1, \sin(x), \cos(x)\}$와 R^3 사이의 동형사상을 찾아라.

(11-12) $T_A : R^3 \to R^3$ 행렬변환이 동형사상인지 판정하라.

11. $A = \begin{bmatrix} 0 & 1 & -1 \\ 1 & 0 & 2 \\ -1 & 1 & 0 \end{bmatrix}$ **12.** $A = \begin{bmatrix} 1 & -1 & 0 \\ 0 & 0 & 2 \\ -1 & 1 & 0 \end{bmatrix}$

(13-14) $A\mathbf{x} = \mathbf{0}$의 해공간 W의 차원 n을 구하고, W와 R^n 사이의 동형사상을 구성하라.

13. $A = \begin{bmatrix} 1 & 1 & 1 & 1 \\ 2 & 2 & 2 & 2 \\ 3 & 3 & 3 & 3 \end{bmatrix}$ **14.** $A = \begin{bmatrix} 1 & 0 & 1 & 0 \\ 1 & 0 & 1 & 0 \\ 0 & 1 & 0 & 1 \\ 0 & 1 & 0 & 1 \end{bmatrix}$

(15-16) 다음 변환이 M_{22}와 R^4 사이의 동형사상인지 판정하라.

15. $\begin{bmatrix} a & b \\ c & d \end{bmatrix} \to \begin{bmatrix} a \\ a+b \\ a+b+c \\ a+b+c+d \end{bmatrix}$

16. $\begin{bmatrix} a & b \\ c & d \end{bmatrix} \to \begin{bmatrix} a+b \\ a+b \\ a+b+c \\ a+b+c+d \end{bmatrix}$

17. R^2가 R^3 내의 xy-평면과 동형이라고 생각하는가? 답의 근거를 제시하라.

18. a. M_{mn}이 R^k와 동형이라면 k는 어떠한 값인가?

b. M_{mn}이 P_k와 동형이라면 k는 어떠한 값인가?

19. $T : P_2 \to M_{22}$가

$$T(\mathbf{p}) = T(p(x)) = \begin{bmatrix} p(0) & p(1) \\ p(1) & p(0) \end{bmatrix}$$

이라면 이것은 동형사상인가? 답의 근거를 제시하라.

20. M_{22}와 P_3가 6.1절의 예제 6과 7에서 제시된 표준내적을 갖는다면, 다음의 사상

$$\begin{bmatrix} a_0 & a_1 \\ a_2 & a_3 \end{bmatrix} \to a_0 + a_1x + a_2x^2 + a_3x^3$$

이 이 공간 사이의 내적공간 동형사상임을 보여라.

21. **(미적분학 필요)** 행렬변환을 이용하여 벡터공간 span$\{1, \sin(x), \cos(x), \sin(2x), \cos(2x)\}$의 함수를 미분하는 방법을 고안하라. 고안한 방법을 이용하여 $3 - 4\sin(x) + \sin(2x) + 5\cos(2x)$의 도함수를 구하라.

증명 문제

22. $T : V \to W$가 동형사상이면 $T^{-1} : W \to V$도 동형사상임을 증명하라.

23. U, V, W가 U와 V가 동형이고 V와 W가 동형인 벡터공간이면, U와 W도 동형임을 증명하라.

24. 연습문제 23의 결과를 이용하여 동일한 차원을 갖는 임의의 두 개의 실 유한차원 벡터공간은 서로 동형임을 증명하라.

25. 내적공간 동형사상이 각과 거리를 보존함을 증명하라. 즉, V 내의 $\mathbf{u}$와 $\mathbf{v}$의 사잇각은 W 내의 $T(\mathbf{u})$와 $T(\mathbf{v})$의 사잇각과 동일하고 $\|\mathbf{u}-\mathbf{v}\|_V = \|T(\mathbf{u})-T(\mathbf{v})\|_W$이다.

26. 내적공간 동형사상은 정규직교집합을 정규직교집합으로 사상함을 증명하라.

참-거짓 문제

TF. (a)-(f)가 참인지 거짓인지를 밝히고 그 이유를 설명하라.

a. 벡터공간 R^2와 P_2는 동형이다.

b. 선형변환 $T : P_3 \to P_3$의 핵이 $\{\mathbf{0}\}$이면 T는 동형사상이다.

c. M_{33}에서 P_9로의 모든 선형변환은 동형이다.

d. R^4와 동형인 M_{23}의 부분공간이 존재한다.

e. 동형 유한차원 벡터공간은 기저를 구성하는 벡터의 개수가 동일하다.

f. R^n은 R^{n+1}의 어떤 부분공간과 동형이다.

8.4 일반선형변환의 행렬

이 절에서는 R^n에서 R^m으로의 적절한 행렬변환을 이용하면 임의의 n차원 벡터공간 V에서 임의의 m차원 벡터공간 W로의 일반선형변환이 가능함을 보일 것이다. 이 발상은 컴퓨터 연산에서 활용된다. 왜냐하면 컴퓨터는 행렬 연산에 매우 적합하기 때문이다.

선형변환의 행렬

V를 n차원 벡터공간, W를 m차원 벡터공간이라 하고, $T : V \to W$를 선형변환이라 하자. 또한 B를 V의 기저라 하고 B'을 W의 기저라 하자. V의 모든 벡터 $\mathbf{x}$에 대하여 $\mathbf{x}$와 $T(\mathbf{x})$의 좌표행렬을 각각 $[\mathbf{x}]_B$, $[T(\mathbf{x})]_{B'}$이라 하자(**그림 8.4.1**).

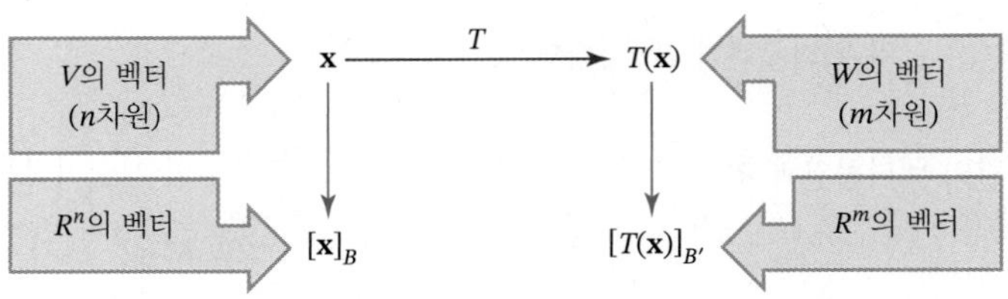

그림 8.4.1

우리의 목표는 V의 모든 $\mathbf{x}$에 대하여 A에 의한 곱이 벡터 $[\mathbf{x}]_B$를 벡터 $[T(\mathbf{x})]_{B'}$으로 사상하도록 하는 $m \times n$ 행렬 A를 찾는 것이다(**그림 8.4.2*a***). 이것이 가능하다면, **그림 8.4.2*b***에서 보이듯이 행렬 곱셈과 다음의 *간접적인* 과정에 의하여 선형변환 T를 수행할 수 있다.

$T(\mathbf{x})$를 간접적으로 찾기

단계 1. 좌표벡터 $[\mathbf{x}]_B$를 계산하라.

단계 2. A의 왼쪽에 $[\mathbf{x}]_B$를 곱하여 $[T(\mathbf{x})]_{B'}$을 구성하라.

단계 3. $T(\mathbf{x})$의 좌표벡터 $[T(\mathbf{x})]_{B'}$으로부터 $T(\mathbf{x})$를 재구성하라.

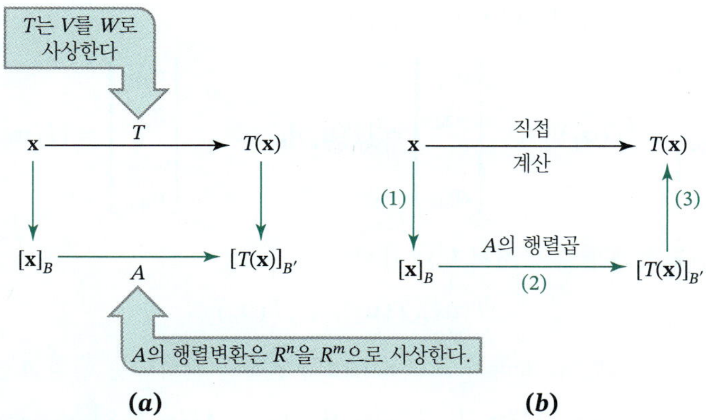

그림 8.4.2

이 과정을 수행하는 데 핵심은 다음의 성질

$$A[\mathbf{x}]_B = [T(\mathbf{x})]_{B'} \tag{1}$$

을 갖는 $m \times n$ 행렬 A를 구하는 것이다. 이를 위하여 $B = \{\mathbf{u}_1, \mathbf{u}_2, \ldots, \mathbf{u}_n\}$를 n차원 공간 V의 기저라 하고 $B' = \{\mathbf{v}_1, \mathbf{v}_2, \ldots, \mathbf{v}_m\}$을 m차원 공간 W의 기저라 하자. 방정식 (1)은 V의 모든 벡터에 대해서 성립해야 하므로, 특히 B의 기저벡터에 대해서도 성립해야 한다. 즉,

$$A[\mathbf{u}_1]_B = [T(\mathbf{u}_1)]_{B'}, \quad A[\mathbf{u}_2]_B = [T(\mathbf{u}_2)]_{B'}, \ldots, \quad A[\mathbf{u}_n]_B = [T(\mathbf{u}_n)]_{B'} \tag{2}$$

이어야 한다. 그러나

$$[\mathbf{u}_1]_B = \begin{bmatrix} 1 \\ 0 \\ 0 \\ \vdots \\ 0 \end{bmatrix}, \quad [\mathbf{u}_2]_B = \begin{bmatrix} 0 \\ 1 \\ 0 \\ \vdots \\ 0 \end{bmatrix}, \ldots, \quad [\mathbf{u}_n]_B = \begin{bmatrix} 0 \\ 0 \\ 0 \\ \vdots \\ 1 \end{bmatrix}$$

이므로

$$A[\mathbf{u}_1]_B = \begin{bmatrix} a_{11} & a_{12} & \cdots & a_{1n} \\ a_{21} & a_{22} & \cdots & a_{2n} \\ \vdots & \vdots & & \vdots \\ a_{m1} & a_{m2} & \cdots & a_{mn} \end{bmatrix} \begin{bmatrix} 1 \\ 0 \\ 0 \\ \vdots \\ 0 \end{bmatrix} = \begin{bmatrix} a_{11} \\ a_{21} \\ \vdots \\ a_{m1} \end{bmatrix}$$

$$A[\mathbf{u}_2]_B = \begin{bmatrix} a_{11} & a_{12} & \cdots & a_{1n} \\ a_{21} & a_{22} & \cdots & a_{2n} \\ \vdots & \vdots & & \vdots \\ a_{m1} & a_{m2} & \cdots & a_{mn} \end{bmatrix} \begin{bmatrix} 0 \\ 1 \\ 0 \\ \vdots \\ 0 \end{bmatrix} = \begin{bmatrix} a_{12} \\ a_{22} \\ \vdots \\ a_{m2} \end{bmatrix}$$

$$\vdots \qquad\qquad \vdots \qquad\qquad \vdots$$

$$A[\mathbf{u}_n]_B = \begin{bmatrix} a_{11} & a_{12} & \cdots & a_{1n} \\ a_{21} & a_{22} & \cdots & a_{2n} \\ \vdots & \vdots & & \vdots \\ a_{m1} & a_{m2} & \cdots & a_{mn} \end{bmatrix} \begin{bmatrix} 0 \\ 0 \\ 0 \\ \vdots \\ 1 \end{bmatrix} = \begin{bmatrix} a_{1n} \\ a_{2n} \\ \vdots \\ a_{mn} \end{bmatrix}$$

이다. 이 결과를 (2)에 대입하면 다음을 얻는다.

$$\begin{bmatrix} a_{11} \\ a_{21} \\ \vdots \\ a_{m1} \end{bmatrix} = [T(\mathbf{u}_1)]_{B'}, \quad \begin{bmatrix} a_{12} \\ a_{22} \\ \vdots \\ a_{m2} \end{bmatrix} = [T(\mathbf{u}_2)]_{B'}, \ldots, \quad \begin{bmatrix} a_{1n} \\ a_{2n} \\ \vdots \\ a_{mn} \end{bmatrix} = [T(\mathbf{u}_n)]_{B'}$$

이것은 A의 연속적인 열들이 기저 B'에 대한

$$T(\mathbf{u}_1), T(\mathbf{u}_2), \ldots, T(\mathbf{u}_n)$$

의 좌표벡터임을 의미한다. 따라서 그림 8.4.2a의 연결을 완성하는 행렬 A는

$$A = \left[[T(\mathbf{u}_1)]_{B'} \mid [T(\mathbf{u}_2)]_{B'} \mid \cdots \mid [T(\mathbf{u}_n)]_{B'} \right] \tag{3}$$

이다. 이 행렬을 ***기저 B와 B'에 대한 T의 행렬***이라 하고 기호 $[T]_{B',B}$로 표기한다. 이 기호를 사용하면 공식 (3)은

$$\boxed{[T]_{B',B} = \left[[T(\mathbf{u}_1)]_{B'} \mid [T(\mathbf{u}_2)]_{B'} \mid \cdots \mid [T(\mathbf{u}_n)]_{B'} \right]} \tag{4}$$

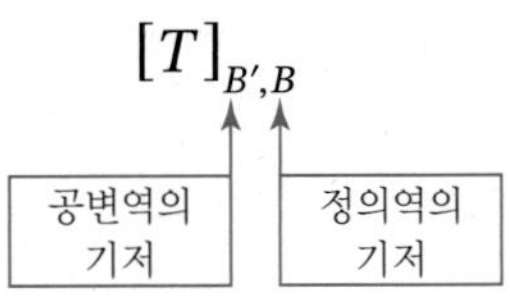

그림 8.4.3

로 쓸 수 있으며, (1)로부터 이 행렬은 다음의 성질을 갖는다.

$$\boxed{[T]_{B',B}[\mathbf{x}]_B = [T(\mathbf{x})]_{B'}} \tag{5}$$

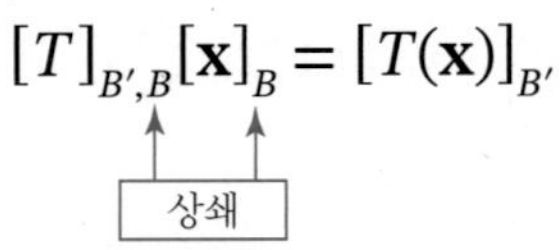

그림 8.4.4

참고 표기법 $[T]_{B',B}$에서 오른쪽 아래첨자는 T의 정의역의 기저이고, 왼쪽 첨자는 T의 공역의 기저임을 유의하라(**그림 8.4.3**). 또한 공식 (5)에서 아래첨자 B가 "상쇄"되는 것처럼 보임을 관찰하라(**그림 8.4.4**).

$T_C : R^n \to R^m$이 C의 곱셈변환이고 S와 S'이 각각 R^n과 R^m의 *표준기저*인 특별한 경우

$$[T_C]_{S',S} = C \tag{6}$$

임을 보이는 것은 연습문제로 남긴다.

예제 1 | 선형변환의 행렬

$T : P_1 \to P_2$를

$$T(p(x)) = xp(x)$$

와 같이 정의되는 선형변환이라 하자. 표준기저

$$B = \{\mathbf{u}_1, \mathbf{u}_2\}, \quad B' = \{\mathbf{v}_1, \mathbf{v}_2, \mathbf{v}_3\}$$

에 대한 T의 행렬을 찾아라. 즉,

$$\mathbf{u}_1 = 1, \quad \mathbf{u}_2 = x; \qquad \mathbf{v}_1 = 1, \quad \mathbf{v}_2 = x, \quad \mathbf{v}_3 = x^2$$

이다.

풀이 T의 공식으로부터 다음을 얻는다.

$$T(\mathbf{u}_1) = T(1) = (x)(1) = x$$
$$T(\mathbf{u}_2) = T(x) = (x)(x) = x^2$$

이로부터 B'에 대한 $T(\mathbf{u}_1)$와 $T(\mathbf{u}_2)$의 좌표벡터는

$$[T(\mathbf{u}_1)]_{B'} = \begin{bmatrix} 0 \\ 1 \\ 0 \end{bmatrix}, \quad [T(\mathbf{u}_2)]_{B'} = \begin{bmatrix} 0 \\ 0 \\ 1 \end{bmatrix}$$

이다. 따라서 B와 B'에 대한 T의 행렬은

$$[T]_{B',B} = [[T(\mathbf{u}_1)]_{B'} \mid [T(\mathbf{u}_2)]_{B'}] = \begin{bmatrix} 0 & 0 \\ 1 & 0 \\ 0 & 1 \end{bmatrix}$$

이다.

예제 2 | 3단계 과정

$T : P_1 \to P_2$를 예제 1의 선형변환이라 하자. 다음 그림에서 설명된 3단계 과정을 이용하여 계산을 수행하라.

$$T(a + bx) = x(a + bx) = ax + bx^2$$

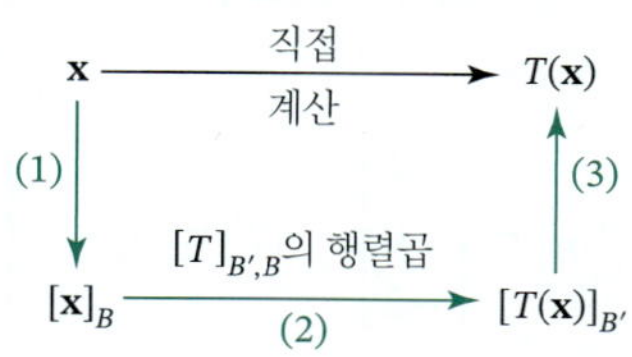

풀이

단계 1. 기저 $B = \{1, x\}$에 대한 $\mathbf{x} = a + bx$의 좌표행렬은

$$[\mathbf{x}]_B = \begin{bmatrix} a \\ b \end{bmatrix}$$

이다.

단계 2. 예제 1에서 구한 행렬 $[T]_{B',B}$에 $[\mathbf{x}]_B$를 곱하면

$$[T]_{B',B}[\mathbf{x}]_B = \begin{bmatrix} 0 & 0 \\ 1 & 0 \\ 0 & 1 \end{bmatrix} \begin{bmatrix} a \\ b \end{bmatrix} = \begin{bmatrix} 0 \\ a \\ b \end{bmatrix} = [T(\mathbf{x})]_{B'}$$

을 얻는다.

단계 3. $[T(\mathbf{x})]_{B'}$로부터 $T(\mathbf{x}) = T(a + bx)$를 재구성하면

$$T(a + bx) = 0 + ax + bx^2 = ax + bx^2$$

을 얻는다.

예제 3 | 선형변환의 행렬

$T : R^2 \to R^3$를

$$T\left(\begin{bmatrix} x_1 \\ x_2 \end{bmatrix}\right) = \begin{bmatrix} x_2 \\ -5x_1 + 13x_2 \\ -7x_1 + 16x_2 \end{bmatrix} = \begin{bmatrix} 0 & 1 \\ -5 & 13 \\ -7 & 16 \end{bmatrix}\begin{bmatrix} x_1 \\ x_2 \end{bmatrix}$$

로 정의된 선형변환이라 하자. R^2의 기저 $B = \{\mathbf{u}_1, \mathbf{u}_2\}$와 R^3의 기저 $B' = \{\mathbf{v}_1, \mathbf{v}_2, \mathbf{v}_3\}$에 대한 변환 T의 행렬을 찾아라. 여기서

$$\mathbf{u}_1 = \begin{bmatrix} 3 \\ 1 \end{bmatrix}, \quad \mathbf{u}_2 = \begin{bmatrix} 5 \\ 2 \end{bmatrix}; \qquad \mathbf{v}_1 = \begin{bmatrix} 1 \\ 0 \\ -1 \end{bmatrix}, \quad \mathbf{v}_2 = \begin{bmatrix} -1 \\ 2 \\ 2 \end{bmatrix}, \quad \mathbf{v}_3 = \begin{bmatrix} 0 \\ 1 \\ 2 \end{bmatrix}$$

이다.

풀이 T의 공식으로부터

$$T(\mathbf{u}_1) = \begin{bmatrix} 1 \\ -2 \\ -5 \end{bmatrix}, \quad T(\mathbf{u}_2) = \begin{bmatrix} 2 \\ 1 \\ -3 \end{bmatrix}$$

이다. 이 벡터들을 $\mathbf{v}_1, \mathbf{v}_2, \mathbf{v}_3$의 선형결합으로 표현하면 다음을 얻는다(확인하라).

$$T(\mathbf{u}_1) = \mathbf{v}_1 - 2\mathbf{v}_3, \quad T(\mathbf{u}_2) = 3\mathbf{v}_1 + \mathbf{v}_2 - \mathbf{v}_3$$

따라서

$$[T(\mathbf{u}_1)]_{B'} = \begin{bmatrix} 1 \\ 0 \\ -2 \end{bmatrix}, \quad [T(\mathbf{u}_2)]_{B'} = \begin{bmatrix} 3 \\ 1 \\ -1 \end{bmatrix}$$

이고

$$[T]_{B',B} = [[T(\mathbf{u}_1)]_{B'} \mid [T(\mathbf{u}_2)]_{B'}] = \begin{bmatrix} 1 & 3 \\ 0 & 1 \\ -2 & -1 \end{bmatrix}$$

이다.

참고 예제 3은 동일한 선형변환이 선택된 기저에 따라서 여러 가지 형태로 표현될 수 있음을 나타낸다. 이 예제에서는 두 행렬

$$[T]_{S',S} = \begin{bmatrix} 0 & 1 \\ -5 & 13 \\ -7 & 16 \end{bmatrix}, \quad [T]_{B',B} = \begin{bmatrix} 1 & 3 \\ 0 & 1 \\ -2 & -1 \end{bmatrix}$$

모두 변환 T를 표현한다. 첫 번째는 R^2와 R^3의 표준기저 S와 S'에 대한 표현이며, 두 번째는 위의 예제에서 언급한 기저 B와 B'에 대한 표현이다.

선형 연산자의 행렬

$V = W$(따라서 $T : V \to V$인 선형 연산자)인 특별한 경우, T의 행렬을 구성할 때 보통 $B = B'$으로 선택하는 것이 일반적이다. 이 경우에, 계산된 행렬은 ***기저 B에 대한 T의 행렬***

이라 하고, $[T]_{B,B}$보다는 $[T]_B$로 표기한다. $B = \{\mathbf{u}_1, \mathbf{u}_2, \ldots, \mathbf{u}_n\}$일 때 공식 (4)와 (5)는

$$\boxed{[T]_B = \big[[T(\mathbf{u}_1)]_B \mid [T(\mathbf{u}_2)]_B \mid \cdots \mid [T(\mathbf{u}_n)]_B\big]} \tag{7}$$

$$\boxed{[T]_B[\mathbf{x}]_B = [T(\mathbf{x})]_B} \tag{8}$$

약식으로 언급하면, 공식 (7)과 (8)은 *T의 행렬에* $\mathbf{x}$*의 좌표벡터가 곱해지면* $T(\mathbf{x})$*의 좌표벡터가 만들어짐*을 의미한다.

가 된다. $T : R^n \to R^n$이 행렬 연산자인 특별한 경우, 즉 A에 의한 곱셈변환이고 B가 R^n의 표준기저인 경우 공식 (7)은

$$[T_A]_B = A \tag{9}$$

로 간단해진다.

항등 연산자의 행렬

항등 연산자 $I : V \to V$는 벡터공간 V의 모든 벡터를 자신으로 사상한다. 즉, V의 모든 벡터 $\mathbf{x}$에 대하여 $I(\mathbf{x}) = \mathbf{x}$임을 상기하라. 다음 예제는 V가 n차원일 때, *임의의* 기저 B에 대한 항등 연산자의 행렬은 $n \times n$ 항등행렬임을 보인다.

예제 4 | 항등 연산자의 행렬

$B = \{\mathbf{u}_1, \mathbf{u}_2, \ldots, \mathbf{u}_n\}$이 유한차원 벡터공간 V의 기저이고, $I : V \to V$가 V상의 항등 연산자이면

$$I(\mathbf{u}_1) = \mathbf{u}_1, \quad I(\mathbf{u}_2) = \mathbf{u}_2, \ldots, \quad I(\mathbf{u}_n) = \mathbf{u}_n$$

이다. 따라서

$$[I]_B = \begin{bmatrix} 1 & 0 & \cdots & 0 \\ 0 & 1 & \cdots & 0 \\ 0 & 0 & \cdots & 0 \\ \vdots & \vdots & & \vdots \\ 0 & 0 & \cdots & 1 \end{bmatrix} = I$$

$$\uparrow \qquad \uparrow \qquad \uparrow$$

$$[I(\mathbf{u}_1)]_B \quad [I(\mathbf{u}_2)]_B \quad [I(\mathbf{u}_n)]_B$$

이다.

예제 5 | P_2의 선형 연산자

$T : P_2 \to P_2$를

$$T(p(x)) = p(3x - 5)$$

으로 정의되는 선형 연산자라 하자. 즉, $T(c_0 + c_1x + c_2x^2) = c_0 + c_1(3x - 5) + c_2(3x - 5)^2$이다.

(a) 기저 $B = \{1, x, x^2\}$에 대한 $[T]_B$를 찾아라.

(*b*) 간접과정을 사용하여 $T(1 + 2x + 3x^2)$을 계산하라.
(*c*) $T(1 + 2x + 3x^2)$을 직접 계산하여 (*b*)의 결과를 확인하라.

풀이 (*a*) T의 공식으로부터

$$T(1) = 1, \quad T(x) = 3x - 5, \quad T(x^2) = (3x - 5)^2 = 9x^2 - 30x + 25$$

이고 따라서

$$[T(1)]_B = \begin{bmatrix} 1 \\ 0 \\ 0 \end{bmatrix}, \quad [T(x)]_B = \begin{bmatrix} -5 \\ 3 \\ 0 \end{bmatrix}, \quad [T(x^2)]_B = \begin{bmatrix} 25 \\ -30 \\ 9 \end{bmatrix}$$

이다. 즉,

$$[T]_B = \begin{bmatrix} 1 & -5 & 25 \\ 0 & 3 & -30 \\ 0 & 0 & 9 \end{bmatrix}$$

이다.

풀이 (*b*)
단계 1. 기저 $B = \{1, x, x^2\}$에 대한 $\mathbf{p} = 1 + 2x + 3x^2$의 좌표행렬은

$$[\mathbf{p}]_B = \begin{bmatrix} 1 \\ 2 \\ 3 \end{bmatrix}$$

이다.
단계 2. $[\mathbf{p}]_B$에 (*a*)에서 구한 행렬 $[T]_B$를 곱하면

$$[T]_B[\mathbf{p}]_B = \begin{bmatrix} 1 & -5 & 25 \\ 0 & 3 & -30 \\ 0 & 0 & 9 \end{bmatrix}\begin{bmatrix} 1 \\ 2 \\ 3 \end{bmatrix} = \begin{bmatrix} 66 \\ -84 \\ 27 \end{bmatrix} = [T(\mathbf{p})]_B$$

을 얻는다.
단계 3. $[T(\mathbf{p})]_B$에서 $T(\mathbf{p}) = T(1 + 2x + 3x^2)$를 다시 구성하면

$$T(1 + 2x + 3x^2) = 66 - 84x + 27x^2$$

을 얻는다.

풀이 (*c*) 직접 계산하면

$$\begin{aligned} T(1 + 2x + 3x^2) &= 1 + 2(3x - 5) + 3(3x - 5)^2 \\ &= 1 + 6x - 10 + 27x^2 - 90x + 75 \\ &= 66 - 84x + 27x^2 \end{aligned}$$

이고 (*b*)의 결과와 일치한다.

합성과 역변환의 행렬

위의 결과의 일반화된 결과에 대한 정리를 증명 없이 제시하고 이 절을 마친다.

정리 8.4.1

$T_1 : U \to V$와 $T_2 : V \to W$가 선형변환이고 B, B'', B'이 각각 U, V, W의 기저일 때,

$$[T_2 \circ T_1]_{B',B} = [T_2]_{B',B''}[T_1]_{B'',B} \tag{10}$$

이다.

정리 8.4.2

$T : V \to V$이 선형 연산자이고 B가 V의 기저이면 다음은 동등하다.

(*a*) T가 단사이다.

(*b*) $[T]_B$가 가역이다.

또한 이 동등조건이 성립하면

$$[T^{-1}]_B = [T]_B^{-1} \tag{11}$$

이다.

참고 (10)에서 합성변환의 정의역과 공역의 기저만 아래첨자로 남고, 내부 아래첨자 B''(중간공간 V의 기저)이 "상쇄"되는 듯한 효과에 주목하라(**그림 8.4.5**). 이 내부 아래첨자의 "상쇄"는 공식 (10)을 다음 세 개의 선형변환의 합성으로 쉽게 확장할 수 있게 한다(**그림 8.4.6**).

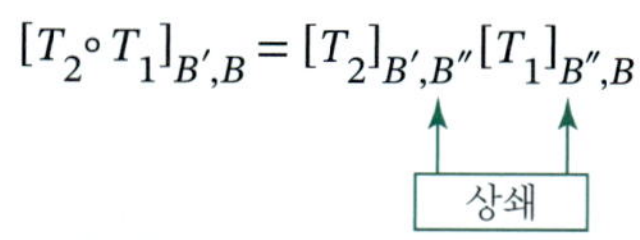

그림 8.4.5

$$\boxed{[T_3 \circ T_2 \circ T_1]_{B',B} = [T_3]_{B',B'''}[T_2]_{B''',B''}[T_1]_{B'',B}} \tag{12}$$

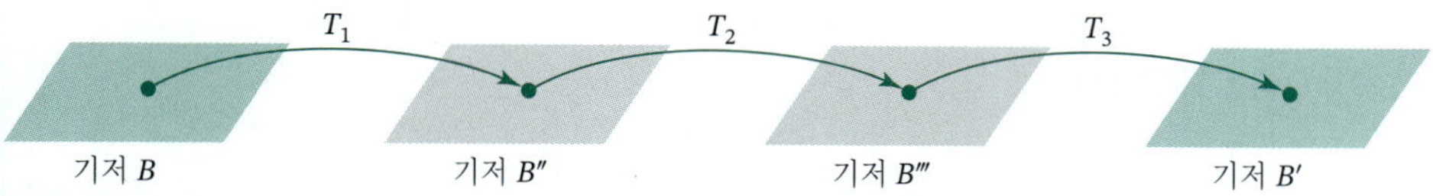

그림 8.4.6

다음 예제는 정리 8.4.1을 설명한다.

예제 6 | 합성

$T_1 : P_1 \to P_2$를

$$T_1(p(x)) = xp(x)$$

으로 정의되는 선형변환이라 하고 $T_2 : P_2 \to P_2$를

$$T_2(p(x)) = p(3x-5)$$

으로 정의되는 선형변환이라 하자. 합성 $(T_2 \circ T_1) : P_1 \to P_2$는

$$(T_2 \circ T_1)(p(x)) = T_2(T_1(p(x))) = T_2(xp(x)) = (3x-5)p(3x-5)$$

으로 주어진다. 따라서 $p(x) = c_0 + c_1x$라면

$$\begin{aligned}(T_2 \circ T_1)(c_0 + c_1x) &= (3x-5)(c_0 + c_1(3x-5)) \\ &= c_0(3x-5) + c_1(3x-5)^2 \end{aligned} \tag{13}$$

이다. 이 예제에서 P_1은 정리 8.4.1의 U의 역할을 하고, P_2는 V와 W의 역할을 한다. 따라서 (10)에서 $B' = B''$으로 선정할 수 있으며 공식은

$$[T_2 \circ T_1]_{B',B} = [T_2]_{B'}[T_1]_{B',B} \tag{14}$$

로 간단해진다. $B = \{1, x\}$를 P_1의 기저로, $B' = \{1, x, x^2\}$를 P_2의 기저로 선정하자. 예제 1과 5에서

$$[T_1]_{B',B} = \begin{bmatrix} 0 & 0 \\ 1 & 0 \\ 0 & 1 \end{bmatrix}, \quad [T_2]_{B'} = \begin{bmatrix} 1 & -5 & 25 \\ 0 & 3 & -30 \\ 0 & 0 & 9 \end{bmatrix}$$

임을 보였다. 따라서 (14)로부터

$$[T_2 \circ T_1]_{B',B} = \begin{bmatrix} 1 & -5 & 25 \\ 0 & 3 & -30 \\ 0 & 0 & 9 \end{bmatrix} \begin{bmatrix} 0 & 0 \\ 1 & 0 \\ 0 & 1 \end{bmatrix} = \begin{bmatrix} -5 & 25 \\ 3 & -30 \\ 0 & 9 \end{bmatrix} \tag{15}$$

이다. 검산으로 공식 (4)를 이용하여 $[T_2 \circ T_1]_{B',B}$을 직접 계산할 것이다. $B = \{1, x\}$이므로 $\mathbf{u}_1 = 1$이고 $\mathbf{u}_2 = x$일 때 공식 (4)로부터

$$[T_2 \circ T_1]_{B',B} = [[(T_2 \circ T_1)(1)]_{B'} \mid [(T_2 \circ T_1)(x)]_{B'}] \tag{16}$$

이다. (13)을 이용하면

$$(T_2 \circ T_1)(1) = 3x - 5, \quad (T_2 \circ T_1)(x) = (3x-5)^2 = 9x^2 - 30x + 25$$

를 얻는다. 이 결과와 $B' = \{1, x, x^2\}$로부터

$$[(T_2 \circ T_1)(1)]_{B'} = \begin{bmatrix} -5 \\ 3 \\ 0 \end{bmatrix}, \quad [(T_2 \circ T_1)(x)]_{B'} = \begin{bmatrix} 25 \\ -30 \\ 9 \end{bmatrix}$$

이다. (16)에 대입하면

$$[T_2 \circ T_1]_{B',B} = \begin{bmatrix} -5 & 25 \\ 3 & -30 \\ 0 & 9 \end{bmatrix}$$

이고 이 결과는 (15)와 일치한다.

연습문제 8.4

1. $T : P_2 \to P_3$를 $T(p(x)) = xp(x)$로 정의되는 선형변환이라 하자.

a. 기저

$$B = \{\mathbf{u}_1, \mathbf{u}_2, \mathbf{u}_3\}, \quad B' = \{\mathbf{v}_1, \mathbf{v}_2, \mathbf{v}_3, \mathbf{v}_4\}$$

가 각각 표준기저

$$\mathbf{u}_1 = 1, \quad \mathbf{u}_2 = x, \quad \mathbf{u}_3 = x^2$$
$$\mathbf{v}_1 = 1, \quad \mathbf{v}_2 = x, \quad \mathbf{v}_3 = x^2, \quad \mathbf{v}_4 = x^3$$

일 때 이 기저에 대한 T의 행렬을 구하라.

b. (a)에서 구한 행렬 $[T]_{B',B}$가 P_2의 모든 벡터 $\mathbf{x} = c_0 + c_1x + c_2x^2$에 대하여 공식 (5)를 만족하는지 확인하라.

2. $T: P_2 \to P_1$를

$$T(a_0 + a_1x + a_2x^2) = (a_0 + a_1) - (2a_1 + 3a_2)x$$

로 정의되는 선형변환이라 하자.

a. P_2와 P_1의 표준기저 $B = \{1, x, x^2\}$와 $B' = \{1, x\}$에 대한 선형변환 T의 행렬을 구하라.

b. (a)에서 구한 행렬 $[T]_{B',B}$가 P_2의 모든 벡터 $\mathbf{x} = c_0 + c_1x + c_2x^2$에 대하여 공식 (5)를 만족하는지 확인하라.

3. $T: P_2 \to P_2$를

$$T(a_0 + a_1x + a_2x^2) = a_0 + a_1(x-1) + a_2(x-1)^2$$

로 정의되는 선형 연산자라 하자.

a. P_2의 표준기저 $B = \{1, x, x^2\}$에 대한 선형변환 T의 행렬을 구하라.

b. (a)에서 구한 행렬 $[T]_B$가 P_2의 모든 벡터 $\mathbf{x} = a_0 + a_1x + a_2x^2$에 대하여 공식 (8)을 만족하는지 확인하라.

4. $T: R^2 \to R^2$를

$$T\left(\begin{bmatrix} x_1 \\ x_2 \end{bmatrix}\right) = \begin{bmatrix} x_1 - x_2 \\ x_1 + x_2 \end{bmatrix}$$

로 정의되는 선형 연산자이고 $B = \{\mathbf{u}_1, \mathbf{u}_2\}$는 기저라 하자. 여기서

$$\mathbf{u}_1 = \begin{bmatrix} 1 \\ 1 \end{bmatrix}, \quad \mathbf{u}_2 = \begin{bmatrix} -1 \\ 0 \end{bmatrix}$$

이다.

a. $[T]_B$를 구하라.

b. 공식 (8)이 R^2의 모든 벡터 $\mathbf{x}$에 대하여 성립하는지 확인하라.

5. $T: R^2 \to R^3$를

$$T\left(\begin{bmatrix} x_1 \\ x_2 \end{bmatrix}\right) = \begin{bmatrix} x_1 + 2x_2 \\ -x_1 \\ 0 \end{bmatrix}$$

로 정의하자.

a. 기저 $B = \{\mathbf{u}_1, \mathbf{u}_2\}$, $B' = \{\mathbf{v}_1, \mathbf{v}_2, \mathbf{v}_3\}$에 대한 행렬 $[T]_{B',B}$를 구하라. 여기서

$$\mathbf{u}_1 = \begin{bmatrix} 1 \\ 3 \end{bmatrix}, \quad \mathbf{u}_2 = \begin{bmatrix} -2 \\ 4 \end{bmatrix}$$

$$\mathbf{v}_1 = \begin{bmatrix} 1 \\ 1 \\ 1 \end{bmatrix}, \quad \mathbf{v}_2 = \begin{bmatrix} 2 \\ 2 \\ 0 \end{bmatrix}, \quad \mathbf{v}_3 = \begin{bmatrix} 3 \\ 0 \\ 0 \end{bmatrix}$$

이다.

b. 공식 (5)가 R^2의 모든 벡터에 대하여 성립하는지 확인하라.

6. $T: R^3 \to R^3$를

$$T(x_1, x_2, x_3) = (x_1 - x_2, x_2 - x_1, x_1 - x_3)$$

으로 정의되는 선형 연산자라 하자.

a. 선형변환 T의 기저 $B = \{\mathbf{v}_1, \mathbf{v}_2, \mathbf{v}_3\}$에 대한 행렬을 구하라. 여기서

$$\mathbf{v}_1 = (1, 0, 1), \quad \mathbf{v}_2 = (0, 1, 1), \quad \mathbf{v}_3 = (1, 1, 0)$$

이다.

b. 공식 (8)이 R^3의 모든 벡터에 대하여 만족하는지 확인하라.

c. T는 단사인가? 그렇다면 기저 B에 대한 T^{-1}의 행렬을 구하라.

7. $T: P_2 \to P_2$를 $T(p(x)) = p(2x+1)$로 정의되는 선형 연산자라 하자. 즉,

$$T(c_0 + c_1x + c_2x^2) = c_0 + c_1(2x+1) + c_2(2x+1)^2$$

이다.

a. 기저 $B = \{1, x, x^2\}$에 대한 $[T]_B$를 찾아라.

b. 예제 2에서 설명한 3단계 과정을 사용하여 $T(2 - 3x + 4x^2)$를 계산하라.

c. $T(2 - 3x + 4x^2)$를 직접 계산하여 (b)에서 구한 결과를 확인하라.

8. $T: P_2 \to P_3$를 $T(p(x)) = xp(x-3)$로 정의되는 선형변환이라 하자. 즉,

$$T(c_0 + c_1x + c_2x^2) = x(c_0 + c_1(x-3) + c_2(x-3)^2)$$

이다.

a. 기저 $B = \{1, x, x^2\}$와 $B' = \{1, x, x^2, x^3\}$에 대한 $[T]_{B',B}$를 찾아라.

b. 예제 2에서 설명한 3단계 과정을 사용하여 $T(1 + x -$

x^2)를 계산하라.

c. $T(1 + x - x^2)$를 직접 계산하여 (b)에서 구한 결과를 확인하라.

9. $\mathbf{v}_1 = \begin{bmatrix} 1 \\ 3 \end{bmatrix}$, $\mathbf{v}_2 = \begin{bmatrix} -1 \\ 4 \end{bmatrix}$이고, $A = \begin{bmatrix} 1 & 3 \\ -2 & 5 \end{bmatrix}$가 기저 $B = \{\mathbf{v}_1, \mathbf{v}_2\}$에 대한 $T : R^2 \to R^2$의 행렬이라 하자.

a. $[T(\mathbf{v}_1)]_B$와 $[T(\mathbf{v}_2)]_B$를 구하라.

b. $T(\mathbf{v}_1)$과 $T(\mathbf{v}_2)$를 구하라.

c. $T\left(\begin{bmatrix} x_1 \\ x_2 \end{bmatrix}\right)$의 공식을 구하라.

d. (c)에서 구한 공식을 이용하여 $T\left(\begin{bmatrix} 1 \\ 1 \end{bmatrix}\right)$를 계산하라.

10. $A = \begin{bmatrix} 3 & -2 & 1 & 0 \\ 1 & 6 & 2 & 1 \\ -3 & 0 & 7 & 1 \end{bmatrix}$가 기저 $B = \{\mathbf{v}_1, \mathbf{v}_2, \mathbf{v}_3, \mathbf{v}_4\}$와 $B' = \{\mathbf{w}_1, \mathbf{w}_2, \mathbf{w}_3\}$에 대한 $T : R^4 \to R^3$의 행렬이라 하자. 여기서

$$\mathbf{v}_1 = \begin{bmatrix} 0 \\ 1 \\ 1 \\ 1 \end{bmatrix}, \quad \mathbf{v}_2 = \begin{bmatrix} 2 \\ 1 \\ -1 \\ -1 \end{bmatrix}, \quad \mathbf{v}_3 = \begin{bmatrix} 1 \\ 4 \\ -1 \\ 2 \end{bmatrix}, \quad \mathbf{v}_4 = \begin{bmatrix} 6 \\ 9 \\ 4 \\ 2 \end{bmatrix}$$

$$\mathbf{w}_1 = \begin{bmatrix} 0 \\ 8 \\ 8 \end{bmatrix}, \quad \mathbf{w}_2 = \begin{bmatrix} -7 \\ 8 \\ 1 \end{bmatrix}, \quad \mathbf{w}_3 = \begin{bmatrix} -6 \\ 9 \\ 1 \end{bmatrix}$$

이다.

a. $[T(\mathbf{v}_1)]_{B'}$, $[T(\mathbf{v}_2)]_{B'}$, $[T(\mathbf{v}_3)]_{B'}$, $[T(\mathbf{v}_4)]_{B'}$을 구하라.

b. $T(\mathbf{v}_1)$, $T(\mathbf{v}_2)$, $T(\mathbf{v}_3)$, $T(\mathbf{v}_4)$를 구하라.

c. $T\left(\begin{bmatrix} x_1 \\ x_2 \\ x_3 \\ x_4 \end{bmatrix}\right)$의 공식을 구하라.

d. (c)에서 구한 공식을 이용하여 $T\left(\begin{bmatrix} 2 \\ 2 \\ 0 \\ 0 \end{bmatrix}\right)$를 계산하라.

11. $A = \begin{bmatrix} 1 & 3 & -1 \\ 2 & 0 & 5 \\ 6 & -2 & 4 \end{bmatrix}$이 기저 $B = \{\mathbf{v}_1, \mathbf{v}_2, \mathbf{v}_3\}$에 대한 $T : P_2 \to P_2$의 행렬이라 하자. 여기서 $\mathbf{v}_1 = 3x + 3x^2$, $\mathbf{v}_2 = -1 + 3x + 2x^2$, $\mathbf{v}_3 = 3 + 7x + 2x^2$이다.

a. $[T(\mathbf{v}_1)]_B$, $[T(\mathbf{v}_2)]_B$, $[T(\mathbf{v}_3)]_B$를 구하라.

b. $T(\mathbf{v}_1)$, $T(\mathbf{v}_2)$, $T(\mathbf{v}_3)$를 구하라.

c. $T(a_0 + a_1x + a_2x^2)$의 공식을 구하라.

d. (c)에서 구한 공식을 이용하여 $T(1 + x^2)$를 계산하라.

12. $T_1 : P_1 \to P_2$를

$$T_1(p(x)) = xp(x)$$

로 정의되는 선형변환이라 하고 $T_2 : P_2 \to P_2$를

$$T_2(p(x)) = p(2x + 1)$$

로 정의되는 선형 연산자라 하자. $B = \{1, x\}$, $B' = \{1, x, x^2\}$를 P_1과 P_2의 표준기저라 하자.

a. $[T_2 \circ T_1]_{B',B}$, $[T_2]_{B'}$, $[T_1]_{B',B}$를 구하라.

b. (a)의 행렬과 연관된 공식을 제시하라.

c. (a)의 행렬이 (b)에서 답한 공식을 만족하는지 확인하라.

13. $T_1 : P_1 \to P_2$를

$$T_1(c_0 + c_1x) = 2c_0 - 3c_1x$$

로 정의되는 선형변환이라 하고, $T_2 : P_2 \to P_3$를

$$T_2(c_0 + c_1x + c_2x^2) = 3c_0x + 3c_1x^2 + 3c_2x^3$$

로 정의되는 선형변환이라 하자. $B = \{1, x\}$, $B'' = \{1, x, x^2\}$, $B' = \{1, x, x^2, x^3\}$이라 하자.

a. $[T_2 \circ T_1]_{B',B}$, $[T_2]_{B',B''}$, $[T_1]_{B'',B}$를 구하라.

b. (a)의 행렬과 연관된 공식을 제시하라.

c. (a)의 행렬이 (b)에서 답한 공식을 만족하는지 확인하라.

14. $B = \{\mathbf{v}_1, \mathbf{v}_2, \mathbf{v}_3, \mathbf{v}_4\}$를 벡터공간 V의 기저라 하자. $T(\mathbf{v}_1) = \mathbf{v}_2$, $T(\mathbf{v}_2) = \mathbf{v}_3$, $T(\mathbf{v}_3) = \mathbf{v}_4$, $T(\mathbf{v}_4) = \mathbf{v}_1$로 정의되는 선형 연산자 $T : V \to V$의 B에 대한 행렬을 구하라.

15. $T : P_2 \to M_{22}$를

$$T(\mathbf{p}) = \begin{bmatrix} p(0) & p(1) \\ p(-1) & p(0) \end{bmatrix}$$

과 같이 정의된 선형변환이라 하자. B를 M_{22}의 표준기저, $B' = \{1, x, x^2\}$와 $B'' = \{1, 1 + x, 1 + x^2\}$를 P_2의 기저들이라 하자.

a. $[T]_{B,B'}$과 $[T]_{B,B''}$을 구하라.

b. (a)에서 구한 행렬들에 대하여 예제 2에서 설명한 3단계 과정을 이용하여

$$T(2 + 2x + x^2)$$

를 구하라.

c. $T(2 + 2x + x^2)$를 직접 계산하여 (b)에서 구한 결과를 확

인하라.

16. $T : R^2 \to R^2$를

$$T\left(\begin{bmatrix} a & b \\ c & d \end{bmatrix}\right) = \begin{bmatrix} a+b+c \\ d \end{bmatrix}$$

과 같이 정의된 선형변환이라 하자. B를 M_{22}의 표준기저, B'을 R^2의 표준기저, 그리고

$$B'' = \left\{\begin{bmatrix} 1 \\ 1 \end{bmatrix}, \begin{bmatrix} -1 \\ 0 \end{bmatrix}\right\}$$

이라 하자.

a. $[T]_{B',B}$와 $[T]_{B'',B}$를 구하라.

b. (a)에서 구한 행렬들에 예제 2에서 설명한 3단계 과정을 이용하여 $T\left(\begin{bmatrix} 1 & 2 \\ 3 & 4 \end{bmatrix}\right)$를 계산하라.

c. $T\left(\begin{bmatrix} 1 & 2 \\ 3 & 4 \end{bmatrix}\right)$를 직접 계산하여 (b)에서 구한 결과를 확인하라.

17. ***(미적분학 필요)*** $D : P_2 \to P_2$를 미분연산자 $D(\mathbf{p}) = p'(x)$라 하자.

a. P_2의 기저 $B = \{\mathbf{p}_1, \mathbf{p}_2, \mathbf{p}_3\}$에 대한 D의 행렬을 찾아라. 여기서 $\mathbf{p}_1 = 1$, $\mathbf{p}_2 = x$, $\mathbf{p}_3 = x^2$이다.

b. (a)의 행렬을 이용하여 $D(6 - 6x + 24x^2)$를 계산하라.

18. ***(미적분학 필요)*** $D : P_2 \to P_2$를 미분연산자 $D(\mathbf{p}) = p'(x)$라 하자.

a. P_2의 기저 $B = \{\mathbf{p}_1, \mathbf{p}_2, \mathbf{p}_3\}$에 대한 D의 행렬을 찾아라. 여기서 $\mathbf{p}_1 = 2$, $\mathbf{p}_2 = 2 - 3x$, $\mathbf{p}_3 = 2 - 3x + 8x^2$이다.

b. (a)의 행렬을 이용하여 $D(6 - 6x + 24x^2)$를 계산하라.

19. ***(미적분학 필요)*** 구간 $(-\infty, \infty)$에서 정의된 실함수의 벡터공간의 부분공간을 V라 하고, $D : V \to V$를 미분연산자라 하자.

a. $\mathbf{f}_1 = 1$, $\mathbf{f}_2 = \sin x$, $\mathbf{f}_3 = \cos x$인 기저 $B = \{\mathbf{f}_1, \mathbf{f}_2, \mathbf{f}_3\}$에 대한 행렬 D를 구하라.

b. (a)의 행렬을 이용하여

$$D(2 + 3\sin x - 4\cos x)$$

를 계산하라.

20. V는 기저 B를 갖는 4차원 벡터공간이고, W는 기저 B'을 갖는 7차원 벡터공간이고, $T : V \to W$는 선형변환이라 하자. 다음 다이어그램의 각각의 모서리에서 벡터를 포함하는 네 개의 벡터공간을 밝혀라.

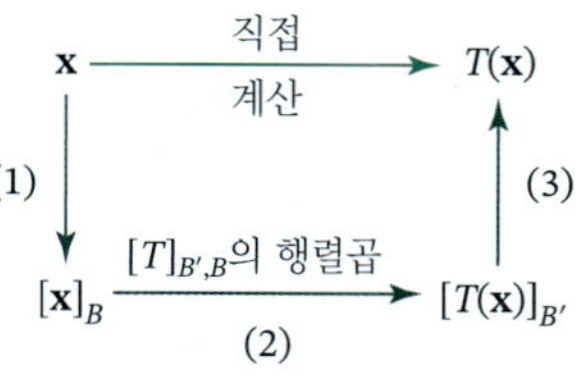

그림 Ex-20

21. 방정식의 빈 칸을 채워라.

a. $[T_2 \circ T_1]_{B',B} = [T_2]\underline{\quad ? \quad}[T_1]_{B'',B}$

b. $[T_3 \circ T_2 \circ T_1]_{B',B} = [T_3]\underline{\quad ? \quad}[T_2]_{B''',B''}[T_1]_{B'',B}$

증명 문제

22. $T : V \to W$가 영변환일 때, V와 W의 임의의 기저에 대한 T의 행렬이 영행렬임을 보여라.

23. B와 B'이 각각 R^n과 R^m의 표준기저라 할 때, 기저 B와 B'에 대한 선형변환 $T : R^n \to R^m$의 행렬은 T의 표준행렬임을 증명하라.

참-거짓 문제

TF. (a)-(e)가 참인지 거짓인지를 밝히고 그 이유를 설명하라.

a. 선형변환 $T : V \to W$의 V와 W의 적절한 기저에 대한 행렬이 $\begin{bmatrix} 2 & 4 \\ 0 & 3 \end{bmatrix}$이면, $T(\mathbf{x}) = 2\mathbf{x}$를 만족하는 V의 영이 아닌 벡터 $\mathbf{x}$가 존재한다.

b. 선형변환 $T : V \to W$의 V와 W의 적절한 기저에 대한 행렬이 $\begin{bmatrix} 2 & 4 \\ 0 & 3 \end{bmatrix}$이면, $T(\mathbf{x}) = 4\mathbf{x}$를 만족하는 V의 영이 아닌 벡터 $\mathbf{x}$가 존재한다.

c. 선형변환 $T : V \to W$의 어떤 기저 V와 W에 대한 행렬이 $\begin{bmatrix} 1 & 4 \\ 2 & 3 \end{bmatrix}$이면, T는 단사이다.

d. $S : V \to V$와 $T : V \to V$가 선형 연산자이고 B가 V의 기저이면, B에 대한 $S \circ T$의 행렬은 $[T]_B[S]_B$이다.

e. $T : V \to V$가 가역 선형 연산자이고 B가 V의 기저이면, B에 대한 T^{-1}의 행렬은 $[T]_B^{-1}$이다.

8.5 닮음

선형 연산자 $T : V \to V$의 행렬은 선택한 V의 기저에 따라 다르다. 선형대수에서 근본적인 문제 중 하나는 T의 행렬을 가능한 한 간단하게—예를 들면 대각행렬이나 삼각행렬—만드는 V의 기저를 선택하는 것이다. 이 절에서는 이 문제를 공부한다.

선형 연산자의 단순한 행렬

표준기저가 선형 연산자의 가장 단순한 행렬을 만들지는 않는다. 예를 들어 $T : R^2 \to R^2$의 R^2에서의 표준기저 $B = \{\mathbf{e}_1, \mathbf{e}_2\}$에 대한 행렬이

$$[T]_B = \begin{bmatrix} 1 & 1 \\ -2 & 4 \end{bmatrix} \tag{1}$$

인 행렬 연산자를 생각하자. 이 행렬을 동일한 연산자 T의 R^2의 기저 $B' = \{\mathbf{u}'_1, \mathbf{u}'_2\}$에 대한 행렬 $[T]_{B'}$과 비교하자. 여기서

$$\mathbf{u}'_1 = \begin{bmatrix} 1 \\ 1 \end{bmatrix}, \quad \mathbf{u}'_2 = \begin{bmatrix} 1 \\ 2 \end{bmatrix} \tag{2}$$

라고 하면

$$T(\mathbf{u}'_1) = \begin{bmatrix} 1 & 1 \\ -2 & 4 \end{bmatrix}\begin{bmatrix} 1 \\ 1 \end{bmatrix} = \begin{bmatrix} 2 \\ 2 \end{bmatrix} = 2\mathbf{u}'_1, \quad T(\mathbf{u}'_2) = \begin{bmatrix} 1 & 1 \\ -2 & 4 \end{bmatrix}\begin{bmatrix} 1 \\ 2 \end{bmatrix} = \begin{bmatrix} 3 \\ 6 \end{bmatrix} = 3\mathbf{u}'_2$$

이므로

$$[T(\mathbf{u}'_1)]_{B'} = \begin{bmatrix} 2 \\ 0 \end{bmatrix}, \quad [T(\mathbf{u}'_2)]_{B'} = \begin{bmatrix} 0 \\ 3 \end{bmatrix}$$

이며 기저 B'에 대한 T의 행렬은

$$[T]_{B'} = \left[T(\mathbf{u}'_1)_{B'} \mid T(\mathbf{u}'_2)_{B'} \right] = \begin{bmatrix} 2 & 0 \\ 0 & 3 \end{bmatrix}$$

이다. 이 행렬은 대각행렬이므로 $[T]_B$보다 더 단순한 형태이며 연산자 T는 $\mathbf{u}'_1$을 2배 크기조정하며 $\mathbf{u}'_2$을 3배 크기조정함을 명확히 전달한다. 이러한 정보는 $[T]_B$로부터는 즉각적으로 파악할 수 없다.

고급 선형대수 과정의 주요 주제 중의 하나는 기저를 적절히 선택함으로써 선형 연산자의 행렬을 "가장 단순한 형태"로 결정하는 것이다. 때때로 (앞의 예제에서 보듯이) 대각행렬을 구하는 것이 가능하기도 하지만, 삼각행렬 또는 다른 형태의 행렬로 만족해야 하는 경우도 있다. 이 교재에서는 이 중요한 주제를 간략하게 다룰 것이다.

선형 연산자 $T : V \to V$의 가장 단순한 행렬을 만드는 기저를 찾는 문제는 우선 *임의의* 기저, 혹은 가능하다면, 특히 표준기저에 관한 T의 행렬을 찾은 후, 행렬을 단순하게 만들도록 기저를 변경하는 방법으로 공략할 수 있다. 이 발상을 이용하기 전에 기저의 변경에 관한 몇 가지 개념을 복습하는 것이 좋다.

전이행렬의 새로운 관점

4.7절의 공식 (9)와 (10)에서 $B = \{\mathbf{u}_1, \mathbf{u}_2, \ldots, \mathbf{u}_n\}$과 $B' = \{\mathbf{u}'_1, \mathbf{u}'_2, \ldots, \mathbf{u}'_n\}$이 벡터공

간 V의 기저이면, B에서 B'으로의 전이행렬과 B'에서 B로의 전이행렬이

$$P_{B\to B'} = \left[[\mathbf{u}_1]_{B'} \mid [\mathbf{u}_2]_{B'} \mid \cdots \mid [\mathbf{u}_n]_{B'}\right] \tag{3}$$

$$P_{B'\to B} = \left[[\mathbf{u}'_1]_{B} \mid [\mathbf{u}'_2]_{B} \mid \cdots \mid [\mathbf{u}'_n]_{B}\right] \tag{4}$$

임을 기억하라. 여기서 $P_{B\to B'}$과 $P_{B'\to B}$는 서로의 역행렬이다. 또한 4.7절의 공식 (11)과 (12)에서, $\mathbf{v}$가 V의 임의의 벡터이면

$$P_{B\to B'}[\mathbf{v}]_B = [\mathbf{v}]_{B'} \tag{5}$$

$$P_{B'\to B}[\mathbf{v}]_{B'} = [\mathbf{v}]_B \tag{6}$$

임을 보였다.

다음 정리는 공식 (3)과 (4)의 전이행렬은 항등 연산자의 행렬로 볼 수 있음을 보인다.

정리 8.5.1

B와 B'이 유한차원 벡터공간 V의 기저이고 $I : V \to V$는 V상의 항등 연산자이면

$$P_{B\to B'} = [I]_{B',B}\text{이고} \quad P_{B'\to B} = [I]_{B,B'}$$

이다.

증명 $B = \{\mathbf{u}_1, \mathbf{u}_2, \ldots, \mathbf{u}_n\}$과 $B' = \{\mathbf{u}'_1, \mathbf{u}'_2, \ldots, \mathbf{u}'_n\}$을 V의 기저라 하자. V의 모든 $\mathbf{v}$에 대하여 $I(\mathbf{v}) = \mathbf{v}$임을 이용하면 8.4절의 공식 (4)로부터

$$\begin{aligned}[I]_{B',B} &= \left[[I(\mathbf{u}_1)]_{B'} \mid [I(\mathbf{u}_2)]_{B'} \mid \cdots \mid [I(\mathbf{u}_n)]_{B'}\right] \\ &= \left[[\mathbf{u}_1]_{B'} \mid [\mathbf{u}_2]_{B'} \mid \cdots \mid [\mathbf{u}_n]_{B'}\right] \\ &= P_{B\to B'} \quad \textbf{[공식 (3)]}\end{aligned}$$

이다. $[I]_{B,B'} = P_{B'\to B}$의 증명과정도 이와 유사하다. ■

선형 연산자의 행렬의 기저변경의 효과

이제 이 절의 주요 문제를 생각할 준비가 되었다.

문제

B와 B'이 유한차원 벡터공간 V의 기저이고 $T : V \to V$가 선형 연산자일 때, 만일 존재한다면, 두 행렬 $[T]_B$와 $[T]_{B'}$의 관계는 무엇인가?

그림 8.5.1에 보인 세 개의 선형 연산자의 합성을 생각하면 이 질문에 답할 수 있다.

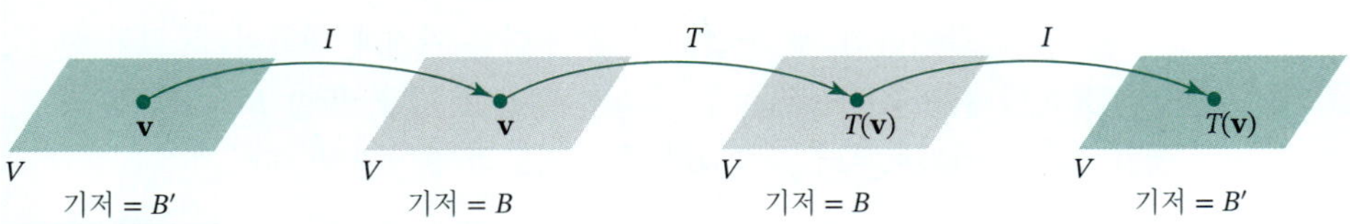

그림 8.5.1

이 그림에서 $\mathbf{v}$는 우선 항등 연산자에 의해 자신으로 사상된 후, $\mathbf{v}$는 T에 의하여 $T(\mathbf{v})$로, $T(\mathbf{v})$는 항등 연산자에 의하여 자신으로 사상된다. 이 합성에 관련된 네 개의 벡터공간은 모두 동일하지만(즉, V), 공간의 기저는 변한다. 시작 벡터는 $\mathbf{v}$이고 마지막 벡터는 $T(\mathbf{v})$이므로, 합성에 의한 결과는 T를 직접 적용한 결과와 같다. 즉,

$$T = I \circ T \circ I \tag{7}$$

이다. **그림 8.5.1**에서 보듯이 시작 벡터공간과 마지막 벡터공간에 기저 B'이 할당되고, 가운데 두 공간에는 기저 B가 할당되면, (7)과 8.4절의 공식 (12)(기저의 이름을 적절히 변경하여)로부터

$$[T]_{B',B'} = [I \circ T \circ I]_{B',B'} = [I]_{B',B}[T]_{B,B}[I]_{B,B'} \tag{8}$$

혹은 더 간단히 표현하면

$$[T]_{B'} = [I]_{B',B}[T]_B[I]_{B,B'} \tag{9}$$

이다. 정리 8.5.1을 이용하면 이 공식을 더욱 단순화하여 다음과 같이 쓸 수 있다.

$$\boxed{[T]_{B'} = P_{B\to B'}[T]_B P_{B'\to B}} \tag{10}$$

이제 다음 정리로 요약할 수 있다.

정리 8.5.2

$T : V \to V$를 유한차원 벡터공간 V상의 선형 연산자라 하고 B와 B'을 V의 기저라 하자. 그러면

$$[T]_{B'} = P^{-1}[T]_B P \tag{11}$$

이다. 여기서 $P = P_{B'\to B}$이고 $P^{-1} = P_{B\to B'}$이다.

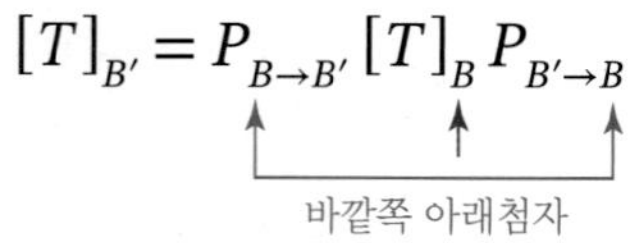

그림 8.5.2

주의 정리 8.5.2를 사용할 때, $P = P_{B'\to B}$(맞음)인지 $P = P_{B\to B'}$(틀림)인지 혼동하기 쉽다. **그림 8.5.2**에서 전이행렬들의 *바깥쪽* 아래첨자와 이들이 둘러싼 행렬의 아래첨자가 일치해야 함을 기억하자.

5.2절의 정의 1의 용어로, 동일한 선형 연산자를 표현하는 다른 기저에 대한 행렬들은 서로 닮아야 한다고 정리 8.5.2는 말하고 있다. 증명 없이 제시하는 다음 정리는 정리 8.5.2의 역 또한 참임을 보인다.

정리 8.5.3

V가 유한차원 벡터공간이라면, 두 행렬 A와 B가 (다른 기저에 대하여) 동일한 선형 연산자를 표현할 필요충분조건은 두 행렬이 닮은 것이다. 또한 $B = P^{-1}AP$라면, P는 행렬 B를 준 기저로부터 행렬 A를 준 기저로의 전이행렬이다.

예제 1 | 닮은 행렬은 동일한 선형 연산자를 표현한다

이 절의 시작에서 행렬

$$C = \begin{bmatrix} 1 & 1 \\ -2 & 4 \end{bmatrix}, \quad D = \begin{bmatrix} 2 & 0 \\ 0 & 3 \end{bmatrix}$$

는 적절한 기저에 대하여 동일한 선형 연산자 $T : R^2 \to R^2$를 표현함을 보였다. $D = P^{-1}CP$를 만족하는 행렬 P를 찾아 두 행렬이 닮았음을 확인하라.

풀이 전이행렬

$$P = P_{B' \to B} = [[\mathbf{u}_1']_B \mid [\mathbf{u}_2']_B]$$

을 구해야 한다. 여기서 $B' = \{\mathbf{u}_1', \mathbf{u}_2'\}$은 (2)로 주어지는 R^2의 기저이고 $B = \{\mathbf{e}_1, \mathbf{e}_2\}$는 R^2의 표준기저이다. 잠시 살펴보면

$$\begin{aligned} \mathbf{u}_1' &= \mathbf{e}_1 + \mathbf{e}_2 \\ \mathbf{u}_2' &= \mathbf{e}_1 + 2\mathbf{e}_2 \end{aligned}$$

이고 이것으로부터

$$[\mathbf{u}_1']_B = \begin{bmatrix} 1 \\ 1 \end{bmatrix}, \quad [\mathbf{u}_2']_B = \begin{bmatrix} 1 \\ 2 \end{bmatrix}$$

이다. 따라서

$$P = P_{B' \to B} = [[\mathbf{u}_1']_B \mid [\mathbf{u}_2']_B] = \begin{bmatrix} 1 & 1 \\ 1 & 2 \end{bmatrix}$$

이다.

$$P^{-1} = \begin{bmatrix} 2 & -1 \\ -1 & 1 \end{bmatrix}$$

이고 다음을 확인하는 것은 독자들에게 맡긴다.

$$\underset{D}{\begin{bmatrix} 2 & 0 \\ 0 & 3 \end{bmatrix}} = \underset{P^{-1}}{\begin{bmatrix} 2 & -1 \\ -1 & 1 \end{bmatrix}} \underset{C}{\begin{bmatrix} 1 & 1 \\ -2 & 4 \end{bmatrix}} \underset{P}{\begin{bmatrix} 1 & 1 \\ 1 & 2 \end{bmatrix}}$$

닮음불변량

5.2절을 상기하면 정방행렬의 모든 닮은 행렬들이 어떠한 성질을 공유한다면 그 성질을 *닮음불변*(similarity invariant)이라 하였다. 5.2절의 **표 1**에서 가장 중요한 닮음불변량을 열거하였다. 정리 8.5.3으로부터 두 행렬이 닮을 필요충분조건은 두 행렬이 동일한 선형 연산자 $T : V \to V$를 표현하는 것임을 알 수 있으므로, B와 B'이 V의 기저라면, $[T]_B$의 모든 닮음불변 성질은 $[T]_{B'}$의 닮음불변 성질이기도 하다. 예를 들면, 임의의 기저 B와 B'에 대하여

$$\det[T]_B = \det[T]_{B'}$$

임이 틀림없다. 이 방정식으로부터 행렬식의 값은 T에는 의존하나, T를 행렬 형태로 표현하는 데 사용된 특정 기저에는 의존하지 않는다. 따라서 행렬식은 선형변환 T의 성질

로 간주될 수 있으며, ***선형 연산자 T의 행렬식***을 다음과 같이 *정의*할 수 있다.

$$\det(T) = \det[T]_B \tag{12}$$

여기서 B는 V의 *임의의* 기저이다. **표 1**은 선형변환 $T : V \to V$의 기본적인 닮음불변량을 열거하고 있다.

표 1 닮음불변량

성질	해설
행렬식	$[T]_B$와 $P^{-1}[T]_BP$는 동일한 행렬식을 갖는다.
가역성	$[T]_B$가 가역행렬일 필요충분조건은 $P^{-1}[T]_BP$가 가역행렬인 것이다.
랭크	$[T]_B$와 $P^{-1}[T]_BP$는 동일한 랭크를 갖는다.
무효차수	$[T]_B$와 $P^{-1}[T]_BP$는 동일한 무효차수를 갖는다.
대각합	$[T]_B$와 $P^{-1}[T]_BP$는 동일한 대각합을 갖는다.
특성다항식	$[T]_B$와 $P^{-1}[T]_BP$는 동일한 특성다항식을 갖는다.
고유값	$[T]_B$와 $P^{-1}[T]_BP$는 동일한 고유값을 갖는다.
고유공간의 차원	λ가 $[T]_B$와 $P^{-1}[T]_BP$의 고유값이면, λ에 대응하는 $[T]_B$의 고유공간과 λ에 대응하는 $P^{-1}[T]_BP$의 고유공간은 동일한 차원을 갖는다.

예제 2 | 선형변환의 행렬식

이 절의 시작에서 보았듯이 행렬

$$[T] = \begin{bmatrix} 1 & 1 \\ -2 & 4 \end{bmatrix}, \quad [T]_{B'} = \begin{bmatrix} 2 & 0 \\ 0 & 3 \end{bmatrix}$$

은 다른 기저들에 대하여 동일한 선형 연산자를 표현한 것이다. 첫 번째는 R^2의 표준기저 $B = \{\mathbf{e}_1, \mathbf{e}_2\}$에 대한 것이고, 두 번째는 기저 $B' = \{\mathbf{u}'_1, \mathbf{u}'_2\}$에 대한 것이다. 여기서

$$\mathbf{u}'_1 = \begin{bmatrix} 1 \\ 1 \end{bmatrix}, \quad \mathbf{u}'_2 = \begin{bmatrix} 1 \\ 2 \end{bmatrix}$$

이다. 이것은 $[T]$와 $[T]_{B'}$은 닮은 행렬이어야 하고 따라서 동일한 닮음불변량을 가져야 함을 의미한다. 특히, 동일한 행렬식을 가져야 하는데 다음 계산은 이것을 확증한다.

$$\det[T] = \begin{vmatrix} 1 & 1 \\ -2 & 4 \end{vmatrix} = 6, \quad \det[T]_{B'} = \begin{vmatrix} 2 & 0 \\ 0 & 3 \end{vmatrix} = 6$$

예제 3 | 선형 연산자의 고유값

공식

$$T(a + bx + cx^2) = -2c + (a + 2b + c)x + (a + 3c)x^2$$

으로 정의된 선형 연산자 $T : P_2 \to P_2$의 고유값을 구하라.

풀이 고유값은 닮음불변량이므로, P_2의 임의의 기저 B를 선택하고 행렬 $[T]_B$의 고유값을 계산하여 T의 고유값을 구할 수 있다. 표준기저 $B = \{1, x, x^2\}$에 대한 T의 행렬이

$$[T]_B = \begin{bmatrix} 0 & 0 & -2 \\ 1 & 2 & 1 \\ 1 & 0 & 3 \end{bmatrix}$$

임을 보이는 것은 독자들에게 남긴다. 따라서 T의 고유값은 $\lambda = 1$과 $\lambda = 2$이다(5.1절의 예제 7참조).

연습문제 8.5

(1-2) 표 1의 성질을 이용하여 다음 행렬 A와 B가 닮음이 아님을 보여라.

1. **a.** $A = \begin{bmatrix} 1 & 3 \\ 1 & 1 \end{bmatrix}$, $B = \begin{bmatrix} 1 & 2 \\ 1 & 1 \end{bmatrix}$

b. $A = \begin{bmatrix} 1 & 1 \\ 1 & 2 \end{bmatrix}$, $B = \begin{bmatrix} -1 & 0 \\ 0 & -1 \end{bmatrix}$

2. **a.** $A = \begin{bmatrix} 1 & 1 & 1 \\ 1 & 1 & 0 \\ 1 & 0 & 0 \end{bmatrix}$, $B = \begin{bmatrix} 1 & 1 & 1 \\ 1 & 1 & 0 \\ 1 & 1 & 0 \end{bmatrix}$

b. $A = \begin{bmatrix} 1 & 0 & 1 \\ 0 & 1 & 0 \\ 0 & 1 & 0 \end{bmatrix}$, $B = \begin{bmatrix} 0 & 0 & 1 \\ 0 & 0 & 1 \\ 1 & 0 & 0 \end{bmatrix}$

3. $T : R^2 \to R^2$가 선형 연산자이고, B와 B'은 R^2의 기저임을 가정하자. 이때

$$[T]_B = \begin{bmatrix} 2 & 0 \\ 1 & 1 \end{bmatrix}, \quad P_{B \to B'} = \begin{bmatrix} 3 & 2 \\ 1 & 1 \end{bmatrix}$$

이다. 기저 B'에 대한 T의 행렬을 구하라.

4. $T : R^2 \to R^2$가 선형 연산자이고, B와 B'은 R^2의 기저임을 가정하자. 이때

$$[T]_B = \begin{bmatrix} 3 & 2 \\ -1 & 1 \end{bmatrix}, \quad P_{B' \to B} = \begin{bmatrix} 4 & 5 \\ 1 & -1 \end{bmatrix}$$

이다. 기저 B'에 대한 T의 행렬을 구하라.

5. $T : R^2 \to R^2$가 선형 연산자이고, B와 B'은 R^2의 기저임을 가정하자. 이때

$$[T]_{B'} = \begin{bmatrix} 2 & 0 \\ 1 & 1 \end{bmatrix}, \quad P_{B \to B'} = \begin{bmatrix} 3 & 2 \\ 1 & 1 \end{bmatrix}$$

이다. 기저 B에 대한 T의 행렬을 구하라.

6. $T : R^2 \to R^2$가 선형 연산자이고, B와 B'은 R^2의 기저임을 가정하자. 이때

$$[T]_{B'} = \begin{bmatrix} 3 & 2 \\ -1 & 1 \end{bmatrix}, \quad P_{B' \to B} = \begin{bmatrix} 4 & 5 \\ 1 & -1 \end{bmatrix}$$

이다. 기저 B에 대한 T의 행렬을 구하라.

(7-14) 기저 B에 대한 T의 행렬을 구하고, 정리 8.5.2를 이용하여 기저 B′에 대한 T의 행렬을 계산하라.

7. $T\left(\begin{bmatrix} x_1 \\ x_2 \end{bmatrix}\right) = \begin{bmatrix} x_1 - 2x_2 \\ -x_2 \end{bmatrix}$이고 $B = \{\mathbf{u}_1, \mathbf{u}_2\}$와 $B' = \{\mathbf{v}_1, \mathbf{v}_2\}$가

$$\mathbf{u}_1 = \begin{bmatrix} 1 \\ 0 \end{bmatrix}, \quad \mathbf{u}_2 = \begin{bmatrix} 0 \\ 1 \end{bmatrix}; \qquad \mathbf{v}_1 = \begin{bmatrix} 4 \\ 1 \end{bmatrix}, \quad \mathbf{v}_2 = \begin{bmatrix} 7 \\ 2 \end{bmatrix}$$

으로 정의되는 $T : R^2 \to R^2$.

8. $T\left(\begin{bmatrix} x_1 \\ x_2 \end{bmatrix}\right) = \begin{bmatrix} x_1 + 7x_2 \\ 3x_1 - 4x_2 \end{bmatrix}$이고 $B = \{\mathbf{u}_1, \mathbf{u}_2\}$와 $B' = \{\mathbf{v}_1, \mathbf{v}_2\}$가

$$\mathbf{u}_1 = \begin{bmatrix} 2 \\ 2 \end{bmatrix}, \quad \mathbf{u}_2 = \begin{bmatrix} 4 \\ -1 \end{bmatrix}; \qquad \mathbf{v}_1 = \begin{bmatrix} 18 \\ 8 \end{bmatrix}, \quad \mathbf{v}_2 = \begin{bmatrix} 10 \\ 5 \end{bmatrix}$$

으로 정의되는 $T : R^2 \to R^2$.

9. B가 표준기저이고 $B' = \{\mathbf{v}_1, \mathbf{v}_2, \mathbf{v}_3\}$이

$$\mathbf{v}_1 = (-2, 1, 0), \mathbf{v}_2 = (-1, 0, 1), \mathbf{v}_3 = (0, 1, 0)$$

이며

$$T(x_1, x_2, x_3) = (-2x_1 - x_2, x_1 + x_3, x_2)$$

으로 정의되는 $T : R^3 \to R^3$.

10. B가 표준기저이고 $B' = \{\mathbf{v}_1, \mathbf{v}_2, \mathbf{v}_3\}$이

$$\mathbf{v}_1 = (1, 0, 0), \mathbf{v}_2 = (1, 1, 0), \mathbf{v}_3 = (1, 1, 1)$$

이며

$$T(x_1, x_2, x_3) = (x_1 + 2x_2 - x_3, -x_2, x_1 + 7x_3)$$

으로 정의되는 $T : R^3 \to R^3$.

11. B는 표준기저이고 $B' = \{\mathbf{v}_1, \mathbf{v}_2\}$가

$$\mathbf{v}_1 = \left(\frac{1}{\sqrt{2}}, \frac{1}{\sqrt{2}}\right), \quad \mathbf{v}_2 = \left(-\frac{1}{\sqrt{2}}, \frac{1}{\sqrt{2}}\right)$$

이며 $T : R^2 \to R^2$는 원점을 중심으로 각도 45°만큼 회전.

12. B는 표준기저이고 $B' = \{\mathbf{v}_1, \mathbf{v}_2\}$가

$$\mathbf{v}_1 = (k, 1), \quad \mathbf{v}_2 = (1, 0)$$

이며 $T : R^2 \to R^2$는 인자가 양의 k인 x축 방향 층밀림.

13. B는 P_1의 표준기저, $B' = \{\mathbf{q}_1, \mathbf{q}_2\}$는

$$\mathbf{q}_1 = x + 1, \quad \mathbf{q}_2 = x - 1$$

이며

$$T(a_0 + a_1x) = -a_0 + (a_0 + a_1)x$$

로 정의되는 $T : P_1 \to P_1$.

14. $B = \{\mathbf{p}_1, \mathbf{p}_2\}$, $B' = \{\mathbf{q}_1, \mathbf{q}_2\}$는

$$\mathbf{p}_1 = 6 + 3x, \quad \mathbf{p}_2 = 10 + 2x; \qquad \mathbf{q}_1 = 2, \quad \mathbf{q}_2 = 3 + 2x$$

이며 $T(a_0 + a_1x) = a_0 + a_1(x + 1)$로 정의되는 $T : P_1 \to P_1$.

15. $T : P_2 \to P_2$를 다음과 같이 정의하자.

$$T(a_0 + a_1x + a_2x^2) = (5a_0 + 6a_1 + 2a_2) - (a_1 + 8a_2)x + (a_0 - 2a_2)x^2$$

a. T의 고유값을 구하라.

b. T의 고유공간의 기저를 구하라.

16. $T : M_{22} \to M_{22}$를 다음과 같이 정의하자.

$$T\left(\begin{bmatrix} a & b \\ c & d \end{bmatrix}\right) = \begin{bmatrix} 2c & a + c \\ b - 2c & d \end{bmatrix}$$

a. T의 고유값을 구하라.

b. T의 고유공간의 기저를 구하라.

17. R^n의 표준기저는 매우 단순함에도 불구하고 R^n상의 선형 연산자를 왜 다른 기저로 표현하려 하는가?

18. (연습문제 1과 다른) 닮지 않은 두 개의 영이 아닌 2×2 행렬을 찾아라. 행렬들이 닮지 않은 이유를 설명하라.

(19-21) 선형 연산자 T의 행렬식과 고유값을 구하라.

19. $T : R^2 \to R^2$, 여기서 $T(x_1, x_2) = (3x_1 - 4x_2, -x_1 + 7x_2)$

20. $T : R^3 \to R^3$, 여기서 $T(x_1, x_2, x_3) = (x_1 - x_2, x_2 - x_3, x_3 - x_1)$

21. $T : P_2 \to P_2$, 여기서 $T(p(x)) = p(x - 1)$

22. $T : P_4 \to P_4$를 공식 $T(p(x)) = p(2x + 1)$로 주어지는 선형 연산자라 하자.

a. 적절히 편리한 기저에 대한 T의 행렬을 찾고, 이것을 이용하여 T의 랭크와 무효차수를 구하라.

b. (a)의 결과를 이용하여 T가 단사인지 판정하라.

증명 문제

23. 아래의 각각의 단계를 입증하여 증명을 완성하라.

가정: A와 B는 닮은 행렬이다.

결론: A와 B는 동일한 특성다항식을 갖는다.

증명:
$$\begin{aligned}
&(1)\ \det(\lambda I - B) = \det(\lambda I - P^{-1}AP) \\
&(2)\ = \det(\lambda P^{-1}P - P^{-1}AP) \\
&(3)\ = \det(P^{-1}(\lambda I - A)P) \\
&(4)\ = \det(P^{-1})\det(\lambda I - A)\det(P) \\
&(5)\ = \det(P^{-1})\det(P)\det(\lambda I - A) \\
&(6)\ = \det(\lambda I - A)
\end{aligned}$$

24. A와 B가 닮은 행렬, 즉 $B = P^{-1}AP$라면, 연습문제 23으로부터 A와 B는 동일한 고유값을 갖는다. 이제 λ가 공통된 고유값 중 하나이고 $\mathbf{x}$가 이것에 대응하는 A의 고유벡터라 하자. λ에 대응하는 B의 고유벡터를 (λ, $\mathbf{x}$, P로 표현하여) 찾을 수 있는가?

(25-28) 다음이 닮음불변량임을 증명하라.

25. 대각합

26. 랭크

27. 무효차수

28. 가역성

29. λ를 선형 연산자 $T : V \to V$의 고유값이라 하자. λ에 대응하는 T의 고유벡터가 $\lambda I - T$의 핵에 있는 영이 아닌 벡터임을 증명하라.

30. a. A와 B가 닮은 행렬이면 A^2와 B^2 또한 닮은 행렬임을 증명하라.

b. A^2와 B^2가 닮았으면 A와 B도 반드시 닮아야만 하는가? 설명하라.

31. C와 D가 $m \times n$ 행렬이고 $B = \{\mathbf{v}_1, \mathbf{v}_2, \ldots, \mathbf{v}_n\}$을 벡터공간 V의 기저라 하자. V의 모든 벡터 $\mathbf{x}$에 대하여 $C[\mathbf{x}]_B = D[\mathbf{x}]_B$이면 $C = D$임을 보여라.

참-거짓 문제

TF. **(a)-(h)**가 참인지 거짓인지를 밝히고 그 이유를 설명하라.

a. 행렬은 자신과 닮을 수 없다.

b. A가 B와 닮았고 B가 C와 닮았다면, A는 C와 닮았다.

c. A와 B가 닮았고 B가 특이행렬이라면 A도 특이행렬이다.

d. A와 B가 가역이고 닮았다면 A^{-1}와 B^{-1}도 닮았다.

e. $T_1 : R^n \to R^n$과 $T_2 : R^n \to R^n$이 선형 연산자이고, R^n의 두 기저 B와 B'에 대하여 $[T_1]_{B',B} = [T_2]_{B',B}$라면, R^n의 모든 벡터 $\mathbf{x}$에 대하여 $T_1(\mathbf{x}) = T_2(\mathbf{x})$이다.

f. $T_1 : R^n \to R^n$이 선형 연산자이고, R^n의 두 기저 B와 B'에 대하여 $[T_1]_B = [T_1]_{B'}$이면, $B = B'$이다.

g. $T : R^n \to R^n$이 선형 연산자이고, R^n의 적절한 기저 B에 대하여 $[T]_B = I_n$이면, T는 R^n상의 항등 연산자이다.

h. $T : R^n \to R^n$이 선형 연산자이고, R^n의 두 기저 B와 B'에 대하여 $[T]_{B',B} = I_n$이면, T는 R^n상의 항등 연산자이다.

계산도구 문제

T1. 행렬 A와 P가 다음과 같이 주어질 때, A와 닮은 $B = P^{-1}AP$를 구하라. 표 1에 따라 A와 B가 동일한 행렬식, 대각합, 랭크, 특성방정식 및 고유값을 갖는지 확인하라.

$$A = \begin{bmatrix} -13 & -60 & -60 \\ 10 & 42 & 40 \\ -5 & -20 & -18 \end{bmatrix}, \quad P = \begin{bmatrix} 1 & -1 & 1 \\ 2 & -1 & -1 \\ -1 & -1 & 0 \end{bmatrix}$$

T2. $T : R^3 \to R^3$의 표준행렬이 연습문제 T1의 행렬 A라 하자. $[T]_S$가 대각행렬인 R^3의 기저 S를 구하라.

8.6 행렬 연산자의 기하학

컴퓨터 그래픽과 같은 응용분야에서 R^2와 R^3상의 선형 연산자가 어떻게 개별 벡터에 영향을 미치는지를 이해하는 것뿐 아니라, 어떻게 2차원과 3차원의 전 영역을 변환하는지 이해하는 것이 중요하다. 예를 들어 R^2에서는 선형 연산자가 1사분면의 단위정사각형에 끼치는 효과를 조사함으로써 선형 연산자가 평면의 전 영역에 어떤 영향을 주는지 추측할 수 있다. 이것이 이 절의 주요 핵심이다. 또한 1.8절의 내용을 3차원으로 확장하여 회전을 계속 학습할 것이다.

전산화된 변환

그림 8.6.1은 유명한 아인슈타인의 사진을 R^2상에서 행렬 연산자를 사용하여 다양한 방식으로 변환한 것이다. 원본 사진은 스캔 후 디지털화되어 화소의 직사각형 배열로 분해되었다. 이후 이 화소들은 다음과 같이 변환되었다.

- 프로그램 MATLAB을 사용하여 각 화소에 좌표와 회색도(gray level)를 할당하였다.
- 화소의 좌표는 행렬곱에 의해 변환되었다.
- 화소에 원본의 회색도를 할당하여 변환된 사진을 생성하였다.

컴퓨터 게임에서 움직임에 대한 인식은 시각적 이미지의 화소배열을 신속하고 반복적으로 변환하여 생성한다.

그림 8.6.1

행렬 연산자에 의한 직선의 상

R^2의 행렬 연산자의 효과는 단위정사각형을 구성하는 점들을 어떻게 변환하는지 조사하여 유추할 수 있다. 다음 정리는 증명하지는 않지만, 연산자가 가역이면 단위정사각형의 각 선분을 끝점의 상을 연결하는 선분으로 사상함을 보인다. 특히, 단위정사각형의 경계선은 사상된 상의 경계선으로 사상된다. (단위정사각형의 경계선과 변환된 상에서 이에 대응되는 경계선에 번호가 할당된 **그림 8.6.2**를 보라.)

정리 8.6.1

$T : R^2 \to R^2$가 가역행렬에 의한 행렬변환이면,

(*a*) 직선의 상은 직선이다.
(*b*) 원점을 지나는 직선의 상은 원점을 지나는 직선이다.
(*c*) 평행한 직선의 상은 평행한 직선이다.
(*d*) 점 P와 Q를 잇는 선분의 상은 P와 Q의 상을 잇는 선분이다.
(*e*) 세 점의 상이 어떤 직선 위에 놓이기 위한 필요충분조건은 그 점들이 어떤 직선 위에 놓여 있는 것이다.

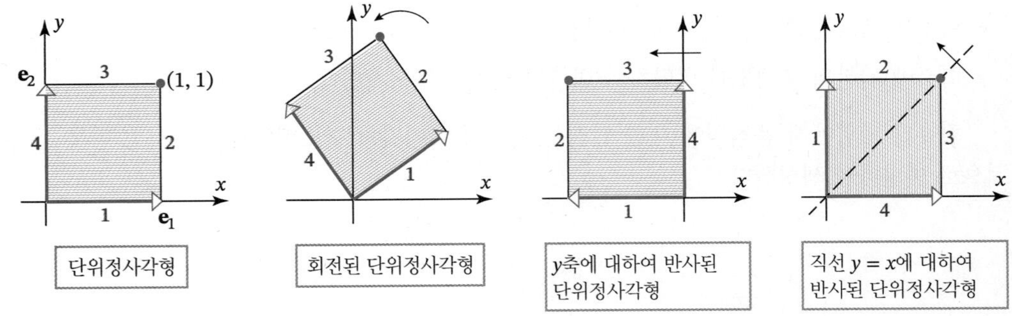

그림 8.6.2

예제 1 | 직선의 상

정리 8.6.1에 의하면, 가역행렬

$$A = \begin{bmatrix} 3 & 1 \\ 2 & 1 \end{bmatrix}$$

은 직선 $y = 2x + 1$을 다른 직선으로 사상한다. 그 방정식을 구하라.

풀이 (x, y)를 직선 $y = 2x + 1$ 위에 있는 점이라고 하고, (x', y')을 A에 의한 곱셈변환에 의한 그것의 상이라 하자. 그러면

$$\begin{bmatrix} x' \\ y' \end{bmatrix} = \begin{bmatrix} 3 & 1 \\ 2 & 1 \end{bmatrix}\begin{bmatrix} x \\ y \end{bmatrix}, \quad \begin{bmatrix} x \\ y \end{bmatrix} = \begin{bmatrix} 3 & 1 \\ 2 & 1 \end{bmatrix}^{-1}\begin{bmatrix} x' \\ y' \end{bmatrix} = \begin{bmatrix} 1 & -1 \\ -2 & 3 \end{bmatrix}\begin{bmatrix} x' \\ y' \end{bmatrix}$$

이므로

$$\begin{aligned} x &= x' - y' \\ y &= -2x' + 3y' \end{aligned}$$

이다. 이것을 $y = 2x + 1$에 대입하면

$$-2x' + 3y' = 2(x' - y') + 1$$

또는 동등하게

$$y' = \tfrac{4}{5}x' + \tfrac{1}{5}$$

을 얻는다.

예제 2 | 단위정사각형의 변환

가역행렬

$$A = \begin{bmatrix} 0 & 1 \\ 2 & 1 \end{bmatrix}$$

의 곱셈변환에 의한 단위정사각형의 상을 그려라. 변환된 상의 꼭짓점에 표식을 표시하고, (그림 8.6.2처럼) 단위정사각형의 경계선과 변환된 상에서 이에 대응하는 경계선에 번호를 표시하라.

풀이

$$\begin{bmatrix} 0 & 1 \\ 2 & 1 \end{bmatrix}\begin{bmatrix} 0 \\ 0 \end{bmatrix} = \begin{bmatrix} 0 \\ 0 \end{bmatrix}, \quad \begin{bmatrix} 0 & 1 \\ 2 & 1 \end{bmatrix}\begin{bmatrix} 1 \\ 0 \end{bmatrix} = \begin{bmatrix} 0 \\ 2 \end{bmatrix},$$

$$\begin{bmatrix} 0 & 1 \\ 2 & 1 \end{bmatrix}\begin{bmatrix} 0 \\ 1 \end{bmatrix} = \begin{bmatrix} 1 \\ 1 \end{bmatrix}, \quad \begin{bmatrix} 0 & 1 \\ 2 & 1 \end{bmatrix}\begin{bmatrix} 1 \\ 1 \end{bmatrix} = \begin{bmatrix} 1 \\ 3 \end{bmatrix}$$

이므로, 단위정사각형의 상은 꼭짓점 (0, 0), (0, 2), (1, 1), (1, 3)을 갖는 평행사변형이다(**그림 8.6.3**).

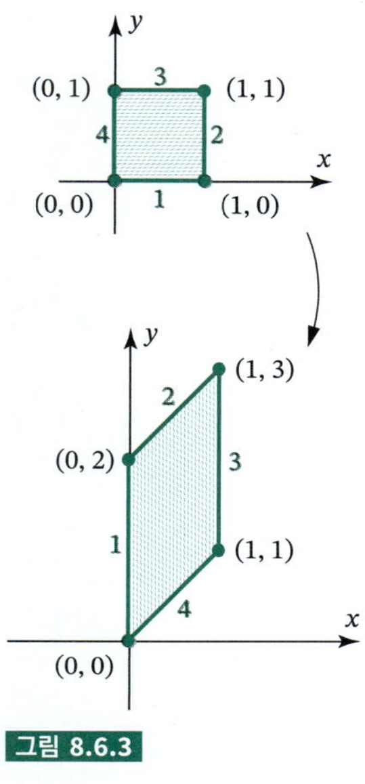

그림 8.6.3

반사, 회전, 정사영

1.8절의 표 1에서, R^2에서 x축, y축, 직선 $y = x$에 대한 표준행렬을 구했다. **표 1**은 이 변환이 단위정사각형에 미치는 효과를 도식화한 것이다.

표 1

연산자	표준행렬	단위정사각형에 미치는 효과
x축에 대한 반사	$\begin{bmatrix} 1 & 0 \\ 0 & -1 \end{bmatrix}$	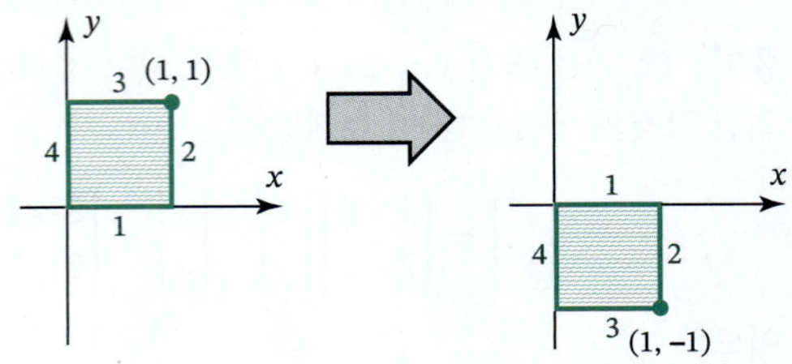
y축에 대한 반사	$\begin{bmatrix} -1 & 0 \\ 0 & 1 \end{bmatrix}$	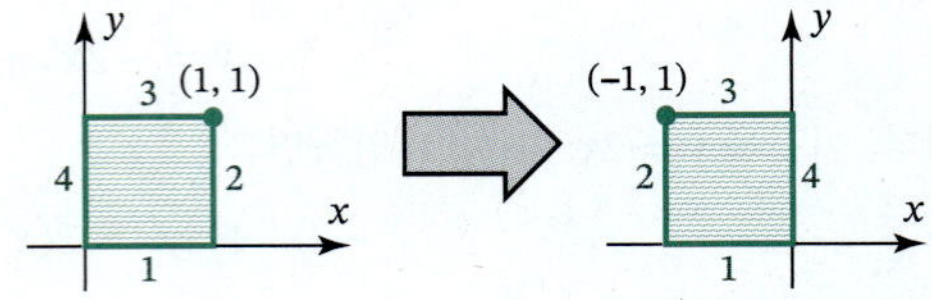
직선 $y = x$에 대한 반사	$\begin{bmatrix} 0 & 1 \\ 1 & 0 \end{bmatrix}$	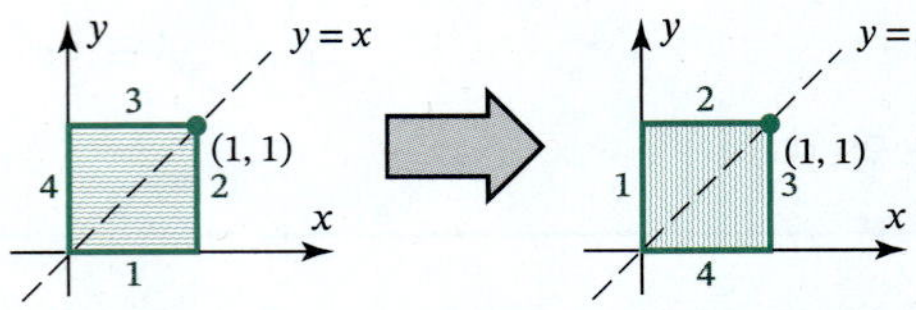

1.8절의 표 3에서, x축, y축으로의 정사영에 대한 표준행렬을 구했다. **표 2**는 그 정사영이 단위정사각형을 완전히 납작하게 만드는 것을 도식화한 것이다.

표 2

연산자	표준행렬	단위정사각형에 미치는 효과
x축으로의 정사영	$\begin{bmatrix} 1 & 0 \\ 0 & 0 \end{bmatrix}$	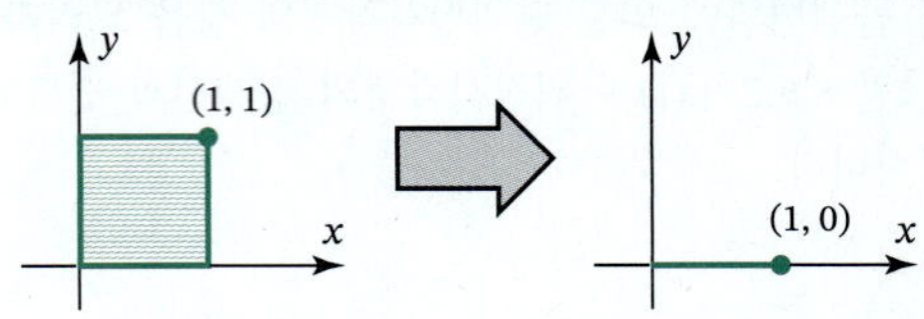
y축으로의 정사영	$\begin{bmatrix} 0 & 0 \\ 0 & 1 \end{bmatrix}$	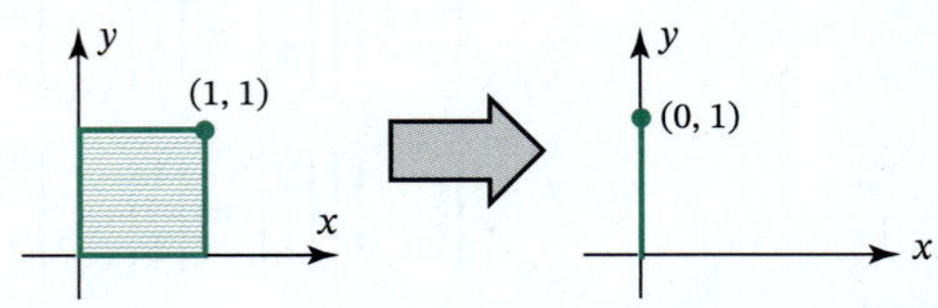

1.8절의 표 5에서, 원점에 대하여 양의 회전각 θ의 회전에 대한 표준행렬을 구했다. **표 3**은 그러한 회전이 단위정사각형을 어떻게 회전시키는지를 도식화한 것이다.

표 3

연산자	표준행렬	단위정사각형에 미치는 효과
원점에 대하여 양의 회전각 θ의 회전	$\begin{bmatrix} \cos\theta & -\sin\theta \\ \sin\theta & \cos\theta \end{bmatrix}$	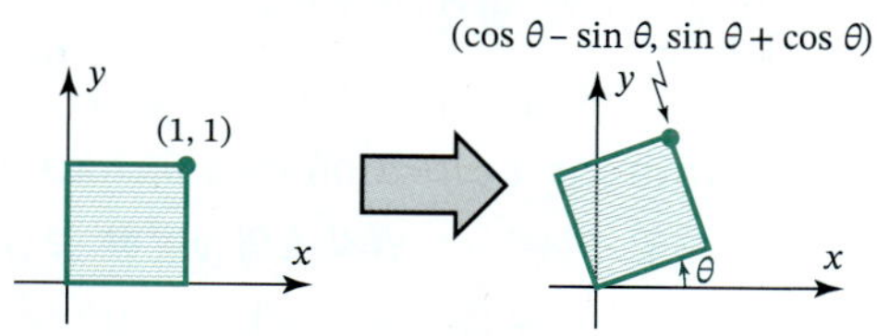

확장과 압축

평면 내의 모든 점의 x-좌표에 $k > 1$인 상수 k를 곱하면 그 효과는 단위정사각형을 x방향으로 확장하는 것이고, y-좌표에 그러한 k를 곱하면 효과는 단위정사각형을 y방향으로 확장하는 것이다. 이러한 형태의 연산자를 ***확장***(expansion)이라 한다. 반대로 $0 < k < 1$이면 그 효과는 단위정사각형을 압축하는 것이므로 이러한 연산자를 ***압축***(compression)이라 한다. **표 4**는 확장과 압축이 단위정사각형에 적용된 효과를 설명한다.

표 4

연산자	표준행렬	단위정사각형에 미치는 효과
인자 k로 x방향으로 확장 $(k > 1)$	$\begin{bmatrix} k & 0 \\ 0 & 1 \end{bmatrix}$	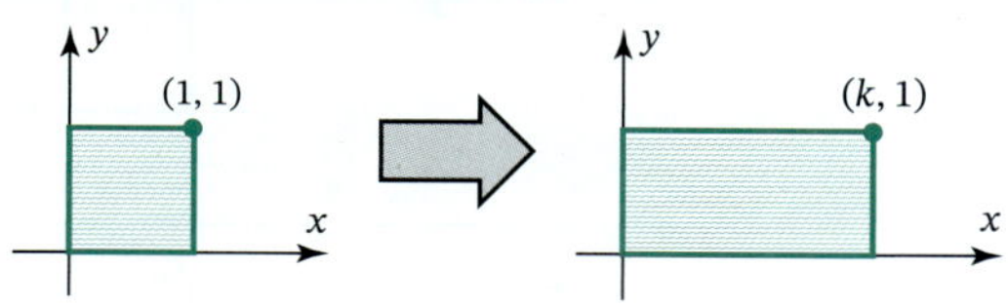
인자 k로 y방향으로 확장 $(k > 1)$	$\begin{bmatrix} 1 & 0 \\ 0 & k \end{bmatrix}$	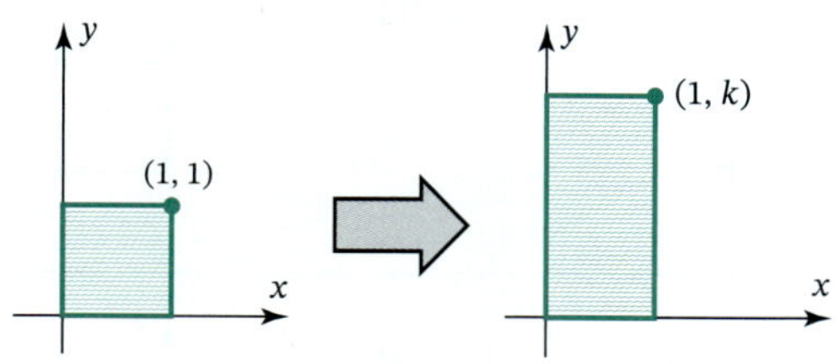
인자 k로 x방향으로 압축 $(0 < k < 1)$	$\begin{bmatrix} k & 0 \\ 0 & 1 \end{bmatrix}$	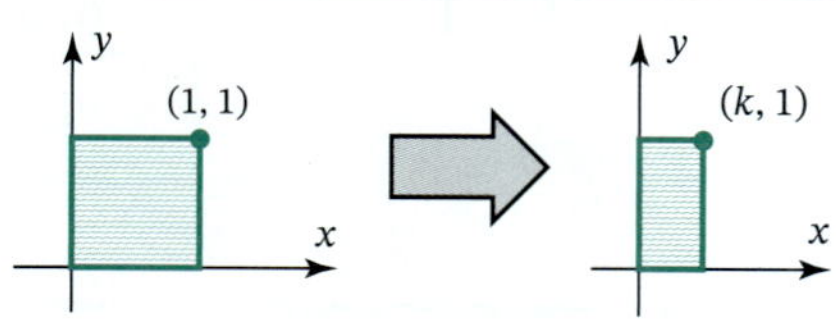
인자 k로 y방향으로 압축 $(0 < k < 1)$	$\begin{bmatrix} 1 & 0 \\ 0 & k \end{bmatrix}$	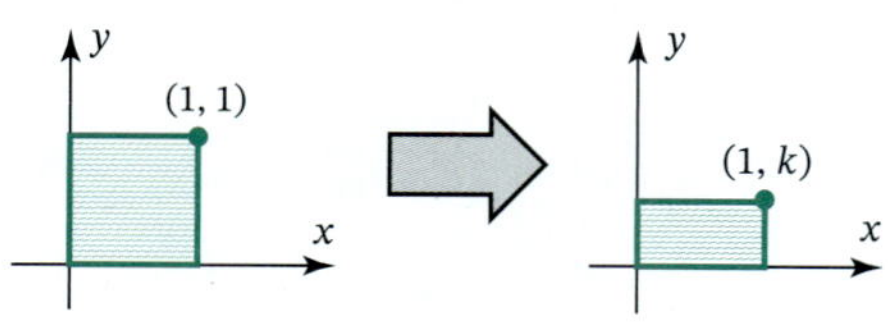

층밀림

$T(x, y) = (x + ky, y)$ 형태의 행렬 연산자는 xy-평면의 한 점 (x, y)를 y-좌표에 비례하는 ky만큼 x축에 평행한 점으로 이동시킨다. 이 연산자는 x축상의 점은 ($y = 0$이므로) 이동시키지 않지만, x축에서 멀어질수록 이동거리가 증가한다. 이 연산자를 ***인자 k의 x방향 층밀림***(shear in the x-direction by a factor k)이라 한다. 마찬가지로, $T(x, y) = (x, y + kx)$ 형태의 행렬 연산자는 ***인자 k의 y방향 층밀림***이라 부른다. **표 5**는 R^2에서의 층밀림에 대한 기초적인 정보를 보여 준다. $k > 0$이면 층밀림은 양의 방향이고 $k < 0$이면 층밀림이 음의 방향임을 나타낸다.

표 5

연산자	표준행렬	단위정사각형에 미치는 효과
인자 k의 양의 x방향 층밀림 ($k > 0$)	$\begin{bmatrix} 1 & k \\ 0 & 1 \end{bmatrix}$	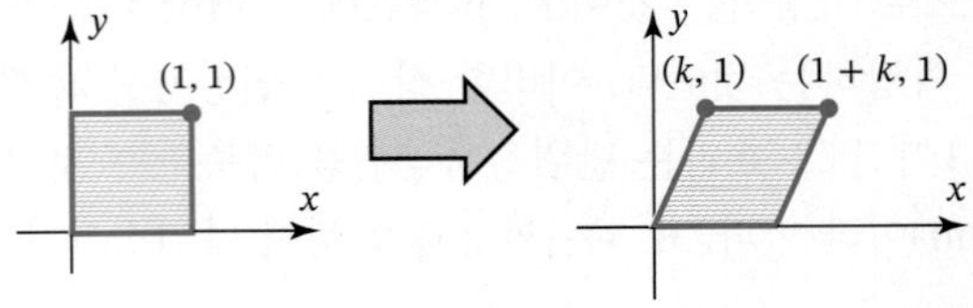
인자 k의 음의 x방향 층밀림 ($k < 0$)	$\begin{bmatrix} 1 & k \\ 0 & 1 \end{bmatrix}$	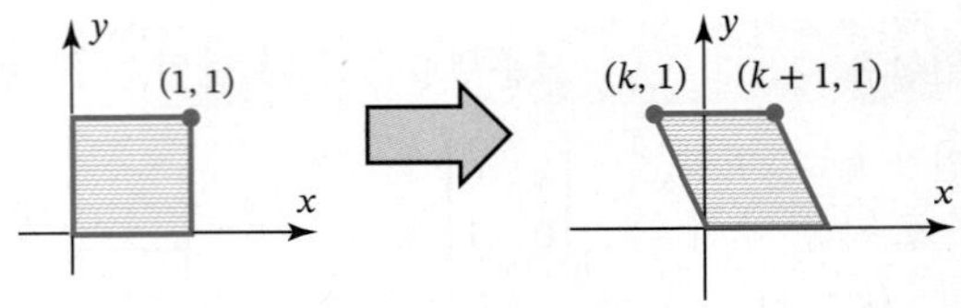
인자 k의 양의 y방향 층밀림 ($k > 0$)	$\begin{bmatrix} 1 & 0 \\ k & 1 \end{bmatrix}$	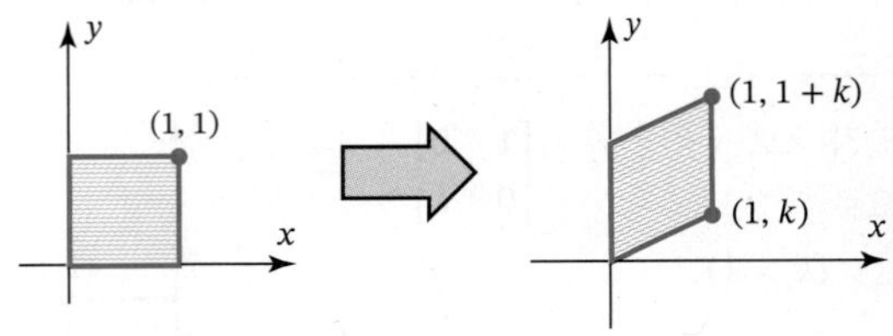
인자 k의 음의 y방향 층밀림 ($k < 0$)	$\begin{bmatrix} 1 & 0 \\ k & 1 \end{bmatrix}$	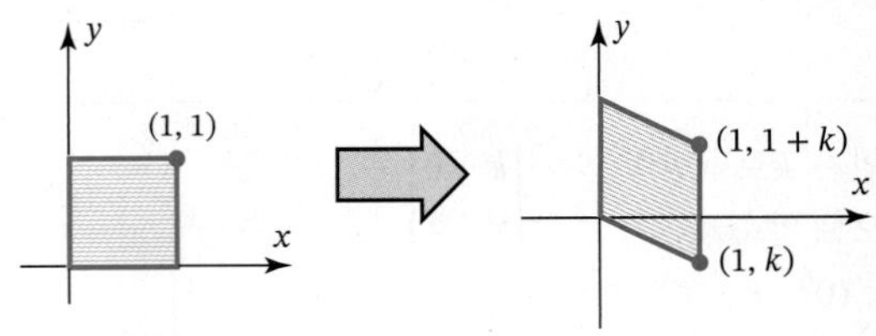

예제 3 | 단위정사각형의 변환

(*a*) 먼저 x방향으로 인자 2만큼 층밀림하고 그 결과를 직선 $y = x$에 대하여 반사하는 R^2상의 연산자의 표준행렬을 구하라. 이 변환에 대한 단위정사각형의 상을 그려라.

(*b*) 먼저 직선 $y = x$에 대하여 반사한 후, x방향으로 인자 2만큼 층밀림하는 R^2에 있는 연산자의 표준행렬을 구하라. 이 변환에 대한 단위정사각형의 상을 그려라.

(*c*) (*a*)와 (*b*)의 층밀림과 반사는 교환되지 않음을 대수적으로 또한 시각적으로 확인하라.

풀이 (*a*) 층밀림의 표준행렬은

$$A_1 = \begin{bmatrix} 1 & 2 \\ 0 & 1 \end{bmatrix}$$

이고, 반사의 표준행렬은

$$A_2 = \begin{bmatrix} 0 & 1 \\ 1 & 0 \end{bmatrix}$$

이다. 따라서 층밀림 후 반사의 표준행렬은

$$A_2A_1 = \begin{bmatrix} 0 & 1 \\ 1 & 0 \end{bmatrix}\begin{bmatrix} 1 & 2 \\ 0 & 1 \end{bmatrix} = \begin{bmatrix} 0 & 1 \\ 1 & 2 \end{bmatrix}$$

이다.

풀이 (*b*) 반사 후 층밀림의 표준행렬은

$$A_1A_2 = \begin{bmatrix} 1 & 2 \\ 0 & 1 \end{bmatrix}\begin{bmatrix} 0 & 1 \\ 1 & 0 \end{bmatrix} = \begin{bmatrix} 2 & 1 \\ 1 & 0 \end{bmatrix}$$

이다.

풀이 (*c*) 풀이 (*a*)와 (*b*)에서 얻은 계산결과는 $A_1A_2 \neq A_2A_1$임을 보여 준다. 그러므로 표준행렬도 따라서 연산자도 교환되지 않는다. **그림 8.6.4** 및 **8.6.5**에서 두 합성 연산자가 단위정사각형의 상을 다르게 만들어 주는 것을 알 수 있다.

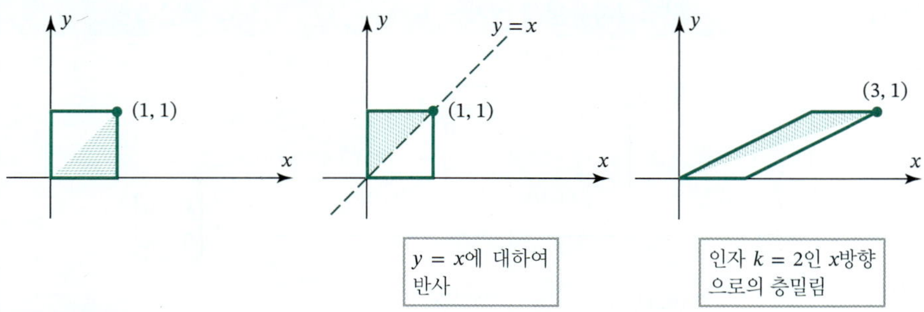

그림 8.6.4

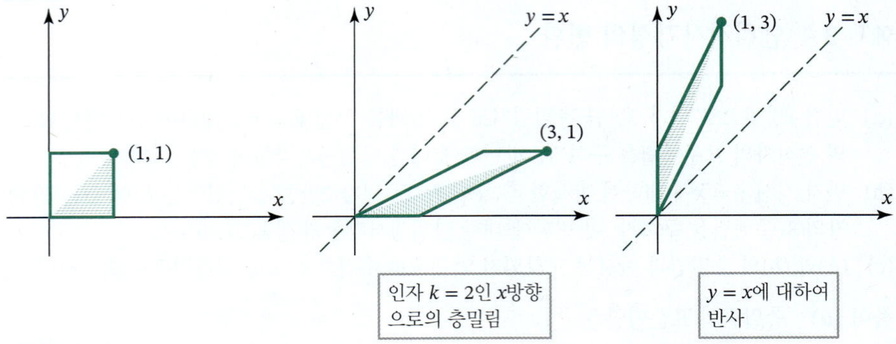

그림 8.6.5

확대와 축소

음이 아닌 스칼라 k에 대하여, R^2나 R^3의 연산자 $T(\mathbf{x}) = k\mathbf{x}$는 모든 벡터의 길이를 인자 k만큼 증가시키거나 감소시키는 효과를 나타낸다. $0 \leq k < 1$이면 연산자는 인자 k를 갖는 **축소**(contraction)라 하고, $k > 1$이면 인자 k를 갖는 ***확대***(dilation)라 한다(**그림 8.6.6**). $k = 1$이면 T는 항등 연산자이다. **표 6**은 R^2의 단위정사각형에 대한 축소와 확대의 효과—축소는 정사각형을 수축시키고 확대는 크게 한다—를 설명한다.

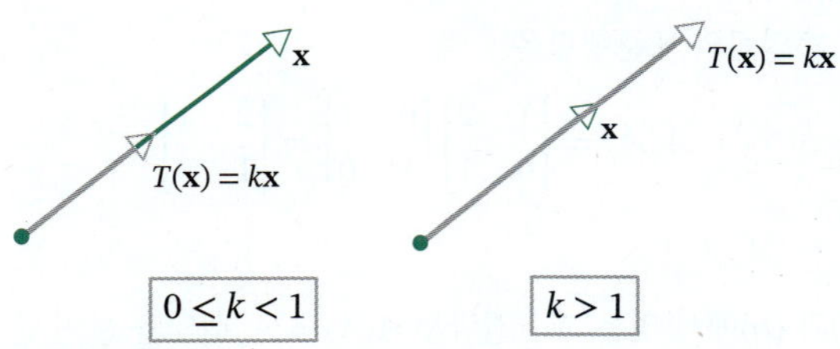

그림 8.6.6

표 6

연산자	단위정사각형에 미치는 효과	표준행렬
R^2에서 인자 k를 갖는 축소 $(0 \leq k < 1)$	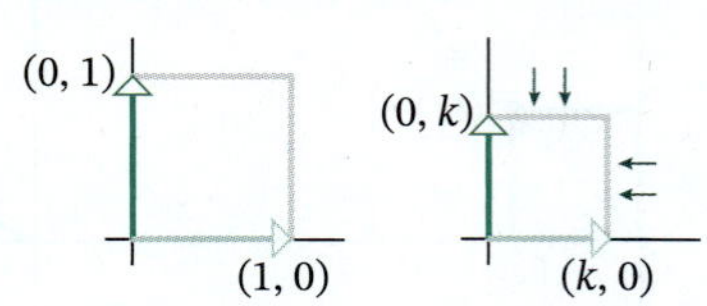	$\begin{bmatrix} k & 0 \\ 0 & k \end{bmatrix}$
R^2에서 인자 k를 갖는 확대 $(k > 1)$	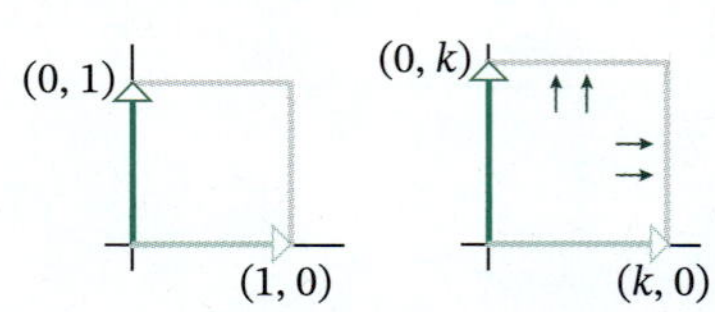	

참고 축소와 확대의 표준행렬은 대각원소가 음이 아니고 동일한 대각행렬임을 유의하

라. 이러한 성질을 갖는 행렬 연산자를 ***균일조정***(uniform scaling)이라 한다.

예제 4 | 대각행렬을 이용한 변환

k_1과 $k_2(\neq 1)$가 양수일 때 단위정사각형에 대한 다음 대각행렬

$$A = \begin{bmatrix} k_1 & 0 \\ 0 & k_2 \end{bmatrix}$$

에 의한 곱의 효과를 논의하라.

풀이 $k_1 = k_2$의 특수한 경우, A의 곱셈변환은 축소이거나 확대이다. 좀 더 일반적으로, A에 의한 곱의 효과는 이 행렬을

$$A = \begin{bmatrix} k_1 & 0 \\ 0 & k_2 \end{bmatrix} = \begin{bmatrix} 1 & 0 \\ 0 & k_2 \end{bmatrix}\begin{bmatrix} k_1 & 0 \\ 0 & 1 \end{bmatrix}$$

으로 인수분해하여 관찰하여 알 수 있다. 즉, A의 곱셈변환은 단위정사각형을 k_1배의 x방향으로의 확대 또는 축소 후, k_2배의 y방향으로의 확대 또는 축소이다.

예제 5 | 원점에 대한 반사

그림 8.6.7은 행렬

$$A = \begin{bmatrix} -1 & 0 \\ 0 & -1 \end{bmatrix}$$

에 의한 곱셈변환은 단위정사각형을 원점에 대하여 반사하는 효과를 가짐을 보인다. 하지만 다음 행렬방정식

$$A = \begin{bmatrix} -1 & 0 \\ 0 & -1 \end{bmatrix} = \begin{bmatrix} -1 & 0 \\ 0 & 1 \end{bmatrix}\begin{bmatrix} 1 & 0 \\ 0 & -1 \end{bmatrix}$$

과 표 1을 참조하면 단위정사각형을 x축에 대하여 반사한 후 y축에 대하여 반사하는 것으로도 볼 수 있다. 이 사실도 **그림 8.6.7**에서 볼 수 있다.

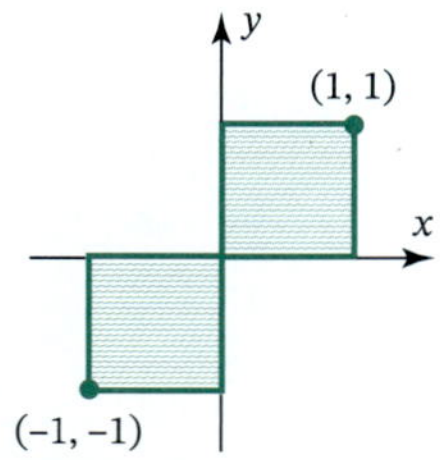

그림 8.6.7

예제 6 | $y = -x$에 대한 반사

다음 행렬

$$A = \begin{bmatrix} 0 & -1 \\ -1 & 0 \end{bmatrix}$$

에 의한 곱셈변환은 단위정사각형을 직선 $y = -x$에 대하여 반사(**그림 8.6.8**)함을 확인하는 것은 독자에게 맡긴다.

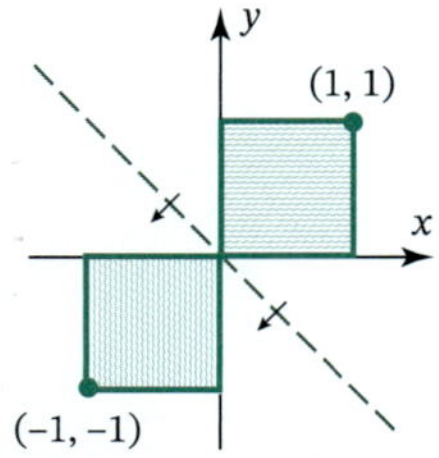

그림 8.6.8

가역행렬변환의 분해

다음 목표는 R^2의 모든 가역선형변환을 압축, 확장, 반사와 층밀림의 합성으로 표현할 수 있음을 보이는 것이다. 이러한 의미에서 이 네 개의 간단한 변환들은 R^2의 복잡한 가역선형변환의 구성요소이다. 다음 정리로 시작하자.

정리 8.6.2

E가 기본행렬이면 $T_E : R^2 \to R^2$는 다음 중 하나이다.
(*a*) 좌표축을 따라 층밀림
(*b*) $y = x$에 대한 반사
(*c*) 좌표축을 따른 압축
(*d*) 좌표축을 따른 확장
(*e*) 좌표축에 대한 반사
(*f*) 좌표축을 따라 압축 또는 확장 후 좌표축에 대한 반사

증명 2×2 기본행렬은 2×2 항등행렬에 한 개의 기본 행연산을 수행한 결과이므로, 다음 형태 중 하나이다(확인하라).

$$\begin{bmatrix} 1 & 0 \\ k & 1 \end{bmatrix}, \quad \begin{bmatrix} 1 & k \\ 0 & 1 \end{bmatrix}, \quad \begin{bmatrix} 0 & 1 \\ 1 & 0 \end{bmatrix}, \quad \begin{bmatrix} k & 0 \\ 0 & 1 \end{bmatrix}, \quad \begin{bmatrix} 1 & 0 \\ 0 & k \end{bmatrix}$$

처음 두 행렬은 좌표축을 따른 층밀림, 세 번째는 $y = x$에 대한 반사를 나타낸다. $k > 0$이면, 마지막 두 행렬은 $0 \le k < 1$ 또는 $k > 1$의 여부에 따라 좌표축을 따른 압축과 확장을 나타낸다. $k_1 > 0$일 때 k를 $k = -k_1$으로 표현하면 마지막 두 개의 행렬은

$$\begin{bmatrix} k & 0 \\ 0 & 1 \end{bmatrix} = \begin{bmatrix} -k_1 & 0 \\ 0 & 1 \end{bmatrix} = \begin{bmatrix} -1 & 0 \\ 0 & 1 \end{bmatrix} \begin{bmatrix} k_1 & 0 \\ 0 & 1 \end{bmatrix} \tag{1}$$

$$\begin{bmatrix} 1 & 0 \\ 0 & k \end{bmatrix} = \begin{bmatrix} 1 & 0 \\ 0 & -k_1 \end{bmatrix} = \begin{bmatrix} 1 & 0 \\ 0 & -1 \end{bmatrix} \begin{bmatrix} 1 & 0 \\ 0 & k_1 \end{bmatrix} \tag{2}$$

로 쓸 수 있다. $k_1 > 0$이므로 (1)의 곱셈은 x축을 따른 압축이나 확장 후 y축에 대한 반사를 표현한다. (2)는 y축을 따른 압축이나 확장 후 x축에 대한 반사를 표현한다. $k = -1$인 경우 변환 (1)과 (2)는 단순히 y축과 x축에 대한 반사이다. ■

정리 1.5.3(*d*)에서 가역행렬은 기본행렬의 곱으로 표현할 수 있음을 알았다. 정리 8.6.2는 다음 결과를 의미한다.

정리 8.6.3

$T_A : R^2 \to R^2$가 가역행렬 A에 의한 곱셈변환이면, T_A의 기하적 효과는 층밀림, 압축, 확장, 반사를 적절히 반복하는 것과 동일하다.

다음 예제는 표 1부터 5까지의 결과와 함께 정리 8.6.2와 8.6.3이 2×2 가역행렬의 곱셈변환의 기하적 효과를 해석하는 데 어떻게 사용될 수 있는지를 설명한다.

예제 7 | 행렬 연산자의 분해

예제 2에서 다음 행렬

$$A = \begin{bmatrix} 0 & 1 \\ 2 & 1 \end{bmatrix}$$

의 곱셈변환이 단위정사각형에 미치는 효과를 설명했다(**그림 8.6.3** 참조). 이 행렬을 기본행렬의 곱으로 표현하고 행렬 A의 곱셈변환의 효과를 층밀림, 압축, 확장, 그리고 반사의 관점에서 설명하라.

풀이 A는 다음과 같이 항등행렬로 축소될 수 있다.

$$\begin{bmatrix} 0 & 1 \\ 2 & 1 \end{bmatrix} \longrightarrow \begin{bmatrix} 2 & 1 \\ 0 & 1 \end{bmatrix} \longrightarrow \begin{bmatrix} 1 & \frac{1}{2} \\ 0 & 1 \end{bmatrix} \longrightarrow \begin{bmatrix} 1 & 0 \\ 0 & 1 \end{bmatrix}$$

↑ 1행과 2행을 교환한다.
↑ 1행에 $\frac{1}{2}$을 곱한다.
↑ 2행에 $-\frac{1}{2}$을 곱하여 1행에 더한다.

이 세 개의 연속적인 행연산은

$$E_1 = \begin{bmatrix} 0 & 1 \\ 1 & 0 \end{bmatrix}, \quad E_2 = \begin{bmatrix} \frac{1}{2} & 0 \\ 0 & 1 \end{bmatrix}, \quad E_3 = \begin{bmatrix} 1 & -\frac{1}{2} \\ 0 & 1 \end{bmatrix}$$

를 연속해서 A의 왼쪽에 곱하여 얻을 수 있다. 이 행렬들의 역과 1.5절의 공식 (4)를 사용하여

$$A = \begin{bmatrix} 0 & 1 \\ 2 & 1 \end{bmatrix} = E_1^{-1}E_2^{-1}E_3^{-1} = \begin{bmatrix} 0 & 1 \\ 1 & 0 \end{bmatrix}\begin{bmatrix} 2 & 0 \\ 0 & 1 \end{bmatrix}\begin{bmatrix} 1 & \frac{1}{2} \\ 0 & 1 \end{bmatrix}$$

을 얻는다. 이것을 오른쪽에서부터 왼쪽으로 읽으면 A에 의한 곱셈변환의 기하적 효과는 다음의 순차적인 변환과 동등함을 알 수 있다.

1. x방향으로 인자 $\frac{1}{2}$만큼 층밀림한다.
2. x방향으로 인자 2만큼 확장한다.
3. 직선 $y = x$에 대하여 반사한다.

그림 8.6.9에 이것이 설명되어 있으며, 마지막 결과는 예제 2와 일치한다.

참고 컴퓨터 그래픽에서 R^2에서의 평행이동은 중요한 연산이다. 하지만 이것은 선형변환이 아니다(8.1절의 예제 8). 따라서 2×2 행렬을 곱셈자로 사용하여 이 변환을 수행할 수 없다. 3×3 행렬을 사용한 평행이동 방법이 보충문제 26에서 논의된다.

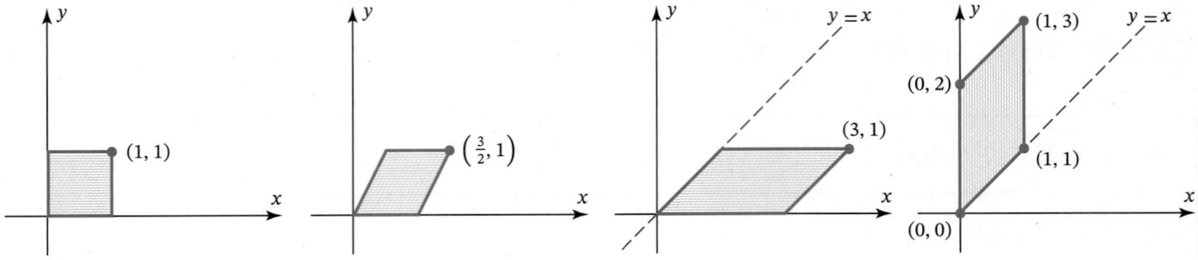

그림 8.6.9

R^3에서의 회전

R^3상의 벡터의 회전은 일반적으로 ***회전축***(axis of rotation)이라고 불리는 원점을 통과하는 직선과 이 직선방향의 단위벡터의 관계로 표현된다(**그림 8.6.10*a***). 이 단위벡터와 오른손의 손가락들을 회전방향으로 감아쥐도록 할 때의 엄지손가락의 방향을 관찰하는 ***오른손법칙***(right-hand rule)을 사용하여 회전각의 부호를 결정할 수 있다. 엄지손가락이 $\mathbf{u}$의 방향을 가리킨다면 회전각은 $\mathbf{u}$에 대하여 ***양***(positive)으로 간주되며, $\mathbf{u}$의 반대방향을 가리키면 회전각은 $\mathbf{u}$에 대하여 ***음***(negative)이다(**그림 8.6.10*b***).

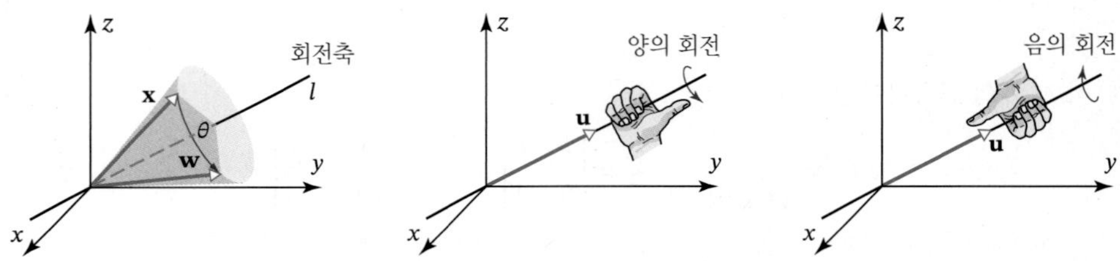

(a) 회전각 ***(b)*** 오른손법칙

그림 8.6.10

R^3에서 좌표축에 대한 회전에서 $\mathbf{i}, \mathbf{j}, \mathbf{k}$를 단위벡터로 사용한다. 이 경우 양의 좌표축을 따라서 원점을 바라볼 때, 회전각이 반시계방향이면 양이고, 시계방향이면 음이다. **표 7**에서 각 벡터를 좌표축에 대하여 회전각 θ로 회전하는 R^3에서의 ***회전 연산자***(rotation operator)의 표준행렬을 보인다. 이 행렬들을 1.8절의 표 5와 비교하면 도움이 될 것이다.

마무리로서, 시작점이 원점인 임의의 *단위벡터* $\mathbf{u} = (a, b, c)$로 결정되는 R^3의 어느 축에 대하여 회전각 θ의 반시계방향 회전의 표준행렬은 다음과 같다.

$$\begin{bmatrix} a^2(1-\cos\theta)+\cos\theta & ab(1-\cos\theta)-c\sin\theta & ac(1-\cos\theta)+b\sin\theta \\ ab(1-\cos\theta)+c\sin\theta & b^2(1-\cos\theta)+\cos\theta & bc(1-\cos\theta)-a\sin\theta \\ ac(1-\cos\theta)-b\sin\theta & bc(1-\cos\theta)+a\sin\theta & c^2(1-\cos\theta)+\cos\theta \end{bmatrix} \tag{3}$$

이 식의 유도는 *Principle of Interactive Computer Graphics*(W. M. Newman, R. F. Sproull, New York: McGraw-Hill, 1979)에서 찾을 수 있다. 이 결과는 보다 일반적인 결과로 특수한 경우인 표 7의 결과를 유도하는 데 도움이 될 것이다.

표 7

연산자	설명	회전방정식	표준행렬
양의 x축에 대한 회전각 θ의 반시계방향 회전	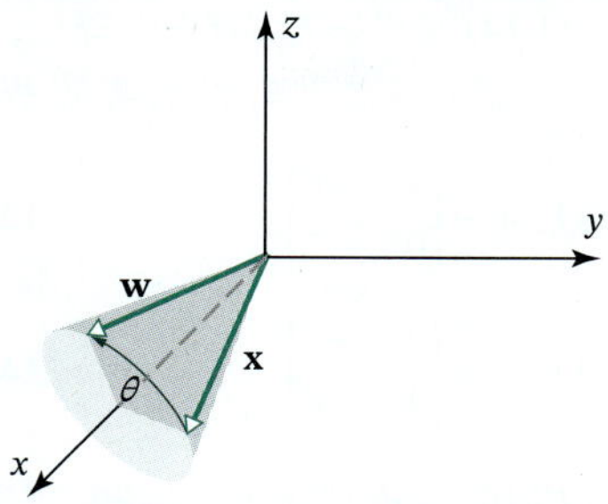	$w_1 = x$ $w_2 = y\cos\theta - z\sin\theta$ $w_3 = y\sin\theta + z\cos\theta$	$\begin{bmatrix} 1 & 0 & 0 \\ 0 & \cos\theta & -\sin\theta \\ 0 & \sin\theta & \cos\theta \end{bmatrix}$
양의 y축에 대한 회전각 θ의 반시계방향 회전	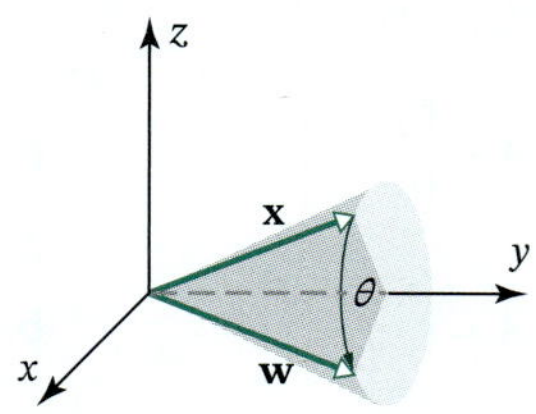	$w_1 = x\cos\theta + z\sin\theta$ $w_2 = y$ $w_3 = -x\sin\theta + z\cos\theta$	$\begin{bmatrix} \cos\theta & 0 & \sin\theta \\ 0 & 1 & 0 \\ -\sin\theta & 0 & \cos\theta \end{bmatrix}$
양의 z축에 대한 회전각 θ의 반시계방향 회전	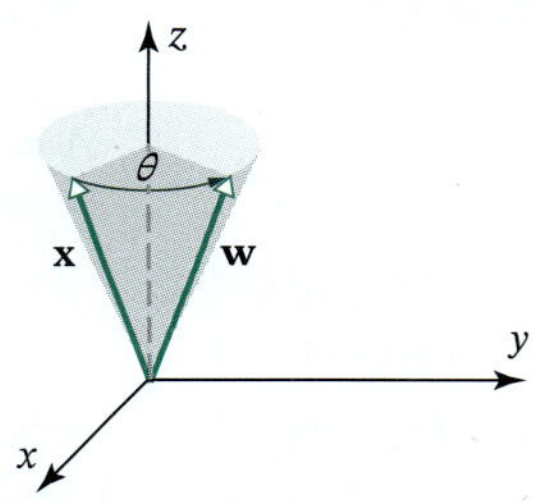	$w_1 = x\cos\theta - y\sin\theta$ $w_2 = x\sin\theta + y\cos\theta$ $w_3 = z$	$\begin{bmatrix} \cos\theta & -\sin\theta & 0 \\ \sin\theta & \cos\theta & 0 \\ 0 & 0 & 1 \end{bmatrix}$

Yaw, Pitch, Roll

항공학과 우주항공공학에 있어서 xyz-좌표계에 대하여 항공기 또는 우주왕복선의 방향은 종종 ***yaw***, ***pitch***, ***roll***이라는 각으로 기술된다. 예를 들어 항공기가 y축을 따라 비행하며 xy-평면이 수평면으로 정의된다면, z축에 대한 항공기의 회전각을 ***yaw***라 하고, x축에 대한 회전각을 ***pitch***, y축에 대한 회전각을 ***roll***이라 한다. ***yaw***, ***pitch roll***의 조합은 원점을 지나는 어떤 축에 대한 단일회전으로 달성될 수 있다. 실제로 이것이 우주왕복선의 자세를 조정하는 방법이다. 즉, 각각의 회전을 분리하여 이행하지 않고, 우선 하나의 축을 계산하고 그 축에 대하여 회전하여 정확한 방향을 설정한다. 그러한 회전방향 조정은 안테나를 정렬하거나, 천체의 목표물을 향하여 기수를 정할 때, 또는 도킹 시 탑재화물실의 위치결정에 이용된다.

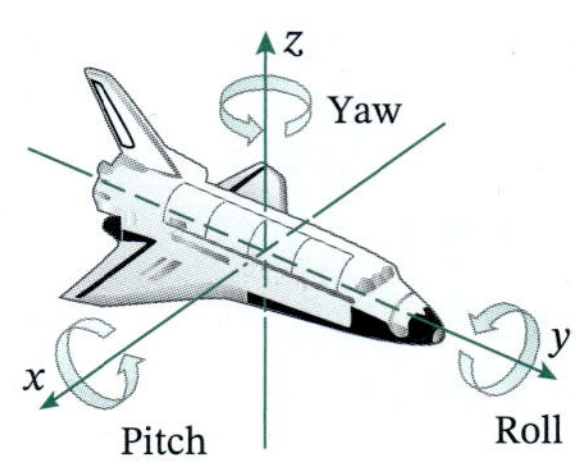

연습문제 8.6

1. 예제 1을 이용하여 직선 $y = 4x$의 다음 행렬

$$A = \begin{bmatrix} 5 & 2 \\ 2 & 1 \end{bmatrix}$$

의 곱셈변환에 의한 상의 방정식을 구하라.

2. 예제 1을 이용하여 직선 $y = -4x + 3$의 다음 행렬

$$A = \begin{bmatrix} 4 & -3 \\ 3 & -2 \end{bmatrix}$$

의 곱셈변환에 의한 상의 방정식을 구하라.

(3-4) 다음에 제시된 변환에 의한 직선 $y = 2x$의 상의 방정식을 구하라.

3. x방향으로 인자 3의 층밀림

4. y방향으로 인자 $\frac{1}{2}$의 압축

(5-6) 주어진 가역행렬에 의한 곱셈변환에 대하여 단위정사각형의 상을 그려라. 예제 2와 같이, 단위정사각형의 변과 이것의 상에 숫자를 할당하여 각 변의 대응관계를 명확히 하라.

5. $\begin{bmatrix} 3 & -1 \\ 1 & -2 \end{bmatrix}$ 6. $\begin{bmatrix} 2 & 1 \\ -1 & 2 \end{bmatrix}$

(7-8) 나열된 사상을 순서대로 수행하는 단일 연산자의 표준행렬을 구하라.

7. a. 인자 $\frac{1}{2}$의 x방향으로의 압축 후, 인자 5의 y방향으로의 확장
   b. 인자 5의 y방향으로의 확장 후, 인자 2의 y방향으로의 층밀림
   c. $y = x$에 대한 반사 후, 원점에 대하여 180° 회전

8. a. y축에 대하여 반사 후 인자 5의 x방향으로의 확장, 그리고 $y = x$에 대한 반사
   b. 원점에 대하여 30° 회전 후, 인자 −2의 y방향으로의 층밀림, 그리고 인자 3의 y방향으로의 확장

(9-10) 각 항에 나열된 연산자가 교환되는지 판정하라.

9. a. x축에 대한 반사와 인자 $\frac{1}{3}$의 x방향 압축
   b. $y = x$에 대한 반사와 인자 2의 x방향 확장

10. a. 인자 $\frac{1}{4}$의 y방향 층밀림과 인자 $\frac{3}{5}$의 y방향 층밀림
    b. 인자 $\frac{1}{4}$의 y방향 층밀림과 인자 $\frac{3}{5}$의 x방향 층밀림

(11-14) 행렬을 기본행렬의 곱으로 표현한 후, A에 의한 곱셈변환의 효과를 층밀림, 압축, 확장, 반사로 설명하라.

11. $A = \begin{bmatrix} 4 & 4 \\ 0 & -2 \end{bmatrix}$ 12. $A = \begin{bmatrix} 1 & 4 \\ 2 & 9 \end{bmatrix}$

13. $A = \begin{bmatrix} 0 & -2 \\ 4 & 0 \end{bmatrix}$ 14. $A = \begin{bmatrix} 1 & -3 \\ 4 & 6 \end{bmatrix}$

(15-16) 다음 대각행렬에 의한 곱셈변환의 단위정사각형에 대한 효과를 말로 설명하라.

15. a. $A = \begin{bmatrix} 3 & 0 \\ 0 & 1 \end{bmatrix}$ b. $A = \begin{bmatrix} 1 & 0 \\ 0 & -5 \end{bmatrix}$

16. a. $A = \begin{bmatrix} -2 & 0 \\ 0 & 1 \end{bmatrix}$ b. $A = \begin{bmatrix} -3 & 0 \\ 0 & -1 \end{bmatrix}$

17. a. 다음 행렬

$$A = \begin{bmatrix} 3 & 1 \\ 6 & 2 \end{bmatrix}$$

에 의한 곱셈변환은 평면의 모든 점을 $y = 2x$의 직선으로 사상함을 보여라.

   b. (a)에 의하면, 동일 직선상에 있지 않은 점 (1, 0), (0, 1), (−1, 0)이 하나의 직선 위로 사상된다. 이것은 정리 8.6.1의 (*e*)를 위배하는가?

18. 꼭짓점 (0, 0), (2, 1), (3, 0)을 갖는 삼각형을 원점에 직각을 갖는 직각삼각형으로 변환하는 x방향 층밀림의 행렬을 구하라.

19. 정리 8.6.1의 (*c*)에 따라서 다음 역행렬

$$A = \begin{bmatrix} 3 & 2 \\ 1 & 1 \end{bmatrix}$$

에 의한 행렬곱이 평행한 직선 $y = 3x + 1$과 $y = 3x - 2$를 평행한 직선으로 사상함을 보여라.

20. 꼭짓점 (0, 0), (1, 0), (0.5, 1)로 만든 삼각형의 인자 2의 x방향 층밀림에 의한 상을 그려라.

21. a. 꼭짓점 (0, 0), (1, 0), (0.5, 1)로 만든 삼각형의

$$A = \begin{bmatrix} 1 & -1 \\ 1 & 1 \end{bmatrix}$$

에 의한 곱셈변환에 대한 상을 그려라.

   b. 동일한 사상을 만드는 일련의 층밀림, 압축, 확장, 반사를 구하라.

22. $P(1, 2)$부터 $Q(3, 4)$까지의 선분이 다음에 의하여 변환된 선분의 끝점을 구하라.

a. 인자 $\frac{1}{2}$의 y방향 압축

b. 원점에 대한 30°의 회전

23. 다음 그림의 문자에 인자 $\frac{1}{4}$의 x방향 층밀림이 적용되어 나타나는 이탤릭 글꼴의 문자 "T"의 그림을 그려라.

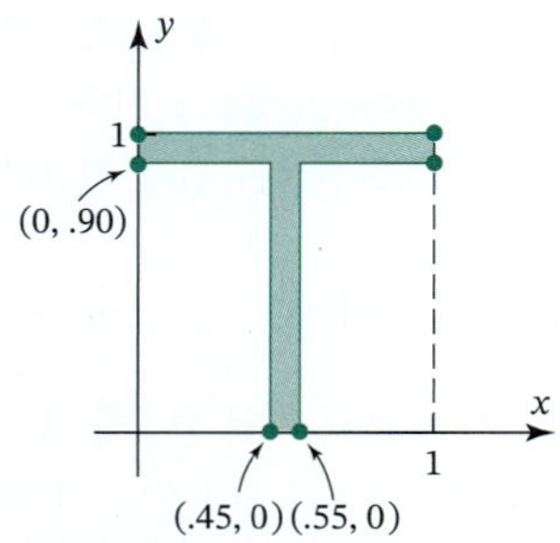

그림 Ex-23

24. R^2상의 가역행렬 연산자가 정사각형 영역을 삼각형 영역으로 사상할 수 있는가? 답의 근거를 제시하라.

25. 꼭짓점 (0, 0), (1, 1), (2, 0)으로 구성된 삼각형의 다음의 행렬

$$A = \begin{bmatrix} 2 & -1 \\ 0 & 0 \end{bmatrix}$$

에 의해 곱셈변환된 상을 구하라. 제시한 답이 정리 8.6.1의 (e)를 위배하는가? 설명하라.

26. R^3에서 ***인자 k의 xy방향 층밀림***은 임의의 점 (x, y, z)를 xy-평면에 평행하게 새로운 점 $(x + kz, y + kz, z)$로 이동시키는 행렬변환이다(그림 참조).

a. 인자 k의 xy방향 층밀림의 표준행렬을 구하라.

b. 인자 k의 xz방향 층밀림과 인자 k의 yz방향 층밀림을 어떻게 정의하겠는가? 이 행렬변환들의 표준행렬은 무엇인가?

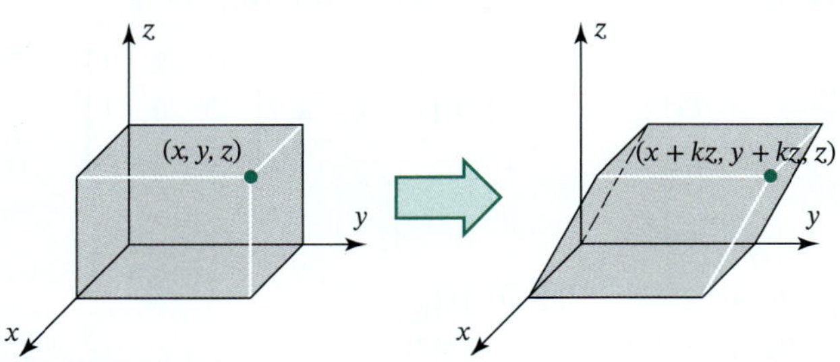

그림 Ex-26

(27-28) 다음에 나타낸 회전을 수행하는 연산자 $T : R^3 \to R^3$의 표준행렬을 구하라.

27. a. (양의 z축을 따라 원점을 바라보아) z축에 대하여 반시계방향으로 30° 회전

b. (양의 x축을 따라 원점을 바라보아) x축에 대하여 시계방향으로 45° 회전

28. a. (양의 y축을 따라 원점을 바라보아) y축에 대하여 반시계방향으로 90° 회전

b. 원점을 바라보는 양의 z축에 대하여 시계방향으로 90° 회전

29. 공식 (3)을 사용하여, 벡터 $\mathbf{v} = (2, 2, 1)$에 의하여 정해진 축에 대하여 180° 회전하는 표준행렬을 구하라. [*주의*: 공식 (3)에서 회전축을 정의하는 벡터의 길이가 1이어야 한다.]

30. 공식 (3)을 사용하여, 벡터 $\mathbf{v} = (1, 1, 1)$에 의하여 정해진 축에 대하여 $\pi/2$ 회전하는 표준행렬을 구하라. [*주의*: 공식 (3)에서 회전축을 정의하는 벡터의 길이가 1이어야 한다.]

31. 공식 (3)을 사용하여, R^3에서 x축, y축, z축에 대하여 90° 회전하는 표준행렬들을 구하라.

32. ***오일러의 회전축 정리***의 내용은 다음과 같다: A가 $\det(A) = 1$인 3×3 직교행렬이면, A의 곱셈변환은 R^3에서 원점을 통과하는 어떤 직선에 대한 회전이다. 더욱이 $\mathbf{u}$가 이 직선을 따르는 단위벡터이면, $A\mathbf{u} = \mathbf{u}$이다.

a. 다음 행렬

$$A = \begin{bmatrix} \frac{2}{7} & \frac{3}{7} & \frac{6}{7} \\ \frac{3}{7} & -\frac{6}{7} & \frac{2}{7} \\ \frac{6}{7} & \frac{2}{7} & -\frac{3}{7} \end{bmatrix}$$

이 직교이고 $\det(A) = 1$, 그리고 $A\mathbf{u} = \mathbf{u}$인 단위벡터 $\mathbf{u}$가 존재함을 확인하라.

b. 공식 (3)을 사용하여, A가 $\det(A) = 1$인 3×3 직교행렬이면 A의 곱셈변환에 의한 회전각은 $\cos\theta = \frac{1}{2}[\mathrm{tr}(A) - 1]$을 만족한다. 이 결과를 이용하여 (a)의 회전행렬에서 회전각을 구하라.

증명 문제

33. 정리 8.6.1의 (a)를 증명하라. [*힌트*: 평면의 직선은 $Ax + By + C = 0$의 형태의 방정식을 갖는다. 여기서 A와 B는 동시에 영이 아니다. 예제 1의 방법을 사용하여 이 직선의 가역행렬

$$\begin{bmatrix} a & b \\ c & d \end{bmatrix}$$

에 의한 곱셈변환된 상의 방정식이 $A'x + B'y + C = 0$임을 보여라. 여기서

$$A' = (dA - cB)/(ad - bc)$$

이고

$$B' = (-bA + aB)/(ad - bc)$$

이다. 그런 후 A'과 B'이 동시에 영이 아님을 보여 상이 직선임을 결론지어라.]

34. 연습문제 33의 힌트를 이용하여 정리 8.6.1의 (*b*)와 (*c*)를 증명하라.

참-거짓 문제

TF. **(a)-(g)**가 참인지 거짓인지를 밝히고 그 이유를 제시하라.

a. 단사 행렬 연산자에 따른 단위정사각형의 상은 정사각형이다.

b. 2 × 2 가역행렬 연산자는 일련의 층밀림, 압축, 확장, 반사의 기하적 효과를 보인다.

c. 가역행렬 연산자에 의한 직선의 상은 직선이다.

d. R^n상의 모든 반사 연산자는 자신의 역이다.

e. 행렬 $\begin{bmatrix} 1 & 1 \\ 1 & -1 \end{bmatrix}$은 직선에 대한 반사를 표현한다.

f. 행렬 $\begin{bmatrix} 1 & -2 \\ 2 & 1 \end{bmatrix}$은 층밀림을 표현한다.

g. 행렬 $\begin{bmatrix} 1 & 0 \\ 0 & 3 \end{bmatrix}$은 확장을 표현한다.

계산도구 문제

T1. a. R^3의 x축에 대하여 반시계방향으로 47° 회전한 후, y축에 대하여 반시계방향으로 68° 회전하고, z축에 대하여 반시계방향으로 33° 회전하는 선형 연산자의 표준행렬을 구하라.

b. (a)의 연산자에 의한 점 (1, 1, 1)의 상을 구하라.

T2. 양의 x축과의 사잇각이 27°인 원점을 통과하는 직선에 대한 반사한 점을 양의 x축과의 사잇각이 51°인 원점을 통과하는 직선에 정사영하는 R^2의 선형 연산자의 표준행렬을 구하라.

8장 보충문제

1. A를 $n \times n$ 행렬, B를 영이 아닌 $n \times 1$ 행렬, $\mathbf{x}$를 행렬표기법으로 표현한 R^n의 벡터라고 하자. $T(\mathbf{x}) = Ax + B$는 R^n상에서 선형 연산자인가? 답에 대한 근거를 제시하라.

2. $A = \begin{bmatrix} \cos\theta & -\sin\theta \\ \sin\theta & \cos\theta \end{bmatrix}$이라 하자.

a. $A^2 = \begin{bmatrix} \cos 2\theta & -\sin 2\theta \\ \sin 2\theta & \cos 2\theta \end{bmatrix}$, $A^3 = \begin{bmatrix} \cos 3\theta & -\sin 3\theta \\ \sin 3\theta & \cos 3\theta \end{bmatrix}$

임을 보여라.

b. (a)의 답에 기반하여, 임의의 양의 정수 n에 대하여 행렬 A^n의 형태를 예측하라.

c. A의 곱셈변환의 기하적 효과를 고려하여 (b)의 결과를 기하적으로 구하라.

3. 닮지 않은 두 개의 $n \times n$ 행렬을 구하는 방법을 고안하라. 이 방법을 사용하여 닮지 않은 두 개의 3 × 3 행렬을 구하라.

4. $\mathbf{v}_1, \mathbf{v}_2, \ldots, \mathbf{v}_m$을 R^n의 고정된 벡터라 하고, $T : R^n \to R^m$을 $T(\mathbf{x}) = (\mathbf{x} \cdot \mathbf{v}_1, \mathbf{x} \cdot \mathbf{v}_2, \ldots, \mathbf{x} \cdot \mathbf{v}_m)$으로 정의하자. 여기서 $\mathbf{x} \cdot \mathbf{v}_i$는 R^n의 유클리드 내적이다.

a. T가 선형변환임을 보여라.

b. 행벡터 $\mathbf{v}_1, \mathbf{v}_2, \ldots, \mathbf{v}_m$로 구성된 행렬이 T의 표준행렬임을 보여라.

5. $\{\mathbf{e}_1, \mathbf{e}_2, \mathbf{e}_3, \mathbf{e}_4\}$를 R^4의 표준기저라 하고, $T : R^4 \to R^3$을

$$T(\mathbf{e}_1) = (1, 2, 1), \quad T(\mathbf{e}_2) = (0, 1, 0),$$
$$T(\mathbf{e}_3) = (1, 3, 0), \quad T(\mathbf{e}_4) = (1, 1, 1)$$

을 만족하는 선형변환이라 하자.

a. T의 치역과 핵의 기저를 구하라.

b. T의 랭크와 무효차수를 구하라.

6. R^3의 벡터를 1 × 3 행렬로 표기하고, $T : R^3 \to R^3$을

$$T([x_1 \quad x_2 \quad x_3]) = [x_1 \quad x_2 \quad x_3] \begin{bmatrix} -1 & 2 & 4 \\ 3 & 0 & 1 \\ 2 & 2 & 5 \end{bmatrix}$$

로 정의하자.

a. T의 핵의 기저를 구하라.

b. T의 치역의 기저를 구하라.

7. $B = \{\mathbf{v}_1, \mathbf{v}_2, \mathbf{v}_3, \mathbf{v}_4\}$를 벡터공간 V의 기저라 하고, $T : V \to V$를 다음을 만족하는

$$T(\mathbf{v}_1) = \mathbf{v}_1 + \mathbf{v}_2 + \mathbf{v}_3 + 3\mathbf{v}_4$$
$$T(\mathbf{v}_2) = \mathbf{v}_1 - \mathbf{v}_2 + 2\mathbf{v}_3 + 2\mathbf{v}_4$$
$$T(\mathbf{v}_3) = 2\mathbf{v}_1 - 4\mathbf{v}_2 + 5\mathbf{v}_3 + 3\mathbf{v}_4$$
$$T(\mathbf{v}_4) = -2\mathbf{v}_1 + 6\mathbf{v}_2 - 6\mathbf{v}_3 - 2\mathbf{v}_4$$

선형 연산자라 하자.

a. T의 랭크와 무효차수를 구하라.

b. T가 단사인지 판정하라.

8. V와 W를 벡터공간이라 하고, T, T_1, T_2를 V에서 W로의 선형변환이라 하고, k를 스칼라라 하자. 새로운 변환 $T_1 + T_2$와 kT를 다음의 공식

$$(T_1 + T_2)(\mathbf{x}) = T_1(\mathbf{x}) + T_2(\mathbf{x})$$
$$(kT)(\mathbf{x}) = k(T(\mathbf{x}))$$

으로 정의하자.

a. $(T_1 + T_2) : V \to W$와 $kT : V \to W$가 모두 선형변환임을 보여라.

b. (a)에서의 연산을 갖는 V에서 W로의 모든 선형변환의 집합은 벡터공간임을 보여라.

9. A와 B가 닮은 행렬이라 하자. 다음을 증명하라.

a. A^T와 B^T도 닮았다.

b. A와 B가 가역행렬이면 A^{-1}와 B^{-1}도 닮았다.

10. **[*프레드홀름의 대안정리*(Fredholm's alternative theorem)]** $T : V \to V$를 n차원 벡터공간의 선형 연산자라 하자. 다음의 명제 중 *정확히 하나만* 성립함을 증명하라.

a. 방정식 $T(\mathbf{x}) = \mathbf{b}$는 V의 모든 벡터 $\mathbf{b}$에 대하여 해를 갖는다.

b. T의 무효차수는 0보다 크다.

11. $T : M_{22} \to M_{22}$를

$$T(X) = \begin{bmatrix} 1 & 1 \\ 0 & 0 \end{bmatrix} X + X \begin{bmatrix} 0 & 0 \\ 1 & 1 \end{bmatrix}$$

와 같이 정의되는 선형 연산자라 하자. T의 랭크와 무효차수를 구하라.

12. 다음을 증명하라: A와 B가 닮은 행렬이고, B와 C도 닮은 행렬이라면, A와 C도 닮은 행렬이다.

13. $L : M_{22} \to M_{22}$를 $L(M) = M^T$로 정의되는 선형 연산자라 하자. M_{22}의 표준기저에 대한 L의 행렬을 구하라.

14. $B = \{\mathbf{u}_1, \mathbf{u}_2, \mathbf{u}_3\}$와 $B' = \{\mathbf{v}_1, \mathbf{v}_2, \mathbf{v}_3\}$을 벡터공간 V의 기저라 하고

$$P = \begin{bmatrix} 2 & -1 & 3 \\ 1 & 1 & 4 \\ 0 & 1 & 2 \end{bmatrix}$$

를 B'에서 B로의 전이행렬이라 하자.

a. $\mathbf{v}_1, \mathbf{v}_2, \mathbf{v}_3$을 $\mathbf{u}_1, \mathbf{u}_2, \mathbf{u}_3$의 선형결합으로 표현하라.

b. $\mathbf{u}_1, \mathbf{u}_2, \mathbf{u}_3$을 $\mathbf{v}_1, \mathbf{v}_2, \mathbf{v}_3$의 선형결합으로 표현하라.

15. $B = \{\mathbf{u}_1, \mathbf{u}_2, \mathbf{u}_3\}$을 벡터공간 V의 기저라 하고 $T : V \to V$를

$$[T]_B = \begin{bmatrix} -3 & 4 & 7 \\ 1 & 0 & -2 \\ 0 & 1 & 0 \end{bmatrix}$$

인 선형 연산자라 하자. $[T]_{B'}$을 찾아라. 여기서 $B' = \{\mathbf{v}_1, \mathbf{v}_2, \mathbf{v}_3\}$은

$$\mathbf{v}_1 = \mathbf{u}_1, \quad \mathbf{v}_2 = \mathbf{u}_1 + \mathbf{u}_2, \quad \mathbf{v}_3 = \mathbf{u}_1 + \mathbf{u}_2 + \mathbf{u}_3$$

으로 정의되는 V의 기저이다.

16. 행렬

$$\begin{bmatrix} 1 & 1 \\ -1 & 4 \end{bmatrix} \text{와} \begin{bmatrix} 2 & 1 \\ 1 & 3 \end{bmatrix}$$

은 닮았으나

$$\begin{bmatrix} 3 & 1 \\ -6 & -2 \end{bmatrix} \text{와} \begin{bmatrix} -1 & 2 \\ 1 & 0 \end{bmatrix}$$

은 그렇지 않음을 보여라.

17. $T : V \to V$를 선형 연산자라 하고, V의 기저인 B는

$$[\mathbf{x}]_B = \begin{bmatrix} x_1 \\ x_2 \\ x_3 \end{bmatrix} \text{일 때} \quad [T(\mathbf{x})]_B = \begin{bmatrix} x_1 - x_2 + x_3 \\ x_2 \\ x_1 - x_3 \end{bmatrix}$$

을 만족한다고 가정하자. $[T]_B$를 구하라.

18. $T : V \to V$를 선형 연산자라 하자. T가 단사일 필요충분조건이 $\det(T) \neq 0$임을 증명하라.

19. **(*미적분학 필요*)**

a. $\mathbf{f} = f(x)$가 두 번 미분 가능하면, $D(\mathbf{f}) = f''(x)$로 정의되는 함수 $D : C^2(-\infty, \infty) \to F(-\infty, \infty)$는 선형변환임을 증명하라.

b. D의 핵의 기저를 구하라.

c. 방정식 $D(\mathbf{f}) = f(x)$를 만족하는 함수의 집합은 $C^2(-\infty, \infty)$의 이차원 부분공간임을 보이고, 이 부분공간의 기저를 찾아라.

20. $T : P_2 \to R^3$가 다음 공식

$$T(p(x)) = \begin{bmatrix} p(-1) \\ p(0) \\ p(1) \end{bmatrix}$$

에 의하여 정의되는 함수라 하자.

a. $T(x^2 + 5x + 6)$을 구하라.

b. T가 선형변환임을 보여라.

c. T가 단사임을 보여라.

d. $T^{-1}(0, 3, 0)$을 구하라.

e. (d)의 다항식의 그래프를 그려라.

21. x_1, x_2, x_3을

$$x_1 < x_2 < x_3$$

인 서로 다른 실수라 하고, $T : P_2 \to R^3$를 다음 공식

$$T(p(x)) = \begin{bmatrix} p(x_1) \\ p(x_2) \\ p(x_3) \end{bmatrix}$$

으로 정의되는 함수라 하자.

a. T가 선형변환임을 보여라.

b. T가 단사임을 보여라.

c. a_1, a_2, a_3이 임의의 실수일 때,

$$T^{-1}\left(\begin{bmatrix} a_1 \\ a_2 \\ a_3 \end{bmatrix}\right) = a_1P_1(x) + a_2P_2(x) + a_3P_3(x)$$

임을 확인하라. 여기서

$$P_1(x) = \frac{(x - x_2)(x - x_3)}{(x_1 - x_2)(x_1 - x_3)}$$

$$P_2(x) = \frac{(x - x_1)(x - x_3)}{(x_2 - x_1)(x_2 - x_3)}$$

$$P_3(x) = \frac{(x - x_1)(x - x_2)}{(x_3 - x_1)(x_3 - x_2)}$$

이다.

d. 함수 $a_1P_1(x) + a_2P_2(x) + a_3P_3(x)$의 그래프와 점 (x_1, a_1), (x_2, a_2), (x_3, a_3) 사이에는 어떠한 관계가 있는가?

22. ***(미적분학 필요)*** $p(x)$와 $q(x)$를 연속함수라 하고, V를 두 번 미분 가능한 함수로 구성된 $C(-\infty, \infty)$의 부분공간이라 하자. $L : V \to V$를

$$L(y(x)) = y''(x) + p(x)y'(x) + q(x)y(x)$$

으로 정의하자.

a. L이 선형변환임을 보여라.

b. $p(x) = 0$이고 $q(x) = 1$인 특별한 경우를 고려하자. 함수

$$\phi(x) = c_1 \sin x + c_2 \cos x$$

가 모든 실수 c_1과 c_2에 대하여 L의 핵에 존재함을 보여라.

23. ***(미적분학 필요)*** $D : P_n \to P_n$을 미분연산자 $D(\mathbf{p}) = \mathbf{p}'$이라 하자. 기저 $B = \{1, x, x^2, \ldots, x^n\}$에 대한 D의 행렬이

$$\begin{bmatrix} 0 & 1 & 0 & 0 & \cdots & 0 \\ 0 & 0 & 2 & 0 & \cdots & 0 \\ 0 & 0 & 0 & 3 & \cdots & 0 \\ \vdots & \vdots & \vdots & \vdots & & \vdots \\ 0 & 0 & 0 & 0 & \cdots & n \\ 0 & 0 & 0 & 0 & \cdots & 0 \end{bmatrix}$$

임을 보여라.

24. ***(미적분학 필요)*** 임의의 실수 c에 대하여

$$1, \quad x - c, \quad \frac{(x-c)^2}{2!}, \ldots, \quad \frac{(x-c)^n}{n!}$$

이 P_n의 기저를 형성함을 보일 수 있다. 이 기저에 대한 문제 23의 미분연산자의 행렬을 구하라.

25. ***(미적분학 필요)*** $J : P_n \to P_{n+1}$을

$$J(\mathbf{p}) = \int_0^x (a_0 + a_1t + \cdots + a_nt^n)\,dt$$
$$= a_0x + \frac{a_1}{2}x^2 + \cdots + \frac{a_n}{n+1}x^{n+1}$$

으로 정의되는 적분연산자라 하자. 여기서 $\mathbf{p} = a_0 + a_1x + \cdots + a_nx^n$이다. P_n과 P_{n+1}의 표준기저에 대한 J의 행렬을 구하라.

26. 이 문제는 R^2의 점 (x, y)를 점 $(x + x_0, y + y_0)$로 평행이동시키는 데 R^3에서의 행렬변환을 사용하는 방법을 설명한다.

a. $$\mathbf{v} = \begin{bmatrix} x \\ y \\ 1 \end{bmatrix}, \quad \mathbf{w} = \begin{bmatrix} x + x_0 \\ y + y_0 \\ 1 \end{bmatrix}$$

이라 하자. $M\mathbf{v} = \mathbf{w}$인 3×3 행렬 M을 구하라. $\mathbf{w}$의 처음 두 성분은 평행이동된 점의 좌표이다.

b. (a)의 결과를 이용하여 점 (2, 1)을 점 (3, 4)로 평행이동시키는 3×3 행렬 M을 구하라.

CHAPTER 9

수치적 방법

Numerical Methods

챕터 목차

서론

이 장은 큰 규모의 연립일차방정식을 풀고 다양한 종류의 수치적 근사값을 구하는 기법을 연구하는 분야인 선형대수학의 "수치적 방법(numerical methods)"에 관련되어 있다. 많은 훌륭한 책들이 이 주제를 다루고 있기 때문에 알고리즘이나 기술적인 문제를 자세히 설명하는 것이 우리의 목표는 아니다. 그보다는 일부 기본 개념을 소개하고 특이값 분해와 자료의 수치적 방법에 크게 의존하는 두 가지 중요한 최신 응용을 탐구하는 데 집중할 것이다. MATLAB이나 Mathematica, Maple과 같은 계산도구들이 9.2절~9.5절에서 권장된다.

9.1 *LU*-분해

지금까지 연립일차방정식을 풀 때 가우스 소거법(행사다리꼴로 축소)과 가우스-요르단 소거법(기약 행사다리꼴로 축소)에 중점을 두었다. 이러한 방법은 이 교재의 작은 규모의 문제들을 푸는 데 적합하지만, 컴퓨터 반올림 오차나 메모리 사용 또는 속도가 중요한 문제가 되는 큰 규모의 문제들을 푸는 데는 적합하지 않다. 이 절에서는 n개의 미지수를 가진 n개의 방정식으로 이루어진 연립일차방정식 $A\mathbf{x} = \mathbf{b}$를 풀 때 계수행렬이 하삼각행렬과 상삼각행렬의 곱으로 인수분해되는 것에 기반한 방법에 대해 다룰 것이다. "*LU*-분해(*LU*-decomposition)"라고 하는 이 방법은 흔히 쓰이는 많은 컴퓨터 알고리즘의 기초가 된다.

인수분해에 의한 연립일차방정식의 해법

이 절의 주목적은 n개 미지수의 n개의 방정식으로 이루어진 연립일차방정식 $A\mathbf{x} = \mathbf{b}$를 계수행렬 A의 인수분해를 통해 어떻게 푸는가를 보이는 것이다. 몇 가지 용어로부터 시작하자.

정의 1

정방행렬 A가 하삼각행렬 L과 상삼각행렬 U의 곱

$$A = LU \tag{1}$$

로 되는 인수분해를 A의 ***LU*-분해**(LU-decomposition) 또는 ***LU*-인수분해**(LU-factorization)라 한다.

LU-분해를 구하기 전에 LU-분해가 연립일차방정식을 푸는 데 어떻게 이용되는지 살펴보고 예제를 다룰 것이다.

LU-분해 방법

단계 1. 연립방정식 $A\mathbf{x} = \mathbf{b}$를 다음과 같이 쓴다.

$$LU\mathbf{x} = \mathbf{b} \tag{2}$$

단계 2. 행렬 $\mathbf{y}$를

$$\mathbf{y} = U\mathbf{x} \tag{3}$$

로 대체하고, 식 (2)를 $L\mathbf{y} = \mathbf{b}$로 쓰고 연립방정식을 $\mathbf{y}$에 관해서 푼다.

단계 3. 식 (3)에 $\mathbf{y}$를 대입하여 $\mathbf{x}$에 관해서 푼다.

이와 같은 방법은 **그림 9.1.1**에서 볼 수 있듯이, 단일 연립방정식 $A\mathbf{x} = \mathbf{b}$를 푸는 문제를 두 개의 연립방정식

$$U\mathbf{x} = \mathbf{y}$$
$$L\mathbf{y} = \mathbf{b}$$

를 푸는 문제로 전환하여도, 이들 연립방정식들의 계수행렬이 삼각행렬이므로 원래의 연립방정식을 직접 푸는 것보다 일반적으로 계산량이 적게 소요된다.

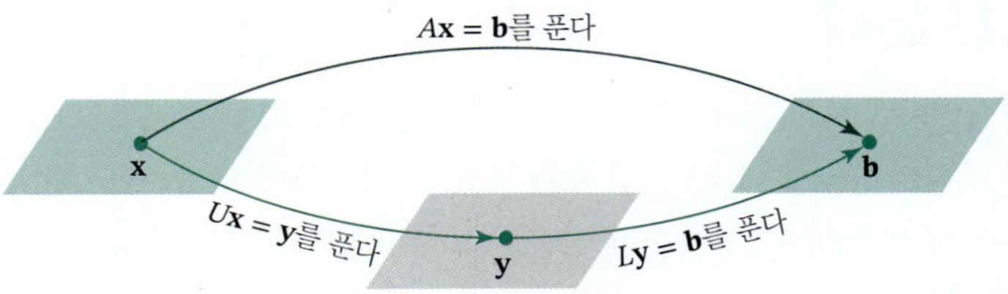

그림 9.1.1

역사 노트

1979년 미국의 아르곤국립연구소(Argonne National Laboratory)는 특정 기계에 의존하지 않는 선형대수 프로그램인 LINPACK을 개발하였다. 개발된 자료 속에 있는 많은 프로그램이 우리가 이 절에서 다룰 분해방법을 이용한다. LINPACK 프로그램의 변종들이 MATLAB, Mathematica, Maple을 포함한 많은 컴퓨터 프로그램에서 사용되고 있다.

예제 1 | LU-분해에 의한 $A\mathbf{x}=\mathbf{b}$ 풀기

다음의 인수분해는 이 절의 후반부에서 유도할 것이다.

$$\underset{A}{\begin{bmatrix} 2 & 6 & 2 \\ -3 & -8 & 0 \\ 4 & 9 & 2 \end{bmatrix}} = \underset{L}{\begin{bmatrix} 2 & 0 & 0 \\ -3 & 1 & 0 \\ 4 & -3 & 7 \end{bmatrix}} \underset{U}{\begin{bmatrix} 1 & 3 & 1 \\ 0 & 1 & 3 \\ 0 & 0 & 1 \end{bmatrix}} \tag{4}$$

그 결과를 이용하여 다음 연립방정식을 푼다.

$$\underset{A}{\begin{bmatrix} 2 & 6 & 2 \\ -3 & -8 & 0 \\ 4 & 9 & 2 \end{bmatrix}} \underset{\mathbf{x}}{\begin{bmatrix} x_1 \\ x_2 \\ x_3 \end{bmatrix}} = \underset{\mathbf{b}}{\begin{bmatrix} 2 \\ 2 \\ 3 \end{bmatrix}}$$

(4)로부터

$$\underset{L}{\begin{bmatrix} 2 & 0 & 0 \\ -3 & 1 & 0 \\ 4 & -3 & 7 \end{bmatrix}} \underset{U}{\begin{bmatrix} 1 & 3 & 1 \\ 0 & 1 & 3 \\ 0 & 0 & 1 \end{bmatrix}} \underset{\mathbf{x}}{\begin{bmatrix} x_1 \\ x_2 \\ x_3 \end{bmatrix}} = \underset{\mathbf{b}}{\begin{bmatrix} 2 \\ 2 \\ 3 \end{bmatrix}} \tag{5}$$

로 고쳐 쓰고, 위의 단계 2에서 지시한 바와 같이 y_1, y_2, y_3를 정의하여 방정식

$$\underset{U}{\begin{bmatrix} 1 & 3 & 1 \\ 0 & 1 & 3 \\ 0 & 0 & 1 \end{bmatrix}} \underset{\mathbf{x}}{\begin{bmatrix} x_1 \\ x_2 \\ x_3 \end{bmatrix}} = \underset{\mathbf{y}}{\begin{bmatrix} y_1 \\ y_2 \\ y_3 \end{bmatrix}} \tag{6}$$

을 만든다. 그러면 식 (5)는

$$\underset{L}{\begin{bmatrix} 2 & 0 & 0 \\ -3 & 1 & 0 \\ 4 & -3 & 7 \end{bmatrix}} \underset{\mathbf{y}}{\begin{bmatrix} y_1 \\ y_2 \\ y_3 \end{bmatrix}} = \underset{\mathbf{b}}{\begin{bmatrix} 2 \\ 2 \\ 3 \end{bmatrix}} \tag{7}$$

즉,

$$\begin{aligned} 2y_1 \qquad\qquad\quad &= 2 \\ -3y_1 + \ y_2 \qquad\ &= 2 \\ 4y_1 - 3y_2 + 7y_3 &= 3 \end{aligned}$$

으로 쓸 수 있다. 이 연립방정식을 푸는 방법은 이 방정식이 아래에서 위로 대입하는 대신에 위에서 대입하므로 아래로 풀린다는 것을 제외하고는 역대입법과 유사하다. 이와 같은 방법을 ***전진대입***(forward substitution)이라 하는데 이 과정을 수행하여 다음의 해가 얻어진다(검증하라).

$$y_1 = 1, \quad y_2 = 5, \quad y_3 = 2$$

위의 단계 3에서처럼 이들 값을 식 (6)에 대입하면 연립일차방정식

$$\begin{bmatrix} 1 & 3 & 1 \\ 0 & 1 & 3 \\ 0 & 0 & 1 \end{bmatrix} \begin{bmatrix} x_1 \\ x_2 \\ x_3 \end{bmatrix} = \begin{bmatrix} 1 \\ 5 \\ 2 \end{bmatrix}$$

즉,

$$\begin{aligned} x_1 + 3x_2 + \ x_3 &= 1 \\ x_2 + 3x_3 &= 5 \\ x_3 &= 2 \end{aligned}$$

가 얻어지고, 이 연립방정식을 역대입법으로 풀면 다음의 해를 얻는다(검증하라).

$$x_1 = 2, \quad x_2 = -1, \quad x_3 = 2$$

LU-분해 구하는 방법

예제 1은 A의 LU-분해가 얻어지면 연립방정식 $A\mathbf{x} = \mathbf{b}$를 전진대입 한 번과 역대입 한 번으로 풀 수 있다는 것을 보여 주고 있다. 가우스 및 가우스-요르단 소거법에 대비한 이 방법의 주요 장점은 $\mathbf{b}$에서 A를 "분리"하여 동일한 계수행렬 A를 갖는 연립일차방정식들

$$A\mathbf{x} = \mathbf{b}_1, \quad A\mathbf{x} = \mathbf{b}_2, \ldots, \quad A\mathbf{x} = \mathbf{b}_k$$

을 푸는 데 A의 인수분해 작업은 한 번만 수행하면 되고, 그 후에는 각 연립일차방정식에 계속 사용할 수 있다는 데 있다. 이 문제들은 행렬 A는 고정되어 있지만 벡터 $\mathbf{b}$는 시간에 따라 달라질 때 발생한다.

역사 노트

튜링(Alan Mathison Turing, 1912–1954)

아이디어는 일찍이 알려졌지만, LU-분해의 행렬공식화를 보급한 공적은 주로 영국의 수학자인 앨런 튜링의 1948년의 연구결과로 돌아간다. 20세기 위대한 천재 중의 한 사람인 튜링은 인공지능분야의 창시자이다. 이 분야에 많은 업적을 남겼고 특히 컴퓨터를 만드는 실질적인 기술이 가능한 시점에 이르기 전에 내부에서 프로그램되는 컴퓨터의 개념을 개발하였다. 제2차 세계대전 중 튜링은 나치의 에니그마 암호를 깨는 작업을 하기 위해 블레츨리 파크에 있는 영국정부의 암호해독학교에 비밀리에 채용되었다. 획기적인 약진을 가져온 것은 튜링의 통계적 접근이었다. 훌륭한 수학자였을 뿐 아니라 튜링은 올림픽 수준의 경기를 치를 만큼 세계적인 육상선수이기도 하였다. 동성애자인 튜링은 불행하게도 1952년 당시 존재하던 영국 법령을 위반하여 재판을 받았는데 혐의는 "외설죄"였다. 튜링은 우울증에 걸려 41세의 나이에 청산가리가 든 사과를 먹고 자살하였다.

[Image: Science Source/Science Source]

일반적으로 모든 정방행렬이 LU-분해를 갖는 것은 아니다. 그러나 정방행렬 A가 *행교환을 사용하지 않는* 가우스 소거법으로 행사다리꼴로 변환될 수 있다면, A는 유일하지는 않지만, LU-분해를 가질 수 있다. 왜 그런지 보이기 위해, A가 행교환 없이 일련의 기본 행연산을 사용하여 행사다리꼴 U로 변환될 수 있다고 가정하자. 정리 1.5.1에 의하여 이들 각 연산은 좌측에 적당한 기본행렬을 곱해서 실행될 수 있다. 따라서

$$E_k \cdots E_2 E_1 A = U \tag{8}$$

를 만족하는 기본행렬 $E_1, E_2, \cdots, E_k$를 구할 수 있다. 기본행렬은 가역행렬이므로 식 (8)은 다음과 같이 된다.

$$A = E_1^{-1} E_2^{-1} \cdots E_k^{-1} U$$

더 간단히

$$A = LU \tag{9}$$

여기서

$$L = E_1^{-1} E_2^{-1} \cdots E_k^{-1} \tag{10}$$

이다.

이제 다음의 결과를 증명할 준비가 되었다.

정리 9.1.1

A가 행교환 없는 가우스 소거법에 의해 행사다리꼴 U로 축소될 수 있는 정방행렬이면 A는 $A = LU$와 같이 인수분해될 수 있다. 여기서 L은 하삼각행렬이다.

증명 L과 U를 각각 식 (10)과 (8)의 행렬이라고 하자. 행렬 U는 정방행렬의 행사다리꼴이므로 상삼각행렬이다. (그래서 주대각성분들 아래의 모든 성분들은 영이다.) L이 하삼각행렬임을 증명하기 위해서는 식 (10)의 우측의 각 인수들이 하삼각행렬임을 보이면 충분한데, 그러면 정리 1.7.1(*b*)에 의하여 L은 하삼각행렬이 된다. 행교환이 사용되지 않으므로 각각의 E_j들은 단위행렬에 한 행의 배수를 다른 행에 더하거나 한 행에 영이 아닌 수를 곱해서 얻어진 행렬들이다. 어느 경우든 행렬 E_j는 하삼각행렬이고 정리 1.7.1(*d*)에 의하여 E_j^{-1}도 하삼각행렬이 된다. 이로써 증명이 완결된다. ■

예제 2 | *LU*-분해

다음의 LU-분해를 구하라.

$$A = \begin{bmatrix} 2 & 6 & 2 \\ -3 & -8 & 0 \\ 4 & 9 & 2 \end{bmatrix}$$

풀이 LU-분해 $A = LU$를 얻기 위해서 가우스 소거법을 사용하여 A를 행사다리꼴 행렬 U로 변환한 다음에 식 (10)에서부터 L을 계산하기로 한다. 각 단계는 다음과 같다.

행사다리꼴로 변환	행연산	행연산에 대응하는 기본행렬	기본행렬의 역
$\begin{bmatrix} 2 & 6 & 2 \\ -3 & -8 & 0 \\ 4 & 9 & 2 \end{bmatrix}$			
단계 1.	$\frac{1}{2} \times \text{row } 1$	$E_1 = \begin{bmatrix} \frac{1}{2} & 0 & 0 \\ 0 & 1 & 0 \\ 0 & 0 & 1 \end{bmatrix}$	$E_1^{-1} = \begin{bmatrix} 2 & 0 & 0 \\ 0 & 1 & 0 \\ 0 & 0 & 1 \end{bmatrix}$
$\begin{bmatrix} 1 & 3 & 1 \\ -3 & -8 & 0 \\ 4 & 9 & 2 \end{bmatrix}$			
단계 2.	$(3 \times \text{row } 1) + \text{row } 2$	$E_2 = \begin{bmatrix} 1 & 0 & 0 \\ 3 & 1 & 0 \\ 0 & 0 & 1 \end{bmatrix}$	$E_2^{-1} = \begin{bmatrix} 1 & 0 & 0 \\ -3 & 1 & 0 \\ 0 & 0 & 1 \end{bmatrix}$
$\begin{bmatrix} 1 & 3 & 1 \\ 0 & 1 & 3 \\ 4 & 9 & 2 \end{bmatrix}$			
단계 3.	$(-4 \times \text{row } 1) + \text{row } 3$	$E_3 = \begin{bmatrix} 1 & 0 & 0 \\ 0 & 1 & 0 \\ -4 & 0 & 1 \end{bmatrix}$	$E_3^{-1} = \begin{bmatrix} 1 & 0 & 0 \\ 0 & 1 & 0 \\ 4 & 0 & 1 \end{bmatrix}$
$\begin{bmatrix} 1 & 3 & 1 \\ 0 & 1 & 3 \\ 0 & -3 & -2 \end{bmatrix}$			
단계 4.	$(3 \times \text{row } 2) + \text{row } 3$	$E_4 = \begin{bmatrix} 1 & 0 & 0 \\ 0 & 1 & 0 \\ 0 & 3 & 1 \end{bmatrix}$	$E_4^{-1} = \begin{bmatrix} 1 & 0 & 0 \\ 0 & 1 & 0 \\ 0 & -3 & 1 \end{bmatrix}$
$\begin{bmatrix} 1 & 3 & 1 \\ 0 & 1 & 3 \\ 0 & 0 & 7 \end{bmatrix}$			
단계 5.	$\frac{1}{7} \times \text{row } 3$	$E_5 = \begin{bmatrix} 1 & 0 & 0 \\ 0 & 1 & 0 \\ 0 & 0 & \frac{1}{7} \end{bmatrix}$	$E_5^{-1} = \begin{bmatrix} 1 & 0 & 0 \\ 0 & 1 & 0 \\ 0 & 0 & 7 \end{bmatrix}$
$\begin{bmatrix} 1 & 3 & 1 \\ 0 & 1 & 3 \\ 0 & 0 & 1 \end{bmatrix} = U$			

이고, 식 (10)으로부터

$$\begin{aligned} L &= \begin{bmatrix} 2 & 0 & 0 \\ 0 & 1 & 0 \\ 0 & 0 & 1 \end{bmatrix} \begin{bmatrix} 1 & 0 & 0 \\ -3 & 1 & 0 \\ 0 & 0 & 1 \end{bmatrix} \begin{bmatrix} 1 & 0 & 0 \\ 0 & 1 & 0 \\ 4 & 0 & 1 \end{bmatrix} \begin{bmatrix} 1 & 0 & 0 \\ 0 & 1 & 0 \\ 0 & -3 & 1 \end{bmatrix} \begin{bmatrix} 1 & 0 & 0 \\ 0 & 1 & 0 \\ 0 & 0 & 7 \end{bmatrix} \\ &= \begin{bmatrix} 2 & 0 & 0 \\ -3 & 1 & 0 \\ 4 & -3 & 7 \end{bmatrix} \end{aligned} \tag{11}$$

이므로

$$\begin{bmatrix} 2 & 6 & 2 \\ -3 & -8 & 0 \\ 4 & 9 & 2 \end{bmatrix} = \begin{bmatrix} 2 & 0 & 0 \\ -3 & 1 & 0 \\ 4 & -3 & 7 \end{bmatrix} \begin{bmatrix} 1 & 3 & 1 \\ 0 & 1 & 3 \\ 0 & 0 & 1 \end{bmatrix}$$

이 A의 LU-분해이다.

기록하기

예제 2에서 설명한 바와 같이 *LU*-분해를 구성하는 대부분의 계산 작업들은 L의 계산에 소비된다. 그러나 이와 같은 모든 작업은 A를 U로 변환하는 데 사용된 몇 가지 연산을 주의 깊게 기록하면 없앨 수 있다.

A를 U로 변환하는 데 행교환이 사용되지 않는다고 가정하였으므로 오직 두 가지 형태인 연산만을 수반한다. 즉, 행에 영이 아닌 상수로 곱하는 것과 하나의 행의 상수배를 다른 행에 더하는 것이다. 첫째 연산은 선도 1을 만들기 위해 사용되고 둘째 연산은 선도 1의 아래 성분들을 영으로 만들기 위해 사용된다.

예제 2에서 첫째 행에 선도 1을 만들기 위해 단계 1에서 첫째 행에 대해서 필요한 배수는 $\frac{1}{2}$이고, 셋째 행에 선도 1을 만들기 위해 단계 5에서 셋째 행에 필요한 배수는 $\frac{1}{7}$이다. 둘째 행은 단계 2에서 이미 선도 1이 존재하므로 둘째 행에 선도 1을 만들기 위해 단계 2에서 둘째 행에 필요한 배수는 없다. L의 대각선상의 일련의 성분들을 비교하면, U를 만드는 데 사용된 배수들의 역수임을 알 수 있다.

$$L = \begin{bmatrix} \textcircled{2} & 0 & 0 \\ -3 & \textcircled{1} & 0 \\ 4 & -3 & \textcircled{7} \end{bmatrix} \tag{12}$$

또한 예제 2에 있어서 첫째 행의 선도 1 아래 성분을 영으로 만들기 위해,

첫째 행을 3배 하여 둘째 행에 더한다.

첫째 행을 −4배 하여 셋째 행에 더한다.

그리고 둘째 행의 선도 1의 아래 성분을 영으로 만들기 위해 다음의 연산을 사용하였다.

둘째 행을 3배 하여 셋째 행에 더한다.

식 (11)에서 L의 주대각선의 아래의 각 위치에 있는 성분은 U의 같은 위치의 성분을 영으로 만들기 위해 사용된 연산의 음의 배수임을 알 수 있다. 이로부터 행교환 없이 행사다리꼴로 축소될 수 있는 정방행렬 A의 *LU*-분해를 구성하는 방법은 다음과 같다.

LU-분해를 구성하는 과정

단계 1. 행교환을 사용하지 않고 A를 가우스 소거법에 의하여 행사다리꼴 행렬 U로 변환하면서, 선도 1을 만들기 위해 사용된 배수들과 선도 1 아래 성분들을 영으로 만들기 위해 사용된 배수들을 기록한다.

단계 2. L의 주대각선 위치에는 U의 같은 위치에 있는 선도 1을 만들기 위해 곱한 배수의 역수를 넣는다.

단계 3. L의 주대각선 아래 위치에는 U의 같은 위치에 있는 영을 만들기 위해 사용된 배수의 음수를 넣는다.

단계 4. $A = LU$ 분해를 구성한다.

예제 3 | *LU*-분해를 구하는 방법

다음 행렬의 *LU*-분해를 구하라.

$$A = \begin{bmatrix} 6 & -2 & 0 \\ 9 & -1 & 1 \\ 3 & 7 & 5 \end{bmatrix}$$

풀이 A를 행사다리꼴 U로 변환하면서 위의 4단계 순서에 따라 각 단계에서 L의 성분을 채워 넣을 것이다.

$$A = \begin{bmatrix} 6 & -2 & 0 \\ 9 & -1 & 1 \\ 3 & 7 & 5 \end{bmatrix} \qquad \begin{bmatrix} \bullet & 0 & 0 \\ \bullet & \bullet & 0 \\ \bullet & \bullet & \bullet \end{bmatrix}$$

•은 L의 미지 성분을 나타낸다.

$$\begin{bmatrix} \textcircled{1} & -\frac{1}{3} & 0 \\ 9 & -1 & 1 \\ 3 & 7 & 5 \end{bmatrix} \begin{matrix} \longleftarrow \text{배수} = \frac{1}{6} \\ \\ \\ \end{matrix} \qquad \begin{bmatrix} 6 & 0 & 0 \\ \bullet & \bullet & 0 \\ \bullet & \bullet & \bullet \end{bmatrix}$$

$$\begin{bmatrix} 1 & -\frac{1}{3} & 0 \\ \textcircled{0} & 2 & 1 \\ \textcircled{0} & 8 & 5 \end{bmatrix} \begin{matrix} \\ \longleftarrow \text{배수} = -9 \\ \longleftarrow \text{배수} = -3 \end{matrix} \qquad \begin{bmatrix} 6 & 0 & 0 \\ 9 & \bullet & 0 \\ 3 & \bullet & \bullet \end{bmatrix}$$

$$\begin{bmatrix} 1 & -\frac{1}{3} & 0 \\ 0 & \textcircled{1} & \frac{1}{2} \\ 0 & 8 & 5 \end{bmatrix} \begin{matrix} \\ \longleftarrow \text{배수} = \frac{1}{2} \\ \\ \end{matrix} \qquad \begin{bmatrix} 6 & 0 & 0 \\ 9 & 2 & 0 \\ 3 & \bullet & \bullet \end{bmatrix}$$

$$\begin{bmatrix} 1 & -\frac{1}{3} & 0 \\ 0 & 1 & \frac{1}{2} \\ 0 & \textcircled{0} & 1 \end{bmatrix} \begin{matrix} \\ \\ \longleftarrow \text{배수} = -8 \end{matrix} \qquad \begin{bmatrix} 6 & 0 & 0 \\ 9 & 2 & 0 \\ 3 & 8 & \bullet \end{bmatrix}$$

$$U = \begin{bmatrix} 1 & -\frac{1}{3} & 0 \\ 0 & 1 & \frac{1}{2} \\ 0 & 0 & \textcircled{1} \end{bmatrix} \begin{matrix} \\ \\ \longleftarrow \text{배수} = 1 \end{matrix} \qquad L = \begin{bmatrix} 6 & 0 & 0 \\ 9 & 2 & 0 \\ 3 & 8 & 1 \end{bmatrix}$$

3행에 이미 선도 1이 존재하므로 실제 연산은 하지 않는다.

그래서 다음 LU-분해를 얻는다.

$$A = LU = \begin{bmatrix} 6 & 0 & 0 \\ 9 & 2 & 0 \\ 3 & 8 & 1 \end{bmatrix} \begin{bmatrix} 1 & -\frac{1}{3} & 0 \\ 0 & 1 & \frac{1}{2} \\ 0 & 0 & 1 \end{bmatrix}$$

인수들을 곱하여 이 결과를 확인하는 것은 독자에게 남긴다.

LU-분해는 유일하지 않다

일반적으로 LU-분해는 유일하지 않다. 예컨대 만일

$$A = LU = \begin{bmatrix} l_{11} & 0 & 0 \\ l_{21} & l_{22} & 0 \\ l_{31} & l_{32} & l_{33} \end{bmatrix} \begin{bmatrix} 1 & u_{12} & u_{13} \\ 0 & 1 & u_{23} \\ 0 & 0 & 1 \end{bmatrix}$$

이고, L이 0이 아닌 대각성분을 갖는다면(A가 가역일 때),

$$A = \begin{bmatrix} 1 & 0 & 0 \\ l_{21}/l_{11} & 1 & 0 \\ l_{31}/l_{11} & l_{32}/l_{22} & 1 \end{bmatrix} \begin{bmatrix} l_{11} & 0 & 0 \\ 0 & l_{22} & 0 \\ 0 & 0 & l_{33} \end{bmatrix} \begin{bmatrix} 1 & u_{12} & u_{13} \\ 0 & 1 & u_{23} \\ 0 & 0 & 1 \end{bmatrix}$$

$$= \begin{bmatrix} 1 & 0 & 0 \\ l_{21}/l_{11} & 1 & 0 \\ l_{31}/l_{11} & l_{32}/l_{22} & 1 \end{bmatrix} \begin{bmatrix} l_{11} & l_{11}u_{12} & l_{11}u_{13} \\ 0 & l_{22} & l_{22}u_{23} \\ 0 & 0 & l_{33} \end{bmatrix}$$

과 같이 표현함으로써 대각선 성분을 좌측 인수에서 우측 인수로 옮길 수 있고, 이것은 A의 또 다른 LU-분해이다.

LDU-분해

LU-분해 계산을 위해 위에서 사용한 방법에서 행렬 U의 모든 주대각선 성분은 1이고, 행렬 L은 그럴 필요가 없는 "비대칭(asymmetry)"이 생길지도 모른다. 그렇지만 만약 하삼각과 상삼각 행렬의 주대각선 성분들이 1로 갖는 것이 선호된다면, L의 주대각선 성분들을 대각행렬 D로 "이동"시킬 수 있고 L을 다음과 같이 쓸 수 있다.

$$L = L'D$$

여기서 L'은 모든 주대각선 성분이 1인 하삼각행렬이다. 예를 들어 영이 아닌 주대각선 성분을 갖는 3×3 하삼각행렬은 다음과 같이 인수분해될 수 있다.

$$\underset{L}{\begin{bmatrix} a_{11} & 0 & 0 \\ a_{21} & a_{22} & 0 \\ a_{31} & a_{32} & a_{33} \end{bmatrix}} = \underset{L'}{\begin{bmatrix} 1 & 0 & 0 \\ a_{21}/a_{11} & 1 & 0 \\ a_{31}/a_{11} & a_{32}/a_{22} & 1 \end{bmatrix}} \underset{D}{\begin{bmatrix} a_{11} & 0 & 0 \\ 0 & a_{22} & 0 \\ 0 & 0 & a_{33} \end{bmatrix}}$$

L'의 열들은 L의 열의 성분을 그 열에 있는 대각성분으로 나누어서 얻어졌음을 주목하라. 그러므로 예컨대 식 (4)를 다음과 같이 다시 쓸 수 있다.

$$\begin{bmatrix} 2 & 6 & 2 \\ -3 & -8 & 0 \\ 4 & 9 & 2 \end{bmatrix} = \begin{bmatrix} 2 & 0 & 0 \\ -3 & 1 & 0 \\ 4 & -3 & 7 \end{bmatrix} \begin{bmatrix} 1 & 3 & 1 \\ 0 & 1 & 3 \\ 0 & 0 & 1 \end{bmatrix}$$
$$= \begin{bmatrix} 1 & 0 & 0 \\ -\frac{3}{2} & 1 & 0 \\ 2 & -3 & 1 \end{bmatrix} \begin{bmatrix} 2 & 0 & 0 \\ 0 & 1 & 0 \\ 0 & 0 & 7 \end{bmatrix} \begin{bmatrix} 1 & 3 & 1 \\ 0 & 1 & 3 \\ 0 & 0 & 1 \end{bmatrix} \tag{13}$$

필요하면, 식 (13)의 대각행렬과 상삼각행렬을 곱해서 1들이 U가 아닌 L의 주대각선에 있는 LU-분해를 만들 수도 있다.

만약 A가 행교환 없이 행사다리꼴로 변환될 수 있는 가역행렬이라면 A는 다음과 같이 유일하게 인수분해될 수 있다.

$$A = LDU$$

여기서 L은 주대각선 성분들이 모두 1인 하삼각행렬이고, D는 대각행렬, U는 주대각선 성분들이 모두 1인 상삼각행렬이다. 이를 ***LDU*-분해**(*LDU*-decomposition)[또는 ***LDU*-인수분해**(*LDU*-factorization)]라고 한다.

PLU-분해

많은 컴퓨터 알고리즘이 연립방정식을 풀 때 반올림오차(roundoff error)를 줄이기 위해 행교환을 수행하는데 이 경우 LU-분해가 보장되지 않는다. 그렇지만 행렬 A에 "예비적 처리(preprocessing)"를 통하여 행교환을 LU-분해 계산 전에 미리 수행하므로 그런 어려운 점을 회피하는 것이 가능하다. 이것은 행교환을 만드는 일련의 기본행렬들을 곱하여 행렬 Q[***순열행렬***(permutation matrix)]를 만들고, 행렬의 곱 QA를 계산함으로써 행렬 A에 필요한 모든 행교환을 실행하는 것이다. 이 행렬의 곱은 행교환 없이 행사다리꼴 행렬로 변환될 수 있으므로, LU-분해를 갖는다.

$$QA = LU \tag{14}$$

Q가 가역이므로(기본행렬들의 곱이므로), $A\mathbf{x} = \mathbf{b}$와 $QA\mathbf{x} = Q\mathbf{b}$는 같은 해를 갖는다. 그러나 식 (14)로부터 후자의 방정식은 $LU\mathbf{x} = Q\mathbf{b}$로 다시 쓸 수 있고 LU-분해를 사용하여 풀 수 있다.

식 (14)는 다음과 같이 쓸 수 있다.

$$A = PLU \tag{15}$$

여기서 $P = Q^{-1}$이다. 이것을 A의 ***PLU-분해***(PLU-decomposition)[또는 ***PLU-인수분해***(PLU-factorization)]라고 한다.

연습문제 9.1

1. 예제 1의 방법과 LU-분해

$$\begin{bmatrix} 3 & -6 \\ -2 & 5 \end{bmatrix} = \begin{bmatrix} 3 & 0 \\ -2 & 1 \end{bmatrix}\begin{bmatrix} 1 & -2 \\ 0 & 1 \end{bmatrix}$$

을 사용하여 다음의 연립방정식을 풀어라.

$$\begin{aligned} 3x_1 - 6x_2 &= 0 \\ -2x_1 + 5x_2 &= 1 \end{aligned}$$

2. 예제 1의 방법과 LU-분해

$$\begin{bmatrix} 3 & -6 & -3 \\ 2 & 0 & 6 \\ -4 & 7 & 4 \end{bmatrix} = \begin{bmatrix} 3 & 0 & 0 \\ 2 & 4 & 0 \\ -4 & -1 & 2 \end{bmatrix}\begin{bmatrix} 1 & -2 & -1 \\ 0 & 1 & 2 \\ 0 & 0 & 1 \end{bmatrix}$$

을 사용하여 다음의 연립방정식을 풀어라.

$$\begin{aligned} 3x_1 - 6x_2 - 3x_3 &= -3 \\ 2x_1 \qquad\quad + 6x_3 &= -22 \\ -4x_1 + 7x_2 + 4x_3 &= 3 \end{aligned}$$

(3-6) 계수행렬의 LU-분해를 구하고 예제 1의 방법을 사용하여 연립방정식을 풀어라.

3. $\begin{bmatrix} 2 & 8 \\ -1 & -1 \end{bmatrix}\begin{bmatrix} x_1 \\ x_2 \end{bmatrix} = \begin{bmatrix} -2 \\ -2 \end{bmatrix}$

4. $\begin{bmatrix} -5 & -10 \\ 6 & 5 \end{bmatrix}\begin{bmatrix} x_1 \\ x_2 \end{bmatrix} = \begin{bmatrix} -10 \\ 19 \end{bmatrix}$

5. $\begin{bmatrix} 2 & -2 & -2 \\ 0 & -2 & 2 \\ -1 & 5 & 2 \end{bmatrix}\begin{bmatrix} x_1 \\ x_2 \\ x_3 \end{bmatrix} = \begin{bmatrix} -4 \\ -2 \\ 6 \end{bmatrix}$

6. $\begin{bmatrix} -3 & 12 & -6 \\ 1 & -2 & 2 \\ 0 & 1 & 1 \end{bmatrix}\begin{bmatrix} x_1 \\ x_2 \\ x_3 \end{bmatrix} = \begin{bmatrix} -33 \\ 7 \\ -1 \end{bmatrix}$

(7-8) 행렬 A의 LU-분해가 다음과 같이 주어져 있을 때

a. *L^{-1}와 U^{-1}를 구하라.*

b. *(a)의 결과를 이용하여 A^{-1}를 구하라.*

7. $A = \begin{bmatrix} 2 & -1 & 3 \\ 4 & 2 & 1 \\ -6 & -1 & 2 \end{bmatrix}$;

$$A = LU = \begin{bmatrix} 1 & 0 & 0 \\ 2 & 1 & 0 \\ -3 & -1 & 1 \end{bmatrix}\begin{bmatrix} 2 & -1 & 3 \\ 0 & 4 & -5 \\ 0 & 0 & 6 \end{bmatrix}$$

8. 예제 2의 LU-분해

9. $A = \begin{bmatrix} 2 & 1 & -1 \\ -2 & -1 & 2 \\ 2 & 1 & 0 \end{bmatrix}$일 때,

a. A의 LU-분해를 구하라.

b. A를 형식 $A = L_1DU_1$으로 표현하라. 여기서 L_1은 주대각선상에 1을 갖는 하삼각행렬이고, U_1은 상삼각행렬이며, D는 대각행렬이다.

c. A를 형식 $A = L_2U_2$으로 표현하라. 여기서 L_2은 주대각선상에 1을 갖는 하삼각행렬이고, U_2는 상삼각행렬이다.

10. a. 다음 행렬은 LU-분해를 갖지 않음을 보여라.

$$\begin{bmatrix} 0 & 1 \\ 1 & 0 \end{bmatrix}$$

b. 이 행렬의 PLU-분해를 구하라.

(***11-12***) *주어진 A의 PLU-분해를 이용하여 연립방정식 $A\mathbf{x} = \mathbf{b}$를 $P^{-1}A\mathbf{x} = P^{-1}\mathbf{b}$로 다시 쓰고 LU-분해를 이용하여 풀어라.*

11. $\mathbf{b} = \begin{bmatrix} 2 \\ 1 \\ 5 \end{bmatrix}$; $A = \begin{bmatrix} 0 & 1 & 4 \\ 1 & 2 & 2 \\ 3 & 1 & 3 \end{bmatrix}$;

$$A = \begin{bmatrix} 0 & 1 & 0 \\ 1 & 0 & 0 \\ 0 & 0 & 1 \end{bmatrix}\begin{bmatrix} 1 & 0 & 0 \\ 0 & 1 & 0 \\ 3 & -5 & 17 \end{bmatrix}\begin{bmatrix} 1 & 2 & 2 \\ 0 & 1 & 4 \\ 0 & 0 & 1 \end{bmatrix} = PLU$$

12. $\mathbf{b} = \begin{bmatrix} 3 \\ 0 \\ 6 \end{bmatrix}$; $A = \begin{bmatrix} 4 & 1 & 2 \\ 0 & 2 & 1 \\ 8 & 1 & 8 \end{bmatrix}$;

$$A = \begin{bmatrix} 1 & 0 & 0 \\ 0 & 0 & 1 \\ 0 & 1 & 0 \end{bmatrix}\begin{bmatrix} 4 & 1 & 2 \\ 0 & -1 & 4 \\ 0 & 0 & 9 \end{bmatrix}\begin{bmatrix} 1 & \frac{1}{4} & \frac{1}{2} \\ 0 & 1 & -4 \\ 0 & 0 & 1 \end{bmatrix} = PLU$$

(***13-14***) *A의 LDU-분해를 구하라.*

13. $A = \begin{bmatrix} 2 & 2 \\ 4 & 1 \end{bmatrix}$

14. $A = \begin{bmatrix} 3 & -12 & 6 \\ 0 & 2 & 0 \\ 6 & -28 & 13 \end{bmatrix}$

(***15-16***) *A의 PLU-분해를 구하고, 이를 이용하여 연립방정식 $A\mathbf{x} = \mathbf{b}$를 연습문제 11과 12의 방법으로 풀어라.*

15. $A = \begin{bmatrix} 3 & -1 & 0 \\ 3 & -1 & 1 \\ 0 & 2 & 1 \end{bmatrix}$; $\mathbf{b} = \begin{bmatrix} -2 \\ 1 \\ 4 \end{bmatrix}$

16. $A = \begin{bmatrix} 0 & 3 & -2 \\ 1 & 1 & 4 \\ 2 & 2 & 5 \end{bmatrix}$; $\mathbf{b} = \begin{bmatrix} 7 \\ 5 \\ -2 \end{bmatrix}$

17. $A\mathbf{x} = \mathbf{b}$를 n개의 미지수의 n개의 방정식을 갖는 연립일차방정식이라 하고 A를 행교환 없이 행사다리꼴로 축소될 수 있는 가역행렬이라 하자. 예제 1의 방법을 사용하여 이 연립방정식을 푸는 경우 덧셈과 곱셈의 횟수는 얼마인가?

증명 문제

18. $A = \begin{bmatrix} a & b \\ c & d \end{bmatrix}$라 할 때,

a. $a \neq 0$이면 A는 L의 주대각선상에 1을 갖는 유일한 LU-분해를 가짐을 증명하라.

b. (a)에서 기술된 LU-분해를 구하라.

19. A가 임의의 $n \times n$ 행렬이면 A는 $A = PLU$로 인수분해될 수 있음을 증명하라. 여기서 L은 하삼각행렬, U는 상삼각행렬, P는 I_n의 행을 적당히 행교환하여 얻어질 수 있다. [*힌트*: U를 A의 행사다리꼴이라 하고 A를 U로 축소시킬 때 필요한 모든 행교환을 우선적으로 실시하라.]

참-거짓 문제

TF. (a)-(e)가 참인지 거짓인지를 밝히고 그 이유를 설명하라.

a. 모든 정방행렬은 LU-분해를 갖는다.

b. 만약 정방행렬 A가 상삼각행렬 U와 동등이라면, A는 LU-분해를 갖는다.

c. 만약 $L_1, L_2, \cdots, L_k$가 $n \times n$ 하삼각행렬이면, 곱 $L_1L_2 \cdots L_k$는 하삼각행렬이다.

d. 만약 정방행렬 A가 LU-분해를 갖는다면, A는 유일한 LDU-분해를 갖는다.

e. 모든 정방행렬은 PLU-분해를 갖는다.

계산도구 문제

T1. 계산도구에 따라 LU-분해 처리방식이 다양하다. 예를 들어 많은 도구들은 반올림오차를 줄이기 위해 행교환을 수행하고, 따라서 LU-분해 요구 시에도 PLU-분해를 생성한다. 예제 2에서 계산도구를 사용하여 행렬 A의 LU-분해를 구하여 어떻게 되는지 살펴보라.

T2. 그림 Ex-T2는 가장자리에 온도가 표시된 금속판을 보여 준다. 열역학 원리로부터 6개의 내부 노드(node)의 각 온도는 결국 주변 4개 노드의 평균 온도에 해당하는 값으로 안정화된다. 이것을 각 노드에서의 ***정상상태 온도***(steady-state temperature)라고 한다. 따라서 예를 들어 그림에서 내부 노드의 정상상태 온도를 T_1, T_2, T_3, T_4, T_5, T_6으로 나타낸다면, T_1이라는 라벨이 붙은 점에서 해당 온도는 $T_1 = \frac{1}{4}(0 + 5 + T_2 + T_3)$이 될 것이다. 즉,

$$4T_1 - T_2 - T_3 = 5$$

이다. 각 노드의 정상상태 온도를 제공하는 연립일차방정식을 찾고, 계산도구를 사용하여 *LU*-분해로 해를 구하라.

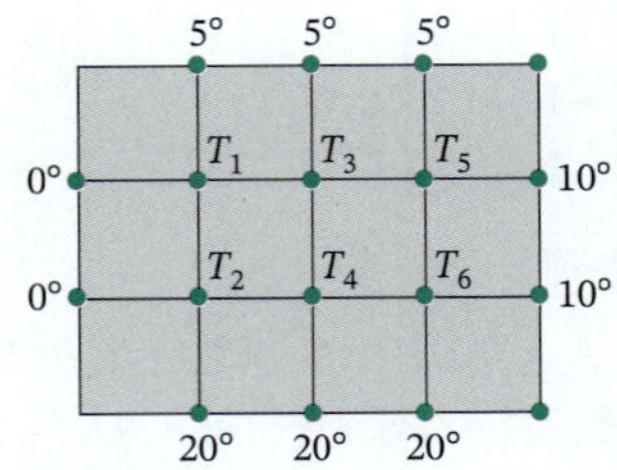

그림 Ex-T2

9.2 거듭제곱법

이론적으로 정방행렬의 고유값은 특성방정식을 풀어서 구할 수 있다. 그러나 이 과정은 계산상 어렵기 때문에 대부분의 응용에서 이용하지 않는다. 이 절에서는 절대값이 가장 큰 고유값과 대응하는 고유벡터를 근사적으로 구하는 알고리즘을 다룰 것이다. 이런 특정 고유값과 그것에 대응하는 고유벡터는 많은 반복과정에서 자연스럽게 발생하므로 중요하다. 이 절에서 공부하는 방법은 최근에 구글과 같은 인터넷 검색엔진을 만드는 데 사용되었다.

거듭제곱법

많은 응용에서 R^n의 벡터 $\mathbf{x}_0$에 $n \times n$ 행렬 A를 반복적으로 곱하여 이루어진 다음과 같은 수열이 나타난다.

$$\mathbf{x}_0, \quad A\mathbf{x}_0, \quad A^2\mathbf{x}_0, \ldots, \quad A^k\mathbf{x}_0, \ldots$$

이와 같은 형식의 수열을 ***A에 의해 만들어진 거듭제곱수열***이라 한다. 이 절에서는 거듭제곱수열의 수렴 및 그 수열들이 어떻게 고유값과 고유벡터의 근사에 사용되는지에 대해 다룬다. 이를 위해 다음을 정의한다.

정의 1

행렬 A의 *서로 다른* 고유값이 $\lambda_1, \lambda_2, \cdots, \lambda_k$이고 $|\lambda_1|$이 $|\lambda_2|, \cdots, |\lambda_k|$보다 크면 λ_1을 행렬 A의 ***우세 고유값***(dominant eigenvalue)이라 한다. 우세 고유값에 대응하는 모든 고유벡터를 A의 ***우세 고유벡터***(dominant eigenvector)라 한다.

예제 1 | 우세 고유값

우세 고유값을 갖는 행렬과 갖지 않는 행렬이 있다. 예를 들어 서로 다른 고유값이

$$\lambda_1 = -4, \quad \lambda_2 = -2, \quad \lambda_3 = 1, \quad \lambda_4 = 3$$

이면, $\lambda_1 = -4$는 다른 모든 고유값의 절대값보다 크므로 우세하다. 그러나 행렬의 서로 다른 모든 고유값이

$$\lambda_1 = 7, \quad \lambda_2 = -7, \quad \lambda_3 = -2, \quad \lambda_4 = 5$$

이면 $|\lambda_1| = |\lambda_2| = 7$이므로, 절대값이 다른 모든 고유값의 절대값보다 큰 고유값은 없게 된다.

거듭제곱수열 수렴의 가장 중요한 이론들은 n개의 선형독립인 고유벡터를 가진 $n \times n$ 행렬(예를 들어, 대칭행렬)에 적용되므로, 이 절에서는 이런 경우만 다루기로 한다.

정리 9.2.1

A를 양*의 우세 고유값 λ을 갖는 $n \times n$ 대칭행렬이라고 하자. $\mathbf{x}_0$가 λ에 대응하는 고유공간에 직교하지 않는 R^n의 단위벡터라면, 정규화된 거듭제곱수열

$$\mathbf{x}_0, \quad \mathbf{x}_1 = \frac{A\mathbf{x}_0}{\|A\mathbf{x}_0\|}, \quad \mathbf{x}_2 = \frac{A\mathbf{x}_1}{\|A\mathbf{x}_1\|}, \ldots, \quad \mathbf{x}_k = \frac{A\mathbf{x}_{k-1}}{\|A\mathbf{x}_{k-1}\|}, \ldots \tag{1}$$

은 우세 단위고유벡터에 수렴하고, 수열

$$A\mathbf{x}_0 \cdot \mathbf{x}_0, \quad A\mathbf{x}_1 \cdot \mathbf{x}_1, \ldots, \quad A\mathbf{x}_k \cdot \mathbf{x}_k, \ldots \tag{2}$$

는 우세 고유값 λ에 수렴한다.

참고 연습문제에서 식 (1)을 다음 식 (3)으로 표현하는 방법을 다루기로 한다.

$$\mathbf{x}_0, \quad \mathbf{x}_1 = \frac{A\mathbf{x}_0}{\|A\mathbf{x}_0\|}, \quad \mathbf{x}_2 = \frac{A^2\mathbf{x}_0}{\|A^2\mathbf{x}_0\|}, \ldots, \quad \mathbf{x}_k = \frac{A^k\mathbf{x}_0}{\|A^k\mathbf{x}_0\|}, \ldots \tag{3}$$

이와 같은 표현방식에 의해 각 반복을 이전 항으로 표현하지 않고 초기벡터 $\mathbf{x}_0$로 표현할 수 있다.

정리 9.2.1을 증명하지는 않겠지만, A가 서로 다른 양의 고유값(λ_1과 λ_2 중의 하나가 우세한)을 가진 2×2 대칭행렬의 경우에는 기하적 방법으로 타당성을 보일 수 있다. 구체적으로 말하면, λ_1이 우세하고

$$\lambda_1 > \lambda_2 > 0$$

라고 가정한다. A가 대칭이고 서로 다른 고유값을 가지고 있다고 가정하므로 정리 7.2.2는 λ_1과 λ_2에 대응하는 고유공간이 원점을 지나며 서로 직교한다는 것을 의미한다. 그러므로 $\mathbf{x}_0$가 λ_1에 대응하는 고유공간에 직교하지 않는 단위벡터라는 가정은 $\mathbf{x}_0$가 λ_2에 대응하는 고유공간에 존재하지 않는 것을 의미한다. $\mathbf{x}_0$에 A를 곱하는 것에 대한 기하적 의미를 이해하기 위해서 $\mathbf{x}_0$를 다음과 같은 두 개의 합

*우세 고유값이 양이 아니라면, 수열 (2)는 여전히 우세 고유값에 수렴하지만 수열 (1)은 교대행렬이기 때문에 특정 우세 고유벡터에 수렴하지 않을 수 있다(연습문제 11 참조). 그럼에도 불구하고 식 (1)의 각 항은 충분히 큰 k에 대하여 어떤 우세 고유벡터에 근접하는 벡터가 된다.

$$\mathbf{x}_0 = \mathbf{v}_0 + \mathbf{w}_0 \tag{4}$$

으로 나누면 편리하다. 여기에서 $\mathbf{v}_0$와 $\mathbf{w}_0$는 각각 λ_1과 λ_2의 고유공간상에서 $\mathbf{x}_0$의 정사영이다(**그림 9.2.1*a*** 참조).

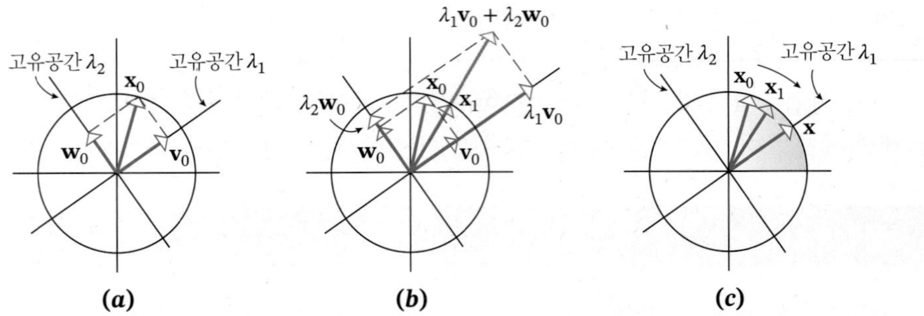

그림 9.2.1

이로 인해 $A\mathbf{x}_0$를 식 (5)와 같이 표현할 수 있다.

$$A\mathbf{x}_0 = A\mathbf{v}_0 + A\mathbf{w}_0 = \lambda_1\mathbf{v}_0 + \lambda_2\mathbf{w}_0 \tag{5}$$

이것은 $\mathbf{x}_0$에 A를 곱하는 것이 식 (4)의 $\mathbf{v}_0$와 $\mathbf{w}_0$ 항을 λ_1과 λ_2로 각각 "크기조정"함을 말하는 것이다. 그러나 λ_1이 λ_2보다 크기 때문에 $\mathbf{v}_0$의 방향의 인자가 $\mathbf{w}_0$의 방향의 인자보다 크다. 그러므로 $\mathbf{x}_0$에 A를 곱하는 것은 λ_1의 고유공간 쪽으로 $\mathbf{x}_0$를 "끌어들이는(pull)" 것이고, 정규화는 $\mathbf{x}_0$보다 λ_1의 고유공간에 더 근접한 단위원상의 벡터 $\mathbf{x}_1 = A\mathbf{x}_0/\|A\mathbf{x}_0\|$를 생성한다(**그림 9.2.1*b***). 마찬가지로 $\mathbf{x}_1$에 A를 곱하는 것과 정규화하는 것은 $\mathbf{x}_1$보다 λ_1의 고유공간에 더 근접한 단위벡터 $\mathbf{x}_2$를 생성한다. 그러므로 반복적으로 A를 곱하고 정규화하면 λ_1의 고유공간에 있는 단위벡터 $\mathbf{x}$에 수렴하는 단위원상에 위치한 벡터 $\mathbf{x}_k$의 수열이 만들어진다고 볼 수 있다(**그림 9.2.1*c***). 또한 $\mathbf{x}_k$가 $\mathbf{x}$에 수렴한다면, $A\mathbf{x}_k \cdot \mathbf{x}_k$가 우세 고유값인

$$A\mathbf{x}\cdot\mathbf{x} = \lambda_1\mathbf{x}\cdot\mathbf{x} = \lambda_1\|\mathbf{x}\|^2 = \lambda_1$$

에 수렴할 것이다.

유클리드 크기조정 거듭제곱법

우세 고유값이 양이라면, 대칭행렬 A의 우세 고유값과 대응하는 단위고유벡터를 근사하는 알고리즘을 정리 9.2.1을 이용해서 구할 수 있다. ***유클리드 크기조정 거듭제곱법***(power method with Euclidean scaling)이라 부르는 이 알고리즘은 다음과 같다.

유클리드 크기조정 거듭제곱법

단계 0. 단위벡터 $\mathbf{x}_0$를 얻기 위해 임의의 영이 아닌 벡터를 선택하고, 필요하다면 그것을 정규화한다.

단계 1. $A\mathbf{x}_0$를 계산하고 우세 단위고유벡터에 대한 첫 번째 근사값 $\mathbf{x}_1$을 얻기 위해 정규화한다. 우세 고유값의 첫 번째 근사값을 얻기 위해 $A\mathbf{x}_1 \cdot \mathbf{x}_1$을 계산한다.

단계 2. $A\mathbf{x}_1$를 계산하고 우세 단위고유벡터에 대한 두 번째 근사값 $\mathbf{x}_2$를 얻기 위해 정규화

한다. 우세 고유값의 두 번째 근사값을 얻기 위해 $A\mathbf{x}_2 \cdot \mathbf{x}_2$을 계산한다.

단계 3. $A\mathbf{x}_2$를 계산하고 우세 단위고유벡터에 대한 세 번째 근사값 $\mathbf{x}_3$을 얻기 위해 정규화한다. 우세 고유값의 세 번째 근사값을 얻기 위해 $A\mathbf{x}_3 \cdot \mathbf{x}_3$을 계산한다.

이런 방법을 계속 수행함으로써 우세 고유값과 대응하는 단위고유벡터*에 점점 더 근접하는 근사수열을 만들 수 있다.

예제 2 | 유클리드 크기조정 거듭제곱법

$\mathbf{x}_0 = \begin{bmatrix} 1 \\ 0 \end{bmatrix}$을 사용하여 $A = \begin{bmatrix} 3 & 2 \\ 2 & 3 \end{bmatrix}$에 유클리드 크기조정 거듭제곱법을 적용하라. $\mathbf{x}_5$에서 중단하고 결과적으로 나온 근사값과 우세 고유값, 고유벡터의 엄밀한 값을 비교하라.

풀이 A의 고유값이 $\lambda = 1$과 $\lambda = 5$이므로, A의 우세 고유값은 $\lambda = 5$이다. $\lambda = 5$에 대응하는 고유공간은 다음과 같은 벡터 형식의 매개변수 방정식 $x_1 = t$, $x_2 = t$로 표현되는 직선이다.

$$\mathbf{x} = t\begin{bmatrix} 1 \\ 1 \end{bmatrix} \tag{6}$$

그러므로 $t = 1/\sqrt{2}$을 취하여 다음과 같은 우세 단위벡터를 만들 수 있다.

$$\mathbf{v}_1 = \begin{bmatrix} \frac{1}{\sqrt{2}} \\ \frac{1}{\sqrt{2}} \end{bmatrix} \approx \begin{bmatrix} 0.707106781187\ldots \\ 0.707106781187\ldots \end{bmatrix} \tag{7}$$

이제 단위벡터 $\mathbf{x}_0$를 초기값으로 설정하고 거듭제곱을 실행할 때 어떤 현상이 발생하는지 살펴보자.

$$A\mathbf{x}_0 = \begin{bmatrix} 3 & 2 \\ 2 & 3 \end{bmatrix}\begin{bmatrix} 1 \\ 0 \end{bmatrix} = \begin{bmatrix} 3 \\ 2 \end{bmatrix} \qquad \mathbf{x}_1 = \frac{A\mathbf{x}_0}{\|A\mathbf{x}_0\|} = \frac{1}{\sqrt{13}}\begin{bmatrix} 3 \\ 2 \end{bmatrix} \approx \frac{1}{3.60555}\begin{bmatrix} 3 \\ 2 \end{bmatrix} \approx \begin{bmatrix} 0.83205 \\ 0.55470 \end{bmatrix}$$

$$A\mathbf{x}_1 \approx \begin{bmatrix} 3 & 2 \\ 2 & 3 \end{bmatrix}\begin{bmatrix} 0.83205 \\ 0.55470 \end{bmatrix} \approx \begin{bmatrix} 3.60555 \\ 3.32820 \end{bmatrix} \qquad \mathbf{x}_2 = \frac{A\mathbf{x}_1}{\|A\mathbf{x}_1\|} \approx \frac{1}{4.90682}\begin{bmatrix} 3.60555 \\ 3.32820 \end{bmatrix} \approx \begin{bmatrix} 0.73480 \\ 0.67828 \end{bmatrix}$$

$$A\mathbf{x}_2 \approx \begin{bmatrix} 3 & 2 \\ 2 & 3 \end{bmatrix}\begin{bmatrix} 0.73480 \\ 0.67828 \end{bmatrix} \approx \begin{bmatrix} 3.56097 \\ 3.50445 \end{bmatrix} \qquad \mathbf{x}_3 = \frac{A\mathbf{x}_2}{\|A\mathbf{x}_2\|} \approx \frac{1}{4.99616}\begin{bmatrix} 3.56097 \\ 3.50445 \end{bmatrix} \approx \begin{bmatrix} 0.71274 \\ 0.70143 \end{bmatrix}$$

$$A\mathbf{x}_3 \approx \begin{bmatrix} 3 & 2 \\ 2 & 3 \end{bmatrix}\begin{bmatrix} 0.71274 \\ 0.70143 \end{bmatrix} \approx \begin{bmatrix} 3.54108 \\ 3.52976 \end{bmatrix} \qquad \mathbf{x}_4 = \frac{A\mathbf{x}_3}{\|A\mathbf{x}_3\|} \approx \frac{1}{4.99985}\begin{bmatrix} 3.54108 \\ 3.52976 \end{bmatrix} \approx \begin{bmatrix} 0.70824 \\ 0.70597 \end{bmatrix}$$

$$A\mathbf{x}_4 \approx \begin{bmatrix} 3 & 2 \\ 2 & 3 \end{bmatrix}\begin{bmatrix} 0.70824 \\ 0.70597 \end{bmatrix} \approx \begin{bmatrix} 3.53666 \\ 3.53440 \end{bmatrix} \qquad \mathbf{x}_5 = \frac{A\mathbf{x}_4}{\|A\mathbf{x}_4\|} \approx \frac{1}{4.99999}\begin{bmatrix} 3.53666 \\ 3.53440 \end{bmatrix} \approx \begin{bmatrix} 0.70733 \\ 0.70688 \end{bmatrix}$$

*벡터 $\mathbf{x}_0$가 우세 고유값의 고유공간에 직교한다면, 정리 9.2.1의 가설은 위배되고, 그 방법은 실패할 수도 있다. 그러나 컴퓨터 반올림오차로 인하여 $\mathbf{x}_0$가 약간 변화(perturb)되기 때문에 직교성이 소멸되어 알고리즘이 작동된다. 이것은 오차로 인해 정확한 결과를 얻게 되는 한 가지 사례이다.

$$\lambda^{(1)} = (A\mathbf{x}_1)\cdot\mathbf{x}_1 = (A\mathbf{x}_1)^T\mathbf{x}_1 \approx \begin{bmatrix}3.60555 & 3.32820\end{bmatrix}\begin{bmatrix}0.83205\\0.55470\end{bmatrix} \approx 4.84615$$

$$\lambda^{(2)} = (A\mathbf{x}_2)\cdot\mathbf{x}_2 = (A\mathbf{x}_2)^T\mathbf{x}_2 \approx \begin{bmatrix}3.56097 & 3.50445\end{bmatrix}\begin{bmatrix}0.73480\\0.67828\end{bmatrix} \approx 4.99361$$

$$\lambda^{(3)} = (A\mathbf{x}_3)\cdot\mathbf{x}_3 = (A\mathbf{x}_3)^T\mathbf{x}_3 \approx \begin{bmatrix}3.54108 & 3.52976\end{bmatrix}\begin{bmatrix}0.71274\\0.70143\end{bmatrix} \approx 4.99974$$

$$\lambda^{(4)} = (A\mathbf{x}_4)\cdot\mathbf{x}_4 = (A\mathbf{x}_4)^T\mathbf{x}_4 \approx \begin{bmatrix}3.53666 & 3.53440\end{bmatrix}\begin{bmatrix}0.70824\\0.70597\end{bmatrix} \approx 4.99999$$

$$\lambda^{(5)} = (A\mathbf{x}_5)\cdot\mathbf{x}_5 = (A\mathbf{x}_5)^T\mathbf{x}_5 \approx \begin{bmatrix}3.53576 & 3.53531\end{bmatrix}\begin{bmatrix}0.70733\\0.70688\end{bmatrix} \approx 5.00000$$

그러므로 $\lambda^{(5)}$는 우세 고유값을 소수점 이하 다섯째 자리까지 정확하게 근사하고, $\mathbf{x}_5$는 식 (7)의 우세 고유벡터를 소수점 이하 셋째 자리까지 정확하게 근사한다.

$\lambda^{(5)}$(다섯 번째 근사값)이 소수점 이하 다섯 번째까지 정확한 것은 우연이다. 일반적으로 n자리까지 정확하게 구하기 위해 n번을 시행할 필요는 없다.

최대성분 크기조정 거듭제곱법

이 절에서는 각 반복에서 정규화하지 않고 가장 큰 성분이 1이 되도록 크기조정하는 거듭제곱법의 변형을 다룬다. 이 방법을 설명하기 위해서 max($\mathbf{x}$)를 $\mathbf{x}$성분의 *최대 절대값*으로 표시한다. 예를 들어

$$\mathbf{x} = \begin{bmatrix}5\\3\\-7\\2\end{bmatrix}$$

이면 max($\mathbf{x}$) = 7이다. 다음의 정리는 정리 9.2.1의 유용한 변형이다.

정리 9.2.2

A를 양의 우세* 고유값 λ을 가진 대칭 $n \times n$ 행렬이라 하자. $\mathbf{x}_0$가 R^n의 영이 아닌 벡터이고, λ에 대응하는 고유공간에 직교하지 않는다면, 수열

$$\mathbf{x}_0,\quad \mathbf{x}_1 = \frac{A\mathbf{x}_0}{\max(A\mathbf{x}_0)},\quad \mathbf{x}_2 = \frac{A\mathbf{x}_1}{\max(A\mathbf{x}_1)},\ldots,\quad \mathbf{x}_k = \frac{A\mathbf{x}_{k-1}}{\max(A\mathbf{x}_{k-1})},\ldots \tag{8}$$

은 λ에 대응하는 고유벡터로 수렴하고, 수열

$$\frac{A\mathbf{x}_0\cdot\mathbf{x}_0}{\mathbf{x}_0\cdot\mathbf{x}_0},\quad \frac{A\mathbf{x}_1\cdot\mathbf{x}_1}{\mathbf{x}_1\cdot\mathbf{x}_1},\ldots,\quad \frac{A\mathbf{x}_k\cdot\mathbf{x}_k}{\mathbf{x}_k\cdot\mathbf{x}_k},\ldots \tag{9}$$

은 λ에 수렴한다.

*정리 9.2.1에서처럼 우세 고유값이 양이 아니면, 수열 (9)는 여전히 우세 고유값으로 수렴하나 수열 (8)은 **특정한** 우세 고유벡터로 수렴하지 않을 수도 있다. 그럼에도 불구하고 수열 (8)의 각 항은 충분히 큰 k에 대해 어떤 **우세** 고유벡터로 근접한다(연습문제 11 참조).

참고 연습문제에서 식 (8)을 초기벡터 $\mathbf{x}_0$항을 이용하여 반복적으로 표현하면 식 (10)과 같이 됨을 보이라 할 것이다.

$$\mathbf{x}_0, \quad \mathbf{x}_1 = \frac{A\mathbf{x}_0}{\max(A\mathbf{x}_0)}, \quad \mathbf{x}_2 = \frac{A^2\mathbf{x}_0}{\max(A^2\mathbf{x}_0)}, \ldots, \quad \mathbf{x}_k = \frac{A^k\mathbf{x}_0}{\max(A^k\mathbf{x}_0)}, \ldots \tag{10}$$

이 정리의 증명은 생략하겠지만, 식 (8)이 A의 고유벡터에 수렴하는 것을 이해하면 식 (9)가 우세 고유값에 수렴하는 이유를 쉽게 이해할 수 있다. 이것을 위하여 식 (9)의 각 항을 다음과 같이 표현하자.

$$\frac{A\mathbf{x}\cdot\mathbf{x}}{\mathbf{x}\cdot\mathbf{x}} \tag{11}$$

이것을 A의 ***레일리 몫***(Rayleigh quotient)이라 한다. λ가 A의 고유값이고 $\mathbf{x}$가 대응하는 고유벡터인 경우 레일리 몫은 다음과 같다.

$$\frac{A\mathbf{x}\cdot\mathbf{x}}{\mathbf{x}\cdot\mathbf{x}} = \frac{\lambda\mathbf{x}\cdot\mathbf{x}}{\mathbf{x}\cdot\mathbf{x}} = \frac{\lambda(\mathbf{x}\cdot\mathbf{x})}{\mathbf{x}\cdot\mathbf{x}} = \lambda$$

그러므로 $\mathbf{x}_k$가 우세한 고유벡터 $\mathbf{x}$에 수렴하면

$$\frac{A\mathbf{x}_k\cdot\mathbf{x}_k}{\mathbf{x}_k\cdot\mathbf{x}_k}\text{가 우세 고유값인 } \quad \frac{A\mathbf{x}\cdot\mathbf{x}}{\mathbf{x}\cdot\mathbf{x}} = \lambda$$

로 수렴하는 것은 합당하다.

정리 9.2.2는 ***최대성분 크기조정 거듭제곱법***(power method with maximum entry scaling)이라 부르는 다음의 알고리즘을 준다.

최대성분 크기조정 거듭제곱법

단계 0. 임의의 영이 아닌 벡터 $\mathbf{x}_0$를 선택한다.

단계 1. $A\mathbf{x}_0$을 계산하고 첫 번째 우세 근사 고유벡터 $\mathbf{x}_1$을 얻기 위해 인수 $1/\max(A\mathbf{x}_0)$을 곱한다. 첫 번째 우세 근사 고유값을 얻기 위해 $\mathbf{x}_1$의 레일리 몫을 계산한다.

단계 2. $A\mathbf{x}_1$를 계산하고 두 번째 우세 근사 고유벡터 $\mathbf{x}_2$를 얻기 위해 인수 $1/\max(A\mathbf{x}_1)$을 곱한다. 두 번째 우세 근사 고유값을 얻기 위해 $\mathbf{x}_2$의 레일리 몫을 계산한다.

단계 3. $A\mathbf{x}_2$를 계산하고 세 번째 우세 근사 고유벡터 $\mathbf{x}_3$을 얻기 위해 인수 $1/\max(A\mathbf{x}_2)$을 곱한다. 세 번째 우세 근사 고유값을 얻기 위해 $\mathbf{x}_3$의 레일리 몫을 계산한다.

이러한 방법을 계속 수행함으로써 우세 고유값과 그에 대응하는 고유벡터에 근접해 가는 근사값의 수열을 구할 수 있다.

예제 3 | 최대성분 크기조정을 이용한 예제 2 재검토

$A = \begin{bmatrix} 3 & 2 \\ 2 & 3 \end{bmatrix}$, $\mathbf{x}_0 = \begin{bmatrix} 1 \\ 0 \end{bmatrix}$일 때 최대성분 크기조정 거듭제곱법을 적용하라. $\mathbf{x}_5$에서 중단하고 결과로 나온 근사값과 엄밀한 값을 비교하라. 또한 예제 2에서 구한 근사값과 비교하라.

풀이 다음 식과 같음을 확인하라.

$$A\mathbf{x}_0 = \begin{bmatrix} 3 & 2 \\ 2 & 3 \end{bmatrix}\begin{bmatrix} 1 \\ 0 \end{bmatrix} = \begin{bmatrix} 3 \\ 2 \end{bmatrix} \qquad \mathbf{x}_1 = \frac{A\mathbf{x}_0}{\max(A\mathbf{x}_0)} = \frac{1}{3}\begin{bmatrix} 3 \\ 2 \end{bmatrix} \approx \begin{bmatrix} 1.00000 \\ 0.66667 \end{bmatrix}$$

$$A\mathbf{x}_1 \approx \begin{bmatrix} 3 & 2 \\ 2 & 3 \end{bmatrix}\begin{bmatrix} 1.00000 \\ 0.66667 \end{bmatrix} \approx \begin{bmatrix} 4.33333 \\ 4.00000 \end{bmatrix} \qquad \mathbf{x}_2 = \frac{A\mathbf{x}_1}{\max(A\mathbf{x}_1)} \approx \frac{1}{4.33333}\begin{bmatrix} 4.33333 \\ 4.00000 \end{bmatrix} \approx \begin{bmatrix} 1.00000 \\ 0.92308 \end{bmatrix}$$

$$A\mathbf{x}_2 \approx \begin{bmatrix} 3 & 2 \\ 2 & 3 \end{bmatrix}\begin{bmatrix} 1.00000 \\ 0.92308 \end{bmatrix} \approx \begin{bmatrix} 4.84615 \\ 4.76923 \end{bmatrix} \qquad \mathbf{x}_3 = \frac{A\mathbf{x}_2}{\max(A\mathbf{x}_2)} \approx \frac{1}{4.84615}\begin{bmatrix} 4.84615 \\ 4.76923 \end{bmatrix} \approx \begin{bmatrix} 1.00000 \\ 0.98413 \end{bmatrix}$$

$$A\mathbf{x}_3 \approx \begin{bmatrix} 3 & 2 \\ 2 & 3 \end{bmatrix}\begin{bmatrix} 1.00000 \\ 0.98413 \end{bmatrix} \approx \begin{bmatrix} 4.96825 \\ 4.95238 \end{bmatrix} \qquad \mathbf{x}_4 = \frac{A\mathbf{x}_3}{\max(A\mathbf{x}_3)} \approx \frac{1}{4.96825}\begin{bmatrix} 4.96825 \\ 4.95238 \end{bmatrix} \approx \begin{bmatrix} 1.00000 \\ 0.99681 \end{bmatrix}$$

$$A\mathbf{x}_4 \approx \begin{bmatrix} 3 & 2 \\ 2 & 3 \end{bmatrix}\begin{bmatrix} 1.00000 \\ 0.99681 \end{bmatrix} \approx \begin{bmatrix} 4.99361 \\ 4.99042 \end{bmatrix} \qquad \mathbf{x}_5 = \frac{A\mathbf{x}_4}{\max(A\mathbf{x}_4)} \approx \frac{1}{4.99361}\begin{bmatrix} 4.99361 \\ 4.99042 \end{bmatrix} \approx \begin{bmatrix} 1.00000 \\ 0.99936 \end{bmatrix}$$

$$\lambda^{(1)} = \frac{A\mathbf{x}_1 \cdot \mathbf{x}_1}{\mathbf{x}_1 \cdot \mathbf{x}_1} = \frac{(A\mathbf{x}_1)^T\mathbf{x}_1}{\mathbf{x}_1^T\mathbf{x}_1} \approx \frac{7.00000}{1.44444} \approx 4.84615$$

$$\lambda^{(2)} = \frac{A\mathbf{x}_2 \cdot \mathbf{x}_2}{\mathbf{x}_2 \cdot \mathbf{x}_2} = \frac{(A\mathbf{x}_2)^T\mathbf{x}_2}{\mathbf{x}_2^T\mathbf{x}_2} \approx \frac{9.24852}{1.85207} \approx 4.99361$$

$$\lambda^{(3)} = \frac{A\mathbf{x}_3 \cdot \mathbf{x}_3}{\mathbf{x}_3 \cdot \mathbf{x}_3} = \frac{(A\mathbf{x}_3)^T\mathbf{x}_3}{\mathbf{x}_3^T\mathbf{x}_3} \approx \frac{9.84203}{1.96851} \approx 4.99974$$

$$\lambda^{(4)} = \frac{A\mathbf{x}_4 \cdot \mathbf{x}_4}{\mathbf{x}_4 \cdot \mathbf{x}_4} = \frac{(A\mathbf{x}_4)^T\mathbf{x}_4}{\mathbf{x}_4^T\mathbf{x}_4} \approx \frac{9.96808}{1.99362} \approx 4.99999$$

$$\lambda^{(5)} = \frac{A\mathbf{x}_5 \cdot \mathbf{x}_5}{\mathbf{x}_5 \cdot \mathbf{x}_5} = \frac{(A\mathbf{x}_5)^T\mathbf{x}_5}{\mathbf{x}_5^T\mathbf{x}_5} \approx \frac{9.99360}{1.99872} \approx 5.00000$$

그러므로 $\lambda^{(5)}$는 정확하게 소수점 이하 다섯째 자리까지 우세 고유값을 근사화하고, $\mathbf{x}_5$는 식 (6)에서 $t = 1$을 대입한 결과인 우세 고유벡터

$$\mathbf{x} = \begin{bmatrix} 1 \\ 1 \end{bmatrix}$$

에 근접하게 된다.

유클리드 크기조정에 의한 거듭제곱법은 우세 *단위*고유벡터에 접근하는 수열을 만드는 반면에, 최대성분 크기조정에 의한 거듭제곱법은 가장 큰 *성분*인 1이 우세 고유벡터에 접근하는 수열을 만든다.

역사 노트

레일리(John William Strutt Rayleigh, 1842–1919)

영국의 물리학자 레일리는 불활성 가스인 아르곤을 발견한 공로로 1904년 노벨 물리학상을 받았다. 레일리는 또한 음향학에도 중요한 학문적 공헌을 하였고, 최초로 하늘이 푸른색을 띠는 이유를 설명하였다.

[Image: The Granger Collection, New York]

수렴속도

대칭행렬 A의 서로 다른 고유값들이

$$|\lambda_1| > |\lambda_2| \geq |\lambda_3| \geq \cdots \geq |\lambda_k|$$

와 같이 정렬될 수 있으면 레일리 몫이 우세한 고유값 λ_1에 수렴하는 "속도"는 $|\lambda_1|/|\lambda_2|$의 크기에 의존한다. 즉, 이 비율이 1에 가까우면 수렴속도가 느리고 1보다 크면 수렴속도가 빠르다—비율이 크면 클수록 빠르게 수렴한다. 예를 들어 A가 2×2 대칭행렬이라면, $|\lambda_1|/|\lambda_2|$이 클수록 그림 9.2.1에서 λ_1과 λ_2의 크기조정의 영향 사이의 불균형은 더욱 커지고, 이로 인해 A를 곱하는 것은 반복값을 λ_1의 고유공간 쪽으로 끌어들이는 효과를 더욱 크게 한다. 실제로 예제 3에서 빠른 수렴속도를 보인 것은 $|\lambda_1|/|\lambda_2| = 5/1 = 5$의 상당히 큰 비율 때문이다. 비율이 1에 가까운 경우에 거듭제곱법의 수렴은 매우 느릴 수 있으므로 다른 방법을 사용해야 한다.

중단과정

λ가 우세 고유값의 정확한 값이고, 거듭제곱법이 k번 반복에서 근사값 $\lambda^{(k)}$를 생성한다면

$$\left|\frac{\lambda - \lambda^{(k)}}{\lambda}\right| \tag{12}$$

를 $\lambda^{(k)}$의 ***상대오차***(relative error)라고 한다. 이를 백분율로 표현한 것을 $\lambda^{(k)}$의 ***백분율오차***(percentage error)라고 한다. 예를 들어 $\lambda = 5$이고 세 번의 반복 후의 근사값이 $\lambda^{(3)} = 5.1$이라면 상대오차는

$$\lambda^{(3)} = \left|\frac{\lambda - \lambda^{(3)}}{\lambda}\right| = \left|\frac{5 - 5.1}{5}\right| = |-0.02| = 0.02$$

이고, 백분율오차는

$$\lambda^{(3)} = 0.02 \times 100\% = 2\%$$

이다. 실제 응용에서는 일반적으로 우세 고유값의 허용 가능한 상대오차 E가 주어지므로, 고유값에 대한 근사값의 상대오차가 E 미만이면 반복 계산을 중단한다. 그러나 고유값 λ가 미지수이기 때문에 식 (12)로부터 상대오차를 계산하는 것은 문제가 있다. 이 문제를 해결하려면 일반적으로 $\lambda^{(k)}$로 λ를 추정하고 다음과 같을 때 계산을 중단한다.

$$\left|\frac{\lambda^{(k)} - \lambda^{(k-1)}}{\lambda^{(k)}}\right| < E \tag{13}$$

식 (13)의 좌변의 크기를 $\lambda^{(k)}$의 ***추정 상대오차***(estimated relative error)라고 하며 이를 백분율 형식으로 나타낸 것을 $\lambda^{(k)}$의 ***추정 백분율오차***(estimated percentage error)라고 한다.

예제 4 | 추정 상대오차

예제 3에서 추정 백분율오차 $\lambda^{(k)}$가 0.1% 미만이 되는 k의 가장 작은 값을 구하라.

풀이 예제 3에서 근사값의 백분율오차는 다음과 같다.

	근사값	상대오차	백분율오차
$\lambda^{(2)}$:	$\left\|\dfrac{\lambda^{(2)}-\lambda^{(1)}}{\lambda^{(2)}}\right\| \approx \left\|\dfrac{4.99361-4.84615}{4.99361}\right\|$	≈ 0.02953	$= 2.953\%$
$\lambda^{(3)}$:	$\left\|\dfrac{\lambda^{(3)}-\lambda^{(2)}}{\lambda^{(3)}}\right\| \approx \left\|\dfrac{4.99974-4.99361}{4.99974}\right\|$	≈ 0.00123	$= 0.123\%$
$\lambda^{(4)}$:	$\left\|\dfrac{\lambda^{(4)}-\lambda^{(3)}}{\lambda^{(4)}}\right\| \approx \left\|\dfrac{4.99999-4.99974}{4.99999}\right\|$	≈ 0.00005	$= 0.005\%$
$\lambda^{(5)}$:	$\left\|\dfrac{\lambda^{(5)}-\lambda^{(4)}}{\lambda^{(5)}}\right\| \approx \left\|\dfrac{5.00000-4.99999}{5.00000}\right\|$	≈ 0.00000	$= 0\%$

그러므로 $\lambda^{(4)} = 4.99999$은 추정 백분율오차가 0.1% 미만인 첫 번째 근사값이다.

참고 반복 처리의 중단을 결정하는 규칙을 ***중단과정***(stopping procedure)이라고 한다. 연습문제에서 우세 고유값 대신 우세 고유벡터에 기반을 둔 거듭제곱법의 중단과정을 다룰 것이다.

연습문제 9.2

(1-2) 행렬 A의 서로 다른 고유값이 주어졌다. A가 우세 고유값을 갖는지 밝히고, 만약 갖는다면 그 값을 구하라.

1. **a.** $\lambda_1 = 7,\ \lambda_2 = 3,\ \lambda_3 = -8,\ \lambda_4 = 1$

b. $\lambda_1 = -5,\ \lambda_2 = 3,\ \lambda_3 = 2,\ \lambda_4 = 5$

2. **a.** $\lambda_1 = 1,\ \lambda_2 = 0,\ \lambda_3 = -3,\ \lambda_4 = 2$

b. $\lambda_1 = -3,\ \lambda_2 = -2,\ \lambda_3 = -1,\ \lambda_4 = 3$

(3-4) 유클리드 크기조정 거듭제곱법을 적용하여, $\mathbf{x}_0$에서 시작하여 $\mathbf{x}_4$에서 중단하라. 결과 근사값을 정확한 우세 고유값 및 대응하는 단위고유벡터와 비교하라.

3. $A = \begin{bmatrix} 5 & -1 \\ -1 & -1 \end{bmatrix};\ \mathbf{x}_0 = \begin{bmatrix} 1 \\ 0 \end{bmatrix}$

4. $A = \begin{bmatrix} 7 & -2 & 0 \\ -2 & 6 & -2 \\ 0 & -2 & 5 \end{bmatrix};\ \mathbf{x}_0 = \begin{bmatrix} 1 \\ 0 \\ 0 \end{bmatrix}$

(5-6) 최대성분 크기조정 거듭제곱법을 적용하여, $\mathbf{x}_0$에서 시작하여 $\mathbf{x}_4$에서 중단하라. 결과 근사값을 우세 고유값 및 대응하는 크기조정된 고유벡터와 비교하라.

5. $A = \begin{bmatrix} 1 & -3 \\ -3 & 5 \end{bmatrix};\ \mathbf{x}_0 = \begin{bmatrix} 1 \\ 1 \end{bmatrix}$

6. $A = \begin{bmatrix} 3 & 2 & 2 \\ 2 & 2 & 0 \\ 2 & 0 & 4 \end{bmatrix};\ \mathbf{x}_0 = \begin{bmatrix} 1 \\ 1 \\ 1 \end{bmatrix}$

7. $A = \begin{bmatrix} 2 & -1 \\ -1 & 2 \end{bmatrix};\ \mathbf{x}_0 = \begin{bmatrix} 1 \\ 0 \end{bmatrix}$라 하자.

a. 최대성분 크기조정 거듭제곱법을 사용하여 A의 우세 고유벡터를 근사화하라. $\mathbf{x}_0$에서 시작하고, 모든 계산에서 소수점 이하 세 자리까지 반올림하고, 세 번의 반복 후 중단하라.

b. (a)의 결과와 A의 레일리 몫을 이용하여 A의 우세 고유값을 근사하라.

c. (a)와 (b)에서 근사된 고유값과 고유벡터의 정확한 값을 구하라.

d. 우세 고유값의 근사값의 백분율오차를 구하라.

8. $A = \begin{bmatrix} 2 & 1 & 0 \\ 1 & 2 & 0 \\ 0 & 0 & 10 \end{bmatrix};\ \mathbf{x}_0 = \begin{bmatrix} 1 \\ 1 \\ 1 \end{bmatrix}$

일 때 연습문제 7을 반복하라.

(9-10) 우세 고유값이 있는 행렬 A와 수열 $\mathbf{x}_0, A\mathbf{x}_0, \cdots, A^5\mathbf{x}_0$가 주어졌다. 식 (9)와 (10)을 이용하여 우세 고유값과 대응하는 고유벡터를 근사하라.

9. $A = \begin{bmatrix} 1 & 2 \\ 2 & 1 \end{bmatrix};\quad \mathbf{x}_0 = \begin{bmatrix} 1 \\ 0 \end{bmatrix},\ A\mathbf{x}_0 = \begin{bmatrix} 1 \\ 2 \end{bmatrix},\ A^2\mathbf{x}_0 = \begin{bmatrix} 5 \\ 4 \end{bmatrix},$

$A^3\mathbf{x}_0 = \begin{bmatrix} 13 \\ 14 \end{bmatrix},\ A^4\mathbf{x}_0 = \begin{bmatrix} 41 \\ 40 \end{bmatrix},\ A^5\mathbf{x}_0 = \begin{bmatrix} 121 \\ 122 \end{bmatrix}$

10. $A = \begin{bmatrix} 1 & 2 \\ 2 & 1 \end{bmatrix};\quad \mathbf{x}_0 = \begin{bmatrix} 0 \\ 1 \end{bmatrix},\ A\mathbf{x}_0 = \begin{bmatrix} 2 \\ 1 \end{bmatrix},\ A^2\mathbf{x}_0 = \begin{bmatrix} 4 \\ 5 \end{bmatrix},$

$A^3\mathbf{x}_0 = \begin{bmatrix} 14 \\ 13 \end{bmatrix},\ A^4\mathbf{x}_0 = \begin{bmatrix} 40 \\ 41 \end{bmatrix},\ A^5\mathbf{x}_0 = \begin{bmatrix} 122 \\ 121 \end{bmatrix}$

11. 다음 행렬을 고려하자.

$$A = \begin{bmatrix} -1 & 0 \\ 0 & 0 \end{bmatrix};\quad \mathbf{x}_0 = \begin{bmatrix} a \\ b \end{bmatrix}$$

$\mathbf{x}_0$는 단위벡터이고, $a \neq 0$이다. 비록 행렬 A가 대칭이고 우세 고유값을 갖더라도, 정리 9.2.1의 거듭제곱수열 (1)이 수렴하지 않음을 보여라. 이것은 그 정리에서 우세 고유값이 양이어야 하는 조건이 필수적임을 나타낸다.

12. A의 우세 고유값과 대응하는 고유벡터를 근사하기 위해 유클리드 크기조정 거듭제곱법을 사용하라. 초기벡터를 선택하고, 고유값에 대한 근사값의 추정 백분율오차가 0.1% 미만이 되었을 때 중단하라.

a. $\begin{bmatrix} 1 & 3 & 3 \\ 3 & 4 & -1 \\ 3 & -1 & 10 \end{bmatrix}$　　**b.** $\begin{bmatrix} 1 & 0 & 1 & 1 \\ 0 & 2 & -1 & 1 \\ 1 & -1 & 4 & 1 \\ 1 & 1 & 1 & 8 \end{bmatrix}$

13. 연습문제 12를 반복하라. 그러나 이번에는 두 개의 연속적인 고유벡터 근사값의 모든 성분들이 절대값으로 0.01 미만의 차이를 보일 때 중단하라.

14. 최대성분 크기조정을 이용하여 연습문제 12를 반복하라.

증명 문제

15. 다음을 증명하라: 만약 A가 영이 아닌 $n \times n$ 행렬이라면, A^TA와 AA^T는 양의 우세 고유값을 갖는다.

16. *(귀납적 증명에 익숙한 경우)* A를 $n \times n$ 행렬, $\mathbf{x}_0$를 R^n의 단위벡터라 하고, 수열 $\mathbf{x}_1, \mathbf{x}_2, \cdots, \mathbf{x}_k, \cdots$를 다음과 같이 정의하자.

$$\mathbf{x}_1 = \frac{A\mathbf{x}_0}{\|A\mathbf{x}_0\|},\quad \mathbf{x}_2 = \frac{A\mathbf{x}_1}{\|A\mathbf{x}_1\|}, \ldots,\quad \mathbf{x}_k = \frac{A\mathbf{x}_{k-1}}{\|A\mathbf{x}_{k-1}\|}, \ldots$$

귀납법을 이용하여 $\mathbf{x}_k = A^k\mathbf{x}_0 / \|A^k\mathbf{x}_0\|$을 증명하라.

17. *(귀납적 증명에 익숙한 경우)* A를 $n \times n$ 행렬, $\mathbf{x}_0$를 R^n의 단위벡터라 하고, 수열 $\mathbf{x}_1, \mathbf{x}_2, \cdots, \mathbf{x}_k, \cdots$를 다음과 같이 정의하자.

$$\mathbf{x}_1 = \frac{A\mathbf{x}_0}{\max(A\mathbf{x}_0)},\quad \mathbf{x}_2 = \frac{A\mathbf{x}_1}{\max(A\mathbf{x}_1)}, \ldots,\quad \mathbf{x}_k = \frac{A\mathbf{x}_{k-1}}{\max(A\mathbf{x}_{k-1})}, \ldots$$

귀납법을 이용하여 $\mathbf{x}_k = \dfrac{A^k\mathbf{x}_0}{\max(A^k\mathbf{x}_0)}$을 증명하라.

계산도구 문제

T1. 계산도구를 사용하여 예제 2를 계산하라.

T2. 계산도구를 사용하여 예제 3을 계산하라.

9.3 연립일차방정식 해법의 비교

옛말에 "시간은 돈이다"라는 말이 있다. 이것은 특히 기업에서 사실인데, 연립일차방정식을 풀기 위한 비용(cost)이 일반적으로 컴퓨터에서 필요한 계산을 수행하는 데 걸리는 시간에 의해 결정되기 때문이다. 수행시간은 보통 컴퓨터 프로세서의 속도와 알고리즘이 필요로 하는 연산의 개수에 의존한다. 따라서 올바른 알고리즘을 선택하는 것은 산업이나 연구 환경에서 중요한 재정적인 의미가 있다. 이 절에서 우리는 큰 규모의 연립일차방정식을 해결하기 위한 알고리즘의 선택에 영향을 미치는 요소 중 일부를 설명할 것이다.

플롭과 연립일차방정식을 해결하는 비용

컴퓨터 전문용어로 두 실수에 대한 하나의 산술연산(+, −, ∗, ÷)을 "부동소수점 연산

> 컴퓨터 전문용어에서 "초당 플롭" 수를 의미하는 "플롭"을 쓰는 것이 일반적이다. 우리는 단순히 "flop"의 복수형인 "flops"를 쓸 것이며, 필요할 때, 초당 플롭을 플롭/초로 쓸 것이다.

(floating-point operation)"*의 약자를 사용하여 ***플롭***(flop)이라 한다. 문제를 해결하는 데 필요한 플롭의 총 개수는 문제 해결을 위한 다양한 알고리즘 사이의 선택에 있어서 편리한 방법을 제공하므로 해의 ***비용***(cost)이라 불린다. 필요한 경우, 컴퓨터 프로세서의 속도와 그 가동 비용이 알려져 있다면, 플롭의 비용을 시간 또는 돈의 단위로 환산할 수 있다. 예를 들어 오늘날 가장 빠른 컴퓨터는 초당 17페타플롭(1 petaflop = 10^{15} flops)을 초과하는 수행을 할 수 있다. 따라서 1,000,000플롭의 비용이 드는 알고리즘은 0.000000001초에 실행될 것이다. 대조적으로 오늘날의 개인용 컴퓨터는 초당 80기가플롭(1 gigaflop = 10^9 flops)을 초과하는 성능을 발휘할 수 있다. 따라서 개인용 컴퓨터에서는 1,000,000플롭의 비용이 드는 알고리즘은 0.0000125초 안에 수행된다.

비용을 계산하는 방법을 설명하기 위해, 가우스-요르단 소거법에 의해 미지수 n개와 n개의 방정식으로 이루어진 연립일차방정식의 해를 구하기 위하여 필요한 플롭의 수를 세어 보자. 이러한 목적으로 다음과 같이 처음 n개의 양의 정수의 합과 처음 n개의 양의 정수의 제곱의 합을 구하는 공식이 필요하다.

$$\boxed{1+2+3+\cdots+n=\frac{n(n+1)}{2}} \tag{1}$$

$$\boxed{1^2+2^2+3^2+\cdots+n^2=\frac{n(n+1)(2n+1)}{6}} \tag{2}$$

$A\mathbf{x}=\mathbf{b}$를 가우스-요르단 소거법에 의하여 해를 구할 수 있는 n개의 미지수를 갖는 n개의 일차방정식으로 이루어진 시스템이라 하자. 간단히 하기 위하여 행렬 A는 가역행렬이고, 첨가행렬 $[A \mid \mathbf{b}]$를 행사다리꼴로 변형하는 데 행교환은 필요하지 않다고 가정하자. 아래 해석을 동반하는 도식은 첫 번째 행의 선도 1을 도입하고, 그 아래는 영이 되게 요구하는 연산자의 개수를 세는 편리한 방법을 제시한다. 연산의 개수를 세는 데 있어서, 곱셈과 나눗셈을 합하여 같이 "곱셈"으로 표현하고, 덧셈과 뺄셈을 합하여 같이 "덧셈"이라 표현한다.

단계 1. 첫 번째 행에 선도 1을 도입하기 위하여 n개의 플롭(곱셈)이 요구된다.

$$\left[\begin{array}{cccccc|c} 1 & \times & \times & \cdots & \times & \times & \times \\ \bullet & \bullet & \bullet & \cdots & \bullet & \bullet & \bullet \\ \bullet & \bullet & \bullet & \cdots & \bullet & \bullet & \bullet \\ \vdots & \vdots & \vdots & & \vdots & \vdots & \vdots \\ \bullet & \bullet & \bullet & \cdots & \bullet & \bullet & \bullet \\ \bullet & \bullet & \bullet & \cdots & \bullet & \bullet & \bullet \end{array}\right]$$

[×는 계산 중인 양을 나타낸다.
•는 계산 중이 아닌 양을 나타낸다.
첨가행렬의 크기는 $n \times (n+1)$이다.]

단계 2. 선도 1 아래의 값이 영이 되게 하려면 한 행당 n번의 곱셈과 n번의 덧셈이 필요하며, 선도 1 아래는 $n-1$개의 행이 있다. 그래서 선도 1 아래의 값에 영을 도

*수치적 근사값으로서 컴퓨터에 내장되어 있는 실수들을 ***부동소수점 수***(floating-point number)라 한다. 십진법으로 부동소수점 수는 $\pm .d_1d_2\cdots d_n \times 10^m$ 형태이며, 이때 m은 ***가수***(mantissa)라 불리는 정수이고, n은 소수점 우측의 자릿수이다. n의 값은 컴퓨터에 따라 다르다. 어떤 문헌에서는 플롭은 처리속도의 측도로 사용되어 "초당 부동소수점 연산"을 의미한다. 우리는 그것을 연산의 개수를 세는 단위로 사용한다.

입하기 위하여 $2n(n-1)$번의 플롭이 필요하다.

$$\left[\begin{array}{cccccc|c} 1 & \bullet & \bullet & \cdots & \bullet & \bullet & \bullet \\ 0 & \times & \times & \cdots & \times & \times & \times \\ 0 & \times & \times & \cdots & \times & \times & \times \\ \vdots & \vdots & \vdots & & \vdots & \vdots & \vdots \\ 0 & \times & \times & \cdots & \times & \times & \times \\ 0 & \times & \times & \cdots & \times & \times & \times \end{array}\right]$$

1열. 단계 1과 단계 2를 합쳐서 첫 번째 열에 요구되는 플롭의 수는

$$n + 2n(n-1) = 2n^2 - n$$

이다.

2열. 이미 계산이 끝난 한 행과 한 열을 제외하고 1열에서와 같은 절차를 2열에서도 진행한다. 2행에 선도 1을 도입하고 그 아래의 값을 영이 되게 하기 위하여 요구되는 플롭의 수는 1열에서 계산된 플롭의 수의 n의 자리에 $n-1$을 대입하여 얻을 수 있다. 그리하여 2열에서 요구되는 플롭의 수는

$$2(n-1)^2 - (n-1)$$

이다.

3열. 2열에서 논의된 것과 같이 3열에서 요구되는 플롭의 수는

$$2(n-2)^2 - (n-2)$$

이다.

모든 열들에 대한 총합. 패턴은 이제 명확해졌다. n개의 선도 1과 그에 관련된 영을 만들기 위하여 요구되는 플롭의 총 개수는

$$(2n^2 - n) + [2(n-1)^2 - (n-1)] + [2(n-2)^2 - (n-2)] + \cdots + (2-1)$$

이다. 이를 다시 적으면

$$2[n^2 + (n-1)^2 + \cdots + 1] - [n + (n-1) + \cdots + 1]$$

또는 공식 (1)과 (2)를 적용하여

$$2\left[\frac{n(n+1)(2n+1)}{6} - \frac{n(n+1)}{2}\right] = \frac{2}{3}n^3 + \frac{1}{2}n^2 - \frac{1}{6}n$$

과 같이 쓸 수 있다.

이제 후진단계(backward phase)[또는 역대입단계(back substitution phase)]를 완료하는 데 필요한 연산의 수를 세어 보자.

***n*열.** n번째 열에서 선도 1 위쪽에 영을 도입하기 위하여 $n-1$개의 곱셈과 $n-1$개의 덧셈이 요구되므로 이 열에 요구되는 플롭의 총수는 $2(n-1)$이다.

$$\left[\begin{array}{cccccc|c} 1 & \bullet & \bullet & \cdots & \bullet & 0 & \times \\ 0 & 1 & \bullet & \cdots & \bullet & 0 & \times \\ 0 & 0 & 1 & \cdots & \bullet & 0 & \times \\ \vdots & \vdots & \vdots & & \vdots & \vdots & \vdots \\ 0 & 0 & 0 & \cdots & 1 & 0 & \times \\ 0 & 0 & 0 & \cdots & 0 & 1 & \bullet \end{array}\right]$$

$(n-1)$열. 행이 한 개가 적은 것을 제외하고는 그 진행은 단계 1과 같다. 따라서 $(n-1)$번째 열에 요구되는 플롭의 수는 $2(n-2)$이다.

$$\left[\begin{array}{cccccc|c} 1 & \bullet & \bullet & \cdots & 0 & 0 & \times \\ 0 & 1 & \bullet & \cdots & 0 & 0 & \times \\ 0 & 0 & 1 & \cdots & 0 & 0 & \times \\ \vdots & \vdots & \vdots & & \vdots & \vdots & \vdots \\ 0 & 0 & 0 & \cdots & 1 & 0 & \bullet \\ 0 & 0 & 0 & \cdots & 0 & 1 & \bullet \end{array}\right]$$

$(n-2)$열. $(n-1)$열에서 논의된 바와 같이 $(n-2)$열에서 요구되는 플롭의 수는 $2(n-3)$이다.

총합. 패턴은 이제 명확해졌다. 후진단계를 완벽하게 하기 위한 플롭의 총수는

$$2(n-1)+2(n-2)+2(n-3)+\cdots+2(n-n)=2[n^2-(1+2+\cdots+n)]$$

이고, 이를 공식 (1)을 사용하여 다시 쓰면

$$2\left(n^2-\frac{n(n+1)}{2}\right)=n^2-n$$

이다.

요약하면, 가우스-요르단 소거법에 의하여 전진 및 후진 단계(forward and backward phases)에 요구되는 플롭의 수가 다음과 같음을 보였다.

$$\text{전진단계를 위한 플롭} = \tfrac{2}{3}n^3+\tfrac{1}{2}n^2-\tfrac{1}{6}n \tag{3}$$

$$\text{후진단계를 위한 플롭} = n^2-n \tag{4}$$

따라서 가우스-요르단 소거법으로 연립일차방정식을 풀기 위한 전체 비용(total cost)은

$$\tfrac{2}{3}n^3+\tfrac{3}{2}n^2-\tfrac{7}{6}n \tag{5}$$

이다.

규모가 큰 연립일차방정식을 풀기 위한 대략의 비용

다항식의 성질을 보면 독립변수에 큰 값을 대입하였을 때 가장 차수가 높은 항이 다항식의 값에 큰 영향을 주게 된다. 그래서 *규모가 큰* 연립일차방정식에 대하여 우리는 전진 및 후진 단계의 플롭의 수의 근사값을 식 (3), (4)를 이용하여 다음과 같이 얻을 수 있다.

$$\text{전진단계를 위한 플롭} \approx \tfrac{2}{3}n^3 \tag{6}$$

$$\text{후진단계를 위한 플롭} \approx n^2 \tag{7}$$

이것은 대형 연립일차방정식에 대하여 후진단계보다 전진단계를 실행하기 위해 더 많은 비용이 드는 것을 보여 준다. 실제로 전진단계와 후진단계의 실행 비용의 차이는 다음 예제가 보여 주는 것과 같이 커질 수 있다.

표 1의 결과를 확인하는 것은 연습문제로 남긴다.

표 1

큰 수 n에 대한 $n \times n$ 행렬의 비용의 근사값	
알고리즘	**플롭의 비용**
가우스-요르단 소거법(전진단계)	$\approx \frac{2}{3}n^3$
가우스-요르단 소거법(후진단계)	$\approx n^2$
행렬 A의 LU-분해	$\approx \frac{2}{3}n^3$
$L\mathbf{y} = \mathbf{b}$를 풀기 위한 전진대입법	$\approx n^2$
$U\mathbf{x} = \mathbf{y}$를 풀기 위한 후진대입법	$\approx n^2$
$[A \mid I]$를 $[I \mid A^{-1}]$로 변형하여 A^{-1} 구하기	$\approx 2n^3$
$A^{-1}\mathbf{b}$의 계산	$\approx 2n^3$

가우스 소거법에 대한 플롭의 비용은 가우스-요르단 소거법의 전진단계의 비용과 같다.

예제 1 | **규모가 큰 연립일차방정식의 해를 구하는 데 요구되는 비용**

초당 10페타플롭(1 petaflop = 10^{15} flops)을 실행할 수 있는 컴퓨터를 사용하여 10^6개의 미지수를 갖는 10^6개의 방정식의 시스템에 대해 가우스-요르단 소거법의 전진 및 후진 단계를 실행하기 위해 필요한 시간의 근사값을 구하라.

풀이 주어진 시스템에서 $n = 10^6$일 때, 식 (6)과 (7)로부터 전진 및 후진 단계에 요구되는 페타플롭의 수는 다음과 같다.

$$\text{전진단계의 페타플롭} \approx \tfrac{2}{3}n^3 \times 10^{-15} = \tfrac{2}{3}(10^6)^3 \times 10^{-15} = \tfrac{2}{3} \times 10^3$$
$$\text{후진단계의 페타플롭} \approx n^2 \times 10^{-15} = (10^6)^2 \times 10^{-15} = 10^{-3}$$

그리하여, 10기가플롭/초에서의 전진 및 후진 단계를 위한 실행시간은 다음과 같다.

$$\text{전진단계를 위한 시간} \approx \left(\tfrac{2}{3} \times 10^3\right) \times 10^{-1}\text{ s} \approx 66.67\text{ s}$$
$$\text{후진단계를 위한 시간} \approx (10^{-3}) \times 10^{-1}\text{ s} \approx 0.0001\text{ s}$$

연립일차방정식을 풀기 위한 알고리즘 선택 시 고려사항

n개의 미지수를 갖는 n개의 방정식으로 이루어진 *하나의* 연립일차방정식 $A\mathbf{x} = \mathbf{b}$에 대하여 LU-분해와 가우스-요르단 소거법은 결과기록(bookkeeping) 방식은 다르지만, 같

은 플롭 수를 포함한다. 따라서 두 방법 중 어느 것도 비용의 이점을 갖지 않는다. 그러나 *LU*-분해는 그것의 선택을 가능하게 하는 다음과 같은 이점을 가지고 있다.

- 가우스-요르단 소거법과 가우스 소거법은 모두 첨가행렬 $[A \mid \mathbf{b}]$을 사용하므로, **b**를 알아야 한다. 반면 *LU*-분해는 행렬 A만 사용하므로, 그 분해값을 안다면 오른쪽 항이 아무리 많이 필요하다고 해도 한 번에 하나씩 사용해서 해결할 수 있다.
- $A\mathbf{x} = \mathbf{b}$의 해를 구하기 위하여 계산하는 *LU*-분해는, 만일 필요하다면, 거의 추가작업 없이 A^{-1}의 계산에 사용할 수 있다.
- 컴퓨터 메모리가 관건인 규모가 큰 연립일차방정식의 경우, U의 상삼각 형태로부터 이미 알려지기 때문에 U의 주대각선 또는 그 아래쪽에 나타나는 0과 1을 없앨 수 있다. 이렇게 비워진 공간은 L의 성분을 저장하는 데 사용될 수 있다. 따라서 시스템을 해결하는 데 필요한 메모리의 양을 감소시킨다.
- 만일 행렬 A가 대부분 영으로 구성되어 있는 크기가 큰 행렬이라면, 또는 영이 아닌 성분들이 주대각선 주위의 "띠(band)"에 집중되어 있다면, *LU*-분해의 비용을 절감하는 데 사용할 수 있는 기술이 있다. 이 또한 가우스-요르단 소거법보다 유리한 점이다.

연습문제 9.3

1. 어떤 컴퓨터는 초당 10 gigaflops를 실행할 수 있다. 가우스-요르단 소거법을 사용하여 선형시스템을 풀기 위해 필요한 시간을 찾기 위하여 공식 (5)를 이용하라.

a. 1000개의 미지수와 1000개의 방정식으로 이루어진 시스템

b. 10, 000개의 미지수와 10,000개의 방정식으로 이루어진 시스템

c. 100, 000개의 미지수와 100,000개의 방정식으로 이루어진 시스템

2. 어떤 컴퓨터는 초당 100 gigaflops를 실행할 수 있다. 가우스-요르단 소거법을 사용하여 선형시스템을 풀기 위해 필요한 시간을 찾기 위하여 공식 (5)를 이용하라.

a. 10,000개의 미지수와 10,000개의 방정식으로 이루어진 시스템

b. 100,000개의 미지수와 100,000개의 방정식으로 이루어진 시스템

c. 1,000,000개의 미지수와 1,000,000개의 방정식으로 이루어진 시스템

3. 어떤 컴퓨터는 초당 70 gigaflops를 실행할 수 있다. 10,000 × 10,000 가역행렬 A에서 다음과 같은 연산을 수행하는 데 요구되는 시간을 계산하기 위하여 표 1을 이용하라.

a. 가우스-요르단 소거법의 전진단계를 실행한다.

b. 가우스-요르단 소거법의 후진단계를 실행한다.

c. 행렬 A의 *LU*-분해

d. $[A \mid I]$을 $[I \mid A^{-1}]$로 변형시켜 A^{-1}을 찾는다.

4. IBM Sequoia 컴퓨터는 초당 16 petaflops(1 petaflop = 10^{15} flops)을 초과하는 속도로 작동할 수 있다. 100,000 × 100,000 가역행렬 A에 대해 다음과 같은 작업을 수행하는 데 요구되는 시간을 추정하기 위하여 표 1을 이용하라.

a. 가우스-요르단 소거법의 전진단계를 실행한다.

b. 가우스-요르단 소거법의 후진단계를 실행한다.

c. 행렬 A의 *LU*-분해

d. $[A \mid I]$을 $[I \mid A^{-1}]$로 변형시켜 A^{-1}을 찾는다.

5. **a.** 초당 1 gigaflop을 실행할 수 있는 컴퓨터를 가지고 100,000개 미지수의 100,000개의 방정식으로 이루어진 선형시스템에 대해 가우스-요르단 소거법의 전진단계를 실행하는 데 필요한 시간의 근사값을 구하라. 후진단계에 대해서도 반복하라. (표 1을 보라.)

b. 0.5초 미만에 10,000 × 10,000 크기의 행렬의 *LU*-분해를

찾기 위하여 1초에 얼마나 많은 gigaflop을 컴퓨터가 실행해야 하는가? (표 1을 보라.)

6. 0.5초 미만에 $100{,}000 \times 100{,}000$ 크기의 행렬의 역행렬을 찾기 위하여 1초에 얼마나 많은 teraflop을 컴퓨터가 실행해야 하는가? (1 teraflop $= 10^{12}$ flops)

(7-10) 행렬 A, B는 $n \times n$ 행렬이고, c는 실수이다.

7. cA를 구하기 위하여 얼마나 많은 플롭이 요구되는가?

8. $A + B$를 구하기 위하여 얼마나 많은 플롭이 요구되는가?

9. AB를 구하기 위하여 얼마나 많은 플롭이 요구되는가?

10. 만일 행렬 A가 대각행렬이고, k가 양의 정수라 할 때, A^k를 계산하기 위하여 얼마나 많은 플롭이 요구되는가?

9.4 특이값 분해

이 절에서는 $n \times n$ 대칭행렬에 대한 대각화 이론을 일반적인 $m \times n$ 행렬의 경우로 확장해 볼 것이다. 이 절에서 전개하려는 결과는 디지털화된 정보의 압축, 저장, 전송에 활용되고 현재 연립일차방정식을 풀기 위해 사용할 수 있는 가장 좋은 계산 알고리즘의 기초가 된다.

정방행렬의 분해

7.2절의 식 (2)에서 보았듯이 실수성분을 갖는 모든 대칭행렬 A는

$$A = PDP^T \tag{1}$$

로 표현된다. 여기서 P는 열이 A의 고유벡터로 이루어진 직교행렬이고 D는 주대각성분이 P의 열벡터에 대응하는 A의 고유값인 대각행렬이다. 이 절에서는 (1)을 A의 ***고유값 분해***(eigenvalue decomposition)라 할 것이다. (간단히 A의 EVD라 한다.)

만일 $n \times n$ 행렬 A가 대칭행렬이 아니면 그것의 고유값 분해는 존재하지 않는다. 그러나 P가 직교행렬이고 H가 상부 헤센버그형(정리 7.2.4 참조)일 때, A는 ***헤센버그 분해***(Hessenberg decomposition)

$$A = PHP^T$$

를 갖는다. 더욱이 A가 실수의 고유값을 가지면 직교행렬 P와 상삼각행렬 S(정리 7.2.3 참조)에 대하여 A는 ***슈어 분해***(Schur decomposition)

$$A = PSP^T$$

를 갖는다.

행렬 D, H, S가 A보다 더 간단한 형태를 가질 뿐 아니라 이들 인수분해에서 나타나는 직교행렬이 반올림오차를 증대시키지 않기 때문에 고유값 분해, 헤센버그 분해, 슈어 분해는 수치 알고리즘에서 중요하다. 이것이 타당한 이유를 밝히기 위해서 $\hat{\mathbf{x}}$가 성분이 정확히 알려진 열벡터라 하고

$$\mathbf{x} = \hat{\mathbf{x}} + \mathbf{e}$$

는 반올림오차가 $\hat{\mathbf{x}}$의 성분에 존재할 때 생기는 벡터라 가정하자. P가 직교행렬이면 직교변환의 길이 보존성에 의하여

$$\|P\mathbf{x} - P\hat{\mathbf{x}}\| = \|\mathbf{x} - \hat{\mathbf{x}}\| = \|\mathbf{e}\|$$

가 되어 $P\hat{\mathbf{x}}$를 $P\mathbf{x}$로 근사할 때의 오차의 크기는 $\hat{\mathbf{x}}$를 $\mathbf{x}$로 근사할 때의 오차의 크기와 같음을 알 수 있다.

일반적인 정방행렬 A의 다른 형태의 인수분해를 찾을 때 따르는 두 가지 중요한 경로가 있다. 즉, P가 가역행렬이지만 반드시 직교행렬일 필요가 없을 때

$$A = PJP^{-1}$$

형식의 인수분해를 구하는 것, 또는

$$A = U\Sigma V^T$$

형식의 인수분해를 구하는 것이다. 여기서 U와 V는 직교행렬이지만 반드시 같을 필요는 없다. 첫 번째 경로는 프랑스 수학자 카미유 조르당(Camille Jordan)의 이름을 따서 ***조르당 표준형***(Jordan cannonical form, p. 616 참조)이라 부르는 인수분해를 준다. 여기서 J는 대각행렬이거나 어떤 종류의 블록 대각행렬이다. 이 교재에서 다루지는 않을 조르당 표준형은 이론적으로나 어떤 응용분야에서는 중요하지만 P가 직교행렬이 아니므로 반올림오차의 난점이 있어 수치계산에는 덜 중요하다. 이 절에서는 두 번째 경로에 초점을 맞출 것이다.

특이값

A^TA 형태의 행렬곱은 중요한 역할을 하므로 먼저 그것에 대한 두 가지 기본 정리를 보기로 하자.

정리 9.4.1

A가 $m \times n$ 행렬이면,

(*a*) A와 A^TA는 같은 영공간을 갖는다.
(*b*) A와 A^TA는 같은 행공간을 갖는다.
(*c*) A^T와 A^TA는 같은 열공간을 갖는다.
(*d*) A와 A^TA는 같은 랭크를 갖는다.

(*a*)를 증명하고 나머지 증명은 연습문제로 남겨 둔다.

증명 (a) $A\mathbf{x} = \mathbf{0}$의 모든 해가 $A^TA\mathbf{x} = \mathbf{0}$의 해임을 보이고, 또한 역도 보여야 한다. $\mathbf{x}_0$가 $A\mathbf{x} = \mathbf{0}$의 해라면 $\mathbf{x}_0$는 $A^TA\mathbf{x} = \mathbf{0}$의 해이다. 이유는

$$A^TA\mathbf{x}_0 = A^T(A\mathbf{x}_0) = A^T\mathbf{0} = \mathbf{0}$$

이기 때문이다. 역으로 $\mathbf{x}_0$가 $A^TA\mathbf{x} = \mathbf{0}$의 해라면 $\mathbf{x}_0$는 A^TA의 영공간에 있고 정리 8.2.4의 (s)에 의해 A^TA의 행공간의 모든 벡터와 직교한다. 그러나 A^TA는 대칭행렬이므로 $\mathbf{x}_0$는 A^TA의 열공간의 모든 벡터에 직교한다. 특히 $\mathbf{x}_0$는 벡터 $(A^TA)\mathbf{x}_0$에 직교이므로, 즉

$$\mathbf{x}_0 \cdot (A^TA)\mathbf{x}_0 = 0$$

이다. 3.2절의 표 1의 첫 번째 공식과 변환의 성질을 이용하면 다음과 같다.

$$\mathbf{x}_0^T(A^TA)\mathbf{x}_0 = (A\mathbf{x}_0)^T(A\mathbf{x}_0) = (A\mathbf{x}_0)\cdot(A\mathbf{x}_0) = \|A\mathbf{x}_0\|^2 = 0$$

이는 $A\mathbf{x}_0 = \mathbf{0}$임을 의미하고, $\mathbf{x}_0$가 $A\mathbf{x}_0 = \mathbf{0}$의 해임을 보여 준다. ■

정리 9.4.2

A가 $m \times n$ 행렬이면,

(a) A^TA는 직교대각화 가능하다

(b) A^TA의 고유값은 음이 아니다.

증명 (a) 대칭행렬인 A^TA는 정리 7.2.1에서 직교대각화 가능이다.

증명 (b) A^TA가 직교대각화 가능이므로 A^TA의 고유벡터 $\{\mathbf{v}_1, \mathbf{v}_2, \cdots, \mathbf{v}_n\}$로 구성된 R^n의 정규직교기저가 존재한다. 대응하는 고유값을 $\lambda_1, \lambda_2, \cdots, \lambda_n$이라 하면, $1 \le i \le n$에 대해

$$\begin{aligned}\|A\mathbf{v}_i\|^2 &= A\mathbf{v}_i \cdot A\mathbf{v}_i = \mathbf{v}_i \cdot A^TA\mathbf{v}_i \qquad \textbf{[3.2절의 공식 (26)]}\\ &= \mathbf{v}_i \cdot \lambda_i\mathbf{v}_i = \lambda_i(\mathbf{v}_i \cdot \mathbf{v}_i) = \lambda_i\|\mathbf{v}_i\|^2 = \lambda_i\end{aligned}$$

이다. 이것으로부터 $\lambda_i \ge 0$라는 관계를 얻는다. ■

정의 1

A가 $m \times n$ 행렬이고, $\lambda_1, \lambda_2, \cdots, \lambda_n$이 A^TA의 고유값이라면

$$\sigma_1 = \sqrt{\lambda_1}, \quad \sigma_2 = \sqrt{\lambda_2}, \ldots, \quad \sigma_n = \sqrt{\lambda_n}$$

을 A의 ***특이값***(singular values)이라고 한다.

이 절에서는 A^TA의 고유값들은 $\lambda_1 \ge \lambda_2 \ge \cdots \ge \lambda_n \ge 0$으로 가정할 것이다. 따라서 $\sigma_1 \ge \sigma_2 \ge \cdots \ge \sigma_n \ge 0$이 된다.

예제 1 | 특이값

다음 행렬의 특이값을 찾아라.

$$\begin{bmatrix} 1 & 1 \\ 0 & 1 \\ 1 & 0 \end{bmatrix}$$

풀이 첫 단계로 다음 행렬의 고유값을 구한다.

$$A^TA = \begin{bmatrix} 1 & 0 & 1 \\ 1 & 1 & 0 \end{bmatrix}\begin{bmatrix} 1 & 1 \\ 0 & 1 \\ 1 & 0 \end{bmatrix} = \begin{bmatrix} 2 & 1 \\ 1 & 2 \end{bmatrix}$$

A^TA의 특성다항식은

$$\lambda^2 - 4\lambda + 3 = (\lambda - 3)(\lambda - 1)$$

이므로 A^TA의 고유값은 $\lambda_1 = 3$과 $\lambda_2 = 1$이고, A의 특이값을 크기순으로 배열하면

$$\sigma_1 = \sqrt{\lambda_1} = \sqrt{3}, \quad \sigma_2 = \sqrt{\lambda_2} = 1$$

이다.

특이값 분해

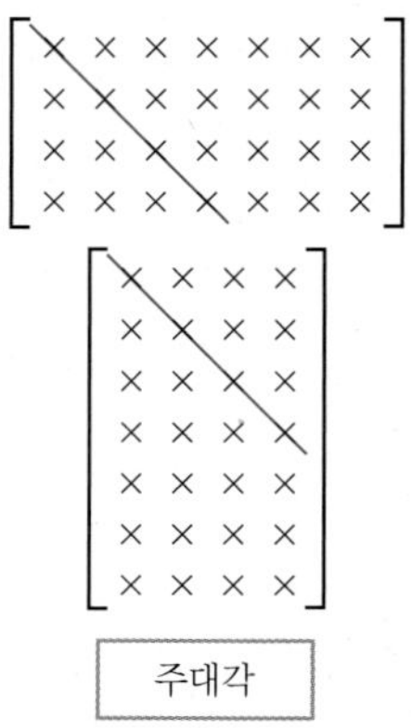

그림 9.4.1

이 절의 주요 결과로 들어가기 전에 정방행렬이 아닌 경우에 "주대각"의 표현을 확장하는 것이 유용함을 확인하자. $m \times n$의 ***주대각***(main diagonal)을 **그림 9.4.1**에서 보여 주는 것처럼 줄이 그어진 원소로 정의하자—왼쪽 상단 모서리에서 시작하여 대각으로 갈 수 있는 데까지 확장한다. 주대각상 모든 성분을 ***대각원소***(diagonal entries)라고 한다.

이제 이 절에서의 주요 결과인 일반적인 $m \times n$ 행렬을 인수분해하는 구체적인 방법을 ***특이값 분해***(singular value decomposition, 또는 줄여서 SVD)라고 하는 인수분해를 두 가지 형태로 제시한다. 즉, 주요 개념을 주는 간단한 형태와 세부사항을 풀어내는 확장된 형태로 나누어 설명한다. 증명은 이 절의 끝부분에 주어진다.

정리 9.4.3

특이값 분해(간단한 형태)

A가 랭크가 k인 $m \times n$ 행렬이면 A는 $A = U\Sigma V^T$로 타낼 수 있다. 이때 Σ는 분할 형식

$$\Sigma = \left[\begin{array}{c|c} D & 0_{k\times(n-k)} \\ \hline 0_{(m-k)\times k} & 0_{(m-k)\times(n-k)} \end{array}\right]$$

으로 나타낼 수 있는 $m \times n$ 행렬이다. 여기서 D는 연속된 대각성분이 증가하지 않는 순서로 처음 k개의 A의 특이값을 갖는 $k \times k$ 크기의 대각행렬이고, U는 $m \times n$ 크기의 직교행렬, V는 $n \times n$ 크기의 직교행렬이다.

역사 노트

베이트만(Harry Bateman, 1882–1946)

"*특이값*"이라는 용어는 분명히 영국 태생의 수학자 베이트만에 의한 것이다. 그는 1908년 출판된 연구논문에서 이 용어를 사용하였다. 1910년에 미국으로 이민 간 베이트만은 존스홉킨스대학, 브린모어 칼리지에서 강의를 하였고, 최종적으로 캘리포니아 공과대학에서 강의를 하였다. 베이트만은 1913년 존스홉킨스대학에서 박사학위를 받았는데 흥미롭게도 그는 이미 그의 이름으로 60편의 논문을 발표한 저명한 수학자였다.
[Image: Courtesy of the Archives, California Institute of Technology]

정리 9.4.4

특이값 분해(확장된 형태)
A가 랭크가 k인 $m \times n$ 행렬이라면 A는

$$A = U\Sigma V^T = [\mathbf{u}_1 \;\; \mathbf{u}_2 \;\; \cdots \;\; \mathbf{u}_k \mid \mathbf{u}_{k+1} \;\; \cdots \;\; \mathbf{u}_m]\left[\begin{array}{cccc|c} \sigma_1 & 0 & \cdots & 0 & \\ 0 & \sigma_2 & \cdots & 0 & 0_{k\times(n-k)} \\ \vdots & \vdots & \ddots & \vdots & \\ 0 & 0 & \cdots & \sigma_k & \\ \hline & & 0_{(m-k)\times k} & & 0_{(m-k)\times(n-k)} \end{array}\right]\left[\begin{array}{c} \mathbf{v}_1^T \\ \mathbf{v}_2^T \\ \vdots \\ \mathbf{v}_k^T \\ \hline \mathbf{v}_{k+1}^T \\ \vdots \\ \mathbf{v}_n^T \end{array}\right]$$

와 같이 인수분해된다. 여기서 U, Σ, V는 크기가 각각 $m \times m$, $m \times n$, $n \times n$이다. 그리고

(*a*) $V = \{\mathbf{v}_1 \;\; \mathbf{v}_2 \;\; \cdots \;\; \mathbf{v}_n\}$은 A^TA를 직교대각화한다.
(*b*) $\lambda_1, \lambda_2, \cdots, \lambda_k$가 V의 열벡터에 대응하는 A^TA의 영이 아닌 고유값일 때, Σ의 영이 아닌 대각성분은 $\sigma_1 = \sqrt{\lambda_1}$, $\sigma_2 = \sqrt{\lambda_2}$, $\cdots$, $\sigma_k = \sqrt{\lambda_k}$이다.
(*c*) V의 열벡터는 $\sigma_1 \geq \sigma_2 \geq \cdots \geq \sigma_k > 0$을 만족하도록 배열되어 있다.
(*d*) $\mathbf{u}_i = \dfrac{A\mathbf{v}_i}{\|A\mathbf{v}_i\|} = \dfrac{1}{\sigma_i}A\mathbf{v}_i \qquad (i = 1, 2, \ldots, k)$
(*e*) $\{\mathbf{u}_1, \mathbf{u}_2, \cdots, \mathbf{u}_k\}$는 $\mathrm{col}(A)$의 정규직교기저이다.
(*f*) $\{\mathbf{u}_1, \mathbf{u}_2, \cdots, \mathbf{u}_k, \mathbf{u}_{k+1}, \cdots, \mathbf{u}_m\}$은 $\{\mathbf{u}_1, \mathbf{u}_2, \cdots, \mathbf{u}_k\}$로부터 R^m의 정규직교기저로 확장한 것이다.

$\mathbf{u}_1, \mathbf{u}_2, \cdots, \mathbf{u}_k$를 A의 ***좌 특이벡터***, $\mathbf{v}_1, \mathbf{v}_2, \cdots, \mathbf{v}_k$를 A의 ***우 특이벡터***라고 한다.

예제 2 | 정방행렬이 아닌 A의 특이값 분해

다음 행렬의 특이값 분해를 찾아라.

$$A = \begin{bmatrix} 1 & 1 \\ 0 & 1 \\ 1 & 0 \end{bmatrix}$$

풀이 예제 1에서 A^TA의 고유값이 $\lambda_1 = 3$ 과 $\lambda_2 = 1$이고 대응하는 A의 특이값은 $\sigma_1 = \sqrt{3}$ 과 $\sigma_2 = 1$이다. 고유값 λ_1과 λ_2에 대응하는 고유벡터가 각각

$$\mathbf{v}_1 = \begin{bmatrix} \frac{\sqrt{2}}{2} \\ \frac{\sqrt{2}}{2} \end{bmatrix}, \quad \mathbf{v}_2 = \begin{bmatrix} \frac{\sqrt{2}}{2} \\ -\frac{\sqrt{2}}{2} \end{bmatrix}$$

임을 밝히는 것과 $V = [\mathbf{v}_1 | \mathbf{v}_2]$는 A^TA를 직교대각화한다는 것을 검증하는 것은 독자에게 맡긴다. 정리 9.4.4의 (d)로부터 벡터

$$\mathbf{u}_1 = \frac{1}{\sigma_1}A\mathbf{v}_1 = \frac{\sqrt{3}}{3}\begin{bmatrix} 1 & 1 \\ 0 & 1 \\ 1 & 0 \end{bmatrix}\begin{bmatrix} \frac{\sqrt{2}}{2} \\ \frac{\sqrt{2}}{2} \end{bmatrix} = \begin{bmatrix} \frac{\sqrt{6}}{3} \\ \frac{\sqrt{6}}{6} \\ \frac{\sqrt{6}}{6} \end{bmatrix}$$

$$\mathbf{u}_2 = \frac{1}{\sigma_2}A\mathbf{v}_2 = (1)\begin{bmatrix} 1 & 1 \\ 0 & 1 \\ 1 & 0 \end{bmatrix}\begin{bmatrix} \frac{\sqrt{2}}{2} \\ -\frac{\sqrt{2}}{2} \end{bmatrix} = \begin{bmatrix} 0 \\ -\frac{\sqrt{2}}{2} \\ \frac{\sqrt{2}}{2} \end{bmatrix}$$

는 U의 세 벡터 중의 두 벡터이다. 예상한 것과 같이 $\mathbf{u}_1$과 $\mathbf{u}_2$는 정규직교기저이다. 집합 $\{\mathbf{u}_1, \mathbf{u}_2\}$을 R^3의 정규직교기저로 확장할 수 있다. 그러나 먼저 $\mathbf{u}_1$과 $\mathbf{u}_2$에 적당한 스칼라를 곱해서 복잡한 거듭제곱근을 제거하면 계산은 더 쉬워질 것이다. 즉,

$$\sqrt{6}\mathbf{u}_1 = \begin{bmatrix} 2 \\ 1 \\ 1 \end{bmatrix}, \quad \sqrt{2}\mathbf{u}_2 = \begin{bmatrix} 0 \\ -1 \\ 1 \end{bmatrix}$$

에 수직인 단위벡터를 구한다. 이들 두 개의 직교조건을 만족시키려면 벡터 $\mathbf{u}_3$은 동차 선형계

$$\begin{bmatrix} 2 & 1 & 1 \\ 0 & -1 & 1 \end{bmatrix}\begin{bmatrix} x_1 \\ x_2 \\ x_3 \end{bmatrix} = \begin{bmatrix} 0 \\ 0 \end{bmatrix}$$

의 해가 되어야 한다. 이 연립일차방정식의 일반해가

$$\begin{bmatrix} x_1 \\ x_2 \\ x_3 \end{bmatrix} = t\begin{bmatrix} -1 \\ 1 \\ 1 \end{bmatrix}$$

임을 밝히는 것은 독자에게 맡긴다. 우변의 벡터를 정규화하면

$$\mathbf{u}_3 = \begin{bmatrix} -\frac{1}{\sqrt{3}} \\ \frac{1}{\sqrt{3}} \\ \frac{1}{\sqrt{3}} \end{bmatrix}$$

을 얻는다. 따라서 A의 특이값 분해는

$$\begin{bmatrix} 1 & 1 \\ 0 & 1 \\ 1 & 0 \end{bmatrix} = \begin{bmatrix} \frac{\sqrt{6}}{3} & 0 & -\frac{1}{\sqrt{3}} \\ \frac{\sqrt{6}}{6} & -\frac{\sqrt{2}}{2} & \frac{1}{\sqrt{3}} \\ \frac{\sqrt{6}}{6} & \frac{\sqrt{2}}{2} & \frac{1}{\sqrt{3}} \end{bmatrix} \begin{bmatrix} \sqrt{3} & 0 \\ 0 & 1 \\ 0 & 0 \end{bmatrix} \begin{bmatrix} \frac{\sqrt{2}}{2} & \frac{\sqrt{2}}{2} \\ \frac{\sqrt{2}}{2} & -\frac{\sqrt{2}}{2} \end{bmatrix}$$
$$A \quad = \quad U \quad \Sigma \quad V^T$$

가 된다. 우변의 행렬들을 전부 곱하여 이 방정식의 타당성을 확인해 보라.

선택사항: 정리 9.4.4의 선택적 증명으로 이 절을 끝맺는다.

정리 9.4.4의 증명 기호의 단순화를 위해 $n \times n$ 정방행렬인 경우에 대해 이 정리를 증명할 것이다. 행렬 $m \times n$로 수정하기 위해서는 $m > n$이거나 $n > m$인 경우에 따라 요구되는 기호조정을 하면 된다.

행렬 A^TA는 대칭행렬이므로 고유값 분해는

$$A^TA = VDV^T$$

를 갖는다. 여기서 V의 열벡터

$$V = [\mathbf{v}_1 \mid \mathbf{v}_2 \mid \cdots \mid \mathbf{v}_n]$$

는 A^TA의 단위고유벡터이고, D는 대각성분 $\lambda_1, \lambda_2, \cdots, \lambda_n$이 V의 열벡터에 순서대로 대응하는 A^TA의 고유값인 대각행렬이다. A의 랭크가 k라고 가정했으므로 정리 9.4.1로부터 A^TA 또한 랭크가 k이다. D는 A^TA와 닮음이고 랭크는 닮음불변이므로 D도 랭크 k를 갖는다. 그러므로 D를 다음과 같이 나타낼 수 있다.

$$D = \begin{bmatrix} \lambda_1 & & & & & & 0 \\ & \lambda_2 & & & & & \\ & & \ddots & & & & \\ & & & \lambda_k & & & \\ & & & & 0 & & \\ & & & & & \ddots & \\ 0 & & & & & & 0 \end{bmatrix} \tag{2}$$

여기서 $\lambda_1 \geq \lambda_2 \geq \cdots \geq \lambda_k > 0$이다. 이제 상(image) 벡터의 집합

$$\{A\mathbf{v}_1, A\mathbf{v}_2, \ldots, A\mathbf{v}_n\} \tag{3}$$

을 생각하자. 이것은 직교집합이다. 왜냐하면 $i \neq j$일 때 $\mathbf{v}_i$와 $\mathbf{v}_j$는 직교하므로

$$A\mathbf{v}_i \cdot A\mathbf{v}_j = \mathbf{v}_i \cdot A^TA\mathbf{v}_j = \mathbf{v}_i \cdot \lambda_j\mathbf{v}_j = \lambda_j(\mathbf{v}_i \cdot \mathbf{v}_j) = 0$$

이 성립하기 때문이다. 더욱이 정리 9.4.2(b)의 증명에서 보여 주듯이 $i = 1, 2, \cdots, n$일 때 $\|A\mathbf{v}_i\|^2 = \lambda_i$이므로 (3)에서 처음 k 벡터들은 영이 아니고 (2)에서 처음 k개의 대각성분은 양이라고 가정하였다. 따라서

$$S = \{A\mathbf{v}_1, A\mathbf{v}_2, \ldots, A\mathbf{v}_k\}$$

는 *영이 아닌* 벡터로 이루어진 A의 열공간의 직교집합이 된다. A의 열공간의 차원은

$$\operatorname{rank}(A) = \operatorname{rank}(A^TA) = k$$

로부터 k가 되므로 k개의 벡터들의 선형독립집합인 S는 col(A)의 직교기저가 된다. 이들 벡터를 다음과 같이 정규화하면 col(A)의 정규직교기저 $\{\mathbf{u}_1, \mathbf{u}_2, \cdots, \mathbf{u}_k\}$를 얻는다.

$$\mathbf{u}_i = \frac{A\mathbf{v}_i}{\|A\mathbf{v}_i\|} = \frac{1}{\sqrt{\lambda_i}}A\mathbf{v}_i \qquad (1 \le i \le k)$$

또는 동등하게

$$A\mathbf{v}_1 = \sqrt{\lambda_1}\mathbf{u}_1 = \sigma_1\mathbf{u}_1, \quad A\mathbf{v}_2 = \sqrt{\lambda_2}\mathbf{u}_2 = \sigma_2\mathbf{u}_2, \ldots, \quad A\mathbf{v}_k = \sqrt{\lambda_k}\mathbf{u}_k = \sigma_k\mathbf{u}_k \tag{4}$$

이다. 정리 6.3.6으로부터 이들을 다음의 R^n의 정규직교기저로 확장할 수 있다.

$$\{\mathbf{u}_1, \mathbf{u}_2, \ldots, \mathbf{u}_k, \mathbf{u}_{k+1}, \ldots, \mathbf{u}_n\}$$

이제 U를 직교행렬

$$U = \begin{bmatrix}\mathbf{u}_1 & \mathbf{u}_2 & \cdots & \mathbf{u}_k & \mathbf{u}_{k+1} & \cdots & \mathbf{u}_n\end{bmatrix}$$

이라 하고, Σ를 다음의 대각행렬이라 하자.

$$\Sigma = \begin{bmatrix}\sigma_1 & & & & & & \mathbf{0}\\ & \sigma_2 & & & & & \\ & & \ddots & & & & \\ & & & \sigma_k & & & \\ & & & & 0 & & \\ & & & & & \ddots & \\ \mathbf{0} & & & & & & 0\end{bmatrix}$$

식 (4)와 $i > k$일 때 $A\mathbf{v}_i = 0$이라는 사실로부터

$$\begin{aligned} U\Sigma &= [\sigma_1\mathbf{u}_1 \quad \sigma_2\mathbf{u}_2 \quad \cdots \quad \sigma_k\mathbf{u}_k \quad 0 \quad \cdots \quad 0] \\ &= [A\mathbf{v}_1 \quad A\mathbf{v}_2 \quad \cdots \quad A\mathbf{v}_k \quad A\mathbf{v}_{k+1} \quad \cdots \quad A\mathbf{v}_n] \\ &= AV \end{aligned}$$

이다. V는 직교행렬이므로 $A = U\Sigma V^T$로 고쳐 쓸 수 있다. ■

역사 노트

벨트라미(Eugenio Beltrami, 1835–1900)

조르당(Camille Jordan, 1838–1922)

바일(Hermann Weyl, 1885–1955)

골럽(Gene H. Golub, 1932–2007)

특이값 분해에 관한 이론은 다섯 사람, 즉 이탈리아의 수학자 에우제니오 벨트라미, 프랑스의 수학자 카미유 조르당, 영국의 수학자 제임스 실베스터(p. 40 참조), 독일의 수학자 에르하르트 슈미트(p. 421 참조), 그리고 헤르만 바일의 업적이 가장 핵심적이다. 또한 최근에 미국의 수학자 진 골럽의 개척자적인 노력으로 안정적이고 효과적인 특이값 분해를 위한 알고리즘이 개발되었다. 벨트라미와 조르당은 분해의 원조이다. 즉 벨트라미는 1873년 서로 다른 특이값을 갖는 실가역행렬에 대한 결과를 증명하였다. 그 후에 조르당은 이론을 잘 다듬었고 벨트라미가 가정했던 불필요한 제한조건들을 제거하였다. 벨트라미와 조르당의 연구결과를 분명하게 잘 몰랐던 실베스터는 1889년 그 결과를 재발견하였고 그 중요성을 제시하였다. 슈미트는 특이값 분해가 하나의 행렬을 랭크가 낮은 또 다른 행렬로 근사하는 데 사용될 수 있음을 최초로 보여 준 사람이었다. 그리고 그 과정에서 그것을 하나의 수학적 호기심에서 중요한 실제적 응용 도구로 바꾸어 놓았다. 바일은 오차가 존재할 때 더 낮은 랭크의 근사값을 구하는 방법을 보여 주었다.

[Images: http://www-history.mcs.st-andrews.ac.uk/history/PictDisplay/Beltrami.html (Beltrami); The Granger Collection, New York (Jordan); Courtesy Electronic Publishing Services, Inc., New York City (Weyl); Courtesy of Hector Garcia-Molina (Golub)]

연습문제 9.4

(1-4) A의 값이 다른 특이값들을 구하라.

1. $A = [1 \quad 2 \quad 0]$

2. $A = \begin{bmatrix} 3 & 0 \\ 0 & 4 \end{bmatrix}$

3. $A = \begin{bmatrix} 1 & -2 \\ 2 & 1 \end{bmatrix}$

4. $A = \begin{bmatrix} \sqrt{2} & 0 \\ 1 & \sqrt{2} \end{bmatrix}$

(5-12) A의 특이값 분해를 구하라.

5. $A = \begin{bmatrix} 1 & -1 \\ 1 & 1 \end{bmatrix}$

6. $A = \begin{bmatrix} -3 & 0 \\ 0 & -4 \end{bmatrix}$

7. $A = \begin{bmatrix} 4 & 6 \\ 0 & 4 \end{bmatrix}$

8. $A = \begin{bmatrix} 3 & 3 \\ 3 & 3 \end{bmatrix}$

9. $A = \begin{bmatrix} -2 & 2 \\ -1 & 1 \\ 2 & -2 \end{bmatrix}$

10. $A = \begin{bmatrix} -2 & -1 & 2 \\ 2 & 1 & -2 \end{bmatrix}$

11. $A = \begin{bmatrix} 1 & 0 \\ 1 & 1 \\ -1 & 1 \end{bmatrix}$

12. $A = \begin{bmatrix} 6 & 4 \\ 0 & 0 \\ 4 & 0 \end{bmatrix}$

증명 문제

13. 다음을 증명하라: A가 $m \times n$ 행렬이면 A^TA와 AA^T는 랭크가 같다.

14. 정리 9.4.1의 (*a*)와 A와 A^TA는 n개의 열을 갖는다는 성질을 이용하여 정리 9.4.1의 (*d*)를 증명하라.

15. a. row(A^TA)가 row(A)의 부분공간임을 보여서 정리 9.4.1의 (*b*)를 증명하라.

b. (*b*)를 사용하여 정리 9.4.1의 (*c*)를 증명하라.

16. $T : R^n \to R^m$ 선형변환이다. 표준행렬 A는 특이값 분해 $A = U\Sigma V^T$를 갖는다. $B = \{\mathbf{v}_1, \mathbf{v}_2, \cdots, \mathbf{v}_n\}$와 $B' = \{\mathbf{u}_1, \mathbf{u}_2, \cdots, \mathbf{u}_m\}$을 각각 V와 U의 열벡터라 하자. 다음을 보여라.

$$\Sigma = [T]_{B',B}$$

17. A^TA의 특이값은 A의 특이값의 제곱임을 보여라.

18. $A = U\Sigma V^T$가 A의 특이값 분해이면 U는 AA^T를 직교대각화함을 보여라.

19. $n \times n$ 행렬 A의 ***극 분해***(polar decomposition)는 $A = PQ$ 분해이다. 여기서 P는 A와 같은 랭크를 갖는 반양한정 $n \times n$ 행렬이고, Q는 $n \times n$ 직교행렬이다.

a. $A = U\Sigma V^T$가 A의 특이값 분해이면 $A = (U\Sigma U^T)(UV^T)$는 A의 극 분해임을 보여라.

b. 연습문제 5의 행렬의 극 분해를 구하라.

참-거짓 문제

TF. (a)-(g)가 참인지 거짓인지를 밝히고 그 이유를 설명하라.

a. A가 $m \times n$ 행렬이면 A^TA도 $m \times m$ 행렬이다.

b. A가 $m \times n$ 행렬이면 A^TA는 대칭행렬이다.

c. A가 $m \times n$ 행렬이면 A^TA의 고유값은 양의 실수이다.

d. A가 $n \times n$ 행렬이면 A는 직교대각화 가능하다.

e. A가 $m \times n$ 행렬이면 A^TA는 직교대각화 가능하다.

f. A^TA의 고유값은 A의 특이값이다.

g. 모든 $m \times n$ 행렬은 특이값 분해를 갖는다.

계산도구 문제

T1. 계산도구를 사용하여 예제 2를 계산하라.

T2. 행렬 A에 대하여 예제 2의 단계를 밟아 A의 특이값 분해가 $A = U\Sigma V^T$인 U, Σ, V^T를 구하라.

a. $A = \begin{bmatrix} -2 & -1 & 2 \\ 2 & 1 & -2 \end{bmatrix}$

b. $A = \begin{bmatrix} 1 & 0 \\ 1 & 1 \\ -1 & 1 \end{bmatrix}$

9.5 특이값 분해를 이용한 자료 압축

대용량 디지털 자료의 효과적인 전송과 저장은 오늘날 과학기술에서 중요한 문제가 되고 있다. 이 절에서는 자료를 신속하게 보내고 더 작은 공간에 저장할 수 있도록 디지털 자료를 압축하는 데 있어서 특이값 분해의 역할에 대해 논해 보고자 한다. 9.4절에서 배운 내용이 바탕이 된다.

축소된 특이값 분해

대수적으로 정리 9.4.4의 행렬 Σ의 영행과 열은 불필요한 것이고 그 공식에 있는 블록 곱과 분할을 이용해서 식 $U\Sigma V^T$를 전개하면 소거될 수 있다. 영블록을 인수로 하는 곱을 제거하면 다음 형태가 된다.

$$A = [\mathbf{u}_1 \quad \mathbf{u}_2 \quad \cdots \quad \mathbf{u}_k]\begin{bmatrix} \sigma_1 & 0 & \dots & 0 \\ 0 & \sigma_2 & \dots & 0 \\ \vdots & \vdots & \ddots & \vdots \\ 0 & 0 & \dots & \sigma_k \end{bmatrix}\begin{bmatrix} \mathbf{v}_1^T \\ \mathbf{v}_2^T \\ \vdots \\ \mathbf{v}_k^T \end{bmatrix} \tag{1}$$

이것을 A의 ***축소된 특이값 분해***(reduced singular value decomposition)라 부른다. 이 교재에서 (1)의 우변의 행렬을 각각 U_1, Σ_1, V_1^T로 표시하여 이 방정식을

$$A = U_1\Sigma_1 V_1^T \tag{2}$$

로 표시할 것이다. U_1, Σ_1, V_1^T의 크기는 각각 $m \times k$, $k \times k$, $k \times n$이고 행렬 Σ_1은 그것의 대각성분이 양의 실수이므로 가역행렬임을 기억하라.

열행 규칙을 이용하여 (1)의 우변을 전개하면 A의 ***축소된 특이값 전개***(reduced singular value expansion)라 부르는

$$A = \sigma_1\mathbf{u}_1\mathbf{v}_1^T + \sigma_2\mathbf{u}_2\mathbf{v}_2^T + \cdots + \sigma_k\mathbf{u}_k\mathbf{v}_k^T \tag{3}$$

를 얻는다. 이 결과는 모든 행렬에 적용되는 반면에 스펙트럼 분해[7.2절의 공식 (7)]는 대칭행렬에만 적용된다.

참고 $m \times n$ 행렬 M이 랭크 1일 필요충분조건은 $M = \mathbf{u}\mathbf{v}^T$로 인수분해되는 것임을 보일 수 있다. 여기서 $\mathbf{u}$는 R^m의 열벡터, V는 R^n의 열벡터이다. 그러므로 축소된 특이값 분해는 랭크가 1인 행렬 k개의 선형결합으로 랭크가 k인 행렬 A를 표현한다.

예제 1 | 축소된 특이값 분해

행렬 A의 축소된 특이값 분해와 축소된 특이값 전개를 구하라.

$$A = \begin{bmatrix} 1 & 1 \\ 0 & 1 \\ 1 & 0 \end{bmatrix}$$

풀이 9.4절의 예제 2에서 특이값 분해를 구하였다.

$$\underset{A}{\begin{bmatrix} 1 & 1 \\ 0 & 1 \\ 1 & 0 \end{bmatrix}} = \underset{U}{\begin{bmatrix} \frac{\sqrt{6}}{3} & 0 & -\frac{1}{\sqrt{3}} \\ \frac{\sqrt{6}}{6} & -\frac{\sqrt{2}}{2} & \frac{1}{\sqrt{3}} \\ \frac{\sqrt{6}}{6} & \frac{\sqrt{2}}{2} & \frac{1}{\sqrt{3}} \end{bmatrix}} \underset{\Sigma}{\begin{bmatrix} \sqrt{3} & 0 \\ 0 & 1 \\ 0 & 0 \end{bmatrix}} \underset{V^T}{\begin{bmatrix} \frac{\sqrt{2}}{2} & \frac{\sqrt{2}}{2} \\ \frac{\sqrt{2}}{2} & -\frac{\sqrt{2}}{2} \end{bmatrix}} \tag{4}$$

A의 랭크가 2이므로(확인하라) $k = 2$일 때 식 (1)에 의해 (4)에 대응하는 축소된 특이값 분해는

$$\begin{bmatrix} 1 & 1 \\ 0 & 1 \\ 1 & 0 \end{bmatrix} = \begin{bmatrix} \frac{\sqrt{6}}{3} & 0 \\ \frac{\sqrt{6}}{6} & -\frac{\sqrt{2}}{2} \\ \frac{\sqrt{6}}{6} & \frac{\sqrt{2}}{2} \end{bmatrix} \begin{bmatrix} \sqrt{3} & 0 \\ 0 & 1 \end{bmatrix} \begin{bmatrix} \frac{\sqrt{2}}{2} & \frac{\sqrt{2}}{2} \\ \frac{\sqrt{2}}{2} & -\frac{\sqrt{2}}{2} \end{bmatrix}$$

가 된다. 따라서 다음과 같은 특이값 전개를 얻는다.

$$\begin{bmatrix} 1 & 1 \\ 0 & 1 \\ 1 & 0 \end{bmatrix} = \sigma_1 \mathbf{u}_1 \mathbf{v}_1^T + \sigma_2 \mathbf{u}_2 \mathbf{v}_2^T = \sqrt{3} \begin{bmatrix} \frac{\sqrt{6}}{3} \\ \frac{\sqrt{6}}{6} \\ \frac{\sqrt{6}}{6} \end{bmatrix} \begin{bmatrix} \frac{\sqrt{2}}{2} & \frac{\sqrt{2}}{2} \end{bmatrix} + (1) \begin{bmatrix} 0 \\ -\frac{\sqrt{2}}{2} \\ \frac{\sqrt{2}}{2} \end{bmatrix} \begin{bmatrix} \frac{\sqrt{2}}{2} & -\frac{\sqrt{2}}{2} \end{bmatrix}$$

$$= \sqrt{3} \begin{bmatrix} \frac{\sqrt{3}}{3} & \frac{\sqrt{3}}{3} \\ \frac{\sqrt{3}}{6} & \frac{\sqrt{3}}{6} \\ \frac{\sqrt{3}}{6} & \frac{\sqrt{3}}{6} \end{bmatrix} + (1) \begin{bmatrix} 0 & 0 \\ -\frac{1}{2} & \frac{1}{2} \\ \frac{1}{2} & -\frac{1}{2} \end{bmatrix}$$

예상한 대로 이 전개에서 우변의 각 행렬의 랭크는 1임을 유의하라.

자료 압축과 영상 처리

특이값 분해는 요구되는 저장공간을 줄이고 전자전송을 빠르게 하기 위해 시각정보를 "압축"할 때 사용된다. 압축의 첫째 단계는 필요할 때 재생될 수 있도록 시각 이미지를 수치행렬로 나타내는 것이다.

예컨대 흑백사진은 화소(점)들의 직사각형 배열로 스캔된 다음 그것의 회색도에 따라서 각 화소에 수치를 대응시켜 행렬 A로 저장된다. 만일 256개의 회색도가 사용된다면 (0 = 흰색에서 255 = 검은색까지), 행렬의 성분은 0과 255 사이의 정수가 된다. 이미지는 대응된 회색도에 의해 화소를 인쇄하거나 나열해서 행렬 A로부터 재생될 수 있다.

만일 행렬 A의 크기가 $m \times n$이면 그것의 mn개의 각 성분을 개별적으로 저장할 수 있다. 또 다른 방법은 다음의 축소된 특이값 분해를 계산한다.

$$A = \sigma_1 \mathbf{u}_1 \mathbf{v}_1^T + \sigma_2 \mathbf{u}_2 \mathbf{v}_2^T + \cdots + \sigma_k \mathbf{u}_k \mathbf{v}_k^T \tag{5}$$

여기서 $\sigma_1 \geq \sigma_2 \geq \cdots \geq \sigma_k > 0$이고 각 σ, $\mathbf{u}$, $\mathbf{v}$ 들을 저장한다. 필요하면 행렬 A(따라서 행렬 A가 표현하는 영상)는 식 (5)로부터 복원될 수 있다. 각 $\mathbf{u}_j$는 m개의 성분을 갖고 각 $\mathbf{v}_j$는 n개의 성분을 가지므로 이 방법은

$$km + kn + k = k(m + n + 1)$$

개의 저장공간을 필요로 한다. 그러나 특이값 $\sigma_{r+1}, \cdots, \sigma_k$가 충분히 작다고 가정하면 식 (5)에서 이들에 대응하는 항을 없애도 행렬 A 및 A가 표현하는 영상의 만족스러운 근사값

$$A_r = \sigma_1 \mathbf{u}_1 \mathbf{v}_1^T + \sigma_2 \mathbf{u}_2 \mathbf{v}_2^T + \cdots + \sigma_r \mathbf{u}_r \mathbf{v}_r^T \tag{6}$$

를 얻게 된다. 식 (6)을 ***A*의 랭크가 *r*인 근사값**이라 한다. A의 성분 저장공간이 mn개를 필요로 하는 것과 비교하면 이 행렬은 오직

$$rm + rn + r = r(m + n + 1)$$

개의 저장공간을 필요로 한다. 예컨대 1000×1000 행렬의 랭크가 100인 근사값은 A의 성분 저장공간이 1,000,000개의 수를 필요로 하는 것과 비교하면 오직

$$100(1000 + 1000 + 1) = 200{,}100$$

개의 저장공간을 필요로 한다(거의 80%를 압축).

그림 9.5.1은 식 (6)을 이용해서 얻은 디지털화한 비비 영상의 근사값을 나타내고 있다.

Image: Digital Vision/ Age Fotostock America, Inc.

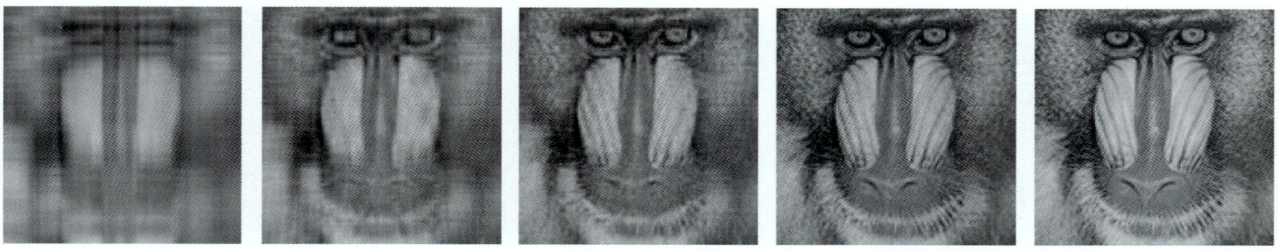

랭크 4 랭크 10 랭크 20 랭크 50 랭크 128

그림 9.5.1

역사 노트

원본

재구성물

1924년 미국 FBI는 지문과 손자국(handprint)을 수집하기 시작하여 지금은 1억 개 이상을 파일로 보관하고 있다. FBI는 저장 비용을 줄이기 위해 1993년 로스알라모스 국립연구소, 국립표준원, 그리고 다른 기관들과 함께 지문을 디지털 형태로 저장하기 위해 랭크 기반 압축방법을 고안하는 작업을 시작했다. 그림은 지문 원본과 26 : 1의 비율로 압축된 디지털 데이터의 재구성물이다.

연습문제 9.5

(1-4) *행렬 A의 축소된 특이값 분해를 찾아라. [참고: 아래 행렬들은 연습문제 9.4에서 (축소되지 않은) 특이값 분해를 찾는 문제(9-12)에서 나왔었다.]*

1. $A = \begin{bmatrix} -2 & 2 \\ -1 & 1 \\ 2 & -2 \end{bmatrix}$

2. $A = \begin{bmatrix} -2 & -1 & 2 \\ 2 & 1 & -2 \end{bmatrix}$

3. $A = \begin{bmatrix} 1 & 0 \\ 1 & 1 \\ -1 & 1 \end{bmatrix}$ 4. $A = \begin{bmatrix} 6 & 4 \\ 0 & 0 \\ 4 & 0 \end{bmatrix}$

(5-8) A의 축소된 특이값 전개를 찾아라.

5. 문제 1의 행렬 A

6. 문제 2의 행렬 A

7. 문제 3의 행렬 A

8. 문제 4의 행렬 A

9. A가 200×500 행렬이라 하자. A의 랭크가 100인 근사에서 얼마큼의 수가 저장되는가? 이것을 행렬 A의 성분 수와 비교해 보라.

참-거짓 문제

TF. (a)-(c)가 참인지 거짓인지를 밝히고 그 이유를 설명하라. $U_1\Sigma_1V_1^T$가 랭크가 k인 $m \times n$ 행렬의 축소된 특이값 분해임을 가정한다.

a. U_1은 크기가 $m \times k$이다.

b. Σ_1은 크기가 $k \times k$이다.

c. V_1은 크기가 $k \times n$이다.

9장 보충문제

1. $A = \begin{bmatrix} -6 & 2 \\ 6 & 0 \end{bmatrix}$의 LU-분해를 찾아라.

2. 문제 1의 행렬 A의 LDU-분해를 찾아라.

3. $A = \begin{bmatrix} 2 & 4 & 6 \\ 1 & 4 & 7 \\ 1 & 3 & 7 \end{bmatrix}$의 LU-분해를 찾아라.

4. 문제 3의 행렬 A의 LDU-분해를 찾아라.

5. $A = \begin{bmatrix} 2 & 1 \\ 1 & 2 \end{bmatrix}$와 $\mathbf{x}_0 = \begin{bmatrix} 1 \\ 0 \end{bmatrix}$일 때,

   a. A의 우세 고유값을 식별하고 대응하는 *양의 성분*을 갖는 우세 단위고유벡터 $\mathbf{v}$를 찾아라.

   b. A와 $\mathbf{x}_0$에 유클리드 크기조정 거듭제곱법을 $\mathbf{x}_5$일 때까지 반복 적용하라. $\mathbf{x}_5$와 (a)의 고유벡터 $\mathbf{v}$를 비교하라.

   c. A와 $\mathbf{x}_0$에 최대성분 크기조정 거듭제곱법을 $\mathbf{x}_5$일 때까지 반복 적용하고, 결과를 고유벡터 $\begin{bmatrix} 1 \\ 1 \end{bmatrix}$와 비교하라.

6. 대칭행렬

$$A = \begin{bmatrix} 0 & 1 \\ 1 & 0 \end{bmatrix}$$

을 고려하자. 일반적인 *영이 아닌* 벡터 $\mathbf{x}_0$에 대해 유클리드 크기조정 거듭제곱법에 의해 나열된 수열의 변화를 토론해 보자.

$$\mathbf{x}_0, \quad \mathbf{x}_1, \ldots, \quad \mathbf{x}_k, \ldots$$

관찰된 거동이 주는 행렬의 특징은 무엇인가?

7. 대칭행렬 A가 서로 다른 고유값 $\lambda_1 = 8$, $\lambda_2 = 1.4$, $\lambda_3 = 2.3$, $\lambda_4 = -8.1$을 갖는다고 가정하자. 레일리 몫의 수렴에 대해 무엇을 말할 수 있는가?

8. 행렬 $A = \begin{bmatrix} 1 & 1 \\ 1 & 1 \end{bmatrix}$의 특이값 분해를 찾아라.

9. 행렬 $A = \begin{bmatrix} 1 & 1 \\ 0 & 0 \\ 1 & 1 \end{bmatrix}$의 특이값 분해를 찾아라.

10. 문제 9의 행렬 A의 축소된 특이값 분해와 축소된 특이값 전개를 찾아라.

11. 특이값 분해가 아래와 같은 행렬의 축소된 특이값 분해를 찾아라.

$$A = \begin{bmatrix} \frac{1}{2} & \frac{1}{2} & \frac{1}{2} & \frac{1}{2} \\ \frac{1}{2} & -\frac{1}{2} & -\frac{1}{2} & \frac{1}{2} \\ \frac{1}{2} & -\frac{1}{2} & \frac{1}{2} & -\frac{1}{2} \\ \frac{1}{2} & \frac{1}{2} & -\frac{1}{2} & -\frac{1}{2} \end{bmatrix} \begin{bmatrix} 24 & 0 & 0 \\ 0 & 12 & 0 \\ 0 & 0 & 0 \\ 0 & 0 & 0 \end{bmatrix} \begin{bmatrix} \frac{2}{3} & -\frac{1}{3} & \frac{2}{3} \\ \frac{2}{3} & \frac{2}{3} & -\frac{1}{3} \\ -\frac{1}{3} & \frac{2}{3} & \frac{2}{3} \end{bmatrix}$$

12. 직교닮음행렬은 같은 특이값을 갖는가? 이유를 설명하라.

13. P가 R^n에서 부분공간 W로의 정사영 행렬이라면 P의 특이값을 무엇이라 할 수 있는가?

14. 다음을 증명하라: 행렬 A의 랭크가 1이면, $A^2 = kA$를 만족하는 수 k가 존재한다.

증명 다루기

선형대수는 지금까지 배웠을 다른 수학 과목들과는 달리 문제해결 기법들을 모아 놓은 것 이상이다. 이 책에 있는 모든 계산 문제들을 다 풀 수 있다고 해도 선형대수에 숙달되었다고 하기에는 부족하다. 선형대수를 혁신적으로 사용하려면 정리와 정리의 상호관련성 및 증명의 이해를 토대로 한 새로운 기법들이 필요하기 때문이다. 증명을 하는 데 필요한 모든 것을 가르치는 것은 불가능하지만 이 부록이 하나의 지침서로 도움을 줄 수 있을 것이다.

증명이란 무엇인가?

본질적으로 증명은 수학적 명제의 옳음을 보여 주는 "설득력 있는 주장"이다. 한 사람에게 설득력 있는 주장이 다른 사람에게는 설득력이 없을 수도 있다. 하지만 경험으로부터 수학자들은 받아들일 만한 증명이라고 여겨지는 것과 아닌 것에 대한 명확한 표준을 확립하였다. 여기서 수용 가능한 증명에 요구되는 논리적인 단계 중 몇 가지를 알아보자.

형식성

고등학교 기하에서, 형식을 갖춰 명제는 왼쪽에, 정당성 설명은 오른쪽에 나열하여 정리를 증명하도록 요구받았을 것이다. 선형대수에서는 그런 수준의 형식성이 요구되지 않는다. 그보다 증명은 한 단계 한 단계 논리적인 결론으로 이끄는 완전한 문장으로 쓰인 주장이어야 한다. 증명의 각 단계는 그 타당성이 자명하든가 아니면 앞에서 증명이 된 명제를 언급하여 정당화되어야 한다.

정리 읽기

대부분의 정리는 다음과 같은 형태이다.

$$H\text{가 참이면 } C\text{가 참이다.} \tag{1}$$

여기서 H는 ***가정***(hypothesis)이라고 부르는 명제이고 C는 ***결론***(conclusion)이라고 부르는 명제이다. 형식 논리에서는 (1)의 형태의 정리를 다음과 같이 표기한다.

$$H \Rightarrow C \tag{2}$$

이것을 "H는 C를 의미한다"라고 읽는다. 이런 형태의 명제는, 만약 가정 H가 참인 모든 경우에 결론 C가 참이라면 참이라고 여겨지고, 만약 가정 H가 참인 적어도 한 가지 경우에 대해 결론 C가 거짓이라면 거짓이라고 여겨진다. 하나의 예로 다음 명제를 고려하자.

$$\text{만약 } a\text{와 } b\text{가 모두 양수이면, } ab\text{가 양수이다.} \tag{3}$$

이 명제에서

$$H = a\text{와 } b\text{가 모두 양수이다.} \tag{4}$$

$$C = ab\text{가 양수이다.} \tag{5}$$

H가 참인 모든 경우에 C가 참이 되므로 명제 (3)은 참이다. 반면에 다음 명제

$$\text{만약 } a\text{와 } b\text{가 양의 정수이면, } \sqrt{ab}\text{도 양의 정수이다.} \tag{6}$$

는 $a = 2$, $b = 3$과 같이 가정이 참인데도 결론은 거짓인 경우가 존재하기 때문에 참이 아니다.

때로는 정리를 *부정적인* 방식으로 기술하는 것이 바람직할 경우도 있다. 예를 들어 명제 (3)을 다음과 같이 동등한 명제로 다시 쓸 수 있다.

$$\text{만약 } ab\text{가 양수가 아니면, } a\text{와 } b\text{가 둘 다 양수는 아니다.} \tag{7}$$

$\sim H$를 H가 거짓이라는 의미로 쓰고 $\sim C$를 C가 거짓이라는 의미로 쓰면 명제 (7)의 구조는

$$\sim C \Rightarrow \sim H \tag{8}$$

이 된다. 이것을 (2)의 ***대우***(contrapositive) 형태라고 부른다. 일반적으로 한 명제와 그것의 대우명제는 논리적으로 동등함을 보일 수 있다. 즉, 명제가 참이면 그것의 대우도 참이다. 그 반대도 마찬가지이다.

정리의 **역**(converse)은 가정과 결론이 서로 뒤바뀔 때 나타나는 명제이다. 즉, $H \Rightarrow C$의 역은 $C \Rightarrow H$이다. 참인 명제의 대우 또한 참이 되는 반면에 참인 명제의 역은 참일 수도, 참이 아닐 수도 있다. 예를 들어 참 명제 (3)의 역은 다음과 같은 *거짓* 명제가 된다.

$$\text{만약 } ab\text{가 양수이면, } a\text{와 } b\text{가 둘 다 양수이다.}$$

그러나 다음의 참 명제

$$\text{만약 } a\text{와 } b\text{가 둘 다 양수이든가 둘 다 음수이면, } ab\text{는 양수이다.}$$

의 역은 *참*이 된다.

주의 용어 “대우”와 “역”을 혼동하지 말라.

특별히, 만약 $H \Rightarrow C$과 그것의 역 $C \Rightarrow H$이 둘 다 참이면 H와 C를 **동등**(equivalent) 명제라 하고 다음과 같이 표기한다.

$$H \Leftrightarrow C \tag{9}$$

이것을 “H와 C가 동등하다” 또는 흔히 “H가 참일 필요충분조건은 C가 참인 것이다”라고 읽는다. 예를 들어 a, b가 실수일 때 다음 명제를 보라.

$$a > b\text{일 필요충분조건은 } (a - b) > 0\text{이다.} \tag{10}$$

(9)의 형태의 “필요충분” 명제를 증명하려면 $H \Rightarrow C$와 $C \Rightarrow H$를 둘 다 증명해야 한다.

보통 동등명제들은 여러 다른 방식으로 표현될 수 있다. 예를 들어 명제 (10)은 다음과 같이 표현될 수 있다.

$$\text{만약 } a > b\text{이면, } (a - b) > 0\text{이고 역도 성립한다.}$$

때로는 두 개의 참 명제가 세 번째 참 명제를 거저 주기도 한다. 구체적으로 말하면, 만약 $H \Rightarrow C$와 $C \Rightarrow D$가 둘 다 참이면 $H \Rightarrow D$도 역시 참이어야 한다. 예를 들어 기하학에서 온 다음의 두 정리를 고려해 보자.

정리 A1

만약 사각형의 마주보는 변들이 평행이면, 그 사각형은 평행사변형이다.

정리 A2

평행사변형의 마주보는 변들은 길이가 같다.

본질적으로 정리 1의 결론이 정리 2의 가정이 되므로 위 두 정리는 함께 다음의 세 번째 정리를 도출한다.

정리 A3

만약 사각형의 마주보는 변들이 평행이면, 그 변들은 길이가 같다.

더 나아가면, 때로는 세 개의 참 명제가 세 개의 다른 참 명제를 거저 만들어 줄 수 있다. 좀 더 구체적으로 만약

$$H \Rightarrow C, \quad C \Rightarrow D, \quad D \Rightarrow H \tag{11}$$

이면 **그림 A.1**과 같은 함축순환관계(implication loop)를 갖게 되어 다음을 얻는다.

$$C \Rightarrow H, \quad D \Rightarrow C, \quad H \Rightarrow D$$

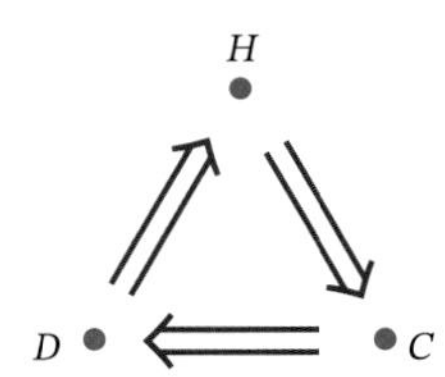

그림 A.1

이를 (11)과 결합하면 다음을 얻는다.

$$H \Leftrightarrow C, \quad C \Leftrightarrow D, \quad D \Leftrightarrow H \tag{12}$$

요약하면, 만일 (13)의 세 개의 동등성을 증명하기를 원하면, (11)의 세 개의 함축관계만을 증명하면 된다.

귀류법

명제가 참인 동시에 거짓일 수 없다는 것은 논리학의 본질이다. 이 사실은 "귀류법(reductio ad absurdum)", 보다 통상적으로는 "모순에 의한 증명"이라고 불리는 증명방법의 기초가 된다. 이 방법의 기본 아이디어는, 명제의 결론이 거짓이 되는 가정을 만들고 이것이 어떤 종류의 모순으로 이끈다는 것을 증명하는 것이다. 토대가 되는 논리는 다음과 같다. 만약 $H \Rightarrow C$이 참 명제이면, 명제

$$(H\text{이고 } {\sim}C) \Rightarrow C$$

는 거짓이어야 한다. 왜냐하면, 그렇지 않으면 C가 참인 동시에 거짓이 되기 때문이다.

집합

이 교재의 많은 증명들이 어떤 대상들의 ***집합***(set)(또는 모임)을 사용한다. 이 대상들은 집합의 ***원소***(element)라고 불린다. 일반적으로 집합은 어떤 종류의 대상이든 포함할 수 있는데, 선형대수에서의 전형적인 대상은 스칼라, 행렬, 벡터 들이다. 독자들이 집합의 기본 용어와 기호에 친숙하리라고 짐작되지만 여기서 짧게 복습하고 넘어가겠다.

집합은 보통 대문자로 나타내고 원소는 소문자로 나타낸다. 집합을 표현하는 한 가지 방법은 다음과 같이 단순히 그 원소들을 중괄호 안에 나열하는 것이다.

$$S = \{1, 3, 5\} \tag{13}$$

관례적으로, *집합의 원소들은 모두 달라야 하며, 원소들이 나열되는 순서는 상관이 없다.* 따라서 위의 집합은 다음과 같이 써도 무방하다.

$$S = \{3, 5, 1\} \quad \text{또는} \quad S = \{5, 1, 3\}$$

원소 a가 집합 S의 구성원이라는 것을 나타내기 위해 $a \in S$라고 쓰고("a가 S에 속한다"라고 읽는다), a가 집합 S의 구성원이 아니라는 것을 나타내기 위해 $a \notin S$라고 쓴다("a가 S에 속하지 않는다"라고 읽는다). 예를 들어 (13)의 집합에 대해 다음과 같이 쓸 수 있다.

$$3 \in S, \quad 4 \notin S$$

무한히 많은 원소를 갖는 집합을 나타내는 보통의 방법은 두 가지가 있다. 원소들이 명백한 기호 패턴을 가지고 있으면, 최초의 몇 원소를 명확히 표시하고 점을 찍어서 동일한 패턴을 따르는 나머지 원소들을 나타내어 집합을 표기할 수 있다. 예를 들어 양의 정수들의 집합은 다음과 같이 표기한다.

$$S = \{1, 2, 3, \ldots\} \tag{14}$$

(14)의 집합 S를 표기하는 또 하나의 방법은 다음과 같다.

$$S = \{x : x\text{는 양의 정수이다.}\}$$

여기서 우변은 "x가 양의 정수인 모든 x들의 집합"이라고 읽는다. 이것을 ***조건제시법***(set-builder notation)이라고 부른다. 일반적으로 조건제시법은 다음의 형태를 띤다.

$$S = \{x : \underline{\qquad\qquad}\} \tag{15}$$

여기서 빈 직선은 집합 S에 있는 원소를 정확히 결정하는 설명으로 대체된다. 이 교재에서 특별히 관심을 두는 집합 중에, R로 표기되는 실수들의 집합, R^2로 표기되는 평면상의 점들의 집합, R^3로 표기되는 삼차원 공간상의 집합이 있다. 나중 두 개의 집합을 조건제시법으로 나타내면 다음과 같다.

$$R^2 = \{(x, y) : x, y \in R\}, \quad R^3 = \{(x, y, z) : x, y, z \in R\}$$

집합의 연산

A, B가 임의 집합이라고 하면, $A \cup B$로 표기되는 A와 B의 ***합집합***은 A 또는 B, 또는 둘 다에 속하는 원소들의 집합이고, $A \cap B$로 표기되는 A와 B의 ***교집합***은 A와 B 둘 다에 속

하는 원소들의 집합이다. ***벤 다이어그램***을 사용하여 이 연산들이 **그림 A.2**에 도시되어 있는데, 벤 다이어그램은 영국의 논리학자 벤(John A. Venn, 1834–1923)의 이름에서 유래한 것이다. 이 그림에서 집합 A와 B는 원에 둘러싸인 영역이고 $A \cup B$와 $A \cap B$는 음영부분이다. A와 B가 공통 원소를 갖지 않을 때 두 집합이 ***분리되었다***(disjoint)고 말하고 $A \cap B = \varnothing$라고 쓴다. 여기서 기호 $\varnothing$는 원소를 갖지 않는 집합인 ***공집합***을 나타낸다.

그림 A.2

집합 A의 모든 원소들이 집합 B에도 속할 때 A가 B의 ***부분집합***이라고 하고 $A \subset B$라고 쓴다. $A \subset B$이고 $B \subset A$이면, A와 B는 완전히 동일한 원소를 갖게 되므로, A와 B는 ***동일하다***고 말하고 $A = B$라고 쓴다.

순서집합

일부 선형대수 문제에서는 원소들이 나열되는 순서가 중요하므로 ***순서집합***(ordered set)을 고려해야 한다. 순서집합에서 원소들의 중복은 허용되지 않지만 순서는 중요하다. 따라서 다음 집합들

$$S_1 = \{3, 5, 1\}\text{과} \quad S_2 = \{5, 1, 3\}$$

은 동일한 *집합*이지만 동일한 *순서집합*은 아니다.

증명하기

- 증명의 바람직한 첫 단계는 주어진 것(즉, 가정 H)과 증명되어야 할 것(즉, 결론 C)을 완전한 문장으로 적어 보는 것이다.
- 조건으로 주어진 것과 증명되어야 할 것을 명확히 이해했으면, 정리를 직접 증명할지, 대우 형태로 할지, 또는 귀류법으로 할지를 결정해야 한다. 정리를 세 가지 방식으로 다시 써 보고 가장 유망한 형태를 찾아본다.
- 그다음 자신의 증명에 관련 있는 그 이전의 정리들을 검토해 본다.
- 이제부터는 경험과 직관의 문제이다. 그러나 정리를 증명하는 것은 쉬운 작업이 아니므로 낙심하지 말아야 한다. 교재의 증명들을 읽어 가면서 기법들을 관찰하여 그것들을 자기 자신의 증명도구로 만드는 시도를 계속하라.
- 정리의 증명에 관한 추가 내용은 이 책의 보충자료로 주어지는 Daniel Solow의 "*How to Read and Do Proofs*"에서 찾을 수 있다(저자 서문 참조).

APPENDIX B

복소수

복소수는 다항방정식을 푸는 과정에서 자연스럽게 출현한다. 예를 들어 이차방정식 $ax^2 + bx + c = 0$의 해는 다음의 근의 공식

$$x = \frac{-b \pm \sqrt{b^2 - 4ac}}{2a}$$

으로 주어지는데 제곱근의 내부가 음이면 복소수가 된다. 이 부록에서 복소수의 기본 개념을 복습한다.

복소수

방정식 $x^2 = -1$이 실수해를 갖지 않는다는 문제를 해결하기 위해 18세기 수학자들은 “가상의” 허수

$$i = \sqrt{-1}$$

을 만들었는데, 이것은 다음의 성질을 갖는다고 가정된다.

$$i^2 = (\sqrt{-1})^2 = -1$$

하지만 그 외에는 실수의 대수적 성질을 갖는다. a, b가 실수일 때 다음 형태

$$a + bi \quad \text{또는} \quad a + ib$$

의 표현을 ***복소수***(complex number)라고 부른다. 때로는 복소수를 표기하기 위해 한 글자(보통은 z)를 사용하여 다음과 같이 쓰는 것이 편리하다.

$$z = a + bi \quad \text{또는} \quad z = a + ib$$

숫자 a를 z의 ***실부***(real part)라고 하고 $\text{Re}(z)$로 표기하며, 숫자 b를 ***허부***(imaginary part)라고 하고 $\text{Im}(z)$라고 표기한다. 따라서

$$\begin{aligned} &\text{Re}(3 + 2i) = 3, && \text{Im}(3 + 2i) = 2 \\ &\text{Re}(1 - 5i) = 1, && \text{Im}(1 - 5i) = \text{Im}(1 + (-5)i) = -5 \\ &\text{Re}(7i) = \text{Re}(0 + 7i) = 0, && \text{Im}(7i) = \text{Im}(0 + 7i) = 7 \\ &\text{Re}(4) = \text{Re}(4 + 0i) = 4, && \text{Im}(4) = \text{Im}(4 + 0i) = 0 \end{aligned}$$

두 복소수가 동일할 필요충분조건은 실부끼리 또한 허부끼리 같은 것이다. 즉,

$$a + bi = c + di\text{의 필요충분조건은 } a = c\text{이고 } b = d$$

인 것이다. 실부가 영인 복소수 $z = bi$를 ***순허수***(pure imaginary)라고 부른다. 허부가 영인 복소수 $z = a$는 실수이다. 따라서 실수는 복소수의 부분집합으로 볼 수 있다.

복소수는 $i^2 = -1$로 두면 표준 대수 연산규칙에 따라 더해지고 빼지고 곱해진다.

$$\boxed{(a + bi) + (c + di) = (a + c) + (b + d)i} \tag{1}$$

$$(a + bi) - (c + di) = (a - c) + (b - d)i \tag{2}$$

$$(a + bi)(c + di) = (ac - bd) + (ad + bc)i \tag{3}$$

곱셈 공식은 좌변을 전개하고 $i^2 = -1$을 이용해서 얻어진다. 만약 $b = 0$이면 곱의 공식은 다음과 같이 간단해진다.

$$a(c + di) = ac + adi \tag{4}$$

이 연산들을 가진 복소수들의 집합을 보통 기호 C로 표기하고 ***복소수계***(complex number system)라고 부른다.

예제 1 | 복소수 곱하기

실제로는 복소수의 곱은 공식 (3)에 대입하여 계산하는 것보다 직접 전개하여 계산하는 것이 편리하다. 예를 들면 다음과 같다.

$$(3 - 2i)(4 + 5i) = 12 + 15i - 8i - 10i^2 = (12 + 10) + 7i = 22 + 7i$$

복소평면

복소수 $z = a + bi$는 실수의 순서쌍 (a, b)와 연관될 수 있고, 기하적으로 xy-평면의 점이나 벡터로 표시될 수 있다(**그림 B.1**). 이것을 ***복소평면***(complex plane)이라고 부른다. x축상의 점들은 허부가 영이고 따라서 실수에 해당하고, 반면에 y축상의 점들은 실부가 영인 순허수에 해당한다. 따라서 x축을 ***실축***(real axis)이라고 부르고 y축을 ***허축***(imaginary axis)이라고 부른다(**그림 B.2**).

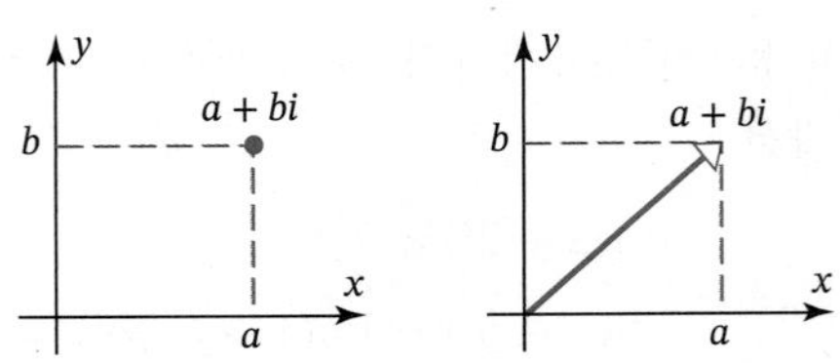

그림 B.1

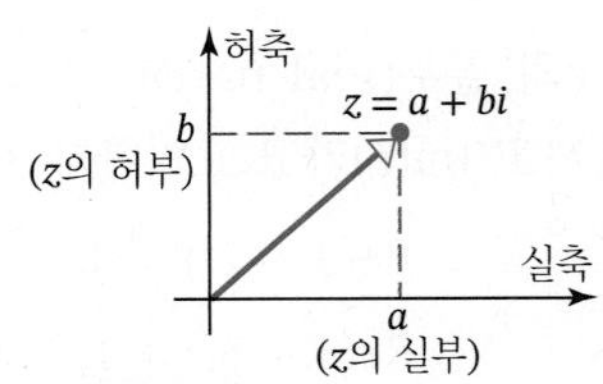

그림 B.2

복소수는 연관된 벡터에 대한 연산을 수행하여 더하고 뺄 수 있고, 또한 실수로 곱할 수 있다(예를 들면, **그림 B.3**). 이런 의미에서 복소계 C는 R^2와 긴밀하게 관련되어 있다. 주된 차이는 R^2상의 어떤 벡터 곱셈연산도 R^2상의 다른 벡터를 만들어 내지 못하는 반면에, 복소수들의 곱은 다른 복소수를 만들어 낸다는 점이다. (점곱은 R^2상의 벡터가 아니라 스칼라를 만든다.)

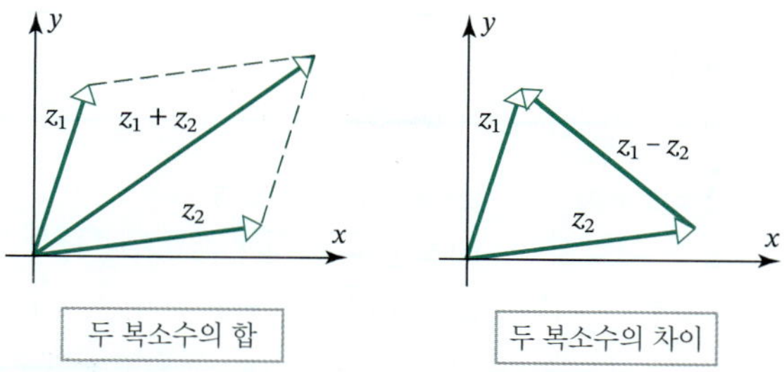

그림 B.3

$z = a + bi$가 복소수이면 z의 ***복소켤레***(complex conjugate) 또는 보다 간단히 z의 켤레(conjugate)는 $\bar{z}$ ("z bar"로 읽는다)로 표기되고 다음과 같이 정의된다.

$$\boxed{\bar{z} = a - bi} \tag{5}$$

수치적으로 $\bar{z}$는 z의 허부의 부호를 거꾸로 놓아 얻어지고, 기하적으로는 z를 실축에 대해 반사시켜 얻어진다(**그림 B.4**).

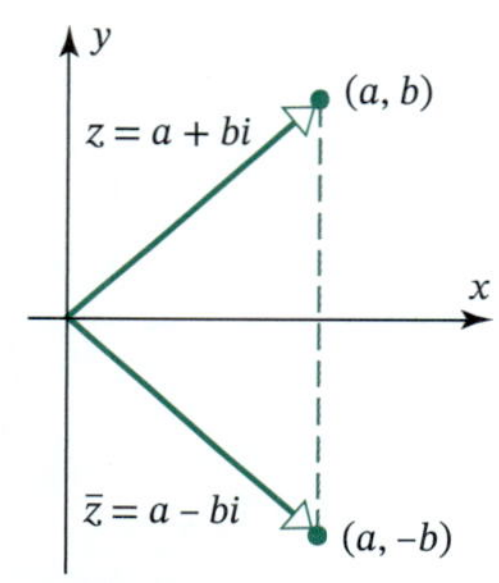

그림 B.4

예제 2 | 복소켤레의 예

$$
\begin{aligned}
z &= 3 + 4i & \bar{z} &= 3 - 4i\\
z &= -2 - 5i & \bar{z} &= -2 + 5i\\
z &= i & \bar{z} &= -i\\
z &= 7 & \bar{z} &= 7
\end{aligned}
$$

참고 이 예의 마지막 계산은 실수는 그것의 복소켤레와 같다는 것을 예시한다. 일반적으로 $z = \bar{z}$일 필요충분조건은 z가 실수인 것이다.

다음 계산은 복소수 $z = a + bi$와 그것의 켤레 $\bar{z} = a - bi$의 곱은 영이 아닌 실수임을 보여 준다.

$$z\bar{z} = (a + bi)(a - bi) = a^2 - abi + bai - b^2i^2 = a^2 + b^2 \tag{6}$$

여기서

$$\sqrt{z\bar{z}} = \sqrt{a^2 + b^2}$$

는 z에 대응하는 벡터의 길이임을 알 수 있는데(**그림 B.5**) 이것을 ***크기***(modulus) 또는 ***절대값***(absolute value)이라고 부르고 $|z|$로 표기한다. 따라서

$$\boxed{|z| = \sqrt{z\bar{z}} = \sqrt{a^2 + b^2}} \tag{7}$$

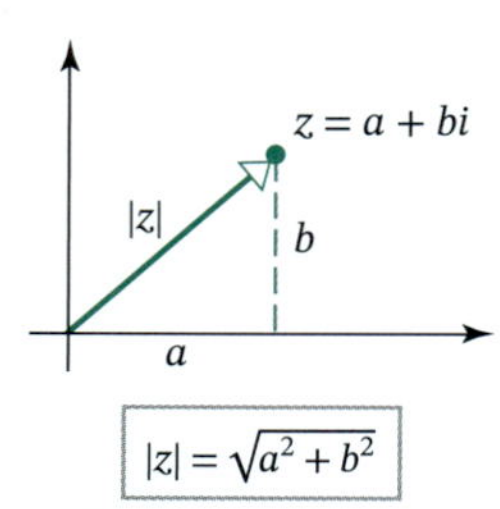

그림 B.5

이다. $b = 0$이면 $z = a$는 실수이고 $|z| = \sqrt{a^2} = |a|$이 된다. 이것은 실수의 크기는 초등대수에서 정의된 것과 같이 그것의 절대값임을 말해 준다.

예제 3 | 크기의 계산

$$
\begin{aligned}
&z = 3 + 4i && |z| = \sqrt{3^2 + 4^2} = 5 \\
&z = -4 - 5i && |z| = \sqrt{(-4)^2 + (-5)^2} = \sqrt{41} \\
&z = i && |z| = \sqrt{0^2 + 1^2} = 1
\end{aligned}
$$

역수와 나눗셈

$z \neq 0$일 때 z의 ***역수***(reciprocal 또는 multiplicative inverse)는 $1/z$(또는 z^{-1})로 표기되고 다음 성질에 의해 정의된다.

$$\left(\frac{1}{z}\right)z = 1$$

이 방정식은 $1/z$의 유일 해를 주는데, 양변에 $\bar{z}$를 곱하고 $z\bar{z} = |z|^2$ [(7)을 보라]를 이용하여 다음과 같이 얻어진다.

$$\boxed{\frac{1}{z} = \frac{\bar{z}}{|z|^2}} \tag{8}$$

만약 $z_2 \neq 0$이면 ***나누기***(quotient) z_1/z_2는 z_1과 $1/z_2$ 곱으로 정의되고, 이 정의는 다음과 같은 공식을 준다.

$$\boxed{\frac{z_1}{z_2} = \frac{\bar{z}_2}{|z_2|^2}z_1 = \frac{z_1\bar{z}_2}{|z_2|^2}} \tag{9}$$

(9)의 우변의 표현은 z_1/z_2 분자 분모에 $\bar{z}_2$를 곱하여 얻어짐을 관찰하라. 실질적으로 이것이 복소수의 나눗셈을 수행하는 가장 좋은 방법이다.

예제 4 | 복소수의 나눗셈

$z_1 = 3 + 4i$, $z_2 = 1 - 2i$라 할 때 z_1/z_2를 $a + bi$ 형태로 표현하라.

풀이 z_1/z_2의 분자 분모에 $\bar{z}_2$를 곱하면 다음을 얻는다.

$$
\begin{aligned}
\frac{z_1}{z_2} = \frac{z_1\bar{z}_2}{z_2\bar{z}_2} &= \frac{3 + 4i}{1 - 2i} \cdot \frac{1 + 2i}{1 + 2i} \\
&= \frac{3 + 6i + 4i + 8i^2}{1 - 4i^2} \\
&= \frac{-5 + 10i}{5} \\
&= -1 + 2i
\end{aligned}
$$

다음 정리들은 크기와 켤레연산의 몇 가지 유용한 결과들을 나열하고 있다.

정리 B1

임의의 복소수 z, z_1, z_2에 대해 다음이 성립한다.

(a) $\overline{z_1 + z_2} = \bar{z}_1 + \bar{z}_2$

(b) $\overline{z_1 - z_2} = \bar{z}_1 - \bar{z}_2$

(c) $\overline{z_1 z_2} = \bar{z}_1 \bar{z}_2$

(d) $\overline{z_1 / z_2} = \bar{z}_1 / \bar{z}_2$

(e) $\bar{\bar{z}} = z$

정리 B2

임의의 복소수 z, z_1, z_2에 대해 다음이 성립한다.

(a) $|\bar{z}| = |z|$

(b) $|z_1 z_2| = |z_1||z_2|$

(c) $|z_1/z_2| = |z_1|/|z_2|$

(d) $|z_1 + z_2| \le |z_1| + |z_2|$

복소수의 극형식

$z = a + bi$가 영이 아닌 복소수이고 ϕ가 실축에서 벡터 z까지의 각도일 때, **그림 B.6**에 나타난 대로 z의 실부와 허부는 다음과 같다.

$$a = |z|\cos\phi \quad 과 \quad b = |z|\sin\phi \tag{10}$$

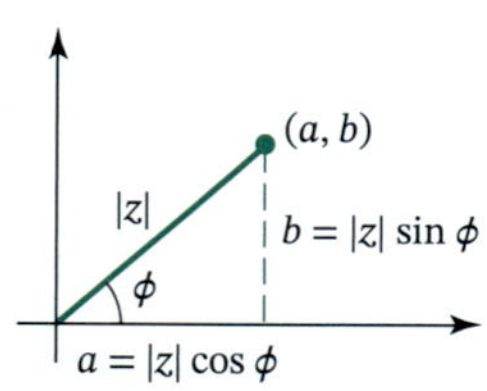

그림 B.6

따라서 복소수 $z = a + bi$는 다음과 같이 표현될 수 있다.

$$\boxed{z = |z|(\cos\phi + i\sin\phi)} \tag{11}$$

이것을 z의 ***극형식***(polar form)이라고 부르고, 공식에 있는 각 ϕ를 ***편각***(argument)이라고 부른다. 편각에 2π의 임의의 배수를 더하거나 빼도 같은 z를 주기 때문에 편각은 유일하지 않다. 그러나 라디안 값으로

$$-\pi < \phi \le \pi \tag{12}$$

를 만족하는 편각은 유일한데 이것을 z의 ***주편각***(principal argument)이라고 한다.

예제 5 | 복소수의 극형식

편각의 주편각을 이용하여 $z = 1 - \sqrt{3}i$를 극형식으로 표현하라.

풀이

z의 크기는

$$|z| = \sqrt{1^2 + (-\sqrt{3})^2} = \sqrt{4} = 2$$

따라서 $a = 1, b = -\sqrt{3}$과 (10)으로부터 다음 관계를 얻는다.

$$1 = 2\cos\phi \quad \text{그리고} \quad -\sqrt{3} = 2\sin\phi$$

이것은

$$\cos\phi = \frac{1}{2} \quad \text{과} \quad \sin\phi = -\frac{\sqrt{3}}{2}$$

을 주고 이 방정식들을 만족하면서 (12)를 만족하는 유일한 각도는 $\phi = -\pi/3$(**그림 B.7**)이다. 따라서 z의 극형식은

$$z = 2\left(\cos\left(-\frac{\pi}{3}\right) + i\sin\left(-\frac{\pi}{3}\right)\right) = 2\left(\cos\frac{\pi}{3} - i\sin\frac{\pi}{3}\right)$$

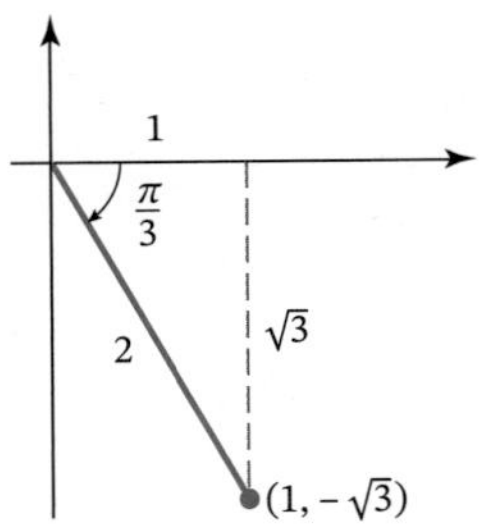

그림 B.7

복소수의 곱셈과 나눗셈의 기하적 해석

복소수의 극형식이 어떻게 복소수의 곱셈과 나눗셈의 기하적 해석을 가능하게 하는지 알아보자. 우선

$$z_1 = |z_1|(\cos\phi_1 + i\sin\phi_1) \quad \text{과} \quad z_2 = |z_2|(\cos\phi_2 + i\sin\phi_2)$$

를 영이 아닌 복소수 z_1과 z_2의 극형식이라 하자. 이 둘을 곱하면

$$z_1z_2 = |z_1||z_2|[(\cos\phi_1\cos\phi_2 - \sin\phi_1\sin\phi_2) + i(\sin\phi_1\cos\phi_2 + \cos\phi_1\sin\phi_2)]$$

를 얻는데, 삼각함수의 항등관계

$$\cos(\phi_1 + \phi_2) = \cos\phi_1\cos\phi_2 - \sin\phi_1\sin\phi_2$$
$$\sin(\phi_1 + \phi_2) = \sin\phi_1\cos\phi_2 + \cos\phi_1\sin\phi_2$$

를 이용하면

$$\boxed{z_1z_2 = |z_1||z_2|[\cos(\phi_1 + \phi_2) + i\sin(\phi_1 + \phi_2)]} \quad (13)$$

를 준다. 이것은 크기가 $|z_1||z_2|$이고 편각이 $\phi_1 + \phi_2$인 복소수의 극형식이다. 따라서 *두 복소수를 곱하는 것은 그것들의 크기를 곱하고 편각을 더하는 기하적 효과를 가지고 있다*(**그림 B.8**).

유사한 계산을 통해

$$\boxed{\frac{z_1}{z_2} = \frac{|z_1|}{|z_2|}[\cos(\phi_1 - \phi_2) + i\sin(\phi_1 - \phi_2)]} \quad (14)$$

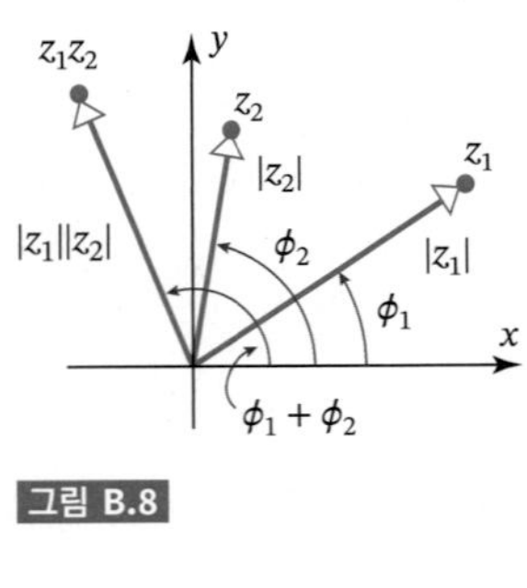

그림 B.8

임을 보일 수 있는데, 이로부터 *두 복소수를 나누는 것은 그것들의 크기를 나누고 편각을 빼는 기하적 효과를 가지고 있음*(둘 다 적절한 순서로)을 알 수 있다.

예제 6 | 극형식으로 곱하기와 나누기

복소수 $z_1 = 1 + \sqrt{3}i$와 $z_2 = \sqrt{3} + i$의 극형식을 이용하여 z_1z_2와 z_1/z_2를 계산하라.

풀이 이들 복소수의 극형식은

$$z_1 = 2\left(\cos\frac{\pi}{3} + i\sin\frac{\pi}{3}\right) \quad \text{과} \quad z_2 = 2\left(\cos\frac{\pi}{6} + i\sin\frac{\pi}{6}\right)$$

이다(검증하라). 따라서 (13)으로부터

$$z_1z_2 = 4\left[\cos\left(\frac{\pi}{3}+\frac{\pi}{6}\right) + i\sin\left(\frac{\pi}{3}+\frac{\pi}{6}\right)\right] = 4\left[\cos\left(\frac{\pi}{2}\right) + i\sin\left(\frac{\pi}{2}\right)\right] = 4i$$

를 얻고 (14)로부터

$$\frac{z_1}{z_2} = 1\cdot\left[\cos\left(\frac{\pi}{3}-\frac{\pi}{6}\right) + i\sin\left(\frac{\pi}{3}-\frac{\pi}{6}\right)\right] = \cos\left(\frac{\pi}{6}\right) + i\sin\left(\frac{\pi}{6}\right) = \frac{\sqrt{3}}{2} + \frac{1}{2}i$$

를 얻는다. z_1z_2와 z_1/z_2를 직접 계산하여 검산해 보면

$$z_1z_2 = (1+\sqrt{3}i)(\sqrt{3}+i) = \sqrt{3}+i+3i+\sqrt{3}i^2 = 4i$$

$$\frac{z_1}{z_2} = \frac{1+\sqrt{3}i}{\sqrt{3}+i} = \frac{1+\sqrt{3}i}{\sqrt{3}+i}\cdot\frac{\sqrt{3}-i}{\sqrt{3}-i} = \frac{\sqrt{3}-i+3i-\sqrt{3}i^2}{3-i^2} = \frac{2\sqrt{3}+2i}{4} = \frac{\sqrt{3}}{2} + \frac{1}{2}i$$

가 얻어져 극형식을 이용한 결과와 일치한다.

참고 복소수 i는 크기가 1이고 주편각이 $\pi/2$이다. 따라서 iz는 z와 같은 크기를 갖고 편각은 $\pi/2$ (= 90°)만큼 크다. 즉, i를 곱하면 벡터 z를 반시계방향으로 90°만큼 회전하는 효과가 있다(**그림 B.9**).

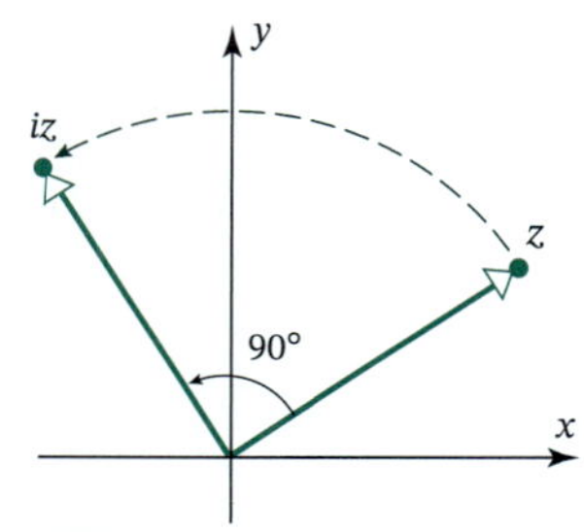

그림 B.9

드므와브르의 공식

n이 양의 정수이고, z가 다음의 극형식

$$z = |z|(\cos\phi + i\sin\phi)$$

를 갖는 영이 아닌 복소수일 때 z의 n제곱은

$$z^n = \underbrace{z\cdot z\cdot\cdots\cdot z}_{n\text{개 항}} = |z|^n[\cos(\underbrace{\phi+\phi+\cdots+\phi}_{n\text{개 항}})] + i[\sin(\underbrace{\phi+\phi+\cdots+\phi}_{n\text{개 항}})]$$

이 되어 간단히 정리하면

$$\boxed{z^n = |z|^n(\cos n\phi + i\sin n\phi)} \tag{15}$$

를 얻는다. $|z| = 1$인 특수한 경우에 이 공식은

$$z^n = \cos n\phi + i\sin n\phi$$

로 단순화되고 z의 극형식을 사용하여 다시 쓰면

$$\boxed{(\cos\phi + i\sin\phi)^n = \cos n\phi + i\sin n\phi} \tag{16}$$

가 된다. 이 결과를 프랑스의 수학자 드므와브르(Abraham de Moivre, 1667-1754)를 기념하여 ***드므와브르의 공식***(DeMoivre's formula)이라고 부른다.

오일러의 공식

θ가 실수(각도를 라디안으로 나타내는)일 때 ***복소지수***(complex exponential) 함수 $e^{i\theta}$는

$$\boxed{e^{i\theta} = \cos\theta + i\sin\theta} \tag{17}$$

로 정의된다. 이것은 스위스의 수학자 오일러(Leonhard Euler, 1707-1783)를 기념하여 ***오일러의 공식***(Euler's formula)이라고 불리기도 한다. 이 공식은 미적분학의 맥로린 급수(Maclaurin series)로부터 얻어질 수 있다. 미적분학에서 무한급수를 공부한 독자들은 e^x의 맥로린 급수에서 x를 $i\theta$로 대체하여 다음 과정을 거쳐 (17)을 정식으로 추론할 수 있다.

$$\begin{aligned} e^{i\theta} &= 1 + i\theta + \frac{(i\theta)^2}{2!} + \frac{(i\theta)^3}{3!} + \frac{(i\theta)^4}{4!} + \frac{(i\theta)^5}{5!} + \frac{(i\theta)^6}{6!} + \cdots \\ &= 1 + i\theta - \frac{\theta^2}{2!} - i\frac{\theta^3}{3!} + \frac{\theta^4}{4!} + i\frac{\theta^5}{5!} - \frac{\theta^6}{6!} + \cdots \\ &= \left(1 - \frac{\theta^2}{2!} + \frac{\theta^4}{4!} - \frac{\theta^6}{6!} + \cdots\right) + i\left(\theta - \frac{\theta^3}{3!} + \frac{\theta^5}{5!} - \cdots\right) \\ &= \cos\theta + i\sin\theta \end{aligned}$$

여기서 마지막 단계는 $\cos\theta$와 $\sin\theta$의 맥로린 급수로부터 얻어진다.

$z = a + bi$가 임의의 복소수일 때 ***복소지수***(complex exponential)는 다음과 같이 정의된다.

$$e^z = e^{a+bi} = e^a e^{ib} = e^a(\cos b + i\sin b) \tag{18}$$

복소지수는 표준 지수법칙을 만족하는 것을 증명할 수 있다. 예를 들면 다음과 같다.

$$e^{z_1}e^{z_2} = e^{z_1+z_2}, \quad \frac{e^{z_1}}{e^{z_2}} = e^{z_1-z_2}, \quad \frac{1}{e^z} = e^{-z}$$

연습문제 해답

Chapter 1

Exercise Set 1.1

1. (a), (c), and (f) are linear equations; (b), (d), and (e) are not linear equations.

3. **a.** $\begin{aligned} a_{11}x_1 + a_{12}x_2 &= b_1 \\ a_{21}x_1 + a_{22}x_2 &= b_2 \end{aligned}$ **b.** $\begin{aligned} a_{11}x_1 + a_{12}x_2 + a_{13}x_3 &= b_1 \\ a_{21}x_1 + a_{22}x_2 + a_{23}x_3 &= b_2 \\ a_{31}x_1 + a_{32}x_2 + a_{33}x_3 &= b_3 \end{aligned}$ **c.** $\begin{aligned} a_{11}x_1 + a_{12}x_2 + a_{13}x_3 + a_{14}x_4 &= b_1 \\ a_{21}x_1 + a_{22}x_2 + a_{23}x_3 + a_{24}x_4 &= b_2 \end{aligned}$

5. **a.** $\begin{aligned} 2x_1 \qquad\quad &= 0 \\ 3x_1 - 4x_2 &= 0 \\ x_2 &= 1 \end{aligned}$ **b.** $\begin{aligned} 3x_1 \qquad\quad - 2x_3 &= 5 \\ 7x_1 + x_2 + 4x_3 &= -3 \\ -2x_2 + x_3 &= 7 \end{aligned}$

7. **a.** $\begin{bmatrix} -2 & 6 \\ 3 & 8 \\ 9 & -3 \end{bmatrix}$ **b.** $\begin{bmatrix} 6 & -1 & 3 & 4 \\ 0 & 5 & -1 & 1 \end{bmatrix}$ **b.** $\begin{bmatrix} 0 & 2 & 0 & -3 & 1 & 0 \\ -3 & -1 & 1 & 0 & 0 & -1 \\ 6 & 2 & -1 & 2 & -3 & 6 \end{bmatrix}$

9. (a), (d), and (e) are solutions; (b) and (c) are not solutions.

11. **a.** No points of intersection
    b. Infinitely many points of intersection: $x = \frac{1}{2} + 2t,\ y = t$
    c. One point of intersection: $(-8, -4)$

13. **a.** $x = \frac{3}{7} + \frac{5}{7}t,\ y = t$
    b. $x_1 = \frac{7}{3} + \frac{5}{3}r - \frac{4}{3}s,\ x_2 = r,\ x_3 = s$
    c. $x_1 = -\frac{1}{8} + \frac{1}{4}r - \frac{5}{8}s + \frac{3}{4}t,\ x_2 = r,\ x_3 = s,\ x_4 = t$
    d. $v = \frac{8}{3}t_1 - \frac{2}{3}t_2 + \frac{1}{3}t_3 - \frac{4}{3}t_4,\ w = t_1,\ x = t_2,\ y = t_3,\ z = t_4$

15. **a.** $x = \frac{1}{2} + \frac{3}{2}t,\ y = t$
    b. $x_1 = -4 - 3r + s,\ x_2 = r,\ x_3 = s$

17. **a.** Add 2 times the second row to the first row.
    b. Add the third row to the first row, or interchange the first row and the third row.

19. **a.** All values of $k \neq 2$
    b. All values of k

25. $\begin{aligned} 2x + 3y + z &= 7 \\ 2x + y + 3z &= 9 \\ 4x + 2y + 5z &= 16 \end{aligned}$

27. $\begin{aligned} x + y + z &= 12 \\ 2x + y + 2z &= 5 \\ -x \qquad + z &= 1 \end{aligned}$

True/False 1.1

a. True **b.** False **c.** True **d.** True **e.** False **f.** False **g.** True **h.** False

Exercise Set 1.2

1. **a.** Both **b.** Both **c.** Both **d.** Both **e.** Both **f.** Both **g.** Row echelon form

3. **a.** Rows 1, 2, and 3 are the pivot rows; columns 1, 2, and 3 are the pivot columns.
    $x = -37,\ y = -8,\ z = 5$
    b. Rows 1, 2, and 3 are the pivot rows; columns 1, 2, and 3 are the pivot columns.
    $w = -10 + 13t,\ x = -5 + 13t,\ y = 2 - t,\ z = t$
    c. Rows 1, 2, and 3 are the pivot rows; columns 1, 3, and 4 are the pivot columns.
    $x_1 = -11 - 7s + 2t,\ x_2 = s,\ x_3 = -4 - 3t,\ x_4 = 9 - 3t,\ x_5 = t$
    d. Rows 1 and 2 are the pivot rows; columns 1 and 2 are the pivot columns.
    No solution

5. $x_1 = 3,\ x_2 = 1,\ x_3 = 2$
7. $x = -1 + t,\ y = 2s,\ z = s,\ w = t$
9. $x_1 = 3,\ x_2 = 1,\ x_3 = 2$
11. $x = -1 + t,\ y = 2s,\ z = s,\ w = t$
13. Has nontrivial solutions
15. $x_1 = 0,\ x_2 = 0,\ x_3 = 0$
17. $x_1 = -\frac{1}{4}s,\ x_2 = -\frac{1}{4}s - t,\ x_3 = s,\ x_4 = t$
19. $w = t,\ x = -t,\ y = t,\ z = 0$
21. $I_1 = -1,\ I_2 = 0,\ I_3 = 1,\ I_4 = 2$

23. **a.** Consistent; unique solution
    b. Consistent; infinitely many solutions
    c. Inconsistent
    d. Insufficient information provided

25. No solutions when $a = -4$; infinitely many solutions when $a = 4$; one solution for all values $a \neq -4$ and $a \neq 4$

27. $-a + b + c = 0$

29. $x = \frac{2}{3}a - \frac{1}{9}b,\ y = -\frac{1}{3}a + \frac{2}{9}b$

31. E.g., $\begin{bmatrix} 1 & 3 \\ 0 & 1 \end{bmatrix}$ and $\begin{bmatrix} 1 & 0 \\ 0 & 1 \end{bmatrix}$ (other answers are possible)

35. $x = \pm 1,\ y = \pm\sqrt{3},\ z = \pm\sqrt{2}$

37. $a = 1, b = -6, c = 2, d = 10$

39. The nonhomogeneous system has only one solution.

True/False 1.2

a. True b. False c. False d. True e. True f. False g. True h. False i. False

Exercise Set 1.3

1. a. Undefined b. Defined; 4×4 matrix c. Defined; 4×2 matrix
   d. Defined; 5×2 matrix e. Defined; 4×5 matrix f. Defined; 5×5 matrix

3. a. $\begin{bmatrix} 7 & 6 & 5 \\ -2 & 1 & 3 \\ 7 & 3 & 7 \end{bmatrix}$ b. $\begin{bmatrix} -5 & 4 & -1 \\ 0 & -1 & -1 \\ -1 & 1 & 1 \end{bmatrix}$ c. $\begin{bmatrix} 15 & 0 \\ -5 & 10 \\ 5 & 5 \end{bmatrix}$ d. $\begin{bmatrix} -7 & -28 & -14 \\ -21 & -7 & -35 \end{bmatrix}$
   e. Undefined f. $\begin{bmatrix} 22 & -6 & 8 \\ -2 & 4 & 6 \\ 10 & 0 & 4 \end{bmatrix}$ g. $\begin{bmatrix} -39 & -21 & -24 \\ 9 & -6 & -15 \\ -33 & -12 & -30 \end{bmatrix}$ h. $\begin{bmatrix} 0 & 0 \\ 0 & 0 \\ 0 & 0 \end{bmatrix}$
   i. 5 j. −25 k. 168 l. Undefined

5. a. $\begin{bmatrix} 12 & -3 \\ -4 & 5 \\ 4 & 1 \end{bmatrix}$ b. Undefined c. $\begin{bmatrix} 42 & 108 & 75 \\ 12 & -3 & 21 \\ 36 & 78 & 63 \end{bmatrix}$ d. $\begin{bmatrix} 3 & 45 & 9 \\ 11 & -11 & 17 \\ 7 & 17 & 13 \end{bmatrix}$ e. $\begin{bmatrix} 3 & 45 & 9 \\ 11 & -11 & 17 \\ 7 & 17 & 13 \end{bmatrix}$
   f. $\begin{bmatrix} 21 & 17 \\ 17 & 35 \end{bmatrix}$ g. $\begin{bmatrix} 0 & -2 & 11 \\ 12 & 1 & 8 \end{bmatrix}$ h. $\begin{bmatrix} 12 & 6 & 9 \\ 48 & -20 & 14 \\ 24 & 8 & 16 \end{bmatrix}$ i. 61 j. 35 k. 28 l. 99

7. a. $\begin{bmatrix} 67 & 41 & 41 \end{bmatrix}$ b. $\begin{bmatrix} 63 & 67 & 57 \end{bmatrix}$ c. $\begin{bmatrix} 41 \\ 21 \\ 67 \end{bmatrix}$ d. $\begin{bmatrix} 6 \\ 6 \\ 63 \end{bmatrix}$ e. $\begin{bmatrix} 24 & 56 & 97 \end{bmatrix}$ f. $\begin{bmatrix} 76 \\ 98 \\ 97 \end{bmatrix}$

9. a. first column of $AA = 3\begin{bmatrix} 3 \\ 6 \\ 0 \end{bmatrix} + 6\begin{bmatrix} -2 \\ 5 \\ 4 \end{bmatrix} + 0\begin{bmatrix} 7 \\ 4 \\ 9 \end{bmatrix}$
   second column of $AA = -2\begin{bmatrix} 3 \\ 6 \\ 0 \end{bmatrix} + 5\begin{bmatrix} -2 \\ 5 \\ 4 \end{bmatrix} + 4\begin{bmatrix} 7 \\ 4 \\ 9 \end{bmatrix}$
   third column of $AA = 7\begin{bmatrix} 3 \\ 6 \\ 0 \end{bmatrix} + 4\begin{bmatrix} -2 \\ 5 \\ 4 \end{bmatrix} + 9\begin{bmatrix} 7 \\ 4 \\ 9 \end{bmatrix}$
   b. first column of $BB = 6\begin{bmatrix} 6 \\ 0 \\ 7 \end{bmatrix} + 0\begin{bmatrix} -2 \\ 1 \\ 7 \end{bmatrix} + 7\begin{bmatrix} 4 \\ 3 \\ 5 \end{bmatrix}$
   second column of $BB = -2\begin{bmatrix} 6 \\ 0 \\ 7 \end{bmatrix} + 1\begin{bmatrix} -2 \\ 1 \\ 7 \end{bmatrix} + 7\begin{bmatrix} 4 \\ 3 \\ 5 \end{bmatrix}$
   third column of $BB = 4\begin{bmatrix} 6 \\ 0 \\ 7 \end{bmatrix} + 3\begin{bmatrix} -2 \\ 1 \\ 7 \end{bmatrix} + 5\begin{bmatrix} 4 \\ 3 \\ 5 \end{bmatrix}$

11. a. $A = \begin{bmatrix} 2 & -3 & 5 \\ 9 & -1 & 1 \\ 1 & 5 & 4 \end{bmatrix}, \mathbf{x} = \begin{bmatrix} x_1 \\ x_2 \\ x_3 \end{bmatrix}, \mathbf{b} = \begin{bmatrix} 7 \\ -1 \\ 0 \end{bmatrix}; \begin{bmatrix} 2 & -3 & 5 \\ 9 & -1 & 1 \\ 1 & 5 & 4 \end{bmatrix}\begin{bmatrix} x_1 \\ x_2 \\ x_3 \end{bmatrix} = \begin{bmatrix} 7 \\ -1 \\ 0 \end{bmatrix}$
    b. $A = \begin{bmatrix} 4 & 0 & -3 & 1 \\ 5 & 1 & 0 & -8 \\ 2 & -5 & 9 & -1 \\ 0 & 3 & -1 & 7 \end{bmatrix}, \mathbf{x} = \begin{bmatrix} x_1 \\ x_2 \\ x_3 \\ x_4 \end{bmatrix}, \mathbf{b} = \begin{bmatrix} 1 \\ 3 \\ 0 \\ 2 \end{bmatrix}; \begin{bmatrix} 4 & 0 & -3 & 1 \\ 5 & 1 & 0 & -8 \\ 2 & -5 & 9 & -1 \\ 0 & 3 & -1 & 7 \end{bmatrix}\begin{bmatrix} x_1 \\ x_2 \\ x_3 \\ x_4 \end{bmatrix} = \begin{bmatrix} 1 \\ 3 \\ 0 \\ 2 \end{bmatrix}$

13. a. $\begin{aligned} 5x_1 + 6x_2 - 7x_3 &= 2 \\ -x_1 - 2x_2 + 3x_3 &= 0 \\ 4x_2 - x_3 &= 3 \end{aligned}$ b. $\begin{aligned} x + y + z &= 2 \\ 2x + 3y &= 2 \\ 5x - 3y - 6z &= -9 \end{aligned}$

15. $k = -1$

17. $\begin{bmatrix}4\\2\end{bmatrix}\begin{bmatrix}0 & 1 & 2\end{bmatrix}+\begin{bmatrix}-3\\-1\end{bmatrix}\begin{bmatrix}-2 & 3 & 1\end{bmatrix}=\begin{bmatrix}0 & 4 & 8\\0 & 2 & 4\end{bmatrix}+\begin{bmatrix}6 & -9 & -3\\2 & -3 & -1\end{bmatrix}=\begin{bmatrix}6 & -5 & 5\\2 & -1 & 3\end{bmatrix}$

19. $\begin{bmatrix}1\\4\end{bmatrix}\begin{bmatrix}1 & 2\end{bmatrix}+\begin{bmatrix}2\\5\end{bmatrix}\begin{bmatrix}3 & 4\end{bmatrix}+\begin{bmatrix}3\\6\end{bmatrix}\begin{bmatrix}5 & 6\end{bmatrix}=\begin{bmatrix}1 & 2\\4 & 8\end{bmatrix}+\begin{bmatrix}6 & 8\\15 & 20\end{bmatrix}+\begin{bmatrix}15 & 18\\30 & 36\end{bmatrix}=\begin{bmatrix}22 & 28\\49 & 64\end{bmatrix}$

21. $\begin{bmatrix}x_1\\x_2\\x_3\\x_4\\x_5\\x_6\end{bmatrix}=\begin{bmatrix}0\\0\\0\\0\\0\\\frac{1}{3}\end{bmatrix}+r\begin{bmatrix}-3\\1\\0\\0\\0\\0\end{bmatrix}+s\begin{bmatrix}-4\\0\\-2\\1\\0\\0\end{bmatrix}+t\begin{bmatrix}-2\\0\\0\\0\\1\\0\end{bmatrix}$

23. $a=4, b=-6, c=-1, d=1$

27. The only matrix satisfying the given condition is $A=\begin{bmatrix}1 & 1 & 0\\1 & -1 & 0\\0 & 0 & 0\end{bmatrix}$.

29. a. $\begin{bmatrix}1 & 1\\1 & 1\end{bmatrix}$ and $\begin{bmatrix}-1 & -1\\-1 & -1\end{bmatrix}$

b. Four square roots can be found: $\begin{bmatrix}\sqrt{5} & 0\\0 & 3\end{bmatrix}, \begin{bmatrix}-\sqrt{5} & 0\\0 & 3\end{bmatrix}, \begin{bmatrix}\sqrt{5} & 0\\0 & -3\end{bmatrix}$, and $\begin{bmatrix}-\sqrt{5} & 0\\0 & -3\end{bmatrix}$.

33. The matrix product represents $\begin{bmatrix}\text{the total cost of items purchased in January}\\\text{the total cost of items purchased in February}\\\text{the total cost of items purchased in March}\\\text{the total cost of items purchased in April}\end{bmatrix}$.

True/False 1.3

a. True b. False c. False d. False e. True f. False g. False h. True i. True j. True
k. True l. False m. True n. True o. False

Exercise Set 1.4

5. $\begin{bmatrix}\frac{1}{5} & \frac{3}{20}\\-\frac{1}{5} & \frac{1}{10}\end{bmatrix}$ 7. $\begin{bmatrix}\frac{1}{2} & 0\\0 & \frac{1}{3}\end{bmatrix}$ 9. $\begin{bmatrix}\frac{1}{2}(e^x+e^{-x}) & -\frac{1}{2}(e^x-e^{-x})\\-\frac{1}{2}(e^x-e^{-x}) & \frac{1}{2}(e^x+e^{-x})\end{bmatrix}$ 15. $\begin{bmatrix}\frac{2}{7} & 1\\\frac{1}{7} & \frac{3}{7}\end{bmatrix}$ 17. $\begin{bmatrix}-\frac{9}{13} & \frac{1}{13}\\\frac{2}{13} & -\frac{6}{13}\end{bmatrix}$

19. a. $\begin{bmatrix}41 & 15\\30 & 11\end{bmatrix}$ b. $\begin{bmatrix}11 & -15\\-30 & 41\end{bmatrix}$ c. $\begin{bmatrix}6 & 2\\4 & 2\end{bmatrix}$ 21. a. $\begin{bmatrix}1 & 1\\2 & -1\end{bmatrix}$ b. $\begin{bmatrix}20 & 7\\14 & 6\end{bmatrix}$ c. $\begin{bmatrix}36 & 13\\26 & 10\end{bmatrix}$

23. The matrices commute if $c=0$ and $a=d$. 25. $x_1=\frac{1}{23}, x_2=\frac{13}{23}$ 27. $x_1=-\frac{1}{11}, x_2=\frac{6}{11}$

31. a. E.g., $A=\begin{bmatrix}1 & 0\\0 & 0\end{bmatrix}$ and $B=\begin{bmatrix}0 & 1\\0 & 0\end{bmatrix}$

b. $(A+B)(A-B)=A(A-B)+B(A-B)=A^2-AB+BA-B^2$

c. $AB=BA$

35. No 37. Invertible; $A^{-1}=\begin{bmatrix}\frac{1}{2} & \frac{1}{2} & -\frac{1}{2}\\-\frac{1}{2} & \frac{1}{2} & \frac{1}{2}\\\frac{1}{2} & -\frac{1}{2} & \frac{1}{2}\end{bmatrix}$ 39. B^{-1}

True/False 1.4

a. False b. False c. False d. False e. False f. True g. True h. True i. False j. True k. False

Exercise Set 1.5

1. a. Elementary b. Not elementary c. Not elementary d. Not elementary

3. a. Add 3 times the second row to the first row: $\begin{bmatrix}1 & 3\\0 & 1\end{bmatrix}$ b. Multiply the first row by $-\frac{1}{7}$: $\begin{bmatrix}-\frac{1}{7} & 0 & 0\\0 & 1 & 0\\0 & 0 & 1\end{bmatrix}$

c. Add 5 times the first row to the third row: $\begin{bmatrix} 1 & 0 & 0 \\ 0 & 1 & 0 \\ 5 & 0 & 1 \end{bmatrix}$ d. Interchange the first and third rows: $\begin{bmatrix} 0 & 0 & 1 & 0 \\ 0 & 1 & 0 & 0 \\ 1 & 0 & 0 & 0 \\ 0 & 0 & 0 & 1 \end{bmatrix}$

5. a. Interchange the first and second rows: $EA = \begin{bmatrix} 3 & -6 & -6 & -6 \\ -1 & -2 & 5 & -1 \end{bmatrix}$

b. Add -3 times the second row to the third row: $EA = \begin{bmatrix} 2 & -1 & 0 & -4 & -4 \\ 1 & -3 & -1 & 5 & 3 \\ -1 & 9 & 4 & -12 & -10 \end{bmatrix}$

c. Add 4 times the third row to the first row: $EA = \begin{bmatrix} 13 & 28 \\ 2 & 5 \\ 3 & 6 \end{bmatrix}$

7. a. $\begin{bmatrix} 0 & 0 & 1 \\ 0 & 1 & 0 \\ 1 & 0 & 0 \end{bmatrix}$ b. $\begin{bmatrix} 0 & 0 & 1 \\ 0 & 1 & 0 \\ 1 & 0 & 0 \end{bmatrix}$ c. $\begin{bmatrix} 1 & 0 & 0 \\ 0 & 1 & 0 \\ -2 & 0 & 1 \end{bmatrix}$ d. $\begin{bmatrix} 1 & 0 & 0 \\ 0 & 1 & 0 \\ 2 & 0 & 1 \end{bmatrix}$

9. a. $\begin{bmatrix} -7 & 4 \\ 2 & -1 \end{bmatrix}$ b. Not invertible

11. a. The inverse is $\begin{bmatrix} -40 & 16 & 9 \\ 13 & -5 & -3 \\ 5 & -2 & -1 \end{bmatrix}$. b. Not invertible

13. $\begin{bmatrix} \frac{1}{2} & -\frac{1}{2} & \frac{1}{2} \\ -\frac{1}{2} & \frac{1}{2} & \frac{1}{2} \\ \frac{1}{2} & \frac{1}{2} & -\frac{1}{2} \end{bmatrix}$

15. $\begin{bmatrix} \frac{7}{2} & 0 & -3 \\ -1 & 1 & 0 \\ 0 & -1 & 1 \end{bmatrix}$

17. $\begin{bmatrix} \frac{1}{4} & \frac{1}{2} & -3 & 0 \\ -\frac{1}{8} & \frac{1}{4} & -\frac{3}{2} & 0 \\ 0 & 0 & \frac{1}{2} & 0 \\ \frac{1}{40} & -\frac{1}{20} & -\frac{1}{10} & -\frac{1}{5} \end{bmatrix}$

19. a. $\begin{bmatrix} \frac{1}{k_1} & 0 & 0 & 0 \\ 0 & \frac{1}{k_2} & 0 & 0 \\ 0 & 0 & \frac{1}{k_3} & 0 \\ 0 & 0 & 0 & \frac{1}{k_4} \end{bmatrix}$ b. $\begin{bmatrix} \frac{1}{k} & -\frac{1}{k} & 0 & 0 \\ 0 & 1 & 0 & 0 \\ 0 & 0 & \frac{1}{k} & -\frac{1}{k} \\ 0 & 0 & 0 & 1 \end{bmatrix}$

21. Any value of c other than 0 and 1

23. $A = \begin{bmatrix} 1 & -2 \\ 0 & 1 \end{bmatrix}\begin{bmatrix} 1 & 0 \\ 2 & 1 \end{bmatrix}\begin{bmatrix} 1 & 0 \\ 0 & -8 \end{bmatrix}\begin{bmatrix} 1 & 5 \\ 0 & 1 \end{bmatrix}$; $A^{-1} = \begin{bmatrix} 1 & -5 \\ 0 & 1 \end{bmatrix}\begin{bmatrix} 1 & 0 \\ 0 & -\frac{1}{8} \end{bmatrix}\begin{bmatrix} 1 & 0 \\ -2 & 1 \end{bmatrix}\begin{bmatrix} 1 & 2 \\ 0 & 1 \end{bmatrix}$

(Answer is not unique.)

25. $A = \begin{bmatrix} 1 & 0 & 0 \\ 0 & 4 & 0 \\ 0 & 0 & 1 \end{bmatrix}\begin{bmatrix} 1 & 0 & 0 \\ 0 & 1 & \frac{3}{4} \\ 0 & 0 & 1 \end{bmatrix}\begin{bmatrix} 1 & 0 & -2 \\ 0 & 1 & 0 \\ 0 & 0 & 1 \end{bmatrix}$; $A^{-1} = \begin{bmatrix} 1 & 0 & 2 \\ 0 & 1 & 0 \\ 0 & 0 & 1 \end{bmatrix}\begin{bmatrix} 1 & 0 & 0 \\ 0 & 1 & -\frac{3}{4} \\ 0 & 0 & 1 \end{bmatrix}\begin{bmatrix} 1 & 0 & 0 \\ 0 & \frac{1}{4} & 0 \\ 0 & 0 & 1 \end{bmatrix}$

(Answer is not unique.)

27. Add -1 times the first row to the second row; add -1 times the second row to the first row; add -1 times the first row to the third row. (Answer is not unique.)

True/False 1.5

a. False b. True c. True d. True e. True f. True g. False

Exercise Set 1.6

1. $x_1 = 3, x_2 = -1$ 3. $x_1 = -1, x_2 = 4, x_3 = -7$ 5. $x = 1, y = 5$, and $z = -1$ 7. $x_1 = 2b_1 - 5b_2, x_2 = -b_1 + 3b_2$

9. i. $x_1 = \frac{22}{17}, x_2 = \frac{1}{17}$ ii. $x_1 = \frac{21}{17}, x_2 = \frac{11}{17}$

11. i. $x_1 = \frac{7}{15}, x_2 = \frac{4}{15}$ ii. $x_1 = \frac{34}{15}, x_2 = \frac{28}{15}$ iii. $x_1 = \frac{19}{15}, x_2 = \frac{13}{15}$ iv. $x_1 = -\frac{1}{5}, x_2 = \frac{3}{5}$

13. The system is consistent for all values of b_1 and b_2. 15. $b_1 = b_2 + b_3$ 17. $b_1 = b_3 + b_4$ and $b_2 = 2b_3 + b_4$

19. $X = \begin{bmatrix} 11 & 12 & -3 & 27 & 26 \\ -6 & -8 & 1 & -18 & -17 \\ -15 & -21 & 9 & -38 & -35 \end{bmatrix}$

True/False 1.6

a. True b. True c. True d. True e. True f. True g. True

Exercise Set 1.7

1. a. Upper triangular and invertible
   b. Lower triangular and not invertible
   c. Diagonal, upper triangular, lower triangular, and invertible
   d. Upper triangular and not invertible

3. $\begin{bmatrix} 6 & 3 \\ 4 & -1 \\ 4 & 10 \end{bmatrix}$ 5. $\begin{bmatrix} -15 & 10 & 0 & 20 & -20 \\ 2 & -10 & 6 & 0 & 6 \\ 18 & -6 & -6 & -6 & -6 \end{bmatrix}$ 7. $A^2 = \begin{bmatrix} 1 & 0 \\ 0 & 4 \end{bmatrix}, A^{-2} = \begin{bmatrix} 1 & 0 \\ 0 & \frac{1}{4} \end{bmatrix}, A^{-k} = \begin{bmatrix} 1 & 0 \\ 0 & \frac{1}{(-2)^k} \end{bmatrix}$

9. $A^2 = \begin{bmatrix} \frac{1}{4} & 0 & 0 \\ 0 & \frac{1}{9} & 0 \\ 0 & 0 & \frac{1}{16} \end{bmatrix}, A^{-2} = \begin{bmatrix} 4 & 0 & 0 \\ 0 & 9 & 0 \\ 0 & 0 & 16 \end{bmatrix}, A^{-k} = \begin{bmatrix} 2^k & 0 & 0 \\ 0 & 3^k & 0 \\ 0 & 0 & 4^k \end{bmatrix}$ 11. $\begin{bmatrix} 0 & 0 & 0 \\ 0 & 0 & 0 \\ 0 & 0 & 0 \end{bmatrix}$ 13. $\begin{bmatrix} 1 & 0 \\ 0 & -1 \end{bmatrix}$

15. a. $\begin{bmatrix} au & av \\ bw & bx \\ cy & cz \end{bmatrix}$ b. $\begin{bmatrix} ra & sb & tc \\ ua & vb & wc \\ xa & yb & zc \end{bmatrix}$ 17. a. $\begin{bmatrix} 2 & -1 \\ -1 & 3 \end{bmatrix}$ b. $\begin{bmatrix} 1 & 3 & 7 & 2 \\ 3 & 1 & -8 & -3 \\ 7 & -8 & 0 & 9 \\ 2 & -3 & 9 & 0 \end{bmatrix}$

19. Not invertible 21. Invertible 23. $-3, 5, -6$ 25. $a = -8$ 27. All x such that $x \neq 1$, $x \neq -2$, and $x \neq 4$

29. They are reciprocals of the corresponding diagonal entries of the matrix A. 31. $\begin{bmatrix} 1 & 0 & 0 \\ 0 & -1 & 0 \\ 0 & 0 & -1 \end{bmatrix}$

37. a. Symmetric b. Not symmetric (unless $n = 1$) c. Symmetric d. Not symmetric (unless $n = 1$)

39. $\begin{bmatrix} 1 & 10 \\ 0 & -2 \end{bmatrix}$ 41. a. $\begin{bmatrix} 0 & 0 & 4 \\ 0 & 0 & 1 \\ -4 & -1 & 0 \end{bmatrix}$ b. $\begin{bmatrix} 0 & 0 & -8 \\ 0 & 0 & -4 \\ 8 & 4 & 0 \end{bmatrix}$ 43. No

True/False 1.7

a. True b. False c. False d. True e. True f. False g. False h. True i. True j. False k. False
l. False m. True

Exercise Set 1.8

1. a. Domain: R^2; codomain: R^3
   b. Domain: R^3; codomain: R^2
   c. Domain: R^3; codomain: R^3
   d. Domain: R^6; codomain: R

3. a. Domain: R^2; codomain: R^2
   b. Domain: R^2; codomain: R^3

5. a. Domain: R^3; codomain: R^2
   b. Domain: R^2; codomain: R^3

7. a. Domain: R^2; codomain: R^2
   b. Domain: R^3; codomain: R^2

9. Domain: R^2; codomain: R^3

11. a. $\begin{bmatrix} 2 & -3 & 1 \\ 3 & 5 & -1 \end{bmatrix}$ b. $\begin{bmatrix} 7 & 2 & -8 \\ 0 & -1 & 5 \\ 4 & 7 & -1 \end{bmatrix}$

13. a. $\begin{bmatrix} 0 & 1 \\ -1 & 0 \\ 1 & 3 \\ 1 & -1 \end{bmatrix}$ b. $\begin{bmatrix} 7 & 2 & -1 & 1 \\ 0 & 1 & 1 & 0 \\ -1 & 0 & 0 & 0 \end{bmatrix}$ c. $\begin{bmatrix} 0 & 0 & 0 \\ 0 & 0 & 0 \\ 0 & 0 & 0 \\ 0 & 0 & 0 \\ 0 & 0 & 0 \end{bmatrix}$ d. $\begin{bmatrix} 0 & 0 & 0 & 1 \\ 1 & 0 & 0 & 0 \\ 0 & 0 & 1 & 0 \\ 0 & 1 & 0 & 0 \\ 1 & 0 & -1 & 0 \end{bmatrix}$

15. $\begin{bmatrix} 3 & 5 & -1 \\ 4 & -1 & 1 \\ 3 & 2 & -1 \end{bmatrix}; T(-1, 2, 4) = (3, -2, -3)$

17. a. $\begin{bmatrix} -1 & 1 \\ 0 & 1 \end{bmatrix}; T(-1, 4) = (5, 4)$ b. $\begin{bmatrix} 2 & -1 & 1 \\ 0 & 1 & 1 \\ 0 & 0 & 0 \end{bmatrix}; T(2, 1, -3) = (0, -2, 0)$

19. a. $T_A(\mathbf{x}) = \begin{bmatrix} 1 & 2 \\ 3 & 4 \end{bmatrix}\begin{bmatrix} 3 \\ -2 \end{bmatrix} = \begin{bmatrix} -1 \\ 1 \end{bmatrix}$ b. $T_A(\mathbf{x}) = \begin{bmatrix} -1 & 2 & 0 \\ 3 & 1 & 5 \end{bmatrix}\begin{bmatrix} -1 \\ 1 \\ 3 \end{bmatrix} = \begin{bmatrix} 3 \\ 13 \end{bmatrix}$ 25. No, unless $b = 0$

27. $\begin{bmatrix}1 & 0 & 4\\3 & 0 & -3\\0 & 1 & -1\end{bmatrix}$; $T(\mathbf{x}) = \begin{bmatrix}2\\6\\1\end{bmatrix}$

29. a. $\begin{bmatrix}1 & 0\\0 & -1\end{bmatrix}\begin{bmatrix}-1\\2\end{bmatrix} = \begin{bmatrix}-1\\-2\end{bmatrix}$ b. $\begin{bmatrix}-1 & 0\\0 & 1\end{bmatrix}\begin{bmatrix}-1\\2\end{bmatrix} = \begin{bmatrix}1\\2\end{bmatrix}$ c. $\begin{bmatrix}0 & 1\\1 & 0\end{bmatrix}\begin{bmatrix}-1\\2\end{bmatrix} = \begin{bmatrix}2\\-1\end{bmatrix}$

31. a. $\begin{bmatrix}1 & 0 & 0\\0 & 1 & 0\\0 & 0 & -1\end{bmatrix}\begin{bmatrix}2\\-5\\3\end{bmatrix} = \begin{bmatrix}2\\-5\\-3\end{bmatrix}$ b. $\begin{bmatrix}1 & 0 & 0\\0 & -1 & 0\\0 & 0 & 1\end{bmatrix}\begin{bmatrix}2\\-5\\3\end{bmatrix} = \begin{bmatrix}2\\5\\3\end{bmatrix}$ c. $\begin{bmatrix}-1 & 0 & 0\\0 & 1 & 0\\0 & 0 & 1\end{bmatrix}\begin{bmatrix}2\\-5\\3\end{bmatrix} = \begin{bmatrix}-2\\-5\\3\end{bmatrix}$

33. a. $\begin{bmatrix}1 & 0\\0 & 0\end{bmatrix}\begin{bmatrix}2\\-5\end{bmatrix} = \begin{bmatrix}2\\0\end{bmatrix}$ b. $\begin{bmatrix}0 & 0\\0 & 1\end{bmatrix}\begin{bmatrix}2\\-5\end{bmatrix} = \begin{bmatrix}0\\-5\end{bmatrix}$

35. a. $\begin{bmatrix}1 & 0 & 0\\0 & 1 & 0\\0 & 0 & 0\end{bmatrix}\begin{bmatrix}-2\\1\\3\end{bmatrix} = \begin{bmatrix}-2\\1\\0\end{bmatrix}$ b. $\begin{bmatrix}1 & 0 & 0\\0 & 0 & 0\\0 & 0 & 1\end{bmatrix}\begin{bmatrix}-2\\1\\3\end{bmatrix} = \begin{bmatrix}-2\\0\\3\end{bmatrix}$ c. $\begin{bmatrix}0 & 0 & 0\\0 & 1 & 0\\0 & 0 & 1\end{bmatrix}\begin{bmatrix}-2\\1\\3\end{bmatrix} = \begin{bmatrix}0\\1\\3\end{bmatrix}$

37. a. $\begin{bmatrix}\frac{\sqrt{3}}{2} & -\frac{1}{2}\\ \frac{1}{2} & \frac{\sqrt{3}}{2}\end{bmatrix}\begin{bmatrix}3\\-4\end{bmatrix} = \begin{bmatrix}\frac{3\sqrt{3}}{2}+2\\ \frac{3}{2}-2\sqrt{3}\end{bmatrix} \approx \begin{bmatrix}4.60\\-1.96\end{bmatrix}$ b. $\begin{bmatrix}\frac{1}{2} & \frac{\sqrt{3}}{2}\\ -\frac{\sqrt{3}}{2} & \frac{1}{2}\end{bmatrix}\begin{bmatrix}3\\-4\end{bmatrix} = \begin{bmatrix}\frac{3}{2}-2\sqrt{3}\\ -\frac{3\sqrt{3}}{2}-2\end{bmatrix} \approx \begin{bmatrix}-1.96\\-4.60\end{bmatrix}$

c. $\begin{bmatrix}\frac{\sqrt{2}}{2} & -\frac{\sqrt{2}}{2}\\ \frac{\sqrt{2}}{2} & \frac{\sqrt{2}}{2}\end{bmatrix}\begin{bmatrix}3\\-4\end{bmatrix} = \begin{bmatrix}\frac{7\sqrt{2}}{2}\\ -\frac{\sqrt{2}}{2}\end{bmatrix} \approx \begin{bmatrix}4.95\\-0.71\end{bmatrix}$ d. $\begin{bmatrix}0 & -1\\1 & 0\end{bmatrix}\begin{bmatrix}3\\-4\end{bmatrix} = \begin{bmatrix}4\\3\end{bmatrix}$

39. $(a+c, b+d)$

41. a. $T_A(\mathbf{e}_1) = \begin{bmatrix}-1\\2\\4\end{bmatrix}, T_A(\mathbf{e}_2) = \begin{bmatrix}3\\1\\5\end{bmatrix}, T_A(\mathbf{e}_3) = \begin{bmatrix}0\\2\\-3\end{bmatrix}$ b. $\begin{bmatrix}2\\5\\6\end{bmatrix}$ c. $\begin{bmatrix}0\\14\\-21\end{bmatrix}$

43. Reflection about the *xy*-plane: $T(1,2,3) = \begin{bmatrix}1 & 0 & 0\\0 & 1 & 0\\0 & 0 & -1\end{bmatrix}\begin{bmatrix}1\\2\\3\end{bmatrix} = \begin{bmatrix}1\\2\\-3\end{bmatrix}$;

Reflection about the *xz*-plane: $T(1,2,3) = \begin{bmatrix}1 & 0 & 0\\0 & -1 & 0\\0 & 0 & 1\end{bmatrix}\begin{bmatrix}1\\2\\3\end{bmatrix} = \begin{bmatrix}1\\-2\\3\end{bmatrix}$;

Reflection about the *yz*-plane: $T(1,2,3) = \begin{bmatrix}-1 & 0 & 0\\0 & 1 & 0\\0 & 0 & 1\end{bmatrix}\begin{bmatrix}1\\2\\3\end{bmatrix} = \begin{bmatrix}-1\\2\\3\end{bmatrix}$

45. $A = \begin{bmatrix}5 & -4\\-11 & 9\end{bmatrix}$

49. Rotation through the angle 2θ

True/False 1.8

a. False b. False c. True d. False e. True f. False g. False

Exercise Set 1.9

1. a. Operators do not commute. b. Operators do not commute.

3. The operators commute.

5. The standard matrices for $T_B \circ T_A$ and $T_A \circ T_B$ are $\begin{bmatrix}-10 & -7\\5 & -10\end{bmatrix}$ and $\begin{bmatrix}-8 & -3\\13 & -12\end{bmatrix}$, respectively.

7. a. $\begin{bmatrix}1 & 0\\0 & -1\end{bmatrix}$ b. $\begin{bmatrix}0 & -\frac{\sqrt{2}}{2}\\0 & \frac{\sqrt{2}}{2}\end{bmatrix}$ c. $\begin{bmatrix}\frac{\sqrt{3}}{2} & \frac{1}{2}\\ \frac{1}{2} & -\frac{\sqrt{3}}{2}\end{bmatrix}$

9. a. $\begin{bmatrix}-1 & 0 & 0\\0 & 0 & 0\\0 & 0 & 1\end{bmatrix}$ b. $\begin{bmatrix}1 & 0 & 0\\0 & 1 & 0\\0 & 0 & 0\end{bmatrix}$ c. $\begin{bmatrix}-1 & 0 & 0\\0 & 1 & 0\\0 & 0 & 0\end{bmatrix}$

11. a. The standard matrices for T_1 and T_2 are $\begin{bmatrix} 1 & 1 \\ 1 & -1 \end{bmatrix}$ and $\begin{bmatrix} 3 & 0 \\ 2 & 4 \end{bmatrix}$, respectively.

b. The standard matrices for $T_2 \circ T_1$ and $T_1 \circ T_2$ are $\begin{bmatrix} 3 & 3 \\ 6 & -2 \end{bmatrix}$ and $\begin{bmatrix} 5 & 4 \\ 1 & -4 \end{bmatrix}$, respectively.

c. $T_1(T_2(x_1, x_2)) = (5x_1 + 4x_2, x_1 - 4x_2); T_2(T_1(x_1, x_2)) = (3x_1 + 3x_2, 6x_1 - 2x_2)$

13. a. The standard matrices for T_1 and T_2 are

$\begin{bmatrix} 1 & -1 \\ -1 & 2 \\ 3 & 0 \end{bmatrix}$ and $\begin{bmatrix} 0 & 4 & 0 \\ 1 & 2 & 0 \end{bmatrix}$, respectively.

b. The standard matrices for $T_2 \circ T_1$ and $T_1 \circ T_2$ are

$\begin{bmatrix} -4 & 8 \\ -1 & 3 \end{bmatrix}$ and $\begin{bmatrix} -1 & 2 & 0 \\ 2 & 0 & 0 \\ 0 & 12 & 0 \end{bmatrix}$, respectively.

c. $T_1(T_2(x_1, x_2, x_3)) = (-x_1 - 2x_2, 2x_1, 12x_2);$

$T_2(T_1(x_1, x_2)) = (-4x_1 + 8x_2, -x_1 + 3x_2)$

15. a. The standard matrices for T_1 and T_2 are

$\begin{bmatrix} 0 & 1 \\ 1 & 0 \\ 1 & 1 \\ 1 & -1 \end{bmatrix}$ and $\begin{bmatrix} 1 & 0 & 0 & 1 \\ 0 & 1 & 0 & 1 \\ 0 & 0 & 1 & 1 \end{bmatrix}$, respectively.

b. The standard matrix for $T_2 \circ T_1$ is $\begin{bmatrix} 1 & 0 \\ 2 & -1 \\ 2 & 0 \end{bmatrix}$.

c. The domain of T_1 does not equal the codomain of T_2.

d. $(T_2 \circ T_1)(x, y) = (x, 2x - y, 2x)$

17. a. $\begin{bmatrix} w_1 \\ w_2 \end{bmatrix} = \begin{bmatrix} 8 & 4 \\ 2 & 1 \end{bmatrix} \begin{bmatrix} x_1 \\ x_2 \end{bmatrix}$; the operator is not invertible.

b. $\begin{bmatrix} w_1 \\ w_2 \\ w_3 \end{bmatrix} = \begin{bmatrix} -1 & 3 & 2 \\ 2 & 0 & 4 \\ 1 & 3 & 6 \end{bmatrix} \begin{bmatrix} x_1 \\ x_2 \\ x_3 \end{bmatrix}$; the operator is not invertible.

19. a. Invertible; standard matrix of T^{-1} : $\begin{bmatrix} \frac{1}{3} & -\frac{2}{3} \\ \frac{1}{3} & \frac{1}{3} \end{bmatrix}$; $T^{-1}(w_1, w_2) = (\frac{1}{3}w_1 - \frac{2}{3}w_2, \frac{1}{3}w_1 + \frac{1}{3}w_2)$

b. Not invertible

21. a. Invertible; reflection about the x-axis in R^2

b. Invertible; 300° rotation about the origin in R^2

c. Not invertible

23. a. Invertible; $\begin{bmatrix} 3 \\ -1 \end{bmatrix}$

b. Not invertible

25. a. Reflection about the line $y = x$ followed by reflection about the origin

b. $T_A = T_B \circ T_C$, where $B = \begin{bmatrix} -1 & 0 \\ 0 & -1 \end{bmatrix}$ and $C = \begin{bmatrix} 0 & 1 \\ 1 & 0 \end{bmatrix}$

True/False 1.9

a. False b. True c. True d. False e. True f. False g. True

Exercise Set 1.10

1.

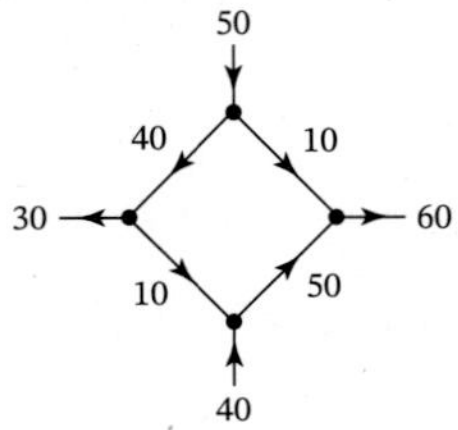

3. a.
$$\begin{aligned} x_2 - x_3 \quad\quad &= 100 \\ x_3 - x_4 &= -500 \\ x_1 - x_2 \quad\quad\quad &= 300 \\ -x_1 \quad\quad + x_4 &= 100 \end{aligned}$$

b. $x_1 = -100 + s, x_2 = -400 + s, x_3 = -500 + s, x_4 = s$

c. To keep the traffic flowing on all roads, the flow from A to B must exceed 500 vehicles per hour.

5. $I_1 = 2.6\text{A}, I_2 = -0.4\text{A}, I_3 = 2.2\text{A}$ 7. $I_1 = I_4 = I_5 = I_6 = 0.5\text{A}, I_2 = I_3 = 0\text{A}$ 9. $C_3H_8 + 5O_2 \rightarrow 3CO_2 + 4H_2O$

11. $CH_3COF + H_2O \rightarrow CH_3COOH + HF$ 13. $2 - 2x + x^2$ 15. $1 + \frac{13}{6}x - \frac{1}{6}x^3$

17. a. $p(x) = 1 + (1 - t)x + tx^2$

b.

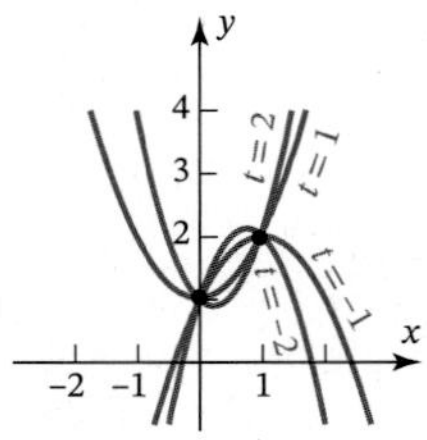

True/False 1.10

a. False b. False c. True d. False e. False

Exercise Set 1.11

1. a. $\begin{bmatrix} 0.50 & 0.25 \\ 0.25 & 0.10 \end{bmatrix}$

b. M must produce approximately \$25,290.32 worth of mechanical work and B must produce approximately \$22,580.65 worth of body work.

3. a. $\begin{bmatrix} 0.10 & 0.60 & 0.40 \\ 0.30 & 0.20 & 0.30 \\ 0.40 & 0.10 & 0.20 \end{bmatrix}$ b. $\begin{bmatrix} \$31{,}500 \\ \$26{,}500 \\ \$26{,}300 \end{bmatrix}$ 5. $\mathbf{x} \approx \begin{bmatrix} 123.08 \\ 202.56 \end{bmatrix}$

True/False 1.11

a. False b. True c. False d. True e. True

Chapter 1 Supplementary Exercises

1.
$$\begin{aligned} 3x_1 - x_2 \quad\quad + 4x_4 &= 1 \\ 2x_1 \quad + 3x_3 + 3x_4 &= -1 \end{aligned}$$

$x_1 = -\frac{3}{2}s - \frac{3}{2}t - \frac{1}{2}, x_2 = -\frac{9}{2}s - \frac{1}{2}t - \frac{5}{2}, x_3 = s, x_4 = t$

3.
$$\begin{aligned} 2x_1 - 4x_2 + x_3 &= 6 \\ -4x_1 \quad\quad + 3x_3 &= -1 \\ x_2 - x_3 &= 3 \end{aligned}$$

$x_1 = -\frac{17}{2}, x_2 = -\frac{26}{3}, x_3 = -\frac{35}{3}$

5. $x' = \frac{3}{5}x + \frac{4}{5}y, y' = -\frac{4}{5}x + \frac{3}{5}y$ 7. $x = 4, y = 2, z = 3$

9. a. $a \neq 0$ and $b \neq 2$ b. $a \neq 0$ and $b = 2$ c. $a = 0$ and $b = 2$ d. $a = 0$ and $b \neq 2$

11. $\begin{bmatrix} 0 & 2 \\ 1 & 1 \end{bmatrix}$ 13. a. $\begin{bmatrix} -1 & 3 & -1 \\ 6 & 0 & 1 \end{bmatrix}$ b. $\begin{bmatrix} 1 & -2 \\ 3 & 1 \end{bmatrix}$ c. $\begin{bmatrix} -\frac{113}{37} & -\frac{160}{37} \\ -\frac{20}{37} & -\frac{46}{37} \end{bmatrix}$ 15. $a = 1, b = -2, c = 3$

Chapter 2

Exercise Set 2.1

1. $M_{11} = 29, C_{11} = 29$
$M_{12} = 21, C_{12} = -21$
$M_{13} = 27, C_{13} = 27$
$M_{21} = -11, C_{21} = 11$
$M_{22} = 13, C_{22} = 13$
$M_{23} = -5, C_{23} = 5$
$M_{31} = -19, C_{31} = -19$
$M_{32} = -19, C_{32} = 19$
$M_{33} = 19, C_{33} = 19$

3. a. $M_{13} = 0, C_{13} = 0$
b. $M_{23} = -96, C_{23} = 96$
c. $M_{22} = -48, C_{22} = -48$
d. $M_{21} = 72, C_{21} = -72$

5. 22; $\begin{bmatrix} \frac{2}{11} & \frac{-5}{22} \\ \frac{1}{11} & \frac{3}{22} \end{bmatrix}$ 7. 59; $\begin{bmatrix} \frac{-2}{59} & \frac{-7}{59} \\ \frac{7}{59} & \frac{-5}{59} \end{bmatrix}$

9. $a^2 - 5a + 21$ 11. -65 13. -123 15. $\lambda = -3$ or $\lambda = 1$ 17. $\lambda = 1$ or $\lambda = -1$ 19. (all parts) -123 21. -40

23. 0 25. -240 27. -1 29. 0 31. 6 33. a. The determinant is 1. b. The determinant is 1.

35. $d_1 + \lambda = d_2$ 37. If $n = 1$ then the determinant is 1. If $n \geq 2$ then the determinant is 0.

True/False 2.1

a. False b. False c. True d. True e. True f. True g. False h. False i. False j. True

Exercise Set 2.2

5. -5 7. -1 9. 33 11. 6 13. -2 15. -6 17. 72 19. -6

21. 18 31. -24 33. $\det(B) = (-1)^{\lfloor n/2 \rfloor} \det(A)$

True/False 2.2

a. True b. True c. False d. False e. True f. True

Exercise Set 2.3

5. $\det(A + B) \neq \det(A) + \det(B)$ 7. Invertible 9. Invertible 11. Not invertible 13. Invertible

15. $k \neq \frac{5-\sqrt{17}}{2}$ and $k \neq \frac{5+\sqrt{17}}{2}$ 17. $k \neq -1$ 19. Invertible; $A^{-1} = \begin{bmatrix} 3 & -5 & -5 \\ -3 & 4 & 5 \\ 2 & -2 & -3 \end{bmatrix}$ 21. Invertible; $A^{-1} = \begin{bmatrix} \frac{1}{2} & \frac{3}{2} & 1 \\ 0 & 1 & \frac{3}{2} \\ 0 & 0 & \frac{1}{2} \end{bmatrix}$

23. Invertible; $A^{-1} = \begin{bmatrix} -4 & 3 & 0 & -1 \\ 2 & -1 & 0 & 0 \\ -7 & 0 & -1 & 8 \\ 6 & 0 & 1 & -7 \end{bmatrix}$ 25. $x = \frac{3}{11}, y = \frac{2}{11}, z = -\frac{1}{11}$ 27. $x_1 = -\frac{30}{11}, x_2 = -\frac{38}{11}, x_3 = -\frac{40}{11}$

29. Cramer's rule does not apply. 31. $y = 0$ 33. a. -189 b. $-\frac{1}{7}$ c. $-\frac{8}{7}$ d. $-\frac{1}{56}$ e. 7

35. a. 189 b. $\frac{1}{7}$ c. $\frac{8}{7}$ d. $\frac{1}{56}$

True/False 2.3

a. False b. False c. True d. False e. True f. True g. True h. True i. True j. True k. True
l. False

Chapter 2 Supplementary Exercises

1. -18 3. 24 5. -10 7. 329 9. Exercise 3: 24; Exercise 4: 0; Exercise 5: -10; Exercise 6: -48

11. The matrices in Exercises 1–3 are invertible; the matrix in Exercise 4 is not. 13. $-b^2 + 5b - 21$ 15. -120

17. $\begin{bmatrix} -\frac{1}{6} & \frac{1}{9} \\ \frac{1}{6} & \frac{2}{9} \end{bmatrix}$ 19. $\begin{bmatrix} \frac{1}{8} & -\frac{1}{8} & -\frac{3}{8} \\ \frac{1}{8} & \frac{5}{24} & -\frac{1}{24} \\ \frac{1}{4} & -\frac{7}{12} & -\frac{1}{12} \end{bmatrix}$ 21. $\begin{bmatrix} \frac{1}{5} & \frac{2}{5} & -\frac{1}{10} \\ \frac{1}{5} & -\frac{3}{5} & \frac{2}{5} \\ -\frac{2}{5} & \frac{6}{5} & -\frac{3}{10} \end{bmatrix}$ 23. $\begin{bmatrix} \frac{10}{329} & -\frac{2}{329} & \frac{52}{329} & -\frac{27}{329} \\ \frac{55}{329} & -\frac{11}{329} & -\frac{43}{329} & \frac{16}{329} \\ -\frac{3}{47} & \frac{10}{47} & -\frac{25}{47} & -\frac{6}{47} \\ -\frac{31}{329} & \frac{72}{329} & \frac{102}{329} & -\frac{15}{329} \end{bmatrix}$

25. $x' = \frac{3}{5}x + \frac{4}{5}y, y' = \frac{3}{5}y - \frac{4}{5}x$ 29. b. $\cos\beta = \frac{a^2 + c^2 - b^2}{2ac}$, $\cos\gamma = \frac{a^2 + b^2 - c^2}{2ab}$

Chapter 3

Exercise Set 3.1

1. a. $(3, -4)$ b. $(2, -3, 4)$ 3. a. $(-1, 3)$ b. $(-3, 6, 1)$ 5. a. $(2, 3)$ b. $(-2, -2, -1)$

7. a. $(-1, 2, -4)$ is one possible answer. b. $(7, -2, -6)$ is one possible answer.

9. a. $(1, -4)$ b. $(-12, 8)$ c. $(38, 28)$ d. $(4, 29)$

11. a. $(-1, 9, -11, 1)$ b. $(-13, 13, -36, -2)$ c. $(-90, -114, 60, -36)$ d. $(27, 29, -27, 9)$

13. $\left(-\frac{25}{3}, 7, -\frac{32}{3}, -\frac{2}{3}\right)$ 15. a. Not parallel to $\mathbf{u}$ b. Parallel to $\mathbf{u}$ c. Parallel to $\mathbf{u}$ 17. $a = 3, b = -1$

19. $c_1 = 2, c_2 = -1, c_3 = 5$ 23. a. $\left(\frac{9}{2}, -\frac{1}{2}, -\frac{1}{2}\right)$ b. $\left(\frac{23}{4}, -\frac{9}{4}, \frac{1}{4}\right)$ 25. a. $(-2, 5)$ b. $(3, -8)$ 27. $(7, -3, -19)$

29. a. $\mathbf{0}$ b. $\mathbf{0}$ c. $-\mathbf{a}$ 31. Magnitude of $\mathbf{F}$ is $\sqrt{84}$ lb ≈ 9.17 lb; the angle with the positive x-axis $\approx -70.9°$

33. $\frac{500}{1+\sqrt{3}}$ lb ≈ 183.01 lb and $\frac{750\sqrt{2}}{3+\sqrt{3}}$ lb ≈ 224.14 lb

True/False 3.1

a. False b. False c. False d. True e. True f. False g. False h. True i. False j. True k. False

Exercise Set 3.2

1. a. $\|\mathbf{v}\| = 2\sqrt{3}$; $\frac{1}{\|\mathbf{v}\|}\mathbf{v} = \left(\frac{1}{\sqrt{3}}, \frac{1}{\sqrt{3}}, \frac{1}{\sqrt{3}}\right)$; $-\frac{1}{\|\mathbf{v}\|}\mathbf{v} = \left(-\frac{1}{\sqrt{3}}, -\frac{1}{\sqrt{3}}, -\frac{1}{\sqrt{3}}\right)$

   b. $\|\mathbf{v}\| = \sqrt{15}$; $\frac{1}{\|\mathbf{v}\|}\mathbf{v} = \left(\frac{1}{\sqrt{15}}, 0, \frac{2}{\sqrt{15}}, \frac{1}{\sqrt{15}}, \frac{3}{\sqrt{15}}\right)$; $-\frac{1}{\|\mathbf{v}\|}\mathbf{v} = \left(-\frac{1}{\sqrt{15}}, 0, -\frac{2}{\sqrt{15}}, -\frac{1}{\sqrt{15}}, -\frac{3}{\sqrt{15}}\right)$

3. a. $\sqrt{83}$ b. $\sqrt{17}+\sqrt{26}$ c. $2\sqrt{3}$ d. $\sqrt{466}$ 5. a. $\sqrt{2570}$ b. $3\sqrt{46} - 10\sqrt{21} + \sqrt{42}$ c. $2\sqrt{966}$

7. $k = \frac{5}{7}$ or $k = -\frac{5}{7}$ 9. a. $\mathbf{u}\cdot\mathbf{v} = -8$; $\mathbf{u}\cdot\mathbf{u} = 26$; $\mathbf{v}\cdot\mathbf{v} = 24$ b. $\mathbf{u}\cdot\mathbf{v} = 0$; $\mathbf{u}\cdot\mathbf{u} = 54$; $\mathbf{v}\cdot\mathbf{v} = 21$

11. a. $d(\mathbf{u}, \mathbf{v}) = \sqrt{14}$; $\cos\theta = \frac{5}{\sqrt{51}}$; the angle is acute. 13. $\frac{45\sqrt{3}}{2}$

    b. $d(\mathbf{u}, \mathbf{v}) = \sqrt{59}$; $\cos\theta = \frac{-4}{\sqrt{6}\sqrt{45}}$; the angle is obtuse.

15. a. Does not make sense; $\mathbf{v}\cdot\mathbf{w}$ is a scalar, whereas the dot product is only defined for vectors.
    b. Makes sense
    c. Does not make sense; $\mathbf{u}\cdot\mathbf{v}$ is a scalar, whereas the norm is only defined for vectors.
    d. Makes sense

25. $71°, 61°, 36°$

True/False 3.2

a. True b. True c. False d. True e. True f. False g. False h. False i. True j. True

Exercise Set 3.3

1. a. Orthogonal b. Not orthogonal c. Not orthogonal d. Not orthogonal

3. $-2(x+1) + (y-3) - (z+2) = 0$ 5. $2z = 0$ 7. Not parallel 9. Parallel 11. Not perpendicular

13. a. $\frac{2}{5}$ b. $\frac{18}{\sqrt{22}}$ 15. $(0, 0), (6, 2)$ 17. $\left(-\frac{16}{13}, 0, -\frac{80}{13}\right), \left(\frac{55}{13}, 1, -\frac{11}{13}\right)$ 19. $\left(\frac{1}{5}, -\frac{1}{5}, \frac{1}{10}, -\frac{1}{10}\right), \left(\frac{9}{5}, \frac{6}{5}, \frac{9}{10}, \frac{21}{10}\right)$

21. 1 23. $\frac{1}{\sqrt{17}}$ 25. $\frac{5}{3}$ 27. $\frac{11}{\sqrt{6}}$ 29. $\left(\frac{1}{\sqrt{3}}, \frac{1}{\sqrt{3}}, -\frac{1}{\sqrt{3}}\right)$ is one possible answer. 31. Yes

35. The standard matrix: $\begin{bmatrix} -\frac{1}{2} & \frac{\sqrt{3}}{2} \\ \frac{\sqrt{3}}{2} & \frac{1}{2} \end{bmatrix}$; $H_{\pi/3}(3,4) = \left(-\frac{3}{2} + 2\sqrt{3}, \frac{3\sqrt{3}}{2} + 2\right) \approx (1.96, 4.60)$

37. The standard matrix: $\begin{bmatrix} \frac{1}{4} & \frac{\sqrt{3}}{4} \\ \frac{\sqrt{3}}{4} & \frac{3}{4} \end{bmatrix}$; $P_{\pi/3}(3,4) = \left(\frac{3}{4} + \sqrt{3}, \frac{3\sqrt{3}}{4} + 3\right) \approx (2.48, 4.30)$

41. $\frac{50{,}000}{\sqrt{2}}$ Nm $\approx$ 35,355 Nm

True/False 3.3

a. True b. True c. True d. True e. True f. False g. False

Exercise Set 3.4

1. Vector equation: $(x, y) = (-4, 1) + t(0, -8)$;
   parametric equations: $x = -4, y = 1 - 8t$
3. Vector equation: $(x, y, z) = t(-3, 0, 1)$;
   parametric equations: $x = -3t, y = 0, z = t$
5. Point: $(3, -6)$; vector: $(-5, -1)$
7. Point: $(4, 6)$; vector: $(-6, -6)$
9. Vector equation: $(x, y, z) = (-3, 1, 0) + t_1(0, -3, 6) + t_2(-5, 1, 2)$;
   parametric equations: $x = -3 - 5t_2, y = 1 - 3t_1 + t_2, z = 6t_1 + 2t_2$
11. Vector equation: $(x, y, z) = (-1, 1, 4) + t_1(6, -1, 0) + t_2(-1, 3, 1)$;
   parametric equations: $x = -1 + 6t_1 - t_2, y = 1 - t_1 + 3t_2, z = 4 + t_2$
13. Vector equation: $(x, y) = t(3, 2)$;
   parametric equations: $x = 3t$ and $y = 2t$
15. Vector equation: $(x, y, z) = t_1(5, 0, 4) + t_2(0, 1, 0)$;
   parametric equations: $x = 5t_1, y = t_2$, and $z = 4t_1$
17. $x_1 = -s - t, x_2 = s, x_3 = t$
19. $x_1 = \frac{3}{7}r - \frac{19}{7}s - \frac{8}{7}t, x_2 = -\frac{2}{7}r + \frac{1}{7}s + \frac{3}{7}t, x_3 = r, x_4 = s, x_5 = t$
21. a. $\begin{aligned} x + y + z &= 0 \\ -2x + 3y &= 0 \end{aligned}$ b. A straight line passing through the origin c. $x = -\frac{3}{5}t, y = -\frac{2}{5}t, z = t$
23. b. $\mathbf{x} = (5, -9) + t(3, 10); x = 5 + 3t,\ y = -9 + 10t$

True/False 3.4

a. True b. False c. True d. True e. True

Exercise Set 3.5

1. a. $(32, -6, -4)$ b. $(-32, 6, 4)$ c. $(52, -29, 10)$ d. 0 e. $(0, 0, 0)$ f. $(0, 0, 0)$
3. $\|\mathbf{u} \times \mathbf{w}\|^2 = 1125$ 5. $\mathbf{u} \times (\mathbf{v} \times \mathbf{w}) = (-14, -20, -82)$ 7. $\mathbf{u} \times \mathbf{v} = (18, 36, -18)$ 9. $\sqrt{59}$ 11. 3
13. 7 15. $\frac{\sqrt{374}}{2}$ 17. 16 19. The vectors do not lie in the same plane. 21. -92 23. abc 25. a. -3 b. 3 c. 3
27. a. $\frac{\sqrt{26}}{2}$ b. $\frac{\sqrt{26}}{3}$ 29. $2(\mathbf{v} \times \mathbf{u})$ 31. a. $1500\sqrt{2}$ Nm $\approx$ 2121.32 Nm b. 132°, 109°, 132° 39. a. $\frac{17}{6}$ b. $\frac{1}{2}$

True/False 3.5

a. True b. True c. False d. True e. False f. False

Chapter 3 Supplementary Exercises

1. a. $(13, -3, 10)$ b. $\sqrt{70}$ c. $3\sqrt{86}$ d. $\left(-\frac{8}{9}, \frac{20}{9}, \frac{20}{9}\right)$ e. -122 f. $(-3150, -2430, 1170)$
3. a. $(-5, -12, 20, -2)$ b. $\sqrt{106}$ c. $\sqrt{2810}$ d. $\left(-\frac{135}{77}, -\frac{15}{77}, \frac{90}{77}, \frac{90}{77}\right)$
5. The plane containing A, B, and C 7. $(-1, -1, 5)$ 9. $\sqrt{\frac{14}{17}}$ 11. $\frac{11}{\sqrt{35}}$
13. Vector equation: $(x, y, z) = (-2, 1, 3) + t_1(1, -2, -2) + t_2(5, -1, -5)$;
   parametric equations: $x = -2 + t_1 + 5t_2, y = 1 - 2t_1 - t_2, z = 3 - 2t_1 - 5t_2$

15. Vector equation: $(x, y) = (0, -3) + t(8, -1)$;
parametric equations: $x = 8t, y = -3 - t$

17. Vector equation: $(x, y) = (0, -5) + t(1, 3)$;
parametric equations: $x = t, y = -5 + 3t$

19. $3(x+1) + 6(y-5) + 2(z-6) = 0$ 21. $-18(x-9) - 51y - 24(z-4) = 0$ 25. A plane through the origin

Chapter 4

Exercise Set 4.1

1. a. $\mathbf{u} + \mathbf{v} = (2, 6)$; $k\mathbf{u} = (0, 6)$ c. Axioms 1–5 3. Vector space 5. Not a vector space; Axioms 5 and 6 fail.

7. Not a vector space; Axiom 8 fails. 9. Vector space 11. Vector space 19. $\frac{1}{u} = u^{-1}$

True/False 4.1

a. True b. False c. False d. False e. True f. False

Exercise Set 4.2

1. (a), (c) 3. (a), (c), (d) 5. (a), (b) 7. (a) 9. (a) 11. (a) 13. (b) 15. (a) 17. (a), (b), (c), (d)

19. a. Line; $x = -\frac{1}{2}t, y = -\frac{3}{2}t, z = t$ b. Origin c. Plane; $x - 3y + z = 0$ d. Line; $x = -3t, y = -2t, z = t$

True/False 4.2

a. True b. True c. False d. False e. False f. True g. False h. True

Exercise Set 4.3

1. (a), (c) 3. (a), (b)

5. a. $\begin{bmatrix} 1 & 2 \\ 2 & 4 \end{bmatrix} = -3A + 12B - 13C + 2D$ b. $\begin{bmatrix} 3 & 1 \\ 1 & 2 \end{bmatrix} = A + B + C + D$

7. a. The vectors span R^3. b. The vectors do not span R^3. 9. The polynomials do not span P_2.

11. a. The matrices do not span M_{22}. b. The matrices do not span M_{22}. c. The matrices span M_{22}.

13. a. $\mathbf{u}$ is not in the span. b. $\mathbf{u}$ is in the span.

15. a. The set spans W. b. The set spans W.

17. a. The set spans R^2. b. The set does not span R^2.

19. $\mathbf{p}_1 = 0\mathbf{q}_1 + \mathbf{q}_2$, $\mathbf{p}_2 = \frac{1}{2}\mathbf{q}_1 + \mathbf{q}_2$; $\mathbf{q}_1 = -2\mathbf{p}_1 + 2\mathbf{p}_2$, $\mathbf{q}_2 = \mathbf{p}_1 + 0\mathbf{p}_2$

21. $\mathbf{v} = (-21, -7)$, $\mathbf{w} = (24, 12)$

True/False 4.3

a. True b. False c. False d. True e. True f. False g. False

Exercise Set 4.4

1. a. $\mathbf{u}_2 = -5\mathbf{u}_1$ b. A set of 3 vectors in R^2 must be linearly dependent by Theorem 4.3.3.
c. $\mathbf{p}_2 = 2\mathbf{p}_1$ d. $A = (-1)B$ 3. a. Linearly dependent b. Linearly independent

5. a. Linearly independent b. Linearly independent

7. a. The vectors do not lie in a plane. b. The vectors lie in a plane.

9. b. $\mathbf{v}_1 = \frac{2}{7}\mathbf{v}_2 - \frac{3}{7}\mathbf{v}_3$; $\mathbf{v}_2 = \frac{7}{2}\mathbf{v}_1 + \frac{3}{2}\mathbf{v}_3$; $\mathbf{v}_3 = -\frac{7}{3}\mathbf{v}_1 + \frac{2}{3}\mathbf{v}_2$ 11. $\lambda = -\frac{1}{2}, \lambda = 1$

13. a. Linearly independent b. Linearly dependent 15. a. Linearly independent b. Linearly dependent

True/False 4.4

a. False b. True c. False d. True e. True f. False g. True h. False

Exercise Set 4.5

11. a. $\left(\frac{5}{28}, \frac{3}{14}\right)$ b. $\left(a, \frac{b-a}{2}\right)$ 13. a. $(3, -2, 1)$ b. $(-2, 0, 1)$ 15. $A = 1A_1 - 1A_2 + 1A_3 - 1A_4$; $(A)_S = (1, -1, 1, -1)$

17. $\mathbf{p} = 7\mathbf{p}_1 - 8\mathbf{p}_2 + 3\mathbf{p}_3$; $(\mathbf{p})_S = (7, -8, 3)$ 21. a. Linearly independent b. Linearly dependent

23. a. $(2, 0)$ b. $\left(\frac{2}{\sqrt{3}}, -\frac{1}{\sqrt{3}}\right)$ c. $(0, 1)$ d. $\left(\frac{2a}{\sqrt{3}}, b - \frac{a}{\sqrt{3}}\right)$ 25. b. $(3, 4, 2, 1)$

27. a. $(20, 17, 2)$ b. $3x^2 + 8x - 1$ c. $\begin{bmatrix} -21 & -103 \\ -106 & 30 \end{bmatrix}$

True/False 4.5

a. False b. False c. True d. True e. False

Exercise Set 4.6

1. Basis: $\{(1, 0, 1)\}$; dimension: 1 3. No basis; dimension: 0 5. Basis: $\{(3, 1, 0), (-1, 0, 1)\}$; dimension: 2

7. a. Basis: $\left\{\left(\frac{2}{3}, 1, 0\right), \left(-\frac{5}{3}, 0, 1\right)\right\}$; dimension: 2 b. Basis: $\{(1, 1, 0), (0, 0, 1)\}$; dimension: 2
c. Basis: $\{(2, -1, 4)\}$; dimension: 1 d. Basis: $S = \{(1, 1, 0), (0, 1, 1)\}$; dimension: 2

9. a. n b. $\frac{n(n+1)}{2}$ c. $\frac{n(n+1)}{2}$

11. b. Dimension: 2 c. Basis: $\{-1 + x, -1 + x^2\}$ 13. $\mathbf{e}_2$ and $\mathbf{e}_3$ (The answer is not unique.)

15. $\mathbf{v}_1, \mathbf{v}_2$, and $\mathbf{e}_1$ form a basis for R^3 (The answer is not unique.) 17. $\{\mathbf{v}_1, \mathbf{v}_2\}$ (The answer is not unique.)

19. a. 1 b. 2 c. 1

27. a. $\{-1 + x - 2x^2, 3 + 3x + 6x^2, 9\}$ (The answer is not unique.) b. $\{1 + x, x^2\}$ (The answer is not unique.)
c. $\{1 + x - 3x^2\}$ (The answer is not unique.)

True/False 4.6

a. True b. True c. False d. True e. True f. True g. True h. True i. True j. False k. False

Exercise Set 4.7

1. a. $\begin{bmatrix} \frac{13}{10} & -\frac{1}{2} \\ -\frac{2}{5} & 0 \end{bmatrix}$ b. $\begin{bmatrix} 0 & -\frac{5}{2} \\ -2 & -\frac{13}{2} \end{bmatrix}$ c. $[\mathbf{w}]_B = \begin{bmatrix} -\frac{17}{10} \\ \frac{8}{5} \end{bmatrix}$; $[\mathbf{w}]_{B'} = \begin{bmatrix} -4 \\ -7 \end{bmatrix}$

3. a. $\begin{bmatrix} 3 & 2 & \frac{5}{2} \\ -2 & -3 & -\frac{1}{2} \\ 5 & 1 & 6 \end{bmatrix}$ b. $[\mathbf{w}]_B = \begin{bmatrix} 9 \\ -9 \\ -5 \end{bmatrix}$; $[\mathbf{w}]_{B'} = \begin{bmatrix} -\frac{7}{2} \\ \frac{23}{2} \\ 6 \end{bmatrix}$

5. b. $\begin{bmatrix} 2 & 0 \\ 1 & 3 \end{bmatrix}$ c. $\begin{bmatrix} \frac{1}{2} & 0 \\ -\frac{1}{6} & \frac{1}{3} \end{bmatrix}$ d. $[\mathbf{h}]_B = \begin{bmatrix} 2 \\ -5 \end{bmatrix}$; $[\mathbf{h}]_{B'} = \begin{bmatrix} 1 \\ -2 \end{bmatrix}$

7. a. $\begin{bmatrix} 3 & 5 \\ -1 & -2 \end{bmatrix}$ b. $\begin{bmatrix} 2 & 5 \\ -1 & -3 \end{bmatrix}$ d. $[\mathbf{w}]_{B_1} = \begin{bmatrix} 2 \\ -1 \end{bmatrix}$; $[\mathbf{w}]_{B_2} = \begin{bmatrix} -1 \\ 1 \end{bmatrix}$ e. $[\mathbf{w}]_{B_2} = \begin{bmatrix} 3 \\ -1 \end{bmatrix}$; $[\mathbf{w}]_{B_1} = \begin{bmatrix} 4 \\ -1 \end{bmatrix}$

9. a. $\begin{bmatrix} 1 & 2 & 3 \\ 2 & 5 & 3 \\ 1 & 0 & 8 \end{bmatrix}$ b. $\begin{bmatrix} -40 & 16 & 9 \\ 13 & -5 & -3 \\ 5 & -2 & -1 \end{bmatrix}$ d. $[\mathbf{w}]_B = \begin{bmatrix} -239 \\ 77 \\ 30 \end{bmatrix}$; $[\mathbf{w}]_S = \begin{bmatrix} 5 \\ -3 \\ 1 \end{bmatrix}$ e. $[\mathbf{w}]_S = \begin{bmatrix} 3 \\ -5 \\ 0 \end{bmatrix}$; $[\mathbf{w}]_B = \begin{bmatrix} -200 \\ 64 \\ 25 \end{bmatrix}$

11. a. $\begin{bmatrix} \cos(2\theta) & \sin(2\theta) \\ \sin(2\theta) & -\cos(2\theta) \end{bmatrix}$ 13. $P^{-1}Q^{-1}$

15. a. $B = \{(1, 1, 0), (1, 0, 2), (0, 2, 1)\}$ b. $B = \left\{\left(\frac{4}{5}, \frac{1}{5}, -\frac{2}{5}\right), \left(\frac{1}{5}, -\frac{1}{5}, \frac{2}{5}\right), \left(-\frac{2}{5}, \frac{2}{5}, \frac{1}{5}\right)\right\}$

17. $\begin{bmatrix} 2 & 3 \\ 5 & -1 \end{bmatrix}$ 19. B must be the standard basis.

True/False 4.7

a. True b. True c. True d. True e. False f. False

Exercise Set 4.8

1. a. $1\begin{bmatrix}2\\-1\end{bmatrix}+2\begin{bmatrix}3\\4\end{bmatrix}$ b. $-2\begin{bmatrix}4\\3\\0\end{bmatrix}+3\begin{bmatrix}0\\6\\-1\end{bmatrix}+5\begin{bmatrix}-1\\2\\4\end{bmatrix}$

3. a. $\mathbf{b}$ is not in the column space of A. b. $\mathbf{b}$ is in the column space of A; $\begin{bmatrix}1\\9\\1\end{bmatrix}-3\begin{bmatrix}-1\\3\\1\end{bmatrix}+\begin{bmatrix}1\\1\\1\end{bmatrix}=\begin{bmatrix}5\\1\\-1\end{bmatrix}$

5. a. $r\begin{bmatrix}5\\0\\0\\0\end{bmatrix}+s\begin{bmatrix}-2\\1\\1\\0\end{bmatrix}+t\begin{bmatrix}0\\0\\1\\1\end{bmatrix}$ b. $\begin{bmatrix}3\\0\\-1\\5\end{bmatrix}+r\begin{bmatrix}5\\0\\0\\0\end{bmatrix}+s\begin{bmatrix}-2\\1\\1\\0\end{bmatrix}+t\begin{bmatrix}0\\0\\1\\1\end{bmatrix}$

7. a. $(1,0)+t(3,1)$; $t(3,1)$ b. $(-2,7,0)+t(-1,-1,1)$; $t(-1,-1,1)$

9. a. Basis for the null space: $\left\{\begin{bmatrix}16\\19\\1\end{bmatrix}\right\}$; basis for the row space: $\left\{\begin{bmatrix}1 & 0 & -16\end{bmatrix},\begin{bmatrix}0 & 1 & -19\end{bmatrix}\right\}$

b. Basis for the null space: $\left\{\begin{bmatrix}0\\1\\0\end{bmatrix},\begin{bmatrix}\frac{1}{2}\\0\\1\end{bmatrix}\right\}$; basis for the row space: $\left\{\begin{bmatrix}1 & 0 & -\frac{1}{2}\end{bmatrix}\right\}$

11. a. Basis for the column space: $\left\{\begin{bmatrix}1\\0\\0\end{bmatrix},\begin{bmatrix}2\\1\\0\end{bmatrix}\right\}$; basis for the row space: $\left\{\begin{bmatrix}1 & 0 & 2\end{bmatrix},\begin{bmatrix}0 & 0 & 1\end{bmatrix}\right\}$

b. Basis for the column space: $\left\{\begin{bmatrix}1\\0\\0\\0\end{bmatrix},\begin{bmatrix}-3\\1\\0\\0\end{bmatrix}\right\}$; basis for the row space: $\left\{\begin{bmatrix}1 & -3 & 0 & 0\end{bmatrix},\begin{bmatrix}0 & 1 & 0 & 0\end{bmatrix}\right\}$

13. a. Basis for the row space: $\left\{\begin{bmatrix}1 & 0 & 11 & 0 & 3\end{bmatrix},\begin{bmatrix}0 & 1 & 3 & 0 & 0\end{bmatrix},\begin{bmatrix}0 & 0 & 0 & 1 & 0\end{bmatrix}\right\}$;

basis for the column space: $\left\{\begin{bmatrix}1\\-2\\-1\\-3\end{bmatrix},\begin{bmatrix}-2\\5\\3\\8\end{bmatrix},\begin{bmatrix}0\\0\\1\\1\end{bmatrix}\right\}$

b. $\left\{\begin{bmatrix}1 & -2 & 5 & 0 & 3\end{bmatrix},\begin{bmatrix}-2 & 5 & -7 & 0 & -6\end{bmatrix},\begin{bmatrix}-1 & 3 & -2 & 1 & -3\end{bmatrix}\right\}$

15. $\{(1,1,0,0),(0,0,1,1),(-2,0,2,2),(0,-3,0,3)\}$

17. Basis: $\{\mathbf{v}_1,\mathbf{v}_2,\mathbf{v}_4\}$; $\mathbf{v}_3=2\mathbf{v}_1-\mathbf{v}_2$; $\mathbf{v}_5=-\mathbf{v}_1+3\mathbf{v}_2+2\mathbf{v}_4$

19. $\left\{\begin{bmatrix}1 & 4 & 5 & 6 & 9\end{bmatrix},\begin{bmatrix}3 & -2 & 1 & 4 & -1\end{bmatrix}\right\}$

21. Since $T_A(\mathbf{x})=A\mathbf{x}$, we are seeking the general solution of the linear system $A\mathbf{x}=\mathbf{b}$.

a. $\mathbf{x}=t\left(-\frac{8}{3},\frac{4}{3},1\right)$

b. $\mathbf{x}=\left(\frac{7}{3},-\frac{2}{3},0\right)+t\left(-\frac{8}{3},\frac{4}{3},1\right)$

c. $\mathbf{x}=\left(\frac{1}{3},-\frac{2}{3},0\right)+t\left(-\frac{8}{3},\frac{4}{3},1\right)$

23. a. $(x,y,z)=(1,0,0)+(-s-t,s,t)$

b. A plane passing through the point $(1,0,0)$ and parallel to the vectors $(-1,1,0)$ and $(-1,0,1)$

25. a. $x_1=-\frac{2}{3}s+\frac{1}{3}t, x_2=s, x_3=t$ c. $(x_1,x_2,x_3)=(1,0,1)+\left(-\frac{2}{3}s+\frac{1}{3}t,s,t\right)$

27. $x_1=\frac{1}{3}-\frac{4}{3}r-\frac{1}{3}s, x_2=r, x_3=s, x_4=1$;

general solution of the associated homogeneous system: $\left(-\frac{4}{3}r-\frac{1}{3}s,r,s,0\right)$;

particular solution of the nonhomogeneous system: $\left(\frac{1}{3},0,0,1\right)$

29. b. $\begin{bmatrix}0 & 0 & 0\\0 & 1 & 0\\0 & 0 & 1\end{bmatrix}$ is an example of such a matrix.

31. a. $\begin{bmatrix} 3a & -5a \\ 3b & -5b \end{bmatrix}$ where a and b are not both zero.

b. Only the zero vector forms the null space for both A and B.
The line $3x + y = 0$ forms the null space for C.
The entire plane forms the null space for D.

True/False 4.8

a. True b. False c. False d. False e. False f. True g. True h. False i. True j. False

Exercise Set 4.9

1. a. $\text{rank}(A) = 1$; $\text{nullity}(A) = 3$ b. $\text{rank}(A) = 2$; $\text{nullity}(A) = 3$
3. a. $\text{rank}(A) = 3$; $\text{nullity}(A) = 0$ c. 3 leading variables; 0 parameters in the general solution (The solution is unique.)
5. a. $\text{rank}(A) = 1$; $\text{nullity}(A) = 2$ c. 1 leading variable; 2 parameters in the general solution
7. a. largest possible value for the rank: 4; smallest possible value for the nullity: 0
   b. largest possible value for the rank: 3; smallest possible value for the nullity: 2
   c. largest possible value for the rank: 3; smallest possible value for the nullity: 0

9.

		(a)	(b)	(c)	(d)	(e)	(f)	(g)
(i)	dimension of the row space of A	3	2	1	2	2	0	2
	dimension of the column space of A	3	2	1	2	2	0	2
	dimension of the null space of A	0	1	2	7	7	4	0
	dimension of the null space of A^T	0	1	2	3	3	4	4
(ii)	Is the system $A\mathbf{x} = \mathbf{b}$ consistent?	Yes	No	Yes	Yes	No	Yes	Yes
(iii)	number of parameters in the general solution of $A\mathbf{x} = \mathbf{b}$	0	—	2	7	—	4	0

11. $\dim[\text{row}(A)] = \dim[\text{col}(A)] = 2,\ \dim[\text{null}(A)] = 0,\ \dim[\text{null}(A^T)] = 1$

Basis for row(A): $\{[1\ \ 0],\ [0\ \ 1]\}$

Basis for col(A): $\left\{\begin{bmatrix} 1 \\ 0 \\ -9 \end{bmatrix}, \begin{bmatrix} 4 \\ 3 \\ 0 \end{bmatrix}\right\}$

Basis for null(A): $\emptyset$

Basis for null[A^T]: $\left\{\begin{bmatrix} 9 \\ -12 \\ 1 \end{bmatrix}\right\}$

13. $\dim[\text{row}(A)] = \dim[\text{col}(A)] = 2,\ \dim[\text{null}(A)] = 1,\ \dim[\text{null}(A^T)] = 1$

Basis for row(A): $\{[1\ \ 0\ \ 4],\ [0\ \ 1\ \ 4]\}$

Basis for col(A): $\left\{\begin{bmatrix} 0 \\ -1 \\ -2 \end{bmatrix}, \begin{bmatrix} -1 \\ 0 \\ 3 \end{bmatrix}\right\}$

Basis for null(A): $\left\{\begin{bmatrix} -4 \\ -4 \\ 1 \end{bmatrix}\right\}$

Basis for null(A^T): $\left\{\begin{bmatrix} 3 \\ -2 \\ 1 \end{bmatrix}\right\}$

19. Basis for row(A): $\{[1\ \ 0\ \ 6\ \ 0],\ [0\ \ 1\ \ 4\ \ 0],\ [0\ \ 0\ \ 0\ \ 1]\}$

Basis for col(A): $\left\{\begin{bmatrix} 0 \\ 2 \\ -3 \end{bmatrix}, \begin{bmatrix} 2 \\ -2 \\ 4 \end{bmatrix}, \begin{bmatrix} -7 \\ 0 \\ 5 \end{bmatrix}\right\}$

Basis for null(A): $\left\{\begin{bmatrix} -6 \\ -4 \\ 1 \\ 0 \end{bmatrix}\right\}$

Basis for null(A^T): $\emptyset$

21. a. $\text{nullity}(A) - \text{nullity}(A^T) = 1$ b. $\text{nullity}(A) - \text{nullity}(A^T) = n - m$

23. a. 3 b. 2

25. The matrix cannot have rank 1. It has rank 2 if $r = 2$ and $s = 1$.

27. No, both row and column spaces of A must be planes.

29. a. 3 b. 5 c. 3 d. 3 31. a. 3 b. No

37. a. Overdetermined; inconsistent if $3b_1 + b_2 + 2b_3 \neq 0$
b. Underdetermined; infinitely many solutions for all b's; (cannot be inconsistent)
c. Underdetermined; infinitely many solutions for all b's; (cannot be inconsistent)

True/False 4.9

a. False b. True c. False d. False e. True f. False g. False h. False i. True j. False

Chapter 4 Supplementary Exercises

1. a. $\mathbf{u}+\mathbf{v} = (4, 3, 2)$; $k\mathbf{u} = (-3, 0, 0)$ c. Axioms 1–5 3. a plane if $s = 1$; a line if $s = -2$; the origin if $s \neq -2$ and $s \neq 1$

7. A must be invertible.

9. a. Rank is 2; nullity is 1. b. Rank is 2; nullity is 2.
c. For $n = 1$, rank is 1 and nullity is 0; for $n \geq 2$, rank is 2 and nullity is $n - 2$.

11. a. $\{1, x^2, x^4, \ldots, x^{2\lfloor n/2 \rfloor}\}$ b. $\{1, x - x^n, x^2 - x^n, \ldots, x^{n-1} - x^n\}$

13. a. $\left\{\begin{bmatrix}1&0&0\\0&0&0\\0&0&0\end{bmatrix}, \begin{bmatrix}0&1&0\\1&0&0\\0&0&0\end{bmatrix}, \begin{bmatrix}0&0&1\\0&0&0\\1&0&0\end{bmatrix}, \begin{bmatrix}0&0&0\\0&1&0\\0&0&0\end{bmatrix}, \begin{bmatrix}0&0&0\\0&0&1\\0&1&0\end{bmatrix}, \begin{bmatrix}0&0&0\\0&0&0\\0&0&1\end{bmatrix}\right\}$

b. $\left\{\begin{bmatrix}0&1&0\\-1&0&0\\0&0&0\end{bmatrix}, \begin{bmatrix}0&0&1\\0&0&0\\-1&0&0\end{bmatrix}, \begin{bmatrix}0&0&0\\0&0&1\\0&-1&0\end{bmatrix}\right\}$

15. Possible ranks are 0, 1, and 2. 17. a. Yes b. No c. Yes

Chapter 5

Exercise Set 5.1

1. eigenvalue: -1 3. eigenvalue: 5

5. a. Characteristic equation: $(\lambda - 5)(\lambda + 1) = 0$;
eigenvalue: 5, basis for eigenspace: $\{(1, 1)\}$;
eigenvalue: -1, basis for eigenspace: $\{(-2, 1)\}$
b. Characteristic equation: $\lambda^2 + 3 = 0$; no real eigenvalues
c. Characteristic equation: $(\lambda - 1)^2 = 0$;
eigenvalue: 1, basis for eigenspace: $\{(1, 0), (0, 1)\}$
d. Characteristic equation: $(\lambda - 1)^2 = 0$;
eigenvalue: $\lambda = 1$, basis for eigenspace: $\{(1, 0)\}$

7. Characteristic equation: $(\lambda - 1)(\lambda - 2)(\lambda - 3) = 0$;
eigenvalue: 1, basis for eigenspace: $\{(0, 1, 0)\}$;
eigenvalue: 2, basis for eigenspace: $\{(-1, 2, 2)\}$;
eigenvalue: 3, basis for eigenspace: $\{(-1, 1, 1)\}$

9. Characteristic equation: $(\lambda + 2)^2(\lambda - 5) = 0$;
eigenvalue: -2, basis for eigenspace: $\{(1, 0, 1)\}$;
eigenvalue: 5, basis for eigenspace: $\{(8, 0, 1)\}$

11. Characteristic equation: $(\lambda - 3)^3 = 0$;
eigenvalue: 3, basis for eigenspace: $\{(0, 1, 0), (1, 0, 1)\}$

13. $(\lambda - 3)(\lambda - 7)(\lambda - 1) = 0$

15. Eigenvalue: 5, basis for eigenspace: $\{(1, 1)\}$;
eigenvalue: -1, basis for eigenspace: $\{(-2, 1)\}$

17. b. $\lambda = -\omega$ is the eigenvalue associated with given eigenvectors.

19. a. Eigenvalue: 1, eigenspace: span$\{(1, 1)\}$;
eigenvalue: -1, eigenspace: span$\{(-1, 1)\}$
b. Eigenvalue: 1, eigenspace: span$\{(1, 0)\}$;
eigenvalue: 0, eigenspace: span$\{(0, 1)\}$
c. No real eigenvalues

d. Eigenvalue: k, eigenspace: R^2
e. Eigenvalue: 1, eigenspace: span$\{(1,0)\}$

21. a. Eigenvalue: 1, eigenspace: span$\{(1,0,0),(0,1,0)\}$;
eigenvalue: -1, eigenspace: span$\{(0,0,1)\}$
b. Eigenvalue: 1, eigenspace: span$\{(1,0,0),(0,0,1)\}$;
eigenvalue: 0, eigenspace: span$\{(0,1,0)\}$
c. Eigenvalue: 1, eigenspace: span$\{(1,0,0)\}$
d. Eigenvalue: k, eigenspace: R^3

23. a. $y=2x$ and $y=x$ b. No invariant lines 25. a. 6×6 b. Yes c. Three

27. $\begin{bmatrix} -\frac{1}{2} & -\frac{1}{2} & 1 \\ -\frac{1}{2} & -\frac{1}{2} & -1 \\ 0 & 0 & 1 \end{bmatrix}$

True/False 5.1

a. False b. False c. True d. False e. False f. False

Exercise Set 5.2

5. $P=\begin{bmatrix} 1 & 0 \\ 3 & 1 \end{bmatrix}$ (answer is not unique) 7. $P=\begin{bmatrix} 1 & 0 & -2 \\ 0 & 1 & 0 \\ 0 & 0 & 1 \end{bmatrix}$ (answer is not unique)

9. a. 3 and 5 b. rank$(3I-A)=1$; rank$(5I-A)=2$ c. Yes

11. eigenvalues: 1, 2 and 3; each has algebraic multiplicity 1 and geometric multiplicity 1;
A is diagonalizable; $P=\begin{bmatrix} 1 & 2 & 1 \\ 1 & 3 & 3 \\ 1 & 3 & 4 \end{bmatrix}$ (answer is not unique); $P^{-1}AP=\begin{bmatrix} 1 & 0 & 0 \\ 0 & 2 & 0 \\ 0 & 0 & 3 \end{bmatrix}$

13. eigenvalue $\lambda=0$ has both algebraic and geometric multiplicity 2;
eigenvalue $\lambda=1$ has both algebraic and geometric multiplicity 1;
A is diagonalizable; $P=\begin{bmatrix} 0 & -1 & 0 \\ 1 & 0 & 0 \\ 0 & 3 & 1 \end{bmatrix}$ (answer is not unique); $P^{-1}AP=\begin{bmatrix} 0 & 0 & 0 \\ 0 & 0 & 0 \\ 0 & 0 & 1 \end{bmatrix}$

15. a. A is a 3×3 matrix;
all three eigenspaces (for $\lambda=1$, $\lambda=-3$, and $\lambda=5$) must have dimension 1.
b. A is a 6×6 matrix;
the possible dimensions of the eigenspace corresponding to $\lambda=0$ are 1 or 2;
the dimension of the eigenspace corresponding to $\lambda=1$ must be 1;
the possible dimensions of the eigenspace corresponding to $\lambda=2$ are 1, 2, or 3.

17. $\begin{bmatrix} 24{,}234 & -34{,}815 \\ -23{,}210 & 35{,}839 \end{bmatrix}$ 19. $A^{11}=\begin{bmatrix} -1 & 10{,}237 & -2{,}047 \\ 0 & 1 & 0 \\ 0 & 10{,}245 & -2{,}048 \end{bmatrix}$ 21. $\begin{bmatrix} 1 & -1 & 1 \\ 2 & 0 & -1 \\ 1 & 1 & 1 \end{bmatrix}\begin{bmatrix} 1 & 0 & 0 \\ 0 & 3^n & 0 \\ 0 & 0 & 4^n \end{bmatrix}\begin{bmatrix} \frac{1}{6} & \frac{1}{3} & \frac{1}{6} \\ -\frac{1}{2} & 0 & \frac{1}{2} \\ \frac{1}{3} & -\frac{1}{3} & \frac{1}{3} \end{bmatrix}$

25. Yes

27. a. The dimension of the eigenspace corresponding to $\lambda=1$ must be 1; the possible dimensions of the eigenspace corresponding to $\lambda=3$ are 1 or 2; the possible dimensions of the eigenspace corresponding to $\lambda=4$ are 1, 2, or 3.
b. The dimension of the eigenspace corresponding to $\lambda=1$ must be 1; the dimension of the eigenspace corresponding to $\lambda=3$ must be 2; the dimension of the eigenspace corresponding to $\lambda=4$ must be 3.
c. This eigenvalue must be $\lambda=4$.

31. Standard matrix: $\begin{bmatrix} 0 & -1 \\ -1 & 0 \end{bmatrix}$; diagonalizable; $P=\begin{bmatrix} -1 & 1 \\ 1 & 1 \end{bmatrix}$ (answer is not unique)

33. Standard matrix: $\begin{bmatrix} 3 & 0 & 0 \\ 0 & 1 & 0 \\ 1 & -1 & 0 \end{bmatrix}$; diagonalizable; $P=\begin{bmatrix} 0 & 0 & 3 \\ 0 & -1 & 0 \\ 1 & 1 & 1 \end{bmatrix}$ (answer is not unique)

True/False 5.2

a. False b. True c. True d. False e. True f. True g. True h. True i. True

Exercise Set 5.3

1. $\bar{\mathbf{u}} = (2+i, -4i, 1-i)$; $\operatorname{Re}(\mathbf{u}) = (2, 0, 1)$; $\operatorname{Im}(\mathbf{u}) = (-1, 4, 1)$; $\|\mathbf{u}\| = \sqrt{23}$ 5. $\mathbf{x} = (7-6i, -4-8i, 6-12i)$

7. $\overline{A} = \begin{bmatrix} 5i & 4 \\ 2+i & 1-5i \end{bmatrix}$; $\operatorname{Re}(A) = \begin{bmatrix} 0 & 4 \\ 2 & 1 \end{bmatrix}$; $\operatorname{Im}(A) = \begin{bmatrix} -5 & 0 \\ -1 & 5 \end{bmatrix}$; $\det(A) = 17-i$; $\operatorname{tr}(A) = 1$

11. $\mathbf{u}\cdot\mathbf{v} = -1+i$; $\mathbf{u}\cdot\mathbf{w} = 18-7i$; $\mathbf{v}\cdot\mathbf{w} = 12+6i$ 13. $-11-14i$

15. Eigenvalue: $2+i$, basis for eigenspace: $\left\{\begin{bmatrix} 2+i \\ 1 \end{bmatrix}\right\}$; eigenvalue: $2-i$, basis for eigenspace: $\left\{\begin{bmatrix} 2-i \\ 1 \end{bmatrix}\right\}$

17. Eigenvalue: $4+i$, basis for eigenspace: $\left\{\begin{bmatrix} 1+i \\ 1 \end{bmatrix}\right\}$; eigenvalue: $4-i$, basis for eigenspace: $\left\{\begin{bmatrix} 1-i \\ 1 \end{bmatrix}\right\}$

19. $|\lambda| = \sqrt{2}$; $\phi = \frac{\pi}{4}$ 21. $|\lambda| = 2$; $\phi = -\frac{\pi}{3}$ 23. $P = \begin{bmatrix} -2 & -1 \\ 2 & 0 \end{bmatrix}$; $C = \begin{bmatrix} 3 & -2 \\ 2 & 3 \end{bmatrix}$ 25. $P = \begin{bmatrix} -1 & 1 \\ 1 & 0 \end{bmatrix}$; $C = \begin{bmatrix} 5 & -3 \\ 3 & 5 \end{bmatrix}$

27. a. $k = -\frac{8}{3}i$ b. None

True/False 5.3

a. False b. True c. False d. True e. False f. False

Exercise Set 5.4

1. a. $y_1 = c_1e^{5x} - 2c_2e^{-x}$, $y_2 = c_1e^{5x} + c_2e^{-x}$
   b. $y_1 = 0, y_2 = 0$

3. a. $y_1 = -c_2e^{2x} - c_3e^{3x}$, $y_2 = c_1e^{x} + 2c_2e^{2x} + c_3e^{3x}$, $y_3 = 2c_2e^{2x} + c_3e^{3x}$
   b. $y_1 = e^{2x} - 2e^{3x}$, $y_2 = e^{x} - 2e^{2x} + 2e^{3x}$, $y_3 = -2e^{2x} + 2e^{3x}$

7. $y = c_1e^{3x} - c_2e^{-2x}$ 9. $y = c_1e^{x} + c_2e^{2x} + c_3e^{3x}$

15. b. $\mathbf{y}' = A\mathbf{y}$ where $\mathbf{y} = \begin{bmatrix} y_1 \\ y_2 \\ y_3 \end{bmatrix}$ and $A = \begin{bmatrix} 0 & 1 & 0 \\ 0 & 0 & 1 \\ -2 & 1 & 2 \end{bmatrix}$

   c. The solution of the system: $y_1 = c_1e^{2x} + c_2e^{x} + c_3e^{-x}$, $y_2 = 2c_1e^{2x} + c_2e^{x} - c_3e^{-x}$, and $y_3 = 4c_1e^{2x} + c_2e^{x} + c_3e^{-x}$;
   The solution of the differential equation: $y = c_1e^{2x} + c_2e^{x} + c_3e^{-x}$

True/False 5.4

a. True b. False c. True d. True e. False

Exercise Set 5.5

1. a. Stochastic b. Not stochastic c. Stochastic d. Not stochastic

3. $\mathbf{x}_4 = \begin{bmatrix} 0.54545 \\ 0.45455 \end{bmatrix}$ 5. a. Regular b. Not regular c. Regular 7. $\begin{bmatrix} \frac{8}{17} \\ \frac{9}{17} \end{bmatrix}$ 9. $\begin{bmatrix} \frac{4}{11} \\ \frac{4}{11} \\ \frac{3}{11} \end{bmatrix}$

11. a. Probability that the system will stay in state 1 when it is in state 1
    b. Probability that the system will move to state 1 when it is in state 2
    c. 0.8
    d. 0.85

13. a. $\begin{bmatrix} 0.95 & 0.55 \\ 0.05 & 0.45 \end{bmatrix}$ b. 0.93 c. 0.142 d. 0.63

15. a.

	initial state	after 1 year	after 2 years	after 3 years	after 4 years	after 5 years
city population	100,000	95,750	91,840	88,243	84,933	81,889
suburb population	25,000	29,250	33,160	36,757	40,067	43,111

   b. City population will approach 46,875 and the suburbs population will approach 78,125.

17. $P = \begin{bmatrix} \frac{7}{10} & \frac{1}{10} & \frac{1}{5} \\ \frac{1}{5} & \frac{3}{10} & \frac{1}{2} \\ \frac{1}{10} & \frac{3}{5} & \frac{3}{10} \end{bmatrix}$; steady-state vector: $\begin{bmatrix} \frac{1}{3} \\ \frac{1}{3} \\ \frac{1}{3} \end{bmatrix}$ 19. For any positive integer k, $P^k\mathbf{q} = \mathbf{q}$.

True/False 5.5

a. True b. True c. True d. False e. True f. False g. True

Chapter 5 Supplementary Exercises

1. b. A is the standard matrix of the rotation in the plane about the origin through a positive angle θ. Unless the angle is an integer multiple of π, no vector resulting from such a rotation is a scalar multiple of the original nonzero vector.

3. c. $\begin{bmatrix} 1 & 1 & 0 \\ 0 & 2 & 1 \\ 0 & 0 & 3 \end{bmatrix}$ 9. $A^2 = \begin{bmatrix} 15 & 30 \\ 5 & 10 \end{bmatrix}, A^3 = \begin{bmatrix} 75 & 150 \\ 25 & 50 \end{bmatrix}, A^4 = \begin{bmatrix} 375 & 750 \\ 125 & 250 \end{bmatrix}, A^5 = \begin{bmatrix} 1875 & 3750 \\ 625 & 1250 \end{bmatrix}$

11. 0, $\text{tr}(A)$ 13. All eigenvalues must be 0 15. $\begin{bmatrix} 1 & 0 & 0 \\ -1 & -\frac{1}{2} & -\frac{1}{2} \\ 1 & -\frac{1}{2} & -\frac{1}{2} \end{bmatrix}$

17. The only possible eigenvalues are -1, 0, and 1.
19. The remaining eigenvalues are 2 and 3.

Chapter 6

Exercise Set 6.1

1. a. 12 b. -18 c. -9 d. $\sqrt{30}$ e. $\sqrt{11}$ f. $\sqrt{203}$
3. a. 34 b. -39 c. -18 d. $\sqrt{89}$ e. $\sqrt{34}$ f. $\sqrt{610}$
5. $\begin{bmatrix} \sqrt{2} & 0 \\ 0 & \sqrt{3} \end{bmatrix}$ 7. -24 9. 3 11. -29 13. $\begin{bmatrix} \sqrt{3} & 0 \\ 0 & \sqrt{5} \end{bmatrix}$ 15. -50 17. $\|\mathbf{u}\| = \sqrt{30}, d(\mathbf{u}, \mathbf{v}) = \sqrt{107}$
19. $\|\mathbf{p}\| = \sqrt{14}, d(\mathbf{p}, \mathbf{q}) = \sqrt{137}$ 21. $\|U\| = \sqrt{93}, d(U, V) = \sqrt{99} = 3\sqrt{11}$ 23. $\|\mathbf{p}\| = 6\sqrt{3}, d(\mathbf{p}, \mathbf{q}) = 11\sqrt{2}$
25. $\|\mathbf{u}\| = \sqrt{65}, d(\mathbf{u}, \mathbf{v}) = 12\sqrt{5}$ 27. a. -101 b. 3
29.

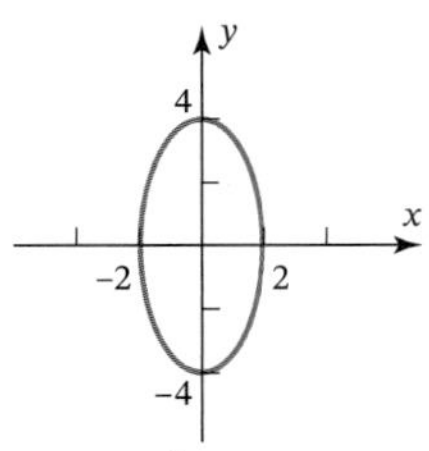

31. $\langle \mathbf{u}, \mathbf{v} \rangle = \frac{1}{9}u_1v_1 + u_2v_2$ 33. Axioms 2 and 3 do not hold. 35. $14\langle \mathbf{u}, \mathbf{v} \rangle - 4\|\mathbf{u}\|^2 - 6\|\mathbf{v}\|^2$
37. a. $\frac{2}{3}$ b. $\frac{4}{\sqrt{15}}$ c. $\sqrt{2}$ d. $\sqrt{\frac{2}{5}}$ 39. 0 43. b. k_1 and k_2 must both be positive.

True/False 6.1

a. True b. False c. True d. True e. False f. True g. False

Exercise Set 6.2

1. a. $-\frac{1}{\sqrt{2}}$ b. 0 c. $-\frac{1}{\sqrt{2}}$ 3. 0 5. $\frac{19}{10\sqrt{7}}$ 7. a. Orthogonal b. Not orthogonal c. Orthogonal
13. Orthogonal if $k = \frac{4}{3}$ 15. The weights must be positive numbers such that $w_1 = 4w_2$. 17. No 25. No
27. $\left\{(-1, -1, 1, 0), \left(\frac{2}{7}, -\frac{4}{7}, 0, 1\right)\right\}$ 29. a. $y = -\frac{1}{2}x$ b. $x = t, y = -2t, z = -3t$
31. a. $\frac{1}{4}$ b. $\|\mathbf{p}\| = \frac{1}{\sqrt{3}}$, $\|\mathbf{q}\| = \frac{1}{\sqrt{5}}$ 33. a. 0 b. $\|\mathbf{p}\| = \frac{4}{\sqrt{15}}$, $\|\mathbf{q}\| = 2\sqrt{\frac{2}{3}}$ 51. a. $\mathbf{v} = a(1, -1)$ b. $\mathbf{v} = a(1, -2)$

True/False 6.2

a. False b. True c. True d. True e. False f. False

Exercise Set 6.3

1. a. Orthogonal but not orthonormal b. Orthogonal and orthonormal
c. Not orthogonal and not orthonormal d. Orthogonal but not orthonormal

3. a. Orthogonal b. Not orthogonal

5. An orthonormal basis: $\left\{\left(\frac{1}{\sqrt{2}}, 0, -\frac{1}{\sqrt{2}}\right), \left(\frac{1}{\sqrt{2}}, 0, \frac{1}{\sqrt{2}}\right), (0, 1, 0)\right\}$

7. $\mathbf{u} = -\frac{11}{5}\mathbf{v}_1 - \frac{2}{5}\mathbf{v}_2 + 2\mathbf{v}_3$ 9. $\mathbf{u} = 0\mathbf{v}_1 - \frac{2}{3}\mathbf{v}_2 + \frac{1}{3}\mathbf{v}_3$ 11. $\left(-\frac{11}{5}, -\frac{2}{5}, 2\right)$ 13. $\left(0, -\frac{2}{3}, \frac{1}{3}\right)$

15. a. $\left(\frac{63}{25}, \frac{84}{25}\right)$ b. $\left(-\frac{88}{25}, \frac{66}{25}\right)$ 17. a. $\left(\frac{5}{2}, \frac{5}{2}\right)$ b. $\left(-\frac{1}{2}, \frac{1}{2}\right)$ 19. a. $\left(\frac{10}{3}, \frac{8}{3}, \frac{4}{3}\right)$ b. $\left(\frac{2}{3}, -\frac{2}{3}, -\frac{1}{3}\right)$

21. a. $\left(\frac{22}{15}, -\frac{14}{15}, \frac{2}{3}\right)$ b. $\left(-\frac{7}{15}, \frac{14}{15}, \frac{7}{3}\right)$ 23. $\left(\frac{3}{2}, \frac{3}{2}, -1, -1\right)$ 25. $\left(\frac{23}{18}, \frac{11}{6}, -\frac{1}{18}, -\frac{17}{18}\right)$

27. $\mathbf{q}_1 = \left(\frac{1}{\sqrt{10}}, -\frac{3}{\sqrt{10}}\right), \mathbf{q}_2 = \left(\frac{3}{\sqrt{10}}, \frac{1}{\sqrt{10}}\right)$ 29. $\left\{\left(\frac{1}{\sqrt{3}}, \frac{1}{\sqrt{3}}, \frac{1}{\sqrt{3}}\right), \left(-\frac{1}{\sqrt{2}}, \frac{1}{\sqrt{2}}, 0\right), \left(\frac{1}{\sqrt{6}}, \frac{1}{\sqrt{6}}, -\frac{2}{\sqrt{6}}\right)\right\}$

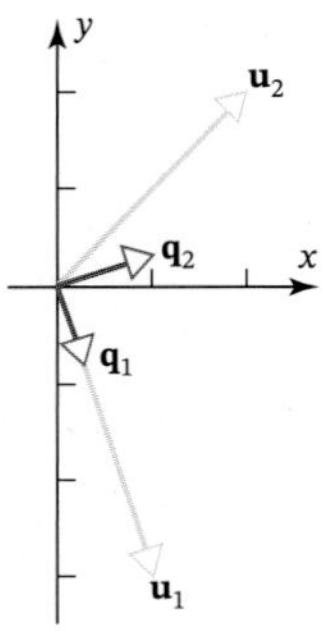

31. $\left\{\left(0, \frac{2}{\sqrt{5}}, \frac{1}{\sqrt{5}}, 0\right), \left(\frac{5}{\sqrt{30}}, -\frac{1}{\sqrt{30}}, \frac{2}{\sqrt{30}}, 0\right), \left(\frac{1}{\sqrt{10}}, \frac{1}{\sqrt{10}}, -\frac{2}{\sqrt{10}}, -\frac{2}{\sqrt{10}}\right), \left(\frac{1}{\sqrt{15}}, \frac{1}{\sqrt{15}}, -\frac{2}{\sqrt{15}}, \frac{3}{\sqrt{15}}\right)\right\}$

33. From Exercise 23, $\mathbf{w}_1 = \text{proj}_W \mathbf{b} = \left(\frac{3}{2}, \frac{3}{2}, -1, -1\right)$, so $\mathbf{w}_2 = \mathbf{b} - \text{proj}_W \mathbf{b} = \left(-\frac{1}{2}, \frac{1}{2}, 1, -1\right)$.

35. $\mathbf{w}_1 = \left(\frac{13}{14}, \frac{31}{14}, \frac{20}{7}\right), \mathbf{w}_2 = \left(\frac{1}{14}, -\frac{3}{14}, \frac{1}{7}\right)$ 37. An orthonormal basis: $\left\{\left(\frac{1}{\sqrt{6}}, \frac{1}{\sqrt{6}}, \frac{1}{\sqrt{6}}\right), \left(\frac{1}{\sqrt{6}}, \frac{1}{\sqrt{6}}, -\frac{1}{\sqrt{6}}\right), \left(\frac{2}{\sqrt{6}}, -\frac{1}{\sqrt{6}}, 0\right)\right\}$

39. For example, $\mathbf{x} = \left(\frac{1}{\sqrt{3}}, 0\right)$ and $\mathbf{y} = \left(0, \frac{1}{\sqrt{2}}\right)$ 41. b. $\text{proj}_W \mathbf{u} = (2, 1, 2)$ (using both methods)

43. An orthonormal basis: $\{1, \sqrt{3}(-1 + 2x), \sqrt{5}(1 - 6x + 6x^2)\}$

45. $R = \begin{bmatrix} \sqrt{5} & \sqrt{5} \\ 0 & \sqrt{5} \end{bmatrix}$ (Q is given.) 47. $R = \begin{bmatrix} \sqrt{2} & \sqrt{2} & \sqrt{2} \\ 0 & \sqrt{3} & -\frac{1}{\sqrt{3}} \\ 0 & 0 & \frac{4}{\sqrt{6}} \end{bmatrix}$ (Q is given.)

49. A does not have a QR-decomposition. 55. b. The range of T is W; the kernel of T is $W^\perp$.

True/False 6.3

a. False b. False c. True d. True e. False f. True

Exercise Set 6.4

1. $\begin{bmatrix} 21 & 25 \\ 25 & 35 \end{bmatrix}\begin{bmatrix} x_1 \\ x_2 \end{bmatrix} = \begin{bmatrix} 20 \\ 20 \end{bmatrix}$ 3. $x_1 = \frac{20}{11}, x_2 = -\frac{8}{11}$ 5. $x_1 = 12, x_2 = -3, x_3 = 9$

7. Least squares error vector: $\begin{bmatrix} -\frac{6}{11} \\ -\frac{27}{11} \\ \frac{15}{11} \end{bmatrix}$; least squares error: $\frac{3}{11}\sqrt{110} \approx 2.86$

9. Least squares error vector: $\begin{bmatrix} 3 \\ -3 \\ 0 \\ 3 \end{bmatrix}$; least squares error: $3\sqrt{3} \approx 5.196$

11. Least squares solutions: $x_1 = \frac{1}{2} - \frac{1}{2}t, x_2 = t$; error vector: $\begin{bmatrix} 2 \\ 0 \\ 2 \end{bmatrix}$

13. Least squares solutions: $x_1 = -\frac{7}{6} - t, x_2 = \frac{7}{6} - t, x_3 = t$; error vector: $\begin{bmatrix} \frac{7}{3} \\ \frac{7}{6} \\ -\frac{49}{6} \end{bmatrix}$

15. $\begin{bmatrix} -\frac{92}{285} \\ \frac{439}{285} \\ \frac{94}{57} \end{bmatrix}$ 17. $\begin{bmatrix} 3 \\ -4 \\ -1 \end{bmatrix}$ 19. $\begin{bmatrix} 1 & 0 \\ 0 & 0 \end{bmatrix}$ 21. $\begin{bmatrix} 1 & 0 & 0 \\ 0 & 0 & 0 \\ 0 & 0 & 1 \end{bmatrix}$ 23. $\begin{bmatrix} \frac{1}{7} \\ \frac{18}{7} \end{bmatrix}$

25. a. $\{(1,0,-5),\ (0,1,3)\}$ b. $\frac{1}{35}\begin{bmatrix} 10 & 15 & -5 \\ 15 & 26 & 3 \\ -5 & 3 & 34 \end{bmatrix}$ 27. $\begin{bmatrix} 0 \\ -1 \\ 1 \\ 1 \end{bmatrix}$ 29. $A^T(AA^T)^{-1}A$

True/False 6.4

a. True b. False c. True d. True e. False f. True g. False h. True

Exercise Set 6.5

1. $y = -\frac{1}{2} + \frac{7}{2}x$ 3. $y = 2 + 5x - 3x^2$ 5. $y = \frac{5}{21} + \frac{48}{7x}$

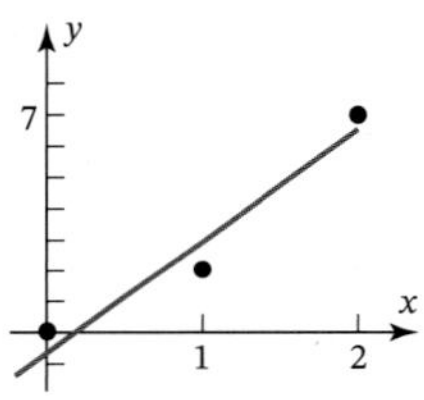

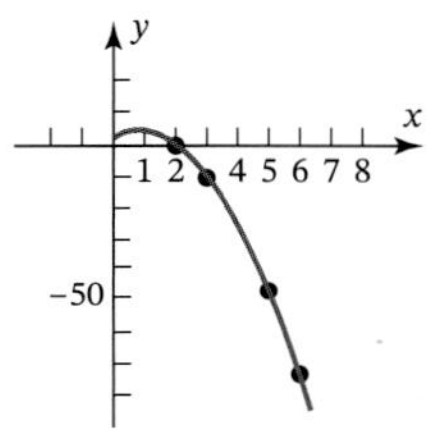

True/False 6.5

a. False b. True c. True d. False

Exercise Set 6.6

1. a. $1 + \pi - 2\sin x - \sin 2x$ b. $1 + \pi - \frac{2}{1}\sin x - \frac{2}{2}\sin(2x) - \cdots - \frac{2}{n}\sin(nx)$

3. a. $\frac{e^x}{e-1} - \frac{1}{2}$ b. $\frac{7e-19}{12e-12} \approx 0.00136$

5. a. $\frac{3x}{\pi}$ b. $1 - \frac{6}{\pi^2} \approx 0.392$ 9. $\frac{1}{2} + \sum_{k=1}^{\infty} \frac{1}{k\pi}(1 - (-1)^k)\sin kx$

True/False 6.6

a. False b. True c. True d. False e. True

Chapter 6 Supplementary Exercises

1. a. $(0, a, a, 0)$ with $a \neq 0$ b. $\pm\left(0, \frac{2}{\sqrt{5}}, \frac{1}{\sqrt{5}}, 0\right)$

3. a. The subspace of all matrices in M_{22} with zeros on the main diagonal.
   b. The subspace of all 2×2 skew-symmetric matrices.

7. $\pm\left(\frac{1}{\sqrt{2}}, 0, \frac{1}{\sqrt{2}}\right)$ 9. No 11. b. θ approaches $\frac{\pi}{2}$ 17. No

Chapter 7

Exercise Set 7.1

1. a. Orthogonal; $A^{-1} = \begin{bmatrix} 1 & 0 \\ 0 & -1 \end{bmatrix}$ b. Orthogonal; $A^{-1} = \begin{bmatrix} \frac{1}{\sqrt{2}} & \frac{1}{\sqrt{2}} \\ -\frac{1}{\sqrt{2}} & \frac{1}{\sqrt{2}} \end{bmatrix}$

3. a. Not orthogonal b. Orthogonal; $A^{-1} = \begin{bmatrix} -\frac{1}{\sqrt{2}} & 0 & \frac{1}{\sqrt{2}} \\ \frac{1}{\sqrt{6}} & -\frac{2}{\sqrt{6}} & \frac{1}{\sqrt{6}} \\ \frac{1}{\sqrt{3}} & \frac{1}{\sqrt{3}} & \frac{1}{\sqrt{3}} \end{bmatrix}$ 7. $T_A(\mathbf{x}) = \begin{bmatrix} -\frac{23}{5} \\ \frac{18}{25} \\ \frac{101}{25} \end{bmatrix}$; $\|T_A(\mathbf{x})\| = \|\mathbf{x}\| = \sqrt{38}$

9. Yes 11. $a^2 + b^2 = \frac{1}{2}$ 13. a. $\begin{bmatrix} -1+3\sqrt{3} \\ 3+\sqrt{3} \end{bmatrix}$ b. $\begin{bmatrix} \frac{5}{2}-\sqrt{3} \\ 1+\frac{5}{2}\sqrt{3} \end{bmatrix}$ 15. a. $\begin{bmatrix} \frac{1}{\sqrt{2}} \\ \frac{3}{\sqrt{2}} \\ 5 \end{bmatrix}$ b. $\begin{bmatrix} -\frac{5}{\sqrt{2}} \\ \frac{7}{\sqrt{2}} \\ -3 \end{bmatrix}$

17. a. $\begin{bmatrix} -\frac{1}{2}-\frac{5\sqrt{3}}{2} \\ 2 \\ -\frac{\sqrt{3}}{2}+\frac{5}{2} \end{bmatrix}$ b. $\begin{bmatrix} \frac{1}{2}-\frac{3\sqrt{3}}{2} \\ 6 \\ -\frac{\sqrt{3}}{2}-\frac{3}{2} \end{bmatrix}$ 19. $\begin{bmatrix} 1 & 0 & 0 \\ 0 & \cos\theta & \sin\theta \\ 0 & -\sin\theta & \cos\theta \end{bmatrix}$

21. a. Rotations about the origin, reflections about any line through the origin, and any combination of these
b. Rotations about the origin, dilations, contractions, reflections about lines through the origin, and combinations of these
c. No; dilations and contractions

23. a. $(\mathbf{p})_S = \left(\frac{5}{\sqrt{3}}, \sqrt{2}, \frac{\sqrt{2}}{\sqrt{3}}\right), (\mathbf{q})_S = \left(-\frac{2}{\sqrt{3}}, 2\sqrt{2}, -\frac{\sqrt{2}}{\sqrt{3}}\right)$
b. $\|\mathbf{p}\| = \sqrt{11}, d(\mathbf{p},\mathbf{q}) = \sqrt{21}, \langle \mathbf{p},\mathbf{q}\rangle = 0$

True/False 7.1

a. False b. False c. False d. False e. True f. True g. True h. True

Exercise Set 7.2

1. $\lambda^2 - 5\lambda = 0$; $\lambda = 0$: one-dimensional; $\lambda = 5$: one-dimensional
3. $\lambda^3 - 3\lambda^2 = 0$; $\lambda = 3$: one-dimensional; $\lambda = 0$: two-dimensional
5. $\lambda^4 - 8\lambda^3 = 0$; $\lambda = 0$: three-dimensional; $\lambda = 8$: one-dimensional

7. $P = \begin{bmatrix} -\frac{2}{\sqrt{7}} & \frac{\sqrt{3}}{\sqrt{7}} \\ \frac{\sqrt{3}}{\sqrt{7}} & \frac{2}{\sqrt{7}} \end{bmatrix}$; $P^{-1}AP = \begin{bmatrix} 3 & 0 \\ 0 & 10 \end{bmatrix}$ 9. $P = \begin{bmatrix} -\frac{4}{5} & 0 & \frac{3}{5} \\ 0 & 1 & 0 \\ \frac{3}{5} & 0 & \frac{4}{5} \end{bmatrix}$; $P^{-1}AP = \begin{bmatrix} 25 & 0 & 0 \\ 0 & -3 & 0 \\ 0 & 0 & -50 \end{bmatrix}$

11. $P = \begin{bmatrix} -\frac{1}{\sqrt{2}} & -\frac{1}{\sqrt{6}} & \frac{1}{\sqrt{3}} \\ \frac{1}{\sqrt{2}} & -\frac{1}{\sqrt{6}} & \frac{1}{\sqrt{3}} \\ 0 & \frac{2}{\sqrt{6}} & \frac{1}{\sqrt{3}} \end{bmatrix}$; $P^{-1}AP = \begin{bmatrix} 3 & 0 & 0 \\ 0 & 3 & 0 \\ 0 & 0 & 0 \end{bmatrix}$

13. $P = \begin{bmatrix} -\frac{4}{5} & 0 & \frac{3}{5} & 0 \\ \frac{3}{5} & 0 & \frac{4}{5} & 0 \\ 0 & -\frac{4}{5} & 0 & \frac{3}{5} \\ 0 & \frac{3}{5} & 0 & \frac{4}{5} \end{bmatrix}$; $P^{-1}AP = \begin{bmatrix} -25 & 0 & 0 & 0 \\ 0 & -25 & 0 & 0 \\ 0 & 0 & 25 & 0 \\ 0 & 0 & 0 & 25 \end{bmatrix}$

15. $(2)\begin{bmatrix} -\frac{1}{\sqrt{2}} \\ \frac{1}{\sqrt{2}} \end{bmatrix}\begin{bmatrix} -\frac{1}{\sqrt{2}} & \frac{1}{\sqrt{2}} \end{bmatrix} + (4)\begin{bmatrix} \frac{1}{\sqrt{2}} \\ \frac{1}{\sqrt{2}} \end{bmatrix}\begin{bmatrix} \frac{1}{\sqrt{2}} & \frac{1}{\sqrt{2}} \end{bmatrix} = (2)\begin{bmatrix} \frac{1}{2} & -\frac{1}{2} \\ -\frac{1}{2} & \frac{1}{2} \end{bmatrix} + (4)\begin{bmatrix} \frac{1}{2} & \frac{1}{2} \\ \frac{1}{2} & \frac{1}{2} \end{bmatrix}$

17. $(-4)\begin{bmatrix} -\frac{1}{\sqrt{2}} \\ \frac{1}{\sqrt{2}} \\ 0 \end{bmatrix}\begin{bmatrix} -\frac{1}{\sqrt{2}} & \frac{1}{\sqrt{2}} & 0 \end{bmatrix} + (-4)\begin{bmatrix} -\frac{1}{\sqrt{3}} \\ -\frac{1}{\sqrt{3}} \\ \frac{1}{\sqrt{3}} \end{bmatrix}\begin{bmatrix} -\frac{1}{\sqrt{3}} & -\frac{1}{\sqrt{3}} & \frac{1}{\sqrt{3}} \end{bmatrix} + (2)\begin{bmatrix} \frac{1}{\sqrt{6}} \\ \frac{1}{\sqrt{6}} \\ \frac{2}{\sqrt{6}} \end{bmatrix}\begin{bmatrix} \frac{1}{\sqrt{6}} & \frac{1}{\sqrt{6}} & \frac{2}{\sqrt{6}} \end{bmatrix}$

$= (-4)\begin{bmatrix} \frac{1}{2} & -\frac{1}{2} & 0 \\ -\frac{1}{2} & \frac{1}{2} & 0 \\ 0 & 0 & 0 \end{bmatrix} + (-4)\begin{bmatrix} \frac{1}{3} & \frac{1}{3} & -\frac{1}{3} \\ \frac{1}{3} & \frac{1}{3} & -\frac{1}{3} \\ -\frac{1}{3} & -\frac{1}{3} & \frac{1}{3} \end{bmatrix} + (2)\begin{bmatrix} \frac{1}{6} & \frac{1}{6} & \frac{1}{3} \\ \frac{1}{6} & \frac{1}{6} & \frac{1}{3} \\ \frac{1}{3} & \frac{1}{3} & \frac{2}{3} \end{bmatrix}$

19. $\begin{bmatrix} 3 & 0 & 0 \\ 0 & 3 & 4 \\ 0 & 4 & 3 \end{bmatrix}$ 21. Yes 23. a. $\begin{bmatrix} \frac{\sqrt{2}-1}{4-2\sqrt{2}} \\ \frac{1}{4-2\sqrt{2}} \end{bmatrix}, \begin{bmatrix} \frac{-\sqrt{2}-1}{4+2\sqrt{2}} \\ \frac{1}{4+2\sqrt{2}} \end{bmatrix}$ b. $\begin{bmatrix} \frac{-1}{\sqrt{2}} \\ \frac{1}{\sqrt{2}} \end{bmatrix}, \begin{bmatrix} \frac{1}{\sqrt{2}} \\ \frac{1}{\sqrt{2}} \end{bmatrix}$

True/False 7.2

a. True b. True c. False d. True e. True f. True g. True

Exercise Set 7.3

1. a. $[x_1 \quad x_2]\begin{bmatrix}3 & 0\\ 0 & 7\end{bmatrix}\begin{bmatrix}x_1\\ x_2\end{bmatrix}$ b. $[x_1 \quad x_2]\begin{bmatrix}4 & -3\\ -3 & -9\end{bmatrix}\begin{bmatrix}x_1\\ x_2\end{bmatrix}$ c. $[x_1 \quad x_2 \quad x_3]\begin{bmatrix}9 & 3 & -4\\ 3 & -1 & \frac{1}{2}\\ -4 & \frac{1}{2} & 4\end{bmatrix}\begin{bmatrix}x_1\\ x_2\\ x_3\end{bmatrix}$

3. $2x^2 + 5y^2 - 6xy$ 5. $\begin{bmatrix}x_1\\ x_2\end{bmatrix} = \begin{bmatrix}-\frac{1}{\sqrt{2}} & \frac{1}{\sqrt{2}}\\ \frac{1}{\sqrt{2}} & \frac{1}{\sqrt{2}}\end{bmatrix}\begin{bmatrix}y_1\\ y_2\end{bmatrix}$; $Q = 3y_1^2 + y_2^2$

7. $\begin{bmatrix}x_1\\ x_2\\ x_3\end{bmatrix} = \begin{bmatrix}-\frac{2}{3} & \frac{2}{3} & -\frac{1}{3}\\ \frac{2}{3} & \frac{1}{3} & -\frac{2}{3}\\ \frac{1}{3} & \frac{2}{3} & \frac{2}{3}\end{bmatrix}\begin{bmatrix}y_1\\ y_2\\ y_3\end{bmatrix}$; $Q = y_1^2 + 4y_2^2 + 7y_3^2$

9. a. $\begin{bmatrix}x & y\end{bmatrix}\begin{bmatrix}2 & \frac{1}{2}\\ \frac{1}{2} & 0\end{bmatrix}\begin{bmatrix}x\\ y\end{bmatrix} + \begin{bmatrix}1 & -6\end{bmatrix}\begin{bmatrix}x\\ y\end{bmatrix} + (2) = 0$ b. $\begin{bmatrix}x & y\end{bmatrix}\begin{bmatrix}0 & 0\\ 0 & 1\end{bmatrix}\begin{bmatrix}x\\ y\end{bmatrix} + \begin{bmatrix}7 & -8\end{bmatrix}\begin{bmatrix}x\\ y\end{bmatrix} + (-5) = 0$

11. a. Ellipse b. Hyperbola c. Parabola d. Circle 13. Hyperbola: $3y'^2 - 2x'^2 = 8$; $\theta = \sin^{-1}\left(\frac{2}{\sqrt{5}}\right) \approx 63.4°$

15. Hyperbola: $4x'^2 - y'^2 = 3$; $\theta = \sin^{-1}\left(\frac{3}{5}\right) \approx 36.9°$

17. a. Positive definite b. Negative definite c. Indefinite d. Positive semidefinite e. Negative semidefinite

19. Positive definite 21. Positive semidefinite 23. Indefinite 27. a. Indefinite b. Negative definite 29. $k > 2$

33. a. $s_x^2 = \mathbf{x}^T\begin{bmatrix}\frac{1}{n} & -\frac{1}{n(n-1)} & \cdots & -\frac{1}{n(n-1)}\\ -\frac{1}{n(n-1)} & \frac{1}{n} & \cdots & -\frac{1}{n(n-1)}\\ \vdots & \vdots & \ddots & \vdots\\ -\frac{1}{n(n-1)} & -\frac{1}{n(n-1)} & \cdots & \frac{1}{n}\end{bmatrix}\mathbf{x}$ 35. A must have a positive eigenvalue of multiplicity 2.

True/False 7.3

a. True b. False c. True d. True e. False f. True g. True h. True i. True j. True k. True
l. False

Exercise Set 7.4

1. Maximum: 5 at $(x, y) = (\pm 1, 0)$; minimum: -1 at $(x, y) = (0, \pm 1)$
3. Maximum: 7 at $(x, y) = (0, \pm 1)$; minimum: 3 at $(x, y) = (\pm 1, 0)$
5. Maximum: 9 at $(x, y, z) = (\pm 1, 0, 0)$; minimum: 3 at $(x, y, z) = (0, 0, \pm 1)$
7. Maximum: $\sqrt{2}$ at $(x, y) = (\sqrt{2}, 1)$ and $(x, y) = (-\sqrt{2}, -1)$; minimum: $-\sqrt{2}$ at $(x, y) = (-\sqrt{2}, 1)$ and $(x, y) = (\sqrt{2}, -1)$
9.

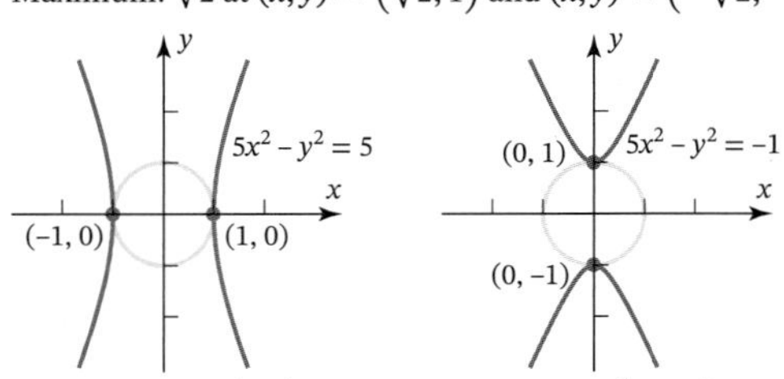

13. Saddle point at $(0, 0)$; relative maximum at $(-1, 1)$
15. Relative minimum at $(0, 0)$; saddle point at $(2, 1)$; saddle point at $(-2, 1)$ 17. $x = \frac{5}{\sqrt{2}}, y = \frac{1}{\sqrt{2}}$ 21. $q(\mathbf{x}) = \lambda$

True/False 7.4

a. False b. True c. True d. False e. True

Exercise Set 7.5

1. $\begin{bmatrix}-2i & 4 & 5-i\\ 1+i & 3-i & 0\end{bmatrix}$ 3. $\begin{bmatrix}1 & i & 2-3i\\ -i & -3 & 1\\ 2+3i & 1 & 2\end{bmatrix}$ 5. a. $(A)_{13} \neq (A^*)_{13}$ b. $(A)_{22} \neq (A^*)_{22}$

9. $A^{-1} = \begin{bmatrix} \frac{3}{5} & -\frac{4}{5} \\ -\frac{4}{5}i & -\frac{3}{5}i \end{bmatrix}$ 11. $A^{-1} = \begin{bmatrix} \frac{1}{2\sqrt{2}}(\sqrt{3}-i) & \frac{1}{2\sqrt{2}}(1-i\sqrt{3}) \\ \frac{1}{2\sqrt{2}}(1+i\sqrt{3}) & \frac{1}{2\sqrt{2}}(-i-\sqrt{3}) \end{bmatrix}$ 13. $P = \begin{bmatrix} \frac{-1+i}{\sqrt{3}} & \frac{1-i}{\sqrt{6}} \\ \frac{1}{\sqrt{3}} & \frac{2}{\sqrt{6}} \end{bmatrix}; P^{-1}AP = \begin{bmatrix} 3 & 0 \\ 0 & 6 \end{bmatrix}$

15. $P = \begin{bmatrix} \frac{-1-i}{\sqrt{6}} & \frac{1+i}{\sqrt{3}} \\ \frac{2}{\sqrt{6}} & \frac{1}{\sqrt{3}} \end{bmatrix}; P^{-1}AP = \begin{bmatrix} 2 & 0 \\ 0 & 8 \end{bmatrix}$ 17. $P = \begin{bmatrix} 0 & 0 & 1 \\ \frac{1-i}{\sqrt{3}} & \frac{-1+i}{\sqrt{6}} & 0 \\ \frac{1}{\sqrt{3}} & \frac{2}{\sqrt{6}} & 0 \end{bmatrix}; P^{-1}AP = \begin{bmatrix} -2 & 0 & 0 \\ 0 & 1 & 0 \\ 0 & 0 & 5 \end{bmatrix}$

19. $\begin{bmatrix} 0 & i & 2-3i \\ i & 0 & 1 \\ -2-3i & -1 & 4i \end{bmatrix}$ 27. c. B and C must commute. 35. $\begin{bmatrix} \frac{1}{\sqrt{2}} & -\frac{i}{\sqrt{2}} \\ \frac{i}{\sqrt{2}} & -\frac{1}{\sqrt{2}} \end{bmatrix}$

True/False 7.5

a. False b. False c. True d. False e. False

Chapter 7 Supplementary Exercises

1. a. $\begin{bmatrix} \frac{3}{5} & -\frac{4}{5} \\ \frac{4}{5} & \frac{3}{5} \end{bmatrix}^{-1} = \begin{bmatrix} \frac{3}{5} & \frac{4}{5} \\ -\frac{4}{5} & \frac{3}{5} \end{bmatrix}$ b. $\begin{bmatrix} \frac{4}{5} & 0 & -\frac{3}{5} \\ -\frac{9}{25} & \frac{4}{5} & -\frac{12}{25} \\ \frac{12}{25} & \frac{3}{5} & \frac{16}{25} \end{bmatrix}^{-1} = \begin{bmatrix} \frac{4}{5} & -\frac{9}{25} & \frac{12}{25} \\ 0 & \frac{4}{5} & \frac{3}{5} \\ -\frac{3}{5} & -\frac{12}{25} & -\frac{16}{25} \end{bmatrix}$

5. $P = \begin{bmatrix} -\frac{1}{\sqrt{2}} & \frac{1}{\sqrt{2}} & 0 \\ 0 & 0 & 1 \\ \frac{1}{\sqrt{2}} & \frac{1}{\sqrt{2}} & 0 \end{bmatrix}; P^TAP = \begin{bmatrix} 0 & 0 & 0 \\ 0 & 2 & 0 \\ 0 & 0 & 1 \end{bmatrix}$

7. Positive definite 9. a. Parabola b. Parabola

13. Two possible solutions: $a = 0, b = \sqrt{\frac{2}{3}}, c = -\frac{1}{\sqrt{3}}$ and $a = 0, b = -\sqrt{\frac{2}{3}}, c = \frac{1}{\sqrt{3}}$

Chapter 8

Exercise Set 8.1

1. a. Nonlinear
   b. Linear; kernel consists of all matrices of the form $\begin{bmatrix} a & b \\ c & -a \end{bmatrix}$
   c. Linear; kernel consists of all matrices of the form $\begin{bmatrix} 0 & b \\ -b & 0 \end{bmatrix}$

3. Nonlinear 5. Linear; kernel consists of all 2×2 matrices whose rows are orthogonal to all columns of B

7. a. Linear; $\ker(T) = \{0\}$ b. Nonlinear 9. Linear; $\ker(T) = \{(0, 0, 0, \dots)\}$ 11. (a) and (d)

13. a. 2 b. 4 c. $mn - 3$ d. 1 15. a. $\begin{bmatrix} 3 & 6 \\ -12 & 9 \end{bmatrix}$ b. $\text{rank}(T) = 4$; $\text{nullity}(T) = 0$

17. a. $(1, 0, 1)$ b. $\ker(T) = \{0\}$ c. $R(T) = R^3$ 19. $T(x_1, x_2) = (-4x_1 + 5x_2, x_1 - 3x_2)$; $T(5, -3) = (-35, 14)$

21. $T(x_1, x_2, x_3) = (-x_1 + 4x_2 - x_3, 5x_1 - 5x_2 - x_3, x_1 + 3x_3)$; $T(2, 4, -1) = (15, -9, -1)$

23. a. $\left\{\begin{bmatrix} 1 \\ 5 \\ 7 \end{bmatrix}, \begin{bmatrix} -1 \\ 6 \\ 4 \end{bmatrix}\right\}$ b. $\{(-14, 19, 11)\}$ c. $\text{rank}(T) = 2$; $\text{nullity}(T) = 1$ d. $\text{rank}(A) = 2$; $\text{nullity}(A) = 1$

25. Basis for $\ker(T_A)$: $\{(10, 2, 0, 7)\}$; basis for $R(T_A)$: $\left\{\begin{bmatrix} 1 \\ -3 \\ -3 \end{bmatrix}, \begin{bmatrix} 2 \\ 1 \\ 8 \end{bmatrix}, \begin{bmatrix} -1 \\ 3 \\ 4 \end{bmatrix}\right\}$

27. b. $\{x, x^2\}$ c. $\{5, x^2\}$

29. a. $\ker(D)$ consists of all constant polynomials
    b. $\ker(J)$ consists of all polynomials of the form a_1x

31. a. $T(f(x)) = f^{(4)}(x)$
    b. $T(f(x)) = f^{(n+1)}(x)$

33. a. The origin, a line through the origin, a plane through the origin, or the entire space R^3
    b. The origin, a line through the origin, a plane through the origin, or the entire space R^3

35. $(-10, -7, 6)$

True/False 8.1

a. True b. False c. True d. False e. True f. True g. False h. False i. False

Exercise Set 8.2

1. a. Not one-to-one b. One-to-one c. One-to-one 3. a. $\ker(T) = \{\mathbf{0}\}$; T is one-to-one b. $\ker(T) = \{\mathbf{0}\}$; T is one-to-one
c. $\ker(T) = \{\text{span}(0, 1, 1)\}$; T is not one-to-one

5. a. $\text{nullity}(A) = 1$; not one-to-one b. $\text{nullity}(A) = 1$; not one-to-one

7. a. One-to-one b. One-to-one c. Not one-to-one

9. For example, $T(1 - x^2) = (0, 0)$; T is onto

11. No; T is not one-to-one because $\ker(T) \neq \{\mathbf{0}\}$; for example, $T(\mathbf{a}) = \mathbf{a} \times \mathbf{a} = \mathbf{0}$

13. a. One-to-one, not onto b. Not one-to-one, onto c. One-to-one, onto d. Not one-to-one, not onto

15. a. Reflection about the x-axis b. Rotation through an angle of $-\pi/4$

19. a. $(1, -1)$ d. $T^{-1}(2, 3) = 2 + x$

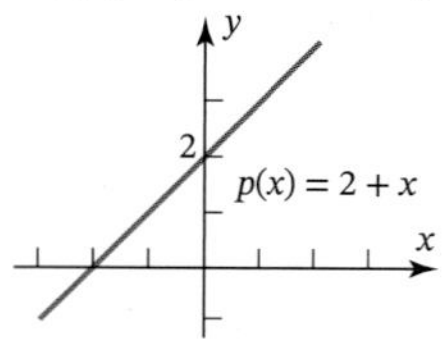

21. a. all the a_i's must be nonzero b. $T^{-1}(x_1, x_2, \ldots, x_n) = \left(\frac{1}{a_1}x_1, \frac{1}{a_2}x_2, \ldots, \frac{1}{a_n}x_n\right)$

23. $(T_2 \circ T_1)(x, y) = (2x - 3y, 2x + 3y)$

25. $a_0x + a_1x(x+1) + a_2x(x+1)^2$

27. a. $a + d$ b. $(T_2 \circ T_1)(A)$ does not exist because $T_1(A)$ is not a 2×2 matrix

29. $(T_3 \circ T_2 \circ T_1)(x, y) = (3x - 2y, x)$

31. a. $T_1^{-1}(p(x)) = \frac{1}{x}p(x)$; $T_2^{-1}(p(x)) = p(x-1)$; $(T_1^{-1} \circ T_2^{-1})(p(x)) = \frac{1}{x}p(x-1)$

33. $T_2(\mathbf{v}) = \frac{1}{4}\mathbf{v}$ 39. Since $\ker(J) \neq \{\mathbf{0}\}$, J is not one-to-one.

41. a. Range of T must be a proper subset of R^n b. T maps infinitely many vectors into $\mathbf{0}$

43. a. Yes b. Yes

True/False 8.2

a. True b. True c. True d. True e. False f. True g. True h. False i. True j. True

Exercise Set 8.3

1. Isomorphism 3. Isomorphism 5. Not an isomorphism 7. Isomorphism

9. a. $T\left(\begin{bmatrix} a & b & c \\ b & d & e \\ c & e & f \end{bmatrix}\right) = \begin{bmatrix} a \\ b \\ c \\ d \\ e \\ f \end{bmatrix}$ b. $T_1\left(\begin{bmatrix} a & b \\ c & d \end{bmatrix}\right) = \begin{bmatrix} a \\ b \\ c \\ d \end{bmatrix}$; $T_2\left(\begin{bmatrix} a & b \\ c & d \end{bmatrix}\right) = \begin{bmatrix} a \\ c \\ b \\ d \end{bmatrix}$

11. Isomorphism 13. $\dim(W) = 3$; $(-r - s - t, r, s, t) \to (r, s, t)$ is an isomorphism between W and R^3

15. Isomorphism 17. Yes 19. No

True/False 8.3

a. False b. True c. False d. True e. True f. True

Exercise Set 8.4

1. a. $\begin{bmatrix} 0 & 0 & 0 \\ 1 & 0 & 0 \\ 0 & 1 & 0 \\ 0 & 0 & 1 \end{bmatrix}$ 3. a. $\begin{bmatrix} 1 & -1 & 1 \\ 0 & 1 & -2 \\ 0 & 0 & 1 \end{bmatrix}$ 5. a. $\begin{bmatrix} 0 & 0 \\ -\frac{1}{2} & 1 \\ \frac{8}{3} & \frac{4}{3} \end{bmatrix}$ 7. a. $\begin{bmatrix} 1 & 1 & 1 \\ 0 & 2 & 4 \\ 0 & 0 & 4 \end{bmatrix}$ b, c. $3 + 10x + 16x^2$

9. a. $[T(\mathbf{v}_1)]_B = \begin{bmatrix} 1 \\ -2 \end{bmatrix}$; $[T(\mathbf{v}_2)]_B = \begin{bmatrix} 3 \\ 5 \end{bmatrix}$ b. $T(\mathbf{v}_1) = \begin{bmatrix} 3 \\ -5 \end{bmatrix}$; $T(\mathbf{v}_2) = \begin{bmatrix} -2 \\ 29 \end{bmatrix}$

c. $T\left(\begin{bmatrix} x_1 \\ x_2 \end{bmatrix}\right) = \begin{bmatrix} \frac{18}{7} & \frac{1}{7} \\ -\frac{107}{7} & \frac{24}{7} \end{bmatrix}\begin{bmatrix} x_1 \\ x_2 \end{bmatrix}$ d. $T\left(\begin{bmatrix} 1 \\ 1 \end{bmatrix}\right) = \begin{bmatrix} \frac{19}{7} \\ -\frac{83}{7} \end{bmatrix}$

11. a. $[T(\mathbf{v}_1)]_B = \begin{bmatrix} 1 \\ 2 \\ 6 \end{bmatrix}$; $[T(\mathbf{v}_2)]_B = \begin{bmatrix} 3 \\ 0 \\ -2 \end{bmatrix}$; $[T(\mathbf{v}_3)]_B = \begin{bmatrix} -1 \\ 5 \\ 4 \end{bmatrix}$

b. $T(\mathbf{v}_1) = 16 + 51x + 19x^2$; $T(\mathbf{v}_2) = -6 - 5x + 5x^2$; $T(\mathbf{v}_3) = 7 + 40x + 15x^2$

c. $T(a_0 + a_1x + a_2x^2) = \frac{239a_0 - 161a_1 + 289a_2}{24} + \frac{201a_0 - 111a_1 + 247a_2}{8}x + \frac{61a_0 - 31a_1 + 107a_2}{12}x^2$

d. $T(1 + x^2) = 22 + 56x + 14x^2$

13. a. $[T_2 \circ T_1]_{B',B} = \begin{bmatrix} 0 & 0 \\ 6 & 0 \\ 0 & -9 \\ 0 & 0 \end{bmatrix}$; $[T_1]_{B'',B} = \begin{bmatrix} 2 & 0 \\ 0 & -3 \\ 0 & 0 \end{bmatrix}$; $[T_2]_{B',B''} = \begin{bmatrix} 0 & 0 & 0 \\ 3 & 0 & 0 \\ 0 & 3 & 0 \\ 0 & 0 & 3 \end{bmatrix}$ b. $[T_2 \circ T_1]_{B',B} = [T_2]_{B',B''}[T_1]_{B'',B}$

15. a. $[T]_{B,B'} = \begin{bmatrix} 1 & 0 & 0 \\ 1 & 1 & 1 \\ 1 & -1 & 1 \\ 1 & 0 & 0 \end{bmatrix}$; $[T]_{B,B''} = \begin{bmatrix} 1 & 1 & 1 \\ 1 & 2 & 2 \\ 1 & 0 & 2 \\ 1 & 1 & 1 \end{bmatrix}$ b, c. $\begin{bmatrix} 2 & 5 \\ 1 & 2 \end{bmatrix}$

17. a. $\begin{bmatrix} 0 & 1 & 0 \\ 0 & 0 & 2 \\ 0 & 0 & 0 \end{bmatrix}$ b. $-6 + 48x$ 19. a. $\begin{bmatrix} 0 & 0 & 0 \\ 0 & 0 & -1 \\ 0 & 1 & 0 \end{bmatrix}$ b. $4\sin x + 3\cos x$

21. a. $[T_2 \circ T_1]_{B',B} = [T_2]_{B',B''}[T_1]_{B'',B}$ b. $[T_3 \circ T_2 \circ T_1]_{B',B} = [T_3]_{B',B'''}[T_2]_{B''',B''}[T_1]_{B'',B}$

23. The matrix for T relative to B is the matrix whose columns are the transforms of the basis vectors in B in terms of the standard basis. Since B is the standard basis for R^n, this matrix is the standard matrix for T. Also, since B' is the standard basis for R^m, the resulting transformation will give vector components relative to the standard basis.

True/False 8.4

a. False b. False c. True d. False e. True

Exercise Set 8.5

1. a. $\det(A) = -2$ does not equal $\det(B) = -1$ b. $\text{tr}(A) = 3$ does not equal $\text{tr}(B) = -2$

3. $\begin{bmatrix} 6 & -10 \\ 2 & -3 \end{bmatrix}$ 5. $\begin{bmatrix} -2 & -2 \\ 6 & 5 \end{bmatrix}$ 7. $[T]_B = \begin{bmatrix} 1 & -2 \\ 0 & -1 \end{bmatrix}$; $[T]_{B'} = \begin{bmatrix} 11 & 20 \\ -6 & -11 \end{bmatrix}$

9. $[T]_B = \begin{bmatrix} -2 & -1 & 0 \\ 1 & 0 & 1 \\ 0 & 1 & 0 \end{bmatrix}$; $[T]_{B'} = \begin{bmatrix} -2 & -1 & 0 \\ 1 & 0 & 1 \\ 0 & 1 & 0 \end{bmatrix}$ 11. $[T]_B = \begin{bmatrix} \frac{1}{\sqrt{2}} & -\frac{1}{\sqrt{2}} \\ \frac{1}{\sqrt{2}} & \frac{1}{\sqrt{2}} \end{bmatrix}$; $[T]_{B'} = \begin{bmatrix} \frac{1}{\sqrt{2}} & -\frac{1}{\sqrt{2}} \\ \frac{1}{\sqrt{2}} & \frac{1}{\sqrt{2}} \end{bmatrix}$

13. $[T]_B = \begin{bmatrix} -1 & 0 \\ 1 & 1 \end{bmatrix}$; $[T]_{B'} = \begin{bmatrix} \frac{1}{2} & \frac{1}{2} \\ \frac{3}{2} & -\frac{1}{2} \end{bmatrix}$

15. a. $-4, 3$

b. A basis for the eigenspace corresponding to $\lambda = -4$ is $\{-2 + \frac{8}{3}x + x^2\}$;

A basis for the eigenspace corresponding to $\lambda = 3$ is $\{5 - 2x + x^2\}$

19. $\det(T) = 17$; eigenvalues: $5 \pm 2\sqrt{2}$ 21. $\det(T) = 1$; eigenvalue: 1

True/False 8.5

a. False b. True c. True d. True e. True f. False g. True h. False

Exercise Set 8.6

1. $y' = \frac{6}{13}x'$ 3. $y' = \frac{2}{7}x'$

5.

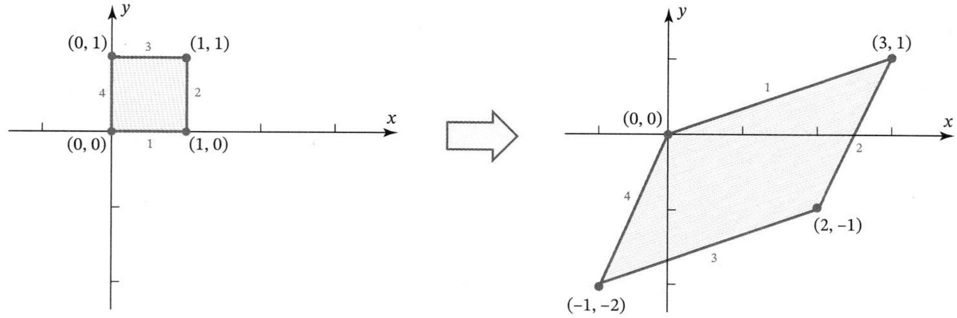

7. a. $\begin{bmatrix} \frac{1}{2} & 0 \\ 0 & 5 \end{bmatrix}$ b. $\begin{bmatrix} 1 & 0 \\ 2 & 5 \end{bmatrix}$ c. $\begin{bmatrix} 0 & -1 \\ -1 & 0 \end{bmatrix}$

9. a. Operators commute b. Operators do not commute

11. Shearing by a factor of 1 in the x-direction, then reflection about the x-axis, then expanding by a factor of 2 in the y-direction, then expanding by a factor of 4 in the x-direction.

13. Reflection about the x-axis, then expanding by a factor of 2 in the y-direction, then expanding by a factor of 4 in the x-direction, then reflection about the line $y = x$.

15. a. The unit square is expanded in the x-direction by a factor of 3.
    b. The unit square is reflected about the x-axis and expanded in the y-direction by a factor of 5.

17. b. No, Theorem 8.6.1 applies only to invertible matrices.

21. a.

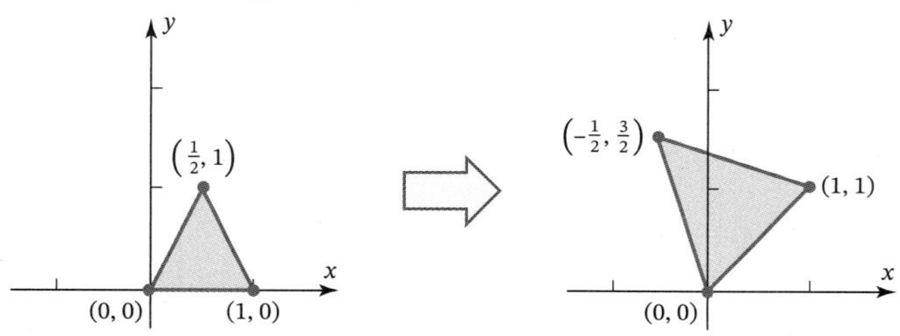

b. Shearing by a factor of −1 in the x-direction, then expanding by a factor of 2 in the y-direction, then shearing by a factor of 1 in the y-direction.

23.

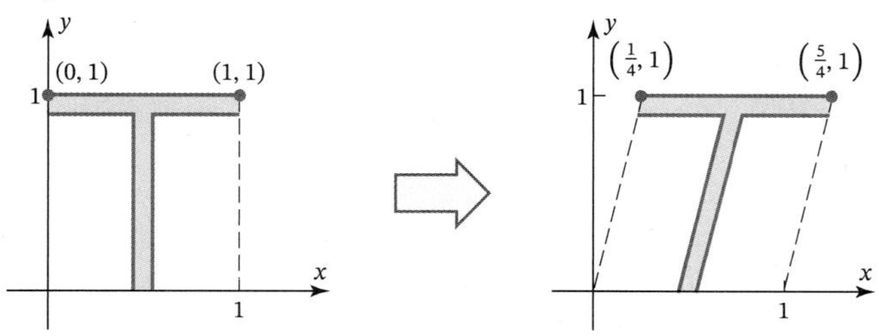

25. The line segment from (0,0) to (2,0). Theorem 8.6.1 does not apply here because A is singular.

27. a. $\begin{bmatrix} \frac{\sqrt{3}}{2} & -\frac{1}{2} & 0 \\ \frac{1}{2} & \frac{\sqrt{3}}{2} & 0 \\ 0 & 0 & 1 \end{bmatrix}$ b. $\begin{bmatrix} 1 & 0 & 0 \\ 0 & \frac{1}{2} & \frac{1}{\sqrt{2}} \\ 0 & -\frac{1}{\sqrt{2}} & \frac{1}{\sqrt{2}} \end{bmatrix}$

29. $\begin{bmatrix} -\frac{1}{9} & \frac{8}{9} & \frac{4}{9} \\ \frac{8}{9} & -\frac{1}{9} & \frac{4}{9} \\ \frac{4}{9} & \frac{4}{9} & -\frac{7}{9} \end{bmatrix}$

True/False 8.6

a. False b. True c. True d. True e. False f. False g. True

Chapter 8 Supplementary Exercises

1. No

5. a. $T(\mathbf{e}_3)$ and any two of $T(\mathbf{e}_1)$, $T(\mathbf{e}_2)$, $T(\mathbf{e}_4)$ form a basis for the range; a basis for ker(T) is $\begin{bmatrix} -1 \\ 1 \\ 0 \\ 1 \end{bmatrix}$
   b. rank(T) = 3; nullity(T) = 1

7. a. rank(T) = 2; nullity(T) = 2 b. T is not one-to-one

11. rank$(T) = 3$; nullity$(T) = 1$ **13.** $\begin{bmatrix} 1 & 0 & 0 & 0 \\ 0 & 0 & 1 & 0 \\ 0 & 1 & 0 & 0 \\ 0 & 0 & 0 & 1 \end{bmatrix}$ **15.** $\begin{bmatrix} -4 & 0 & 9 \\ 1 & 0 & -2 \\ 0 & 1 & 1 \end{bmatrix}$ **17.** $\begin{bmatrix} 1 & -1 & 1 \\ 0 & 1 & 0 \\ 1 & 0 & -1 \end{bmatrix}$ **19. b.** $\{1, x\}$

25. $\begin{bmatrix} 0 & 0 & 0 & \cdots & 0 & 0 \\ 1 & 0 & 0 & \cdots & 0 & 0 \\ 0 & \frac{1}{2} & 0 & \cdots & 0 & 0 \\ 0 & 0 & \frac{1}{3} & \cdots & 0 & 0 \\ \vdots & \vdots & \vdots & \ddots & \vdots & \vdots \\ 0 & 0 & & \cdots & \frac{1}{n} & 0 \\ 0 & 0 & 0 & \cdots & 0 & \frac{1}{n+1} \end{bmatrix}$

Chapter 9

Exercise Set 9.1

1. $x_1 = 2, x_2 = 1$ **3.** $x_1 = 3, x_2 = -1$ **5.** $x_1 = -1, x_2 = 1, x_3 = 0$

7. a. $L^{-1} = \begin{bmatrix} 1 & 0 & 0 \\ -2 & 1 & 0 \\ 1 & 1 & 1 \end{bmatrix}$; $U^{-1} = \begin{bmatrix} \frac{1}{2} & \frac{1}{8} & -\frac{7}{48} \\ 0 & \frac{1}{4} & \frac{5}{24} \\ 0 & 0 & \frac{1}{6} \end{bmatrix}$ **b.** $A^{-1} = \begin{bmatrix} \frac{5}{48} & -\frac{1}{48} & -\frac{7}{48} \\ -\frac{7}{24} & \frac{11}{24} & \frac{5}{24} \\ \frac{1}{6} & \frac{1}{6} & \frac{1}{6} \end{bmatrix}$

9. a. $A = LU = \begin{bmatrix} 2 & 0 & 0 \\ -2 & 1 & 0 \\ 2 & 0 & 1 \end{bmatrix}\begin{bmatrix} 1 & \frac{1}{2} & -\frac{1}{2} \\ 0 & 0 & 1 \\ 0 & 0 & 1 \end{bmatrix}$ **b.** $A = L_1DU_1 = \begin{bmatrix} 1 & 0 & 0 \\ -1 & 1 & 0 \\ 1 & 0 & 1 \end{bmatrix}\begin{bmatrix} 2 & 0 & 0 \\ 0 & 1 & 0 \\ 0 & 0 & 1 \end{bmatrix}\begin{bmatrix} 1 & \frac{1}{2} & -\frac{1}{2} \\ 0 & 0 & 1 \\ 0 & 0 & 1 \end{bmatrix}$

c. $A = L_2U_2 = \begin{bmatrix} 1 & 0 & 0 \\ -1 & 1 & 0 \\ 1 & 0 & 1 \end{bmatrix}\begin{bmatrix} 2 & 1 & -1 \\ 0 & 0 & 1 \\ 0 & 0 & 1 \end{bmatrix}$

11. $x_1 = \frac{21}{17}, x_2 = -\frac{14}{17}, \quad x_3 = \frac{12}{17}$ **13.** $A = LDU = \begin{bmatrix} 1 & 0 \\ 2 & 1 \end{bmatrix}\begin{bmatrix} 2 & 0 \\ 0 & -3 \end{bmatrix}\begin{bmatrix} 1 & 1 \\ 0 & 1 \end{bmatrix}$

15. $A = PLU = \begin{bmatrix} 1 & 0 & 0 \\ 0 & 0 & 1 \\ 0 & 1 & 0 \end{bmatrix}\begin{bmatrix} 3 & 0 & 0 \\ 0 & 2 & 0 \\ 3 & 0 & 1 \end{bmatrix}\begin{bmatrix} 1 & -\frac{1}{3} & 0 \\ 0 & 1 & \frac{1}{2} \\ 0 & 0 & 1 \end{bmatrix}$; $x_1 = -\frac{1}{2}, \quad x_2 = \frac{1}{2} \quad x_3 = 3$

17. Approximately $\frac{2}{3}n^3$ additions and multiplications are required.

True/False 9.1

a. False **b.** False **c.** True **d.** True **e.** True

Exercise Set 9.2

1. a. $\lambda_3 = -8$ is the dominant eigenvalue. **b.** no dominant eigenvalue

3. $\mathbf{x}_1 \approx \begin{bmatrix} 0.98058 \\ -0.19612 \end{bmatrix}, \lambda^{(1)} \approx 5.15385$; $\mathbf{x}_2 \approx \begin{bmatrix} 0.98837 \\ -0.15206 \end{bmatrix}, \lambda^{(2)} \approx 5.16185$;

$\mathbf{x}_3 \approx \begin{bmatrix} 0.98679 \\ -0.16201 \end{bmatrix}, \lambda^{(3)} \approx 5.16226$; $\mathbf{x}_4 \approx \begin{bmatrix} 0.98715 \\ -0.15977 \end{bmatrix}, \lambda^{(4)} \approx 5.16228$;

dominant eigenvalue: $2 + \sqrt{10} \approx 5.16228$;
corresponding unit eigenvector: $\frac{1}{\sqrt{20 + 6\sqrt{10}}}(3\sqrt{10}, -1) \approx (0.98709, -0.16018)$

5. $\mathbf{x}_1 = \begin{bmatrix} -1 \\ 1 \end{bmatrix}, \lambda^{(1)} = 6$; $\mathbf{x}_2 = \begin{bmatrix} -0.5 \\ 1 \end{bmatrix}, \lambda^{(2)} = 6.6$; $\mathbf{x}_3 \approx \begin{bmatrix} -0.53846 \\ 1 \end{bmatrix}, \lambda^{(3)} \approx 6.60550$;

$\mathbf{x}_4 \approx \begin{bmatrix} -0.53488 \\ 1 \end{bmatrix}, \lambda^{(4)} \approx 6.60555$;

dominant eigenvalue: $3+\sqrt{13}\approx 6.60555$;
corresponding scaled eigenvector: $\left(\frac{2-\sqrt{13}}{3}, 1\right) \approx (-0.53518, 1)$

7. a. $\mathbf{x}_1 = \begin{bmatrix} 1 \\ -0.5 \end{bmatrix}$; $\mathbf{x}_2 = \begin{bmatrix} 1 \\ -0.8 \end{bmatrix}$; $\mathbf{x}_3 \approx \begin{bmatrix} 1 \\ -0.929 \end{bmatrix}$
b. $\lambda^{(1)} = 2.8$; $\lambda^{(2)} \approx 2.976$; $\lambda^{(3)} \approx 2.997$
c. eigenvector: $(1, -1)$; eigenvalue: 3
d. 0.1%

9. 2.99993; $\begin{bmatrix} 0.99180 \\ 1.00000 \end{bmatrix}$

13. a. Starting with $\mathbf{x}_0 = \begin{bmatrix} 1 \\ 0 \\ 0 \end{bmatrix}$ it takes 8 iterations. b. Starting with $\mathbf{x}_0 = \begin{bmatrix} 1 \\ 0 \\ 0 \\ 0 \end{bmatrix}$ it takes 8 iterations.

Exercise Set 9.3

1. a. ≈ 0.067 second b. ≈ 66.68 seconds c. $\approx 66{,}668$ seconds, or about 18.5 hours
3. a. ≈ 9.52 seconds b. ≈ 0.0014 second c. ≈ 9.52 seconds d. ≈ 28.57 seconds
5. a. about 6.67×10^5 seconds for forward phase; about 10 seconds for backward phase
b. 1334 gigaflops per second
7. n^2 flops 9. $2n^3 - n^2$ flops

Exercise Set 9.4

1. $\sqrt{5}, 0$ 3. $\sqrt{5}$ 5. $A = \begin{bmatrix} \frac{1}{\sqrt{2}} & -\frac{1}{\sqrt{2}} \\ \frac{1}{\sqrt{2}} & \frac{1}{\sqrt{2}} \end{bmatrix} \begin{bmatrix} \sqrt{2} & 0 \\ 0 & \sqrt{2} \end{bmatrix} \begin{bmatrix} 1 & 0 \\ 0 & 1 \end{bmatrix}$ 7. $A = \begin{bmatrix} \frac{2}{\sqrt{5}} & -\frac{1}{\sqrt{5}} \\ \frac{1}{\sqrt{5}} & \frac{2}{\sqrt{5}} \end{bmatrix} \begin{bmatrix} 8 & 0 \\ 0 & 2 \end{bmatrix} \begin{bmatrix} \frac{1}{\sqrt{5}} & \frac{2}{\sqrt{5}} \\ -\frac{2}{\sqrt{5}} & \frac{1}{\sqrt{5}} \end{bmatrix}$

9. $A = \begin{bmatrix} \frac{2}{3} & \frac{1}{\sqrt{2}} & \frac{\sqrt{2}}{6} \\ \frac{1}{3} & 0 & -\frac{2\sqrt{2}}{3} \\ -\frac{2}{3} & \frac{1}{\sqrt{2}} & -\frac{\sqrt{2}}{6} \end{bmatrix} \begin{bmatrix} 3\sqrt{2} & 0 \\ 0 & 0 \\ 0 & 0 \end{bmatrix} \begin{bmatrix} -\frac{1}{\sqrt{2}} & \frac{1}{\sqrt{2}} \\ \frac{1}{\sqrt{2}} & \frac{1}{\sqrt{2}} \end{bmatrix}$ 11. $A = \begin{bmatrix} \frac{1}{\sqrt{3}} & 0 & \frac{2}{\sqrt{6}} \\ \frac{1}{\sqrt{3}} & \frac{1}{\sqrt{2}} & -\frac{1}{\sqrt{6}} \\ -\frac{1}{\sqrt{3}} & \frac{1}{\sqrt{2}} & \frac{1}{\sqrt{6}} \end{bmatrix} \begin{bmatrix} \sqrt{3} & 0 \\ 0 & \sqrt{2} \\ 0 & 0 \end{bmatrix} \begin{bmatrix} 1 & 0 \\ 0 & 1 \end{bmatrix}$

19. b. $A = \begin{bmatrix} \sqrt{2} & 0 \\ 0 & \sqrt{2} \end{bmatrix} \begin{bmatrix} \frac{1}{\sqrt{2}} & -\frac{1}{\sqrt{2}} \\ \frac{1}{\sqrt{2}} & \frac{1}{\sqrt{2}} \end{bmatrix}$

True/False 9.4

a. False b. True c. False d. False e. True f. False g. True

Exercise Set 9.5

1. $A = \begin{bmatrix} \frac{2}{3} \\ \frac{1}{3} \\ -\frac{2}{3} \end{bmatrix} [3\sqrt{2}] \begin{bmatrix} -\frac{1}{\sqrt{2}} & \frac{1}{\sqrt{2}} \end{bmatrix}$ 3. $A = \begin{bmatrix} \frac{1}{\sqrt{3}} & 0 \\ \frac{1}{\sqrt{3}} & \frac{1}{\sqrt{2}} \\ -\frac{1}{\sqrt{3}} & \frac{1}{\sqrt{2}} \end{bmatrix} \begin{bmatrix} \sqrt{3} & 0 \\ 0 & \sqrt{2} \end{bmatrix} \begin{bmatrix} 1 & 0 \\ 0 & 1 \end{bmatrix}$ 5. $A = 3\sqrt{2} \begin{bmatrix} \frac{2}{3} \\ \frac{1}{3} \\ -\frac{2}{3} \end{bmatrix} \begin{bmatrix} -\frac{1}{\sqrt{2}} & \frac{1}{\sqrt{2}} \end{bmatrix}$

7. $A = \sqrt{3} \begin{bmatrix} \frac{1}{\sqrt{3}} \\ \frac{1}{\sqrt{3}} \\ -\frac{1}{\sqrt{3}} \end{bmatrix} [1 \quad 0] + \sqrt{2} \begin{bmatrix} 0 \\ \frac{1}{\sqrt{2}} \\ \frac{1}{\sqrt{2}} \end{bmatrix} [0 \quad 1]$ 9. 70,100 numbers must be stored; A has 100,000 entries.

True/False 9.5

a. True b. True c. False

Chapter 9 Supplementary Exercises

1. $A = \begin{bmatrix} 2 & 0 \\ -2 & 1 \end{bmatrix} \begin{bmatrix} -3 & 1 \\ 0 & 2 \end{bmatrix}$ 3. $A = \begin{bmatrix} 2 & 0 & 0 \\ 1 & 2 & 0 \\ 1 & 1 & 2 \end{bmatrix} \begin{bmatrix} 1 & 2 & 3 \\ 0 & 1 & 2 \\ 0 & 0 & 1 \end{bmatrix}$

5. a. dominant eigenvalue: 3, corresponding positive unit eigenvector: $\begin{bmatrix} \frac{1}{\sqrt{2}} \\ \frac{1}{\sqrt{2}} \end{bmatrix}$

b. $\mathbf{x}_5 \approx \begin{bmatrix} 0.7100 \\ 0.7042 \end{bmatrix}$; $\mathbf{v} \approx \begin{bmatrix} 0.7071 \\ 0.7071 \end{bmatrix}$

c. $\mathbf{x}_5 \approx \begin{bmatrix} 1 \\ 0.9918 \end{bmatrix}$

7. The Rayleigh quotients will slowly converge to the dominant eigenvalue $\lambda_4 = -8.1$.

9. $A = \begin{bmatrix} -\frac{1}{\sqrt{2}} & 0 & \frac{1}{\sqrt{2}} \\ 0 & 1 & 0 \\ -\frac{1}{\sqrt{2}} & 0 & -\frac{1}{\sqrt{2}} \end{bmatrix} \begin{bmatrix} 2 & 0 \\ 0 & 0 \\ 0 & 0 \end{bmatrix} \begin{bmatrix} -\frac{1}{\sqrt{2}} & -\frac{1}{\sqrt{2}} \\ -\frac{1}{\sqrt{2}} & \frac{1}{\sqrt{2}} \end{bmatrix}$

11. $A = \begin{bmatrix} \frac{1}{2} & \frac{1}{2} \\ \frac{1}{2} & -\frac{1}{2} \\ \frac{1}{2} & -\frac{1}{2} \\ \frac{1}{2} & \frac{1}{2} \end{bmatrix} \begin{bmatrix} 24 & 0 \\ 0 & 12 \end{bmatrix} \begin{bmatrix} \frac{2}{3} & -\frac{1}{3} & \frac{2}{3} \\ \frac{2}{3} & \frac{2}{3} & -\frac{1}{3} \end{bmatrix}$

찾아보기

한글 찾아보기

ㄱ

ㄴ

ㄷ

ㅇ

영어 찾아보기

P

Q

R

S

기타